ENCYCLOPEDIA OF PHYSICS

EDITED BY

S. FLÜGGE

VOLUME XX

ELECTRICAL CONDUCTIVITY II

WITH 272 FIGURES

Springer-Verlag Berlin Heidelberg GmbH

1957

HANDBUCH DER PHYSIK

HERAUSGEGEBEN VON

S. FLÜGGE

BAND XX

ELEKTRISCHE LEITUNGSPHÄNOMENE II

MIT 272 FIGUREN

Springer-Verlag Berlin Heidelberg GmbH

1957

ISBN 978-3-642-45860-6 ISBN 978-3-642-45859-0 (eBook)
DOI 10.1007/978-3-642-45859-0

Originally published by Springer-Verlag oHG. Berlin · Göttingen · Heidelberg 1957
Softcover reprint of the hardcover 1st edition 1957

Inhaltsverzeichnis.

Halbleiter.

Von

O. MADELUNG.

Mit 108 Figuren.

1. Einleitung und Überblick. Die Halbleiterphysik befaßt sich mit den elektrischen, magnetischen und optischen Eigenschaften aller nicht-metallischer elektronenleitender Festkörper, sie stellt also ein Bindeglied zwischen der Metallphysik einerseits und der Physik der Ionenleiter und der Isolatoren andererseits dar. Die wachsende wissenschaftliche und technische Bedeutung, die die Halbleiter in den letzten Jahren gewonnen haben, beruht auf einer Reihe charakteristischer Eigenschaften, von denen wir hier nur zwei Beispiele anführen wollen. Die starke Abhängigkeit der Dichte der im Halbleiter enthaltenen freien Ladungsträger von Gitterstörungen und von der Temperatur gestattet es, mit einem einzigen Halbleiter häufig das gesamte Gebiet von hoher (metallischer) Leitfähigkeit bis zu fast verschwindender Leitfähigkeit zu überdecken. Das Auftreten von zwei verschiedenen Leitungsmechanismen (Elektronen- und Löcherleitung) führt zu einer Anzahl interessanter Erscheinungen, von denen wir hier nur die Injektion von Minoritätsträgern und den Transistor-Effekt nennen.

Gerade die Anfälligkeit der elektrischen Leitfähigkeit eines Halbleiters und der damit verbundenen Erscheinungen gegenüber Gitterstörungen und Verunreinigungen erschwert jedoch häufig die genaue Analyse seiner Eigenschaften. So war die erste Phase der Halbleiterforschung gekennzeichnet durch die technologischen Schwierigkeiten der Herstellung reiner Halbleiter mit reproduzierbaren Eigenschaften. Erst die Suche nach neuen halbleitenden Festkörpern und die Intensivierung der Halbleiterforschung für technische Bedürfnisse in den Kriegsjahren haben diese Schwierigkeiten weitgehend überwunden. In den Halbleitern Germanium und Silizium, denen sich die Forschung damals zuwandte, sowie in einigen der in neuerer Zeit entdeckten halbleitenden III-V-Verbindungen stehen heute Halbleiter zur Verfügung, deren technologische Behandlung weitgehend gelöst ist und deren Eigenschaften sich zum überwiegenden Teil quantitativ deuten lassen. Wenn auch alle Halbleiter in den Grundzügen den gleichen Leitungsmechanismus besitzen, so sind doch bei den meisten anderen Halbleitern die technologischen Schwierigkeiten zu groß, um ein ähnlich geschlossenes Bild ihrer Eigenschaften zu entwerfen, wie dies bei den oben erwähnten Halbleitern der Fall ist. Wir werden uns deshalb vorwiegend auf diese ‚Modellhalbleiter‘ beziehen.

Bei der Fülle der in Halbleitern auftretenden verschiedenartigsten Erscheinungen ist eine Begrenzung des Rahmens dieses Beitrages unumgänglich. Während die Grenze zwischen Halbleitern und Metallen verhältnismäßig scharf gezogen werden kann, besteht zu den Isolatoren und Ionenleitern ein kontinuierlicher Übergang. Hier wird jedoch die Gruppe der *Photoleiter*, die das Grenzgebiet zwischen Halbleitern und Isolatoren überdecken, in einem gesonderten Beitrag (GARLICK, Bd. XIX) behandelt. Wir werden infolgedessen alle Fragen der Photoleitfähigkeit nur soweit behandeln, wie sie auch für Halbleiter mit großer

‚Dunkelleitfähigkeit' von Interesse sind. Festkörper mit beträchtlicher *Ionenleitung* bleiben schließlich dem folgenden Beitrag überlassen.

Das so abgegrenzte Gebiet umfaßt alle Halbleiter mit *vorwiegend homöopolarem Bindungscharakter.* Auch hier sind Teilprobleme, deren Bedeutung sich über die Halbleiter hinaus auf die gesamte Festkörperphysik erstreckt, bereits in anderen Beiträgen enthalten, so die *elektronentheoretischen Grundlagen* in dem Beitrag von SLATER in Bd. XIX, die Theorie der *Gitterfehlstellen* in Bd. VII/1, *ferromagnetische Probleme* in Bd. XVIII, *Optik* in Bd. XXV und die *Luminiszenz* in Bd. XXVI. Das Hauptgewicht des vorliegenden Beitrages erstreckt sich also auf den *Leitungsmechanismus* der Halbleiter und die Vielfalt der damit verbundenen Erscheinungen.

Zur Durchführung dieses Programms ist noch folgendes zu bemerken. Bei der derzeitigen raschen Entwicklung der Halbleiterphysik sind viele Teilfragen noch weitgehend ungeklärt. Eine ausführliche Diskussion dieser akuten Probleme würde den Umfang dieses Berichtes sprengen und vielleicht allzu rasch durch neue Ergebnisse überholt werden. Wenn auch alle diese Probleme angedeutet werden, so liegt doch das Schwergewicht der Darstellung auf den gesicherten Grundlagen der Halbleiterphysik. Diese letzte Beschränkung kann vor allem deshalb in Kauf genommen werden, als in der von W. SCHOTTKY herausgegebenen Reihe ‚Halbleiterprobleme' [*23*] gerade die Problematik in den Vordergrund gestellt wird und jährlich in einem neuen Band über deren Weiterentwicklung ausführlich berichtet wird.

Wir werden der eingehenden Darstellung der Halbleitertheorie (Abschnitt B bis D) im ersten Abschnitt einen Überblick über die wichtigsten Begriffe der Halbleiterphysik voranstellen. Hier wird ein großer Teil der Fragen, die in späteren Ziffern ausführlich behandelt werden, kurz zusammengefaßt. In den späteren Abschnitten folgen dann spezielle Probleme und zum Abschluß ein Überblick über die wichtigsten Halbleiter und deren Eigenschaften.

A. Grundbegriffe der Halbleiterphysik.

I. Der Halbleiterbegriff.

2. Definition des Halbleiters, Klassifizierung verschiedener Halbleitertypen. Die Definition des Halbleiters und damit der Rahmen der als Halbleiter bezeichneten Stoffe hat im Laufe der Zeit eine starke Wandlung erfahren. Der Halbleiterbegriff wurde ursprünglich eingeführt, um diejenigen Festkörper zu erfassen, deren spezifische Leitfähigkeit zwischen der der Metalle einerseits und der der Isolatoren andererseits liegt. Diese *Definition durch die Größe der Leitfähigkeit* bei einer willkürlichen Bezugstemperatur umfaßt natürlich sehr heterogene Stoffgruppen und kann nicht allein zur Kennzeichnung einer physikalisch fest umrissenen Klasse von Festkörpern benutzt werden.

Der nächste Versuch die Halbleiter durch eine strenge physikalische Meßvorschrift zu definieren, war die Definition, daß zu den Halbleitern alle Körper mit einem *positiven Temperaturkoeffizienten der elektrischen Leitfähigkeit* zu rechnen sind. Auch diese Definition ist nicht eindeutig, da der Temperaturverlauf der spezifischen Leitfähigkeit eines Festkörpers in verschiedenen Temperaturbereichen verschieden sein kann und zudem bei den meisten Halbleitern von Probe zu Probe stark schwankt.

Eine weitere Definitionsmöglichkeit, die zwar auch noch nicht alle Schwierigkeiten beseitigt, aber wohl doch den heute allgemein verwendeten Halbleiterbegriff umschließt, ist die folgende:

Halbleiter sind kristalline Festkörper, die in reinem Zustand in der Nähe des absoluten Nullpunktes der Temperatur isolieren, bei höheren Temperaturen jedoch entweder eine eindeutig nachweisbare elektronische Leitfähigkeit besitzen, durch Störung des idealen Gitteraufbaus eine Leitfähigkeit erhalten oder bei welchen zumindest durch äußere Einwirkung eine Leitfähigkeit erzwungen werden kann.

Hierzu ist eine eingehende Erläuterung notwendig: Die Forderung des kristallinen Aufbaus schließt zunächst alle physikalisch undefinierten Körper, wie Holz, „feuchter Bindfaden“ usw. aus, die nach der zuerst angeführten Definition eine Leitfähigkeit zwischen der der Metalle und der der Isolatoren besitzen. Erfaßt werden also nur Festkörper mit eindeutig gegebener Gitterstruktur, wobei jedoch nicht ausgeschlossen werden soll, daß Halbleiter auch nach Überschreiten ihres Schmelzpunktes, also in der flüssigen Phase noch halbleitende Eigenschaften beibehalten können (vgl. z.B. Ziff. 93).

Die Forderung einer *elektronischen* Leitfähigkeit schließt die Ionenleiter aus. Die Grenze zwischen Halbleiter und Ionenleiter ist hier natürlich verwaschen, da Elektronenleitung und Ionenleitung nebeneinander auftreten können. Das Kriterium für den Halbleiter soll hier sein, daß die Elektronenleitung überwiegt. Abweichend von dieser Definition wurden früher auch die Ionenleiter zu den Halbleitern gerechnet und die jetzt allein als Halbleiter bezeichneten Körper als *elektronische Halbleiter* bezeichnet.

Die obige Definition grenzt weiterhin die Halbleiter gegen die Metalle ab. Es wird gefordert, daß der Grundzustand des Festkörpers von den Zuständen höherer Energie, insbesondere von den erst eine elektronische Leitfähigkeit ermöglichenden Zuständen (vgl. Ziff. 4) durch einen endlichen, d.h. nicht infinitesimal kleinen Energiebetrag getrennt ist. In der Einelektronennäherung des Bändermodells bedeutet dies, daß im Grundzustand das höchste besetzte Band *(Valenzband)* des Halbleiters völlig mit Elektronen besetzt ist, das nächsthöhere *(Leitungsband)* dagegen leer ist, und daß zwischen den beiden Bändern im reinen Zustand ein endliches unbesetztes Intervall, die *verbotene Zone*, liegt. Dies braucht bei gestörter Gitterstruktur nicht mehr zu gelten (*Störbandleitung*, vgl. Ziff. 34).

Hiernach liegt einer der charakteristischen Unterschiede zwischen Halbleiter und Metall in der stark temperaturabhängigen Konzentration der Leitungselektronen des reinen Halbleiters und der damit verbundenen starken Zunahme seiner Leitfähigkeit mit wachsender Temperatur.

Eine weitere Eigenart des Halbleiters ist die starke Empfindlichkeit der Leitfähigkeit gegenüber Gitterstörungen (Fehlordnung, Fremdatome im Gitter, Versetzungen, Korngrenzen usw.). Die Ursache hierfür liegt in der Fähigkeit solcher *Störstellen*, Elektronen abzugeben oder anzulagern und damit die Konzentration der am Stromtransport teilnehmenden Ladungsträger zu verändern. Während Metalle durch ihre große Zahl von Leitungselektronen verhältnismäßig unempfindlich gegen solche Faktoren sind, ist die Halbleiterphysik durch die Vielfalt der die Leitfähigkeit beeinflussenden Faktoren und der daraus resultierenden Fülle verschiedenster Effekte gekennzeichnet. Ein Halbleiter kann je nach seinem Gehalt an Störstellen oder je nach dem zu untersuchenden Temperaturbereich um viele Größenordnungen variierende Leitfähigkeitswerte bebesitzen. Gerade dies ist der Punkt, der die Halbleiterphysik so kompliziert macht und in der Frühzeit ihrer Entwicklung zu vielen Irrtümern Anlaß gegeben hat, der sie aber auch andererseits zu so vielen Aussagen über die Natur der Elektrizitätsleitung in festen Körpern befähigt.

Die Halbleiter werden also von den Metallen dadurch unterschieden, daß sie *keine* elektronische Leitfähigkeit aufweisen, wenn gleichzeitig drei Bedingungen erfüllt sind: 1. genügend tiefe Temperaturen; 2. genügend geordneter kristalliner

Gitterbau, insbesondere genügender Reinheitsgrad; 3. Fehlen äußerer Einwirkungen (z.B. Strahlung), die zur Elektronenanregung führen können.

Die Abgrenzung der Halbleiter gegenüber den *Isolatoren* stößt dagegen auf Schwierigkeiten, die in der Definition des Isolators liegen. Da jeder Isolator eine geringe, wenn auch oft verschwindend kleine Leitfähigkeit besitzt, ist eine Abgrenzung mehr eine meßtechnische als eine grundsätzliche Frage, zumal im Leitungsmechanismus keine Unterschiede zwischen Halbleiter und „Isolator" bestehen. Von vielen Autoren wird die Grenze willkürlich auf 10^{-10} Ohm^{-1} cm^{-1} festgelegt. Bei solchen „hochohmigen" Körpern kann jedoch vielfach durch äußere Eingriffe (Lichteinstrahlung, Beschuß mit Korpuskularstrahlen) eine höhere Leitfähigkeit zeitweise erzwungen werden. Diese Körper verhalten sich elektrisch während des Eingriffs dann genau wie Halbleiter, und es besteht keine Veranlassung, sie nicht zu den Halbleitern zu rechnen.

Von den Isolatoren und Ionenleitern wollen wir die Halbleiter durch die Forderung unterscheiden, daß die letzteren eine merkliche (überwiegend elektronische) Leitfähigkeit besitzen sollen, wenn *eine oder mehrere* der drei oben zur Abgrenzung gegen die Metalle aufgeführten Bedingungen *nicht* erfüllt sind, wenn also durch genügend hohe Temperaturen, durch Gitterstörungen oder durch äußere Einwirkung eine elektrische Leitfähigkeit erzwungen werden kann.

Aus allem diesem gehen die Schwierigkeiten in einer klaren Abgrenzung der Halbleiter hervor. Die oben getroffene Definition legt zwar modellmäßig eine scharfe Grenze zwischen die Metalle und Halbleiter und trennt auch qualitativ die Halbleiter gegen die Isolatoren ab, sie gibt aber keine physikalisch eindeutige Meßvorschrift, um ohne Zuhilfenahme theoretischer Betrachtungen zu entscheiden, ob ein Festkörper zu den Metallen, den Halbleitern oder den Isolatoren gerechnet werden muß. So kann ein Halbleiter durch eine kleine Breite der verbotenen Zone oder durch eine große Beweglichkeit der Ladungsträger schon bei Zimmertemperatur eine Leitfähigkeit besitzen, die sich größenordnungsmäßig nicht von der der Metalle unterscheidet. Oder er kann eine so große Störstellendichte besitzen, daß seine Halbleitereigenschaften völlig verdeckt werden. Andererseits kann er jedoch bei einer großen Breite der verbotenen Zone wegen seiner kleinen Ladungsträgerdichte praktisch isolieren. Erst die Messung verschiedener Eigenschaften und ihre theoretische Verknüpfung kann dann entscheiden, welche Vorstellungen man sich über den Leitungsmechanismus eines gegebenen Stoffes machen darf.

Es ist deshalb vielleicht zweckmäßiger, den Begriff des „Halbleiters" als Körper gegebener chemischer Zusammensetzung völlig zu verlassen und nur von *„halbleitenden Eigenschaften"* zu sprechen, die gewisse Festkörper unter geeigneten Vorbedingungen besitzen können. Diese Festkörper werden dann durch die obige Definition erfaßt. Wir werden im folgenden den Halbleiterbegriff in diesem Sinne verstehen.

Ein Beispiel für die Schwierigkeiten, den Halbleiterbegriff klar abzugrenzen, geben die beiden Modifikationen des Kohlenstoffs. Der *Graphit* nimmt eine Zwischenstellung zwischen den Metallen und den Halbleitern ein und scheint gerade den Grenzfall des „Halbleiters mit verschwindender Breite der verbotenen Zone" zu realisieren. Infolgedessen wird er auch in der Literatur teils als Metall, teils als Halbleiter bezeichnet. Der *Diamant* andererseits besitzt eine so breite verbotene Zone, daß er allgemein als Isolator aufgefaßt wird. Er besitzt jedoch eine hohe Beweglichkeit der Ladungsträger, tritt überschußleitend und defektleitend auf und zeigt einen deutlichen Gleichrichtereffekt. Er besitzt also Eigenschaften, die man gerade als für Halbleiter typisch ansieht (vgl. auch die folgenden Ziffern).

Innerhalb des oben definierten Halbleiterbegriffes ist es nun sinnvoll, die Halbleiter nach ihrem Leitungsmechanismus bei einer gegebenen Temperatur weiter einzuteilen. Dabei ist jetzt zu beachten, daß diese Einteilung nicht unbedingt Halbleiter verschiedener chemischer Zusammensetzung im üblichen Sprachgebrauch voneinander unterscheidet, *sondern einen gegebenen Halbleiter je nach seinem Verunreinigungsgrad und der gewählten Temperatur in verschiedene Klassen ordnen wird.*

Gehen wir von den Halbleitern kleinster Leitfähigkeit aus, so sind zunächst die *Photoleiter* zu nennen. Sie besitzen bei Zimmertemperatur im allgemeinen noch keine wesentliche Leitfähigkeit. Macht man jedoch z.B. durch Lichteinstrahlung Elektronen frei, so können diese einen Stromtransport bewerkstelligen. Der Unterschied eines Photoleiters von einem Isolator ist nun darin zu suchen, daß die freigemachten Ladungsträger erstens eine große Beweglichkeit haben und zweitens eine hinreichende „Lebensdauer" bis zu ihrer Wiederanlagerung an das Gitter oder an Störstellen besitzen. Nur dann liefert eine Befreiung von Ladungsträgern durch äußere Eingriffe auch eine merkliche elektrische Leitfähigkeit.

Die nächste Gruppe von Halbleitern in dieser Klassifikation sind die *Eigenhalbleiter*. Hierunter sind diejenigen Halbleiter zusammengefaßt, bei denen die freien Elektronen Elektronen sind, die durch thermische Anregung aus ihrer Valenzbindung herausgerissen sind. In der Sprache des Bändermodells heißt das, daß im Leitungsband nur aus dem Valenzband stammende Elektronen vorhanden sind. Da dann im Valenzband unbesetzte Terme zurückbleiben, können die Valenzelektronen ebenfalls zum Stromtransport beitragen. Der Beitrag des Valenzbandes zum Stromtransport wird hier üblicherweise durch Einführung von fiktiven positiv geladenen Teilchen, den *Löchern* oder *Defektelektronen* modellmäßig erfaßt, deren Zahl gleich der Zahl der im Valenzband fehlenden Elektronen ist und deren Eigenschaften denen der Elektronen im Leitungsband (bis auf das andere Ladungsvorzeichen) völlig entsprechen (vgl. Ziff. 4). Das Kennzeichen des Eigenhalbleiters ist also das paarweise Auftreten von Elektronen und Löchern, sowie seine mit wachsender Temperatur wegen der verstärkten thermischen Überführung von Elektronen aus dem Valenzband in das Leitungsband anwachsenden Leitfähigkeit. Nur in diesem Fall ist mit Sicherheit immer ein positiver Temperaturkoeffizient der Leitfähigkeit vorhanden. Bei Bandabständen $\ll \mathrm{k}T$ kann jedoch hier das Elektronengas „entarten" (s. weiter unten) und dadurch auch diese Eigenschaft wieder verloren gehen.

Liegt der Halbleiter nicht in völliger Reinheit vor, sondern enthält Gitterstörungen, so sind diese häufig in der Lage mit geringem Energieaufwand Elektronen oder Löcher abzugeben, die dann ihrerseits am Stromtransport teilnehmen. Man bezeichnet Halbleiter, bei denen der Strom vorwiegend von solchen aus Störstellen stammenden Ladungsträgern getragen wird, als *Störstellenhalbleiter*, speziell bei Elektronenleitung als *Überschußleiter* oder *n-Leiter* und bei Löcherleitung als *Defektleiter* oder *p-Leiter*. Ist neben diesen Ladungsträgern noch eine vergleichbare Zahl von thermisch angeregten Elektronen und Löchern vorhanden, so spricht man von *gemischten Halbleitern*. Hier ist jedoch zu beachten, daß früher der Ausdruck „gemischter Halbleiter" auch für gleichzeitige Elektronen- und Ionenleitung benutzt wurde. Die Leitfähigkeit von Störstellenhalbleitern bzw. gemischten Halbleitern ist offensichtlich größer als die entsprechender Eigenhalbleiter bei gleichen äußeren Bedingungen. Ihr Temperaturkoeffizient kann je nach den vorliegenden Verhältnissen positiv oder negativ sein (vgl. Ziff. 30).

Neben diesen Halbleitertypen werden häufig noch die *entarteten Halbleiter* gesondert betrachtet. Bei ihnen ist durch eine besonders kleine Breite der verbotenen Zone oder durch einen extrem großen Gehalt an Verunreinigungen bei nicht sehr tiefen Temperaturen die Zahl der Ladungsträger so groß, daß sie ein anomales, in gewisser Hinsicht metallähnliches Verhalten zeigen. Ihre Herausnahme aus der Gruppe der Eigen- bzw. Störstellenhalbleiter hat aber nur methodische Gründe. Während man bei kleinen Ladungsträgerdichten zur Erfassung der Leitfähigkeitseigenschaften auf die klassische (BOLTZMANN-) Statistik zurückgreifen kann, ist das „Elektronengas" in diesem Halbleitertyp entartet, man ist also gezwungen, auf die Quantenstatistik (hier speziell die FERMI-Statistik) zurückzugreifen. Diese Entartung ist an die Überschreitung einer bestimmten Mindesttemperatur gebunden.

Schließlich ist hier noch ein weiterer Leitungsmechanismus zu erwähnen, der bei tiefen Temperaturen auftritt und in einem direkten Übergang von Ladungsträgern zwischen den Störstellen besteht. Wir gehen auf diesen unter der Bezeichnung „*Störbandleitung*" zusammengefaßten Fragenkomplex in Ziff. 34 ein.

3. Klassifikation der Halbleiter nach ihrer Stellung im periodischen System und ihrem Bindungstyp[1]. Halbleitende Eigenschaften findet man sowohl bei Elementen als auch bei Verbindungen. Wenn auch keine sicheren Regeln bekannt sind, mit Hilfe derer man Aussagen über das Auftreten von Halbleitereigenschaften bei einem vorgegebenen Körper machen kann, so existieren doch gewisse Auswahlprinzipien, die einen Zusammenhang zwischen der Stellung des betreffenden Festkörpers (bzw. seiner Komponenten) im periodischen System, seinem Bindungstyp und seinen Halbleitereigenschaften geben.

Tabelle 1. *Ausschnitt aus dem periodischen System der Elemente.* Elemente mit halbleitendem Charakter zumindest in einer Modifikation sind eingerahmt.

IIIa	IVa	Va	VIa	VIIa
5 B	6 C	7 N	8 O	9 F
13 Al	14 Si	15 P	16 S	17 Cl
31 Ga	32 Ge	33 As	34 Se	35 Br
49 In	50 Sn	51 Sb	52 Te	53 J
81 Tl	82 Pb	83 Bi	84 Po	85 At

Betrachten wir zunächst die halbleitenden *Elemente*: Tabelle 1 gibt einen Ausschnitt aus dem periodischen System. Die halbleitenden Elemente oder jedenfalls die Elemente, die in einer Modifikation halbleitende Eigenschaften zeigen, sind eingerahmt. Wir wollen an dieser Stelle nicht näher auf die Diskussion der Eigenschaften der einzelnen Elemente eingehen. Dies wird in Abschnitt K ausführlich nachgeholt werden. Man erkennt jedoch bereits einige Gesetzmäßigkeiten. Rechts von den Halbleitern stehen Nichtleiter mit vorwiegender VAN DER WAALSscher-Bindung, links Metalle. Diese Gesetzmäßigkeit läßt sich auch innerhalb der eingerahmten Gruppe verfolgen. Geht man von rechts oben nach links unten, so steigt die Leitfähigkeit des reinen Halbleiters. Elemente wie C (Diamant), P, S, J isolieren praktisch, weisen jedoch bereits Photoleitfähigkeit auf, während Zinn und Antimon in ihrer stabilen Modifikation bereits Metalle sind. Man findet sowohl beim Durchgehen von rechts nach links als auch von oben nach unten ein starkes Anwachsen der „Dunkelleitfähigkeit", also ein Abnehmen der Breite der verbotenen Zone. Unterbrochen wird diese Gesetzmäßigkeit durch das Auftreten nicht halbleitender Modifikationen. Diese findet man außer bei Sn und Sb (bei letzterem sprechen vorläufig erst Anzeichen

[1] F. STÖCKMANN [*18*], H. KREBS u. W. SCHOTTKY [*23*, I], S. 25.

für das Auftreten einer halbleitenden Modifikation) noch bei C (vgl. Ziff. 2), P und As. Die Lage im periodischen System ist also nicht allein entscheidend für das Auftreten von Halbleitereigenschaften. Die Bindungseigenschaften spielen vielmehr daneben noch eine entscheidende Rolle.

Ähnlich liegen die Verhältnisse bei den halbleitenden *Verbindungen* [20]. Betrachten wir zunächst die vier verschiedenen Grenzfälle der chemischen Bindung: Die *metallische* Bindung ist gekennzeichnet durch eine besonders hohe Koordinationszahl. Zur Bindung stehen weniger Valenzelektronen zur Verfügung, als der Zahl der nächsten Nachbarn eines herausgegriffenen Atoms entsprechen. Bei der *homöopolaren* (kovalenten) Bindung entspricht die mittlere Zahl der Valenzelektronen gerade der Zahl der nächsten Nachbarn. Die Bindung zwischen zwei Nachbarn wird durch ein abgesättigtes Elektronenpaar bewerkstelligt. Bei ungleichen Ionen wird diese „Elektronenbrücke" polarisiert, d.h. ihr Schwerpunkt verschiebt sich in Richtung des Kations. Zur homöopolaren Bindung kommt ein heteropolarer Anteil hinzu, der bei sehr verschiedener Elektronegativität der Bindungspartner überwiegt und in den Ionenkristallen zu einer praktisch rein *heteropolaren* Bindung führt. Die VAN DER WAALSsche-Bindung findet man schließlich vornehmlich bei den Molekülkristallen.

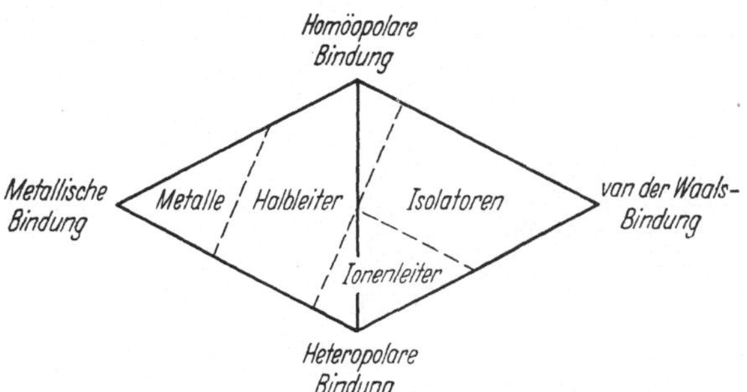

Fig. 1. Zusammenhang zwischen dem Leitungsmechanismus und der Natur der chemischen Bindung in Festkörpern, nach STÖCKMANN [18].

Ein Vergleich dieser Bindungstypen mit den Leitfähigkeitseigenschaften der in ihnen kristallisierenden Elemente und Verbindungen zeigt nun, daß die *Metalle* durch vorwiegend metallische Bindung, die *Halbleiter* durch vorwiegend homöopolare Bindung, die *Isolatoren* durch VAN DER WAALSsche-Bindung und die *Ionenleiter* durch heteropolare Bindung gekennzeichnet sind.

Zwischen diesen Bindungstypen gibt es natürlich alle Arten von Übergängen (Fig. 1). So entspricht dem Übergang in Tabelle 1 von links unten nach rechts oben der Übergang von metallischer über homöopolarer zu VAN DER WAALS-Bindung. Den Übergang von homöopolarer Bindung zu heteropolarer Bindung findet man z.B. in der die gleiche Gesamtzahl von Elektronen in den beiden unabgeschlossenen ($2s, 2p$)-Schalen der Partner enthaltenden *(isoelektronischen)* Reihe Diamant—BN—BeO—LiF unter gleichzeitigem Übergang von der für viele Halbleiter charakteristischen Diamantstruktur zur NaCl-Struktur.

Daß der homöopolare Bindungstyp das Auftreten von Halbleitereigenschaften stark begünstigt, ist offensichtlich. Alle Valenzelektronen werden lokalisiert zur Bindung benötigt, können also nur zur Leitfähigkeit beitragen, wenn sie durch thermische Anregung oder einen äußeren Eingriff aus ihrer Bindung herausgerissen werden. Mit wachsender Temperatur werden nun immer mehr Elektronenbrücken thermisch zerstört, also mehr Ladungsträger am Strom teilnehmen können. Wir werden auf diese Dinge noch ausführlich zurückkommen.

Vom Standpunkt der Stellung der Komponenten einer Verbindung im periodischen System läßt sich ebenfalls eine Systematik in die Gruppe der halbleitenden Verbindungen bringen. Nach ZINTL[1] bilden nur die Elemente der

[1] E. ZINTL: Siehe [20].

Gruppen IVa bis VIIa des periodischen Systems[1] (Tabelle 1) mit anderen Metallen „salzartige" Verbindungen stöchiometrischer Zusammensetzung, während Elemente aus anderen Gruppen Verbindungen mit metallischer Bindung bilden. Tabelle 2 bringt als Beispiel die Verbindungen des Magnesiums mit den Elementen der Gruppen Ib, IIb, IIIa bis VIIa. Verbindungen die links der „ZINTL-Grenze" liegen haben hier metallischen Charakter, solche die rechts der ZINTL-Grenze liegen salzartigen Charakter.

Tabelle 2. *Verbindungen des Magnesiums mit Elementen 1—7 Stellen vor einem Edelgas.*

ZINTL-Grenze (zwischen IIIa und IVa)

Ib	IIb	IIIa	IVa	Va	VIa	VIIa
		Mg_4Al_3	Mg_2Si	Mg_3P_2	MgS	$MgCl_2$
		MgAl				
		Mg_3Al_4				
		$MgAl_3$				
Mg_2Cu	Mg_7Zn_3	Mg_5Ga_2	Mg_2Ge	Mg_3As_2	MgSe	$MgBr_2$
$MgCu_2$	MgZn	Mg_2Ga				
	Mg_2Zn_3	MgGa				
	$MgZn_2$	$MgGa_{1+x}$				
	Mg_2Zn					
Mg_3Ag	Mg_3Cd	Mg_5In_2	Mg_2Sn	Mg_3Sb_2	MgTe	MgJ_2
MgAg	MgCd	Mg_2In				
	$MgCd_3$	MgIn				
		$MgIn_2$				
Mg_3Au	Mg_3Hg	Mg_5Tl_2	Mg_2Pb	Mg_3Bi_2		
Mg_5Au_2	Mg_2Hg	Mg_2Tl				
Mg_2Au	MgHg	MgTl				
MgAu	$MgHg_2$					
Strukturen charakteristisch für Metalle und Legierungen			CaF_2-Typ	Mn_2O_3- und La_2O_3-Typ	NaCl- und ZnS-(Wurtzit-) Typ	$CdCl_2$- und CdJ_2-Typ
			Strukturen, charakteristisch für salzartige Verbindungen			

Von WELKER[2] wurde nun zuerst die Vermutung ausgesprochen, daß die rechts der ZINTL-Grenze liegenden Verbindungen *halbleitenden* Charakter haben. Dabei besitzen die unmittelbar neben der ZINTL-Grenze liegenden Verbindungen vorwiegend homöopolaren Bindungstyp. Schreitet man weiter nach rechts, so nimmt mit wachsender Differenz in der Gruppennummer der beiden Verbindungspartner die Differenz ihrer Elektronegativität und damit der heteropolare Bindungsanteil zu.

Diese Vermutung hat sich weitgehend bestätigt und kann zur Klassifikation der halbleitenden Verbindungen innerhalb der großen Zahl aller chemischer Verbindungen benutzt werden, wenn auch gewisse Ausnahmen von dieser Regel aufzutreten scheinen [*20*].

Innerhalb der nicht-metallischen Verbindungen (nach der obigen Regel gekennzeichnet durch die Forderung, daß das Anion aus einer der Gruppen IVa bis VIIa stammen muß) lassen sich jetzt weitere Gesetzmäßigkeiten finden. So wurde bereits erwähnt, daß eine wachsende Differenz der Gruppennummern ein Anwachsen der Heteropolarität mit sich bringt, wobei diese Regel streng nur bei Festhalten der Gruppennummer des Kations oder zumindest bei gleicher Summe der Gruppennummern der Verbindungspartner gilt. Eine weitere Regel,

[1] Wir bezeichnen hier mit IIIa—VIIa diejenigen Gruppen, die Elemente enthalten, deren zuletzt eingebautes Elektron ein p-Elektron ist.

[2] H. WELKER: Z. Naturforsch. **8**a, 248 (1953).

die wir bereits bei den Elementen gefunden hatten, besteht in der Zunahme der metallischen Eigenschaften bei Ersetzen eines Verbindungspartners durch einen höherer Ordnungszahl aus der gleichen Gruppe.

Hiermit sind die halbleitenden Verbindungen zumindest qualitativ gegen die Metalle und Legierungen einerseits und die Ionenleiter andererseits abgegrenzt. Die Abgrenzung gegen die Molekülkristalle mit VAN DER WAALS-Bindung ist völlig unscharf. Es wurde ja schon in der letzten Ziffer betont, daß zwischen Halbleitern und Isolatoren kein physikalischer Unterschied besteht. So findet man sogar unter den organischen Verbindungen mit typischer VAN DER WAALS-Bindung Stoffe mit halbleitenden Eigenschaften.

Mit diesem qualitativen Überblick wollen wir uns hier zufrieden geben. Auf weitere Zusammenhänge zwischen Bindungstyp, Stellung im periodischen System und Halbleitereigenschaften gehen wir in Abschnitt K bei der Besprechung der speziellen Halbleiter ein.

II. Der ungestörte Halbleiter.

4. Theoretische Beschreibung des Grundgitters, Elektronen, Löcher, Phononen[1]. Die Eigenschaften des Grundgitters, seine Struktur, Bindungsenergie usw. sowie das Verhalten der Gesamtheit der in ihm enthaltenen Elektronen unter dem Einfluß der Gitterschwingungen und äußerer Kräfte sind im Prinzip durch die SCHRÖDINGER-Gleichung des Gesamtproblems gegeben. Die mathematische Durchführung dieses Vielkörperproblems ist aber aussichtslos, und man ist immer gezwungen, sich auf Näherungsverfahren zu beschränken, auch wenn man, in Vereinfachung des Problems, nur das ruhende Gitter betrachtet. Hier ergibt sich für die Elektronengesamtheit ein Energieschema, das (ähnlich wie beim freien Atom) einen Grundzustand tiefster Energie und darüber eine Reihe von angeregten Zuständen liefert. Der Unterschied zwischen Metallen einerseits und Halbleitern und Isolatoren andererseits liegt dann darin, daß in Metallen alle diese Energiezustände infinitesimal aneinanderschließen, in Halbleitern oder Isolatoren dagegen endliche Energieabstände zwischen dem Grundzustand und denjenigen höheren Zuständen liegen, die einen Ladungstransport ermöglichen[1].

Eine weitere Näherung, die für die meisten zu behandelnden Probleme hinreicht, liefert die Einelektronennäherung des *Bändermodells*. Hier wird angenommen, daß sich die Elektronen des Festkörpers unabhängig voneinander in einem Potentialfeld bewegen, das von den Atomrümpfen des Gitters und der Elektronengesamtheit mit Ausnahme des jeweils betrachteten einzelnen Elektrons gebildet wird. Diese Näherung ist immer dann anwendbar, wenn Prozesse betrachtet werden, bei denen äußere Kräfte auf die einzelnen Elektronen wirken, die Wechselwirkung der Elektronen untereinander aber vernachlässigt werden kann. Dies ist in der Theorie der Leitfähigkeit weitgehend der Fall, nicht jedoch beispielsweise bei Fragen des Ferromagnetismus oder der Kohäsion. Wir werden hier immer mit dieser Näherung auskommen.

Auf eine genaue Diskussion des Bändermodells brauchen wir nicht einzugehen (vgl. dafür etwa den Beitrag von SLATER in Band XIX). Wir beschränken uns deshalb auf die wichtigsten hier interessierenden Aussagen:

1. Die Lösung der SCHRÖDINGER-Gleichung für ein einzelnes herausgegriffenes Elektron im Potentialfeld sämtlicher Atomrümpfe und aller anderen im Kristall enthaltenen Elektronen sind Wellenfunktionen der Form

$$\psi = u(\boldsymbol{k}, \boldsymbol{r})\, e^{i(\boldsymbol{k}\cdot\boldsymbol{r})}, \tag{4.1}$$

wobei die Funktionen $u(\boldsymbol{k}, \boldsymbol{r})$ gitterperiodisch sind.

[1] H. VOLZ [*23*, I], S. 1; vgl. auch F. SEITZ [*6*], F. STÖCKMANN, Z. phys. Chem. **198**, 215 (1951) sowie die allgemeinen Lehrbücher über Festkörperphysik.

2. Die durch Lösung der stationären SCHRÖDINGER-Gleichung gewonnenen Energieeigenwerte $E(\boldsymbol{k})$ sind periodisch im $\boldsymbol{k}$-Raum, wobei die Perioden durch die Punktabstände im reziproken Gitter gegeben sind.

Es ist also einem Energieeigenwert $E(\boldsymbol{k})$ nicht von vornherein ein bestimmter $\boldsymbol{k}$-Wert zugeordnet, sondern alle im reziproken Gitter gleichwertigen Punkte des $\boldsymbol{k}$-Raumes haben die gleichen $E(\boldsymbol{k})$-Werte. Zur eindeutigen Zuordnung wird nun zunächst die Tatsache benutzt, daß es für jede $\boldsymbol{k}$-Richtung nur zwei Möglichkeiten für die Wahl des $\boldsymbol{k}$-Nullpunktes gibt, bei der $E(-\boldsymbol{k}) = E(\boldsymbol{k})$ ist. Am einen Punkt hat E ein relatives Minimum, am anderen ein relatives Maximum. Neben diesen zwei Möglichkeiten ist nun aber noch eine weitere fundamentale Feststellung über die Eigenschaften der Funktionen $E(\boldsymbol{k})$ entscheidend. Sie besteht darin, daß für jedes $\boldsymbol{k}$ nicht nur *eine* Funktion $E(\boldsymbol{k})$ als Lösung der SCHRÖDINGER-Gleichung besteht, sondern eine unbegrenzte Anzahl, die durch eine Laufzahl n unterschieden werden können. Der Lösung mit der tiefsten Energie wird nun die Laufzahl 1 zugeordnet und der Nullpunkt so festgelegt, daß für ein Minimum der tiefsten $E(\boldsymbol{k})$-Folge $\boldsymbol{k} = 0$ gesetzt wird. Die $\boldsymbol{k}$-Werte der energetisch höher liegenden $E(\boldsymbol{k})$-Folgen werden dann so festgelegt, daß für sie jeweils der halbe Periodizitätsbereich auf beiden Seiten des vorhergehenden $\boldsymbol{k}$-Intervalls angesetzt wird (vgl. Fig. 2a). Dadurch ist eine eindeutige Zuordnung der $E_n(\boldsymbol{k})$-Funktionen zu eindeutig definierten Orten im $\boldsymbol{k}$-Raum gegeben. Die verschiedenen n-Bereiche sind dabei im $\boldsymbol{k}$-Raum durch Ebenen voneinander getrennt, die den ganzen $\boldsymbol{k}$-Raum in BRILLOUIN-*Zonen* aufteilen. Diese Festsetzung der Zuordnung hat eine einfache und anschauliche Bedeutung bei Gittern, deren Elektronenfunktionen wegen geringer Wellung des effektiven Gitterpotentials nahezu dem Verhalten freier Elektronen entsprechen. Die $E(\boldsymbol{k})$-Werte der verschiedenen Zonen schließen dann fast stetig aneinander an und die gegebene $\boldsymbol{k}$-Definition entspricht der für den Elektronenimpuls maßgebenden Wellenzahl der betreffenden freien Elektronen, die ja ihrem absoluten Betrag nach wohldefiniert ist. Die Wellenzahlvektoren, die in irgendeiner Zonengrenze enden, erfüllen dabei die BRAGGschen Reflexionsbedingungen für fast freie Elektronen in Kristallgittern.

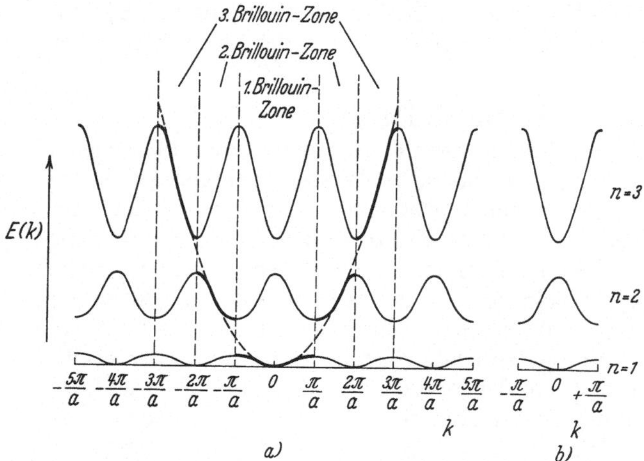

Fig. 2a u. b. Abhängigkeit der Energie von der Wellenzahl für ein eindimensionales Modell. a Einteilung des k-Wertebereiches in „BRILLOUIN-Zonen" *(freie Wellenzahl)*. b Reduktion der BRILLOUIN-Zonen auf den Bereich der ersten Zone *(reduzierte Wellenzahl)*.

3. Die zu den so definierten Wellenzahlvektoren gehörigen Energieeigenwerte bilden innerhalb jeder Zone ein quasikontinuierliches Energiespektrum. Dagegen besteht an den Zonengrenzen immer ein Energiesprung. Die in Ziff. 2 diskutierten Isolator- und Halbleitereigenschaften sind nur möglich, wenn Zonen existieren, deren höchste Energiewerte kleiner sind, als die tiefsten Energiewerte der nächsten Zone. In diesem Fall besteht die Energiefolge aus erlaubten und verbotenen Energiebereichen. Zu jeder BRILLOUIN-Zone gehört dann ein bestimmtes *Energieband*. Die relative Lage der Energiebänder ist allerdings von der gewählten $\boldsymbol{k}$-Richtung abhängig. Es kann vorkommen, daß Bänder, die in der einen $\boldsymbol{k}$-Richtung durch ein verbotenes Gebiet voneinander getrennt sind, sich für andere $\boldsymbol{k}$-Richtungen überlappen.

4. Alle Zonen haben gleiches Volumen im $\boldsymbol{k}$-Raum. Sie lassen sich deshalb auf den Wellenzahlbereich der ersten Zone reduzieren. Die Wellenzahl ist dann nur für diesen Bereich definiert und ist für jede Zone durch die Laufzahl n zu unterscheiden *(reduzierter $\boldsymbol{k}$-Vektor)* (vgl. Fig. 2b). Jede Zone enthält

N mögliche Werte des Wellenzahlvektors, also wegen des PAULI-Prinzips und der beiden Spinmöglichkeiten $2N$ mögliche Besetzungszustände für die Elektronen, wo N die Zahl der Elementarzellen (also bei einfachen Translationsgittern die Zahl der Atome) im Gitter bedeutet.

5. Optische Übergänge zwischen den Bändern sind nur für (fast) gleiche reduzierte $\boldsymbol{k}$-Vektoren im Ausgangs- und Endzustand erlaubt.

Der Übergang von dieser Einelektronennäherung zum Vielelektronenproblem des Festkörpers geschieht nun lediglich durch Besetzung des Energieschemas mit den im Kristall enthaltenen Elektronen nach der FERMI-Statistik.

Die Berechnung der Bandstruktur von Halbleitern ist bisher nur für die Diamantstruktur, die Zinkblendestruktur und die NaCl-Struktur der PbS-Gruppe (PbS, PbSe, PbTe) durchgeführt worden. Wir gehen auf die Ergebnisse an anderer Stelle ein (vgl. Abschnitt K, für die Methodik der Berechnung von Bandstrukturen vgl. den Beitrag von SLATER in Band XIX).

Auch ohne genaue Kenntnis der Struktur der Energiebänder eines Halbleiters läßt sich das Bändermodell durch Einführung empirischer Parameter zur quantitativen Deutung seiner elektrischen Eigenschaften verwenden. Von Interesse ist hier das oberste mit den Valenzelektronen besetzte Band (das *Valenzband*) sowie das nächst höhere am absoluten Nullpunkt der Temperatur unbesetzte Band (das *Leitungsband*). Im Leitungsband interessiert ferner nur der untere Rand, da selbst bei hohen Temperaturen in Halbleitern nur ein kleiner Bruchteil dieses Bandes mit Elektronen besetzt ist. In gleicher Weise braucht man sich im Valenzband nur um einen kleinen Bereich des oberen Bandrandes zu kümmern, nämlich nur um den Teil, aus dem bei hohen Temperaturen Elektronen in das Leitungsband gehoben werden. Man kann nämlich zeigen, daß *die Gesamtheit der Elektronen eines Bandes sich unter dem Einfluß äußerer Felder so bewegt, d.h. den gleichen Impuls* $\sum m\,\boldsymbol{v}$ *und Strom* $\sum e\,\boldsymbol{v}$ *ergibt, wie eine Gesamtheit von Teilchen umgekehrten Vorzeichens der Masse und Ladung, die sich auf den unbesetzten Termen des Bandes befinden.* Dieser Satz folgt daraus, daß ein vollgefülltes Band auch bei äußeren Feldern nichts zum Gesamtimpuls und -strom beiträgt. Sind also von den $2N$ Elektronen des Valenzbandes M durch thermische Anregung in das Leitungsband gehoben, so läßt sich das Verhalten der restlichen $2N-M$ Elektronen beschreiben durch Einführung von M *Löchern* oder *Defektelektronen* mit umgekehrtem Vorzeichen der Masse und Ladung.

Wären die Elektronen am unteren Rande des Leitungsbandes völlig frei, d.h. nicht neben den äußeren Kräften auch den Gitterkräften unterworfen, so wäre der Zusammenhang zwischen ihrer Energie und ihrer Wellenzahl durch

$$E = E_{\text{Bandrand}} + \frac{\hbar^2}{2m}(\boldsymbol{k} - \boldsymbol{k}_{\text{Bandrand}})^2 \tag{4.2}$$

gegeben. Selbst bei unbekannter $E(\boldsymbol{k})$-Abhängigkeit im Leitungsband und im Valenzband läßt sich aber an den Bandrändern $E(\boldsymbol{k})$ im Sinne einer TAYLOR-Entwicklung in der Form $E(\boldsymbol{k}) = E_{\text{Bandrand}} + \frac{1}{2}E''(\boldsymbol{k} - \boldsymbol{k}_{\text{Bandrand}})^2 + \cdots$ schreiben, wo E'' am unteren Rande des Leitungsbandes positiv, am oberen Rande des Valenzbandes jedoch negativ ist. Führt man noch die Größe $m^* = \hbar^2/E''$ ein, so wird:

$$E = E_{\text{Bandrand}} + \frac{\hbar^2}{2m^*}(\boldsymbol{k} - \boldsymbol{k}_{\text{Bandrand}})^2 + \cdots, \tag{4.3}$$

wo jetzt m^* am unteren Rande des Leitungsbandes positiv, am oberen Rande des Valenzbandes dagegen negativ ist. In dieser Näherung verhalten sich also die Elektronen an den Bandrändern wie freie Elektronen mit einer *scheinbaren Masse* m^*, die nicht gleich der wahren Elektronenmasse ist und den Einfluß der Gitterkräfte auf die Elektronen enthält.

Überträgt man diese Vorstellungen auf die *Löcher*, so folgt, daß diesen eine *positive Ladung* und — da sie sich am oberen Bandrand befinden — eine *positive Masse* zuzuordnen ist. *Die Vorgänge in Halbleitern lassen sich also beschreiben durch zwei Arten von „quasifreien"* (d.h. bis auf eine veränderte scheinbare Masse freien) *Ladungsträgern entgegengesetzten Ladungsvorzeichens.*

Zu der hier eingeführten quadratischen Approximation der $E(\boldsymbol{k})$-Abhängigkeit an den Bandrändern sind noch einige Bemerkungen notwendig. Alle Festkörper sind *anisotrop*, d.h. die Abhängigkeit der Energie von der Wellenzahl ist abhängig von der Richtung des Wellenzahlvektors. Dann ist aber E'' und somit m^* kein Skalar, sondern ein Tensor. Damit verliert natürlich das Bild der „quasifreien" Ladungsträger in Halbleitern einen Teil seiner Anschaulichkeit. Es ist jedoch in erster Näherung weitgehend gerechtfertigt, die tensorielle Abhängigkeit zu unterdrücken und mit einer skalaren scheinbaren Masse zu rechnen *(isotrope Theorie)*.

Zur genaueren Erfassung der Halbleitereigenschaften sind noch zwei Abweichungen von der isotropen Bandstruktur zu berücksichtigen: So kann häufig der Fall eintreten, daß die $E(\boldsymbol{k})$-Fläche nicht ein Minimum bei $\boldsymbol{k}=0$ am Bandrand besitzt, sondern verschiedene Minima bei diskreten $\boldsymbol{k}$-Werten. In der Umgebung dieser Minima kann man dann die $E(\boldsymbol{k})$-Flächen durch Ellipsoide annähern und den Elektronen verschiedene scheinbare Massen in Richtung der Hauptachsen der Ellipsoide zuordnen. Durch Summation der Beiträge der einzelnen Minima erhält man dann den Gesamtbeitrag der Ladungsträger des betreffenden Bandes. Eine wesentliche Vereinfachung tritt hier bei Halbleitern kubischer Struktur, also gerade bei den wichtigsten Halbleitern, dadurch auf, daß der Leitfähigkeitstensor sich wieder zu einem Skalar reduziert, der Einfluß der Anisotropie also nur in Effekten höherer Ordnung in Erscheinung tritt.

Weiter besteht die Möglichkeit der „Entartung" eines Bandes, also der Überlagerung mehrerer Teilbänder (mit häufig gleicher energetischer Lage des $\boldsymbol{k}$-Vektors am Bandrand). Hier führt in vielen Fällen die Annahme einer Isotropie der Teilbänder und damit der Zuordnung verschiedener (skalarer) scheinbarer Massen zu den in den Teilbändern enthaltenen Ladungsträgern zu einem mit den experimentellen Ergebnissen konsistenten Modell. Wir werden auf alle diese Abweichungen vom einfachen isotropen Modell in Abschnitt C IV ausführlich eingehen.

Das Bändermodell beschreibt den Einfluß des (ruhend gedachten) Gitters und der übrigen Elektronen auf ein herausgegriffenes Elektron. Die Wärmebewegung der Gitterbausteine und die daraus resultierende Wechselwirkung zwischen Elektronen und Gitter ist damit aber noch nicht erfaßt. Das Gitterpotential ist ja in Wirklichkeit nicht statisch, sondern zeitlich veränderlich. Nimmt man an, daß die Schwingungsamplituden der Gitterbausteine klein gegen den Gitterabstand sind, so läßt sich das Gitterpotential nach diesen Schwingungen entwickeln. Man erhält dann in nullter Näherung das statische Gitterpotential der ruhenden Gitterbausteine, zu den in erster Näherung linear die elastischen Gitterschwingungen kommen. Diese lassen sich wegen der Linearität in Normalschwingungen zerlegen und als harmonische Oszillatoren behandeln. Die ihnen hiermit zugeordneten Quanten werden als *Phononen* (in Analogie zu den Photonen des Lichtes) bezeichnet. Wir haben hier noch zwischen zwei verschiedenen Arten von Normalschwingungen zu unterscheiden. Enthält die Elementarzelle des Gitters zwei oder mehr Atome (wie dies immer der Fall ist), so umfaßt der Fall, daß die Atome in einer Elementarzelle gegeneinander praktisch in Ruhe sind, die *akustischen* Schwingungen, der Fall, daß die Atome der Elementarzelle gleichzeitig gegeneinander schwingen, die *optischen* Schwingungen. Beide Typen reichen von der Wellenlänge ∞ (ruhendes Gitter bei den akustischen

Schwingungen, Gegeneinanderschwingen der Atome in allen Zellen gleichsinnig bei optischen Schwingungen) bis zu einer Grenzwellenlänge $2d$, wo d der Abstand zweier Elementarzellen bedeutet.

5. Wechselwirkung zwischen Phononen und Elektronen, der Begriff der Beweglichkeit. Im ruhenden Gitter besetzen die Elektronen eines Festkörpers die Energieterme des Bänderschemas völlig bis zu einer oberen Grenze, oberhalb der nur unbesetzte Terme vorhanden sind, bei Halbleitern also alle Terme des Valenzbandes und der tiefer liegenden Bänder. Erst durch die thermische Bewegung des Gitters, also durch Wechselwirkung der Elektronen mit den Phononen wird den ersten thermische Energie zugeführt und diese dadurch in höhere Terme gehoben. Die Wechselwirkung zwischen Elektronen und Phononen sorgt also hier für die Einstellung des thermischen Gleichgewichtes zwischen Elektronen und Gitter. Um nun bei Halbleitern Elektronen aus dem Valenzband in das Leitungsband zu heben, ist ein Energiebetrag der Breite der verbotenen Zone notwendig. Dieser wird natürlich schon bei sehr kleinen Temperaturen vereinzelt an Valenzelektronen abgegeben werden, eine merkliche Elektronenkonzentration wird aber erst bei höheren Temperaturen im Leitungsband auftreten. Gleichzeitig mit jedem Elektronenübergang in das Leitungsband entsteht im Valenzband ein freier Term, also ein Loch. Der Einfluß der thermischen Energiezufuhr besteht somit hier in der Erzeugung von *Elektron-Loch-Paaren.*

Wir betrachten nun den Einfluß der Wechselwirkung zwischen Elektronen und Phononen auf die Bewegung der Ladungsträger in äußeren Feldern.

Dazu müssen wir zunächst noch etwas genauer auf das Verhalten eines einzelnen Kristallelektrons unter dem Einfluß einer äußeren Kraft eingehen. Das Bändermodell liefert hier folgende Aussagen:

1. Der zu einem Elektron des (reduzierten) Wellenzahlvektors $\boldsymbol{k}$ in einem vorgegebenen Band gehörige Erwartungswert seiner Geschwindigkeit ist:

$$\boldsymbol{v} = \frac{1}{\hbar} \operatorname{grad}_k E(\boldsymbol{k}). \tag{5.1}$$

$\boldsymbol{v}$ ist dann gleichzeitig die Gruppengeschwindigkeit eines aus dem Vektor $\boldsymbol{k}$ benachbarten Zuständen gebildeten Wellenpakets.

2. Das einer äußeren Kraft $\boldsymbol{F}$ unterworfene Elektron läßt sich in jedem Augenblick durch eine stationäre Lösung des kräftefreien Problems (4.1) darstellen, wobei die zeitliche Änderung des Wellenvektors durch

$$\dot{\boldsymbol{k}} = \frac{1}{\hbar} \boldsymbol{F} \tag{5.2}$$

gegeben ist. Diese Beziehung gilt jedoch nur näherungsweise bei Vernachlässigung der Übergangsmöglichkeit in ein anderes Band (vgl. auch den weiter unten folgenden Kleindruck).

Durch Differentation von (5.1) unter Benutzung von (5.2) folgt dann:

$$\dot{\boldsymbol{v}} = \frac{1}{\hbar} \left(\operatorname{grad}_k \operatorname{grad}_k E(\boldsymbol{k})\right) \dot{\boldsymbol{k}} = \frac{1}{\hbar^2} \left(\operatorname{grad}_k \operatorname{grad}_k E(\boldsymbol{k})\right) \boldsymbol{F}. \tag{5.3}$$

mit

$$\left(\operatorname{grad}_k \operatorname{grad}_k E(\boldsymbol{k})\right) = \left\{\begin{matrix} \frac{\partial^2 E}{\partial k_x^2} & \frac{\partial^2 E}{\partial k_x \partial k_y} & \frac{\partial^2 E}{\partial k_x \partial k_z} \\ \frac{\partial^2 E}{\partial k_y \partial k_x} & \frac{\partial^2 E}{\partial k_y^2} & \frac{\partial^2 E}{\partial k_y \partial k_z} \\ \frac{\partial^2 E}{\partial k \; \partial k_x} & \frac{\partial^2 E}{\partial k_z \partial k_y} & \frac{\partial^2 E}{\partial k_z^2} \end{matrix}\right\}. \tag{5.4}$$

Diese Gleichung gestattet eine formale Analogie zur Bewegungsgleichung freier Elektronen $\dot{\boldsymbol{v}} = \boldsymbol{F}/m$ durch Einführung einer scheinbaren Masse:

$$m^* = \frac{\hbar^2}{\operatorname{grad}_k \operatorname{grad}_k E(\boldsymbol{k})} \quad \text{also} \quad \dot{\boldsymbol{v}} = \boldsymbol{F}/m^*. \tag{5.5}$$

Damit haben wir den bereits in der vorhergehenden Ziffer eingeführten Begriff der scheinbaren Masse von einem erweiterten Gesichtspunkt aus wiedergewonnen. Daß m^* nicht mit der wahren Elektronenmasse übereinstimmt und außerdem von der Lage des dem Elektron zugeordneten $\boldsymbol{k}$-Vektors abhängig ist, ist nicht weiter verwunderlich. Auf die Elektronen wirkt ja nicht nur die äußere Kraft $\boldsymbol{F}$, sondern auch noch die vom Gitter ausgeübte Kraft. Wirkt die Gitterkraft gleichsinnig wie die äußere Kraft, so wird das Elektron stärker beschleunigt als ein freies Elektron; seine scheinbare Masse ist kleiner als die freie Elektronenmasse m. Wirkt die Gitterkraft jedoch der äußeren Kraft entgegen, wie dies z.B. bei der Annäherung an den oberen Bandrand wegen der dort einsetzenden BRAGG-Reflexion der Fall ist, so wird m^* größer als m oder bei Überkompensation der äußeren Kraft durch die Gitterkraft sogar negativ. Die Bedeutung des Konzeptes der scheinbaren Masse bei Halbleitern liegt nun gerade darin, daß man sich dort nur um die Verhältnisse an den Bandrändern zu kümmern braucht und damit (wie wir in der vorhergehenden Ziffer näher ausführten) mit einer *konstanten* wenn auch eventuell tensoriellen scheinbaren Masse rechnen darf.

PFIRSCH und SPENKE[1] haben darauf hingewiesen, daß wegen der nur näherungsweisen Gültigkeit der Gl. (5.2) auch Gl. (5.5) noch einer Korrektur bedarf. Berücksichtigt man die Übergangsmöglichkeit der Elektronen in andere Bänder in der dem Problem zugrunde liegenden Wellenfunktion, so erhält man statt (5.5)

$$\frac{m}{m^*} = \frac{m}{\hbar^2} (\operatorname{grad}_k \operatorname{grad}_k E) + \text{schnell oszillierende Glieder}, \tag{5.6}$$

wo der zeitliche Mittelwert der Zusatzglieder verschwindet. Rechnet man speziell mit Wellenpaketen, so klingen ferner die Zusatzglieder sehr schnell ab, sind also insbesondere bei langsam einsetzenden Kräften vernachlässigbar.

Neben der Berücksichtigung der Kraftwirkung des ruhenden Gitters auf die Bewegung der Elektronen in einem äußeren Feld müssen wir jetzt noch den Einfluß der Wärmebewegung des Gitters, also der Phononen erfassen. Im korpuskularen Bild läßt sich diese Wechselwirkung leicht übersehen. Unter dem Einfluß des äußeren Feldes wird ein Elektron gemäß seiner scheinbaren Masse beschleunigt, bewegt sich also mit veränderlicher Geschwindigkeit durch den Kristall. Diese ungehinderte Bewegung wird jedoch nach einiger Zeit durch einen Zusammenstoß mit einem Phonon unterbrochen und das Elektron unter Energie- und Impulsübertragung an das Gitter gestreut. Dieser stete Wechsel zwischen Beschleunigung eines Elektrons längs einer mittleren *freien Weglänge* und Zusammenstößen mit dem Gitter verleiht dem Elektron im zeitlichen Mittel eine konstante Geschwindigkeit $\boldsymbol{v}$. Man bezeichnet nun den Proportionalitätsfaktor zwischen $\boldsymbol{v}$ und dem angelegten Feld $\boldsymbol{E}$ als die *Beweglichkeit* des Elektrons μ:

$$\boldsymbol{v} = \mu \boldsymbol{E}. \tag{5.7}$$

Für nicht allzugroße Feldstärken $\boldsymbol{E}$ ist μ feldunabhängig (vgl. jedoch Ziff. 29), stellt also einen die Eigenschaften eines Festkörpers charakterisierenden Parameter dar. Er hängt nach den obigen Überlegungen von der effektiven Masse der Elektronen sowie ihrer freien Weglänge ab (Abschnitt CIc, S. 62ff.).

[1] D. PFIRSCH u. E. SPENKE: Z. Physik **137**, 309 (1954).

III. Gitterstörungen.

6. Fehlordnung. Der ideale Gitteraufbau, den wir bisher unseren Betrachtungen zu Grunde gelegt haben, ist in keinem Festkörper realisiert. Schon die thermische Bewegung der Gitterbausteine bedeutet ja eine Störung, die in erster Näherung durch die Einführung der Phononen berücksichtigt wurde. Diese thermische Bewegung der Gitterbausteine ist jedoch nicht auf kleine Amplituden beschränkt. So ist es z.B. immer möglich, daß durch besonders große Energieübertragung auf einen Gitterbaustein dieser völlig aus seiner Bindung herausgerissen wird und damit eine lokale Störung des Gitters in Form einer *Leerstelle* und eines *Atoms auf Zwischengitterplatz* zurückbleibt. Gitterstörungen dieser Art sind zwar reversibel, es wird sich aber immer bei gegebener Temperatur ein Gleichgewicht zwischen ihnen und dem ungestörten Gitter einstellen, d.h. ein durch die Fehlordnungsenergie der betreffenden Störung gegebener Bruchteil von Gitterplätzen wird unbesetzt sein und eine bestimmte Anzahl von Atomen wird sich auf Zwischengitterplätzen befinden. Dieser Eigenfehlordnungsgrad kann nie unterschritten werden, genau so wie bei gegebener Temperatur ein fester Bruchteil der Valenzelektronen immer aus ihrer Bindung losgerissen ist. Dagegen kann dieser Fehlordnungsgrad überschritten werden, wenn beispielsweise der Festkörper von einer höheren Temperatur schnell abgekühlt wurde und dabei der zu der höheren Temperatur gehörige Fehlordnungsgrad „eingefroren" wurde.

Während in *Elementen* nur diese zwei oben aufgeführten *atomaren* Fehlordnungstypen auftreten können, sind in *Verbindungen* mehr Möglichkeiten vorhanden. Betrachten wir speziell einen aus einwertigen Anionen und Kationen aufgebauten Kristall, so haben wir die folgenden Möglichkeiten:

1. Anionenleerstelle A □˙
2. Anion auf Zwischengitterplatz A ○′
3. Kationenleerstelle K □′
4. Kation auf Zwischengitterplatz K ○˙

Daneben besteht noch die Möglichkeit, die jedoch wegen ihrer hohen Fehlordnungsenergie kaum realisiert ist:

5. Anion auf Kationplatz A ●″ (K)
   bzw. Kation auf Anionplatz K ●˙˙ (A)

In der hier benutzten (SCHOTTKYschen) Symbolik bedeuten □ eine Leerstelle, ○ ein Atom auf Zwischengitterplatz, ● ein falsches Atom auf einem Gitterplatz und ˙ bzw. ′ die positive bzw. negative Ladung der betreffenden Störstelle relativ zum ungestörten Gitter.

In einer stöchiometrisch zusammengesetzten Verbindung treten dann aus Neutralitätsgründen immer zwei sich ergänzende Fehlordnungstypen auf:

1. K ○˙ = K □′	(FRENKEL-Typ)	Fehlordnung nur eines Teilgitters
2. A ○′ = A □˙	(Anti-FRENKEL-Typ)	
3. K □′ = A □˙	(SCHOTTKY-Typ)	Fehlordnung beider Teilgitter
4. K ○˙ = A ○′	(Anti-SCHOTTKY-Typ)	

Bei einem nicht-stöchiometrischen Aufbau (Anionen- oder Kationenüberschuß) sind dagegen die Fehlordnungsmöglichkeiten der Einzelionen auch unabhängig voneinander realisiert. Die Neutralität wird dann durch eine der Zahl der geladenen Störstellen äquivalente Zahl freier Ladungsträger (Elektronen oder Löcher) gewährleistet.

Der Einfluß der Eigenfehlordnung des Gitters ist in Halbleitern mit vorwiegend homöopolarem Bindungscharakter gering. Dort spielen die in der nächsten Ziffer zu behandelnden Fremdstörstellen eine ungleich wichtigere Rolle. Bei den halbleitenden Elementen der vierten Gruppe des periodischen Systems (Si, Ge, α-Sn) ist der Einfluß der Eigenfehlordnung auf den Leitungsmechanismus nicht wesentlich[1]. Auch bei den III-V-Verbindungen ist bisher weder eine Eigenfehlordnung noch eine merkliche Abweichung von der Stöchiometrie festgestellt worden. Mit wachsendem heteropolaren Bindungsanteil wird dagegen die Eigenfehlordnung und damit die Möglichkeit nicht-stöchiometrischer Zusammensetzung des Halbleiters größer. Da jede Abweichung von der Stöchiometrie die Dichte der Ladungsträger beeinflußt, ist damit gleichzeitig eine größere Abhängigkeit der Leitfähigkeit von der Fehlordnung, also der Vorbehandlung des Materials, der Wechselwirkung mit einer äußeren Atmosphäre usw. verbunden. Bei rein heteropolar gebundenen Kristallen schließlich bewirkt die Fehlordnung Ionenleitung und sondert dadurch diese Klasse von Festkörpern aus der Gruppe der Halbleiter aus.

Wir wollen auf die Theorie dieser Fehlordnungserscheinungen hier nicht näher eingehen, sie werden ausführlich in Band VII/1[2] behandelt. Ebenso wollen wir die neben der *atomaren* Fehlordnung für Halbleiter unwesentlichere *makroskopische* Fehlordnung (Versetzungen usw.) hier unberücksichtigt lassen[3].

7. Fremdstörstellen. Eine weitere Quelle von Gitterstörungen bilden die nie völlig aus einem Kristall zu entfernenden *Verunreinigungen*, also Fremdatome im Gitter.

Die Einbaumöglichkeit solcher Fremdatome in das Gitter eines Halbleiters läßt sich am einfachsten an den *halbleitenden Elementen* übersehen. Wir haben hier zu unterscheiden zwischen dem Einbau von Fremdatomen gleicher, höherer oder kleinerer Wertigkeit. Ferner zwischen dem Einbau auf Gitterplätzen oder auf Zwischengitterplätzen.

Der Einbau von Fremdatomen gleicher Wertigkeit auf einem Gitterplatz beeinflußt die Eigenschaften von Halbleitern nur wenig. Durch einen abweichenden Ionenradius der eingebauten Atome können auch hier Unterschiede in der Bindungsfestigkeit der von dem Fremdatom ausgehenden Elektronenbrücken gegenüber der Bindungsfestigkeit der Elektronenbrücken zwischen zwei Gitteratomen auftreten, die zu einer leichteren thermischen Abspaltbarkeit von Valenzelektronen führen (vgl. hierzu die nächste Ziffer). Wird ein Atom höherer Wertigkeit eingebaut, beispielsweise ein fünfwertiges As-Atom in eine Ge-Gitter, so werden nur vier Valenzelektronen für die Bindung benötigt, während das fünfte Elektron locker gebunden beim As-Atom verbleibt. Wird ein niederwertiges Atom eingebaut (Beispiel: Ga in Germanium), so bleibt eine Elektronenbrücke nur mit einem Elektron besetzt.

Bei dem Einbau von Fremdatomen in *halbleitende Verbindungen* ist eine größere Zahl von Möglichkeiten vorhanden. Zunächst finden wir hier bei vorwiegend homöopolar gebundenen Verbindungen die gleichen Möglichkeiten wie bei den Elementen. So lassen sich beispielsweise in den Verbindungen von Elementen der dritten mit der fünften Gruppe des periodischen Systems die Gitterbausteine der fünften Gruppe leicht durch Fremdatome der sechsten Gruppe substituieren, deren sechstes Valenzelektron dann nicht mehr an der Bindung teilnimmt. Ent-

---

[1] Durch thermische Behandlung oder Beschuß mit Korpuskularstrahlen kann jedoch auch hier eine merkliche Fehlordnung erzielt werden, die dann Einfluß auf die elektrischen Eigenschaften besitzt (vgl. Ziffer 11).

[2] A. SEEGER: Theorie der Gitterfehlstellen; vgl. auch K. HAUFFE [*2*].

[3] Vergleiche dazu auch Ziffer 13 und [2].

sprechend lassen sich Fremdatome der zweiten Gruppe leicht auf Gitterplätzen der dreiwertigen Komponente (bei einer nur halb besetzten Elektronenbrücke) einbauen. Fremdatome der vierten Gruppe substituieren hier je nach ihrem Ionenradius die dreiwertige oder die fünfwertige Komponente.

Bei allen Einbaumöglichkeiten ist zu beachten, daß die Neutralität des Halbleiterinneren immer gewahrt bleiben muß. So kann der Einbau eines Fremdions abweichender Wertigkeit in ein polares Gitter zu einer geladenen Störstelle führen, deren Ladung durch eine entsprechende Zahl von Fehlordnungsstörstellen entgegengesetzter Ladung kompensiert wird. Ein Beispiel hierfür ist der Einbau von Cd in AgBr. Hier wird das Cd^{++}-Ion in das Ag^{+}-Teilgitter unter Bildung von positiv geladenen $Cd^{++}\bullet^{\cdot}\,(Ag^{+})$-Störstellen eingebaut, deren Ladung durch eine gleich große Zahl von $Ag^{+}\,\square'$-Leerstellen kompensiert wird[1]. Diese Einbaumöglichkeit führt also zur Bildung von Leerstellen und damit zur Möglichkeit des Auftretens von Ionenleitung. Eine weitere Möglichkeit besteht bei Halbleitern, deren Kation in verschiedenen Wertigkeitsstufen vorkommen kann. Hier führt der Einbau von Störstellen abweichender Wertigkeit zur Umladung einer entsprechenden Anzahl gittereigener Kationen in eine andere Wertigkeitsstufe (gesteuerte Valenz, vgl. die folgende Ziffer und Ziff. 96). Schließlich können durch gleichzeitigen Einbau von Fremdatomen in beide Teilgitter einer Verbindung Störstellen entgegengesetzten Ladungsvorzeichens entstehen und dadurch die Neutralität aufrechterhalten werden. Ein Beispiel ist hier der Einbau von CuCl in ZnS unter Bildung einer gleich großen Zahl von $Cu\,\bullet'\,(Zn)$- und $Cl\bullet^{\cdot}\,(S)$-Störstellen.

8. Wirkung der Störstellen auf die Halbleitereigenschaften. Die wichtigste Eigenschaft der Gitterstörungen eines Halbleiters ist ihre Fähigkeit *Elektronen abzugeben oder aus dem Gitter aufzunehmen.* Wir wollen dies zunächst an dem in der vorhergehenden Ziffer bereits behandelten Einbau von Elementen der fünften bzw. der dritten Gruppe des periodischen Systems in Germanium erläutern. Beim Einbau eines Elements der fünften Gruppe werden von den fünf Valenzelektronen nur vier zur Bindung in den Elektronenbrücken zu den nächsten Nachbarn benötigt. Das fünfte Valenzelektron ist dann lediglich durch COULOMB-Anziehung an den Rumpf der Störstelle gebunden. Es ist leicht einzusehen, daß zu dessen Abspaltung ein kleinerer Energiebetrag notwendig ist, als zur Abspaltung eines Elektrons aus einer Elektronenbrücke, also zur Bildung eines Elektron-Loch-Paares. Bei Temperaturen, die noch nicht ausreichen, eine wesentliche Eigenleitung zu erzeugen, können jedoch diese Elektronen bereits thermisch abgespalten sein und als „freie" Elektronen dem Halbleiter eine beträchtliche Leitfähigkeit geben. In gleicher Weise kann beim Einbau eines Elementes der dritten Gruppe das eine zur Bindung benötigte fehlende Elektron aus einer Elektronenbrücke zwischen zwei Ge-Atomen ersetzt werden. Es bleibt dann im Gitter ein Loch zurück.

Das Charakteristikum der hier betrachteten Störstellen ist also ihre Fähigkeit unter Zuführung eines Energiebetrages, der klein ist gegen die zur Bildung eines Elektron-Loch-Paares notwendige Energie, Elektronen oder Löcher abzugeben und auch wieder aufzunehmen. Im Bändermodell bedeutet dies, daß den Störstellen *lokalisierte Terme* zuzuordnen sind, die zwischen dem Valenzband und dem

---

[1] Die in diesem Beispiel angewendete zusätzliche Kennzeichnung der Störstellen durch die Ionenladung der hinzugefügten und weggenommenen Ionen ist immer dann möglich, wenn über die Verteilung der resultierenden Störstellenladung auf die Ionen kein Zweifel besteht. Diese Angabe enthält also eine zusätzliche Modellaussage. Entsprechende Aussagen sind auch häufig bei elektronisch umladbaren Störstellen möglich, vgl. W. SCHOTTKY und F. STÖCKMANN [*23*, I], S. 80.

Leitungsband liegen. Man bezeichnet häufig Störstellen, die in der Lage sind, Elektronen an das Leitungsband abzugeben, als *Donatoren* und solche, die Elektronen aus dem Valenzband aufnehmen können, also Löcher abgeben, als *Acceptoren*.

Diese Terminologie ist aber nicht eindeutig. Donatoren wären hiernach alle Störstellen, deren Zwischenbandterm im Ausgangszustand mit einem Elektron besetzt ist, während dieser Term bei Acceptoren unbesetzt ist. Über den Ausgangszustand ist jedoch nichts ausgesagt. So können Donatoren, die ihr Elektron an das Leitungsband abgegeben haben, bei höheren Temperaturen Elektronen aus dem Valenzband aufnehmen (Beispiel: Donatoren in InSb). Oder es können Acceptoren bei gleichzeitiger Anwesenheit von Donatoren mit höher liegenden Termen Elektronen von diesen übernehmen und dadurch nicht mehr in der Lage sein, Elektronen aus dem Valenzband aufzunehmen.

Tabelle 3. SCHOTTKY*sche Störstellen-Nomenklatur.*

Umladungscharakter	Bezeichnung	Symbol
$+, \times$	Donator	D
$\times, -$	Acceptor	A
$2+, +$	Superdonator	$\underline{D}$
$-, 2-$	Superacceptor	$\underline{A}$
$3+, 2+$	Supradonator	$\underline{\underline{D}}$
	usw.	

Termlage im verbotenen Band	Bezeichnung	Symbol
unterer Teil	cis-Donator usw.	D_c usw.
mittlerer Teil	medial-Donator	D_m
oberer Teil	trans-Donator	D_t

Ladung: Bezeichnung durch oberen Index $\times, +, -$:

$D^{\times}, D^{+}, A^{\times}, A^{-}, \underline{\underline{D}}^{3+}$ usw.

Wir betrachten deshalb mit SCHOTTKY[1] den *Umladungscharakter* einer Störstelle als entscheidend und bezeichnen mit *Donatoren* Störstellen, die im besetzten Zustand bzw. unbesetzten Zustand die Ladung „neutral" bzw. „positiv geladen" haben, und als *Acceptoren* solche, die die beiden Umladungszustände „negativ geladen" und „neutral" einnehmen können. Die Lage der Zwischenbandterme kann in dieser Nomenklatur noch bezeichnet werden durch: *Cis*-Lage bei Termlage im unteren Teil des verbotenen Bandes, *Medial*-Lage bei Lage im mittleren Teil des verbotenen Bandes und *Trans*-Lage bei Lage im oberen Teil des verbotenen Bandes. Schließlich können Störstellen, deren Umladungscharakter „doppelt positiv geladen" und „einfach positiv geladen" ist, als *Superdonatoren* und entsprechend Störstellen mit (—, 2—)-Umladungscharakter als *Superacceptoren* bezeichnet werden.

Diese Nomenklatur ist eindeutig und gestattet die Einteilung der Störstellen nach ihren für den Halbleiter wesentlichsten Eigenschaften. Sie ist in Tabelle 3 noch einmal zusammengefaßt.

Wir betrachten jetzt die Wirkung der in den beiden letzten Ziffern aufgeführten Störstellentypen getrennt[2]:

Elemente: Hier gilt die Regel, daß substituierende Elemente mit einem überzähligen Valenzelektron Donatoren bilden, Elemente mit einem Valenzelektron weniger, als zur Bindung benötigt werden, dagegen Acceptoren. Elemente gleicher Wertigkeit liefern meist keine Ladungsträger (Beispiel: Si in Ge) oder können je nach ihrem Ionenradius als Acceptor oder Donator wirken (Beispiel: Sn wirkt in Ge als Donator). Bei Elementen stark abweichender Wertigkeit sowie beim Einbau von Fremdatomen auf Zwischengitterplätzen läßt sich nicht allgemein entscheiden, ob Donatoren oder Acceptoren gebildet werden. Ein Beispiel für den letzteren Fall ist der Einbau der Halogene in Selen, der zu Defektleitung führt,

[1] W. SCHOTTKY und F. STÖCKMANN, [*23*, I], S. 80.

[2] Für eine ausführliche Diskussion vgl. den Abschnitt K, sowie [1] und [*18*].

obwohl die Halogene ein Valenzelektron mehr besetzen als des Selen. Gitteratome auf Zwischengitterplätzen wirken als Donatoren. Dies läßt sich qualitativ leicht einsehen. Wird beispielsweise ein Germaniumatom aus seinem Gitterplatz gerissen und auf einen Zwischengitterplatz gebracht, so kann man den Einfluß des Gitters in erster Näherung dadurch berücksichtigen, daß man es als ein Medium hoher Dielektrizitätskonstanten ($\varepsilon = 16$ in Ge) betrachtet. Dann wird die Bindungsenergie des äußersten Elektrons des Zwischengitterplatz-Atoms um den Faktor $1/\varepsilon^2$ erniedrigt, das Elektron ist also leicht abspaltbar. Eine Leerstelle dagegen kann Elektronen aus dem Valenzband aufnehmen, da bei den Nachbarn nichtabgesättigte Valenzelektronen vorhanden sind. Sie wirkt also als Acceptor.

Verbindungen: Bei Verbindungen sind zunächst die gleichen Regeln bekannt, wie bei den Elementen. Substitution von Elementen höherer Wertigkeit liefert häufig Donatoren, Substitution von Elementen niedrigerer Wertigkeit Acceptoren. Hier ist jedoch zunächst nicht entschieden, in welches Teilgitter die Fremdatome eingebaut werden. So liefern Elemente der IV. Gruppe des periodischen Systems in III-V-Verbindungen je nach ihrem Ionenradius Donatoren durch Substitution der Kationen oder Acceptoren durch Substitution der Anionen.

Bei Eigenfehlordnung richtet sich die Wirkung der einzelnen Fehlordnungstypen danach, in welchem Teilgitter die Fehlordnung auftritt. Wir betrachten hier nur einige Beispiele. In PbS spalten Leerstellen im Anionen-Teilgitter leicht Elektronen ab ($\mathrm{S}\,\square^{\times} \to \mathrm{S}\,\square^{\cdot} + \ominus$), wirken also als Donatoren, Leerstellen im Kationen-Teilgitter können dagegen Valenzelektronen aufnehmen und somit als Acceptoren wirken ($\mathrm{Pb}\,\square^{\times} \to \mathrm{Pb}\,\square' + \oplus$). PbS kann also bei nicht-stöchiometrischer Zusammensetzung bei Pb-Überschuß elektronenleitend, bei S-Überschuß defektleitend werden. Man bezeichnet Halbleiter, die durch Fehlordnung (oder Einbau von Fremdstörstellen) je nach Wunsch n- oder p-leitend gemacht werden können, als *amphotere Halbleiter*. Daneben sind jedoch auch Halbleiter bekannt, die nur einen Leitungstyp aufweisen können. Ein Beispiel für einen solchen Halbleiter ist ZnO, das nur n-leitend auftritt. Abweichungen von der Stöchiometrie können hier nur zu einem Kationenüberschuß führen *(Reduktionshalbleiter)*. Ein Gegenbeispiel ist NiO, das nur p-Leitung zeigt (Bildung von Ni $\square$, d.h. Sauerstoff-Überschuß, *Oxydationshalbleiter*). In diesen Halbleitern führt auch der Einbau von Störstellen nur zu dem durch Fehlordnung erreichbaren Leitungstyp.

Hier ist schließlich noch eine weitere Gruppe von Halbleitern zu nennen, die zwar keine direkte Fehlordnung aufweisen, deren Ladungsträger aber durch deren besondere Gitterstruktur erzeugt werden. Diese Verbindungen zeichnen sich dadurch aus, daß die Kationen in verschiedener Wertigkeit vorliegen. In Fe_3O_4 sind beispielsweise die Fe-Ionen abwechselnd zweifach und dreifach positiv geladen. Hier ist eine Umladung des Fe^{3+}-Ions in ein Fe^{2+}-Ion unter Aufnahme eines Elektrons und die Umladung eines Fe^{2+}-Ions in ein Fe^{3+}-Ion unter Abgabe eines Elektrons energetisch leicht möglich. Die Atome des Kationen-Teilgitters können also selbst als Donatoren oder Acceptoren wirken. Aus dieser Eigenschaft der Fe-Ionen folgt eine hohe spezifische Leitfähigkeit des Fe_3O_4, die bei der Unterbindung des Valenzwechsels durch Substitution des zweiwertigen Eisens durch Al (Fe_2AlO_4) oder durch Übergang zum γ-Fe_2O_3 (Ersetzen eines Fe^{2+} durch eine Leerstelle, des anderen Fe^{2+} durch ein Fe^{3+}) verloren geht.

Bei Verbindungen, deren Kation zwar eine einheitliche Ladung besitzt, aber relativ leicht umgeladen werden kann, erzwingt oft der Einbau von Fremdionen mit anomaler Ladung den Übergang eines Bruchteiles der Kationen des Gitters in eine andere Wertigkeitsstufe. Dieser erzwungene Valenzwechsel liefert dann eine kontrollierbare Anzahl von gittereigenen Kationen, die als Donatoren bzw. Acceptoren wirken (*Valenzgesteuerte Halbleiter*, vgl. Ziff. 96).

Beim Einbau von Donatoren bzw. Acceptoren in das Gitter eines Halbleiters ist zu beachten, daß nicht unbedingt die Zugabe von Donatoren die Dichte der Elektronen im Leitungsband bzw. die Zugabe von Acceptoren die Dichte der Löcher im Valenzband erhöht. Zunächst kann bei gleichzeitiger Anwesenheit von Donatoren und Acceptoren eine gegenseitige Kompensation der Wirkung beider Störstellenarten auftreten. Liegt beispielsweise der Acceptorterm tiefer als der Donatorterm, so werden die Donatoren ihre Elektronen an die Acceptoren abgeben. Ist die Dichte der Acceptoren größer als die der Donatoren, so werden alle Donatoren dissoziiert sein, können also keine Elektronen mehr an das Leitungsband abgeben. Wirksam (im Sinne einer Abgabe von Löchern) sind dann nur noch die überzähligen Acceptoren. Im entgegengesetzten Fall werden alle Acceptoren durch Besetzung aus den Donatoren unwirksam und lediglich der Überschuß an Donatoren vermag noch die Leitfähigkeit durch Abgabe von Elektronen an das Leitungsband zu beeinflussen.

Weiter kann beispielsweise der Donatorenterm so weit vom Rande des Leitungsbandes entfernt sein, daß bei einer vorgegebenen Temperatur die thermische Energie nicht ausreicht, um ein Elektron abzuspalten. Entscheidend neben dem Umladungscharakter ist also *die Lage des Terms der Störstelle im verbotenen Band*, die Untersuchungstemperatur sowie die äußeren Bedingungen, wie die Gegenwart anderer Störstellen, die Lage des FERMI-Niveaus (Ziff. 15) usw.[1].

Die relative Lage des Störstellenterms zum Bandrand, also die Aktivierungsenergie der betreffenden Störstelle läßt sich bei sehr dicht am Bandrand liegenden Termen aus einem einfachen Modell abschätzen. Ersetzt man beispielsweise im Germaniumgitter ein Atom durch ein Arsenatom, so bedeutet dies lediglich das Hinzufügen einer positiven Kernladung und eines Elektrons an der betreffenden Stelle. Die Bindungsenergie des Elektrons an das um eine Kernladung erhöhte Atom läßt sich dadurch angenähert berechnen, daß man die Störstelle als ein Wasserstoffatom auffaßt, welches in ein Medium der Dielektrizitätskonstanten ε des Germaniums eingebettet ist. Das Elektron bewegt sich dann auf einer Bahn vom ε-fachen BOHRschen Radius und ist infolge der wesentlich kleineren Bindungsenergie leicht abspaltbar. Die Abtrennarbeit wird gegenüber der des freien H-Atoms hierbei um den Faktor $1/\varepsilon^2$ erniedrigt. Dieses einfache Modell liefert bereits unter Einbeziehung der effektiven Maße m^* der Leitungselektronen die richtige Größenordnung der Ionisationsenergien der Elemente der dritten und fünften Gruppe in Halbleitern der vierten Gruppe des periodischen Systems. Zur genaueren Berechnung insbesondere auch der tiefer liegenden Terme ist dieses Modell natürlich nicht geeignet[2].

Wenn es auch offensichtlich ist, daß diese qualitative Erklärung nur für die Abtrennarbeit aus Störstellen sinnvoll ist, so gilt doch häufig eine ähnliche empirisch gefundene Regel: Aktivierungsenergie $=$ const$/\varepsilon^2$ auch für die Abtrennarbeit eines Valenzelektrons im ungestörten Gitter (also für die Breite der verbotenen Zone) [*14*]. In Tabelle 4 sind die Produkte $\Delta E\,\varepsilon^2$ für einige Halbleiter aufgetragen. Eine befriedigende Erklärung dieser „Moss-Relation" fehlt allerdings noch. Eine physikalische Deutung hat wohl davon auszugehen, daß der

[1] Für alle Fragen der Abhängigkeit der Eigenschaften von Störstellen (Löslichkeit, Diffusion, Ionisierungsgrad usw.) von der Gegenwart freier Ladungsträger und anderer Störstellen vgl. Ziff. 19. — H. REISS: J. Chem. Phys. **21**, 1209 (1953). — R. L. LONGINI u. R. F. GREENE: Phys. Rev. **102**, 992 (1956). — H. REISS, C. S. FULLER u. F. J. MORIN: Bell. Syst. Techn. J. **35**, 535 (1956).

[2] Vergleiche den Beitrag von J. SLATER in Bd. XIX, sowie W. BALTENSPERGER, Phys. Rev. **83**, 1005 (1951), C. KITTEL und A. H. MITCHELL, Phys. Rev. **96**, 1488 (1954), W. KOHN und J. M. LUTTINGER, Phys. Rev. **97**, 1721 (1955), W. H. KLEINER, Phys. Rev. **97**, 1722 (1955), M. A. LAMPERT, Phys. Rev. **97**, 352 (1955).

Hauptbeitrag zu ΔE bei der Trennung der negativen Ladung des Elektrons von der positiven Ladung des Loches aufgebracht werden muß, so wie die Abspaltung eines Ladungsträgers aus einer Störstelle die Trennung zweier entgegengesetzt geladenen Teilchen bedeutet.

Bei Halbleitern wird häufig beobachtet, daß die Ionisierungsenergie von Störstellen mit wachsendem Störstellengehalt abnimmt[1]. Zur theoretischen Deutung sind eine Anzahl verschiedener Modelle vorgeschlagen worden, auf die wir hier nicht näher eingehen können[2].

Während die Störstellen, deren Terme in der Nähe der Bandkanten liegen, vorwiegend durch Abgabe oder Aufnahme von Ladungsträgern die Halbleitereigenschaften beeinflussen, kommen tiefer liegenden Termen noch andere Einwirkungsmöglichkeiten zu. Diese Störstellen wirken vor allem durch *Einfangen von freien Ladungsträgern*, die aus anderen Störstellen stammen. Störstellen, die unter den gegebenen Gesamtbedingungen in dieser Weise wirken, werden unter dem Namen „*Traps*" zusammengefaßt. Wir haben hier zwischen zwei Arten von Traps zu unterscheiden. Wird ein eingefangener Ladungsträger vorwiegend wieder in das gleiche Band zurückemittiert, so wirken die Traps als *Haftstellen* für die betreffende Sorte von Ladungsträgern, wird dagegen der eingefangene Ladungsträger mit größerer oder gleicher Wahrscheinlichkeit in das andere Band emittiert, so besteht die Wirkung in einer Rekombination eines Elektrons mit einem Loch *(Rekombinationszentren)*. Dieser letzteren Sorte von Traps kommt in Halbleitern eine große Bedeutung zu. Die Rekombination einer Dichteüberhöhung von Elektronen und Löchern, also der Übergang von Elektronen vom Leitungsband in das Valenzband, kann in störstellenfreien Halbleitern nur bei gleichem $\boldsymbol{k}$-Vektor des Elektrons im Ausgangs- und Endzustand erfolgen. Der Übergang durch Einfangen des Elektrons in ein Rekombinationszentrum und anschließende Emission in das Valenzband benötigt dagegen nicht diese Auswahlregel. Wir werden darauf in Abschnitt D ausführlicher zurückkommen.

Tabelle 4. *Werte der verbotenen Zone und der Dielektrizitätskonstanten für verschiedene Halbleiter.*

ΔE_0: Werte am absoluten Nullpunkt, extrapoliert aus optischen Messungen, $\varepsilon = n^2$ aus optischen Messungen des Brechungsindex.

	ΔE_0(eV)	ε	$\Delta E_0 \varepsilon^2$
Diamant . . .	5,3	5,67	170
Si	1,14	11,8	160
Ge	0,78	15,6	190
AlSb	1,60	9,00	130
GaP	2,40	8,41	170
GaAs	1,52	10,24	159
GaSb	0,77	13,69	144
InP	1,42	9,00	115
InAs	0,43	10,56	48
InSb	0.24	16,15	57

Die Frage, ob eine Störstelle als Lieferant für die zur Leitfähigkeit beitragenden Ladungsträger wirkt oder als Haftstelle ist nicht an die Natur der Störstelle gebunden, sondern wird wesentlich durch die äußeren Bedingungen bestimmt. So wirken Acceptoren, die einem elektronenleitenden Halbleiter zugesetzt werden, als Haftstellen für die Leitungselektronen, wobei die Frage zunächst unwichtig

[1] Diese Abhängigkeit der Ionisierungsenergie von der Störstellenkonzentration liefert in der für tiefe Temperaturen in Störstellenhalbleitern gültigen Beziehung: Leitfähigkeit $\sigma = A(T)\exp\left(-\frac{\Delta E_S}{2kT}\right)$ (vgl. Ziffer 17 und 30) einen Zusammenhang zwischen der „Mengenkonstanten" A und der Ionisierungsenergie ΔE_S (MEYER-NELDELsche Regel). — W. M. MEYER u. H. NELDEL: Z. techn. Phys. **18**, 588 (1937). — Phys. Z. **38**, 1014 (1937).

[2] Vgl. etwa G. BUSCH: Helv. phys. Acta **19**, 189 (1946). — H. K. HENISCH: Z. phys. Chem. **198**, 41 (1951). — G. L. PEARSON u. J. BARDEEN: Phys. Rev. **75**, 865 (1949). — G. W. CASTELLAN u. F. SEITZ [*24*]. — L. PINCHERLE: Proc. Phys. Soc. Lond., Ser. A **64**, 663 (1951). — P. P. DEBYE u. E. M. CONWELL: Phys. Rev. **93**, 693 (1954). — G. W. LEHMANN u. H. M. JAMES: Phys. Rev. **100**, 1698 (1955).

ist, ob sie direkt Elektronen aus dem Leitungsband einfangen, oder zunächst ein Loch abgeben, welches dann mit einem Leitungselektron rekombiniert.

Schließlich haben wir noch eine weitere Eigenschaft der Störstellen zu betrachten, die weitgehend unabhängig von der Lage des Störstellenterms im verbotenen Band ist, nämlich den Einfluß der Störstellen auf die *Beweglichkeit* der Ladungsträger. Hier wirken vor allem die dissoziierten, also geladenen Störstellen als Streuzentren, die die Beweglichkeit stark herabsetzen können (vgl. Ziff.28).

Wir haben uns bisher in dieser Ziffer nur mit dem Verhalten atomarer Störstellen beschäftigt. Die Wirkung von Versetzungen auf die Halbleitereigenschaften treten gegenüber der Wirkung der atomaren Störstellen jedoch weit zurück. Beobachtungen an plastisch verformten Einkristallen besonders bei Germanium und Silizium zeigen aber, daß auch Versetzungen ähnliche Wirkungen (Abgabe von Ladungsträgern, Wirkung als Rekombinationszentren und als Streuzentren) zeigen, wobei noch offen ist, ob die Versetzungen selbst diese Wirkung haben, oder bei dem Wandern der Versetzungen im Kristall atomare Störstellen gebildet werden[1].

Makroskopische Gitterstörungen, insbesondere Oberflächen liefern mit ihren Termen im verbotenen Band ebenfalls Rekombinationszentren (Oberflächenrekombination, vgl. Ziff. 47 und 70).

9. Das theoretische Modell des gestörten Halbleiters. Bei der Beschreibung des ungestörten Halbleiters stellt das Bändermodell lediglich ein Energieschema dar, das Aussagen über die für die Elektronen des Festkörpers möglichen Energiewerte und unter Hinzunahme statistischer Methoden über die tatsächliche energetische Verteilung der Elektronen liefert. Über die räumliche Lage eines herausgegriffenen Elektrons wird jedoch nichts ausgesagt. Die Bänder erstrecken sich durch den ganzen Festkörper und die Aufenthaltswahrscheinlichkeit jedes Elektrons ist an allen Punkten des Kristalls gleich groß. Die Einführung von *lokalisierten* Störstellentermen in das verbotene Gebiet zwischen den Bändern zwingt jedoch zu einer Erweiterung des einfachen Bändermodells durch eine Ortskoordinate (Fig. 3)[2]. Die Bänder werden weiterhin als unbeeinflußt von der Gegenwart der Störstellen gezeichnet und die Störstellenterme in einer Höhe, die durch die Aktivierungsenergie gegeben ist, statistisch verteilt eingetragen. (Auch hier wird meistens der Abstand der in der Nähe der Bandränder liegenden Terme übertrieben dargestellt).

[1] W. C. ELLIS u. E. S. GREINER: Phys. Rev. **92**, 1061 (1953). — K. BLANK, D. GEIST u. K. SEILER: Z. Naturforsch. **9**a, 515 (1954). — G. L. PEARSON, W. T. READ u. F. J. MORIN: Bull. Amer. Phys. Soc. **29**, No. 1, D 4 (1954). — C. J. GALLAGHER u. A. G. TWEET: Bull. Amer. Phys. Soc. **29** No. 5, R 9 (1954). — J. P. MCKELVEY u. R. L. LONGINI: Bull. Amer. Phys. Soc. **29**, Nr. 5, Z 9 (1955). — W. C. DASH: Phys. Rev. **97**, 354 (1955). — W. T. READ u. G. L. PEARSON [*9*].

[2] Die Darstellung der Bändermodelle mit Elektronen, Löchern und geladenen oder neutralen Störstellen ist in der Literatur nicht einheitlich. Wir benutzen hier die folgende Vereinbarung: Elektronenreichere Zustände werden durch einen ausgefüllten Punkt (•) gekennzeichnet, elektronenärmere Zustände durch einen Kreis (o). Im Leitungsband werden jedoch nur die elektronenreicheren Zustände (die Elektronen selbst) gezeichnet, im Valenzband nur die elektronenärmeren (Löcher). Störstellen des Typus -o- können dann nur Elektronen aufnehmen (oder Löcher abgeben), Störstellen des Typus -•- können nur Elektronen abgeben (oder Löcher aufnehmen). Hiermit ist die Reaktionsfähigkeit einer eingezeichneten Störstelle völlig gegeben. Zur Unterscheidung zwischen Donatoren und Acceptoren kann dann noch der augenblickliche Ladungszustand durch ein beigefügtes ′, × oder · gekennzeichnet werden. Dann ist beispielsweise eine -o-·-Störstelle ein positiv geladener Donator, da der elektronenärmere Zustand positiv geladen ist. Diese Darstellung gibt gleichzeitig Auskunft über die Raumladungsverhältnisse in dem dargestellten Halbleitergebiet. Eine andere Alternative ist hier die zusätzliche Kennzeichnung der Störstelle durch D^+, $D^\times$, A^- usw.

Zur exakten Beschreibung der Leitungsvorgänge in Halbleitern muß streng genommen das Bändermodell für das *gestörte* periodische Potential neu entwickelt werden[1]. Diese Erweiterung des Halbleitermodells kann jedoch in erster Näherung unberücksichtigt bleiben.

Neben der Beschreibung der Halbleitereigenschaften mit Hilfe des durch Störstellen erweiterten Bändermodells ist besonders in polaren Halbleitern eine völlig andere Beschreibungsmöglichkeit vorhanden, die zur Erfassung der Vorgänge thermodynamische und elektrochemische Methoden benutzt. Die Gleichgewichtsverteilung der Ladungsträger und der dissoziierten bzw. neutralen Störstellen wird hier durch Massenwirkungsgesetze erfaßt *(Reaktionskinetik)*. Hier tritt also die atomistische Deutung der Reaktion in Halbleitern in den Vordergrund. Beide Methoden sind als Näherungsmethoden eines gemeinsamen Ansatzes zu betrachten, die den Einelektronennäherungen von HUND-MULLIKEN bzw. HEITLER-LONDON in der Molekülphysik entsprechen[2]. In diesem Sinne ergänzen sie sich gegenseitig. Wir werden in Abschnitt B sehen, daß die Statistik der Ladungsträgerverteilung im Gleichgewicht mit beiden Methoden behandelt werden kann und dabei erkennen, wann die eine oder die andere leistungsfähiger ist. Bei vielen Problemen sind die Beschreibungsarten völlig gleichwertig und die Benutzung der einen oder der anderen lediglich eine Frage der Gewohnheit oder der Anschaulichkeit[3].

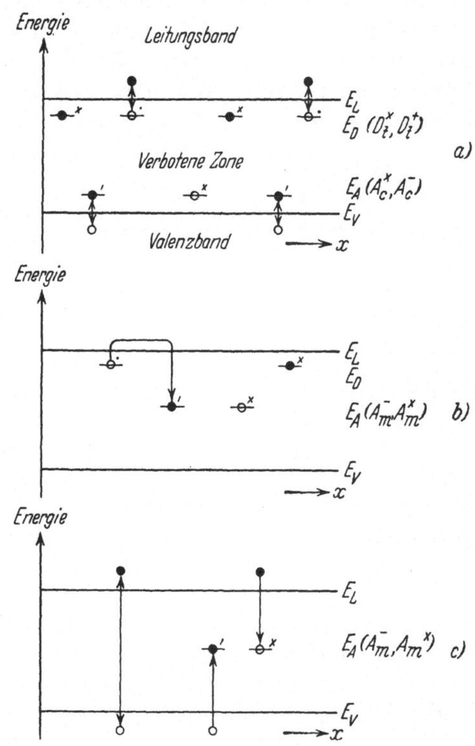

Fig. 3a—c. Bändermodell des Halbleiters. a Ladungsträgerabgabe aus Donatoren und Acceptoren. b Einfangen von Leitungselektronen in Haftstellen. c Direkte Paarerzeugung von Elektron-Lochpaaren und Rekombination über Rekombinationszentren.

Während das Bändermodell sich bei Metallen vorwiegend zur Beschreibung der elektrischen Eigenschaften eignet, ist die Reaktionskinetik bei den Ionenkristallen angebrachter. Die Halbleiter vereinigen auch hier als Bindeglied zwischen diesen beiden Arten von Festkörpern die Möglichkeit einer Benutzung und damit gegenseitigen Ergänzung beider Beschreibungsmöglichkeiten. Wir werden uns bei der Beschränkung auf wesentlich homöopolar gebundene Halbleiter vorwiegend auf das Bändermodell stützen, dabei aber auch reaktionskinetische Betrachtungen nicht außer acht lassen.

---

[1] Vgl. den Beitrag von J. C. SLATER in Bd. XIX, sowie J. C. SLATER, Phys. Rev. **76**, 1592 (1949), H. M. JAMES, Phys. Rev. **76**, 1611 (1949), B. KOCKEL, Z. Naturforsch. **7**a, 10 (1952), P. FEUER, Phys. Rev. **88**, 92 (1952), H. M. JAMES u. A. S. GINZBARG, J. Phys. Chem. **57**, 840 (1953), J. M. LUTTINGER u. W. KOHN, Phys. Rev. **97**, 869 (1955).

[2] F. STÖCKMANN: Z. phys. Chem. **198**, 215 (1951); vgl. auch E. SPENKE [*16*].

[3] Vgl. z.B. die Darstellung der Rekombinations-Statistik im Rahmen des Bändermodells bei W. SHOCKLEY u. W. T. READ, Phys. Rev. **87**, 835 (1952) und im Rahmen der Reaktionskinetik bei A. HOFFMANN [*23*, II].

10. Entfernung von Störstellen. Zur Erzielung definierter elektrischer Eigenschaften ist es notwendig, den Störstellengehalt eines Halbleiters möglichst genau zu kennen und nach Wunsch zu beeinflussen. Dazu muß man also zunächst den Halbleiter weitgehend von allen in ihm zufällig enthaltenen Störstellen befreien und dann durch Zugabe einer definierten Menge einer vorgegebenen Störstellenart „dotieren".

Zur Entfernung von Störstellen stehen zunächst eine große Anzahl chemischer Methoden zur Verfügung. Eine chemische Reinigung des Halbleiters (bzw. bei halbleitenden Verbindungen der Komponenten) genügt jedoch nicht, um alle Spuren von Fremdverunreinigungen zu eliminieren. Hier hat sich ein Verfahren bewährt, das darauf beruht, daß beim Erstarren einer Schmelze Fremdatome im allgemeinen weniger leicht eingebaut werden als gittereigene Atome. Läßt man also eine Schmelze eines Halbleiters gerichtet erstarren, so wird der zuerst erstarrte Teil weniger Verunreinigungen enthalten, als die Schmelze (Fig. 4a). Diese wird sich mit Fremdstoffen anreichern, die dann in dem zuletzt erstarrten Teil zurückbleiben[1]. Bezeichnet man mit k den Einbaukoeffizienten (Verhältnis der eingebauten Konzentration c_s der Verunreinigungen zu der von der Schmelze angebotenen Konzentration c_l) und mit c_0 die Ausgangskonzentration in der Schmelze, so ergibt sich für die Verteilung der Verunreinigungen bei gerichteter Erstarrung (normal freezing):

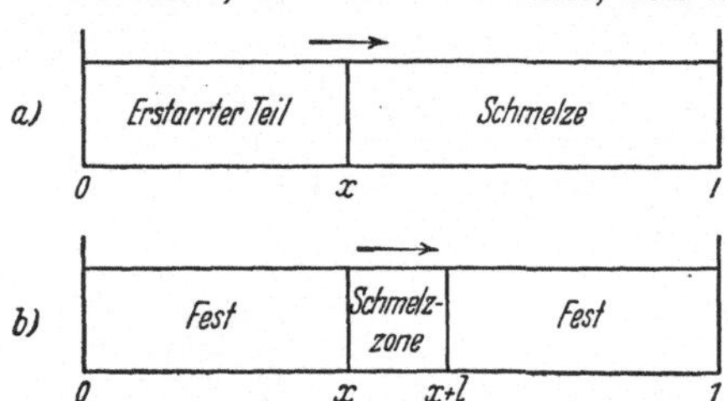

Fig. 4a u. b. Gerichtetes Erstarren (a) und Zonenschmelzen (b) als Hilfsmittel zur Reinigung von Halbleitern.

$$c_s(x) = c_0(1 - x)^{k-1}, \quad k = c_s/c_l \tag{10.1}$$

wo noch x in Einheiten der Stablänge gerechnet ist. Bei der Ableitung von Gl. (10.1) und den folgenden Gleichungen ist ferner vorausgesetzt, daß keine weitere Störstellendiffusion im erstarrten Teil auftritt und daß die Konzentration in der Schmelze homogen bleibt, also keine Konzentrations-Stauungen vor der Erstarrungsfront eintreten.

Dieses Verfahren hat den Nachteil, daß nur der zuerst erstarrte Teil des Halbleiters einen Reinigungseffekt aufweist, der größte Teil des Halbleiters jedoch einer erneuten chemischen Reinigung unterworfen werden muß. Man verwendet deshalb statt des gerichteten Erstarrens allgemein das Verfahren des *Zonenschmelzens*. Dieses besteht darin, daß nicht der ganze Halbleiterstab aufgeschmolzen wird, sondern daß eine geschmolzene Zone durch den Stab geführt wird (Fig. 4b) (zone refining)[2]. Ein einmaliges Durchziehen einer Zone bringt zwar keinen so großen Reinigungseffekt wie eine gerichtete Erstarrung, das Verfahren läßt sich jedoch beliebig oft wiederholen und gestattet so eine weitgehende Entfernung der meisten Verunreinigungen aus dem Halbleiter. Man erhält hier für den ersten Schritt statt (10.1):

$$c_s(x) = c_0\left(1 - (k-1)\,e^{-kx/l}\right) \qquad 0 < x < 1 - l \tag{10.2}$$

[1] R. N. HALL: Phys. Rev. **78**, 645 (1950).

[2] W. G. PFANN: J. Metals **4**, 747, 861 (1952); **5**, 1441 (1953); **6**, 294 (1954); **7**, 297, 961 (1955). — W. G. PFANN u. K. M. OLSEN: Phys. Rev. **89**, 322 (1953). — N. W. LORD: J. Metals **5**, 1531 (1953). — H. REISS: J. Metals **6**, 1053 (1954). — C. WAGNER: J. Metals **6**, 154 (1954). — P. LEVESQUE: J. Metals **6**, 772 (1954). — K. S. MILLIKEN: J. Metals **7**, 838 (1955). — L. BURRIS u.a.: J. Metals **7**, 1017 (1955). — I. L. BIRMAN: J. Appl. Phys. **26**, 1195 (1955). — J. VAN DEN BOOMGAARD: Brit. J. Electr. **1**, 212 (1955). — Phil. Res. Rep. **10**, 319 (1955); **11**, 27, 91 (1956). — W. G. PFANN u. D. W. HAGELBERGER: J. Appl. Phys. **27**, 12 (1956).

und für den n-ten Schritt

$$c_{s,n}(x) = \frac{k}{l} e^{-kx/l} \left(\int_0^x c_{s,n-1}(y+l) e^{ky/l} dy + \int_0^l c_{s,n-1}(y)\, dy \right) 0 < x < 1 - l, \quad (10.3)$$

wo l die Breite der Schmelzzone in Einheiten der Stablänge ist.

Dieses Verfahren läßt sich ferner zur Homogenisierung einer ungleichmäßigen Störstellenverteilung verwenden. Es ist nicht auf Halbleiter beschränkt, sondern läßt sich auch bei Metallen durchführen[1].

Zur Vermeidung neuer aus dem Tiegelmaterial hereingeschleppter Verunreinigungen läßt sich das Zonenschmelzen auch *tiegelfrei* durchführen. Der zu

Tabelle 5. *Einbaukoeffizient k verschiedener Elemente in Ge und Si*[2].

	Ge	Si		Ge	Si		Ge	Si
P	0,12	0,35	Al	0,10	>0,004	Ag . . .	10^{-4}	
As	0,04	0,3	Ga . . .	0,10	0,01	Au . . .	$3 \cdot 10^{-5}$	$3 \cdot 10^{-5}$
Sb . . .	0,003	0,04	In	0,001	$5 \cdot 10^{-4}$	Ni	$5 \cdot 10^{-6}$	
Bi	$4 \cdot 10^{-5}$		Tl	$4 \cdot 10^{-5}$		Zn . . .	0,01	
B	>1	0,9	Cu	$1{,}5 \cdot 10^{-5}$	$4 \cdot 10^{-4}$	Co	10^{-6}	

reinigende Stab wird senkrecht an seinen Enden gehaltert und eine geschmolzene Zone durchgeführt. Dabei wird die Schmelze durch die Oberflächenspannung zusammengehalten. Dieses Verfahren hat sich besonders bei Germanium und Silizium bewährt[3].

Die Annahme eines konstanten Verteilungskoeffizienten k ist nur näherungsweise berechtigt. Er ist als Verhältnis der Konzentrationen c_s und c_l durch den Verlauf der Solidus- und Liquiduskurve im Zustandsdiagramm Halbleiter-Verunreinigung gegeben, welche nur für sehr kleine Fremdkonzentrationen durch Geraden approximiert werden können. Ferner hängt k von der Kristallisationsgeschwindigkeit und der Orientierung des Kristalls ab[4].

Die Werte für k liegen im allgemeinen weit unter 1, es treten jedoch auch Werte ≈ 1 (Beispiel Si in Ge) und $k > 1$ (Beispiel B in Ge) auf. Das letztere bedeutet, daß Bor in Germanium bevorzugt eingebaut wird und sich in dem zuerst erstarrten Teil der Schmelze anreichert. Die Werte für den Verteilungskoeffizienten verschiedener Elemente in Ge und Si sind in Tabelle 5 angegeben.

Neben der Entfernung von Verunreinigungen ist es notwendig, den Halbleiter frei von Gitterstörungen, insbesondere auch von Korngrenzen zu gewinnen. Zur Herstellung von Einkristallen dienen hier vor allem folgende Verfahren: 1. *Ziehen aus der Schmelze* (CZOCHRALSKI-Verfahren[5]); 2. *Gerichtetes Erstarren* mit einkristallinem Ausgangskeim.

Das erste Verfahren hat den Vorteil, daß der Einkristall frei wächst und dadurch nur wenig innere Spannungen enthält, ferner, daß man während des

[1] E. E. SCHUMACHER: J. Metals **5**, 1428 (1953). — M. TANENBAUM, A. J. GROSS u. W. G. PFANN: J. Metals **6**, 762 (1954). — D. P. DETWILER u. W. M. FOX: J. Metals **7**, 205 (1956).

[2] J. A. BURTON, E. D. KOLB, W. P. SLICHTER u. J. D. STRUTHERS: J. Chem. Phys. **21**, 1991 (1953). — J. A. BURTON: Physica, Haag **20**, 845 (1954).

[3] P. H. KECK u. M. S. E. GOLAY: Phys. Rev. **89**, 1297 (1953). — P. H. KECK, M. GREEN u. M. L. POLK: J. Appl. Phys. **24**, 1479 (1953). — R. EMEIS: Z. Naturforsch. **9a**, 67 (1954). — S. MÜLLER: Z. Naturforsch. **9a**, 504 (1954). — W. HEYWANG u. G. ZIEGLER: Z. Naturforsch. **9a**, 561 (1954). — P. H. KECK: Physica, Haag **20**, 1059 (1954). — W. HEYWANG: Z. Naturforsch. **11a**, 238 (1956).

[4] R. N. HALL: Phys. Rev. **88**, 139 (1952). — J. Phys. Chem. **57**, 836 (1953).

[5] G. K. TEAL u. J. B. LITTLE: Phys. Rev. **78**, 647 (1950). — G. K. TEAL, M. SPARKS u. E. BUEHLER: Phys. Rev. **81**, 637 (1951) und Proc. IRE **40**, 906 (1952) u.a.

Ziehens den Störstellengehalt der Schmelze ändern kann und damit der Einkristall eine vorgegebene Störstellenverteilung erhält. Das zweite Verfahren hat den Vorteil einer größeren Einfachheit, zumal es sich direkt an das Zonenreinigen anschließen läßt.

Unter den weiteren Verfahren ist noch zu erwähnen das gerichtete Erstarren in einer abgeschlossenen Ampulle (BRIDGMAN-STOCKBARGER-Verfahren[1]).

11. Erzeugung von Störstellen. Störstellen können durch folgende Prozesse im Halbleiterinneren erzeugt werden:

1. Chemische Beimischung von Störstellen. Gibt man der Schmelze eine definierte Menge einer Fremdsubstanz bei, so wird diese nach Maßgabe ihres Verteilungskoeffizienten beim Erstarren eingebaut. Zur Erzielung einer gewünschten Störstellenverteilung kann man beispielsweise die Zusammensetzung der Schmelze während des Erstarrens ändern oder durch Änderung der Erstarrungsgeschwindigkeit k so variieren, daß sich die gewünschte Verteilung ergibt[2].

2. Eindiffusion von Fremdsubstanzen. Die Anwendungsmöglichkeit dieser Methode hängt von der Diffusionsgeschwindigkeit der gewählten Fremdsubstanz ab. Es ist hier jedoch schwierig, eine homogene Verteilung über größere Bereiche im Innern zu erhalten. Dieses Verfahren wird infolgedessen nur dann benutzt, wenn man eine Oberflächenschicht des Halbleiters dotieren will, also z. B. bei der Herstellung von p-n-Übergängen (vgl. Ziff. 57).

3. Thermische Behandlung. In Ziff. 6 wurde bereits darauf hingewiesen, daß bei hohen Temperaturen auftretende Fehlordnungsgleichwerte durch plötzliches Abschrecken auf Zimmertemperatur „eingefroren" werden können. Durch Wahl der Ausgangstemperatur ist es also möglich einen bestimmten Fehlordnungsgrad und damit eine bestimmte Störstellendichte herzustellen.

Andererseits ist es durch Tempern bei erhöhter Temperatur und langsames Abkühlen möglich, vorhandene Fehlordnung auf ein Mindestmaß herabzudrücken sowie Inhomogenitäten in der Verteilung von Fremdstörstellen infolge der bei höheren Temperaturen größeren Diffusionsgeschwindigkeit auszuglätten.

Das Einfrieren einer Hochtemperaturfehlordnung ist aber nicht der einzige durch plötzliches Abschrecken erreichbare Effekt. Neben der Fehlordnung können auch Fremdatome, die bei höheren Temperaturen eine größere Löslichkeit im Halbleiterinneren haben, eingefroren werden. Ein eingehend untersuchtes Beispiel hierfür ist die Bildung von Acceptoren durch Cu in Ge: THEUERER und SCAFF[3] beobachteten, daß der Widerstand von Ge und sein Leitungstyp durch Erhitzen auf 600°—900° C und anschließendes Abschrecken stark beeinflußbar ist. Die Ergebnisse zeigten die Bildung von Acceptoren, deren Dichte mit wachsender Ausgangstemperatur zunimmt und deren Aktivierungsenergie nach späteren Untersuchungen[4] etwa 0,03 eV beträgt. Weitere Untersuchungen[5] zeigten, daß diese als „thermiums" bezeichneten Acceptoren bei Beginn der Wärmebehandlung schnell in das Halbleiterinnere hineindiffundieren und bei 900° C eine maximale Löslichkeit besitzen. Für die Annahme, daß Kupfer der „thermische

---

[1] Angewendet auf PbSe und PbTe von W. D. LAWSON, J. Appl. Phys. **22**, 1444 (1951).

[2] Für eine genauere Analyse des Einbaus von Verunreinigungen während des Erstarrens vgl. J. A. BURTON, R. C. PRIM u. W. P. SLICHTER, J. Chem. Phys. **21**, 1987 (1954) (Theorie), J. A. BURTON, E. D. KOLB, W. P. SLICHTER u. J. D. STRUTHERS, J. Chem. Phys. **21**, 1991 (1953) (Experimentelle Ergebnisse an Ge.).

[3] H. C. THEUERER u. J. H. SCAFF: J. Metals **3**, 59 (1951).

[4] W. C. DUNLAP: Phys. Rev. **87**, 190 (1952). — W. C. DUNLAP u. W. DE SORBO: Phys. Rev. **83**, 879 (1951). — R. M. BAUM u. C. S. HUNG: Phys. Rev. **88**, 134 (1952).

[5] C. S. FULLER, H. C. THEUERER u. W. VAN ROOSBROECK: Phys. Rev. **85**, 678 (1952). — C. GOLDBERG: Phys. Rev. **88**, 920 (1952).

Acceptor" ist, sprechen folgende Tatsachen: Cu hat die gleiche Löslichkeit und Diffusionskonstante in Ge wie die „thermiums"[1]. Hochgereinigtes kupferfreies Germanium zeigt keine oder nur eine verschwindend kleine Acceptorenbildung beim Abschrecken[2]. Es genügt jedoch bereits eine Oberflächenbehandlung mit Ätzmitteln oder sogar nur ein Berühren der Oberfläche mit der Hand[3], um den Kristall zur Bildung thermischer Acceptoren zu veranlassen. Die nach Entfernung aller Kupferspuren noch auftretenden Acceptoren scheinen einer echten Fehlordnung des Germaniumsgitters (Leerstellen und Atome auf Zwischengitterplätzen) zuzuordnen zu sein[4].

4. Beschuß mit Korpuskularstrahlen[5]. Beim Durchgang von Korpuskeln durch Materie geben diese ihre Energie zumindest teilweise durch folgende Prozesse an den Festkörper ab: 1. Anregung von Elektronen oder Elektronengesamtheiten, 2. Aufreißen von Elektronenbrücken (Erzeugung von Elektron-Loch-Paaren), 3. Störung des regelmäßigen Gitteraufbaus (Herausreißen einzelner Atome, Schaffung von Leerstellen und Atomen auf Zwischengitterplatz), 4. Kernumwandlung.

Je nach der Art der verwendeten Korpuskularstrahlung wird der eine oder andere dieser Prozesse vorherrschen. So werden Elektronen vorwiegend Gitterelektronen anregen oder abspalten, schnelle Neutronen oder andere Kernteilchen Gitterstörungen hervorrufen, während thermische Neutronen Kernumwandlungen verursachen können.

Auf die Leitfähigkeit des Halbleiters haben die oben aufgeführten Prozesse die folgende Wirkung: Die Abspaltung von Elektronen wird eine Erhöhung der Leitfähigkeit zur Folge haben, die nach Beendigung des Beschußes schnell abklingt *(vorübergehende Leitfähigkeitsänderung)*. Gitterstörungen werden zum Auftreten neuer Störstellen führen, die jedoch z.B. durch hinreichend langes Tempern wieder ausgeheilt werden können *(reversible Leitfähigkeitsänderung)*. Kernumwandlungen schließlich führen zum Auftreten neuer von den Atomen des Grundgitters chemisch verschiedener Störstellen und somit zu *irreversiblen Leitfähigkeitsänderungen*.

So bietet der Beschuß mit Korpuskularstrahlen ein wichtiges Mittel zur Bildung von Störstellen im Halbleiterinneren und zur Untersuchung der Natur der Gitterstörungen.

a) Kernumwandlungen. Zur experimentellen Beobachtung der durch Kernumwandlung hervorgerufenen neuen Störstellen ist es notwendig, alle anderen Störungsmöglichkeiten auszuschließen. Da es unvermeidbar ist, daß während des Beschußes zusätzliche Gitterstörungen auftreten (dieser Prozeß überwiegt sogar immer), muß nach dem Beschuß durch hinreichend langes Tempern der ursprünglich ungestörte Gitterzustand wieder hergestellt werden.

---

[1] C. S. Fuller u. J. D. Struthers: Phys. Rev. **87**, 526 (1952). — C. S. Fuller, J. D. Struthers, J. A. Ditzenberger u. K. B. Wolfstirn: Phys. Rev. **93**, 1182 (1954).

[2] W. P. Slichter u. E. D. Kolb: Phys. Rev. **87**, 527 (1952). — K. Seiler, D. Geist, K. Keller u. K. Blank: Naturwiss. **40**, 56 (1953). — G. Finn: Phys. Rev. **91**, 754 (1953).

[3] F. van Maesen, P. Penning u. A. van Wieringen: Phil. Res. Rep. **8**, 241 (1953).

[4] R. A. Logan: Phys. Rev. **91**, 757 (1953). — S. Mayburg u. L. Rotondi: Phys. Rev. **91**, 1015 (1953). — S. Mayburg: Phys. Rev. **95**, 38 (1954). — R. A. Logan: Phys. Rev. **101**, 1455 (1956).

[5] K. Lark-Horovitz, [*24*] S. 47. — H. M. James u. K. Lark-Horovitz: Z. phys. Chem. **198**, 107 (1951). — J. W. Cleland, J. H. Crawford, K. Lark-Horovitz, J. C. Pigg u. F. W. Young: Phys. Rev. **83**, 312 (1951) (in diesen drei Arbeiten weitere zahlreiche Zitate). — W. H. Brattain u. G. L. Pearson: Phys. Rev. **80**, 846 (1950). — K. G. McKay: Phys. Rev. **84**, 829 (1951). — J. W. Cleland, J. H. Crawford u. J. C. Pigg: Phys. Rev. **98**, 1742 (1955); **99**, 1170 (1955). — H. Y. Fan u. K. Lark-Horovitz [*9*] S. 232. — H. Y. Fan u. K. Lark-Horovitz [*23*, E].

Maßgebend für die Möglichkeit, eine hinreichend große Zahl von Kernumwandlungen hervorzurufen, ist die Voraussetzung, daß die Wirkungsquerschnitte für die in Betracht kommenden Prozesse groß genug sind. Die größten Wirkungsquerschnitte sind im allgemeinen bei der Bestrahlung mit thermischen Neutronen gegeben, doch sind auch mit schnellen Neutronen, α-Teilchen, Deuteronen und Protonen experimentell erfaßbare Kernumwandlungen in Halbleitern erreicht worden. Schließlich ist die Größe der Wirkungsquerschnitte von Halbleiter zu Halbleiter verschieden. So besitzt Si z.B. gegenüber thermischen Neutronen einen Gesamtwirkungsquerschnitt von $0{,}1 \cdot 10^{-24}\,\mathrm{cm}^2$, Ge schon von $2{,}3 \cdot 10^{-24}\,\mathrm{cm}^2$ während In (in InSb) einen Wirkungsquerschnitt von $200 \cdot 10^{-24}\,\mathrm{cm}^2$ besitzt. Auch hier ist schließlich noch zu berücksichtigen, daß nur ein Teil der konkurrierenden Umwandlungsmöglichkeiten zur Bildung von gitterfremden Atomen führt. So führt z.B. der oben angegebene Wirkungsquerschnitt bei Ge zu 60% zur Bildung eines neuen Ge-Isotops, zu 30% zur Bildung von Ga-Atomen und zu 10% zu As. Nur ein kleiner Teil führt also zur Bildung von elektrisch wirksamen Störstellen, wobei es noch zur gleichzeitigen Bildung von Donatoren und Acceptoren kommt. Dagegen führt der für In oben gegebene Wirkungsquerschnitt fast ausschließlich zur Bildung von Sn, welches in InSb als Donator wirkt[1].

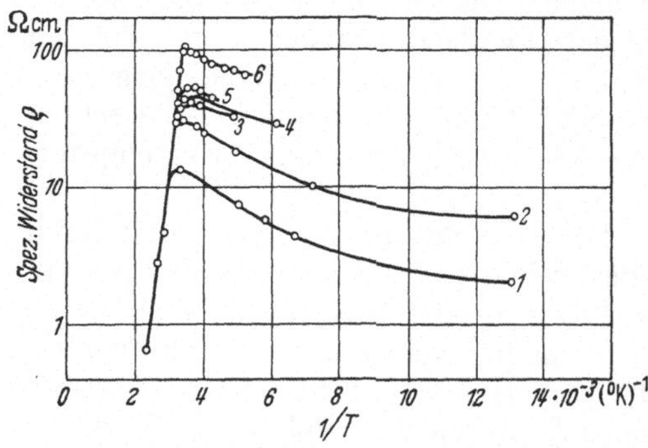

Fig. 5. Widerstandsänderung eines überschußleitenden Germanium-Präparates durch Beschuß mit Neutronen, nach LARK-HOROVITZ [24]. *1* Vor dem Beschuß; *2* 4,35 Std Beschuß und nachträgliches Tempern; *3* 5,85 Std Beschuß und nachträgliches Tempern; *4* 6,85 Std Beschuß und nachträgliches Tempern; *5* 8,35 Std Beschuß und nachträgliches Tempern; *6* 10,85 Std Beschuß und nachträgliches Tempern.

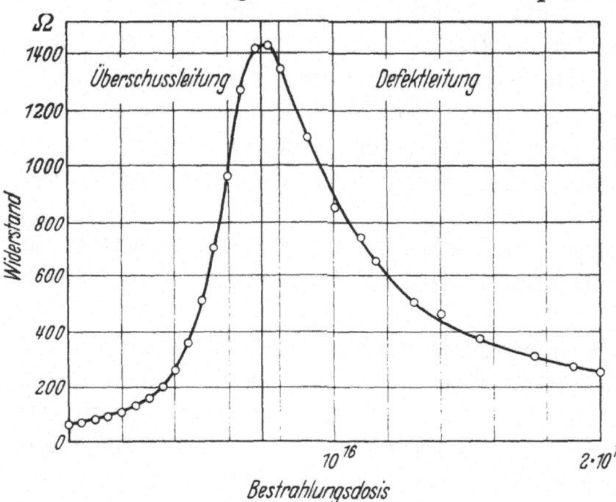

Fig. 6. Änderung des Widerstandes und des Leitungstyps eines Germanium-Präparates durch Beschuß mit Neutronen in Abhängigkeit von der Bestrahlungsdosis (Zahl der eingestrahlten Teilchen pro cm² Oberfläche), nach JAMES und LARK-HOROVITZ.

Fig. 5 zeigt das Anwachsen des Widerstandes eines überschußleitenden Ge-Präparats durch Beschuß mit Neutronen. Die Widerstandserhöhung rührt hier weitgehend von Kernumwandlungen Ge → Ga her, erfolgt also durch Bildung von Acceptoren. Sonstige Gitterstörungen wurden vor der Messung durch langzeitiges Tempern ausgeheilt. Die gebildeten Acceptoren wirken als Elektronenhaftstellen. Wenn durch weitere Bestrahlung die Acceptorenzahl die ursprüngliche Donatorenzahl überwiegt, schlägt der Leitungstyp von n-Leitung in p-Leitung um, und der Widerstand fällt durch Abgabe von Löchern aus den Acceptoren. Dieses Umschlagen des Leitungstyps von n nach p tritt bei Germanium auch bei Erzeugung von Fehlordnung durch Beschuß auf (Fig. 6)[2].

b) Störung des regelmäßigen Gitterbaus. Während Kernumwandlungen vorwiegend von thermischen Neutronen bewirkt werden, tritt eine Fehlordnung des

[1] J. W. CLELAND u. J. H. CRAWFORD: Phys. Rev. **93**, 894 (1954).
[2] H. M. JAMES u. K. LARK-HOROVITZ: Z. phys. Chem. **198**, 107 (1951).

Gitters immer beim Durchgang energiereicher Korpuskularstrahlung auf. Die jetzt zu besprechenden Effekte sind also von der Natur der Korpuskularstrahlung wenig abhängig. Der Unterschied zwischen Neutronenbeschuß und Beschuß mit geladenen Teilchen beruht nur in der Reichweite der Strahlung. Während Neutronen auch dickere Präparate durchdringen können und damit eine homogene Störung des Halbleiterinneren bewirken, dringen die geladenen Korpuskeln nur in die Oberflächenschichten ein. So ist beispielsweise die Eindringtiefe von 5 MeV-α-Teilchen in Germanium lediglich $1{,}9 \cdot 10^{-3}$ cm[1]. Ferner verursachen geladene Teilchen während des Beschußes durch Abspaltung von Valenzelektronen zeitweilige Leitfähigkeitserhöhungen.

Der wesentlichste hier auftretende Prozeß ist die Bildung von FRENKEL-Defekten, also Leerstellen und Atomen auf Zwischengitterplatz. Nach unseren Ausführungen in Ziff. 8 bedeutet das die Schaffung eines Donator-Acceptor-Paares. Der Einfluß dieser beiden Störstellentypen auf die Leitfähigkeit hängt stark von der Lage ihrer Zwischenbandterme ab. So findet man bei n-Germanium ein Anwachsen des Widerstandes während des Beschußes, dann ein Umschlagen des Leitungstyps und ein anschließendes Sinken des Widerstandes auf einen Sättigungswert, bei p-Germanium ebenfalls eine Annäherung an einen Sättigungswert. Bei Silizium dagegen wächst der Widerstand sowohl bei n-leitendem wie bei p-leitendem Material. Der Unterschied liegt hier in Folgendem[2]:

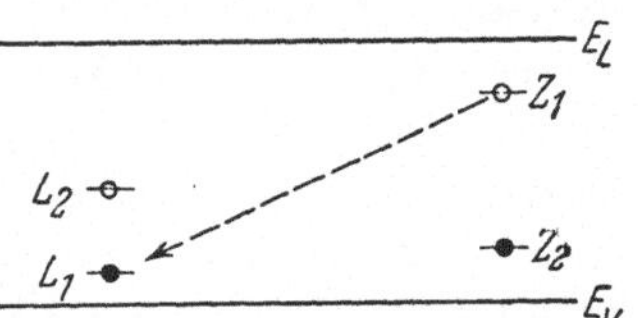

Fig. 7. Termschema der Leerstellen und Zwischengitterplatzatome in Germanium, nach JAMES und LARK-HOROVITZ.

Die in Ge erzeugten Leerstellen und Zwischengitterplatzatome liefern je zwei Terme im verbotenen Gebiet (Fig. 7). Die zwei Terme des Zwischengitterplatzatoms Z_1 und Z_2 bringen als Donatoren zwei Elektronen mit, von denen das eine aber bei der in Fig. 3 gegebenen Termlage an das tiefer liegende Niveau der Leerstelle L_1 abgegeben wird. Als Donator- bzw. Acceptorniveau wirken hier also nur die zweiten Ionisierungsniveaus Z_2 und L_2 (Superdonator bzw. -acceptor nach SCHOTTKY, vgl. Ziff. 8). Liegen diese beiden Terme näher am Valenzband als am Leitungsband, wie dies bei Germanium der Fall zu sein scheint, so ist die Wahrscheinlichkeit, daß L_2 ein Elektron aufnimmt, größer als daß Z_2 ein Elektron abgibt. Die Verhältnisse werden also weitgehend durch die Acceptorwirkung der Fehlstelle bestimmt. Liegen die beiden Niveaus dagegen symmetrisch im verbotenen Gebiet, so wirken sie gleichberechtigt, erhöhen also den Widerstand durch Einfangen der aus anderen Störstellen stammenden Leitungselektronen bzw. Löcher. Dies scheint bei Silizium realisiert zu sein.

Die durch Beschuß hervorgerufene Fehlordnung läßt sich durch Tempern ausheilen. Hierüber liegt eine eingehende Theorie und experimentelle Untersuchungen an Germanium vor[3].

c) Vorübergehende Störungen. Während des Beschußes mit geladenen Teilchen treten neben den bisher besprochenen Effekten noch vorübergehende Änderungen der Leitfähigkeit auf, die auf der Abspaltung von Elektronen beruhen und nach Beendigung des Beschußes abklingen. Es werden also keine neuen Störstellen gebildet. Die Wirkung ist die gleiche, wie bei der Einstrahlung von Licht und der dadurch erfolgenden Erzeugung von Elektron-Loch-Paaren (vgl. Ziff. 49)[4].

---

[1] W. H. BRATTAIN u. G. L. PEARSON: Phys. Rev. **80**, 846 (1950).

[2] Siehe Fußnote 2, S. 28.

[3] R. C. FLETCHER, u. W. L. BROWN: Phys. Rev. **92**, 585 (1953) (Theorie). — W. L. BROWN, R. C. FLETCHER u. K. A. WRIGHT: Phys. Rev. **92**, 591 (1953) (Experiment).

[4] K. G. MCKAY: Phys. Rev. **74**, 1606 (1948); **77**, 816 (1950).

12. Störstellenkinetik. Eine eingehende Diskussion der Bewegung von Störstellen in Halbleitern fällt nicht in den Rahmen des vorliegenden Berichtes. Die Wanderung von SCHOTTKY- und FRENKEL-Defekten in fehlgeordneten Festkörpern ist ja gerade das Hauptkennzeichen der Ionenkristalle und gibt Anlaß zu einer Ionenleitung[1]. In Halbleitern dagegen ist die Kinetik der Fehlordnungserscheinungen nur von untergeordneter Bedeutung.

Die Diffusion von Fremdstörstellen ist in Halbleitern meist unerwünscht. Wenn es auch einerseits vorteilhaft ist, Störstellen durch Eindiffusion in das Halbleiterinnere bringen zu können, so ist doch eine zu große Beweglichkeit der Störstellen von Nachteil, da durch Störstellenwanderung eine vorgegebene Störstellenverteilung sich zeitlich verändern kann, die elektrischen Eigenschaften einer Halbleiteranordnung dann also im Laufe der Zeit Änderungen unterworfen sind.

Zur Messung der Diffusionskonstanten von Fremdatomen in Halbleitern werden verschiedene Methoden angewandt. Bei großer Beweglichkeit der Fremdatome läßt sich die Wanderungsgeschwindigkeit im elektrischen Feld direkt messen und aus der so gewonnenen Beweglichkeit mit Hilfe der EINSTEIN-Beziehung die Diffusionskonstante bestimmen. Diese Methode wurde beispielsweise zur Messung der Diffusionskonstanten von Li und Cu in Germanium benutzt, die beide als positive Ionen diffundieren[2].

Bei zwei weiteren Methoden wird die Störsubstanz auf die Oberfläche des Halbleiters aufgebracht und ihre Eindiffusion bei hohen Temperaturen gemessen Man verwendet hier entweder radioaktive Isotope, deren Eindringgeschwindigkeit man leicht bestimmen kann, oder man nutzt die Tatsache aus, daß durch die eindringenden Störstellen die Leitfähigkeit des Halbleiters geändert wird. Wirkt die aufgebrachte Störsubstanz beispielsweise als Acceptor und ist der Halbleiter im Ausgangszustand n-leitend, so wird bei der Eindiffusion ein Teil des Halbleiterinneren p-leitend und es bildet sich zwischen den beiden Gebieten ein p-n-Übergang, dessen Lage man leicht feststellen kann. Messungen an Ge, Si und PbS mit Hilfe dieser Methoden liegen in großer Zahl vor[3]. Schließlich kann aus Messungen der Änderung der Kapazität eines p-n-Übergangs auf die Diffusion der Störstellen im Übergang geschlossen werden[4]. Die Diffusionskonstante von Fremdatomen in Halbleitern ist im allgemeinen sehr klein. So liegen die Diffusionskonstanten der Elemente der dritten und fünften Gruppe des periodischen Systems in Germanium bei 800° K in der Größenordnung 10^{-15} cm²/sec, von Zn etwa bei 10^{-11} cm²/sec, von Cu jedoch bei 10^{-5} cm²/sec. Diese hohe Diffusionsgeschwindigkeit der Kupferionen erklärt den in der letzten Ziffer erwähnten großen Einfluß des Kupfers auf die thermische Vorbehandlung eines Ge-Präparates. Die Löslichkeit des Kupfers in Ge ist zwar sehr gering. Beim plötzlichen Abschrecken werden jedoch die Kupferatome „eingefroren“, während sie beim langsamen Abkühlen auf Grund ihrer hohen Diffusionsgeschwindigkeit genug Zeit haben, sich an der Oberfläche bzw. an Korngrenzen abzuscheiden.

---

[1] Vgl. den folgenden Bericht sowie die Fachliteratur, z.B. W. JOST, [*23*, II], S. 145, K. HAUFFE [*2*].

[2] C. S. FULLER u. J. A. DITZENBERGER: Phys. Rev. **91**, 193 (1953). — J. C. SEVERIENS u. C. S. FULLER: Phys. Rev. **92**, 1322 (1953).

[3] C. S. FULLER: Phys. Rev. **86**, 136 (1952). — W. C. DUNLAP u. D. E. BROWN: Phys. Rev. **86**, 417 (1952). — C. S. FULLER, J. D. STRUTHERS, J. A. DITZENBERGER u. K. B. WOLFSTIRN: Phys. Rev. **93**, 1182 (1954). — W. C. DUNLAP: Phys. Rev. **94**, 1531 (1954). — C. S. FULLER u. J. A. DITZENBERGER: J. Appl. Phys. **25**, 1439 (1954). — R. F. BREBRICK u. W. W. SCANLON: Bull. Amer. Phys. Soc. **29**, No. 3, T 4 (1954).

[4] K. B. MCAFEE, W. SHOCKLEY u. M. SPARKS: Phys. Rev. **86**, 137 (1952).

13. Oberflächen, Korngrenzen, innere Grenzflächen. Neben den bisher betrachteten *atomaren* Gitterstörungen sind die makroskopischen Gitterdiskontinuitäten von erheblichem Einfluß auf die Eigenschaften von Halbleitern.

Die grobste Störung des regelmäßigen Gitteraufbaus eines Festkörpers bildet seine *Oberfläche*. Sie beeinflußt das elektrische Verhalten von Halbleitern wesentlich und wir werden uns in Abschnitt F eingehend mit allen Oberflächen- und Kontakterscheinungen beschäftigen. Ähnlich wie die atomaren Gitterstörungen Terme in das verbotene Gebiet zwischen Valenzband und Leitungsband bringen, bringen auch die Oberflächen lokalisierte Terme in das Bändermodell des Halbleiters. Die Frage, ob diese Terme bereits an einer idealen Oberfläche vorhanden sind, oder ob sie durch die Störung des kristallinen Gefüges einer Oberflächenschicht und durch Adsorptionsschichten verursacht werden, sei hier zunächst zurückgestellt. Ihr Auftreten gibt Anlaß zu einer Oberflächenladung und einer Raumladung entgegengesetzten Vorzeichens unterhalb der Oberfläche und damit zu Dichteverschiebungen in Oberflächennähe (Ziff. 20 und 68), ferner zu einer verstärkten Rekombinationswahrscheinlichkeit von Dichteüberhöhungen an der Oberfläche (Ziff. 47 und 70), sowie schließlich zu einer Beeinflussung des Stromdurchgangs durch Oberflächen (Kontakt zwischen einem Halbleiter und einer anderen Phase, Abschnitte F II und F III).

Die Wirkung von *Korngrenzen* auf die Eigenschaften von Halbleitern sind ähnlicher Natur. Auch hier gibt die bevorzugte Abscheidung, von Störstellen Anlaß zur Bildung von Termen im verbotenen Gebiet und zu Potentialschwellen zwischen den einzelnen Kristalliten[1]. Zwillingsbildung scheint dagegen die elektrischen Eigenschaften der Halbleiter nicht zu beeinflussen[2].

Neben diesen makroskopischen Gitterstörungen sind hier noch die *Schwankungen in der Störstellenverteilung* zu nennen, die den Stromtransport durch einen Halbleiter stark beeinflussen können. Besonders interessant ist hier der Fall, daß ein Gebiet mit überwiegender Donatorenkonzentration an ein Gebiet mit überwiegender Acceptorenkonzentration grenzt. Man bezeichnet eine solche innere Grenzfläche als einen *p-n-Übergang*. Der Stromdurchgang durch eine solche innere Grenzfläche ist deshalb physikalisch von großem Interesse, da in dem einen Gebiet der Strom von Elektronen, in dem anderen von Löchern getragen wird. Im Übergang (oder jedenfalls in dessen Umgebung) muß also ein Wechsel im Leitungsmechanismus erfolgen. Wir gehen auf die damit verbundenen Effekte in Abschnitt E näher ein.

B. Der Halbleiter im thermischen Gleichgewicht.

14. Elektronenstatistik. Für die Verteilung der Elektronen und Löcher im Halbleiterinneren, für die Besetzung der Störstellen mit Ladungsträgern und somit für die meisten im Halbleiter auftretenden Effekte spielt die Statistik eine maßgebende Rolle. Während das Bändermodell die Lage der Energieterme und ihre Dichte gibt, liefert die Statistik die Besetzungswahrscheinlichkeit der Terme und damit die Verteilung der Elektronen auf die ihnen zur Verfügung stehenden Energiewerte. Für die Elektronen ist natürlich zunächst die FERMI-Statistik heranzuziehen. Es wird sich jedoch zeigen, daß in den meisten hier interessierenden

[1] G. L. PEARSON: Phys. Rev. **76**, 459 (1949). — V. A. JOHNSON: Phys. Rev. **77**, 760 (1950). — N.H. ODELL u. H.Y. FAN: Phys. Rev. **78**, 334 (1950), — W.E. TAYLOR u. H.Y. FAN: Phys. Rev. **78**, 335 (1950). — H. K. HENISCH: Phil. Mag. **42**, 734 (1951). — W. E. TAYLOR, N. H. ODELL u. H. Y. FAN: Phys. Rev. **88**, 867 (1952). — H. F. MATARÉ: Z. Naturforsch. **9**a, 698 (1954). — A. G. TWEET: Bull. Amer. Phys. Soc. **29**, No. 5, K 7 (1954). — H. F. MATARÉ, K. KEDESDY, A. MAC DONALD u. A. PETERSEN: Bull. Amer. Phys. Soc. **30**, No. 1, Q 13 (1955).

[2] E. BILLIG, u. M. S. RIDEOUT: Nature, Lond. **173**, 496, (1954).

Fällen die FERMI-Statistik durch die BOLTZMANN-Statistik ersetzt werden kann, was eine wesentliche Vereinfachung der Theorie bildet *(nichtentartete Halbleiter)*.

Zur Bestimmung der Verteilungsfunktion wird üblicherweise das zu untersuchende System in „Sammelzellen" k eingeteilt, welche Z_k Besetzungszustände (fast) gleicher Energie E_k enthalten. Seien von diesen Z_k Zuständen N_k mit Elektronen besetzt und sieht man überdies von einer energetischen Wechselwirkung der Elektronen untereinander ab, so ist die Gesamtenergie des Systems U die Summe ihrer Einzelenergien E_k, also $U = \sum_k N_k E_k$. Setzt man voraus, daß jeder Besetzungszustand innerhalb einer Sammelzelle nur von einem Elektron besetzt werden kann, so läßt sich die Zahl der Realisierungsmöglichkeiten P_k für die Besetzung einer Sammelzelle mit N_k Elektronen angeben. Die Realisierungszahl (thermodynamische Wahrscheinlichkeit) für das Gesamtsystem ist dann durch das Produkt $P = \prod_k P_k$ gegeben. Aus P erhält man die statistische Entropie S des Systems durch:

$$S = \mathrm{k} \ln P = \mathrm{k} \sum_k \ln P_k. \tag{14.1}$$

Die wahrscheinliche Besetzung, d.h. die Gleichgewichtsverteilung erhält man nur aus der Forderung, daß P und damit S (bei gegebener Gesamtenergie U und Teilchenzahl N des Systems) ein Maximum haben muß:

$$\delta S|_{U,N} = 0. \tag{14.2}$$

Durch Variation mit Nebenbedingungen erhält man dann die Besetzungswahrscheinlichkeit, wobei die auftretenden LAGRANGE-Faktoren die Bedeutung der (reziproken) absoluten Temperatur und des FERMI-Niveaus (s. unten) erhalten.

Es ist jedoch für die folgenden Betrachtungen zweckmäßiger, einen anderen Weg einzuschlagen. Fügt man dem zu untersuchenden System noch ein „Wärmebad" von gegebener Temperatur hinzu, das etwaige vom System abgegebene Energie durch Wärmeübertragung aufzunehmen vermag, so gilt für dieses bei festgehaltenem Volumen: $\delta U^* = T\,\delta S^*$. Man erhält dann aus (14.2)

$$\delta S_{\mathrm{tot}} = \delta(S + S^*) = \left(\delta S + \frac{\delta U^*}{T}\right)_{T,V,V^*} = \left(\delta S - \frac{\delta U}{T}\right)_{T,V} = 0, \tag{14.3}$$

also

$$\delta F|_{T,V} = 0, \tag{14.4}$$

wo F die freie Energie des betrachteten Systems ist. Betrachtet man nun speziell eine Reaktion, bei der Elektronen zwischen den Sammelzellen k und k' ausgetauscht werden ($\delta N_k = -\delta N_{k'}$), so muß im Gleichgewicht

$$\delta F = \frac{\partial F}{\partial N_k}\,\delta N_k + \frac{\partial F}{\partial N_{k'}}\,\delta N_{k'} = \left(\frac{\partial F}{\partial N_k} - \frac{\partial F}{\partial N_{k'}}\right)\delta N_k = 0 \tag{14.5}$$

sein. Führt man noch ein (statistisches) chemisches Potential[1] ζ_k der einzelnen Sammelzelle ($\zeta_k = \delta F/\partial N_k$) ein, so lautet also die Gleichgewichtsbedingung:

$$\zeta_k = \zeta_{k'} \qquad \text{für beliebiges } k \text{ und } k' \tag{14.6}$$

oder in Worten: *Im Gleichgewicht existiert ein einheitliches ortsunabhängiges chemisches Potential ζ für alle im System enthaltenen Elektronen unabhängig von ihrer Energie.*

[1] Wir benutzen hier für das chemische Potential nicht die übliche Bezeichnung μ um spätere Verwechslungen mit der Beweglichkeit zu vermeiden. ζ dagegen erinnert an die gleich zu behandelnde Identität mit der FERMI-Kante.

Die Besetzungswahrscheinlichkeit erhält man jetzt aus:

$$\zeta = \zeta_k = \frac{\partial F}{\partial N_k} = \frac{\partial U}{\partial N_k} - T\frac{\partial S}{\partial N_k} = E_k - \mathrm{k}T\frac{\partial \ln P}{\partial N_k} \tag{14.7}$$

und mit

$$P = \prod_k \frac{Z_k!}{N_k!\,(Z_k - N_k)!}, \tag{14.8}$$

$$\zeta = E_k - \mathrm{k}T \ln\frac{Z_k - N_k}{N_k} \quad \text{also} \quad f_k = \frac{N_k}{Z_k} = \left(1 + \mathrm{e}^{\frac{E_k - \zeta}{\mathrm{k}T}}\right)^{-1}. \tag{14.9}$$

Geht man schließlich von den Sammelzellen k auf kontinuierliche Energieintervalle (E, dE) über, so folgt für die Besetzungswahrscheinlichkeit eines Terms im Energieintervall (E, dE):

$$f(E)\,dE = \frac{1}{1 + \mathrm{e}^{\frac{E-\zeta}{\mathrm{k}T}}}\,dE. \tag{14.10}$$

Aus (14.10) erkennt man, daß praktisch alle Terme mit Energien weit kleiner als ζ besetzt sind ($f=1$), während alle Terme mit $E \gg \zeta$ frei sind ($f=0$). Für $E=\zeta$ dagegen sind alle Terme gerade zur Hälfte besetzt. ζ gibt also angenähert das Niveau an, bis zu welchem die Energieterme des Halbleiters mit Elektronen „angefüllt" sind. Daher stammt auch die häufig benutzte Bezeichnung „FERMI-Niveau" oder „FERMI-Kante" für ζ.

Bei der Einbeziehung der lokalisierten Störstellen in die Statistik ist (14.8) bis (14.10) abzuändern. Betrachten wir speziell einen Donatorterm, der bei sonst spinkompensierten Gitter ein abspaltbares Elektron besitzt, so kann dieses Elektron gemäß den beiden Einstellungsmöglichkeiten seines Spins auf zwei verschiedene Weisen eingebaut sein. Die besetzten Zustände in der die Donatorenterme enthaltenden Sammelzelle sind also einfach entartet, die unbesetzten dagegen nicht. Ist dagegen die Spinrichtung des ersten abspaltbaren Elektrons einer Störstelle durch ein zweites in der Störstelle enthaltenes Elektron bestimmt, so gilt das umgekehrte: die unbesetzten Zustände sind entartet, die besetzten nicht. Dies wird berücksichtigt, indem man (14.8) durch:

$$P = \prod_k \frac{Z_k!}{N_k!\,(Z_k - N_k)!}\, g_b^{N_k} g_{fr}^{Z_k - N_k} \tag{14.11}$$

ersetzt, wo in den beiden betrachteten Fällen $g_b = 2$, $g_{fr} = 1$ bzw. $g_b = 1$, $g_{fr} = 2$ zu setzen ist. Dies führt mit $g = g_{fr}/g_b$ auf die Besetzungswahrscheinlichkeit[1]:

$$f(E)\,dE = \frac{1}{1 + g\,\mathrm{e}^{\frac{E-\zeta}{\mathrm{k}T}}}, \qquad g = 2 \quad \text{oder} \quad \frac{1}{2}. \tag{14.12}$$

Dies wird häufig bei der weiteren Durchführung der Theorie nicht beachtet, sondern allgemein die Besetzungswahrscheinlichkeit (14.10) verwendet. Die resultierenden Formeln sind dann so zu verstehen, daß die in $f(E)$ auftretende Energie nicht die Lage der Störstellenterme E_{st} angibt, sondern mit dieser durch $E = E_{st} + \mathrm{k}T \ln g$ verknüpft ist. Schließlich ist bei der Verwendung von (14.12) zu beachten, daß dort nicht mehr exakt $f = \frac{1}{2}$ für $\zeta = E$ gilt.

Die mit Hilfe von (14.10) oder (14.12) bestimmbare Verteilung der Elektronen auf die ihnen zur Verfügung stehenden Energieterme ist aber für die Weiterführung der Theorie und ihre Anwendung nicht hinreichend. Von Interesse ist ja die Gesamtzahl der (freien) Elektron im Leitungsband, der Elektronen in den Störstellen und im Valenzband, wobei die letzteren besser durch die Zahl der

[1] P. T. LANDSBERG: Proc. Phys. Soc. Lond. A **65**, 604 (1952). — E. A. GUGGENHEIM: Proc. Phys. Soc. Lond. A **66**, 121 (1953). — P. T. LANDSBERG: Proc. Phys. Soc. Lond. A **66**, 662 (1953). — J. H. CRAWFORD u. D. K. HOLMES: Proc. Phys. Soc. Lond. A **67**, 294 (1954). Für eine Erweiterung der hier skizzierten Störstellenstatistik vgl. P. T. LANDSBERG [*23*.E].

Löcher, also der freien Plätze im Valenzband beschrieben werden. Es ist deshalb zweckmäßig durch Integration über Energieteilintervalle bestimmte Gruppen von Teilchen (jetzt mit verschiedener Energie) zusammenzufassen und dann zu einer Statistik dieser *Kollektive* überzugehen. Dies wird in Ziff. 15 durchgeführt. Bei der in Ziff. 15 (und den folgenden Ziff. 16—18) entwickelten Methode muß aber die Lage und Dichte der den Elektronen zur Verfügung stehenden Energieterme fest gegeben sein. In Ziff. 19 wird deshalb die in dieser Ziffer behandelte Elektronenstatistik von einem anderen Gesichtspunkt aus neu entwickelt und zu einer allgemeinen „chemischen" Statistik erweitert, die es gestattet auch Gleichgewichtsprobleme zu behandeln, bei denen die Störstellenzahlen selbst variabel sind und wegen ihrer Wechselwirkung miteinander und der äußeren Atmosphäre Gleichgewichtsbedingungen unterworfen sind.

15. Die Dichteverteilung der Elektronen und Löcher. Die Bestimmung der Elektronendichte und der Löcherdichte eines Halbleiters im thermischen Gleichgewicht erfordert neben der Kenntnis der Besetzungswahrscheinlichkeit die Kenntnis der energetischen Lage der besetzbaren Terme in den Bändern und ihrer Dichte sowie der Lage der Störstellenterme.

Die Termdichte im Energieintervall (E, dE) eines Bandes ist gegeben durch die *Zustandsdichte* $z(E)\,dE$. Im $\boldsymbol{k}$-Raum gilt für z die einfache Formel:

$$z(\boldsymbol{k})\,d^3k = \frac{2}{(2\pi)^3}\,d^3k, \tag{15.1}$$

d.h. jeder Quantenzustand beansprucht im $\boldsymbol{k}$-Raum das Volumen $(2\pi)^3$ und kann wegen des Spins mit zwei Elektronen besetzt werden.

Für freie Elektronen folgt wegen $E = \hbar^2 k^2/2m$ und $\boldsymbol{v} = \hbar\boldsymbol{k}/m$:

$$z(E)\,dE = \frac{4\pi}{h^3}(2m)^{\frac{3}{2}} E^{\frac{1}{2}}\,dE, \qquad z(\boldsymbol{v})\,d^3v = 2\left(\frac{m}{h}\right)^3 d^3v. \tag{15.2}$$

Für Elektronen in Energiebändern läßt sich die Zustandsdichte analytisch nicht allgemein angeben. Da jedoch nur die Zustandsdichte in der Nähe der Bandränder interessiert, kann man dort in erster Näherung die Abhängigkeit der Energie von der Wellenzahl im Sinne einer TAYLOR-Entwicklung durch ein quadratisches Gesetz approximieren:

$$E(\boldsymbol{k}) = E_0 + \frac{1}{2}\left\{\frac{\partial^2 E}{\partial k_1^2}(\boldsymbol{k}_1 - \boldsymbol{k}_{10})^2 + \frac{\partial^2 E}{\partial k_2^2}(\boldsymbol{k}_2 - \boldsymbol{k}_{20})^2 + \frac{\partial^2 E}{\partial k_3^2}(\boldsymbol{k}_3 - \boldsymbol{k}_{30})^2\right\} + \cdots, \tag{15.3}$$

wo $\boldsymbol{k}_1, \boldsymbol{k}_2, \boldsymbol{k}_3$ die Hauptachsenrichtungen im $\boldsymbol{k}$-Raum bedeuten und $E_0 = E(\boldsymbol{k}_0)$ die Energie der Bandkante ist.

Mit Einführung der *scheinbaren Masse* $m^* = \hbar^2/E''$ (vgl. Ziff. 4 und 5) wird dann (15.3)

$$E(\boldsymbol{k}) = E_0 + \frac{\hbar^2}{2m_1^*}(\boldsymbol{k}_1 - \boldsymbol{k}_{10})^2 + \frac{\hbar^2}{2m_2^*}(\boldsymbol{k}_2 - \boldsymbol{k}_{20})^2 + \frac{\hbar^2}{2m_3^*}(\boldsymbol{k}_3 - \boldsymbol{k}_{30})^2 + \cdots \tag{15.4}$$

und speziell für isotrope Halbleiter $(m_1^* = m_2^* = m_3^*)$:

$$E(\boldsymbol{k}) = E_0 + \frac{\hbar^2}{2m^*}(\boldsymbol{k} - \boldsymbol{k}_0)^2 + \cdots. \tag{15.5}$$

Man erhält in diesem Falle für die Zustandsdichte am unteren Rande des Leitungsbandes analog zu (15.2):

$$z(E)\,dE = \frac{4\pi}{h^3}(2m_n)^{\frac{3}{2}}(E - E_L)^{\frac{1}{2}}\,dE. \tag{15.6}$$

Hier ist die scheinbare Masse der Elektronen mit m_n bezeichnet. E_L ist die Energie des unteren Randes des Leitungsbandes.

Liegt dagegen der allgemeine Fall (15.4) vor, so ist in (15.6) für m_n das geometrische Mittel der drei scheinbaren Massen m_1^*, m_2^* und m_3^* einzusetzen. Besitzt ferner das betrachtete Band mehrere Minima bei verschiedenen $\boldsymbol{k}$-Werten (Beispiel Ge oder Si, vgl. Ziff. 92), so ist (15.6) noch mit der Zahl dieser Minima zu multiplizieren.

Entsprechend gilt am oberen Rande des Valenzbandes:

$$z(E)\,dE = \frac{4\pi}{h^3}\,(2m_p)^{\frac{3}{2}}\,(E_V - E)^{\frac{1}{2}}\,dE, \tag{15.7}$$

wo jetzt m_p die scheinbare Masse der Löcher und E_V die Energie des oberen Randes des Valenzbandes ist.

Für die Zustandsdichte der Energieterme in den Störstellen ist bei hinreichend schwacher Störstellenkonzentration einfach die Störstellendichte selbst zu nehmen:

$$z(E)\,dE = n_{st}\,\delta(E - E_{st})\,dE, \tag{15.8}$$

wo n_{st} die Störstellendichte und E_{st} die energetische Lage ihrer Terme bedeutet.

Die Elektronendichte im Energieintervall (E, dE) ergibt sich dann einfach durch Multiplikation der Zustandsdichte mit der Besetzungswahrscheinlichkeit (14.10) für die Bänder bzw. (14.12) für die Störstellen.

Von Interesse ist nun häufig weniger die Energieverteilung der Elektronen im Halbleiter, als die Dichte der Elektronen im Leitungsband bzw. in den Störstellen und die Dichte der Löcher im Valenzband.

Die gesuchten Elektronendichten und Löcherdichten sind:

Elektronendichte (im Leitungsband):

$$n = \int_{E_L}^{\infty} f\left(\frac{E - \zeta}{\mathrm{k}T}\right) z(E)\,dE. \tag{15.9}$$

Dichte der neutralen Donatoren (Elektronendichte in den Donatoren):

$$n_{D^\times} = n_D\, f\left(\frac{E_D - \zeta}{\mathrm{k}T} + \ln g_D\right). \tag{15.10}$$

Dichte der positiv geladenen Donatoren (Löcherdichte in den Donatoren):

$$n_{D^+} = n_D\, f\left(\frac{\zeta - E_D}{\mathrm{k}T} - \ln g_D\right). \tag{15.11}$$

Dichte der neutralen Acceptoren (Löcherdichte in den Acceptoren):

$$n_{A^\times} = n_A\, f\left(\frac{\zeta - E_A}{\mathrm{k}T} - \ln g_A\right). \tag{15.12}$$

Dichte der negativ geladenen Acceptoren (Elektronendichte in den Acceptoren):

$$n_{A^-} = n_A\, f\left(\frac{E_A - \zeta}{\mathrm{k}T} + \ln g_A\right). \tag{15.13}$$

Löcherdichte (im Valenzband):

$$p = \int_{-\infty}^{E_V} f\left(\frac{\zeta - E}{\mathrm{k}T}\right) z(E)\,dE. \tag{15.14}$$

Hier ist

$$f(x) = 1 - f(-x) = \frac{1}{1+e^x}$$

bzw.

$$f(x + \ln g) = \frac{1}{1 + g\, e^x}$$

die FERMI-Verteilung (14.10) bzw. (14.12). n_D, n_A bzw. E_D, E_A sind die Dichten und Termlagen der Donatoren und Acceptoren.

Streng genommen muß in (15.9) bzw. (15.14) die Integration jeweils von der unteren bis zur oberen Bandkante erstreckt werden. Da jedoch nur die Gebiete an einer Bandkante einen wesentlichen Beitrag liefern, kann die Integration von dieser Bandkante bis ins Unendliche erstreckt werden.

Bei sehr großen Störstellendichten spalten die Störstellenterme in Bänder auf (vgl. Ziff. 34). Dann muß in (15.10) bis (15.13) ebenfalls über diese Bänder integriert werden.

Durch Ausführung der Integration in (15.9) und (15.14) erhält man für die Elektronen- bzw. Löcherdichte:

$$n = n_0 \frac{2}{\sqrt{\pi}} F\left(\frac{\zeta - E_L}{kT}\right), \qquad p = p_0 \frac{2}{\sqrt{\pi}} F\left(\frac{E_V - \zeta}{kT}\right) \tag{15.15}$$

mit

$$n_0 = \frac{2}{h^3} (2\pi m_n kT)^{\frac{3}{2}}, \qquad p_0 = \frac{2}{h^3} (2\pi m_p kT)^{\frac{3}{2}} \tag{15.16}$$

und

$$F(x) = \int_0^\infty \frac{y^{\frac{1}{2}}}{1 + e^{y-x}}\, dy. \tag{15.17}$$

$F(x)$ ist das sog. FERMI-*Integral*. Es liegt in tabulierter Form vor[1].

Es läßt sich approximieren durch:

$$F(x) \approx \frac{\sqrt{\pi}}{2} e^x \quad \text{für} \quad x \ll 0 \quad (\text{Fehler für } x < -4 \text{ unter } 2\%), \tag{15.18}$$

$$F(x) \approx \frac{2}{3} x^{\frac{3}{2}} \quad \text{für} \quad x \gg 0. \tag{15.19}$$

Genauere Approximationen liefern die Ausdrücke[2]:

$$F(x) \approx \frac{\sqrt{\pi}}{2} e^x (1 + 0{,}25 e^x)^{-1}, \quad \text{für } x < 1{,}5: \text{ Fehler } < 4\%, \tag{15.20}$$

$$F(x) \approx \frac{2}{3} x^{\frac{3}{2}} \left(1 + \frac{\pi^2}{8x^2}\right), \quad \text{für } x > 1{,}5: \text{ Fehler } < 1{,}5\%. \tag{15.21}$$

Die Approximation (15.18) für $x \ll 0$ entspricht der Ersetzung der FERMI-Verteilung $(1+e^x)^{-1}$ durch die BOLTZMANN-Verteilung e^{-x}, d.h. der Vernachlässigung der Entartung des Elektronengases. Man bezeichnet deshalb Halbleiter, bei denen diese Approximation möglich ist, als *nichtentartete* Halbleiter.

Für diese gilt:

$$n = n_0\, e^{\frac{\zeta - E_L}{kT}}, \qquad p = p_0\, e^{\frac{E_V - \zeta}{kT}}. \tag{15.22}$$

Für $\zeta = E_L$ (Einsetzen der Entartung) wird $n = n_0$ und für $\zeta = E_V : p = p_0$. Man bezeichnet deshalb häufig n_0 bzw. p_0 als *Entartungskonzentration* der Elektronen bzw. der Löcher.

[1] J. McDOUGALL u. E. C. STONER: Phil. Trans. Roy. Soc. Lond. A **237**, 67 (1939); vgl. auch Tabelle 8, Ziff. 23 (dort ist dieses Integral mit $F_{\frac{1}{2}}$ bezeichnet).

[2] F. EHRENBERG: Proc. Phys. Soc. Lond. A **63**, 75 (1950).

In Fig. 8 sind der Verlauf des FERMI-Integrals und die Approximationen (15.18) bis (15.21) aufgetragen.

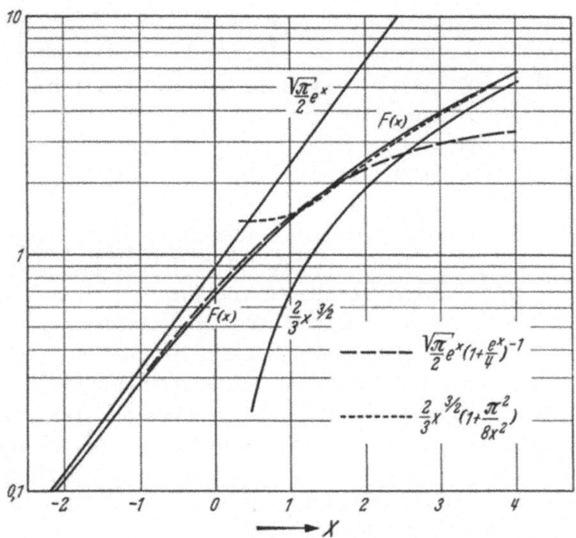

Fig. 8. Verlauf des FERMI-Integrals (15.17) und der Approximationen (15.18) bis (15.21).

Hiernach ergibt sich für die Verteilung der Elektronen und Löcher im Halbleiterinneren das folgende Bild (Fig. 9): Am absoluten Nullpunkt der Temperatur

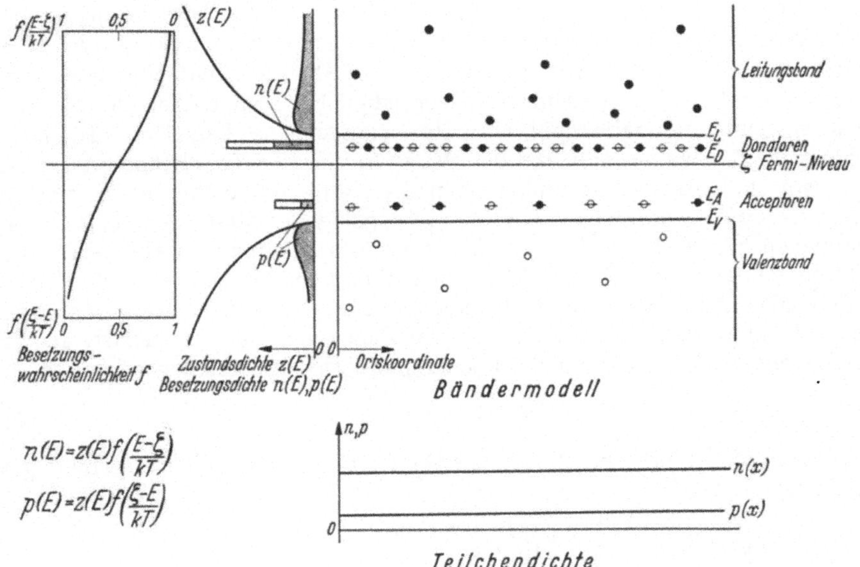

Fig. 9. Verteilung der Elektronen und Löcher im Halbleiterinneren.

ist nach der Definition des Halbleiters das Valenzband völlig gefüllt; das Leitungsband dagegen leer. Das FERMI-Niveau liegt also im verbotenen Gebiet zwischen den beiden Bändern. Sind Donatoren und Acceptoren gleichzeitig vorhanden und liegen die Terme der Acceptoren (wie dies praktisch immer der Fall ist) tiefer als die Donatorenterme, so werden bereits am absoluten Nullpunkt Donatoren ihre Elektronen an Acceptoren abgegeben haben. Sind speziell mehr Acceptoren als Donatoren vorhanden, so sind alle Donatoren dissoziiert und nur noch $n_A - n_D$ Acceptoren sind in der Lage, bei höheren Temperaturen ein Elektron aus dem Valenzband aufzunehmen, also ein Loch abzugeben. Sind dagegen die Donatoren in der Überzahl, so haben n_A Donatoren ihr Elektron abgegeben und nur noch $n_D - n_A$ Donatoren sind als Elektronenspender wirksam. Ist schließlich die Dichte der beiden Störstellenarten gleich, so kompensieren sie sich völlig und treten elektrisch (durch Abgabe von Ladungsträgern) überhaupt nicht mehr in Erscheinung.

Mit wachsender Temperatur werden nun einzelne Elektronen in höherliegende Terme gehoben. Die Grenze zwischen besetzten und unbesetzten Termen wird diffus. Dies ist die notwendige Voraussetzung dafür, daß in einem Halbleiter bei Temperaturen oberhalb des Nullpunktes überhaupt eine elektrische Leitfähigkeit auftreten kann. Zunächst werden die Störstellen Elektronen an das Leitungsband abgeben bzw. aus dem Valenzband aufnehmen, so daß frei bewegliche Elektronen im Leitungsband und Löcher im Valenzband sind. Bei höheren Temperaturen können schließlich Elektronen in größerer Zahl aus dem Valenzband in das Leitungsband übergehen. Die hierfür notwendige thermische Energie ist die der Breite der verbotenen Zone. Dieser Prozeß entspricht im korpuskularen Bild einer gleichzeitigen Entstehung von Elektronen und Löchern, also der spontanen Bildung von Elektron-Loch-Paaren durch thermische Anregung.

Der in Fig. 9 gezeigte Fall entspricht einem nichtentarteten Halbleiter bei gemischter Leitung, d.h. bei derjenigen Temperatur, bei welcher zwar die meisten freien Ladungsträger aus Störstellen stammen, aber bereits ein größerer Anteil von Übergängen vom Valenzband ins Leitungsband herrührt.

Durch (15.10) bis (15.13), (15.15)und (15.22) sind die Dichten der im Halbleiter auftretenden Ladungsträger, der Elektronen, Löcher und geladenen Störstellen gegeben. In den Ausdrücken für diese Dichten steht aber noch die unbekannte Größe ζ, über welche wir bisher lediglich wissen, daß sie im thermischen Gleichgewicht ortsunabhängig ist. Ihre energetische Lage und Temperaturabhängigkeit gewinnt man aus der *Neutralitätsbedingung*. Sehen wir zunächst von dem Fall ab, daß Raumladungen im Halbleiter auftreten, so muß jedes Volumenelement quasineutral sein. Die geladenen homogen verteilt angenommenen Störstellen geben eine konstante Raumladung im Halbleiterinneren, die von den frei beweglichen Elektronen und Löchern kompensiert wird. Wir fordern also, daß überall im Halbleiter in einem herausgegriffenen (nicht allzukleinen) Volumenelement die Summe der Elektronen und der negativ geladenen Acceptoren gleich der Summe der Löcher und der positiv geladenen Donatoren ist:

$$n + n_{A^-} = p + n_{D^+}. \tag{15.23}$$

Einsetzen von (15.11), (15.12) und (15.15) liefert für ζ die allgemeine Bedingungsgleichung:

$$\left.\begin{aligned} n_0 \frac{2}{\sqrt{\pi}} F\left(\frac{\zeta - E_L}{kT}\right) + n_A f\left(\frac{E_A - \zeta}{kT} + \ln g_A\right) \\ = p_0 \frac{2}{\sqrt{\pi}} F\left(\frac{E_V - \zeta}{kT}\right) + n_D f\left(\frac{\zeta - E_D}{kT} - \ln g_D\right). \end{aligned}\right\} \tag{15.24}$$

Aus dieser Gleichung läßt sich ζ prinzipiell bestimmen. Eine analytische Auflösung ist allerdings allgemein nicht möglich. Wir beschränken uns daher in den nächsten Ziffern auf lösbare Spezialfälle und geben dann einen Überblick über Verfahren zur Bestimmung der Lösung in allgemeinen Fällen.

In (15.23) wurde angenommen, daß nur eine Art von Donatoren bzw. Acceptoren auftritt. Sind verschiedene weitere Störstellen im Halbleiter enthalten, so ist (15.24) durch weitere Glieder zu ergänzen.

16. Eigenhalbleiter. Im Eigenhalbleiter ist definitionsgemäß $n = p$, d.h. es sind entweder keine Störstellenleiter vorhanden oder die Zahl der aus Störstellen stammenden Ladungsträger ist so klein, daß sie gegen die thermisch erzeugten Elektron-Loch-Paare zu vernachlässigen ist (Störstellenleiter bei hohen Temperaturen). Dann ist nach (15.24):

$$m_n^{\frac{3}{2}} F\left(\frac{\zeta - E_L}{\mathrm{k}T}\right) = m_p^{\frac{3}{2}} F\left(\frac{E_V - \zeta}{\mathrm{k}T}\right). \tag{16.1}$$

Für nichtentartete Halbleiter vereinfacht sich (16.1) zu:

$$m_n^{\frac{3}{2}} \mathrm{e}^{-\frac{\zeta - E_L}{\mathrm{k}T}} = m_p^{\frac{3}{2}} \mathrm{e}^{-\frac{E_V - \zeta}{\mathrm{k}T}} \tag{16.2}$$

also

$$\zeta = \frac{E_L + E_V}{2} + \frac{3\,\mathrm{k}T}{4} \ln \frac{m_p}{m_n}. \tag{16.3}$$

Für $T = 0$ liegt also ζ genau in der Mitte des verbotenen Bandes. Für höhere Temperaturen steigt ζ an falls $m_p > m_n$ ist, d.h. falls die Zustandsdichte im Valenzband größer ist als im Leitungsband. Im umgekehrten Fall fällt ζ mit wachsender Temperatur ab [vgl. (15.6) und (15.7)].

Setzt man (16.3) in (15.22) ein, so folgt für nichtentartete Halbleiter:

$$\left.\begin{aligned} n = p = n_i &= \sqrt{n_0 p_0}\, \mathrm{e}^{-\frac{\Delta E}{2\mathrm{k}T}} \\ &= 4{,}9 \cdot 10^{15} \left(\frac{m_n m_p}{m^2}\right)^{\frac{3}{4}} T^{\frac{3}{2}} \mathrm{e}^{-\frac{\Delta E}{2\mathrm{k}T}}. \end{aligned}\right\} \tag{16.4}$$

Die Eigenleitungskonzentration n_i der Elektronen und Löcher in einem nichtentarteten Halbleiter hängt also außer von der Temperatur und den scheinbaren Massen der Ladungsträger nur noch von der Breite der verbotenen Zone ab.

Für entartete Halbleiter ist (16.1) nicht explizit lösbar. Man ist dann auf graphische Verfahren angewiesen, um ζ und damit n_i zu bestimmen (vgl. Ziff. 18).

17. Störstellenhalbleiter. Beschränkt man sich bei der Behandlung der Störstellenhalbleiter auf so niedrige Temperaturen, daß die thermische Energie nicht ausreicht Elektronen in wesentlicher Zahl aus dem Valenzband in das Leitungsband zu heben, so vereinfacht sich die Neutralitätsbedingung wesentlich.

Wir betrachten zunächst einen reinen Überschußhalbleiter ($n_D \neq 0$, $n_A = 0$). Dann wird (15.23)

$$n = n_{D^+} \quad \text{also} \quad n_0 \frac{2}{\sqrt{\pi}} F\left(\frac{\zeta - E_L}{\mathrm{k}T}\right) = n_D f\left(\frac{\zeta - E_D}{\mathrm{k}T} - \ln g_D\right). \tag{17.1}$$

Für nichtentartete Halbleiter folgt hieraus

$$\zeta = E_D + \mathrm{k}T \ln\left[g_D\left(-\frac{1}{2} + \sqrt{\frac{1}{4} + \frac{n_D}{n_0 g_D}\, \mathrm{e}^{\frac{E_L - E_D}{\mathrm{k}T}}}\right)\right] \tag{17.2}$$

und speziell für kleine T:

$$\zeta = \frac{E_L + E_D}{2} + \frac{1}{2} \mathrm{k}T \ln \frac{n_D g_D}{n_0}. \tag{17.3}$$

Die Fermi-Kante liegt also bei $T = 0$ in der Mitte zwischen dem Leitungsband und dem Donatorniveau. Mit wachsender Temperatur wächst zunächst auch ζ, geht durch ein Maximum und fällt dann ab. Bei sehr großen Störstellendichten kann ζ dabei vorübergehend im Leitungsband liegen (Entartung). Bei kleinen Störstellenkonzentrationen dagegen tritt das Maximum kaum in Erscheinung und ζ fällt schon bei extrem kleinen Temperaturen ab (vgl. Fig. 10 in Ziff. 18).

Berechnet man aus (17.2) die Elektronendichte, so ergibt sich für sie das folgende Temperaturverhalten: Bei $T=0$ ist auch $n=0$. Mit wachsender Temperatur wird zunächst nach (17.3):

$$n=\sqrt{n_0 n_D g_D}\,\mathrm{e}^{-\frac{E_L-E_D}{2kT}}=(2)\,n_D^{\frac{1}{2}}\left(\frac{2\pi m_n kT}{h^3}\right)^{\frac{3}{4}}\mathrm{e}^{-\frac{E_L-E_D}{2kT}} \tag{17.4}$$

d.h. die Elektronendichte steigt zunächst mit der Wurzel aus dem Störstellengehalt. Der in Klammern stehende Faktor (2) in (17.4) tritt auf, wenn $g_D=2$ ist, also wenn die Spinrichtung des Donatorelektrons festgelegt ist (vgl. Ziff. 14), im anderen Falle ($g_D=\frac{1}{2}$) ist er wegzulassen. (17.4) gilt aber nur für kleine Temperaturen und nicht zu großem Störstellengehalt. Wächst die Temperatur weiter, so folgt statt (17.4) aus (17.2):

$$\frac{n^2}{n_D-n}=g_D n_0 \mathrm{e}^{-\frac{E_L-E_D}{kT}}=(4)\left(\frac{2\pi m_n kT}{h^3}\right)^{\frac{3}{2}}\mathrm{e}^{-\frac{E_L-E_D}{kT}}. \tag{17.5}$$

Auch hier gilt der Faktor (4) nur für $g_D=2$ und ist für $g_D=\frac{1}{2}$ wegzulassen.

Sind schließlich alle Störstellen dissoziiert, so ist $n=n_D$, falls sich bei diesen Temperaturen nicht bereits der Einfluß der Eigenleitung bemerkbar macht.

Sind neben den Donatoren noch eine Anzahl Acceptoren vorhanden, so sind bei $T=0$ nur n_D-n_A Donatoren mit Elektronen besetzt. Die FERMI-Kante liegt dann also bei $T=0$ im Donatorenniveau und nähert sich mit wachsender Temperatur dem oben für $n_A=0$ beschriebenen ζ-Verlauf.

Man erhält dann statt (17.5):

$$\frac{n(n+n_A)}{n_D-n_A-n}=g_D n_0 \mathrm{e}^{-\frac{E_L-E_D}{kT}}=(4)\left(\frac{2\pi m_n kT}{h^3}\right)^{\frac{3}{2}}\mathrm{e}^{-\frac{E_L-E_D}{kT}}. \tag{17.6}$$

Diese Gleichung gilt natürlich nur solange die Acceptoren lediglich als Haftstellen für die Donatorelektronen wirken, nicht mehr aber, wenn sie Elektronen aus dem Valenzband aufnehmen.

Entsprechende Überlegungen gelten für Defektleiter, wenn man die Parameter des Überschußleiters in (17.1) bis (17.5) sinngemäß durch diejenigen des Defektleiters ersetzt.

18. Gemischte Halbleiter. Bei gleichzeitiger Anwesenheit von Elektronen und Löchern sowie Störstellen kann die Neutralitätsbedingung auch bei Nichtentartung nicht mehr soweit vereinfacht werden, daß sie analytisch nach ζ auflösbar ist. Man ist dann auf graphische Verfahren angewiesen.

Aus den Ergebnissen der Ziff. 16 und 17 läßt sich aber der qualitative Verlauf von ζ leicht angeben. Bei tiefen Temperaturen wird weiterhin ζ durch die Gleichungen des Störstellenhalbleiters gegeben sein, während für hohe Temperaturen ζ nicht mehr nach (+ oder —) Unendlich geht, sondern durch (16.3) gegeben ist. Ein Beispiel gibt Fig. 10. Hier ist der Verlauf von ζ mit T für verschiedene Störstellenkonzentrationen angegeben, wobei für die charakteristischen Energiedifferenzen die Werte von Germanium verwendet wurden.

Zur graphischen Auswertung der Neutralitätsbedingungen benötigt man die Kenntnis der folgenden Parameter: Temperatur T, Störstellendichten n_D und n_A, scheinbare Massen m_n und m_p (in n_0 und p_0), Energiedifferenzen E_L-E_V

(ΔE, Breite der verbotenen Zone), $E_L - E_D$ (Aktivierungsenergie der Donatoren) und $E_A - E_V$ (Aktivierungsenergie der Acceptoren) sowie die Temperaturabhängigkeit der letzteren Größen.

Nach W. SHOCKLEY [*15*] läßt sich ζ am einfachsten bestimmen, indem man bei gegebener Temperatur die vier Glieder der Gl. (15.24) in Abhängigkeit von $\zeta - E_L$ zeichnet. Da meist keine Entartung vorliegt, werden die beiden Glieder für die Dichten der freien Ladungsträger im logarithmischen Maßstab Geraden und auch die beiden anderen Glieder lassen sich in großen Bereichen durch Geraden approximieren.

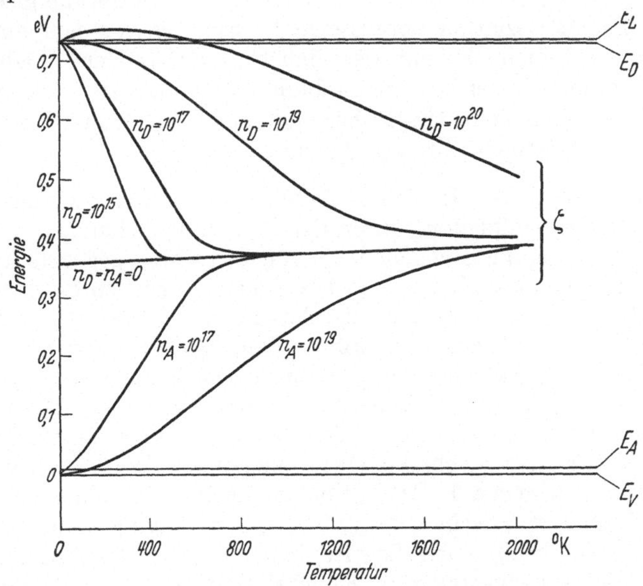

Fig. 10. Verlauf der FERMI-Kante für Germanium, nach HUTNER, RITTNER und DU PRÉ. (Die Änderung der Breite der verbotenen Zone mit der Temperatur ist hier vernachlässigt.)

E. MOOSER[1] erweitert das SHOCKLEYsche Verfahren durch Angabe eines einfachen Gerätes, das gestattet, die Lage von $\zeta - E_L$ aus einigen vorgegebenen Kurvenscharen abzulesen, ohne jeweils an eine feste Temperatur gebunden zu sein[2].

Es ist häufig nützlich, die durch (15.22) gegebenen Ausdrücke für die Elektronen- und Löcherdichte im nichtentarteten Halbleiter noch etwas umzuformen.

Die Ladungsträgerdichte im Eigenhalbleiter ist nach (15.22) und Ziff. 16 gegeben durch

$$n_i = n_0\,\mathrm{e}^{\frac{\zeta_i - E_L}{kT}} = p_0\,\mathrm{e}^{\frac{E_V - \zeta_i}{kT}} \tag{18.1}$$

mit ζ_i aus (16.3). Dividiert man (15.22) durch (18.1) so folgt:

$$n = n_i\,\mathrm{e}^{\frac{\zeta - \zeta_i}{kT}}\,, \quad p = n_i\,\mathrm{e}^{\frac{\zeta_i - \zeta}{kT}}\,. \tag{18.2}$$

Die Abweichung der Elektronen- bzw. Löcherdichte im gemischten Halbleiter (oder auch in einem Störstellenhalbleiter) von der bei der gleichen Temperatur

[1] E. MOOSER: Z. angew. Phys. Math. **4**, 433 (1953).

[2] Weitere Methoden und Hilfskurven findet man bei: K. LEHOVEC u. H. KEDESDY, J. Appl. Phys. **22**, 65 (1951), H. MÜSER, Z. Naturforsch. **5**a, 18 (1949) und R. A. HUTNER, E. S. RITTNER u. F. K. DUPRÉ, Phil. Res. Rep. **5**, 188 (1950). Dort finden sich auch weitere Einzelheiten zu dem hier behandelten Gebiet.

vorhandenen Ladungsträgerdichte in einem Eigenhalbleiter ist dann durch den Abstand der FERMI-Kante ζ von der „Eigenleitungs-FERMI-Kante" ζ_i gegeben. Man erkennt aus dieser Darstellung, daß das Produkt aus Elektronen- und Löcherdichte in einem beliebigen Halbleiter (also unabhängig von seinem Leitungstyp) immer gleich dem Quadrat der Eigenleitungskonzentration

$$n p = n_i^2 \tag{18.3}$$

ist. Ein Hinzufügen einer Anzahl neuer Störstellen liefert also nicht einfach eine Erhöhung der Ladungsträgerzahl des betreffenden Typus um die gleiche Anzahl (wenn wir völlige Dissoziation voraussetzen). Ein Teil der neu hinzugefügten Ladungsträger wird vielmehr mit den daneben vorhandenen Ladungsträgern umgekehrten Ladungsvorzeichens rekombinieren, so daß sich wieder das konstante Produkt $n \cdot p$ einstellt. Eine Deutung der Gl. (18.3) als Massenwirkungsgesetz wird in der folgenden Ziffer gegeben.

19. Chemische Statistik. In den vorhergehenden Ziffern wurde der Gleichgewichtszustand des Halbleiters unter der Annahme behandelt, daß die den Elektronen zur Verfügung stehenden Energieterme fest gegeben und in ihrer Lage und Dichte unveränderlich seien. Der Gleichgewichtszustand wurde durch ein allen Elektronen gemeinsames chemisches Potential (FERMI-Niveau) charakterisiert. Diese Betrachtungsweise wurde dann jedoch erweitert durch Zusammenfassung von Elektronengruppen zu neuen Kollektiven, deren Dichte wieder durch das (jetzt allen Kollektiven gemeinsame) chemische Potential bestimmt ist. Zur modellmäßigen Vereinfachung wurde statt dem Valenzelektronen-Kollektiv das Löcherkollektiv eingeführt, dessen chemisches Potential dann natürlich wegen der Definition der Löcher als „fehlende" Elektronen (umgekehrtes Ladungsvorzeichen) gleich $-\zeta$ gesetzt werden muß.

Wir gehen jetzt noch einen Schritt weiter. Statt der Zusammenfassung verschiedener Elektronengruppen zu Kollektiven fassen wir alle im Halbleiter miteinander reaktionsfähigen Teilchen zu neuen Kollektiven zusammen, betrachten wir also neben den Elektronen und Löchern (in den Bändern) die geladenen bzw. ungeladenen Störstellen als gesonderte Kollektive. In dieser Betrachtungsweise bedeutet also z. B. die Reaktion „Übergang eines Elektrons vom Leitungsband in ein Donatorniveau" die Reaktion eines freien Elektrons mit einem geladenen Donator unter Bildung eines neutralen Donators.

Betrachten wir allgemein eine Reaktion an der ν_p Teilchen eines Kollektivs p beteiligt sind ($\delta N_p = \nu_p \, d\lambda$, $\lambda =$ Reaktionslaufzahl), so lautet die Gleichgewichtsbedingung der Reaktionskinetik[1], wenn man noch die chemischen Potentiale der verschiedenen Kollektive ζ_p einführt:

$$\delta F = \sum_p \zeta_p \, \delta N_p = \sum_p \zeta_p \, \nu_p \, d\lambda = 0,$$

also

$$\sum_p \zeta_p \nu_p = 0. \tag{19.1}$$

Im Gleichgewicht ist die Summe der chemischen Potentiale mal der Anzahl der an der Reaktion teilnehmenden Kollektivteilchen gleich Null.

Zur expliziten Darstellung dieser Gleichgewichtsbedingung werden die chemischen Potentiale üblicherweise in einen konzentrationsunabhängigen und einen

[1] Vgl. z. B. W. WEIZEL: Lehrbuch der theoretischen Physik, Bd. I, S. 722. Berlin: Springer 1949.

konzentrationsabhängigen Anteil aufgespalten:

$$\zeta_p = E_p + kT \ln (n_p/n_p^0), \tag{19.2}$$

wo n_p die Dichte der p-ten Kollektivteilchen bedeute und n_p^0 eine zunächst noch nicht definierte Bezugskonzentration darstellt. Diese Darstellung ist allerdings nur möglich, solange $n_p \ll n_p^0$ ist, beschränkt sich also, wie wir später sehen werden, auf nichtentartete Halbleiter bei nicht zu hoher Störstellenkonzentration.

Wählt man für die E_p diejenigen Energien, welche notwendig sind, um ein Kollektivteilchen aus dem tiefsten Kollektivzustand ins Unendliche zu bringen und dort in seine unabhängigen Bestandteile zu zerlegen, so lauten die Gleichungen für die einzelnen chemischen Potentiale:

$$\left.\begin{array}{ll} \text{Elektronen:} & \zeta_- = E_- + kT \ln (n/n_0), \\ \text{Löcher:} & \zeta_+ = E_+ + kT \ln (p/p_0), \\ \text{positiv geladene Donatoren:} & \zeta_{D^+} = E_{D^+} + kT \ln (n_{D^+}/N_+), \\ \text{neutrale Donatoren:} & \zeta_{D^\times} = E_{D^\times} + kT \ln (n_{D^\times}/N_\times) \\ \text{usw.} & \end{array}\right\} \tag{19.3}$$

Hier ergeben sich[1] als Bezugskonzentrationen der Elektronen und Löcher die Entartungskonzentrationen (15.16), als diejenigen der Störstellen die Dichte der gleichberechtigten Gitterplätze, an denen die Störstellen eingebaut werden können.

Wir haben hier zwischen N_+ und $N_\times$ zu unterscheiden. Kann nämlich z.B. eine $D^\times$-Stelle unter dem gleichen Energieaufwand mit verschiedener Spinrichtung ihres äußersten Elektrons eingebaut werden, so ist die Zahl der Realisierungsmöglichkeiten einer solchen Störstelle doppelt so groß, wie die einer D^+-Stelle ($N_\times = 2\,N_+$, vgl. Ziff. 14, Kleindruck).

Steht der betrachtete Halbleiter noch im Gleichgewicht mit einer benachbarten Gasphase, so kommt das chemische Potential dieser Phase hinzu:

$$\left.\begin{array}{l} \zeta^{(g)} = E^{(g)} + kT \ln \dfrac{n^{(g)}}{n_0^{(g)}} = E^{(g)} + kT \ln \dfrac{p^{(g)}}{p_0^{(g)}}, \\ n_0^{(g)} = \left(\dfrac{2\pi m^{(g)} kT}{h^2}\right)^{\frac{3}{2}}, \qquad p_0^{(g)} = \left(\dfrac{2\pi m^{(g)}}{h^2}\right)^{\frac{3}{2}} (kT)^{\frac{5}{2}}, \end{array}\right\} \tag{19.4}$$

wo $n^{(g)}$ bzw. $p^{(g)}$ die Dichte der Gasmoleküle bzw. den Gasdruck bezeichnen. (19.4) ist in dieser Form auf ideale Gase beschränkt.

Durch Einsetzen der Gl. (19.2) bzw. (19.3) und (19.4) in (19.1) folgt

$$\prod_p \left(\frac{n_p}{n_p^0}\right)^{\nu_p} = e^{-\frac{1}{kT}\sum\limits_p \nu_p E_p}. \tag{19.5}$$

Dies ist das *Massenwirkungsgesetz*, das das Gleichgewicht zwischen den verschiedenen Kollektiven beschreibt. Es liegt der chemisch-thermodynamischen Behandlungsweise der Halbleiterreaktionen (Reaktionskinetik) zugrunde.

Als einfachstes Anwendungsbeispiel behandeln wir die Reaktion zwischen einem Elektron und einem positiv geladenen Donator:

$$D^+ + \ominus \rightleftharpoons D^\times. \tag{19.6}$$

[1] Für die genauere Ableitung der hier nur skizzierten Theorie vgl. W. Schottky [*23*, I], S. 139.

Hier lautet das Massenwirkungsgesetz:

$$\left(\frac{n}{n_0}\right)\left(\frac{n_{D^+}}{N_+}\right)\left(\frac{n_{D^\times}}{N_\times}\right)^{-1} = e^{-\frac{E_- + E_{D^+} - E_{D^\times}}{kT}}. \tag{19.7}$$

Die im Zähler des Exponenten auftretende Energiesumme ist einfach die bei der betreffenden Reaktion aufgewendete Energie: Entfernung eines Elektrons und einer D^+-Stelle ins Unendliche, Hereinbringen einer $D^\times$-Stelle. In Fig. 11a ist diese Reaktion in dem für diese Art von Statistik zweckmäßigen Energieschema (Existentialdarstellung nach SCHOTTKY[1]) dargestellt. Ausgefüllte Punkte bezeichnen hier die Kollektivteilchen.

Von dieser Darstellung kann man nun leicht zu der Termdarstellung des Bändermodells übergehen. E_- ist als zur Entfernung eines Elektrons ins Unendliche notwendige Energie einfach gleich der Kante des Leitungsbandes E_L. $E_{D^+} - E_{D^\times}$ dagegen ist die Energie, die notwendig ist einen geladenen Donator in einen ungeladenen zu verwandeln, also gleich der zum Hineinbringen eines Elektrons in einen Donator aufzuwendende *Umladungsenergie*, der im Bändermodell der Umladungsterm $-E_D$ entspricht. Diese Darstellung zeigt Fig. 11b.

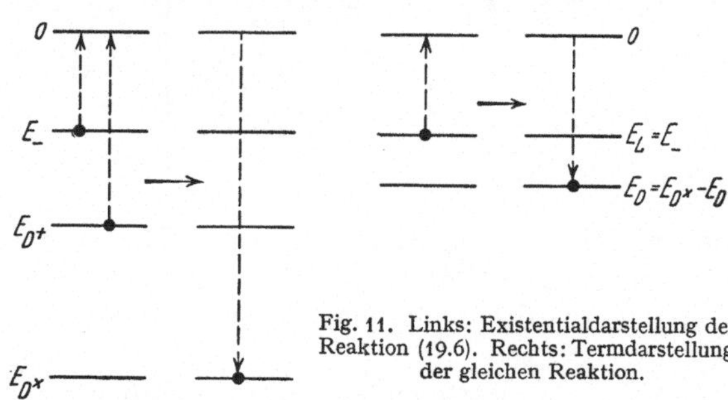

Fig. 11. Links: Existentialdarstellung der Reaktion (19.6). Rechts: Termdarstellung der gleichen Reaktion.

Setzt man nun die jetzt benutzte Energiedefinition in (19.7) ein, so erhält man

$$\frac{n\, n_{D^+}}{n_{D^\times}} = g_D 2\left(\frac{2\pi m_n kT}{h^2}\right)^{\frac{3}{2}} e^{-\frac{E_L - E_D}{kT}}, \qquad g_D = \frac{N_+}{N_\times}. \tag{19.8}$$

Dies entspricht aber, wenn man noch beachtet, daß aus Neutralitätsgründen $n = n_{D^+} = n_D - n_{D^\times}$ ist, genau der Gl. (17.5).

In gleicher Weise kann man das Massenwirkungsgesetz für die Reaktion

$$\ominus + \oplus \rightleftharpoons \text{ungestörtes Gitter}$$

ableiten, das der Gl. (18.3) äquivalent ist.

Als zweites allgemeineres Beispiel, das gleichzeitig die Beschreibung von Fehlordnungsgleichgewichten und den Einfluß der äußeren Atmosphäre miterfaßt, betrachten wir das Gleichgewicht in einem einwertigen polaren Gitter Me^+A^- (Me^+ = Metallion, A^- = Anion) unter folgenden Voraussetzungen: Fehlordnung kann nur in Form von Kationenleerstellen Me □ oder Anionenleerstellen A □ auftreten, es sind also keine Störstellen auf Zwischengitterplätzen möglich. Ferner sei in den Kristall eine Donatorart auf Me-Gitterplätzen D ● (Me) (Umladungszustände + und ×) eingebaut. Schließlich stehe der Halbleiter mit einer Me-Atmosphäre im Gleichgewicht.

Wir haben dann folgende acht Kollektive im Kristallinneren zu berücksichtigen:

Elektronen (⊖), Löcher (⊕), Kationenfehlstellen (negativ geladen bzw. neutral) (Me □′, Me □$^\times$), Anionenfehlstellen (positiv geladen oder neutral) (A □$^\bullet$, A □$^\times$), Donatoren auf Gitterplätzen (positiv geladen oder neutral) [D ●$^\bullet$ (Me), D ●$^\times$ (Me)].

[1] W. SCHOTTKY: Zur allgemeinen Definition und Bezeichnung elektronischer Störstellen in Halbleitern, unveröffentlicht.

Zwischen diesen Kollektiven existieren die fünf unabhängigen Reaktionsmöglichkeiten und Massenwirkungsgesetze:

$$\left.\begin{array}{lll}
\ominus + \oplus \rightleftharpoons 0, & & n p = K_i \\
\mathrm{Me}\,\square' + \mathrm{A}\,\square^{\bullet} \rightleftharpoons -\mathrm{MeA}, & & [\mathrm{Me}\,\square'][\mathrm{A}\,\square^{\bullet}] = K_{\square}, \\
\mathrm{Me}\,\square' + \oplus \rightleftharpoons \mathrm{Me}\,\square^{\times}, & & \dfrac{[\mathrm{Me}\,\square']\,p}{[\mathrm{Me}\,\square^{\times}]} = K_1, \\
\mathrm{A}\,\square^{\bullet} + \ominus \rightleftharpoons \mathrm{A}\,\square^{\times}, & & \dfrac{[\mathrm{A}\,\square^{\bullet}]\,n}{[\mathrm{A}\,\square^{\times}]} = K_2, \\
\mathrm{D}\bullet^{\bullet}(\mathrm{Me}) + \ominus \rightleftharpoons \mathrm{D}\bullet^{\times}(\mathrm{Me}), & & \dfrac{[D\bullet^{\bullet}]\,n}{[D\bullet^{\times}]} = K_3,
\end{array}\right\} \quad (19.9)$$

wo die in eckigen Klammern stehenden Ausdrücke die Konzentrationen der betreffenden Fehlstellen sind.

Für das Gleichgewicht zwischen dem Metalldampf (Druck $p_{\mathrm{Me}}^{(g)}$) und dem Kristall kann die folgende Reaktion benutzt werden:

$$\mathrm{Me}^{(g)} \rightleftharpoons \mathrm{A}\,\square^{\bullet} + \ominus + \mathrm{MeA}, \qquad \frac{n\,[\mathrm{A}\,\square^{\bullet}]}{p_{\mathrm{Me}}^{(g)}} = K^{(g)}. \qquad (19.10)$$

Zu diesen sechs Bestimmungsgleichungen kommen noch die beiden Bedingungen hinzu:

$$n + [\mathrm{Me}\,\square'] = p + [\mathrm{A}\,\square^{\bullet}] + [\mathrm{D}\bullet^{\bullet}(\mathrm{Me})] \quad \text{(Neutralitätsbedingung)}, \qquad (19.11)$$

$$[\mathrm{D}\bullet^{\bullet}(\mathrm{Me})] + [\mathrm{D}\bullet^{\times}(\mathrm{Me})] = [D_{\mathrm{tot}}] \quad \text{(konstante Donatorendichte)}. \qquad (19.12)$$

Damit sind acht Gleichungen für die acht Kollektive gegeben, die die Berechnung der einzelnen Dichten bei bekannten K und D_{tot} gestatten.

Man erkennt, daß trotz der zu Beginn gemachten Einschränkungen die Zahl der Parameter sehr groß ist, also die Auswertung oft recht schwierig wird. In praktischen Fällen werden jedoch die Aktivierungsenergien für einige Reaktionen (19.9) so groß sein, daß die betreffenden Reaktionen ausfallen, d.h. daß nur eine geringere Zahl von Kollektiven berücksichtigt werden muß.

Es sei hier nur noch kurz gezeigt, wie sehr die Herstellungsbedingungen d.h. der Dampfdruck beim Einbau der Störstellen das elektrische Verhalten des Halbleiters beeinflussen[1]. Baut man die Donatoren in den oben gewählten Beispiel in der Form DA ein, so sind folgende Reaktionen möglich:

$$\left.\begin{array}{lllll}
\mathrm{DA} + n\,\mathrm{Me}^{(g)} \to \mathrm{D}\bullet^{\times} + & n\,\mathrm{A}\square^{\times} + (n+1)\,\mathrm{MeA} \to \mathrm{D}\bullet^{\bullet} + & n\,\mathrm{A}\square^{\bullet} + (n+1)\,\mathrm{MeA} + (n+1)\ominus, \\
\mathrm{DA} + \mathrm{Me}^{(g)} \to \mathrm{D}\bullet^{\times} + & \mathrm{A}\square^{\times} + 2\,\mathrm{MeA} \to \mathrm{D}\bullet^{\bullet} + & \mathrm{A}\square^{\bullet} + 2\,\mathrm{MeA} + 2\ominus, \\
\mathrm{DA} \to \mathrm{D}\bullet^{\times} & + \mathrm{MeA} \to \mathrm{D}\bullet^{\bullet} & + \mathrm{MeA} + \ominus, \\
\mathrm{DA} - \mathrm{Me}^{(g)} \to \mathrm{D}\bullet^{\times} + & \mathrm{Me}\square^{\times} + \mathrm{MeA} \to \mathrm{D}\bullet^{\bullet} + & \mathrm{Me}\square' + \mathrm{MeA}, \\
\mathrm{DA} - n\,\mathrm{Me}^{(g)} \to \mathrm{D}\bullet^{\times} + & n\,\mathrm{Me}\square^{\times} + \mathrm{MeA} \to \mathrm{D}\bullet^{\bullet} + & n\,\mathrm{Me}\square' + \mathrm{MeA} + (n-1)\oplus.
\end{array}\right\} \quad (19.13)$$

Welche dieser Rekationen auftritt, richtet sich nach dem Dampfdruck und den Masseneinwirkungsgesetzen. Bei völliger Ionisation der Störstellen wird je nach $p_{\mathrm{Me}}(g)$ die Zahl der freien Elektronen praktisch unabhängig von der Donatorenzahl (erste Reaktion), gleich der Donatorenzahl (dritte Reaktion), der Halbleiter isoliert trotz Einbau von Donatoren (vierte Reaktion) oder wird sogar p-leitend (fünfte Reaktion).

[1] Vgl. hierzu: F. A. Kröger u. H. J. Vink [*23*.E], dort finden sich auch zahlreiche Literaturhinweise zu dem hier behandelten Fragenkomplex.

Maßgebend sind immer die Aktivierungsenergien. So ist es durchaus möglich, daß in dem experimentell zugänglichen Bereich einzelne Reaktionen unmöglich sind, also daß sich z.B. keine Löcherleitung erreichen läßt (Beispiel CdS, vgl. Ziff. 96).

Schließlich sei bemerkt, daß die in diesem Abschnitt gebrachten Betrachtungen nur bei hohen Temperaturen möglich sind, wo sich die Störstellengleichgewichte hinreichend schnell einstellen. Will man dann zu dem Verhalten des Halbleiters bei tieferen Temperaturen übergehen, so kann man als erste Näherung annehmen, daß beim Abkühlen das Hochtemperaturgleichgewicht der Störstellen „eingefroren" wird, und sich bei tiefen Temperaturen nur noch die Elektronen und Löcher gemäß den neuen Gleichgewichtsbedingungen umordnen. Man hat dann nur noch mit der Elektronenstatistik zu rechnen, kann also die Dichte und Verteilung der Energieterme als gegeben ansehen.

Die Elektronenstatistik (Ziff. 14) und die chemische Reaktionskinetik ergänzen sich also weitgehend. Während die Elektronenstatistik ein fest vorgegebenes Termschema fordert, dann aber Aussagen über die Energieverteilung der dieses Schema besetzenden Elektronen liefert und sich auch auf entartete Halbleiter erstreckt, faßt die Reaktionskinetik der chemischen Statistik sogleich Teilchen verschiedener Energie zusammen und liefert die Gleichgewichtsbedingungen zwischen diesen Kollektiven[1]. Die Zusammenfassung beider Statistiken zu einer umfassenden Quantenstatistik des Festkörpers verdanken wir SCHOTTKY[2]. Mit Hilfe dieser allgemeinen Statistik ist es weiterhin möglich auch die Wechselwirkung der Elektronen mit dem Gitter, angeregte Zustände von Kollektivteilchen usw. mitzuerfassen. Wir können hier jedoch nicht näher darauf eingehen.

20. Raumladungen und innere Felder. Wir haben bisher bei der Berechnung der Gleichgewichtsverteilung der Ladungsträger immer angenommen, daß im Halbleiterinneren keine Raumladungen vorhanden sind. Dies führte auf die Neutralitätsbedingung und die damit mögliche Berechnung der chemischen Potentiale der verschiedenen Ladungsträgerkollektive bzw. der FERMI-Kante.

An der Gleichgewichtsbedingung „Summe der chemischen Potentiale der Reaktionspartner gleich Null" bzw. „Existenz einer allen Kollektiven gemeinsamen ortsunabhängigen FERMI-Kante" ändert sich jedoch nichts, wenn verschiedene Teile des Halbleiters auf verschiedenem elektrostatischem Potential sind. Man hat dann lediglich in dem konzentrationsunabhängigen Teil des chemischen Potentials das elektrostatische Potential mit zu berücksichtigen. Da es sich hier um chemische Potentiale handelt, die Ladungsträger zugeordnet sind, bezeichnet man diese besser als *elektrochemische Potentiale* und teilt sie auf in das „natürliche chemische Potential" ζ_0 (das wir bisher ausschließlich berücksichtigt hatten) und das elektrostatische Potential, setzt also: $\zeta = \zeta_0 \pm e\psi$.

Da die konzentrationsunabhängigen Anteile des elektrochemischen Potentials nach (19.3) durch die Energien der zu dem betreffenden Kollektiv gehörigen Grundterms gegeben sind, lassen diese sich aufspalten in die „Bindungsenergie" eines Kollektivteilchens E_{p0} und seine elektrostatische Energie $\pm e\psi$. Man erhält dann für die Elektronen-, Löcher- und Störstellenkollektive:

$$\left.\begin{array}{ll}
E_- = E_{-0} - e\psi, & E_L = E_- = E_{L0} - e\psi, \\
E_+ = E_{+0} + e\psi, & E_V = -E_+ = E_{V0} - e\psi, \\
E_{D^+} = E_{D^+0} + e\psi, & E_D = E_{D^\times} - E_{D^+}, \\
E_{D^\times} = E_{D^\times 0}, & \quad = E_{D^\times 0} - E_{D^+0} - e\psi, \\
 & \quad = E_{D0} - e\psi, \\
\text{usw.} & \text{usw.}
\end{array}\right\} \tag{20.1}$$

---

[1] Siehe auch Fußnote 1, S. 20.

[2] W. SCHOTTKY [*23*.I], S. 139.

Diese Darstellung erlaubt es, im Energie-Ort-Diagramm des Bändermodells (wie es etwa in Fig. 9 dargestellt ist) das elektrostatische Potential dadurch zu berücksichtigen, daß man zwar ζ nach wie vor ortsunabhängig aufträgt, die Bandränder und Störstellenterme jedoch mit $-e\psi(\mathfrak{r})$ ortsabhängig variiert (vgl. Fig. 12).

An Stelle der Neutralitätsbedingung tritt jetzt die POISSONsche Gleichung:

$$\Delta\psi = -\frac{1}{\varepsilon\varepsilon_0}\varrho(\mathfrak{r}), \tag{20.2}$$

wo

$$\varrho = e(p + n_{D^+} - n - n_{A^-}) \tag{20.3}$$

die Ladungsdichte bedeutet.

Um den Zusammenhang zwischen den Dichten der Ladungsträger und dem elektrostatischen Potential explizit zu erfassen, werden die Ausdrücke für die Dichten häufig in einer anderen Form angegeben. Nach (18.2) ist

$$n(\mathfrak{r}) = n_i\,\mathrm{e}^{\frac{\zeta-\zeta_i(\mathfrak{r})}{\mathrm{k}T}}, \qquad p(\mathfrak{r}) = n_i\,\mathrm{e}^{\frac{\zeta_i(\mathfrak{r})-\zeta}{\mathrm{k}T}}, \tag{20.4}$$

wo jetzt ζ_i nach (16.3) und (20.1) die gleiche Ortsabhängigkeit besitzt wie die Bandkanten. Da in allen Ausdrücken nur Energiedifferenzen auftreten, kann man über den Energienullpunkt willkürlich verfügen. Legt man ihn so, daß $\zeta_i = -e\psi$ ist und definiert durch $\zeta = -e\varphi$ das FERMI-*Potential* φ, so wird

$$n(\mathfrak{r}) = n_i\,\mathrm{e}^{\frac{e}{\mathrm{k}T}(\psi(\mathfrak{r})-\varphi)}, \qquad p(\mathfrak{r}) = n_i\,\mathrm{e}^{\frac{e}{\mathrm{k}T}(\varphi-\psi(\mathfrak{r}))}. \tag{20.5}$$

Hier ist die Ortsabhängigkeit der Dichten lediglich in dem ortsabhängigen elektrostatischen Potential enthalten, während die Temperaturabhängigkeit außer in $\mathrm{k}T$ noch in n_i und φ steckt.

Das elektrostatische Potential und damit die Dichteverteilung der Elektronen und Löcher gewinnt man jetzt aus der POISSONschen Gl. (20.2), die wegen (20.5) die Form

$$\Delta\psi = -\frac{e}{\varepsilon\varepsilon_0}\left(n_{D^+} - n_{A^-} + 2n_i\,\mathrm{Sin}\,\frac{e}{\mathrm{k}T}(\varphi-\psi)\right) \tag{20.6}$$

annimmt.

Als Beispiel betrachten wir die Verhältnisse unter der Oberfläche eines Halbleiters. Nach Ziff. 13 sind dort ja Raumladungen vorhanden, die aus der Existenz der Oberflächenzustände folgen. Betrachten wir speziell einen Überschußleiter, so geben dort die Oberflächenzustände eine negative Oberflächenladung, die durch eine positive Raumladung unter der Oberfläche kompensiert wird. Diese von den positiv geladenen Donatoren erzeugte Raumladung bewirkt eine Potentialdifferenz zwischen Oberfläche und Halbleiterinnerem, die zu einer „Verbiegung“ der Bandränder führt.

Nehmen wir in erster Näherung an, daß sich die Raumladung mit konstanter Größe bis zu einer Tiefe l in das Halbleiterinnere erstreckt, so ist nach (20.2) in diesem Gebiet:

$$\psi = -\frac{1}{2\varepsilon\varepsilon_0}\varrho(x-l)^2 + \psi_{\mathrm{innen}} \quad 0 < x < l, \tag{20.7}$$

und die Potentialdifferenz zwischen Rand und Halbleiterinnerem

$$\psi_{\mathrm{Rand}} - \psi_{\mathrm{innen}} = -\frac{1}{2\varepsilon\varepsilon_0}\varrho l^2. \tag{20.8}$$

Andererseits folgt aus (20.5) für den Zusammenhang zwischen Potentialdifferenz und Differenz der Ladungsträger am Rand und im Inneren:

$$\frac{n_{\mathrm{Rand}}}{n_{\mathrm{innen}}} = \mathrm{e}^{\frac{e}{\mathrm{k}T}(\psi_{\mathrm{Rand}} - \psi_{\mathrm{innen}})}, \qquad \psi_{\mathrm{Rand}} - \psi_{\mathrm{innen}} = \frac{\mathrm{k}T}{e} \ln \frac{n_{\mathrm{Rand}}}{n_{\mathrm{innen}}}. \tag{20.9}$$

Ein Beispiel für die hier geschilderten Verhältnisse zeigt Fig. 12. Hier ist die Potentialdifferenz zwischen Band und Innerem so groß, daß am Rande die FERMI-Kante bereits in die untere Hälfte der verbotenen Zone gelangt und

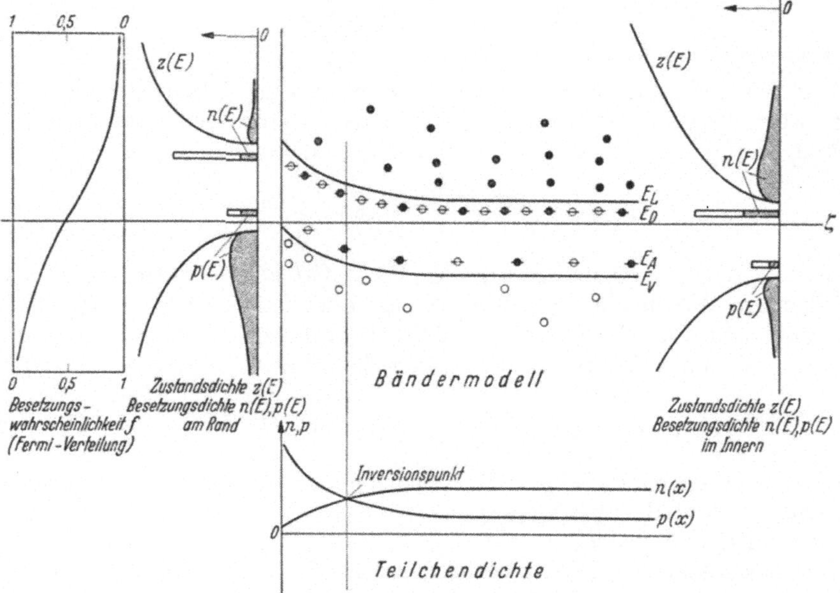

Fig. 12. Elektronen- und Löcherdichte am Halbleiterrand.

dadurch dort p-Leitung hervorruft. Es tritt also eine *Inversion* des Leitungstyps auf. Die Abbildung enthält ferner die Zustandsdichten am Rande und im Inneren und die durch die Lage von ζ gegebene Besetzungswahrscheinlichkeit f (vgl. Fig. 9).

Für Defektleiter gelten ähnliche Verhältnisse. Hier ist nur die Raumladungsschicht unter der Oberfläche negativ und die Bandränder werden daher „nach unten gebogen".

C. Theorie der Leitfähigkeit in homogenen Halbleitern.

21. Allgemeiner Überblick. Während wir im letzten Abschnitt die Verteilung der Elektronen und Löcher in einem Halbleiter im thermischen Gleichgewicht betrachtet haben, wollen wir in diesem und in den folgenden Abschnitten die Bewegung der Ladungsträger in einem Halbleiter unter dem Einfluß äußerer (oder innerer) Felder untersuchen. Unter dem Begriff „Feld" wollen wir hier alle Kräfte verstehen, die den Ladungsträgern eine ihrer thermischen ungeordneten Bewegung überlagerte gerichtete Bewegung geben.

Der einfachste und wichtigste Fall ist der eines *elektrischen Feldes*. Unter seinem Einfluß werden die Ladungsträger längs der Feldlinien (je nach ihrem Ladungsvorzeichen in Richtung des Feldes oder entgegengesetzt) beschleunigt, stoßen nach einer mittleren freien Weglänge mit den Phononen des Gitters zusammen und geben dabei ihre aus dem Felde aufgenommene Energie an das Gitter ab. Dieses Wechselspiel zwischen Beschleunigung und Zusammenstößen gibt den Ladungsträgern eine *im Mittel* konstante Geschwindigkeit. Ist neben dem elektrischen Feld noch ein *Magnetfeld* vorhanden, so werden die Ladungsträger zusätzlich zu ihrer Bewegung im elektrischen Feld senkrecht zu ihrer Bewegungsrichtung und zum Magnetfeld abgelenkt. Die durch ein angelegtes elektrisches Feld oder durch ein elektrisches und magnetisches Feld im Halbleiterinneren erzeugten Effekte unterscheiden sich in Störstellenhalbleitern physikalisch nicht von den gleichen Effekten in Metallen. Erst die in gemischten Halbleitern gleichzeitige Anwesenheit von Elektronen und Löchern gibt Anlaß zu neuen bei Metallen nicht auftretenden Effekten.

Schließlich können Ladungsträgerverschiebungen in Halbleitern durch „*Diffusionsfelder*" verursacht werden. Wir wollen darunter folgendes verstehen: Ist die Elektronendichte bzw. die Löcherdichte in verschiedenen Bereichen des Halbleiters verschieden, so rufen diese Dichtegradienten Diffusionsströme hervor, die die Gradienten auszuglätten suchen. Dies ist aber nur dann möglich, wenn dabei die Neutralität im Halbleiterinneren gewahrt bleibt. Der Ausgleich erfolgt also nur dann, wenn gleichzeitig Elektronen und Löcher in gleicher Zahl mit gleicher Geschwindigkeit diffundieren, also überhaupt nur in gemischten Halbleitern. Anderenfalls bilden sich im Halbleiterinneren *innere Felder* aus, die den Diffusionskräften die Waage halten und die Dichtegradienten aufrechterhalten. Ein Beispiel hierfür ist das *Auftreten von Dichtegradienten bei ungleichförmiger Störstellenverteilung oder Temperaturgradienten.* Ist der Halbleiter ein reiner Elektronenleiter, so werden die hier auftretenden Diffusionsfelder durch entgegengerichtete elektrische Felder kompensiert, die Gleichgewichtsdichte der Elektronen bleibt also aufrechterhalten. In einem gemischten Halbleiter dagegen fließen Elektron-Loch-Paar-Ströme (ohne Ladungstransport) in Richtung der Dichtegradienten. Im stationären Zustand werden dann an Stellen, von denen die Diffusionsströme wegfließen, neue Elektron-Loch-Paare erzeugt, an anderen Stellen werden dagegen überschüssige Paare rekombinieren.

Weiter treten Dichtegradienten auf bei *Erzeugung von Elektronen und (oder) Löchern durch äußere Eingriffe.* Wir gehen auf diese Möglichkeiten (Lichteinstrahlung, Injektion u. a.) im Abschnitt D näher ein. Dort bedeuten die Dichtegradienten gleichzeitig Abweichungen von den Gleichgewichtsdichten. Da solche Abweichungen aus Neutralitätsgründen immer einen Über- oder Unterschuß an Elektron-Loch-Paaren bedeuten, können hier Diffusionsströme fließen und die Dichteabweichungen zum Verschwinden bringen.

Wir wollen in diesem Abschnitt die Theorie der Leitfähigkeit (worunter wir alle durch Felder verursachten Effekte zusammenfassen wollen) unter folgenden Einschränkungen behandeln:

1. Keine Abweichungen der Ladungsträgerkonzentrationen von den Gleichgewichtsdichten (verschwindende Lebensdauer von Elektron-Loch-Paaren).

2. Konstante Störstellenverteilung, einkristalliner Aufbau *(homogene Halbleiter)*.

Unter diesen Voraussetzungen kann die Theorie der Leitfähigkeit analog der Elektronentheorie der Metalle entwickelt werden[1]. Die Voraussetzung 1 werden wir in dem folgenden Abschnitt D und die Voraussetzung 2 im Abschnitt E fallen lassen.

[1] A. H. Wilson: Proc. Roy. Soc. Lond., Ser. A **134**, 277 (1931). — M. Bronstein: Phys. Z. Sowjet. **2**, 28 (1932).

Schließlich wollen wir über die Form des Halbleiters die Voraussetzung machen:

3. Der Halbleiter sei in der x-Richtung von Kontakten, in den beiden anderen Richtungen durch freie Oberflächen begrenzt.

Damit schalten wir alle Effekte aus, die durch Kontakte, Raumladungsschichten an der Oberfläche und im Halbleiterinneren und örtliche Unregelmäßigkeiten im Halbleiter verursacht werden. Wir behandeln also zunächst nur die *Volumeneffekte*, für welche der Halbleiter als Ganzes maßgebend ist.

Die Theorie der Leitfähigkeit läßt sich weitgehend geschlossen und formal einfach darstellen, wenn man sich auf ein *isotropes Modell des Halbleiters* beschränkt. Man betrachtet dann die Ladungsträger als „quasifrei“, d.h. man faßt alle Einflüsse des ruhenden Gitters in einer skalaren scheinbaren Masse zusammen und nimmt an, daß sie abgesehen von dieser Besonderheit zwischen zwei Zusammenstößen frei den äußeren Feldern unterworfen sind. Wir behalten diese Annahme in den drei ersten Teilen dieses Abschnittes bei und gehen auf die Abänderung der Theorie bei Anisotropie erst anschließend ein. Dies hat nicht nur seinen Grund in der wesentlichen Vereinfachung des Formalismus, sondern auch in der Tatsache, daß diese „isotrope“ Theorie weitgehend zur Erklärung der wichtigsten Halbleitereffekte ausreicht. Das erste Problem, das uns hier zu beschäftigen hat, ist die Definition und Ableitung der mittleren Stoßzeit bzw. der freien Weglänge der Ladungsträger. Es zeigt sich hier, daß die Theorie unter gewissen vereinfachenden Annahmen verhältnismäßig leicht durchgeführt werden kann und zu Ergebnissen führt, die mit der Erfahrung gut übereinstimmen.

I. Allgemeine Theorie der Leitfähigkeit in isotropen Halbleitern.

a) Grundlagen.

22. Bestimmungen der gestörten Verteilungsfunktion der Elektronen und Löcher unter dem Einfluß äußerer Felder, die BOLTZMANNsche Stationaritätsbedingung. Die Verteilungsfunktion der Elektronen und Löcher, d.h. die Dichte der Elektronen bzw. Löcher im Volumenelement $(\boldsymbol{r}, d^3r)$ und Geschwindigkeitsintervall $(\boldsymbol{v}, d^3v)$ sei gegeben durch die Funktionen

$$f_n(\boldsymbol{r}, \boldsymbol{v})\, d^3r\, d^3v \quad \text{und} \quad f_p(\boldsymbol{r}, \boldsymbol{v})\, d^3r\, d^3v. \tag{22.1}$$

Im thermischen Gleichgewicht, also bei verschwindenden äußeren Feldern sind die Verteilungsfunktionen einfach das Produkt aus FERMI- bzw. BOLTZMANN-Verteilung und Zustandsdichte $z(\boldsymbol{v})$ (vgl. Ziff. 15)[1].

Bei Anwesenheit äußerer Felder sind die Verteilungsfunktionen nicht die Gleichgewichtsverteilungen. Durch die angelegten Felder werden die Ladungsträger ja beschleunigt und ändern sowohl ihren Ort als auch ihre Geschwindigkeit. Ferner stoßen sie mit den Phononen zusammen und ändern dabei ebenfalls ihre Geschwindigkeit.

Wir betrachten zunächst die zeitliche Änderung der Verteilungsfunktionen durch äußere Felder. Dabei beschränken wir uns im folgenden nur auf die Elektronen. Die Betrachtungen lassen sich dann ohne weiteres auch auf die Löcher übertragen.

---

[1] f_n und f_p sind hier nicht mit der FERMI-Verteilung f (Ziff. 14) zu verwechseln. Wir behalten den Buchstaben f hier trotz dieser Verwechslungsmöglichkeit bei, da er sich an dieser Stelle eingebürgert hat.

Die zeitliche Änderung der Elektronendichte im Intervall $(\boldsymbol{r}, \boldsymbol{v}, d^3r, d^3v)$ auf Grund des Einflusses der äußeren Felder schreiben wir in der Form

$$\left.\frac{\partial f_n}{\partial t}\right|_{\text{Feld}} = -\dot{\boldsymbol{r}} \cdot \operatorname{grad}_r f_n - \dot{\boldsymbol{v}} \cdot \operatorname{grad}_v f_n. \tag{22.2}$$

Die zeitliche Änderung der Verteilungsfunktion der Elektronen durch Gitterstöße ist durch die folgende Betrachtung zu gewinnen: Sei $\Phi(\boldsymbol{v}, \boldsymbol{v}')\, d^3v'$ die Wahrscheinlichkeit, daß ein Elektron der Geschwindigkeit $\boldsymbol{v}$ durch einen Stoß in das Geschwindigkeitsintervall $(\boldsymbol{v}', d^3v')$ gelangt, so ist die Zahl der Teilchen (pro Einheitsvolumen), die in der Zeiteinheit das Geschwindigkeitsintervall $(\boldsymbol{v}, d^3v)$ verlassen:

$$a = f_n(\boldsymbol{r}, \boldsymbol{v}) \int \Phi(\boldsymbol{v}, \boldsymbol{v}')\, d^3v' \tag{22.3}$$

und die der Teilchen, die in das betrachtete Geschwindigkeitsintervall gelangen:

$$b = \int f_n(\boldsymbol{r}, \boldsymbol{v}'')\, \Phi(\boldsymbol{v}'', \boldsymbol{v})\, d^3v''. \tag{22.4}$$

Die Änderung der Verteilungsfunktion durch Stöße ist also:

$$\left.\frac{\partial f_n}{\partial t}\right|_{\text{Stöße}} = b - a. \tag{22.5}$$

Für die gesamte zeitliche Änderung der Verteilungsfunktion erhält man somit:

$$\frac{\partial f_n}{\partial t} = \left.\frac{\partial f_n}{\partial t}\right|_{\text{Feld}} + \left.\frac{\partial f_n}{\partial t}\right|_{\text{Stöße}} = -\dot{\boldsymbol{r}} \cdot \operatorname{grad}_r f_n - \dot{\boldsymbol{v}} \cdot \operatorname{grad}_v f_n + b - a. \tag{22.6}$$

Im stationären Zustand ist $\partial f_n/\partial t = 0$. Man bezeichnet (22.6) dann als die Boltzmann*sche Stationaritätsbedingung.*

Wir machen nun nach Gans[1] die folgenden vereinfachenden Annahmen:

1. Die Stöße sind *elastisch,* d.h. die Elektronen verlieren beim Stoß keine Energie, ändern vielmehr nur ihre Geschwindigkeits*richtung*.

Diese Annahme ist natürlich streng nie realisiert. Sie ist als erste Näherung gerechtfertigt, solange die Energieaufnahme der Elektronen zwischen zwei Zusammenstößen aus dem Feld klein ist gegen ihre mittlere thermische Energie.

2. Die Streuung ist *isotrop,* d.h. zwischen der Richtung der Elektronen vor und nach dem Stoß besteht keine Beziehung.

Diese Annahme werden wir in Ziff. 28 bei der Betrachtung der Stöße zwischen Elektronen und geladenen Störstellen wieder verlassen.

Hiermit beschränken wir uns auf Halbleiter, bei welchen die Streuung am Gitter wesentlich nur durch Wechselwirkung mit *akustischen* Phononen erfolgt (vgl. Ziff. 27). Dies ist in vorwiegend homöopolar gebundenen Halbleitern immer der Fall. Die Übertragung der im folgenden entwickelten Theorie auf polare Halbleiter wurde von Sondheimer, Howarth und Lewis[2] durchgeführt.

Dann ist:

$$\left.\begin{aligned} \Phi(\boldsymbol{v}, \boldsymbol{v}') &= 0 && \text{für } |\boldsymbol{v}| \neq |\boldsymbol{v}'|, \\ &= \Phi(\boldsymbol{v}, \vartheta, \varphi, \vartheta', \varphi') && \text{für } |\boldsymbol{v}| = |\boldsymbol{v}'|. \end{aligned}\right\} \tag{22.7}$$

Die Wahrscheinlichkeit der Streuung eines Elektrons in den Raumwinkel (φ', ϑ') unter Beibehaltung des Betrages seiner Geschwindigkeit sei

$$\eta(v, \vartheta, \varphi, \vartheta', \varphi') \equiv \int_0^\infty \Phi(\boldsymbol{v}, \boldsymbol{v}')\, v'^2\, dv'. \tag{22.8}$$

[1] R. Gans: Ann. Phys. **20**, 293 (1906).

[2] D. J. Howarth u. E. H. Sondheimer: Proc. Roy. Soc. Lond., Ser. A **119**, 53 (1953). — B. F. Lewis u. E. H. Sondheimer: Proc. Roy. Soc. Lond., Ser. A **127**, 241 (1955). Vgl. auch R. W. Wright: Proc. Phys. Soc. Lond. A **64**, 984 (1951).

Da aber auf Grund der Isotropie die Streuwahrscheinlichkeit unabhängig vom Streuwinkel sein soll, ist

$$\eta(v, \vartheta, \varphi, \vartheta', \varphi') = \eta(v) \tag{22.9}$$

und

$$\int \boldsymbol{\Phi}(\boldsymbol{v}, \boldsymbol{v}')\, d^3v' = 4\pi\,\eta(v). \tag{22.10}$$

Wir berechnen nun den Stoßterm $b-a$ für den allgemeinen Fall eines beliebig gerichteten elektrischen Feldes $\boldsymbol{E}$, eines Magnetfeldes $\boldsymbol{B}$ und eines beliebigen Temperaturgradienten grad T.

Für die Verteilungsfunktion setzen wir an[1]:

$$f_n = f_{n0} - \boldsymbol{v} \cdot \chi_n(v), \tag{22.11}$$

wo f_{n0} die Verteilungsfunktion im feldfreien Halbleiter (FERMI- bzw. BOLTZMANN-Verteilung mal Zustandsdichte) bedeute. $\chi_n(v)$ sei eine *kleine* unbekannte Störungsfunktion, die nur vom Betrag der Elektronengeschwindigkeit abhänge:

Dann ist nach (22.10)

$$\left.\begin{aligned} a &= 4\pi\,\eta\, f_n \\ b &= \int f_{n0}(v')\, \Phi(\boldsymbol{v}', \boldsymbol{v})\, d^3v' - \int \left(\boldsymbol{v}' \cdot \chi_n(v')\right) \Phi(\boldsymbol{v}', \boldsymbol{v})\, d^3v'. \end{aligned}\right\} \tag{22.12}$$

und

Das erste Integral wird wegen $v=v'$ gleich $4\pi\,\eta\, f_{n0}$. Das zweite Integral verschwindet. Somit wird

$$b - a = 4\pi\,\eta\, f_{n0} - 4\pi\,\eta\, f_n = 4\pi\,\eta\, \boldsymbol{v} \cdot \chi_n. \tag{22.13}$$

$4\pi\,\eta(v)$ ist nach Definition die durchschnittliche Zahl der Stöße pro Sekunde, also $4\pi\,\eta/v$ die Zahl der Stöße pro cm Weg eines Elektrons der Geschwindigkeit v. Es läßt sich also hiermit eine *mittlere freie Weglänge* $l_n(v)$ der Elektronen und eine *mittlere Stoßzeit* $\tau_n(v)$ definieren durch:

$$l_n(v) = v/4\pi\,\eta(v), \qquad \tau_n(v) = 1/4\pi\,\eta(v), \qquad l_n = \tau_n\, v, \tag{22.14}$$

also nach (22.13):

$$b - a = \frac{v}{l_n}\, \boldsymbol{v} \cdot \chi_n = \frac{1}{\tau_n}\, \boldsymbol{v} \cdot \chi_n. \tag{22.15}$$

Nach (22.11) ist $\boldsymbol{v} \cdot \chi_n$ die Störung der Verteilungsfunktion. Sind keine äußeren Felder vorhanden, so ist nach (22.15)

$$\frac{\partial f_n}{\partial t} = \left.\frac{\partial f_n}{\partial t}\right|_{\text{Stöße}} = -\frac{\partial}{\partial t}\, \boldsymbol{v} \cdot \chi_n = \frac{1}{\tau_n}\, \boldsymbol{v} \cdot \chi_n \quad \text{also} \quad \boldsymbol{v} \cdot \chi_n \sim e^{-t/\tau_n}. \tag{22.16}$$

Die Störung klingt exponentiell mit einer *Relaxationszeit* τ_n ab, die nach (22.14) gleich der mittleren Stoßzeit ist. Diese Koinzidenz der Stoßzeit und der Relaxationszeit sowie überhaupt die Möglichkeit einer einheitlichen Definition dieser Größen ist nicht selbstverständlich, sondern ist im wesentlichen eine Folge der Annahme 2 der „erinnerungslöschenden Stöße"[2].

---

[1] R. GANS: Ann. Phys. **20**, 293 (1906). — M. SENGUPTA: Indian J. Phys. **11**, 319 (1937).

[2] Eine ausführliche Ableitung der hier nur skizzierten Theorie, ihrer Problematik und der Möglichkeiten ihrer Erweiterung wurde von W. SCHOTTKY, Ann. Phys. **6**, 193 (1949) (vgl. auch D. PFIRSCH, [*23*, I], S. 49) gegeben. Wir können an dieser Stelle nicht weiter darauf eingehen, zumal die Theorie in der hier gegebenen Form für die Behandlung der Halbleiterprobleme weitgehend ausreicht.

Aus (22.6) und (22.15) folgt nun für die BOLTZMANNsche Stationaritätsbedingung:

$$\boldsymbol{v} \cdot \operatorname{grad}_r f_n + \dot{\boldsymbol{v}} \cdot \operatorname{grad}_v f_n = \frac{v}{l_n} \boldsymbol{v} \cdot \chi_n \tag{22.17}$$

oder wegen

$$\left.\begin{aligned} \dot{\boldsymbol{v}} &= -\frac{e}{m_n} (\boldsymbol{E} + \boldsymbol{v} \times \boldsymbol{B}), \\ \operatorname{grad}_v f_n &= \frac{\partial f_{n0}}{\partial E_n} m_n \boldsymbol{v} - \operatorname{grad}_v (\boldsymbol{v} \cdot \chi_n), \quad E_n = E - E_L = m_n v^2/2 \end{aligned}\right\} \tag{22.18}$$

und Vernachlässigung der Glieder mit $\operatorname{grad}_r (\boldsymbol{v} \cdot \chi_n)$ $(\ll \operatorname{grad}_r f_{n0})$ und $\boldsymbol{E} \cdot \operatorname{grad}_v (\boldsymbol{v} \cdot \chi_n)$ $(\ll \boldsymbol{E} \cdot \operatorname{grad}_v f_{n0})$:

$$\left.\begin{aligned} \boldsymbol{v} \cdot \chi_n &= \frac{l_n}{v} \boldsymbol{v} \cdot \operatorname{grad}_r f_{n0} - \frac{e l_n}{v} \frac{\partial f_{n0}}{\partial E_n} \boldsymbol{v} \cdot \boldsymbol{E} - \frac{e l_n}{m_n v} \boldsymbol{B} \cdot (\boldsymbol{v} \times \operatorname{grad}_v (\boldsymbol{v} \cdot \chi_n)) \\ &= \boldsymbol{v} \cdot \boldsymbol{F}_n + \boldsymbol{v} \cdot (\boldsymbol{s} \times \operatorname{grad}_v (\boldsymbol{v} \cdot \chi_n)) \end{aligned}\right\} \tag{22.19}$$

mit

$$\boldsymbol{F}_n = \frac{l_n}{v} \left(\operatorname{grad}_r f_{n0} - e \boldsymbol{E} \frac{\partial f_{n0}}{\partial E_n} \right), \quad \boldsymbol{s}_n = \frac{e l_n}{m_n v} \boldsymbol{B}. \tag{22.20}$$

Hieraus folgt schließlich durch Iteration:

$$\boldsymbol{v} \cdot \chi_n = \frac{1}{1 + s_n^2} (\boldsymbol{v} \cdot \boldsymbol{F}_n + \boldsymbol{v} \cdot (\boldsymbol{s}_n \times \boldsymbol{F}_n) + (\boldsymbol{v} \cdot \boldsymbol{s}_n)(\boldsymbol{s}_n \cdot \boldsymbol{F}_n)) \tag{22.21}$$

also

$$f_n(\boldsymbol{E}, \boldsymbol{B}, \operatorname{grad} T) = f_{n0} - \frac{1}{1 + s_n^2} \boldsymbol{v} \cdot (\boldsymbol{F}_n + \boldsymbol{s}_n \times \boldsymbol{F}_n + \boldsymbol{s}_n (\boldsymbol{s}_n \cdot \boldsymbol{F}_n)). \tag{22.22}$$

Die Abhängigkeit vom Temperaturgradienten ist in (22.20) bis (22.22) in $\operatorname{grad}_r f_{n0}$ enthalten. Da in homogenen Halbleitern f_{n0} nur durch die Temperatur ortsabhängig ist, wird hier $\operatorname{grad} f_{n0} = (\partial f_{n0}/\partial T) \operatorname{grad} T$.

Eine genau entsprechende Gleichung erhält man für die gestörte Verteilungsfunktion der Löcher, nur sind dort alle mit dem Index n versehenen Größen durch die für die Löcher maßgebenden Parameter zu ersetzen und das Vorzeichen der Ladung umzukehren.

b) Elektrische, magnetische und thermische Effekte.

23. Elektrische Stromdichte und Energiestromdichte. Mit Kenntnis der gestörten Verteilungsfunktion (22.22) der Elektronen und der entsprechenden Verteilungsfunktion der Löcher lassen sich nun die Gleichungen für die elektrische Stromdichte und die Energiestromdichte angeben.

Die *elektrische Stromdichte* (transportierte Ladung) ist gegeben durch

$$\boldsymbol{i} = \boldsymbol{i}_n + \boldsymbol{i}_p + \boldsymbol{i}_T = \int (-e) \boldsymbol{v} f_n \, d^3 v + \int e \boldsymbol{v} f_p \, d^3 v + \varkappa' \operatorname{grad} T, \tag{23.1}$$

während die *Energiestromdichte* (transportierte Energie) durch

$$\boldsymbol{c} = \boldsymbol{c}_n + \boldsymbol{c}_p + \boldsymbol{c}_F + \boldsymbol{c}_G = \int E \boldsymbol{v} f_n \, d^3 v + \int E \boldsymbol{v} f_p \, d^3 v - \varkappa'' \boldsymbol{E} - \varkappa_L \operatorname{grad} T \tag{23.2}$$

gegeben ist. Für die Energie E ist hier $E = E_n + E_L$ bzw. $E_p - E_V$, die Summe der kinetischen und „potentiellen" Energie der Elektronen bzw. Löcher zu setzen.

Die jeweils ersten beiden Glieder in (23.1) und (23.2) beschreiben die von den Ladungsträgern (bei Berücksichtigung ihrer Wechselwirkung mit dem Gitter nach Ziff. 22) getragene Stromdichte. Dazu kommen aber noch drei weitere Glieder[1]:

$\boldsymbol{i}_T$: Bei der Ableitung der gestörten Verteilungsfunktion (22.22) wurde angenommen, daß sich die Wärmeschwingungen des Gitters im Gleichgewicht befinden (Annahme der isotropen Streuung). Bei Anwesenheit eines Temperaturgradienten ist diese Annahme jedoch nicht völlig korrekt. Die Wärmeleitung des Gitters bringt es mit sich, daß die Phononen eine Vorzugsrichtung ihrer Bewegung von den wärmeren zu den kälteren Stellen hin besitzen. Die Streuung der Ladungsträger durch Wechselwirkung mit den Phononen ist dann aber nicht mehr isotrop, diese werden vielmehr vorzugsweise in Richtung des negativen Temperaturgradienten gestreut. Dies wird in erster Näherung durch das Zusatzglied $\boldsymbol{i}_T$ berücksichtigt.

$\boldsymbol{c}_F$: Dieses Glied beschreibt den umgekehrten Prozeß. Die Ladungsträger nehmen Energie aus dem Feld auf und bewegen sich unter dem Einfluß des Feldes in einer Vorzugsrichtung. Diese übertragen sie aber bei ihrer Wechselwirkung mit den Phononen auf die letzteren. Selbst im isothermen Fall wird also ein Teil der aus dem Feld aufgenommenen Energie vom Gitter transportiert. Wir werden später sehen (vgl. Ziff. 38) daß die beiden Koeffizienten $\varkappa'$ und $\varkappa''$ wegen der THOMSONschen Beziehung bis auf einen Faktor T gleich sein müssen.

$\boldsymbol{c}_G$: Dieses Glied schließlich beschreibt die Wärmeleitung des Gitters, also die durch den Temperaturgradienten hervorgerufene gerichtete Bewegung der Schallquanten.

Durch Umformung von (23.2) erhält man

$$\boldsymbol{c} = \boldsymbol{c}_{\text{kin}} + \boldsymbol{c}_{\text{pot}} + \boldsymbol{c}_{\text{Gitter}} \tag{23.3}$$

$$\boldsymbol{c}_{\text{kin}} = \int E_n \boldsymbol{v} f_n d^3v + \int E_p \boldsymbol{v} f_p d^3v,$$

$$\boldsymbol{c}_{\text{pot}} = -\frac{E_L}{e}\boldsymbol{i}_n - \frac{E_V}{e}\boldsymbol{i}_p,$$

$$\boldsymbol{c}_{\text{Gitter}} = -\varkappa_L \operatorname{grad} T - \varkappa'' \boldsymbol{E}$$

$$E_n = E - E_L = \frac{m_n v^2}{2}, \qquad E_p = E_V - E = \frac{m_p v^2}{2}.$$

Der Anteil $\boldsymbol{c}_{\text{pot}}$ beschreibt hier die von den Elektronen und Löchern mitgeführte potentielle Energie. Daß er im Gegensatz zu den anderen Stromdichten, in denen nur Energiedifferenzen auftreten, von der Wahl des Energienullpunktes abhängig ist, braucht nicht zu stören. Die Energiestromdichte ist selbst ja nicht physikalisch meßbar, sondern nur ihre Divergenz, so daß in $\boldsymbol{c}$ ein divergenzfreies additives Glied offen bleibt.

Wegen $\operatorname{div}(\boldsymbol{i}_n + \boldsymbol{i}_p) = 0$, also $\operatorname{div} \boldsymbol{j}_n = \operatorname{div} \boldsymbol{j}_p$ ($\boldsymbol{j}$ = Teilchenstromdichte) folgt:

$$\operatorname{div} \boldsymbol{c}_{\text{pot}} = \frac{\Delta E}{2} \operatorname{div}(\boldsymbol{j}_n + \boldsymbol{j}_p) + (\boldsymbol{j}_n \operatorname{grad} E_L) - (\boldsymbol{j}_p \operatorname{grad} E_V). \tag{23.4}$$

Hier beschreibt das erste Glied die von den Elektron-Loch-Paaren mitgeführte Anregungsenergie ΔE und die beiden anderen Glieder den Gewinn oder Verlust an potentieller Energie der Elektronen bzw. Löcher durch räumliche Änderung der energetischen Lagen der Bandkanten. In Störstellenhalbleitern verschwindet das erste Glied und die beiden anderen Glieder heben sich bei allen später zu

[1] Die Bedeutung des Gliedes i_T und c_F wurde zuerst bei Metallen von J. GUREVICH, J. Phys. USSR. **9**, 477 (1945), **10**, 67 (1946) erkannt, später von FREDERIKSE und von HERRING auch bei Halbleitern diskutiert (vgl. Ziff. 35ff.).

behandelnden Effekten heraus, so daß $\boldsymbol{c}_{\text{pot}}$ dort überhaupt nicht berücksichtigt zu werden braucht. Nur in gemischten Halbleitern ist dieser Anteil wesentlich. Wir werden darauf später zurückkommen.

Setzt man in (23.1) und (23.3) die gestörte Verteilungsfunktion der Elektronen und eine entsprechende für die Löcher ein, so ergeben sich nach einiger Umformung wegen

$$\operatorname{grad} f_{n0} = -\operatorname{grad} T \frac{\partial f_{n0}}{\partial E_n}\left(\frac{E_n}{T} + T\frac{\partial}{\partial T}\left(\frac{\zeta_n}{T}\right) + \frac{\partial E_L}{\partial T}\right),$$

$$\operatorname{grad} f_{p0} = -\operatorname{grad} T \frac{\partial f_{p0}}{\partial E_p}\left(\frac{E_p}{T} + T\frac{\partial}{\partial T}\left(\frac{\zeta_p}{T}\right) - \frac{\partial E_V}{\partial T}\right)$$

$$\zeta_n = \zeta - E_L, \qquad \zeta_p = E_V - \zeta$$

für die Stromdichten (23.1) bzw. (23.3) die für beliebig gerichtetes elektrisches und magnetisches Feld und beliebigen Temperaturgradienten gültigen Ausdrücke:

$$\left.\begin{aligned} \boldsymbol{i} &= M_{13+}\boldsymbol{E} + M_{22-}\boldsymbol{B}\times\boldsymbol{E} + M_{31+}\boldsymbol{B}(\boldsymbol{B}\cdot\boldsymbol{E}) + \\ &\quad + (S_{13-} + \varkappa')\operatorname{grad} T + S_{22+}\boldsymbol{B}\times\operatorname{grad} T + S_{31-}\boldsymbol{B}(\boldsymbol{B}\cdot\operatorname{grad} T), \\ \boldsymbol{c} &= -(N_{13-} + \varkappa'')\boldsymbol{E} - N_{22+}\boldsymbol{B}\times\boldsymbol{E} - N_{31-}\boldsymbol{B}(\boldsymbol{B}\cdot\boldsymbol{E}) - \\ &\quad - (L_{13+} + \varkappa_L)\operatorname{grad} T - L_{22-}\boldsymbol{B}\times\operatorname{grad} T - L_{31+}\boldsymbol{B}(\boldsymbol{B}\cdot\operatorname{grad} T) \end{aligned}\right\} \tag{23.5}$$

mit

$$\left.\begin{aligned} &M_{ik\pm} = M_{ikn} \pm M_{ikp} \quad \text{und entsprechend für } S_{ik\pm}, N_{ik\pm}, L_{ik\pm}, \\ &M_{ikn} = -e\,n_0\mu_{n0}^i\left(\left(\frac{3\sqrt{\pi}}{4}\right)^{i-1}\left(\frac{\mathrm{k}T}{e}\right)^{\frac{k+i}{2}-2}\right)\frac{1}{2}\left(\frac{h}{m_n}\right)^3\int\limits_0^\infty g^i(x_n)\frac{\partial f_{n0}}{\partial x_n}\frac{x^{\frac{k-1}{2}}}{1+s_n^2}\,dx_n \\ &S_{ikn} = \left(\frac{T}{e}\frac{\partial}{\partial T}\left(\frac{\zeta_n}{T}\right) + \frac{1}{e}\frac{\partial E_L}{\partial T}\right)M_{ikn} + \frac{1}{T}M_{i,k+2,n}, \\ &N_{ikn} = M_{i,k+2,n} + \frac{E_L}{e}M_{ikn}, \qquad L_{ikn} = S_{i,k+2,n} + \frac{E_L}{e}S_{ikn}, \\ &f_{n0} = 2\left(\frac{m_n}{h}\right)^3\left(1 + e^{\frac{E_n-\zeta_n}{\mathrm{k}T}}\right)^{-1}, \qquad n_0 = \frac{2}{h^3}(2\pi m_n \mathrm{k}T)^{\frac{3}{2}}, \qquad \boldsymbol{s}_n = \frac{e\,l_n}{m_n v}\boldsymbol{B}, \\ &\mu_{n0} = \frac{4\,e\,l_{n0}}{3\sqrt{2\pi m_n \mathrm{k}T}}, \qquad l_n = l_{n0}\,g(x_n), \qquad x_n = \frac{E_n}{\mathrm{k}T} = \frac{m_n v^2}{2\mathrm{k}T}. \end{aligned}\right\} \tag{23.6}$$

Die entsprechenden Größen für die Löcher ($M_{ikp}\ldots$) gehen hieraus durch Ersetzen der m_n, l_{n0}, f_{n0}, s_n, ζ_n, n_0, μ_{n0}, E_L, E_n und x_n durch die den Löchern entsprechenden Größen m_p, l_{p0}, f_{p0}, s_p, ζ_p, p_0, μ_{p0}, $-E_V$, E_p und x_p hervor.

Diese zunächst noch recht komplizierten Gleichungen vereinfachen sich jedoch in den meisten für die Praxis wichtigen Fällen erheblich. Wir wollen in diesem Abschnitt nur den allgemeinen Rahmen geben und die einzelnen aus (23.5) ableitbaren Effekte später gesondert behandeln.

Zur Reduktion des in den M_{ik} auftretenden allgemeinen Integrals sind häufig folgende Wege gangbar:

1. Für *thermische Streuung* (Wechselwirkung der Ladungsträger mit dem Gitter allein, vgl. Ziff. 27) ist die freie Weglänge energieunabhängig, der Faktor g im Integral wird also 1.

2. Für reine *Ionenstreuung* (Wechselwirkung der Ladungsträger nur mit den geladenen Störstellen, vgl. Ziff. 28) wird die freie Weglänge angenähert proportional dem Quadrat der Energie.

3. Für *gleichzeitige* thermische Streuung und Ionenstreuung addieren sich die reziproken freien Weglängen.

4. Für *nichtentartete Halbleiter* kann für die ungestörte Verteilungsfunktion f_0 die BOLTZMANN-Verteilung (vgl. Ziff. 15) benutzt werden, das Integral in M_{ik} vereinfacht sich dann wesentlich und ist für rein thermische Streuung oder reine Ionenstreuung im Fall kleiner Magnetfelder analytisch auswertbar.

5. Für *kleine Magnetfelder* wird

$$M_{ik} = \sum_{j=0}^{\infty} (-1)^j B^{2j} M^0_{i+2j,\,k-2j} = M^0_{ik} - M^0_{i+2,\,k-2} B^2 + \cdots, \tag{23.7}$$

wo die M^0_{ik} aus den M_{ik} durch Nullsetzen des Faktors s entstehen.

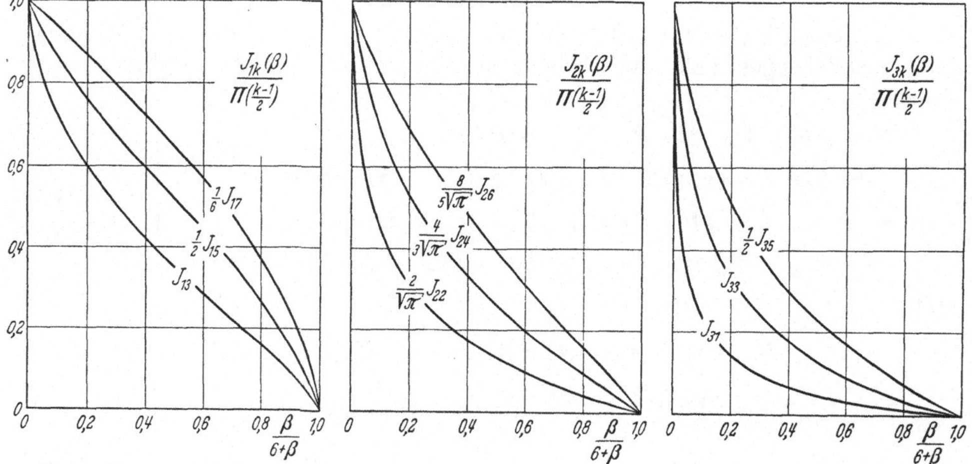

Fig. 13. Verlauf der in den M_{ik} (Tabelle 7) auftretenden Integrale $J_{ik}(\beta)$. Als Abszisse ist $\beta/(6+\beta) = \mu_{th}/(\mu_{th}+\mu_{\text{Ion}})$ aufgetragen.

In der folgenden Tabelle 7 sind die für kleine Magnetfelder in (23.5) auftretenden Werte der M^0_{ik} angegeben. Dabei sind die Fälle der Entartung und Nichtentartung und die verschiedenen Streumechanismen 1 bis 3 gesondert behandelt. Die in dieser Tabelle noch auftretenden Funktionen sind in der anschließenden Tabelle 8 und der Fig. 13 aufgetragen.

24. Thermoelektrische, galvanomagnetische und thermomagnetische Effekte. Aus den Grundgleichungen für die elektrische Stromdichte und die Energiestromdichte (23.5) lassen sich alle Koeffizienten der verschiedenen in Halbleitern auftretenden Effekte angeben.

Wir geben im folgenden nur einen kurzen Überblick über die Vielzahl dieser Koeffizienten und gehen auf die wichtigsten Effekte in den folgenden Ziffern gesondert ein.

α) *Thermoelektrische Effekte* (kein Magnetfeld). Aus (23.5) erhält man mit $\boldsymbol{B} = 0$ die Koeffizienten der vier wichtigsten thermoelektrischen Effekte:

Spez. Leitfähigkeit σ: $\quad \boldsymbol{i} = \sigma \boldsymbol{E} \quad (\operatorname{grad} T = 0)$, (24.1)

THOMSONscher Wärmestrom μ_W: $\quad \boldsymbol{c} = \mu_W \boldsymbol{E} \quad (\operatorname{grad} T = 0)$. (24.2)

Diese beiden Koeffizienten beschreiben also den Ladungs- und Energietransport im isothermen Halbleiter.

THOMSONscher Potentialgradient μ_P: $\quad \boldsymbol{E} = \mu_P \operatorname{grad} T \quad (\boldsymbol{i} = 0)$, (24.3)

Wärmeleitfähigkeit $\varkappa$: $\quad \boldsymbol{c} = -\varkappa \operatorname{grad} T \quad (\boldsymbol{i} = 0)$. (24.4)

Tabelle 7. *Werte der in (23.5) auftretenden M_{ik}^0 für kleine Magnetfelder.*

	Entartung $\left(n = n_0 \frac{2}{\sqrt{\pi}} F_{\frac{1}{2}}(\zeta/\mathrm{k}T)\right)$			Keine Entartung ($n = n_0\, e^{\zeta/\mathrm{k}T}$)		
	thermische Streuung $\cdot e n_0 \mu_{\mathrm{th}}^{i}$	Ionenstreuung $\cdot e n_0 \mu_{\mathrm{ion}}^{i}$	gemischte Streuung $\cdot e n_0 \mu_{\mathrm{th}}^{i}$	thermische Streuung $\cdot e n \mu_{\mathrm{th}}^{i}$	Ionenstreuung $\cdot e n \mu_{\mathrm{ion}}^{i}$	gemischte Streuung $\cdot e n \mu_{\mathrm{th}}^{i}$
M_{13}^0	$\ln(1+\mathrm{e}^{\zeta/\mathrm{k}T})$	$\frac{1}{2} F_2$	K_{13}	1	1	J_{13}
M_{15}^0	$2(\mathrm{k}T/e)\, F_1$	$\frac{2}{3}(\mathrm{k}T/e)\, F_3$	$(\mathrm{k}T/e)\, K_{15}$	$2(\mathrm{k}T/e)$	$4(\mathrm{k}T/e)$	$(\mathrm{k}T/e)\, J_{15}$
M_{17}^0	$3(\mathrm{k}T/e)^2 F_2$	$\frac{5}{6}(\mathrm{k}T/e)^2 F_4$	$(\mathrm{k}T/e)^2 K_{17}$	$6(\mathrm{k}T/e)^2$	$20(\mathrm{k}T/e)^2$	$(\mathrm{k}T/e)^2 J_{17}$
M_{22}^0	$\frac{3}{8}\sqrt{\pi}\, F_{-\frac{1}{2}}$	$\frac{3}{32}\sqrt{\pi}\, F_{\frac{7}{2}}$	$\frac{3}{4}\sqrt{\pi}\, K_{22}$	$\frac{3}{8}\pi$	$\frac{315}{512}\pi$	$\frac{3}{4}\sqrt{\pi}\, J_{22}$
M_{24}^0	$\frac{9}{8}\sqrt{\pi}\,(\mathrm{k}T/e)\, F_{\frac{1}{2}}$	$\frac{11}{96}\sqrt{\pi}\,(\mathrm{k}T/e)\, F_{\frac{9}{2}}$	$\frac{3}{4}\sqrt{\pi}\,(\mathrm{k}T/e)\, K_{24}$	$\frac{9}{16}\pi(\mathrm{k}T/e)$	$\frac{3465}{1024}\pi(\mathrm{k}T/e)$	$\frac{3}{4}\sqrt{\pi}\,(\mathrm{k}T/e)\, J_{24}$
M_{26}^0	$\frac{15}{8}\sqrt{\pi}\,(\mathrm{k}T/e)^2 F_{\frac{3}{2}}$	$\frac{13}{96}\sqrt{\pi}\,(\mathrm{k}T/e)^2 F_{\frac{11}{2}}$	$\frac{3}{4}\sqrt{\pi}\,(kT/e)^2 K_{26}$	$\frac{45}{32}\pi(\mathrm{k}T/e)^2$	$\frac{45045}{2048}\pi(\mathrm{k}T/e)^2$	$\frac{3}{4}\sqrt{\pi}\,(\mathrm{k}T/e)^2 J_{26}$
M_{31}^0	$\frac{9}{16}\pi(1+\mathrm{e}^{-\zeta/\mathrm{k}T})^{-1}$	$\frac{9}{16}\pi\frac{1}{36} F_5$	$\frac{9}{16}\pi K_{31}$	$\frac{9}{16}\pi$	$\frac{15}{8}\pi$	$\frac{9}{16}\pi J_{31}$
M_{33}^0	$\frac{9}{16}\pi(\mathrm{k}T/e)\ln(1+\mathrm{e}^{\zeta/\mathrm{k}T})$	$\frac{9}{16}\pi\frac{7}{216}(\mathrm{k}T/e)\, F_6$	$\frac{9}{16}\pi(\mathrm{k}T/e)\, K_{33}$	$\frac{9}{16}\pi(\mathrm{k}T/e)$	$\frac{105}{8}\pi(\mathrm{k}T/e)$	$\frac{9}{16}\pi(\mathrm{k}T/e)\, J_{33}$
M_{35}^0	$\frac{9}{8}\pi(\mathrm{k}T/e)^2 F_1$	$\frac{9}{16}\pi\frac{8}{216}(\mathrm{k}T/e)^2 F_7$	$\frac{9}{16}\pi(\mathrm{k}T/e)^2 K_{35}$	$\frac{9}{8}\pi(\mathrm{k}T/e)^2$	$105\pi(\mathrm{k}T/e)^2$	$\frac{9}{16}\pi(\mathrm{k}T/e)^2 J_{35}$

$$\mu_{\mathrm{th}} = \frac{4 e l_0}{3\sqrt{2\pi m \mathrm{k}T}} = \mu_0; \qquad \mu_{\mathrm{ion}} = \frac{8 e l_a (\mathrm{k}T)^2}{\sqrt{2\pi m \mathrm{k}T}} = 6\mu_a(\mathrm{k}T)^2 \text{ [vgl. (28.11)]}; \qquad f_0 = 2\left(\frac{m}{h}\right)^3 (1+\mathrm{e}^{x-\zeta/\mathrm{k}T})^{-1}; \qquad n_0 = 2\left(\frac{2\pi m \mathrm{k}T}{h^2}\right)^{\frac{3}{2}}; \qquad \beta = 6\frac{\mu_{\mathrm{th}}}{\mu_{\mathrm{ion}}};$$

$$F_\alpha\left(\frac{\zeta}{\mathrm{k}T}\right) = \int_0^\infty \frac{x^\alpha}{1+\mathrm{e}^{x-\zeta/\mathrm{k}T}}\, dx \text{ (Tabelle 8)}; \qquad K_{ik}(\beta,\zeta/\mathrm{k}T) = -\frac{1}{2}\left(\frac{h}{m}\right)^3 \cdot \int_0^\infty \frac{x^{\frac{k-1}{2}+2i}}{(x^2+\beta)^i}\frac{\partial}{\partial x} f_0(x,\zeta/\mathrm{k}T)\, dx; \qquad J_{ik}(\beta) = \int_0^\infty \frac{x^{\frac{k-1}{2}+2i}}{(x^2+\beta)^i}\mathrm{e}^{-x}\, dx \text{ (Fig. 13)}.$$

Für die M_{ikn} ist hier ζ durch ζ_n und m durch m_n zu ersetzen, für die M_{ikp} gilt entsprechend $\zeta \to \zeta_p$, $m \to m_p$ (und $n \to p$, $n_0 \to p_0$).

Tabelle 8. *Werte der für kleine Magnetfelder in Tabelle 7*

$\frac{\zeta}{kT}$	$\frac{1}{1+e^{-\zeta/kT}}$	$F_{-\frac{1}{2}}$	$\ln(1+e^{\zeta/kT})$	$F_{\frac{1}{2}}$	F_1	$F_{\frac{3}{2}}$	F_2	$F_{\frac{5}{2}}$
−4	0,1799 −1	0,3204 −1	0,1815 −1	0,16128 −1	0,0182 0	2,42685 −2	0,0366 0	6,07731 −2
−3	0,4743 −1	0,8526 −1	0,4859 −1	0,43366 −1	0,0492 0	6,56115 −2	0,0990 0	1,64742 −1
−2	1,1920 −1	2,1918 −1	1,2693 −1	1,14588 −1	0,1310 0	1,75800 −1	0,2662 0	4,44554 −1
−1	2,6894 −1	5,2114 −1	3,1326 −1	2,90501 −1	0,3387 0	4,60848 −1	0,7050 0	1,18597 0
0	5,0000 −1	1,0722 0	6,9315 −1	6,78094 −1	0,8225 0	1,15280 0	1,8030 0	3,08259 0
1	7,3106 −1	1,8204 0	1,3137 0	1,39638 0	1,8062 0	2,66168 0	4,3120 0	7,62653 0
2	8,8079 −1	2,5954 0	2,1270 0	2,50246 0	3,5135 0	5,53725 0	9,4450 0	1,75294 1
3	9,5257 −1	3,2852 0	3,0486 0	3,97699 0	6,0957 0	1,03537 1	1,8870 1	3,69321 1
4	9,8201 −1	3,8743 0	4,0182 0	5,77073 0	9,6267 0	1,76277 1	3,4592 1	7,13480 1
5	9,9331 −1	4,3832 0	5,0067 0	7,83797 0	1,4138 1	2,78024 1	5,8120 1	1,27489 2
6	9,9753 −1	4,8338 0	6,0025 0	1,01443 1	1,9642 1	4,12610 1	9,1744 1	2,13098 2
7	9,9909 −1	5,2416 0	7,0009 0	1,26646 1	2,6144 1	5,83422 1	1,3736 2	3,36814 2
8	9,9967 −1	5,6170 0	8,0003 0	1,53805 1	3,3645 1	7,93526 1	1,9699 2	5,08084 2
9	9,9988 −1	5,9674 0	9,0001 0	1,82776 1	4,2145 1	1,04574 2	2,7261 2	7,37087 2
10	9,9995 −1	6,2972 0	1,0000 1	2,13445 1	5,1645 1	1,34270 2	3,6623 2	1,03468 3
11	9,9998 −1	6,6096 0	1,1000 1	2,45718 1	6,2145 1	1,68688 2	4,7986 2	1,41237 3
12	9,9999 −1	6,9076 0	1,2000 1	2,79518 1	7,3645 1	2,08062 2	6,1548 2	1,88225 3
13	1,0000 0	7,1930 0	1,3000 1	3,14775 1	8,6145 1	2,52616 2	7,7510 2	2,45700 3
14	1,0000 0	7,4672 0	1,4000 1	3,51430 1	9,9645 1	3,02564 2	9,6072 2	3,14983 3
15	1,0000 0	7,7314 0	1,5000 1	3,89430 1	1,1415 2	3,58112 2	1,1743 3	3,97448 3
16	1,0000 0	7,9868 0	1,6000 1	4,28730 1	1,2965 2	4,19458 2	1,4180 3	4,94522 3
17	1,0000 0	8,2342 0	1,7000 1	4,69286 1	1,4615 2	4,86794 2	1,6936 3	6,07677 3
18	1,0000 0	8,4744 0	1,8000 1	5,11061 1	1,6365 2	5,60305 2	2,0032 3	7,38433 3
19	1,0000 0	8,7076 0	1,9000 1	5,54019 1	1,8215 2	6,40171 2	2,3488 3	8,88359 3
20	1,0000 0	8,9350 0	2,0000 1	5,98128 1	2,0165 2	7,26568 2	2,7325 3	1,05906 4

Die letzte (getrennt stehende) Ziffer jeder Zeile gibt den Exponenten der Zehnerpotenz an, mit der der betreffende Zahlenwert zu multiplizieren ist

In den anschließenden Bereichen gelten die Näherungsformeln:

$$F_\alpha(\zeta/kT) \approx \Pi(\alpha)\, e^{\zeta/kT}, \qquad \zeta/kT < -4,$$

$$F_\alpha(\zeta/kT) \approx \frac{1}{\alpha+1}\left(\frac{\zeta}{kT}\right)^{\alpha+1}, \qquad \zeta/kT > +20.$$

$F_{-\frac{1}{2}}$, $F_{\frac{1}{2}}$, $F_{\frac{3}{2}}$, $F_{\frac{5}{2}}$, $F_{\frac{7}{2}}$, $F_{\frac{9}{2}}$, $F_{\frac{11}{2}}$ nach A. C. BEER, M. N. CHASE u. P. F. CHOQUARD, Helv. phys. Acta **28**, 529 (1955) (dort in Intervallen 0, 1); F_1 nach R. W. WRIGHT, Proc. Phys. Soc. Lond. A **64**, 350 (1951).

Vgl. auch: für $F_{-\frac{1}{2}}$, $F_{\frac{1}{2}}$, $F_{\frac{3}{2}}$ J. MCDOUGALL u. E. C. STONER, Trans. Roy. Soc., Ser. A **237**, 67 (1939); für F_2, F_3, $F_{\frac{7}{2}}$, $F_{\frac{9}{2}}$ V. A. JOHNSON u. F. M. SHIPLEY, Phys. Rev. **90**, 523 (1953); für F_1, F_2, F_3, F_4 im Intervall $\zeta/kT = -4, -3,9, -3,8 \ldots 0$ P. RHODES, Proc. Roy. Soc. Lond., Ser. A **204**, 396 (1950).

μ_P beschreibt hier das innere Feld in einem nichtisothermen Halbleiter, das sich einstellt, wenn kein Strom fließen kann, während $\varkappa$ den Energietransport ohne gleichzeitigen Stromfluß in einem nichtisothermen Halbleiter beschreibt.

Zu diesen aus den Stromgleichungen direkt ableitbaren Beziehungen kommt als für die Praxis wichtig hinzu:

THOMSON-Koeffizient μ_E (THOMSONscher Energiekoeffizient):

definiert durch:

Wärmeentwicklung in der Volumeneinheit eines Halbleiters pro sec =

$$\frac{dH}{dt} = \frac{i^2}{\sigma} + \operatorname{div}(\varkappa \operatorname{grad} T) - \mu_E(\boldsymbol{i} \cdot \operatorname{grad} T), \qquad \mu_E = \frac{\partial}{\partial T}\left(\frac{\mu_W}{\sigma}\right) - \mu_P. \tag{24.5}$$

auftretenden FERMI-*Integrale für den Bereich* $-4 < \zeta/kT < +20$.

F_3	$F_{\frac{7}{2}}$	F_4	$F_{\frac{9}{2}}$	F_5	$F_{\frac{11}{2}}$	F_6	F_7
1,0977 −1	2,12877 −1	0,4390 0	9,58334 −1	0,2198 1	5,27190 0	1,3195 1	0,0923 3
2,9780 −1	5,77852 −1	0,1194 1	2,60317 0	0,5948 1	1,43253 1	0,3582 2	0,2509 3
8,0532 −1	1,56497 0	0,3234 1	7,06296 0	1,6210 1	3,89035 1	0,9725 2	0,6818 3
2,1598 0	4,21325 0	0,8721 1	1,91050 1	0,4383 2	1,05487 2	0,2641 3	0,1852 4
5,6822 0	1,11837 1	2,3340 1	5,12904 1	0,1183 3	2,84903 2	0,7148 3	0,5020 4
1,4395 1	2,88313 1	6,0981 1	1,35419 2	0,3151 3	7,62405 2	1,9223 3	1,3597 4
3,4304 1	7,07645 1	1,2324 2	3,46603 2	0,8174 3	2,00234 3	5,0913 3	3,6422 4
7,5722 1	1,62566 2	3,6369 2	8,46252 2	2,0404 3	5,09479 3	1,3148 4	9,6007 4
1,5421 2	3,46758 2	8,1464 2	1,94721 3	4,8738 3	1,23991 4	3,2619 4	2,4514 5
2,9094 2	6,87309 2	1,6749 3	4,20034 3	1,0821 4	2,86055 4	7,7515 4	6,1153 5
5,1300 2	1,27353 3	3,2492 3	8,50005 3	2,2763 4	6,23266 4	1,7435 5	1,4515 6
8,5342 2	2,22342 3	5,9365 3	1,62060 4	4,5161 4	1,28314 5	3,7142 5	3,2837 6
1,3512 3	3,68668 3	1,0286 4	2,92792 4	8,4889 4	2,50387 5	7,5073 5	7,0728 6
2,0513 3	5,84734 3	1,7016 4	5,04304 4	1,5198 5	4,65139 5	1,4445 6	1,4522 7
3,0048 3	8,92629 3	2,7034 4	8,32807 4	2,6052 5	8,26504 5	2,6570 6	2,8499 7
4,2687 3	1,31835 4	4,1468 4	1,32532 5	4,2967 5	1,41122 6	4,6915 6	5,3628 7
5,9060 3	1,89204 4	6,1682 4	2,04150 5	6,8481 5	2,32527 6	7,9845 6	9,7103 7
7,9856 3	2,64816 4	8,9575 4	3,05550 5	1,0588 6	3,71137 6	1,3146 7	1,6975 8
1,0592 4	3,62572 4	1,2626 5	4,45804 5	1,5934 6	5,75745 6	2,1011 7	2,8744 8
1,3778 4	4,86842 4	1,7476 5	6,35840 5	2,3406 6	8,70635 6	3,2692 7	4,7278 8
1,7659 4	6,42490 4	2,3739 5	8,88666 5	3,3645 5	1,28667 7	4,9651 7	7,5740 8
2,2318 4	8,34884 4	3,1707 5	1,21959 6	4,7429 6	1,86247 7	7,3774 7	1,1846 9
2,7854 4	1,06992 5	4,1710 5	1,64645 6	6,5692 6	2,64579 7	1,0746 8	1,8125 9
3,4373 4	1,35402 5	5,4121 5	2,18987 6	8,9541 6	3,69492 7	1,5372 8	2,7183 9
4,1985 4	1,69419 5	6,9355 5	2,87348 6	1,2028 7	5,08033 7	2,1629 8	4,0026 9

Hier ist das erste Glied die JOULEsche Wärme, das zweite Glied die durch Wärmeleitung in das Volumenelement gebrachte Wärme und das dritte Glied die durch die gleichzeitige Anwesenheit von elektrischem Feld und Temperaturgradienten produzierte zusätzliche Wärmetönung.

β) Galvanomagnetische Effekte. Hierunter versteht man die Effekte, die durch ein primäres elektrisches Feld (wir wählen speziell ein in der x-Richtung liegendes Feld E_x) und ein beliebig gerichtetes Magnetfeld verursacht werden. Liegt das Magnetfeld in der gleichen Richtung wie das elektrische Feld *(longitudinaler Fall)*, so treten in isotropen Halbleitern keine magnetischen Effekte auf. Wir beschränken uns hier zunächst auf den Fall, daß das Magnetfeld senkrecht zu dem elektrischen Feld und speziell in der z-Richtung liegt (*transversaler* Fall).

Dann unterscheidet man die folgenden Effekte:

HALL-Effekt: Auftreten einer Spannung in der y-Richtung (senkrecht zum primären elektrischen Feld und zum Magnetfeld).

Der dazugehörige Koeffizient ist der

HALL-Koeffizient
$$R = \frac{E_y}{i_x B_z}. \tag{24.6}$$

Er nimmt verschiedene Werte an, je nachdem, ob in der y-Richtung ein Wärmestrom fließen darf und an den Oberflächen abgeführt wird (dann bleibt das Halbleiterinnere isotherm auch in der y-Richtung, isothermer HALL-Effekt) oder der Wärmestrom nicht abgeführt wird (dann stellt sich zur Kompensation ein Temperaturgradient in der y-Richtung ein, adiabatischer HALL-Effekt).

Dieses Auftreten eines Temperaturgradienten in der y-Richtung bezeichnet man als ETTINGSHAUSEN-Effekt und definiert den dazugehörigen

ETTINGSHAUSEN-Koeffizient $$P = \frac{\partial T/\partial y}{i_x B_z} \tag{24.7}$$

Schließlich werden die thermoelektrischen Effekte durch das Magnetfeld geändert *(spez. Leitfähigkeit und* THOMSON*scher Wärmestrom im Magnetfeld)*. Auch hier ist zwischen isothermen und adiabatischen Effekten zu unterscheiden.

γ) *Thermomagnetische Effekte.* Sie entsprechen den galvanomagnetischen Effekten, nur daß statt eines primären elektrischen Feldes in der x-Richtung ein primärer Temperaturgradient existiert.

An die Stelle des HALL-Effektes tritt dann der NERNST-Effekt (Auftreten einer Querspannung durch einen Temperaturgradienten):

NERNST-Koeffizient $$Q = \frac{E_y}{B_z \, \partial T/\partial x}. \tag{24.8}$$

Bei diesem ist wieder zwischen dem isothermen und dem adiabatischen Fall zu unterscheiden. Der im adiabatischen Fall auftretende Temperaturgradient in der y-Richtung führt zur Definition des

RIGHI-LEDUC-Koeffizient $$S = \frac{\partial T/\partial y}{B_z \, \partial T/\partial x}. \tag{24.9}$$

Auch hier kommen zu den beiden Quereffekten noch die beiden Längseffekte: *Änderung des* THOMSON*schen Potentialgradienten und der Wärmeleitfähigkeit durch ein Magnetfeld.*

δ) *Thermospannung und* PELTIER-*Effekt.* Zusätzlich zu den bisher aufgeführten Volumeneffekten sind noch folgende Effekte von Bedeutung:

Thermospannung Φ (häufig auch als SEEBECK EMK bezeichnet): In einem aus zwei verschiedenen Leitern a und b bestehenden Kreis im stromlosen Fall entstehende Spannung, die durch eine Temperaturdifferenz zwischen den beiden Verbindungsstellen hervorgerufen wird. Man definiert neben der Thermospannung noch die

differentielle Thermospannung $$\varphi_a - \varphi_b = \frac{\partial}{\partial T} \Phi, \tag{24.10}$$

deren beide Anteile φ_a und φ_b als *absolute diff. Thermospannungen* bezeichnet werden.

PELTIER-*Effekt:* An der Verbindungsstelle zweiter Leiter im isothermen Fall auftretende Wärmetönung, definiert durch den PELTIER-*Koeffizienten:*

PELTIER-*Koeffizient* $$\Pi_a - \Pi_b = \frac{dH/dt}{i_x}. \tag{24.11}$$

Die Größe der absoluten Koeffizienten läßt sich bei Kenntnis des THOMSON-Koeffizienten (24.5) mit Hilfe der THOMSON*schen Beziehungen*

$$\mu_E = T \frac{\partial \varphi}{\partial T} = T \frac{\partial}{\partial T} \left(\frac{\Pi}{T} \right) \tag{24.12}$$

gewinnen. Für eine direkte Ableitung der beiden Koeffizienten vgl. Ziff. 38.

25. Explizite Darstellung der Leitfähigkeitskoeffizienten. Die im letzten Abschnitt aufgeführten Koeffizienten lassen sich durch die Koeffizienten der Stromgleichungen (23.5) darstellen.

Führt man noch die folgenden Abkürzungen ein:

$$\left.\begin{aligned}
&D_0=\begin{vmatrix} M_{13+} & -M_{22-}B_z \\ M_{22-}B_z & M_{13+}\end{vmatrix},\quad D_1=\begin{vmatrix} M_{22-}B_z & M_{13+} \\ -(N_{13-}+\varkappa'') & N_{22+}B_z\end{vmatrix},\quad D_2=\begin{vmatrix} M_{22-}B_z & M_{13+} \\ N_{22+}B_z & (N_{13-}+\varkappa'')\end{vmatrix},\\
&D_3=\begin{vmatrix} -M_{22-}B_z & (S_{13-}+\varkappa') \\ M_{13+} & S_{22+}B_z\end{vmatrix},\quad D_4=\begin{vmatrix} M_{13+} & (S_{13-}+\varkappa') \\ M_{22-}B_z & S_{22+}B_z\end{vmatrix},\\
&D_5=\begin{vmatrix} M_{13+} & -M_{22-}B_z & (S_{13-}+\varkappa') \\ M_{22-}B_z & M_{13+} & S_{22+}B_z \\ -(N_{13-}+\varkappa'') & N_{22+}B_z & -(L_{13+}+\varkappa_L)\end{vmatrix},\quad D_6=\begin{vmatrix} M_{13+} & -M_{22-}B_z & (S_{13-}+\varkappa') \\ M_{22-}B_z & M_{13+} & S_{22+}B_z \\ N_{22+}B_z & (N_{13-}+\varkappa'') & L_{22-}B_z\end{vmatrix},
\end{aligned}\right\}\quad(25.1)$$

so findet man für die Koeffizienten der verschiedenen Effekte[1]:

$$\left.\begin{aligned}
&\text{Spez. Leitfähigkeit:} && \sigma = M^0_{13+}.\\
&\text{Thomsonscher Wärmestrom:} && \mu_W = -(N^0_{13-}+\varkappa'').\\
&\text{Thomsonscher Potentialgradient:} && \mu_P = -(S^0_{13-}+\varkappa')/M^0_{13+}.\\
&\text{Wärmeleitfähigkeit:} && \varkappa = \varkappa_L - \frac{(S^0_{13-}+\varkappa')(N^0_{13-}+\varkappa'')}{M^0_{13+}} + L^0_{13+}.
\end{aligned}\right\}\quad(25.2)$$

isotherm — adiabatisch

Spez. Leitfähigkeit im Magnetfeld

$$\sigma_{Bi}=\frac{D_0}{M_{13+}}\qquad \sigma_{Ba}=\frac{D_0 D_5}{M_{13+}D_5-D_2D_4}.$$

Thomsonscher Wärmestrom im Magnetfeld

$$\mu_{WBi}=-\frac{D_1}{M_{13+}}\qquad \mu_{WBa}=-\frac{D_1D_5+D_2D_6}{M_{13+}D_5-D_2D_4}.$$

Thomsonscher Potentialgradient im Magnetfeld

$$\mu_{PBi}=\frac{D_3}{D_0}\qquad \mu_{PBa}=\frac{D_3}{D_0}\left(1+\frac{D_4D_6}{D_3D_5}\right).$$

Wärmeleitfähigkeit im Magnetfeld

$$\varkappa_{Bi}=-\frac{D_5}{D_0}\qquad \varkappa_{Ba}=-\frac{D_5}{D_0}\left(1+\left(\frac{D_6}{D_5}\right)^2\right).\quad(25.3)$$

isotherm — adiabatisch

$$\left.\begin{aligned}
&\text{Hall-Koeffizient} && R_i=-\frac{M_{22-}}{D_0} && R_a=-\frac{M_{22-}}{D_0}\left(1+\frac{D_2D_3}{M_{22}B_zD_5}\right).\\
&\text{Nernst-Koeffizient} && Q_i=-\frac{D_4}{D_0B_z} && Q_a=-\frac{D_4}{D_0B_z}\left(1-\frac{D_3D_6}{D_4D_5}\right).\\
&\text{Ettingshausen-Koeffizient} && P_i=0 && P_a=P=-\frac{D_2}{D_5B_z}.\\
&\text{Righi-Leduc-Koeffizient} && S_i=0 && S_a=S=\frac{D_6}{D_5B_z}.
\end{aligned}\right\}\quad(25.4)$$

[1] O. Madelung: Z. Naturforsch. 9a, 667 (1954). Dort ist allerdings der „potentielle" Anteil der Energiestromdichte und die Zusatzglieder mit $\varkappa'$ und $\varkappa''$ nicht berücksichtigt.

Die adiabatischen Koeffizienten lassen sich auch durch die isothermen Koeffizienten ausdrücken, wenn man noch die beiden zusätzlich möglichen Koeffizienten

$$\left.\frac{c_y}{i_x B_z}\right|_{\partial T/\partial x=0} = \frac{D_2}{D_0 B_z} \quad \text{und} \quad \left.\frac{c_y}{\partial T/\partial x}\right|_{i_x=0} = -\frac{D_6}{D_0 B_z} \tag{25.5}$$

einführt. Verzichtet man dagegen auf diese beiden weiteren Koeffizienten und nimmt statt dessen P und S, so lassen sich die restlichen adiabatischen Koeffizienten ausdrücken durch:

$$\left.\begin{aligned} \frac{1}{\sigma_{Ba}} &= \frac{1}{\sigma_{Bi}} - P\,Q_i\,B_z^2 & \frac{\mu_{WBa}}{\sigma_{Ba}} &= \frac{\mu_{WBi}}{\sigma_{Bi}} - P\,S\,\varkappa_{Bi}\,B_z^2, \\ \varkappa_{Ba} &= \varkappa_{Bi}(1 + S^2 B_z^2) & \mu_{PBa} &= \mu_{PBi} - S\,Q_i\,B_z^2, \\ R_a &= R_i + \mu_{PBi}\,P & Q_a &= Q_i + \mu_{PBi}\,S. \end{aligned}\right\} \tag{25.6}$$

In dieser Form ist die explizite Darstellung der Leitfähigkeitskoeffizienten allerdings recht unübersichtlich. Beschränkt man sich dagegen auf kleine Magnetfelder, so vereinfachen sich die Ausdrücke erheblich. Für die kleinste nichtverschwindende Näherung genügt für die Quereffekte (Auftreten eines Temperaturgradienten oder einer Spannung in der y-Richtung) die Mitnahme der in B_z linearen Glieder, während man für die Längseffekte (Änderung der thermoelektrischen Koeffizienten durch ein Magnetfeld) die in B_z quadratischen Glieder mitberücksichtigen muß.

Schließlich vereinfachen sich die hier gegebenen Beziehungen wesentlich, wenn man sich auf Störstellenhalbleiter, d.h. auf den Ladungstransport durch eine Art von Ladungsträgern beschränkt.

c) Theorie der Beweglichkeit.

26. Allgemeiner Überblick. Bei der Ableitung der gestörten Verteilungsfunktion der Elektronen und Löcher in Ziff. 22 wurde die freie Weglänge l bzw. die mittlere Stoßzeit τ (22.14) der Ladungsträger eingeführt. Wir wollen in diesem Abschnitt die Theorie dieser Größen auf Grund der in einem Halbleiter möglichen Streumechanismen nachholen.

Eng verknüpft mit dem Begriff der freien Weglänge ist der Begriff der *Beweglichkeit* μ der Ladungsträger. Diese ist definiert als Proportionalitätsfaktor zwischen der Driftgeschwindigkeit der Ladungsträger in einem elektrischen Feld, also der der thermischen Bewegung überlagerten Zusatzgeschwindigkeit, und der Feldstärke:

$$\boldsymbol{v}_n = -\mu_n \boldsymbol{E}, \qquad \boldsymbol{v}_p = \mu_p \boldsymbol{E}. \tag{26.1}$$

Da die elektrische Stromdichte $\boldsymbol{i}$ (in isothermen Halbleitern ohne Magnetfeld) durch

$$\left.\begin{aligned} \boldsymbol{i} &= \text{Ladung} \times \text{Teilchendichte} \times \text{Geschwindigkeit} \\ &= -e\,n\,\boldsymbol{v}_n + e\,p\,\boldsymbol{v}_p \end{aligned}\right\} \tag{26.2}$$

definiert werden kann, folgt

$$\boldsymbol{i} = e\,(n\,\mu_n + p\,\mu_p)\,\boldsymbol{E}. \tag{26.3}$$

Die Beweglichkeit μ ist für nicht allzu hohe Felder (vgl. Ziff. 27) feldunabhängig (Gültigkeitsbereich des OHMschen Gesetzes).

Die freie Weglänge und damit die Beweglichkeit wird begrenzt durch jede Störung des periodischen Gitterpotentials, insbesondere durch folgende Prozesse:

1. Streuung der Ladungsträger an Gitterbausteinen (Wechselwirkung mit den akustischen und optischen Gitterschwingungen).

2. Streuung der Ladungsträger an Gitterstörungen.

Hier ist zu unterscheiden die Streuung an ionisierten Störstellen, an neutralen Störstellen und an sonstigen Gitterfehlern wie Versetzungen usw.

3. Streuung der Ladungsträger untereinander, insbesondere elektrostatische Wechselwirkung der Elektronen und Löcher miteinander.

Während 1 und 3 Prozesse in ungestörten Halbleitern bedeuten, also eine Materialeigenschaft des betreffenden Halbleiters sind, hängen die Prozesse 2 vom Störungsgrad des Halbleiters ab, sind also von Präparat zu Präparat verschieden.

Die überwiegend wichtigen Streumechanismen (jedenfalls in homöopolaren Halbleitern) sind die Wechselwirkung mit den akustischen Gitterschwingungen *(thermische Streuung)* und die Streuung an geladenen Störstellen *(Ionenstreuung)*. Wir werden uns im weiteren vorwiegend mit diesen beiden Streumechanismen zu beschäftigen haben. Für sie haben wir bereits (unter Vorgriff auf die in den nächsten Ziffern folgenden Ergebnisse) in der Tabelle 7, Ziff. 23, die M_{13}^{0} und damit die Beweglichkeiten angegeben.

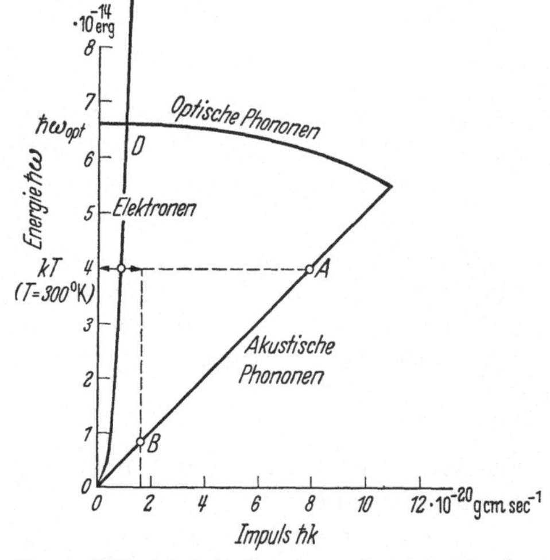

Fig. 14. Abhängigkeit der Energie vom Impuls der Elektronen und Phononen in Germanium, nach SPENKE.

27. Streuung am Gitter. Die Beweglichkeit der Ladungsträger eines reinen Halbleiters wird begrenzt durch deren Streuung am Gitter, also durch die Wechselwirkung der Elektronen bzw. Löcher mit den akustischen und optischen Gitterschwingungen.

In *vorwiegend homöopolar gebundenen Gittern* ist hier (außer bei sehr hohen Temperaturen oder extrem starken Feldern[1]) lediglich die Wechselwirkung mit den *akustischen Gitterschwingungen* von Bedeutung.

Fig. 14 zeigt den Zusammenhang zwischen Energie und Impuls der Phononen und der Elektronen[2]. Die Werte beziehen sich speziell auf Germanium. Nehmen nun die Elektronen (bzw. die Löcher) Energie aus dem elektrischen Feld auf, so geben sie im stationären Zustand diese Energie durch Emission von Phononen an das Gitter ab. Hierbei muß aber der Energiesatz und der Impulssatz erfüllt sein. Es ist nun leicht einzusehen, daß diese beiden Sätze nur dann erfüllt sind, wenn die Energie des emittierten Phonons kleiner ist als die Energie des emittierenden Elektrons und der Betrag des Phononenimpulses kleiner ist als der doppelte Impulsbetrag des Elektrons. Ist nun die Energieaufnahme der Elektronen aus dem Feld klein gegen ihre mittlere thermische Energie ($\sim \mathrm{k}T$), so werden nur *akustische* Phononen des Bereiches $0B$ der Fig. 14 emittiert, die Wechselwirkung der Elektronen mit dem Gitter beschränkt sich also auf die akustischen Gitterschwingungen. Geändert wird hierbei wesentlich nur die Impulsrichtung der Elektronen, während alle Energieänderungen klein gegen $\mathrm{k}T$ bleiben. Diese letzte Aussage hatten wir bereits in Ziff. 22 als Bedingung für die dort gegebene Lösung der BOLTZMANNschen Stationaritätsbedingung eingeführt.

[1] Vgl. hierzu Ziff. 29.

[2] E. SPENKE: Hauptvorträge der Physikertagung Hamburg. Mosbach i. Baden: Physik-Verlag 1955. S. 91.

Die freie Weglänge und damit die Beweglichkeit läßt sich dann aus dem allgemeinen Formalismus der Elektronentheorie der Metalle[1] gewinnen.

Nach BARDEEN und SHOCKLEY[2] ergibt sich:

$$l = \frac{\hbar^4 \pi c_{ll}}{e E_1^2 m^{*2} \mathrm{k} T}, \quad \mu = \frac{\sqrt{8\pi}\, \hbar^4 c_{ll}}{3 E_1^2 m^{*\frac{5}{2}} (\mathrm{k}T)^{\frac{3}{2}}}. \tag{27.1}$$

Hier ist c_{ll} die mittlere longitudinale elastische Konstante des Halbleiters und E_1 die Verschiebung der Kante des Leitungsbandes (bei Löchern der Kante des Valenzbandes) pro Einheitsdilatation des Gitters *(Deformationspotential)*. Bezüglich der genaueren Diskussion und der Ableitung der Gl. (27.1) müssen wir auf die Literatur verweisen[2,3]. In (27.1) kann angenommen werden, daß c_{ll} und E_1 unabhängig von der Temperatur und den scheinbaren Massen sind. Dann ergibt sich

$$\mu \sim m^{*-\frac{5}{2}} T^{-\frac{3}{2}}. \tag{27.2}$$

Diese Abhängigkeit der Beweglichkeit von der scheinbaren Masse und der Temperatur folgt auch aus anderen Ableitungen von μ[1,4].

Abweichungen von dem durch (27.1) und (27.2) gegebenen $T^{-\frac{3}{2}}$-Gesetz können durch folgende Möglichkeiten auftreten:

1. Wechselwirkung mit den optischen Gitterschwingungen: In heteropolar gebundenen Gittern wird die Beweglichkeit wesentlich durch die Wechselwirkung mit den optischen Gitterschwingungen begrenzt. Nach FRÖHLICH und MOTT sowie HOWARTH und SONDHEIMER[5] ergibt sich hier

$$l = A(\mathrm{e}^{\Theta/T} - 1), \quad \mu = B\, T^{-\frac{1}{2}} (\mathrm{e}^{\Theta/T} - 1), \tag{27.3}$$

wo A, B und Θ aus den Eigenschaften des betreffenden Halbleiters folgende Parameter sind.

In solchen Halbleitern kann jedoch auch bei Vorherrschen dieses Streumechanismus der Einfluß der akustischen Gitterschwingungen nicht ganz vernachlässigt werden. Die effektive Beweglichkeit erhält man dann nach Ziff. 23 durch Addition der reziproken freien Weglängen (27.1) und (27.3) und Einsetzen der so erhaltenen reziproken effektiven freien Weglänge in das Integral M_{13}^0. In erster Näherung gilt jedoch:

$$1/\mu_{\mathrm{eff}} = 1/\mu_{\mathrm{ak}} + 1/\mu_{\mathrm{opt}}. \tag{27.4}$$

Eine eingehende Diskussion dieses Falles wurde zur Deutung des in PbS gefundenen $T^{-\frac{5}{2}}$-Gesetzes der Elektronenbeweglichkeit von PETRITZ und SCANLON[6] durchgeführt.

2. Anisotropie: Bei anisotropen Halbleitern besitzt das Leitungsband bzw. das Valenzband im $\boldsymbol{k}$-Raum nicht ein Minimum bei $\boldsymbol{k} = 0$, sondern eine Anzahl gleichberechtigter Minima bei diskreten $\boldsymbol{k}$-Werten. Neben der Streuung der Ladungsträger unter Änderung des Wellenzahlvektors innerhalb eines solchen Minimums (intra-valley scattering) können hier auch Übergänge zwischen den verschiedenen Minima erfolgen (inter-valley scattering). Der Beitrag dieses

[1] Vgl. etwa den Beitrag von JONES in Bd. XIX, sowie [*1*], [*7*].

[2] J. BARDEEN u. W. SHOCKLEY: Phys. Rev. **80**, 72 (1950).

[3] Vgl. auch [*15*].

[4] F. SEITZ: Phys. Rev. **73**, 549 (1948).

[5] H. FRÖHLICH: Proc. Roy. Soc. Lond., Ser. A **160**, 280 (1937). — H. FRÖHLICH u. N. F. MOTT: Proc. Roy. Soc. Lond., Ser. A **171**, 496 (1939). — D. HOWARTH u. E. SONDHEIMER: Proc. Roy. Soc. Lond., Ser. A **219**, 53 (1953).

[6] R. L. PETRITZ u. W. W. SCANLON: Phys. Rev. **97**, 1620 (1955).

letzteren Streumechanismus bleibt bei tiefen Temperaturen gering, da nur wenig Phononen hinreichend hoher Energie angeregt sind. Bei hohen Temperaturen kann er dagegen entscheidend die Beweglichkeit bestimmen. Zur quantitativen Erfassung dieses Streumechanismus sind vorerst nur Ansätze einer Theorie vorhanden[1]. Fig. 15 zeigt die Temperaturabhängigkeit der Beweglichkeit, wenn neben dem „intra-valley scattering" noch „inter-valley scattering" durch Phononen der Energie $\hbar\omega$ auftritt. w_1 bzw. w_2 sind Parameter, die die Kopplung der Elektronen mit den intra-valley-Phononen bzw. inter-valley-Phononen beschreiben. Man erkennt, daß der Exponent der Temperaturabhängigkeit von μ hierbei Werte zwischen 1,5 und 3 annehmen kann.

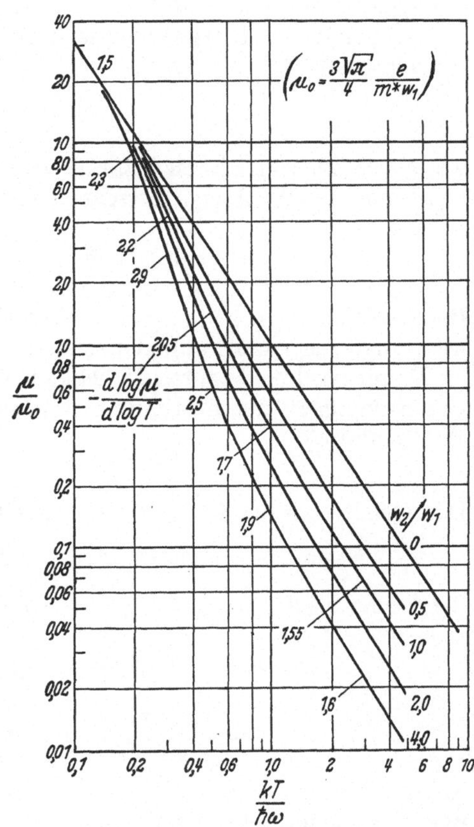

Fig. 15. Abhängigkeit der Beweglichkeit von der Temperatur bei zusätzlicher „inter-valley"-Streuung, nach HERRING. w_1 und w_2 sind Parameter, die die Kopplung zwischen den Elektronen und den „intra-valley"-Phononen bzw. „inter-valley"-Phononen beschreiben, $\hbar\omega$ die Energie der „inter-valley"-Phononen. Einige Werte des Exponenten im $T^{-\alpha}$-Gesetz der Beweglichkeit sind mit angegeben.

3. *Wechselwirkung Elektron-Elektron und Elektron-Loch:* Während die Wechselwirkung Elektron-Elektron primär keinen Einfluß auf die Beweglichkeit hat (der Gesamtimpuls aller Elektronen wird bei Impulsübertragung von einem Elektron auf ein anderes nicht geändert), sondern nur durch Änderung der Verteilungsfunktion sekundär auf die Beweglichkeit einwirken kann[2], kann die gegenseitige Streuung von Elektronen und Löchern bei hohen Temperaturen die Beweglichkeit reduzieren. Die hier gültige Formel für die Beweglichkeit läßt sich leicht aus der in der folgenden Ziffer für die Streuung von Elektronen an positiv geladenen Störstellen abgeleitete Gl. (28.11) übertragen, wenn man die Störstellendichte durch die Löcherdichte und die Elektronenmasse durch die reduzierte Masse $m_n m_p/(m_n + m_p)$ ersetzt. Der Einfluß dieses Streumechanismus ist experimentell noch nicht sichergestellt, scheint jedoch bei Germanium aufzutreten[3].

28. Streuung an Gitterstörungen. a) Der Einfluß der *ionisierten* Störstellen auf die Streuung der Elektronen und Löcher, also auf deren freie Weglänge wurde von CONWELL und WEISSKOPF[4] abgeschätzt. Dazu wurde folgendes Modell zugrunde gelegt:

1. Die ionisierten Störstellen (Dichte n_{ion}) seien im Halbleiter gleichmäßig verteilt. Ihr mittlerer Abstand sei $d = n_{\text{ion}}^{-\frac{1}{3}}$.

[1] C. HERRING: Bell Syst. Techn. J. **34**, 237 (1955).
[2] P. P. DEBYE u. E. M. CONWELL: Phys. Rev. **93**, 693 (1954).
[3] F. J. MORIN u. J. P. MAITA: Phys. Rev. **94**, 1525 (1954). Vgl. auch D. DORN: Z. Naturforsch. **11**a, 383 (1956).
[4] E. M. CONWELL u. V. WEISSKOPF: Phys. Rev. **77**, 388 (1950).

2. Die Streuung eines Ladungsträgers an einem Ion sei völlig unbeeinflußt von allen anderen Ionen.

3. Die Streuung sei elastisch, die Elektronen bzw. Löcher ändern also nicht den Betrag ihrer Geschwindigkeit, sondern nur ihre Richtung. Die Ionen bleiben unverrückt an ihrem Platz.

Dann gilt die RUTHERFORDsche Streuformel (ϑ = Ablenkwinkel) für jeden Einzelprozeß:

$$\tan\frac{\vartheta}{2} = \frac{e^2}{\varepsilon\, m^*\, v^2 \beta}, \tag{28.1}$$

wo ε die Dielektrizitätskonstante des Halbleiters und β der Stoßparameter bedeuten. Der Wirkungsquerschnitt für die Streuung wird:

$$\sigma(v, 0; v, \vartheta) = \left(\frac{e^2}{2\varepsilon\, m^*\, v^2}\right)^2 \sin^{-4}\left(\frac{\vartheta}{2}\right). \tag{28.2}$$

Beide Gleichungen gelten sowohl für die Elektronen wie auch für die Löcher, wenn man die jeweils gültigen scheinbaren Massen einsetzt.

Damit wird die Wahrscheinlichkeit, daß ein Elektron bei Beibehaltung seiner Geschwindigkeit durch Streuung an einem Ion seine Bewegungsrichtung um den Winkel ϑ ändert:

$$\Phi(v, 0; v, \vartheta) = n_{\text{ion}}\, v\, \sigma(v, 0; v, \vartheta). \tag{28.3}$$

Das Glied $b-a$ der BOLTZMANNschen Stationaritätsbedingung (22.6) wird dann

$$b - a = n_{\text{ion}}\, v \iint \left(f(v, \vartheta, \varphi) - f(v, 0, \varphi)\right) \sigma(v, 0; v, \vartheta) \sin\vartheta\, d\vartheta\, d\varphi. \tag{28.4}$$

Setzt man wieder $f = f_0 - \boldsymbol{v}\cdot\boldsymbol{\chi}$, so folgt:

$$\left.\begin{aligned} b - a &= \frac{n_{\text{ion}}\, e^4 \pi}{2\varepsilon^2 m^{*2} v^3}\, \boldsymbol{v}\cdot\boldsymbol{\chi} \int (1-\cos\vartheta) \sin^{-4}\left(\frac{\vartheta}{2}\right) \sin\vartheta\, d\vartheta \\ &= \frac{4 n_{\text{ion}}\, e^4 \pi}{\varepsilon^2 m^{*2} v^3}\, \boldsymbol{v}\cdot\boldsymbol{\chi} \int \cot\left(\frac{\vartheta}{2}\right) d\left(\frac{\vartheta}{2}\right). \end{aligned}\right\} \tag{28.5}$$

Als Integrationsgrenzen sind hier aber nicht 0 und $\pi/2$ für $\vartheta/2$ zu wählen, sondern wegen der geforderten Unabhängigkeit der Streuungsprozesse als untere Grenze der Winkel, der dem größten Stoßparameter entspricht. Dieser ist gleich dem halben mittleren Abstand $(d/2)$ zwischen zwei Streuzentren. Also nach (28.1)

$$\frac{\vartheta_{\min}}{2} = \operatorname{arc\,tan}\left(\frac{2e^2}{\varepsilon\, m^*\, v^2\, d}\right). \tag{28.6}$$

Damit folgt nach Ausführung der Integration

$$b - a = -\frac{2 n_{\text{ion}}\, \pi\, e^4}{\varepsilon^2 m^{*2} v^3} \ln\left(1 + \left(\frac{\varepsilon\, m^*\, v^2\, d}{2e^2}\right)^2\right) \boldsymbol{v}\cdot\boldsymbol{\chi}. \tag{28.7}$$

Die freie Weglänge folgt dann hieraus nach (22.15) zu:

$$\left.\begin{aligned} & l = \frac{\varepsilon^2 m^{*2} v^4}{2 n_{\text{ion}}\, \pi\, e^4} \frac{1}{\ln y} = l_a E^2 \\ \text{mit} \\ & l_a = \frac{2\varepsilon^2}{n_{\text{ion}}\, \pi\, e^4 \ln y}, \qquad y = 1 + \left(\frac{\varepsilon\, m^*\, v^2\, d}{2e^2}\right)^2 = 1 + \left(\frac{\varepsilon E}{n_{\text{ion}}^{\frac{1}{3}}\, e^2}\right)^2. \end{aligned}\right\} \tag{28.8}$$

Damit ist die freie Weglänge in Abhängigkeit von der Dichte der ionisierten Störstellen und der Dielektrizitätskonstanten des Halbleiters gegeben. Ihre Abhängigkeit von der Energie ist (da der Logarithmus eine von der Energie nur schwach abhängige Funktion darstellt) angenähert quadratisch.

Die Beweglichkeit erhält man durch Einsetzen der freien Weglänge (28.8) in M_{13}^0 [Gl. (23.6)]. Für nichtentartete Halbleiter ergibt sich dann:

$$\mu_{\text{ion}} \sim \int_0^\infty \frac{E^3 \, e^{-E/kT}}{\ln y} \, dE. \tag{28.9}$$

Dieses Integral ist analytisch nicht auswertbar. Man betrachtet deshalb meist den Logarithmus als in E langsam veränderliche Funktion und zieht ihn vor das Integral mit demjenigen E-Wert, der dem Maximum des Zählers des Integranden entspricht. Da der Zähler sein Maximum für $E = 3\,kT$ hat, folgt für y der Wert[1]:

$$y = 1 + \left(\frac{3\,\varepsilon\, kT}{n_{\text{ion}}^{\frac{1}{3}}\, e^2}\right)^2 \tag{28.10}$$

und für μ_{ion} der bereits in Tabelle 7, Ziff. 23, angegebene Wert:

$$\mu_{\text{ion}} = \frac{8\,e\, l_a\,(kT)^2}{\sqrt{2\pi\, m\, kT}} = \frac{2^{\frac{7}{2}}\, \varepsilon^2\,(kT)^{\frac{3}{2}}}{n_{\text{ion}}\, \pi^{\frac{3}{2}}\, e^3\, m^{*\frac{1}{2}} \ln y}. \tag{28.11}$$

Die CONWELL-WEISSKOPF-*Formel* (28.8) bzw. (28.11) wurde von BROOKS[2], HERRING[3] und DINGLE[4] verbessert. Berücksichtigt man die Abschirmung des streuenden Ions durch seine Elektronenhülle, so wird das willkürliche Abschneideverfahren des COULOMB-Potentials bei $d/2$ vermieden. Es ergibt sich dann eine genau (28.11) entsprechende Form, nur ist jetzt $\ln y$ zu ersetzen durch:

$$\ln y = \ln(1+b) - \frac{b}{1+b}, \qquad b = \frac{6\,\varepsilon\, m^*\, k^2 T^2}{\pi\, n\, \hbar^2\, e^2}. \tag{28.12}$$

b) Bei tiefen Temperaturen muß neben der Streuung an ionisierten Störstellen noch die Streuung an *neutralen Störstellen* betrachtet werden. Hier ergibt sich nach ERGINSOY[5] $l \sim E^{\frac{1}{2}}$ unabhängig von der Temperatur und:

$$\mu_{\text{neutr}} = \frac{1}{20}\, \frac{m^*\, e^2}{n_{\text{neutr}}\, \varepsilon\, \hbar^3}, \tag{28.13}$$

wo n_{neutr} die Dichte der neutralen Störstellen bedeutet.

c) Über die *Streuung an Versetzungen* oder sonstigen Gitterstörungen ist wenig bekannt. DEXTER und SEITZ[6] geben eine Formel für die Beweglichkeit, in welcher μ proportional T und umgekehrt proportional der Zahl der Versetzungslinien pro cm² ist. Da jedoch hierüber bisher noch kein experimentelles Material vorliegt und Abschätzungen an Germanium[7] gezeigt haben, daß dort dieser Streumechanismus selbst bei tiefen Temperaturen keine Rolle zu spielen scheint, wollen wir hier nicht weiter darauf eingehen.

29. Beweglichkeit bei hohen elektrischen Feldern. Die Aussagen der bisher entwickelten Leitfähigkeitstheorie, insbesondere die Lösung (22.22) der BOLTZMANNschen Stationaritätsbedingung und die Beweglichkeitsformel (27.1) gelten nicht mehr, wenn die Ladungsträger aus dem Feld Energien $\gg kT$ aufnehmen. Da nach unseren Ausführungen in Ziff. 27 die Energieabgabe an das Gitter durch Emission von akustischen Phononen der Energie $\ll kT$ erfolgt, genügt die

---

1 Diese Approximation gilt nur für die M_{13}. Sie wird jedoch in der Literatur auf alle M_{ik} ausgedehnt. Streng genommen müßte für $E_{\max}$ in jedem M_{ik} ein anderer Wert eingesetzt werden.

2 H. BROOKS: Phys. Rev. **83**, 879 (1954).

3 P. P. DEBYE u. E. M. CONWELL: Phys. Rev. **93**, 693 (1954).

4 R. B. DINGLE: Phil. Mag. **46**, 831 (1955).

5 C. ERGINSOY: Phys. Rev. **79**, 1013 (1950).

6 D. L. DEXTER u. F. SEITZ: Phys. Rev. **86**, 964 (1952).

7 Fußnote 2; vgl. jedoch W. T. READ: Phil. Mag. **46**, 111 (1955).

„thermische“ Stoßhäufigkeit nicht, die von den Ladungsträgern aufgenommene Energie an das Gitter weiterzugeben. Als Folge davon steigt die mittlere Energie der Ladungsträger über kT an, ihre „Temperatur“ übersteigt die des Gitters *(„heiße Elektronen“)*. Dadurch wird aber wiederum die Stoßhäufigkeit erhöht, so daß dann Energieaufnahme aus dem Feld und Energieabgabe an das Gitter wieder ins Gleichgewicht kommen. Die thermische Geschwindigkeit der Ladungsträger steigt bei diesem Prozeß mit der Wurzel der aus dem Feld aufgenommenen Energie, also mit der Wurzel aus der elektrischen Feldstärke. Damit ist (bei unveränderter freier Weglänge) eine Abnahme der Beweglichkeit mit $E^{-\frac{1}{2}}$ verbunden.

Bei weiterem Ansteigen der Feldstärke, also noch größerer Energieaufnahme der Ladungsträger aus dem Feld wird die Emission von *optischen* Phononen möglich (vgl. Fig. 14, Ziff. 27). Da jedes optische Phonon praktisch die gesamte Energie der Elektronen und ihren Impuls übernehmen kann (Punkt D in Fig. 14), tritt keine weitere Steigerung der Elektronentemperatur auf. Diese Wechselwirkung mit den optischen Gitterschwingungen führt dann zu einer Abnahme der Beweglichkeit mit E^{-1}.

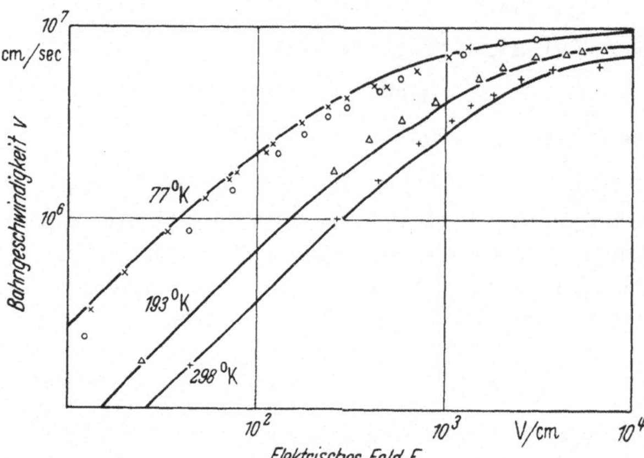

Fig. 16. Feldabhängigkeit der Bahngeschwindigkeit $v = \mu E$ von Germanium nach der SHOCKLEYschen Theorie. Meßpunkte nach RYDER.

Die quantitative Analyse dieses hier nur kurz skizzierten Gedankengangs wurde von SHOCKLEY[1] durchgeführt und mit Messungen von RYDER[2] an Germanium verglichen. Fig. 16 zeigt das Ergebnis der SHOCKLEYschen Theorie und die RYDERschen Meßwerte. Wir können hier auf die näheren Einzelheiten nicht eingehen, ebensowenig wie auf bei tiefen Temperaturen auftretende Anomalien[3]. Eine Erweiterung der SHOCKLEYschen Theorie auf das anisotrope Modell der Bandstruktur in Germanium wurde von SHIBUYA[4] angegeben.

II. Isotherme Effekte in isotropen Halbleitern.

30. Elektrische Leitfähigkeit. Bei Abwesenheit eines Temperaturgradienten und eines Magnetfeldes ist der Zusammenhang zwischen elektrischer Stromdichte und angelegtem elektrischen Feld gegeben durch [vgl. (23.5)]:

$$\boldsymbol{i} = \sigma \boldsymbol{E} = M^0_{13+} \boldsymbol{E}, \tag{30.1}$$

wo σ die *spezifische Leitfähigkeit* bedeutet. Da die Stromdichte aus einem Elektronenanteil und einem Löcheranteil besteht, läßt sich σ aufspalten, wenn man

[1] W. SHOCKLEY: Bell. Syst. Techn. J. **30**, 139 (1951), für eine kurze Zusammenfassung vgl. auch E. SPENKE, Hauptvorträge der Physikertagung Hamburg, Physik-Verlag, Mosbach i. Baden, 1955, S. 91.

[2] E. J. RYDER u. W. SHOCKLEY: Phys. Rev. **75**, 310 (1949); **81**, 139 (1951). — E. J. RYDER: Phys. Rev. **90**, 766 (1953).

[3] E. J. RYDER: Phys. Rev. **90**, 766 (1953). — E. M. CONWELL: Phys. Rev. **90**, 769 (1953); vgl. hierzu aber E. M. CONWELL: Phys. Rev. **94**, 1068 (1954).

[4] M. SHIBUYA: Phys. Rev. **99**, 1189 (1955). Dort auch weitere Literatur zu den in dieser Ziffer behandelten Problemen.

noch die Beweglichkeiten der Elektronen und Löcher (26.3) einführt:

$$\sigma = \sigma_n + \sigma_p = e\mu_n n + e\mu_p p. \tag{30.2}$$

Wir betrachten jetzt die expliziten Gleichungen für die einzelnen Halbleitertypen gesondert.

α) Nichtentartete Halbleiter. Beschränkt man sich auf die thermische Streuung und die Streuung an ionisierten Störstellen, so erhält man für die Beweglichkeit nach Tabelle 7, Ziff. 23:

$$\left.\begin{aligned} &\text{thermische Streuung:} && \mu_{\mathrm{th}\,n} = \frac{4 e l_n}{3\sqrt{2\pi m_n \mathrm{k}T}} \\ &\text{Ionenstreuung:} && \mu_{\mathrm{ion}\,n} = \frac{2^{\frac{7}{2}} \varepsilon^2 (\mathrm{k}T)^{\frac{3}{2}}}{n_{\mathrm{ion}} \pi^{\frac{3}{2}} e^3 m_n^{\frac{1}{2}} \ln y} \\ &\text{gemischte Streuung:} && \mu_{\mathrm{gem}\,n} = \mu_{\mathrm{th}\,n} J_{13n} \end{aligned}\right\} \tag{30.3}$$

und entsprechend für μ_p. In μ_{ion} ist hier für den Faktor $\ln y$ der von CONWELL und WEISSKOPF (28.9) bzw. von BROOKS, HERRING und DINGLE (28.11) gegebene Wert einzusetzen.

Wir betrachten den Fall der gleichzeitigen thermischen und Ionen-Streuung zunächst noch ausführlicher, beschränken uns dabei aber auf Störstellenhalbleiter. Hier setzt sich der gesamte Widerstand des Halbleiters nicht genau additiv aus den beiden Teilwiderständen auf Grund der beiden Streumechanismen μ_{th} und μ_{ion} zusammen. Es gilt vielmehr mit $\varrho = 1/\sigma$.

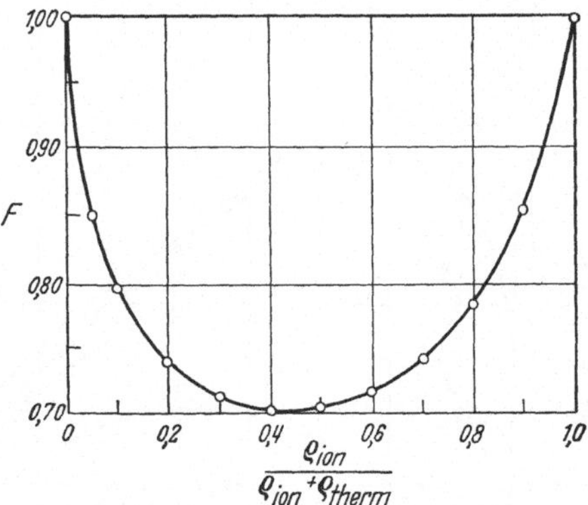

Fig. 17. Abhängigkeit des Faktors F [Gl. (30.4)] vom Streumechanismus, nach JOHNSON und LARK-HOROVITZ.

$$\varrho_{\mathrm{gem}} = \frac{1}{F}(\varrho_{\mathrm{th}} + \varrho_{\mathrm{ion}}), \quad F = (1 + \mu_{\mathrm{th}}/\mu_{\mathrm{ion}})\, J_{13}. \tag{30.4}$$

Der Faktor F weicht allerdings nicht wesentlich von 1 ab, so daß in erster Näherung eine additive Überlagerung der beiden Teilwiderstände angenommen werden kann (vgl. Fig. 17)[1].

β) Entartete Halbleiter. Wir betrachten hier nur die thermische Streuung. Für Ionenstreuung oder gemischte Streuung sind die entsprechenden Ausdrücke der Tabelle 7, Ziff. 23, zu entnehmen.

Hier wird, da für n und p jetzt die Gln. (15.15) gültig sind[2]:

$$\left.\begin{aligned} n &= n_0 \frac{2}{\sqrt{\pi}} F_{\frac{1}{2}}\left(\frac{\zeta - E_L}{\mathrm{k}T}\right), \quad p = p_0 \frac{2}{\sqrt{\pi}} F_{\frac{1}{2}}\left(\frac{E_V - \zeta}{\mathrm{k}T}\right), \\ \mu_n &= \mu_{\mathrm{th}\,n} \frac{2}{\sqrt{\pi}} \frac{\ln\left(1 + \mathrm{e}^{\frac{\zeta - E_L}{\mathrm{k}T}}\right)}{F_{\frac{1}{2}}\left(\frac{\zeta - E_L}{\mathrm{k}T}\right)}, \\ \mu_p &= \mu_{\mathrm{th}\,p} \frac{2}{\sqrt{\pi}} \frac{\ln\left(1 + \mathrm{e}^{\frac{E_V - \zeta}{\mathrm{k}T}}\right)}{F_{\frac{1}{2}}\left(\frac{E_V - \zeta}{\mathrm{k}T}\right)}. \end{aligned}\right\} \tag{30.5}$$

[1] V. A. JOHNSON u. K. LARK-HOROVITZ: Phys. Rev. **82**, 977 (1951). — C. N. KLAHR: Phys. Rev. **82**, 109 (1951). Vgl. auch R. MANSFIELD: Proc. Phys. Soc. Lond. **69**, 76 (1956).

[2] K. SHIFRIN: J. Phys. USSR. **8**, 242 (1949).

Eine explizite Auswertung der Faktoren in (30.5) zeigt, daß mit wachsender Temperatur die Beweglichkeiten stärker als nach dem $T^{-\frac{3}{2}}$-Gesetz abnehmen und die Dichten (also auch die Leitfähigkeit) in der Eigenleitung nur schwächer als im nichtentarteten Fall ansteigen.

Nach diesen Ausführungen ergibt sich für das Temperaturverhalten der spez. Leitfähigkeit folgendes Bild [vgl. Fig. 18—20 und 43 (S. 106)][1]:

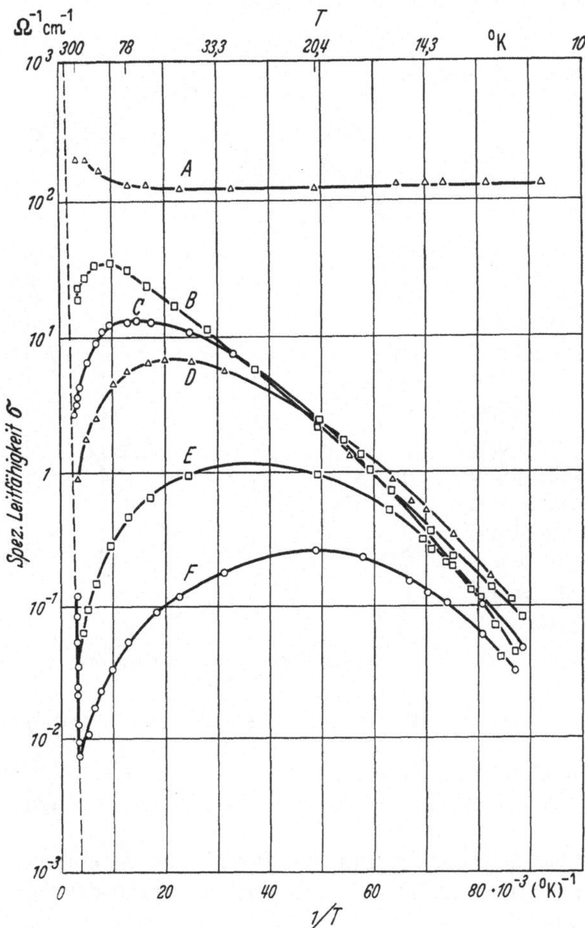

Fig. 18. Abhängigkeit der Leitfähigkeit von sechs n-leitenden Ge-Proben von der Temperatur, nach CONWELL.

Für kleinere Temperaturen (Bereich der Störleitung) steigt σ zunächst mit wachsender Temperatur an, da die Zahl der aus den Störstellen freiwerdenden Ladungsträger wächst. Gleichzeitig wächst die Beweglichkeit, die in diesem Bereich durch Ionenstreuung begrenzt ist, mit $T^{\frac{3}{2}}$ an. Mit wachsender Temperatur setzt sich die thermische Streuung durch und die Beweglichkeit sinkt wieder ab. Sind alle Störstellen ionisiert (was bei kleinen Abtrennarbeiten meist vor Einsetzen der gemischten Leitung der Fall ist), so wächst die Ladungsträgerdichte zunächst nicht weiter, die Leitfähigkeit fällt also wegen der kleiner werdenden Beweglichkeit wieder ab. Ist die Temperatur hoch genug, um Übergänge Valenzband-Leitungsband in größerer Zahl zu gestatten, so beginnt σ wieder anzuwachsen. Der Halbleiter nähert sich der Eigenleitung, die dann erreicht ist, wenn die Zahl der aus Störstellen stammenden Ladungsträger gegenüber der Zahl der thermisch erzeugten Elektron-Loch-Paare zu vernachlässigen ist.

Dieser Verlauf der Leitfähigkeit ist in Fig. 18 zu erkennen. Lediglich die am höchsten liegende Kurve (A) bleibt im ganzen Temperaturbereich der Messung angenähert konstant. Hier liegt Entartung vor und der Halbleiter zeigt ‚metallähnliches' Verhalten. Das Überkreuzen der anderen Kurven bei tiefer Temperatur zeigt die Kompliziertheit der verschiedenen hier zu berücksichtigenden Effekte. Obwohl die Trägerdichte z.B. in Probe B auf Grund des höheren Störstellengehaltes höher ist als beispielsweise in Probe D, besitzt B bei tiefen Temperaturen eine kleinere (d.h. durch die größere Ionenzahl herabgedrückte) Beweglichkeit und, da der letztere Effekt bei tiefen Temperaturen stark ausgeprägt ist, eine

[1] E. M. CONWELL: Proc. Inst. Radio Engrs. **40**, 1327 (1952). — F. J. MORIN u. J. P. MAITA: Phys. Rev. **94**, 1525 (1954). — O. MADELUNG u. H. WEISS: Z. Naturforsch. **9**a, 527 (1954).

kleinere Leitfähigkeit. Wir wollen hier auf eine genauere Analyse dieser speziellen Meßkurve hier nicht eingehen.

In Fig. 19 ist der Verlauf der allen Proben der Fig. 18 gemeinsamen Eigenleitungskurve genauer angegeben. In der Eigenleitung wird $n = p = n_i$, also

$$\sigma_i = e\, n_i(\mu_n + \mu_p). \tag{30.6}$$

Berücksichtigt man noch, daß nach (16.4) n_i bei Nichtentartung proportional $T^{\frac{3}{2}}$ $\exp(-\Delta E/2\mathrm{k}T)$ ist, während bei rein thermischer Streuung die Beweglichkeiten proportional $T^{-\frac{3}{2}}$ sind, so ergibt sich für σ_i:

$$\left.\begin{aligned}\ln\sigma_i = &-\Delta E/2\mathrm{k}T\\ &+ \text{temperaturun-}\\ &\text{abhängige Glieder.}\end{aligned}\right\} \tag{30.7}$$

Da man schließlich noch in guter Näherung einen linearen Temperaturgang von $\Delta E = \Delta E_0 - \alpha T$ annehmen kann (Ziff. 81), folgt daraus, daß in einem Diagramm $\ln\sigma_i$ gegen $1/T$, wie es in Fig. 19 dargestellt ist, die Eigenleitfähigkeit geradlinig verlaufen muß, und daß die Neigung dieser *Eigenleitungsgeraden* ein Maß für die Breite der verbotenen Zone am absoluten Nullpunkt der Temperatur darstellt[1].

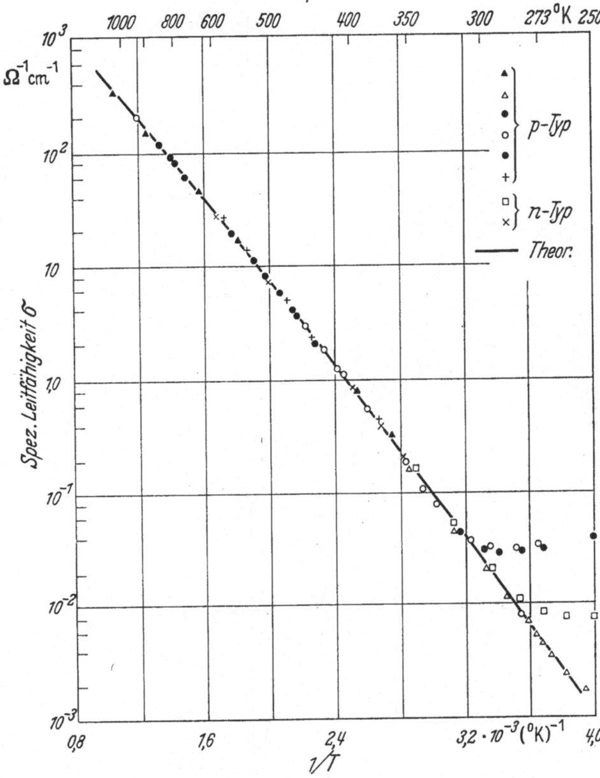

Fig. 19. Leitfähigkeit in eigenleitendem Germanium, nach MORIN und MAITA.

Der allen Proben verschiedenen Störstellengehaltes gemeinsame Eigenleitungsast der Leitfähigkeit kann von dem geradlinigen Verlauf abweichen durch folgende Einflüsse:

1. Entartung. Dann gilt für n_i und μ nicht mehr der soeben beschriebene Temperaturverlauf, die Leitfähigkeit steigt schwächer an (Beispiel InSb, vgl. Fig. 20).

2. Abweichungen vom linearen (empirischen) Gesetz der Temperaturabhängigkeit von ΔE.

3. Elektron-Loch-Streuung (Ziff. 27). Die leichte Biegung der Leitfähigkeitskurve in Fig. 19 scheint hierauf zurückzuführen zu sein.

4. Abweichungen der Temperaturabhängigkeit der Beweglichkeiten vom $T^{-\frac{3}{2}}$-Gesetz (Ziff. 27).

[1] Da sich ΔE mit der Gitterkonstanten, also unter äußerem Druck ändert, ist hier σ druckabhängig [vgl. z.B. die Arbeiten von P. W. BRIDGMAN: Proc. Amer. Acad. Sci. **79**, 127 (1951); **81**, 169 (1952); **82**, 71, 83 (1953). — J. H. TAYLOR: Phys. Rev. **80**, 919 (1950). — J. BARDEEN: Phys. Rev. **75**, 1777 (1949). — W. PAUL u. H. BROOKS: Phys. Rev. **94**, 1128 (1954). — W. PAUL u. G. L. PEARSON: Phys. Rev. **98**, 1755 (1955). — G. B. BENEDEK, W. PAUL u. H. BROOKS: Phys. Rev. **100**, 1129 (1955). — D. LONG: Phys. Rev. **101**, 1256 (1956). — J. H. TAYLOR: Phys. Rev. **100**, 1593 (1955).]

Daneben kann es auch bei hohen Temperaturen nicht zur Ausbildung einer allen Präparaten gemeinsamen Eigenleitungskurve kommen. Dies ist dann der Fall, wenn die Breite der verbotenen Zone zu groß (oder der Störstellengehalt aller Proben zu groß) ist, um bei experimentell zugänglichen Temperaturen die Eigenleitung zu erreichen, oder wenn durch eine große Zahl von sich gegenseitig kompensierenden Störstellen auch in der Eigenleitung die Beweglichkeiten der verschiedenen Präparate noch stark beeinflußt werden. Schließlich bildet sich häufig prinzipiell keine Eigenleitungsgerade aus, wenn die Beweglichkeiten der Elektronen und Löcher stark verschieden sind. Als Beispiel betrachten wir den Halbleiter InSb, in welchem die Elektronenbeweglichkeit die Löcherbeweglichkeit um den Faktor 50 überschreitet (Fig. 20). Die Leitfähigkeitskurven der vier p-leitenden Präparate 1 bis 4 überschneiden sich und laufen erst bei hohen Temperaturen asymptotisch zusammen, die n-leitenden Präparate A und B zeigen ebenfalls keine gemeinsame Eigenleitung. Erst bei sehr hohen Temperaturen beginnt sich eine Eigenleitungskurve auszubilden, die infolge der Entartung gekrümmt ist. Zur Diskussion dieses Verhaltens stellen wir zunächst fest, daß das Minimum der Leitfähigkeit bei gegebener Temperatur nicht in der Eigenleitung, also bei $n = p$ liegt, sondern bei $n\mu_n = p\mu_p$. Ist nun $\mu_n \gg \mu_p$, so liegt das Minimum bei $p > n$ im Gebiet der (gemischten) p-Leitung. Die p-leitenden Präparate unterschreiten also vor Erreichen der Eigenleitung den Wert σ_i und nähern sich nur langsam mit wachsender Temperatur dem Eigenleitungswert „von unten", während die n-leitenden Proben sich in der gewohnten Form (nur langsamer) der Eigenleitung nähern. Bei annähernd gleichen Beweglichkeiten dagegen verhalten sich n- und p-leitende Proben gleich und münden bei Erreichen der Eigenleitung in die Eigenleitungskurve, die für sie die Kurve kleinster Leitfähigkeit darstellt[1] (vgl. dazu auch Fig. 43, S. 106).

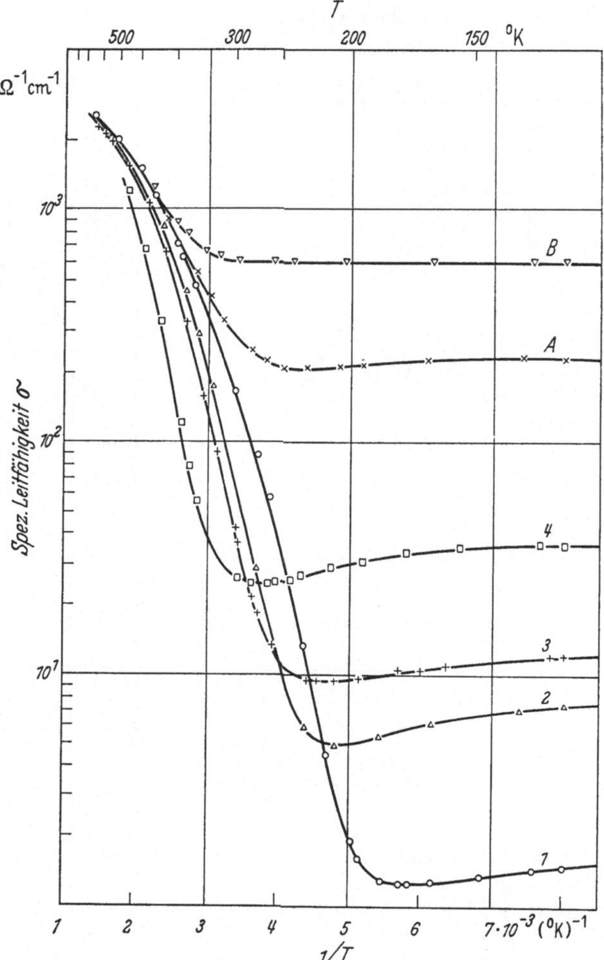

Fig. 20. Leitfähigkeit von sechs InSb-Präparaten in Abhängigkeit von der Temperatur, nach MADELUNG und WEISS.

[1] O. G. FOLBERTH u. O. MADELUNG: Z. Naturforsch. **8**a, 673 (1953).

31. Isothermer HALL-Effekt und Widerstandsänderung im Magnetfeld. Bei beliebigem elektrischen Feld und Magnetfeld lautet die Gleichung für die Stromdichte (23.5):

$$\boldsymbol{i} = M_{13+}\boldsymbol{E} + M_{22-}\boldsymbol{B}\times\boldsymbol{E} + M_{31+}\boldsymbol{B}(\boldsymbol{B}\cdot\boldsymbol{E}) \tag{31.1}$$

mit magnetfeldabhängigen M_{ik}. Unter Benutzung der aus (23.7) ableitbaren Umformung

$$M_{13+} = M_{13+}^0 - M_{31+}B^2 = \sigma_0 - M_{31+}B^2 \tag{31.2}$$

folgt daraus

$$\boldsymbol{i} = \sigma_0\boldsymbol{E} + M_{22-}\boldsymbol{B}\times\boldsymbol{E} + M_{31+}\boldsymbol{B}\times(\boldsymbol{B}\times\boldsymbol{E}). \tag{31.3}$$

Hier ist die Magnetfeldabhängigkeit nur noch in den letzten beiden Gliedern enthalten, während das erste Glied die Leitfähigkeit ohne Magnetfeld beschreibt. Man erkennt aus (31.3) direkt, daß für $\boldsymbol{B}\parallel\boldsymbol{E}$ die beiden letzten Glieder wegfallen, daß also das Magnetfeld dann keinen Einfluß auf den Stromtransport ausübt (Verschwinden der longitudinalen Effekte in isotropen Halbleitern).

Wir betrachten nun zunächst die *transversalen Effekte* ($\boldsymbol{B}\perp\boldsymbol{E}$) und wählen noch speziell $\boldsymbol{B} = (0, 0, B_z)$. Dann liegen $\boldsymbol{E}$ und $\boldsymbol{i}$ in der x, y-Ebene und aus (31.3) bzw. (31.1) folgt:

$$\left.\begin{aligned} i_x &= M_{13+}E_x - M_{22-}B_zE_y = (\sigma_0 - M_{31+}B_z^2)E_x - M_{22-}B_zE_y,\\ i_y &= M_{13+}E_y + M_{22-}B_zE_x = (\sigma_0 - M_{31+}B_z^2)E_y + M_{22-}B_zE_x. \end{aligned}\right\} \tag{31.4}$$

Wir nehmen weiterhin an, daß das primäre elektrische Feld in der x-Richtung liegt, daß also ohne Magnetfeld auch der elektrische Strom in dieser Richtung fließt. Dann übt das Magnetfeld auf die Elektronen und Löcher eine Kraft aus (LORENTZ-Kraft), die diese in die y-Richtung abzulenken sucht. Ist der Halbleiter in der y-Richtung nicht begrenzt, so folgen die Ladungsträger dieser Kraft und der elektrische Strom erhält eine y-Komponente [Gl. (31.4) mit $E_y = 0$)]. Ist der Halbleiter in der y-Richtung jedoch durch freie Oberflächen begrenzt, so können die Ladungsträger der LORENTZ-Kraft nicht folgen und es tritt eine y-Komponente des elektrischen Feldes auf, die die LORENTZ-Kraft kompensiert und die Ladungsträger zwingt, weiterhin in der x-Richtung zu laufen [Gl. (31.4) mit $i_y = 0$].

Wir betrachten jetzt die beiden Fälle gesondert:

α) Der elektrische Strom fließt in der x-Richtung $(\boldsymbol{i} = (i_x, 0, 0))$. Diese Annahme ist dann gültig, wenn die Ausdehnung des Halbleiters in der x-Richtung groß ist gegen seine Dimensionen in der y-Richtung (stabförmiges Präparat)[1]. In diesem Fall tritt also eine y-Komponente des elektrischen Feldes (HALL-Feldstärke) auf, deren Größe nach (31.4) durch

$$E_y = -\frac{M_{22-}}{M_{13+}}B_zE_x \tag{31.5}$$

gegeben ist und welche die LORENTZ-Kraft des Magnetfeldes auf die Elektronen und Löcher kompensiert[2]. Diese Kompensation kann aber nicht völlig sein. Betrachten wir zunächst einen Störstellenhalbleiter (Fig. 21a). Hier ist nur eine Art von Ladungsträgern am Stromtransport beteiligt. Da diese aber keine

[1] Die folgenden Betrachtungen gelten streng nur für unendlich lange Stäbe. Bezüglich der notwendigen Korrekturen bei endlicher Stablänge (Potentialverteilung an den Elektroden) vgl. J. ISENBERG, B. R. RUSSELL u. R. F. GREENE, Rev. Sci. Instrum. **19**, 685 (1948); W. F. FLANAGAN, P. A. FLINN u. B. L. AVERBACH, Rev. Sci. Instrum. **25**, 593 (1954).

[2] Auch ohne äußeres Magnetfeld tritt durch das Eigen-Magnetfeld des Stromes ein *Eigen-HALL-Effekt* auf, der jedoch so schwach ist, daß er bisher lediglich in InSb nachgewiesen werden konnte [G. BUSCH, R. JAGGI u. R. KERN: Helv. phys. Acta **28**, 452 (1955)].

einheitliche Geschwindigkeit besitzen, wirkt auch auf die einzelnen Ladungsträger die LORENTZ-Kraft verschieden stark und eine einheitliche HALL-Feldstärke kann ihre Ablenkung nur im Mittel kompensieren. Elektronen (oder Löcher) mit einer die mittlere Geschwindigkeit übersteigenden Geschwindigkeit werden durch das Magnetfeld schwächer als durch die HALL-Feldstärke beeinflußt, zu langsame Elektronen dagegen stärker. Die Ladungsträger werden also je nach ihrer momentanen Geschwindigkeit doch leichte Ablenkungen erfahren, nur wird ihre

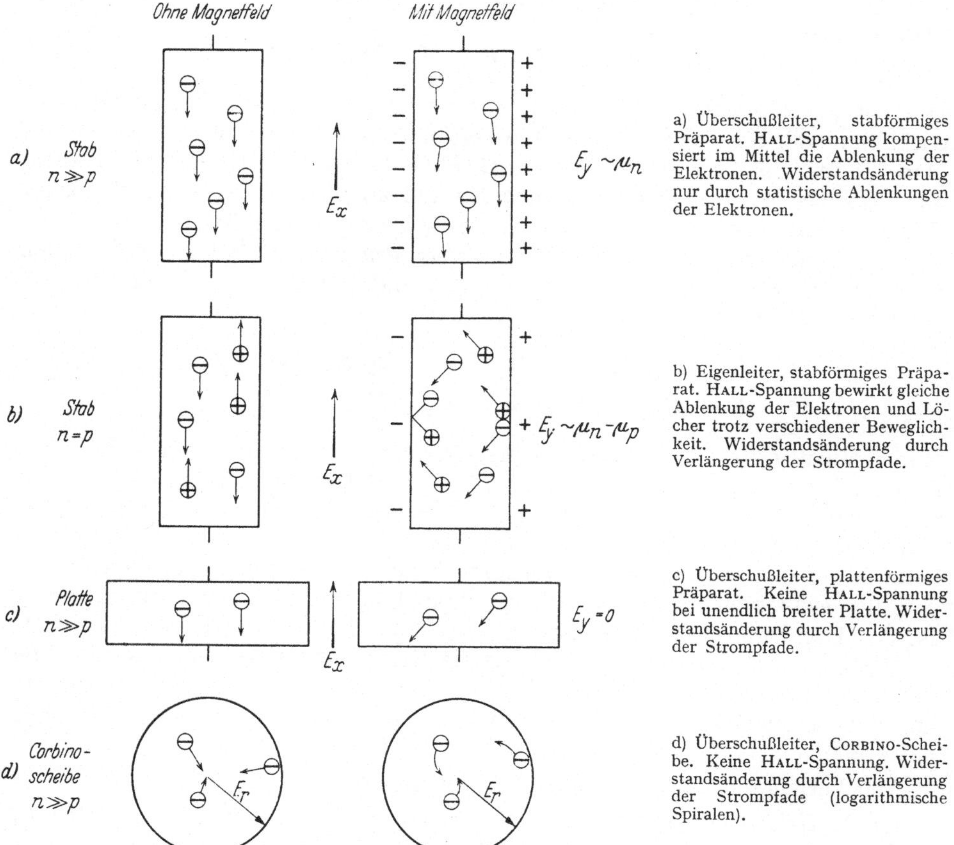

a) Überschußleiter, stabförmiges Präparat. HALL-Spannung kompensiert im Mittel die Ablenkung der Elektronen. Widerstandsänderung nur durch statistische Ablenkungen der Elektronen.

b) Eigenleiter, stabförmiges Präparat. HALL-Spannung bewirkt gleiche Ablenkung der Elektronen und Löcher trotz verschiedener Beweglichkeit. Widerstandsänderung durch Verlängerung der Strompfade.

c) Überschußleiter, plattenförmiges Präparat. Keine HALL-Spannung bei unendlich breiter Platte. Widerstandsänderung durch Verlängerung der Strompfade.

d) Überschußleiter, CORBINO-Scheibe. Keine HALL-Spannung. Widerstandsänderung durch Verlängerung der Strompfade (logarithmische Spiralen).

Fig. 21. Zur Entstehung der galvanomagnetischen Effekte.

Geschwindigkeitsrichtung *im Mittel* erhalten bleiben. In gemischten Halbleitern liegen diese Dinge komplizierter. Elektronen und Löcher werden ja (da sie sich in der x-Richtung entgegenlaufen) nach der gleichen Richtung abgelenkt, können also nicht durch eine einheitliche Feldstärke in ihre alte Richtung gezwungen werden. Die hier auftretende HALL-Feldstärke bewirkt nur, daß die Elektronen und Löcher trotz ihrer verschiedenen Beweglichkeit sich mit gleicher Geschwindigkeit und Zahl in der y-Richtung bewegen (Fig. 21 b).. Dann ist mit ihrer Ablenkung kein Ladungstransport in der y-Richtung verbunden und die paarweise an der einen Oberfläche ankommenden Elektronen und Löcher rekombinieren dort sofort, da — wie hier in diesem Abschnitt vorausgesetzt ist — keine Dichteabweichungen im Halbleiterinneren auftreten können. Ebenso werden auf der entgegengesetzten Oberfläche, von der die Elektron-Loch-Paare weggetrieben werden, laufend neue Paare erzeugt, so daß die Gleichgewichtsdichten der Ladungsträger erhalten bleiben.

Alle diese Gründe bewirken eine Erhöhung des Widerstands des Halbleiters in der x-Richtung, dessen Größe nach (31.4) durch

$$i_x = \sigma_B E_x, \quad \sigma_B = M_{13+} + \frac{M_{22-}^2}{M_{13+}} B_z^2 = \sigma_0 - \frac{M_{13+} M_{31+} - M_{22-}^2}{M_{13+}} B_z^2 \tag{31.6}$$

gegeben ist.

Diese hier behandelte Widerstandsänderung ist ein für Halbleiter charakteristischer Effekt. Bei Metallen mit nur einer Art von Ladungsträgern, deren Geschwindigkeit praktisch gleich ist, kann die auftretende HALL-Feldstärke die LORENTZ-Kraft völlig kompensieren, und die dort beobachtete Widerstandsänderung ist auf Anisotropie (Abschnitt C IV) zurückzuführen.

Zur Beschreibung des HALL-Effektes [Gl. (31.5)] und der Widerstandsänderung im Magnetfeld [Gl. (31.6)] werden noch die folgenden Größen eingeführt:

HALL-*Winkel* ϑ:
$$\tan\vartheta = \frac{E_y}{E_x} = -\frac{M_{22-} B_z}{M_{13+}}. \tag{31.7}$$

Dies ist der Winkel, um welchen das angelegte Feld beim HALL-Effekt gedreht wird.

HALL-*Koeffizient* R:
$$R = \frac{E_y}{i_x B_z} = \frac{\tan\vartheta}{\sigma_B B_z} = -\frac{M_{22-}}{M_{13+}^2 + M_{22-}^2 B_z^2}. \tag{31.8}$$

Widerstandsänderung im transversalen Magnetfeld:

$$\frac{\Delta\varrho}{\varrho_B} = \frac{\varrho_B - \varrho_0}{\varrho_B} = -\frac{\sigma_B - \sigma_0}{\sigma_0} = \frac{M_{13+} M_{31+} - M_{22-}^2}{\sigma_0 M_{13+}} B_z^2. \tag{31.9}$$

Statt (31.9) wird häufig die folgende Form benutzt:

$$\frac{\Delta\varrho}{\varrho_0} = \frac{\varrho_B - \varrho_0}{\varrho_0} = \frac{\Delta\varrho}{\varrho_B}\left(1 - \frac{\Delta\varrho}{\varrho_B}\right)^{-1}. \tag{31.10}$$

β) Das elektrische Feld liegt in der x-Richtung $(\boldsymbol{E} = (E_x, 0, 0))$. Dies ist gültig, wenn die Länge des Halbleiters in der x-Richtung klein ist gegen seine Querdimensionen (plattenförmiges Präparat, Fig. 21c). Dann bleibt die Richtung des angelegten Feldes erhalten und der Strom fließt unter einem Winkel gegen die x-Richtung. Hier tritt keine HALL-Feldstärke auf, und der HALL-Winkel ist definiert als der Winkel, um den die Stromrichtung gedreht wird. Es ergibt sich aus (31.4):

HALL-*Winkel* ϑ:
$$\tan\vartheta = -\frac{i_y}{i_x} = -\frac{M_{22-}}{M_{13+}} B_z. \tag{31.11}$$

Der HALL-Winkel ist also unabhängig von der geometrischen Form des Halbleiters.

Leitfähigkeit im Magnetfeld:
$$\sigma_B = M_{13+} = \sigma_0 - M_{31+} B_z^2. \tag{31.12}$$

Widerstandsänderung:

$$\left.\begin{aligned} \frac{\Delta\varrho}{\varrho_B} &= \frac{M_{31+}}{\sigma_0} B_z^2 = \frac{1}{1+\tan^2\vartheta}\left(\left(\frac{\Delta\varrho}{\varrho_B}\right)_{\text{Stab}} + \tan^2\vartheta\right), \\ \frac{\Delta\varrho}{\varrho_0} &= \frac{M_{31+}}{M_{13+}} B_z^2 = \left(\frac{\Delta\varrho}{\varrho_0}\right)_{\text{Stab}} (1+\tan^2\vartheta) + \tan^2\vartheta. \end{aligned}\right\} \tag{31.13}$$

Die Widerstandsänderung ist also hier von der geometrischen Form abhängig und größer als im Fall α)[1].

[1] H. WEISS u. H. WELKER: Z. Physik **138**, 322 (1954).

Dieser Fall ist aber nur streng gültig, wenn die Ausdehnung des Halbleiters in der y-Richtung unbegrenzt ist (kein Einfluß der Oberflächen, keine HALL-Feldstärke). Er läßt sich jedoch realisieren, wenn man eine kreisförmige Scheibe benutzt, deren eine Elektrode im Zentrum und deren andere Elektrode auf der Peripherie liegt (CORBINO-Scheibe, Fig. 21d). Dann besitzt das angelegte Feld nur eine Radialkomponente, die sich beim Anlegen eines Magnetfeldes nicht ändert. Man kann leicht nachweisen, daß dies auf die gleiche Widerstandsänderung (31.13) führt, wie der Fall unbegrenzter Präparate. Fig. 22 zeigt die Abhängigkeit der Widerstandsänderung von InSb vom Magnetfeld für eine Reihe geometrisch verschiedener Präparate bei sonst gleichem Material.

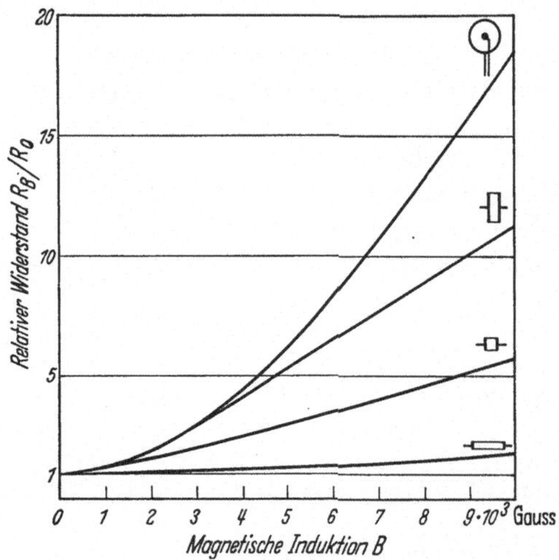

Fig. 22. Relativer Widerstand in Abhängigkeit von der magnetischen Induktion für vier InSb-Proben gleicher Reinheit aber verschiedener geometrischer Form, nach WEISS und WELKER.

Bei *beliebig gerichtetem Magnetfeld* lassen sich die Koeffizienten der galvanomagnetischen Effekte in ähnlicher Weise ableiten. Während man hier für den Fall β) direkt von (31.1) bzw. (31.3) ausgehen kann, ist es im Fall α) günstiger von der durch Umformung aus (31.1) und (31.3) folgenden Gleichung

$$\boldsymbol{E} = \frac{1}{M_{13+}^2 + M_{22-}^2 B^2} \left\{ M_{13+} \boldsymbol{i} - M_{22-} \boldsymbol{B} \times \boldsymbol{i} - \frac{1}{\sigma_0} (M_{13+} M_{31+} - M_{22-}^2) \boldsymbol{B} (\boldsymbol{B} \cdot \boldsymbol{i}) \right\} \quad (31.14)$$

auszugehen. Man erhält in diesem Fall beispielsweise, wenn man noch das Magnetfeld in die xz-Ebene legt:

$$\left(\frac{\Delta\varrho}{\varrho_0}\right)_{\text{Stab}} = \frac{M_{13+} M_{31+} - M_{22-}^2}{M_{13+}^2 + M_{22+}^2 B^2} B_z^2 = \frac{M_{13+} M_{31+} - M_{22-}^2}{M_{13+}^2 + M_{22+}^2 B^2} B^2 \sin^2\varphi. \quad (31.15)$$

Die Widerstandsänderung hängt also praktisch nur von der z-Komponente des Magnetfeldes ab und verschwindet, wenn der Winkel φ zwischen Magnetfeld und x-Richtung (Stromrichtung) gleich Null wird (longitudinaler Fall).

Eine longitudinale Komponente von $\boldsymbol{B}$ führt ferner zu dem Auftreten einer Spannung in der durch $\boldsymbol{i}$ und $\boldsymbol{B}$ aufgespannten Ebene (*planarer* HALL-*Effekt*[1]). Liegt wieder $\boldsymbol{B}$ in der xz-Ebene, so folgt aus (31.14) und (31.15) für die jetzt zusätzliche z-Komponente des elektrischen Feldes:

$$E_z = -\frac{M_{13+} M_{31+} - M_{22-}^2}{M_{13+}^2 + M_{22-}^2 B^2} \frac{1}{\sigma_0} B_x B_z i_x. \quad (31.16)$$

Dieser Effekt rührt daher, daß die Ladungsträger nicht exakt in der x-Richtung laufen, sondern eine (statistisch verteilte) y-Komponente besitzen (vgl. Fig. 21). Die x-Komponente des Magnetfeldes versucht sie also dann in die z-Richtung abzulenken und erzeugt dadurch die Gegenspannung (31.16). Bei Metallen verschwindet dieser Effekt in der hier betrachteten isotropen Näherung, da dort bereits die y-Ablenkung quantitativ kompensiert wird.

32. HALL-Effekt und Widerstandsänderung bei kleinen Magnetfeldern. Die Gleichungen der letzten Ziffer lassen sich für Halbleiter mit vorgegebenem Entartungsgrad und Streumechanismus für kleine Magnetfelder explizit wieder leicht

[1] C. GOLDBERG u. R. E. DAVIS: Phys. Rev. **94**, 1121 (1954).

der Tabelle 7, Ziff. 23, entnehmen. Wir geben zunächst die allgemeine Form und die expliziten Ausdrücke für nichtentartete Halbleiter bei thermischer Streuung an. Dabei beschränken wir uns auf die kleinste nicht verschwindende Näherung in B_z $(b=\mu_n/\mu_p)$:

$$\left.\begin{aligned}
&\qquad\qquad\qquad\qquad \text{allgemein} \qquad\qquad\qquad \text{keine Entartung, thermische Streuung}\\
&\text{HALL-}\textit{Winkel:}\quad \tan\vartheta = -\frac{M^0_{22-}}{\sigma_0}B_z = \frac{3\pi}{8}\mu_p B_z \frac{p-b^2 n}{p+bn}\\
&\text{HALL-}\textit{Koeffizient:}\quad R = -\frac{M^0_{22-}}{\sigma_0^2} = \frac{3\pi}{8e}\frac{p-b^2 n}{(p+bn)^2}\\
&\textit{Widerstandsänderung:}\\
&\left(\frac{\Delta\varrho}{\varrho_B}\right)_{\text{Stab}} = \left(\frac{\Delta\varrho}{\varrho_0}\right)_{\text{Stab}} = \left(\frac{M^0_{31+}}{\sigma_0}-\frac{(M^0_{22-})^2}{\sigma_0^3}\right)B_z^2 = \left(\frac{3\pi}{8}\mu_p B_z\right)^2\left(\frac{4}{\pi}\frac{b^3 n+p}{bn+p}-\left(\frac{b^2 n-p}{bn+p}\right)^2\right),\\
&\left(\frac{\Delta\varrho}{\varrho_B}\right)_{\text{Platte}} = \left(\frac{\Delta\varrho}{\varrho_0}\right)_{\text{Platte}} = \frac{M^0_{31+}}{\sigma_0}B_z^2 = \left(\frac{3\pi}{8}\mu_p B_z\right)^2\frac{4}{\pi}\frac{b^3 n+p}{bn+p}.
\end{aligned}\right\}\quad(32.1)$$

Diese Gleichungen gelten für ein beliebig gerichtetes Magnetfeld, also nicht nur im transversalen Fall. In dieser Näherung ist lediglich die transversale Komponente von $\boldsymbol{B}$ von Einfluß.

Speziell für Überschußleiter ergibt sich in den beiden Grenzfällen der reinen thermischen Streuung und der Ionenstreuung:

$$\left.\begin{aligned}
&R_{\text{th}\,n} = -\frac{3\pi}{8}\frac{1}{en} = -\frac{1{,}18}{en},\quad R_{\text{ion}\,n} = -\frac{315\pi}{512}\frac{1}{en} = -\frac{1{,}93}{en},\\
&\left(\frac{\Delta\varrho}{\varrho_B}\right)_{\text{th, Stab}} = \frac{4-\pi}{\pi}\left(\frac{3\pi}{8}\mu_n B_z\right)^2 = 0{,}378\,(\mu_n B_z)^2,\\
&\left(\frac{\Delta\varrho}{\varrho_B}\right)_{\text{ion, Stab}} = \left(\frac{15\pi}{8}-\left(\frac{315\pi}{512}\right)^2\right)(\mu_r B_z)^2 = 2{,}15\,(\mu_n B_z)^2.
\end{aligned}\right\}\quad(32.2)$$

Im Zwischengebiet der gemischten Streuung ändern sich die Zahlenfaktoren in R und $\Delta\varrho/\varrho_B$ wesentlich. In Fig. 23 ist der Zahlenfaktor des HALL-Koeffizienten $r=-Ren$ aufgetragen[1].

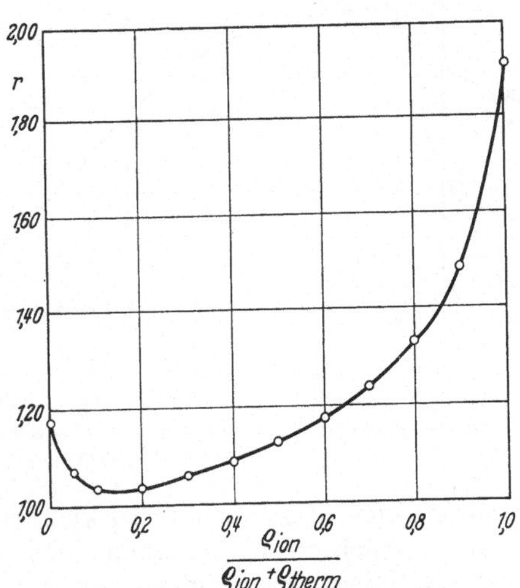

Fig. 23. Abhängigkeit des Faktors $r=-Ren$ bzw. $=Rep$ vom Streumechanismus, nach JOHNSON und LARK-HOROVITZ.

Für Defektleiter gelten entsprechende Gleichungen, wobei sich im HALL-Koeffizienten das Vorzeichen umkehrt, während das Vorzeichen der Widerstandsänderung erhalten bleibt. Das Vorzeichen des HALL-Koeffizienten ist also kennzeichnend für den Leitungstyp des Halbleiters. Der Vorzeichenwechsel erfolgt jedoch nicht genau in der Eigenleitung, also bei der Änderung des Leitungstyps, sondern nach (32.1) bei $p/n=b^2$.

Schließlich ändern sich die Zahlenfaktoren in (32.2) beim Übergang vom nichtentarteten Halbleiter zum entarteten Halbleiter. In Fig. 24 und 25 ist der Verlauf der Zahlenfaktoren von R und $\Delta\varrho/\varrho_B$ in Abhängigkeit von der Lage der FERMI-Kante für Halbleiter mit thermischer Streuung aufgetragen. Man erkennt, daß

[1] V. A. JOHNSON u. K. LARK-HOROVITZ: Phys. Rev. **82**, 977 (1951). — H. JONES: Phys. Rev. **81**, 149 (1951).

mit wachsender Entartung (Übergang zum metallischen Verhalten) r gegen den Grenzwert 1 geht und die Widerstandsänderung verschwindet.

Die Abhängigkeit des HALL-Koeffizienten von der Ladungsträgerdichte in Störstellenhalbleitern ist also unabhängig vom Entartungsgrad und dem Streumechanismus, lediglich der Proportionalitätsfaktor r wird davon beeinflußt. Da schließlich noch eventuell vorhandene Anisotropie den Faktor r verändert, definiert man häufig die HALL-*Beweglichkeit* μ_H durch:

$$\mu_H = |R\sigma|. \quad (32.3)$$

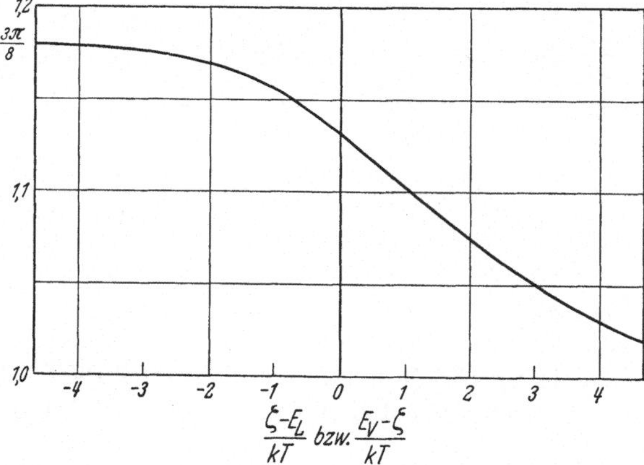

Fig. 24. Abhängigkeit des Faktors $r = -Ren$ bzw. $= Rep$ vom Entartungsgrad bei thermischer Streuung.

Diese Definition ist natürlich nur im Störstellenbereich sinnvoll. Dort wird $|R\sigma| = r\mu_n$ bzw. $r\mu_p$. Die so definierte HALL-Beweglichkeit ist dann größenordnungsmäßig gleich der wahren Beweglichkeit.

Häufig wird als HALL-Beweglichkeit auch das Produkt $(8/3\pi)\,|R\sigma|$ definiert, so daß bei nichtentartetem Halbleiter und thermischer Streuung die HALL-Beweglichkeit im Störstellengebiet mit der Bahnbeweglichkeit übereinstimmt. Da jedoch im Störstellengebiet immer die Ionenstreuung von Einfluß ist, bringt der Faktor $8/3\pi$ keine wesentliche Annäherung von μ_H an die wahre Beweglichkeit. Wir schließen uns deshalb der ersten Definition an.

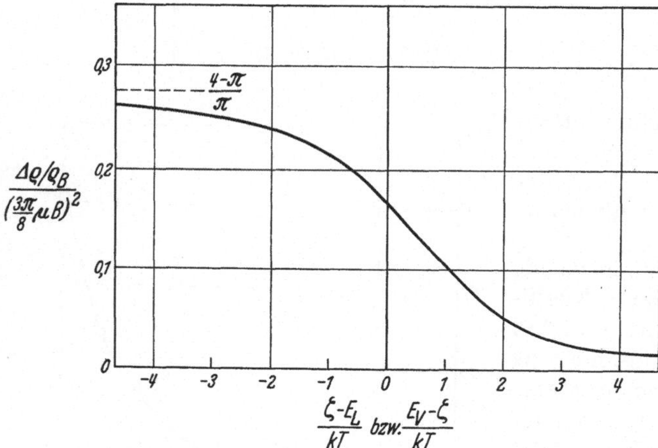

Fig. 25. Abhängigkeit der Widerstandsänderung vom Entartungsgrad bei thermischer Streuung.

Die Beweglichkeit der Ladungsträger eines Halbleiters läßt sich schließlich auch aus der Widerstandsänderung (32.2) gewinnen. Hier ist jedoch zu bemerken, daß $\Delta\varrho/\varrho_B$ wesentlich stärker feldstärkeabhängig ist, als R (vgl. die folgende Ziffer), daß also die Näherungsformel (32.2) schon bei kleinen Magnetfeldern zu versagen beginnt. Dann ist natürlich die Unsicherheit der Bestimmung von μ aus Messungen der Widerstandsänderung größer als aus Messungen des HALL-Koeffizienten. Außerdem ist der Einfluß der Anisotropie auf $\Delta\varrho/\varrho_B$ unvergleichlich größer als auf R, so daß gerade die Messung der Widerstandsänderung bei bekannter Beweglichkeit zur Bestimmung der Anisotropie eines Halbleiters benutzt wird (vgl. Ziff. 42).

Für die *Temperaturabhängigkeit* des HALL-Koeffizienten ergibt sich hier das folgende Bild: (vgl. hierzu Fig. 26, 27 und 44, S. 106).

Für tiefe Temperaturen (Bereich der Störleitung) fällt R umgekehrt proportional zur Dichte der Ladungsträger ab. Da im Bereich der Störstellenreserve (Ladungsträgerdichte klein gegen Dichte der Störstellen) die Dichte der Ladungsträger nach (17.4) mit $T^{\frac{3}{4}} \exp(-(E_L-E_D)/2\mathbf{k}T)$ wächst, ist der Temperaturverlauf von $\ln(|R|\,T^{\frac{3}{4}})$ aufgetragen gegen $1/T$ eine Gerade, deren Neigung die Aktivierungsenergie der Störstellen gibt. Mit wachsender Temperatur fällt R schwächer ab, um bei völliger Dissoziation der Störstellen einem konstanten Wert

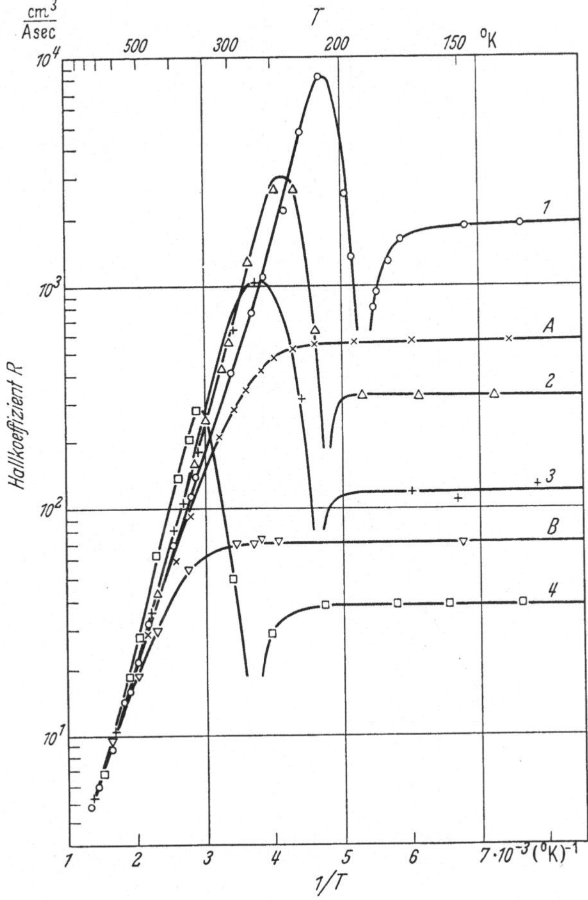

Fig. 26. HALL-Koeffizient bei 6000 Gauss für sechs InSb-Proben der Fig. 20 in Abhängigkeit von der Temperatur, nach MADELUNG und WEISS.

zuzustreben. Dieser ist nach (32.2) durch $R = -r/e(n_D - n_A)$ gegeben. Aus ihm läßt sich also direkt die Dichte der unkompensierten Störstellen gewinnen. Hier ist allerdings Voraussetzung, daß die Aktivierungsenergie der Störstellen im Vergleich zur Breite der verbotenen Zone so klein ist, daß bei völliger Dissoziation noch keine wesentliche Erzeugung von Elektron-Loch-Paaren einsetzt. Sobald die Temperatur so hoch ist, daß diese Paarerzeugung die Dichte der Ladungsträger erhöht, beginnt auch der HALL-Koeffizient weiter abzufallen. Bei n-leitenden Proben führt dieser Abfall zur Einmündung in den allen Präparaten gemeinsamen Eigenleitungsast. Bei p-leitenden Proben tritt vorher ein Vorzeichenwechsel des HALL-Koeffizienten von positiv in negativ auf. Bei Erreichen der Eigenleitung wird $|R|$ nach (32.1) proportional $1/n_i$, also nach (16.4) proportional $T^{-\frac{3}{2}} \exp(\Delta E/2\mathbf{k}T)$. Hier folgt also wieder in einer Darstellung $\ln(|R|\,T^{\frac{3}{2}})$ gegen

$1/T$ ein linearer Verlauf, dessen Neigung die Breite der verbotenen Zone des Halbleiters angibt. Dieser lineare Verlauf in der Eigenleitung kann durch die gleichen Einflüsse gestört werden, wie der lineare Verlauf der Eigenleitungskurve von $\ln \sigma$ (Ziff. 30). Die Abweichungen treten hier jedoch nicht so stark in Erscheinung, da das Temperaturverhalten der Leitfähigkeit von der Ladungsträgerdichte und der Beweglichkeit, das des HALL-Koeffizienten jedoch nur von der Ladungsträgerdichte abhängt.

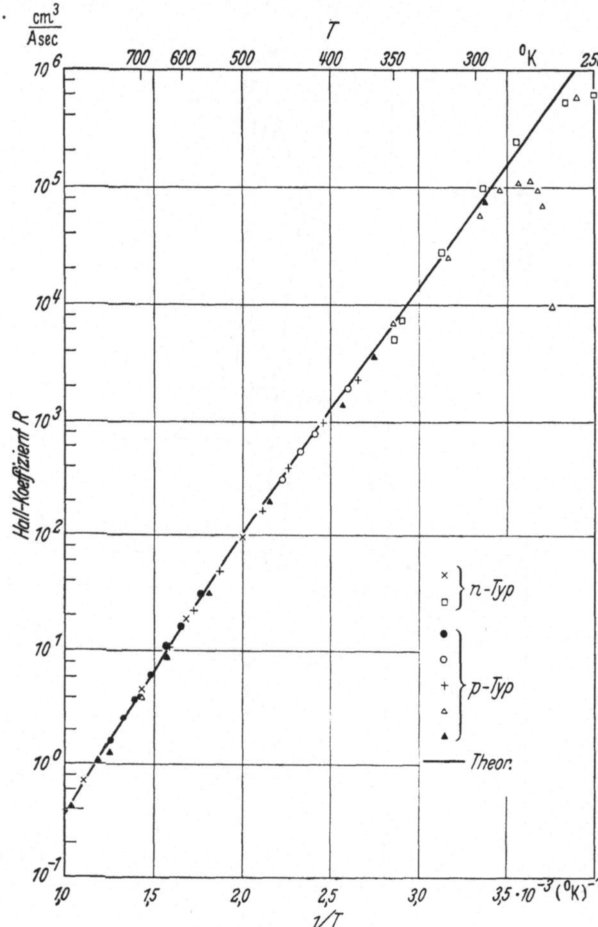

Fig. 27. HALL-Koeffizient des Germaniums in der Eigenleitung in Abhängigkeit von der Temperatur, nach MORIN und MAITA (vgl. Fig. 19).

Diese Verhältnisse sind in Fig. 26 für InSb dargestellt. Man erkennt hier das bereits in Ziff. 30 erwähnte ‚Überschneiden' der Kurven p-leitender Proben, das in dem großen Beweglichkeitsverhältnis bei InSb seine Ursache besitzt. Dieses ‚Überschneiden' der p-leitenden Proben tritt im Gegensatz zu σ bei R nur für $b > 3{,}7$ auf, während für $b < 3{,}7$ die n-leitenden Proben vor Erreichen der Eigenleitung ein $R > R_i$ annehmen[1]. Ferner ist (wenn auch schwächer als in Fig. 20) der Einfluß der Entartung bei sehr hohen Temperaturen zu erkennen. In Fig. 27 ist schließlich der Eigenleitungsast des HALL-Koeffizienten für sieben Germanium-Proben dargestellt.

Entsprechend läßt sich aus (32.1) der Temperaturverlauf der Widerstandsänderung ableiten und diskutieren (Fig. 45, S. 106).

[1] L. P. HUNTER: Phys. Rev. **94**, 1154 (1954).

33. Erweiterung auf große Magnetfelder. Für große Magnetfelder ist die Approximation (23.7) nicht mehr anwendbar und man ist auf die exakte Auswertung der Integrale in den M_{ik} angewiesen.

Die für den HALL-Effekt und die Widerstandsänderung maßgeblichen Koeffizienten M_{13} und M_{22} erhalten dann die allgemeine Form (wir beschränken uns im folgenden auf den Fall der thermischen Streuung und der fehlenden Entartung[1]):

$$\left.\begin{aligned}
M_{13n} &= e\,n\,\mu_n \int_0^\infty \frac{x^2}{x+\gamma_n}\,\mathrm{e}^{-x}\,dx = e\,n\,\mu_n\left(1-\gamma_n+\gamma_n^2\,\mathrm{e}^{\gamma_n}\left(-\mathrm{Ei}\left(-\gamma_n\right)\right)\right),\\
M_{22n} &= e\,n\,\mu_n \frac{\sqrt{\gamma_n}}{B_z}\int_0^\infty \frac{x^{\frac{3}{2}}}{x+\gamma_n}\,\mathrm{e}^{-x}\,dx = e\,n\,\mu_n\frac{\sqrt{\pi\gamma_n}}{B_z}\times\\
&\qquad\times\left(\frac{1}{2}-\gamma_n+\gamma_n^{\frac{3}{2}}\sqrt{\pi}\,\mathrm{e}^{\gamma_n}\left(1-\Phi\left(\sqrt{\gamma_n}\right)\right)\right)\\
\text{mit}\quad &\\
\gamma_n &= \frac{9\pi}{16}\left(\mu_n B_z\right)^2,\quad -\mathrm{Ei}(-x)=\int_x^\infty \frac{\mathrm{e}^{-t}}{t}\,dt,\quad \Phi(x)=\frac{2}{\sqrt{\pi}}\int_0^\infty \mathrm{e}^{-t^2}\,dt.
\end{aligned}\right\}\quad(33.1)$$

Der Entwicklung (23.7) entspricht hier die Entwicklung des Faktors $1/(x+\gamma)$. Man erkennt, daß nicht die Größe des Magnetfeldes entscheidend für die Gültigkeit der Näherung der letzten Ziffer ist, sondern die Größe γ, also das Produkt aus Beweglichkeit und Magnetfeld. Halbleiter hoher Beweglichkeit werden also schon bei kleineren Feldern Abweichungen von der üblichen Näherung zeigen, als Halbleiter kleiner Beweglichkeit.

Im Grenzfall unendlich hoher Magnetfelder wird

$$\left.\begin{aligned}
M_{13n} &= \frac{2}{\gamma_n}\,e\,n\,\mu_n,\\
M_{22n} &= \frac{3\sqrt{\pi}}{4B_z\sqrt{\gamma_n}}\,e\,n\,\mu_n = \frac{e\,n}{B_z^2}.
\end{aligned}\right\}\quad(33.2)$$

Für das Zwischengebiet ist der Verlauf der M_{ik} in Fig. 28 aufgetragen.

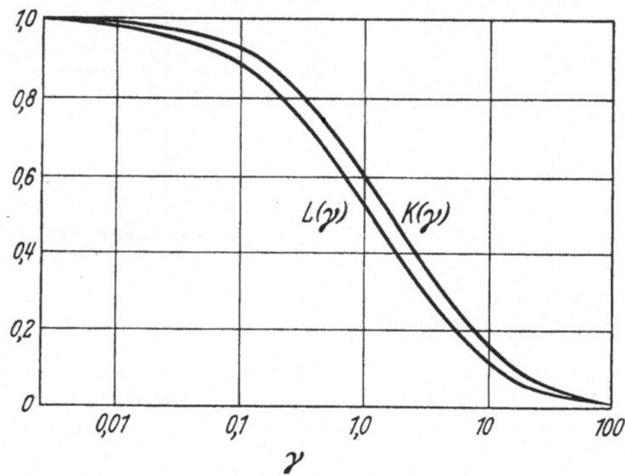

Fig. 28. Verlauf der Funktionen $K = M_{13n}/e\,n$ und $L = M_{22n}/(3\pi/8)\,e\,n$ in Abhängigkeit von $\gamma\,(\sim(\mu B)^2)$ für thermische Streuung.

Mit Hilfe von (33.2) lassen sich direkt die Sättigungswerte des HALL-Koeffizienten und der Widerstandsänderung angeben:

$$R|_{B\to\infty} = \frac{1}{e\,(p-n)},\qquad \left(\frac{\Delta\varrho}{\varrho_B}\right)_{\text{Stab},\,B\to\infty} = 1-\frac{9\pi}{32}\,\frac{e\,(n-p)^2}{\sigma_0}\left(\frac{n}{\mu_n}+\frac{p}{\mu_p}\right)^{-1}. \quad (33.3)$$

Der Grenzwert für den HALL-Koeffizienten wird also unabhängig von dem von der Geschwindigkeitsverteilung der Elektronen bzw. Löcher herrührenden statistischen Faktor $3\pi/8$. Man kann leicht zeigen, daß dieser Ausdruck auch unabhängig von der Entartung, dem Streumechanismus[2] und weitgehend auch von der Form der Energieflächen des Halbleiters (Anisotropie[3]) gilt.

[1] Für den allgemeinen Fall vgl. V. A. JOHNSON u. W. J. WHITESELL: Phys. Rev. **89**, 941 (1953). — J. APPEL: Z. Naturforsch. **9**a, 167 (1954).

[2] J. APPEL, s. vorstehende Fußnote.

[3] J. A. SWANSON: Phys. Rev. **99**, 1799 (1955).

Wir betrachten jetzt das Verhalten des HALL-Koeffizienten und der magnetischen Widerstandsänderung in Abhängigkeit von der Stärke des Magnetfeldes noch genauer[1].

1. Störstellenleiter. Während der HALL-Koeffizient für kleine Magnetfelder durch $R = -(3\pi/8)/en$ gegeben ist, wird er im anderen Grenzfall $= -1/en$. Er ist also nur schwach feldstärkeabhängig.

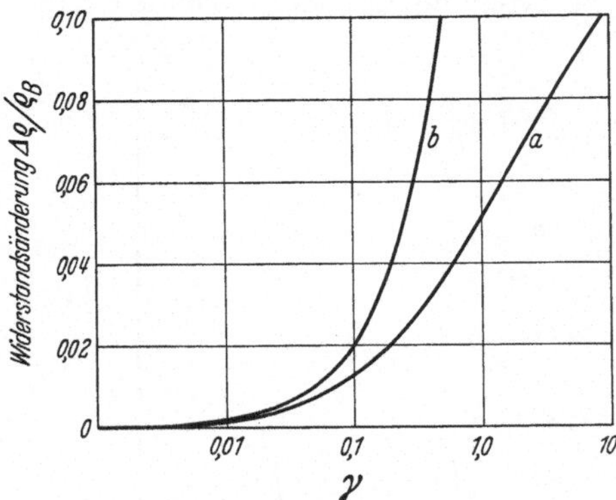

Fig. 29. Abhängigkeit der magnetischen Widerstandsänderung vom Magnetfeld. *a* Nach der Theorie der Ziff. 33. *b* Näherung für kleine Magnetfelder.

Bei der Widerstandsänderung beginnt jedoch schon bei kleinen Feldern eine merkliche Abweichung vom quadratischen Gesetz (32.2) aufzutreten. In Fig. 29 ist der Verlauf der Widerstandsänderung und die Näherung für kleine Felder aufgetragen. Mit wachsender Feldstärke wird die Abweichung vom quadratischen Gesetz immer stärker und $\Delta\varrho/\varrho_B$ strebt dem Sättigungswert $1 - 9\pi/32 = 0{,}116$ zu.

2. Gemischte Halbleiter. Hier gilt für die Widerstandsänderung das gleiche. Der HALL-Koeffizient ist dagegen hier auch stark feldabhängig. Ohne auf die genauen Formeln einzugehen, wollen wir hier nur am Beispiel des InSb den Verlauf der Feldstärkeabhängigkeit des HALL-Koeffizienten zeigen. In Fig. 30 ist die

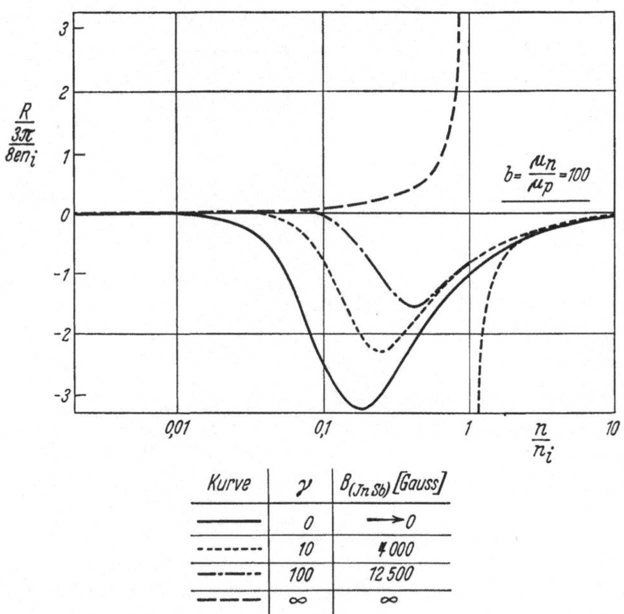

Fig. 30. Theoretische Feldstärke-Abhängigkeit des HALL-Koeffizienten für einen Halbleiter mit einem Beweglichkeitsverhältnis ≈ 100. Zahlenwerte für B unter der Annahme $\mu_n = 60000\ \text{cm}^2/\text{V sec}$.

Abhängigkeit des HALL-Koeffizienten eines Halbleiters mit einem Beweglichkeitsverhältnis von $b = 100$ (dies entspricht größenordnungsmäßig dem Wert von b bei InSb) von der Dichte der Ladungsträger angegeben. Aufgetragen ist $R/(3\pi/8en_i)$ gegen $x = n/n_i = n_i/p$. Die Gestalt der Kurven wird dann lediglich durch γ, also

[1] O. MADELUNG: Z. Naturforsch. **8**a, 791 (1953).

das Produkt aus Beweglichkeit und Magnetfeld, sowie durch b, das Verhältnis aus Elektronenbeweglichkeit und Löcherbeweglichkeit bestimmt. Mit wachsender Feldstärke ändert sich der HALL-Koeffizient im Gebiet der gemischten Leitung stark. Der Nulldurchgang, der bei kleinen Magnetfeldern bei $x=1/b$ liegt, verschiebt sich mit wachsender Feldstärke zur Eigenleitung ($x=1$) hin. Dies hat gleichzeitig zur Folge, daß bei Halbleitern mit einer Elektronendichte $1/b<x<1$ der HALL-Koeffizient, der bei kleinen Feldern ein negatives Vorzeichen hat, mit wachsender Feldstärke sein Vorzeichen wechseln kann, ein Ergebnis, das bei InSb experimentell nachgewiesen wurde[1] (Fig. 31).

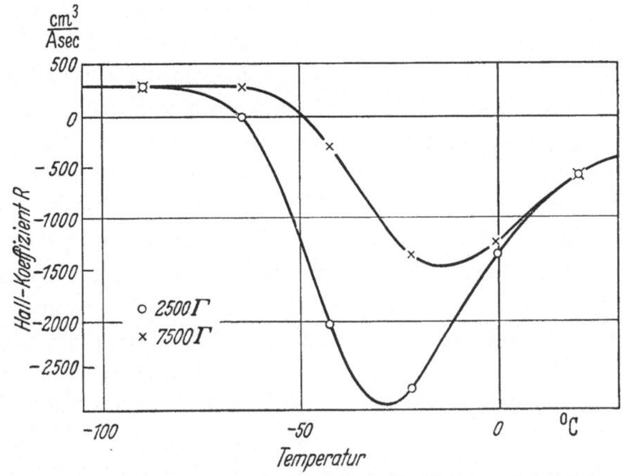

Fig. 31. Temperaturabhängigkeit des HALL-Koeffizienten einer p-leitenden InSb-Probe für zwei verschiedene Werte der magnetischen Induktion.

34. Leitfähigkeit, HALL-Effekt und Widerstandsänderung bei tiefen Temperaturen, Störbandleitung. Bei tiefen Temperaturen läßt sich der Verlauf der Leitfähigkeit, des HALL-Koeffizienten und der Widerstandsänderung in

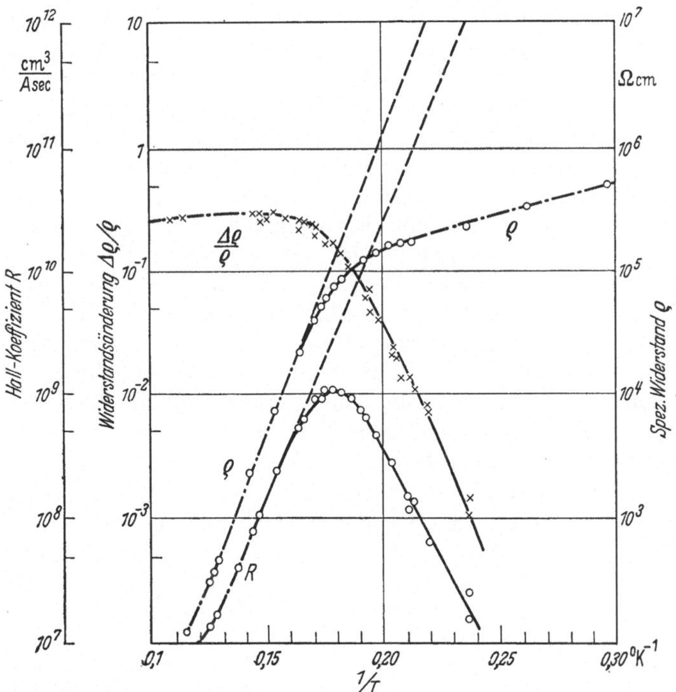

Fig. 32. Spezifischer Widerstand, HALL-Koeffizient und Widerstandsänderung bei tiefen Temperaturen für ein mit Gallium dotiertes p-leitendes Germanium-Präparat (Störstellengehalt $< 10^{14}$ cm^{-3}), nach FRITZSCHE.

[1] Bei Germanium wurde im Gegensatz dazu ein umgekehrter Vorzeichenwechsel (positiv nach negativ) festgestellt [W. C. DUNLAP, Phys. Rev. **82**, 329 (1951), T. C. HARMAN, R. K. WILLARDSON u. A. C. BEER, Phys. Rev. **95**, 699 (1954)]. Dies scheint jedoch auf die Entartung des Valenzbandes in Ge (vgl. Ziff. 43) zurückführbar zu sein.

vielen Halbleitern nicht mehr durch das bisher geschilderte Modell beschreiben. Nach Ziff. 30 und 32 muß der Widerstand und der HALL-Koeffizient exponentiell mit $e^{-(E_L-E_D)/2kT}$ bzw. $e^{-(E_A-E_V)/2kT}$ gegen Unendlich gehen. Man findet jedoch ein hiervon abweichendes Verhalten, welches wir an p-Germanium als Beispiel in Fig. 32 zeigen. Oberhalb 6 °K läßt sich ϱ, R und $\Delta\varrho/\varrho_B$ durch die Gleichungen der Ziff. 30 und 32 beschreiben. Unterhalb dieser Temperatur steigt ϱ nur noch schwächer an, während R und $\Delta\varrho/\varrho_B$ nach Durchlaufen eines Maximums abfallen.

Daß bei tiefen Temperaturen Abweichungen von der einfachen Theorie auftreten können, wurde schon sehr lange vermutet[1]. Die ersten experimentellen Befunde stammen aus Messungen von BUSCH und LABHART[2] an SiC. Zur Erklärung der Anomalien bei tiefen Temperaturen wird *Störbandleitung* angenommen, also ein Stromtransport durch direkten Übergang von Ladungsträgern von einer Störstelle zur anderen *ohne* zwischenzeitliche thermische Abspaltung in das Leitungs- bzw. Valenzband. Das Auftreten solcher Störbänder und ihre Leitungseigenschaften sind Gegenstand zahlreicher Untersuchungen[3].

Dieses Modell ist in der Lage einen großen Teil der oben angeführten Abweichungen wenigstens formal zu erklären. Insbesondere spätere Beobachtungen von HUNG und GLIESSMAN[4], die ein Ansteigen der Temperatur des Maximums des HALL-Koeffizienten mit wachsendem Störstellengehalt zeigen, sind mit diesem Modell konsistent. Trotzdem ist eine befriedigende Klärung aller hier beobachteten Effekte bis heute noch nicht möglich, wie sich aus den nun zu besprechenden Untersuchungen von FRITZSCHE[5] ergeben hat, denen wir bereits Fig. 32 entnommen haben. Das in dieser Figur gezeigte Verhalten von ϱ, R und $\Delta\varrho/\varrho_B$ läßt sich formal theoretisch deuten, wenn man annimmt, daß der Leitungsmechanismus im Störband dem im Leitungsband völlig entspricht. Man ordnet dann den Ladungsträgern im Störband eine Beweglichkeit zu und kann Gleichungen für ϱ, R und $\Delta\varrho/\varrho_B$ aufstellen, die denen der gemischten Leitung im Leitungs- und Valenzband (bis auf Vorzeichenänderungen wegen der nun gleichen Ladung der Ladungsträger im Störband und der freien Ladungsträger) völlig entsprechen. Mit Hilfe dieser Gleichungen sind die ausgezogenen Kurven in Fig. 32 berechnet. Eine wesentliche Schwierigkeit tritt jedoch auf, wenn man das Zustandekommen eines solchen Störbandes verstehen will. Die naheliegendste Annahme ist, daß infolge einer sehr großen Störstellendichte die Eigenfunktionen der einzelnen Elektronen in den Störstellen sich überlappen, also die diskreten Störstellenterme zu einem Band aufspalten. Dieses Band kann dann aber nur eine sehr kleine Breite haben und die Besetzungswahrscheinlichkeit jedes Termes im Band ist angenähert gleich groß. Die mittlere Beweglichkeit der Ladungsträger ist dann aber proportional dem Mittelwert der reziproken scheinbaren Masse, gemittelt über das ganze Band, und dieser Mittelwert verschwindet nach einem bekannten Satz der Theorie des Bändermodells. Weiterhin ist eine Aufspaltung diskreter Störterme nur bei sehr hohen Störstellendichten zu erwarten. Die in Fig. 32 gezeigten Verhältnisse sind aber gerade für Proben mit einem

[1] B. GUDDEN u. W. SCHOTTKY: Z. techn. Phys. **16**, 323 (1935).

[2] G. BUSCH u. H. LABHART: Helv. phys. Acta, **19**, 463 (1946).

[3] H. M. JAMES u. A. S. GINZBARG: J. Phys. Chem. **57**, 840 (1953). — C. ERGINSOY: Phys. Rev. **80**, 1104 (1950); **88**, 893 (1952). — W. BALTENSPERGER: Phil. Mag. **44**, 1355 (1953). — P. AIGRAIN: Physica, Haag **20**, 978 (1954). — F. STERN u. R. M. TALLEY: Phys. Rev. **100**, 1638 (1955).

[4] C. S. HUNG u. J. R. GLIESSMAN: Phys. Rev. **79**, 726 (1950); **96**, 1226 (1954). — C. S. HUNG; Phys. Rev. **79**, 727 (1950). — D. M. FINLAYSON, V. A. JOHNSON u. F. M. SHIPLEY: Phys. Rev. **87**, 1141 (1952).

[5] H. FRITZSCHE: Phys. Rev. **99**, 406 (1955). — H. FRITZSCHE u. K. LARK-HOROVITZ: Physica, Haag **20**, 834 (1954).

Störstellengehalt von $5 \cdot 10^{13}$ bis $10^{16}\,\mathrm{cm}^{-3}$ charakteristisch. Für höhere Störstellendichten ist die einfache Theorie des Zweibändermodells in der oben skiz-

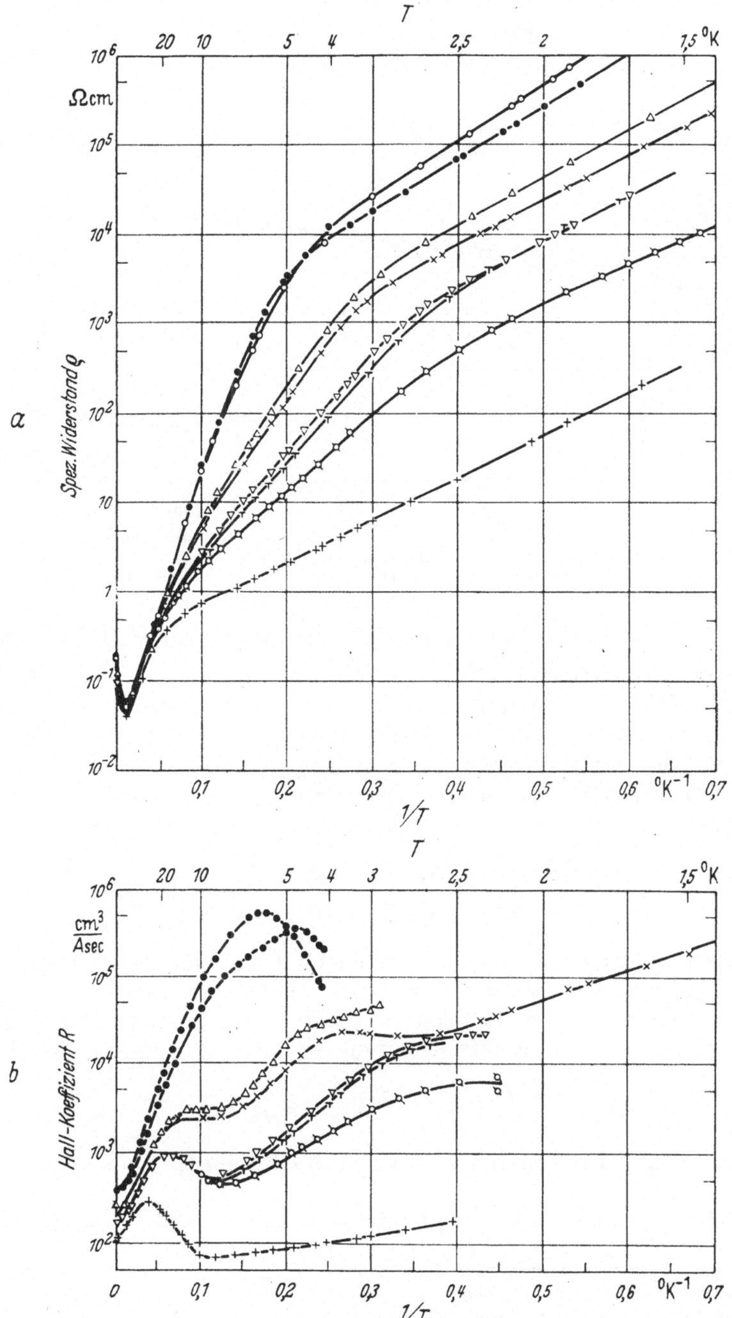

Fig. 33 a u. b. Spezifischer Widerstand und HALL-Koeffizient bei tiefen Temperaturen für acht mit Gallium dotierte p leitende Germanium-Präparate (Störstellengehalt zwischen 10^{16} und $10^{17}\,\mathrm{cm}^{-3}$), nach FRITZSCHE.

zierten Form nicht anwendbar. Fig. 33 zeigt die ϱ- und R-Temperaturabhängigkeit von Ga-dotiertem Germanium mit einer Störstellenkonzentration zwischen $2 \cdot 10^{16}$ und $7 \cdot 10^{16}\,\mathrm{cm}^{-3}$. In dem Verlauf des spezifischen Widerstandes sind hier drei verschieden steil verlaufende Äste zu unterscheiden, der Verlauf von R zeigt ein kompliziertes Verhalten.

Trotzdem sprechen alle diese Ergebnisse für eine Störbandleitung, zu deren Erklärung ein konsistentes Modell jedoch noch fehlt[1]. Eingehende Untersuchungen konnten zeigen, daß mit Sicherheit keine Oberflächen- oder Kontakteffekte, keine Anisotropieeinflüsse oder die Einwirkung äußerer Parameter (Licht) für die beobachteten Erscheinungen verantwortlich sein können.

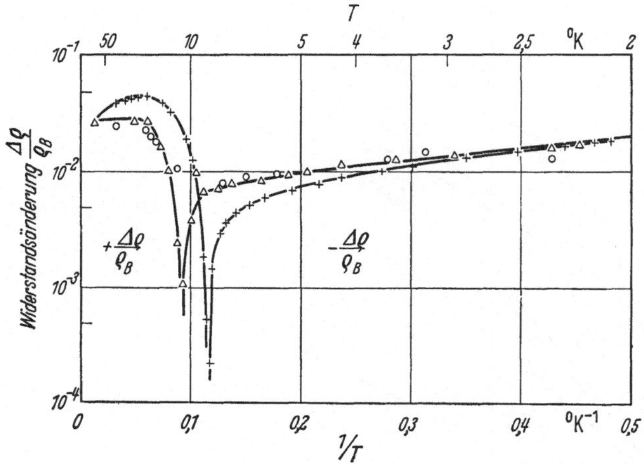

Fig. 34. Negative Widerstandsänderung von p-leitendem InSb bei tiefen Temperaturen, nach FRITZSCHE und LARK-HOROVITZ.

Ähnliche Erscheinungen konnten bei tiefen Temperaturen an Si[2] und InSb[3] gefunden werden. Bei InSb tritt ein weiterer Effekt auf, für den bis jetzt noch jegliche Erklärung fehlt, nämlich eine *negative Widerstandsänderung* bei tiefen Temperaturen (Fig. 34)[4].

III. Nicht isotherme Effekte in isotropen Halbleitern.

35. Allgemeiner Überblick[5]. Bevor wir uns mit den einzelnen Effekten beschäftigen, die sich bei der Anwesenheit eines Temperaturgradienten im Halbleiterinneren einstellen, wollen wir die Wirkung eines solchen Temperaturgradienten auf den Stromtransport noch näher betrachten.

Die Gln. (23.5) für die elektrische Stromdichte und die Energiestromdichte lauten hier (Wegfallen der magnetfeldabhängigen Glieder):

$$\left.\begin{aligned} \boldsymbol{i} &= M^0_{13+}\,\boldsymbol{E} + (S^0_{13-} + \varkappa')\operatorname{grad} T, \\ \boldsymbol{c} &= -\,(N^0_{13-} + \varkappa'')\,\boldsymbol{E} - (L^0_{13+} + \varkappa_L)\operatorname{grad} T. \end{aligned}\right\} \tag{35.1}$$

wo $\varkappa'$ und $\varkappa''$ noch je in einen Elektronenanteil und einen Löcheranteil aufspaltbar sind $(\varkappa' = \varkappa'_n - \varkappa'_p,\ \varkappa'' = \varkappa''_n - \varkappa''_p)$. Betrachten wir speziell den einfachsten Fall des nichtentarteten Halbleiters bei rein thermischer Streuung und beschränken uns auf den Elektronenanteil, so wird die erste Gl. (35.1):

$$\boldsymbol{i}_n = e\mu_n n\boldsymbol{E} + \left[T\frac{\partial}{\partial T}\left(\frac{\zeta_n}{T}\right) + \frac{\partial E_L}{\partial T} + 2\mathsf{k}\right]\mu_n n \operatorname{grad} T + \varkappa'_n \operatorname{grad} T \tag{35.2}$$

oder nach einiger Umformung wegen $\zeta_n/T = \mathsf{k}\ln(n/n_0)$:

$$\boldsymbol{i}_n = e\mu_n n\boldsymbol{E} + \mu_n \mathsf{k}T\operatorname{grad} n + \mu_n n\operatorname{grad} E_L + \mu_n n\frac{\mathsf{k}}{2}\operatorname{grad} T + \varkappa'_n\operatorname{grad} T. \tag{35.3}$$

---

[1] Ansätze zu einer quantitativen Theorie wurden inzwischen von W. SCHOTTKY gegeben: W. SCHOTTKY, Zur Störleitungstheorie bei kleinen Störstellenkonzentrationen, Kolloquiumsvortrag in Zürich, 5. 12. 1955, unveröffentlicht. Vgl. auch E. M. CONWELL: Phys. Rev. **103**, 51 (1956).

[2] F. J. MORIN u. J. P. MAITA: Phys. Rev. **96**, 28 (1954).

[3] H. FRITZSCHE u. K. LARK-HOROVITZ: Phys. Rev. **99**, 400 (1955).

[4] Vgl. hierzu I. M. MACKINTOSH: Proc. Phys. Soc. Lond. B **69**, 403 (1956).

[5] Vgl. auch: O. MADELUNG [23. E]. — P. J. PRICE: Phil. Mag. **46**, 1252 (1955). — J. TAUC: Czechosl. J. Phys. **6**. 108 (1956).

Hier gibt das *erste Glied* die Wirkung des elektrischen Feldes wieder, während die vier weiteren Glieder die Wirkung des Temperaturgradienten beschreiben. Diese Glieder bedeuten:

Zweites Glied: Durch die Temperaturdifferenz ist die Elektronendichte im Halbleiter ortsabhängig. Dichtegradienten rufen aber immer Diffusionsströme hervor, die diese Dichtegradienten auszuglätten suchen. Das zweite Glied beschreibt nun den durch grad T hervorgerufenen Diffusionsstrom $e D_n$ grad n, dessen Diffusionskonstante

$$D_n = \mu_n \frac{kT}{e} \tag{35.4}$$

ist. Dies ist die bei allen Diffusionsprozessen in Halbleitern gültige EINSTEIN-*Beziehung*, die den Diffusionskoeffizienten mit der Beweglichkeit der Ladungsträger verknüpft. Sie gilt in dieser Form nur für nichtentartete Halbleiter. In entarteten Halbleitern gilt statt dessen, wie man durch eine allgemeine Herleitung der Gl. (35.3) leicht zeigen kann, der konzentrationsabhängige Diffusionskoeffizient:

$$D_n = \mu_n \frac{kT}{e} 2 \frac{F_{\frac{1}{2}}(\zeta_n/kT)}{F_{-\frac{1}{2}}(\zeta_n/kT)}. \tag{35.5}$$

In Fig. 35 ist die Abhängigkeit des Diffusionskoeffizienten vom Entartungsgrad gegeben.

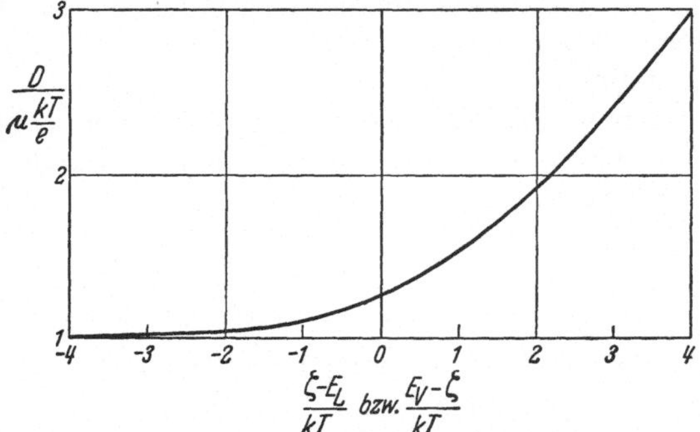

Fig. 35. Abhängigkeit des Diffusionskoeffizienten vom Entartungsgrad.

Drittes Glied: Ein weiterer Ladungsträgertransport kann auftreten, wenn die Bandkante temperaturabhängig und somit ortsabhängig ist. Dann sind die Elektronen bestrebt unter Verlust an potentieller Energie in die Richtung des negativen Gradienten der Bandkante zu laufen. Dies wird durch das dritte Glied beschrieben.

Viertes Glied: Weiterhin besitzen die Ladungsträger in Gebieten höherer Temperatur eine höhere mittlere thermische Geschwindigkeit. Dadurch wird aber eine zusätzliche Strömung von Ladungsträgern von Gebieten höherer Temperatur zu Gebieten tieferer Temperatur verursacht (Thermodiffusion).

Fünftes Glied: Dieses Glied beschreibt den bereits in Ziff. 23 erwähnten Stromtransport durch die nichtisotrope Streuung der Elektronen in die Richtung des negativen Temperaturgradienten.

Ist ein Stromtransport unter dem Einfluß eines Temperaturgradienten nicht möglich ($\boldsymbol{i}_n = 0$), so stellt sich ein inneres Feld ein, das den eben beschriebenen Effekten entgegenwirkt und einen Stromfluß verhindert.

36. Wärmeleitfähigkeit. Der Koeffizient der Wärmeleitfähigkeit ist definiert durch

$$\boldsymbol{c} = -\varkappa \operatorname{grad} T \quad \text{für} \quad \boldsymbol{i} = 0, \tag{36.1}$$

d.h. $\varkappa$ ist der Proportionalitätsfaktor zwischen Wärmestrom und Temperaturabfall bei Abwesenheit eines elektrischen Stromes.

Nach (23.5) bzw. (35.1) erhält man hier nach einiger Umformung:

$$\left.\begin{aligned} \varkappa &= \varkappa_L' + \frac{1}{M_{13+}^0}\left\{S_{15+}^0 M_{13+}^0 - M_{15-}^0 S_{13-}^0 + \frac{\Delta E}{2e}\left(S_{13+}^0 M_{13+}^0 - S_{13-}^0 M_{13-}^0\right)\right\}. \\ &= \varkappa_L' + \frac{1}{T}\left\{M_{17n} - \frac{M_{15n}^2}{M_{13n}} + M_{17p} - \frac{M_{15p}^2}{M_{13p}} + \frac{M_{13n}M_{13p}}{M_{13n}+M_{13p}}\left(\frac{\Delta E}{e} + \frac{M_{15n}}{M_{13n}} + \frac{M_{15p}}{M_{13p}}\right)^2\right\}, \end{aligned}\right\} \tag{36.2}$$

wo noch

$$\varkappa_L' = \varkappa_L - \varkappa' \frac{N_{13-}^0}{M_{13+}^0} - \varkappa'' \frac{S_{13-}^0}{M_{13+}^0} - \frac{\varkappa'\varkappa''}{M_{13+}^0} \tag{36.3}$$

den durch das Gitter primär und sekundär verursachte Anteil der gesamten Wärmeleitfähigkeit bedeutet. Wir können hier nicht auf die Theorie der Faktoren $\varkappa_L$, $\varkappa'$ und $\varkappa''$ eingehen und verweisen lediglich auf die Literatur[1]. Erwähnt sei nur, daß die Gitterwärmeleitfähigkeit und damit ihr Einfluß auf $\varkappa$ innerhalb analog gebauter Kristallgitter mit wachsendem Atomgewicht der Gitterbausteine abnimmt[2].

(36.2) läßt sich wieder mit Hilfe der Tabelle 7, Ziff. 23, explizit angeben. Wir führen dies hier nur für den nichtentarteten Halbleiter bei thermischer Streuung durch. Dann ergibt sich:

$$\varkappa = \varkappa_L' + 2\left(\frac{\mathsf{k}}{e}\right)^2 \sigma\, T\left(1 + \frac{\sigma_n \sigma_p}{2\sigma^2}\left(\frac{\Delta E}{\mathsf{k}T} + 4\right)^2\right). \tag{36.4}$$

Das letzte Glied in (36.2) bzw. (36.4) rührt von dem „potentiellen“ Anteil des Wärmestromes (23.3) her. Es verschwindet für reine Störstellenhalbleiter (vgl. Fig. 46, S. 107). Für gemischte Halbleiter hat es folgende Bedeutung: Gefordert wird hier nur das Verschwinden des elektrischen Gesamtstromes, in gemischten Leitern kann dagegen ein Strom von Elektron-Loch-Paaren (ohne Ladungstransport) fließen. Dieser trägt aber die Paarbildungsenergie ΔE mit sich und wird durch das letzte Glied beschrieben[3].

Für Störstellenleiter vereinfacht sich (36.4) zu:

$$\varkappa = \varkappa_L' + 2\left(\frac{\mathsf{k}}{e}\right)^2 \sigma_n\, T \quad \text{bzw.} \quad \varkappa = \varkappa_L' + 2\left(\frac{\mathsf{k}}{e}\right)^2 \sigma_p\, T. \tag{36.5}$$

Nur in diesem Falle gilt für den *elektronischen Anteil* der Wärmeleitfähigkeit das WIEDEMANN-FRANZ*sche Gesetz:*

$$\varkappa_{\text{el}}/\sigma\, T = 2\left(\frac{\mathsf{k}}{e}\right)^2 = \text{const}. \tag{36.6}$$

Da jedoch in Halbleitern der Gitteranteil der Wärmeleitfähigkeit eine maßgebende Rolle spielt, ist hier eine Gültigkeit dieses Gesetzes im Gegensatz zu den Metallen nur selten zu erwarten[4].

Messungen der Wärmeleitfähigkeit an InSb[5] ergaben bei hohen Temperaturen einen zu großen Wert von $\varkappa$, der bisher noch nicht gedeutet werden konnte.

---

[1] C. HERRING: Phys. Rev. **95**, 954 (1954), [*23*.E]. Dort auch weitere Literaturhinweise.

[2] H. J. GOLDSMID: Proc. Phys. Soc. Lond. B **67**, 360 (1954). Vgl. jedoch die Kritik dieser Arbeit von A. W. JOFFE u. A. F. JOFFE: J. Techn. Phys. USSR. **10**, 1910 (1954).

[3] P. J. PRICE: Bull. Amer. Phys. Soc. **29**, No. 4, B 2 (1954). — Phil. Mag. **46**, 1252 (1955).

[4] Für die Theorie der Wärmeleitung im Magnetfeld vgl. O. MADELUNG: Z. Naturforsch. **11**a, 478 (1956).

[5] G. BUSCH und M. SCHNEIDER [*25*], H. WEISS [*23*.E].

37. Der THOMSON-Koeffizient. Der THOMSON-Koeffizient hat nach (24.5) die allgemeine Form

$$\mu_E = \frac{\partial}{\partial T}\left(\frac{\mu_W}{\sigma}\right) - \mu_P \tag{37.1}$$

oder durch Einsetzen von (25.2)

$$\mu_E = -\frac{\partial}{\partial T}\left(\frac{N^0_{13-} + \varkappa''}{M^0_{13+}}\right) + \frac{S^0_{13-} + \varkappa'}{M^0_{13+}}. \tag{37.2}$$

Mit Hilfe von (23.6) erhält man hieraus nach einiger Umformung

$$\mu_E = -T\frac{\partial}{\partial T}\left\{\frac{M^0_{15-} - (\zeta_n/e)\,M^0_{13n} + (\zeta_p/e)\,M^0_{13p} + \varkappa''}{M^0_{13+}\,T}\right\} + \frac{\varkappa'\,T - \varkappa''}{M^0_{13+}\,T}. \tag{37.3}$$

Dieser Ausdruck hat bereits, wenn man zunächst von dem zweiten Glied absieht, die in (24.12) geforderte Form der THOMSON-Beziehung zwischen THOMSON-Koeffizient und differentieller Thermospannung. Wir werden in der nächsten Ziffer die differentielle Thermospannung auf einem anderen Wege ableiten und zeigen, daß der für sie gewonnene Ausdruck mit dem negativen Wert der Klammer im ersten Glied von (37.3) identisch ist. Die unabhängig von jeder Modellvorstellung gültigen THOMSON-Beziehungen sind dann nur mit (37.3) konsistent, wenn das zweite Glied verschwindet, wenn also $\varkappa' T = \varkappa''$ ist.

Eine Diskussion der Gl. (37.3) für verschiedene Streumechanismen kann an dieser Stelle wegen dem Zusammenhang von μ_E mit der Thermospannung und dem PELTIER-Koeffizienten unterbleiben, auf die wir in der folgenden Ziffer eingehen.

38. Thermo-Spannung und PELTIER-Koeffizient. Zur Ableitung der Thermokraft und des PELTIER-Koeffizienten genügt die Kenntnis der THOMSON-Koeffizienten (37.3) und die THOMSONschen Beziehungen (24.12). An Stelle dieser formalen Ableitung wollen wir hier die gesuchten Koeffizienten aus den ihnen zugrunde liegenden physikalischen Effekten gewinnen.

Dazu formen wir die Gl. (35.1) in zwei Gleichungen für $\boldsymbol{E}$ und $\boldsymbol{c}$ um. Man erhält dann, wenn man noch alle Koeffizienten in den M_{ik} ausdrückt und die elektrische Leitfähigkeit σ (30.1) und die Wärmeleitfähigkeit $\varkappa$ (36.2) einführt:

$$\left.\begin{aligned} \boldsymbol{E} &= \boldsymbol{i}/\sigma - \frac{1}{T M^0_{13+}}\left\{M^0_{15-} - \frac{\zeta_n}{e} M^0_{13n} + \frac{\zeta_p}{e} M^0_{13p} + \varkappa' T\right\} \operatorname{grad} T - \operatorname{grad}\frac{\zeta}{e} \\ \boldsymbol{c} &= -\left\{\frac{1}{M^0_{13+}}\left(M^0_{15-} - \frac{\zeta_n}{e} M^0_{13n} + \frac{\zeta_p}{e} M^0_{13p} + \varkappa''\right) + \frac{\zeta}{e}\right\}\boldsymbol{i} - \varkappa \operatorname{grad} T \end{aligned}\right\} \tag{38.1}$$

oder

$$\left.\begin{aligned} \boldsymbol{E} &= \boldsymbol{i}/\sigma + \varphi \operatorname{grad} T - \operatorname{grad}\frac{\zeta}{e} \\ \boldsymbol{c} &= \left(\Pi - \frac{\zeta}{e}\right)\boldsymbol{i} - \varkappa \operatorname{grad} T. \end{aligned}\right\} \tag{38.2}$$

Aus diesen beiden Gleichungen gewinnen wir jetzt die differentielle Thermospannung, den PELTIER-Koeffizienten und die Beziehung dieser Größen zu dem THOMSON-Koeffizienten durch die folgende Betrachtung:

1. Wir betrachten einen aus zwei verschiedenen Leitern bestehenden Kreis. Die beiden Kontakte befinden sich auf den Temperaturen T bzw. $T + dT$. Dann tritt im stromlosen Fall eine Spannung Φ auf, die die durch den Temperaturgradienten in den beiden Schenkeln des Thermoelements entstehenden Ströme (35.3) und die Differenz der Kontaktpotentiale in den beiden auf verschiedener Temperatur befindlichen Kontakten (vgl. Ziff. 72) kompensiert. Für sie folgt

aus (38.2) mit $\boldsymbol{i}=0$:

$$\Phi = -\oint E_x\,dx = -\oint \varphi\,dT = -\int_T^{T+dT} \varphi_b\,dT - \int_{T+dT}^{T} \varphi_a\,dT = \int_T^{T+dT} (\varphi_a - \varphi_b)\,dT\,. \qquad (38.3)$$

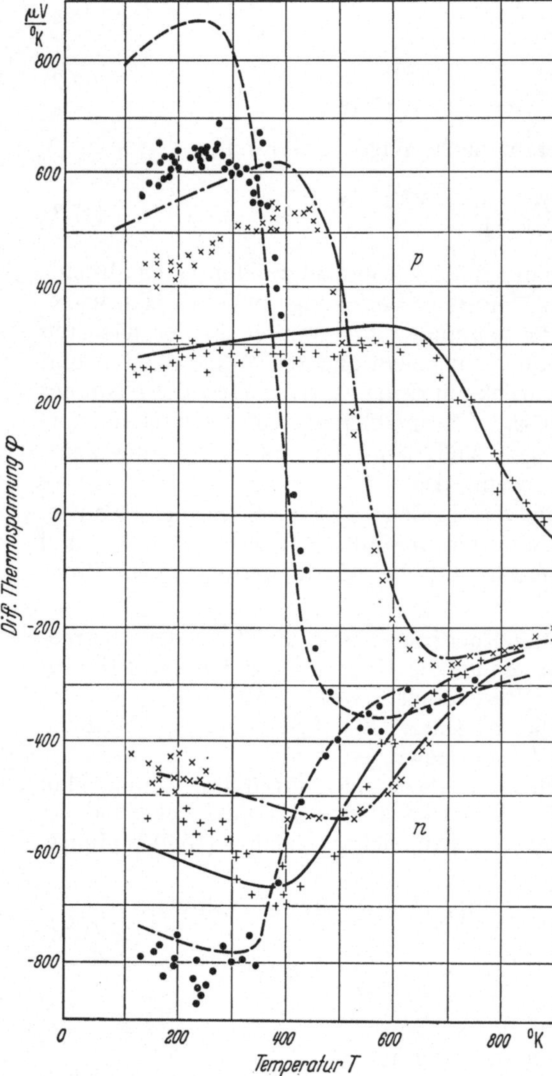

Exp.	Theor.	Leitungs-Typ	$n_s\,[\mathrm{cm}^{-3}]$
•	– – – –	p	$5{,}7\cdot 10^{15}$
×	–·–·–	p	$1{,}7\cdot 10^{17}$
+	———	p	$2{,}7\cdot 10^{18}$
×	–·–·–	n	$6{,}2\cdot 10^{17}$
+	———	n	$1{,}1\cdot 10^{17}$
•	– – – –	n	$3{,}3\cdot 10^{15}$

Fig. 36. Vergleich von Messungen der differentiellen Thermospannung mit der Theorie für n- und p-Germanium, nach JOHNSON und LARK-HOROVITZ.

$\varphi_a - \varphi_b$ ist also nach (24.10) die differentielle Thermospannung zwischen den beiden Leitern und φ_a bzw. φ_b sind die absoluten differentiellen Thermospannungen.

2. Die im isothermen Fall ($\operatorname{grad} T=0$) an einem Kontakt zwischen zwei Leitern a und b auftretende Wärmetönung (PELTIER-Effekt) berechnet sich nach (38.2) aus

$$\left.\begin{aligned} \frac{dH}{dt} &= \cdot\boldsymbol{E} - \operatorname{div}\mathbf{c} = i^2/\sigma + \\ &+ \operatorname{div}(\varkappa \operatorname{grad} T) - \\ &- \boldsymbol{i}\cdot(\operatorname{grad}\Pi - \varphi \operatorname{grad} T) \end{aligned}\right\} \qquad (38.4)$$

zu

$$\left.\begin{aligned} \left.\frac{dH}{dt}\right|_{\text{Kontakt}} &= \int_a^b \frac{dH}{dt}\,dx \\ &= -i_x \int \frac{d\Pi}{dx}\,dx = i_x(\Pi_a - \Pi_b)\,. \end{aligned}\right\} \qquad (38.5)$$

Π ist also nach der Definition (24.11) der PELTIER-Koeffizient.

3. Schließlich folgt im homogenen Halbleiter wegen $\operatorname{grad}\Pi = d\Pi/dT \operatorname{grad} T$ aus (38.4)

$$\frac{dH}{dt} = i^2/\sigma + \operatorname{div}(\varkappa \operatorname{grad} T) - \left(\frac{d\Pi}{dT} - \varphi\right)\boldsymbol{i}\cdot\operatorname{grad} T\,, \qquad (38.6)$$

also nach (24.5)

$$\mu_E = \frac{d\Pi}{dT} - \varphi\,. \qquad (38.7)$$

Diese Gleichung ist mit den THOMSONschen Beziehungen (24.12) im Einklang, wenn man in (38.1) $\varkappa' = \varkappa''/T$ setzt. Man findet dann direkt durch Vergleich von (38.1) und (38.2)

$$\varphi = \frac{\Pi}{T} \quad \text{und aus (38.7)} \quad \mu_E = T\frac{d\varphi}{dT} = T\frac{d}{dT}\left(\frac{\Pi}{T}\right). \tag{38.8}$$

Wir beschränken uns im weiteren lediglich auf die Diskussion der differentiellen Thermospannung, aus der der PELTIER-Koeffizient direkt hervorgeht.

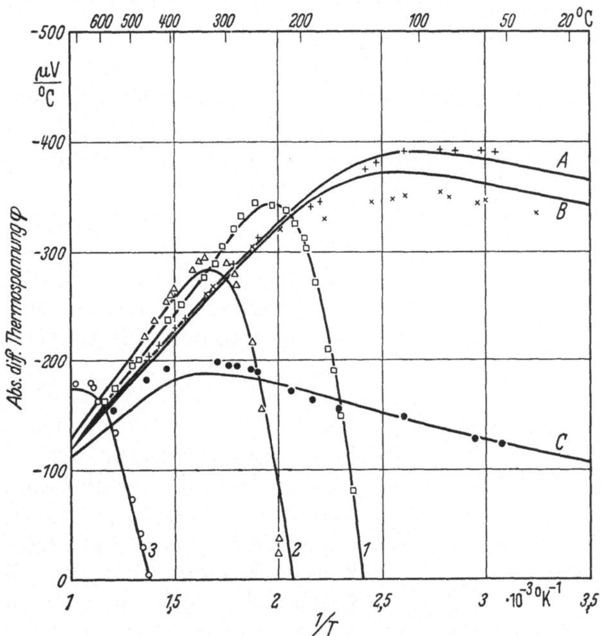

Fig. 37. Differentielle Thermospannung von drei n-leitenden (A—C) und drei p-leitenden (1—3) InAs-Präparaten nach WEISS.

Aus (38.1) folgt

$$\varphi = -\frac{1}{M_{13+}^0 T}\left\{M_{15-}^0 - \frac{\zeta_n}{e} M_{13n}^0 + \frac{\zeta_p}{e} M_{13p}^0\right\} - \frac{\varkappa'}{\sigma} = \varphi_{\mathrm{el}} + \varphi_{\mathrm{phon}}. \tag{38.9}$$

Die Thermokraft setzt sich also aus einem rein elektronischen Anteil, der mit der hier entwickelten Theorie erfaßbar ist, und einem durch den gerichteten Einfluß der Phononen bedingten Anteil zusammen. Speziell für den ersten Anteil folgt im Fall der thermischen Streuung im nichtentarteten Halbleiter[1]

$$\left.\begin{aligned}\varphi_{\mathrm{el}} &= -\frac{1}{\sigma}\left[\left(2\mathrm{k} - \frac{\zeta_n}{T}\right)\mu_n n - \left(2k - \frac{\zeta_p}{T}\right)\mu_p p\right]\\ &= -\frac{\mathrm{k}}{\sigma}\left[\left(2 - \ln\frac{n}{n_0}\right)\mu_n n - \left(2 - \ln\frac{p}{p_0}\right)\mu_p p\right]\end{aligned}\right\} \tag{38.10}$$

und für die Grenzfälle des n-, p- und Eigenhalbleiters:

$$\left.\begin{aligned}\varphi_n &= -\frac{\mathrm{k}}{e}\left(2 - \ln\frac{n}{n_0}\right), \qquad \varphi_p = \frac{\mathrm{k}}{e}\left(2 - \ln\frac{p}{p_0}\right),\\ \varphi_i &= -\frac{\mathrm{k}}{e}\left(\frac{\mu_n - \mu_p}{\mu_n + \mu_p}\left(2 + \frac{\Delta E}{2\mathrm{k}T}\right) + \frac{3}{4}\ln\frac{m_p}{m_n}\right).\end{aligned}\right\} \tag{38.11}$$

[1] G. LAUTZ: Z. Naturforsch. **8**a, 361 (1953). — V. A. JOHNSON u. K. LARK-HOROVITZ: Phys. Rev. **92**, 226 (1953). Zu der letzten Arbeit vgl. jedoch J. TAUC: Phys. Rev. **95**, 1394 (1954).

Hier tritt (genau wie bei dem HALL-Koeffizienten, nur an einer anderen Stelle) ein Vorzeichenwechsel beim Übergang von n- zu p-Leitung auf. Die Thermospannung ist also ebenfalls zur Bestimmung des Leitungstyps eines Halbleiters brauchbar (vgl. Fig. 47, S. 107).

Gl. (38.10) und (38.11) sind experimentell gut bestätigt[1]. Fig. 36 und 37 zeigen den Vergleich experimenteller Ergebnisse mit der Theorie. Außer im reinen Störstellengebiet, wo zusätzliche Ionenstreuung auftritt, stimmen die Ergebnisse mit der Theorie ausgezeichnet überein.

Für tiefe Temperaturen muß neben φ_{el} auch φ_{phon} berücksichtigt werden. Dort kann der letztere Anteil den Elektronenanteil um ein Mehrfaches übersteigen (Fig. 38). Für die explizite Darstellung des hier notwendigen Zusatzgliedes sei wieder auf die Literatur verwiesen[2].

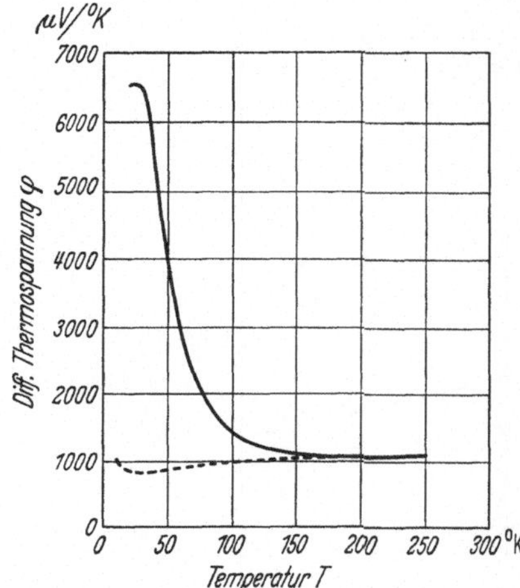

Fig. 38. Thermo-Spannung bei tiefen Temperaturen. Ausgezogene Kurve: Messungen an p-Germanium, gestrichelte Kurve: theoretischer Wert des Elektronenanteils, nach HERRING.

Von TAUC[3] wurde die vorliegende Theorie auf *inhomogene Halbleiter* und auf *Abweichungen der Ladungsträgerdichten vom thermischen Gleichgewicht* erweitert und zur Erklärung von Thermospannungs-Messungen an Spitzenkontakten[4] benutzt.

Eine Übertragung der Theorie auf heteropolare Halbleiter wurde von HOWARTH und SONDHEIMER[5] durchgeführt.

Der durch die zweite THOMSONsche Beziehung mit der Thermospannung eng zusammenhängende PELTIER-Effekt hat in der neueren Zeit im Zusammenhang mit der thermoelektrischen Kühlung an Bedeutung gewonnen. Wir verweisen hier nur auf die Arbeit von GOLDSMID und DOUGLAS[6], der auch weitere Literaturangaben entnommen werden können.

39. NERNST-Effekt. Der NERNST-Effekt besteht nach (24.8) in dem Auftreten einer Querspannung durch einen primären Temperaturgradienten. Er unterscheidet sich also von dem HALL-Effekt nur dadurch, daß dort die Querspannung durch ein primäres elektrisches Feld verursacht wird.

Aus (25.4) folgt hier für den isothermen NERNST-Koeffizienten (kein Temperaturgradient in der Querrichtung):

$$\left.\begin{aligned} Q_i &= \frac{E_y}{B_z\,\partial T/\partial x} = \frac{M_{22-}(S_{13-}+\varkappa') - M_{13+}S_{22+}}{M_{13+}^2 + M_{22-}^2 B_z^2} \\ &= \frac{1}{T M_{13+}^2}\left\{M_{15-}M_{22-} - M_{13+}M_{24+} - \frac{\Delta E}{e}(M_{13n}M_{22p} + M_{13p}M_{22n})\right\} - R\varkappa', \end{aligned}\right\} \quad (39.1)$$

---

[1] A. E. MIDDLETON u. W. W. SCANLON: Phys. Rev. **92**, 219 (1953). — T. H. GEBALLE u. G. W. HULL: Phys. Rev. **94**, 1134 (1954), **98**, 940 (1955). — H. WEISS: Z. Naturforsch. **11**a, 131 (1956).

[2] H. P. R. FREDERIKSE: Phys. Rev. **92**, 248 (1953). — C. HERRING: Phys. Rev. **96**, 1163 (1954).

[3] J. TAUC: Czechosl. J. Phys. **3**, 282 (1953).

[4] J. W. GRANVILLE u. C. A. HOGARTH: Proc. Phys. Soc. Lond. B **64**, 488 (1951). — J. TAUC u. Z. TROUSIL: Czechosl. J. Phys. **3**, 120 (1953). — J. TAUC: Czechosl. J. Phys. **3**, 259 (1953).

[5] D. J. HOWARTH u. E. H. SONDHEIMER: Proc. Roy. Soc. Lond., Ser. A **119**, 53 (1953).

[6] H. J. GOLDSMID u. R. W. DOUGLAS: Brit. J. Appl. Phys. **5**, 386 (1954). Vgl. auch H. S. GOLDSMID: J. Electronics **1**, 218 (1955).

wo R den HALL-Koeffizienten (31.8) bedeutet. Das letzte Glied spielt (jedenfalls bei höheren Temperaturen) eine untergeordnete Rolle. Wir beschränken uns bei der weiteren Diskussion nur auf den „elektronischen" Anteil.

Speziell für den nichtentarteten Halbleiter bei thermischer Streuung folgt hier:

$$\left.\begin{aligned} Q_i = \frac{3\pi}{16}\frac{\mathrm{k}\,e}{\sigma^2}\Big\{&4(\mu_n n-\mu_p p)(\mu_n^2 n-\mu_p^2 p)-\\ &-3(\mu_n n+\mu_p p)(\mu_n^2 n+\mu_p^2 p)-2\frac{\Delta E}{\mathrm{k}T}(\mu_n+\mu_p)\mu_n\mu_p n p\Big\}\end{aligned}\right\} \tag{39.2}$$

und für die Spezialfälle des Überschuß-, Defekt- und Eigenhalbleiters

$$\left.\begin{aligned} &\text{Überschußleiter:} && Q_i=\frac{3\pi}{16}\frac{\mathrm{k}}{e}\mu_n,\\ &\text{Defektleiter:} && Q_i=\frac{3\pi}{16}\frac{\mathrm{k}}{e}\mu_p,\\ &\text{Eigenhalbleiter:} && Q_i=-\frac{3\pi}{16}\frac{\mathrm{k}}{e}\mu_p\Big\{2b\Big(3+\frac{\Delta E}{\mathrm{k}T}\Big)-(b-1)^2\Big\}.\end{aligned}\right\} \tag{39.3}$$

Der NERNST-Koeffizient unterscheidet sich in den beiden Störstellengebieten also lediglich durch die Größe der Elektronen- bzw. Löcherbeweglichkeit, nicht aber durch sein Vorzeichen, wie der HALL-Koeffizient. In der Eigenleitung dagegen wird er (außer bei extrem hohen b) negativ. Wir haben also einen *doppelten* Vorzeichenwechsel des NERNST-Koeffizienten beim Übergang von n- nach p-Leitung (vgl. Fig. 48, S. 107). Mit Hilfe von Q läßt sich somit entscheiden, ob ein Halbleiter reiner Störleiter oder gemischter Leiter ist[1].

Diesen doppelten Vorzeichenwechsel kann man verstehen, wenn man sich klar macht, daß der NERNST-Effekt bei gemischter Leitung durch ganz andere Ursachen hervorgerufen wird, als in der Störleitung. Betrachten wir zunächst einen Eigenleiter mit gleicher Beweglichkeit der Elektronen und Löcher. Dann können in der x-Richtung (in der voraussetzungsgemäß kein Ladungstransport stattfinden darf) unter dem Einfluß des Temperaturgradienten Elektron-Loch-Paare fließen, die durch das Magnetfeld in die y-Richtung abgelenkt werden. Dabei wirkt jetzt aber die LORENTZ-Kraft auf die Elektronen und Löcher gegensinnig, die Paare werden getrennt und es entsteht in der y-Richtung die NERNST-Spannung, die die Ladungsträger zwingt weiterhin in der x-Richtung zu diffundieren.

Anders im Störstellenleiter. Hier wird sich bereits in der x-Richtung eine Diffusionsspannung einstellen, die die Diffusion der Elektronen (bzw. Löcher) in Richtung des negativen Temperaturgradienten kompensiert. Wäre nun die Geschwindigkeit aller Elektronen gleich, so wäre eine exakte Kompensation möglich und es käme überhaupt nicht zur Ausbildung des NERNST-Effektes. Dieser beruht hier, ähnlich der Widerstandsänderung im Magnetfeld (vgl. Ziff. 31), nur auf der Geschwindigkeitsverteilung der Elektronen. Das Diffusionsfeld kompensiert also die Bewegung der Elektronen wieder nur *im Mittel*, und die nichtkompensierten Elektronen werden durch das Magnetfeld abgelenkt. Die dieser Ablenkung entgegenwirkende NERNST-Spannung hängt nun von der Geschwindigkeitsverteilung der Elektronen ab, und es ergibt sich, daß sie die *entgegengesetzte Richtung* der oben betrachteten beim unbehinderten Fluß der Elektron-Loch-Paare auftretenden Spannung besitzt.

Diese beiden Spannungsanteile überlagern sich nun im gemischten Halbleiter und bei verschiedener Beweglichkeit der Elektronen und Löcher auch im Eigenhalbleiter und geben somit Anlaß zu dem oben erwähnten Vorzeichenwechsel.

[1] E. H. PUTLEY: Proc. Phys. Soc. Lond. B **68**, 35 (1955).

Experimentelle Untersuchungen über den NERNST-Koeffizienten liegen nur wenige vor[1]. Er kann bei hohen Temperaturen die Messungen des HALL-Koeffizienten stark beeinflussen[2]. Bei PbTe wurde ferner der Vorzeichenwechsel sowohl in n- wie in p-Leitern beim Übergang in die gemischte Leitung experimentell festgestellt[3,4].

40. Die adiabatischen Effekte. Die beiden Koeffizienten P und S des ETTINGSHAUSEN- und RIGHI-LEDUC-*Effektes* (Auftreten eines Temperaturgradienten senkrecht zu einem primären elektrischen Feld bzw. Temperaturgradienten und einem Magnetfeld) lassen sich in der gleichen Weise wie die in den vorhergehenden Ziffern abgeleiteten Koeffizienten aus den Formeln der Ziff. 25 bestimmen.

Vergleicht man in (25.1) die Determinanten D_2 und D_4, so findet man die Beziehung $D_4 = -D_2/T$. Hiermit wird der ETTINGSHAUSEN-Koeffizient durch die BRIDGMAN-*Beziehung*

$$P = Q_i\, T/\varkappa_{Bi} \tag{40.1}$$

auf bekannte Koeffizienten zurückgeführt. Für den RIGHI-LEDUC-Koeffizienten besteht keine so einfache Beziehung.

Wir wollen hier die expliziten Ausdrücke für diese Koeffizienten nicht angeben. Besonders der Ausdruck für S wird sehr kompliziert[5].

Aus (40.1) folgt zunächst, daß P wesentlich das gleiche Vorzeichen besitzt wie Q_i, also ebenfalls beim Übergang von der Störleitung zur gemischten Leitung sein Vorzeichen wechselt.

Für S ergibt sich in dem Gebiet der reinen n- bzw. p-Leitung:

$$S = \mp \frac{21\pi}{32} \left(\frac{\mathrm{k}}{e}\right)^2 \frac{\mu T}{\varkappa}\, \sigma\,. \tag{40.2}$$

S wechselt also — wie der HALL-Koeffizient — sein Vorzeichen nur einmal.

Die restlichen adiabatischen Koeffizienten lassen sich jetzt aus den isothermen Koeffizienten sowie P und S mit Hilfe der Gln. (25.6) bestimmen, wo noch für kleine Magnetfelder die Werte der thermoelektrischen Koeffizienten ohne Magnetfeld (25.2) eingesetzt werden können. Wir wollen dies hier nicht durchführen und verweisen für das Beispiel des adiabatischen HALL-Koeffizienten auf die Literatur[6].

Infolge des großen Anteils der Gitterwärmeleitfähigkeit an der gesamten Wärmeleitfähigkeit bei Halbleitern wird der größte Teil eines durch Energietransport der Ladungsträger verursachten Temperaturgradienten durch Gitterwärmeleitung wieder ausgeglichen. Der ETTINGSHAUSEN- und der RIGHI-LEDUC-Effekt werden also sehr klein, und der Unterschied zwischen den isothermen und adiabatischen Effekten verschwindet weitgehend. Man braucht sich also um diesen Unterschied bei Halbleitern nicht in dem Maße zu kümmern wie bei Metallen, wo der Wärmetransport durch die große Zahl der Ladungsträger die Gitterwärmeleitung weit überwiegt.

---

[1] J. N. OBRASZOW, T. W. KRYLOWA u. I. W. MOTSCHAN: J. Techn. Phys. USSR. **25**, 995, 1003, 2119 (1955). — F. G. BASS u. I. M. ZIDILKOWSKI: J. exp. theor. Phys. USSR. **28**, 312 (1955).

[2] O. MADELUNG u. H. WEISS: Z. Naturforsch. **9**a, 527 (1954).

[3] E. H. PUTLEY: Proc. Phys. Soc. Lond. B **68**, 35 (1955).

[4] Für eine ausführliche theoretische Diskussion des NERNST-Effektes vgl. P. J. PRICE: Phys. Rev. **102**, 1245 (1956).

[5] Für eine explizite Angabe vgl. E. H. PUTLEY: Proc. Phys. Soc. Lond. B **68**, 35 (1955).

[6] V. A. JOHNSON u. F. M. SHIPLEY: Phys. Rev. **90**, 523 (1953). — L. S. STILBANS: J. techn. Phys. USSR. **22**, 77 (1952).

IV. Anisotrope Halbleiter.

41. Abänderung der isotropen Theorie. Zur Berücksichtigung der anisotropen Eigenschaften der Halbleiter ist die bisher entwickelte Theorie in zwei Punkten zu modifizieren. Die Annahme der isotropen Streuung kann jetzt nicht mehr aufrechterhalten werden. Dies hat zur Folge, daß die Relaxationszeit τ anisotrop wird, also nicht nur vom Betrag der Geschwindigkeit der Ladungsträger abhängt, sondern auch von ihrer Richtung. Ferner sind die Energieflächen im $\boldsymbol{k}$-Raum nicht mehr sphärisch und man ist gezwungen, eine kompliziertere $E(\boldsymbol{k})$-Abhängigkeit anzunehmen.

Der Zusammenhang zwischen Stromdichte $\boldsymbol{i}$ und den angelegten (elektrischen und magnetischen) Feldern lautet dann allgemein statt (23.5):

$$i_i = a_{ij} E_j + a_{ijk} E_j B_k + a_{ijkl} E_j B_k B_l + a_{ijklm} E_j B_k B_l B_m + \cdots, \tag{41.1}$$

wo die in der Theorie der Leitfähigkeit auftretenden Koeffizienten durch die a_{ij}, a_{ijk} usw. gegeben sind. Eine Aufsummierung der Reihenentwicklung nach $\boldsymbol{B}$ ist hier nur noch in Spezialfällen möglich.

Ohne sofort auf die explizite Darstellung der Tensorkomponenten einzugehen, läßt sich bereits aus Symmetriebetrachtungen deren Zahl auf einige wenige reduzieren. Wir zeigen dies hier am Beispiel der Halbleiter mit Diamant- bzw. Zinkblendestruktur. Beide Halbleiter gehören der kubischen Symmetriegruppe an. Die hier möglichen Symmetrieoperationen, gegenüber denen (41.1) invariant sein muß, sind in Tabelle 9 angegeben. Die Tensoren a_{ij}, a_{ijk}, a_{ijkl}, a_{ijklm} müssen also den folgenden Forderungen genügen:

1. Für orthogonale Drehungen $(E, C_2 - C_5)$ bleiben die i, E und B ungeändert, die Tensoren müssen also gegenüber diesen Symmetrieoperationen invariant sein.

2. Für Inversionsdrehungen $(IE, IC_2 - IC_5)$ geht i_i in $-i_i$ über, ebenso alle Glieder mit ungerader EB-Anzahl. In Gliedern mit gerader EB-Anzahl müssen also die Tensorkomponenten ihr Vorzeichen wechseln.

Allgemein: Tensoren gerader Ordnung müssen invariant gegenüber allen Symmetrieoperationen der betrachteten Gruppe sein, Tensoren ungerader Ordnung müssen bei Inversionen ihr Vorzeichen wechseln.

Wendet man diese Forderung auf (41.1) an, so folgt, daß von den 9, 27, 81 und 243 Komponenten der in (41.1) auftretenden Tensoren nur 1, 1, 4, 10 verschiedene Tensorkomponenten übrigbleiben, die sich weiterhin zu 8 neuen Koeffizienten zusammenfassen lassen:

$$\left.\begin{array}{ll}
a_{ii} = a_1, & a_{ijij} + a_{ijji} = a_5, \\
a_{ijk} = a_2 \varepsilon_{ijk}, & a_{ijiik} + a_{ijiki} + a_{ijkii} = a_6 \varepsilon_{ijk}, \\
a_{iiii} = a_3, & a_{ijjjk} + a_{ijjkj} + a_{ijkjj} = a_7 \varepsilon_{ijk}, \\
a_{iijj} = a_4, & a_{ijkkk} = a_8 \varepsilon_{ijk}, \\
i \neq j \neq k, & \varepsilon_{xyz} = \varepsilon_{yzx} = \varepsilon_{zxy} = +1, \\
 & \varepsilon_{yxz} = \varepsilon_{xzy} = \varepsilon_{zyx} = -1.
\end{array}\right\} \tag{41.2}$$

Drei weitere nichtverschwindende Tensorkomponenten $(a_{iiijk}, a_{iijik}, a_{iijki})$ heben sich in (41.1) bei der Summation über j, k, l, m heraus.

Tabelle 9. *Symmetrieoperationen der kubischen Gruppe.*

Klasse	Drehung Achse	Drehung Winkel	Operation x	Operation y	Operation z	Matrix
E	keine		x	y	z	$\begin{matrix} +1 & & \\ & +1 & \\ & & +1 \end{matrix}$
C_2	z	π	$-x$	$-y$	z	$\begin{matrix} -1 & & \\ & -1 & \\ & & +1 \end{matrix}$
	x	π	x	$-y$	$-z$	$\begin{matrix} +1 & & \\ & -1 & \\ & & -1 \end{matrix}$
	y	π	$-x$	y	$-z$	$\begin{matrix} -1 & & \\ & +1 & \\ & & -1 \end{matrix}$
C_3	z	$\pi/2$	$-y$	x	z	$\begin{matrix} & -1 & \\ +1 & & \\ & & +1 \end{matrix}$
	z	$-\pi/2$	y	$-x$	z	$\begin{matrix} & +1 & \\ -1 & & \\ & & +1 \end{matrix}$
	x	$\pi/2$	x	$-z$	y	$\begin{matrix} +1 & & \\ & & -1 \\ & +1 & \end{matrix}$
	x	$-\pi/2$	x	z	$-y$	$\begin{matrix} +1 & & \\ & & +1 \\ & -1 & \end{matrix}$
	y	$\pi/2$	z	y	$-x$	$\begin{matrix} & & +1 \\ & +1 & \\ -1 & & \end{matrix}$
	y	$-\pi/2$	$-z$	y	x	$\begin{matrix} & & -1 \\ & +1 & \\ +1 & & \end{matrix}$
C_4	$x=y$	π	y	x	$-z$	$\begin{matrix} & +1 & \\ +1 & & \\ & & -1 \end{matrix}$
	$x=z$	π	z	$-y$	x	$\begin{matrix} & & +1 \\ & -1 & \\ +1 & & \end{matrix}$
	$y=z$	π	$-x$	z	y	$\begin{matrix} -1 & & \\ & & +1 \\ & +1 & \end{matrix}$
	$x=-y$	π	$-y$	$-x$	$-z$	$\begin{matrix} & -1 & \\ -1 & & \\ & & -1 \end{matrix}$
	$x=-z$	π	$-z$	$-y$	$-x$	$\begin{matrix} & & -1 \\ & -1 & \\ -1 & & \end{matrix}$
	$y=-z$	π	$-x$	$-z$	$-y$	$\begin{matrix} -1 & & \\ & & -1 \\ & -1 & \end{matrix}$
C_5	$x=y=z$	$2\pi/3$	z	x	y	$\begin{matrix} & & +1 \\ +1 & & \\ & +1 & \end{matrix}$
	$x=y=z$	$-2\pi/3$	y	z	x	$\begin{matrix} & +1 & \\ & & +1 \\ +1 & & \end{matrix}$
	$x=-y=z$	$2\pi/3$	z	$-x$	$-y$	$\begin{matrix} & & +1 \\ -1 & & \\ & -1 & \end{matrix}$
	$x=-y=z$	$-2\pi/3$	$-y$	$-z$	x	$\begin{matrix} & -1 & \\ & & -1 \\ +1 & & \end{matrix}$
	$x=-y=-z$	$2\pi/3$	$-z$	$-x$	y	$\begin{matrix} & & -1 \\ -1 & & \\ & +1 & \end{matrix}$
	$x=-y=-z$	$-2\pi/3$	$-y$	z	$-x$	$\begin{matrix} & -1 & \\ & & +1 \\ -1 & & \end{matrix}$
	$x=y=-z$	$2\pi/3$	$-z$	x	$-y$	$\begin{matrix} & & -1 \\ +1 & & \\ & -1 & \end{matrix}$
	$x=y=-z$	$-2\pi/3$	y	$-z$	$-x$	$\begin{matrix} & +1 & \\ & & -1 \\ -1 & & \end{matrix}$

Dazu: Fünf Inversionen mit Drehung IE, IC_2, IC_3, IC_4, IC_5 d.h. zusätzlich Umkehrung aller Vorzeichen von x, y, z und in den Matrizen.

Invariant sind: O_h (Diamantgitter) gegenüber allen Klassen; T_d (Zinkblendegitter) gegenüber E, C_2, IC_3, IC_4, C_5.

Gl. (41.1) nimmt dann die folgende wesentlich einfachere Form an:

$$\left.\begin{aligned} i_i = a_1 E_i + a_2(E_j B_k - E_k B_j) + a_3 E_i B_i^2 + a_4 E_i (B_j^2 + B_k^2) + \\ + a_5 B_i (E_j B_j + E_k B_k) + a_6 B_i^2 (E_j B_k - E_k B_j) + \\ + a_7 B_j B_k (E_j B_j - E_k B_k) + a_8 (E_j B_k^3 - E_k B_j^3) + \cdots \end{aligned}\right\} \quad (41.3)$$

mit $(i, j, k) = (x, y, z)$ und cycl.

Diese Gleichung läßt sich jetzt wieder in eine vektorielle Form überführen, wenn man die neuen Vektoren

$$\left.\begin{aligned} \boldsymbol{F}_1 &= (E_x B_x^2, E_y B_y^2, E_z B_z^2) \\ \text{und} \qquad & \\ \boldsymbol{F}_2 &= (E_y B_z^3 - E_z B_y^3, E_z B_x^3 - E_x B_z^3, E_x B_y^3 - E_y B_x^3) \end{aligned}\right\} \quad (41.4)$$

einführt.

Dann wird mit $A_1 = a_1$, $A_2 = a_2$, $A_3 = a_4$, $A_4 = a_5$, $A_5 = a_3 - a_4 - a_5$, $A_6 = a_6$, $A_7 = a_6 - a_7$ und $A_8 = a_8$:

$$\left.\begin{aligned} \boldsymbol{i} = A_1 \boldsymbol{E} + A_2 \boldsymbol{E} \times \boldsymbol{B} + A_3 \boldsymbol{E} B^2 + A_4 \boldsymbol{B}(\boldsymbol{E} \cdot \boldsymbol{B}) + \\ + A_5 \boldsymbol{F}_1 + A_6 B^2 (\boldsymbol{E} \times \boldsymbol{B}) + A_7 F_1 \times \boldsymbol{B} + A_8 \boldsymbol{F}_2 + \cdots. \end{aligned}\right\} \quad (41.5)$$

Diese Gleichung unterscheidet sich von der entsprechenden Gleichung der isotropen Theorie durch das zusätzliche Auftreten der Glieder mit A_5, A_7 und A_8. Man erkennt daraus bereits die folgenden Tatsachen: Die Effekte 0. und 1. Ordnung in $\boldsymbol{B}$ (Leitfähigkeit und HALL-Effekt bei schwachem Magnetfeld) bleiben auch in Halbleitern kubischer Symmetrie weiterhin isotrop[1], d.h. sie hängen nicht von der Orientierung der Kristallachsen zu den angelegten Feldern ab. Lediglich die Größe der Koeffizienten A_i kann von der Anisotropie des Gitters beeinflußt werden. Die Effekte höherer Ordnung in $\boldsymbol{B}$ (Widerstandsänderung im Magnetfeld, galvanomagnetische Effekte bei hohen Magnetfeldern) werden dagegen anisotrop.

Gl. (41.3) und (41.5) wurden zunächst unter der Bedingung abgeleitet, daß das Koordinatensystem, in welchem die Komponenten der Vektoren $\boldsymbol{i}$, $\boldsymbol{E}$, $\boldsymbol{B}$, $\boldsymbol{F}_1$ und $\boldsymbol{F}_2$ gegeben sind, mit den kubischen Achsen des Gitters zusammenfällt. Es ist jedoch zweckmäßig, diese Gleichungen in einem neuen Koordinatensystem darzustellen, dessen Achsen (x', y', z') gegen die kubischen Achsen (x, y, z) gedreht sind. Dazu führen wir die Winkel ϑ, φ und ψ ein und definieren speziell ϑ als den Winkel zwischen der z- und der z'-Achse, φ als den Winkel zwischen der x-Achse und der zz'-Ebene und ψ als den Winkel zwischen der x'-Achse und der zz'-Ebene. Bezeichnen wir noch die Richtungskosinus der x'-Achse zur x-, y- und z-Achse mit l_1, m_1 und n_1, der y'-Achse zu den kubischen Achsen mit l_2, m_2 und n_2 und der z'-Achse zu den kubischen Achsen mit l_3, m_3 und n_3, so gilt

$$\left.\begin{aligned} &l_1 = \cos\vartheta\cos\varphi\cos\psi - \sin\varphi\sin\psi, && l_2 = -\cos\vartheta\cos\varphi\sin\psi - \sin\varphi\cos\psi, && l_3 = \sin\vartheta\cos\varphi, \\ &m_1 = \cos\vartheta\sin\varphi\cos\psi + \cos\varphi\sin\psi, && m_2 = \cos\varphi\cos\psi - \sin\varphi\sin\psi\cos\vartheta, && m_3 = \sin\vartheta\sin\varphi, \\ &n_1 = -\sin\vartheta\cos\psi, && n_2 = \sin\vartheta\sin\psi, && n_3 = \cos\vartheta \end{aligned}\right\} \quad (41.6)$$

und als Transformationsgleichungen für $\boldsymbol{i}$ (entsprechend für $\boldsymbol{E}$, $\boldsymbol{B}$ und $\boldsymbol{F}$):

$$\left.\begin{aligned} i'_x &= l_1 i_x + m_1 i_y + n_1 i_z, & i_x &= l_1 i'_x + l_2 i'_y + l_3 i'_z, \\ i'_y &= l_2 i_x + m_2 i_y + n_2 i_z, & i_y &= m_1 i'_x + m_2 i'_y + m_3 i'_z, \\ i'_z &= l_3 i_x + m_3 i_y + n_3 i_z, & i_z &= n_1 i'_x + n_2 i'_y + n_3 i'_z. \end{aligned}\right\} \quad (41.7)$$

Da die Gl. (41.5) bereits in vektorieller Form geschrieben ist, bleibt sie bei der Transformation ungeändert. Die Komponentendarstellung (41.4) für $\boldsymbol{F}_1$ und $\boldsymbol{F}_2$ ist dagegen mit Hilfe von

[1] Jedoch z.B. nicht in hexagonalen Halbleitern; vgl. V. A. JOHNSON, Bull. Amer. Phys. Soc. **29**, No. 3, R 3 (1954).

(41.7) zu transformieren. So gilt beispielsweise für F'_{1x} die neue Form:

$$\left.\begin{aligned} F'_{1x} &= l_1 E_x B_x^2 + m_1 E_y B_y^2 + n_1 E_z B_z^2 \\ &= l_1 (l_1 E'_x + l_2 E'_y + l_3 E'_z)(l_1 B'_x + l_2 B'_y + l_3 B'_z)^2 \\ &\quad + m_1 (m_1 E'_x + m_2 E'_y + m_3 E'_z)(m_1 B'_x + m_2 B'_y + m_3 B'_z)^2 \\ &\quad + n_1 (n_1 E'_x + n_2 E'_y + n_3 E'_z)(n_1 B'_x + n_2 B'_y + n_3 B'_z)^2 \end{aligned}\right\} \tag{41.8}$$

und entsprechende Formen für die anderen Komponenten von $\boldsymbol{F}_1$ und für $\boldsymbol{F}_2$.

Die Gln. (41.1) bis (41.5) lassen sich nun leicht erweitern auf den Fall, daß neben dem elektrischen und magnetischen Feld noch ein Temperaturgradient im Halbleiter vorhanden ist.

(41.1) erhält dann die Zusatzglieder

$$+ b_{ij} \frac{\partial T}{\partial x_j} + b_{ijk} \frac{\partial T}{\partial x_j} B_k + b_{ijkl} \frac{\partial T}{\partial x_j} B_k B_l + b_{ijklm} \frac{\partial T}{\partial x_j} B_k B_l B_m + \cdots, \tag{41.9}$$

wo die Transformationseigenschaften der $b_{ijk\ldots}$ mit denjenigen der $a_{ijk\ldots}$ identisch sind. (41.5) ist dann ebenfalls durch acht Glieder mit Koeffizienten B_1 bis B_8 zu ergänzen, in denen alle Komponenten von $\boldsymbol{E}$ durch die Komponenten von grad T ersetzt sind.

Genau entsprechend läßt sich eine zweite Gleichung für die Energiestromdichte $\boldsymbol{c}$ mit Koeffizienten $d_{ijk\ldots}$ und $e_{ijk\ldots}$ bzw. D_1 bis D_8 und E_1 bis E_8 aufstellen.

Zur Berechnung der Tensorkomponenten haben wir wieder von der BOLTZMANNschen Stationaritätsbedingung auszugehen[1]. Diese lautet jetzt statt (22.6):

$$b - a = \frac{1}{\hbar} \operatorname{grad}_k E \cdot \operatorname{grad}_r f - \frac{e}{\hbar} \left(\boldsymbol{E} + \frac{1}{\hbar} \operatorname{grad}_k E \times \boldsymbol{B} \right) \cdot \operatorname{grad}_k f = - \frac{f - f_0}{\tau(\boldsymbol{k})}. \tag{41.10}$$

Hier haben wir sogleich eine (jetzt $\boldsymbol{k}$-abhängige) Relaxationszeit τ eingeführt.

Bei Beschränkung auf homogene Halbleiter können wir noch $\operatorname{grad}_r f$ nach Ziff. 23 ersetzen durch

$$\operatorname{grad}_r f = - \operatorname{grad} T \frac{\partial f_0}{\partial E} \left(\frac{E}{T} + e\Phi \right), \quad \Phi = \left\{ \begin{array}{ll} T \frac{\partial}{\partial T} \left(\frac{\zeta_n}{eT} \right) + \frac{1}{e} \frac{\partial E_L}{\partial T} & \text{für } n\text{-Leiter} \\ T \frac{\partial}{\partial T} \left(\frac{\zeta_p}{eT} \right) - \frac{1}{e} \frac{\partial E_V}{\partial T} & \text{für } p\text{-Leiter.} \end{array} \right\} \tag{41.11}$$

Macht man nun den (22.11) entsprechenden Ansatz:

$$f(\boldsymbol{k}) = f_0(\boldsymbol{k}) - \frac{\partial f_0}{\partial E} g(\boldsymbol{k}), \qquad f_0(\boldsymbol{k}) = \frac{2}{(2\pi)^3} \left(1 + e^{\frac{E(\boldsymbol{k}) - \zeta}{kT}} \right)^{-1}, \tag{41.12}$$

so folgt

$$\left.\begin{aligned} g(\boldsymbol{k}) = -\frac{\tau}{\hbar} \Big(&\operatorname{grad}_k E \cdot \operatorname{grad} T \left(\frac{E}{T} + e\Phi \right) + \operatorname{grad}_k E \cdot \operatorname{grad}_r g + \\ &+ \left(e\boldsymbol{E} + \frac{e}{\hbar} \operatorname{grad}_k E \times \boldsymbol{B} \right) \cdot (\operatorname{grad}_k E - \operatorname{grad}_k g) \Big), \end{aligned}\right\} \tag{41.13}$$

und bei Vernachlässigung der Glieder $\operatorname{grad}_k E \cdot \operatorname{grad}_r g$ und $\boldsymbol{E} \cdot \operatorname{grad}_k g$:

$$g(\boldsymbol{k}) = -\frac{e\tau}{\hbar} \left(\operatorname{grad}_k E \cdot \left(\boldsymbol{E} + \left(\frac{E}{eT} + \Phi \right) \operatorname{grad} T \right) + \frac{\boldsymbol{B}}{\hbar} (\operatorname{grad}_k E \times \operatorname{grad}_k g) \right) \tag{41.14}$$

[1] Für einen allgemeineren jedoch mit größeren mathematischen Schwierigkeiten verbundenen Ansatz vgl. W. SHOCKLEY, Phys. Rev. **79**, 191 (1950).

oder schließlich mit Einführung der Operatoren O und Ω[1]:

$$O = \left(1 + \frac{e\tau}{\hbar^2} \boldsymbol{B}\cdot\Omega\right)^{-1}, \qquad \Omega = \operatorname{grad}_k E \times \operatorname{grad}_k, \tag{41.15}$$

$$g(\boldsymbol{k}) = -\frac{e}{\hbar} O\left(\tau \operatorname{grad}_k E \cdot \left(\boldsymbol{E} + \left(\frac{E}{eT} + \Phi\right) \operatorname{grad} T\right)\right). \tag{41.16}$$

Die i-te Komponente der Stromdichten ist dann gegeben durch:

$$\left.\begin{aligned} i_i &= \frac{e}{\hbar} \int \frac{\partial E}{\partial k_i} \frac{\partial f_0}{\partial E} g(\boldsymbol{k})\, d^3k, \\ c_i &= -\frac{1}{\hbar} \int E \frac{\partial E}{\partial k_i} \frac{\partial f_0}{\partial E} g(\boldsymbol{k})\, d^3k. \end{aligned}\right\} \tag{41.17}$$

Die in (41.1) und (41.9) sowie in der entsprechenden Gleichung für c_i auftretenden Tensorkomponenten erhält man durch Einsetzen der nach steigenden Potenzen von $\boldsymbol{B}$ entwickelten Gl. (41.16) in (41.17). Wir schreiben sie sofort in abgekürzter Form durch Einführung des Integrals:

$$I_{ijk\ldots p}^{(n\alpha)} = \left(-\frac{e}{\hbar^2}\right)^{n-1} \int E^\alpha \frac{\partial E}{\partial k_i} \tau\Omega_k \ldots \tau\Omega_p \left(\tau \frac{\partial E}{\partial k_j}\right) \frac{\partial f_0}{\partial E}\, d^3k \tag{41.18}$$

mit n Indices $i, j, k, \ldots p$ und $n-2$ Operatoren $\tau\Omega$ im Integranden. Dann ergibt sich:

$$\left.\begin{aligned} a_{ijk\ldots p} &= e I_{ijk\ldots p}^{(n0)}, & b_{ijk\ldots p} &= e\Phi I_{ijk\ldots p}^{(n0)} + \frac{1}{T} I_{ijk\ldots p}^{(n1)}, \\ d_{ijk\ldots p} &= -I_{ijk\ldots p}^{(n1)}, & e_{ijk\ldots p} &= -\Phi I_{ijk\ldots p}^{(n1)} - \frac{1}{eT} I_{ijk\ldots p}^{(n2)}. \end{aligned}\right\} \tag{41.19}$$

Bei gegebener $\boldsymbol{k}$-Abhängigkeit der Energie und der Relaxationszeit sind hiermit die Tensorkomponenten und damit die Koeffizienten aller galvanomagnetischen, thermomagnetischen und thermoelektrischen Effekte prinzipiell bestimmbar.

42. Durchführung der Theorie in speziellen Fällen. Genauere Untersuchungen experimenteller und theoretischer Art über den Einfluß der Anisotropie auf die galvanomagnetischen Effekte liegen bisher nur bei Germanium und Silizium vor.

Hier sind es vor allem die sorgfältigen Messungen der Richtungsabhängigkeit der Widerstandsänderung im Magnetfeld an Ge[2] und Si[3], die die Berücksichtigung der Anisotropie in der Leitfähigkeitstheorie erforderten.

Der erste Ansatz in dieser Richtung erfolgte von SEITZ[4]. In seiner Theorie wird zwar die Abhängigkeit der Energie von der Wellenzahl weiterhin quadratisch angenommen (sphärische Energieflächen), der Relaxationszeit dagegen anisotrope Zusatzglieder kubischer Symmetrie gegeben. Die mit diesem Ansatz gewonnenen Tensorkomponenten (41.19) genügten jedoch nicht, die experimentellen Erfahrungen zu erklären. Hier führten erst die Untersuchungen von ABELES und MEIBOOM[5] und von SHIBUYA[6] zum Ziele. Auf Grund der aus Cyclotronresonanzen (vgl. Ziff. 84) erschlossenen Tatsache, daß die Energieflächen des Leitungsbandes von Ge und Si im $\boldsymbol{k}$-Raum stark anisotrop sind, wenden die genannten Autoren ihr Hauptaugenmerk hierauf. Sie machen zur Lösung der Integrale (41.18) die folgenden Annahmen:

[1] L. DAVIS: Phys. Rev. **56**, 93 (1939). — F. SEITZ: Phys. Rev. **79**, 373 (1950).

[2] G. L. PEARSON u. H. SUHL: Phys. Rev. **83**, 768 (1951). — I. ESTERMAN u. A. FONER: Phys. Rev. **79**, 365 (1950).

[3] G. L. PEARSON u. C. HERRING: Physica, Haag **20**, 975 (1954).

[4] F. SEITZ: Phys. Rev. **79**, 376 (1950).

[5] B. ABELES u. S. MEIBOOM: Phys. Rev. **93**, 1121; **95**, 31 (1954).

[6] M. SHIBUYA: J. Phys. Soc. Jap. **9**, 134 (1954). — Phys. Rev. **95**, 1385 (1954). Vgl. auch die ausführliche Darstellung aller mit der Anisotropie zusammenhängenden Fragen von C. HERRING, Bell. Syst. Techn. J. **32**, 237 (1955) und C. HERRING u. E. VOGT, Phys. Rev. **101**, 944 (1956).

1. Die Energieflächen im $\boldsymbol{k}$-Raum sind in der Nähe der Bandkanten Ellipsoide; die Abhängigkeit der Energie von der Wellenzahl kann in einem geeignet gewählten Koordinatensystem durch

$$E=\pm\frac{\hbar^2}{2}\left(\frac{k_1^2}{m_1}+\frac{k_2^2}{m_2}+\frac{k_3^2}{m_3}\right) \tag{42.1}$$

approximiert werden.

2. Die Relaxationszeit ist nur eine Funktion der Energie: $\tau=l\,E^{\beta}$ ($\beta=-\frac{1}{2}$ für thermische Streuung, $\beta=\frac{3}{2}$ für Ionenstreuung).

3. Zur Gewährung kubischer Symmetrie liegen sechs Rotationsellipsoide ($m_1=m_2\neq m_3$) auf den (100)-Achsen des $\boldsymbol{k}$-Raums oder acht Rotationsellipsoide auf den (111)-Achsen oder zwölf Rotationsellipsoide auf den (110)-Achsen.

4. Es werden nur Übergänge innerhalb der einzelnen Ellipsoide zugelassen. Dann setzen sich die Integrale (41.18) additiv aus den Beiträgen der einzelnen Ellipsoide zusammen.

Unter diesen Bedingungen läßt sich (41.18) leicht auswerten. Die Annahme 2 gestattet zunächst, alle τ in (41.18) nach vorne zu ziehen, da die Wirkung der Operatoren Ω auf die τ herausfällt. Man erhält dann

$$I_{ijk\ldots p}^{(n\alpha)}=\left(-\frac{e\,l}{\hbar^2}\right)^{n-1}\int E^{\alpha+\beta(n-1)}\frac{\partial E}{\partial k_i}\,\Omega_k\ldots\Omega_p\left(\frac{\partial E}{\partial k_j}\right)\frac{\partial f_0}{\partial E}\,d^3k. \tag{42.2}$$

Setzt man hierin für E den Ausdruck (42.1) ein, so erhält man nach einiger elementarer Rechnung:

$$\left.\begin{aligned} I_{ijk\ldots p}^{(n\alpha)}&=Y_{ijk\ldots p}(-1)^n n_0\,\mu_3^{n-1}\left(\frac{3\sqrt{\pi}}{4}\right)^{n-2}(\mathrm{k}T)^{\alpha+(\beta+\frac{1}{2})(n-1)}\times\\ &\quad\times\left(\alpha+\beta(n-1)+\frac{3}{2}\right)F_{\alpha+\beta(n-1)+\frac{1}{2}}\left(\frac{\zeta}{\mathrm{k}T}\right),\end{aligned}\right\} \tag{42.3}$$

$$n_0=2\left(\frac{2\pi\,\mathrm{k}T}{h^3}\right)^{\frac{3}{2}}m_1\,m_3^{\frac{1}{2}},\quad \mu_3=\frac{4\,e\,l}{3\,m_3\sqrt{\pi\,\mathrm{k}T}} \tag{42.4}$$

für den Beitrag eines Rotationsellipsoides, wo noch $F\left(\frac{\zeta}{\mathrm{k}T}\right)$ das FERMI-Integral (Tabelle 8, Ziff. 23) ist und die $Y_{ijk\ldots p}$ für $n=2, 3, 4$ und 5 die folgende Form annehmen ($K=m_3/m_1$):

$$\left.\begin{aligned}
Y_{11}&=Y_{22}=K,\\
Y_{33}&=1,\\
Y_{123}&=-Y_{213}=K^2,\\
Y_{312}&=Y_{231}=-Y_{321}=-Y_{132}=K,\\
Y_{1133}&=Y_{2233}=-K^3,\\
Y_{2112}&=Y_{3113}=Y_{1221}=Y_{3223}=Y_{1331}=Y_{2332}\\
&=-Y_{1122}=-Y_{2211}=K^2,\\
Y_{3311}&=Y_{3322}=-K,\\
Y_{21333}&=-Y_{12333}=K^4,\\
Y_{11312}&=Y_{21322}=Y_{21113}=Y_{22123}=Y_{32133}=Y_{13332}\\
&=-Y_{11213}=-Y_{31233}=-Y_{12311}=-Y_{22321}\\
&=-Y_{12223}=-Y_{23331}=K^3,\\
Y_{32111}&=Y_{32221}=Y_{13211}=Y_{33231}=Y_{13222}\\
&=-Y_{31112}=-Y_{31222}=-Y_{23111}=-Y_{23122}=-Y_{33132}=K^2.
\end{aligned}\right\} \tag{42.5}$$

Bevor wir über die verschiedenen Ellipsoide summieren, vergleichen wir (41.19) und (42.3) mit den Ergebnissen der isotropen Theorie der Ziff. 23. Man erhält dann unter Berücksichtigung, daß hier die Entartungskonzentration n_0 und die Beweglichkeit μ die in (42.4) gegebenen Werte besitzen, für die Tensorkomponenten die Ausdrücke:

$$\left.\begin{aligned} a_{ijk\ldots p} &= M^0_{n-1,5-n} \\ b_{ijk\ldots p} &= S^0_{n-1,5-n} \\ c_{ijk\ldots p} &= -N^0_{n-1,5-n} \\ d_{ijk\ldots p} &= -L^0_{n-1,5-n} \end{aligned}\right\} \cdot (-1)^n Y_{ijk\ldots p}, \tag{42.6}$$

wo die M^0_{ik} in Tabelle 7 für $n=2$, 3 und 4 gegeben sind und die S^0_{ik}, N^0_{ik} und L^0_{ik} nach (23.6) aus ihnen folgen.

Die bis jetzt gewonnenen Gleichungen gelten in dem Koordinatensystem des speziell betrachteten Ellipsoids. Zur Summation über alle Ellipsoide sind also die Einzelbeiträge noch auf ein gemeinsames (in den kubischen Achsen liegendes) Koordinatensystem zu transformieren. Durchführung dieser Transformation und Summierung liefert dann den Gesamtbeitrag, den wir sogleich für die Koeffizienten der vektoriellen Gl. (41.5) anschreiben und mit $\overline{Y}_1$ bis $\overline{Y}_8$ bezeichnen. Es ist dann also

$$A_1 = M^0_{13}\overline{Y}_1, \quad A_2 = -M^0_{22}\overline{Y}_2, \quad A_{3,4,5} = M^0_{31}\overline{Y}_{3,4,5}, \quad A_{6,7,8} = -M^0_{40}\overline{Y}_{6,7,8}. \tag{42.7}$$

Die B_i, D_i und E_i folgen hieraus durch Ersetzen der M^0_{ik} durch S^0_{ik}, $-N^0_{ik}$ bzw. $-L^0_{ik}$ nach (42.6).

Die Werte der $\overline{Y}_i$ sind:

Lage der Ellipsoide:

	(100)-Achsen	(111)-Achsen	(110)-Achsen
$\overline{Y}_1$	$\frac{2K+1}{3}$	$\frac{2K+1}{3}$	$\frac{2K+1}{3}$
$\overline{Y}_2$	$\frac{K(K+2)}{3}$	$\frac{K(K+2)}{3}$	$\frac{K(K+2)}{3}$
$\overline{Y}_3$	$-\frac{K}{3}(K^2+K+1)$	$-\frac{K}{9}(2K^2+5K+2)$	$-\frac{K}{4}(K+1)^2$
$\overline{Y}_4$	K^2	$\frac{K}{9}(2K^2+5K+2)$	$\frac{K}{6}(K^2+4K+1)$
$\overline{Y}_5$	$\frac{K}{3}(K-1)^2$	$-\frac{2K}{9}(K-1)^2$	$\frac{K}{4}(K-1)^2$
$\overline{Y}_6$	$-\frac{K^2}{3}(2K+1)$	$-\frac{K^2}{3}(K^2+2)$	$-\frac{K^2}{12}(3K^2+2K+7)$
$\overline{Y}_7$	0	0	0
$\overline{Y}_8$	$-\frac{K^2}{3}(K-1)^2$	$\frac{2}{9}K^2(K-1)^2$	$-\frac{K^2}{12}(5K^2+6K+13)$

(alle Werte $\cdot$ Anzahl der Ellipsoide N.) (42.8)

$\overline{Y}_7$ verschwindet hier also immer[1].

[1] Nach W. P. MASON, W. H. HEWITT u. R. F. WICK [J. Appl. Phys. **24**, 166 (1953)] verschwindet das Glied mit A_7 in (41.5) (und damit auch $\overline{Y}_7$) auf Grund der ONSAGER-Beziehungen unabhängig von jeder Modellvorstellung in kubischen Kristallen.

Wir betrachten nun noch als Beispiele den HALL-Koeffizienten und die Widerstandsänderung im Magnetfeld.

Für den HALL-*Koeffizienten* ergibt sich aus (41.5), (41.8) und (42.7) bei Vernachlässigung von Gliedern höherer Ordnung in B:

$$\left.\begin{aligned} R &= \frac{A_2 - \varepsilon A_5 B'_z}{A_1^2} = -\left\{\frac{M_{22}^0}{(M_{13}^0)^2}\frac{\overline{Y}_2}{\overline{Y}_1^2} + \varepsilon \frac{M_{31}^0}{(M_{13}^0)^2}\frac{\overline{Y}_5}{\overline{Y}_1^2} B'_z\right\},\\ \varepsilon &= l_1 l_2 l_3^2 + m_1 m_2 m_3^2 + n_1 n_2 n_3^2. \end{aligned}\right\} \quad (42.9)$$

Während das erste Glied bis auf einen konstanten Anisotropiefaktor mit dem von der isotropen Theorie gelieferten Ausdruck (32.1) übereinstimmt, tritt hier zusätzlich ein in $\boldsymbol{B}$ lineares Glied auf. Der HALL-Koeffizient ist also abhängig von dem Vorzeichen des Magnetfeldes. Dieses Zusatzglied (und alle weiteren Glieder mit einer ungeraden Potenz von $\boldsymbol{B}$) verschwinden beim Übergang zur isotropen Theorie ($K=1$).

Legt man das elektrische Feld und das Magnetfeld in bestimmte kristallographische Richtungen des Halbleiters, so verschwindet der die Richtungskosinus enthaltende Faktor ε und damit dieser anisotrope Beitrag. Eine eingehende Diskussion dieser Orientierungsabhängigkeit geben MASON, HEWITT und WICK[1].

Für die *Widerstandsänderung im Magnetfeld* findet man aus (41.5) und (41.8) in erster Näherung mit $\boldsymbol{i}' = (i'_x, 0, 0)$, $\boldsymbol{E}' = (E'_x, E'_y, 0)$, $\boldsymbol{B}' = (B'_x, 0, B'_z)$:

$$\left.\begin{aligned} \frac{\Delta\varrho}{\varrho_B} = -\frac{1}{A_1}\Big\{\Big(\frac{A_2^2}{A_1} + A_3 + A_5\,(l_1^2 l_3^2 + m_1^2 m_3^2 + n_1^2 n_3^2)\Big)\,B_z'^2 +\\ + \big(A_3 + A_4 + A_5\,(l_1^4 + m_1^4 + n_1^4)\big)\,B_x'^2\Big\}. \end{aligned}\right\} \quad (42.10)$$

Hier gibt die erste Zeile die transversale Widerstandsänderung und die zweite Zeile die (im isotropen Falle verschwindende) longitudinale Widerstandsänderung. Beide Anteile sind zusätzlich noch orientierungsabhängig.

Der Vergleich von (42.10) mit den experimentellen Ergebnissen[2] zeigt, daß die Messungen an n-Germanium mit dem Modell der acht Ellipsoide auf den (111)-Achsen, die Messungen an n-Silizium mit dem Modell der sechs Ellipsoide auf den (100)-Achsen in Einklang stehen. Diese Ergebnisse decken sich auch mit den Untersuchungen der Cyclotronresonanzen (vgl. Ziff. 85). Für n-Ge ergibt sich $K \approx 20$[3], für n-Si $K \approx 5$[4]. Fig. 39 zeigt Messungen der Winkelabhängigkeit der magnetischen Widerstandsänderung in n-Si nach PEARSON und HERRING[4].

Ein weiterer Effekt, auf welchen sich die Anisotropie der Energieflächen stark auswirkt, ist die Druckabhängigkeit der elektrischen Leitfähigkeit. Es wurde bereits in Ziff. 30 hingewiesen, daß sich σ bei einer Kompression bzw. Dilatation des Gitters auf Grund der Abhängigkeit der Breite der verbotenen Zone von der Gitterkonstanten ändern kann. Übt man nun auf einen Halbleiter der oben betrachteten Anisotropie einen einseitigen Druck aus, so werden die verschiedenen Minima der Energieflächen je nach ihrer Orientierung zur Druckrichtung verschieden stark beeinflußt. Da ferner jedes Minimum nach den obigen Ausführungen einen anisotropen Beitrag zur Leitfähigkeit liefert (wobei sich bei gleicher Besetzung der einzelnen Minimas die einzelnen Beiträge im Falle kubischer Symmetrie zu einer isotropen Leitfähigkeit addieren), tritt in diesem Fall eine Richtungsabhängigkeit der elektrischen Leitfähigkeit auf. Dieser Effekt

[1] Siehe Fußnote 1, S. 101.

[2] Siehe Fußnote 2 und 3, S. 99. — W. M. BULLIS u. W. E. KRAG: Phys. Rev. **101**, 580 (1956). — C. GOLDBERG u. R. E. DAVIS: Phys. Rev. **102**, 1254 (1956). — L. GOLD u. L. M. ROTH: Phys. Rev. **103**, 61 (1956).

[3] Siehe Fußnote 5, S. 99.

[4] Siehe Fußnote 3, S. 99.

wurde von SMITH[1] an Germanium experimentell nachgewiesen und von HERRING[2] für n-leitendes Ge und ADAMS[3] für p-leitendes Ge theoretisch gedeutet.

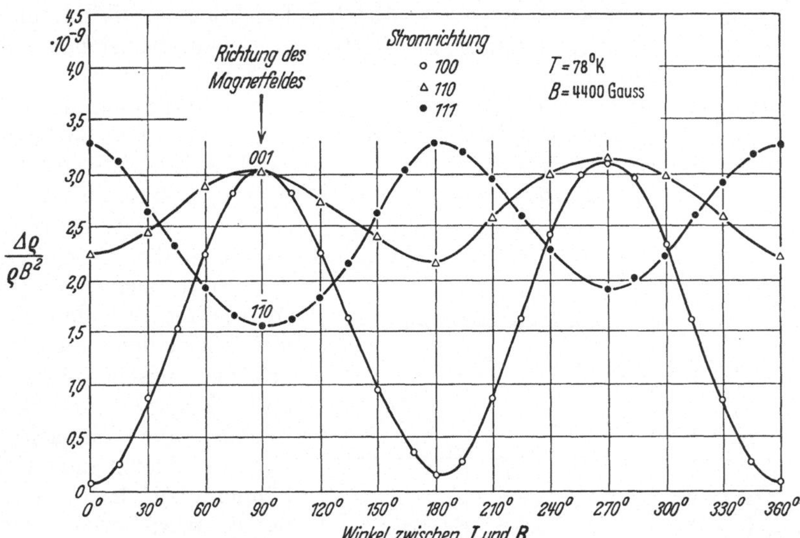

Fig. 39. Widerstandsänderung in n-leitendem Germanium in Abhängigkeit vom Winkel zwischen Stromrichtung und Magnetfeld, nach PEARSON und HERRING.

Auf die Änderung der isotropen Theorie der Beweglichkeit durch „inter-valley-Streuung“ in anisotropen Halbleitern und die damit verbundene Abweichung der Beweglichkeit vom $T^{-\frac{3}{2}}$-Gesetz wurde schon in Ziff. 27 hingewiesen.

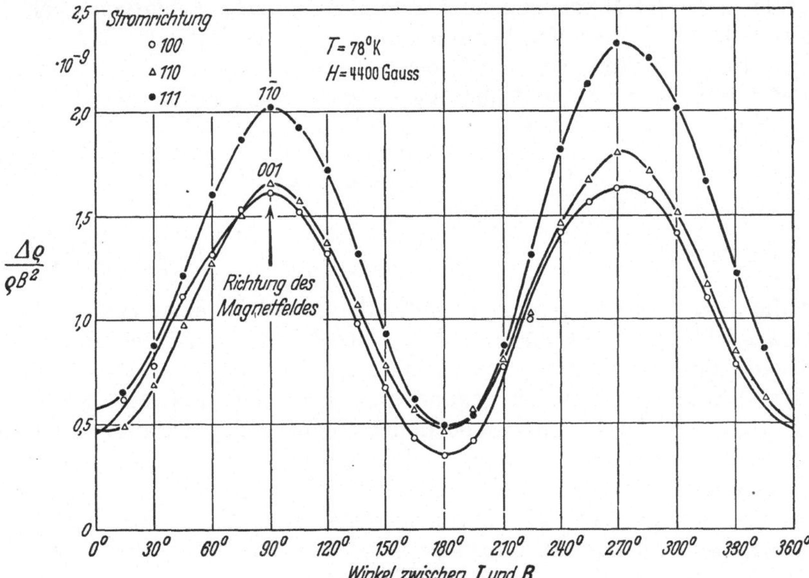

Fig. 40. Widerstandsänderung in p-leitendem Germanium in Abhängigkeit vom Winkel zwischen Stromrichtung und Magnetfeld, nach PEARSON und HERRING.

43. Das Drei-Ladungsträger-Modell. Während die Messungen an überschußleitendem Germanium und Silizium durch die hier skizzierte Theorie erklärt

[1] C. S. SMITH: Phys. Rev. **94**, 42 (1954). — R. W. KEYES: Phys. Rev. **100**, 1104 (1955).
[2] Siehe Fußnote 6, S. 99.
[3] E. N. ADAMS: Phys. Rev. **96**, 803 (1954).

werden können, versagt die Theorie bei defektleitendem Material. Fig. 40 zeigt die Fig. 39 entsprechenden Messungen an p-Si. Die Richtungsabhängigkeit ist hier angenähert diejenige des isotropen Modells. Die Widerstandsänderung wird im transversalen Fall am größten, im longitudinalen Fall am kleinsten, verschwindet dort jedoch nicht völlig.

Ein Hinweis auf die Deutung dieses verschiedenen Verhaltens der n-Leiter und der p-Leiter liefert wieder die Cyclotronresonanz. Während das Leitungsband in Si und Ge stark anisotrop ist, setzt sich das Valenzband aus mehreren überlagerten angenähert isotropen Bändern zusammen (vgl. Ziff. 92). In p-Leitern ist danach nicht die Anisotropie für die Diskrepanz zwischen Experiment und Theorie verantwortlich, sondern die Tatsache, daß sich im Valenzband zwei Teilbänder bei $\boldsymbol{k}=0$ berühren, deren $E(\boldsymbol{k})$-Verlauf verschiedene Krümmung, also verschiedene scheinbaren Massen der in ihnen enthaltenen Löcher besitzt.

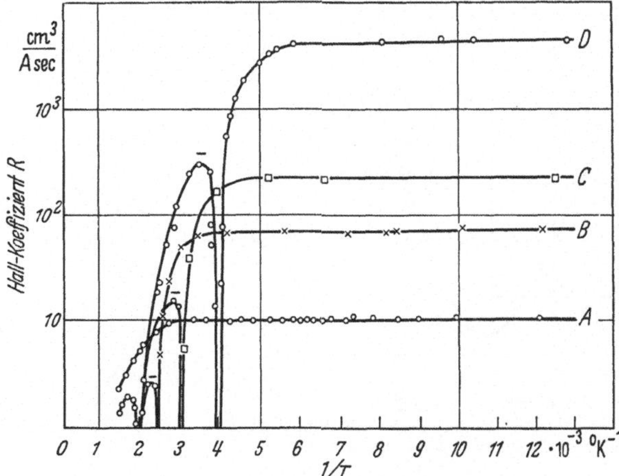

Fig. 41. HALL-Koeffizient von p-leitendem Tellur, nach BOTTOM.

Auf Grund dieser Überlegungen führen WILLARDSON, HERMAN und BEER[1] zur Erklärung ihrer Messungen an p-leitendem Ge zwei Arten von Löchern verschiedener Beweglichkeit ein, benutzen aber sonst die isotrope Theorie.

Mit dieser Annahme ergibt sich beispielsweise für den HALL-Effekt und die Widerstandsänderung in der Näherung für kleine Magnetfelder:

$$R = \frac{3\pi}{8e p_1} \frac{1 + (p_2 \mu_{p2}^2 / p_1 \mu_{p1}^2)}{[1 + (p_2 \mu_{p2} / p_1 \mu_{p1})]^2}, \tag{43.1}$$

$$\Delta\varrho/\varrho_B\, B^2 = \left(\frac{3\pi}{8}\mu_{p1}\right)^2 \left\{\frac{4}{\pi}\frac{1 + (p_2 \mu_{p2}^3 / p_1 \mu_{p1}^3)}{1 + (p_2 \mu_{p2} / p_1 \mu_{p1})} - \left[\frac{1 + (p_2 \mu_{p2}^2 / p_1 \mu_{p1}^2)}{1 + (p_2 \mu_{p2} / p_1 \mu_{p1})}\right]^2\right\}. \tag{43.2}$$

Mit Hilfe dieser Ansätze gelingt es unter der Annahme einer zweiten Löcherart der Beweglichkeit $\mu_{p2} = 15\,000\ \mathrm{cm^2/Vsec}$, deren Dichte bei Zimmertemperatur 2% der Dichte der üblichen Löcher beträgt, die Messungen an p-Germanium zu erklären. Wir können hier nicht genauer darauf eingehen und verweisen für die genauere Analyse und das Verhalten bei hohen Magnetfeldern auf die zitierte Arbeit[2].

Fallen die Bandränder zweier Teilbänder nicht energetisch zusammen, so treten weitere interessante Effekte auf. Dieser Fall scheint im Leitungsband des Tellurs realisiert zu sein. Wir haben hier also zwei Arten von Elektronen verschiedener Beweglichkeit zu unterscheiden, deren Dichte in verschiedener Weise von der Temperatur abhängt.

Im Tellur besitzen die Elektronen des Teilbandes, dessen Minimum energetisch tiefer liegt, eine größere Beweglichkeit als die Löcher des Valenzbandes, die

[1] R. K. WILLARDSON, T. C. HARMAN u. A. C. BEER: Phys. Rev. **96**, 1512 (1954).

[2] Zur genauen Erfassung des Verhaltens der Löcher in Ge und Si muß berücksichtigt werden, daß die beiden Teilbänder des Valenzbandes ebenfalls noch schwach anisotrop sind [vgl. Gl. (92.2)]. Die der Theorie des Leitungsbandes von ABELES und MEIBOOM (Ziff. 42) entsprechende Theorie des Valenzbandes wurde von B. LAX u. J. G. MAVROIDES [Phys. Rev. **100**, 1650 (1955)] entwickelt.

Elektronen des anderen Teilbandes jedoch eine kleinere Beweglichkeit[1]. Diese Struktur beeinflußt den HALL-Koeffizienten schwach p-leitender Proben entscheidend. Während bei tiefen Temperaturen das Vorzeichen des HALL-Koeffizienten positiv ist, wechselt er mit wachsender Temperatur wegen des wachsenden Einflusses der Elektronen höherer Beweglichkeit sein Vorzeichen. Bei weiterer

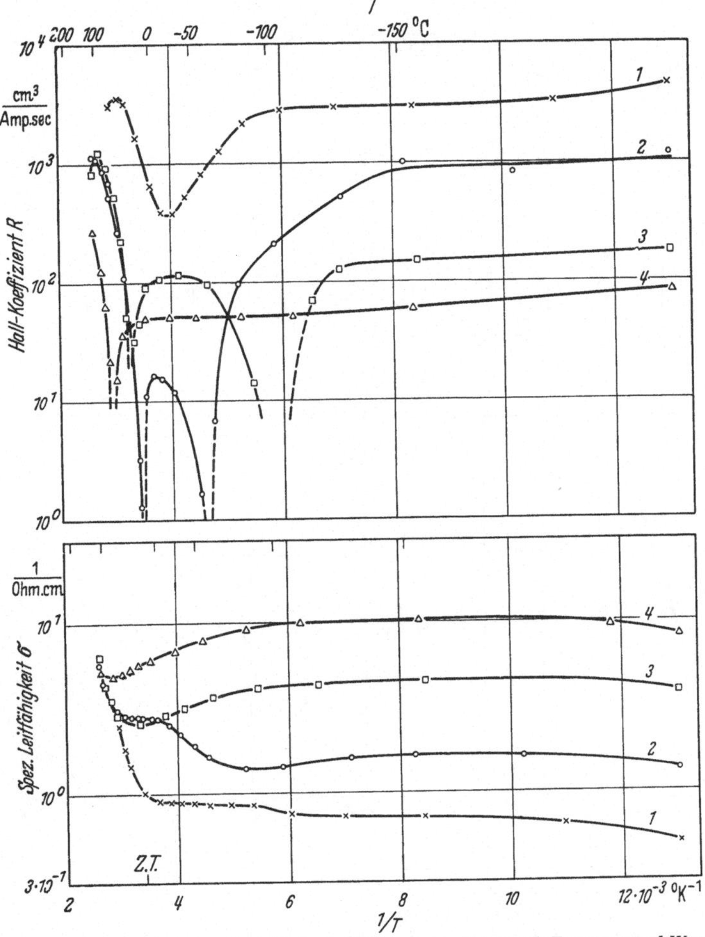

Fig. 42. HALL-Koeffizient und spezifische Leitfähigkeit von InAs, nach FOLBERTH und WEISS.

Temperaturerhöhung treten jedoch Elektronen kleinerer Beweglichkeit zusätzlich auf und senken die mittlere Beweglichkeit des gesamten Elektronenkollektivs. Nun setzen sich die Löcher wieder durch und sorgen für eine erneute Vorzeichenumkehr (— in +) des HALL-Koeffizienten (Fig. 41)[2].

Ein ähnliches Modell scheint auch zur Erklärung des HALL-Koeffizienten und der Leitfähigkeit sehr reiner InAs-Proben notwendig zu sein. Nach FOLBERTH und WEISS[3] zeigt auch hier der HALL-Koeffizient einen doppelten Nulldurchgang, jedoch mit umgekehrtem Vorzeichen (negativ bei tiefen und hohen Temperaturen, positiv im Zwischengebiet, vgl. Fig. 42). Eine quantitative Deutung steht hier noch aus.

[1] T. FUKUROI u. S. TANUMA: Sci. Rep. Res. Inst. Tôhoku Univ. A **4**, 353 (1952). Vgl. auch H. B. CALLEN: J. Chem. Phys. **22**, 518 (1954). — A. NUSSBAUM: Phys. Rev. **94**, 337 (1954).

[2] Für eine andere Deutung dieses Effektes vgl. V. E. BOTTOM: Science, Lancaster, Pa. **115**, 570 (1952). — H. FRITZSCHE: Science, Lancaster, Pa. **115**, 571 (1952).

[3] O. G. FOLBERTH u. H. WEISS: Z. Naturforsch. **11** a, 510 (1956).

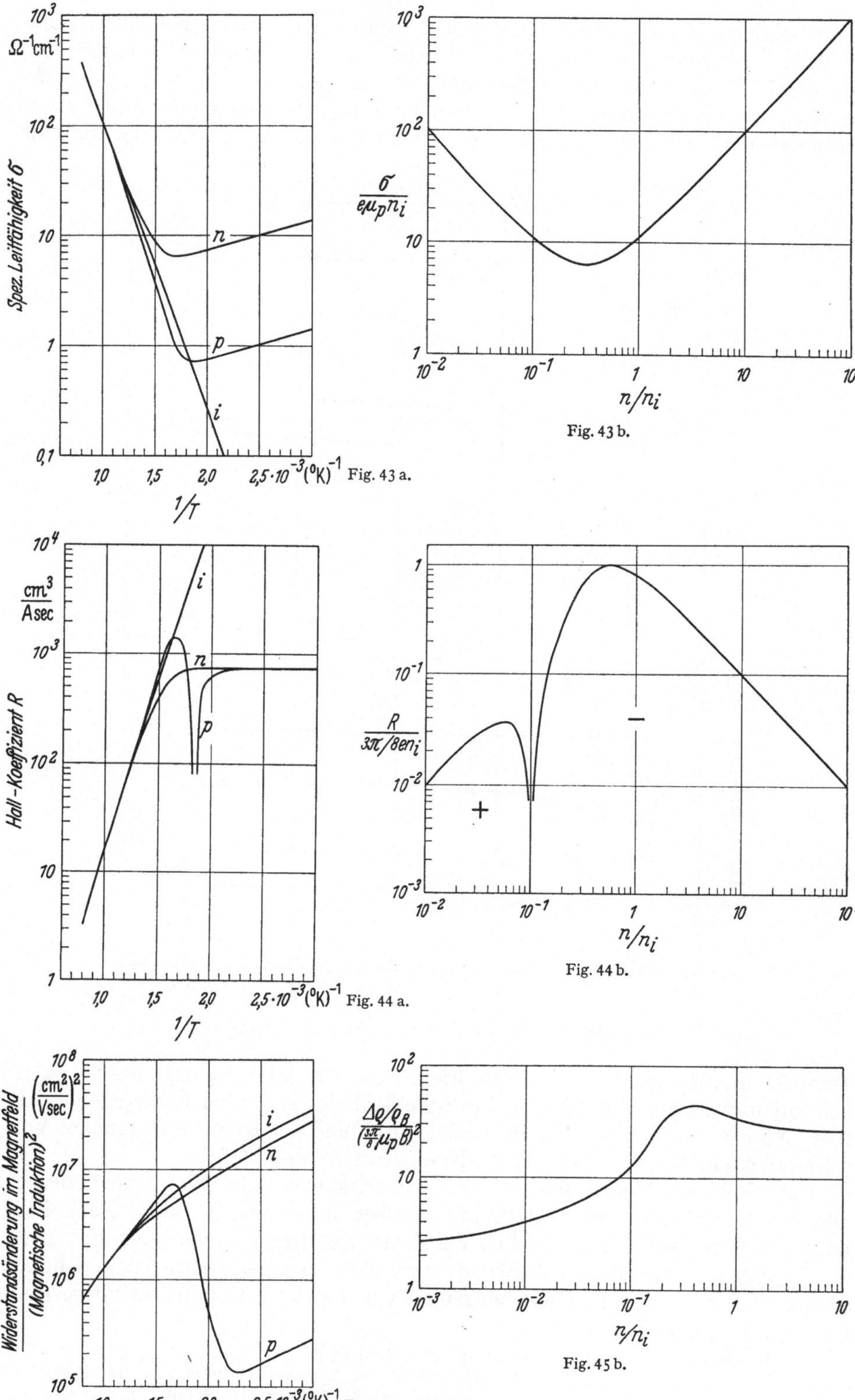

Fig. 43 a.

Fig. 43 b.

Fig. 44 a.

Fig. 44 b.

Fig. 45 a.

Fig. 45 b.

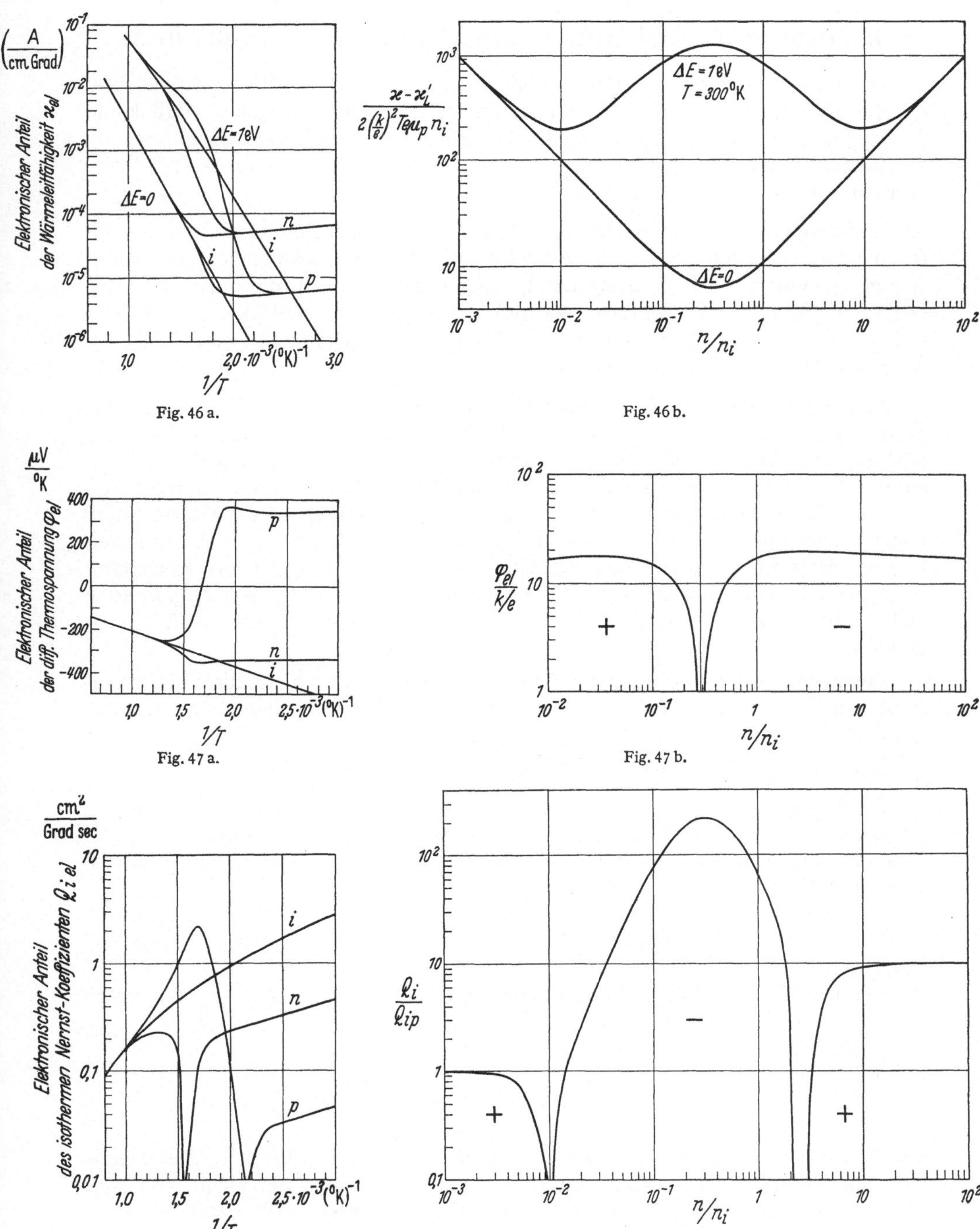

Fig. 43—48. Abhängigkeit der wichtigsten Leitfähigkeitskoeffizienten von der Temperatur und der Ladungsträgerdichte. Die Figuren gelten für einen idealisierten isotropen Halbleiter mit den folgenden Eigenschaften: 1. Breite der verbotenen Zone: $\Delta E = 1$ eV. 2. Beweglichkeit bei Zimmertemperatur: $\mu_n = 10000$ cm²/Vsec, $\mu_p = 1000$ cm²/Vsec. Temperaturabhängigkeit $\sim T^{-\frac{3}{2}}$. 3. Störstellendichte in Fig. 43a—48a: $n_s = 10^{16}$ cm^{-3}, völlige Dissoziation der Störstellen im betrachteten Temperaturbereich. 4. Temperatur in Fig. 43b—48b: $T = 300°$ K. Speziell bedeuten die einzelnen Figuren: Fig. 43. Spezifische Leitfähigkeit, Gl. (30.2). Fig. 44. HALL-Koeffizient bei kleinen Magnetfeldern, Gl. (32.1). Fig. 45. Widerstandsänderung bei kleinen Magnetfeldern, Gl. (32.1). Fig. 46. Elektronischer Anteil der Wärmeleitung, Gl. (36.4). Fig. 47. Elektronischer Anteil der Thermo-Spannung, Gl. (38.9). Fig. 48. Elektronischer Anteil des isothermen NERNST-Koeffizienten Gl. (39.2). Für die Diskussion der einzelnen Figuren vgl. den Text der betreffenden Ziffern.

D. Nichtgleichgewichtsprozesse in homogenen Halbleitern.

44. Vorbemerkungen. Wir haben im vorhergehenden Abschnitt die Theorie der Leitungsprozesse in Halbleitern unter der Annahme entwickelt, daß keine Abweichungen von den Gleichgewichtsdichten der Ladungsträger auftreten. Solche Abweichungen können nun durch zwei verschiedene Prozesse hervorgerufen werden:

1. Erzeugung von freien Elektronen bzw. Löchern aus den Donatoren bzw. Acceptoren oder *Erzeugung von Elektron-Loch-Paaren* durch erzwungene Elektronenübergänge Valenzband—Leitungsband. Dies kann vor allem durch *Einstrahlung von Licht* geeigneter Wellenlänge verursacht werden (Photoleitfähigkeit), es läßt sich jedoch auch durch Korpuskularstrahlung oder starke elektrische Felder erreichen (vgl. hierzu z.B. Ziff. 60).

2. Verschiebung von Ladungsträgern im Halbleiterinneren. Hier sind eine ganze Reihe von Ursachen zu nennen. Zunächst treten bereits ohne äußere Einwirkung bei Anwesenheit von Temperaturgradienten oder Gradienten in der Störstellenverteilung durch Diffusion geringe Ladungsträgerverschiebungen auf, die zu Raumladungen und damit zu kompensierenden inneren Feldern Anlaß geben. Weiterhin können angelegte Felder zu Ladungsträgerverschiebungen beitragen. Hier ist vor allem die Injektion von Minoritätsträgern aus Kontakten oder p-n-Übergängen (Ziff. 52) und die Dichteverschiebungen durch gekreuzte elektrische und magnetische Felder (magnetische Sperrschicht, Ziff. 55) zu nennen.

Bevor wir jedoch auf diese einzelnen Prozesse und ihre physikalischen Grundlagen eingehen, ist es notwendig, das Auftreten oder Nichtauftreten von Raumladungen bei solchen Prozessen näher zu diskutieren.

Dazu betrachten wir die beiden folgenden idealisierten Fälle:

a) In einem Halbleiter werde zur Zeit $t=0$ die Elektronendichte n_0 um den Betrag δn erhöht. Es entsteht dann eine ortsunabhängige Raumladung $\varrho = -e\,\delta n$. Das zeitliche Abklingen einer solchen Raumladung folgt aus der Kontinuitätsgleichung ($\delta n \ll n_0$):

$$\frac{\partial \varrho}{\partial t} = -\operatorname{div} \boldsymbol{i} = -\operatorname{div} \sigma \boldsymbol{E} \approx -\sigma_0 \operatorname{div} \boldsymbol{E} = -\frac{\sigma_0}{\varepsilon\,\varepsilon_0}\,\varrho, \tag{44.1}$$

wobei zur letzten Umformung die POISSONsche Gleichung $\operatorname{div} \boldsymbol{E} = \frac{\varrho}{\varepsilon\,\varepsilon_0}$ zugezogen wurde.

Aus (44.1) folgt aber direkt:

$$\varrho \sim e^{-t/\tau_{\text{rel}}} \quad \text{mit} \quad \tau_{\text{rel}} = \frac{\varepsilon\,\varepsilon_0}{\sigma_0}. \tag{44.2}$$

Die hier auftretende „*dielektrische Relaxationszeit*" τ_{rel}, d.i. die Zeit, über welche sich eine Raumladung praktisch nur halten kann, wird aber sehr klein. So ergibt sich z.B. für Ge ($\varepsilon = 16$) bei einer Ladungsträgerdichte von 10^{16} cm^{-3}:

$$\tau_{\text{rel}} = 2{,}46 \cdot 10^{-13}\ \text{sec}. \tag{44.3}$$

b) Wird die Dichte dagegen bei $x=0$ stationär auf den Wert $n_0 + \delta n(0)$ erhöht, so folgt wegen

$$0 = \operatorname{div} \boldsymbol{i} = -\sigma_0 \operatorname{div} \boldsymbol{E} - e\,D_n \operatorname{div} \operatorname{grad} \delta n = -\frac{\sigma_0}{\varepsilon\,\varepsilon_0}\,\varrho + D_n\,\Delta\varrho, \tag{44.4}$$

wo der Strom sich jetzt aus einem Feldanteil und einem Diffusionsanteil mit dem Diffusionskoeffizienten D_n zusammensetzt. Hier folgt:

$$\varrho \sim \mathrm{e}^{-x/L_D} \quad \text{mit} \quad L_D = \sqrt{D_n\,\tau_{\text{rel}}} = \sqrt{\frac{\varepsilon\,\varepsilon_0\,\mathrm{k}T}{e^2\,n_0}}\,. \tag{44.5}$$

Im stationären Fall ist also eine örtlich aufrechterhaltene Dichteabweichung bereits nach der Strecke L_D abgeklungen. Man bezeichnet diese Länge wegen ihrer Verwandtschaft zur charakteristischen Länge in der DEBYE-HÜCKELschen Theorie starker Elektrolyte als DEBYE-*Länge*. In dem oben gewählten Beispiel wird

$$L_D = 4{,}58 \cdot 10^{-6}\ \text{cm}. \tag{44.6}$$

Raumladungen können sich also zeitlich und örtlich nur sehr begrenzt in Halbleitern halten. Ihr Auftreten ist deshalb meistens auf schmale Grenzschichten an Kontakten oder inneren Übergängen begrenzt. Über makroskopische Dimensionen ist dagegen die *Gültigkeit der Neutralitätsbedingung* nach wie vor zu fordern.

Diese Forderung bedeutet nun nicht unbedingt, daß jedes Hereinbringen von Ladungsträgern in das Halbleiterinnere immer in Form einer Injektion von Elektron-Loch-*Paaren* erfolgen muß. Es ist vielmehr möglich, nur *Minoritätsträger*, also in n-Leitern Löcher, in p-Leitern Elektronen, zu injizieren. Die Relaxationszeit der Raumladung der Minoritätsträger wird dann nämlich nach (44.2) sehr groß gegen die Zeit, die die Majoritätsträger benötigen, eine entsprechend große Raumladung entgegengesetzten Vorzeichens aufzubauen und damit die Neutralität wieder herzustellen. Man braucht sich also in Störstellenleitern bei der Betrachtung der Bewegung von Minoritätsträgern und ihrer Dichteabweichungen nicht um die Neutralitätsbedingungen zu kümmern, die von der überwiegenden Zahl der Majoritätsträger gewährleistet wird, oder anders ausgedrückt: *In Störstellenleitern bewegen sich Dichteabweichungen der Minoritätsträger unbeeinflußt von ihrer Umgebung.*

Neutrale Dichteabweichungen klingen nun zeitlich durch *Diffusion* und durch *Rekombination* ab. Das letztere bedeutet hier das Zurückfallen von Ladungsträgern in ihre Störstellen oder Übergänge von Elektronen aus dem Leitungsband in das Valenzband (lokale Rekombination von Elektron-Loch-Paaren).

Wir werden uns im folgenden lediglich mit dem Auftreten von Dichteabweichungen von Elektron-Loch-Paaren beschäftigen. Dichteabweichungen durch Befreiung von Ladungsträgern aus Störstellen spielen nur in Photohalbleitern eine Rolle, denen ein gesonderter Beitrag dieses Handbuches gewidmet ist. Unsere weiteren Überlegungen lassen sich aber auch ohne Schwierigkeiten auf diesen Fall übertragen. Ebenso nehmen wir im folgenden (außer in Ziff. 50) an, daß die dielektrische Relaxationszeit so klein ist, daß keine Raumladungen auftreten.

Dabei betrachten wir zunächst das allgemeine Verhalten solcher Dichteabweichungen im Halbleiterinneren, ohne uns darum zu kümmern, woher sie stammen, und gehen erst anschließend auf die Leitungsprozesse bei Dichteabweichungen und deren Erzeugungsmöglichkeiten ein. Schließlich beschränken wir uns in diesem Abschnitt auf *homogene nichtentartete Halbleiter.*

Zu der hier gebräuchlichen Statistik ist noch folgendes zu bemerken: Die Beschreibung der mit Dichteabweichungen verbundenen Effekte ist am einfachsten mit der in Ziff. 19 beschriebenen Reaktionskinetik und ihren Massenwirkungsgesetzen durchzuführen. Es ist häufig jedoch angenehm, auch hier die Begriffe des Bändermodells und der mit ihm verbundenen Elektronenstatistik zu benutzen. Man hat dann nur zu beachten, daß jetzt kein einheitliches Fermi-Niveau für alle Ladungsträgerkollektive existiert. Die Dichten der Ladungsträger erhalten statt (15.22) die Form

$$n = n_0 \, e^{\frac{\zeta_1 - E_L}{kT}}, \qquad p = p_0 \, e^{\frac{E_V - \zeta_2}{kT}} \tag{44.7}$$

mit ortsabhängigen ζ_1 und ζ_2, die im Gleichgewicht in das gemeinsame ortsunabhängige ζ übergehen. Man bezeichnet hier in Anlehnung an das Wort Fermi-Niveau für ζ die beiden neuen ζ oft als „*Quasi*-Fermi-*Niveaus*" oder (in der amerikanischen Literatur) als „imrefs". Sie sind mit den elektrochemischen Potentialen ζ_- und ζ_+ [Gln. (19.3) und (20.1)] offensichtlich durch $\zeta_1 = \zeta_-$ und $\zeta_2 = -\zeta_+$ verknüpft, für welche jetzt nicht mehr die Gleichgewichtsbedingung (19.1) $\zeta_- + \zeta_+ = 0$ gilt[1].

Entsprechend ist in der Darstellung (20.5) für n und p jetzt das Fermi-Potential φ durch zwei Quasi-Fermi-Potentiale $\varphi_n = -\zeta_1/e$ und $\varphi_p = -\zeta_2/e$ zu ersetzen:

$$n(\boldsymbol{r}) = n_i \, e^{\frac{e}{kT}(\psi(\boldsymbol{r}) - \varphi_n(\boldsymbol{r}))}, \qquad p(\boldsymbol{r}) = n_i \, e^{\frac{e}{kT}(\varphi_p(\boldsymbol{r}) - \psi(\boldsymbol{r}))}. \tag{44.8}$$

I. Das Verhalten einer lokalen Dichteabweichung im Halbleiterinneren

45. Erzeugung und Rekombination[2]. Da in einem Halbleiter immer Elektronen und Löcher gleichzeitig vorhanden sind, finden ständig Übergänge zwischen dem Valenzband und dem Leitungsband in beiden Richtungen statt. Es werden also andauernd Elektron-Loch-Paare erzeugt und vernichtet.

Dieses Wechselspiel von Erzeugung und Vernichtung bewirkt die Einstellung eines Gleichgewichtes zwischen den Dichten der Elektronen und Löcher in Form des Massenwirkungsgesetzes (vgl. Ziff. 19):

$$\frac{n_{gl} \, p_{gl}}{n_0 \, p_0} = e^{-\Delta E/kT} \quad \text{oder} \quad n_{gl} \, p_{gl} = n_i^2. \tag{45.1}$$

Zur Einstellung des Gleichgewichts (45.1) ist es zunächst gleichgültig, ob die Erzeugung bzw. Rekombination in Form von direkten Band-Band-Übergängen oder über Zwischenterme *(Rekombinationszentren)* vor sich geht. Die Kinetik der Einstellvorgänge ist aber entscheidend von der Natur des Elementarprozesses abhängig.

Wir betrachten jetzt das folgende Modell: In einem homogenen nichtentarteten Halbleiter werden durch äußere Eingriffe, z.B. Lichteinstrahlung, eine (zeitlich und örtlich) konstante Zahl von Elektron-Loch-Paaren pro sec erzeugt. Die hierdurch entstehenden Abweichungen der Elektronen- bzw. Löcherdichten von ihren Gleichgewichtswerten bewirken dann ein Überwiegen der Rekombinationsprozesse (Vernichtung von Elektron-Loch-Paaren) gegenüber der thermischen Erzeugung. Es stellt sich also ein stationärer Zustand ein, in welchem die

---

[1] Es ist hier zu beachten, daß zwar kein Gleichgewicht zwischen den Kollektiven zu existieren braucht, daß aber die Kollektive einzeln *in sich* im Gleichgewicht sein müssen. Sonst ist eine Beschreibung eines Kollektivs durch ein alle Kollektivteilchen erfassendes elektrochemisches Potential natürlich nicht möglich.

[2] W. Shockley u. W. T. Read: Phys. Rev. **87**, 835 (1952). — R. N. Hall: Phys. Rev. **87**, 387 (1952). — A. Hoffmann [*23*.II], S. 106.

äußere Erzeugungsquote G und die thermische Erzeugungsquote g zusammen gerade gleich der (dichteabhängigen) Rekombinationsquote R sind.

Fassen wir die Rekombinationsquote und die thermische Erzeugungsquote zu einer Rekombinations*überschuß*quote $U=R-g$ zusammen[1], so lauten die für die zeitliche Änderung der Elektronen- und Löcherdichte maßgebenden Gleichungen:

$$\frac{\partial n}{\partial t}=G-U_n, \quad \frac{\partial p}{\partial t}=G-U_p. \tag{45.2}$$

Hier ist zwar vorausgesetzt, daß durch G zeitlich die gleiche Anzahl an Elektronen und Löchern erzeugt werden; diese Voraussetzung ist aber noch nicht auf U ausgedehnt worden.

Wir betrachten zunächst den Fall, daß der Rekombinationsvorgang bzw. der Erzeugungsvorgang *direkt* durch Übergänge Valenzband—Leitungsband erfolgt. Dann ist die zeitliche Änderung der Elektronendichte gleich der der Löcherdichte: $U_n=U_p=U$.

Die Rekombinationsquote ist proportional den beiden Dichten n und p, die Erzeugungsquote dagegen praktisch von ihnen unabhängig. Wir setzen also an:

$$U=R-g=r\,n\,p-g=r(n\,p-n_i^2). \tag{45.3}$$

Hier wurde noch davon Gebrauch gemacht, daß im thermischen Gleichgewicht $U=0$ sein muß, daß also dann $g=r n_{gl}\,p_{gl}$ oder nach (45.1) $=r n_i^2$ sein muß.

Bezeichnen wir noch die Dichteabweichungen mit δn und δp, so wird (da wegen der Neutralitätsbedingung $\delta n=\delta p$ sein muß):

$$U=r\left[(n_{gl}+p_{gl})\,\delta n+(\delta n)^2\right]. \tag{45.4}$$

Beschränken wir uns auf *kleine Dichteabweichungen* $(\delta n \ll n_{gl}+p_{gl})$, so wird im stationären Zustand

$$U=G, \quad \delta n=\delta p=G\tau, \quad \tau=\frac{1}{r(n_{gl}+p_{gl})}, \tag{45.5}$$

und für das Abklingen der Dichteabweichungen von ihrem stationären Wert nach Abschalten der äußeren Erzeugung folgt aus (45.2)

$$\delta n=\delta p=G\tau\,\mathrm{e}^{-t/\tau}. \tag{45.6}$$

Entsprechend erhält man für das Ansteigen der Dichteabweichungen beim Einschalten einer äußeren Erzeugungsquote:

$$\delta n=\delta p=G\tau(1-\mathrm{e}^{-t/\tau}). \tag{45.7}$$

Die hier eingeführte Größe τ hat eine doppelte Bedeutung: Nach (45.6) gibt sie die Zeit an, in der die Dichteabweichung auf ein e-tel ihres Anfangswertes abgeklungen ist, sie hat also die Bedeutung einer *mittleren Lebensdauer* der Elektron-Loch-Paare. Nach (45.5) gibt sie das Verhältnis zwischen im stationären Zustand resultierender Überschußdichte und äußerer Erzeugungsquote, bezeichnet also ebenfalls eine mittlere Lebensdauer der Elektron-Loch-Paare im stationären Zustand. Diese beiden Bedeutungen sind aber nicht a priori identisch, und wir

[1] U wird häufig in der Literatur direkt als Rekombinationsquote bezeichnet. Man versteht dann unter Rekombination bereits den Überschuß der eigentlichen Rekombination über die thermische Neuerzeugung. Diese Auffassung hat man bei den häufig benutzten Begriffen wie lineare Rekombination, Oberflächenrekombinationsgeschwindigkeit u.a. zu beachten.

werden später sehen, daß die beiden τ in (45.5) oder (45.6) durchaus verschiedene Werte annehmen können.

Für reine Störstellenleiter wird nach (45.5) τ proportional der Rekombinationskonstanten r und der Dichte der Majoritätsträger, also im Überschußleiter $\tau = 1/r n_{gl}$ und im Defektleiter $\tau = 1/r p_{gl}$. Für die Lebensdauer von Elektron-Loch-Paaren im Eigenhalbleiter ergibt sich ferner $\tau = 1/2\, r n_i$.

Bei großen Dichteabweichungen läßt sich der Auf- bzw. Abbau nicht durch ein Exponentialgesetz beschreiben. Für den stationären Zustand behält τ jedoch seine Bedeutung bei und nach (45.4) wird:

$$\left.\delta n = \delta p = G\tau, \quad \tau = \frac{1}{r(n_{gl} + p_{gl} + \delta n)} \quad \begin{array}{l}\text{für den stationären}\\ \text{Zustand bei großen } \delta n.\end{array}\right\} \tag{45.8}$$

Wir gehen jetzt zu dem Fall über, daß die *Rekombination und Erzeugung* nicht direkt in Form von Band-Band-Übergängen, sondern *über Zwischenbandterme (Rekombinationszentren)* erfolgt. Dazu nehmen wir an, daß nur eine Art von Rekombinationszentren mit einem diskreten Energieterm E_r im verbotenen Gebiet existiert. Die Zentren seien speziell Acceptoren, d.h. sie besitzen die Umladungszustände „neutral" und „negativ geladen" (vgl. Ziff. 8). Ihre Dichte sei n_r. Im thermischen Gleichgewicht gelten dann die Massenwirkungsgesetze:

$$\left.\frac{n\, n_{r\times}}{n_{r-}}\right|_{gl} = n_0\, e^{\frac{E_r - E_L}{kT}} = n_1, \qquad \left.\frac{p\, n_{r-}}{n_{r\times}}\right|_{gl} = p_0\, e^{\frac{E_V - E_r}{kT}} = p_1, \tag{45.9}$$

woraus wegen $n_r = n_{r\times} + n_{r-}$

$$n_{r\times gl} = n_r \frac{n_1}{n_{gl} + n_1} = n_r \frac{p_{gl}}{p_{gl} + p_1}, \qquad n_{r-gl} = n_r \frac{n_{gl}}{n_{gl} + n_1} = n_r \frac{p_1}{p_{gl} + p_1} \tag{45.9a}$$

folgt.

Die Neutralitätsbedingung wird hier, wenn wir noch die Dichteabweichung der Elektronen in den Rekombinationszentren von ihrem Gleichgewichtswert $\delta n_r = n_{r-} - n_{r-gl}$ einführen:

$$\delta n + \delta n_r = \delta p. \tag{45.10}$$

Für die Rekombinationsquoten erhält man dann analog zu (45.3)

$$\left.\begin{aligned} U_n &= r_n (n\, n_{r\times} - n_1 n_{r-}) = r_n [n_{r\times gl}\, \delta n - (n_{gl} + n_1)\, \delta n_r - \delta n\, \delta n_r], \\ U_p &= r_p (p\, n_{r-} - p_1 n_{r\times}) = r_p [n_{r-gl}\, \delta p + (p_{gl} + p_1)\, \delta n_r + \delta p\, \delta n_r]. \end{aligned}\right\} \tag{45.11}$$

Wegen (45.10) kann hier nicht allgemein $U_n = U_p$ gesetzt werden, da jetzt Elektronen und Löcher unter Änderung der Besetzung der Rekombinationszentren unabhängig voneinander rekombinieren können.

Wir beschränken uns jetzt wieder zunächst auf *kleine Dichteabweichungen*, lassen also die in den δn quadratischen Glieder in (45.11) weg. Die hierfür notwendige Bedingung ist $\delta n \ll n_{gl} + n_1$ oder $\delta n_r \ll n_{r\times gl}$ für die erste Gl. (45.11) und $\delta p \ll p_{gl} + p_1$ oder $\delta n_r \ll n_{r-gl}$ für die zweite Gl. (45.11).

Setzt man dann (45.11) in die Differentialgleichungen (45.2) ein, so erhält man zwei simultane Differentialgleichungen für die δn und δp. Als Randbedingungen hat man zu wählen:

Für den Aufbau der Dichteabweichungen: $\delta n(0) = 0$ und $\frac{\partial}{\partial t}\delta n = G$ (wegen $U = 0$ für $t = 0$) sowie entsprechende Randbedingungen für δp.

Für den Abbau der Dichteabweichungen: für die δn und δp bei $t=0$ ihre stationären Werte und für ihre Ableitungen $-U(0)=-G$.

Man erhält dann für den *Aufbau:*

$$\left.\begin{aligned} \delta n(t) &= G\left[\tau_n - \frac{\tau_1(\tau_n-\tau_2)}{\tau_1-\tau_2}\,e^{-t/\tau_1} + \frac{\tau_2(\tau_n-\tau_1)}{\tau_1-\tau_2}\,e^{-t/\tau_2}\right], \\ \delta p(t) &= G\left[\tau_p - \frac{\tau_1(\tau_p-\tau_2)}{\tau_1-\tau_2}\,e^{-t/\tau_1} + \frac{\tau_2(\tau_p-\tau_1)}{\tau_1-\tau_2}\,e^{-t/\tau_2}\right] \end{aligned}\right\} \tag{45.12a}$$

und für den *Abbau:*

$$\left.\begin{aligned} \delta n(t) &= G\left[\frac{\tau_1(\tau_n-\tau_2)}{\tau_1-\tau_2}\,e^{-t/\tau_1} - \frac{\tau_2(\tau_n-\tau_1)}{\tau_1-\tau_2}\,e^{-t/\tau_2}\right], \\ \delta p(t) &= G\left[\frac{\tau_1(\tau_p-\tau_2)}{\tau_1-\tau_2}\,e^{-t/\tau_1} - \frac{\tau_2(\tau_p-\tau_1)}{\tau_1-\tau_2}\,e^{-t/\tau_2}\right] \end{aligned}\right\} \tag{45.12b}$$

mit

$$\tau_n = \frac{r_n(n_{gl}+n_1) + r_p(p_{gl}+p_1+n_{r^-gl})}{r_n r_p(n_r(n_{gl}+p_{gl}) + n_{r^\times gl}\, n_{r^-gl})}, \quad \tau_p = \frac{r_n(n_{gl}+n_1+n_{r^\times gl}) + r_p(p_{gl}+p_1)}{r_n r_p(n_r(n_{gl}+p_{gl}) + n_{r^\times gl}\, n_{r^-gl})}, \tag{45.13}$$

$$\frac{1}{\tau_{1,2}} = \frac{A}{2} \mp \sqrt{\frac{A^2}{4} - B}, \quad \left.\begin{aligned} A &= r_n(n_{gl}+n_1+n_{r^\times gl}) + r_p(p_{gl}+p_1+n_{r^-gl}), \\ B &= r_n r_p\big(n_r(n_{gl}+p_{gl}) + n_{r^-gl}\, n_{r^\times gl}\big). \end{aligned}\right\} \tag{45.14}$$

Wir haben also hier zwischen vier verschiedenen Lebensdauern zu unterscheiden. Während τ_1 und τ_2 zwei Abklingkonstanten für den zeitlichen Auf- und Abbau der Dichteabweichungen bedeuten, haben τ_n und τ_p die Bedeutung von „Lebensdauern im stationären Zustand" d.h. der stationäre Zustand ist durch

$$\delta n = G\tau_n, \quad \delta p = G\tau_p \tag{45.15}$$

beschrieben.

Die Gl. (45.12) vereinfacht sich in den folgenden Fällen wesentlich:

α) Kleine Dichte der Rekombinationszentren: Im Grenzfall kleiner n_r wird τ_2 sehr klein gegen die drei anderen Lebensdauern, die dann alle gleich

$$\tau_0 = \tau_1 = \tau_n = \tau_p = \frac{1}{r_p n_r}\,\frac{n_{gl}+n_1}{n_{gl}+p_{gl}} + \frac{1}{r_n n_r}\,\frac{p_{gl}+p_1}{n_{gl}+p_{gl}} \tag{45.16}$$

werden. Statt (45.12) erhält man dann

$$\left.\begin{aligned} &\text{Aufbau:} \quad \delta n = \delta p = G\,\tau_0\,(1 - e^{-t/\tau_0}), \\ &\text{Abbau:} \quad \delta n = \delta p = G\,\tau_0\, e^{-t/\tau_0}. \end{aligned}\right\} \tag{45.17}$$

Hier wird wegen n_r gegen Null auch δn_r sehr klein und die Neutralitätsbedingung lautet einfach $\delta n = \delta p$. Die Rekombination der Elektronen und Löcher ist völlig gekoppelt.

β) Sehr große Dichte der Rekombinationszentren: In diesem Grenzfall wird:

$$\tau_n = \tau_1 = \frac{1}{r_n n_{r^\times gl}}, \quad \tau_p = \tau_2 = \frac{1}{r_p n_{r^-gl}} \tag{45.18}$$

und

$$\left.\begin{aligned} &\text{Aufbau:} \quad \delta n = G\,\tau_n\,(1 - e^{-t/\tau_n}), \quad \delta p = G\,\tau_p\,(1 - e^{-t/\tau_p}), \\ &\text{Abbau:} \quad \delta n = G\,\tau_n\, e^{-t/\tau_n}, \quad\quad\;\; \delta p = G\,\tau_p\, e^{-t/\tau_p}. \end{aligned}\right\} \tag{45.19}$$

Die Elektronen- und Löcherdichten fallen also mit getrennten Zeitkonstanten ab, die gleichzeitig den stationären Zustand beschreiben. Die Rekombination der Elektronen und Löcher ist völlig entkoppelt.

In den Fig. 49a—d sind die Lebensdauern in Abhängigkeit von der Gleichgewichtskonzentration der Elektronen aufgetragen. Fig. 49a zeigt den Verlauf von τ_0 [Gl. (45.16)] für kleine Dichten der Rekombinationszentren. Für reine Überschuß- oder Defektleiter wird τ konzentrationsunabhängig und hat angenähert in der Eigenleitung ein Maximum. Für mittlere Dichten der Rekombinationszentren fallen zwar τ_n und τ_1 weitgehend zusammen, sind aber von τ_p und τ_2 zu unterscheiden (Fig. 49b). Für große Dichten n_r sind die Lebensdauern der jeweiligen Minoritätsträger in den reinen Störleitungsgebieten konzentrationsunabhängig, während die Lebensdauer der Majoritätsträger stark ansteigen. In Fig. 49c sind diese Verhältnisse dargestellt. Fig. 49d schließlich zeigt die Lebensdauern als Funktion der Dichte der Rekombinationszentren für den Spezialfall des Eigenhalbleiters.

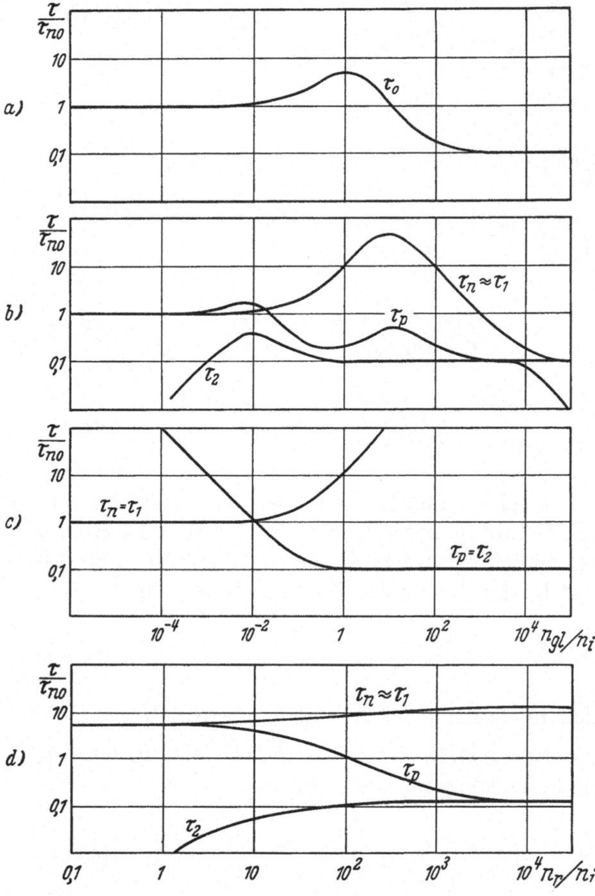

Fig. 49a—d. a Die Lebensdauer τ [Gl. (45.16)] in Abhängigkeit von der Gleichgewichtsdichte der Ladungsträger für kleine Dichten der Rekombinationszentren. b Das gleiche für $n_r = 10^3\, n_i$. c Der Grenzfall unendlich großer Dichten der Rekombinationszentren. d Die Lebensdauer als Funktion der Dichte der Rekombinationszentren für $n_{gl} = n_i$ (Eigenhalbleiter). In allen diesen Abbildungen wurde $r_n/r_p = 0{,}1$ und $n_1/n_i = n_i/p_1 = 0{,}1$ gesetzt. Dieser Fall entspricht den in Germanium beobachteten Werten.

Den Fall *großer Dichteabweichungen* behandeln wir zum Abschluß nur für kleine Dichten der Rekombinationszentren.

Hier folgt aus der Forderung $U_n = U_p$:

$$U = \frac{n_r r_n r_p (n p - n_i^2)}{r_n(n + n_1) + r_p(p + p_1)} \tag{45.20}$$

und speziell für $\delta n = \delta p$

$$U = \frac{\delta n}{\tau}, \qquad \tau = \frac{r_n(n_{gl} + n_1) + r_p(p_{gl} + p_1) + (r_n + r_p)\,\delta n}{n_r r_n r_p(n_{gl} + p_{gl} + \delta n)} = \tau_0 \frac{1 + a\,\delta n}{1 + c\,\delta n} \tag{45.21}$$

mit

$$a = \frac{r_n + r_p}{r_n(n_{gl} + n_1) + r_p(p_{gl} + p_1)}, \qquad c = \frac{1}{n_{gl} + p_{gl}}.$$

Mit δn gegen Null folgt hieraus Gl. (45.16), mit δn gegen Unendlich dagegen

$$\tau_\infty = \frac{1}{n_r r_n} + \frac{1}{n_r r_p}. \tag{45.22}$$

Bei extrem großen Dichteabweichungen fallen diese wieder mit einer konzentrationsunabhängigen Lebensdauer ab. Fig. 50 zeigt den Verlauf von τ nach Gl. (45.21) in Abhängigkeit von δn für verschiedene n_{gl}.

Die Anwendbarkeit der hier entwickelten Theorie der Rekombination über Rekombinationszentren von SHOCKLEY, READ und HALL konnte an Ge und Si experimentell nachgewiesen werden[1]. Dieser Rekombinationsmechanismus überwiegt in Halbleitern mit hinreichend großer Breite der verbotenen Zone wohl immer den Mechanismus der direkten Band-Band-Übergänge. ROOSBROECK und SHOCKLEY[2] konnten zeigen, daß die Lebensdauer bei direkten Band-Band-Übergängen in Germanium unter Aussendung eines Photons etwa 0,75 sec beträgt, während die maximal bisher erreichten Lebensdauern bei einigen 10^{-3} sec liegen. Die bei direkten Band-Band-Übergängen erzeugte Strahlung konnte jedoch ebenfalls in einigen Halbleitern beobachtet werden[3]. Mit abnehmender Breite der verbotenen Zone nimmt die Wahrscheinlichkeit für direkte (strahlende) Band-Band-Übergänge zu und führt nach MACKINTOSH und ALLEN[4] bei InSb auf den auch experimentell beobachteten Wert von etwa 1 μsec. Auch bei den Halbleitern der PbS-Gruppe sind ähnliche optimale Lebensdauern zu erwarten (PbS: 40 μsec, PbSe: 0,6 μsec, PbTe: 0,8 μsec)[5].

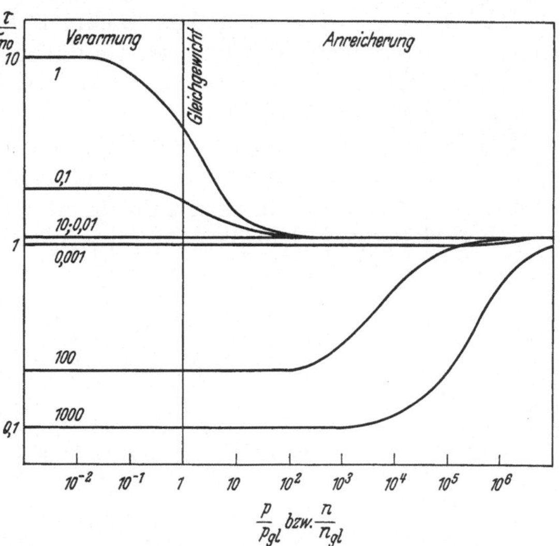

Fig. 50. Abhängigkeit der Lebensdauer (45.21) von der Größe der Dichteabweichung bei kleinen Dichten der Rekombinationszentren. Ordinate: Lebensdauer in Einheiten $\tau_{n0} = 1/r_n n_r$. Abszisse: Dichte der Minoritätsträger in Einheiten ihrer Gleichgewichtsdichte, Parameter: n_{gl}/n_i, nach HOFFMANN.

Das Problem des *Elementarprozesses der Rekombination*, also der strahlenden und strahlungslosen Übergänge in Festkörpern soll hier nicht behandelt werden. Über die hier bereits vorliegenden theoretischen Untersuchungen liegen eine große Zahl von zusammenfassenden Berichten vor[6].

46. Diffusion. In Ziffer 45 haben wir vorausgesetzt, daß die Dichteabweichungen gleichförmig im Halbleiterinneren verteilt sind und der Ausgleichsvorgang lediglich durch lokale Rekombination und Erzeugung erfolgt. Diese Annahmen entsprechen einem Idealfall, der in Halbleitern praktisch nie realisiert ist. Selbst bei Einstrahlung von Licht wird die Absorption der Lichtquanten

[1] Vgl. z. B. die ausführlichen Messungen an Germanium von J. H. BURTON, G. W. HULL, F. J. MORIN u. J. C. SEVERIENS: J. Phys. Chem. **57**, 853 (1953) und von G. BEMSKI [Phys. Rev. **100**, 563 (1953)] an Silizium.

[2] W. VAN ROOSBROECK u. W. SHOCKLEY: Phys. Rev. **94**, 1558 (1954).

[3] J. R. HAYNES u. H. B. BRIGGS: Phys. Rev. **86**, 647 (1952). — J. B. GUNN: Proc. Phys. Soc. Lond. B **66**, 330 (1953). — P. AIGRAIN: Physica, Haag **20**, 1010 (1954). — J. R. HAYNES: Phys. Rev. **98**, 1866 (1955). — K. LEHOVEC, C. A. ACCARDO u. E. JAMGOCHIAN: Phys. Rev. **83**, 603 (1951). — R. NEWMAN: Phys. Rev. **100**, 700 (1955). — T. S. MOSS u. T. H. HAWKINS: Phys. Rev. **101**, 1609 (1956). — J. R. HAYNES u. W. C. WESTPHAL: Phys. Rev. **101**, 1676 (1956). — J. R. HAYNES [*23*.E].

[4] I. M. MACKINTOSH u. J. W. ALLEN: Proc. Phys. Soc. Lond. B **68**, 985 (1955).

[5] I. M. MACKINTOSH: Proc. Phys. Soc. Lond. B **69**, 115 (1956).

[6] A. HAUG [*23*, *I*], S. 227. — W. REICHARDT [*23*, *II*], S. 161. — H. J. G. MEYER [*23*, *III*]. — M. LAX [*26*]. — C. HERRING [*26*].

weitgehend in Gebieten unter der Oberfläche erfolgen, während weiter im Inneren des Halbleiters nur noch wenige Elektron-Loch-Paare erzeugt werden. Wir werden also immer eine ungleichmäßige Verteilung der Dichteabweichungen zu erwarten haben, und der Dichteausgleich wird außer durch Rekombination durch Diffusion in Richtung der Dichtegradienten erfolgen. Auch bei sehr dünnen Halbleiterplättchen, bei welchen man mit einer räumlich konstanten Erzeugungsquote rechnen kann, sind Dichtegradienten nicht zu vermeiden. Die Rekombination wird an der Oberfläche anderen Gesetzen gehorchen wie im Halbleiterinneren (vgl. Ziff. 47). So kann die Oberfläche z.B. mehr zur Rekombination beitragen, als das Innere, so daß auch hier Dichtegradienten auftreten. Wir wollen uns jedoch vorerst noch nicht um den Einfluß der Oberflächen kümmern und nur den Dichteausgleich im unbegrenzten Halbleiter bei lokal verschiedener Dichteabweichung studieren.

Die Differentialgleichungen (45.2) für den Ausgleichsvorgang (bzw. den stationären Nichtgleichgewichts-Zustand) sind dann durch ein Diffusionsglied zu ergänzen. Sie lauten, wenn wir noch nichtentartete Halbleiter und eine einheitliche dichteunabhängige Lebensdauer voraussetzen:

$$\left.\begin{aligned} \frac{\partial}{\partial t}\,\delta n &= G - \frac{\delta n}{\tau} - \operatorname{div}\boldsymbol{j}_n, \\ \frac{\partial}{\partial t}\,\delta p &= G - \frac{\delta p}{\tau} - \operatorname{div}\boldsymbol{j}_p, \end{aligned}\right\} \qquad (46.1)$$

wo

$$\left.\begin{aligned} \boldsymbol{j}_n &= -\frac{1}{e}\,\boldsymbol{i}_n = -\mu_n n \boldsymbol{E} - D_n \operatorname{grad} n, \\ \boldsymbol{j}_p &= +\frac{1}{e}\,\boldsymbol{i}_p = +\mu_p p \boldsymbol{E} - D_p \operatorname{grad} p \end{aligned}\right\} \qquad (46.2)$$

die Teilchenstromdichten der Elektronen und Löcher bedeuten. G ist wieder die Paarerzeugungsquote durch äußere Einstrahlung. D_n und D_p sind die Diffusionskonstanten der Elektronen und Löcher, die mit der Beweglichkeit durch die EINSTEIN-*Beziehung* $D = \mu\,\mathrm{k}T/e$ (vgl. Ziff. 35) verbunden sind.

Wir nehmen weiterhin an, daß die Neutralitätsbedingung in der Form $\delta n = \delta p$ erfüllt sei (kleine Dichte der Rekombinationszentren) und daß kein äußeres Feld anliege. Die letztere Bedingung bedeutet nicht das Weglassen der Glieder mit $\boldsymbol{E}$ in (46.2), da bei der Diffusion innere Felder auftreten können, sondern die Bedingung, daß kein Ladungstransport im Halbleiterinneren stattfindet:

$$\boldsymbol{i} = \boldsymbol{i}_n + \boldsymbol{i}_p = 0 \quad \text{oder} \quad \boldsymbol{j}_n = \boldsymbol{j}_p. \qquad (46.3)$$

Dann folgt aus (46.2) für das innere Feld:

$$\boldsymbol{E} = -\frac{\mathrm{k}T}{e}\,\frac{\mu_n - \mu_p}{\mu_n n + \mu_p p}\operatorname{grad}\delta n. \qquad (46.4)$$

Das Zustandekommen des inneren Feldes erklärt sich wie folgt: Jeder Diffusionsvorgang im Halbleiterinneren muß nach (46.3) ohne Ladungstransport stattfinden. Da die Elektronen und Löcher jedoch meistens verschiedene Beweglichkeiten haben, also bei gleichem Dichtegradienten verschieden schnell diffundieren, muß das innere Feld auftreten, daß die Ladungsträger größerer Beweglichkeit verzögert, diejenigen kleinerer Beweglichkeit beschleunigt und so für eine gleiche Geschwindigkeit der Elektronen und Löcher sorgt. Für gleiche μ verschwindet $\boldsymbol{E}$, ebenso für sehr große n oder p, also in Störstellenleitern. Das letztere bedeutet — wie schon Ziff. 44 bemerkt wurde —, daß in Störstellenleitern alle mit Dichteabweichungen zusammenhängenden Prozesse durch die Eigenschaften nur der einen Ladungsträgerart, speziell der Minoritätsträger bestimmt werden.

Einsetzen von (46.4) in (46.2) liefert:

$$\mathbf{j}_n = \mathbf{j}_p = -D \operatorname{grad} \delta n \quad \text{mit} \quad D = \frac{n+p}{n/D_p + p/D_n}, \tag{46.5}$$

also

$$\frac{\partial}{\partial t} \delta n = G - \frac{\delta n}{\tau} + \operatorname{div}(D \operatorname{grad} \delta n). \tag{46.6}$$

Der hier auftretende konzentrationsabhängige Diffusionskoeffizient vereinfacht sich in den folgenden Grenzfällen:

1. Störstellenhalbleiter. Hier wird wegen $n \gg p$ oder $p \gg n$: $D = D_p$ bzw. $D = D_n$. Ladungsträger in Störstellenhalbleitern diffundieren also mit der Diffusionsgeschwindigkeit der Minoritätsträger.

2. Eigenhalbleiter. Hier wird

$$D = D_i = \frac{2}{1/D_p + 1/D_n}. \tag{46.7a}$$

Die hier maßgebende Diffusionskonstante ist also das reziproke Mittel aus den beiden Diffusionskonstanten D_n und D_p.

3. Kleine Dichteabweichungen. Dann bleibt zwar D abhängig von den Gleichgewichtsdichten, nicht aber mehr von den Dichteabweichungen:

$$D = D_0 = \frac{n_{gl} + p_{gl}}{n_{gl}/D_p + p_{gl}/D_n}. \tag{46.7b}$$

Wir betrachten zum Abschluß noch den wichtigen Spezialfall: Die Oberfläche eines Halbleiters bei $x = 0$ werde mit Licht bestrahlt, welches dort Elektron-Loch-Paare erzeugt. Die Absorption finde nun in der Oberfläche statt. Die erzeugten Elektron-Loch-Paare diffundieren dann in das Halbleiterinnere und im stationären Zustand gilt (unter der Annahme eines konstanten Diffusionskoeffizienten):

$$D \frac{\partial^2}{\partial x^2} \delta n = \frac{\delta n}{\tau} \tag{46.8}$$

mit der Lösung

$$\delta n = \delta n(0)\, \mathrm{e}^{-x/L}, \qquad L = \sqrt{D\tau}. \tag{46.9}$$

Die Dichteverteilung fällt also exponentiell mit einer *Diffusionslänge* L in das Innere ab. Vergleichen wir diese Diffusionslänge mit der DEBYE-Länge (44.5), so erkennen wir, daß sie mit der Lebensdauer in der gleichen Beziehung steht, wie die DEBYE-Länge mit der dielektrischen Relaxationszeit. Im Falle neutraler Dichteabweichungen ist aber $\tau \gg \tau_{\mathrm{rel}}$; es gilt also auch $L \gg L_D$. Der Begriff der Diffusionslänge spielt in den Halbleitern eine große Rolle als der Abstand, über welchen sich Dichteabweichungen, die lokal an einer Stelle des Halbleiter aufrechterhalten werden, noch bemerkbar machen. Der mit diesem Begriff verbundene exponentielle Abfall (46.9) der Dichteabweichungen ist jedoch nur in eindimensionalen Problemen realisiert. Bei einer punktförmigen Bestrahlung einer Oberfläche besitzt (46.8) eine Lösung der Form $\exp(-r/L)/(r/L)$, wo r der Radiusvektor vom Bestrahlungsort aus ist, während die Bestrahlung einer (unendlich langen) Linie auf der Oberfläche auf eine Lösung vom Typus $i\,\mathrm{H}_0^1(ir/L)$ ($\mathrm{H}^1 =$ HANKEL-Funktion 1. Art) führt. Wir kommen darauf in der nächsten Ziffer zurück.

47. Einfluß der Oberflächen. Bei den bisherigen Betrachtungen über Rekombination und Diffusion haben wir den Einfluß der Oberflächen des Halbleiters noch nicht berücksichtigt, sondern uns immer auf den unbegrenzten Halbleiter bezogen.

Ebenso wie die Rekombination im Halbleiterinneren durch Störungen des idealen Gitteraufbaus stark begünstigt wird, tragen die Oberflächen wesentlich zur Rekombination bei. Selbst ideale Oberflächen besitzen ja eine große Zahl von Oberflächenzuständen im verbotenen Gebiet (vgl. Ziff. 68), die als Rekombinationszentren wirken können. Um so mehr wird die Rekombination an realen Oberflächen durch die dort mehr oder weniger zahlreich vorhandenen Störungen (adsorbierte Schichten, Zerstörung des idealen Gitteraufbaus u. a.) sehr stark beeinflußt.

Die Rekombinationsfähigkeit einer Oberfläche macht sich dann auf den Dichteausgleich im Inneren des Halbleiters in der Form bemerkbar, daß sie in der Lage ist, in ihrer Umgebung Dichteüberhöhungen besonders stark abzubauen, und dadurch Diffusionsströme aus inneren Gebieten mit höheren Dichteabweichungen hervorruft.

Wir setzen also an:

$$j_{n\perp} = U_{sn}, \qquad j_{p\perp} = U_{sp}, \tag{47.1}$$

d.h. die senkrecht auf die Oberfläche zuströmenden Teilchen werden durch die Oberflächenrekombinations-Quoten U_s vernichtet. Für die U_s nehmen wir der Einfachheit halber an, daß sie beide gleich und proportional dem Dichteüberschuß $\delta n = \delta p$ an der Oberfläche sind: $U_{sn} = U_{sp} = s\,\delta n$. Diese Näherung ist äquivalent dem Ansatz $U_n = U_p = \delta n/\tau$ für die Volumenrekombination. Man erhält dann für die Oberflächenbedingungen (47.1) mit (46.5):

$$j_{n\perp} = j_{p\perp} = -D\,\mathrm{grad}_\perp\,\delta n = s\,\delta n, \qquad \mathrm{grad}_\perp\,\delta n = -\frac{s}{D}\,\delta n = -\frac{1}{L_s}\,\delta n. \tag{47.2}$$

Die hier neu eingeführte Größe s wird als *Oberflächenrekombinations-Geschwindigkeit* bezeichnet. Ihr Wert ist von der Oberflächenbeschaffenheit abhängig und wird klein für saubere gut geätzte Oberflächen, jedoch groß für stark gestörte (z.B. gesandstrahlte) Oberflächen.

$L_s = D/s$ ist dann ein charakteristischer Oberflächenparameter der Dimension einer Länge.

Wir betrachten jetzt den Einfluß der Oberflächenrekombination auf einige charakteristische Diffusionsvorgänge im Halbleiterinneren:

α) Diffusion auf eine Oberfläche hin. Wir wählen hier wieder das am Ende der letzten Ziffer betrachtete Beispiel. Von einer Oberfläche aus ($x=0$), an der eine Dichteabweichung durch Lichteinstrahlung aufrechterhalten wird, diffundieren Elektron-Loch-Paare in das Halbleiterinnere. Wir nehmen an, daß das Licht bereits in der Oberfläche absorbiert wird, also keine Volumen-Erzeugungsquote G berücksichtigt werden muß. Um den Einfluß dieser Oberfläche wollen wir uns zunächst nicht kümmern, da dort die Dichteüberhöhung stationär aufrechterhalten wird. Bei $x=a$ befinde sich nun eine zweite Oberfläche der Oberflächenrekombinations-Geschwindigkeit s. Wir haben dann die Differentialgleichung (46.8) mit der Randbedingung:

$$\frac{\partial}{\partial x}\,\delta n = -\frac{\delta n}{L_s} \quad \text{für} \quad x = a \tag{47.3}$$

zu lösen. Die Lösung ist:

$$\delta n = \delta n(0)\,\frac{\mathrm{e}^{-x/L} + B\,\mathrm{e}^{x/L}}{1+B}, \qquad B = \frac{L_s - L}{L_s + L}\,\mathrm{e}^{-2a/L}. \tag{47.4}$$

Für $L = L_s$ wird hier speziell $B = 0$ und $\delta n = \delta n(0)\,\mathrm{e}^{-x/L}$ in Übereinstimmung mit (46.9). Die Oberfläche ändert dann nichts am exponentiellen Abfall mit L, sie ersetzt also in ihrer Rekombinationsfähigkeit gerade den durch sie abgeschnittenen Teil des unbegrenzten Halbleiters.

Für stärkere Oberflächenrekombination $L_s < L$ wird B negativ, die Dichteüberhöhung fällt also schneller ab als im unbegrenzten Halbleiter. Für schwächere Oberflächenrekombination wird B positiv ($L_s > L$), die Dichteüberhöhung bleibt größer, da sich der auf die Oberfläche hinströmende Diffusionsstrom dort staut.

Berücksichtigt man jetzt noch den Einfluß der Oberfläche an der Einstrahlungsseite (Einstrahlungsquote: G_0 Elektron-Loch-Paare pro sec pro cm² Oberfläche, Oberflächenrekombinations-Geschwindigkeit: s_0 bei $x=0$, s_a bei $x=a$), so wird

$$\delta n = \frac{L G_0}{s_0} \frac{\mathrm{e}^{-(x-a)/L}(L_{sa}+L) + \mathrm{e}^{(x-a)/L}(L_{sa}-L)}{\mathrm{e}^{a/L}(L_{sa}+L)(L_{s0}+L) - \mathrm{e}^{-a/L}(L_{sa}-L)(L_{s0}-L)}. \tag{47.4a}$$

Dies ist die Dichteverteilung der Elektron-Loch-Paare im Halbleiterinneren im Falle der *Photodiffusion*. Die hierbei zwischen der bestrahlten und der unbestrahlten Oberfläche auftretende Spannung (46.4) wurde zuerst von DEMBER[1] experimentell nachgewiesen (DEMBER-*Effekt*).

β) Diffusion von einem Punkt auf einer Oberfläche aus in den sonst unbegrenzten Halbleiter. Hier lautet die Lösung, wenn r wieder den Radiusvektor vom Einstrahlungsort aus bezeichnet[2]:

$$\delta n \sim \frac{\mathrm{e}^{-r/L}}{r/L} - \frac{L}{L_s} \int_0^\infty \frac{\mathrm{e}^{-(L/L_s)\gamma - \sqrt{(r/L)^2-\gamma^2}}}{\sqrt{(r/L)^2-\gamma^2}}\, d\gamma. \tag{47.5}$$

Speziell für kleine s (große L_s) wird:

$$\delta n \sim \frac{\mathrm{e}^{-r/L}}{r/L} \quad \text{und} \quad \frac{\partial}{\partial r} \ln(\delta n\, r) = -\frac{1}{L}. \tag{47.6}$$

Wird das Licht auf einer *Linie* der Oberfläche eingestrahlt, so wird in der Näherung für kleines s:

$$\delta n \sim i\, \mathrm{H}_0^1\left(i \frac{r}{L}\right) \quad \text{und} \quad \frac{\partial}{\partial r} \ln \delta n = \frac{1}{L} \frac{\mathrm{H}_1^1(i\, r/L)}{i\, \mathrm{H}_0^1(i\, r/L)}, \tag{47.7}$$

wo H_n^1 die erste HANKEL-Funktion n-ter Ordnung ist.

Die Lösungen (47.5) bis (47.7) gelten nicht in der unmittelbaren Nähe des Einstrahlungsortes, da sie dort eine Singularität besitzen[3].

γ) Abklingen der Dichteabweichung in einem rechteckigen Halbleiterstab. Wir geben zunächst die formale Lösung und betrachten dann zwei Spezialfälle. Der Stab sei in der x-Richtung unendlich ausgedehnt, in der y- und z-Richtung bei $\pm B$ bzw. $\pm C$ durch freie Oberflächen begrenzt. Die Differentialgleichung lautet hier

$$\frac{\partial}{\partial t} \delta n = -\frac{\delta n}{\tau} + D \operatorname{div} \operatorname{grad} \delta n \tag{47.8}$$

mit den Randbedingungen

$$\left.\begin{aligned} -D \frac{\partial}{\partial y} \delta n &= \pm s\, \delta n \quad \text{für} \quad y = \pm B, \\ -D \frac{\partial}{\partial z} \delta n &= \pm s\, \delta n \quad \text{für} \quad z = \pm C. \end{aligned}\right\} \tag{47.9}$$

[1] H. DEMBER: Phys. Z. **32**, 554; **33**, 207 (1931).

[2] S. VISVANATHAN u. J. F. BATTEY: J. Appl. Phys. **25**, 99 (1954).

[3] Eine eingehende Diskussion dieser Fälle bei beliebigem s gibt W. VAN ROOSBROECK, J. appl. Phys. **26**, 380 (1955).

Die allgemeine Lösung, die die durch die Randbedingungen geforderte Symmetrie besitzt, ist

$$\delta n = \sum_{i,k=0}^{\infty} C_{ik}\, e^{-\frac{t}{\tau_{ik}} - \frac{x}{L_{ik}}} \cos b_i y \cos c_k z, \tag{47.10}$$

wo zwischen den τ_{ik}, L_{ik}, b_i und c_k die Beziehung

$$\frac{1}{\tau_{ik}} = \frac{1}{\tau} - D\left(\frac{1}{L_{ik}^2} - b_i^2 - c_k^2\right) \tag{47.11}$$

gelten muß. Die Größen b_i und c_k erhält man durch Einsetzen von δn nach (47.10) in die Randbedingungen (47.9):

$$D b_i \tan b_i B = s, \qquad D c_k \tan c_k C = s. \tag{47.12}$$

Wir betrachten jetzt die beiden Fälle:

a) Abklingen von einem gleichförmigen Anfangswert bei $t=0$. Dann wird die Lösung ortsunabhängig in der x-Richtung:

$$\delta n = \sum_{i,k} C_{ik}\, e^{-t/\tau_{ik}} \cos b_i y \cos c_k z, \qquad \frac{1}{\tau_{ik}} = \frac{1}{\tau} + D(b_i^2 + c_k^2). \tag{47.13}$$

Die allgemeine Lösung setzt sich also zusammen aus Exponentialfunktionen mit verschiedenen „Lebensdauern" τ_{ik}. Es ist im allgemeinen hinreichend in der Summendarstellung von δn nur das erste Glied $i=k=0$ zu nehmen, da b_0 und c_0 die kleinsten Lösungen von (47.12) sind, also den größten Lebensdauern entsprechen. Physikalisch bedeutet dies: Die Abnahme einer vorgegebenen Dichteabweichung erfolgt nicht streng exponentiell, läßt sich aber in einer Reihe von Exponentialfunktionen zerlegen, von der ein Glied (mit der größten partiellen Lebensdauer) für große Zeiten vorherrscht. Diese sich durchsetzende Lebensdauer ist:

$$\frac{1}{\tau_0} = \frac{1}{\tau} + D(b_0^2 + c_0^2), \qquad \delta n \sim e^{-t/\tau_0}. \tag{47.14}$$

Im Grenzfall $s \to 0$ wird $b_0^2 \approx s/DB$ und $c_0^2 \approx s/DC$ und im Grenzfall $s \to \infty$: $b_0 \approx \pi/2B$ und $c_0 \approx \pi/2C$.

Man erhält dann

$$\left.\begin{aligned} s \to 0&: \quad \frac{1}{\tau_0} = \frac{1}{\tau} + s\left(\frac{1}{B} + \frac{1}{C}\right), \\ s \to \infty&: \quad \frac{1}{\tau_0} = \frac{1}{\tau} + \frac{D\pi^2}{4}\left(\frac{1}{B^2} + \frac{1}{C^2}\right). \end{aligned}\right\} \tag{47.15}$$

Die effektive Lebensdauer τ_0 wird also durch die Oberflächenrekombination gegenüber der Volumenlebensdauer τ im unbegrenzten Halbleiter herabgesetzt. Das Zusatzglied tritt um so stärker in Erscheinung je kleiner die Ausdehnung des Halbleiters in der y- und z-Richtung ist.

b) Stationärer Zustand bei vorgegebenem Anfangswert bei $x=0$. Hier wird die Lösung zeitunabhängig und aus (47.10) und (47.11) folgt als Diffusionslänge:

$$\frac{1}{L_{ik}^2} = \frac{1}{L^2} + b_i^2 + c_k^2, \qquad L_{ik} = \sqrt{D\tau_{ik}}. \tag{47.16}$$

In großer Entfernung von $x=0$ ist hier wieder nur das Glied mit $i=k=0$ zu berücksichtigen und die Verteilung fällt streng exponentiell mit der Diffusionslänge $L_0 = \sqrt{D\tau_0}$ ab.

Es ist häufig zweckmäßig, die allen diesen Problemen zugrundeliegende Differentialgleichung

$$\frac{\partial}{\partial t}\,\delta n = -\frac{\delta n}{\tau} + D\,\mathrm{div}\,\mathrm{grad}\,\delta n \tag{47.17}$$

mit den Randbedingungen

$$-D\,\mathrm{grad}_\perp\,\delta n = s\,\delta n \quad \text{an den Oberflächen} \tag{47.18}$$

noch etwas umzuformen. Setzt man $\delta n = \mathrm{e}^{-t/\tau} u(x, y, z, t)$ und führt die dimensionslosen Größen $T = t/\tau$, $X = x/L$, $Y = y/L$, $Z = z/L$ ein, so wird mit $\lambda = L/L_s$:

$$\frac{\partial u}{\partial T} = \frac{\partial^2 u}{\partial X^2} + \frac{\partial^2 u}{\partial Y^2} + \frac{\partial^2 u}{\partial Z^2}, \qquad \frac{\partial u}{\partial N} + \lambda u = 0 \quad \text{an den Oberflächen}, \tag{47.19}$$

wo N die Oberflächennormale bedeutet. Dies ist aber genau die Wärmeleitungsgleichung mit der Randbedingung der „äußeren Wärmeleitung", für welche zahlreiche Lösungen von Spezialfällen vorliegen[1].

II. Leitungsprozesse.

48. Die Diffusionsgleichungen, Verhalten von Dichteabweichungen in elektrischen Feldern. Die allgemeinen Gleichungen, die das Verhalten von Dichteabweichungen im Halbleiterinneren beschreiben, sind nach den Ausführungen der letzten Ziffern:

$$\left.\begin{aligned} \frac{\partial}{\partial t}\,\delta n &= G_n - U_n + \frac{1}{e}\,\mathrm{div}\,\boldsymbol{i}_n, \\ \frac{\partial}{\partial t}\,\delta p &= G_p - U_p - \frac{1}{e}\,\mathrm{div}\,\boldsymbol{i}_p. \end{aligned}\right\} \tag{48.1}$$

Hier sind die G die äußeren Erzeugungsquoten der Elektronen und Löcher und die U die Rekombinationsquoten (Ziff. 45). Die Stromdichten $\boldsymbol{i}_n$ und $\boldsymbol{i}_p$ sind gegeben durch

$$\left.\begin{aligned} \boldsymbol{i}_n &= \sigma_n \boldsymbol{E} + e D_n\,\mathrm{grad}\,\delta n, \\ \boldsymbol{i}_p &= \sigma_p \boldsymbol{E} - e D_p\,\mathrm{grad}\,\delta p \end{aligned}\right\} \tag{48.2}$$

oder mit (44.8), $\boldsymbol{E} = -\,\mathrm{grad}\,\psi$ und der EINSTEIN-Beziehung $D = \frac{\mathrm{k}T}{e}\mu$

$$\left.\begin{aligned} \boldsymbol{i}_n &= -\,e\,n\,\mu_n\,\mathrm{grad}\,\varphi_n, \\ \boldsymbol{i}_p &= -\,e\,p\,\mu_p\,\mathrm{grad}\,\varphi_p. \end{aligned}\right\} \tag{48.2a}$$

An die Stelle des den diffusionsfreien Fall beschreibenden elektrostatischen Potentials treten also hier die in Ziff. 44 eingeführten Quasi-FERMI-Potentiale φ_n und φ_p.

Bei Anwesenheit von Magnetfeldern sind entsprechende Glieder hinzuzufügen.

Hierzu tritt die POISSON*sche Gleichung*

$$\mathrm{div}\,\boldsymbol{E} = \frac{1}{\varepsilon\varepsilon_0}\,\varrho \tag{48.3}$$

oder falls keine wesentlichen Raumladungen im Halbleiterinneren vorhanden sind die *Neutralitätsbedingung* $\varrho = 0$.

[1] Vgl. z.B. A. SOMMERFELD: Vorlesungen über theoretische Physik, Bd. VI, S. 64. Wiesbaden: Dieterich 1947.

Wir wollen hier nicht auf eine allgemeine Diskussion der „*Diffusionsgleichungen*“ (48.1) eingehen[1] und wenden uns sofort einem einfacheren und praktisch meist vorliegenden Fall zu.

Im Falle der Gültigkeit der Neutralitätsbedingung in der Form $\delta n = \delta p$ (keine Raumladungen, kleine Dichten der Rekombinationszentren, einheitliche konstante Lebensdauer für Elektronen und Löcher) und bei Annahme einer gekoppelten Erzeugung von Elektronen und Löchern ($G_n = G_p = G$, $U_n = U_p = \delta n/\tau$) lassen sich die beiden Gln. (48.1) zusammenfassen zu[2]:

$$\frac{\partial}{\partial t}\,\delta n = -\frac{1}{e}\,\mathrm{div}\,\boldsymbol{\delta i} + G - \frac{\delta n}{\tau} \tag{48.4}$$

mit

$$\left.\begin{aligned} \boldsymbol{\delta i} &= e\mu^*\,\delta n\,\boldsymbol{E}_0 - eD\,\mathrm{grad}\,\delta n, & \mu^* &= \frac{e\,\mu_n\mu_p(n_{gl} - p_{gl})}{\sigma},\\ \boldsymbol{E}_0 &= \frac{\boldsymbol{i}}{\sigma_0}, & \sigma_0 &= \sigma_{\delta n = 0}. \end{aligned}\right\} \tag{48.5}$$

Die Bedeutung von $\boldsymbol{\delta i}$ ist hier folgende: Während die den Halbleiter durchfließende Gesamtstromdichte $\boldsymbol{i}$ räumlich konstant ist ($\mathrm{div}\,\boldsymbol{i} = 0$), hängt die Größe des Elektronen- bzw. Löcherstrom-Anteils nach (48.2) von der örtlich variablen Dichte ab. In den Gleichgewichtsgebieten ($\delta n = 0$) sind die beiden Stromanteile gegeben durch

$$\boldsymbol{i}_{n0} = \frac{\sigma_{n0}}{\sigma_0}\,\boldsymbol{i} = \sigma_{n0}\boldsymbol{E}_0, \quad \boldsymbol{i}_{p0} = \frac{\sigma_{p0}}{\sigma_0}\,\boldsymbol{i} = \sigma_{p0}\boldsymbol{E}_0, \tag{48.6}$$

in den Gebieten mit Dichteabweichungen dagegen durch

$$\boldsymbol{i}_n = \boldsymbol{i}_{n0} - \boldsymbol{\delta i}, \quad \boldsymbol{i}_p = \boldsymbol{i}_{p0} + \boldsymbol{\delta i}, \quad \boldsymbol{i} = \boldsymbol{i}_n + \boldsymbol{i}_p = \boldsymbol{i}_{n0} + \boldsymbol{i}_{p0}, \tag{48.7}$$

wo $\boldsymbol{\delta i}$ durch (48.5) gegeben ist. Das hier definierte $\boldsymbol{\delta i}$ ist also nicht die Änderung des Gesamtstromes durch eine vorgegebene Dichteabweichung, sondern die Änderung der Teilströme in Gebieten mit Dichteabweichungen bei vorgegebenem Gesamtstrom. Aus dieser Deutung folgt, daß μ^* in (48.5) eine scheinbare Beweglichkeit[3] der Dichteabweichungen bedeutet, daß also $\mu^*\boldsymbol{E}_0$ die *Gruppengeschwindigkeit* einer Dichteabweichung im Felde $\boldsymbol{E}_0$ ist. Im Eigenhalbleiter wird $\mu^* = 0$, ein äußeres Feld beeinflußt dort also eine Dichteabweichung überhaupt nicht. Im Grenzfall des reinen Störstellenhalbleiters nähert sich μ^* dagegen der Beweglichkeit der Minoritätsträger. Dieses Ergebnis stimmt mit der bereits in Ziff. 44 gewonnenen Erkenntnis überein, daß in Störstellenhalbleitern das Verhalten von Dichteabweichungen sich immer nach den Eigenschaften der Minoritätsträger richtet.

Zwei Beispiele mögen das hier gewonnene Bild anschaulicher machen:

1. Zur Zeit $t = 0$ sei $\delta n = A\,\delta(x)$, d.h. an der Stelle x seien A überschüssige Elektron-Loch-Paare konzentriert. Wir fragen nach dem Abbau der Dichteverteilung und nach ihrer Bewegung unter dem Einfluß eines äußeren Feldes.

---

[1] W. VAN ROOSBROECK: Bell Syst. Techn. J. **29**, 560 (1950). — R. C. PRIM: Bell Syst. Techn. J. **30**, 1174 (1951).

[2] W. VAN ROOSBROECK: Phys. Rev. **91**, 282 (1953). Vgl. auch C. HERRING: Bell Syst. Techn. J. **28**, 401 (1949).

[3] μ^* unterscheidet sich von der aus (46.7b) folgenden Diffusionsbeweglichkeit $\bar{\mu} = \frac{e}{kT}D$ nur durch das negative Vorzeichen im Zähler. Dies rührt daher, daß bei der Diffusion die Elektronen und Löcher in die gleiche Richtung, unter dem Einfluß eines Feldes jedoch in entgegengesetzter Richtung geschrieben werden.

Dabei beschränken wir uns auf den eindimensionalen Fall und nehmen an, daß die Dichteabweichungen so klein seien, daß μ^* und D konstant angenommen werden können. Dann lautet die Lösung von (48.4)[1]:

$$\left.\begin{aligned} \delta n &= \frac{A}{\sqrt{4\pi D t}} \exp\left(-\frac{(x-\mu^* E_0 t)^2}{4Dt}\right) \exp\left(-\frac{t}{\tau}\right), \\ \delta n_{\text{tot}} &= \int\limits_{-\infty}^{+\infty} \delta n\, dx = A\, \mathrm{e}^{-t/\tau}. \end{aligned}\right\} \tag{48.8}$$

Die Dichteverteilung ist also durch eine GAUSSsche Fehlerfunktion gegeben, deren Schwerpunkt mit der Geschwindigkeit $\mu^* E_0$ fortschreitet und deren Dichte exponentiell mit der Lebensdauer τ abnimmt.

2. Bei $x=0$ werde die Dichteverteilung $\delta n(0)$ stationär aufrechterhalten. Dann wird die Dichteverteilung in diesem eindimensionalen Beispiel unter den gleichen Annahmen wie in 1.:

$$\delta n = \delta n(0)\, \mathrm{e}^{-x/L_E}, \qquad \frac{1}{L_E} = \sqrt{\left(\frac{\mu^* E_0}{2D}\right)^2 + \frac{1}{L^2}} - \frac{\mu^* E_0}{2D}. \tag{48.9}$$

Die Dichteverteilung fällt also wie im feldfreien Halbleiter exponentiell ab, nur ist die „Diffusionslänge" jetzt feldabhängig. Nur im Eigenleiter wird wieder $L_E = L$ wegen $\mu^* = 0$, das Feld übt dann keinen Einfluß auf die Dichteverteilung aus.

49. Photoleitfähigkeit. Wird durch Lichteinstrahlung die Dichte der Ladungsträger im Halbleiterinneren erhöht, so erhöht sich damit auch die Leitfähigkeit des Halbleiters. Dieses Auftreten einer *Photoleitfähigkeit* ist besonders in Halbleitern mit großer Breite der verbotenen Zone (also kleiner „Dunkelleitfähigkeit") von großem Interesse. Da diesem Fragenkomplex in diesem Handbuch ein gesonderter Beitrag gewidmet ist, betrachten wir hier nur die wesentlichsten Züge, die im Rahmen der hier behandelten Halbleiter von Interesse sind. Wir beschränken uns dabei auf die Photoleitfähigkeit, die durch Erzeugung von Elektron-Loch-Paaren entsteht und lassen alle Prozesse, bei denen (auf Grund einer zu großen Breite der verbotenen Zone) durch das Licht lediglich Ladungsträger aus Störstellen freigemacht werden, außer acht.

Zunächst beschränken wir uns auf Halbleiter mit kleiner Dichte der Rekombinationszentren und einer Lebensdauer τ, die groß ist gegen die dielektrische Relaxationszeit τ_{rel} (44.2), fordern also Gültigkeit der Neutralitätsbedingung in der Form $\delta n = \delta p$ und eine einheitliche konstante Lebensdauer für die Elektronen und Löcher.

Dann ist die Leitfähigkeit bei Lichteinstrahlung gegeben durch

$$\left.\begin{aligned} \sigma &= e(\mu_n n_{gl} + \mu_p p_{gl}) + e(\mu_n + \mu_p)\,\delta n \\ &= \sigma_0 + \delta\sigma. \end{aligned}\right\} \tag{49.1}$$

Um die Photoleitfähigkeit mit Hilfe der allgemeinen Diffusionsgleichungen (48.1) zu behandeln, müssen wir zunächst die äußere Erzeugungsquote G näher betrachten.

Man kann hier mit einer im Halbleiterinneren konstanten Erzeugungsquote nur so lange rechnen, wie die Absorption der Lichtquanten so klein ist, daß das Licht das ganze Präparat durchqueren kann, ohne wesentlich an Intensität zu verlieren. Dieser Fall ist aber praktisch auszuschließen, da die hier betrachteten Halbleiter unter Bildung von Elektron-Loch-Paaren Licht stark absorbieren. Man muß vielmehr annehmen, daß der ganze Absorptionsprozeß weitgehend bereits

[1] H. BROOKS: Phys. Rev. **90**, 336 (1953).

in der Oberfläche des Halbleiters erfolgt und die erzeugten Elektron-Loch-Paare von dort in das Innere diffundieren. Dies bedeutet, daß in den Diffusionsgleichungen die G-Glieder wegzulassen sind und die Fremderzeugung lediglich in den Randbedingungen der bestrahlten Oberflächen zu berücksichtigen ist (vgl. Ziff. 47).

Wir betrachten im folgenden das Modell: Lichteinstrahlung in der z-Richtung, Stromfluß in der x-Richtung. Ferner nehmen wir an, daß das Präparat in der z-Richtung dünn gegen die Diffusionslänge der Elektron-Loch-Paare sei. Unter diesen Annahmen können wir die Photoleitfähigkeit eindimensional behandeln. Trotzdem die Ladungsträger nur an der bestrahlten Oberfläche erzeugt werden, wird sich die Dichteabweichung weitgehend konstant über das ganze Halbleiterinnere verbreiten. Wir müssen dann nur eine von der wahren Lebensdauer durch Volumenrekombination verschiedene effektive Lebensdauer τ (vgl. Ziff. 47) einführen und die Oberflächen-Erzeugungsquote durch eine scheinbare Volumen-Erzeugungsquote G ersetzen.

Dem Problem liegt dann die Differentialgleichung (48.4) in der Form

$$\frac{\partial}{\partial t}\,\delta n = -\frac{1}{e}\frac{\partial}{\partial x}\,\delta i + G - \frac{\delta n}{\tau} \tag{49.2}$$

zugrunde.

Bevor wir diese Gleichung lösen sei noch folgendes festgehalten: Gegeben sei in einem Halbleiterstab der Länge l eine willkürliche ortsabhängige Dichteverteilung $n_{gl}+\delta n$. An dem Stab liege die Spannung V (also im unbestrahlten Zustand das Feld $E_0 = V/l$). Durch die Dichteänderung der Ladungsträger δn wird das Feld um δE geändert. An den Kontakten bei $x=0$ und $x=l$ sei $\delta n=0$ (OHMsche Kontakte). Dann ist der den Stab durchfließende Strom:

$$i_x = i_{x0} + e\,(\mu_n+\mu_p)\,\delta n\,(E_0+\delta E) + e\,(D_n - D_p)\,\frac{\partial}{\partial x}\,\delta n \tag{49.3}$$

oder durch Integration von 0 bis l und Division durch l:

$$i_x = i_{x0} + e\,\frac{\mu_n+\mu_p}{l}\,E_0\,\delta n_{\text{tot}} + e\,\frac{\mu_n+\mu_p}{l}\int\limits_0^l \delta n\,\delta E\,dx\,, \tag{49.4}$$

da die restlichen Integrale unter den hier gewählten Voraussetzungen verschwinden. δn_{tot} ist in (49.4) die gesamte im Stab enthaltene Überschußdichte. Für kleine Dichteabweichungen kann in (49.4) noch das letzte Glied vernachlässigt werden. Man erhält dann das weiterhin wichtige Ergebnis:

Bei kleinen Dichteabweichungen ist der Strom durch den Halbleiter unabhängig von der Form der Verteilung der überschüssigen Ladungsträger nur von deren Gesamtzahl abhängig.

Entsprechend ist die Leitwertsänderung des Stabes[1]:

$$\delta G = \delta i/V = \frac{e\,(\mu_n+\mu_p)}{l^2}\,\delta n_{\text{tot}}\,. \tag{49.5}$$

Wir behandeln nun die folgenden Spezialfälle[2]:

α) Unendlich langer Stab, Lichteinstrahlung längs der ganzen Oberfläche. Hier kann in (49.2) das Diffusionsglied in δi weggelassen werden. Es folgt dann mit $\tau = \tau_0\,\dfrac{1+a\,\delta n}{1+c\,\delta n}$ (45.21):

$$\delta n = -\frac{1-G\,\tau_0\,a}{2c} + \sqrt{\left(\frac{1-G\,\tau_0\,a}{2c}\right)^2 + \frac{G\,\tau_0}{c}}\,. \tag{49.6}$$

[1] W. SHOCKLEY [15], S. 76.

[2] Vgl. hierzu vor allem E. S. RITTNER [26].

Die Abhängigkeit der Dichteabweichung (und damit des Photostromes) von der Lichtintensität hängt hier von a und c, also von der Form des Rekombinationsgesetzes ab. Für $a=c$ $(\tau=\tau_0)$ wird einfach $\delta n=G\tau_0$, die Photoleitfähigkeit steigt *linear* mit der Lichtintensität an. Für $a<c$ steigt δn zunächst ebenfalls linear an, dann jedoch langsamer. [Dies ist auch bei direkter Rekombination der Fall, dort gilt nach (45.8) $a=0$, $c=\tau_0 r$.] Für $a>c$ dagegen steigt schneller als im linearen Fall mit der Lichtintensität an (*superlineare* Photoleitfähigkeit).

β) Endlich langer Stab, Lichteinstrahlung auf der ganzen Länge. Dieser Fall unterscheidet sich von α) dadurch, daß jetzt wegen $\delta n=0$ an den beiden Enden die Diffusionsglieder in δi nicht vernachlässigt werden dürfen. Man erhält dann für kleine Dichteabweichungen $(\tau=\tau_0)$:

$$\left.\begin{aligned}\delta n &= G\tau_0\left(1-\frac{e^{x/L_{E1}}\,\mathrm{Sin}\,\dfrac{l}{2L_{E2}}+e^{-x/L_{E2}}\,\mathrm{Sin}\,\dfrac{l}{2L_{E1}}}{\mathrm{Sin}\left(\dfrac{l}{2L_{E1}}+\dfrac{l}{2L_{E2}}\right)}\right),\\ \frac{1}{L_{E1,2}} &= \sqrt{\left(\frac{\mu^* E_0}{2D}\right)^2+\frac{1}{L^2}}\mp\frac{\mu^* E_0}{2D}, \qquad l=\text{Länge des Stabes}.\end{aligned}\right\} \tag{49.7}$$

In weitem Abstand von den Stabenden ist die Abweichung der Dichten durch ihren Stationärwert $G\tau_0$ gegeben, zu den Stabenden hin fällt sie jedoch ab. Für den Abfall maßgebend sind hier wieder „Felddiffusionslängen" vom Typus (48.9). Die gesamte Dichteabweichung δn_{tot} und damit der Photostrom nach (49.4) erhält man hieraus durch Integration von 0 bis l:

$$\delta n_{\mathrm{tot}} = l\,G\,\tau_0\left\{1-\frac{\left(\dfrac{l}{2L_{E1}}+\dfrac{l}{2L_{E2}}\right)\mathrm{Sin}\,\dfrac{l}{2L_{E1}}\,\mathrm{Sin}\,\dfrac{l}{2L_{E2}}}{\dfrac{l}{2L_{E1}}\cdot\dfrac{l}{2L_{E2}}\,\mathrm{Sin}\left(\dfrac{l}{2L_{E1}}+\dfrac{l}{2L_{E2}}\right)}\right\}. \tag{49.8}$$

Der Korrekturfaktor, der den Einfluß der Stabenden beschreibt, erhält eine besonders einfache Form in Eigenhalbleitern. Dort wird $L_{E1}=L_{E2}=L$ und der Korrekturfaktor $=\left(1-\dfrac{2L}{l}\,\mathrm{Tan}\,\dfrac{l}{2L}\right)$.

Auf den zeitlichen Auf- und Abbau der Dichteabweichungen wollen wir hier nicht eingehen. Bei kleinen δn verläuft der Auf- und Abbau exponentiell mit der Lebensdauer τ solange das angelegte Feld so klein ist, daß beim Abbau der Dichteausgleich wesentlich nur durch Rekombination im Halbleiterinneren erfolgt und nicht die Überschußteilchen auf das eine Stabende hingeschwemmt werden und dort verschwinden.

γ) Endlich langer Stab, Lichteinstrahlung nur auf einem Teilstück. Der Stab reiche von $x=-M$ bis $x=N$, auf dem Teilstück $-d<x<d$ werde Licht eingestrahlt. Dann folgt durch Lösung der Differentialgleichung (49.2) hier für δn_{tot}:

$$\left.\begin{aligned}&\delta n_{\mathrm{tot}} = 2d\,G\,\tau_0\times\\ &\times\left[1-\frac{1}{d}\,\frac{L_{E1}e^{\frac{N-M}{L_{E1}}}\left(e^{\frac{M}{L_{E2}}}-e^{-\frac{N}{L_{E2}}}\right)\mathrm{Sin}\left(\dfrac{d}{L_{E1}}\right)+L_{E2}e^{\frac{M-N}{L_{E2}}}\left(e^{\frac{N}{L_{E1}}}-e^{-\frac{M}{L_{E1}}}\right)\mathrm{Sin}\left(\dfrac{d}{L_{E2}}\right)}{e^{\frac{N}{L_{E1}}+\frac{M}{L_{E2}}}-e^{-\left(\frac{M}{L_{E1}}+\frac{N}{L_{E2}}\right)}}\right].\end{aligned}\right\} \tag{49.9}$$

Dieser Ausdruck vereinfacht sich wesentlich für:

$M = N$ (symmetrische Einstrahlung):

$$\delta n_{\text{tot}} = 2\, d G \tau_0 \left[1 - \frac{1}{d} \frac{L_{E1} \operatorname{Sin}\left(\frac{M}{L_{E2}}\right) \operatorname{Sin}\left(\frac{d}{L_{E1}}\right) + L_{E2} \operatorname{Sin}\left(\frac{M}{L_{E1}}\right) \operatorname{Sin}\left(\frac{d}{L_{E2}}\right)}{\operatorname{Sin}\left(\frac{M}{L_{E1}} + \frac{M}{L_{E2}}\right)}\right] \tag{49.10}$$

$N = \infty$ $(L_{E1} > L_{E2})$ (einseitig unendlicher Stab):

$$\delta n_{\text{tot}} = 2 d G \tau_0 \left[1 - \frac{L_{E2}}{d} e^{-\frac{M}{L_{E2}}} \operatorname{Sin}\left(\frac{d}{L_{E2}}\right)\right]; \tag{49.11}$$

$N = M = \infty$ (unendlich langer Stab):

$$\delta n_{\text{tot}} = 2 d G \tau_0 . \tag{49.12}$$

Im unendlich langen Stab ist also die gesamte Überschußdichte gleich der Überschußdichte in einem Stab der Länge des bestrahlten Stückes bei Vernachlässigung der Endeffekte.

Im Grenzfall $M = N = d$ schließlich geht (49.9) in die Gl. (49.8) des Spezialfalles β) über.

50. Photoleitfähigkeit unter Berücksichtigung der dielektrischen Relaxationszeit. Wir hatten bisher die Photoleitfähigkeit nur unter der Voraussetzung betrachtet, daß die Lebensdauer τ der Ladungsträger groß gegen die dielektrische Relaxationszeit τ_{rel} sei. Unter dieser Annahme (zusammen mit der Forderung kleiner Dichte der Rekombinationszentren) konnte die Neutralitätsbedingung $\delta n = \delta p$ eingeführt werden. Ist diese Annahme nicht berechtigt, ist also die Zeit, in der sich Raumladungen im homogenen Halbleiterinneren ausgleichen, vergleichbar oder größer als die Lebensdauer überschüssiger Elektron-Loch-Paare, so muß statt der Neutralitätsbedingung die POISSONsche Gleichung als zusätzliche Bedingung eingeführt werden.

Wir beschränken uns hier auf den Fall direkter Rekombination ($U = r(np - n_i^2)$), kleiner Dichteabweichungen, erzeugt durch eine äußere Erzeugungsquote G und das auch in der letzten Ziffer benutzte eindimensionale Modell[1].

Dann lauten die Grundgleichungen für den stationären Zustand (wegen der Forderung δn, $\delta p \ll n_{gl}, p_{gl}$) bereits in linearisierter Form:

$$\left.\begin{aligned} i_n &= \sigma_{n0} E_0 + e \mu_n \delta n E_0 + e \mu_n n_{gl} \delta E + e D_n \delta n', \\ i_p &= \sigma_{p0} E_0 + e \mu_p \delta p E_0 + e \mu_p p_{gl} \delta E - e D_p \delta p', \end{aligned}\right\} \tag{50.1}$$

$$\left.\begin{aligned} i_n' &= e \mu_n E_0 \delta n' + e \mu_n n_{gl} \delta E' + e D_n \delta n'' = -e(G - U), \\ i_p' &= e \mu_p E_0 \delta p' + e \mu_p p_{gl} \delta E' - e D_p \delta p'' = e(G - U), \end{aligned}\right\} \tag{50.2}$$

$$\delta E' = \frac{e}{\varepsilon \varepsilon_0} (\delta p - \delta n), \tag{50.3}$$

$$U = r(np - n_i^2) \approx \frac{n_{gl} \delta p + p_{gl} \delta n}{\tau (n_{gl} + p_{gl})}, \quad \tau = [r(n_{gl} + p_{gl})]^{-1}. \tag{50.4}$$

Durch Elimination von δn bzw. δp und δE aus (50.2) bis (50.4) erhält man dann als Differentialgleichung für die Überschußdichten:

$$\left.\begin{aligned} L_1^4 \delta p^{(\text{IV})} - L_2^2 \delta p'' + L_3 \delta p' + \delta p &= G, \\ L_1^4 \delta n^{(\text{IV})} - L_2^2 \delta n'' + L_3 \delta n' + \delta n &= G \end{aligned}\right\} \tag{50.5}$$

[1] F. STÖCKMANN [26].

mit

$$\left.\begin{aligned} L_1^4 &= D_n D_p \tau \tau_{\text{rel}}, \\ L_2^2 &= D\tau + D_r \tau_{\text{rel}} + \mu_n \mu_p \tau \tau_{\text{rel}} E_0^2, \\ L_3 &= (\mu^* \tau + \mu_r \tau_{\text{rel}}) E_0, \end{aligned}\right\} \tag{50.6}$$

wo noch

$$\left.\begin{aligned} D_r &= \frac{kT}{e} \frac{\mu_n n_{gl} + \mu_p p_{gl}}{n_{gl} + p_{gl}}, \\ \mu_r &= \frac{\mu_p p_{gl} - \mu_n n_{gl}}{n_{gl} - p_{gl}} \end{aligned}\right\} \tag{50.7}$$

bedeuten und τ_{rel}, D und τ aus (44.2), (46.5) und (50.4) zu entnehmen sind.

Die Lösung der Differentialgleichung (50.5) setzt sich dann aus vier Gliedern mit verschiedenen „Felddiffusionslängen" zusammen. Wir haben hier zwischen drei Fällen zu unterscheiden:

Für $\tau \gg \tau_{\text{rel}}$ (und $|\mu^*| \approx |\mu_r|$) wird in (50.5) $L_1 = 0$, $L_2 = \sqrt{D\tau}$ und $L_3 = \mu^* \tau E_0$. Gl. (50.5) geht dann in (48.4) über. Die Neutralitätsbedingung im Halbleiterinneren ist erfüllt.

Für $\tau \ll \tau_{\text{rel}}$ (und $|\mu^*| \approx |\mu_r|$) treten an die Stelle des ambipolaren Diffusionskoeffizienten D und der ambipolaren Beweglichkeit μ^* die Größen D_r und μ_r. Ein charakteristischer Unterschied gegenüber dem Neutralfall ($\tau \gg \tau_{\text{rel}}$) liegt hier außer in dem Auftreten von Raumladungen darin, daß jetzt nicht die Beweglichkeit der Minoritätsträger das Geschehen beherrscht, sondern die der Majoritätsträger. Während D und μ^* für einen Überschußhalbleiter in D_p und μ_p übergehen, besitzen D_r und μ_r die Grenzwerte D_n und $-\mu_n$. Während im Neutralfall die „Gruppengeschwindigkeit" $\mu^* E_0$ in die Richtung des Minoritätsträgerflusses zeigt, ist hier die „Gruppengeschwindigkeit" $\mu_r E_0$ mit der Richtung der Majoritätsträgerbewegung gekoppelt.

Für $\tau \approx \tau_{\text{rel}}$ schließlich sind die maßgebenden Beweglichkeiten und Lebensdauern Mittelwerte aus μ^* und μ_r bzw. τ und τ_{rel}. Dieser Fall liegt auch dann vor, wenn zwar τ und τ_{rel} sich stark unterscheiden, jedoch μ_n und μ_p ebenfalls sehr unterschiedliche Größe besitzen.

Für eine ausführliche Diskussion dieser Fälle und ihre Bedeutung für die Photoleitfähigkeit vgl. die oben zitierte Arbeit von STÖCKMANN[1].

51. Einfluß von Haftstellen auf die Photoleitfähigkeit[2]. Sind neben den Rekombinationszentren noch Haftstellen im Halbleiter vorhanden, so wird von diesen die Photoleitfähigkeit stark beeinflußt. Wir wollen diesen Fall wegen seiner Wichtigkeit eingehender behandeln. Dabei beschränken wir uns auf Überschußleiter und fordern $n_{gl} \gg \delta n$, δp, p_{gl}. Ferner behandeln wir nur den Fall α) der vorletzten Ziffer, lassen also alle Randeffekte außer Acht. Im Halbleiterinneren betrachten wir außer den Rekombinationszentren noch *eine* Art von Haftstellen, die sich von den ersteren dadurch unterscheiden, daß Übergänge zwischen ihnen und dem Valenzband zwar leicht erfolgen können, Übergänge in das Leitungsband jedoch sehr unwahrscheinlich sind. Sie tragen also nur wenig zur Rekombination bei, wirken vielmehr hauptsächlich als Haftstellen für die Löcher.

Wir betrachten zunächst den stationären Zustand bei Einstrahlung einer Erzeugungsquote G.

[1] F. STÖCKMANN [26].

[2] H. Y. FAN: Phys. Rev. **92**, 1424 (1953); **93**, 911 (1954). — H. Y. FAN, D. NAVON u. H. GEBBIE: Physica, Haag **20**, 855 (1954). — J. R. HAYNES u. J. A. HORNBECK: Phys. Rev. **97**, 311 (1955); **100**, 606 (1955).

Ohne Haftstellen folgt dann aus (45.11) wegen $U_n = U_p = G$ und $n_{gl} \gg \delta n,\ \delta p, p_{gl}$

$$G = \frac{\alpha\,\delta p}{\beta + \delta p}, \quad \alpha = n_r r_n n_{gl}, \quad \beta = \frac{r_n}{r_p}(n_{gl} + n_1) + (p_{gl} + p_1), \tag{51.1}$$

also

$$\delta p = \frac{G\beta}{\alpha - G} \approx G\frac{\beta}{\alpha} = G\tau_0 \quad \text{wegen} \quad \delta p \ll n_{gl}, \quad G \ll \frac{\alpha\, n_{gl}}{\beta + n_{gl}} < \alpha. \tag{51.2}$$

Entsprechend findet man für die Überschußdichte der Elektronen in den Rekombinationszentren:

$$\delta n_r = n_{r^-} - n_{r^-gl} = -n_{r^-gl}\frac{\delta p}{\beta + \delta p} = -n_{r^-gl}\frac{G}{\beta/\tau_0 + G} \approx -n_{r^-gl}\frac{G}{\alpha}. \tag{51.3}$$

Die von den Dichteabweichungen verursachte Photoleitfähigkeit ist also

$$\delta\sigma = e\mu_n\delta n + e\mu_p\delta p = e(\mu_n + \mu_p)\,\delta p - e\mu_n\,\delta n_r = e\left[(\mu_n + \mu_p)\,\tau_0 + \mu_n\frac{n_{r^-gl}}{\alpha}\right]G. \tag{51.4}$$

Die Photoleitfähigkeit steigt *linear* mit der Lichteinstrahlung.

Mit Haftstellen dagegen liegen die Verhältnisse komplizierter. Definiert man analog zu den U der Rekombinationszentren entsprechende U_H für die Haftstellen, so wird im stationären Zustand $G = U + U_H$. Da wir hier annehmen, daß die Rekombination über die Rekombinationszentren und nicht über die Haftstellen verläuft, ist $U \gg U_H$, also $G \approx U = \delta p/\tau_0$, $\delta p = G\tau_0$.

Für die Dichte der überschüssigen Elektronen in den Haftstellen gilt analog zu (51.3):

$$\left.\begin{aligned} \delta n_H &= -n_{H^-gl}\frac{\delta p}{\beta_H + \delta p} = -n_{H^-gl}\frac{G}{\beta_H/\tau_0 + G}, \\ \beta_H &= \frac{r_{nH}}{r_{pH}}(n_{gl} + n_{1H}) + (p_{gl} + p_{1H}). \end{aligned}\right\} \tag{51.5}$$

Während für $\delta n \ll n_{gl}$ in (51.3) G neben β/τ_0 vernachlässigt werden konnte, ist dies allgemein in (51.5) nicht mehr möglich, da β_H wesentlich kleiner als β sein kann. Betrachten wir speziell einen hochdotierten Überschußleiter (FERMI-Niveau nahe dem Leitungsband), so ist $n_{gl} \gg n_1$ und n_{1H}, während $p_{gl} \ll p_1$ und p_{1H} wird. Man erhält dann

$$\frac{\beta_H}{\beta} = \frac{(r_{nH}/r_{pH})\,n_{gl} + p_{1H}}{(r_n/r_p)\,n_{gl} + p_1}. \tag{51.6}$$

Da nun in Überschußleitern sich n_{gl} nur wenig mit der Temperatur ändert, p_1 jedoch schnell mit steigender Temperatur wächst, überwiegen bei tiefen Temperaturen die ersten Glieder in Zähler und Nenner und β_H/β wird wegen $r_n \approx r_p$, $r_{nH} \ll r_{pH}$ sehr klein. Bei hohen Temperaturen überwiegen jedoch die beiden letzten Glieder, die angenähert von gleicher Grßenordnung sind, β_H wird also ungefähr gleich β.

Daraus folgt, daß sich die Haftstellen bei hohen Temperaturen nur wenig bemerkbar machen ($\delta\sigma$ ist weiterhin proportional G), daß bei tiefen Temperaturen dagegen die Haftstellen einen mit wachsendem G *absättigbaren* Anteil an der Photoleitfähigkeit liefern. Dies ist natürlich so zu verstehen, daß die in den Haftstellen überschüssigen Löcher wegen der Neutralitätsbedingung einen entsprechenden Elektronenüberschuß im Leitungsband festhalten, der die Photoleitfähigkeit vergrößert, während die Löcher in den Haftstellen lokal gebunden bleiben.

Wir betrachten jetzt noch den *Auf- und Abbau* der Photoleitfähigkeit in diesem Falle. Zur expliziten Durchführung beschränken wir uns auf so kleine G, daß noch keine Absättigung der Haftstellen erreicht ist, daß also $\delta n_H \ll n_{H-gl}$ ist. Ferner nehmen wir an, daß praktisch keine Übergänge zwischen den Haftstellen und dem Leitungsband stattfinden. Diese Annahme erleichtert die explizite Darstellung wesentlich, ohne dabei eine erhebliche Einschränkung der Allgemeingültigkeit der Ergebnisse zu verursachen[1].

Die hier geltenden Differentialgleichungen lauten dann:

$$\frac{\partial}{\partial t}\delta p = -\frac{\delta p}{\tau_0} + G - U_{pH}, \quad \frac{\partial}{\partial t}\delta p_H = U_{pH}, \tag{51.7}$$

wo noch die Dichte der überschüssigen Löcher $\delta p_H = -\delta n_H$ in den Haftstellen eingeführt wurde.

Die Rekombinationsüberschußquote U_{pH} Valenzband—Haftstellen lautet in dieser Näherung nach (45.11)

$$U_{pH} = r_{pH} n_{H-gl}\,\delta p - r_{nH}(p_{gl} + p_{1H})\,\delta p_H = \frac{\delta p}{\tau_t} - \frac{\delta p_H}{\tau_f}, \tag{51.8}$$

wo die neueingeführten τ_t und τ_f offensichtlich die Lebensdauer eines Loches im Valenzband bis zum Einfangen in eine Haftstelle *(Einfangszeit)* bzw. die Lebensdauer eines Loches in einer Haftstelle bis zur Abgabe an das Valenzband *(Verweilzeit)* bedeuten.

Durch Einsetzen von (51.8) in (51.7) gewinnt man als Lösung für das Abklingen der Photoleitfähigkeit nach Abschalten der Lichteinstrahlung (Randbedingungen für $t=0$: δp und δp_H stationär):

$$\left.\begin{aligned} \delta p &= G\tau_0\left(\frac{\alpha_1}{\alpha_1-\alpha_2}(1-\alpha_2\tau_f)\,\mathrm{e}^{-\alpha_2 t} - \frac{\alpha_2}{\alpha_1-\alpha_2}(1-\alpha_1\tau_f)\,\mathrm{e}^{-\alpha_1 t}\right),\\ \delta p_H &= G\tau_0\frac{\tau_f}{\tau_t}\left(\frac{\alpha_1}{\alpha_1-\alpha_2}\mathrm{e}^{-\alpha_2 t} - \frac{\alpha_2}{\alpha_1-\alpha_2}\mathrm{e}^{-\alpha_1 t}\right),\\ \alpha_{1,2} &= \frac{1}{2}\left(\frac{1}{\tau_0}+\frac{1}{\tau_t}+\frac{1}{\tau_f}\right) \pm \sqrt{\frac{1}{4}\left(\frac{1}{\tau_0}+\frac{1}{\tau_t}+\frac{1}{\tau_f}\right)^2 - \frac{1}{\tau_0\tau_f}}. \end{aligned}\right\} \tag{51.9}$$

Ähnliche Gleichungen gelten für den Aufbau der Photoleitfähigkeit.

Man erkennt hier bereits, daß das Abklingen der Photoleitfähigkeit durch zwei exponentielle Anteile bestimmt ist, deren Größenordnung sehr verschieden sein kann. Ist insbesondere die Lebensdauer der Elektron-Loch-Paare sehr klein gegen die beiden anderen Lebensdauern τ_f und τ_t, so wird $\alpha_1 = 1/\tau_0$ und $\alpha_2 = 1/\tau_f$, also wegen $\alpha_1 \gg \alpha_2$:

$$\delta p = G\tau_0\,\mathrm{e}^{-t/\tau_0}, \quad \delta p_H \approx G\frac{\tau_f^2}{\tau_t}\,\mathrm{e}^{-t/\tau_f}. \tag{51.10}$$

Der Abfall der Photoleitfähigkeit setzt sich hiernach aus zwei Teilen zusammen. Zunächst rekombinieren die Elektron-Loch-Paare mit der Lebensdauer τ_0, während dieser Zeit ändert sich nur wenig an der Besetzung der Haftstellen. Die aus den Haftstellen nur langsam freiwerdenden Löcher (Lebensdauer τ_f) halten also aus Neutralitätsgründen eine Dichteabweichung $\delta n = \delta p_H$ zurück, die mit der Lebensdauer τ_f durch Rekombination mit den frei werdenden Löchern verschwindet.

In vielen Fällen ist die Bedingung $\tau_0 \ll \tau_f$, τ_t nicht erfüllt, sondern nur $\tau_0 \ll \tau_f$ (diese Bedingung ist immer notwendig, um bei Messung des Abbaus von Dichteabweichungen den Einfluß der Haftstellen überhaupt zu beobachten). Dann wird $\alpha_1 \approx \frac{1}{\tau_0} + \frac{1}{\tau_t}$ und $\alpha_2 \approx \dfrac{1}{\tau_t + \dfrac{\tau_0\tau_f}{\tau_t}}$. Ist ferner noch $\tau_t \ll \tau_0$ (Einfangwahrscheinlichkeit $\gg$ Rekombinationswahrscheinlichkeit, „multiple trapping"), so wird

[1] Für eine exakte Durchführung vgl. E. S. Rittner [26].

$\alpha_1 \approx \frac{1}{\tau_t}$ und $\alpha_2 \approx \frac{\tau_t}{\tau_0 \tau_f}$. Der Abfall des δp_H und δp wird dann nach (51.9) durch zwei exponentielle Glieder beschrieben, von denen das eine ($\sim e^{-\alpha_1 t}$) für große t vernachlässigbar klein wird. Für große t erfolgt der Abfall von δp_H und δp (also der Abbau der Photoleitfähigkeit dann mit der Zeitkonstanten $\tau_\infty \approx \frac{\tau_0 \tau_f}{\tau_t}$.

Die Aussagen der hier entwickelten Theorie sind experimentell gut bestätigt. Während bei Germanium nur bei tiefen Temperaturen die Verweilzeiten in den Haftstellen lang genug sind, um Sättigung und An- und Abklingen mit zwei Zeitkonstanten nachzuweisen[1], konnten diese Effekte in Si schon bei Zimmertemperatur gefunden werden[2, 3].

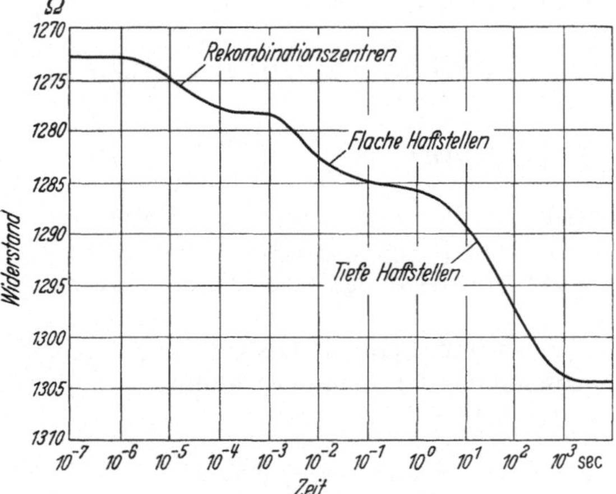

Fig. 51. Abklingen der Photoleitfähigkeit in p-Silizium, mit zwei Sorten von Haftstellen und einer Art von Rekombinationszentren nach Haynes und Hornbeck.

Sind mehrere Haftstellentypen vorhanden, so kann sich der Abklingprozeß um weitere exponentielle Glieder vergrößern. Messungen an Si zeigten z.B. drei verschiedene Lebensdauern beim Abklingen, die einem Rekombinationszentrum und zwei verschiedenen Haftstellentypen zuzuschreiben sind (Fig. 51)[3].

52. Löcherinjektion. Neben der Möglichkeit, durch Lichteinstrahlung überschüssige Elektron-Loch-Paare im Halbleiterinneren zu erzeugen, ist die *Injektion von Minoritätsträgern* das wichtigste Hilfsmittel zur Erzeung von Dichteabweichungen.

Unter dem Begriff der Injektion wird hier folgendes verstanden: Grenzt an einen Überschußhalbleiter ein Gebiet überwiegender Löcherdichte, also ein p-n-Übergang oder Kontakt mit Inversionsschicht (vgl. Ziff. 76), so fließen unter dem Einfluß eines elektrischen Feldes, welches so gerichtet ist, daß es Elektronen auf die Grenzfläche hintreibt, nicht nur Elektronen aus dem Halbleiterinneren ab, sondern auch Löcher aus dem p-Gebiet in den Halbleiter hinein. Ist insbesondere die Löcherdichte im p-Gebiet groß gegen die Elektronendichte im n-Gebiet, so wird der Stromfluß durch die Grenzfläche vorwiegend von den hereinströmenden Löchern getragen. Diese rekombinieren dann auf ihrem weiteren Weg mit den ihnen entgegenströmenden Elektronen, so daß tief im Inneren der Strom wieder nur von Elektronen getragen wird.

Entsprechend zu dieser *Löcherinjektion* aus p-n-Übergängen oder geeigneten Kontakten in Überschußleiter ist natürlich auch eine *Elektroneninjektion* in Defekthalbleiter möglich. Auf den genaueren Mechanismus der Injektion gehen wir in den Ziff. 62 und 76 näher ein. Hier interessiert zunächst nur, daß es mit Hilfe solcher injizierender Kontakte möglich ist, Minoritätsträger in das Halbleiterinnere hineinzubringen. Der Unterschied gegenüber der Erzeugung von Ladungsträgern durch Lichteinstrahlung liegt hier nur in der Tatsache, daß bei der letzteren Elektron-Loch-Paare gebildet werden, während bei der Injektion nur *eine* Art

[1] H. A. Gebbie, M. Nisenoff u. H. Y. Fan: Phys. Rev. **91**, 230 (1953).

[2] J. R. Haynes u. J. A. Hornbeck: Phys. Rev. **90**, 152 ,491 (1953).

[3] J. R. Haynes u. J. A. Hornbeck: Phys. Rev. **97**, 311 (1955); **100**, 606 (1955), dort auch weitere Einzelheiten zur Theorie und zur Bestimmung der Haftstellenparameter.

von Ladungsträgern hereingebracht wird. Solange die Dichte der injizierten Ladungsträger jedoch klein ist gegen die Dichte der Majoritätsträger, treten keine wesentlichen Raumladungen auf, da die Majoritätsträger diese leicht ausgleichen können. Zu einer hereingebrachten Dichte δp gesellt sich sofort eine entsprechende Abweichung δn und sorgt für Neutralität. Für das Verhalten der Dichteabweichung spielt es dann also praktisch keine Rolle, ob sie durch Injektion oder durch Lichteinstrahlung verursacht worden ist.

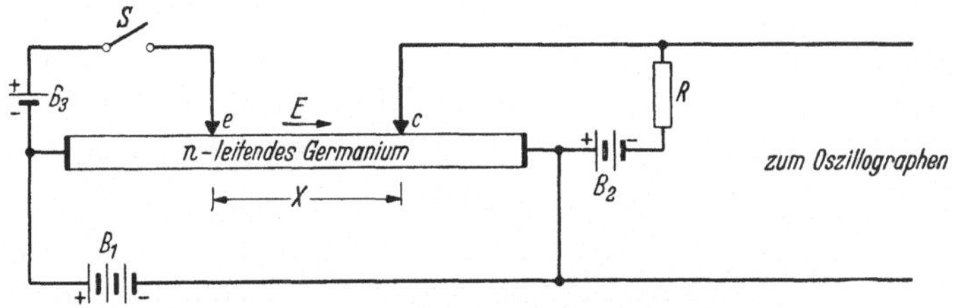

Fig. 52. Löcherinjektion (experimentelle Anordnung).

Als einfachstes Beispiel der experimentellen Untersuchung der Löcherinjektion betrachten wir den grundlegenden Versuch von SHOCKLEY, PEARSON und HAYNES[1]: An einem dünnen n-leitenden Halbleiterstab (Fig. 52) liegt ein elektrisches Feld E, das durch eine Spannungsquelle B_1 aufrechterhalten wird. B_1 ist so gepolt, daß im Halbleiter Elektronen von rechts nach links laufen. Auf dem Stab sind im Abstand X Spitzenkontakte angebracht. Der eine *(Emitter)* kann mit Hilfe einer Spannungsquelle B_3 und eines Schalters S eine positive Vorspannung erhalten. Der andere *(Collector)* ist über einen Lastwiderstand R durch eine Batterie B_2 negativ vorgespannt. Spannungsänderungen am Collector können oszillographisch sichtbar gemacht werden.

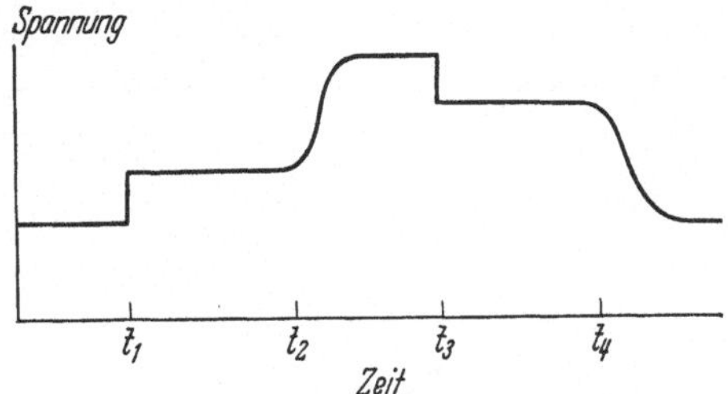

Fig. 53. Verlauf der Collectorspannung bei der Löcherinjektion.

Schließt man den Schalter S für eine kurze Zeit, so beobachtet man den in Fig. 53 gezeigten Spannungsverlauf. Wird der Schalter geschlossen, so steigt die Spannung durch das Hinzuschalten von B_3 sprunghaft an (Zeit t_1). Ein Teil des Elektronenstromes verläßt jetzt den Halbleiter am Emitter, und gleichzeitig werden von diesem Löcher in den Halbleiterstab injiziert. Diese laufen in Richtung des Feldes und kommen nach der Laufzeit $t_2 - t_1$ am Collector an. Der hierdurch verursachte Spannungsanstieg setzt nicht sprunghaft ein, da die Löcher durch Diffusion (und eventuell durch zeitweiliges Eingefangenwerden in Haftstellen) verschiedene Laufzeiten benötigen, um zum Collector zu gelangen. Wird durch Öffnen des Schalters S zur Zeit t_3 die zusätzliche Spannungsquelle B_3 abgeschaltet, so sinkt die Spannung am Collector zunächst um den Betrag, um den sie zur Zeit t_1 anstieg. Die noch im Halbleiter vorhandenen Löcher benötigen aber wieder eine endliche Laufzeit, bis sie zum Collector gelangen. Ihr Einfluß auf die Collectorspannung endet also erst zur Zeit t_4. Wird S nur für eine Zeit geschlossen, die kurz gegen $t_2 - t_1$ ist, so ergibt sich das Bild der Fig. 54.

Wir wollen nun die hier beschriebenen Vorgänge quantitativ erfassen und diskutieren. Dazu teilen wir den den Emitter verlassenden Strom i_e in seinen

[1] W. SHOCKLEY, G. L. PEARSON u. J. R. HAYNES: Bell. Syst. Techn. J. **28**, 344 (1949). Dort auch weitere Literaturangaben.

Elektronenanteil i_{en} und seinen Löcheranteil $i_{ep}=\gamma i_e$ auf. Die Löcherdichte wird im Halbleiterinneren um den Betrag δp erhöht, und um den gleichen Betrag steigt die Elektronendichte an. Beschränken wir uns auf reine Überschußleiter, so können wir die Gleichgewichtsdichte der Löcher gegen δp vernachlässigen und erhalten:

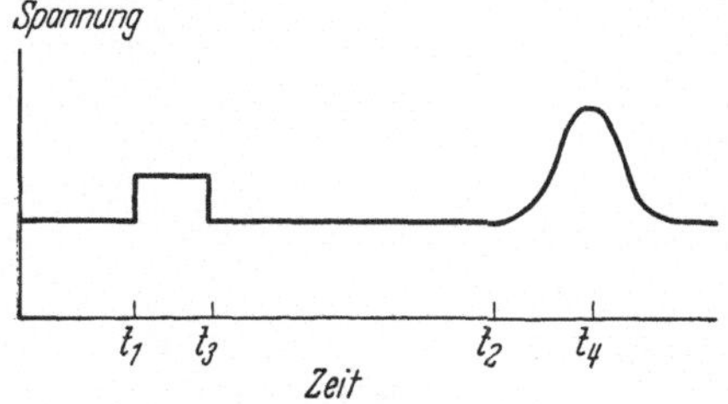

Fig. 54. Verlauf der Collectorspannung bei kurzzeitiger Injektion.

$$\left.\begin{aligned} &\text{Leitfähigkeit ohne Löcherinjektion:}\\ &\qquad \sigma_0 = e\mu_n n_{gl},\\ &\text{Leitfähigkeit mit Löcherinjektion:}\\ &\qquad \sigma = e\mu_u(n_{gl}+\delta p) + e\mu_p\,\delta p. \end{aligned}\right\} \quad (52.1)$$

Die injizierten Löcher laufen jetzt in Richtung des Feldes mit der Geschwindigkeit $\mu_p E$, gleichzeitig rekombinieren sie mit den im Überschuß vorhandenen Elektronen. Die am Collector ankommende Löcherdichte ist also

$$\delta p(X) = \delta p(0)\,\mathrm{e}^{-\frac{t_2-t_1}{\tau}}, \qquad (52.2)$$

wo die Laufzeit durch

$$t_2 - t_1 = \frac{X}{\mu_p E} \qquad (52.3)$$

gegeben ist. Für τ ist hier natürlich die effektive Lebensdauer (unter Berücksichtigung der Oberflächenrekombination) zu nehmen. Ist im Gleichgewicht die Löcherdichte nicht gegen die Elektronendichte vernachlässigbar, so ist außerdem in (52.2) die Löcherbeweglichkeit durch die effektive Beweglichkeit μ^* zu ersetzen.

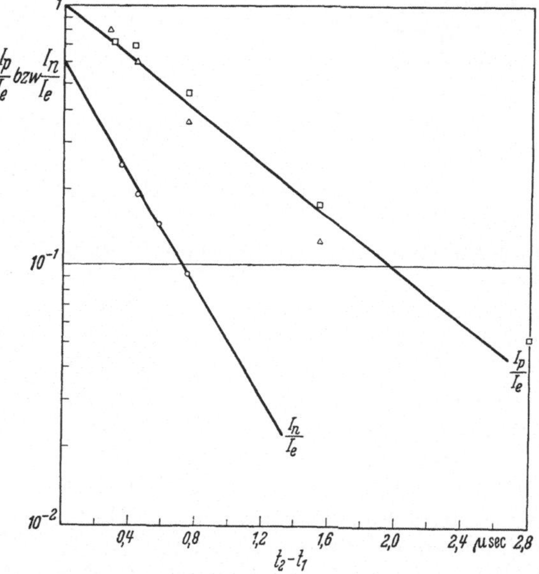

Fig. 55. Die Abhängigkeit des den Collector erreichenden Injektionsstromes von der Laufzeit, nach SHOCKLEY, PEARSON und HAYNES.

Zur experimentellen Bestimmung von δp ersetzt man den Collector durch zwei dicht benachbarte Spitzenkontakte, mißt den Spannungsabfall und bestimmt damit den Leitwert $G=I/\delta V$. Das Verhältnis des Leitwertes mit und ohne Löcherinjektion ergibt nach (52.1) direkt:

$$\left.\begin{aligned} &\frac{G}{G_0} = \frac{\sigma}{\sigma_0} = 1 + \left(1+\frac{\mu_p}{\mu_n}\right)\frac{\delta p}{n_{gl}}\\ &\text{also } \delta p = \frac{n_{gl}}{1+\mu_p/\mu_n}\left(\frac{G}{G_0}-1\right). \end{aligned}\right\} \quad (52.4)$$

Gl. (52.2) und (52.4) kann man benutzen, um die Lebensdauer τ und den Faktor γ (Anteil des Löcherstromes am Emitterstrom) zu bestimmen. Man mißt hierzu $i_p = e\mu_p\,\delta p E$ und trägt i_p/i_e in Abhängigkeit von t_2-t_1, also von E auf. Fig. 55 zeigt eine solche Messung für Löcherinjektion in überschußleitendes Germanium sowie Elektroneninjektion in defektleitendes Germanium. In logarithmischem Maßstab müssen die Meßkurven wegen (52.2) Geraden sein. Ihr extrapolierter Schnittpunkt mit der Ordinate ($t_2-t_1=0$) gibt dann direkt γ und ihre Neigung τ.

Die geschilderte Anordnung läßt sich nun weitgehend abändern. So kann z. B. der Emitter durch Lichteinstrahlung ersetzt werden. Oder die linke Elektrode kann direkt als Emitter benutzt werden und die Injektion durch einen kurzen Impuls über einem konstanten Schwemmfeld erreicht werden. Die wichtigsten dieser Möglichkeiten sind in Ziff. 90 geschildert.

Entsprechend zur Injektion von Minoritätsträgern ist durch Umpolen der Emitterspannung in gemischten Halbleitern auch eine *Extraktion* von Minoritätsträgern möglich. Der (gleichrichtende) Emitterkontakt ist dann in Sperrrichtung belastet (vgl. Ziff. 73), und der ihn durchfließende Sättigungsstrom bewirkt unter geeigneten Voraussetzungen wesentlich nur eine Extraktion von Minoritätsträgern. Der hierbei geschaffene Dichteunterschuß läuft dann im Schwemmfeld (gleicher Polung!) zum Collector und bewirkt dort einen Spannungsabfall[1].

53. Der Fadentransistor. Wir wollen nun die in der letzten Ziffer beschriebene Beeinflussung des Leitwertes eines dünnen Halbleiterstabes durch Injektion von

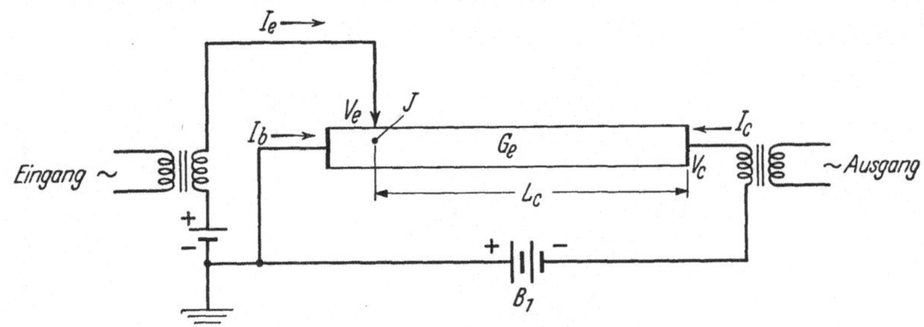

Fig. 56. Der Fadentransistor.

Minoritätsträgern noch näher betrachten. Dazu ändern wir die in Fig. 52 gegebene Anordnung in der folgenden Weise ab (Fig. 56). Ein dünner „fadenförmiger" Stab eines Überschußhalbleiters liegt in einem von der Batterie B_1 gespeisten Stromkreis. Die Kontakte (*Basis*kontakt und *Collector*kontakt) seien sperrfrei, d.h. es trete keine Injektion von Löchern auf. Im Abstand L_c vom Collector befindet sich ein Spitzenkontakt *(Emitter)*, der zusammen mit der Basis in einem zweiten Stromkreis liegt. Die beiden Spannungsquellen der beiden Kreise seien so gepolt, daß der Emitter Löcher injiziert, die unter dem Einfluß des Schwemmfeldes zum Collector hingetrieben werden.

Es ist dann möglich, mit Hilfe eines in den Emitterkreis gegebenen Signals durch Löcherinjektion den Leitwert des Collectorkreises und damit den Stromfluß in diesem Kreis zu beeinflussen. Wir werden sehen, daß diese Anordnung Verstärkungseigenschaften besitzt *(Fadentransistor)*.

Betrachten wir zunächst den Emitterkreis: Bedeutet J einen Punkt unmittelbar unter dem Emitter im Halbleiterinneren, so ist der Emitterstrom I_e abhängig von der Spannungsdifferenz $V_e - V_J$. V_J ist hier (da die Basis geerdet sein soll) proportional dem Basistrom:

$$V_e - V_J = f(I_e), \qquad V_J = -r_b I_b. \tag{53.1}$$

Man beachte, daß die Vorzeichen der Ströme so gewählt sind, daß in den Halbleiter fließende Ströme positiv gerechnet werden. Mit Hilfe der KIRCHHOFFschen Regel: $I_b + I_c + I_e = 0$ erhält man dann für die Abhängigkeit der Emitterspannung

[1] P. C. BANBURY: Proc. Phys. Soc. Lond. B **66**, 50 (1953). — S. J. ANGELLO u. T. E. EBERT: Phys. Rev. **96**, 221 (1954). — J. B. ARTHUR, W. BARDSLEY, M. A. C. S. BROWN u. A. F. GIBSON: Proc. Phys. Soc. Lond. B **68**, 43 (1955). — A. F. GIBSON: Physica, Haag **20**, 1058 (1954). — R. BRAY: Phys. Rev. **100**, 1047 (1955).

vom Emitter- und Collectorstrom:

$$V_e = f(I_e) + r_b(I_e + I_c), \tag{53.2}$$

oder wenn man ein auf eine Gleichstromvorbelastung gegebenes kleines Signal betrachtet und noch den differentiellen Emitterwiderstand $r_e = f'(I_e)$ einführt:

$$v_e = (r_b + r_e)\, i_e + r_b i_c. \tag{53.3}$$

Der im *Collectorkreis* fließende Strom ist andererseits

$$\frac{I_c}{Q} = e\mu_n n_{gl}(E_0 + \delta E) + e(\mu_n + \mu_p)(E_0 + \delta E)\,\delta p, \tag{53.4}$$

wo Q der Querschnitt des Stabes, E_0 die ohne Injektion im Stab vorhandene Feldstärke und δE deren Änderung durch Injektion bedeutet.

Unter Vernachlässigung des Gliedes mit $\delta E\,\delta p$ folgt nach Integration über den Abstand Emitter-Collector und Division durch L_c:

$$\left.\begin{aligned} \frac{I_c}{Q} &= e\mu_n n_{gl}\frac{1}{L_c}\int_0^{L_c} E\,dx + e(\mu_n + \mu_p)\,E_0\,\delta p(0)\,\frac{1}{L_c}\int_0^{L_c} \mathrm{e}^{-\frac{x}{\mu_p E_0 \tau_p}}\,dx \\ &= \frac{e\mu_n n_{gl}}{L_c}(V_c - V_J) + e(\mu_n + \mu_p)\,E_0\,\delta p(0)\,\frac{\mu_p E_0 \tau_p}{L_c}\left(1 - \mathrm{e}^{-\frac{L_c}{\mu_p E_0 \tau_p}}\right) \end{aligned}\right\} \tag{53.5}$$

oder

$$I_c = \frac{1}{r_c}(V_c - V_J) - \gamma I_e(1 + b)\,\beta, \tag{53.6}$$

wo

$$r_c = \frac{L_c}{\sigma_0 Q}, \qquad \beta = \frac{\mu_p E_0 \tau_p}{L_c}\left(1 - \mathrm{e}^{-\frac{L_c}{\mu_p E_0 \tau_p}}\right) \tag{53.7}$$

bedeuten und die Beziehung

$$I_{ep} = \gamma I_e = -\,e\mu_p\,\delta p(0)\,E_0 Q \tag{53.8}$$

benutzt wurde.

Mit (53.1) und (53.2) folgt nunmehr

$$V_c = (r_c + r_b)\,I_c + (r_c\alpha_e + r_t)\,I_e, \qquad \alpha_e = (1 + b)\,\gamma\beta \tag{53.9}$$

oder die der Gl. (53.3) entsprechende Gleichung:

$$v_c = (r_c + r_b)\,i_c + (r_c\alpha_e + r_b)\,i_e. \tag{53.10}$$

Aus (53.3) und (53.10) lassen sich nun die Verstärkungseigenschaften dieses Fadentransistors leicht ableiten. Wir beschränken uns auf den Fall $r_b \ll r_c, r_e$, eine Beschränkung, die sich durch einen möglichst kleinen Abstand Basis--Emitter realisieren läßt. Dann ergibt sich:

1. Stromverstärkung. Wir betrachten speziell den Kurzschlußfall, setzen also $v_c = 0$. Dann wird

$$\text{Stromverstärkungsfaktor:}\quad -\frac{i_c}{i_e} = \frac{r_c\alpha_e + r_b}{r_c + r_b} \approx \alpha_e. \tag{53.11}$$

Die Stromverstärkung ist also nach (53.9) proportional γ, β und $(1+b)$. Dies läßt sich anschaulich leicht verstehen. Der Faktor γ gibt an, wie groß der Anteil der injizierten Löcher am Emitterstrom ist, also der Anteil, der eine Leitfähigkeitsmodulation im Collectorkreis hervorruft. Der Faktor β beschreibt die Rekombination der injizierten Löcher im Collectorkreis. Je größer deren Lebensdauer ist, desto stärker ist natürlich ihr Einfluß auf die Leitfähigkeit. Die Abhängigkeit der Stromverstärkung von dem Beweglichkeitsverhältnis der Elektronen und Löcher beruht schließlich auf der Raumladungswirkung der injizierten Löcher. Zur Kompensation dieser Raumladung fließt ja den Löchern im Collectorkreis ein zusätzlicher Elektronenstrom entgegen, der um so größer ist, je schneller die Elektronen sich bewegen. Da γ und β maximal gleich 1 werden können, ist eine Stromverstärkung überhaupt nur durch diesen zusätzlichen Kompensationsstrom möglich.

2. *Spannungsverstärkung.* Hier betrachten wir speziell den Leerlauffall ($i_c = 0$). Dieser Fall läßt sich durch Einschalten eines unendlich großen Lastwiderstandes in den Collectorkreis gedanklich realisieren. Dann wird

$$\text{Spannungsverstärkungsfaktor:} \quad -\frac{v_c}{v_e} = \frac{r_c \alpha_e + r_b}{r_e + r_b} \approx \alpha_e \frac{r_c}{r_e}. \tag{53.12}$$

Zusätzlich zu der Abhängigkeit von α_e kommt hier noch eine Abhängigkeit vom Verhältnis von Collectorwiderstand zu differentiellem Emitterwiderstand hinzu. Man kann nach (53.7) den Collectorwiderstand sehr groß machen, wenn man den Querschnitt des Halbleiters sehr klein und seine Länge sehr groß wählt.

3. Wir geben zum Abschluß noch die *Leistungsverstärkung* bei angepaßtem Lastwiderstand im Collectorkreis an. Hier folgt:

$$\frac{u_c i_c}{u_e i_e} \approx \frac{1}{4} \alpha_e^2 \frac{r_c}{r_e}. \tag{53.13}$$

Für die näheren Einzelheiten sei jedoch auf die Literatur verwiesen[1].

54. HALL-Effekt. Die in den letzten Ziffern behandelten Möglichkeiten der Erzeugung von Dichteabweichungen durch Lichteinstrahlung und Injektion von Minoritätsträgern bilden die beiden wichtigsten Mittel, zusätzlich Ladungsträger in den Halbleiter hineinzubringen. Daneben können jedoch Dichteabweichungen durch gekreuzte elektrische und magnetische Felder hervorgerufen werden. Wir haben bereits in Ziff. 31 gesehen, daß bei der üblichen Anordnung zur Messung des transversalen HALL-Effektes in gemischten Halbleitern die Elektronen und Löcher durch die LORENTZ-Kraft in die gleiche Richtung abgelenkt werden, also in diese Richtung ein Stromfluß von Elektron-Loch-Paaren ohne Ladungstransport erfolgen kann. Ist diese Richtung durch eine freie Oberfläche begrenzt, so werden sich die Elektron-Loch-Paare an der Oberfläche stauen und eine neutrale Dichteüberhöhung hervorrufen. Von der entgegengesetzten Oberfläche werden andererseits Elektron-Loch-Paare weggeschwemmt werden, so daß dort bei hinreichend kleiner Nacherzeugung ein Dichteunterschuß zurückbleibt. Wir hatten diesen Effekt in Ziff. 31 ausgeschlossen durch die Annahme einer verschwindend kleinen Lebensdauer der Elektron-Loch-Paare, also eines sehr schnellen Ausgleiches aller Dichteabweichungen. Ganz wird dann jedoch das Auftreten von Dichteabweichungen nicht unterdrückt. Die der LORENTZ-Kraft entgegenwirkende HALL-Spannung wird ja gerade durch Dichteabweichungen *einer* Ladungsträgersorte in Gebieten dicht unter den Oberflächen und die damit verbundene Raumladung hervorgerufen. Diese Raumladungen können sich aber nur über einige DEBYE-Längen, also nach Ziff. 44 über Bereiche der Größenordnung 10^{-6} cm erstrecken und spielen für die Dichteverteilung der Ladungsträger im Halbleiterinneren keine Rolle.

---

[1] W. SHOCKLEY, G. L. PEARSON u. J. R. HAYNES: Bell Syst. Techn. J. **28**, 344 (1949). — W. SHOCKLEY [*15*], S. 77. — E. SPENKE [*16*], S. 107.

Anders bei nichtverschwindender Lebensdauer der Elektron-Loch-Paare. Hier treten Dichteabweichungen auf, die sich (neutral) über große Gebiete des Halbleiterinneren ausdehnen können und die galvanomagnetischen Effekte beeinflussen.

Die Diffusionsgleichungen lauten, wenn wir das primäre elektrische Feld in die x-Richtung und das Magnetfeld in die z-Richtung legen, im stationären Zustand für die y-Komponenten der Teilchenströme:

$$\frac{d}{dy} j_n = \frac{d}{dy} j_p = -\frac{\delta n}{\tau}, \tag{54.1}$$

$$\left.\begin{aligned} j_n &= -\mu_n n E_y - \frac{3\pi}{8}\mu_n^2 n E_x B_z - D_n \frac{\partial}{\partial y}\delta n, \\ j_p &= \mu_p p E_y - \frac{3\pi}{8}\mu_p^2 p E_x B_z - D_p \frac{\partial}{\partial y}\delta n \end{aligned}\right\} \tag{54.2}$$

mit den Randbedingungen

$$j_n = j_p = \pm s\,\delta n \quad \text{an den Oberflächen.} \tag{54.3}$$

Durch Elimination von E_y aus (54.2) folgt weiterhin für den Teilchenstrom der Elektron-Loch-Paare in der y-Richtung

$$j = -\frac{3\pi}{8}\frac{\mu_n + \mu_p}{\mu_n n + \mu_p p} n p \mu_n \mu_p E_x B_z - \frac{kT}{e}\mu_n \mu_p \frac{n+p}{\mu_n n + \mu_p p}\frac{\partial}{\partial y}\delta n. \tag{54.4}$$

Der Teilchenstrom besteht also aus einem die Dichteabweichungen verursachenden Feldglied und einem durch die Dichteabweichungen hervorgerufenen rücktreibenden Diffusionsglied $-D\,\delta n'$ mit D aus (46.5)

Für die HALL-Feldstärke folgt aus (54.2)

$$E_y = -\frac{3\pi}{8}\frac{\mu_n^2 n - \mu_p^2 p}{\mu n_n + \mu_p p} E_x B_z - \frac{kT}{e}\frac{\mu_n - \mu_p}{\mu_n n + \mu_p p}\frac{\partial}{\partial y}\delta n. \tag{54.5}$$

Hier gibt das erste Glied die schon bei $\tau = 0$ auftretende HALL-Feldstärke, also die für eine gleiche Ablenkung der Elektron-Loch-Paare notwendige Feldstärke, während das zweite Glied nach (46.4) für einen Gleichlauf des Diffusionsanteils von j sorgt.

Aus (54.1) und (54.4) läßt sich mit den Randbedingungen (54.3) die Dichteverteilung der Elektron-Loch-Paare bei gegebener Volumen- und Oberflächenrekombination und Breite des Halbleiters in der y-Richtung bestimmen und daraus die resultierende HALL-Feldstärke gewinnen.

Wir wollen dies hier nur in dem Grenzfall $\tau \to \infty$, $s \to 0$, also für den Fall des Verschwindens jeglicher Rekombination durchführen. Dann ergibt sich aus (54.1) und (54.3) $j = 0$ (völlige Kompensation des Feldanteils durch den Diffusionsanteil im stationären Zustand) und für E_y folgt:

$$\left.\begin{aligned} E_y &= -\frac{3\pi}{8} E_x B_z \left(\frac{\mu_n^2 n - \mu_p^2 p}{\mu_n n + \mu_p p} - \frac{n p}{n+p}\frac{\mu_n^2 - \mu_p^2}{\mu_n n + \mu_p p}\right) \\ &= -\frac{3\pi}{8}\frac{\mu_n n - \mu_p p}{n+p} E_x B_z. \end{aligned}\right\} \tag{54.6}$$

Vergleicht man diesen Ausdruck mit der Näherung $\tau = 0$, $s = \infty$ speziell für den Eigenleiter, für den die Abweichungen am stärksten ausgeprägt sind, so findet man

$$\left.\begin{aligned} E_y &= -\frac{3\pi}{8}(\mu_n - \mu_p) E_x B_z \quad \text{für} \quad \tau = 0,\ s = \infty, \\ &= -\frac{3\pi}{16}(\mu_n - \mu_p) E_x B_z \quad \text{für} \quad \tau = \infty,\ s = 0. \end{aligned}\right\} \tag{54.7}$$

Die HALL-Feldstärke kann also durch die Dichteabweichungen bis auf die Hälfte erniedrigt werden.

Für endliche τ und s sowie bei Berücksichtigung der Oberflächenrekombination auf den Oberflächen in der z-Richtung ergeben sich Zwischenwerte, die wir hier jedoch nicht angeben wollen[1].

Neben der Beeinflussung des HALL-Effekts durch Bildung von Dichteabweichungen in gekreuzten elektrischen und magnetischen Feldern kann die Widerstandsänderung im Magnetfeld sich hier stark ändern, da bei Abweichungen von den Gleichgewichtsdichten in der y-Richtung die Gesamtzahl der Ladungsträger im Halbleiterinneren nicht erhalten bleiben braucht. Wir gehen hierauf in der folgenden Ziffer ein, beschränken uns aber dabei auf Eigenhalbleiter.

55. Die magnetische Sperrschicht[2]. Wir wollen uns jetzt mit der Gestalt der Dichteverteilung in einem Eigenhalbleiter unter dem Einfluß gekreuzter elektrischer und mangetischer Felder näher befassen.

Hier lauten die Grundgleichungen für den stationären Zustand, wenn wir wieder lineare Volumen- und Oberflächenrekombination annehmen, nach (54.1) bis (54.4):

$$j' = \delta n/\tau. \tag{55.1}$$

$$j = \pm s\,\delta n \quad \text{an den Oberflächen}, \tag{55.2}$$

$$j = -\frac{3\pi}{8}\mu_n \mu_p n E_x B_z - \frac{\mathrm{k}T}{e}\frac{2\mu_n\mu_p}{\mu_n+\mu_p}\delta n' = -D\left(\frac{n}{y_d} + \delta n'\right), \tag{55.3}$$

wo j die Teilchenstromdichte der Elektron-Loch-Paare in der y-Richtung, D die ambipolare Diffusionskonstante (47.5) für den Eigenhalbleiter und der $'$ die Ableitung nach y bedeutet und y_d durch

$$\frac{1}{y_d} = \frac{3\pi}{8}\frac{e}{\mathrm{k}T}\frac{\mu_n+\mu_p}{2}E_x B_z \tag{55.4}$$

definiert ist.

Aus (55.1) bis (55.3) folgt:

$$\left.\begin{aligned} &\delta n'' + \frac{1}{y_d}\delta n' - \frac{1}{L^2}\delta n = 0,\\ &\delta n' + \frac{1}{y_d}(n_i + \delta n) \pm \frac{1}{L_s}\delta n = 0 \quad \text{für} \quad y = \pm\frac{b}{2},\\ &L = \sqrt{D\tau}, \quad L_s = \frac{D}{s}, \quad b = \text{Breite des Halbleiters in der } y\text{-Richtung.}\end{aligned}\right\} \tag{55.5}$$

L und L_s sind also hier die in (46.9) bzw. (47.2) eingeführten charakteristischen Längen der Volumen- bzw. Oberflächenrekombination. Eine Bedeutung von y_d als charakteristische Länge der beiden anderen die Gestalt der Dichteverteilung beeinflussenden Faktoren des LORENTZ-Feldes und der Rückdiffusion erhält man sofort, wenn man den Grenzfall verschwindender Rekombination ($\tau = \infty$, $s = 0$, d.h. $L = L_s = 0$) betrachtet, dann wird nach (55.5):

$$\delta n \sim \mathrm{e}^{-y/y_d}. \tag{55.6}$$

Die Dichte fällt also exponentiell von der einen Oberfläche zur anderen ab mit einer „Diffusionslänge" y_d. In diesem Fall bleibt die Zahl der im Halbleiter

[1] R. LANDAUER u. J. SWANSON: Phys. Rev. **91**, 555 (1953). — P. C. BANBURY, H. K. HENISCH u. A. MANY: Proc. Phys. Soc. Lond. A **66**, 753 (1953).

[2] H. WELKER: L'onde électrique **30**, 309 (1950). — Z. Naturforsch. **6**a, 184 (1951). — O. MADELUNG, L. TEWORTH u. H. WELKER: Z. Naturforsch. **10**a, 476 (1955). — E. WEISSHAAR u. H. WELKER: Z. Naturforsch. **8**a, 681 (1953). — E. WEISSHAAR: Z. Naturforsch. **10**a, 488 (1955).

enthaltenen Ladungsträger konstant:

$$\int_{-b/2}^{+b/2} \delta n \, dy = b n_i, \tag{55.7}$$

und am Leitwert des Halbleiters in der x-Richtung ändert sich nichts.

Dies wird sofort anders, wenn man eine endliche Volumen- und Oberflächenrekombination zuläßt. Vernachlässigen wir zunächst weiterhin die Volumenrekombination, nehmen aber $s=0$ an. Dann rekombinieren die Elektronen-Loch-Paare an der einen Oberfläche mit einer der Dichteabweichung proportionalen Rekombinationsquote, während an der anderen Oberfläche, von der die Ladungsträger weggeschwemmt werden, neue Paare in einer δn proportionalen Zahl erzeugt werden. Während nun an dieser *Verarmungsseite* δn maximal den Wert $-n_i$ annehmen kann, (der Halbleiter ist dann dort völlig von Ladungsträgern entblößt), kann δn auf der *Anreicherungsseite* unbeschränkt wachsen. Es werden dort also mehr Paare rekombinieren, als von der anderen Seite nachgeliefert werden. Dies führt zu einer Absenkung der δn-Werte an den beiden Oberflächen und damit zu einem neuen stationären Zustand, in welchem sich Rekombination und Erzeugung wieder die Waage halten, die Gesamtdichte der Elektron-Loch-Paare aber jetzt kleiner als $b n_i$ ist, der Halbleiter also in der x-Richtung einen größeren Widerstand besitzt.

Nach diesen Bemerkungen geben wir die explizite Lösung der Differentialgleichung (55.5) an, wobei wir noch verschiedene Oberflächenrekombination an den beiden Oberflächen (S an der Anreicherungsseite, s an der Verarmungsseite) zulassen:

$$n = n_i + \delta n = n_i - C_1 \exp\left(-\frac{1}{L_V}\left(\frac{b}{2} - y\right)\right) + C_2 \exp\left(-\frac{1}{L_A}\left(\frac{b}{2} + y\right)\right), \tag{55.8}$$

$$\left.\begin{aligned}
C_1 &= \frac{n_i}{N y_d}\left(\left(\frac{1}{L_V} + \frac{1}{L_S}\right) - \left(\frac{1}{L_V} - \frac{1}{L_s}\right) e^{-\frac{b}{L_A}}\right),\\
C_2 &= \frac{n_i}{N y_d}\left(\left(\frac{1}{L_A} + \frac{1}{L_s}\right) - \left(\frac{1}{L_A} - \frac{1}{L_S}\right) e^{-\frac{b}{L_V}}\right),\\
N &= \left(\frac{1}{L_A} + \frac{1}{L_s}\right)\left(\frac{1}{L_V} + \frac{1}{L_S}\right) - \left(\frac{1}{L_A} - \frac{1}{L_S}\right)\left(\frac{1}{L_V} - \frac{1}{L_s}\right) e^{-\frac{b}{2}\left(\frac{1}{L_A} + \frac{1}{L_V}\right)}
\end{aligned}\right\} \tag{55.9}$$

mit

$$\frac{1}{L_{A,V}} = \frac{1}{2}\left(\sqrt{\frac{1}{y_d^2} + \frac{4}{L^2}} \pm \frac{1}{y_d}\right). \tag{55.10}$$

Die L_A und L_V sind „Felddiffusionslängen" der in (48.9) betrachteten Art. (55.10) und (49.9) stimmen formal völlig überein, wenn man

$$\frac{1}{y_d} = \frac{\bar{\mu} E_L}{2D}, \qquad \frac{1}{\bar{\mu}} = \frac{1}{2}\left(\frac{1}{\mu_n} + \frac{1}{\mu_p}\right), \qquad E_L = \frac{3\pi}{8}(\mu_n + \mu_p) E_x B_z \tag{55.11}$$

setzt. An die Stelle des elektrischen Feldes E_0 in (48.9) tritt also das LORENTZ-Feld E_L und an die Stelle der ambipolaren Beweglichkeit in einem auf Elektronen und Löcher gegensinnig wirkenden Feld μ^* tritt die auch in D auftretende effektive Beweglichkeit $\bar{\mu}$ in einem auf Elektronen und Löcher gleichsinnig wirkenden Feld[1].

Aus Gl. (55.8) erkennt man folgenden Verlauf der Dichteverteilung der Elektron-Loch-Paare in der y-Richtung: Durch die gekreuzten Felder werden die

[1] Vgl. Fußnote 3, S. 122.

Paare an der einen Oberfläche bei $-b/2$ angereichert, während auf der anderen Seite $(+b/2)$ eine Verarmung entsteht. Ist die Breite des Halbleiters b sehr groß, so wird die Anreicherung an der einen Seite lediglich durch das dritte Glied der Gl. (55.8) beschrieben, die Verarmung auf der anderen Seite lediglich durch das zweite Glied. Die beiden Glieder nehmen im Grenzfall b gegen ∞ folgende Form an:

$$\left.\begin{aligned} \delta n_{\text{Anreicherung}} &= \frac{n_i}{y_d}\left(\frac{1}{L_A}+\frac{1}{L_S}-\frac{1}{y_d}\right)^{-1} e^{-\frac{1}{L_A}\left(\frac{b}{2}+y\right)}, \\ \delta n_{\text{Verarmung}} &= \frac{n_i}{y_d}\left(\frac{1}{L_V}+\frac{1}{L_s}+\frac{1}{y_d}\right)^{-1} e^{-\frac{1}{L_V}\left(\frac{b}{2}-y\right)}. \end{aligned}\right\} \qquad (55.12)$$

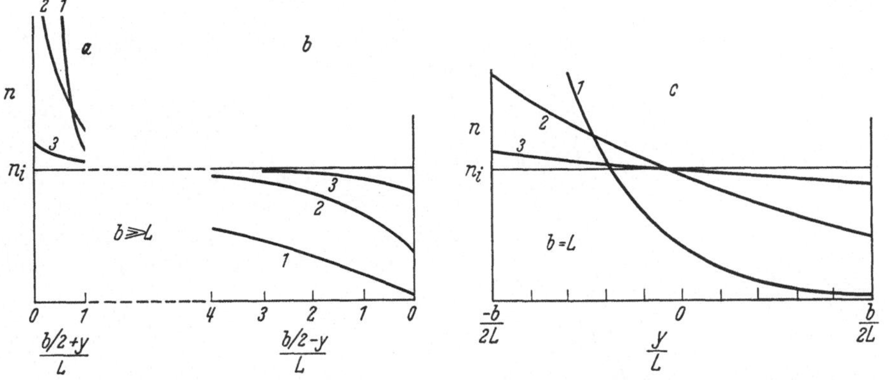

Fig. 57a–c. Dichteverteilung der Elektron-Lochpaare in der y-Richtung. a $b \gg L$, Anreicherungsseite. b $b \gg L$, Verarmungsseite. c $b = L$. Die Kurven gelten für folgende Parameter-Werte: $s = S = 0$ (keine Oberflächenrekombination), $y_d = 0{,}2L$ (Kurve 1), $= L$ (Kurve 2), $= 5L$ (Kurve 3).

Wir betrachten zunächst die *Anreicherungsseite*: Die Dichteanhäufung fällt exponentiell ins Halbleiterinnere hin ab. Die Felddiffusionslänge L_A nähert sich für große Felder dem Wert y_d, für große Volumenrekombination dagegen den Wert L. Die jeweils kleinere der beiden charakteristischen Längen setzt sich durch. Die Größe der Dichteabweichung an der Oberfläche wird bestimmt durch L, L_S und y_d. Für sehr große (Volumen- oder Oberflächen-) Rekombination und für sehr kleine Felder wird $\delta n = 0$, die Gleichgewichtsdichte bleibt also erhalten (Fig. 57a) Ähnliches gilt auf der *Verarmungsseite* (Fig. 57b): Die hier maßgebende Felddiffusionslänge nähert sich für große Volumenrekombination dem Wert L, für sehr große Felder dagegen dem Wert ∞. Das heißt, daß für sehr große Felder sich die Verarmung weit in das Halbleiterinnere hinein erstreckt. Der Randwert wird wieder durch die gleichen Faktoren bestimmt wie an der Anreicherungsseite.

Ist die Dicke des Halbleiters so klein (oder sind die Felder so hoch oder die Rekombination so schwach), daß sich die Vorgänge an den beiden Oberflächen beeinflussen, so stellt sich die Dichteverteilung nach (55.8) als Überlagerung der Gleichgewichtsverteilung und der beiden exponentiellen Abweichungen dar. Die Verhältnisse lassen sich aber ähnlich wie im oben geschilderten Fall übersehen (Fig. 57c). In dieser Abbildung ist die Dichteabweichung für die gleichen Parameter wie in Fig. 57a und 57b angegeben. Für große Felder wird sich die Verarmung weit in das Halbleiterinnere erstrecken. Es ist dann möglich, den größten Teil des Halbleiters von Elektron-Loch-Paaren zu entblößen. Unterstützt wird dieser Fall durch kleine Volumenrekombination, kleine Oberflächenrekombination auf der Verarmungsseite und große Oberflächenrekombination auf der Anreicherungsseite. Umgekehrt wird die Verarmung weitgehend gegenüber der Anreicherung an Bedeutung verlieren, wenn man an der Verarmungsseite die

Oberflächenrekombination groß macht (dann werden viele Paare nachgeliefert) und an der Anreicherungsseite klein (dann rekombinieren nur wenig Paare). Daß diese Extremfälle in Fig. 57 nicht stark zur Geltung kommen, liegt an der Wahl der Oberflächenrekombination, die dort der Einfachheit halber gleich Null angenommen wurde.

Es ist also hier (besonders bei geeigneter Oberflächenbehandlung) möglich, *große Teile des Halbleiters von Ladungsträgern zu befreien.* Definiert man als Dicke dieser *magnetischen Sperrschicht*:

$$\eta = -\frac{1}{n_i}\int\limits_{-b/2}^{+b/2} \delta n_{\text{Verarmung}}\, dy, \qquad (55.13)$$

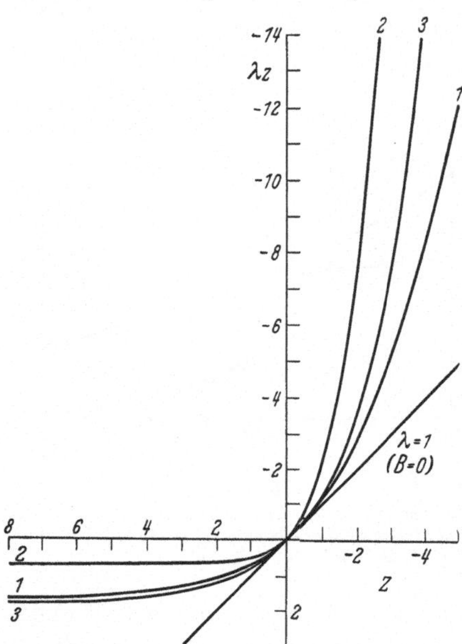

Fig. 58. Kennlinien des magnetischen Sperrschicht-Gleichrichters für den Fall $s=0$, $S=\infty$. Breite des Halbleiters $b=5\sqrt{2}L$ (Kurve 1), $=\sqrt{2}L$ (Kurve 2), $=(\sqrt{2}/5)\,L$ (Kurve 3). Abszisse: $z=(eL/4\,\mathrm{k}T)\,(3\pi/8)\times(\mu_n+\mu_p)\,E_x B_z$, Ordinate: $\lambda z=(i_B/i_0)\,z$.

so ergibt sich nach (55.12) für η der Ausdruck

$$\eta = \frac{L_V}{1 + y_d/L_V + y_d/L_s}. \qquad (55.14)$$

Sorgt man noch dafür, daß an der anderen Oberfläche keine Anreicherung auftritt (was durch S gegen ∞ erreicht ist), so ändert sich der Leitwert des Halbleiters:

$$\left.\begin{aligned} G &= G_0 - \delta G = \sigma_i(b-\eta),\\ \delta G &= \sigma_i \eta. \end{aligned}\right\} \qquad (55.15)$$

Für große Felder (y_d klein gegen die anderen Längen) wird

$$\eta \approx L_V \approx \frac{y_d}{L^2} = \frac{3\pi}{8}\mu_n\mu_p\tau E_x B_z. \qquad (55.16)$$

Setzt man hier die μ-Werte des Germaniums ein und wählt $\tau = 10^{-3}$ sec, $E_x = 10$ V/cm, $B_z = 10^4$ Gauss, so wird $\eta = 7{,}3$ cm. Die magnetische Sperrschicht wird also um viele Größenordnungen größer, also die in Kontakten und p-n-Übergängen auftretenden raumladungsbehafteten Sperrschichten.

Aus der allgemeinen Theorie dieses Effektes ergeben sich weiterhin folgende Resultate:

1. Wir hatten gesehen, daß Verarmung bzw. Anreicherung maximal wird, wenn die beiden Oberflächen extrem verschiedene Oberflächenrekombinationsgeschwindigkeiten besitzen. Wählt man beispielsweise $S\approx\infty$, $s\approx 0$, so wird keine Anreicherung auftreten, die Verarmung dagegen durch eine nur schwache Nachlieferung stark begünstigt werden. Wechselt man nun das Vorzeichen eines der beiden Felder (z.B. von E_x), so werden jetzt die Elektron-Loch-Paare auf die Oberfläche verschwindender Oberflächenrekombination hingetrieben und stauen sich dort, während die andere Oberfläche beliebig Paare nachliefern kann. Es entsteht also insgesamt eine Dichteüberhöhung. Dieser Wechsel zwischen Verarmung und Anreicherung durch Wechseln der Richtung des elektrischen Feldes stellt aber einen *Gleichrichter* dar. Fig. 58 zeigt einige theoretisch berechnete Gleichrichterkennlinien und Fig. 59 eine oszillographisch an Germanium gemessene Kennlinie.

2. Die Widerstandsänderung wächst mit wachsendem elektrischem oder magnetischem Feld. Im Grenzfall hoher Felder erreicht der den Halbleiter in der x-Richtung durchfließende Strom einen feldunabhängigen Sättigungswert.

3. Wird die Verarmungsseite mit Licht geeigneter Wellenlänge bestrahlt, so werden auf dieser Seite Elektron-Loch-Paare erzeugt, die die Verarmung aufheben können. Insbesondere kann auf diese Weise die „Sperrichtung" eines magnetischen Sperrschicht-Gleichrichters beeinflußt werden.

4. Schaltet man die die Sperrschicht erzeugenden Felder plötzlich ab, so wird die Sperrschicht durch Volumenrekombination und Diffusion in Richtung der Oberflächen bei dortiger Oberflächenrekombination abgebaut. Die für den Abbau maßgebenden Lebensdauern lassen sich entsprechend dem in Ziff. 48 beschriebenen Fall berechnen.

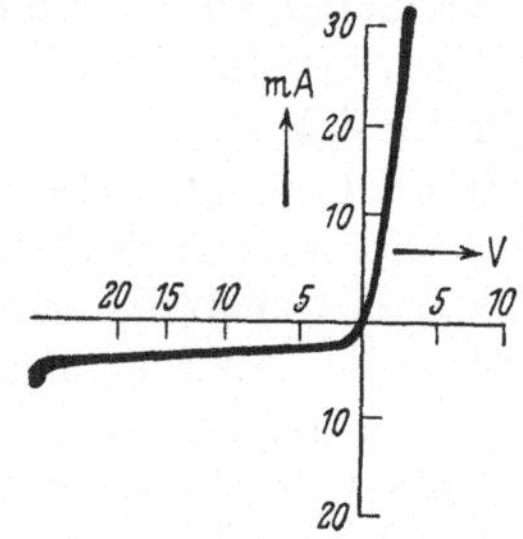

Fig. 59. Kennlinie eines magnetischen Sperrschicht-Gleichrichters aus Ge, nach WEISSHAAR und WELKER. Die eine Oberfläche ist chemisch geätzt, die andere sandgestrahlt.

5. Infolge der endlichen zum Auf- oder Abbau benötigten Zeit wird die Größe der magnetischen Sperrschicht frequenzabhängig. Bei kleinen Frequenzen können die Elektron-Loch-Paare dem Wechselfeld schnell genug folgen, und die Dichteverteilung entspricht in jedem Zeitpunkt der stationären Verteilung bei der momentanen Elongation des Feldes. Bei höheren Frequenzen dagegen wird die Sperrschicht (bzw. Dichteüberhöhung) nicht mehr voll ausge-

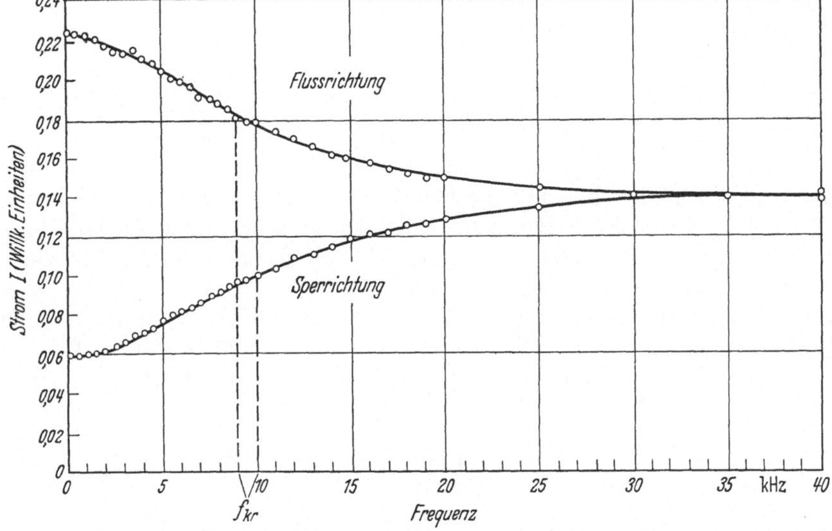

Fig. 60. Frequenzabhängigkeit des magnetischen Sperrschicht-Gleichrichters. Stromdichte bei 5 V in Abhängigkeit von der Frequenz der angelegten Wechselspannung. Messungen an Germanium, nach WEISSHAAR.

bildet, und Auf- und Abbau hinken dem Felde nach, da die den Dichteausgleich bewirkenden Vorgänge der Diffusion und Rekombination nicht schnell genug nachfolgen können. Bei extrem hohen Frequenzen tritt überhaupt keine Dichteabweichung mehr auf (Fig. 60).

Die oben skizzierte Theorie der magnetischen Sperrschicht muß modifiziert werden, wenn die Elektronendichte nicht exakt gleich der Löcherdichte ist, wenn also keine exakte Eigenleitung vorliegt. Es ist dann insbesondere keine völlige Ausräumung sämtlicher Ladungsträger aus dem Halbleiterinneren mehr möglich. Die in diesem Fall vorhandenen geladenen Störstellen halten aus Neutralitätsgründen eine gleiche Anzahl von Ladungsträgern umgekehrten Ladungsvorzeichens zurück, die in der x-Richtung beweglich sind, also einen dem angelegten elektrischen Feld proportionalen Strom mit sich führen. Es läßt sich also dann keine Sättigung der Kennlinie der magnetischen Sperrschicht mehr erreichen. Ähnliches gilt in Eigenleitern bei großen Dichten von Rekombinationszentren. Auch hier fordert die Neutralitätsbedingung wie in dem in Ziff. 51 bei der Photoleitfähigkeit behandelten Fall ein Zurückbleiben einer bestimmten Zahl von freien Ladungsträgern.

Schließlich machen sich Abweichungen vom in (55.1) und (55.2) angenommenen linearen Rekombinationsgesetz in der Gestalt der Kennlinie bemerkbar. Aus den Ausführungen der Ziff. 45 folgt hier, daß das lineare Rekombinationsgesetz die Dichteverteilung bei Verarmung gut beschreibt, daß jedoch die hier auftretenden starken Dichteüberhöhungen an der Anreicherungsseite sicher schneller abgebaut werden, als der hier entwickelte Formalismus beschreibt.

Für die nähere Diskussion aller hier behandelten Fragen sei jedoch auf die Literatur verwiesen[1].

56. Der photogalvanomagnetische Effekt. Wir hatten in Ziffer 47, Gl. (47.4a), die Dichteverteilung der Elektron-Loch-Paare bei der *Photodiffusion* angegeben, also in einem beidseitig begrenzten Halbleiter, dessen eine Oberfläche mit Licht bestrahlt wird. Als Verteilung der überschüssigen Elektron-Loch-Paare ergab sich, wenn wir die Oberflächenparameter durch den Index 1 (bestrahlte Oberfläche) und 2 (unbestrahlte Oberfläche) kennzeichnen und noch die Größe $\beta = L/L_s = L s/D$ einführen:

$$\delta n = \frac{L\gamma}{D} \frac{\operatorname{Cos}\frac{y-a}{L} - \beta_2 \operatorname{Sin}\frac{y-a}{L}}{(1+\beta_1\beta_2)\operatorname{Sin}\frac{a}{L} + (\beta_1+\beta_2)\operatorname{Cos}\frac{a}{L}}, \tag{56.1}$$

wo noch angenommen ist, daß die Oberflächen bei $y=0$ und $y=a$ liegen und bei $y=0$ γ Elektron-Loch-Paare pro cm^2 pro sec unmittelbar in der Oberfläche erzeugt werden. (Wir wählen hier statt G den Buchstaben γ, um eine Verwechslung mit dem später auftretenden Leitwert G zu vermeiden.) Die bei $y=0$ erzeugten Elektron-Loch-Paare diffundieren dann in das Halbleiterinnere. Die für gleichschnelle Diffusion der Elektronen und Löcher sorgende Feldstärke (46.4) erzeugt dann zwischen den beiden Oberflächen eine Spannung:

$$V_D = -\frac{\mathrm{k}T}{e} \int_0^a \frac{\mu_n - \mu_p}{\mu_n n + \mu_p p} \frac{d}{dy} \delta n \, dy. \tag{56.2}$$

Legt man nun ein Magnetfeld in der z-Richtung an, so werden die Elektronen und Löcher gegensinnig in die x-Richtung abgelenkt, es fließt also ein elektrischer Strom in dieser Richtung oder, falls der Halbleiter auch in dieser Richtung durch freie Oberflächen begrenzt ist, tritt eine diesen Strom kompensierende Spannung auf. Man bezeichnet diesen Effekt als den *photogalvanomagnetischen Effekt*. Er ist offensichtlich eine Umkehrung des in der vorhergehenden Ziffer behandelten magnetischen Sperrschichteffektes. Während dort ein Strom in der x-Richtung durch ein Magnetfeld einen Dichtegradienten in der y-Richtung erzeugte, verursacht hier ein Dichtegradient in der y-Richtung einen Strom (bzw. eine Gegenspannung) in der x-Richtung. Dieser Effekt wurde 1934 von KIKOIN und NOSKOW[2] an Cu_2O entdeckt und von FRENKEL theoretisch gedeutet[3]. Später wurde er

[1] Siehe Fußnote 2, S. 137.

[2] I. K. KIKOIN u. M. M. NOSKOW: Phys. Z. Sowjet. **5**, 586 (1934).

[3] J. FRENKEL: Phys. Z. Sowjet. **5**, 597 (1934); **8**, 185 (1935).

unabhängig von AIGRAIN und BUILLARD[1] und MOSS, PINCHERLE und WOODWARD[2] erneut gefunden. Für eine zusammenfassende Übersicht vgl. L. PINCHERLE [*26*] u. T. S. MOSS [*23.* E] (dort auch weitere Literaturangaben).

Wir nehmen im folgenden an, daß das Magnetfeld so schwach ist, daß durch die Ablenkung der Elektronen und Löcher die Verteilung (56.1) nicht gestört wird. Dann lauten die Gleichungen für die Stromdichten in der x-Richtung

$$\left.\begin{aligned} i_{nx} &= e\mu_n n E_x + \frac{3\pi}{8} e\mu_n j_y B_z, \\ i_{px} &= e\mu_p p E_x + \frac{3\pi}{8} e\mu_p j_y B_z, \end{aligned}\right\} \tag{56.3}$$

wo $j_y = -D\frac{dn}{dy}$ [D aus Gl. (46.5)] der Elektron-Loch-Paar-Strom in der y-Richtung bedeutet.

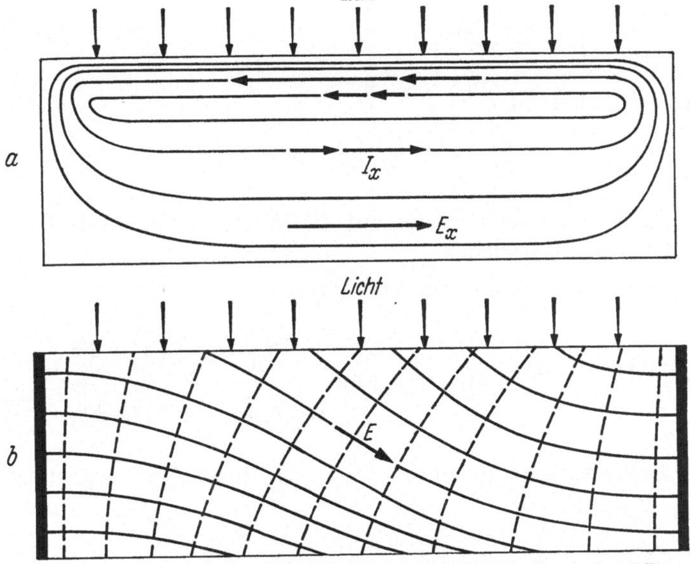

Fig. 61a u. b. Feldverteilung und Stromfluß beim photogalvanomagnetischen Effekt (Leerlauf nach ROOSBROECK). a Ohne Seitenelektroden. b Mit metallischen Seitenelektroden.

Zur Berechnung der Leerlaufspannung in der x-Richtung kann hier nicht im Halbleiterinneren $i_x = 0$ gesetzt werden. Diese (von einer Anzahl von Autoren benutzte) Forderung würde zu einer Feldverteilung führen, die nicht rotationsfrei ist. Mit rot $\boldsymbol{E} = 0$ ist lediglich die Forderung konsistent, daß der Gesamtstrom durch einen Querschnitt des Halbleiters senkrecht zur x-Richtung verschwindet. Die unter dieser Annahme von ROOSBROECK[3] entwickelte Theorie führt zu einem konstanten „Leerlauf-Feld" E_x und einem zirkularen Stromfluß $\boldsymbol{i}$ im Halbleiterinneren (Fig. 61a). Fig. 61a gilt allerdings nur, wenn an den Endflächen keine metallischen Kontakte angebracht sind. In dem letzteren Fall hat $\boldsymbol{i}$ keine y-Komponente. Die Strombahnen verlaufen gradlinig wie im Mittelteil der Fig. 61a bis zu den Elektroden. Die Feldverteilung entspricht dann Fig. 61b.

[1] P. AIGRAIN u. H. BUILLARD: C. R. Acad. Sci., Paris **236**, 595, 672 (1953). — H. BUILLARD: Ann. de Phys. **15**, 52 (1954). — Phys. Rev. **94**, 1564 (1954).

[2] T. S. MOSS, L. PINCHERLE u. A. M. WOODWARD: Proc. Phys. Soc. Lond. B **66**, 743 (1953). — T. S. MOSS: Proc. Phys. Soc. Lond. B **66**, 993 (1953).

[3] W. VAN ROOSBROECK: Phys. Rev. **98**, 1533 (1955); **101**, 1713 (1956).

Für die Feldverteilung im allgemeinen Fall erhält ROOSBROECK:

$$\left.\begin{aligned} \boldsymbol{E} = \frac{\boldsymbol{i}}{\sigma} - e\frac{D_n - D_p}{\sigma}\operatorname{grad}\delta n - \frac{3\pi}{8}\frac{\mu_n\sigma_n + \mu_p\sigma_p}{\sigma^2}\boldsymbol{i}\times\boldsymbol{B} + \\ + \frac{3\pi}{8}\frac{e D}{\sigma}(\mu_n + \mu_p)\operatorname{grad}\delta n\times\boldsymbol{B}, \end{aligned}\right\} \tag{56.4}$$

wo D der ambipolare Diffusionskoeffizient ist. Hier bedeutet das erste Glied rechts das Feld, das für $\boldsymbol{B}=0$ und $\delta n=0$ im Halbleiterinneren besteht, das zweite Glied das Feld der Photodiffusion, das dritte Glied das HALL-Feld und das vierte Glied das durch den photogalvanomagnetischen Effekt verursachte Feld.

Bei Vernachlässigung der Endeffekte in der x-Richtung folgt dann für den Kurzschluß-Strom $I_x^{(k)}$:

$$I_x^{(k)} = \int_0^a i_x^{(k)}\,dy = -\frac{3\pi}{4}\,\mathrm{k}T\,B_z\mu_n\mu_p\left[\delta n_1 - \delta n_2 - \frac{1}{2}\frac{b-1}{b+1}(n_{gl} - p_{gl})\ln\frac{\sigma_1}{\sigma_2}\right] \tag{56.5}$$

und für das Leerlauf-Feld $E_x^{(l)}$:

$$E_x^{(l)} = -\frac{I_x^{(k)}}{G}, \qquad G = \int_0^a \sigma\,dy, \tag{56.6}$$

wo die Indices 1 und 2 sich wieder auf die Werte an der bestrahlten bzw. unbestrahlten Oberfläche beziehen.

Für den Leitwert G ergibt sich nach (56.1):

$$G = G_0 + \Delta G, \qquad \Delta G = e(\mu_n + \mu_p)\,\tau\gamma\,\frac{\beta_2\left(\operatorname{Cos}\frac{a}{L} - 1\right) + \operatorname{Sin}\frac{a}{L}}{(1+\beta_1\beta_2)\operatorname{Sin}\frac{a}{L} + (\beta_1+\beta_2)\operatorname{Cos}\frac{a}{L}}. \tag{56.7}$$

Für kleine Dichteabweichungen $\delta n \ll n_{gl}, p_{gl}$ folgt bei Vernachlässigung des statistischen Faktors $\frac{3\pi}{8}$

$$\left.\begin{aligned} I_x^{(k)} &= -G_0 E_x^{(l)} = -B_z\sqrt{\frac{D_0}{\tau}}\,\frac{\beta_2 + \operatorname{Tan}\frac{a}{2L}}{\beta_2\operatorname{Tan}\frac{a}{2L} + 1}\,\Delta G, \\ &= -B_z\sqrt{\frac{D_0}{\tau}}\,\Delta G \qquad \text{für} \quad a \gg L, \\ &= -B_z s_2\left(1 + \frac{s_2 a}{2D_0}\right)^{-1}\Delta G \qquad \text{für} \quad a \ll L, \end{aligned}\right\} \tag{56.8}$$

während im anderen Grenzfall $(\delta n \gg n_{gl}, p_{gl})$ $E_x^{(l)}$ einem Sättigungswert

$$\left.\begin{aligned} E_x^{(l)} &= -\frac{I_x^{(k)}}{G} = B_z\sqrt{\frac{D_i}{\tau}}\,\frac{\beta_2 + \operatorname{Tan}\frac{a}{2L}}{\beta_2\operatorname{Tan}\frac{a}{2L} + 1}, \\ &= B_z\sqrt{\frac{D_i}{\tau}} \qquad \text{für} \quad a \gg L, \\ &= B_z s_2\left(1 + \frac{s_2 a}{2D_i}\right)^{-1} \qquad \text{für} \quad a \ll L \end{aligned}\right\} \tag{56.9}$$

zustrebt. Diese Sättigungswerte treten jedoch nur auf, wenn die Annahme der linearen Rekombination streng erfüllt ist. Bei quadratischer Rekombination tritt dagegen keine Sättigung ein. Der photogalvanomagnetische Effekt ist also (wie auch der magnetische Sperrschichteffekt) zur Prüfung der Rekombinationsgesetze sehr geeignet. Wir wollen hier nicht näher auf die Theorie bei beliebiger Lichtintensität und weitere Erweiterungsmöglichkeiten eingehen[1].

E. p-n-Übergänge.

57. Definition des p-n-Übergangs, Herstellungsmethoden. Wir haben bisher angenommen, daß die Störstellen im Halbleiterinneren homogen verteilt sind. Die ionisierten Störstellen geben dann eine im Mittel konstante Raumladung, die im thermischen Gleichgewicht von den gleichmäßig verteilten Elektronen und Löchern kompensiert wird. Das Halbleiterinnere ist quasineutral.

Anders liegen die Verhältnisse, wenn die Störstellenverteilung räumlich variiert. Von besonderem Interesse ist hier der Fall, das in Teilen des Halbleiters die Donatorendichte, in anderen Teilen die Acceptorendichte überwiegt. Es wechseln dann Gebiete unbeweglicher positiver Raumladung (wenn wir zunächst von den frei beweglichen Ladungsträgern absehen) mit Gebieten negativer Raumladung. Die Elektronen und Löcher suchen diese Raumladung zu kompensieren. In Gebieten mit starkem Störstellengradienten wird dies jedoch nicht möglich sein, da die dazu notwendigen Dichtegradienten der freien Ladungsträger Diffusionsströme hervorrufen, die diese Gradienten auszugleichen suchen. Es treten dann durch die Unterschiede in der Verteilung der Störstellen und der freien Ladungsträger Raumladungen auf, deren innere Felder den Dichtegradienten entgegenwirken und einen stationären Zustand aufrechterhalten. Das Grenzgebiet zwischen den n-leitenden und p-leitenden Gebieten bezeichnet man als einen *p-n-Übergang.*

Der Stromfluß durch p-n-Übergänge unterscheidet sich nun wesentlich von dem Stromfluß durch einen homogenen Halbleiter. Seiner Untersuchung ist ein beträchtlicher Teil der modernen Halbleiterforschung gewidmet.

Wir werden in den folgenden Ziffern zunächst die Theorie eines einzelnen p-n-Übergangs in einem sonst homogenen Halbleiter entwickeln und dabei vor allem neben der Untersuchung der Gleichgewichtsverteilung der Ladungsträger und der dadurch hervorgerufenen Raumladung auf den Stromdurchgang eingehen. Dies wird dann auf die Gleichrichtereigenschaften eines p-n-Übergangs und seine besondere Empfindlichkeit gegenüber Lichteinstrahlung führen, zwei Eigenschaften, die für die technische Ausnutzung der Halbleiter in den letzten Jahren besondere Bedeutung gewonnen haben. Anschließend gehen wir auf die Theorie der mehrfachen p-n-Übergänge ein, die vor allem wegen ihrer Anwendung in Transistoren von Bedeutung sind.

Zur Herstellung von p-n-Übergängen existieren eine größere Anzahl von Methoden. Man findet bei natürlich vorkommenden Halbleitern und künstlich hergestellten aus der Schmelze erstarrten Halbleiterstäben bereits häufig durch zufällige Störstellengradienten gebildete p-n-Übergänge. Beim Erstarren von Halbleiterschmelzen werden ja Verunreinigungen nur teilweise eingebaut (vgl. Ziff. 10), so daß dabei leicht Dichtegradienten und unterschiedlicher Einbau

[1] W. van Roosbroeck: Phys. Rev. **101**, 1713 (1956); für weitere experimentelle Ergebnisse vgl. J. Aron u. G. Groetzinger: Phys. Rev. **100**, 1128 (1955). — H. S. Sommers, R. E. Berry u. I. Sochard: Phys. Rev. **101**, 987 (1956). — I. M. Buck u. W. H. Brattain: J. Elektrochem. Soc. **102**, 636 (1955). — A. A. Pires de Carvalho: C. R. Acad. Sci. Paris **242**, 745 (1956). — S. W. Kurnick u. R. N. Zitter: J. Appl. Phys. **27**, 278 (1956).

verschiedener Störsubstanzen auftreten können[1]. Bei Halbleitern, bei denen die *n*- bzw. *p*-Leitung durch Abweichungen von der Stöchiometrie verursacht wird, gilt ähnliches[2].

Das erste Verfahren, nach dem es gelang, definierte *p*-*n*-Übergänge herzustellen, wurde von TEAL, SPARKS und BUEHLER angegeben[3]. Die genannten Autoren ziehen Einkristalle nach dem CZOCHRALSKI-Verfahren[4] (vgl. Ziff. 10) aus der Schmelze. Während des Ziehvorgangs wird nur der Schmelze, die beispielsweise Donatoren enthalten soll, eine Acceptorsubstanz beigefügt. Der bis zu diesem Moment *n*-leitende Einkristall wird von nun an *p*-leitend, da die weiterhin eingebauten Donatoren von den Acceptoren überkompensiert werden, es entsteht also ein scharf lokalisierter *p*-*n*-Übergang. Es ist bei dieser Methode weiterhin möglich, nach kurzer Zeit wieder Donatoren in der Überzahl zuzugeben und dadurch einen weiteren *p*-*n*-Übergang anzufügen. Diesem Verfahren ist jedoch eine Grenze gesetzt, da bei jeder Neudotierung alle bisher im Überschuß vorhandenen Störstellen überkompensiert werden müssen, nach kurzer Zeit also die Schmelze ungebührlich mit Verunreinigungen durchsetzt ist. Diesen Nachteil vermeidet das Verfahren nach R. N. HALL[5]. Hier wird die Tatsache ausgenützt, daß der Einbaukoeffizient der Störstellen (vgl. Ziff. 10) von der Kristallisationsgeschwindigkeit abhängig ist. Setzt man der Schmelze zwei Störstellenarten (die eine mit Donatoren-, die andere mit Acceptorencharakter) in einem solchen Mischungsverhältnis zu, daß bei einer bestimmten Wachstumsgeschwindigkeit vorwiegend Donatoren, bei einer anderen Geschwindigkeit vorwiegend Acceptoren eingebaut werden, so läßt sich durch cyclische Variation der Wachstumsgeschwindigkeit eine einheitliche Folge von *p*-*n*-Übergängen herstellen. Man hat es hier sogar in der Hand, durch ein geeignetes Geschwindigkeitsprogramm die Form der Störstellenverteilung im *p*-*n*-Übergang festzulegen.

Ein weiteres in der Praxis noch einfacheres Verfahren ist die *Eindiffusion* von Störatomen in den Halbleiter[6]. Hierzu wird auf eine (z.B. überschußleitende) Halbleiteroberfläche eine Acceptoren erzeugende Substanz aufgebracht und dicht unter dem Schmelzpunkt getempert. Dann diffundieren Acceptoren in den Halbleiter ein und wandeln ihn teilweise in *p*-leitendes Material um[7]. Ein Nachteil ist die hier meist langsame Diffusion der Störstellen.

Eng verwandt hiermit ist das *Legierungsverfahren*[8]. Wird ein Halbleiter mit einer auf seine Oberfläche aufgebrachten Störsubstanz erhitzt, deren Schmelzpunkt unterhalb des Schmelzpunktes T_{sh} des Halbleiters liegt, so wird die geschmolzene Störsubstanz bereits bei $T < T_{sh}$ den Halbleiter zu lösen beginnen, und nach einiger Zeit wird eine stark mit dem Material des Halbleiters angereicherte Schmelze entstehen. Beim Abkühlen wird an der Grenzfläche Halbleiter—Schmelze zunächst wieder das gelöste Halbleitermaterial (jetzt aber stark mit der Störsubstanz angereichert) erstarren und später erst die restliche Schmelze.

[1] Vgl. z.B. die Untersuchungen von J. H. SCAFF, H. C. THEUERER u. E. E. SCHUMACHER: J. Metals **185**, 383 (1949) und W. G. PFANN u. H. J. SCAFF: J. Metals **185**, 389 (1949) an Si.

[2] Vgl. z.B. die Untersuchungen an natürlichen *p*-*n*-Übergängen in PbSe von A. E. GOLDBERG u. G. R. MITCHELL, J. Chem. Phys. **22**, 220 (1954).

[3] G. K. TEAL, M. SPARKS u. E. BUEHLER: Phys. Rev. **81**, 637 (1951). — Proc. Inst. Radio Engrs. **40**, 906 (1952).

[4] J. CZOCHRALSKI: Z. phys. Chem. **92**, 219 (1917).

[5] R. N. HALL: Phys. Rev. **88**, 139 (1952).

[6] R. N. HALL u. W. C. DUNLAP: Phys. Rev. **80**, 467 (1950).

[7] Dieses Verfahren wird auch häufig zur Bestimmung der Diffusionsgeschwindigkeit von Störstellen benutzt, vgl. Ziff. 12.

[8] G. L. PEARSON u. B. SAWYER: Proc. Inst. Radio Engrs. **40**, 1348 (1952). — R. R. LAW, C. W. MUELLER, J. I. PANCOVE u. L. D. ARMSTRONG: Proc. Inst. Radio Engrs. **40**, 1352 (1952). — E. W. HEROLD: Brit. J. Appl. Phys. **4**, 115 (1954).

Es entsteht dann ein p-n-Übergang, der im nichtgeschmolzenen Halbleiterteil den ursprünglichen Leitungstyp besitzt, daran angrenzend aber den durch die Störsubstanz bestimmten Leitungstyp aufweist und an der Oberfläche von einer von der reinen Störsubstanz gebildeten metallischen Elektrode abgeschlossen wird[1].

Neben diesen drei wichtigsten Verfahren gibt es noch eine Reihe weiterer Möglichkeiten. Es kann z.B. durch Strahlungseinwirkung die Oberfläche eines Halbleiters aufgeschmolzen werden und dieser Schmelze eine geeignete Störsubstanz beigegeben werden[2]. Oder es kann ein Teilgebiet des Halbleiters durch thermische Behandlung (vgl. Ziff. 11) oder Beschuß mit Korpuskularstrahlung (vgl. Ziff. 11) in den umgekehrten Leitungstyp verwandelt werden[3].

Zur Bestimmung der genauen Lage eines p-n-Übergangs sind ebenfalls eine große Anzahl von Methoden bekannt. Es sei hier nur auf folgende Möglichkeiten kurz hingewiesen:

Ausnutzung des Photoeffekts eines p-n-Übergangs (Ziff. 61) durch Abtasten der Oberfläche mit einem schmalen Lichtspalt[4]. Potentialmessungen längs der Halbleiteroberfläche[5]. Elektrolytisches Ätzen der Oberfläche[6]. Galvanischer Niederschlag von Metallen auf der Oberfläche[7].

I. Theorie des einzelnen p-n-Übergangs.

58. Der p-n-Übergang im Gleichgewicht[8]. Wir betrachten das folgende eindimensionale Modell (Fig. 62): Ein Halbleiterstab bestehe zur Hälfte ($x>0$) aus n-leitendem Material, zur anderen Hälfte ($x<0$) aus p-leitendem Material. Die Dichte der Acceptoren im p-leitenden Gebiet sei n_A und im n-leitenden Gebiet Null. Entsprechend sei die Dichte der Donatoren im n-leitenden Gebiet n_D und im p-leitenden Bereich Null. Sämtliche Störstellen seien dissoziert ($n_D = n_{D^+}$, $n_A = n_{A^-}$). Bei $x=0$ wechselt also die Störstellenverteilung *abrupt* (abrupter p-n-Übergang). Diesen plötzlichen Übergang können aber die frei beweglichen Ladungsträger nicht mitmachen. Tief im Inneren der beiden Gebiete ist natürlich die Raumladung der Störstellen durch die der freien Ladungsträger genau kompensiert. Es liegen dort die Verhältnisse des homogenen quasineutralen Halbleiters vor. In der Nähe des Übergangs werden dagegen die großen Dichtegradienten der freien Ladungsträger Diffusionsströme hervorrufen, die diese Gradienten auszuglätten suchen und bewirken, daß Elektronen in das p-leitende Gebiet und Löcher in das n-leitende Gebiet abfließen. Die dabei durch fehlende

---

1 Diese Form eines p-n-Übergangs unterscheidet sich von den nach anderen Verfahren hergestellten Übergängen dadurch, daß die umgewandelte Oberflächenschicht sehr stark dotiert ist und damit dort (im Gegensatz zum Halbleiterinneren) die Diffusionslänge praktisch Null wird. Die in Ziff. 59 entwickelte „SHOCKLEYsche" Theorie des p-n-Übergangs ist dann nicht mehr anwendbar, und durch ein der in Ziff. 76 geschilderten Theorie äquivalentes Modell zu ersetzen.

2 K. LEHOVEC u. E. BELMONT: J. Appl. Phys. **24**, 1482 (1953).

3 M. BECKER u. H. Y. FAN: Phys. Rev. **75**, 1631 (1949).

4 F. S. GOUCHER, G. L. PEARSON, M. SPARKS, G. K. TEAL u. W. SHOCKLEY: Phys. Rev. **81**, 637 (1951).

5 G. L. PEARSON, W. T. READ u. W. SHOCKLEY: Phys. Rev. **85**, 1055 (1952). — F. A. STAHL: Phys. Rev. **83**, 879 (1951).

6 E. BILLIG u. J. J. DOWD: Nature, Lond. **172**, 115 (1953).

7 J. C. VAN VESSEM [*23*, *I*], S. 353.

8 W. SHOCKLEY: Bell Syst. Techn. J. **28**, 435 (1949). — W. SHOCKLEY [*15*]. — E. SPENKE [*16*].

Kompensation auftretenden Raumladungen verhindern dann einen weiteren Stromfluß und sorgen für die Einstellung eines stationären (BOLTZMANN-) Gleichgewichtes[1].

Wir teilen zweckmäßig den Halbleiter in die folgenden Gebiete ein:

p-Gebiet $(x < x_p)$: Hier liegt der Zustand des reinen p-Leiters vor. Es herrscht Neutralität:

$$p_p = n_A + n_p \quad \text{also für} \quad p_p \gg n_p: p_p \approx n_A, \quad n_p \approx \frac{n_i^2}{n_A}. \tag{58.1}$$

Wir haben hier durch den Index p die Dichten der freien Ladungsträger im p-Gebiet gekennzeichnet.

n-Gebiet $(x > x_n)$: Hier haben wir einen neutralen homogenen n-Leiter vor uns, und es gilt entsprechend:

$$\left.\begin{aligned} n_n &= n_D + p_n \\ &\text{also für} \\ n_n &\gg p_n: n_n \approx n_D, \\ p_n &\approx \frac{n_i^2}{n_D}. \end{aligned}\right\} \tag{58.2}$$

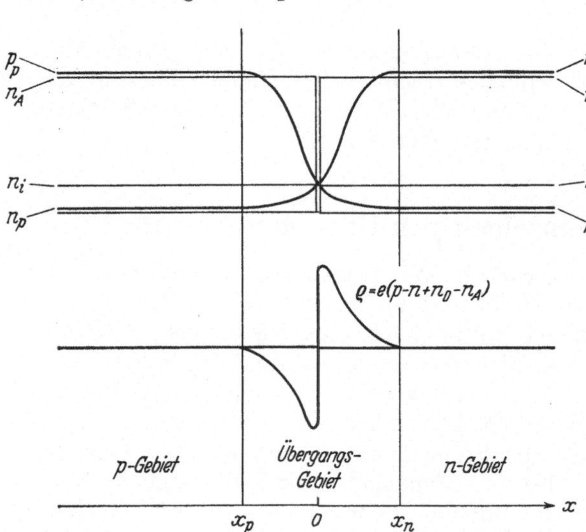

Fig. 62a u. b. Der abrupte p-n-Übergang. a Dichteverteilung der Störstellen und der freien Ladungsträger. b Raumladung im Übergangsgebiet.

Übergangsgebiet $(x_p < x < x_n)$: Dies ist das Gebiet in der Umgebung des p-n-Übergangs, in dem die frei beweglichen Ladungsträger die Raumladung der Störstellen nicht völlig auszugleichen vermögen.

Die Dichten der Elektronen und Löcher werden hier nach (20.5):

$$\left.\begin{aligned} n &= n_i\, e^{\frac{e}{kT}(\psi(x) - \varphi)}, \\ p &= n_i\, e^{\frac{e}{kT}(\varphi - \psi(x))}, \end{aligned}\right\} \tag{58.3}$$

wo ψ das elektrostatische Potential und φ das FERMI-Potential bedeuten.

Mit Einführung der elektrostatischen Potentiale im n- und p-Gebiet ψ_n und ψ_p folgt aus (58.3) wegen der Ortsunabhängigkeit von φ:

$$\left.\begin{aligned} n &= n_n\, e^{\frac{e}{kT}(\psi(x) - \psi_n)} = n_p\, e^{\frac{e}{kT}(\psi(x) - \psi_p)}, \\ p &= p_p\, e^{-\frac{e}{kT}(\psi(x) - \psi_p)} = p_n\, e^{-\frac{e}{kT}(\psi(x) - \psi_n)}. \end{aligned}\right\} \tag{58.4}$$

Aus (58.4) gewinnt man sofort für die Potentialdifferenz zwischen dem n- und dem p-Gebiet *(Diffusionspotential)*:

$$\psi_n - \psi_p = \frac{kT}{e} \ln \frac{n_n p_p}{n_i^2} = \frac{kT}{e} \ln \frac{n_n}{n_p} = \frac{kT}{e} \ln \frac{p_p}{p_n}. \tag{58.5}$$

[1] Als BOLTZMANN-Gleichgewicht bezeichnet man die gegenseitige Kompensation von Diffusionsstrom und Feldstrom $i_D = -i_F$, $i = i_D + i_F = 0$. Die Gleichgewichtsbedingung ist hier, daß (bei nichtverschwindendem elektrostatischem Potential) das *elektrochemische* Potential ortsunabhängig ist [vgl. (48.2) und (48.2a)].

Das elektrostatische Potential im Übergangsgebiet ist mit der Raumladung durch die POISSONsche Gleichung verknüpft. Diese lautet:

$$\frac{\partial^2\psi}{\partial x^2} = -\frac{1}{\varepsilon\,\varepsilon_0}\,\varrho = -\frac{e}{\varepsilon\,\varepsilon_0}(p-n+n_D-n_A) = -\frac{e\,n_i}{\varepsilon\,\varepsilon_0}\left(2\,\mathrm{Sin}\frac{e(\varphi-\psi)}{\mathrm{k}T}+\frac{n_D-n_A}{n_i}\right) \tag{58.6}$$

oder mit $u = \frac{e}{\mathrm{k}T}(\psi-\varphi)$

$$\frac{\partial^2 u}{\partial x^2} = -\frac{e^2\,n_i}{\varepsilon\,\varepsilon_0\,\mathrm{k}T}\left(2\,\mathrm{Sin}\,u+\frac{n_D-n_A}{n_i}\right) = -\frac{1}{L_{Di}^2}\left(2\,\mathrm{Sin}\,u+\frac{n_D-n_A}{n_i}\right). \tag{58.7}$$

Die Größe L_{Di} ist die DEBYE-Länge des Eigenhalbleiters (Ziff. 44). Auf die ihr hier zukommende Bedeutung gehen wir weiter unten ein.

Die POISSONsche Gl. (58.7) ist in dieser Form für eine vorgegebene Störstellenverteilung nicht analytisch lösbar. Eine bei dem abrupten p-n-Übergang mögliche erste Approximation ist die Vernachlässigung der Raumladung der freien Ladungsträger im Übergangsgebiet (also die Vernachlässigung des Gliedes Sin u). Man nimmt hier an, daß sich die Raumladung der Störstellen unkompensiert von x_p bis x_n erstreckt und an diesen Stellen unstetig auf Null abfällt.

Dann folgt aus (58.7) und (58.2)

$$\left.\begin{aligned} \frac{\partial^2 u}{\partial x^2} &= \frac{1}{L_{Di}^2}\frac{n_A}{n_i} = \frac{1}{L_{Dp}^2} & x_p<x<0,\\ \frac{\partial^2 u}{\partial x^2} &= -\frac{1}{L_{Di}^2}\frac{n_D}{n_i} = -\frac{1}{L_{Dn}^2} & 0<x<x_n \end{aligned}\right\} \tag{58.8}$$

mit den DEBYE-Längen der beiden Homogengebiete

$$L_{Dn} = \sqrt{\frac{\varepsilon\,\varepsilon_0\,\mathrm{k}T}{e^2\,n_D}}, \qquad L_{Dp} = \sqrt{\frac{\varepsilon\,\varepsilon_0\,\mathrm{k}T}{e^2\,n_A}} \tag{58.9}$$

und wegen der Randbedingungen $u=u_p$ bzw. u_n, $u'=0$ bei x_p und x_n:

$$\left.\begin{aligned} u &= \frac{1}{2L_{Dp}^2}(x-x_p)^2+u_p & x_p<x<0,\\ u &= -\frac{1}{2L_{Dn}^2}(x-x_n)^2+u_n & 0<x<x_n \end{aligned}\right\} \tag{58.10}$$

oder schließlich mit $\varrho_D = e n_D = e n_n$ und $\varrho_A = -e n_A = -e p_p$,

$$\left.\begin{aligned} \psi &= -\frac{\varrho_A}{2\,\varepsilon\,\varepsilon_0}(x-x_p)^2+\psi_p & x_p<x<0,\\ \psi &= -\frac{\varrho_D}{2\,\varepsilon\,\varepsilon_0}(x-x_n)^2+\psi_n & 0<x<x_n. \end{aligned}\right\} \tag{58.11}$$

Das elektrostatische Potential verläuft also parabolisch im Übergangsgebiet, das sich über die zunächst noch unbekannte Länge $W = x_n - x_p$ erstreckt. Diese gewinnt man aus der Stetigkeitsforderung von ψ und ψ' bei $x=0$. Aus (58.11) folgt dann

$$\varrho_D\,x_n = \varrho_A\,x_p \tag{58.12}$$

und

$$\psi_n-\psi_p = \frac{1}{2\,\varepsilon\,\varepsilon_0}(\varrho_D\,x_n^2-\varrho_A\,x_p^2) = \frac{1}{2\,\varepsilon\,\varepsilon_0}\,\frac{\varrho_D\,\varrho_A}{\varrho_D-\varrho_A}\,W^2 = \frac{e}{2\,\varepsilon\,\varepsilon_0}\,\frac{n_n\,p_p}{n_n+p_p}\,W^2. \tag{58.13}$$

Gl. (58.13) verknüpft die Breite des Übergangsgebietes $W = x_n - x_p$ mit dem Diffusionspotential $\psi_n - \psi_p$ [Gl. (58.5)].

Durch Zusammenfassung von (58.13) und (58.5) erhält man schließlich den Zusammenhang zwischen W und den Ladungsträgerdichten in den Homogengebieten:

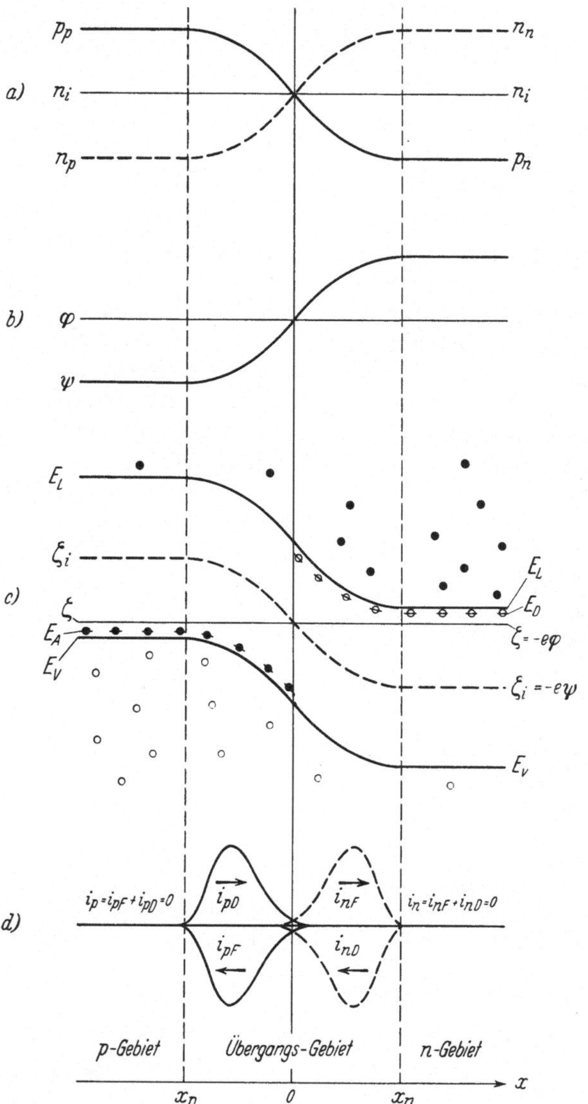

Fig. 63a—d. Der unbelastete p-n-Übergang. a Dichten der Elektronen und Löcher (logarithmische Auftragung). b Verlauf des elektrostatischen Potentials und des elektrochemischen Potentials. Zusammenhang mit den Dichten: $\varphi - \psi \sim \ln p$, $\psi - \varphi \sim \ln n$. c Bändermodell des p-n-Übergangs. Verlauf der Bandkanten $\sim -e\psi$. d Verlauf der Teilströme im Übergangsgebiet (Gesamtstrom verschwindet). Zusammenhang mit den Potentialen und Dichten:

Gesamtstrom:	$i_p \sim -p \operatorname{grad} \varphi$	$i_n \sim -n \operatorname{grad} \varphi$
Diffusionsstrom:	$i_{pD} \sim -p \operatorname{grad} (\varphi - \psi)$	$i_{nD} \sim -n \operatorname{grad} (\varphi - \psi)$
Feldstrom:	$i_{pF} \sim -p \operatorname{grad} \psi$	$i_{nF} \sim -n \operatorname{grad} \psi$

Die Abbildung beschränkt sich auf den symmetrischen p-n-Übergang ($n_n = p_p$) bei gleicher Beweglichkeit der Ladungsträger.

$$W = \sqrt{2\left(\frac{n_i}{n_n} + \frac{n_i}{p_p}\right) \ln \frac{n_n p_p}{n_i^2}}\, L_{Di}. \tag{58.14}$$

Wegen $n_n, p_p \gg n_i$ ist also die Breite des Übergangsgebietes beim abrupten p-n-Übergang klein gegen die DEBYE-Länge L_{Di}.

In Fig. 63 sind die hier vorliegenden Verhältnisse nochmals dargestellt. Der Verlauf des elektrostatischen Potentials (Fig. 63b) ist nach (58.4) kongruent mit $\ln n$. Da andererseits die Ortsabhängigkeit der Bandkanten nach (20.1) durch den Verlauf von $-e\psi$ gegeben ist, sind im Bändermodell des p-n-Übergangs (Fig. 63c) die Bandkanten der beiden Homogengebiete um $-e(\psi_n - \psi_p)$ gegeneinander versetzt und verlaufen im Übergangsgebiet proportional $-e\psi$. In Fig. 63d sind schließlich die im BOLTZMANN-Gleichgewicht im Übergangsgebiet sich kompensierenden Stromdichten angegeben.

Wechselt die Störstellenverteilung nicht abrupt bei $x = 0$, sondern geht kontinuierlich von ihrem konstanten Wert im p-Gebiet in ihren konstanten Wert im n-Gebiet über, so gelten entsprechend andere Beziehungen. Ist insbesondere der Verlauf von $n_D - n_A$ im Übergangsgebiet linear in x ($n_D - n_A = a x$), so wird die POISSONsche Gl. (58.7)

$$\left.\begin{aligned} \frac{\partial^2 u}{\partial y^2} &= \left(\frac{L_a}{L_{Di}}\right)^2 (2 \operatorname{Sin} u - y), \\ L_a &= \frac{n_i}{a}, \\ y &= \frac{x}{L_a} = \frac{n_D - n_A}{n_i}. \end{aligned}\right\} \tag{58.15}$$

Diese Gleichung ist nun in zwei Grenzfällen leicht lösbar:

$L_a \gg L_{Di}$: In diesem Fall ändert sich die Störstellendichte längs einer DEBYE-Länge um weniger als n_i. Einen so flachen Gradienten kann aber die Dichte der freien Ladungsträger aufrechterhalten, ohne durch Diffusion merklich von ihrem Neutralwert abzuweichen. Es treten also praktisch überhaupt keine Raumladungen auf, und die Lösung von (58.15) ist

$$u = \operatorname{Ar\,Sin} \frac{y}{2}. \tag{58.16}$$

$L_a \ll L_{Di}$: Hier verläuft der Störstellengradient sehr steil. Die Ladungsträger werden durch Diffusion aus dem Übergangsgebiet herausgeschwemmt, und die zurückbleibende Raumladung wird von den nun weitgehend unkompensierten Störstellen geliefert. Man ist dann berechtigt, das Glied Sin u fortzulassen.

Für die genaue Diskussion dieses Falles sei auf die grundlegende Arbeit von SHOCKLEY[1] verwiesen.

59. Der belastete p-n-Übergang, Theorie des p-n-Gleichrichters[1]. Wir betrachten nun das Verhalten eines p-n-Übergangs beim Anlegen einer äußeren Spannung. Die diesem Problem zugrunde liegenden Differentialgleichungen sind die Diffusionsgleichungen (48.1) bis (48.3), die wir hier unter Benutzung der Quasi-FERMI-Potentiale der Elektronen und Löcher (44.8) und (48.2a) für den stationären Zustand in der folgenden (eindimensionalen) Form schreiben:

$$\left.\begin{aligned}
i'_n &= -i'_p = e\,U, \\
U &= r(n\,p - n_i^2) = g\left\{e^{\frac{e}{kT}(\varphi_p-\varphi_n)} - 1\right\} \\
&\qquad\qquad \text{für direkte Rekombination, Gl. (45.3)}, \\
&= \frac{n_r r_n r_p (n\,p - n_i^2)}{r_n(n+n_1) + r_p(p+p_1)} \\
&\qquad \text{für Rekombination über Rekombinationszentren, Gl. (45.20)}, \\
i_n &= -e\mu_n n\psi' + e D_n n' = -e\mu_n n\varphi'_n, \\
i_p &= -e\mu_p p\psi' - e D_p p' = -e\mu_p p\varphi'_p, \\
\varphi'' &= -\frac{e}{\varepsilon\varepsilon_0}(n_{D^+} - n_{A^-} + n - p) = -\frac{e\,n_i}{\varepsilon\varepsilon_0}\left\{\frac{n_{D^+}-n_{A^-}}{n_i} + e^{\frac{e}{kT}(\varphi_p-\psi)} - e^{\frac{e}{kT}(\psi-\varphi_n)}\right\}.
\end{aligned}\right\} \tag{59.1}$$

Zusammen mit geeignet gewählten Randbedingungen sind hieraus die Potentiale ψ, φ_n und φ_p bestimmbar und damit das Verhalten eines p-n-Übergangs unter Belastung vollkommen gegeben. Wir wollen hier jedoch nicht versuchen, diese bereits im eindimensionalen Fall sehr komplizierten Gleichungen zu lösen, zumal das Wesentliche sich auch ohne Rechnung übersehen läßt.

Betrachten wir zunächst den Fall *unendlich hoher Rekombination.* Alle Abweichungen von dem das thermische Gleichgewicht bestimmenden Massenwirkungsgesetz sollen also sofort ausgeglichen werden, es gilt immer $n\,p = n_i^2$ und $\varphi_n = \varphi_p = \varphi$. Legt man nun an den Halbleiter eine äußere Spannung $\delta\psi$ an, so wird der Spannungsabfall praktisch völlig im Übergangsgebiet erfolgen, da die Bahnwiderstände der beiden homogenen Gebiete gegen den großen Widerstand des Übergangsgebietes vernachlässigbar sind. Die Diffusionsspannung $\psi_n - \psi_p$ [Gl. (58.5)] wird also um $\delta\psi$ vermindert oder vermehrt. Da in den homogenen Gebieten die Dichten der Ladungsträger hierbei nicht verändert werden, also dort $\psi - \varphi$ unverändert bleiben muß, stellt sich zwischen den Werten von φ im p-Gebiet und n-Gebiet ebenfalls die Differenz $\delta\psi$ ein.

---

[1] Siehe Fußnote 8, S. 147.

Aus (59.1) folgt dann für die konstante Stromdichte i:

$$i = i_n + i_p = -e(\mu_n n + \mu_p p)\frac{d\varphi}{dx} = -\sigma\frac{d\varphi}{dx} \tag{59.2}$$

oder

$$\int\limits_{x_a}^{x_b} \frac{i}{\sigma}\,dx = -\int\limits_{x_a}^{x_b} d\varphi, \tag{59.3}$$

wo x_a und x_b die Enden des Halbleiterstabes sind.

Hier ist das rechte Integral gleich $\varphi_a - \varphi_b$, also gleich der angelegten Spannung $\delta\psi$ und es folgt:

$$R = \frac{\delta\psi}{i} = \int\limits_{x_a}^{x_b} \frac{1}{\sigma}\,dx. \tag{59.4}$$

Der Widerstand des Systems ist also einfach gleich dem Integral über den lokalen Widerstand $1/\sigma$ integriert über die Länge des Halbleiters. Dieser Widerstand ist aber abhängig von der angelegten Spannung. Ist das Vorzeichen der angelegten Spannung so gerichtet, daß die Elektronen und Löcher auf das Übergangsgebiet hingetrieben werden, so bleibt zwar in der Mitte des Übergangs der Wert n_i für die Ladungsträgerdichten erhalten, auf beiden Seiten wird aber die Dichte der Majoritätsträger (unter Wahrung der Beziehung $np = n_i^2$) stark ansteigen. Das Übergangsgebiet wird „zugeweht" und sein Widerstand sinkt. Entsprechend werden bei umgekehrten Spannungsvorzeichen die Elektronen und Löcher vom Übergangsgebiet weggetrieben und damit dessen Widerstand erhöht. Dies ist der einfachste Fall eines Gleichrichters, also einer Anordnung mit nichtlinearer Strom-Spannungs-Charakteristik.

Das „Zuwehen" des Übergangsgebietes in Flußrichtung erklärt das Sinken des Widerstandes nur formal. Der Mechanismus des Stromtransportes durch den Übergang ist hier folgender: Entscheidend ist nicht die Dichteerhöhung im Übergangsgebiet, sondern die Erhöhung der *Dichtegradienten*. Der Diffusionsanteil des Stromes steigt dadurch an, während der entgegengerichtete Feldanteil (vgl. Fig. 63a, Ziff. 58) durch das angelegte Feld geschwächt wird. Nur hierdurch ist es überhaupt möglich, den Flußstrom durch die Mitte des Übergangsgebietes, wo ja $n = p = n_i$ erhalten bleibt, zu führen. Entsprechend tritt in Sperrichtung wegen der abgeflachten Dichtegradienten der Diffusionsanteil gegen den Feldanteil zurück. (Vgl. die genau analoge Diskussion des Metall-Halbleiter-Kontaktes in Ziff. 73, insbesondere Fig. 90).

Gl. (59.4) gilt jedoch nur in dem eben behandelten Fall völliger Rekombination. Man erkennt dies sofort, wenn man den umgekehrten Fall *verschwindender Rekombination* betrachtet. Dann wird in der ersten Gl. (59.1) $U = 0$, i_n und i_p also konstant. Da tief im Inneren der Homogengebiete aber die Stromdichte der Majoritätsträger die der Minoritätsträger zweifellos überwiegt (in großem Abstand vom Übergangsgebiet sind die Teilchendichten ortsunabhängig, beide Stromdichten also reine Feldströme und aus Neutralitätsgründen die Majoritätsträgerdichte größer als die Minoritätsträgerdichte), liegt hier ein Widerspruch vor, der nur durch die Bedingung $i_n = i_p = 0$ zu lösen ist.

Bei völlig fehlender Rekombination ist überhaupt kein Stromfluß durch einen p-n-Übergang möglich.

Wir wollen die Deutung dieses zunächst merkwürdig anmutenden Ergebnisses vorerst zurückstellen und uns dem wichtigeren Fall *schwacher Rekombination* zuwenden. Wir nehmen dazu an, daß im Übergangsgebiet die Rekombination vernachlässigbar gegenüber der Rekombination in den beiden Homogengebieten sei. Diese Forderung ist im allgemeinen dann erfüllt, wenn das Übergangsgebiet klein gegenüber der Diffusionslänge L_n bzw. L_p in den beiden Homogengebieten ist. Andererseits müssen wir, um den hier entwickelten Formalismus anwenden zu können, fordern, daß das Übergangsgebiet groß gegen eine freie Weglänge der Ladungsträger ist. Nur dann lassen sich auch auf dieses Gebiet die Diffusionsgleichungen (59.1) anwenden. Beide Annahmen sind in der Praxis leicht zu erfüllen. So ist die freie Weglänge in Germanium von der Größenordnung 10^{-5} cm, während die Diffusionslängen bis zur Größenordnung 10^{-1} cm gebracht werden können.

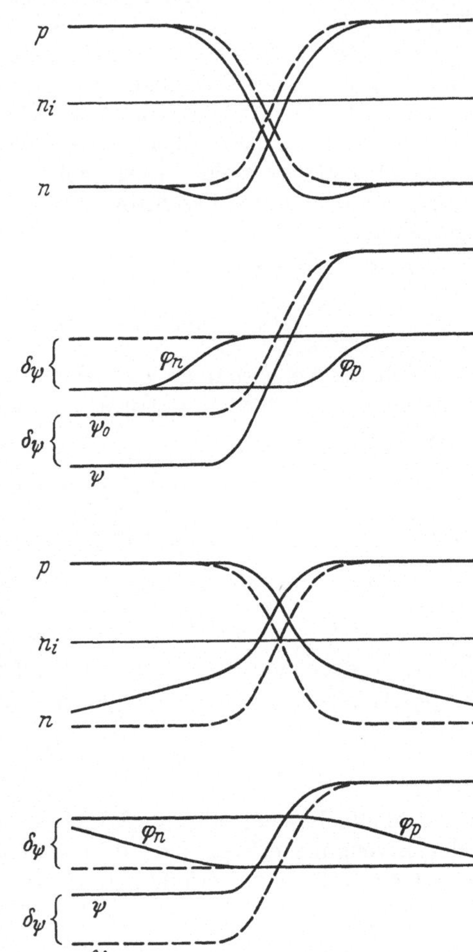

Fig. 64a u. b. Elektronen- und Löcherdichte, elektrostatisches Potential und elektrochemische Potentiale bei dem belasteten p-n-Übergang mit geringer Rekombination, a Sperrichtung, b Flußrichtung.

Unter diesen Annahmen ergibt sich für den Verlauf der Potentiale ψ, φ_n und φ_n (Fig. 64): Wird ψ durch eine angelegte Spannung um $\delta\psi$ angehoben oder gesenkt, so wird der Spannungsabfall wieder fast völlig im Übergangsgebiet erfolgen, da in den beiden Homogengebieten nur ein kleiner Bruchteil von $\delta\psi$ ausreicht, um dort bei der großen Dichte der Majoritätsträger einen Feldstrom zu erzeugen. In den Homogengebieten bleibt also ψ nahezu konstant, während die Diffusionsspannung des Übergangsgebietes um $\delta\psi$ verringert oder vergrößert wird. Die elektrochemischen Potentiale der Majoritätsträger bleiben in den Homogengebieten dann ebenfalls nahezu konstant, da die angelegte Spannung die Dichte der Majoritätsträger kaum beeinflußt, also $\psi - \varphi$ konstant bleibt[1]. Der Abfall der φ_n bzw. φ_p erfolgt also im Übergangsgebiet und im p- bzw. n-Gebiet. Auch hier wird der größte Teil des Abfalls in den Homogengebieten erfolgen, solange das Übergangsgebiet klein gegen die Diffusionslängen ist. (Bei der Darstellung in Fig. 64 ist die Breite des Übergangsgebietes stark übertrieben.)

Betrachten wir speziell das n-Gebiet. Die Elektronendichte ist hier konstant gleich $n_n = n_i \exp \frac{e}{kT} (\psi - \varphi_n)$. Die Löcherdichte dagegen ist tief im Inneren gleich p_n also wegen $\varphi_n = \varphi_p$ gleich n_i^2/n_n. An der Grenze zwischen Übergangsgebiet

[1] Dies gilt nicht mehr bei großen $\delta\psi$ (starke Belastung in Durchlaßrichtung), wo in der Umgebung des p-n-Übergangs auch die Majoritätsträgerdichten stark anwachsen. Für die Theorie der Kennlinie des p-n-Übergangs bei starker Durchlaßbelastung vgl. A. Herlet: Z. Naturforsch. **11**a, 498 (1956).

und n-Gebiet (x_n) dagegen ist:

$$p(x_n) = n_i\, e^{\frac{e}{kT}(\varphi_p(x_n)-\psi)} = p_n\, e^{\frac{e}{kT}(\varphi_p(x_n)-\varphi_p(\infty))} \approx p_n\, e^{\frac{e}{kT}\delta\psi}. \tag{59.5}$$

Wir erhalten hiermit das entscheidende Ergebnis:

Bei verschwindender Rekombination im Übergangsgebiet ändert sich die Dichte der Minoritätsträger am Rande des Übergangsgebietes exponentiell mit der angelegten Spannung.

Den Löcherstrom bei x_n erhält man daraus durch die folgende Überlegung: Tief im Inneren des n-Gebietes wird der Gesamtstrom i ausschließlich von Elektronen getragen. An der Grenze des Übergangsgebietes ist dagegen ein Teil des Stromes von Löchern übernommen worden. Da das schwache Potential im n-Gebiet zwar hinreicht, einen Feldstrom von Majoritätsträgern zu erzeugen, muß der Löcheranteil des Stromes wegen der geringen Löcherdichte im n-Gebiet ein Diffusionsstrom sein.

Es ist also im n-Gebiet:

$$i_p = -e D_p p', \quad i_p' = -e U = -e \frac{p(x) - p_n}{\tau_p}, \tag{59.6}$$

wo noch die Lebensdauer der Löcher im n-Gebiet τ_p eingeführt wurde. Durch Einsetzen der ersten Gl. (59.6) in die zweite folgt dann mit der Randbedingung $p(\infty) = p_n$:

$$p = p_n + [p(x_n) - p_n]\, e^{-\frac{x-x_n}{L_p}} = p_n \left[1 + \left(e^{\frac{e}{kT}\delta\psi} - 1\right) e^{-\frac{x-x_n}{L_p}}\right], \quad L_p = \sqrt{D_p \tau_p} \tag{59.7}$$

und hieraus durch Einsetzen in (59.6)

$$i_p(x_n) = \frac{e D_p}{L_p} p_n \left[e^{\frac{e}{kT}\delta\psi} - 1\right]. \tag{59.8}$$

Eine entsprechende Gleichung erhält man für den Elektronenanteil des Stromes an der Grenze p-Gebiet—Übergangsgebiet (x_p):

$$i_n(x_p) = \frac{e D_n}{L_n} n_p \left[e^{\frac{e}{kT}\delta\psi} - 1\right]. \tag{59.9}$$

Da schließlich nach Voraussetzung im Übergangsgebiet keine Rekombination oder Erzeugung erfolgt, sind dort nach (59.1) i_n und i_p konstant. Es ist also $i_n(x_p) = i_n(x_n)$. Man erhält dann für die den p-n-Übergang durchfließende Gesamtstromdichte:

$$\left.\begin{aligned} i &= i_n + i_p = i_n(x_n) + i_p(x_p) \\ &= \left(\frac{e D_n n_p}{L_n} + \frac{e D_p p_n}{L_p}\right)\left[e^{\frac{e}{kT}\delta\psi} - 1\right] = i_s\left[e^{\frac{e}{kT}\delta\psi} - 1\right]. \end{aligned}\right\} \tag{59.10}$$

Dies ist aber die Stromspannungskennlinie eines idealen Gleichrichters. Mit wachsender angelegter Spannung $\delta\psi$ steigt i exponentiell in der *Flußrichtung*, während i in der *Sperrichtung* $(-\delta\psi)$ einem Sättigungswert i_s zustrebt.

Die durch (59.10) gegebene Stromdichte ist immer klein gegen die im Übergangsgebiet fließenden Teilströme. Ein Vergleich des im Übergangsgebiet fließenden Feldstromes mit dem Sättigungsstrom i_s ergibt für den abrupten symmetrischen Übergang ($n_n = p_p$, $L_n = L_p$, $\mu_n = \mu_p$):

$$\left|\frac{i_{F\ddot{U}}}{i_s}\right| = \frac{e\mu_n(n+p)\psi'}{\frac{e D_n}{L_n}(n_n + p_n)} = \frac{L_n}{L_{Di}} \frac{n+p}{2n_i} \frac{n_n}{n_i} \frac{du}{d\frac{x}{L_n}} = \frac{L_n}{L_{Di}} \frac{n+p}{2n_i} \left(\frac{n_n}{n_i}\right)^2 \frac{x - x_n}{L_{Di}}.$$

Speziell für $x=0$ sind nach Fig. 63d die Stromanteile im Übergangsgebiet am kleinsten. Dort wird $n=p=n_i$ und

$$\left|\frac{i_F \, \mho \, (x=0)}{i_s}\right| = \frac{L_n}{L_{Di}} \left(\frac{n_n}{n_i}\right)^2 \frac{W}{2L_{Di}}.$$

Einsetzen von Zahlenwerten (Germanium: $L_{Di} \approx 6 \cdot 10^{-5}$ cm, $L_n \approx 5 \cdot 10^{-2}$ cm, $n_n = 10^3 n_i$) ergibt mit (58.14): $\frac{i_F \, \mho \, (x=0)}{i_s} \approx 10^8$.

Um bei Teilströmen dieser Größenordnung einen Gesamtstrom i_s aufrechtzuerhalten, genügen also geringe Abweichungen vom BOLTZMANN-Gleichgewicht $i_F + i_D = 0$ im Übergangsgebiet.

Jetzt erklärt sich auch das Verschwinden jeglichen Stromflusses bei verschwindender Rekombination. Die angelegte Spannung bewirkt ja wesentlich nur eine Verminderung oder Vergrößerung der Potentialstufe im Übergangsgebiet und damit eine Veränderung der Minoritätsträgerdichten an der Grenze Übergangsgebiet—Homogengebiet nach Gl. (59.5). Findet nun auch in den Homogengebieten keine Rekombination statt, so wird sich diese neue Minoritätsträgerdichte über die ganze Länge der Homogengebiete ausdehnen und gleichzeitig die schwache Bahnfeldstärke verschwinden, die sonst notwendig ist, dem Diffusionsstrom der Minoritätsträger einen entsprechenden Feldstrom entgegenzuführen. Es wird sich also ein neuer stationärer Zustand ohne Stromfluß einstellen mit veränderter Dichte der Minoritätsträger (und aus Neutralitätsgründen in gleicher Weise veränderter Majoritätsträgerdichten). Daß dieser Vorgang schon allein wegen der Rekombination an den Kontakten an den Halbleiterenden nur eine fiktive Bedeutung hat, ist selbstverständlich. Man erkennt jedoch hieraus, daß bei schwacher Rekombination in den Homogengebieten der Stromfluß durch das Übergangsgebiet nur die Randwerte $n(x_p)$ und $p(x_n)$ aufrechterhalten muß. *Die Größe der Diffusionsströme der Minoritätsträger in den Homogengebieten ist also allein entscheidend für den Stromfluß durch den belasteten p-n-Übergang bei schwacher Rekombination.*

Wir fassen zusammen: Bei *unendlicher* Rekombination sind für den Stromfluß durch den p-n-Übergang die Dichteverschiebungen im Raumladungsgebiet maßgebend. Bei *schwacher* Rekombination tritt dieser Einfluß jedoch zurück gegenüber dem Mechanismus der Stromübernahme Minoritätsträgerstrom $\rightleftharpoons$ Majoritätsträgerstrom in den Homogengebieten. Während i_{maj} in den Homogengebieten wegen der großen Dichte der Majoritätsträger durch eine schwache Bahnfeldstärke leicht aufrechterhalten werden kann und beide Stromanteile im Übergangsgebiet durch geringe Abweichungen vom BOLTZMANN-Gleichgewicht ($i = i_F - i_D$; $i_F, i_D \gg i$) hervorgerufen werden können, begrenzt die „*Ergiebigkeit der Diffusionsströme*" $i_{\min}$ in den Homogengebieten den gesamten Stromfluß. Für den Elektronenanteil ist also die Übernahme $i_n \rightleftharpoons i_p$ im p-Gebiet und für den Löcheranteil die Übernahme $i_p \rightleftharpoons i_n$ im n-Gebiet der maßgebende Mechanismus.

Hieraus erklärt sich auch sofort das verschiedene Verhalten des p-n-Übergangs in Fluß- und Sperrichtung. Während in Flußrichtung $p(x_n)$ um viele Zehnerpotenzen (nämlich maximal bis p_p) erhöht werden kann und dadurch große Dichtegradienten und damit große Diffusionsströme entstehen, kann in Sperrichtung p nur bis auf den Wert Null sinken, die Sperrströme bleiben also verglichen mit den Flußströmen bei gleichem $|\delta\psi|$ klein. Fig. 65 zeigt den Verlauf der Löcherdichte im n-Gebiet für verschiedene angelegte Spannungen.

Es ist an dieser Stelle vielleicht instruktiv, den Widerstand des p-n-Übergangs bei schwacher Rekombination mit dem Widerstand (59.4) bei unendlicher Rekombination zu vergleichen.

Eine einfache Rechnung ergibt hier:

$$\left.\begin{aligned} R = \frac{\delta\psi}{i} &= -\frac{1}{i^2}\left(i_p\varphi_p + i_n\varphi_n\right)\Big|_{x_a}^{x_b} = -\frac{1}{i^2}\int_{x_a}^{x_b}\frac{d}{dx}\left(i_p\varphi_p + i_n\varphi_n\right)dx \\ &= -\frac{1}{i^2}\left(\int_{x_a}^{x_b}\left(i_p'\varphi_p + i_n'\varphi_n\right)dx + \int_{x_a}^{x_b}\left(i_p\varphi_p' + i_n\varphi_n'\right)dx\right) \end{aligned}\right\} \tag{59.11}$$

oder wegen

$$i_n' = -i_p' = eU, \quad \varphi_p' = -\frac{i_p}{e\mu_p p}, \quad \varphi_n' = -\frac{i_n}{e\mu_n n},$$

$$R = \frac{1}{i^2}\int_{x_a}^{x_b}\left(\frac{i_p^2}{e\mu_p p} + \frac{i_n^2}{e\mu_n n}\right)dx + \frac{e}{i^2}\int_{x_a}^{x_b}\left(\varphi_p - \varphi_n\right)U\,dx. \tag{59.12}$$

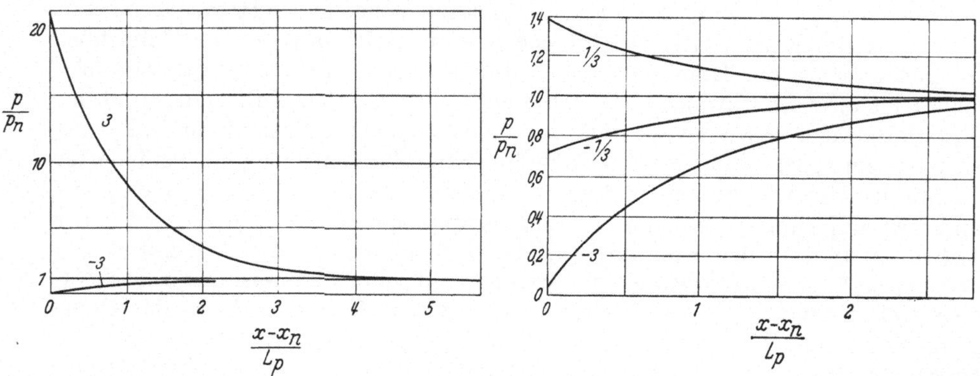

Fig. 65. Dichteverteilung der Löcher im n-Gebiet bei verschiedener Belastung. Parameter: angelegte Spannung $\delta\psi$ in Einheiten kT/e.

Hier ist das zweite Integral nach (59.1) stets positiv und verschwindet für unendliche Rekombinationen, während das erste (ebenfalls positiv definite) Integral für unendliche Rekombination wegen

$$\varphi_n = \varphi_p, \quad \frac{i_n}{e\mu_n n} = \frac{i_p}{e\mu_p p} = \frac{i}{\sigma}$$

den Wert $\int \frac{dx}{\sigma}$, also den Wert den Gl. (59.4) annimmt. Da in diesem Fall der Integrand des ersten Integrals ein Minimum besitzt, folgt:

Der Widerstand eines p-n-Übergangs ist bei endlicher Rekombination immer größer als bei unendlicher Rekombination, also größer als der Bahnwiderstand $R = \int_{x_a}^{x_b} \frac{dx}{\sigma}$.

Während allerdings in Flußrichtung der Widerstand nur schwach mit kleiner werdender Rekombination steigt, steigt der Sperrwiderstand stark an. Dies erklärt die Überlegenheit des p-n-Gleichrichters mit schwacher Rekombination gegenüber dem zuerst skizzierten Gleichrichtertyp, dessen Flußstrom bei sonst gleichen Parametern zwar größer ist, dessen Richtverhältnis i_{fl}/i_{sp} jedoch wesentlich schwächer ist.

60. Feldemission und Stoßionisation in p-n-Übergängen. Bei starker Belastung von p-n-Übergängen in Sperrichtung gilt die Stromspannungscharakteristik (59.10) nicht mehr. Man beobachtet hier einen plötzlichen Anstieg des Sättigungsstromes und somit eine Verschlechterung des Gleichrichtereffektes (Fig. 66)[1]. Für diesen Anstieg, der durch eine starke Erhöhung der Zahl der den Übergang durchfließenden Ladungsträger verursacht wird, sind zwei Mechanismen verantwortlich.

Einmal wird mit wachsender Sperrspannung die Feldstärke im p-n-Übergang so groß, daß ein Übergang von Elektronen aus dem Valenzband in das Leitungsband durch innere *Feldemission*[1] möglich wird, also dadurch die Trägerdichte im p-n-Übergang sich sprunghaft erhöht. Zum anderen können die das Übergangsgebiet durchquerenden Ladungsträger in den hohen Feldern so stark beschleunigt werden, daß sie durch Stoßionisation Sekundärelektronen erzeugen, die ihrerseits einen Beitrag zum Sperrstrom liefern.

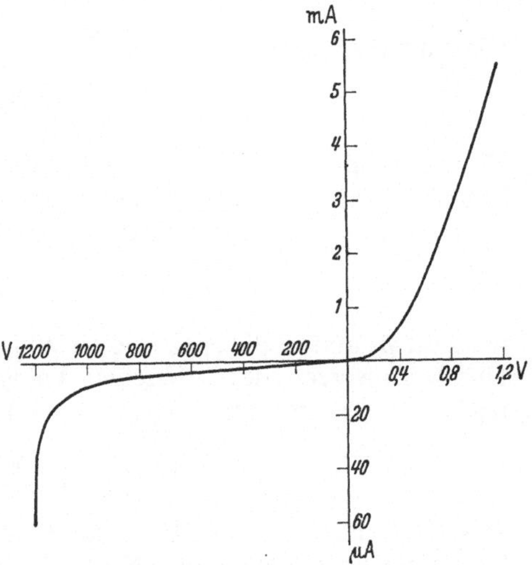

Fig. 66. Gleichrichterkennlinie eines Germanium-p-n-Übergangs, nach PIETENPOL.

α) Feldemission. Die Feldemission wurde im Anschluß an ZENER[2] von MCAFEE, RYDER, SHOCKLEY und SPARKS[3] behandelt. Für die zeitliche Übergangswahrscheinlichkeit eines Elektrons vom Valenzband in das Leitungsband unter der Einwirkung eines elektrischen Feldes E ergibt sich hier

$$w = \frac{e\,a\,E}{h} \exp\left(-\frac{\pi^2}{h}\left(\frac{m^*}{2}\right)^{\frac{1}{2}} \frac{(\Delta E)^{\frac{3}{2}}}{e\,E}\right), \quad (60.1)$$

wo m^* die scheinbare Masse des Elektrons, ΔE die Breite der verbotenen Zone und a die Gitterkonstante des Halbleiters bedeuten. (60.1) gilt in dieser Form nur für sphärische Energieflächen und angenähert gleiche scheinbare Massen an den Rändern des Valenz- und des Leitungsbandes. Für stark verschiedene scheinbare Massen ist statt (60.1) nach FRANZ und TEWORDT[4]

$$w = \frac{e\,a\,E}{h} \exp\left(-\frac{8\pi}{3h}\,\overline{m}^{\frac{1}{2}}\,\frac{(\Delta E)^{\frac{3}{2}}}{e\,E}\right), \qquad \frac{1}{\overline{m}} = \frac{1}{m_n} + \frac{1}{m_p} \quad (60.2)$$

zu setzen.

Der aus einem Gebiet der Länge L und des Querschnitts Q, in welchem die elektrische Feldstärke E als konstant angenommen werden kann, entspringende „ZENER-*Strom*" folgt daraus durch Multiplikation von (60.1) bzw. (60.2) mit e und der Zahl der Valenzelektronen $n_V = L\,Q\,(z/a^3)$ (z = Zahl der Valenzelektronen in einer Elementarzelle a^3 des Gitters):

$$I = Q\,i, \qquad i = e\,w\,n_V = \frac{e^2\,z\,V}{a^2\,h}\,\mathrm{e}^{-\alpha}, \quad (60.3)$$

wo für α der Exponent der Gl. (60.1) bzw. (60.2) einzusetzen ist. $V = E\,L$ ist der Spannungsabfall längs der Strecke L.

---

[1] W. PIETENPOL: Phys. Rev. **82**, 120 (1951).

[2] C. ZENER: Proc. Roy. Soc. Lond., Ser. A **145**, 523 (1934); vgl. auch die Darstellung bei E. SPENKE [*16*], S. 211ff.

[3] K. B. MCAFEE, E. J. RYDER, W. SHOCKLEY u. M. SPARKS: Phys. Rev. **83**, 650 (1951).

[4] W. FRANZ u. L. TEWORDT [*23*, III], dort auch eine einfache Ableitung von (60.1) sowie eine ausführliche erweiterte Darstellung der in dieser Ziffer behandelten Probleme (s. auch W. FRANZ [*23*.E]).

Gl. (60.3) gestattet nun, eine kritische Feldstärke abzuschätzen, bei der der ZENER-Strom beginnt, den durch (59.10) gegebenen Sättigungsstrom wesentlich zu übersteigen.

Den Zusammenhang zwischen dieser kritischen Feldstärke E_{krit} und der dazugehörigen Sperrspannung V_Z am p-n-Übergang (ZENER-Spannung) berechnen wir für das Modell des abrupten Übergangs der Ziff. 58. Nach (58.11) ist die Feldstärke bei $x=0$

$$E_0 = -\left.\frac{d\psi}{dx}\right|_{x=0} = \frac{1}{\varepsilon\,\varepsilon_0}\,\varrho_a\,x_p = \frac{1}{\varepsilon\,\varepsilon_0}\,\varrho_d\,x_n \tag{60.4}$$

oder mit (58.12) und $x_n - x_p = W$

$$E_0 = \frac{e}{\varepsilon\,\varepsilon_0}\,W\left(\frac{1}{n_n}+\frac{1}{p_p}\right)^{-1}. \tag{60.5}$$

Eliminiert man mit Hilfe von (60.5) die Breite W des Übergangs aus (58.13) und beachtet, daß jetzt $\psi_n - \psi_p$ die Summe aus Diffusionsspannung V_D und angelegter Sperrspannung V_{Sp} ist, so folgt

$$\psi_n - \psi_p = V_D + V_{Sp} = E_0^2\,\frac{\varepsilon\,\varepsilon_0}{2}\,(\mu_n\,\varrho_n + \mu_p\,\varrho_p), \tag{60.6}$$

wo jetzt ϱ_n und ϱ_p die spezifischen Widerstände der beiden Homogengebiete sind. Durch Einsetzen der kritischen Feldstärke folgt hieraus (wir vernachlässigen noch V_D gegen die ZENER-Spannung V_Z):

$$V_z = E_{\text{krit}}^2\,\frac{\varepsilon\,\varepsilon_0}{2}\,(\mu_n\,\varrho_n + \mu_p\,\varrho_p). \tag{60.7}$$

Aus (60.7) läßt sich also bei bekannter kritischer Feldstärke und den Leitfähigkeiten der beiden Homogengebiete die Sperrspannung entnehmen, bis zu welcher die Kennliniengleichung (59.10) gültig ist, d.h. oberhalb welcher der ZENER-Durchbruch erfolgt. Durch Einsetzen der Daten von Si (kritische Feldstärke $2{,}5\cdot 10^5$ V/cm) ergibt sich beispielsweise

$$V_z = 39\,\varrho_n + 8\,\varrho_p, \tag{60.8}$$

eine Gleichung, die von PEARSON und SAWYER[1] an Si-Gleichrichtern mit abruptem p-n-Übergang bestätigt wurde.

Bei langsamem Störstellenübergang zwischen p- und n-Gebiet gilt (60.7) natürlich nicht. Wir betrachten diesen Fall nicht näher, da dort wahrscheinlich vorwiegend ein anderer Mechanismus für den Durchbruch der Sperrkennlinie verantwortlich ist, auf welchen wir jetzt eingehen.

Ebenso verzichten wir auf die Behandlung der inneren Feldemission aus Störstellen und verweisen auf den oben zitierten Bericht von FRANZ und TEWORDT[2].

β) Stoßionisation. Durch die im Übergangsgebiet eines p-n-Übergangs bei Sperrbelastung auftretenden hohen Feldstärken werden die Ladungsträger stark beschleunigt und erhalten zwischen zwei Gitterstößen Energien, die hinreichen, um Valenzelektronen aus ihrer Bindung zu schlagen und in das Leitungsband zu heben. Die zu dieser Stoßionisation notwendigen Feldstärken liegen tiefer als diejenigen, die zu Feldemission aufgebracht werden müssen. Daß trotzdem die Feldemission in p-n-Übergängen beobachtet werden kann, liegt daran, daß in schmalen Übergängen zwar die zur Stoßionisation notwendigen Feldstärken auftreten, sich aber nur über so schmale Bereiche erstrecken, daß die Ladunsträger bei ihrem Durchgang nicht genügend Energie aufnehmen können, um Sekundärteilchen zu erzeugen. In diesen Bereichen kann jedoch Feldemission einsetzen.

---

[1] G. L. PEASRON u. B. SAWYER: Proc. Inst. Radio Engrs. **40**, 1348 (1952).

[2] Siehe Fußnote 4, S. 157.

In breiten p-n-Übergängen dagegen scheint die Feldemission von der Stoßionisation verdeckt zu werden und die letztere für den Durchbruch der Sperrkennlinie verantwortlich zu sein.

Der Nachweis des Auftretens von Stoßionisation in p-n-Übergängen wurde zuerst von McKay und McAfee[1] erbracht. Untersucht wurde der Sperrstrom von breiten Übergängen in Si und Ge. Dabei wurden durch Licht oder α-Strahlen Ladungsträger im Übergang erzeugt, die einen zusätzlichen Beitrag zum Sperrstrom lieferten. Wird die Einstrahlung auf einen solchen Bereich des p-n-Übergangs beschränkt, daß auch ohne Vorspannung alle erzeugten Ladungsträger von dem inneren Feld des Raumladungsgebietes erfaßt werden, so muß ohne Stoßionisation der Zusatzstrom unabhängig von der angelegten Sperrspannung sein, die lediglich das innere Feld vergrößert. Bei Auftreten von Stoßionisation ist dagegen der Zusatzstrom spannungsabhängig, da mit wachsendem Feld die Ladungsträger stärker beschleunigt werden und dadurch mehr Sekundärteilchen erzeugen können. Ein typisches Meßergebnis zeigt Fig. 67. Aufgetragen ist hier der Zusatzstrom (normiert auf den Wert 1 bei fehlender äußerer Spannung) gegen die angelegte Sperrspannung (in Einheiten der Durchbruchspannung des p-n-Gleichrichters). Die Meßpunkte beziehen sich auf je einen p-n-Übergang in Si bzw. Ge und Lichteinstrahlung bzw. Beschuß mit α-Strahlen. Man erkennt, daß bei kleinen Sperrspannungen keine Stoßionisation auftritt, daß diese mit wachsender Spannung einsetzt, um beim Durchbruch lawinenartig anzuwachsen. Die Autoren konnten hier zeigen, daß die Stoßionisation im gleichen Maße wie von injizierten Ladungsträgern auch von thermisch erzeugten Ladungsträgern herrühren kann, also der Durchbruch des nicht bestrahlten Gleichrichters hier ebenfalls der Stoßionisation zuzuschreiben ist.

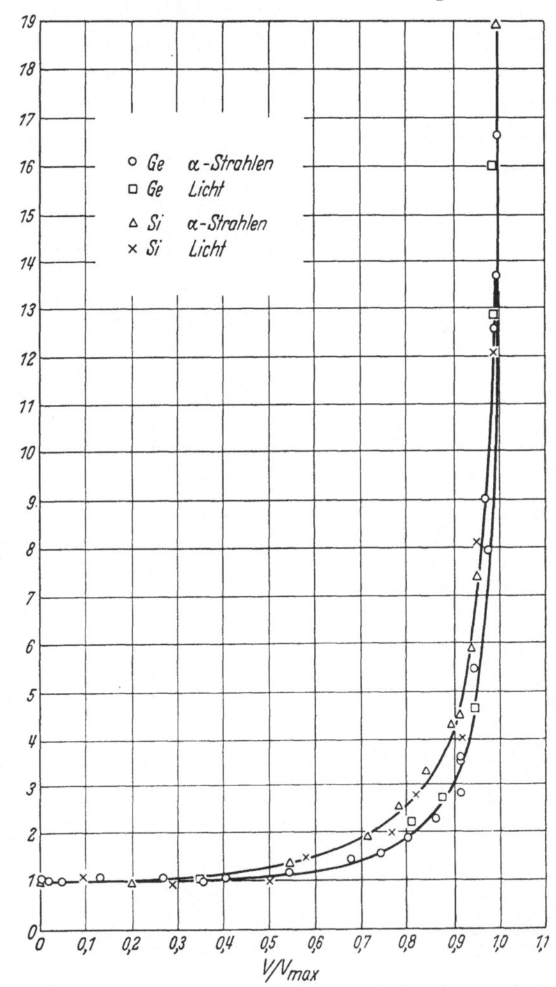

Fig. 67. Zusatzstrom eines in Sperrichtung belasteten p-n-Übergangs durch Lichteinstrahlung bzw. durch Beschuß mit α-Strahlen. Ordinate: $i_z/i_{z(V=0)}$. Abszisse: angelegte Spannung / Durchbruchsspannung, nach McAfee und McKay.

[1] K. G. McKay u. K. B. McAfee: Phys. Rev. **91**, 1079 (1953).

Bei in Sperrichtung belasteten p-n-Übergängen in Silicium wird beim Durchbruch häufig eine Lichtemission im sichtbaren Gebiet beobachtet[1]. Diese rührt von den bei der Rekombination der durch Stoßionisation stark beschleunigten Ladungsträger bzw. von den bei ihrem Zurückfallen in tiefere Terme des Bandes emittierten Photonen her. CHYNOWETH und MCKAY[2] konnten zeigen, daß die Emissionsgebiete sehr scharf lokalisiert über den p-n-Übergang verteilt sind und mit wachsender Durchbruchsspannung nicht größer, sondern nur zahlreicher werden. Der durch Stoßionisation erhöhte Sperrstrom fließt also nicht durch den gesamten p-n-Übergang, er wird vielmehr durch zahlreiche schmale Kanäle geführt.

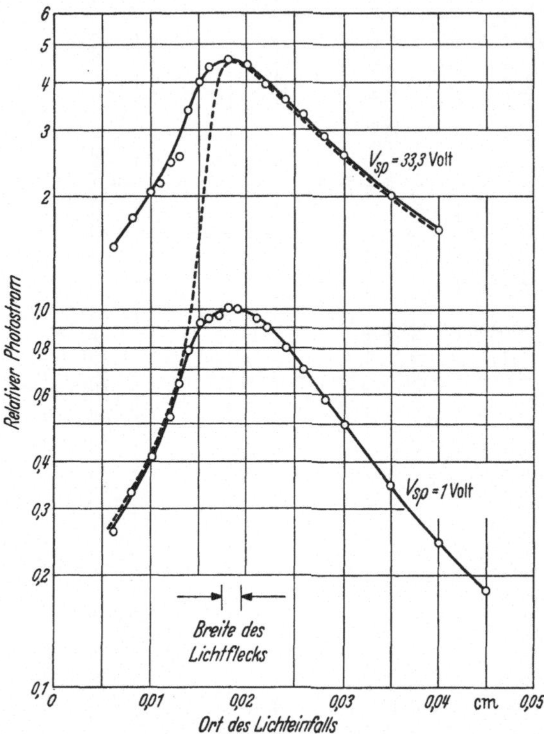

Fig. 68. Zusatzstrom eines in Sperrichtung belasteten p-n-Übergangs durch Lichteinstrahlung in Abhängigkeit vom Ort des Lichteinfalls bei zwei verschiedenen Sperrspannungen, nach MCAFEE und MCKAY. Die gestrichelte Kurve würde gelten, wenn nur Elektronen Stoßionisation verursachen würden.

Ein weiteres wichtiges Ergebnis zeigt Fig. 68. Die untere Kurve zeigt den Zusatzstrom bei Lichteinstrahlung in Abhängigkeit vom Abstand p-n-Übergang—Einstrahlungsort. Der rechte Teil der Kurve beschreibt den Strom, der von den Elektronen der im p-Gebiet erzeugten Elektron-Loch-Paare durch den Übergang geführt wird, der linke Teil einen Strom, der von den *Löchern* der im n-Gebiet erzeugten Elektron-Loch-Paare durch das Übergangsgebiet geführt wird. Die obere Kurve stellt die gleichen Verhältnisse dar bei einer wesentlich höheren Sperrspannung. Der Zusatzstrom ist hier durch Stoßionisation erhöht. Das Wesentliche besteht nun darin, daß auch die *Löcher* Sekundärteilchen erzeugen können (linker Teil der oberen Kurve > linker Teil der unteren Kurve). Aus der Gleichheit der Form der beiden Kurven entnimmt man weiterhin, daß die Ionisationswahrscheinlichkeit der Elektronen und der Löcher praktisch gleich groß ist.

Diese Beobachtungen zeigen, daß sich der Begriff des „Loches" als fiktiver Ladungsträger auch bei der Stoßionisation, also bei der Wechselwirkung der Valenzelektronen untereinander bewährt[3].

Die Ordinate der Fig. 67 gibt direkt die Zahl der von einem den p-n-Übergang durchquerenden Ladungsträger erzeugten Sekundärteilchen. Kennt man nun den Feldverlauf im Übergang, so läßt sich daraus die Ionisierungsrate $\alpha_i(E)$, definiert als die Zahl der in einem Feld E pro cm Weg von einem Ladungsträger erzeugten Sekundärteilchen ermitteln. Dies wurde von MCKAY[4] für den abrupten Übergang und den Übergang mit linearer Störstellenverteilung durchgeführt. Fig. 69 zeigt das Ergebnis für Si. Die Theorie der Stoßionisation in Ge

[1] R. NEWMAN: Phys. Rev. **100**, 700 (1955). — K. G. MCKAY [23.E].
[2] A. G. CHYNOWETH u. K. G. MCKAY: Phys. Rev. **102**, 369 (1956).
[3] E. SPENKE: Physiker-Tagung Hamburg 1954, S. 91 Mosbach: Physik-Verlag 1955.
[4] K. G. MCKAY: Phys. Rev. **94**, 877 (1954).

und Si wurde von WOLFF[1] gegeben. WOLFF schließt sich eng an ähnliche Rechnungen für die Ionisationsrate in Gasen an und löst die BOLTZMANNsche Stationaritätsbedingung für hohe Felder unter Berücksichtigung der Elektron-Loch-Paar-Erzeugung. In Fig. 69 ist die theoretische Kurve mit eingezeichnet, die WOLFF unter der Annahme einer mittleren freien Weglänge von 200 Å bei der Wechselwirkung zwischen Elektronen und optischen Phononen erhält[2].

Wenn auch die beiden soeben besprochenen Mechanismen mit Sicherheit in p-n-Übergängen in Si und Ge nachgewiesen worden sind, so ist doch die Frage des Durchbruchs von p-n-Gleichrichtern in Sperrichtung noch nicht völlig geklärt. Besonders das Ansteigen des Stromes unmittelbar vor dem Durchbruch weist noch Abweichungen von dem theoretisch geforderten Verlauf auf. Hier spielen aber sicher Inhomogenitäten in der Störstellenverteilung des Übergangsgebietes und andere Abweichungen von dem theoretischen Modell des p-n-Übergangs eine entscheidende Rolle.

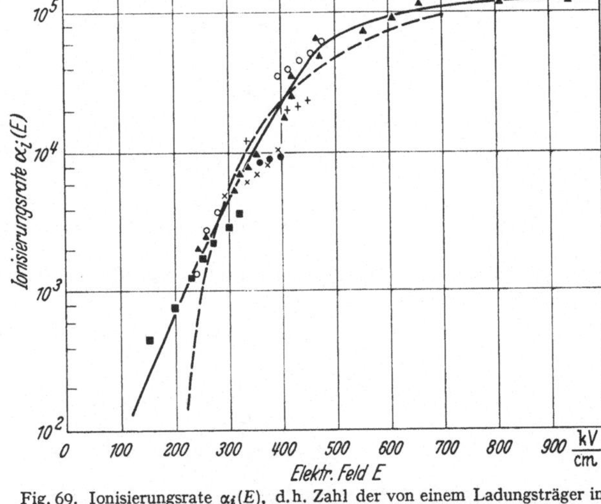

Fig. 69. Ionisierungsrate $\alpha_i(E)$, d.h. Zahl der von einem Ladungsträger im Felde E pro cm erzeugten Sekundärteilchen in Abhängigkeit vom angelegten Feld, nach McKAY. ——— Werte für Silizium, – – – theoretische Kurve nach WOLFF.

61. Photoeffekt in p-n-Übergängen. Neben seiner Gleichrichtereigenschaft besitzt der p-n-Übergang besonderes Interesse durch seine Empfindlichkeit gegenüber Lichteinstrahlung oder Beschuß mit Korpuskularstrahlen. Werden in einem homogenen Halbleiter Elektron-Loch-Paare durch Licht oder eine andere Strahlungsart erzeugt, so äußert sich dies lediglich in einer zeitweiligen Erhöhung der Ladungsträgerdichte und somit der Leitfähigkeit des Halbleiters. Die Dichteerhöhung wird ausgeglichen durch lokale Rekombination und ambipolare Diffusion (ohne Ladungstransport) in Richtung der negativen Dichtegradienten.

Werden dagegen im Übergangsgebiet eines p-n-Übergangs oder in dessen Nähe durch äußere Einstrahlung Elektron-Loch-Paare erzeugt, so werden sie durch das elektrische Feld des Raumladungsgebietes getrennt und die Elektronen in das n-Gebiet, die Löcher in das p-Gebiet gezogen. Es fließt also ein *elektrischer Strom*. Die Ausnutzung dieses Effektes als Hilfsmittel zur Umwandlung von Strahlungsenergie in elektrische Energie ist von erheblicher technischer Bedeutung *(Photoelemente)*.

Zur quantitativen Erfassung des Photoeffektes in p-n-Übergängen benutzen wir das Modell der Ziff. 58 und 59. Die Lichteinstrahlung erfassen wir durch Einführung einer Fremderzeugungsquote $g(x)$. Solange wir fordern, daß die Dichteüberhöhung δn und δp klein gegen die Majoritätsträgerdichten bleiben sollen, sind sonst keine Änderungen an den bisher benutzten Voraussetzungen zu machen.

[1] P. A. WOLFF: Phys. Rev. **95**, 1415 (1954).

[2] Vgl. auch die Diskussion bei FRANZ u. TEWORDT (Fußnote 4, S. 157).

Auf einem Halbleiterstab werde also bei $x=0$ Licht eingestrahlt (Fig. 70). In die Oberfläche mögen pro sec und cm² P_λ Photonen einfallen. Die Absorption erfolge exponentiell mit der Eindringtiefe L_λ. Bei einer Quantenausbeute von einem Elektron-Loch-Paar pro absorbierten Photon ist dann die Fremderzeugungsquote

$$g(x) = g_0 e^{-x/L_\lambda} = \frac{P_\lambda}{L_\lambda} e^{-x/L_\lambda}. \tag{61.1}$$

Von $x=x_p$ bis $x=x_n$ erstrecke sich ein p-n-Übergang. $x_n - x_p$ sei klein gegen die Diffusionslängen L_n und L_p.

Nehmen wir weiterhin an, daß das n-Gebiet groß gegen L_p ist, so lauten die Diffusionsgleichungen der jeweiligen Minoritätsträger unter Einführung ihrer

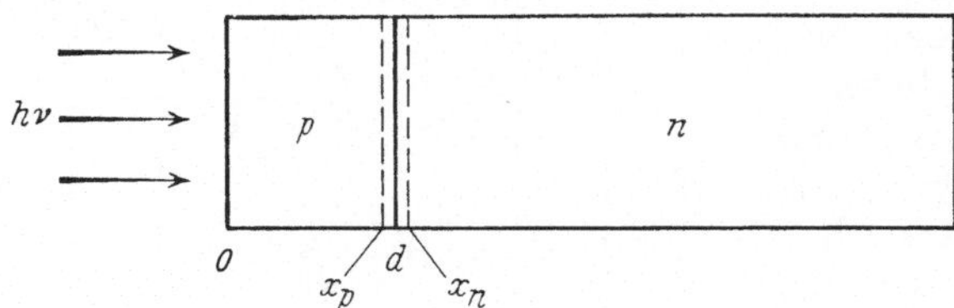

Fig. 70. Der p-n-Übergang bei Lichteinstrahlung.

Lebensdauern τ_n und τ_p in den Homogengebieten[1, 2]:

$$\left.\begin{aligned} D_n \frac{d^2}{dx^2}\delta n - \frac{\delta n}{\tau_n} + g(x) = 0 \quad &\text{im } p\text{-Gebiet},\\ D_p \frac{d^2}{dx^2}\delta p - \frac{\delta p}{\tau_p} + g(x) = 0 \quad &\text{im } n\text{-Gebiet},\\ \delta n = n - n_p, \qquad \delta p = p - p_n. \end{aligned}\right\} \tag{61.2}$$

Dazu kommen die Randbedingungen

$$\delta n = -\frac{D_n}{s}\frac{d}{dx}\delta n = -L_s\frac{d}{dx}\delta n \quad \text{für} \quad x=0 \quad \text{im } p\text{-Gebiet}, \tag{61.3a}$$

$$\delta n = n_p\left(e^{\frac{e}{kT}\delta\varphi} - 1\right) \quad \text{für} \quad x = x_p \quad \text{im } p\text{-Gebiet}, \tag{61.3b}$$

$$\delta p = p_n\left(e^{\frac{e}{kT}\delta\varphi} - 1\right) \quad \text{für} \quad x = x_n \quad \text{im } n\text{-Gebiet}, \tag{61.4a}$$

$$\delta p = 0 \quad \text{für} \quad x \gg x_n \quad \text{im } n\text{-Gebiet}. \tag{61.4b}$$

Diese Randbedingungen unterscheiden sich von den in Ziff. 59 benutzten nur in Gl. (61.3a) und ergeben bereits ohne Lichteinstrahlung statt dem in (59.10) auftretenden Sättigungsstrom i_s:

$$i_s' = \frac{e D_p p_n}{L_p} + \frac{e D_n n_p}{L_n} \; \frac{\operatorname{Sin}\frac{d}{L_n} + \frac{L_n}{L_s}\operatorname{Cos}\frac{d}{L_n}}{\operatorname{Cos}\frac{d}{L_n} + \frac{L_n}{L_s}\operatorname{Sin}\frac{d}{L_n}} \tag{61.5}$$

der im Fall „angepaßter" Oberflächenrekombination bei $x=0$ ($L_s = L_n$, vgl. Ziff. 47) oder bei $d \gg L_n$ in i_s übergeht. Für den Abstand des p-n-Übergangs von $x=0$ wurde hier $d \approx x_p \approx x_n$ gesetzt. Durch Umformung erhält man wegen

$$L = \sqrt{D\tau}, \qquad \frac{p_n}{\tau_p} = g_p, \qquad \frac{n_p}{\tau_n} = g_n \tag{61.6}$$

(g_n, g_p thermische Erzeugungsquoten der jeweiligen Minoritätsträger, vgl. Ziff. 45)

[1] R. L. CUMMEROW: Phys. Rev. **95**, 16 (1954).
[2] R. WIESNER [*23, III*].

$$i_s' = e\, g_p L_p + e\, g_n L_n', \tag{61.7}$$

wo noch

$$L_n' = L_n \frac{\operatorname{Sin}\frac{d}{L_n} + \frac{L_n}{L_s}\operatorname{Cos}\frac{d}{L_n}}{\operatorname{Cos}\frac{d}{L_n} + \frac{L_n}{L_s}\operatorname{Sin}\frac{d}{L_n}} \tag{61.8}$$

eine durch die Oberflächenrekombination bei $x = 0$ reduzierte Diffusionslänge der Elektronen im p-Gebiet ist.

Einsetzen von (61.1) in (61.2) ergibt mit den Randbedingungen (61.3) und (61.4) die Stromdichte

$$i = i_s' \left(e^{\frac{e}{kT}\delta\psi} - 1\right) - i_G, \tag{61.9}$$

wo die durch die Einstrahlung bedingte Zusatzstromdichte die Form

$$\left.\begin{aligned} i_G &= e\, g(d) \left\{ \frac{1}{\frac{1}{L_\lambda} + \frac{1}{L_p}} + \right. \\ &\quad \left. + \frac{1}{\frac{1}{L_\lambda^2} + \frac{1}{L_n^2}} \left[\frac{e^{d/L_\lambda}\left(\frac{L_n}{L_\lambda} + \frac{L_n}{L_s}\right) - \left(\operatorname{Sin}\frac{d}{L_n} + \frac{L_n}{L_s}\operatorname{Cos}\frac{d}{L_n}\right)}{L_n\left(\operatorname{Cos}\frac{d}{L_n} + \frac{L_n}{L_s}\operatorname{Sin}\frac{d}{L_n}\right)} - \frac{1}{L_\lambda} \right] \right\} \\ &= e\, g(d)\,(L_{\lambda_p} + L_{\lambda_n}) \end{aligned}\right\} \tag{61.10}$$

besitzt. Zum Sperrstrom $-i_s'$ addiert sich also eine zusätzliche von den erzeugten Elektron-Loch-Paaren gelieferte Stromdichte $-i_G$. Aus (61.9) ergibt sich sofort der Kurzschlußstrom ($\delta\psi = 0$)

$$i_K = -i_G \tag{61.11}$$

und die Leerlaufspannung ($i = 0$)

$$\delta\psi_L = \frac{kT}{e} \ln\left(1 + \frac{i_G}{i_s'}\right). \tag{61.12}$$

Gl. (61.10) vereinfacht sich wesentlich bei homogener Paarerzeugung ($g(x) =$ const). Dies ist z.B. der Fall, wenn L_λ groß gegen die Länge des Halbleiters ist. Dann wird mit $L_\lambda = \infty$, $g(x) = g_L$:

$$i_G = e\, g_L L_p + e\, g_L L_n'. \tag{61.13}$$

Zum Zusatzstrom tragen also alle Minoritätsträger bei, die innerhalb einer Diffusionslänge vom p-n-Übergang entfernt durch die Einstrahlung erzeugt werden. Die Leerlaufspannung erhält hier eine besonders einfache Form, wenn man einen symmetrischen p-n-Übergang betrachtet ($n_n = p_p = n_{maj}$) und in erster Näherung die Lebensdauer in den beiden Homogengebieten gleich setzt. Dann folgt:

$$\delta\psi_L = \frac{kT}{e} \ln\left(1 + \frac{\delta n}{n_{\min}}\right), \qquad \delta n = g_L \tau. \tag{61.14}$$

δn ist hier der durch die Lichteinstrahlung aufrechterhaltene Dichteüberschuß, $n_{\min}$ die in den beiden Homogengebieten als gleich angenommene Minoritätsträgerdichte.

Untersuchungen des Photoeffektes an p-n-Übergängen wurden seit der Entdeckung von solchen Übergängen an Si[1] zahlreich durchgeführt[2].

Besonderes Interesse haben die Silizium-Photoelemente in der letzten Zeit als Mittel zur Umwandlung von Sonnenlicht in elektrische Energie (solar converters) gewonnen[3]. Neben Si ist hier GaAs von Bedeutung[4], welches eine höhere Leerlaufspannung (0,73 gegenüber 0,42 V) liefert, dessen Wirkungsgrad (6,5%) jedoch bis jetzt noch nicht den der besten Si-Zelle (11%) erreicht. Wir können hier auf die Einzelheiten nicht näher eingehen und verweisen auf [3] und [4] sowie auf die zusammenfassende Arbeit von WIESNER[5].

Die Anwendung von p-n-Übergängen als strahlungsempfindliche Elemente ist natürlich nicht auf Lichteinstrahlung beschränkt. Über Untersuchungen mit Röntgenstrahlen wurde von PFISTER[6] berichtet. Weiterhin von Interesse ist die Einstrahlung von α-, β- oder Deuteronenstrahlung[7]. Über die Kombination eines radioaktiven Präparates und eines p-n-Übergangs als Element und dessen technische Anwendungsmöglichkeit wurde schließlich von PFANN und ROOSBROECK berichtet[8].

62. Ergänzende Bemerkungen. Wir hatten in den vorhergehenden Ziffern bei der quantitativen Durchrechnung meistens das Modell des abrupten p-n-Übergangs zugrunde gelegt. Für die qualitativen Eigenschaften der p-n-Übergänge ist jedoch die Form der Störstellenverteilung im Übergangsgebiet ohne Bedeutung. So beziehen sich die ganzen Betrachtungen der Ziff. 59 allgemein auf eine willkürliche Verteilung, der Gleichrichtereffekt wird also nicht durch die Form des Störstellengradienten im Übergangsgebiet beeinflußt. Trotzdem wird man zur Erzielung möglichst guter Gleichrichter p-n-Übergänge mit flachen Gradienten vorziehen, da dann die mittlere Feldstärke im Übergang niedriger liegt und nach Ziff. 60 der Durchbruch in Sperrichtung erst später erfolgt als bei einem abrupten Übergang.

Über die Form der Störstellenverteilung geben Kapazitätsmessungen Auskunft. Nach SHOCKLEY[9] ist die Kapazität des Raumladungsgebietes für den abrupten Übergang

$$\frac{1}{C^2} = \left(\frac{W}{\varepsilon\varepsilon_0}\right)^2 \sim \psi_n - \psi_p, \qquad (62.1)$$

[1] J. H. SCAFF, H. C. THEUERER u. E. E. SCHUMACHER: Trans. Amer. Inst. Min. Metallurg. Engrs. **185**, 383 (1949).

[2] M. BECKER u. H. Y. FAN: Phys. Rev. **78**, 301, 335 (1950). — W. J. PIETENPOL: Phys. Rev. **82**, 120 (1951). — D. C. REYNOLDS, G. LEIES, L. L. ANTES u. R. E. MARBURGER: Phys. Rev. **96**, 533 (1954). — R. P. RUTH u. J. M. MEYER: Phys. Rev. **95**, 562 (1054). — H. Y. FAN: Phys. Rev. **75**, 1631 (1949) u. a.

[3] D. M. CHAPIN, C. S. FULLER u. G. L. PEARSON: J. Appl. Phys. **25**, 676 (1954). — R. L. CUMMEROW: Phys. Rev. **95**, 561 (1954). — E. S. RITTNER: Phys. Rev. **96**, 1708 (1954). — M. B. PRINCE: J. Appl. Phys. **26**, 534 (1955). — J. J. LOFERSKI: J. Appl. Phys. **27**, 777 (1956). — Die andere Möglichkeit der Umwandlung von Sonnenenergie in elektrische Energie mit Hilfe von thermoelektrischen Effekten wird ausführlich von M. TELKES [J. Appl. Phys. **25**, 765 (1954)] diskutiert.

[4] R. GREMMELMAIER: Z. Naturforsch. **10**a, 501 (1955). — D. A. JENNY, J. J. LOFERSKI u. F. RAPPAPORT: Phys. Rev. **101**, 1208 (1956).

[5] Siehe Fußnote 2, S. 162.

[6] H. PFISTER: Z. Naturforsch. **11**a, 434 (1956); ähnliche Messungen an Ge: J. BAČKOVSKÝ, M. MALKOVSKÁ u. J. TAUC: Czech. J. Phys. **4**, 98 (1954).

[7] M. BECKER u. H. Y. FAN: Phys. Rev. **75**, 1631 (1949). — C. ORMAN, H. Y. FAN, G. J. GOLDSMITH u. K. LARK-HOROVITZ: Phys. Rev. **78**, 646 (1950). — P. RAPPAPORT: Phys. Rev. **93**, 246 (1954). —V. S. VAVILOV: Usp. fiz. Nauk. **56**, 111 (1955).

[8] W. G. PFANN u. W. VAN ROOSBROECK: J. Appl. Phys. **25**, 1422 (1954).

[9] W. SHOCKLEY: Bell Syst. Techn. J. **28**, 435 (1949).

für einen Übergang mit linearem Störstellengradienten dagegen

$$\frac{1}{C^3} = \frac{12}{\varepsilon^2 \varepsilon_0^2 e a} (\psi_n - \psi_p), \tag{62.2}$$

wo a den Störstellengradienten $\left(= (n_D - n_A)/x\right)$ bedeutet.

Bei breiten Übergängen sind auch Potentialmessungen längs des Übergangsgebietes möglich[1].

Während bei Germanium die Gl. (59.10) der SHOCKLEYschen Theorie ausgezeichnet bestätigt ist (Fig. 71)[2], treten bei Silizium wesentliche Abweichungen auf. KLEINKNECHT und SEILER[3] finden die folgenden Diskrepanzen:

1. Anstieg der Flußkennlinie mit $e^{\delta\psi/\left(\frac{kT}{e} + 14\,\mathrm{mV}\right)}$ anstatt mit $e^{\frac{e\delta\psi}{kT}}$.
2. Der Sperrstrom zeigt keine Sättigung.
3. i_s ist gegenüber der Theorie um $3\frac{1}{2}$ Größenordnungen zu groß.
4. Die Temperaturabhängigkeit des Sperrstromes soll nach der Theorie wesentlich mit $e^{-\Delta E_0/kT}$ gehen. Für Si ist $\Delta E_0 = 1{,}12$ eV. Man findet hier jedoch $i_s \sim e^{-0{,}6/kT}$.

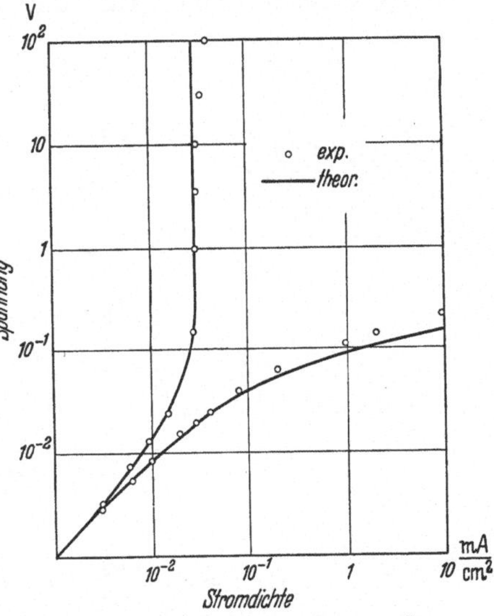

Fig. 71. Gleichrichterkennlinie eines p-n-Übergangs in Ge, nach GOUCHER, PEARSON, SPARKS, TEAL und SHOCKLEY.

Während für 1. noch keine Deutung gefunden wurde, lassen sich 2. bis 4. durch die Annahme von Rekombinationszentren im Übergangsgebiet deuten. Die Rekombinationszentren wirken in Sperrichtung als zusätzliche Quellen für die Ladungsträger, die Annahme verschwindender Rekombination (und Erzeugung) im Übergangsgebiet kann also nicht gemacht werden. KLEINKNECHT und SEILER finden hier für den Sperrstrom bei einem Modell, das zwei Arten von Rekombinationszentren im Abstand $\pm\Delta E_r$ von der Mitte des verbotenen Gebietes annimmt,

$$i_s = 2 e n_i \left(\frac{1}{\tau_n} + \frac{1}{\tau_p}\right) x_1 e^{-\Delta E_r/kT}, \tag{62.3}$$

wo x_1 für den linearen Übergang durch

$$3\left(\frac{x_1}{x_m}\right) + \left(\frac{x_1}{x_m}\right)^3 = \frac{2\frac{\Delta E_r}{e} + V_{sp}}{V_D + V_{sp}}, \qquad x_m^3 = \frac{3\varepsilon\varepsilon_0 V_D}{2 e a} \tag{62.4}$$

gegeben ist. Man erkennt zunächst, daß x_1 spannungsabhängig ist, also kein Sättigungsstrom zustande kommt, ferner, daß die Temperaturabhängigkeit jetzt durch $e^{-\left(\frac{\Delta E_0}{2} + \Delta E_r\right)/kT}$ gegeben ist, also schwächer als nach der SHOCKLEYschen Theorie verläuft. Schließlich ergibt sich ein höherer Absolutwert von i_s.

Gl. (62.3) gestattet, die Lage der Niveaus der Rekombinationszentren zu bestimmen, während Kapazitätsmessungen bei tiefen Temperaturen die Dichte dieser Zentren liefern.

---

[1] G. L. PEARSON, W. T. READ u. W. SHOCKLEY: Phys. Rev. **85**, 1055 (1952).

[2] F. S. GOUCHER, G. L. PEARSON, M. SPARKS, G. K. TEAL u. W. SHOCKLEY: Phys. Rev. **81**, 637 (1951).

[3] H. KLEINKNECHT u. K. SEILER: Z. Physik **139**, 599 (1954).

Wir wollen hier nicht auf das Wechselstromverhalten der p-n-Übergänge[1] eingehen. Lediglich ein Effekt sei noch erwähnt. Schaltet man einen in Flußrichtung belasteten p-n-Übergang plötzlich in Sperrichtung um, so beobachtet man zunächst einen starken Sperrstrom, der exponentiell auf den durch (59.10) gegebenen Wert abfällt. Dies rührt daher, daß die in Flußrichtung stark überhöhte Minoritätsträgerdichte in den Homogengebieten eine endliche Zeit braucht, um auf den in Sperrichtung vorgeschriebenen Wert abzufallen. Zur Berechnung dieses anfänglichen Sperrstromes nehmen wir an, daß die Randdichte $p(x_n)$ der Löcher im n-Gebiet von p_{fl} plötzlich auf $p_{sp} \approx 0$ gesenkt wird. Der Ausgleichsvorgang erfolgt dann durch Diffusion und Rekombination nach der Differentialgleichung[2]:

$$\frac{\partial p}{\partial t} = D_p \frac{\partial^2 p}{\partial x^2} - \frac{p - p_n}{\tau_p} \tag{62.5}$$

mit den Randbedingungen

$$\left.\begin{aligned} p &= (p_{fl} - p_n)\,\mathrm{e}^{-\frac{x}{L_p}} + p_n && t = 0,\\ p &= p_n\left(1 - \mathrm{e}^{-\frac{x}{L_p}}\right) && t = \infty,\\ p_{x=0} &= 0 && t > 0,\\ p_{x=\infty} &= p_n && t \geqq 0. \end{aligned}\right\} \tag{62.6}$$

Die Lösung von (62.5) und (62.6) führt auf einen Sperrstrom

$$\left.\begin{aligned} i_p &= -\frac{e D_p p_n}{L_p} - \frac{e D_p p_{fl}}{L_p}\left(\frac{\mathrm{e}^{-T}}{2T^{\frac{1}{2}}} - \int\limits_{T^{\frac{1}{2}}}^{\infty} \mathrm{e}^{-z^2}\,dz\right)\\ &\approx -\frac{e D_p p_n}{L_p} - \frac{e D_p p_{fl}}{L_p}\,\frac{\mathrm{e}^{-T}}{T^{\frac{3}{2}}} \quad \text{für} \quad T = \frac{t}{\tau_p} \gg 1. \end{aligned}\right\} \tag{62.7}$$

i_p klingt also (für $t \gg \tau_p$) exponentiell mit e^{-t/τ_p} auf den stationären Sättigungsstrom ab.

Zum Abschluß sei noch kurz auf das Verhalten *unsymmetrischer p-n-Übergänge* eingegangen. Ist beispielsweise die Leitfähigkeit des p-Gebietes sehr groß gegen die des n-Gebietes ($p_p \gg n_n$), so findet praktisch der gesamte Spannungsabfall im n-Bereich des Übergangsgebietes statt [$x_n \gg x_p$ nach Gl. (58.12)]. Aus (59.8) und (59.9) entnimmt man weiterhin, daß $i_p(x_n) \gg i_n(x_p)$ ist. Der Strom durch das Übergangsgebiet wird also weitgehend von Löchern getragen, die Wirkung des p-n-Überganges in Flußrichtung besteht in einer starken *Löcherinjektion* in das n-Gebiet. Man benutzt einen solchen p-n-Übergang z. B. bei der Herstellung von p-n-p-Transistoren als Emitter (vgl. Ziff. 64).

II. Mehrfache p-n-Übergänge.

63. Beeinflussung eines p-n-Überganges durch einen zweiten[3]. Wir betrachten nun den Einfluß zweier benachbarter p-n-Übergänge aufeinander. Dazu diene folgende Anordnung (Fig. 72): Ein Halbleiterstab bestehe aus zwei n-Gebieten, die

[1] Siehe Fußnote 9, S. 164.

[2] E. M. PELL: Phys. Rev. **90**, 278 (1953); vgl. auch R. G. SHULMAN u. M. E. MCMAHON, J. Appl. Phys. **24**, 1267 (1953), E. L. STEELE, J. Appl. Phys. **25**, 916 (1954), B. W. GOSSICK Phys. Rev. **91**, 1012 (1953) und speziell für den zeitlichen Verlauf der Spannungsumkehr im Übergang bei plötzlicher Umkehr der Klemmenspannung: B. LAX u. S. F. NEUSTADTER, J. Appl. Phys. **25**, 1148 (1954).

[3] W. SHOCKLEY: Bell. Syst. Techn. J. **28**, 435 (1949). — W. SHOCKLEY, M. SPARKS u. G. K. TEAL: Phys. Rev. **83**, 151 (1951).

durch ein p-Gebiet der Breite X voneinander getrennt sind. An den Grenzflächen zwischen beiden Gebieten liegt also jeweils ein p-n-Übergang. Zur Unterscheidung bezeichnen wir das linke n-Gebiet als n_l-Gebiet, das rechte als n_r-Gebiet und entsprechend die beiden Übergänge mit J_l und J_r. Durch zwei Spannungsquellen V_l und V_r können die beiden n-Gebiete auf ein gewünschtes Potential gegenüber dem (geerdeten) p-Gebiet gebracht werden. Die Länge der n-Gebiete sei groß und die Breite der Übergangsgebiete klein gegenüber den Diffusionslängen der Minoritätsträger.

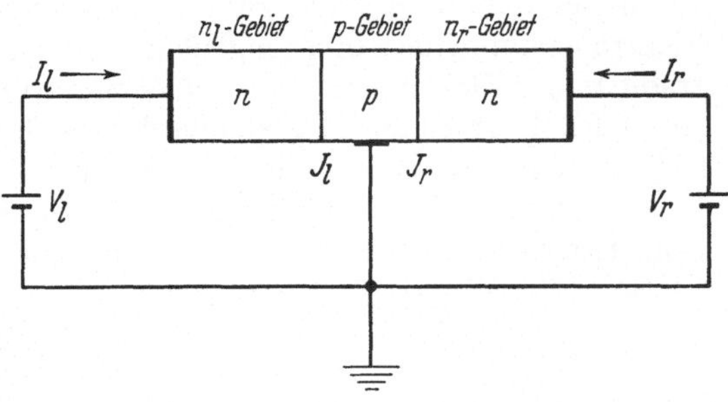

Fig. 72. Schaltschema des n-p-n-Übergangs.

Sind die beiden Übergänge weit voneinander entfernt ($X \gg L_n$), so beeinflussen sie sich nicht. Der Stromtransport durch J_l und J_r erfolgt nach dem in Ziff. 59 geschilderten Mechanismus. Die Bereiche des p-Gebietes, in denen die

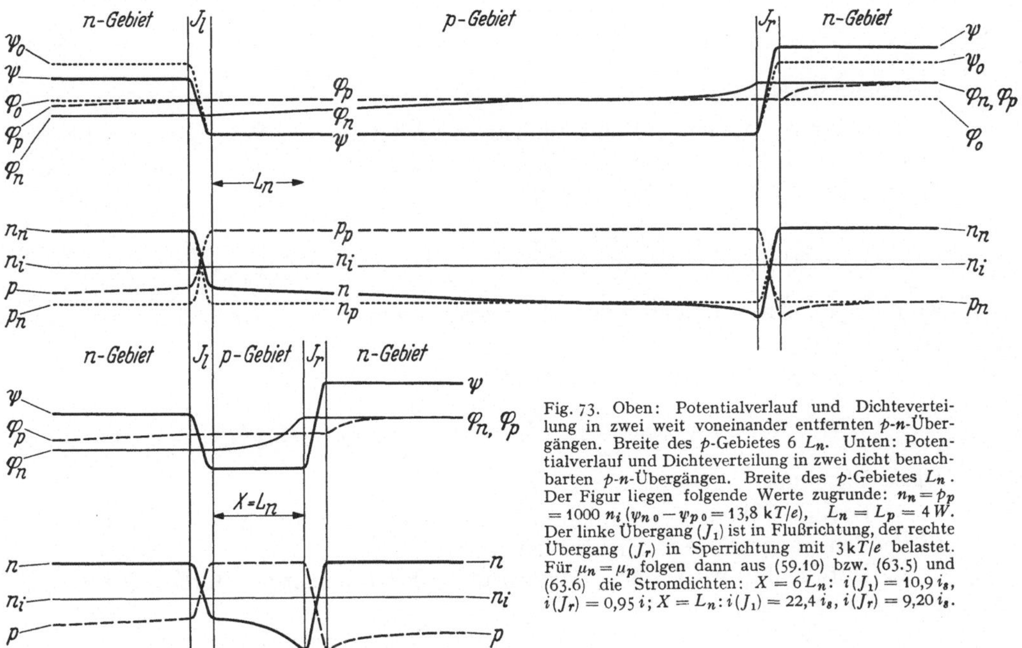

Fig. 73. Oben: Potentialverlauf und Dichteverteilung in zwei weit voneinander entfernten p-n-Übergängen. Breite des p-Gebietes $6\,L_n$. Unten: Potentialverlauf und Dichteverteilung in zwei dicht benachbarten p-n-Übergängen. Breite des p-Gebietes L_n. Der Figur liegen folgende Werte zugrunde: $n_n = p_p = 1000\,n_i$ ($\psi_{n0} - \psi_{p0} = 13{,}8\,\mathrm{k}T/e$), $L_n = L_p = 4\,W$. Der linke Übergang (J_l) ist in Flußrichtung, der rechte Übergang (J_r) in Sperrichtung mit $3\,\mathrm{k}T/e$ belastet. Für $\mu_n = \mu_p$ folgen dann aus (59.10) bzw. (63.5) und (63.6) die Stromdichten: $X = 6\,L_n$: $i(J_l) = 10{,}9\,i_s$, $i(J_r) = 0{,}95\,i$; $X = L_n$: $i(J_l) = 22{,}4\,i_s$, $i(J_r) = 9{,}20\,i_s$.

Übernahme des Diffusionsstromes der Elektronen durch einen entgegengerichteten Feldstrom der Löcher erfolgt, überlappen sich nicht. Dieser Fall ist in Fig. 73 dargestellt. Dabei ist speziell J_l in Flußrichtung und J_r in Sperrichtung belastet angenommen. Die Dichteverteilung und der Verlauf der verschiedenen Potentiale entspricht genau den in Fig. 64, Ziff. 59 gezeigten Verhältnissen des einzelnen p-n-Übergangs. Der Stromfluß durch J_l und J_r ist durch (59.10) gegeben.

Sind dagegen die beiden Übergänge dicht benachbart, so überlappen sich die „Diffusionsschwänze" im p-Gebiet und die Ströme $i(J_l)$ und $i(J_r)$ sind nicht mehr voneinander unabhängig (Fig. 73, unten). Der von dem in Flußrichtung gepolten Übergang J_l in Richtung J_r fließende Elektronendiffusionsstrom erreicht J_r und hebt im p-Gebiet die Elektronendichte an. Ist nun wieder J_r in Sperrrichtung gepolt, so reagiert dessen Sperrstrom sehr empfindlich auf die Änderung der Dichteverteilung. Erstens wird der von J_l kommende Diffusionsstrom J_r durchqueren und dadurch zu $i(J_r)$ beitragen. Gleichzeitig wird aber auch der Elektronenanteil des ursprünglichen Sperrstromes erhöht, da sich der Dichtegradient der Elektronen im p-Gebiet unmittelbar vor J_r vergrößert. Der Löcheranteil des Sperrstromes dagegen wird unverändert bleiben, da für ihn die unbeeinflußbare Dichteverteilung der Löcher im n_r-Gebiet maßgebend ist.

Zur quantitativen Erfassung der Stromdichten beachten wir, daß der Elektronenstrom im p-Gebiet praktisch ein reiner Diffusionsstrom ist.

Im p-Gebiet gilt dann

$$D_n \frac{d^2 n}{dx^2} - \frac{n - n_p}{\tau_p} = 0 \tag{63.1}$$

mit den Randbedingungen

$$\left.\begin{aligned} n &= n_p\, e^{\frac{e}{kT}\delta\psi_l} = n_l \quad \text{für } x = -\frac{X}{2}, \\ n &= n_p\, e^{\frac{e}{kT}\delta\psi_r} = n_r \quad \text{für } x = +\frac{X}{2}. \end{aligned}\right\} \tag{63.2}$$

Hieraus ergibt sich

$$n = n_p + \frac{n_l + n_r - 2n_p}{2\,\mathrm{Cos}\,(X/2L_n)}\,\mathrm{Cos}\left(\frac{x}{L_n}\right) + \frac{n_r - n_l}{2\,\mathrm{Sin}\,(X/2L_n)}\,\mathrm{Sin}\,\frac{x}{L_n} \tag{63.3}$$

als Dichteverteilung der Elektronen im p-Gebiet.

Der durch J_r fließende Elektronenstrom wird dann (das Vorzeichen der Stromdichten sei im folgenden so gewählt, daß positive i einem Strom aus den n-Gebieten in das p-Gebiet entsprechen):

$$i_n(J_r) = e D_n \frac{dn}{dx}\bigg|_{x=\frac{X}{2}} = \mathrm{Cosec}\,\frac{X}{L_n}\, i_{n0}(J_l) - \mathrm{Cot}\,\frac{X}{L_n}\, i_{n0}(J_r), \tag{63.4}$$

wo die i_{n0} die Stromdichten der Elektronen durch die unbeeinflußten Übergänge (59.10) sind.

Der Gesamtstrom durch J_r wird also:

$$i_r = \mathrm{Cosec}\,\frac{X}{L_n}\, i_{n0}(J_l) - \mathrm{Cot}\,\frac{X}{L_n}\, i_{n0}(J_r) - i_{p0}(J_r). \tag{63.5}$$

Diese Gleichung sagt folgendes aus:

1. Durch J_r fließt der Bruchteil Cosec (X/L_n) $(= 1/\mathrm{Sin}\,(X/L_n))$ des J_l durchfließenden „ungestörten" Elektronenstromes.

2. Durch ihn wird der „ungestörte" Elektronenstrom durch J_r um den Faktor Cot (X/L_n) erhöht.

3. Der Löcherstrom durch J_r wird durch J_l nicht beeinflußt.

Daß der Faktor Cosec (X/L_n) für $X \ll L_n$ größer als Eins wird, ist nicht verwunderlich: Der Diffusionsstrom, der von J_l ausgeht und teilweise J_r erreicht, ist ja nicht $i_{n0}(J_l)$, sondern ein größerer durch Rückwirkung von J_r gesteigerter Strom. Im stationären Zustand kann er also durchaus so groß werden, daß der bei J_r ankommende Bruchteil noch größer ist als der „ungestörte" Diffusionsstrom durch J_l.

Aus Symmetriegründen gilt für den Strom durch J_l:

$$i_l = \mathrm{Cosec}\,\frac{X}{L_n}\, i_{n0}(J_r) - \mathrm{Cot}\,\frac{X}{L_n}\, i_{n0}(J_l) - i_{p0}(J_l). \tag{63.6}$$

Aus diesen Gleichungen folgt: Legt man an das n_r-Gebiet keine Spannung, sondern trennt den rechten Stromkreis auf, so muß $i_r = 0$ sein. Um dann die

Stromlosigkeit des rechten Übergangs zu gewährleisten, muß sich im n_r-Gebiet das Potential V_r einstellen, das aus der Gleichung

$$\operatorname{Cosec}\frac{X}{L_n}\, i_{n0}(J_l) = \operatorname{Cot}\frac{X}{L_n}\, i_{n0}(J_r) + i_{p0}(J_r); \qquad i(J_r) = i_s\left[e^{\frac{e}{kT}V_r} - 1\right] \tag{63.7}$$

folgt, wenn alle übrigen Größen, also die Breite des p-Gebietes, die Diffusionslängen und die Leitfähigkeiten der einzelnen Gebiete gegeben sind. Man bezeichnet hier V_r als *inneres Kontaktpotential (floating potential)*. Es läßt sich elektrostatisch gegen das Potential des p-Gebietes messen. Die Existenz eines solchen inneren Kontaktpotentiales liefert ein sehr bequemes Mittel zur Bestimmung von Diffusionslängen (vgl. Ziff. 90).

64. Der n-p-n-Transistor[1]. Wir hatten in Ziff. 53 den Fadentransistor besprochen, dessen Verstärkerwirkung auf der Beeinflussung der Leitfähigkeit eines dünnen Halbleiterstabes durch Injektion aus einem zweiten Emitterstromkreis beruhte. Einen ähnlichen Verstärkereffekt haben wir nun auch bei der in der vorhergehenden Ziffer geschilderten Anordnung zu erwarten *(n-p-n-Transistor)*. Hier wird der Strom durch den Stromkreis p-Gebiet—n_r-Gebiet—Spannungsquelle V_r, also der durch den p-n-Übergang J_r fließende Strom, durch den zweiten Stromkreis p-Gebiet—n_l-Gebiet—Spannungsquelle V_l gesteuert. Der Löcherinjektion beim Fadentransistor entspricht hier die von J_l ausgehende Elektroneninjektion in das p-Gebiet und in J_r, dem beeinflußten Halbleiterstab hier der beeinflußte in Sperrichtung gepolte p-n-Übergang J_r.

Für die Betrachtung des elektrischen Verhaltens der in Fig. 72 gezeigten Anordnung ist es zweckmäßig, die beiden Gln. (63.5) und (63.6) noch etwas umzuformen. Die Stromdichten i_{p_0} und i_{n_0} haben ja nach (59.10) die gleiche Spannungsabhängigkeit

$$i_{po} = i_{ps}\left[e^{\frac{e}{kT}\delta\psi} - 1\right], \qquad i_{no} = i_{ns}\left[e^{\frac{e}{kT}\delta\psi} - 1\right]. \tag{64.1}$$

Bezeichnen wir den Ausdruck $-(kT/e)\,(e^{e\delta\psi/kT} - 1)$ mit B, so wird (63.5) und (63.6)

$$\left.\begin{aligned} I_l &= G_{ll}\, B_l + G_{lr}\, B_r, \\ I_r &= G_{rl}\, B_l + G_{rr}\, B_r, \end{aligned}\right\} \tag{64.2}$$

wo

$$I = A\, i \quad (A = \text{Querschnitt des Halbleiterstabes})$$

und

$$\left.\begin{aligned} G_{ll} &= \frac{e\mu_n n_p}{L_n} A \operatorname{Cot}\frac{X}{L_n} + \frac{e\mu_p p_{nl}}{L_{pl}} A = G_{lln} + G_{llp}, \\ G_{rr} &= \frac{e\mu_n n_p}{L_n} A \operatorname{Cot}\frac{X}{L_n} + \frac{e\mu_p p_{nr}}{L_{pr}} A = G_{rrn} + G_{rrp}, \\ G_{rl} &= G_{lr} = -\frac{e\mu_n n_p}{L_n} A \operatorname{Cosec}\frac{X}{L_n}, \qquad G_{lln} = G_{rrn}. \end{aligned}\right\} \tag{64.3}$$

Die Indices l und r beziehen sich dabei auf das n_l- bzw. n-Gebiet.

Bezeichnen wir nun die an J_l angelegte Spannung (Emitterspannung) mit $V_e = -\delta\psi_e$ (<0) und die an J_r angelegte Spannung (Collectorspannung) mit $V_c = -\delta\psi_r$ (>0) so wird

$$B_l = \frac{kT}{e}\left(1 - e^{-eV_e/kT}\right), \qquad B_r = \frac{kT}{e}\left(1 - e^{-eV_c/kT}\right), \tag{64.4}$$

also für kleine V: $B_l = V_l$, $B_r = V_r$.

[1] Siehe Zitat 3, S. 166.

Für ein kleines auf eine Gleichstromvorbelastung I, V gegebenes Signal i, v ergibt sich dann aus (64.2) und (64.4) [wir bezeichnen die kleinen Zusatzströme durch J_l (Emitter) und J_r (Collector) jetzt mit i_e und i_c zum Unterschied von den Strom*dichten* i_l und i_r]:

$$\left.\begin{aligned} i_e &= G_{ll}\,\mathrm{e}^{-eV_e/kT}\,v_e + G_{lr}\,\mathrm{e}^{-eV_c/kT}\,v_c = g_{ll}\,v_e + g_{lr}\,v_c,\\ i_c &= G_{rl}\,\mathrm{e}^{-eV_e/kT}\,v_e + G_{rr}\,\mathrm{e}^{-eV_c/kT}\,v_c = g_{rl}\,v_e + g_{rr}\,v_c.\end{aligned}\right\} \tag{64.5}$$

Dies sind die den Gln. (53.3) und (53.10) entsprechenden Vierpolgleichungen des *n-p-n*-Transistors (hier allerdings in der Leitwertsform).

Man entnimmt ihnen sofort die folgenden für die Verstärkerwirkung wichtigen Größen:

1. Der Teil des durch den Emitter fließenden Elektronenstromes, der den Collector erreicht (Einfangfaktor):

$$\beta_e = \frac{-i_{cn}}{i_{en}}\bigg|_{v_c=0} = -\frac{G_{rl}}{G_{lln}} = \operatorname{Sec}\frac{X}{L_n}. \tag{64.6}$$

2. Elektronenanteil am Emitterstrom für $v_c = 0$ (Gütefaktor des Emitters):

$$\gamma_e = \frac{i_{en}}{i_e}\bigg|_{v_e=0} = \frac{G_{lln}}{G_{ll}} = \left[1 + \frac{L_n}{L_{pl}}\frac{\sigma_p}{\sigma_{nl}}\operatorname{Tan}\frac{X}{L_n}\right]^{-1}. \tag{64.7}$$

Der Einfangfaktor wird also offensichtlich größer mit kleiner werdendem Abstand Emitter—Collector. Der Gütefaktor hängt unter anderem vom Verhältnis σ_p zu σ_{nl} ab und ist um so besser, je größer σ_{nl}/σ_p ist. Dies ist nach den Bemerkungen am Ende der Ziff. 62 selbstverständlich, da für $\sigma_{nl} \gg \sigma_p$ der Emitter wesentlich nur Elektronen injiziert.

Aus (64.6) und (64.7) folgt dann für die Stromverstärkung bei collectorseitigem Kurzschluß ($v_c = 0$, $i_c = i_{cn}$):

$$\alpha_e = \frac{i_c}{i_e}\bigg|_{v_c=0} = -\beta_e\,\gamma_e. \tag{64.8}$$

Für kleine Breite des *p*-Gebietes ($X \ll L_n$) folgt daraus

$$\alpha_e(X \to 0) = \left(1 + \frac{X}{L_{pl}}\frac{\sigma_p}{\sigma_{nl}}\right)^{-1}. \tag{64.9}$$

α_e kann optimal nur den Wert Eins erreichen. Eine Stromverstärkung ist also beim *n-p-n*-Transistor nicht möglich, im Gegensatz zum Fadentransistor, bei welchem in α_e noch ein zusätzliches Glied $(1+b)$ enthalten ist.

Für die *Spannungsverstärkung* bei collectorseitigem Leerlauf ($i_c = 0$) erhält man andererseits:

$$\left.\begin{aligned} \frac{v_c}{v_e}\bigg|_{i_c=0} &= \frac{g_{rl}}{g_{ll}} = \frac{G_{rl}}{G_{ll}}\,\mathrm{e}^{\frac{e}{kT}(V_c-V_e)}\\ &= -\left[\operatorname{Cos}\frac{X}{L_n} + \frac{L_n\sigma_p}{L_{pl}\sigma_{nl}}\operatorname{Sin}\frac{X}{L_n}\right]^{-1}\mathrm{e}^{\frac{e}{kT}(V_c-V_e)}.\end{aligned}\right\} \tag{64.10}$$

Der erste Faktor in (64.10) kann zwar den Wert Eins ebenfalls nicht überschreiten, da jedoch $V_c - V_e$ stets positiv ist, ist hier eine Spannungsverstärkung möglich.

Eine Stromverstärkung ist allerdings möglich, wenn nicht das *p*-Gebiet geerdet wird, sondern der Emitter, d.h. wenn man eine Schaltung benützt, die der Kathoden-Basisschaltung einer Elektronenröhre entspricht (Fig. 74).

Die Möglichkeit, mit dieser Schaltung eine Stromverstärkung zu erreichen, sei hier kurz angedeutet: Man kann auch hier die Gln. (64.5) benutzen, wenn man beachtet, daß jetzt für V_e bzw. V_c: $-V_b$ bzw. V_c-V_b zu setzen ist. Die Vierpolgleichungen vereinfachen sich noch, wenn wir V_c so groß wählen, daß durch J_r nur der Sättigungsstrom der Sperrichtung fließt. Dann wird $B_r = \mathrm{k}T/e$ und mit $\alpha_e = -G_{rl}/G_{ll} = -G_{lr}/G_{ll}$ folgt für (64.2):

$$\left.\begin{aligned} I_l &= G_{ll}\,B_l - \alpha_e\,G_{ll}\frac{\mathrm{k}T}{e}, \\ I_r &= -\,\alpha_e\,G_{ll}\,B_l + G_{rr}\frac{\mathrm{k}T}{e} \end{aligned}\right\} \tag{64.11}$$

und

$$I_l + I_r = -\,I_b = (1-\alpha_e)\,G_{ll}\,B_l + \text{spannungsunabhängige Glieder}. \tag{64.12}$$

Die Gln. (64.5) werden dann

$$\left.\begin{aligned} i_b &= -\,(1-\alpha_e)\,g_{ll}\,v_b, \\ i_c &= -\,\alpha_e\,g_{ll}\,v_b, \end{aligned}\right\} \tag{64.13}$$

also der Stromverstärkungsfaktor

$$\frac{i_c}{i_b} = \frac{\alpha_e}{1-\alpha_e} \gg 1. \tag{64.14}$$

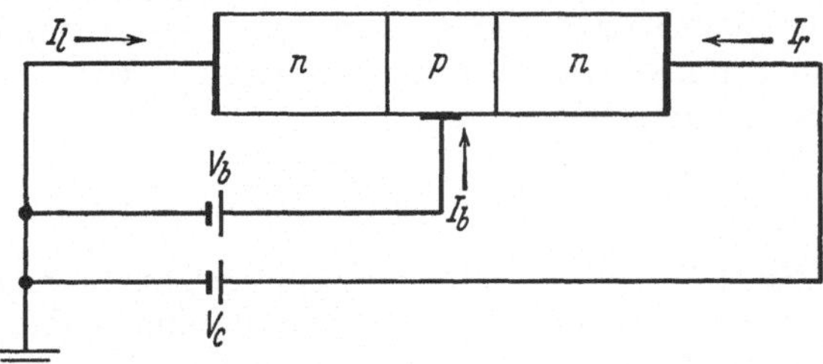

Fig. 74. Der n-p-n-Transistor in Kathoden-Basis-Schaltung.

Statt der hier geschilderten n-p-n-Anordnung läßt sich natürlich in gleicher Weise eine p-n-p-Anordnung *(p-n-p-Transistor)* behandeln. Ferner kann die Steuerung des p-n-Übergangs am Collector durch Lichteinstrahlung (vgl. Ziff. 61) erfolgen. Hierzu wird der Emitterübergang fortgelassen und durch eine freie Oberfläche ersetzt, von der durch Licht erzeugte Elektron-Loch-Paare auf den Collector zu diffundieren *(Phototransistor*[1]*)*. Schließlich kann der Emitterübergang durch einen injizierenden Spitzenkontakt (vgl. Ziff. 76) ersetzt werden[2].

Wir können auf alle diese Einzelheiten und die Technik der n-p-n-Transistoren hier nicht eingehen. Dazu sei auf die am Anfang dieser Ziffer zitierte Literatur[3] und die zahlreichen Bücher über Transistoren und ihre Anwendungen verwiesen.

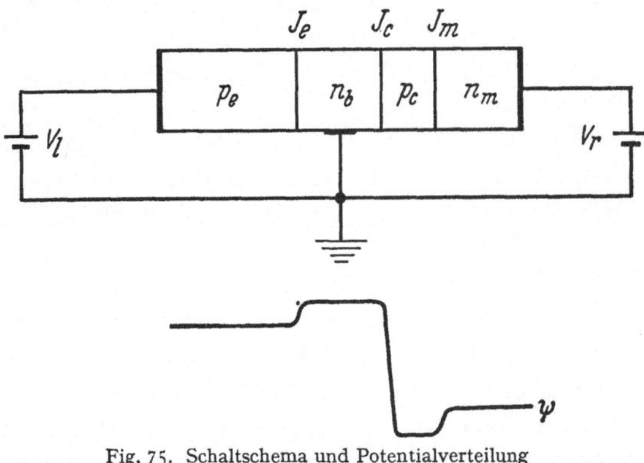

Fig. 75. Schaltschema und Potentialverteilung im p-n-p-n-Transistor.

65. Der p-n-p-n-Transistor.

Die Verstärkereigenschaften des n-p-n-Transistors lassen sich noch wesentlich verbessern, wenn man einen dritten p-n-Übergang verwendet. Die Anordnung und die Potentialverteilung bei Belastung von J_e in Flußrichtung, J_c in Sperrichtung und damit J_m in Flußrichtung zeigt Fig. 75. Würde das rechte n-Gebiet (n_m) fehlen, so würde die Anordnung einfach einen

[1] J. N. Shive: J. Opt. Soc. Amer. **43**, 239 (1953).

[2] R. H. Kingston: J. Appl. Phys. **25**, 513 (1954).

[3] Vgl. auch E. W. Herold: Brit. J. Appl. Phys. **5**, 115 (1954). — E. S. Rittner: Phys. Rev. **94**, 1161 (1954). — Transistor-Sonderheft, Proc. Inst. Radio Engrs., **40**, (1952) u. a.

p-n-p-Transistor darstellen, bei welchem die Verstärkereigenschaften durch einen Löcherdiffusionsstrom vom p_e-Gebiet nach dem p_c-Gebiet bewirkt werden. Fügt man jedoch noch am Collector ein n-Gebiet hinzu, macht das Collector-p-Gebiet hinreichend dünn und fordert $\sigma_{n_m} \gg \sigma_{p_c}$, so tritt ein zusätzlicher Effekt auf. Ein Löcherdiffusionsstrom aus dem Emitter, der (teilweise) J_c durchquert, wird in der durch n_m und n_b begrenzten Potentialmulde gefangen und fließt durch J_m nach n_m ab. J_m wird aber dadurch in Flußrichtung beansprucht. Es fließt dann gleichzeitig ein Elektronenstrom von n_m kommend durch J_m. Da p_c sehr schmal sein soll, wird er fast völlig in das Basisgebiet gelangen. Der J_c durchfließende Löcherstrom, der auch ohne Vorhandensein von n_m am Collector einen Transistoreffekt hervorruft, bewirkt also noch zusätzlich einen Collector-Elektronenstrom I_{nc}, der wegen $\sigma_{n_m} \gg \sigma_{p_c}$ wesentlich größer als I_{p_c} ist.

Mit dieser reichlich qualitativen Erklärung wollen wir uns hier zufrieden geben. Die quantitative Theorie zeigt, daß mit diesem Typ eines Transistors tatsächlich ein Stromverstärkungsfaktor α erreicht wird, der sehr groß gegen Eins werden kann, nämlich[1]:

$$\alpha = \frac{i_c}{i_e} = \frac{1}{1-\alpha_e} \quad [\alpha_e \text{ nach Gl. (64.8)}]. \tag{65.1}$$

Höhere Werte von α für den Spitzentransistor (vgl. Ziff. 77) lassen sich an Hand dieses Modells deuten, wenn man annimmt, daß sich dicht unter dem Collectorkontakt ein p-n-Übergang befindet[2].

66. Der p-i-n- und der p-s-n-Gleichrichter. Bei der Herstellung von p-n-Gleichrichtern nach dem Legierungsverfahren (vgl. Ziff. 57) wird häufig so vorgegangen, daß auf die beiden gegenüberliegenden Oberflächen eines dünnen hochohmigen Halbleiterscheibchens zwei Substanzen auflegiert werden, deren eine Donatoren liefert, während die andere Acceptoren im Halbleiter erzeugt. In diesem Fall erhält man keinen direkten p-n-Übergang, sondern zwei hochdotierte p- bzw. n-leitende Bereiche, die durch eine schmale Zone des Leitungstyps des Ausgangsmaterials getrennt sind. War das Ausgangsmaterial eigenleitend, so bezeichnet man diese Struktur als p-i-n-Übergang, war es schwach n- oder p-leitend, als p-s-n-Übergang. Eine ausführliche Theorie des Stromflusses durch eine solche Anordnung verdanken wir HALL[3] und HERLET und SPENKE[4].

Wir betrachten zunächst den p-i-n-Übergang (Fig. 76). Dabei beschränken wir uns auf den symmetrischen Fall $n_n = p_p$, $\mu_n = \mu_p$. Im Gleichgewicht (Fig. 76a) sind die Dichten in den Homogengebieten durch ihre Gleichgewichtswerte bestimmt. Bei angelegter Flußspannung V (Fig. 76b) bleiben nur die Dichten der Majoritätsträger in den beiden Außengebieten erhalten. Die Elektronen- und Löcherdichte im i-Gebiet wird durch Injektion von Elektronen aus dem n-Gebiet und Löchern aus dem p-Gebiet angehoben. Außerdem bilden sich in den beiden Außengebieten wie beim einfachen p-n-Übergang Diffusionsschwänze der Minoritätsträger aus. Fig. 76c und 76d zeigen schließlich die Dichte- und Potentialverteilung bei kleiner bzw. großer Sperrspannung. Die Dichte der Ladungsträger im i-Gebiet wird hier abgesenkt. Bei nicht allzu großer Breite des i-Gebietes (und wie wir später sehen werden nicht allzu hoher Sperrbelastung) sind die Dichten n und p im i-Gebiet ortsunabhängig und gleich den durch die BOLTZMANN-Verteilung in den Übergangsgebieten vorgegebenen Randdichten.

[1] W. SHOCKLEY, M. SPARKS u. G. K. TEAL: Phys. Rev. **83**, 151 (1951).
[2] W. SHOCKLEY: Phys. Rev. **78**, 294 (1950).
[3] R. N. HALL: Proc. Inst. Radio Engrs. **40**, 1512 (1952).
[4] A. HERLET u. E. SPENKE: Z. angew. Phys. **7**, 99, 149, 195 (1955).

Für den Stromdurchgang durch eine solche Anordnung ist nun nicht mehr allein die Ergiebigkeit der Diffusionsschwänze in den Außengebieten wesentlich, sondern zusätzlich noch die Rekombination im i-Gebiet. Man erkennt dies formal am einfachsten, wenn man die gesamte Stromdichte in der folgenden Weise auf-

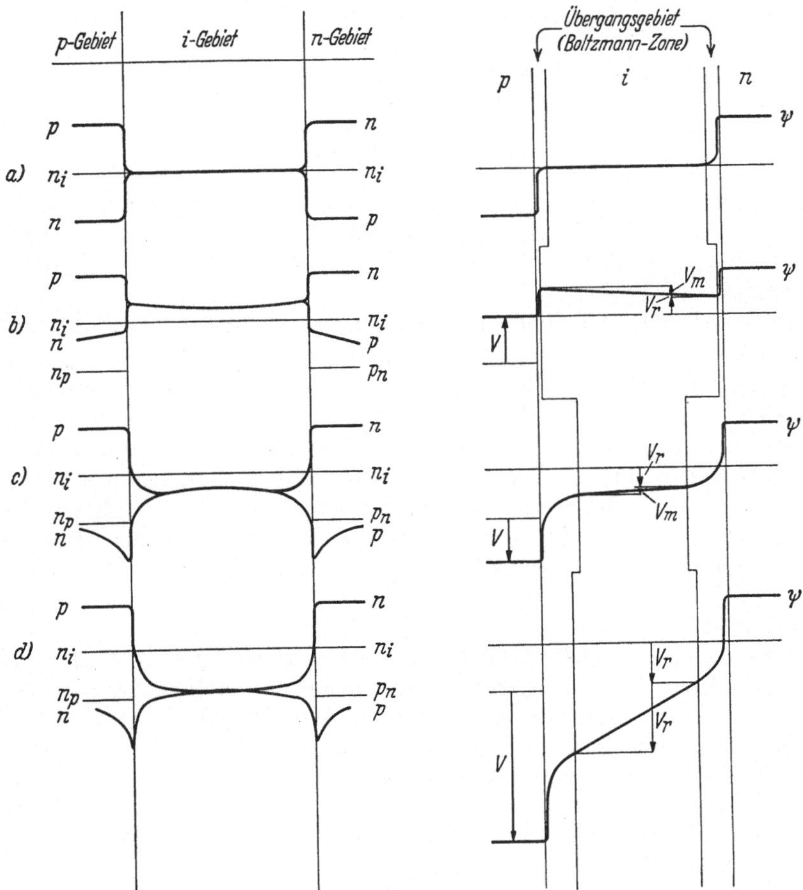

Fig. 76. a—d. Verlauf der Elektronen- und Löcherdichte, sowie des elektrostatischen Potentials in einem p-i-n-Übergang, nach HERLET und SPENKE. a Gleichgewicht; b Flußbelastung; c schwache Sperrbelastung; d starke Sperrbelastung. Man beachte die hier wesentliche Änderung der Breite der Übergangsgebiete (BOLTZMANN-Zonen) bei geänderter Belastung.

teilt (p-i-Übergang bei $x = -d$, i-n-Übergang bei $x = d$):

$$\left.\begin{aligned} i &= i_n(-d) + i_p(-d) = i_n(-d) + i_p(+d) + \\ &+ \int_{+d}^{-d} d i_p = i_n(-d) + i_p(+d) + \int_{+d}^{-d} \frac{d i_p}{dx}\, dx. \end{aligned}\right\} \qquad (66.1)$$

Hierin ist das erste und zweite Glied der Diffusionsstrom der Minoritätsträger in den beiden Außengebieten, also der Strom, den die SHOCKLEYsche Theorie des p-n-Übergangs (Ziff. 59) allein liefert. Das dritte Glied ist nach (59.1) das Integral über die Erzeugung bzw. Rekombination eU im i-Gebiet. Zu der Stromdichte des gewöhnlichen p-n-Übergangs kommt also noch eine Zusatz-Stromdichte, die auf der Neuerzeugung bzw. Rekombination von Elektron-Loch-Paaren im i-Gebiet beruht und das Geschehen im p-i-n-Übergang bestimmt.

Bei $n=p=\text{const}$ im i-Gebiet und $U=\frac{n-n_i}{\tau_i}$ ergibt sich:

$$i_{\text{Zusatz}} = 2ed\frac{n-n_i}{\tau_i} = 2ed\frac{n_i}{\tau_i}\left[e^{\frac{e}{kT}V_r} - 1\right]. \tag{66.2}$$

Hier ist V_r der Spannungsabfall über dem Übergangsgebiet einer der beiden Übergänge, also gleich $(V-V_m)/2$, wo noch V_m den Spannungsabfall im i-Gebiet bezeichnet. Unter den obigen Voraussetzungen wird andererseits der Strom durch das i-Gebiet als reiner Feldstrom geführt:

$$i = 2e\mu n E_i = 2e\mu\frac{V_m}{2d} n_i e^{\frac{e}{kT}V_r}. \tag{66.3}$$

Gl. (66. 2) und (66. 3) gestatten zusammen die Bestimmung der Spannungsaufteilung und damit der Abhängigkeit des Zusatzstromes (der den Beitrag der Diffusionsstıöme in den Außengebieten stark überwiegt) von der angelegten Spannung.

Diese Überlegungen gelten zunächst nur für kleine Breiten des i-Gebietes (genauer für $d \ll L_i = \sqrt{D\tau_i}$) und den symmetrischen p-i-n-Übergang. Im anderen Fall muß die Ortsabhängigkeit der Ladungsträgerdichte im i-Gebiet berücksichtigt werden. Ferner ist τ_i nach (45.21) von der Ladungsträgerdichte im i-Gebiet und damit von der angelegten Spannung abhängig. Die Annahme, daß $n=p$ im i-Gebiet und damit τ_i angenähert ortsunabhängig sind, beschränkt schließlich (66.2) auf die Flußrichtung und kleine Sperrspannungen. In diesem Bereich kann aber im allgemeinen V_m gegen V_r vernachlässigt werden. Zu den Stromdichten des gewöhnlichen p-n-Übergangs kommt also dann lediglich (66.2) mit $V_r \approx V/2$ hinzu. Der Strom verläuft also in diesem Fall nicht exponentiell mit $eV/\mathrm{k}T$ sondern mit $eV/2\mathrm{k}T$.

Bei starker Sperrbelastung (Fig. 76d) treten drei charakteristische Erscheinungen auf. Erstens ist im i-Gebiet (außer genau in der Mitte) $n \neq p$, die Neutralitätsbedingung scheint also nicht erfüllt zu sein. Da jedoch hier $n, p \ll n_i$ sind, trägt die Raumladung der Ladungsträger praktisch nichts zum Spannungsabfall V_m bei. Weiter folgt die Minoritätsträgerdichte in den beiden Übergangsgebieten nicht mehr der BOLTZMANN-Verteilung. Diese gilt nur noch für die Majoritätsträger. Dies hat seinen Grund in der Forderung, daß die BOLTZMANN-Verteilung im Übergangsgebiet nur dann aufrechterhalten bleiben kann, wenn die Teilströme (i_F und i_D) groß gegen den durchfließenden Sperrstrom sind, wenn also geringe Abweichungen von $i_F - i_D$ genügen, den Sperrstrom durch das Übergangsgebiet zu führen. Schließlich wird jetzt V_m sehr groß, kann also nicht mehr gegen den Spannungsabfall in den Übergangsgebieten vernachlässigt werden. Die Übergangsgebiete können nun nämlich nicht mehr die ganze angelegte Spannung aufnehmen, ohne die Majoritätsträgerdichten so stark abzusenken, daß auch sie nicht mehr in der Lage sind, den Sperrstrom zu führen.

Trotzdem ist der Sättigungsstrom bei hohen Sperrspannungen (jedenfalls für $d \ll L_i$) durch (66.2) gegeben, da der Zusatz-Sperrstrom des i-Gebietes durch Abführen der gesamten Neuerzeugung im i-Gebiet entsteht und auch bei steigender Sperrspannung nicht mehr aus dem i-Gebiet herausgeholt werden kann. Für die näheren Einzelheiten müssen wir hier auf die Literatur[1] verweisen.

Der *p-s-n-Gleichrichter*, bei welchem das Mittelgebiet eine schwache Dotierung aufweist, besitzt gegenüber dem bisher geschilderten p-i-n-Gleichrichter einige charakteristische Unterschiede.

---

[1] Fußnote 4, S. 172, A. HERLET: Z. angew. Phys. **7**, 240 (1955). — Z. Phys. **141**, 335 (1955). Der Feldverlauf in einem stark in Sperrichtung belasteten p-i-n-Übergang wurde auch berechnet von: R. C. PRIM, Bell Syst. Techn. J. **32**, 665 (1953).

Bei hohen Flußspannungen wird zwar die Konzentration der Elektronen und Löcher im s-Gebiet so stark angehoben, daß der Einfluß der Dotierung verlorengeht, der Gleichrichter sich also wie ein p-i-n-Gleichrichter verhält. Im anderen Fall wird jedoch (wenn wir beispielsweise annehmen, daß das s-Gebiet schwach n-leitend ist, p-n_s-n-Übergang) der Hauptspannungsabfall am p-n_s-Übergang erfolgen und damit dieser Übergang das Geschehen bestimmen. Wir haben dann im wesentlichen die Gleichrichtereigenschaften eines p-n-Übergangs zu erwarten, der lediglich durch die Nähe eines n_s-n-Übergangs mit nur schwacher Wirkung auf die Gleichrichtung beeinflußt wird.

Bei der Behandlung des p-i-n-Übergangs ist hiernach noch zu beachten, daß das i-Gebiet nicht aus nur bei Zimmertemperatur eigenleitendem Material bestehen muß, sondern daß die Störstellendichte im i-Gebiet kleiner als die in Sperrichtung stark abgesenkte Ladungsträgerdichte sein muß. Sonst liegt in Sperrichtung ein p-s-n-Übergang vor.

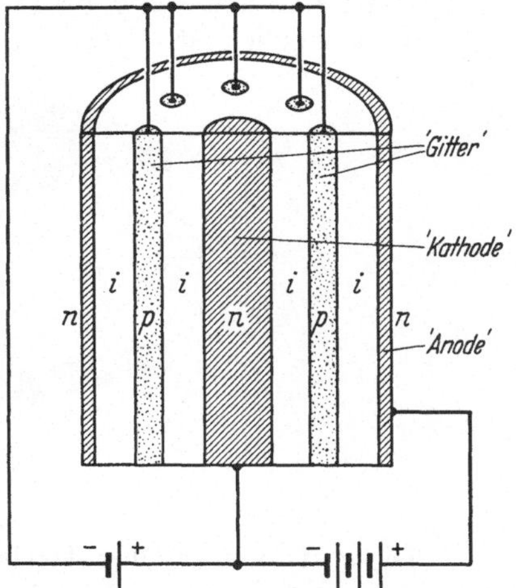

Fig. 77. Schematischer Aufbau des Analog-Transistors.

67. Unipolar-Transistoren. Wir haben in der vorhergehenden Ziffer gesehen, daß in einem in Sperrichtung belasteten p-i-n-Übergang das i-Gebiet weitgehend von Ladungsträgern entblößt wird. An der Grenze zum p-Gebiet befindet sich dann eine negative Raumladung, die von den unkompensierten Acceptoren gebildet wird, an der Grenze zum n-Gebiet entsprechend eine positive Raumladung. Diese Struktur weist nun eine große Ähnlichkeit zu einem Vakuumkondensator auf. Das praktisch ladungsträgerfreie i-Gebiet entspricht dem Vakuum, die Außenseiten mit ihren Raumladungen den beiden Platten. Diese Analogie gestattet die gedankliche Konstruktion eines Transistors, der in seinen wesentlichen Zügen einer Vakuumröhre entspricht (*Analog-Transistor*[1]).

In Fig. 77 ist ein solcher Analog-Transistor abgebildet. „Anode" und „Kathode" werden durch n-Gebiete dargestellt, das „Gitter" durch eine Anzahl von p-Gebieten und das Vakuum durch dazwischen liegendes eigenleitendes Material. „Anode" und „Gitter" sind in Sperrichtung belastet. Es fließt also zwischen ihnen nur ein vernachlässigbar kleiner Sperrstrom. Die „Kathode" ist dagegen in Flußrichtung vorgespannt. Der von ihr ausgehende Flußstrom (Elektronen) wird vom „Gitter" nicht aufgenommen, da dessen Polarität elektronenabstoßend wirkt. Er wird vielmehr zwischen den „Gitterstäben" hindurch zur „Anode" gelangen und von dieser aufgenommen. Es ist hier offensichtlich, daß eine kleine Änderung der „Gitter"-Spannung, also der Raumladungsverhältnisse in der Umgebung der p-Gebiete, den Stromfluß Kathode—Anode steuert. Wenn auch die Analogie zwischen Vakuumtriode und Analog-Transistor in Einzelheiten nicht vollständig ist, so erkennt man doch eine weitgehende Übereinstimmung des Grundprinzips. Unter anderem besteht beim Analog-Transistor ein genau dem $V^{\frac{3}{2}}$-Gesetz der raumladungsbegrenzten Emission einer Vakuumtriode entsprechendes Gesetz[2].

Experimentell wurde der Analog-Transistor noch nicht verwirklicht.

---

[1] W. Shockley: Proc. Inst. Radio Engrs. **40**, 1289 (1952).

[2] W. Shockley u. R. C. Prim: Phys. Rev. **90**, 753 (1953). — G. C. Dacey: Phys. Rev. **90**, 759 (1953).

In Gegensatz zu den anderen bisher behandelten Transistortypen wird hier der Mechanismus nur durch *eine* Art von Ladungsträgern bestimmt. Man rechnet ihn deshalb nach einem Vorschlag von SHOCKLEY zu der Klasse der *Unipolar-Transistoren* (Gegensatz: Bipolar-Transistoren).

Ein weiterer Typ eines Unipolar-Transistors ist der *Feld-Effekt-Transistor*[1]. Fig. 78 zeigt seinen Aufbau. Hier wird ein schwach p-leitender Germaniumstab auf zwei Seiten von stark dotierten n-leitenden Bereichen begrenzt und in seiner *Längsrichtung* von einem Strom durchflossen. Die n-leitenden Gebiete sind gegenüber dem p_s-Gebiet in Sperrichtung vorgespannt. Je nach der Stärke der Sperrbelastung schiebt sich die Raumladung der p-n-Übergänge weiter in das p-Gebiet hinein und begrenzt durch die in ihr stark herabgesetzte Ladungsträgerkonzentration den *Kanal* des p-Gebietes, durch den ein Stromfluß in der Längsrichtung möglich ist. Es ist hier also eine Steuerung des Längsstromes möglich.

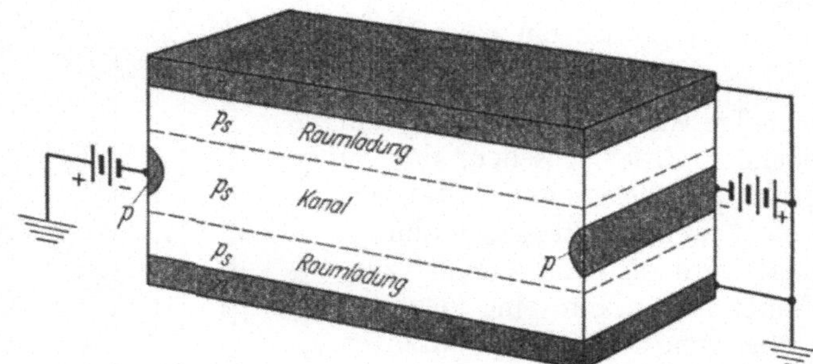

Fig. 78. Schematischer Aufbau des Feldeffekt-Transistors.

Dieser Typ eines Unipolar-Transistors, der dem p-n-p-Transistor eine Stromverstärkung und eine höhere Frequenzgrenze voraus hat, ist experimentell realisiert worden[2].

Während die Steuerung in Bipolar-Transistoren durch Injektion von Minoritätsträgern erfolgt, ist bei diesen beiden Typen die Änderung der Raumladung (insbesondere ihrer Ausdehnung) in sperrbelasteten p-n- bzw. p-i-Übergängen der wesentliche Mechanismus.

F. Oberflächen und Kontakte.

I. Die freie Halbleiteroberfläche, die Grenze Halbleiter—Vakuum und Halbleiter—Gasphase[3].

Nachdem wir uns in den vorhergehenden Abschnitten ausschließlich mit Volumeneffekten in Halbleitern beschäftigt haben, wollen wir nun auf die Halbleiter*oberfläche* näher eingehen. Wir hatten in Ziff. 47 bereits gesehen, daß die Oberfläche entscheidend zur Rekombination von Elektron-Loch-Paaren beitragen kann und damit auch die Volumeneffekte beeinfluß. Weiteren Einfluß auf die Volumeneffekte besitzt die Oberfläche eines Halbleiters, wenn die Leitfähigkeit in einer dünnen Oberflächenschicht stark von der Leitfähigkeit des Halbleiterinneren abweicht, also etwa Anlaß zu einer Oberflächenleitung (Ziff. 71) gibt.

[1] W. SHOCKLEY: Proc. Inst. Radio Engrs. **40**, 1365 (1952).

[2] G. L. PEARSON: Phys. Rev. **90**, 336 (1953). — G.C. DACEY u. I. M. ROSS: Proc. Inst. Radio Engrs. **41**, 970 (1953).

[3] Für eine eingehende Behandlung der Eigenschaften von Ge- und Si-Oberflächen vgl. H. U. HARTEN u. W. SCHULTZ [*23*, III], sowie R. H. KINGSTON: J. Appl. Phys. **27**, 101, (1956) und J. BARDEEN [*23*,E].

Die wesentlichste Bedeutung haben die physikalischen Eigenschaften einer Oberfläche jedoch durch ihren Einfluß auf dem *Stromdurchgang* vom Halbleiter in eine benachbarte Phase (Metall oder Halbleiter).

68. Die freie Halbleiteroberfläche im Vakuum. Jede Oberfläche eines Festkörpers bedeutet eine Störung des regelmäßigen Kristallbaus, und man kann deshalb nicht erwarten, daß an ihr die gleichen Verhältnisse vorliegen wie tief im Inneren. So wirken auf die oberste Atomlage eines Kristallgitters die Bindungskräfte der Nachbaratome nur einseitig, die Atome an der Kristalloberfläche werden also gegenüber der im Kristallinneren geforderten Gleichgewichtslage verschoben (und möglicherweise zusätzlich polarisiert) sein. Die frei beweglichen Ladungsträger andererseits werden ihre Gleichgewichtsverteilung an der Oberfläche ebenfalls nicht ungestört behalten, sondern auf Grund ihrer thermischen Bewegung das Halbleiterinnere teilweise verlassen, also eine Ladungswolke außerhalb des Atomgitters bilden. Alle diese Effekte bedingen Ladungsverschiebungen, die Anlaß zur Ausbildung einer spontanen *Doppelschicht* an der Kristalloberfläche geben. Der durch diese Doppelschicht verursachte Potentialsprung ist bei der Herausführung eines Ladungsträgers aus dem Kristallinneren in das Vakuum zu überwinden, trägt also zur *Austrittsarbeit* bei. Als thermische Austrittsarbeit (der Elektronen bzw. Löcher eines Halbleiters) wollen wir hier jedoch nicht die zum Herausbringen eines Ladungsträgers aus seinem Band aufzuwendende Arbeit definieren, sondern die Arbeit, die notwendig ist, einen Ladungsträger von der FERMI-Kante aus in das Vakuum zu bringen. Daß in Halbleitern die FERMI-Kante im allgemeinen im verbotenen Gebiet liegt, also keine Ladungsträger der Energie ζ vorhanden sind, braucht nicht zu stören. Die so definierte Austrittsarbeit hat dann zwar nicht wie bei Metallen die Bedeutung der „Photoelektrischen Aktivierungsenergie" (Grenzenergie des äußeren Photoeffektes), sie ist aber auch in Halbleitern identisch mit dem „maßgebenden Exponenten des RICHARDSON-Gesetzes"[1].

Über das Bändermodell eines idealen *endlichen* Kristalls sind eine große Anzahl von Arbeiten erschienen[2,3]. Wenn auch die verschiedenen Theorien in Einzelheiten auseinandergehen, so ist doch das gemeinsame — zuerst von TAMM[2] ausgesprochene — Ergebnis, daß an der Oberfläche eines idealen Kristalls *Oberflächenzustände* (TAMMsche Zustände) vorhanden sind, in denen Elektronen gebunden werden können. Auf die Bedeutung von Oberflächenzuständen für die Eigenschaften der freien Halbleiteroberfläche hat zuerst BARDEEN[4] hingewiesen. BARDEEN nimmt an, daß die verbotene Zone an der Oberfläche quasikontinuierlich von Oberflächenzuständen bedeckt ist, deren Herkunft, Verteilung und Dichte zunächst nicht näher definiert zu sein braucht. Weiterhin wird angenommen, daß die Oberfläche neutral sei, wenn die Oberflächenzustände bis zu einer Höhe E_z mit Elektronen besetzt sind. Liegt nun E_z unterhalb des FERMI-Niveaus ζ, so sind mehr Zustände besetzt, und es bildet sich eine negative *Flächenladung* auf der Oberfläche aus. Die unmittelbar unter der Oberfläche befindlichen „freien" Elektronen werden dann aber abgestoßen und weiter in das Halbleiterinnere gedrängt. Unter der Oberfläche entsteht eine positive *Raumladung*, die von den

---

[1] Vgl. hierzu die ausführliche Darstellung bei E. SPENKE [*16*].

[2] I. TAMM: Phys. Z. Sowjet. **1**, 733 (1932).

[3] R. H. FOWLER: Proc. Roy. Soc. Lond. Ser. A **141**, 56 (1933). — S. RIJANOW: Z. Physik **89**, 806 (1934). — A. W. MAUE: Z. Physik **94**, 717 (1935). — E. T. GOODWIN: Proc. Cambridge Phil. Soc. **35**, 205 (1939). — W. G. POLLARD: Phys. Rev. **56**, 324 (1939). — W. SHOCKLEY: Phys. Rev. **56**, 317 (1939). — H. STATZ: Z. Naturforsch. **5a**, 534 (1950). — K. ARTMANN: Z. Physik **131**, 244 (1952).

[4] J. BARDEEN: Phys. Rev. **71**, 717 (1947).

positiv geladenen Donatoren und den Löchern gebildet wird. Diese Raumladung bewirkt aber, wie wir bereits in Ziff. 20 gesehen haben, eine „Verbiegung" der Bandränder an der Oberfläche (Fig. 79 und Fig. 12, Ziff. 20). Damit rückt E_z näher an das Fermi-Niveau heran, bis die Flächenladung σ_z der Oberflächenzustände gleich der Raumladung unterhalb der Oberfläche ist. Ist andererseits $E_z > \zeta$, so bildet sich ein positive Flächenladung und eine entsprechende negative Raumladung durch eine entgegengesetzt gerichtete „Verbiegung" der Bandränder. Werden hierbei die Majoritätsträger aus der raumladungsbehafteten *Randschicht* des Halbleiters herausgedrängt, so bezeichnet man diese als *Verarmungs-Randschicht*, im umgekehrten Falle als *Anreicherungs-Randschicht*. Von Interesse für den Stromdurchgang durch einen Kontakt sind nur die Verarmungs-Randschichten (vgl. Ziff. 73). Es ist bei dieser Definition jedoch zu bemerken, daß in Verarmungs-Randschichten bei sehr starker Verbiegung der Bandränder die Minoritätsträgerdichte an der Oberfläche wächst und bei *Inversions-Schichten* größer als die Majoritätsträger-Dichte im Halbleiterinneren werden kann. Die Verarmungsrandschicht kann dann durchaus eine größere Leitfähigkeit aufweisen als das Halbleiterinnere.

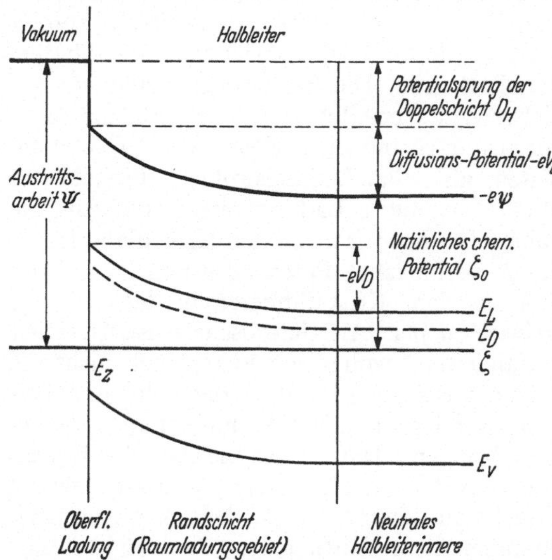

Fig. 79. Austrittsarbeit Ψ eines Überschußhalbleiters im Falle der Verarmungs-Randschicht. Ψ setzt sich zusammen aus dem natürlichen chemischen Potential ζ_0 im Halbleiterinneren, dem Diffusionspotential $-eV_D$ und dem Potentialsprung an der Doppelschicht D_H. Die Bandaufwölbung führt zu einer positiven Raumladung der ionisierten Donatoren und der Löcher, welche die Oberflächenladung der mit Elektronen besetzten Oberflächenzustände zwischen ζ und E_z kompensiert.

Wir wollen an dieser Stelle nicht näher auf die weiteren Konsequenzen des oben geschilderten Modells eingehen. Jede experimentell zugängliche Oberfläche weicht stark von der hier behandelten Oberfläche ab. Selbst bei Untersuchungen von extrem reinen Oberflächen im Vakuum wird sich eine Belegung der Oberfläche mit einer adsorbierten Fremdschicht nicht ganz vermeiden lassen. Wir haben dann Verhältnisse vor uns, die einer Grenzfläche Halbleiter—Gasphase entsprechen, der wir uns in der nächsten Ziffer zuwenden wollen.

Nach den obigen Ausführungen setzt sich also die Austrittsarbeit der Elektronen eines Halbleiters zusammen aus

dem natürlichen chemischen Potential der Elektronen im Halbleiterinneren $\zeta_0 = \zeta - (-e\psi)$ (vgl. Ziff. 20),

dem durch die Bandaufwölbung hervorgerufenen *Diffusions-Potential* $-eV_D = (-e\psi)_{\text{Rand}} - (-e\psi)_{\text{innen}} = E_{L\,\text{Rand}} - E_{L\,\text{innen}}$ und

dem Potentialsprung D_H der Doppelschicht an der Oberfläche des Halbleiters.

Diese Verhältnisse sind in Fig. 79 dargestellt.

69. Die Grenzfläche Halbleiter-Gasphase. Grenzt die Halbleiteroberfläche an eine Gasphase, so werden die Eigenschaften der Oberfläche durch die Adsorption oder Chemisorption von Gasmolekülen maßgeblich beeinflußt. Diese nie völlig zu verhindernde Fremdschicht bedeutet aber (ebenso wie die Abweichung der Struktur einer realen Oberfläche vom ungestörten Aufbau einer idealen Oberfläche) bereits von sich aus eine starke Störung und gibt somit selbst Anlaß zur Bildung von Oberflächentermen. Die Verhältnisse an der Oberfläche unterscheiden sich dann qualitativ nicht von den in der vorhergehenden Ziffer geschilderten Verhältnissen. Lediglich die Frage nach der Herkunft der Oberflächenzustände bleibt offen. Die Existenz von TAMMschen Oberflächenzuständen des Idealkristalls der vorhergehenden Ziffer ist also für die Deutung experimenteller Ergebnisse nicht entscheidend. Wir wollen hier nicht näher auf den Mechanismus der Bildung solcher Deckschichten auf Festkörperoberflächen eingehen. Hierzu sei auf die Literatur verwiesen[1].

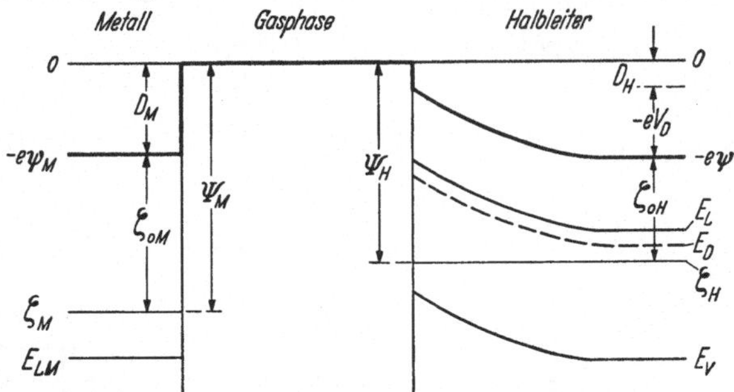

Fig. 80. Das System Metall—Gasphase—Halbleiter. Metall und Halbleiter befinden sich nicht im Gleichgewicht miteinander.

Bevor wir die Verhältnisse an einer Grenzfläche Halbleiter-Gasphase genauer besprechen, müssen wir einige Grundbegriffe des Systems Halbleiter-Gasraum-Metall erläutern, da zur Untersuchung der Oberflächeneigenschaften, insbesondere der Austrittsarbeit, die Zuhilfenahme einer Sonde im Gasraum notwendig ist. Fig. 80 zeigt das System Metall-Gasphase-Halbleiter zunächst für den Fall, daß zwischen Metall und Halbleiter noch kein Gleichgewicht existiert. Die elektrochemischen Potentiale ζ_M und ζ_H[2] der Elektronen in den beiden festen Phasen liegen noch nicht auf einer Höhe. Jeder der beiden Körper befindet sich jedoch in sich im Gleichgewicht. Verringert man nun den Abstand zwischen den beiden Körpern, so findet ein Elektronenaustausch statt, der zum Gleichgewicht führt und die elektrochemischen Potentiale der beiden festen Phasen in die gleiche Höhe bringt (Fig. 81). Das ganze System besitzt dann ein gemeinsames elektrochemisches Potential (also eine ortsunabhängige FERMI-Kante). Zwischen den elektrostatischen Potentialen der beiden Körper besteht dann eine Differenz, die GALVANI-*Spannung G*. Aus Fig. 81 folgt für sie:

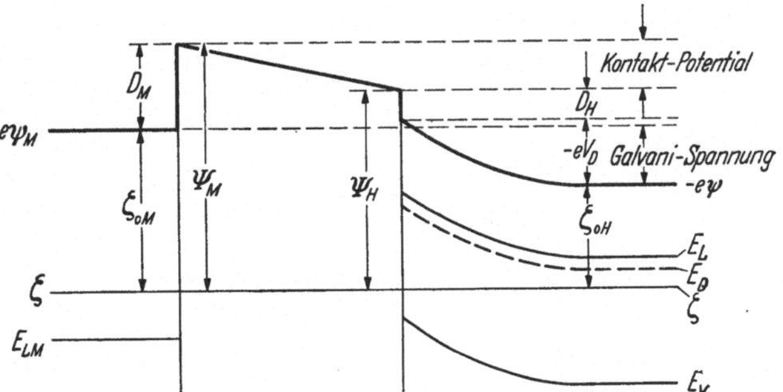

Fig. 81. Das System Metall — Gasphase — Halbleiter im thermischen Gleichgewicht. Ausbildung der GALVANI-Spannung als Differenz der natürlichen chemischen Potentiale der beiden festen Phasen und des Kontaktpotentials als Differenz der beiden thermischen Austrittsarbeiten. Die mit „Kontakt-Potential" und „GALVANI-Spannung" bezeichneten Energiedifferenzen sind die mit e multiplizierten Größen der Gln. (69.1) und (69.2).

$$\text{GALVANI-Spannung } G = \psi_H - \psi_M = \frac{\zeta_{0H} - \zeta_{0M}}{e}. \tag{69.1}$$

Die GALVANI-Spannung ist also gleich der Differenz der „natürlichen chemischen Potentiale" der beiden Körper dividiert durch die Elektronenladung.

---

[1] H. J. ENGELL [*23*, I]. — K. HAUFFE [*2*].

[2] Wir werden im folgenden den Ausdruck „elektrochemisches Potential" wieder dem Wort „FERMI-Niveau" vorziehen und meinen damit, ohne es jedesmal zu erwähnen, das elektrochemische Potential der *Elektronen*.

Zwischen den Oberflächen der beiden Körper besteht eine weiter von der GALVANI-Spannung verschiedene Potentialdifferenz, die als VOLTA-*Spannung* oder *Kontaktpotential* bezeichnet wird. Sie ist nach Fig. 81 proportional der Differenz der thermischen Austrittsarbeiten der beiden Körper:

$$\left.\begin{aligned}\text{Kontaktpotential} &= (1/e)\cdot\text{Differenz der elektrochemischen Potentiale}\\ &\quad\ \text{vor der Kontaktierung } \zeta_H - \zeta_M\\ &= (1/e)\cdot\text{Differenz der Austrittsarbeiten}\\ &= (1/e)\,(\Psi_M - \Psi_H).\end{aligned}\right\}\quad(69.2)$$

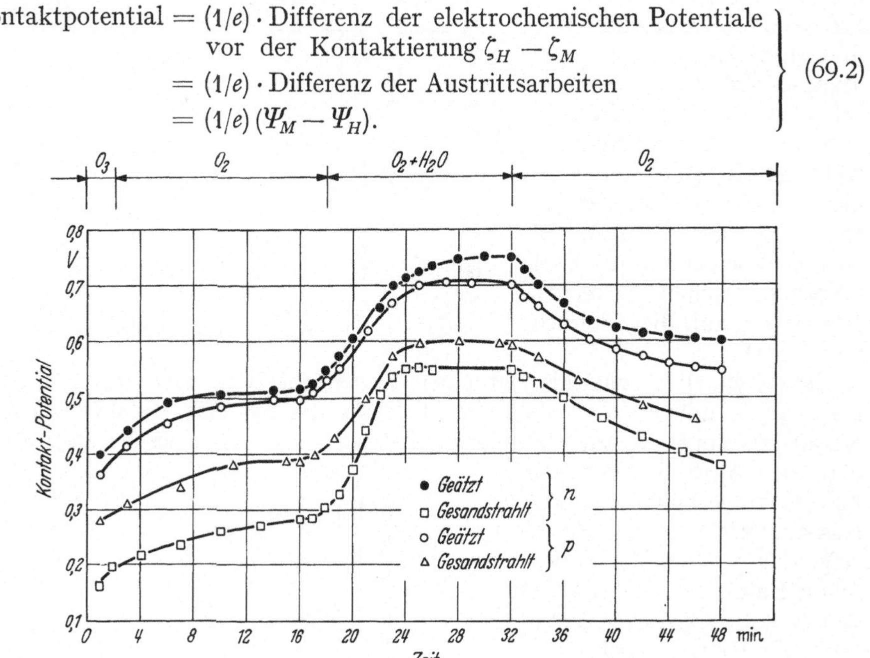

Fig. 82. Änderung des Kontaktpotentials von Germanium mit der umgebenden Atmosphäre, nach BRATTAIN und BARDEEN.

Die Messung des Kontaktpotentials ist nun die wichtigste Methode zur Bestimmung der thermischen Austrittsarbeit eines Halbleiters, falls die Austrittsarbeit der Gegenelektrode bekannt ist. Hierauf beruhen die Untersuchungen von BRATTAIN und BARDEEN[1] über den Einfluß einer Gasatmosphäre auf die Austrittsarbeit, auf die wir wegen ihrer Wichtigkeit jetzt näher eingehen wollen. Die Meßmethode beruht auf der folgenden Überlegung: Verändert man periodisch den Abstand zwischen Metall und Halbleiter, so ändert sich die Kapazität des Systems und verursacht ein Signal in einem durch beide Körper führenden Stromkreis. Durch Anlegen einer Gleichspannung kann man nun das Kontaktpotential zwischen den beiden Körpern so lange ändern, bis das Signal verschwindet. Die angelegte Spannung hat dann das Kontaktpotential kompensiert, der Gasraum ist feldfrei, und auch bei Variation des Abstands zwischen Metall und Halbleiter fließ kein Strom durch das System. Diese Methode gestattete BRATTAIN und BARDEEN zwar nicht, den Absolutbetrag der Austrittsarbeit des Germaniums zu messen, wohl aber Änderungen der Austrittsarbeit durch verschiedene Gasbeladung der Oberfläche mit einer Genauigkeit von $\pm 5\cdot 10^{-4}$ V zu bestimmen. Als Sonde wurde eine Pt-Elektrode benutzt, deren Austrittsarbeit sich bei den verschiedenen Versuchsbedingungen nicht änderte. Fig. 82 zeigt die Änderung des Kontaktpotentials in Abhängigkeit von verschiedenen Gasbeladungen der Ge-Oberfläche. In der als Abszisse aufgetragenen Zeit wurde folgender Cyclus durchlaufen: $t=0$ bis $t=2$: mit Ozon beladener

[1] W. H. BRATTAIN u. J. BARDEEN: Bell Syst. Techn. J. **32**, 1 (1953).

Sauerstoff, $t=2$ bis $t=18$: trockener Sauerstoff, $t=18$ bis $t=32$: mit Wasserdampf gesättigter Sauerstoff, $t=32$ bis $t=48$: trockener Sauerstoff. Nach mehrmaligem Durchlaufen dieses Cyclus blieben die Resultate reproduzierbar. Die Kurven der Fig. 82 zeigen eine deutliche Abhängigkeit des Kontaktpotentials von der Gasbeladung der Oberfläche. Beladung der Oberfläche mit OH-Radikalen (Wasserdampf) erhöht das Kontaktpotential, erniedrigt also nach Fig. 82 die Austrittsarbeit des Germaniums. Umgekehrt führt die Beladung der Oberfläche mit einem elektropositiven Gas (O_2) zu einer Erniedrigung des Kontaktpotentials, also einer Erhöhung der Austrittsarbeit. Diese Messungen sagen zunächst noch nichts aus, wie sich die Änderung der Austrittsarbeit auf den Potentialsprung der Doppelschicht des adsorbierten Gases und die Diffusionsspannung der Randschicht aufteilt. Spätere Untersuchungen[1] scheinen zu zeigen, daß die Änderung der Austrittsarbeit wesentlich in einer Änderung der Diffusionsspannung besteht. Auf weitere Ergebnisse der BRATTAIN-BARDEENschen Untersuchungen gehen wir in der nächsten Ziffer ein.

Zunächst wollen wir jedoch noch einige weitere experimentelle Ergebnisse streifen, die für die Existenz von Oberflächenzuständen an Halbleiteroberflächen sprechen. Hierzu gehören z.B. die Messungen der Abhängigkeit der Austrittsarbeit von der Temperatur. Sind keine Oberflächenzustände vorhanden, so ändert sich die Austrittsarbeit (wenn man von einer Temperaturabhängigkeit der Doppelschicht D_H absehen kann) durch die Temperaturabhängigkeit des elektrochemischen Potentials. Speziell bei einem Überschußhalbleiter bedeutet dies, daß Ψ mit wachsender Temperatur durch den Abfall von ζ von einem Wert nahe der Kante des Leitungsbandes in die Mitte des verbotenen Gebietes größer wird. Sind dagegen Oberflächenzustände vorhanden, so wird, wie MARKHAM und MILLER[2] gezeigt haben, die Temperaturabhängigkeit von ζ also ψ weitgehend durch eine gleich große Änderung der Diffusionsspannung V_D kompensiert. Durch eine Änderung der Lage von ζ wird ja die Besetzung der Oberflächenzustände und damit die Flächenladung geändert, also die Raumladung der Randschicht, deren Größe durch V_D gegeben ist, ebenfalls beeinflußt. Das hat aber zur Folge, daß in diesem Fall die Austrittsarbeit weitgehend temperaturunabhängig bleibt. Diese letztere Alternative ist nun mit Messungen der Austrittsarbeit in Ge und Si[3] in Einklang, deutet also auch auf das Vorhandensein von Oberflächenzuständen hin, wenn auch damit nicht entschieden werden kann, ob diese durch Adsorptionsschichten gebildet werden oder bereits auf der freien Oberfläche im Vakuum vorhanden sind. Schließlich sind hier die Untersuchungen des Kontaktes zweier gleicher Halbleiter mit verschiedenem Leitungstyp zu erwähnen. Ohne Oberflächenzustände müßte das Kontaktpotential (unter der Voraussetzung gleichartiger Doppelschichten auf beiden Halbleitern) gleich dem Abstand der elektrochemischen Potentiale vor der Kontaktierung, also bei stark dotierten Halbleitern angenähert gleich der Breite der verbotenen Zone sein, während bereits an der freien Oberfläche befindliche Terme ein wesentlich davon abweichendes Kontaktpotential ergeben. Auch hier sprechen die Messungen an Si[4] (K.P. 0,3 bzw. 0,6 V gegenüber $\Delta E/e=1{,}2$ V) für die Existenz von Oberflächenzuständen und damit einer Raumladungsschicht unter der Oberfläche des Halbleiters.

---

1 J. BARDEEN u. S. R. MORRISON: Physica, Haag **20**, 873 (1954).

2 J. J. MARKHAM u. P. H. MILLER: Phys. Rev. **75**, 959 (1949).

3 A. H. SMITH: Phys. Rev. **75**, 953 (1949). — B. J. ROTHLEIN u. P. H. MILLER: Phys. Rev. **76**, 1882 (1949).

4 W. E. MEYERHOF: Phys. Rev. **71**, 727 (1946). — W. H. BRATTAIN u. W. SHOCKLEY: Phys. Rev. **72**, 345 (1947).

70. Änderung des Kontaktpotentials bei Lichteinstrahlung, Oberflächenrekombination. Wir hatten uns bereits in Abschnitt D eingehend mit der Oberflächenrekombination und ihrem Einfluß auf die Volumeneffekte beschäftigt, ohne dabei allerdings auf den genauen Mechanismus der Oberflächenrekombination einzugehen. Genauere Untersuchungen liegen hier nur an Germanium vor, von denen wir zunächst diejenigen von BRATTAIN und BARDEEN[1] besprechen wollen. Gleichzeitig mit der Änderung des Kontaktpotentials durch verschiedene Gasbeladung der Oberfläche untersuchten die genannten Autoren die Änderung des Kontaktpotentials bei Lichteinstrahlung und die Oberflächenrekombination. Fig. 83 zeigt die Änderung des Kontaktpotentials durch Lichteinstrahlung an

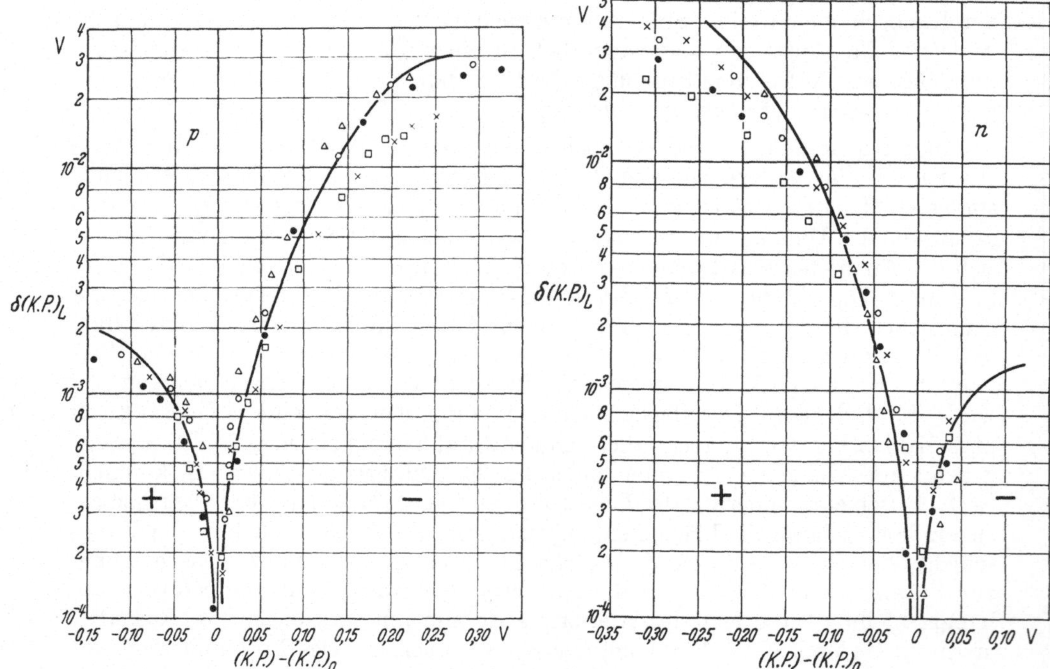

Fig. 83. Änderung des Kontaktpotentials einer Germanium-Oberfläche bei Lichteinstrahlung, nach BRATTAIN und BARDEEN.

einem n- und einem p-leitenden Ge-Präparat. Die Deutung dieses Effektes beruht auf folgender Überlegung: Wird Licht eingestrahlt, so werden in einer dünnen Schicht unter der Oberfläche Elektron-Loch-Paare erzeugt, die in das Halbleiterinnere diffundieren. Dadurch stellt sich unabhängig von dem Vorhandensein einer Raumladungsschicht ein Potentialabfall im Halbleiterinneren ein (DEMBER-Effekt, vgl. Ziff. 48), der für gleiche Diffusionsgeschwindigkeit der Elektronen und Löcher sorgt. Für ihn folgt aus (47.4) durch Integration der Feldstärke über das Halbleiterinnere:

$$\delta V_i = \frac{kT}{e}\,\frac{b-1}{b+1}\ln\left(1+\frac{(b+1)\,\delta n}{b\,n_{gl}+p_{gl}}\right), \tag{70.1}$$

wo δn die Dichteabweichung an der Oberfläche bedeutet. Das Vorzeichen von δV_i ist unabhängig vom Leitungstyp des Halbleiters. Bei Fehlen einer Randschicht müßte also das Kontaktpotential bei Lichteinstrahlung um δV_i ge-

[1] W. H. BRATTAIN u. BARDEEN: Bell Syst. Techn. J. **32**, 1 (1953). — J. BARDEEN u. S. R. MORRISON: Physica, Haag **20**, 873 (1954). — W. H. BRATTAIN: Phys. Rev. **72**, 345 (1947).

ändert werden. Die tatsächliche Änderung war jedoch wesentlich größer als δV_i nach Gl. (70.1) und zudem vom Leitungstyp abhängig. Die zusätzliche Änderung (δV_D) rührt nun davon her, daß beispielsweise in einem Überschußleiter mit Verarmungsrandschicht die Elektronen ungehindert (d.h. sogar durch den Potentialabfall beschleunigt) in das Halbleiterinnere abfließen können, daß jedoch die Löcher durch die Randschicht zurückgehalten werden und die Besetzungsverhältnisse der Oberflächenzustände ändern. Dies wiederum bedingt eine Änderung in der Raumladung, also in der Größe der Diffusionsspannung und der Dicke der Randschicht. Die Gesamtänderung des Kontaktpotentials setzt sich also zusammen aus der DEMBER-Spannung (70.1) und der Änderung der Diffusionsspannung δV_D:

$$\delta(\text{K.P.})_L = \delta V_i + \delta V_D. \quad (70.2)$$

Wir wollen hier auf die theoretische Herleitung des expliziten Ausdrucks für δV_D verzichten und nur das allgemeine Modell der Germaniumoberfläche besprechen, das BRATTAIN und BARDEEN auf Grund dieser Untersuchungen und der anschließend zu besprechenden Messungen der Oberflächenrekombinations-Geschwindigkeit entwerfen[1].

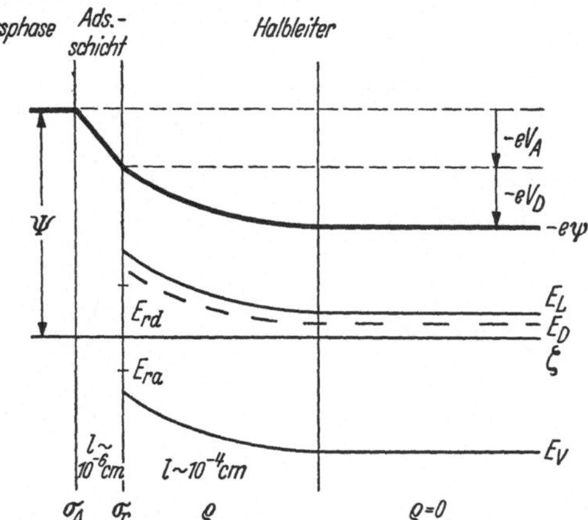

Fig. 84. Modell der Halbleiteroberfläche nach BRATTAIN und BARDEEN. Flächenladung σ_A auf der Außenseite der Adsorptionsschicht, Flächenladung σ_r der Rekombinationszentren an der Grenze Adsorptionsschicht-Halbleiter, Raumladung ϱ in der Randschicht des Halbleiters. E_{rd} und E_{ra} sind die Niveaus zweier Typen von Rekombinationszentren (Donatoren und Acceptoren) an der Halbleiteroberfläche.

Fig. 84 zeigt dieses Modell, das sich zunächst von Fig. 80 der Ziff. 68 nur dadurch unterscheidet, daß eine Doppelschicht endlicher Dicke auf der Oberfläche eingezeichnet ist. Die Dicke dieser Schicht ist hier stark übertrieben. Sie dürfte bei Ge von der Größenordnung 10^{-6} cm sein, während die Raumladungszone sich über etwa 10^{-4} cm erstreckt. Dieses Modell erklärt die Messungen, wenn folgende Annahmen gemacht werden:

1. Die für die Oberflächenrekombination maßgeblichen Rekombinationszentren befinden sich auf der Ge-Oberfläche *unter* der adsorbierten Doppelschicht. Ihre Dichte und Lage ist unabhängig von der Gasbeladung der Oberfläche.

2. Die Flächenladung der adsorbierten Schicht σ_A befindet sich auf deren *Außenseite*. Sie wird kompensiert durch die Flächenladung der Rekombinationszentren (Potentialsprung $-eV_A$) und die Raumladung der Randschicht (Potentialabfall $-eV_D$).

Dann ändert die *Gasbeladung* der Oberfläche primär σ_A, ruft dadurch eine entsprechende Änderung des Betrages von V_A und V_D hervor, variiert also hiermit die Lage des elektrochemischen Potentials an der Oberfläche, d.h. die Größe der Austrittsarbeit. Die *Lichteinstrahlung* andererseits ändert die Besetzungsverhältnisse der Rekombinationszentren und erhöht (erniedrigt) dadurch deren Flächenladung um einen Betrag, um den dann — bei gleichbleibendem σ_A — die Raumladung erniedrigt (erhöht) wird. Diese Änderung schließlich beeinflußt die Lage des elektrochemischen Potentials an der Oberfläche und damit die Größe der Austrittsarbeit.

[1] Für eine Fortsetzung der hier geschilderten Arbeiten und ein erweitertes Modell vgl. C. G. B. GARRETT u. W. H. BRATTAIN: Phys. Rev. **99**, 376 (1955).

Mit diesem Modell läßt sich nun auch die Oberflächenrekombination erfassen. Überträgt man die Gl. (45.20) der SHOCKLEY-READschen Theorie der Volumenrekombination sinngemäß auf die Oberflächenrekombination, so erhält man für U_s:

$$U_s = n_r \frac{r'_n r'_p (n_s p_s - n_i^2)}{r'_n (n_s + n_2) + r'_p (p_s + p_2)}, \tag{70.3}$$

wo jetzt die r'_n und r'_p im Gegensatz zu den r_n und r_p dimensionsmäßig auf die Oberflächeneinheit anstatt auf die Volumeneinheit bezogen sind. n_s und p_s bedeuten die Ladungsträgerdichten an der Oberfläche und n_2 und p_2 die den Volumendichten n_1 und p_1 entsprechenden Dichten an der Oberfläche. Unter der Annahme, daß sich die Konzentrationen an der Oberfläche mit den Ladungsträgerkonzentrationen n und p im Halbleiterinneren im Gleichgewicht befinden, kann man in (70.3) $n_s p_s$ durch np ersetzen und erhält für kleine Dichteabweichungen unter der Annahme $r'_n \approx r'_p$ und $\delta n = \delta p$ die einfachere Gleichung

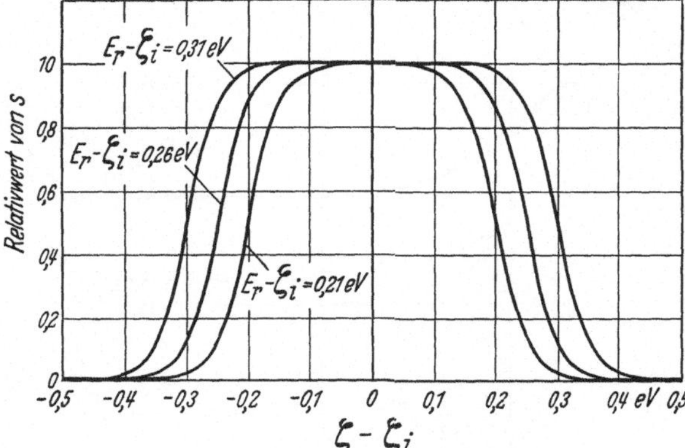

Fig. 85. Abhängigkeit der Oberflächenrekombinations-Konstanten s von der Lage von ζ relativ zu ζ_i an der Oberfläche. s in willkürlichen Einheiten. Parameter: Abstand des Rekombinationszentrums (Donatorentyp) auf der Oberfläche von ζ_i. Nach STEVENSON und KEYES.

$$U_s = \text{const} \frac{(n_{gl} + p_{gl})\,\delta n}{n_{sgl} + p_{sgl} + n_2 + p_2}. \tag{70.4}$$

Beschränkt man sich schließlich auf Überschußleiter und nimmt an, daß die Rekombinationszentren in der oberen Hälfte des verbotenen Gebietes liegen, so folgt für die Oberflächenrekombinations-Geschwindigkeit s:

$$s = \frac{U_s}{\delta n} = \text{const} \cdot \frac{n_{gl}}{n_s + p_s + n_2}. \tag{70.5}$$

Liegt nun das elektrochemische Potential an der Oberfläche in der Nähe der Mitte des verbotenen Gebietes, so wird $n_s \approx p_s \approx n_i \ll n_2 = n_i e^{(E_r - \zeta_i)/kT}$. s wird also:

$$s = \text{const} \cdot \frac{n_{gl}}{n_2} = \text{const} \cdot e^{\frac{\zeta_i - E_r}{kT}} = \text{const} \cdot e^{\frac{E_L - E_r}{kT}}, \tag{70.6}$$

wo noch die Beziehung

$$n_{gl} = n_i e^{\frac{\zeta - \zeta_i}{kT}} = n_0 e^{\frac{\zeta - E_L}{kT}}$$

benutzt wurde. In diesem Bereich ist also s unabhängig von der Diffusionsspannung V_D. Dies trifft nicht mehr zu, wenn der Oberflächenwert von ζ an die Bandränder kommt. In diesem Fall sinkt der Wert von s (Fig. 85).

Mit diesem hier nur kurz skizzierten Modell lassen sich die Messungen der Oberflächenrekombinations-Geschwindigkeit in Abhängigkeit von der Gasbeladung von BRATTAIN und BARDEEN und von STEVENSON und KEYES[1] qualitativ deuten (Fig. 86). Während s bei den von BRATTAIN und BARDEEN untersuchten Präparaten unabhängig von der Gasbeladung blieb, also durch (70.6) gedeutet werden kann, weisen die beiden von STEVENSON und KEYES angegebenen

[1] D. T. STEVENSON u. R. J. KEYES: Physica, Haag **20**, 1041 (1954). — R. J. KEYES u. T. G. MAPLE: Bull. Amer. Phys. Soc. **29**, No. 3, G 9 (1954).

Kurven auf den komplizierten Fall der Fig. 85 hin. Eine quantitative Deutung der Messungen war mit diesem Modell allerdings nicht möglich. BRATTAIN und BARDEEN waren deshalb gezwungen, *zwei* Typen von Rekombinationszentren (einen Donatortyp am oberen und einen Acceptorentyp am unteren Rande des verbotenen Gebietes) anzunehmen. Hierfür sprechen auch spätere Messungen von STEVENSON[1]. Mit dieser Annahme ließen sich alle Messungen an verschiedenen dotierten *n*- und *p*-Proben einheitlich deuten. Für die genauere Diskussion, insbesondere die Temperaturabhängigkeit der Oberflächenrekombination und die Abhängigkeit des Kontaktpotentials von einer vor der Gasbeladung vorgenommenen Oberflächenbehandlung, sei auf die Literatur verwiesen[2,3,4].

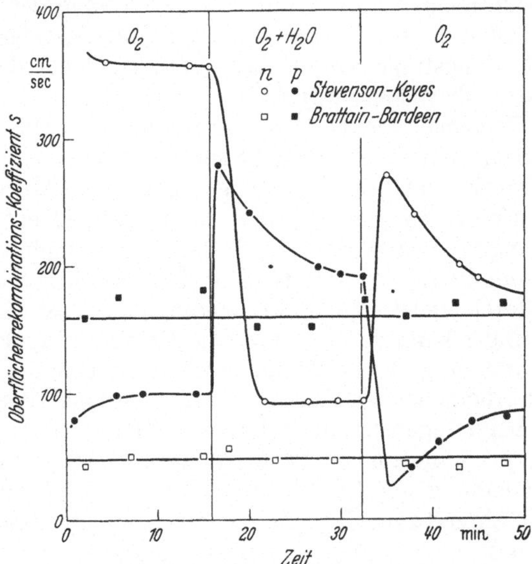

Fig. 86. Änderung der Oberflächenrekombinations-Konstanten s bei Änderung der Gasbeladung der Oberfläche (BRATTAIN-BARDEENscher Zyklus) nach Messungen von BRATTAIN und BARDEEN und STEVENSON und KEYES.

71. Oberflächenleitfähigkeit.

Ein weiteres Hilfsmittel zur Untersuchung der Eigenschaften einer Oberfläche, der an ihr vorhandenen Randschicht und ihrer Beeinflussung durch eine Gasbeladung ist die Messung der *Oberflächenleitfähigkeit*, also des Stromflusses in der Randschicht parallel zur Oberfläche. Wir wollen hier auf drei Untersuchungsmethoden näher eingehen:

1. Die Untersuchung der Änderung der Oberflächenleitfähigkeit durch Änderung der Austrittsarbeit,

2. Die Untersuchung der Änderung der Oberflächenleitfähigkeit durch Anlegen eines elektrostatischen Feldes senkrecht zur Oberfläche *(Feldeffekt)*[5].

3. Die Untersuchung von Inversionsschichten auf der Oberfläche von *p-n-p*-Übergängen.

Auch hier liegen quantitative Untersuchungen nur für Germanium vor.

Die Abweichung der Dichte der Ladungsträger in der Randschicht eines Halbleiters von dem Gleichgewichtswert im Halbleiterinneren bedeutet eine von der Volumenleitfähigkeit σ_V abweichende Leitfähigkeit der raumladungsbehafteten Randschicht σ_R. Erhöht man beispielsweise die Diffusionsspannung der Randschicht vom Wert Null aus ($\sigma_V = \sigma_R$), so wächst zunächst der Widerstand der Randschicht durch Abnahme der Trägerzahl. Ist $-eV_D$ so groß, daß das elektrochemische Potential am Halbleiterrand in der Mitte des verbotenen Gebietes liegt, so wird die Oberflächenleitfähigkeit minimal ($\sigma_R = \sigma_i$). Die Elek-

[1] D. T. STEVENSON: Bull. Amer. Phys. Soc. **30**, No. 2, Z 5 (1955).

[2] Siehe Fußnote 1 S. 184

[3] Siehe Fußnote 1, S. 182.

[4] Y. KANAI: J. Phys. Soc. Japan **9**, 292 (1954).

[5] Gleichzeitig mit der Oberflächenleitfähigkeit wird hierdurch auch die Oberflächenrekombinations-Geschwindigkeit beeinflußt. Vgl. hierzu: H. K. HENISCH u. N. N. REYNOLDS: Proc. Phys. Soc. Lond. B **68**, 353 (1955). — J. E. THOMAS u. R. H. REDIKER: Phys. Rev. **101**, 984 (1956). — A. MANY, Y. MARGONINSKI, E. HARNICK u. E. ALEXANDER: Phys. Rev. **101**, 1433, 1434 (1956).

tronendichte und Löcherdichte in der Randschicht ist gleich n_i. Erhöht man V_D weiter, so fällt zwar n_{Rand} weiter ab, die Löcherdichte dagegen wächst und die Randschicht wird bei umgekehrtem Leitungstyp (Inversionsschicht) niederohmiger.

Bei der Abschätzung der Leitfähigkeitsänderung eines dünnen Halbleiterstabes durch die Änderung der Randschicht muß man allerdings beachten, daß sich nicht nur die Ladungsträger*dichte* in der Randschicht ändert, sondern auch, daß sich die *Beweglichkeit* der Ladungsträger ändern kann. Werden nämlich Ladungsträger durch das elektrische Feld der Randschicht in Schichten unter der Oberfläche festgehalten, deren Dicke klein oder vergleichbar mit der freien Weglänge der Ladungsträger ist, so sinkt deren Beweglichkeit durch Oberflächenstreuung beträchtlich. Die Theorie der Beweglichkeit für diesen Fall wurde von SCHRIEFFER[1] gegeben. Die Ableitung der effektiven Beweglichkeit erfolgt hier genau analog der in Ziff. 22 entwickelten Theorie, nur daß in der ungestörten Verteilungsfunktion der Ladungsträger bereits die Potentialverteilung in der Randschicht berücksichtigt wird und die Oberflächenstreuung durch eine geeignete Randbedingung erfaßt wird. Die Beweglichkeit der Ladungsträger kann dadurch um eine Größenordnung gesenkt werden. Fig. 87 zeigt die Änderung der Leitfähigkeit eines dünnen Germaniumstabes während des in den vorhergehenden Ziffern bereits mehrfach erwähnten BRATTAIN-BARDEEN-Cyclus. Aufgetragen ist die relative Leitfähigkeitsänderung in willkürlichen Einheiten. Von $t=0$ bis $t=13$ wird die Diffusionsspannung durch Änderung der Gasbeladung der Oberfläche von O_3 über O_2 zu O_2+H_2O kontinuierlich gesenkt. Während zunächst eine p-leitende Inversionsschicht vorhanden war, verschwindet diese für $t=10$ (minimale Leitfähigkeit) und die Oberflächenleitfähigkeit steigt durch Zufluß von Elektronen aus dem Halbleiterinneren wieder an. Für $t>13$ findet durch Erhöhung von V_D der rückläufige Prozeß statt.

Diese Deutung der $\Delta\sigma/\sigma$-Kurve der Fig 87 wird durch die gleichzeitige Messung des Feldeffektes unterstützt. Hierbei wird durch eine Metallelektrode parallel zur Oberfläche ein Feld zwischen Halbleiter und Elektrode angelegt. Wird speziell die Elektrode gegenüber der Halbleiteroberfläche positiv vorgespannt, so werden, falls die Randschicht n-leitend ist, Elektronen in der Randschicht konzentriert, deren Leitfähigkeit steigt also. Ist dagegen die Oberfläche p-leitend, so werden die Löcher aus der Randschicht herausgetrieben, die Oberflächenleitfähigkeit sinkt. Der Feldeffekt gestattet also zu unterscheiden, ob eine gute Oberflächenleitfähigkeit durch eine schwache Diffusionsspannung hervorgerufen wird (Randschicht vom gleichen Leitungstyp wie Halbleiterinneres) oder durch ein sehr großes V_D (Inversionsschicht).

Die Messung des Feldeffektes (Fig. 87) zeigt nun bestätigend, daß für $t<10$ die Oberfläche p-leitend war, also eine Inversionsschicht vorlag, während für $t>10$ der Leitungstyp der Randschicht mit dem des Halbleiterinneren übereinstimmte. Die Messungen des Feldeffektes gestatten ferner mit Hilfe der SCHRIEFFERschen Theorie den absoluten Betrag der Diffusionsspannung zu bestimmen. BARDEEN und MORRISON[2] finden auf diese Weise bei dem BRATTAIN-BARDEEN-Cyclus Änderungen von V_D um 0,3 V in Einklang mit den von BRATTAIN und BARDEEN[3] gefundenen Kontaktpotentialänderungen. Dies läßt darauf schließen, daß die Änderung des Kontaktpotentials durch wechselnde Gasbeladung der Oberfläche vorwiegend in einer Änderung der Diffusionsspannung besteht.

---

[1] J. R. SCHRIEFFER: Phys. Rev. **97**, 641 (1955).

[2] J. BARDEEN u. S. R. MORRISON: Physica, Haag **20**, 873 (1954). — S. R. MORRISON: J. Phys. Chem. **57**, 860 (1953).

[3] W. H. BRATTAIN u. J. BARDEEN: Bell Syst. Techn. J. **32**, 1 (1953).

Weitere Untersuchungen der Oberflächenleitung von CLARKE[1,2] stützen das in den vorhergehenden Ziffern entworfene Modell der Germaniumoberfläche, insbesondere auch die Annahme zweier Typen von Rekombinationszentren an der Oberfläche. Die Bildung von Acceptoren läßt sich nach diesen Arbeiten durch mechanische Zerstörung der Oberfläche erreichen[1]. So brachte eine Zerstörung der Oberfläche durch Sandstrahlen eine erhöhte Oberflächen-

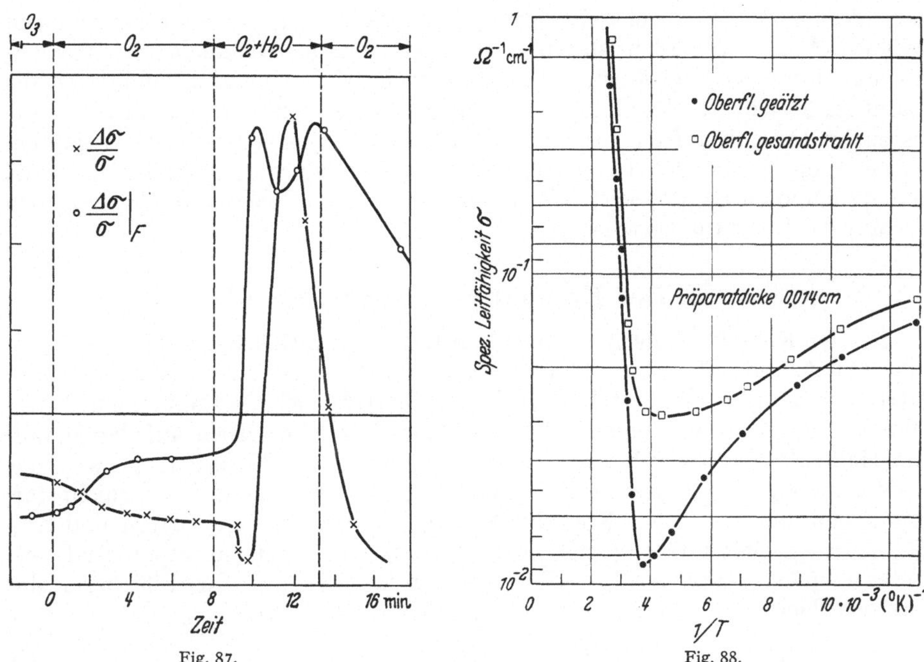

Fig. 87. Fig. 88.

Fig. 87. Änderung der Oberflächenleitfähigkeit bei dem BRATTAIN-BARDEENschen Zyklus ($\Delta\sigma/\sigma$) und Feldeffekt ($\Delta\sigma/\sigma|_F$) d. h. Änderung der momentanen Oberflächenleitfähigkeit durch ein senkrecht zur Oberfläche angelegtes elektrostatisches Feld, nach BARDEEN und MORRISON. Willkürliche Einheiten. Bei minimaler Leitfähigkeit ($n \approx p$) verschwindet der Feldeffekt. Für $p > n$ (Inversionsschicht, $t > 10$) besitzt er ein umgekehrtes Vorzeichen wie für $n > p$ ($t < 10$).

Fig. 88. Änderung der Oberflächenleitfähigkeit von Germanium durch Oberflächenbehandlung (geätzte und gesandstrahlte Oberfläche), nach CLARKE und HOPKINS.

leitung unter Bildung einer Inversionsschicht (Fig. 88). Ferner kann Sauerstoff bei seiner Adsorption auf der Oberfläche selbst Acceptoren erzeugen[2]. Die Herkunft der Donatoren ist dagegen noch ungeklärt.

Messungen des Feldeffektes liegen in großer Zahl vor[3]. Insbesondere die Messungen des An- und Abklingens des Feldeffektes bei Ein- und Ausschalten des Feldes sowie seiner Frequenzabhängigkeit geben hier Aufschluß über die Verhältnisse in der Raumladungsschicht und den Oberflächenzuständen. Wir können hier nicht näher darauf eingehen.

---

[1] E. N. CLARKE u. R. L. HOPKINS: Phys. Rev. **91**, 1566 (1953). Vgl. auch H. STATZ, G. H. DE MARS, L. DAVIS u. A. ADAMS: Phys. Rev. **101**, 1272 (1956).

[2] E. N. CLARKE: Phys. Rev. **91**, 756 (1953); **95**, 284 (1954). — Sylvania-Technol. **7**, 102 (1954).

[3] W. SHOCKLEY u. G. L. PEARSON: Phys. Rev. **74**, 232 (1948). — P. AIGRAIN, J. LAGRENAUDIE u. G. LIANDRAT: J. Phys. Radium **13**, 587 (1952). — G. G. LOW: Proc. Phys. Soc. Lond., Ser. B **68**, 10, 1154 (1955). — R. H. KINGSTON u. A. L. MCWHORTER: Bull. Amer. Phys. Soc. **30**, No. 1, V 1 (1955). — W. L. BROWN: Bull. Amer. Phys. Soc. **30**, No. 2, Z 1 (1955). — Phys. Rev. **100**, 590 (1955). — H. C. MONTGOMERY u. W. L. BROWN: Bull. Amer. Phys. Soc. **30**, No. 2, Z 2 (1955). — W. L. BROWN: Phys. Rev. **100**, 590 (1955).

Bei der Herstellung von *n-p-* und *p-n-p*-Übergängen (Abschnitt E) wird häufig die Bildung einer Inversionsschicht auf der Oberfläche der Mittelzone festgestellt, die den hohen Widerstand der Sperrschichten teilweise kurzschließt. Zahlreiche Untersuchungen dieser Inversionsschicht zeigten auch hier Übereinstimmung mit dem oben entworfenen Bild der Germanium-Oberfläche[1-5]. Diese Untersuchungen sind vor allem deswegen von Interesse, weil die Mittelzone eines Transistors (also das unter der Inversionsschicht liegende Halbleiterinnere) auf verschiedenes Potential gebracht werden kann. Besonders neuere Untersuchungen an *p-n-p-* [3] und *n-p-n*-Transistoren[4] zeigten hier, daß die Dichte der Oberflächenzustände hinreichend groß ist, um das elektrochemische Potential und damit die Ladungsträgerdichte der Randschicht unabhängig von den Potentialverhältnissen im Inneren auf einem durch die Oberfläche gegebenem Wert zu halten, während die Dicke der Inversionsschicht und damit der Oberflächenleitwert vom Innenpotential gesteuert wird. Wir können auch hier für die Einzelheiten nur auf die Literatur verweisen.

II. Der Kontakt Halbleiter—Metall.

72. Der Kontakt Halbleiter—Metall im thermischen Gleichgewicht. Der Übergang von dem in Ziff. 69 schon kurz gestreiften System Metall—Gasphase—Halbleiter zum innigen Kontakt Metall—Halbleiter läßt sich gedanklich leicht ausführen. Sehen wir von einer Polarisation der Doppelschichten auf der Metall- und Halbleiteroberfläche bei der Annäherung der beiden Körper ab, so wird das Kontaktpotential von dem Diffusionspotential V_D der Halbleiterrandschicht aufgenommen und im innigen Kontakt besteht lediglich eine dem Metall und dem Halbleiter gemeinsame Doppelschicht und ein um das Kontaktpotential vergrößertes (oder verkleinertes) Diffusionspotential (Fig. 89). Das Bild der Halbleiteroberfläche hat sich hierbei aber qualitativ nicht geändert.

Betrachten wir die folgenden zwei Extremfälle:

1. Besitzt die Halbleiteroberfläche keine Oberflächenzustände, so ist primär auch keine Randschicht vorhanden ($V_D = 0$). Das Diffusionspotential ist dann beim innigen Kontakt exakt gleich der Differenz der Austrittsarbeiten der Metall- und der Halbleiteroberfläche, also dem primär bestehenden Kontaktpotential. Der Stromfluß durch den Kontakt hängt von der Austrittsarbeit des Metalls ab.

2. Ist die Zahl der Oberflächenzustände des Halbleiters groß, d.h. ist das Diffusionspotential der freien Oberfläche groß gegen die Differenz der Austrittsarbeiten der freien Oberflächen, so treten bei der Kontaktierung nur kleine Änderungen in V_D auf, der Stromfluß durch den Kontakt ist praktisch unabhängig vom kontaktierenden Metall.

Experimentelle Untersuchungen haben hier noch keine Klärung schaffen können. Während eine Reihe von Ergebnissen für die erste Alternative sprechen, ist bei anderen Messungen keine eindeutige Beziehung zwischen der Austrittsarbeit und dem Stromfluß durch den Kontakt festgestellt worden[6]. Daß jedenfalls bei einigen Halbleitern sicher Oberflächenzustände vorhanden sind, die den

[1] W. L. BROWN: Phys. Rev. **91**, 518 (1953).

[2] R. H. KINGSTON: Phys. Rev. **93**, 346; **94**, 1416 (1954). — H. CHRISTENSEN: Proc. Inst. Radio Engrs. **42**, 1317 (1954).

[3] G. A. DE MARS, H. STATZ u. L. DAVIS jr.: Phys. Rev. **98**, 539 (1955). — H. STATZ, L. DAVIS u. G. A. DE MARS: Phys. Rev. **98**, 540 (1955).

[4] R. H. KINGSTON: Phys. Rev. **98**, 1766 (1955).

[5] E. N. CLARKE: Bull. Amer. Phys. Soc. **30**, No. 1, Q 6 (1955). — Phys. Rev. **99**, 1899 (1955). — J. T. LAW u. P. S. MEIGS: J. Appl. Phys. **26**, 1265 (1955).

[6] Vgl. die ausführliche Diskussion bei J. BARDEEN, Phys. Rev. **71**, 717 (1947).

Stromfluß durch den Kontakt beeinflussen, geht jedoch bereits aus den Ausführungen der vorhergehenden Ziffern hervor.

Man kann im allgemeinen bei einem vorgegebenen innigen Kontakt nur sehr wenig über die Vorgänge bei der Kontaktierung aussagen. Insbesondere wird sicher bei der Kontaktierung eine Polarisation der beiden Doppelschichten mit wachsender Feldstärke $\frac{\text{Kontaktpotential}}{\text{Abstand Metall—Halbleiter}}$ auftreten und somit eine Auftrennung der Doppelschicht und des Diffusionspotentials im innigen Kontakt in bereits im getrennten Zustand vorhandene Potentialsprünge unmöglich sein.

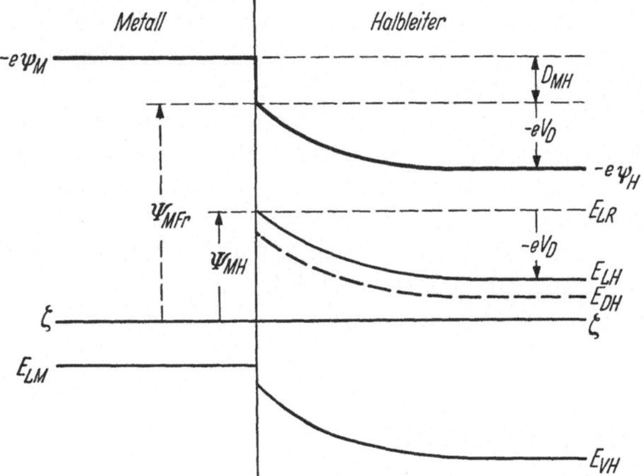

Fig. 89. Der Kontakt Metall-Halbleiter. Definition der thermischen Austrittsarbeit Metall-Halbleiter Ψ_{MH} als zum Herausbringen eines Metallelektrons der Energie ζ in das Leitungsband des Halbleiters in Kontaktnähe aufzuwendende Energie im Gegensatz zur thermischen Austrittsarbeit aus der freien Metalloberfläche Ψ_{MFr} (Differenz $\zeta - (-e\psi)$ Außenraum). Das System besitzt eine gemeinsame Doppelschicht D_{MH} am Kontakt, welche die beiden Doppelschichten der freien Oberflächen, die Doppelschicht einer möglichen Adsorptionsschicht zwischen beiden Oberflächen und eine Polarisation der freien Doppelschichten bei der Kontaktierung umfaßt.

Es ist deshalb vorteilhaft, bei der Betrachtung des innigen Kontaktes Metall—Halbleiter gar nicht von den getrennten Oberflächen auszugehen, sondern direkt Diffusionspotential und Doppelschicht des innigen Kontaktes neu zu definieren. Dieses Modell ist in Fig. 89 dargestellt. An Stelle der beiden getrennten Doppelschichten D_M und D_H der Fig. 81, Ziff. 69, tritt jetzt eine gemeinsame Doppelschicht D_{MH}. Als Austrittsarbeit Metall—Halbleiter definieren wir jetzt die zur Überführung eines Elektrons der Energie ζ aus dem Metall in das Leitungsband des Halbleiters unmittelbar am Kontakt aufzuwendende Energie. Diese ist nach Fig. 89 offensichtlich

$$\Psi_{MH} = E_{LR} - \zeta = \Psi_{MFr} - E_{L0}, \tag{72.1}$$

wo Ψ_{MFr} die Austrittsarbeit aus der freien Oberfläche ist und $E_{L0} = E_{LH} - (-e\psi_H)$ die „Bindungsenergie" eines Elektrons im Leitungsband des Halbleiters bedeutet.

Die Elektronendichte im Halbleiter in Kontaktnähe n_R ist dann gegeben durch den Abstand des elektrochemischen Potentials von der Kante des Leitungsbandes in Kontaktnähe E_{LR}, also nach (72.1) durch:

$$n_R = n_0 \, e^{\frac{\zeta - E_{LR}}{kT}} = n_0 \, e^{-\frac{\Psi_{MH}}{kT}}, \tag{72.2}$$

d.h. durch die Eigenschaften des Kontaktes, oder wegen $E_{LH} - E_{LR} = -eV_D$ (Index R = Rand, Index H = Halbleiterinneres) durch die Elektronendichte im Halbleiterinneren und das Diffusionspotential:

$$n_R = n_H \, e^{\frac{E_{LH} - E_{LR}}{kT}} = n_H \, e^{-\frac{eV_D}{kT}}. \tag{72.3}$$

Der Übergang von der Randdichte n_R zur Gleichgewichtsdichte im Halbleiterinneren n_H hängt vom Verlauf des elektrostatischen Potentials in der Randschicht ab. Man gewinnt dieses aus der Poissonschen Gleichung, die nach (20.6) hier am günstigsten in der Form

$$\Delta\psi = -\frac{1}{\varepsilon\varepsilon_0}\left[n_{D^+} - n_{A^-} + 2n_i \operatorname{Sin}\left(\frac{e}{kT}(\varphi-\psi)\right)\right] \tag{72.4}$$

geschrieben wird. Im allgemeinen Fall sind n_{D^+} und n_{A^-} durch die Massenwirkungsgesetze noch von der lokalen Ladungsträgerdichte abhängig. Nur im Fall völliger Ionisation der Störstellen werden sie konstant gleich der gesamten Störstellendichte. Selbst in diesem Fall ist (72.4) nicht analytisch lösbar und man ist auf eine approximative Behandlung der Differentialgleichung angewiesen. Eine strenge Lösung auf numerischem Wege wurde von KINGSTON und NEUSTADTER[1] angegeben.

Wir werden uns im folgenden auf die bereits in Ziff. 20 gegebene vereinfachte Behandlung des vorliegenden Problems beschränken, nehmen also an, daß sich die Raumladung *konstant* über die Dicke l der Randschicht erstreckt und dann unstetig auf Null abfällt.

Man erhält dann aus (72.4): (eindimensionale Behandlung, Koordinatenursprung am Kontakt, Halbleiter $x > 0$)

elektrostatisches Potential:

$$\psi = \psi_H - \frac{1}{2\varepsilon\varepsilon_0}\varrho(l-x)^2 = \psi_H - \frac{kT}{e}\frac{1}{2L_D^2}(l-x)^2, \qquad 0 < x < l,$$

elektrische Feldstärke:

$$E = -\frac{1}{\varepsilon\varepsilon_0}\varrho(l-x) = -\frac{kT}{e}\frac{1}{L_D^2}(l-x), \qquad 0 < x < l \tag{72.5}$$

und unter der Annahme nur einer Ladungsträgersorte (Elektronen) in der Randschicht, sowie Vernachlässigung der Raumladung der Elektronen:

Raumladung:

$$\varrho = e\,n_{D^+} = e\,n_H, \qquad 0 < x < l,$$

Randschichtdicke:

$$l = \sqrt{\frac{2\varepsilon\varepsilon_0}{\varrho}(\psi_H - \psi_R)} = \sqrt{\frac{2\varepsilon\varepsilon_0 V_D}{e\,n_H}} = L_D\sqrt{\frac{2e V_D}{kT}}, \tag{72.6}$$

wo noch die DEBYE-Länge des Halbleiters L_D (44.5) eingeführt wurde. Hieraus schließlich folgt für die Elektronendichte in der Randschicht:

$$n(x) = n_H\,e^{\frac{e}{kT}(\psi_H - \psi(x))} = n_H\,e^{-\frac{e}{kT}V_D\left(\frac{x}{l}-1\right)^2}. \tag{72.7}$$

Entsprechende Formeln lassen sich für einen reinen Defektleiter angeben.

Wir hätten einen Teil dieser Ergebnisse (und der in der nächsten Ziffer folgenden SCHOTTKYschen Randschichttheorie) bereits aus der im vorhergehenden Abschnitt behandelten Theorie des p-n-Übergangs gewinnen können. In der Tat lassen sich die Grundgleichungen des p-n-Übergangs weitgehend auf den Metall-Halbleiter-Kontakt übertragen, wenn man die Störstellendichte in einem der beiden Gebiete soweit erhöht, daß der gesamte Potentialabfall und damit alle Dichteänderungen und Vorgänge bei angelegtem äußeren Feld im anderen Gebiet stattfindet. Das hochdotierte Gebiet des p-n-Übergangs entspricht dann dem Metall und das andere dem Halbleiter. Wir wollen jedoch die Analogien der beiden Systeme hier nicht heranziehen, sondern die Theorie des Metall-Halbleiter-Kontaktes neu entwickeln. Es wird sich dabei zeigen, daß trotz formaler und teilweise auch physikalischer Analogien grundsätzliche Unterschiede bestehen. Bei der Neuentwicklung der hier zu benutzenden theoretischen Vorstellungen treten ferner die notwendigen Approximationen und Vorbehalte deutlicher in Erschei-

[1] R. H. KINGSTON u. S. F. NEUSTADTER: J. Appl. Phys. **26**, 718 (1955).

nung, als bei einer einfachen Übertragung der *p*-*n*-Theorie auf den hier vorliegenden Fall. Schließlich würde eine formale Übertragung historisch der Bedeutung der Randschichttheorie des Metall-Halbleiter-Kontaktes, die lange vor der Theorie der *p*-*n*-Übergänge entwickelt wurde und den eigentlichen Anstoß zu einer systematischen Untersuchung der Halbleiter bildete, nicht gerecht.

73. Die SCHOTTKYsche Randschichttheorie des belasteten Metall-Halbleiter-Kontaktes. Nach der Besprechung des Kontaktes Metall-Halbleiter im thermischen Gleichgewicht wollen wir uns nun dem Stromfluß durch einen solchen Kontakt zuwenden. Besitzt der Halbleiter in Kontaktnähe eine Anreicherungs-Randschicht, ist also dort die Elektronendichte (bzw. Löcherdichte) gegenüber dem Halbleiterinneren erhöht, so wird der Kontakt den Stromfluß im System Metall—Halbleiter nur wenig beeinflussen. Bei einer Verarmungs-Randschicht wird dagegen wegen der kleinen Trägerzahl im Raumladungsgebiet die Randschicht den größten Widerstand aufweisen und somit den überwiegenden Teil des Spannungsabfalles einer an das System gelegten äußeren Spannung aufnehmen. Der Kontakt wird also die Stromleitung weitgehend steuern. Mit diesem Fall wollen wir uns im weiteren ausschließlich beschäftigen.

Der Mechanismus des Stromtransportes durch eine Verarmungs-Randschicht hängt noch davon ab, ob die Ladungsträger während ihres Weges durch die Randschicht viel oder wenig Zusammenstöße mit den Gitterbausteinen erleiden.

Ist die Zahl der Zusammenstöße groß, so richtet sich die Elektronendichte in der Randschicht nach dem lokalen Wert des Potentials, und es entstehen Dichtegradienten und damit Diffusionsströme in der Randschicht, die gemeinsam mit den Feldströmen den Leitungsmechanismus bestimmen. Speziell im stromlosen Fall kompensieren sich der Diffusionsstrom und der durch den Potentialgradienten in der Randschicht verursachte Feldstrom. Es herrscht BOLTZMANN-Gleichgewicht. Dieses (für das Gleichgewicht bereits in der vorhergehenden Ziffer entwickelte) Modell benutzt die *Diffusionstheorie*, der wir uns zunächst zuwenden wollen.

Ist dagegen die Zahl der Zusammenstöße in der Randschicht klein, so tritt keine wesentliche Dichteänderung der Ladungsträger in der Randschicht ein. Der den Kontakt durchfließende Strom ist nur durch den Potentialberg bestimmt, der einen Stromfluß vom Halbleiter in das Metall je nach seiner Höhe reguliert, einem entgegengerichteten Stromfluß jedoch keinen Widerstand entgegensetzt. Dieses Modell liegt der *Diodentheorie* (Ziff. 74) zugrunde.

Die Grenze zwischen beiden Modellen ist bestimmt durch den Betrag der kinetischen Energie, den ein Elektron zwischen zwei Zusammenstößen beim Anlaufen gegen den Potentialberg verliert. Ist dieser Betrag groß gegen seine kinetische Energie ($\approx \mathrm{k}T$), so ist die Diodentheorie anzuwenden, ist er klein, so muß die Diffusionstheorie zugrunde gelegt werden. Oder anders ausgedrückt: Ändert sich das Potential in der Randschicht auf einer freien Weglänge um mehr als $\mathrm{k}T/e$, so gilt die Diodentheorie, ist der Potentialgradient kleiner, so gilt die Diffusionstheorie (vgl. auch Ziff. 74, Ende).

Aus Messungen der freien Weglänge folgt, daß in Ge und Si die Diodentheorie gilt, während in Se und wahrscheinlich auch CuO_2 die Diffusionstheorie angewendet werden muß.

Die Grundlagen der Diffusionstheorie wurden unabhängig von SCHOTTKY[1] und MOTT[2] gegeben. Während MOTT die Raumladung in der Randschicht völlig

---

[1] W. SCHOTTKY: Z. Physik **113**, 367 (1939). — W. SCHOTTKY u. E. SPENKE: Wiss. Veröff. Siemens-Werke **18**, 225 (1939).

[2] N. F. MOTT: Proc. Roy. Soc. Lond., Ser. A **171**, 27 (1939).

vernachlässigt, enthält die SCHOTTKYsche Theorie sogleich den allgemeinen Fall der durch Störstellen und freie Ladungsträger gebildeten Raumladung der Randschicht. Die Durchführung dieser Theorie führt jedoch besonders bei Verarmungs-Randschichten mit nicht völlig dissoziierten Störstellen auf größere mathematische Schwierigkeiten. Wir wenden uns deshalb sogleich der von SCHOTTKY[1] später angegebenen und von SPENKE[2] weiterentwickelten „*vereinfachten Theorie*" zu, die völlige Dissoziation der Störstellen annimmt und die in Ziff. 72 angegebene Approximation konstanter Raumladung in der Randschicht benutzt.

Wir entwickeln also die Theorie unter den folgenden Voraussetzungen:

1. Eindimensionale Behandlung,
2. konstante Störstellendichte in der Randschicht,
3. reine Elektronenleitung (die Theorie läßt sich dann auch auf reine Löcherleitung übertragen, für gemischte Leitung vgl. Ziff. 76),
4. stationärer Zustand,
5. keine Feldemissionseffekte am Kontakt, d.h. keine Änderung der durch den Kontakt vorgegebenen Randdichte der Elektronen n_R durch ein angelegtes Feld,

sowie die Vereinfachung:

6. Konstante Raumladung in der Randschicht (Modell der vorhergehenden Ziffer).

Die Grundannahme der Diffusionstheorie gestattet, für den Strom in der Randschicht die Diffusionsgleichung (48.2) anzusetzen:

$$i = i_n = e\mu_n n E + \mu_n \mathrm{k}T \frac{dn}{dx} = \text{const} \tag{73.1}$$

oder mit (72.5)

$$i = \mathrm{k}T \mu_n \left[\frac{n}{L_D^2}(x-l) + \frac{dn}{dx}\right]. \tag{73.2}$$

Die Lösung dieser Differentialgleichung[2] liefert mit der Randbedingung

$$n = n_R = n_H \, e^{-\frac{eV_D}{\mathrm{k}T}} \qquad \text{für } x = 0 \tag{73.3}$$

für die Dichteverteilung der Elektronen in der Randschicht bei gegebener Stromdichte i:

$$n(x) = n_R \, \mathrm{e}^{\frac{1}{2L_D^2}[l^2-(l-x)^2]} \left\{1 - \sqrt{2}\,\frac{i L_D}{\mathrm{k}T\mu_n n_R}\,\mathrm{e}^{-\frac{l^2}{2L_D^2}} \left(\Psi\!\left(\frac{l}{\sqrt{2}\,L_D}\right) - \Psi\!\left(\frac{l-x}{\sqrt{2}\,L_D}\right)\right)\right\} \tag{73.4}$$

mit

$$\Psi(z) = \int_0^z \mathrm{e}^{t^2}\,dt.$$

(73.4) enthält nun noch die beiden spannungsabhängigen Größen i und l, deren Bestimmung wir uns jetzt zuwenden wollen.

Bezeichnen wir den auf die Randschicht entfallenden Anteil der angelegten Spannung mit U, so liegt an der Randschicht die Gesamtspannung $V_D - U$. Hierbei haben wir das Vorzeichen von U so gewählt, daß negatives U einer Vergrößerung der Diffusionsspannung und damit einer Verbreiterung der Randschicht und einer Erhöhung ihres Widerstandes bedeutet.

Die Potentialstufe wird also — je nach dem Vorzeichen von U — um U gehoben oder gesenkt. Aus der POISSONschen Gleichung folgt dann aber sofort

[1] W. SCHOTTKY: Z. Physik **118**, 539 (1942).
[2] E. SPENKE: Z. Physik **126**, 67 (1949); vgl. auch [*16*].

für die Dicke der Randschicht:

$$l = L_D \sqrt{2} \sqrt{\frac{e}{\mathrm{k}T}(V_D - U)}. \tag{73.5}$$

Die Beziehung zwischen der angelegten Spannung und der Stromdichte (Strom-Spannungs-Charakteristik des Kontaktes) folgt andererseits aus (73.1):

$$\delta\psi = -\int_0^L E\,dx = -i\int_0^L \frac{dx}{e\mu_n n} + \frac{\mathrm{k}T}{e}\ln\frac{n_L}{n_0}, \tag{73.6}$$

wo $\delta\psi$ die gesamte Potentialdifferenz zwischen den beiden Enden des Halbleiters bei $x=0$ und $x=L$ bedeutet. Hier beschreibt das zweite Glied die Diffusionsspannungen, während das erste die angelegte Spannung ergibt. Für die an der *Randschicht* liegende Spannung folgt also

$$U = i\int_0^l \frac{dx}{e\mu_n n}. \tag{73.7}$$

Gl. (73.7) folgt auch direkt unter Einführung des elektrochemischen Potentials der Elektronen φ_n und Beachtung der Tatsache, daß die angelegte Spannung die Differenz der Werte des elektrochemischen Potentials an den Enden ist:

$$i = -e\mu_n n\frac{d\varphi_n}{dx}, \tag{73.8}$$

$$U = \varphi_n(0) - \varphi_n(l) = -\int_0^l d\varphi_n = i\int_0^l \frac{dx}{e\mu_n n}. \tag{73.9}$$

Einsetzen von (73.5) in (73.4) und (73.4) in (73.7) liefert nach Ausführung der Integration:

$$i = -\frac{\mathrm{k}T}{eL_D}e\mu_n n_H \frac{\mathrm{e}^{-\frac{eU}{\mathrm{k}T}} - 1}{\sqrt{2}\,\Psi\left(\sqrt{\frac{e}{\mathrm{k}T}(V_D - U)}\right)} \tag{73.10}$$

als Strom-Spannungs-Kennlinie der Randschicht und:

$$n(x) = n_R\,\mathrm{e}^{\frac{e}{\mathrm{k}T}(V_D-U)\left[1-\left(1-\frac{x}{l}\right)^2\right]}\left\{1-\left(1-\mathrm{e}^{\frac{eU}{\mathrm{k}T}}\right)\left[1-\frac{\Psi\left(\sqrt{\frac{e}{\mathrm{k}T}(V_D-U)}\left(1-\frac{x}{l}\right)\right)}{\Psi\left(\sqrt{\frac{e}{\mathrm{k}T}(V_D-U)}\right)}\right]\right\} \tag{73.11}$$

für die Dichteverteilung der Elektronen in der Randschicht.

Die allgemeine Lösung von (73.2), die über den Potentialverlauf in der Randschicht noch keine Annahmen macht, lautet[1]:

$$i = e\mu_n n_R\frac{\mathrm{k}T}{e}\frac{\mathrm{e}^{\frac{eU}{\mathrm{k}T}} - 1}{\int_0^l \mathrm{e}^{\frac{e}{\mathrm{k}T}[\psi(0)-\psi(z)]}\,dz}, \tag{73.10a}$$

$$n(x) = n_H\,\mathrm{e}^{\frac{e}{\mathrm{k}T}[\psi(x)-\psi_H]} - \frac{i}{\mu_n\mathrm{k}T}\int_x^l \mathrm{e}^{\frac{e}{\mathrm{k}T}[\psi(x)-\psi(z)]}\,dz. \tag{73.11a}$$

Diese Gleichungen liefern mit dem Ansatz (72.5) für $\psi(x)$ die Gln. (73.10) und (73.11).

[1] E. SPENKE: Z. Naturforsch. 4a, 37 (1949).

Die Approximation (73.13) des folgenden Textes bedeutet dann, daß im Integral im Nenner von (73.10a) $\psi(0)-\psi(z)$ für $z \ll l$, also in dem Bereich, der den größten Beitrag zum Integranden liefert, durch $\psi(0)-\psi(z)\approx\psi'(0)\cdot z=-E_R z$ ersetzt wird. Die Integration liefert dann $\mathrm{k}T/eE_R$ und aus (73.10a) folgt direkt (73.14).

Unter der Annahme der MOTTschen Theorie (keine Raumladung in der Randschicht d.h. linearer Potentialanstieg) erhält man beispielsweise

$$i = e\mu_n n_R E_R \frac{\mathrm{e}^{\frac{eU}{\mathrm{k}T}}-1}{\mathrm{e}^{-\frac{e}{\mathrm{k}T}(V_D-U)}-1} \tag{73.10b}$$

eine der Gl. (73.14) ähnliche Gleichrichterkennlinie.

Die Kennliniengleichung (73.10) gibt zunächst nur die Abhängigkeit der Stromdichte vom Spannungsabfall U in der Randschicht. Die wahre Kennlinie des Systems Metall-Halbleiter erhält man durch „Scherung" mit dem Bahnwiderstand R_B (bzw. Ausbreitungswiderstand bei Punktkontakten) des Systems:

$$\text{Klemmenspannung } V = U + R_B I. \tag{73.12}$$

Gl. (73.10) läßt sich nun noch wesentlich vereinfachen, wenn $V_D - U \gg \mathrm{k}T/e$ ist. Für $V_D - U > 2{,}5\ \mathrm{k}T/e$ läßt sich Ψ im Nenner von (73.10) durch das erste Glied einer asymptotischen Entwicklung

$$\Psi\left(\sqrt{\frac{e}{\mathrm{k}T}(V_D-U)}\right) \approx \frac{\mathrm{e}^{\frac{e}{\mathrm{k}T}(V_D-U)}}{2\sqrt{\frac{e}{\mathrm{k}T}(V_D-U)}} \tag{73.13}$$

mit einem Fehler von maximal 10% darstellen. Diese Approximation ist nach SPENKE[1] bei allen technischen Gleichrichtern auch in Flußrichtung (positives U) gerechtfertigt. Man erhält dann mit (72.5) und (73.5):

$$i = e\mu_n n_R \frac{\mathrm{k}T}{eL_D}\sqrt{\frac{2e}{\mathrm{k}T}(V_D-U)}\left(\mathrm{e}^{\frac{eU}{\mathrm{k}T}}-1\right) = e\mu_n n_R E_R\left(\mathrm{e}^{\frac{eU}{\mathrm{k}T}}-1\right). \tag{73.14}$$

Dies ist eine typische Kennlinie eines *Gleichrichters*. In *Flußrichtung* (positive U) steigt i angenähert exponentiell mit U, in *Sperrichtung* (negative U) nähert sich i einem „Sättigungsstrom", der allerdings noch schwach feldstärkeabhängig bleibt.

Den Mechanismus der Gleichrichtung erkennt man aus dem Dichteverlauf in der Randschicht. Fig. 90a zeigt den Verlauf nach Gl. (73.11) für $eV_D/\mathrm{k}T=10$ und $eU/\mathrm{k}T=\pm 6$. In Sperrichtung wird die Elektronendichte in der Randschicht gesenkt und die Randschicht gleichzeitig verbreitert. In Flußrichtung dagegen steigt die Elektronendichte unter gleichzeitiger Verkleinerung der Randschicht. Es liegen hier die gleichen Verhältnisse vor, wie bei dem p-n-Übergang mit unendlich großer Rekombination (Ziff. 59). Der Stromtransport durch die Randschicht und damit die physikalische Ursache der Gleichrichtung ist jedoch weniger in dem wechselndem lokalen Widerstand der Randschicht, als in der Gestalt der Elektronenverteilung zu suchen. Man erkennt dies, wenn man mit Hilfe von (73.4) und (73.2) den Feldanteil und den Diffusionsanteil der Gesamtstromdichte (73.14) getrennt untersucht (Fig. 90b—d). Während im stromlosen Fall sich der Feldstrom i_F und der Diffusionsstrom i_D exakt kompensieren, also BOLTZMANN-Gleichgewicht herrscht, überwiegt bei Stromfluß jeweils einer der

[1] E. SPENKE: Z. Physik **126**, 67 (1949); vgl. auch [*16*].

beiden Teilströme. Aus (73.2) und (73.4) folgt:

$$\left.\begin{aligned} i &= \qquad i_F \qquad + \qquad i_D \\ &= -i_0 \frac{n}{n_H}\left(\frac{l-x}{L_D}\right) + \left(i_0 \frac{n}{n_H}\left(\frac{l-x}{L_D}\right) + i\right) \end{aligned}\right\} \tag{73.15}$$

mit $i_0 = \mathrm{k}T\mu_n n_H/L_D$. Je nach dem Vorzeichen von i ist also $|i_F| >$ oder $< |i_D|$.

Speziell in Sperrichtung ist direkt am Kontakt $dn/dx \approx 0$, der Diffusionsstrom verschwindet und der Strom wird völlig durch seinen Feldanteil getragen. In Flußrichtung ist jedoch die Randdichte zu klein, um den wesentlich größeren Flußstrom als reinen Feldstrom trotz der größeren Randfeldstärke aufrechtzuerhalten. Hier ist aber dn/dx sehr groß und der Diffusionsanteil überwiegt. Der Gleichrichtereffekt beruht also wesentlich darin, daß bei konstanter Randdichte der *Dichtegradient* in Fluß- und Sperrichtung sehr verschiedene Werte annimmt. Wie aus Fig. 90b—d zu erkennen ist, trägt hier nur der metallseitige Rand der Randschicht zu dem verschiedenen Verhalten in Flußrichtung und in Sperrichtung bei. Im größten Teil der Randschicht sind beide Stromanteile groß gegen den resultierenden Gesamtstrom, sie kompensieren sich also weitgehend und es herrscht angenähertes BOLTZMANN-Gleichgewicht.

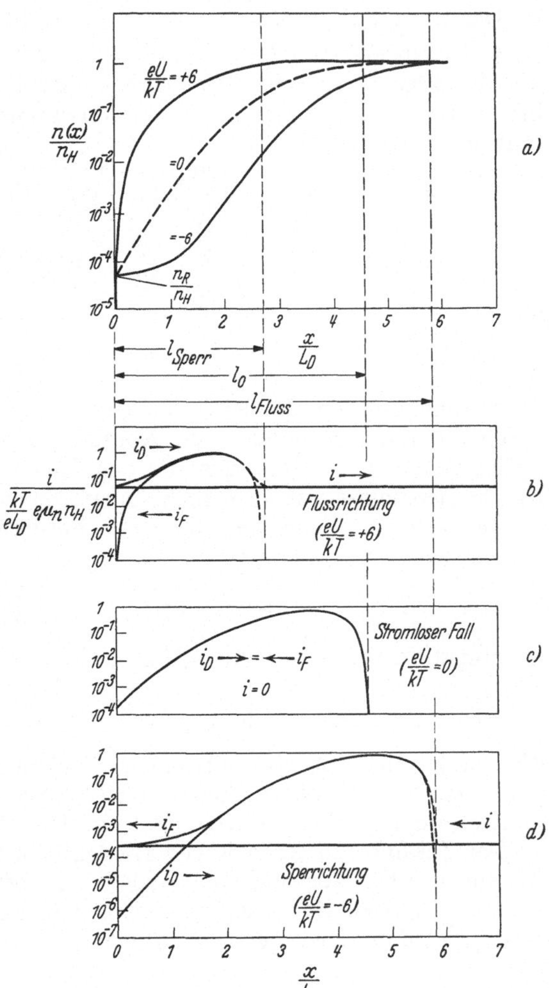

Fig. 90a—d. Dichteverteilung der Elektronen und Aufteilung des Stromes in Feldstrom und Diffusionsstrom in der Randschicht eines belasteten Metall-Halbleiter-Kontaktes nach der SCHOTTKYschen Theorie $\left(\frac{e V_D}{\mathrm{k} T} = 10\right)$.

Wir wollen zum Abschluß noch die *Kapazität* der Randschicht angeben. Für sie ergibt sich mit (72.6) und (73.5):

$$C = \frac{dQ}{d|U|} = \frac{d}{dU}(\varrho l) = \sqrt{\frac{n_H e \varepsilon \varepsilon_0}{2(V_D - U)}}. \tag{73.16}$$

Zwischen U und $1/C^2$ besteht also ein linearer Zusammenhang[1].

[1] Zur Diskussion der Randschichttheorie bei Wechselstrombelastung (nichtstationäre Vorgänge, Frequenzabhängigkeit, eingehendere Behandlung der Kapazitätsprobleme usw.) vgl. neben Fußnote 1, S. 191 auch E. SPENKE, Wiss. Veröff. Siemens-Werke **20**, 40 (1941), Z. Physik **128**, 586 (1950), W. SCHOTTKY, Z. Physik **132**, 261 (1952) und J. BARDEEN, Bell Syst. Techn. J. **28**, 428 (1949).

74. Diodentheorie[1]. Hier ist vorausgesetzt, daß das Feld in der Randschicht groß gegen $kT/e\,\lambda$ (λ = freie Weglänge der Elektronen) ist. Dann können Zusammenstöße der Elektronen mit den Gitterbausteinen vernachlässigt werden, es brauchen also keine Diffusionsgleichungen in der Randschicht mehr angesetzt werden.

Der Stromfluß durch den Kontakt besteht dann aus zwei Anteilen:

1. Einem den Halbleiter verlassenden Teilchenstrom. Er ist gegeben durch die einseitige thermische Stromdichte aller Halbleiterelektronen, die genügend kinetische Energie besitzen, um die Potentialschwelle $e(V_D-U)$ am Halbleiterrand zu überwinden:

$$\left.\begin{aligned} i_1 &= -e j_{H\to M} = -e\int\limits_{v_{x\,\min}}^{\infty} v_x\,dv_x \int\limits_{-\infty}^{+\infty} dv_y \int\limits_{-\infty}^{+\infty} dv_z\, f(v)\,z(v) \\ &= e\sqrt{\frac{kT}{2\pi m}}\,n_H\,e^{-\frac{e}{kT}(V_D-U)} = e\sqrt{\frac{kT}{2\pi m}}\,n_R\,e^{\frac{eU}{kT}} \end{aligned}\right\} \qquad (74.1)$$

mit

$$f(v) = e^{\frac{1}{kT}\left(\zeta - E_L - \frac{m v^2}{2}\right)}, \qquad z(v) = 2\left(\frac{m}{h}\right)^3, \qquad \frac{m\,v_{x\,\min}^2}{2} = e(V_D-U).$$

2. Einem in den Halbleiter fließenden Gegenstrom. Seine Größe ist gegeben durch die Elektronendichte am Kontakt. Die Potentialstufe spielt hier keine Rolle, da sie kein Hindernis für das Hineinfließen der Elektronen darstellt. Dieser Stromanteil ist also unabhängig von der angelegten Spannung und bestimmt sich am einfachsten durch die Forderung, daß für $U=0$ beide Stromanteile sich kompensieren:

$$i_2 = -e j_{M\to H} = -e\sqrt{\frac{kT}{2\pi m}}\,n_R. \qquad (74.2)$$

Kombination von (74.1) und (74.2) ergibt sofort den Gesamtstrom:

$$i = e\sqrt{\frac{kT}{2\pi m}}\,n_R\left(e^{\frac{eU}{kT}}-1\right) = i_s\left(e^{\frac{eU}{kT}}-1\right). \qquad (74.3)$$

Wir haben hier also ebenfalls einen Gleichrichtereffekt zu erwarten. i_s ist im Gegensatz zur Diffusionstheorie unabhängig von der angelegten Spannung, stellt also einen echten Sättigungsstrom dar.

Der Zusammenhang zwischen Diodentheorie und Diffusionstheorie läßt sich mit einem etwas abgeänderten Modell noch besser erfassen[2]: Dazu trennen wir am metallseitigen Rand der Sperrschicht einen Bereich der Dicke $\varepsilon \ll \lambda$ ab. In diesem gilt dann nach der Diodentheorie:

$$i = e\sqrt{\frac{kT}{2\pi m}}\,\bigl(n(\varepsilon) - n(0)\bigr), \qquad 0 < x < \varepsilon. \qquad (74.4)$$

Nach (73.11a) ist

$$n(\varepsilon) = n_H\,e^{\frac{e}{kT}(\psi(\varepsilon)-\psi_H)} - \frac{i}{\mu kT}\int\limits_{\varepsilon}^{l} e^{\frac{e}{kT}[\psi(\varepsilon)-\psi(z)]}\,dz, \qquad (74.5)$$

und man erhält durch Einsetzen von (74.5) in (74.4) mit $n(0)=n_R$ und Ausführung des Grenzüberganges ε gegen Null:

$$i = e\sqrt{\frac{kT}{2\pi m}}\;\frac{n_H\,e^{\frac{e}{kT}(\psi_R-\psi_H)} - n_R}{1 + \frac{e\sqrt{kT/2\pi m}}{\mu kT}\int\limits_0^l e^{\frac{e}{kT}[\psi(0)-\psi(z)]}\,dz} = \frac{\mu kT\,n_R\left(e^{\frac{eU}{kT}}-1\right)}{\frac{\mu kT}{e\sqrt{kT/2\pi m}} + \int \ldots dz}. \qquad (74.6)$$

---

[1] [19], S. 81; [16], S. 80.

[2] W. SCHULTZ: Z. Physik **138**, 598 (1954).

Der Zusammenhang zwischen der Beweglichkeit und der freien Weglänge

$$\mu = \frac{4e\lambda}{3\sqrt{2\pi m \mathrm{k}T}} \tag{74.7}$$

führt dann zu

$$\sqrt{\frac{\mathrm{k}T}{2\pi m}} \approx \frac{\mathrm{k}T}{e}\frac{\mu}{\lambda}, \tag{74.8}$$

und es folgt schließlich mit der bereits beim Übergang von (74.10a) zu (73.14) benutzten Approximation für das im Nenner stehende Integral:

$$i = \frac{\mathrm{k}T\mu n_R\left(\mathrm{e}^{\frac{eU}{\mathrm{k}T}} - 1\right)}{\lambda + \frac{\mathrm{k}T}{eE_R}}. \tag{74.9}$$

Für $\lambda \gg$ bzw. $\ll \mathrm{k}T/eE_R$ läßt sich dann jeweils eines der beiden Glieder im Nenner gegen das andere vernachlässigen und man erhält im ersten Fall die Gl. (74.3) der Diodentheorie, im anderen Fall Gl. (73.14) der Diffusionstheorie.

75. Erweiterungen der Randschichttheorie. Bei der Ableitung der Diffusionstheorie in Ziff. 73 wurden eine größere Anzahl von vereinfachenden Annahmen gemacht. Wenn auch die Theorie in der oben geschilderten Form die Vorgänge in einem Metall—Halbleiter-Kontakt zweifellos qualitativ richtig beschreibt, so besteht doch zwischen dem Experiment und der Theorie eine große Anzahl von Diskrepanzen, deren Beseitigung bis heute noch nicht völlig gelungen ist. Es ist sogar fraglich, ob die Gleichrichtereigenschaften aller Kontakte auf dem Sperrschichtmechanismus des Kontaktes selbst beruhen. Ein großer Teil des Erfahrungsmaterials läßt vielmehr darauf schließen, daß sich durch Eindiffusion von Störstellen aus dem Kontakt unterhalb der ursprünglichen Randschicht ein *p*-*n*-Übergang gebildet hat, der die Funktion der Randschicht übernimmt. Der Gleichrichtereffekt ist dann nach der in Abschnitt E geschilderten Theorie zu erklären. Wir kommen hierauf noch näher zurück.

Zunächst wollen wir die Erweiterungsmöglichkeiten der Randschichttheorie besprechen. Dabei beschränken wir uns in dieser Ziffer noch auf den Stromtransport durch nur einen Ladungsträgertyp und gehen auf den Kontakt mit Inversionsschicht erst in der folgenden Ziffer ein. Wir können uns hier nicht mit den Einzelheiten der in zahlreichen Veröffentlichungen diskutierten Erweiterungsmöglichkeiten befassen, sondern nur einen Überblick über die wichtigste Literatur und ihre Ergebnisse bringen. Neben der im folgenden aufgeführten Literatur sei nochmals auf die in Ziff. 73 zitierten grundlegenden Arbeiten von SCHOTTKY und SPENKE verwiesen, in denen zahlreiche Erweiterungsmöglichkeiten bereits diskutiert werden[1].

Die Annahme einer *konstanten* von den Störstellen gebildeten *Raumladung* beschränkt das Modell auf Halbleiter mit völliger Dissoziation aller Störstellen und homogene Störstellenverteilung. Der Fall nicht völliger Dissoziation wurde bereits ausführlich von SCHOTTKY und SPENKE diskutiert. Wir haben darauf schon in Ziff. 73 verwiesen.

Der Fall einer inhomogenen Störstellenverteilung in der Randschicht wurde von SPENKE[2] behandelt. Es zeigt sich jedoch, daß qualitativ keine wesentlichen Änderungen auftreten.

[1] Vgl. auch P. T. LANDSBERG: Z. phys. Chem. **198**, 75 (1951). — Proc. Phys. Soc. Lond. B **65**, 397 (1952).

[2] E. SPENKE: Z. Naturforsch. **4**a, 37 (1949).

Die völlige Vernachlässigung der Raumladung in der MOTTschen Randschichttheorie[1] entspricht dem Fall einer isolierenden Schicht zwischen Metall und Halbleiter, stellt also im Grunde genommen ein anderes Modell der Randschicht dar. Im Rahmen dieses Modells wurde auch die Berücksichtigung der Raumladung durch eine strenge Lösung der POISSONschen Gleichung von FAN[2] angegeben. Diese Theorie ist jedoch verhältnismäßig kompliziert und kann nicht leicht dem Experiment angepaßt werden. Eine Kombination des MOTTschen und des SCHOTTKYschen Modells wurde von BILLIG und LANDSBERG[3] durchgeführt. Diese Theorie gestattet den kontinuierlichen Übergang zwischen den beiden Modellen und entspricht dem Bild einer SCHOTTKYschen Randschicht mit isolierender Zwischenschicht zwischen Metall und Halbleiter.

Bei der Bestimmung der Potentialverteilung und damit der Elektronendichte in der Randschicht ist noch die *Bildkraft*, die das Metall auf ein in der Randschicht befindliches Elektron ausübt, zu berücksichtigen. Dieser schon bei MOTT und SCHOTTKY diskutierte Fall wurde vor allem von BILLIG und von LANDSBERG[4] ausführlich behandelt. Der besonders bei großen Sperrspannungen erheblichen Potentialschwächung durch die Bildkraft wird von BILLIG das plötzliche Ansteigen des Sperrstromes (Durchbruch) zugeschrieben.

Ein weiterer Beitrag zu dem von der einfachen Theorie nicht erfaßten Anstieg des Sperrstromes kann von Unregelmäßigkeiten in der Störstellenverteilung der Sperrschicht geleistet werden. So können durch lokale Anhäufung von Störstellen gut leitende Bereiche parallel zur Sperrschicht liegen, die zusammen mit der Bildkraft und eventuell auch Tunneleffekten die Sperrschicht bei hohen Sperrspannungen kurzschließen können. Solange man nichts über die Häufigkeit und Ausdehnung dieser Leckstellen weiß, ist ihr Einfluß auf die Sperrkennlinie schwer abzuschätzen. Dieser Beitrag wird jedoch weniger für den plötzlichen Durchbruch der Sperrkennlinie, als für einen langsamen Anstieg vor dem Durchbruch verantwortlich sein[4]. Schließlich wurde von JOHNSON, SMITH und YEARIAN[5] zur Erklärung von Abweichungen experimenteller Kennlinien von der (Dioden-)Theorie eine statistische Verteilung der Austrittsarbeit an der Kontaktfläche angenommen. Diese Theorie läßt jedoch wegen vieler freier Parameter keine zwingenden Schlüsse zu.

Eine weitere Ursache für ein Abweichen der Sperrkennlinie von ihrem Sättigungswert liegt in der *Erwärmung* des Kontaktes bei hohen Sperrspannungen und damit verbundenen Änderung der Kontakteigenschaften. Insbesondere das Auftreten einer negativen Charakteristik (Abfall der Spannung bei steigender Stromdichte nach dem Durchbruch) ist auf thermische Effekte zurückzuführen[6].

Die Benutzung der EINSTEIN-*Beziehung* $D=\mu kT/e$ und die Annahme einer *feldunabhängigen* Beweglichkeit in der Diffusionstheorie ist weiterhin nicht immer gestattet. Die EINSTEIN-Beziehung ist dann inkorrekt, wenn die Ladungsträger der FERMI-Statistik unterworfen sind [vgl. Gl. (35.5)]. Da sich in der Sperr-

[1] N. F. MOTT: Proc. Roy. Soc. Lond., Ser. A **171**, 27 (1939).

[2] H. Y. FAN: Phys. Rev. **74**, 1505 (1948).

[3] E. BILLIG u. P. T. LANDSBERG: Proc. Phys. Soc. Lond. A **63**, 101 (1950).

[4] E. BILLIG: Proc. Roy. Soc. Lond., Ser. A **207**, 156 (1951). — Proc. Phys. Soc. Lond. B **64**, 342 (1951). — P. T. LANDSBERG: Nature, Lond. **164**, 967 (1949). — Proc. Roy. Soc. Lond., Ser. A **206**, 463 (1951). — Proc. Phys. Soc. Lond. A **64**, 82 (1951); vgl. auch K. SEILER: Z. Naturforsch **5**a, 393 (1950).

[5] V. A. JOHNSON, R. N. SMITH u. H. J. YEARIAN: J. Appl. Phys. **21**, 283 (1950).

[6] L. P. HUNTER: Phys. Rev. **81**, 151 (1951). — E. BILLIG: Phys. Rev. **87**, 1060 (1952). — P. M. TIPPLE u. H. K. HENISCH: Proc. Phys. Soc. Lond. B **66**, 826 (1953). — H. K. HENISCH u. P. M. TIPPLE: Proc. Phys. Soc. Lond. B **67**, 651 (1954).

schicht der Abstand FERMI-Kante—Bandkante ändert, kann dort der Zusammenhang zwischen D und μ ortsabhängig sein. Auch andere Gründe können eine Änderung der EINSTEIN-Beziehung in der Sperrschicht notwendig machen[1]. Die in der Sperrschicht in Sperrichtung auftretenden großen Feldstärken schließlich können die Beweglichkeit beeinflussen (vgl. Ziff. 29). Nach BURGESS[2] erhält man bei hohen Feldstärken in Sperrichtung unter der Annahme einer feldunabhängigen Geschwindigkeit der Elektronen in der Sperrschicht auch bei einer SCHOTTKYschen Randschicht die MOTTsche Sperrkennlinie (73.10b) und (zumindest bei Germanium) eine weitgehende Übereinstimmung von Dioden- und Diffusionstheorie.

Wir müssen nun zum Abschluß auf die bereits zu Beginn erwähnte Tatsache zurückkommen, daß in vielen Fällen eine beobachtete Gleichrichterwirkung nicht auf den Sperrschichtmechanismus des Kontaktes selbst, sondern auf einen unter dem Kontakt durch Eindiffusion von Störstellen entstandenen p-n-Übergang zurückzuführen ist. Daß jedenfalls meistens kein idealer Kontakt vorliegt, ist bei der Schwierigkeit, saubere Oberflächen herzustellen, naheliegend. Auch das Auftreten von „Formiereffekten", d.h. die Änderung der Gleichrichtereigenschaften nach starker Belastung, spricht für materielle Änderungen in der Randschicht des Halbleiters. So konnte PFANN[3] nachweisen, daß Kontakte auf p-Germanium, deren Metallelektrode Elemente der fünften Gruppe des periodischen Systems (Donatoren in Ge) enthielt, besonders starken Formierungseffekten unterlagen. Dies läßt sich durch Eindiffusion und Donatorenbildung, also einer Änderung des Leitungstypes der Oberflächenschicht erklären. Für eine solche Deutung des Formierens sprechen auch Untersuchungen von THEDIECK und von VALDES[4]. Schließlich ergaben eingehende Untersuchungen von POGANSKI[5] und HOFFMANN und ROSE[6], daß bei dem Selen-Gleichrichter die Sperrschicht nicht an dem Kontakt Selen-Zinn/Cadmium zu suchen ist, sondern daß sich eine dünne (n-leitende) CdSe-Schicht zwischen Metallelektrode und dem p-leitenden Se ausbildet. Der hierbei entstehende Kontakt zwischen einem n-Halbleiter und einem p-Halbleiter (vgl. Ziff. 79) bewirkt dann die Gleichrichtung. Sorgfältig hergestellte Selen-Gleichrichter ohne CdSe-Zwischenschicht zeigten dagegen qualitative Übereinstimmung mit der SCHOTTKYschen Theorie. Fig. 91 zeigt die Abhängigkeit des Nullwiderstandes solcher Gleichrichter von der Austrittsarbeit Ψ_{MH}. Nach (73.14) und (72.2) ist

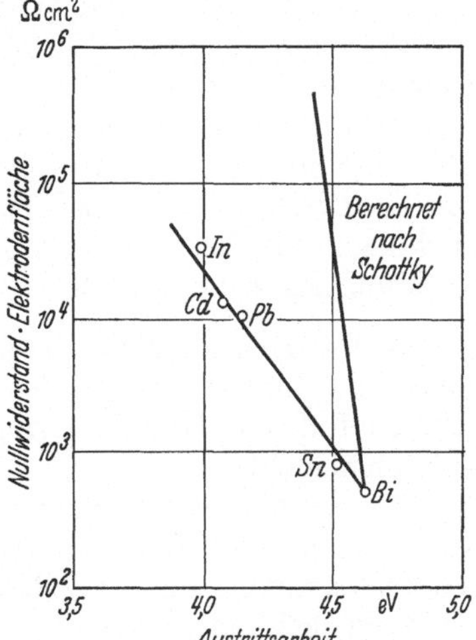

Fig. 91. Änderung des Nullwiderstandes sperrschichtfreier Selen-Gleichrichter mit der Austrittsarbeit des kontaktierten Metalls, nach POGANSKI.

$$R_0 = \frac{U}{i}\bigg|_{U\to 0} = \frac{\mathrm{k}T}{e^2 \mu_p p_0 E_R}\, \mathrm{e}^{\Psi_{MH}^{(p)}/\mathrm{k}T}, \qquad (75.1)$$

[1] P. T. LANDSBERG: Proc. Roy. Soc. Lond., Ser. A **213**, 226 (1952).

[2] R. E. BURGESS: Proc. Phys. Soc. Lond. B **66**, 430 (1953); vgl. auch J. B. GUNN: Proc. Phys. Soc. Lond. B **65**, 908 (1952).

[3] W. G. PFANN: Phys. Rev. **81**, 882 (1951).

[4] R. THEDIECK: Z. angew. Phys. **5**, 165 (1953). — L. B. VALDES: Proc. Inst. Radio Engrs. **30**, 445 (1952).

[5] S. POGANSKI: Z. Physik **134**, 469 (1953).

[6] A. HOFFMANN u. F. ROSE: Z. Physik **136**, 152 (1953).

wo $\Psi_{MH}^{(p)}$ die zum Hereinbringen eines *Loches* der Energie ζ an die Bandkante des Valenzbandes in Kontaktnähe aufzuwendende Arbeit ist. Es gilt also

$$\Psi_{MH}^{(p)} = -\Psi_{MH} + \Delta E \tag{75.2}$$

mit ψ_{MH} nach (72.1). (75.1) wird dann

$$\ln R_0 = \text{const} - \Psi_{MH}/\mathrm{k}T. \tag{75.3}$$

Wenn auch in Fig. 91 der erwartete lineare Verlauf experimentell nachgewiesen ist, so stimmt doch die Neigung der $\ln R_0/\Psi_{MH}$-Geraden nicht mit der SCHOTTKYschen Theorie überein. Diese Diskrepanz läßt sich auch nicht durch Berücksichtigung der Bildkraft erklären.

Trotz der zahlreichen Untersuchungen des Metall-Halbleiter-Kontaktes sind also die Vorgänge in diesem System lange nicht so gut erklärt, wie beispielsweise die Gleichrichtung in p-n-Übergängen und es bedarf noch eingehender Untersuchungen bis die Kontaktvorgänge (die historisch den Ausgangspunkt der Entwicklung der Halbleiterphysik darstellen) völlig geklärt sind.

76. Der Kontakt Metall-Halbleiter mit Inversionsschicht, Löcherinjektion. Das bisher geschilderte Modell des Metall-Halbleiter-Kontaktes berücksichtigt nicht den Einfluß der Minoritätsträger, beschränkt sich also auf Kontakte ohne Inversionsschicht.

Der Einfluß einer nicht vernachlässigbaren Minoritätsträgerdichte in der Randschicht modifiziert die ursprüngliche Theorie in mehreren Punkten. Die Vernachlässigung der Raumladung der freien Ladungsträger in der Randschicht ist dann nicht mehr gestattet, die Potentialverhältnisse und damit die Dichteverteilung der Ladungsträger sind also schwieriger zu überblicken. Ferner wird der zum Randschichtwiderstand zu addierende Bahn- bzw. Ausbreitungswiderstand im Halbleiterinneren durch Injektion von Minoritätsträgern geändert.

Das Auftreten einer Inversionsschicht in der Randschicht wurde zuerst von GUBANOW[1] theoretisch erfaßt und die Theorie dieses Gleichrichters in allgemeiner Form entwickelt. Wir schließen uns zunächst der Behandlung des vorliegenden Problems von SCHULTZ[2] an, der die GUBANOWschen Ergebnisse für ein eindimensionales Modell *(Flächengleichrichter)* in wesentlich einfacherer Form gewinnt und erweitert.

Als Modell benutzen wir den am Ende der Ziff. 74 entwickelten Ansatz, der die Diodentheorie und die Diffusionstheorie gemeinsam erfaßt. Weiterhin fordern wir, daß in der Sperrschicht keine Rekombination stattfindet, d.h. daß die Sperrschichtdicke l klein gegen die Diffusionslänge L der Minoritätsträger (hier speziell der Löcher) sei. Dann kann man die Bewegung der Elektronen und der Löcher in der Sperrschicht getrennt betrachten. Schließlich beschränken wir uns auf schwache Löcherinjektion durch die Forderung, daß die Dichteüberhöhung der injizierten Löcher bei $x=l$ klein gegen die Dichte der Majoritätsträger sei. Dann kann die Elektronendichte im Halbleiterinneren, speziell am Rande der Sperrschicht, unbeeinflußt von der Löcherinjektion gleich n_H gesetzt werden und man erhält für den Elektronenstrom die Gl. (74.9).

Für den Löcherstrom haben wir entsprechend zu (74.4) und (74.5) anzusetzen:

$$i_p = -e\sqrt{\frac{\mathrm{k}T}{2\pi m_p}}\,[p(\varepsilon) - p(0)], \qquad 0 < x < \varepsilon, \tag{76.1}$$

[1] A. I. GUBANOW: J. exp. theor. Phys. USSR. **22**, 204 (1952).
[2] W. SCHULTZ: Z. Physik **138**, 598 (1954).

$$p(\varepsilon)_{\varepsilon\to 0} = p(l)\,\mathrm{e}^{\frac{e}{\mathrm{k}T}(V_D-U)} + \frac{i_p}{\mu_p \mathrm{k}T}\int\limits_0^l \mathrm{e}^{-\frac{e}{\mathrm{k}T}[\psi_R-\psi(z)]}\,dz, \tag{76.2}$$

$$p(0) = p_R = p_\infty \mathrm{e}^{\frac{e V_D}{\mathrm{k}T}}. \tag{76.3}$$

Im Gegensatz zu (74.5) kann in (76.2) $p(l)$ nicht gleich p_∞, der Gleichgewichtsdichte der Löcher in großem Abstand vom Kontakt gesetzt werden. Den Zusammenhang zwischen $p(l)$ und p_∞ gewinnt man vielmehr (wie in Ziff. 59 bei der Behandlung des p-n-Übergangs) durch die Forderung, daß bei schwacher Bahnfeldstärke im Halbleiterinneren der Löcherstrom durch Diffusion weitergeführt wird:

$$i_p(x) = e D_p \frac{dp}{dx} = -e\frac{D_p}{L_p}\,\delta p(l)\,\mathrm{e}^{-\frac{(x-l)}{L_p}}, \quad x > l, \tag{76.4}$$

also

$$i_p(l) = -e\frac{D_p}{L_p}\left[p(l) - p_\infty\right]. \tag{76.5}$$

Da in der Randschicht keine Rekombination berücksichtigt wird, ist dort $i_p = \text{const} = i_p(l)$. (76.5) kann also nach $p(l)$ aufgelöst und in (76.2) eingesetzt werden. Man erhält dann analog zu (74.9):

$$i_p = \frac{e D_p p_R \left(\mathrm{e}^{-\frac{eU}{\mathrm{k}T}} - 1\right)}{L_p \mathrm{e}^{\frac{e}{\mathrm{k}T}(V_D-U)} + \lambda_p + \int\limits_0^l \mathrm{e}^{-\frac{e}{\mathrm{k}T}[\psi_R-\psi(z)]}\,dz}. \tag{76.6}$$

Hier stehen jetzt drei Glieder im Nenner, deren Größenordnung durch die Diffusionslänge, die freie Weglänge und die Randschichtdicke gegeben ist. Da nach Voraussetzung die Diffusionslänge die beiden anderen Größen überwiegt, können das zweite und das dritte Glied gegen das erste vernachlässigt werden und man erhält:

$$i_p = e\frac{D_p}{L_p}\,p_\infty\left(\mathrm{e}^{\frac{eU}{\mathrm{k}T}} - 1\right). \tag{76.7}$$

Dies entspricht aber völlig dem Löcherstrom eines p-n-Übergangs geringer Rekombination [vgl. Ziff. 59, Gl. (59.8)].

Unter den obigen Voraussetzungen muß also die Stromdichte der Majoritätsträger nach der *Randschichttheorie*, die der Minoritätsträger nach der SHOCKLEYschen *p-n-Theorie* behandelt werden.

Dieses Ergebnis, welches unabhängig von SCHULTZ auch von GUNN[1] angegeben wurde, läßt sich unschwer verstehen. Unter der Annahme, daß Elektronenstrom und Löcherstrom in der Randschicht nicht miteinander durch Rekombination gekoppelt sind und daß auch die Dichteverteilung der Elektronen nicht von den Löchern beeinflußt wird, sind beide Stromanteile nur noch durch die Forderung miteinander verknüpft, daß der im Halbleiterinneren durch Rekombination verschwindende Löcherstrom von einem entgegenfließenden Elektronenstrom übernommen wird. Für den Stromfluß am Kontakt ist das aber unwesentlich. Bei der Behandlung des p-n-Übergangs mit geringer Rekombination hatten wir gesehen, daß dort jeder Stromanteil lediglich durch die Ergiebigkeit seines „Diffusionsschwanzes", nicht jedoch durch die Verhältnisse im Raumladungsgebiet gesteuert wird, daß also für den Elektronenstrom das p-Gebiet, für den Löcher-

[1] J. B. GUNN: Proc. Phys. Soc. Lond. B **67**, 575 (1954).

strom das n-Gebiet maßgebend ist. Betrachtet man nun den hier vorliegenden Kontakt als einen „halben" nur das n-Gebiet umfassenden p-n-Übergang, so ändert sich gegenüber dem „ganzen" p-n-Übergang nichts am Löcherstrom, während der Elektronenstrom nicht mehr durch einen Diffusionsschwanz begrenzt wird und sich aus den Dichte- und Potentialverhältnissen in der Randschicht bestimmt.

Die genaue Erfassung der durch die Minoritätsträger geänderten Potentialverhältnisse ist wegen der nicht mehr vernachlässigbaren Raumladung der freien Ladungsträger sehr kompliziert. GUBANOW[1] teilt die Randschicht in drei Gebiete ($p \gg n$, $p \approx n$, $p \ll n$) ein und gewinnt die Lösung durch getrennte Behandlung der Diffusionsgleichungen in den drei Gebieten, die jedoch recht unübersichtlich ist. BÖSENBERG und FUES[2] geben eine numerisch gewonnene Dichteverteilung der Elektronen und Löcher nach der SCHOTTKYschen Theorie für einen Spezialfall an.

Eine weitere Erschwerung der Theorie ist die Änderung der Trägerdichten an der Grenze Randschicht—Halbleiterinneres durch Injektion von Minoritätsträgern. Während in der SCHOTTKYschen Theorie nur die Verhältnisse in der Randschicht untersucht werden und der Einfluß des Halbleiterinneren durch „Scherung" der Kennlinie mit einem konstanten Bahn- oder Ausbreitungswiderstand erfaßt wird, ist der letztere nun selbst stark von der angelegten Spannung abhängig. Dieser zusätzliche Effekt ist besonders bei *Spitzenkontakten* wichtig, wo der Ausbreitungswiderstand durch die unmittelbare halbleiterseitige Umgebung der Randschicht bestimmt wird. Während ohne Injektion der Ausbreitungswiderstand schon für verhältnismäßig kleine angelegte Spannungen den Randschichtwiderstand übersteigen kann, also die Flußkennlinie bestimmt, genügt eine schwache Überhöhung der Elektronendichte und Löcherdichte, um seinen Einfluß stark herabzudrücken.

Der Einfluß der Minoritätsträger auf die Kennlinie eines *Spitzenkontaktes* wurde von BARDEEN und BRATTAIN[3] ausführlich diskutiert. Wir wollen uns im folgenden lediglich auf die Flußkennlinie (also den Fall der Injektion) beschränken[4]. Es ist nach dem oben Gesagten hier unzweckmäßig, den Randschichtwiderstand und den Ausbreitungswiderstand getrennt zu betrachten. Wir behandeln also unter Zugrundelegung radialer Symmetrie (Randschicht von $r = r_0$ bis $r = l$, Halbleiterinneres $r > l$) den Stromfluß durch das ganze System geschlossen.

Dazu machen wir die beiden vereinfachenden Annahmen[5]:

a) Der Flußstrom wird völlig von injizierten Löchern getragen,

b) Die Rekombination der injizierten Löcher wird vernachlässigt.

Diese zweite Annahme ist bei Spitzenkontakten zulässig, da bei großer Diffusionslänge die Abnahme einer injizierten Löcherdichte δp mit wachsendem Abstand vom Kontakt durch die geometrischen Verhältnisse schneller erfolgt als durch Rekombination.

Da in diesem Modell der Elektronenstrom überall verschwindet,

$$i_n(r) = e\,\mu_n\, n\, E_r + \mathrm{k}T\,\mu_n \frac{dn}{dr} = 0, \tag{76.8}$$

[1] A. I. GUBANOW: J. exp. theor. Phys. USSR. **22**, 204 (1952).

[2] W. BÖSENBERG u. E. FUES: Z. Naturforsch. **6**a, 741 (1951).

[3] J. BARDEEN u. W. H. BRATTAIN: Phys. Rev. **75**, 1208 (1949).

[4] Für eine genauere Theorie der Sperrkennlinie vgl. auch H. L. ARMSTRONG: J. Appl. Phys. **24**, 25 (1953).

[5] P. C. BANBURY: Proc. Phys. Soc. Lond. B **66**, 833 (1953).

folgt für den Löcherstrom durch Elimination von E_r und Benutzung der Neutralitätsbedingung $n = n_H + \delta p$:

$$\left.\begin{aligned} i_p(r) &= e\,\mu_p\, p\, E_r - \mathsf{k}T\,\mu_p \frac{dp}{dr} \\ &= -\,\mathsf{k}T\,\mu_p \left(1 + \frac{p}{n_H + \delta p}\right) \frac{d}{dr}\,\delta p \end{aligned}\right\} \tag{76.9}$$

oder unter Einführung des gesamten Löcherstromes $I_p = 2\pi r^2 i_p$ und Integration:

$$\frac{I_p}{2\pi\, r\, \mu_p\, \mathsf{k}T} = 2\,\delta p - (n_H - p_H)\ln\frac{n_H + \delta p}{n_H}. \tag{76.10}$$

Diese Gleichung verknüpft die Löcherdichte (als Funktion des Abstandes r vom Kontakt) mit dem den Kontakt durchfließenden Gesamtstrom. Man erhält aus (76.10) einfachere Gleichungen in den beiden Grenzfällen:

$$p \ll n_H\colon\quad I_p \approx 2\pi\, r\, \mu_p\, \mathsf{k}T\, \delta p, \tag{76.10a}$$

$$p \gg n_H\colon\quad I_p \approx 4\pi\, r\, \mu_p\, \mathsf{k}T\, p. \tag{76.10b}$$

Die Gln. (76.10a) und (76.10b) gestatten die Bestimmung des Löcherstromes, wenn die Löcherdichte z.B. an der Grenze Randschicht—Halbleiterinneres ($r = l$) bekannt ist. Man gewinnt $p(l)$ durch die folgende Überlegung: Teilt man die angelegte Spannung V in ihren auf die Randschicht entfallenden Anteil U und ihren auf das Halbleiterinnere entfallenden Anteil V_H auf, so ergibt sich V_H aus (76.8) zu:

$$V_H = \int_l^\infty E_r\, dr = \frac{\mathsf{k}T}{e}\ln\frac{n(l)}{n_H} = \frac{\mathsf{k}T}{e}\ln\left(1 + \frac{\delta p(l)}{n_H}\right). \tag{76.11}$$

U erhält man andererseits durch die Annahme, daß in der Randschicht angenähert BOLTZMANN-Gleichgewicht herrscht, aus:

$$p(l) = p_R\, \mathrm{e}^{-\frac{e}{\mathsf{k}T}(V_D - U)} = p_H\, \mathrm{e}^{\frac{eU}{\mathsf{k}T}}. \tag{76.12}$$

Diese Gleichung entspricht der Gl. (59.5) des p-n-Übergangs und sagt aus, daß die Dichte der Minoritätsträger an der Grenze Randschicht—Halbleiterinneres exponentiell mit der auf die Randschicht entfallenden Spannung variiert.

Kombination von (76.11) und (76.12) liefert $p(l)$ als Funktion der angelegten Spannung V:

$$\frac{p(l)\,[p(l) + n_H]}{n_H\, p_H} = \mathrm{e}^{\frac{eV}{\mathsf{k}T}}, \tag{76.13}$$

also für

$$p(l) \ll n_H\colon\quad p(l) = p_H\, \mathrm{e}^{\frac{eV}{\mathsf{k}T}}, \tag{76.13a}$$

$$p(l) \gg n_H\colon\quad p(l) = n_i\, \mathrm{e}^{\frac{eV}{\mathsf{k}T}}, \qquad (n_H\, p_H = n_i^2) \tag{76.13b}$$

und durch Einsetzen in (76.10a) und (76.10b) folgt:

$$p(l) \ll n_H\colon\quad I_p = 2\pi\, l\, \mu_p\, \mathsf{k}T\, p_H \left(\mathrm{e}^{\frac{eV}{\mathsf{k}T}} - 1\right), \tag{76.14a}$$

$$p(l) \gg n_H\colon\quad I_p = 4\pi\, l\, \mu_p\, \mathsf{k}T\, n_i\, \mathrm{e}^{\frac{eV}{2\mathsf{k}T}}. \tag{76.14b}$$

Für kleine Flußspannung (schwache Dichteüberhöhung) steigt also die Kennlinie exponentiell mit der angelegten Spannung an, für große Flußspannung dagegen nur mit $eV/2\mathsf{k}T$. Diese Kennlinienform ist mit experimentellen Ergebnissen an Ge-Spitzenkontakten in Einklang[1, 2].

---

[1] P. C. BANBURY: Proc. Phys. Soc. Lond. B **66**, 833 (1953).

[2] C. V. BOCCIARELLI: Physica, Haag **20**, 1020 (1954).

Die Erweiterung dieser Theorie auf schwache Löcherinjektion ($i_n \neq 0$) wurde im Rahmen der Diodentheorie von SWANSON[1], CUTLER[2] und LEHOVEC, MARCUS und SCHOENI[3] durchgeführt. An experimentellen Untersuchungen gleichrichtender Kontakte mit Inversionsschicht und weitere Einzelheiten sei auf die Literatur verwiesen[4].

Ähnlich wie ein *p-n*-Übergang wird ein Kontakt Metall—Halbleiter durch eine Dichteüberhöhung der Minoritätsträger in Kontaktnähe beeinflußt. Die dadurch hervorgerufenen Wirkungen, wie beispielsweise das Auftreten einer Photospannung bei Lichteinstrahlung oder eines „floating potentials" durch Injektion aus einem benachbarten Kontakt[5] lassen sich ähnlich behandeln, wie dies in Abschnitt E für den *p-n*-Übergang durchgeführt wurde.

77. Der Spitzentransistor. Wir haben bereits in Ziff. 53, 64 und 67 drei Typen von Transistoren, den Fadentransistor, den *p-n-p*-Transistor und den Unipolartransistor, kennengelernt. Die Ähnlichkeit zwischen einem Metall—Halbleiter-Kontakt und einem *p-n*-Übergang sowohl in der Gleichrichtereigenschaft als auch in der Möglichkeit, Minoritätsträger injizieren zu können, legt es nahe, eine gleiche Verstärkerwirkung, wie sie zwei benachbarte *p-n*-Übergänge im *p-n-p*-Transistor hervorrufen, auch bei zwei dicht benachbarten Spitzenkontakten zu erwarten. Während der eine Kontakt Minoritätsträger injiziert, wird der andere, in einem zweiten Stromkreis liegende Kontakt durch die injizierten Minoritätsträger beeinflußt. Dieser Fall liegt bei dem *Spitzentransistor* vor.

Dieser Typ eines Kristallverstärkers ist historisch der älteste. Erst nach seiner Entdeckung durch BRATTAIN und BARDEEN[6] und seiner systematischen Erforschung wurden die anderen oben genannten entwickelt. Qualitativ ist aber kein Unterschied zwischen der Wirkungsweise eines Spitzentransistors und eines *p-n-p*-Transistors, wenn man von der Verschiedenheit des Stromdurchgangs durch einen Spitzenkontakt und einen *p-n*-Übergang und der geänderten Geometrie absieht. Berücksichtigt man noch, daß die meisten Kontakte (jedenfalls soweit sie injizierende Eigenschaften haben, also für einen Transistor geeignet sind) ihre Gleichrichterwirkung durch unter der Oberfläche befindliche *p-n*-Übergänge aufweisen, so bestehen zwischen den Spitzentransistor und dem *p-n-p*-Transistor nur Unterschiede in der geometrischen Anordnung der *p-n*-Übergänge[7]. Eine Anwendung der SHOCKLEYschen *p-n*-Theorie der Ziff. 59 ist natürlich hier nicht möglich, da die oberflächenseitige Schicht des *p-n*-Übergangs am Kollektor zu dünn ist und im allgemeinen eine zu kleine Diffusionslänge aufweist, um auf sie die Diffusionstheorie anwenden zu können.

---

[1] J. A. SWANSON: J. Appl. Phys. **25**, 314 (1954).

[2] M. CUTLER: Phys. Rev. **96**, 255 (1954). — Bull. Amer. Phys. Soc. **30**, No. 3, G 6 (1955).

[3] K. LEHOVEC, A. MARCUS u. K. SCHOENI: Bull. Amer. Phys. Soc. **30**, No. 1, Q 10 (1955).

[4] Sperrkennlinie: J. W. GRANVILLE u. H. K. HENISCH, Proc. Phys. Soc. Lond. B **65**, 650 (1952); E. BILLIG, Phys. Rev. **87**, 1060 (1952); H. L. ARMSTRONG, J. Appl. Phys. **25**, 1345 (1954); G. WALLIS u. J. F. BATTEY, Bull. Amer. Phys. Soc. **30**, No. 3, G 5 (1955) u. a.

Flußkennlinie; insbesondere injizierende Eigenschaften von Kontakten: H. K. HENISCH u. F. D. MORTEN, Proc. Phys. Soc. Lond. B **66**, 841 (1953); C. A. HOGARTH, Proc. Phys. Soc. Lond. B **66**, 845 (1953); P. C. BANBURY u. J. HOUGHTON, Proc. Phys. Soc. Lond. B **68**, 17 (1955) u. a.

[5] J. BARDEEN: Bell Syst. Techn. J. **29**, 469 (1950).

[6] J. BARDEEN u. W. H. BRATTAIN: Phys. Rev. **74**, 230 (1948); **75**, 1208 (1049).

[7] Über die quantitativen Unterschiede zwischen den verschiedenen Transistortypen liegt eine größere Anzahl von Veröffentlichungen vor. Da diese Fragen aber über den Rahmen dieses Berichtes hinausgehen, sei nur auf die Literatur verwiesen, unter anderem auf [*21*].

Brauchbare Spitzentransistoren wurden bisher außer mit Germanium und Silizium nur noch mit den Halbleitern der PbS-Gruppe erzielt[1], jedoch zeigen einige andere Halbleiter ebenfalls Transistoreffekt.

III. Der Kontakt Halbleiter—Halbleiter.

Der Kontakt zwischen zwei Halbleitern stellt das Bindeglied zwischen dem Kontakt Metall—Halbleiter und einem einzelnen Halbleiter mit inhomogener Störstellenverteilung dar. Wir hatten bereits in Ziff. 72 auf die Analogien zwischen der Theorie des *p*-*n*-Übergangs und der Theorie des Metall—Halbleiter-Kontaktes hingewiesen. Diese Analogien, aber auch die grundsätzlichen Unterschiede werden klarer, wenn wir uns jetzt dem Halbleiter—Halbleiter-Kontakt zuwenden, aus dem die Theorie des Metall—Halbleiter-Kontaktes und des einzelnen Halbleiters mit inhomogener Störstellenverteilung als Grenzfälle hervorgehen.

Wir werden uns zunächst mit dem Kontakt zweier Halbleiter mit gleichem Leitungstyp befassen und anschließend auf den Kontakt eines *n*- und eines *p*-Halbleiters eingehen. Eine ausführliche Darstellung dieses weitgehend von russischen Autoren bearbeiteten Fragenkomplexes wurde schon von POGANSKI[2] gegeben.

78. Der Kontakt zweier Halbleiter gleichen Leitungstyps. Bei der Kontaktierung zweier Halbleiter gleichen Leitungstyps jedoch verschiedenen Störstellengehaltes kommt es ähnlich wie bei dem Kontakt Metall—Halbleiter zur Ausbildung einer Randschicht, jetzt jedoch in den kontaktnahen Gebieten *beider Halbleiter*. Während bei dem Metall—Halbleiter-Kontakt die Randdichte der Elektronen im Halbleiter durch die Elektronendichte im Metall auch bei Stromfluß auf einem konstanten Wert gehalten wurde, besteht jetzt lediglich zwischen den beiden Randdichten in den beiden Halbleitern die Beziehung

$$n_{1R} = n_{2R}\, e^{\pm \Psi_{12}/kT}, \tag{78.1}$$

wo Ψ_{12} eine sinngemäß neu zu definierende Austrittsarbeit Halbleiter 1—Halbleiter 2 bedeutet. Die Dichten n_{1R} und n_{2R} sind jetzt abhängig vom Stromfluß durch den Kontakt.

Als neue Randbedingung kommt hier noch die Stetigkeit der dielektrischen Verschiebung am Kontakt

$$\varepsilon_1 E_1 = \varepsilon_2 E_2 \quad \text{für } x = 0 \tag{78.2}$$

hinzu. (78.1) und (78.2) geben die einzigen Änderungen der Theorie des Kontaktes zweier Halbleiter gleichen Leitungstyps gegenüber der des Metall—Halbleiter-Kontaktes. Sie läßt sich also eng an die in Ziff. 72 gegebene Theorie anschließen. Dies wurde von GUBANOW[3] durchgeführt und zur Deutung experimenteller Ergebnisse von JOFFE[4] benutzt. Wir wollen hier nicht näher auf die Durchführung der Theorie eingehen. Das Ergebnis ist, daß auch hier ein Gleichrichtereffekt auftritt. Bei schwachen Strömen ist dabei die Flußrichtung diejenige, bei welcher sich die Ladungsträger im *hochohmigeren* Halbleiter auf den Kontakt hinbewegen. Dies ist im Einklang mit der Flußrichtung des Metall—Halbleiter-Kontaktes, bei welchem ja das Metall den niederohmigeren Halbleiter des hier betrachteten Falles ersetzt. In Sperrichtung werden im hochohmigeren

[1] H. A. GEBBIE, P. C. BANBURY u. C. A. HOGARTH: Proc. Phys. Soc. Lond. B **63**, 371 (1950) (PbS). — C. A. HOGARTH: Proc. Phys. Soc. Lond. B **64**, 822 (1951) (PbSe); B **65**, 958 (1952) (PbTe).

[2] S. POGANSKI, [*23*, I], S. 275.

[3] A. I. GUBANOW: J. techn. Phys. USSR. **21**, 304 (1951).

[4] A. W. JOFFE: J. techn. Phys. USSR. **18**, 1498 (1948).

Halbleiter die Ladungsträger vom Kontakt weggeschwemmt, die Sperrschichtdicke also auf dieser Seite vergrößert. Hier können aber bei starken Strömen die jetzt von der anderen Seite zufließenden Ladungsträger die Randdichte (die ja nicht fest vorgegeben ist) so stark erhöhen, daß die Sperrwirkung aufgehoben wird, ja daß sich unter gewissen Bedingungen sogar die Gleichrichterwirkung umkehrt.

79. Der Kontakt zweier Halbleiter verschiedenen Leitungstyps. Von größerem Interesse ist der Kontakt zweier Halbleiter verschiedenen Leitungstyps. Wir haben hier zwischen zwei Grenzfällen zu unterscheiden. Die in Flußrichtung auf den Kontakt zufließenden Teilchenströme der Majoritätsträger können entweder als Minoritätsträgerströme in den anderen Halbleiter übernommen werden und dort innerhalb einiger Diffusionslängen mit dem entgegenkommenden Majoritätsträgerstrom rekombinieren, oder sie können direkt im Kontakt miteinander rekombinieren, ohne in den anderen Halbleiter einzudringen. Im ersten Fall ist die Potentialstufe des Kontaktes maßgebend, die in Fluß- und Sperrrichtung verschieden hoch ist, und so den Stromfluß durch den Kontakt bestimmt, im zweiten Fall stellt der Kontakt eine Schicht hoher Rekombination dar, die den Stromfluß der Majoritätsträger beider Halbleiter miteinander koppelt.

Wir behandeln zunächst im Anschluß an GUBANOW[1] den ersten Fall. Dazu teilen wir das System in vier Bereiche (die Randschichten in den beiden Halbleitern und die beiden Homogengebiete) auf und vernachlässigen die Rekombination in den beiden Randschichten. Dann liegt ein Modell vor, daß sich genau analog dem in Ziff. 76 behandelten Metall—Halbleiter-Kontakt mit Inversionsschicht behandeln läßt. Der Unterschied bei Stromfluß liegt lediglich darin, daß die in Flußrichtung in das Halbleiterinnere aus der Randschicht einströmenden Minoritätsträger hier aus dem anderen Halbleiter stammen, beim Metall—Halbleiter-Kontakt dagegen aus der Inversionsschicht selbst. Dies spielt aber für die formale Durchführung der Theorie keine Rolle.

GUBANOW erhält für die Kennlinie dieses Systems:

$$i = (i_{sn} + i_{sp})\left(e^{\frac{eU}{kT}} - 1\right), \tag{79.1}$$

$$i_{sp} = \frac{e D_p^{(n)} p_\infty^{(n)}}{L_p^{(n)} + e^{\frac{e}{kT}(U_n - V_{Dn})}\left\{\lambda_p^{(n)} + \int\limits_{\varepsilon}^{l_n} e^{\frac{e}{kT}[\psi(\varepsilon) - \psi(z)]}\, dz\right\}}, \tag{79.1a}$$

$$i_{sn} = \frac{e D_n^{(p)} n_\infty^{(p)}}{L_n^{(p)} + e^{\frac{e}{kT}(U_p - V_{Dp})}\left\{\lambda_n^{(p)} + \int\limits_{-l_p}^{-\varepsilon} e^{\frac{e}{kT}[\psi(-\varepsilon) - \psi(z)]}\, dz\right\}}, \tag{79.1b}$$

wo der obere Index (n) bzw. (p) die Werte der betreffenden Größen im n- bzw. p-Halbleiter bedeuten. $U_{n,p}$ und $V_{Dn,p}$ sind die auf die beiden Randschichten entfallenden Anteile der angelegten Spannung und der Diffusionsspannung, $+\varepsilon$ und $-\varepsilon$ Punkte im n- bzw. p-Halbleiter direkt am Kontakt.

Im Nenner von (79.1a) und (79.1b) ist jeweils das erste Glied (außer für sehr große U_n und U_p) maßgebend. Vernachlässigung der zweiten Glieder führt dann auf

$$i = \left\{\frac{e D_p^{(n)} p_\infty^{(n)}}{L_p^{(n)}} + \frac{e D_n^{(p)} n_\infty^{(p)}}{L_n^{(p)}}\right\}\left(e^{\frac{eU}{kT}} - 1\right), \tag{79.2}$$

[1] A. I. GUBANOW: J. exp. theor. Phys. USSR. **21**, 721 (1951).

also auf die Kennlinie des normalen p-n-Übergangs [vgl. Gl. (59.10)]. Die Diffusionslängen in den beiden Halbleitern, also die „Diffusionsschwänze" der Minoritätsträgerströme in den raumladungsfreien Gebieten bestimmen den Stromfluß durch den Kontakt.

Für sehr große Flußspannungen können dagegen die zweiten Glieder im Nenner der beiden Sättigungsströme maßgebend werden. Hier folgt für den symmetrischen Fall $U_n = U_p = U/2$:

$$i \sim \mathrm{e}^{\frac{eU}{2kT}}, \tag{79.3}$$

also ein schwächerer Anstieg des Flußstromes mit wachsender Spannung.

Der Übergang zum Metall—Halbleiter-Kontakt läßt sich aus (79.1) nicht direkt gewinnen. Nimmt man speziell an, daß der n-Halbleiter durch Erhöhung der Elektronendichte zum Metall gemacht wird (Modell eines Metall—p-Halbleiter-Kontaktes mit Inversionsschicht), so folgt zwar aus (79.1 b) für den Elektronenstrom wieder der Elektronenanteil von (79.2), der Ausdruck für den Löcherstrom (79.1 a) erhält dagegen die unbestimmte Form 0/0, da die Dichte der Löcher, ihre Diffusionslänge und freie Weglänge, sowie die Dicke der Randschicht gegen Null gehen. Eine Umrechnung von (79.1 a) führt dann aber wieder auf eine (74.9) entsprechende Gleichung.

Während der soeben behandelte Fall bei Halbleitern nicht zu großer Breite der verbotenen Zone und gemischten Leitungstyp anwendbar ist, ist bei großer Breite der verbotenen Zone der Potentialberg der Randschichten so hoch, daß die Rekombination im Kontakt (die im vorhergehenden Fall völlig vernachlässigt wurde) die entscheidende Rolle spielt. Die Majoritätsträger können also nicht den Kontakt durchdringen und rekombinieren bei ihrem Zusammentreffen am Kontakt. Dieser, wiederum von GUBANOW[1] durchgerechnete Fall führt auf eine Gleichrichterkennlinie, die jedoch wesentlich komplizierter als Gl. (79.1) ist, so daß wir hier auf ihre Wiedergabe verzichten. Die Gleichrichtung ist schwächer, als im oben behandelten Fall und hängt von einer Reihe von Parametern ab, wie Rekombinationsquerschnitt, Kontaktfläche, Kontaktdicke, d.h. Abstand zwischen den kontaktierten Halbleiteroberflächen.

Die Frage, welche der beiden Theorien bei einem experimentell vorliegenden Kontakt anzuwenden ist, ist bei der Unkenntnis der soeben angeführten Parameter schwer zu entscheiden. Für eine eingehende Diskussion dieses Fragenkomplexes sei wieder auf den zusammenfassenden Bericht von POGANSKI hingewiesen, der auch eine vollständige Literaturübersicht über das in diesem Abschnitt III behandelte Gebiet gibt[2].

G. Halbleiteroptik.

80. Vorbemerkungen. In der Halbleiteroptik interessiert man sich vorwiegend für die folgenden Größen[3]: Absorptionskonstante K, Absorptionskoeffizient k, Brechungsindex n und Dielektrizitätskonstante ε, sowie für die Abhängigkeit dieser Größen von der Temperatur, der Frequenz des einfallenden Lichtes und der Struktur des Halbleiters.

---

[1] A. I. GUBANOW: J. techn. Phys. USSR. **20**, 1287 (1950).

[2] S. POGANSKI [*23*, I]; vgl. auch L. SOSNOWSKI, Phys. Rev. **72**, 641 (1947) und S. BENZER, Phys. Rev. **72**, 1267 (1947).

[3] Die Bezeichnung der optischen Konstanten ist in der Literatur nicht einheitlich. In der amerikanischen Literatur findet man häufig für K die Bezeichnung Absorptions-Koeffizient und für k Extinktions-Koeffizient. Auch die Namen Extinktions-Konstante für K und Absorptions-Index für k sind gebräuchlich.

Dabei können drei auf diese Parameter einwirkenden Prozesse unterschieden werden: die Wechselwirkung der elektromagnetischen Strahlung mit dem Kristallgitter, die Wechselwirkung mit den freien Ladungsträgern im Leitungs- und Valenzband und die Wechselwirkung mit den Gitterstörungen.

Betrachten wir speziell die Frequenzabhängigkeit der Absorptionskonstanten. Bei hohen Frequenzen besitzen die Photonen genug Energie, um Elektronen aus dem Valenzband (oder tiefer gelegenen Schalen) in das Leitungsband zu heben. die hierdurch hervorgerufene Absorption bleibt bei abnehmender Frequenz erhalten bis zur Grenzfrequenz $\hbar\omega = \Delta E$, die der kleinstmöglichen Energie eines Übergangs entspricht *(Absorptionskante)*. Bei kleineren Frequenzen ist der Halbleiter weitgehend optisch durchlässig. Hier setzt jedoch eine Absorption durch die freien Ladungsträger ein, die einen erneuten Anstieg der Absorptionskonstanten hervorruft. Diesem von den freien Ladungsträgern herrührenden Anteil an der Absorption überlagern sich weitere Anteile durch Übergänge von Ladungsträgern aus Störstellen in die Bänder, durch Übergänge von Ladungsträgern innerhalb von Bändern komplizierterer Struktur und durch die Absorption des Gitters selbst.

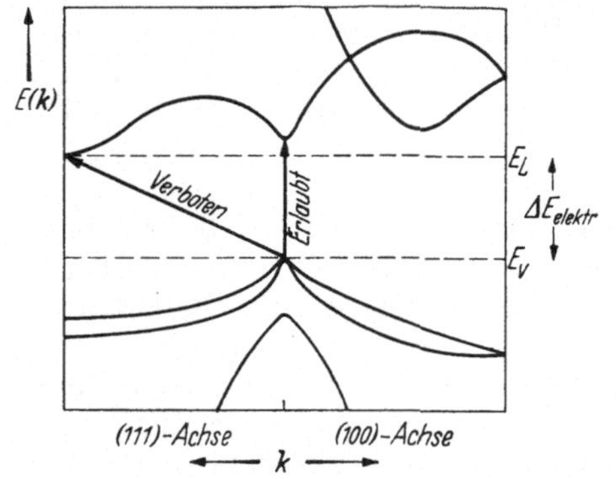

Fig. 92. Erlaubte und verbotene optische Übergänge in Germanium (vgl. Fig. 107).

Wir werden im folgenden nur auf einige für Halbleiter charakteristische Erscheinungen eingehen und verweisen für alle Grundlagen der optischen Erscheinungen in festen Körpern auf Bd. XXVff. dieses Handbuches[1].

81. Die Absorptionskante. Für die Kenntnis der Bandstruktur eines Halbleiters, insbesondere der Breite der verbotenen Zone ist die Bestimmung der genauen Lage der Absorptionskante wichtig. Bei „erlaubten" optischen Übergängen eines Elektrons vom Valenzband in das Leitungsband muß zwischen den reduzierten Wellenzahlvektoren des Ausgangs- und Endzustandes $\boldsymbol{k}$ und $\boldsymbol{k}'$ sowie dem Wellenzahlvektor $\boldsymbol{n}$ des absorbierten Photons die Beziehung $\boldsymbol{k}+\boldsymbol{n}=\boldsymbol{k}'$ gelten. Da im allgemeinen n sehr klein gegen k ist, sind nur Übergänge unter angenäherter Erhaltung des $\boldsymbol{k}$-Vektors erlaubt. Die Absorptionskante entspricht dann dem kleinsten erlaubten Übergang, also in isotropen Halbleitern, in denen das Maximum des Valenzbandes und das Minimum des Leitungsbandes bei $\boldsymbol{k}=(0, 0, 0)$ liegt, einem Übergang mit der Energie der Breite der verbotenen Zone.

An diesem Bild sind jedoch eine Reihe von Korrektionen vorzunehmen: So ist die Bandstruktur in Halbleitern allgemein nicht isotrop. Der kürzeste Abstand zwischen Leitungsband und Valenzband, der für die Dichteverteilung der Elektronen und Löcher maßgebend ist und mit dem aus elektrischen Messungen gewonnenen ΔE zu identifizieren ist, stimmt nicht mit dem kürzesten „senkrechten" Abstand überein (Fig. 92). Die dem kleinsten optisch erlaubten Übergang zuzuordnende Absorptionskante liegt dann nicht bei der aus elektrischen Messungen bestimmten Grenzenergie. Ein Beispiel hierfür ist PbS, in welchem die stärkste Absorptionskante einer Energie von etwa 1,2 eV entspricht, während elektrische Messungen ein $\Delta E \approx 0{,}4$ eV lieferten. In Ge und Si andererseits stimmen die elektrischen und optischen Messungen überein, obwohl die Anisotropie der Bandstruktur nachgewiesen ist. Die Erklärung hierfür liegt darin, daß die „verbotenen"

[1] Eine eingehende Diskussion der optischen Eigenschaften von Ge und Si gibt H. BROOKS [*21a*].

Übergänge (z.B. durch zusätzliche Absorption oder Emission eines Phonons beim Übergang) immer noch eine so große Wahrscheinlichkeit besitzen, daß die Absorption erst bei dem kleinsten verbotenen Übergang aufhört[1]. Diesen Übergängen sind die Absorptionskanten in Germanium und Silizium, sowie eine bei größeren Wellenlängen liegende Kante in PbS zuzuschreiben.

Eine weitere Diskrepanz zwischen ΔE_{opt} und ΔE_{elektr} kann davon herrühren, daß die Terme am Rande des Leitungsbandes besetzt sind, ein Übergang aus dem Valenzband also nur in höhere Terme des Leitungsbandes möglich ist. Dies ist beispielsweise der Fall in InSb und InAs, wo infolge der kleinen scheinbaren Massen der Elektronen die Zustandsdichte im Leitungsband sehr klein ist. Dadurch ändert sich die energetische Lage des tiefsten unbesetzten Terms sehr schnell mit wachsender Elektronendichte im Leitungsband und gibt Anlaß zu einer Abhängigkeit der Lage der Absorptionskante vom Donatorengehalt des Halbleiters. Diese Anomalie wurde zuerst an InSb von TANENBAUM und BRIGGS[2] gefunden und von BURSTEIN[3] gedeutet.

Schließlich erfolgt der Abfall der Absorptionskante nicht scharf, sondern erstreckt sich über einen Frequenzbereich. Hier spielen neben einer Lockerung der Auswahlregel bei erlaubten Übergängen durch Gitterstörungen Mehrquantenprozesse (also zusätzliche Beteiligung von Phononen) eine Rolle. Nach HALL, BARDEEN und BLATT[1] gilt für die Form der Absorptionskante bei verbotenen Übergängen $K \sim (\hbar\omega - \Delta E)^2 \, [A + B(\hbar\omega - \Delta E)]$. Diese Beziehung wurde von MACFARLANE und ROBERTS[4] an Germanium verifiziert und von ROBERTS und QUARRINGTON[5] auch zur Auswertung von Messungen an InSb und GaSb herangezogen. Dort ist die Übereinstimmung nicht so gut, doch immerhin besser als bei Annahme von direkten Übergängen.

Die genaue Bestimmung von ΔE aus der Lage der Absorptionskante ist also noch nicht möglich. Viele Autoren benutzen zur groben Bestimmung einfach eine lineare Extrapolation des geradlinigen Teiles der Absorptionskante, andere Autoren nehmen einen willkürlichen Wert des Absorptionskoeffizienten (z.B. $K = 100\ \text{cm}^{-1}$) an.

Eine ausführliche Diskussion aller auf die Gestalt der Absorptionskante einwirkenden Faktoren gibt DEXTER[6].

Da die energetische Lage der Bandkanten von der Gitterkonstanten, also auch von der Temperatur oder dem äußeren Druck abhängt, findet man auch eine entsprechende Abhängigkeit der Absorptionskante von diesen Parametern. Von besonderem Interesse ist hier die Temperaturabhängigkeit der Absorptionskante, da eine Bestimmung der Temperaturabhängigkeit des elektrisch gemessenen ΔE-Wertes nur bei genauer Kenntnis einer Reihe anderer Halbleiterparameter möglich ist (vgl. Abschnitt J). Man findet hier bei allen Halbleitern in weiten Temperaturbereichen einen linearen Gang von $\Delta E_{\text{opt}}(T)$ mit der Temperatur. Lediglich bei sehr tiefen Temperaturen treten oft Abweichungen auf. Eine lineare Extrapolation auf den Wert $\Delta E_{\text{opt}}(0)$ ist dann nicht möglich. Dies trifft jedoch auch für den aus elektrischen Messungen gewonnenen ΔE_0-Wert zu, der die wahre Breite der verbotenen Zone am Nullpunkt der absoluten Temperatur nur dann richtig wiedergibt, wenn das Gesetz $\Delta E = \Delta E_0 - \alpha T$ streng gilt (vgl. Ziff. 30). Wenn also häufig die in der Literatur angegebenen Werte

[1] L. H. HALL, J. BARDEEN u. F. J. BLATT: Phys. Rev. **95**, 559 (1954); [*26*].
[2] M. TANENBAUM u. H. B. BRIGGS: Phys. Rev. **91**, 1561 (1953).
[3] E. BURSTEIN: Phys. Rev. **93**, 632 (1954).
[4] G. G. MACFARLANE u. V. ROBERTS: Phys. Rev. **97**, 1714 (1955).
[5] V. ROBERTS u. J. E. QUARRINGTON: J. Electronics **1**, 152 (1955).
[6] D. L. DEXTER [*26*].

von $\varDelta E_0$ durch Versagen dieses Gesetzes bei tiefen Temperaturen inkorrekt sind, so ist doch diese Ungenauigkeit für die Halbleitertheorie nicht schwerwiegend. $\varDelta E_0$ ist dann zwar nicht der Wert der Breite der verbotenen Zone am Temperatur-Nullpunkt, sondern der wesentlich mehr interessierende „maßgebliche Exponent" in den Leitfähigkeitsformeln bei höheren Temperaturen.

Fig. 93 zeigt Messungen der Temperaturabhängigkeit der Absorptionskante von InAs und Fig. 94 die daraus berechnete Abhängigkeit der verbotenen Zone nach OSWALD[1].

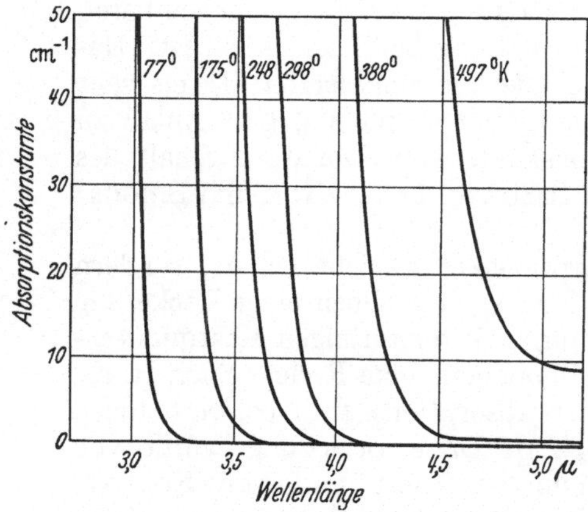

Fig. 93. Änderung der Lage der Absorptionskante von InAs mit der Temperatur, nach OSWALD.

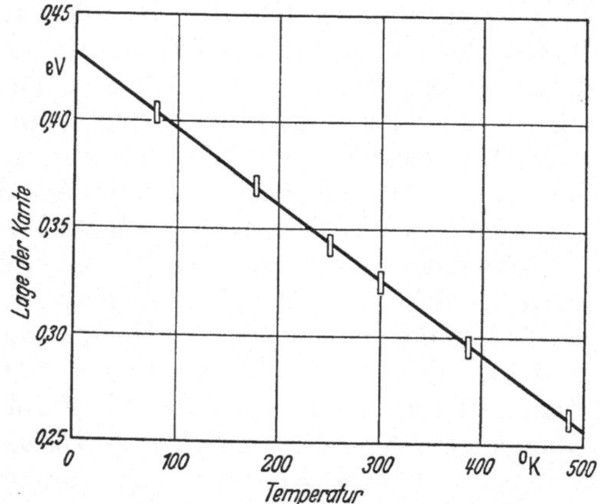

Fig. 94. Temperaturabhängigkeit der Breite der verbotenen Zone für InAs aus der Lage der Absorptionskante (Fig. 93), nach OSWALD.

82. Absorption durch freie Ladungsträger. Die Absorption durch freie Ladungsträger läßt sich theoretisch nach der DRUDE-ZENERschen Theorie behandeln. Der Ausgangspunkt ist die Berechnung der Leitfähigkeit unter dem Einfluß eines elektrischen Wechselfeldes.

Bei der Einwirkung eines zeitlich veränderlichen elektrischen Feldes folgen die Ladungsträger nicht momentan der auf sie wirkenden Kraft, sondern besitzen eine gewisse Trägheit, die davon herrührt, daß die durch die Feldeinwirkung gestörte Verteilungsfunktion (vgl. Ziff. 22) sich bei einer Änderung der Feldamplitude exponentiell mit der Relaxationszeit τ auf den neuen Wert einstellt. Man kann diesen Fall formal als die Bewegung von Ladungsträgern der Masse m_n (wenn wir uns speziell auf die Leitungselektronen beschränken) in einem reibenden Medium der Reibungskonstante $1/\tau$ auffassen. Die Differentialgleichung für die Bewegung der Elektronen unter dem Einfluß des periodischen Feldes $\boldsymbol{E}_0 \mathrm{e}^{i\omega t}$ lautet dann:

$$m_n\left(\dot{\boldsymbol{v}} + \frac{1}{\tau}\boldsymbol{v}\right) = e\,\boldsymbol{E}_0\,\mathrm{e}^{i\omega t}. \tag{82.1}$$

Die Lösung von (82.1) führt auf die komplexe Leitfähigkeit[2]:

$$\sigma = \sigma_0 \frac{1 - i\omega\tau}{1 + (\omega\tau)^2}, \qquad \sigma_0 = \frac{e^2\tau n}{m_n} = e\mu_n n. \tag{82.2}$$

Aus (82.2) erhält man die wichtigsten optischen Konstanten: Brechungsindex n, Absorptionskoeffizient k, Absorptionskonstante K und die Dielektrizitäts-

[1] F. OSWALD: Z. Naturforsch. **10**a, 927 (1955).

[2] Wir beschränken uns hier auf das isotrope Halbleitermodell. Für den anisotropen Fall vgl. C. HERRING, Bell Syst. Techn. J. **32**, 237 (1955).

konstante ε durch die Beziehungen[1]:

$$\left.\begin{aligned} n k &= \frac{\operatorname{Re}(\sigma)}{2\varepsilon_0 \omega}, \\ \varepsilon &= n^2 - k^2 = \varepsilon_{st} + \frac{\operatorname{Im}(\sigma)}{\varepsilon_0 \omega}, \\ K &= \frac{2\omega}{c} k, \end{aligned}\right\} \tag{82.3}$$

wo ε_{st} der vom Gitter herrührende Anteil der Dielektrizitätskonstanten (statische D.K. bei vernachlässigbarem Anteil der freien Ladungsträger) ist.

Einsetzen von (82.2) in (82.3) und Auflösung nach n, k, und ε ergibt:

$$\left.\begin{aligned} \varepsilon &= \varepsilon_{st}\left(1 - \frac{\omega_0\omega_1}{\omega^2+\omega_0^2}\right), \\ \left.\begin{matrix} n \\ k \end{matrix}\right\} &= \sqrt{\frac{\varepsilon_{st}}{2}\left(\sqrt{\left(1 - \frac{\omega_0\omega_1}{\omega^2+\omega_0^2}\right)^2 + \left(\frac{\omega_1}{\omega}\frac{\omega_0^2}{\omega^2+\omega_0^2}\right)^2} \pm \left(1 - \frac{\omega_0\omega_1}{\omega^2+\omega_0^2}\right)\right)}, \end{aligned}\right\} \tag{82.4}$$

wo wir noch durch $\omega_0 = 1/\tau$, $\omega_1 = \sigma_0/\varepsilon_{st}\varepsilon_0$ zwei der Relaxationszeit der Gitterstöße (Ziff. 22) und der dielektrischen Relaxationszeit (Ziff. 44) umgekehrt proportionale charakteristische Kreisfrequenzen eingeführt haben.

Zur Diskussion der Gl. (82.4) beschränken wir uns zunächst auf den Fall $\omega_1 \ll \omega_0$ $(\sigma_0 \ll \varepsilon_{st}\varepsilon_0/\tau)$, betrachten also einen Halbleiter mit kleiner Dichte freier Ladungsträger.

Dann wird

$$\left.\begin{aligned} \varepsilon &\approx \varepsilon_{st}, \\ \left.\begin{matrix} n \\ k \end{matrix}\right\} &= \sqrt{\frac{\varepsilon_{st}}{2}\left(\sqrt{1 + \left(\frac{\omega_1}{\omega}\frac{\omega_0^2}{\omega^2+\omega_0^2}\right)^2} \pm 1\right)} \end{aligned}\right\} \tag{82.5}$$

und

$$\left.\begin{aligned} n \approx k &\approx \sqrt{\frac{\varepsilon_{st}\omega_1}{2\omega}} = \sqrt{\frac{\sigma_0}{2\varepsilon_0\omega}}, \\ K &\approx \sqrt{\frac{2\varepsilon_{st}\omega_1}{c^2}\omega} = \sqrt{\frac{2\sigma_0}{\varepsilon_0 c^2}\omega} \\ \operatorname{Re}(\sigma) &\approx \sigma_0 \end{aligned}\right\} \quad \text{für} \quad \omega \ll \omega_1, \tag{82.6}$$

$$\left.\begin{aligned} n \approx \sqrt{\varepsilon_{st}}, \quad & k \approx \sqrt{\varepsilon_{st}}\,\frac{\omega_1}{2\omega} = \frac{\sigma_0}{2\sqrt{\varepsilon_{st}}\,\varepsilon_0\omega} \\ \operatorname{Re}(\sigma) \approx \sigma_0, \quad & K \approx \sqrt{\varepsilon_{st}}\,\frac{\omega_1}{c} = \frac{\sigma_0}{\sqrt{\varepsilon_{st}}\,\varepsilon_0 c} \end{aligned}\right\} \quad \text{für} \quad \omega_1 \ll \omega \ll \omega_0, \tag{82.7}$$

$$\left.\begin{aligned} n \approx \sqrt{\varepsilon_{st}}, \quad & k \approx \sqrt{\varepsilon_{st}}\,\frac{\omega_1\omega_0^2}{2\omega^3} = \frac{\sigma_0}{2\sqrt{\varepsilon_{st}}\,\varepsilon_0\tau^2}\,\frac{1}{\omega^3} \\ \operatorname{Re}(\sigma) \approx \frac{\sigma_0}{(\omega\tau)^2}, \quad & K \approx \sqrt{\varepsilon_{st}}\,\frac{\omega_1\omega_0^2}{c\,\omega^2} = \frac{\sigma_0}{\sqrt{\varepsilon_{st}}\,\varepsilon_0\tau^2}\,\frac{1}{\omega^2} \end{aligned}\right\} \quad \text{für} \quad \omega_0 \ll \omega. \tag{82.8}$$

Der Brechungsindex fällt also mit steigender Kreisfrequenz für $\omega < \omega_1$ mit $1/\sqrt{\omega}$ auf den Wert $\sqrt{\varepsilon_{st}}$ ab, den er für $\omega > \omega_1$ beibehält. Die Leitfähigkeit behält ihren Stationärwert σ_0 im Bereich $\omega < \omega_0$ angenähert bei und fällt für größere ω mit $1/\omega^2$. Die Absorptionskonstante K schließlich steigt zunächst mit wachsender

[1] Vgl. z.B. [*1*], S. 103.

Frequenz bis $\omega = \omega_1$ proportional $\sqrt{\omega}$, bleibt dann konstant und fällt für $\omega > \omega_0$ proportional $1/\omega^2$ wieder ab. Dieses Frequenzverhalten der optischen Konstanten ist in Fig. 95 schematisch wiedergegeben.

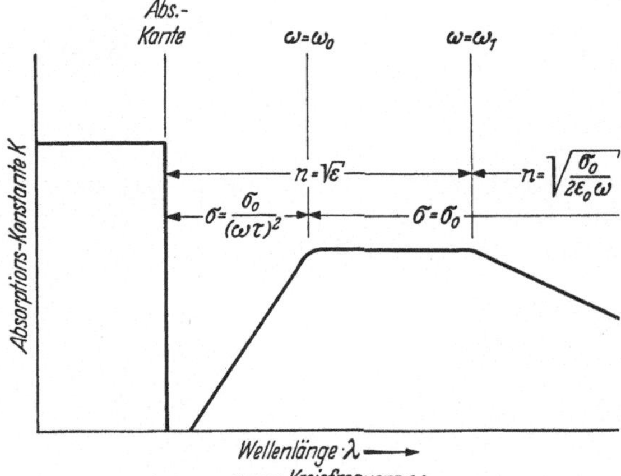

Fig. 95. Schematische Abhängigkeit des Absorptionskoeffizienten bei Absorption durch Band-Band-Übergänge und durch freie Ladungsträger.

Für $\omega_0 \ll \omega_1$ ($\sigma_0 \gg \varepsilon_{st}\varepsilon_0/\tau$, große Dichte freier Ladungsträger) muß der Beitrag der freien Ladungsträger zur Dielektrizitätskonstanten berücksichtigt werden. Für hohe Frequenzen $\omega \gg \omega_0$, ω_1 ändert sich nichts gegenüber dem oben betrachteten Fall, ebenso nicht für kleine Frequenzen, wenn man ε_{st} durch $\varepsilon_{st} - \frac{\omega_1}{\omega_0}$ ersetzt. Nur im Zwischenbereich $\omega_0 \ll \omega \ll \omega_1$ wird der Gang der optischen Konstanten mit der Frequenz jetzt komplizierter.

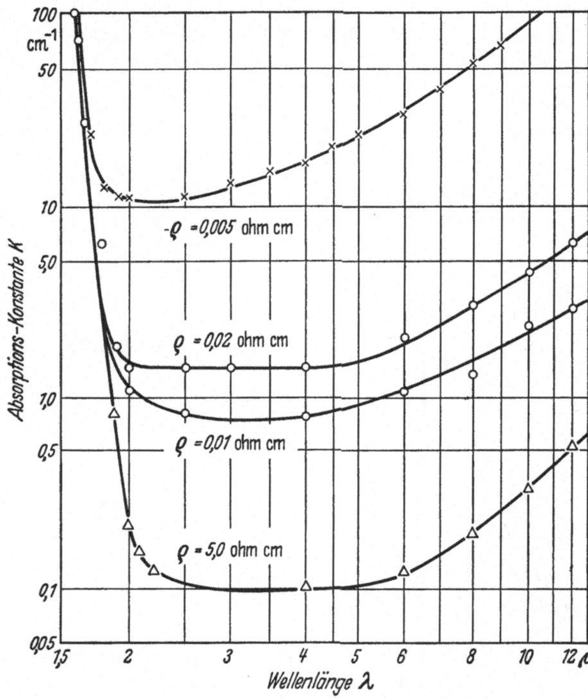

Fig. 96. Absorptionskonstante K in n-leitendem Germanium nach Messungen von FAN und BECKER.

Der Beitrag der freien Ladungsträger zur Dielektrizitätskonstanten wurde an Germanium von BENEDICT und SHOCKLEY[1] im Mikrowellengebiet gemessen. Aus Gl. (82.4),

$$\varepsilon = \varepsilon_{st} - \frac{e^2 n}{\varepsilon_0 m_n ((e/m_n \mu_n)^2 + \omega^2)}, \tag{82.9}$$

läßt sich hier bei bekanntem n und μ_n die mittlere scheinbare Masse der Elektronen bestimmen. Während BENEDIKT und SHOCKLEY einen Wert $m_n \approx 0{,}6\,m$ finden, führten spätere Messungen von GOLDEY und BROWN[2] auf $m_n = (0{,}09 \pm 0{,}05)\,m$ in guter Übereinstimmung mit den aus Cyclotron-Resonanzen (Ziff. 85) und Suszeptibilitätsmessungen (Ziff. 84) gefundenen Werten. Auch die auf diese Weise gewonnene mittlere Löchermasse stimmt mit den aus anderen Messungen bekannten Werten gut überein.

Ausführliche Messungen liegen an vielen Halbleitern im Gebiet $\omega \gg \omega_0$ vor. Dort soll die Absorptionskonstante $\sim 1/\omega^2$ mit wachsender Frequenz abnehmen.

[1] T. S. BENEDICT u. W. SHOCKLEY: Phys. Rev. **89**, 1152 (1953) (n-Ge). — T. S. BENEDICT: Phys. Rev. **91**, 1565 (1953) (p-Ge).

[2] J. M. GOLDEY u. S. C. BROWN: Phys. Rev. **98**, 1761 (1955). — Bull. Amer. Phys. Soc. **30**, No. 1 (1955).

Wir beschränken uns im folgenden auf die Diskussion einiger Messungen an Germanium. Fig. 96 zeigt Messungen der Absorptionskonstanten von n-Ge nach FAN und BECKER[1]. Für Wellenlängen $> 6\mu$ verläuft die Absorption in Übereinstimmung mit der Theorie $\sim 1/\omega^2$. Durch Vergleich mit (82.8) kann man bei Kenntnis der Elektronendichte, der Beweglichkeit und der Dielektrizitätskonstanten wieder die mittlere scheinbare Elektronenmasse bestimmen. KAHN[2] findet hier eine gute Übereinstimmung mit den Cyclotronresonanz-Messungen.

Bei p-Germanium findet man im gleichen Bereich zusätzliche Absorptionsbanden, die Übergängen zwischen den einzelnen Teilbändern des Valenzbandes zugeschrieben werden müssen[3].

Neben Messungen der Absorption in verschieden dotierten Halbleiterpräparaten läßt sich die oben skizzierte Theorie durch Messung der Absorption an Halbleitern mit einer durch Injektion erhöhten Ladungsträgerdichte prüfen[4].

83. Absorption durch Störstellen. Eine zusätzliche Absorption tritt im Ultraroten durch die Befreiung von Ladungsträgern aus Störstellen auf. Die Beobachtung dieser Absorption ist jedoch auf tiefe Temperaturen und Störstellen nicht zu kleiner Abtrennarbeit beschränkt. Auf tiefe Temperaturen deshalb, weil eine hinreichende Anzahl von Störstellen assoziiert sein müssen, also abspaltbare Ladungsträger besitzen müssen. Eine hinreichend große Abtrennarbeit ist aus experimentellen Gründen notwendig. Die Kreisfrequenz ω des einfallenden Lichtes muß hier ja die Größe $(E_{\text{Störstelle}} - E_{\text{Bandrand}})/\hbar$ besitzen. Bei Abtrennarbeiten von 0,01 eV, wie sie bei den üblichen Störstellen der III. und V. Gruppe in Ge oder Si auftreten, liegt die erforderliche Wellenlänge des Lichtes bei über 100μ, also in einem den heutigen Ultrarot-Spektrographen unzugänglichen Bereich.

Messungen von KAISER und FAN[5] an p-Ge mit Au oder Cu als Störstellen zeigen bei tiefen Temperaturen eine Absorptionskante bei der erwarteten Wellenlänge. Die durch den Übergang von Ladungsträgern aus den Störstellen in die Bänder auftretende Photoleitfähigkeit konnte hier ebenfalls beobachtet werden.

H. Magnetische Probleme.

84. Magnetische Suszeptibilität. Die Theorie der magnetischen Suszeptibilität von Halbleitern wurde von BUSCH und MOOSER[6] entwickelt. Es ist hier zweckmäßig, die Beiträge verschiedener Ladungsträger-Kollektive gesondert zu betrachten, nämlich

1. den Beitrag der Elektronen im Valenzband und der tiefer gelegenen Schalen,
2. den Beitrag der freien Ladungsträger (Elektronen und Löcher),
3. den Beitrag der in den Störstellen gebundenen Ladungsträger.

---

[1] H. Y. FAN u. M. BECKER [*24*], S. 132, dort auch eine Übersicht über die Literatur bis 1951.

[2] A. H. KAHN: Phys. Rev. **97**, 1647 (1955).

[3] H. B. BRIGGS u. R. C. FLETCHER: Phys. Rev. **87**, 1130 (1952); **91**, 1380 (1953). — W. KAISER, R. C. COLLINS u. H. Y. FAN: Phys. Rev. **91**, 1342 (1953). — Naturwiss. **40**, 479 (1953). — A. H. KAHN: Phys. Rev. **97**, 1647 (1955). — R. B. DINGLE: Phys. Rev. **99**, 1901 (1955). — H. Y. FAN, W. SPITZER u. R. J. COLLINS: Phys. Rev. **101**, 566 (1956).

[4] R. NEWMAN: Phys. Rev. **91**, 1311 (1953). — H. B. BRIGGS u. B. C. FLETCHER: Phys. Rev. **91**, 1342 (1953). — A. F. GIBSON: Proc. Phys. Soc. Lond. B **66**, 588 (1953).

[5] W. KAISER u. H. Y. FAN: Phys. Rev. **93**, 977 (1954).

[6] G. BUSCH u. E. MOOSER: Helv. phys. Acta **24**, 329 (1951); **26**, 611 (1953). — Z. phys. Chem. **198**, 23 (1951); vgl. auch eine von anderen Ansätzen ausgehende Theorie von L. L. KORENBLIT: J. exp. theor. Phys. USSR. **27**, 719 (1954). Eine eingehende Diskussion aller Fragen der magnetischen Suszeptibilität in Halbleitern gibt G. BUSCH [*23* E].

Die von den Elektronen des Valenzbandes und der tiefer gelegenen Schalen herrührende *Atomsuszeptibilität* χ_A ist proportional der Zahl der im Halbleiter enthaltenen gebundenen Elektronen, also — da die Löcherdichte im Valenzband immer gegen die Dichte aller Valenzelektronen vernachlässigbar klein ist — konstant und proportional der Zahl der Atome:

$$\chi_A = C N, \tag{84.1}$$

wo N die Zahl der Atome pro cm^3 ist und C von der Natur der den Halbleiter bildenden Atome und den Bindungsverhältnissen abhängt. BUSCH und MOOSER schätzen für das graue Zinn den Beitrag der inneren Schalen, mit Hilfe des von KLEMM gemessenen Wertes der molaren Suszeptibilität des Sb^{4+}-Ions und den Beitrag der Valenzelektronen mit Hilfe der LANGEVINschen Formel ab und finden eine gute Übereinstimmung mit dem experimentell extrapolierten Wert $-2{,}65 \cdot 10^{-7}$.

Der Beitrag der freien Ladungsträger zur Suszeptibilität (χ_L) ist der für die Halbleitertheorie interessanteste. Hier läßt sich die Theorie des Diamagnetismus freier Elektronen von LANDAU[1] formal sehr einfach auf den Halbleiter übertragen. Für die spezifische Suszeptibilität ergibt sich:

$$\chi_L = \chi_{Ln} + \chi_{Lp} = \frac{\mu_B^2}{\varrho}\left\{\frac{\partial n}{\partial \zeta}\left(1 - \frac{\overline{F_n^2}}{3}\right) + \frac{\partial p}{\partial \zeta}\left(\frac{\overline{F_p^2}}{3} - 1\right)\right\}. \tag{84.2}$$

Hierin ist μ_B das BOHRsche Magneton, ϱ die Dichte des Halbleiters, n und p die Dichte der Elektronen und Löcher (ohne Magnetfeld). Die Größen $\overline{F^2}$ in (84.2) sind Mittelwerte der Form

$$\overline{F^2} = \overline{\frac{m}{\hbar^2}\left\{\frac{\partial^2 E}{\partial k_x^2}\frac{\partial^2 E}{\partial k_y^2} - \left(\frac{\partial^2 E}{\partial k_x \partial k_y}\right)^2\right\}}, \tag{84.3}$$

wo die Differentialquotienten Komponenten des reziproken Massentensors (5.4) sind und die Mittelwertbildung über alle besetzten Zustände im Leitungsband bzw. alle unbesetzten Zustände im Valenzband sowie über alle Lagen der x, y-Ebene in bezug auf die Kristallachsen zu erstrecken ist. Die Richtung des Magnetfeldes ist hier wieder in die z-Achse gelegt.

Gl. (84.2) gilt in dieser Form (wegen der Mittelung über alle Orientierungen) für polykristallines Material. In der isotropen Näherung wird $F^2 = (m/m^*)^2$.

Die Glieder mit $\overline{F^2}$ in (84.2) geben den dem Diamagnetismus der freien Elektronen entsprechenden Beitrag, während die beiden anderen Glieder den PAULIschen Spin-Paramagnetismus beschreiben.

Explizite Ausdrücke für χ_L erhält man nun, wenn man für einen Halbleiter gegebenen Leitungstyps die $\partial n/\partial \zeta$ und $\partial p/\partial \zeta$ einsetzt. So ergibt sich beispielsweise für einen nichtentarteten Halbleiter wegen (15.22)

$$\frac{\partial n}{\partial \zeta} = \frac{n}{kT}, \qquad \frac{\partial p}{\partial \zeta} = -\frac{p}{kT},$$

$$\chi_L = \frac{\mu_B^2}{\varrho\, kT}\left\{n\left(1 - \frac{\overline{F_n^2}}{3}\right) + p\left(1 - \frac{\overline{F_p^2}}{3}\right)\right\}, \tag{84.4}$$

also speziell für den nichtentarteten Eigenhalbleiter bzw. Überschußhalbleiter nach (16.4) bzw. (17.4)

$$\chi_{Li} = \frac{\mu_B^2}{\varrho\, kT}\left(2 - \frac{\overline{F_n^2} + \overline{F_p^2}}{3}\right)\sqrt{n_0 p_0}\, e^{-\frac{\Delta E}{2kT}}, \tag{84.5}$$

$$\chi_{Ln} = \frac{\mu_B^2}{\varrho\, kT}\left(1 - \frac{\overline{F_n^2}}{3}\right)\sqrt{n_0 n_D g_D}\, e^{-\frac{E_L - E_D}{2kT}} \tag{84.6}$$

[1] L. LANDAU: Z. Physik **64**, 629 (1930); vgl. auch [*1*], S. 148ff.; [7], S. 477ff.

Im Grenzfall des stark entarteten Halbleiters wird schließlich nach Tabelle 7 und 8, Ziff. 23:

$$n = n_0 \frac{2}{\sqrt{\pi}} F_{\frac{1}{2}}\left(\frac{\zeta}{\mathrm{k}T}\right) = n_0 \frac{4}{3\sqrt{\pi}} \left(\frac{\zeta}{\mathrm{k}T}\right)^{\frac{3}{2}}, \qquad \frac{\partial n}{\partial \zeta} = n_0 \frac{2}{\sqrt{\pi}} \frac{\zeta^{\frac{1}{2}}}{(\mathrm{k}T)^{\frac{3}{2}}}, \tag{84.7}$$

also

$$\chi_L = \frac{\mu_B^2}{\varrho \mathrm{k}T} \left(1 - \frac{\overline{F_n^2}}{3}\right) n_0 \frac{2}{\sqrt{\pi}} \left(\frac{\zeta}{\mathrm{k}T}\right)^{\frac{1}{2}}. \tag{84.8}$$

Diese Gleichung geht schließlich im isotropen Fall mit $m^* = m$ und Einsetzen von (15.16) für n_0 in die bekannte Formel

$$\chi_L = \frac{2}{3} \frac{\mu_B^2}{\varrho} \frac{4\pi}{h^3} (2m)^{\frac{3}{2}} \zeta^{\frac{1}{2}} \tag{84.9}$$

für die spezifische Suszeptibilität der Metallelektronen[1] über.

Da in Halbleitern die scheinbaren Massen der Ladungsträger meist klein gegen die Elektronenmasse sind, wird $\overline{F^2}$ oft so groß, daß die Klammern in (84.5), (84.6) und (84.8) negativ werden. Die Ladungsträger liefern dann einen diamagnetischen Beitrag zur Suszeptibilität.

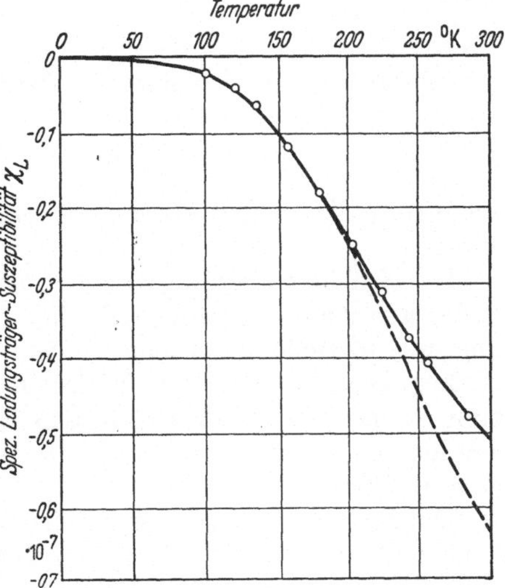

Fig. 97. Ladungsträger-Suszeptibilität des grauen Zinns, nach Busch und Mooser. o Meßwerte, - - - theoretische Kurve nach (84.5), —— theoretische Kurve bei Berücksichtigung der Entartung.

Fig. 97 zeigt Messungen der Ladungsträgersuszeptibilität von eigenleitendem grauen Zinn nach Busch und Mooser[2]. Für tiefe Temperaturen wird die Messung gut durch die Theorie nach Gl. (84.5) beschrieben, wenn man für die $\overline{F^2}$ geeignete Werte annimmt. Bei hohen Temperaturen setzt dagegen Entartung ein, die die Gültigkeit von (84.5) aufhebt. Man kann hier aus der Diskrepanz zwischen Theorie und Experiment den Einfluß der Entartung und damit den Verlauf der Fermi-Kante bei hohen Temperaturen abschätzen.

Schließlich tragen die in den Störstellen gebundenen Ladungsträger zur Suszeptibilität bei. Dieser Anteil, der jedoch experimentell nur schwer von den beiden bisher behandelten Anteilen zu trennen ist, da beim Einbau von Störstellen auch χ_A beeinflußt wird, wurde für verschiedene Störstellenmodelle ebenfalls von Busch und Mooser abgeschätzt. Eine eingehende Diskussion dieses Beitrages gibt Mooser[3].

Neben den Messungen an grauem Zinn liegen ausführliche Messungen nur noch an Germanium vor[4]. Hier treten Diskrepanzen zwischen Theorie und Experiment auf, die jedoch teilweise durch eine Erweiterung der Theorie auf das anisotrope Bändermodell des Germaniums von Enz[5] erklärt werden konnten.

85. Cyclotronresonanz. Eines der wichtigsten Probleme der Halbleiterphysik ist die Bestimmung der Struktur des Leitungs- und des Valenzbandes eines ge-

---

[1] Vgl. etwa [7]; Gl. (25.3) und (26.22).

[2] Siehe Fußnote 6, S. 213.

[3] E. Mooser: Phys. Rev. **100**, 1589 (1955).

[4] G. Busch u. N. Helfer: Helv. phys. Acta **27**, 201 (1954). — D. K. Stevens u. J. H. Crawford: Phys. Rev. **92**, 1065 (1953). — Bull. Amer. Phys. Soc. **29**, No. 3, G 5 (1954). — D. K. Stevens, J. W. Cleland, J. H. Crawford u. H. C. Schweinler: Phys. Rev. **100**, 1084 (1955).

[5] C. Enz: Helv. phys. Acta **28**, 158 (1955).

gebenen Halbleiters und damit der scheinbaren Massen der Elektronen und Löcher. Wir werden in Abschnitt J eine Anzahl von Bestimmungsmethoden für m_p und m_n aus Messungen verschiedener elektrischer Eigenschaften diskutieren. Diese Methoden beruhen aber alle auf der genauen Kenntnis weiterer Halbleiterparameter, während die hier zu besprechende Methode der Cyclotronresonanzen weitgehend davon frei ist.

Liegt an einem Halbleiter ein magnetisches Feld, so werden die Ladungsträger in Kreisbahnen um die Richtung des Magnetfeldes beschleunigt. Ihr Kreisfrequenz ist

$$\omega_c = \pm \frac{e\,B}{m^*}. \tag{85.1}$$

Der Radius der Kreisbahnen ist dann gegeben durch

$$r = \frac{v}{\omega_c} = \sqrt{\frac{8\,\mathrm{k}T}{\pi\, m^*}}\,\frac{m^*}{e\,B}, \tag{85.2}$$

wenn für v die mittlere thermische Geschwindigkeit der Ladungsträger eingesetzt wird.

Es wird hier allerdings unter normalen Verhältnissen nicht zur Ausbildung voller Kreisbahnen kommen, da die Ladungsträger durch Gitterstöße oder Streuung an Störstellen nach einer freien Weglänge $l \ll 2\pi r$ gestreut werden.

Legt man nun ein periodisches elektrisches Feld $\boldsymbol{E}$ der Frequenz ω senkrecht zum Magnetfeld an, so wird dessen Energie von den Ladungsträgern absorbiert werden, und es wird zu einem Maximum der Absorption kommen, wenn bei $\omega = \omega_c$ Resonanz eintritt.

Die Bewegungsgleichung für die der thermischen Geschwindigkeit der Elektronen überlagerte Driftgeschwindigkeit $\boldsymbol{v}$ ist hier [vgl. (82.1)]:

$$e(\boldsymbol{E} + \boldsymbol{v} \times \boldsymbol{B}) = m^* \left(\dot{\boldsymbol{v}} + \frac{1}{\tau}\boldsymbol{v}\right) = m^* \left(i\,\omega + \frac{1}{\tau}\right)\boldsymbol{v}. \tag{85.3}$$

Hier beschreibt das erste Glied in der Klammer der rechten Seite die periodische Kraft des Störfeldes auf die Elektronen, während das zweite Glied die aus den Gitterstößen resultierende „Reibungskraft" (τ = Relaxationszeit) darstellt. Liegt $\boldsymbol{E}$ speziell in der x-Richtung, so folgt aus (85.3) für die komplexe Leitfähigkeit σ:

$$\sigma = \frac{i_x}{E_x} = \frac{n\,e\,v_x}{E_x} = \sigma_0 \left(\frac{1 + i\,\omega\,\tau}{1 + (\omega_c^2 - \omega^2)\,\tau^2 + 2i\,\omega\,\tau}\right), \tag{85.4}$$

wo $\sigma_0 = n e^2 \tau/m^*$ die stationäre Leitfähigkeit ($E_x = \mathrm{const}$, $B_z = 0$) bedeutet. Die Absorption ist proportional dem Realteil von (85.4), also proportional

$$\mathrm{Re}\left(\frac{\sigma}{\sigma_0}\right) = \frac{1 + (\omega\,\tau)^2 + (\omega_c\,\tau)^2}{[1 + (\omega_c\,\tau)^2 - (\omega\,\tau)^2]^2 + 4(\omega\,\tau)^2}. \tag{85.5}$$

Diese Gleichung beschreibt die Gestalt der Absorptionskurve, deren Maximum bei $\omega = \omega_c$ liegt. Aus der Lage dieses Maximums kann dann bei bekanntem ω und B_z aus (85.1) m^* bestimmt werden. Diese Methode gestattet also die Bestimmung der scheinbaren Masse unabhängig von anderen Halbleiterparametern, speziell unabhängig von der Geschwindigkeit und der freien Weglänge der Ladungsträger.

Zur experimentellen Durchführung[1] benutzt man ein elektrisches Mikrowellenfeld und mißt die Absorption in Abhängigkeit vom angelegten Magnetfeld. Hierbei sind jedoch zwei Bedingungen zu beachten:

[1] Vgl. z.B. A. F. KIP: Physica, Haag **20**, 813 (1954). — G. DRESSELHAUS, A. F. KIP u. C. KITTEL: Phys. Rev. **98**, 368 (1955) u. a.; für einen allgemeinen Überblick auch B. SERAPHIN [*23*, II], S. 53.

1. Die Zahl der Ladungsträger muß groß genug sein, um ein Signal beobachten zu können. Die untere Grenze hierfür hängt von der Frequenz des Mikrowellenfeldes und der Empfindlichkeit der benutzten Apparatur ab und liegt bei etwa 10^5 bis 10^7 Ladungsträgern pro cm^3.

2. Die mittlere Stoßzeit $\tau = 1/v$ muß hinreichend groß sein, um eine scharfe Absorptionslinie zu gewährleisten. Dies ist der Fall, wenn die Ladungsträger zwischen zwei Stößen etwa einen Umlauf machen. Aus (85.5) folgt hier die Bedingung $\omega\tau > 1$.

Zur Erfüllung der zweiten Bedingung ist die Untersuchung auf tiefe Temperaturen ($\sim 4°$ K) und sehr reine Präparate beschränkt. Da dann jedoch nur wenig Ladungsträger zur Verfügung stehen, erhöht man deren Zahl häufig durch Lichteinstrahlung. Weitere einschränkende Bedingungen und experimentelle Einzelheiten sind in den zitierten Arbeiten[1] enthalten.

Die ersten Anregungen zur Beobachtung der Cyclotronresonanzen als Bestimmungsmethode der scheinbaren Masse wurden von DORFMAN[2], DINGLE[3] und SHOCKLEY[4] gegeben, die ersten erfolgreichen m-Bestimmungen von DRESSELHAUS, KIP und KITTEL[5] an Germanium durchgeführt.

Spätere Untersuchungen von LAX, ZEIGER und DEXTER[6] und den oben genannten Autoren[7, 8] richteten sich vornehmlich auf die Richtungsabhängigkeit der scheinbaren Massen, also auf die anisotrope Bandstruktur von Germanium und Silizium. Hier wurden Ergebnisse gewonnen, die mit den Messungen der Anisotropie der Widerstandsänderung (Ziff. 42 und 43) und theoretischen Berechnungen der Bandstruktur von HERMAN in vorzüglicher Übereinstimmung stehen. Wir gehen hierauf in Ziff. 93 ein. Eine ausführliche Theorie der Cyclotronresonanz für isotrope Halbleiter und die anisotrope Bandstruktur des Ge und Si findet sich in [8] (vgl. auch [9]).

Weitere Untersuchungen[10] beschäftigen sich mit der Cyclotronresonanz in anderen Halbleitern.

J. Bestimmungsmethoden der wichtigsten Halbleiterparameter.

86. Vorbemerkungen. Die Deutung der physikalischen Eigenschaften eines Halbleiters und die Beurteilung seiner technischen Anwendbarkeit erfordert die Kenntnis einer Reihe den Halbleiter kennzeichnenden Parameter.

Die *primären*, einem Halbleiter unabhängig von seinem zufälligen Störstellengehalt zuzuordnenden Parameter sind:

Breite der verbotenen Zone: $\Delta E = \Delta E_0 - \alpha T$,
also speziell die Breite der verbotenen Zone am Nullpunkt der absoluten Temperatur ΔE_0 und ihr Temperaturkoeffizient α.

---

[1] Siehe Fußnote 1, S. 216.

[2] J. D. DORFMAN: Dokl. Acad. Sci. USSR. **81**, 765 (1951).

[3] R. B. DINGLE: Proc. Roy. Soc. Lond., Ser. A **212**, 38 (1952).

[4] W. SHOCKLEY: Phys. Rev. **90**, 491 (1953).

[5] G. DRESSELHAUS, A. F. KIP u. C. KITTEL: Phys. Rev. **92**, 827 (1953).

[6] B. LAX, H. J. ZEIGER, R. N. DEXTER u. E. S. ROSENBLUM: Bull. Amer. Phys. Soc. **29**, No. 4, B 7, B 8 (1954). — Phys. Rev. **93**, 1418 (1954); **95**, 557 (1954). — R. N. DEXTER u. B. LAX: Phys. Rev. **96**, 223 (1954). — B. LAX, H. J. ZEIGER u. R. N. DEXTER: Physica, Haag **20**, 818 (1954). Vgl. auch R. C. FLETCHER, W. A. YAGER u. F. R. MERRITT: Phys. Rev. **100**, 747 (1956).

[7] R. N. DEXTER, A. F. KIP u. G. DRESSELHAUS: Phys. Rev. **96**, 222 (1954). — C. KITTEL: Physica, Haag **20**, 829 (1954).

[8] G. DRESSELHAUS, A. F. KIP u. C. KITTEL: Phys. Rev. **98**, 368 (1955).

[9] W. KOHN u. J. M. LUTTINGER: Phys. Rev. **96**, 529 (1954). — J. M. LUTTINGER u. R. R. GOODMAN: Phys. Rev. **100**, 673 (1955). — J. M. LUTTINGER: Phys. Rev. **102**, 1030 (1956).

[10] N. DEXTER u. B. LAX: Bull. Amer. Phys. Soc. **30**, No. 3, L 2 (1955) (InSb). — J. K. GALT u. a.: Phys. Rev. **100**, 748 (1955). — R. N. DEXTER u. B. LAX: Phys. Rev. **100**, 1216 (1955) (Bi).

Dichte der Elektron-Loch-Paare im ungestörten Halbleiter: $n_i(T)$.

Scheinbare Massen der Ladungsträger: m_n, m_p.

Beweglichkeit im ungestörten Halbleiter: $\mu_{n\,th}(T)$, $\mu_{p\,th}(T)$.

Dazu kommen die *sekundären* vom Störstellengehalt und der sonstigen Beschaffenheit einer speziellen Probe abhängigen Parameter:

Dichten der Ladungsträger:

speziell Elektronendichte: $n(T)$,
Löcherdichte: $p(T)$,
Störstellendichte: n_A, n_D ....

Aktivierungsenergie der Störstellen: ΔE_D, ΔE_A ....

Beweglichkeiten der Ladungsträger: $\mu_n(T)$, $\mu_p(T)$.

Hier ist zunächst auf Grund verschiedener Meßmethoden zu unterscheiden zwischen Leitfähigkeitsbeweglichkeit, HALL-Beweglichkeit und Driftbeweglichkeit.

Lebensdauer angeregter Elektron-Lochpaare: τ.

Diffusionskoeffizient der Ladungsträger: D_n, D_p.

Oberflächen-Rekombinationsgeschwindigkeit: s.

Wenn die sekundären Parameter auch von Probe zu Probe schwanken können, so sind doch zur Beurteilung eines Halbleiters die hier zu erreichenden Optimalwerte von grundlegender Bedeutung.

Wir wollen im folgenden einen kurzen Überblick über die wichtigsten Bestimmungsmethoden dieser Parameter an Hand der in den vorhergehenden Abschnitten entwickelten Theorie geben[1].

Mit Ausnahme der Bestimmung der drei letzten oben aufgeführten Parameter liegt den meisten Methoden die in Abschnitt C entwickelte Leitfähigkeitstheorie zugrunde. Die Schwierigkeiten liegen hier vor allem in der Unkenntnis der genauen Bandstruktur und der Anisotropie praktisch aller Halbleiter, also der Frage, wie weit die isotrope Theorie der Leitfähigkeit, die allein hinreichend weit entwickelt ist, überhaupt anwendbar ist, ferner in dem oft nur schwer zu bestimmenden Entartungsgrad eines Halbleiters. Selbst bei isotropen nichtentarteten Halbleitern erfordert die Vielzahl der für ihr elektrisches Verhalten maßgebenden Parameter oft sehr mühsame Auswertemethoden. Man denke etwa an die Vielzahl der auf die Beweglichkeit einwirkenden Streumechanismen (Abschnitt C 1 c).

Erleichtert wird die Auswertung jedoch dadurch, daß häufig in bestimmten Temperaturbereichen nur wenige verschiedene Parameter das elektrische Verhalten eines Halbleiters bestimmen. Ferner existieren immer eine Anzahl voneinander unabhängiger Bestimmungsmethoden, aus deren Übereinstimmung man Schlüsse auf die Exaktheit der Auswerteergebnisse ziehen kann.

87. Bestimmung der Ladungsträger- und Störstellendichten. *α)* Die erste grobe Bestimmungsmethode, die Aussagen über die Natur eines Halbleiters macht, ist die Bestimmung des *Leitungstyps*. Ob n- oder p-Leitung vorliegt, läßt sich am einfachsten durch Messung des HALL-*Koeffizienten* oder der *Thermospannung* bestimmen. Nach (32.2) bzw. (38.11) haben diese beiden Koeffizienten bei n-Leitung *negatives* Vorzeichen, bei p-Leitung jedoch *positives* Vorzeichen. Man muß aber beachten, daß diese Aussage in der Nähe der Eigenleitung nicht gültig ist. Der HALL-Koeffizient wechselt sein Vorzeichen bei $p = b^2 n$, die Thermospannung angenähert bei $p = b n$. Nur wenn die beiden Beweglichkeiten gleich

[1] Vgl. dazu auch G. BUSCH u. U. WINKLER [*12*].

groß sind, tritt also der Vorzeichenwechsel exakt in der Eigenleitung auf. Ist dagegen, wie dies bei den meisten Halbleitern der Fall ist, die Elektronenbeweglichkeit größer als die Löcherbeweglichkeit, so verschwinden HALL-Koeffizient und Thermospannung im Gebiet der gemischten p-Leitung.

Eine weitere einfache Bestimmungsmöglichkeit ist die Sperrichtung eines gleichrichtenden Spitzenkontaktes auf der Halbleiteroberfläche (Ziff. 73). Tritt die Sperrichtung bei negativ vorgespannter Spitze auf, so liegt n-Leitung, im umgekehrten Falle p-Leitung vor.

β) Bestimmung der Eigenleitungskonzentration n_i. Die Eigenleitungskonzentration n_i läßt sich am einfachsten aus dem HALL-Koeffizienten oder der Leitfähigkeit im Eigenleitungsgebiet bestimmen. Hier gilt nach (30.6) und (32.1):

$$n_i = \frac{\sigma_i}{e(\mu_n + \mu_p)} \quad \text{bzw.} = \frac{3\pi}{8eR_i}\,\frac{b-1}{b+1}. \tag{87.1}$$

Da jedoch die Eigenleitung nur asymptotisch erreicht wird, benutzt man besser das gesamte Temperaturgebiet vom Beginn der gemischten Leitung bei völliger Ionisation der Störstellen an. Setzt man dann $n = p + n_s$ ($n_s = n_D - n_A$), so folgt statt (87.1):

$$\left.\begin{aligned} n_i^2 &= \frac{\sigma^2 - e^2 n_s^2 \mu_n \mu_p}{e^2(\mu_n + \mu_p)^2}, \\ &\text{bzw.} \\ n_i^2 &= \frac{3\pi}{8eR}\left(\frac{3\pi}{8eR} + n_s\right)\left(\frac{1-b}{1+b}\right)^2 \left\{\frac{1}{2} + \frac{1}{2}\sqrt{1 - \frac{32beRn_s}{3\pi(1-b)^2}} - \frac{8beRn_s}{3\pi(1-b)^2}\right\}. \end{aligned}\right\} \tag{87.2}$$

Vorzuziehen sind hier die Messungen des HALL-Koeffizienten, da dort neben n_s nur das Beweglichkeitsverhältnis bekannt sein muß, nicht jedoch die Beweglichkeiten selbst.

In (87.1) und (87.2) wurde der Fall des nichtentarteten Halbleiters bei rein thermischer Streuung vorausgesetzt und für μ_H/μ der Wert $3\pi/8$ gewählt. Wenn auch die Ionenstreuung nur bei tieferen Temperaturen eine Rolle spielen dürfte, so ist doch hierbei zu beachten, daß bei sehr hohen Temperaturen in der Eigenleitung häufig Entartung auftreten kann. Dies ist insbesondere bei Halbleitern mit hohem Beweglichkeitsverhältnis leicht der Fall. Die genaue Analyse wird dann schwieriger (vgl. Fig. 99 und 100 der folgenden Ziffer). Andererseits vereinfacht sich bei hohem Beweglichkeitsverhältnis Gl. (87.2) wesentlich, da im Grenzfall b gegen ∞ die beiden letzten Klammern in der zweiten Gl. (87.2) den Wert 1 annehmen.

γ) Bestimmung der Elektronen- und Löcherdichte im Störstellengebiet. Die Dichte der Majoritätsträger (Elektronen im n-Leiter, Löcher im p-Leiter) läßt sich am einfachsten für das Störstellengebiet aus dem HALL-Koeffizienten bestimmen, der nach (32.2)

$$n = \frac{\mu_{Hn}}{\mu_n}\,\frac{1}{Re} \quad \text{und} \quad p = \frac{\mu_{Hp}}{\mu_p}\,\frac{1}{Re} \tag{87.3}$$

liefert. Der Faktor μ_H/μ liegt nach der Theorie immer zwischen 1 und 2, so daß bereits ohne seine genaue Kenntnis die Dichten relativ genau bestimmt werden können. Über seine genaue Bestimmung vgl. Ziff. 89.

Entsprechend lassen sich die Dichten im gleichen Gebiet aus Messungen der Leitfähigkeit bestimmen, wenn die Beweglichkeiten und deren Temperaturverlauf bekannt sind. Diese Methode wird jedoch meistens umgekehrt angewandt, um mit Hilfe der aus (87.3) bekannten Dichten die Beweglichkeiten zu bestimmen.

Schließlich ist eine Bestimmung nach (38.10) aus Thermospannungsmessungen bei bekanntem n_0 und p_0 möglich.

δ) Bestimmung der Störstellendichten. Hier läßt sich die Dichte der unkompensierten Störstellen $n_s = n_A - n_D$ am leichtesten bestimmen. Im Störleitungsgebiet ist ja die Dichte der freien Ladungsträger gleich der Dichte der ionisierten „wirksamen" Störstellen n_s, d.h. gleich der Differenz der ionisierten Donatoren und Acceptoren. Im Gebiet völliger Ionisation ist also $n = n_s$ bzw. $p = -n_s$ und n_s kann aus dem temperaturunabhängigen Bereich des HALL-Koeffizienten gewonnen werden.

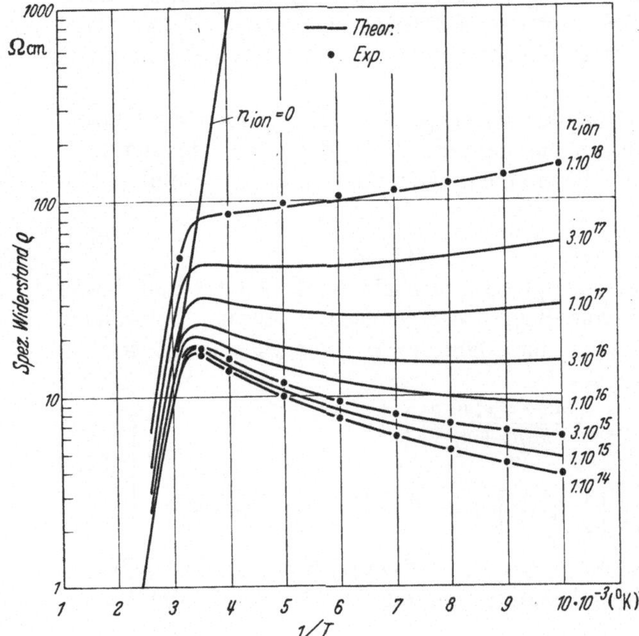

Fig. 98. Theoretischer Verlauf des Widerstandes von Germanium für $n_s = 10^{14}\,\mathrm{cm}^{-3}$ aber verschiedenen Gesamt-Störstellengehalt, nach ROSE und TIMMINS.

Die Bestimmung der wahren Störstellendichten ist wesentlich schwieriger. Hier kann folgender Weg eingeschlagen werden. Ist aus dem HALL-Koeffizienten n bzw. p bekannt, so kann aus der Leitfähigkeit μ bestimmt werden. Da aber die Beweglichkeit im Störstellengebiet von der Ionenstreuung beeinflußt wird, diese aber nach (28.11) von $n_{\text{ion}} = n_{A^-} + n_{D^+}$ abhängt, bietet sich hier ein Weg, durch Messung in dem Temperaturbereich, in welchem die Störstellen völlig ionisiert sind, die gesamte Störstellendichte zu bestimmen. Fig. 98 zeigt als Beispiel verschiedene zum gleihen n_s gehörige Widerstandskurven für Ge. Man erkennt den starken Einfluß der Gesamtstörstellenkonzentration auf den Verlauf der Leitfähigkeit[1].

88. Bestimmung der Energieparameter. *α) Breite der verbotenen Zone.* Nach (16.4) ist in nichtentarteten Halbleitern

$$n_i = \sqrt{n_0 p_0}\, e^{-\frac{\Delta E}{2kT}} = 4.9 \cdot 10^{15} \left(\frac{m_n m_p}{m^2}\right)^{\frac{3}{4}} T^{\frac{3}{2}} e^{-\frac{\Delta E}{2kT}}. \qquad (88.1)$$

Diese Gleichung bildet den Ausgangspunkt der Bestimmung von ΔE aus Messungen der Leitfähigkeit und des HALL-Koeffizienten.

Ist die Temperaturabhängigkeit der Beweglichkeiten in der Eigenleitung durch ein $T^{-\frac{3}{2}}$-Gesetz gegeben, so ist σ streng proportional $e^{-\Delta E/2kT}$, da sich die Temperaturabhängigkeit der Beweglichkeit und der Faktor $T^{\frac{3}{2}}$ in (88.1) herausheben. Da schließlich die Temperaturabhängigkeit der Breite der verbotenen Zone weitgehend durch ein lineares Gesetz $\Delta E = \Delta E_0 - \alpha T$ approximiert werden kann, folgt:

$$\frac{\ln \sigma_i}{1/T} = -\frac{\Delta E_0}{2k}. \qquad (88.2)$$

Die Neigung der Eigenleitungsgeraden im $1/T$-Diagramm (vgl. etwa Fig. 43) gibt also den Wert der Breite der verbotenen Zone am Nullpunkt der absoluten Temperatur.

[1] F. W. G. ROSE u. E. W. TIMMINS: Proc. Phys. Soc. Lond. B **66**, 984 (1953); vgl. auch V. OZAROW: Phys. Rev. **93**, 371 (1954).

Entsprechend gilt nach Ziff. 32 in der Eigenleitung:

$$\frac{\ln (R_i T^{\frac{3}{2}})}{1/T} = \frac{\Delta E_0}{2\mathsf{k}}. \tag{88.3}$$

Es ist jedoch im allgemeinen günstiger nach einer der in Ziff. 87 angegebenen Methoden n_i zu bestimmen und aus

$$\frac{\ln (n_i^2/T^3)}{1/T} = \frac{\Delta E_0}{\mathsf{k}} \tag{88.4}$$

ΔE_0 zu gewinnen. In Fig. 99 und 100 ist n_i^2/T^3 gegen $1/T$ für Si[1] und InSb[2] aufgetragen. Aus der Neigung der geradlinigen Stücke der Kurven folgt nach (88.4) ΔE_0. Fig. 100 zeigt deutlich das Versagen dieser Methode bei hohen Temperaturen. Dort setzt Entartung ein und (88.1) wird ungültig. n_i^2/T^3 steigt nicht mehr exponentiell an, sondern nur noch schwächer.

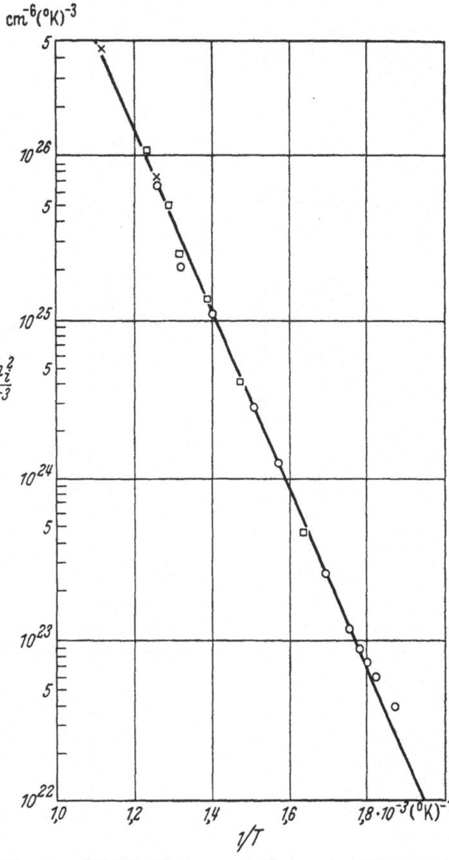

Fig. 99. n_i^2/T^3 für Silizium, nach PEARSON und BARDEEN.

Weiterhin erhält man aus der Thermospannung (38.11):

$$\left.\begin{aligned}\Delta E = \Bigl[\frac{3}{5}\,\mathsf{k}T\ln\Bigl(\frac{m_n}{m_p}\Bigr)^{\frac{3}{2}} \\ -2eT\varphi_i\Bigr]\frac{b+1}{b-1} - 4\mathsf{k}T.\end{aligned}\right\} \tag{88.5}$$

Hierin kann (bei gleichen Deformationspotentialen in den beiden Bändern, vgl. Ziff. 27) der Logarithmus gleich $\ln b$ gesetzt werden. Die Bestimmung von ΔE erfordert dann nur noch die Kenntnis von φ_i und b. Da diese Beziehung aber sicher nicht exakt gilt, ist es günstiger m_n/m_p nach der in der folgenden Ziffer beschriebenen Methoden zu bestimmen und in (88.5) einzusetzen.

Da (88.5) die Breite der verbotenen Zone direkt gibt, wird diese Beziehung eher dazu verwendet, die Temperaturabhängigkeit von ΔE bei bekanntem ΔE_0 zu bestimmen. Benutzt man speziell die Temperatur des Nulldurchgangs von φ, bei der sich der Halbleiter schon angenähert in der Eigenleitung befindet, so erhält man für α die bequeme Näherungsformel[3]:

$$\alpha = \frac{\Delta E_0}{T_0} + 4\mathsf{k} - \frac{b+1}{b-1}\,\frac{3}{5}\,\mathsf{k}\ln b. \tag{88.6}$$

Weitere Bestimmungsmethoden für α liefern alle n_i-Bestimmungen, wenn neben ΔE_0 das Produkt der scheinbaren Massen $m_n\, m_p$ bekannt ist.

Alle sonstigen Bestimmungsmethoden von ΔE bzw. α benutzen optische Messungen, also insbesondere Messungen der Lage der Absorptionskante oder

---

[1] G. L. PEARSON u. J. BARDEEN: Phys. Rev. **75**, 865 (1949).
[2] O. MADELUNG u. H. WEISS: Z. Naturforsch. **9a**, 527 (1954).
[3] U. WINKLER: Helv. phys. Acta **28**, 633 (1955).

der zur Erzeugung von Elektron-Loch-Paaren notwendigen Energie bei Lichteinstrahlung. Hier ist allerdings zu beachten, daß das aus elektrischen und optischen Messungen gewonnene ΔE nicht unbedingt übereinzustimmen braucht

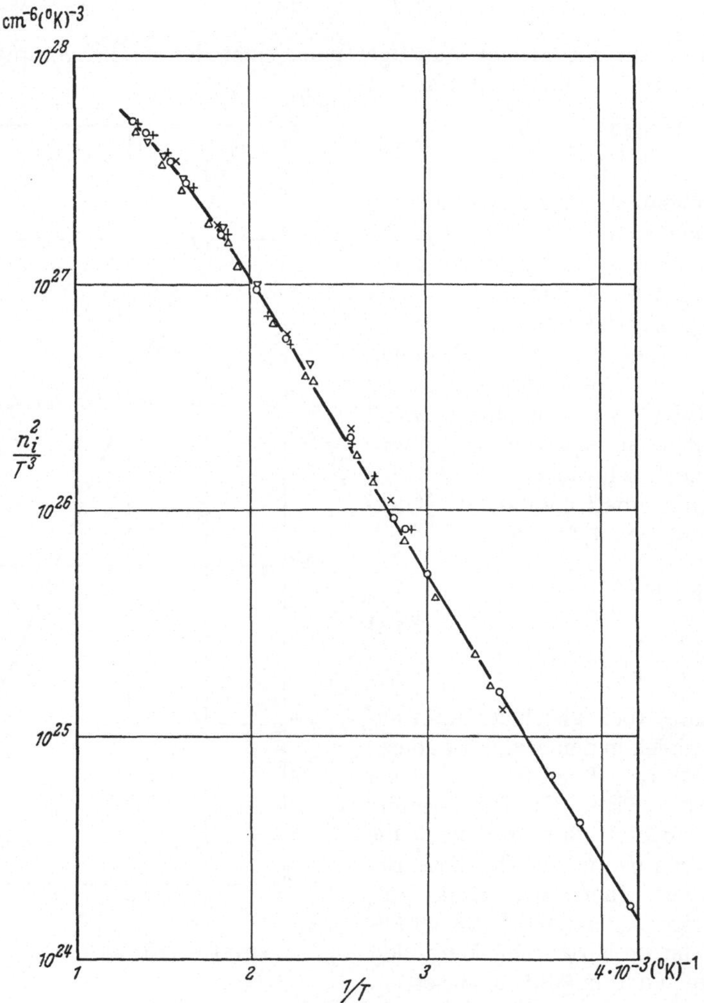

Fig. 100. n_i^2/T^3 für InSb, nach MADELUNG und WEISS.

(vgl. Ziff. 81). Dies ist insbesondere bei der Bestimmung von α aus

$$\alpha = \frac{1}{T}\left[\Delta E_{0\,\text{elektr}} - \Delta E_{\text{opt}}(T)\right] \tag{88.7}$$

zu beachten, zumal hier auch die lineare Temperaturabhängigkeit von ΔE über den gesamten Temperaturbereich von 0° K bis zur Temperatur der optischen Messung durchaus nicht gesichert ist.

β) Aktivierungsenergie der Störstellen. Hier geht man zweckmäßigerweise wie folgt vor: Nach (17.5) gilt für Überschußleiter:

$$\frac{n^2}{n_D - n} = g_D n_0 \, e^{-\frac{\Delta E_D}{kT}}, \tag{88.8}$$

wo für g_D der Wert 2 oder $\frac{1}{2}$ je nach der Natur der Störstellen zu setzen ist. Bei Anwesenheit von Acceptoren ist ferner (17.5) durch (17.6) zu ersetzen.

Die Aktivierungsenergie ΔE_D gewinnt man hieraus, indem man durch geeignete Wahl von ΔE_D das aus (88.8) berechnete n mit experimentell bestimmten n-Kurven zur Deckung bringt. Dabei ist allerdings neben n_D auch m_n als bekannt vorauszusetzen. Doch ist diese Methode nicht sehr empfindlich gegen kleine Änderungen des Wertes von m_n. Fig. 101 zeigt auf diese Weise zur Übereinstimmung gebrachte experimentelle und theoretische $n(T)$-Kurven für Germanium nach DEBYE und CONWELL[1].

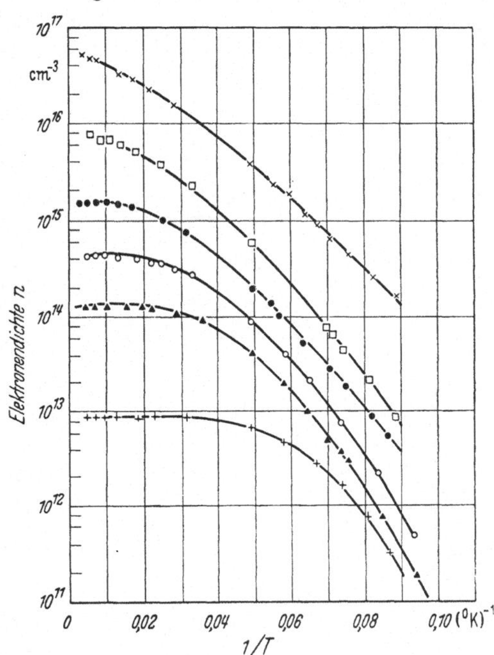

Fig. 101. Temperaturabhängigket der Elektronendichte in Germanium, nach DEBYE und CONWELL. Theoretische Kurven für $m_n = m/4$.

Eine weitere Möglichkeit ergibt sich aus der Bestimmung des Temperaturverlaufs von n (bzw. R) für tiefe Temperaturen. Dort sind die Störstellen noch wenig dissoziiert (Reservefall) und es gilt nach (17.4) $n \sim T^{\frac{3}{4}} e^{-\Delta E_D/2kT}$. Die Elektronendichte und der HALL-Koeffizient müssen also in diesem Gebiet in einem $\ln(n T^{-\frac{3}{4}}) - 1/T$-Diagramm bzw. $\ln(R T^{+\frac{3}{4}}) - 1/T$-Diagramm linear ansteigen mit einer durch die Aktivierungsenergie der Störstellen gegebenen Neigung. Tieftemperaturmessungen bei denen sich Abweichungen der in Ziff. 34 beschriebenen Art bemerkbar machen sind natürlich auszuscheiden.

Entsprechendes gilt für die Bestimmung der Aktivierungsenergie der Acceptoren in Defektleitern.

89. Bestimmung der Beweglichkeiten und der scheinbaren Massen aus Leitfähigkeitsmessungen. Wir haben hier zu unterscheiden zwischen *Bahnbeweglichkeit*, definiert als Quotient aus Geschwindigkeit der Ladungsträger in einem elektrischen Feld und angelegter Feldstärke, *Driftbeweglichkeit*, definiert als Beweglichkeit von Dichteabweichungen im elektrischen Feld oder bei Diffusion, und HALL-*Beweglichkeit*, definiert als Produkt aus Leitfähigkeit und HALL-Koeffizient in Störstellenhalbleitern.

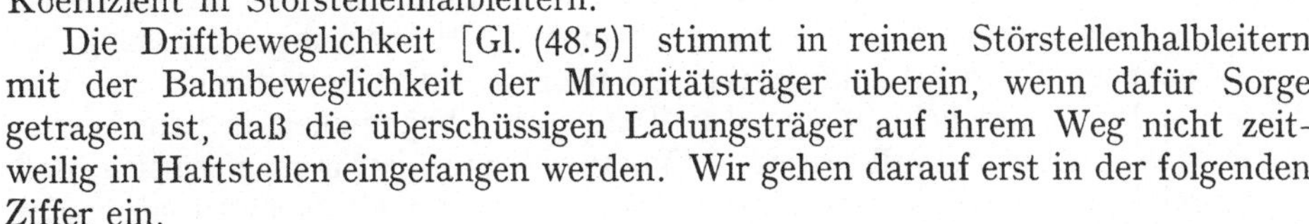

Die Driftbeweglichkeit [Gl. (48.5)] stimmt in reinen Störstellenhalbleitern mit der Bahnbeweglichkeit der Minoritätsträger überein, wenn dafür Sorge getragen ist, daß die überschüssigen Ladungsträger auf ihrem Weg nicht zeitweilig in Haftstellen eingefangen werden. Wir gehen darauf erst in der folgenden Ziffer ein.

Für den Zusammenhang zwischen HALL-Beweglichkeit μ_H und Bahnbeweglichkeit fordert die Theorie in nichtentarteten Halbleitern bei thermischer Streuung: $\mu_H = (3\pi/8)\,\mu$.

Zur Kennzeichnung der physikalischen Eigenschaften eines Halbleiters ist nur die Bahnbeweglichkeit bei thermischer Streuung von Interesse. Wird die Beweglichkeit durch zusätzliche Streueffekte der Störstellen verkleinert, so läßt sich zwar aus ihr eine Aussage über den Streumechanismus und die Dichte der

[1] P. P. DEBYE u. E. M. CONWELL: Phys. Rev. **93**, 693 (1954).

Streuzentren gewinnen, nichts aber über die Wechselwirkung der Elektronen bzw. Löcher mit dem ungestörten Gitter aussagen. Wir wollen uns also in den folgenden Ausführungen mit der „thermischen" Beweglichkeit beschäftigen, deren Größe und Temperaturabhängigkeit vom Verunreinigungsgrad eines Halbleiters unabhängig ist und somit einen den Halbleiter charakterisierenden primären Parameter darstellt.

α) *Die Bahnbeweglichkeit* läßt sich nur durch Leitfähigkeitsmessungen bestimmen. Die Schwierigkeit liegt hier darin, daß zur Bestimmung der Beweglichkeit die Kenntnis der Ladungsträgerdichte notwendig ist. Diese wiederum kann aus dem HALL-Effekt nur bei Kenntnis des Faktors μ_H/μ gewonnen werden. Setzt man für diesen den theoretisch geforderten Wert an (also bei fehlender Ionenstreuung im nichtentarteten Halbleiter den Wert $3\pi/8$) so läßt sich n bzw. p nach (87.3) bestimmen und aus σ die Beweglichkeit gewinnen. Interessiert dagegen nur die Temperaturabhängigkeit der Bahnbeweglichkeit, so liegen die Verhältnisse einfacher. Bestimmt man aus dem HALL-Koeffizienten das Temperaturgebiet, in den alle Störstellen dissoziiert sind, also die Ladungsträgerdichte konstant ist, so ist dort $\sigma \sim \mu$, also die Temperaturabhängigkeit dieser beiden Größen gleich. Nimmt man noch eine Driftbeweglichkeitsmessung bei einer gegebenen Temperatur hinzu (vgl. die nächste Ziffer), so läßt sich auf diese Weise die Bahnbeweglichkeit und ihre Temperaturabhängigkeit in dem betreffenden Temperaturintervall festlegen. Voraussetzung hierfür ist natürlich, daß ein hinreichend großes Temperaturintervall zwischen völliger Dissoziation der Störstellen und Einsetzen der gemischten Leitung überhaupt existiert. Fig. 102 zeigt die auf diese Weise gewonnene Temperaturabhängigkeit der Bahnbeweglichkeit von Germanium[1].

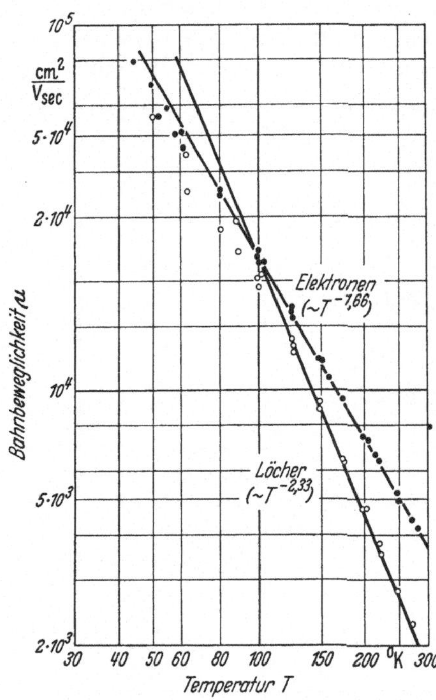

Fig. 102. Bahnbeweglichkeit der Elektronen und Löcher in Germanium im Temperaturbereich konstanter Ladungsträgerdichte, nach MORIN.

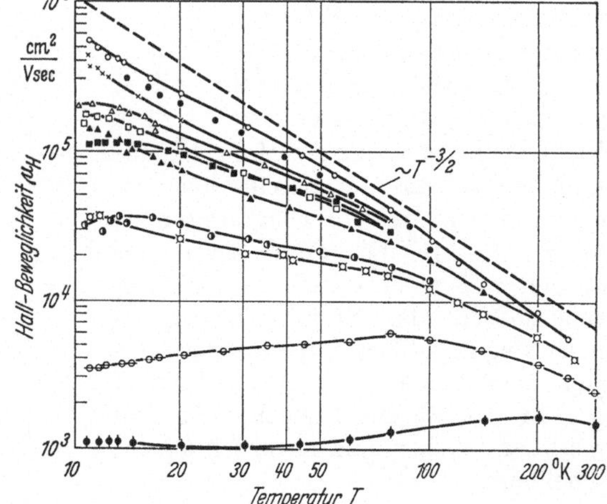

Fig. 103. HALL-Beweglichkeit in Germanium, nach DEBYE und CONWELL.

In der Eigenleitung liefert eine Leitfähigkeitsmessung bei bekanntem n_i die Summe der Elektronen- und Löcherbeweglichkeit. Ist das Beweglichkeitsverhältnis sehr groß, so führt dies praktisch zur Bestimmung der größeren Beweglichkeit allein.

[1] F. J. MORIN: Phys. Rev. **93**, 62 (1954).

β) Die HALL-*Beweglichkeit* ist nach (32.3) definiert als Produkt aus Leitfähigkeit und HALL-Koeffizient $\mu_H = |R|\,\sigma$, ergibt sich also direkt aus Leitfähigkeits- und HALL-Effektsmessungen. Den Charakter einer Beweglichkeit hat das Produkt $|R|\,\sigma$ natürlich nur im reinen Störleitungsgebiet, da im Bereich der gemischten Leitung der HALL-Koeffizient nicht mehr umgekehrt proportional der Ladungsträgerdichte ist. Da aber in der Störleitung die Ionenstreuung die Beweglichkeit beeinflußt, wird man auch hier nur bei sehr reinen Präparaten die „thermische" HALL-Beweglichkeit bestimmen können. Fig. 103 zeigt als Beispiel die so bestimmte HALL-Beweglichkeit der n-leitenden Ge-Proben der Fig. 18. Fig. 104 zeigt ferner das an einer sehr reinen Ge-Probe aus $|R|\,\sigma$ und der Bahnbeweglichkeit der Fig. 102 gewonnene Beweglichkeitsverhältnis μ_H/μ. Man erkennt hier die durch die Anisotropie verursachte Diskrepanz zwischen dem Experiment und der isotropen Theorie, welche $\mu_H/\mu = 3\pi/8$ fordert.

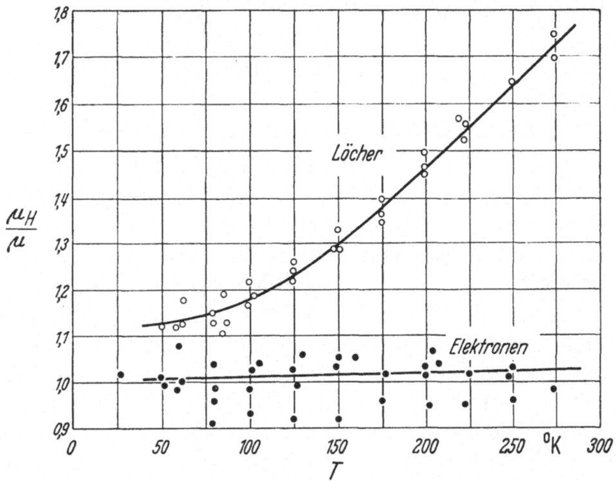

Fig. 104. μ_H/μ in Germanium, nach MORIN.

Bei sehr großem Beweglichkeitsverhältnis μ_n/μ_p läßt sich wieder aus $R_i\,\sigma_i$ in der Eigenleitung die HALL-Beweglichkeit der Elektronen allein gewinnen. Dieses Verfahren wurde z.B. bei InSb und InAs angewandt[1].

Von DUNLAP[2] und HUNTER[3] wurde ein graphisches Verfahren angegeben, um aus dem Produkt $|R|\,\sigma$ auch im Gebiet der gemischten Leitung und der Eigenleitung Rückschlüsse aus der HALL-Beweglichkeit auf die Eigenschaften eines Halbleiters zu ziehen. Außerdem gestattet dieses Verfahren auch den Einfluß einer nichtverschwindender Lebensdauer der Elektron-Loch-Paare (Ziff. 54) und andere Abweichungen von der isotropen Theorie zu erfassen.

Zur Abschätzung des Beweglichkeitsverhältnisses $b = \mu_n/\mu_p$ existieren eine Reihe von Methoden. So ist z.B. in p-Leitern das Verhältnis des Maximums des HALL-Koeffizienten bei Temperaturen oberhalb des Nulldurchgangs zu seinem konstanten Wert im Störleitungsgebiet:

$$\frac{R_{\text{max}}}{R_{\text{const}}} = \frac{(b-1)^2}{4b} \tag{89.1}$$

unter der Annahme eines temperaturunabhängigen b. Andere Methoden benutzen das Leitfähigkeitsminimum[4] oder den Nulldurchgang des HALL-Koeffizienten[5]. Schließlich sei hier nochmals erwähnt, daß R_n bei $b < 3{,}7$ den Eigenleitungsast „überschneidet", für $b > 3{,}7$ jedoch R_p (vgl. Ziff. 32), und daß ferner für $b < 1{,}46$ der positive Teil von R_p den Eigenleitungsast teilweise überschneidet[2].

[1] M. TANENBAUM u. J. P. MAITA: Phys. Rev. **91**, 1009 (1953). — O. MADELUNG u. H. WEISS: Z. Naturforsch. **9**a, 527 (1954). — O. G. FOLBERTH, O. MADELUNG u. H. WEISS: Z. Naturforsch. **9**a, 954 (1954).

[2] W. C. DUNLAP: Phys. Rev. **79**, 286 (1950).

[3] L. P. HUNTER: Phys. Rev. **94**, 1154 (1954).

[4] L. P. HUNTER: Phys. Rev. **91**, 579 (1953).

[5] A. NUSSBAUM: Bull. Amer. Phys. Soc. **29**, No. 5, K 6 (1954).

γ) Im Prinzip lassen sich die Beweglichkeiten noch aus einer Reihe anderer Messungen (Widerstandsänderung, NERNST-Effekt ...) gewinnen. Von diesen hat aber lediglich die Auswertung von Messungen der Widerstandsänderung noch eine praktische Bedeutung. Man kommt hier allerdings nur auf größenordnungsmäßig richtige Werte, da bei der Widerstandsänderung vor allem die Anisotropie sich sehr stark bemerkbar macht (vgl. Abschnitt CIV), aber auch ihre Magnetfeldabhängigkeit und ihre starke Abhängigkeit vom Entartungsgrad und den Streumechanismen Nachteile bietet. Andererseits ist die Messung der von $\Delta\varrho/\varrho$ häufig eine bequeme oder sogar die einzig mögliche Methode[1].

Eine strenge Bestimmungsmöglichkeit der HALL-Beweglichkeit läßt sich bei Halbleitern auch aus $\Delta\varrho/\varrho$ gewinnen, wenn der Einfluß der geometrischen Form (Ziff. 31) groß ist. Dann ergibt sich:

$$\mu_H = \frac{1}{B_z}\sqrt{\left(\frac{\Delta\varrho}{\varrho_0}\bigg|_{\mathrm{Pl}} - \frac{\Delta\varrho}{\varrho_0}\bigg|_{\mathrm{St}}\right)\left(1 + \frac{\Delta\varrho}{\varrho_0}\bigg|_{\mathrm{St}}\right)}. \tag{89.2}$$

Diese Formel gilt im Gegensatz zu $\Delta\varrho/\varrho \sim (\mu B)^2$ für beliebig große Magnetfelder[2].

Alle anderen Formeln für die Leitfähigkeitskceffizienten enthalten die Beweglichkeiten immer in Form von Quotienten M_{ik}/M_{13}, geben also diese immer erst nach Abtrennung von Faktoren $3\pi/8, 9\pi/16 \ldots$. Gerade wegen der Unsicherheit in der genauen Größe dieser Faktoren wurde aber die HALL-Beweglichkeit μ_H gesondert eingeführt, so daß man aus Messungen der anderen Leitfähigkeitseffekte meist keine genaueren Schlüsse über die Beweglichkeiten ziehen kann. Man benutzt vielmehr bei Kenntnis der Beweglichkeit solche Messungen, um aus einer mehr oder weniger guten Übereinstimmung Rückschlüsse auf die Anwendbarkeit der isotropen Theorie zu gewinnen.

δ) Die Bestimmung der *scheinbaren Masse* aus Leitfähigkeitsmessungen ist überall dort möglich, wo die Größen n_0 bzw. p_0 explizit auftreten. Nur in diesen beiden Faktoren tritt m_n und m_p direkt auf.

Kennt man aus anderen Messungen den Temperaturgang von ΔE, so findet man aus dem Absolutwert von n_i das *Produkt* der scheinbaren Massen der Elektronen und Löcher. Den Quotienten andererseits gewinnt man durch eine Umkehrung der in Gl. (88.5) gegebenen Thermospannungsformel, oder aus einer Bestimmung der Temperaturabhängigkeit der FERMI-Kante nach einer der in Ziff. 18 gegebenen Methoden und Benutzung der Gl. (16.3). Da diese beiden Methoden häufig nicht anwendbar sind, benutzt man die Beziehung $m_n/m_p = (\mu_n/\mu_p)^{-\frac{2}{3}}$ (Ziff. 27), deren Gültigkeit jedoch nicht gesichert ist.

Alle diese Verfahren nehmen keine Rücksicht darauf, daß infolge der Anisotropie die scheinbaren Massen keine Skalare sondern Tensoren sind. Sie sind also der Bestimmung der scheinbaren Massen aus Cyclotronresonanzen (Ziff. 85) unterlegen, wie überhaupt alle Verfahren zur Bestimmung der Anisotropie eines Halbleiters, vor allem die Widerstandsänderung (Ziff. 42), hier wesentlich größere Aufschlüsse geben.

Schließlich sind m-Bestimmungen aus Messungen der Suszeptibilität, der Absorptions- und Dielektrizitätskonstanten (vgl. Ziff. 82) möglich.

90. Bestimmung der Lebensdauer, des Diffusionskoeffizienten und der Driftbeweglichkeiten aus Injektions- und Photoleitfähigkeitsmessungen. Die Bestimmung dieser Größen aus der Bewegung von Dichteabweichungen durch Diffusion und elektrische Felder erfordert die Unterscheidung zweier Beweglichkeiten:

---

[1] Vgl. die Messungen am grauen Zinn: G. BUSCH, J. WIELAND u. H. ZOLLER [*24*], S. 188.

[2] H. WEISS u. H. WELKER: Z. Physik **138**, 322 (1954).

1. Die in Ziff. 46 eingeführte mit dem Diffusionskoeffizienten durch die EINSTEIN-Beziehung $D = (\mathrm{k}T/e)\mu$ verknüpfte *Diffusionsbeweglichkeit*

$$\mu = \frac{n+p}{\mu_n n + \mu_p p} \mu_n \mu_p . \tag{90.1}$$

2. Die in (48.5) eingeführte *Feldbeweglichkeit*

$$\mu^* = \frac{n-p}{\mu_n n + \mu_p p} \mu_n \mu_p . \tag{90.2}$$

Während die erste die Beweglichkeit unter dem Einfluß einer auf die Elektronen und Löcher gleichsinnig wirkenden Kraft beschreibt, gilt die zweite für die Bewegung einer neutralen Dichteabweichung unter dem Einfluß einer auf Elektronen und Löcher gegensinnig wirkenden Kraft.

Für reine Störstellenleiter gehen (90.1) und (90.2) in die *Driftbeweglichkeit der Minoritätsträger* über.

Die wichtigsten hier benutzten Methoden sind:

α) HAYNES-SHOCKLEY-*Methode*[1]. Diese Methode schließt sich eng an den in Ziff. 52 geschilderten Nachweis der Löcherinjektion an. An einen Halbleiterstab wird ein konstantes Schwemmfeld gelegt und mittels eines injizierenden Emitterkontaktes ein zusätzlicher Impuls gegeben. Der von den dabei injizierten Minoritätsträgern verursachte Spannungsanstieg am Collector wird oszillographisch gemessen und daraus die Driftbeweglichkeit[2] (Feldbeweglichkeit) der injizierten Träger bestimmt. Aus der Dichteverteilung und der Gesamtzahl der den Collector erreichenden Minoritätsträger läßt sich dann ferner ihre Lebensdauer und ihr Diffusionskoeffizient (also auch die Diffusionsbeweglichkeit) ermitteln [vgl. dazu Gl. (48.8)]. Durch die Koinzidenz von μ und μ^* in Störstellenhalbleitern wurde hiermit beispielsweise die Gültigkeit der EINSTEIN-Beziehung $D = (\mathrm{k}T/e)\mu$ für Germanium nachgewiesen[3].

Bei der geschilderten Methode wird meistens das Schwemmfeld ebenfalls durch einen (gegenüber dem Emitterimpuls großen) Impuls gegeben. Dadurch werden thermische Effekte vermieden. Das Schwemmfeld muß ja, um ein allzu großes Auseinanderdiffundieren der injizierten Träger zu vermeiden, möglichst groß gewählt werden. Sind in dem Halbleiter Haftstellen vorhanden, so ist es zweckmäßig, diese mit Licht „aufzufüllen", um eine nicht durch zeitweiliges Einfangen der Träger verfälschte Driftbeweglichkeit zu erhalten[4].

In einer Abänderung dieser Methode wird (zunächst ohne Schwemmfeld) eine stationäre Dichteüberhöhung durch einen mit Gleichstrom betriebenen Emitter aufrechterhalten oder durch Lichteinstrahlung lokal erzeugt. Diese wird dann durch einen Schwemmimpuls zum Collector gebracht und wieder die Transitzeit gemessen[5].

β) MORTON-HAYNES-*Methode*[6]. Hier wird auf einer Halbleiteroberfläche ein schmaler Lichtspalt abgebildet, von dem aus Elektron-Loch-Paare in das Halbleiterinnere diffundieren. In einem Abstand r vom Lichtspalt wird dann ein Collector aufgesetzt. Die am Collector auftretende Spannung (floating potential, vgl. Ziff. 63) ist proportional dem dort vorhandenen Dichteüberschuß.

[1] J. R. HAYNES u. W. SHOCKLEY: Phys. Rev. **81**, 835 (1951).
[2] M. B. PRINCE: Phys. Rev. **91**, 271 (1953).
[3] Transistor Teachers Summer School, Phys. Rev. **88**, 1368 (1952).
[4] J. R. HAYNES u. J. A. HORNBECK: Phys. Rev. **90**, 152 (1953). — R. LAWRENCE: Proc. Phys. Soc. Lond. A **67**, 18 (1954). — Phys. Rev. **89**, 1295 (1953).
[5] R. LAWRENCE u. A. F. GIBSON: Proc. Phys. Soc. Lond. B **65**, 994 (1952).
[6] L. B. VALDES: Proc. Inst. Radio Engrs. **40**, 1420 (1952).

Durch Variation des Abstandes r läßt sich somit die Dichteverteilung der durch das Licht erzeugten Elektron-Loch-Paare bestimmen und daraus nach (47.7) die Diffusionslänge gewinnen. Hierbei wird vorausgesetzt, daß die Oberfläche die Diffusion der Ladungsträger nicht wesentlich beeinflußt, also insbesondere, daß die Dichteüberhöhung im Abstand r vom Lichtspalt auf der Oberfläche die gleiche ist wie im Halbleiterinneren. Dies setzt also eine sorgfältig geätzte Oberfläche kleiner Oberflächenrekombination voraus. Schließlich ist zu beachten, daß (47.7) nur für einen unendlich langen Lichtspalt gilt, die Halbleiteroberfläche muß also groß gegen die Diffusionslänge sein.

Für sehr dünne Halbleiterstäbe kann die Lichteinstrahlung punktförmig angenommen werden und die Diffusion der Elektron-Loch-Paare eindimensional nach Gl. (47.6) behandelt werden. Mit einer solchen Methode wurden zum ersten Male Diffusionslängen an Germanium gemessen[1].

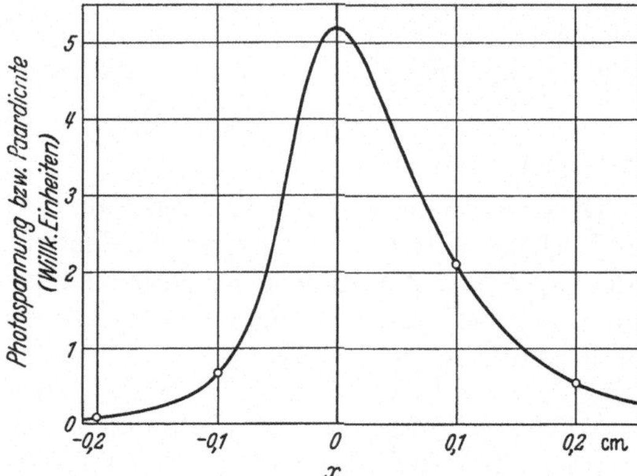

Fig. 105. Dichteverteilung der durch Lichteinstrahlung erzeugten Elektron-Loch-Paare bei der ADAMschen Methode zur Messung von Diffusionslängen, $v = 570$ cm/sec.

Von ADAM[2] wurde diese Methode dahingehend erweitert, daß der Lichtstrahl mit konstanter Geschwindigkeit periodisch über das Präparat bewegt wurde. Aus der Collectorspannung läßt sich dann oszillographisch die Dichteverteilung als Funktion des Abstandes Lichtspalt—Collector aufnehmen. Die Gestalt der mit diesem Verfahren gewonnenen Dichteverteilung ist unsymmetrisch, da sie zwar vom Licht stationär aufrechterhalten wird, sich aber mit der Geschwindigkeit v des Lichtstrahls durch den Halbleiter bewegt. Die hierbei auftretenden Diffusionslängen sind also Feld-Diffusionslängen der Form (48.9), wo $\mu^* E_0$ durch v zu ersetzen ist (vgl. Fig. 105).

Diese Methoden bestimmen also die Diffusionslänge L, aus der bei bekanntem Diffusionskoeffizienten die Lebensdauer nach (46.9) folgt.

γ) Der *Auf- und Abbau von Dichteänderungen* wurde von NAVON, BRAY und FAN[3] und von MANY[4] zur Bestimmung von τ benutzt. Die genannten Autoren überlagern einem konstanten Schwemmfeld einen kurzzeitigen Impuls und messen den Auf- bzw. Abbau der durch die injizierten Ladungsträger verursachten Zusatzleitfähigkeit.

Eine andere Möglichkeit ist hier, den Abbau der Leitfähigkeitsänderung nach kurzzeitiger Bestrahlung des ganzen Halbleiters zu verfolgen[5] (vgl. hierzu Ziff. 49). Hierbei ist jedoch zu beachten, daß der Abbau nicht lediglich durch Rekombination zu erfolgen braucht, sondern auch überschüssige Ladungsträger an das eine Halbleiterende gelangen können und dort vorzeitig rekombinieren.

Schließlich können alle Effekte zur τ-Messung benutzt werden, in denen die Lebensdauer eine entscheidende Rolle spielt, also etwa der photogalvanomagne-

[1] F. S. GOUCHER: Phys. Rev. **81**, 475 (1951).
[2] G. ADAM: Z. Naturforsch. **9a**, 607 (1954). — Physica, Haag **20**, 1037 (1954).
[3] D. NAVON, R. BRAY u. H. Y. FAN: Proc. Inst. Radio Engrs. **40**, 1342 (1952).
[4] A. MANY: Proc. Phys. Soc. Lond. B **67**, 9 (1954).
[5] J. R. HAYNES u. J. A. HORNBECK: Phys. Rev. **97**, 311 (1955). — D. T. STEVENSON u. R. J. KEYES: J. Appl. Phys. **26**, 190 (1955).

tische Effekt [Ziff. 56, insbesondere Gl. (56.8) und (56.9)], der besonders zur Messung sehr kleiner Lebensdauer geeignet ist, sowie der magnetische Sperrschichteffekt (Ziff. 55). Fig. 106 zeigt einen Vergleich der Lebensdauermessung an einem Ge-Präparat mit Hilfe des Abbaus der magnetischen Sperrschicht und der Methode nach NAVON, BRAY und FAN[1]. Diese Messung unterscheidet sich von den bisher besprochenen Verfahren dadurch, daß hier der Abbau von Dichte*verarmungen* beobachtet wird.

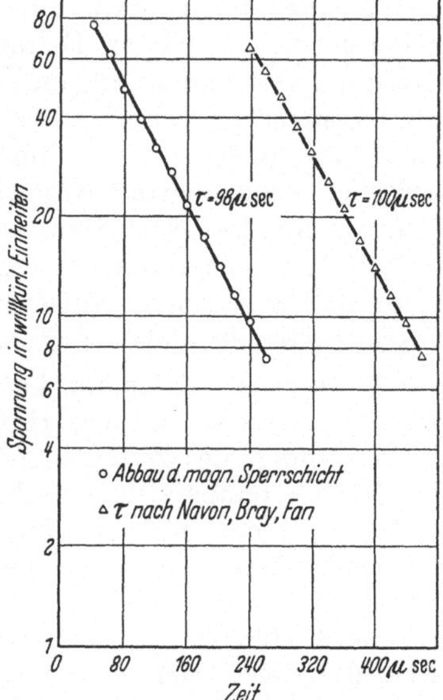

Fig. 106. Vergleich der Messung der Lebensdauer aus dem Abbau der magnetischen Sperrschicht und nach der Methode von NAVON, BRAY und FAN, nach WEISSHAAR.

91. Bestimmung der Oberflächenrekombinations-Konstanten. Die für die Oberflächenrekombination maßgebende Konstante s (Ziff. 47) gewinnt man am einfachsten durch die Bestimmung ihres Einflusses auf die Lebensdauer τ_{eff}. Dieser Einfluß wurde in Ziff. 47 ausführlich besprochen. Kennt man die wahre Volumen-Lebensdauer τ, so läßt sich aus Messungen der effektiven Lebensdauer mit Hilfe von (47.14) oder einer entsprechenden, der geometrischen Form des zu untersuchenden Präparats angepaßten Gleichung s berechnen[2].

Eine andere Methode benutzt den SUHL-*Effekt*[3]. Hier werden Minoritätsträger in einen dünnen Halbleiterstab injiziert und durch ein Schwemmfeld zu einem auf der zu untersuchenden Oberfläche befindlichen Collector getrieben, der die Dichte der nicht rekombinierten Minoritätsträger mißt. Durch ein senkrecht zum Schwemmfeld und parallel zu der zu untersuchenden Oberfläche liegendes Magnetfeld werden nun die Ladungsträger auf die Oberfläche hingetrieben und rekombinieren dort bevorzugt. Aus der Änderung der Collectorspannung mit der Stärke des Magnetfeldes läßt sich dann s bestimmen.

Weitere Möglichkeiten zur Bestimmung von s bieten der photogalvanomagnetische Effekt [Ziff. 56, insbesondere Gl. (56.8) und (56.9)]; der Photoeffekt in p-n-Übergängen (Einfluß der Oberflächenrekombination der bestrahlten Oberfläche auf den Sperrstrom (61.5)] und alle weiteren Effekte, in denen die Oberflächenrekombination eine entscheidende Rolle spielt.

K. Spezielle Halbleiter.

Wir werden im folgenden einen kurzen Überblick über die wichtigsten Halbleiter und ihre Eigenschaften geben. Die Eigenschaften der halbleitenden *Elemente* sind bereits von MOSS [*14*] besprochen worden, wobei allerdings dort das Schwergewicht auf Fragen der Photoleitung liegt, auf welche wir hier nicht eingehen wollen (vgl. dazu den Beitrag von GARLICK in Band XIX). Die Eigenschaften der halbleitenden *Verbindungen* sind in dem schon häufig zitierten Bericht von WELKER [*20*] ausführlich diskutiert. Insbesondere für alle Fragen

[1] E. WEISSHAAR: Z. Naturforsch. **10**a, 488 (1955).

[2] Vgl. z. B. W. SHOCKLEY [*15*], S. 319, sowie die ausführliche Diskussion bei J. P. MCKELVEY u. R. L. LONGINI: J. Appl. Phys. **25**, 634 (1954).

[3] H. SUHL u. W. SHOCKLEY: Phys. Rev. **75**, 1617 (1949); **76**, 180 (1949); vgl. auch W. N. REYNOLDS: Proc. Phys. Soc. Lond. B **66**, 899 (1953).

der chemischen Bindung in den verschiedenen Halbleitertypen sei auf diesen Bericht und die Arbeit von SCHOTTKY und KREBS [*23*, I] verwiesen. Schließlich liegt in den Halbleitertabellen des LANDOLT-BÖRNSTEIN [*22*] eine erschöpfende Übersicht über die Werte der Halbleiterparameter und eine Auswahl charakteristischer Meßkurven vor.

92. Die Halbleiter der vierten Gruppe des periodischen Systems. Hierher gehören die Halbleiter Diamant, Silizium, Germanium, graues Zinn (α-Sn), sowie die Verbindung SiC und die Mischkristallreihe Ge_xSi_{1-x}. Alle diese Körper kristallisieren im Diamantgitter. Jedes Atom ist tetraedrisch von vier nächsten Nachbarn umgeben. Die Bindung erfolgt durch abgesättigte Elektronenpaare zwischen benachbarten Atomen. Die an der Bindung beteiligten vier Valenzelektronen jedes Gitteratoms befinden sich in sp^3-Hybridzuständen. Das Bändermodell des Diamantgitters wurde zuerst von HUND und MROWKA, sowie von KIMBALL[1] angegeben. Auf spätere Arbeiten, die sich mit der genauen Struktur des Valenzbandes und des Leitungsbandes beschäftigen, gehen wir weiter unten ein.

α) Diamant. Diamant besitzt eine Breite der verbotenen Zone von etwa 5,2 eV. Optische und elektrische Messungen liefern hier praktisch den gleichen Wert. Infolge des großen ΔE-Wertes ist die Dunkelleitfähigkeit des Diamanten bei Zimmertemperatur verschwindend gering. Durch Bestrahlung mit ultraviolettem Licht oder Beschuß mit energiereichen Teilchen, sowie durch hinreichende Temperaturerhöhung läßt sich jedoch eine merkliche Leitfähigkeit erreichen.

Die Elektronen- und Löcherbeweglichkeiten liegen in der Größenordnung 1000 cm²/Vsec. Die in der Literatur angegebenen Werte streuen stark. Die beobachteten Lebensdauern betragen etwa 10^{-8} sec [*14*].

Neben dem gewöhnlichen Diamanten (Typ I und IIa, die verschiedenen Typen unterscheiden sich durch ihre optischen Eigenschaften im Ultravioletten) existiert ein weiterer Typ (IIb), der bereits bei Zimmertemperatur eine merkliche Dunkelleitfähigkeit zeigt[2]. Dieser Typ besitzt eine bläulich-weiße Färbung. Über den Unterschied gegenüber den Diamanten der Klassen I und IIa ist noch wenig bekannt. Es scheinen hier eher Gitterstörungen als Verunreinigungen von Einfluß zu sein. Nach Untersuchungen von BROPHY[3] sind IIb-Diamanten p-leitend und zeigen Gleichrichtereffekt. Aus HALL-Effekts- und Leitfähigkeitsmessungen ergeben sich Aktivierungsenergien von 0,35 bzw. 0,7 eV, ein spezifischer Widerstand von 760 Ohm-cm und eine Löcherbeweglichkeit von etwa 100 cm²/Vsec[4].

β) Silizium und Germanium. Das Bändermodell des Siliziums und des Germaniums wurde von HERMAN[5] theoretisch berechnet. Die Ergebnisse zeigt Fig. 107 für die (111)- und (100)-Richtung des Wellenzahlvektors. Hiernach befinden sich die Minima des Leitungsbandes bei Silizium auf den (100)-Achsen, bei Germanium auf den (111)-Achsen. Das Valenzband beider Halbleiter ist aus zwei Teilbändern mit zusammenfallendem Maximum bei $\boldsymbol{k}=0$ aufgebaut.

---

[1] F. HUND u. B. MROWKA: Ber. sächs. Akad. Wiss., Math.-phys. Kl. **87**, 185 (1935). — G. E. KIMBALL: Phys. Rev. **47**, 810 (1935). — J. Chem. Phys. **3**, 560 (1935).

[2] J. F. H. CUSTERS: Physica, Haag **20**, 183 (1954). — Nature, Lond. **176**, 173 (1955).

[3] J. J. BROPHY: Phys. Rev. **99**, 1336 (1955). — W. J. LEIVO u. R. SMOLUCHOWSKI: Bull. Amer. Phys. Soc. **30**, No. 2, D 1 (1955). — Phys. Rev. **98**, 1532 (1955).

[4] Bei Messungen von I. G. AUSTIN u. R. WOLFE [Proc. Phys. Soc. Lond. B **69**, 329 (1956)] an einem IIb-Diamanten von 270 Ohm-cm wurde eine Löcherbeweglichkeit von $\mu_p = (1550 \pm 150)$ cm²/Vsec festgestellt.

[5] F. HERMAN: Physica, Haag **20**, 801 (1954) (dort auch zahlreiche weitere Literaturangaben). — Proc. Inst. Radio Engrs. **43**, 1703 (1955).

Ein drittes Teilband liegt tiefer und bleibt zumindest bei Germanium bei den experimentell zugänglichen Temperaturen immer völlig besetzt.

Diese Ergebnisse stehen im Einklang mit den Messungen der Cyclotronresonanzen (Ziff. 85). Hier ergibt sich[1] für das Leitungsband eine Schar von Ellipsoiden in der (100)- bzw. (111)-Richtung, die in der Nähe des Minimums durch

$$E(\boldsymbol{k}) = \frac{\hbar^2}{2}\left(\frac{k_1^2}{m_1} + \frac{k_2^2}{m_2} + \frac{k_3^2}{m_2}\right) \tag{92.1}$$

angenähert werden können. Hierbei ist k_1 die Komponente des Wellenzahlvektors in Richtung der Achse, k_2 und k_3 die dazu senkrechten Komponenten. Für Si wurde eine longitudinale Masse $m_1 = 0{,}97\, m$ und eine transversale Masse $m_2 = 0{,}19\, m$ gefunden. Für Germanium ist $m_1 = 1{,}58\, m$, $m_2 = 0{,}082\, m$. Das theoretische Ergebnis einer Lage der Ellipsoide bei Si auf der (100)-Achse und bei Ge auf der (111)-Achse konnte bestätigt werden.

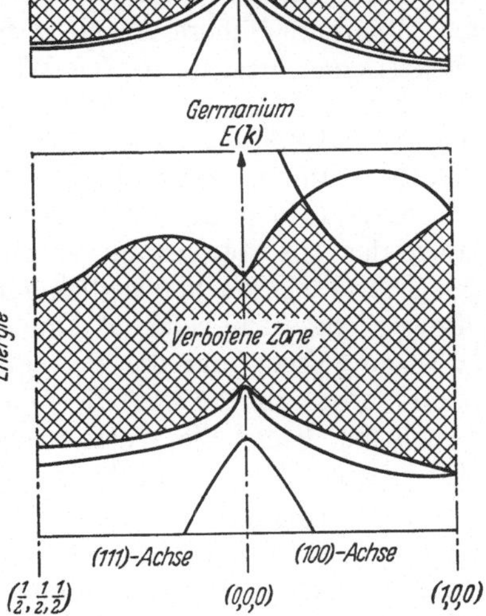

Fig. 107. Bändermodell des Germaniums und Siliziums nach HERMAN.

Für die Gestalt des Valenzbandes lieferten die Messungen eine $E(\boldsymbol{k})$-Abhängigkeit der Form

$$\left.\begin{aligned} E(\boldsymbol{k}) = -\frac{\hbar^2}{2m}\{A\,k^2 \pm \\ \pm \sqrt{B^2 k^4 + C^2 (k_x^2 k_y^2 + k_y^2 k_z^2 + k_z^2 k_x^2)}\} \end{aligned}\right\} \tag{92.2}$$

mit

$$A = 4{,}1, \quad B = 1{,}4, \quad C = 3{,}7 \quad \text{für Si}$$

und

$$A = 13{,}0, \quad B = 8{,}7, \quad C = 11{,}4 \quad \text{für Ge,}$$

wo die beiden Vorzeichen der Wurzel für die beiden Teilbänder gelten.

Die beiden Teilbänder sind also ebenfalls anisotrop, können jedoch in erster Näherung als isotrop behandelt werden. Es ergeben sich dann aus (92.2) als mittlere scheinbare Massen der Löcher in den beiden oberen Teilbändern: $m_{p1} = 0{,}49\, m$, $m_{p2} = 0{,}16\, m$ für Si und $m_{p1} = 0{,}28\, m$, $m_{p2} = 0{,}044\, m$ für Ge. Theoretische Abschätzungen für das dritte Teilband liefern in Si: $m_{p3} = 0{,}24\, m$, in Ge: $m_{p3} = 0{,}077\, m$.

Nicht entschieden wurde durch diese Messungen, ob die Ellipsoide des Leitungsbandes am Rande der BRILLOUIN-Zone liegen, also bei Si 3 und bei Ge 4 Ellipsoide vorhanden sind, oder innerhalb der Zone (sechs Ellipsoide bei Si, acht bei Ge). Hier sprechen Suszeptibilitätsmessungen von ENZ[2] bei Germanium im Einklang mit der Theorie für die erste Möglichkeit (vgl. Ziff. 84).

Unterstützt werden diese Ergebnisse durch Messungen der Anisotropie der magnetischen Widerstandsänderung und ihre theoretische Interpretation von

[1] Vgl. z. B. G. DRESSELHAUS, A. F. KIP u. C. KITTEL: Phys. Rev. **98**, 368 (1955) sowie den zusammenfassenden Bericht von C. KITTEL, Physica, Haag **20**, 829 (1954).

[2] C. ENZ: Helv. phys. Acta **28**, 158 (1955). — J. H. CRAWFORD, H. C. SCHWEINLER u. D. K. STEVENS: Phys. Rev. **99**, 1330 (1955).

MEIBOOM und ABELES für Ge und PEARSON und HERRING für Si (vgl. Ziff. 42), sowie weitere Messungen anisotroper elektrischer Eigenschaften.

Die Herstellung von Einkristallen durch Ziehen aus der Schmelze, gerichtetes Erstarren und tiegelfreies Schmelzen (vgl. Ziff. 10) ist bei Ge und Si möglich, ebenso die Reinigung und Homogenisierung durch einseitiges Erstarren und Zonenschmelzen.

Auf die elektrischen und optischen Eigenschaften der beiden Halbleiter sind wir schon an vielen Stellen eingegangen und haben auch in zahlreichen Figuren Meßergebnisse an Ge und Si gebracht. Einen Überblick über die Eigenschaften beider Halbleiter gibt CONWELL[1], genauere Untersuchungen an n-leitendem Silizium wurden von MORIN und MAITA[2], an eigenleitendem Germanium von MORIN und MAITA[3] und an n-leitendem Germanium von DEBYE und CONWELL[4] durchgeführt. Eine eingehende Diskussion der Störstellen in Ge und Si wurde schließlich von BURTON[5] gegeben.

Aus diesen und zahlreichen anderen dort zitierten Arbeiten ergibt sich das folgende Bild:

Während frühere Arbeiten für die Breite der verbotenen Zone von Si aus elektrischen Messungen den Wert $(1{,}12-3\cdot 10^{-4}\,T)$ eV enthalten, erscheint ein Wert von $[1{,}21-3{,}6\cdot 10^{-4}\,T-7{,}1\cdot 10^{-10}\,(n_i/T)^{\frac{1}{2}}]$ eV mit neueren Messungen besser in Einklang zu stehen[2]. Die aus optischen Untersuchungen gewonnenen Werte stimmen angenähert mit den aus elektrischen Messungen gewonnenen überein. Infolge der Unsicherheit in der genauen Bestimmung von ΔE aus der Lage der Absorptionskante streuen aber die in der Literatur angegebenen Werte.

Die Elektronenbeweglichkeit ergibt sich aus Leitfähigkeits- und Drift-Beweglichkeitsmessungen[2] zu $4\cdot 10^{9}\,T^{-2{,}6}$ cm²/Vsec (Zimmertemperaturwert 1300 cm²/Vsec) und die Beweglichkeit der Löcher des am stärksten besetzten Teilbandes zu $2{,}5\cdot 10^{8}\,T^{-2{,}3}$ cm²/Vsec (Zimmertemperaturwert 500 cm²/Vsec). Auch hier liegen die Werte noch nicht endgültig fest. So geben andere Autoren für μ_n eine Temperaturabhängigkeit $\sim T^{-\frac{3}{2}}$ an.

In Germanium ergeben elektrische Messungen[3] eine Breite der verbotenen Zone von $[0{,}785-3{,}5\cdot 10^{-4}\,T-4{,}61\cdot 10^{-10}\,(n_i/T)^{\frac{1}{2}}]$ eV. Auch hier besteht angenäherte Übereinstimmung mit den aus optischen Messungen gewonnenen Werten. Die Driftbeweglichkeit der Elektronen ist $\mu_n=4{,}9\cdot 10^{7}\,T^{-1{,}66}$ cm²/Vsec (Zimmertemperaturwert 3800 cm²/Vsec), die der Löcher des am stärksten besetzten Teilbandes $\mu_p=1{,}05\cdot 10^{9}\,T^{-2{,}33}$ cm²/Vsec (Zimmertemperaturwert 1820 cm²/Vsec)[6].

Die Löcher des zweiten Teilbandes sind bisher lediglich bei Germanium durch Messungen der galvanomagnetischen Effekte indirekt nachgewiesen (vgl. Ziff. 43). Ein direkter Nachweis durch Laufzeitmessungen bei der Löcherinjektion gelang nicht[7]. Über die Löcher des dritten Teilbandes ist experimentell noch nichts bekannt.

Als Störstellen sind in beiden Halbleitern die Elemente der III. und der V. Gruppe des periodischen Systems als Acceptoren bzw. Donatoren besonders wichtig. Sie werden substitutionell auf Gitterplätzen eingebaut und zeichnen

---

[1] E. M. CONWELL: Proc. Inst. Radio Engrs. **40**, 1327 (1952). — Sylvania Technologist **7**, 41 (1954).

[2] F. J. MORIN u. J. P. MAITA: Phys. Rev. **96**, 28 (1954).

[3] F. J. MORIN u. J. P. MAITA: Phys. Rev. **94**, 1525 (1954).

[4] P. P. DEBYE u. E. M. CONWELL: Phys. Rev. **93**, 693 (1954).

[5] J. A. BURTON: Physica, Haag **20**, 845 (1954).

[6] F. J. MORIN: Phys. Rev. **93**, 62 (1954).

[7] N. J. HARRICK: Phys. Rev. **98**, 1131 (1955); vgl. hierzu die theoretische Diskussion solcher Messungen von E. S. RITTNER: Phys. Rev. **101**, 1291 (1956).

sich aus durch große Löslichkeit, kleine Diffusionskoeffizienten und kleine Termabstände von den Bandrändern. Ihre Wirkung besteht wesentlich in der Abgabe von Ladungsträgern. Elemente aus anderen Gruppen des periodischen Systems sind schwächer löslich, besitzen größere Diffusionskoeffizienten und ihre Terme liegen weiter von den Bandrändern entfernt. Sie wirken infolgedessen

Tabelle 10. *Termabstände der wichtigsten Störstellen von den Bandrändern in Silizium und Germanium nach* BURTON.

Element	Silizium			Germanium		
	Typ	E_L-E_{st} eV	$E_{st}-E_V$ eV	Typ	E_L-E_{st} eV	$E_{st}-E_V$ eV
B	Acc		0,045	Acc		0,0104
Al	Acc		0,057	Acc		0,0102
Ga	Acc		0,065	Acc		0,0108
In	Acc		0,16	Acc		0,0112
P	Don	0,044		Don	0,0120	
As	Don	0,049		Don	0,0127	
Sb	Don	0,039		Don	0,0096	
Li	Don	0,033		Don	0,0093	
Zn				Acc		0,029
Cu (1)				Acc		0,040
Cu (2)						0,25
Au (1)	Don		0,35	Acc		0,15
Au (2)		0,3		Acc	0,20	
Ni				Acc		0,25
Fe (1), Co (1)				Acc		0,25
Fe (2), Co (2)					0,3	
Pt				Acc		0,04
Wärme-behandlung (Herkunft unbekannt)	Don	0,033 0,133 0,3				

zusätzlich als Haftstellen und Rekombinationszentren. Die Einbaukoeffizienten einer großen Anzahl von Elementen in Ge und Si haben wir bereits in Tabelle 5, Ziff. 10, gegeben. Tabelle 10 gibt ferner die Termlagen der wichtigsten bisher untersuchten Störstellen in Silizium und Germanium[1].

Als Rekombinationszentren wirken in Germanium vor allem Cu und Ni. Die bisher erreichten Optimalwerte der Lebensdauer und der Oberflächenrekombinations-Konstanten in Ge sind: $\tau = 6000\,\mu\text{sec}$[2] und $s = 15$ cm/sec[3].

Über die weiteren Eigenschaften von Ge und Si haben wir bereits in früheren Ziffern berichtet. Wir verweisen speziell auf Ziff. 11 (Beschuß mit Korpuskularstrahlung), Ziff. 34 (elektrische Eigenschaften bei tiefen Temperaturen), Ziff. 42 und 43 (Einfluß der Anisotropie auf die Leitungsvorgänge), Ziff. 55 und 56 (magnetische Sperrschicht und photogalvanomagnetischer Effekt), Abschnitt E (*p*-*n*-Übergänge) und Abschnitt F (Oberflächen).

Zwischen Germanium und Silizium existiert eine lückenlose *Mischkristallreihe*[4]. Beim Übergang von reinem Germanium zu reinem Silizium steigt die Breite der verbotenen Zone kontinuierlich an, bis etwa 15% Siliziumzusatz ist

[1] J. A. BURTON: Physica, Haag **20**, 845 (1954).

[2] J. A. BURTON, G. W. HULL, F. J. MORIN u. J. C. SEVERIENS: J. phys. Chem. **57**, 853 (1953).

[3] J. P. MCKELVEY u. R. L. LONGINI: J. Appl. Phys. **25**, 634 (1954).

[4] A. LEVITAS: Phys. Rev. **99**, 1810 (1955). — A. LEVITAS, C. C. WANG u. B. H. ALEXANDER: Phys. Rev. **95**, 846 (1954). — R. A. LOGAN, A. J. GROSS u. M. SCHWARTZ: J. Appl. Phys. **25**, 1551 (1954). — E. R. JOHNSON u. S. M. CHRISTIAN: Phys. Rev. **95**, 560 (1954). — M. GLICKSMAN: Phys. Rev. **100**, 1146 (1955). — G. DRESSELHAUS, A. F. KIP, HAN-YING KU, G. WAGONER u. S. M. CHRISTIAN: Phys. Rev. **100**, 1218 (1955).

der Anstieg steil, von da ab flacher. Dieses Verhalten scheint mit der energetischen Lage der Minima des Leitungsbandes zusammenzuhängen. Während bei einem Si-Zusatz unter 15% die (111)-Minima energetisch tiefer liegen, bilden oberhalb dieser Grenze die (100)-Minima die untere Kante des Leitungsbandes. Die Elektronenbeweglichkeit nimmt nicht stetig beim Übergang von Ge zu Si ab, sondern durchläuft ein Minimum. Hier scheint ein zusätzlicher Streumechanismus durch die ungleichmäßige Verteilung der Komponenten der Legierung (alloy-scattering) eine Rolle zu spielen.

Ge-Si-Legierungen verhalten sich in allen bisher untersuchten Fällen ähnlich wie Ge und Si, mit lediglich geänderten ΔE- und μ-Werten.

γ) Graues Zinn. Die graue Modifikation des Zinns (α-Sn) besitzt halbleitende Eigenschaften, die denen des Germaniums und Siliziums entsprechen. α-Sn ist nur unterhalb 13° C stabil und geht bei höheren Temperaturen in die weiße Modifikation über, die metallische Eigenschaften besitzt. Eine Erhöhung der Umwandlungstemperatur auf etwa 60° C ist durch Zusatz von 0,75% Ge möglich[1]. Die Herstellung von α-Sn ist nur als amorphes Pulver oder als dünne einkristalline Fäden[2] möglich. Angaben über die Breite der verbotenen Zone schwanken zwischen 0,064 eV und 0,1 eV, der wahrscheinlichste Wert liegt bei 0,082 eV[3]. Die Elektronenbeweglichkeit ist $\mu_n = 11{,}6 \cdot 10^6\, T^{-3/2}$ cm²/Vsec (Zimmertemperaturwert 2300 cm²/Vsec), die Löcherbeweglichkeit $\mu_p = 8{,}9 \cdot 10^6\, T^{-\frac{3}{2}}$ cm²/Vsec[4] (Zimmertemperaturwert 1780 cm²/Vsec).

Das Bändermodell wurde wiederum von HERMAN berechnet[5]. Das Valenzband entspricht in seiner Struktur dem Valenzband des Ge und Si, das Leitungsband besitzt dagegen ein (isotropes) Minimum bei $\boldsymbol{k} = 0$.

Über weitere Eigenschaften des grauen Zinns vgl. unter anderem G. BUSCH[6].

δ) Siliziumkarbid. Eine zusammenfassende Darstellung der Eigenschaften des SiC gibt ZÜCKLER[7]. Über das Bändermodell und die Halbleitereigenschaften liegen bisher nur wenige Ergebnisse vor. Der Herstellung von Einkristallen mit definierter Störstellenkonzentration stehen technologische Schwierigkeiten entgegen (Schmelzpunkt etwa 3000° K, beginnende Zersetzung bei Normaldruck schon 500° tiefer). Unterhalb etwa 2000° K kristallisiert SiC in der Zinkblendestruktur (β-SiC), oberhalb dieser Temperatur treten eine große Anzahl von Zwischenstufen zwischen der Zinkblendestruktur und der Wurtzitstruktur auf.

Die Breite der verbotenen Zone liegt nach optischen Messungen bei etwa 2,8 eV. Die Beweglichkeiten der Ladungsträger sind kleiner als 100 cm²/Vsec.

Neben dem Einbau von Elementen der V. Gruppe des periodischen Systems als Donatoren und der III. Gruppe als Acceptoren kann hier der Leitungstyp durch Abweichungen von der stöchiometrischen Zusammensetzung beeinflußt werden. Die häufig auftretende Färbung (vorwiegend schwarz oder grün) ist auf andere Verunreinigungen zurückzuführen und zeigt keinen sicheren Zusammenhang mit der Größe der Leitfähigkeit oder dem Leitungstyp.

Zur Störbandleitung in SiC vgl. Ziff. 34.

93. Weitere halbleitende Elemente. Von den in Tabelle 1, Ziff. 3, angegebenen halbleitenden Elementen sind neben den in der vorhergehenden Ziffer behandelten

[1] A. W. EWALD: J. Appl. Phys. **25**, 1436 (1954).

[2] A. W. EWALD: Phys. Rev. **91**, 244 (1953).

[3] A. W. EWALD u. E. E. KOHNKE: Phys. Rev. **97**, 607 (1955).

[4] J. T. KENDALL: Phil. Mag. **45**, 141 (1954).

[5] F. HERMAN: J. Electronics **1**, 103 (1955).

[6] G. BUSCH u. Mitarb. [*24*], S. 188. — Helv. phys. Acta **23**, 528 (1950); **24**, 49 (1951); **26**, 611, 697 (1953). — A. W. EWALD: Bull. Amer. Phys. Soc. **29**, No. 3, R 9 (1954). — J. H. BECKER: Bull. Amer. Phys. Soc. **30**, No. 1, V 6 (1955).

[7] R. ZÜCKLER [*23*, IV], dort auch eine erschöpfende Literaturübersicht.

Halbleitern der IV. Gruppe des periodischen Systems nur Selen und Tellur eingehend untersucht. Über die restlichen Elemente (B, P, As, Sb, S, J) ist wenig bekannt.

α) Bor. Die Gitterstruktur des Bors ist noch unbestimmt, die technologische Herstellung schwierig. Für die Breite der verbotenen Zone werden Werte zwischen 0,98 eV und 1,28 eV angegeben[1]. Optische Messungen an dünnen Schichten und optische und elektrische Messungen an polykristallinem Material stimmen hier überein. Die Elektronenbeweglichkeit liegt nach den bisherigen Messungen bei 7 cm²/V/sec[2]. Die Löcherbeweglichkeit ist größer (etwa 50 cm²/Vsec).

β) Phosphor. Phosphor tritt in einer Reihe allotroper Modifikationen auf: schwarzer Phosphor (orthorombisches Schichtengitter), roter Phosphor (monoklin) und weißer Phosphor (Molekülgitter). Während der weiße Phosphor ($\Delta E > 2{,}1$ eV) und der rote Phosphor ($\Delta E \approx 1{,}55$ eV) nur wenig untersucht sind [*14*], liegt über die halbleitenden Eigenschaften des schwarzen Phosphors eine eingehende Untersuchung von KEYES[3] vor. Die Eigenschaften entsprechen in vielem denen des Tellurs. Die Breite der verbotenen Zone ist $\Delta E = (0{,}33 + 8 \cdot 10^{-4} T)$ eV. ΔE nimmt also (im Gegensatz zu den meisten anderen Halbleitern) mit steigender Temperatur zu. Ähnlich wie im Bor ist auch hier die Löcherbeweglichkeit größer als die Elektronenbeweglichkeit ($\mu_n = 220$ cm²/Vsec, $\mu_p = 350$ cm²/Vsec bei Zimmertemperatur). Die Temperaturabhängigkeit der Beweglichkeiten genügt dem $T^{-\frac{3}{2}}$-Gesetz. Diese Werte sind alle mit Hilfe der isotropen Theorie aus den Messungen gewonnen. Da das Schichtengitter des schwarzen Phosphors jedoch stark anisotrop ist, können sie nur als Näherungswerte betrachtet werden.

γ) Selen. Über den Leitungsmechanismus des Selens liegen eine Reihe von Berichten vor[4]. Trotz der Bedeutung des Selens für technische Trockengleichrichter und der dadurch veranlaßten zahlreichen Untersuchungen seiner Halbleitereigenschaften besitzt man noch kein konsistentes Bild des Leitungsmechanismus und keine sicheren Angaben über die wichtigsten Halbleiterparameter. Selen tritt nur *p*-leitend auf. Während die amorphe und die rote (monokline) Modifikation des Selens einen sehr hohen spezifischen Widerstand ($\approx 10^{15}$ Ohm-cm) aufweisen, besitzt die hexagonale (einkristallin herstellbare) Modifikation eine beträchtliche Leitfähigkeit. Einbau von Halogenen erhöht die Leitfähigkeit, Einbau von Tl setzt sie herab. Die Löcherbeweglichkeit ist sehr niedrig (0,1 bis 10 cm²/Vsec). Flüssiges Selen behält die Halbleitereigenschaften des festen Selens bei[5]. Für ΔE ergibt sich ein Wert von 2,31 eV, für μ_p von $8{,}4 \cdot 10^6 T^{-\frac{3}{2}}$ cm²/Vsec.

Wir können an dieser Stelle nicht auf die verschiedenen Vorstellungen eingehen, die man sich über den Leitungsmechanismus des Selens gebildet hat, und verweisen lediglich auf die oben zitierte Literatur[4], die einen zusammenfassenden Überblick über den heutigen Stand des Selenleitungsproblemes gibt.

δ) Tellur. Im Gegensatz zum Selen herrscht über die Halbleitereigenschaften des Tellurs weitgehend Klarheit. Nach Rechnungen von CALLEN[6] setzt sich das

---

[1] [*14*], J. LAGRANAUDIE: J. Phys. Radium **13**, 554 (1952); **14**, 14 (1953). — J. Chim. Phys. **50**, 629 (1953). — R. UNO, T. IRIE, S. YOSHIDA u. K. SHINOHARA: J. Sci. Res. Inst. (Tokio) **47**, 216, 223 (1953). — L. W. FRIEDRICH u. V. P. JACOBSMEYER: Phys. Rev. **91**, 492 (1953).

[2] W. C. SHAW, D. E. HUDSON u. G. C. DANIELSON: Phys. Rev. **89**, 900 (1953); **91**, 208 (1953).

[3] R. W. KEYES: Phys. Rev. **92**, 580 (1953).

[4] F. BRUNKE [*23*, II], S. 59. — L. M. NIJLAND: Phil. Res. Rep. **9**, 259 (1954).

[5] H. W. HENKELS: J. Appl. Phys. **21**, 725 (1950). — H. W. HENKELS u. J. MACZUK: J. Appl. Phys. **24**, 1056 (1953).

[6] H. B. CALLEN: J. Chem. Phys. **22**, 518 (1954).

Leitungsband aus zwei Teilbändern (einem tiefer liegenden d-Band mit Elektronen höherer Beweglichkeit und einem höher liegenden p-Band mit Elektronen kleinerer Beweglichkeit) zusammen. Auf den mit dieser Struktur verbundenen doppelten Nulldurchgang des HALL-Koeffizienten sind wir bereits in Ziff. 43 eingegangen. Eine andere Erklärungsmöglichkeit dieses Effektes durch thermische Fehlordnung bei hohen Temperaturen wurde von FRITZSCHE[1] und TANUMA[2] vorgeschlagen.

Messungen der elektrischen Leitfähigkeit, des HALL-Koeffizienten und zahlreicher anderer Leitfähigkeitseffekte[2,3] liefern die folgenden Werte: $\Delta E = (0{,}32 + 1{,}9 \cdot 10^{-4} T)$ eV, $m_n = 0{,}68\, m$, $m_p = 0{,}91\, m$, $\mu_n = 6{,}1 \cdot 10^6 T^{-\frac{3}{2}}$ cm²/Vsec (Zimmertemperaturwert: 1180 cm²/Vsec), $\mu_p = 2{,}9 \cdot 10^6 T^{-\frac{3}{2}}$ cm²/Vsec (Zimmertemperaturwert: 560 cm²/Vsec).

Über die Änderung der Leitfähigkeit des Te unter Druck berichten BRIDGMAN, BARDEEN und MOSS[4], über die Eigenschaften von Te mit Se-Zusatz (bis 13,2%) NUSSBAUM[5].

Flüssiges Te wurde von EPSTEIN und FRITZSCHE[6] untersucht. Die Halbleitereigenschaften bleiben auch beim Übergang von der festen zur flüssigen Phase erhalten. Am Schmelzpunkt fällt der HALL-Koeffizient und die Thermospannung sprunghaft ab, beide Größen gehen dann mit wachsender Temperatur durch Null und werden negativ.

ε) Arsen, Antimon, Schwefel, Jod. Die stabile Modifikation des Arsens und des Antimons zeigt metallische Leitfähigkeit. Die graue Modifikation des As (stabil nur unterhalb 270 bis 300° C) ist dagegen ein Halbleiter. Messungen an dünnen Schichten ergaben $\Delta E \approx (1{,}2 - 5 \cdot 10^{-4} T)$ eV und Beweglichkeiten der Größenordnung 60 cm²/Vsec. Auch bei Sb scheint eine (unterhalb 0° C stabile) nichtmetallische Form mit $\Delta E \approx 0{,}06$ bis 0,18 eV aufzutreten.

Lichtelektrische Untersuchungen sprechen dafür, daß auch Schwefel ($\Delta E \approx 2{,}5$ eV) und Jod ($\Delta E \approx 1{,}25$ eV) Halbleiter sind.

Für nähere Einzelheiten sei auf [*14*] verwiesen.

94. Halbleiter mit Zinkblende- und Wurtzitstruktur. Die in der Zinkblende- und Wurtzitstruktur kristallisierenden Halbleiter sind in ihrem Aufbau und ihren Bindungseigenschaften den im Diamantgitter kristallisierenden Elementen der IV. Gruppe des periodischen Systems eng verwandt. In allen diesen Substanzen erfolgt die Bindung durch abgesättigte Elektronenpaare zwischen nächsten Nachbarn. Die Gitteratome müssen also wegen ihrer tetraedrischen Anordnung im Mittel vier Valenzelektronen besitzen. Dies ist der Fall bei Verbindungen der III. und V., der II. und VI. und der I. und VII. Gruppe des periodischen Systems.

Bei den Elementen der IV. Gruppe ist die chemische Bindung weitgehend homöopolar. Beim Übergang zu den III—V-Verbindungen macht sich ein (durch die ungleiche Elektronegativität benachbarter Atome bedingter) heteropolarer Anteil bemerkbar, der sich beim Fortschreiten in der isoelektronischen Reihe

---

[1] H. FRITZSCHE: Science, Lancaster, Pa. **115**, 571 (1952).

[2] S. TANUMA: Sci. Res. Rep. Inst. Tôhoku Univ. A **6**, 156 (1954).

[3] Vgl. auch T. FUKUROI u. Mitarb.: Sci. Res. Rep. Inst. Tôhoku Univ. A **1**, 365, 373 (1949); A **2**, 233, 238 (1950); A **3**, 175 (1951); A **4**, 353 (1952); A **6**, 18 (1954). — V. E. BOTTOM: Phys. Rev. **74**, 1218 (1948); **75**, 1310 (1949). — Science, Lancaster, Pa. **115**, 570 (1952). — P. AIGRAIN, C. DUGAS, J. LEGRAND DES CLOIZEAUX u. B. JANCOWICI: C. R. Acad. Sci., Paris **235**, 145 (1952). — H. KRONMÜLLER, J. JAUMANN u. K. SEILER: Z. Naturforsch. **11** a, 243 (1956).

[4] P. W. BRIDGMAN: Proc. Amer. Acad. Arts. Sci. **72**, 157 (1938). — J. BARDEEN: Phys. Rev. **75**, 1777 (1949). — T. S. MOSS: Phys. Rev. **79**, 1011 (1951).

[5] A. NUSSBAUM: Phys. Rev. **94**, 337 (1954).

[6] A. EPSTEIN u. H. FRITZSCHE: Bull. Amer. Phys. Soc. **29**, No. 3, R 2 (1954). — V. A. JOHNSON: Bull. Amer. Phys. Soc. **30**, No. 2, Z 11 (1955).

IV—IV, III—V, II—VI, I—VII verstärkt. Die durch das gleichzeitige Vorhandensein von homöopolarem und heteropolarem Bindungsanteil auftretende Resonanzverfestigung der chemischen Bindung führt zu einer Erhöhung des Schmelzpunktes und der Breite der verbotenen Zone der Verbindungen gegenüber den Elementen. Zur genaueren Analyse der Natur der chemischen Bindung und ihres Einflusses auf die Halbleitereigenschaften der Körper mit Zinkblende- und Wurtzitstruktur sei auf den Bericht von WELKER [20] verwiesen.

α) Über die Eigenschaften der III—V-Verbindungen InSb, InAs, InP, GaSb, GaAs, GaP, AlSb liegen zwei Berichte von WELKER [20] und WEISS und WELKER [8, III] vor, die die gesamte Literatur bis Ende 1955 vollständig erfassen. Wir beschränken uns deswegen auf die wichtigsten Grundzüge.

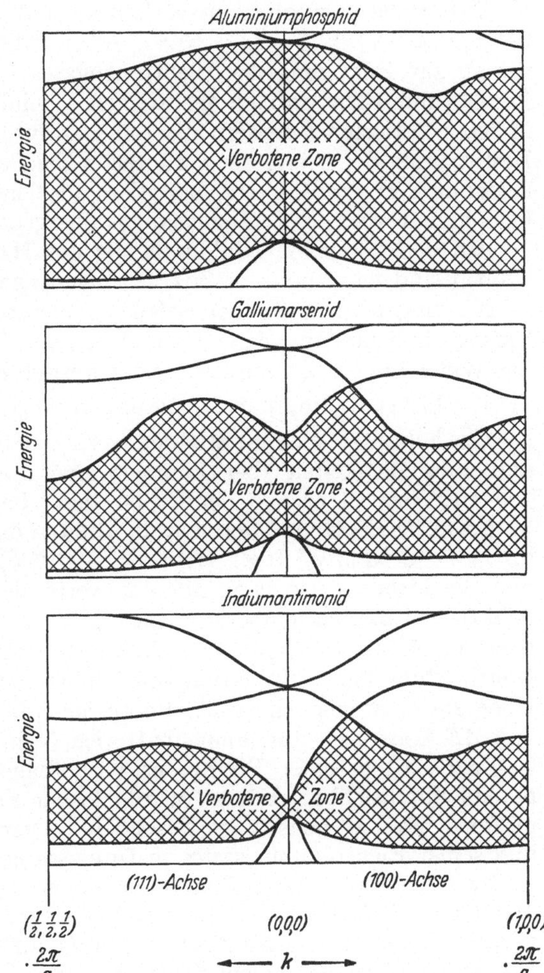

Fig. 108. Bändermodell einiger III—V-Verbindungen nach HERMAN (hier ist im Gegensatz zu Fig. 107 die Spin-Bahn-Kopplung vernachlässigt, s. Text).

Über die Bandstruktur der III—V-Verbindungen sind noch keine exakten Ergebnisse vorhanden. Nach vorläufigen Abschätzungen von HERMAN liegen ähnliche Verhältnisse vor wie bei Ge und Si. Fig. 108 zeigt die Fig. 107 entsprechenden Bänderschemata für AlP, GaAs und InSb. Danach entsprechen diese Halbleiter in der Form ihrer Bandstruktur angenähert ihren isoelektronischen Elementen Si, Ge und Sn. In Fig. 108 ist die durch Spin-Bahn-Wechselwirkung bedingte Aufspaltung entarteter Bänder im Gegensatz zu Fig. 107 nicht enthalten. Zusätzliche Berücksichtigung dieser Aufspaltung führt neben einer geringen Verschiebung einzelner Minima zum Absinken des „unteren" Valenz-Teilbandes und zur Trennung der zwei „oberen" in der Figur zusammenfallenden Teilbänder des Valenzbandes, also zu der in Fig. 107 gezeigten Struktur.

Experimentelle Ergebnisse von Cyclotronresonanz-Untersuchungen stehen noch aus. Aus Messungen der Thermospannung in der Eigenleitung werden von WEISS mittlere scheinbare Massen für InSb und InAs bestimmt: $m_n = 0{,}037\, m$, $m_p = 0{,}18\, m$ in InSb bei 300° K, $m_n = 0{,}064\, m$, $m_p = 0{,}33\, m$ für InAs. Bei hohen Temperaturen muß in InSb eine Zunahme der mittleren scheinbaren Elektronenmasse angenommen werden.

InSb und InAs sind die beiden am eingehendsten untersuchten III—V-Verbindungen. Infolge der kleinen Elektronenmassen besitzen sie sehr hohe Elektronenbeweglichkeiten [InSb: 65000 cm²/Vsec ($\sim T^{-1,66}$), InAs: 23000 cm²/Vsec bei Zimmertemperatur] und ein großes Beweglichkeitsverhältnis von 65 bzw. 100. Als Folge davon sind die galvanomagnetischen Effekte, die ja nach Ziff. 31 proportional zum Produkt aus Beweglichkeit und magnetischer Induktion sind, sehr groß. Sie werden unter anderem im HALL-*Generator* technisch ausgenutzt.

Das große Beweglichkeitsverhältnis und die relativ kleine Breite der verbotenen Zone [$(0{,}25 - 2{,}7 \cdot 10^{-4}\,T)$ eV in InSb, $(0{,}45 - 3{,}5 \cdot 10^{-4}\,T)$ eV in InAs] führen zur Entartung des Elektronengases bei hohen Temperaturen (vgl. z.B. Fig. 20 und 100). Infolge der kleinen scheinbaren Masse der Elektronen rückt in stark dotierten n-Leitern die FERMI-Kante sehr hoch ins Leitungsband. Die Bestimmung der Breite der verbotenen Zone aus der Lage der Absorptionskante liefert dann zu große Werte, da optisch aus dem Valenzband angeregte Elektronen in höhere Terme des Leitungsbandes übergehen müssen.

Auf den doppelten Nulldurchgang des HALL-Koeffizienten bei reinen InAs-Proben sind wir bereits in Ziff. 43 eingegangen.

Messungen an InSb bei tiefen Temperaturen sprechen für eine Störbandleitung ähnlicher Art wie in Ge und Si (vgl. Ziff. 34). Eine hier gefundene *negative* Widerstandsänderung konnte theoretisch bisher noch nicht gedeutet werden.

Die bisher bestimmten Lebensdauern liegen bei einigen Mikrosekunden.

GaSb besitzt eine Breite der verbotenen Zone von $(0{,}8 - 3{,}5 \cdot 10^{-4}\,T)$ eV und Beweglichkeiten (bei Zimmertemperatur) von $\mu_n = 4000$ cm²/Vsec, $\mu_p = 700$ cm²/Vsec, ist also in der Größe dieser Parameter dem Germanium ähnlich.

GaAs, InP, AlSb: Hier sind die Breiten der verbotenen Zone in GaAs: $(1{,}53$ bis $4{,}9 \cdot 10^{-4}\,T)$ eV, InP: $(1{,}34 - 4{,}6 \cdot 10^{-4}\,T)$ eV, AlSb: $(1{,}6 - 3{,}5 \cdot 10^{-4}\,T)$ eV und die bisher gemessenen Maximalwerte der Elektronen- bzw. Löcherbeweglichkeit bei Zimmertemperatur (in cm²/Vsec): GaAs: 3400 bzw. 200, InP: 3400 bzw. 50, AlSb: 200 bzw. 200. Alle diese Halbleiter zeigen einen ausgeprägten Gleichrichtereffekt. Injektion von Minoritätsträgern und Herstellung von p-n-Übergängen ist möglich. GaAs-Photoelemente besitzen wegen der günstigen Lage von ΔE Bedeutung für Sonnenbatterien (vgl. Ziff. 61).

GaP ist bei einer Breite der verbotenen Zone von $(2{,}4 - 5{,}4 \cdot 10^{-4}\,T)$ eV bereits durchsichtig. Für μ_p wurde bisher nur ein Wert von 17 cm²/Vsec gemessen. Es hat neuerdings besonders wegen seines Rekombinationsleuchtens und seiner Elektrolumineszenz an Interesse gewonnen.

Zwischen InAs und InP sowie zwischen GaAs und GaP existieren lückenlose *Mischkristallreihen*[1]. Im System InAs-InP steigt ΔE linear mit dem Phosphorgehalt an. Dieser lineare Anstieg deutet auf eine analoge Bandstruktur beider Halbleiter. Die Beweglichkeit steigt beim Übergang von InP zu InAs stetig an, durchläuft also kein Minimum wie im System Ge-Si.

Von den III—V-Verbindungen lassen sich bisher InSb, GaSb, InAs, GaAs und AlSb als Einkristalle aus der Schmelze ziehen. Zonenreinigen ist bei allen Verbindungen möglich. Abweichungen von der Stöchiometrie sind nicht festgestellt worden.

Als Störstellen wirken vor allem die Elemente der VI. Gruppe des periodischen Systems als Donatoren und der II. Gruppe als Acceptoren. Elemente der IV. Gruppe substituieren je nach ihrem Ionenradius Gitteratome der III. oder V. Gruppe.

β) Von den weiteren Halbleitern mit Zinkblende- oder Wurtzitstruktur sind besonders die II—VI-Verbindungen HgS, HgSe, HgTe, CdS, CdSe, CdTe, ZnO,

[1] O. G. FOLBERTH: Z. Naturforsch. **10**a, 502 (1955). — H. WEISS: Z. Naturforsch. **11**a, 430 (1956).

ZnS, ZnSe, ZnTe und die I—VII-Verbindung CuJ zu nennen. Bei diesen Verbindungen können bereits merkliche Abweichungen von der Stöchiometrie auftreten und den Leitungstyp bestimmen.

Hohe Beweglichkeiten findet man hier noch bei HgSe und HgTe, bei welchen an unreinen Proben Beweglichkeiten größer 10000 cm²/Vsec gemessen wurden. Genaue Ergebnisse liegen jedoch noch nicht vor.

Von den Verbindungen des Cd mit den Elementen der VI. Gruppe hat nur das CdO keine Zinkblende- oder Wurtzitstruktur (NaCl-Gitter, $\Delta E \approx (2 - 5 \cdot 10^{4} T)$ eV, $\mu_n \approx 20$ cm²/Vsec). Von den drei anderen Halbleitern (CdS, CdSe, CdTe) besitzt besonders das in der Wurzitstruktur kristallisierende CdS wegen seiner photoelektrischen Eigenschaften und seiner Luminiszenz besonderes Interesse. Die Herstellung kleiner Einkristalle ist möglich. Die Breite der verbotenen Zone ist etwa $(2{,}4 - 5 \cdot 10^{-4} T)$ eV, die Elektronenbeweglichkeit 200 cm²/Vsec. Eine *p*-Leitung konnte bisher nicht nachgewiesen werden. Aus der großen Zahl von Untersuchungen seiner elektrischen Eigenschaften seien hier nur die ausführlichen reaktionskinetischen Diskussionen von KRÖGER und Mitarbeitern erwähnt[1].

CdSe und CdTe treten sowohl in der Zinkblendestruktur als auch in der Wurtzitstruktur auf. ΔE liegt bei beiden Substanzen zwischen 1,5 und 2,0 eV. Die Elektronenbeweglichkeit in CdTe beträgt bei Zimmertemperatur 600 cm²/Vsec, die Löcherbeweglichkeit 50 cm²/Vsec.

ZnO und ZnS sind ähnlich wie CdS wieder wesentlich wegen ihrer photoelektrischen Eigenschaften von Interesse. Während ZnO nur im Wurtzitgitter kristallisiert, tritt ZnS in beiden Strukturen auf. ΔE liegt bei beiden Halbleitern um 3 eV, Löcherleitung konnte nicht festgestellt werden.

Für die genaueren Einzelheiten über die Eigenschaften aller dieser Verbindungen, sowie der nur wenig untersuchten Halbleiter ZnSe, ZnTe und CuJ sei wieder auf [*20*] und [*22*], für ZnO speziell noch auf [*18*] verwiesen.

Neben den bisher betrachteten binären Verbindungen mit Zinkblende- oder Wurtzitstruktur treten auch *ternäre* Verbindungen als Halbleiter auf. In gleicher Weise wie die Elemente der IV. Gruppe des periodischen Systems durch III—V-Verbindungen nachgebildet werden können, ist eine Nachbildung der binären Verbindungen durch ternäre möglich. Untersucht wurde hier das $CuInSe_2$[2] (also eine Nachbildung einer A^{II}-B^{VI}-Verbindung durch eine $A^{I}\,B^{III}\,C_2^{VI}$-Verbindung). Die Struktur ist gegenüber der Zinkblendestruktur leicht tetragonal verzerrt (Chalkopyritstruktur). Vorläufige Messungen ergaben eine Breite der verbotenen Zone von angenähert 0,9 eV und eine Elektronenbeweglichkeit von 300 cm²/Vsec. Halbleitende Eigenschaften wurden ferner gefunden bei einigen $A^{II}\,B^{IV}\,C_2^{V}$-Verbindungen[3] mit Chalkopyritstruktur, unter denen das $CdSnAs_2$ mit einer HALL-Beweglichkeit $\mu_n \approx 3000$ cm²/Vsec bisher genauer untersucht wurde, sowie bei einigen $A^{II}\,B_2^{III}\,C_4^{VI}$-Verbindungen[4].

95. Die PbS-Gruppe. Von den Verbindungen der IV. und VI. Gruppe des Periodischen Systems sind lediglich die drei Halbleiter PbS, PbSe, PbTe näher untersucht.

Die Halbleiter der PbS-Gruppe kristallisieren in der NaCl-Struktur. Die Bindung erfolgt durch *p*-Elektronen[5]. Das Bändermodell von PbS wurde von

---

[1] F. A. KRÖGER u. Mitarb.: Z. phys. Chem. **203**, 1 (1954). — Physica, Haag **20**, 1095 (1954). — Phil. Res. Rep. **10**, 39 (1955).

[2] C. H. I. GOODMAN u. R. W. DOUGLAS: Physica, Haag **20**, 1107 (1954).

[3] O. G. FOLBERTH u. H. PFISTER [*23*, E].

[4] G. BUSCH, P. JUNOD, E. MOOSER u. H. SCHADE [*23*, E].

[5] H. WELKER [*20*]. — H. KREBS u. W. SCHOTTKY [*23*, I], S. 25. — H. KREBS: Physica, Haag **20**, 1125 (1954).

PINCHERLE und Mitarbeitern[1] berechnet. Die Rechnung ergibt ein anisotropes Bandschema mit einer verbotenen Zone (Abstand vom Minimum des Leitungsbandes zum Maximum des Valenzbandes) $<0{,}3$ eV, aber einen kleinsten Abstand bei gleichem Wellenzahlvektor (maßgebend für „erlaubte" optische Übergänge) von etwa 1,3 eV.

Die Herstellung von Einkristallen ist nach dem BRIDGMAN-STOCKBARGER-Verfahren[2] (vgl. Ziff. 10) möglich. Im Gegensatz zu den III—V-Verbindungen werden hier bereits Abweichungen von der Stöchiometrie wesentlich. Pb-Überschuß ergibt n-Leitung, Pb-Unterschuß p-Leitung. Durch Tempern in einer Schwefelatmosphäre oberhalb 500° K läßt sich also der Leitungstyp und die Größe der Leitfähigkeit beeinflussen. Die Technologie des PbS wurde zusammen mit dessen elektrischen Eigenschaften eingehend von SCANLON und BREBRICK[3] untersucht.

Über die elektrischen und optischen Eigenschaften der PbS-Gruppe, insbesondere in Hinblick auf die Bestimmung der wichtigsten Halbleiterparameter berichtet SMITH[4]. Messungen der Ultrarotabsorption zeigen hier zwei Absorptionskanten, von denen die eine (bei etwa 1,3 eV) früher fälschlich mit der Breite der verbotenen Zone identifiziert wurde, jetzt jedoch dem kleinsten „erlaubten" optischen Übergang zugeschrieben wird. Die andere Absorptionskante liegt bei kleineren Energien. Sie entspricht dem kürzesten Abstand Leitungsband—Valenzband und ist „verbotenen" optischen Übergängen (mit starker Änderung des Wellenzahlvektors) zuzuordnen. Nach SMITH ist ΔE_0 (extrapoliert auf $T=0°$ K) für PbS 0,22 eV, für PbSe 0,14 eV, für PbTe 0,18 eV. Mit wachsender Temperatur *steigt* ΔE zunächst linear mit etwa $2{,}5 \cdot 10^{-4}$ eV/°K an, bei Temperaturen über 300° K schwächer. Diese ΔE-Bestimmung beruht jedoch auf einem nicht gesicherten Auswerteverfahren und kann nicht als definitiv angesehen werden. GIBSON[4] gibt höhere Werte an.

Die Bestimmung von ΔE aus Leitfähigkeitsmessungen bzw. HALL-Effektmessungen stößt auf Schwierigkeiten, da bei hohen Temperaturen irreversible Änderungen in der stöchiometrischen Zusammensetzung auftreten. HALL-Effekt-Messungen von SCANLON[5] stehen jedoch mit dem Wert der langwelligeren Absorptionskante größenordnungsmäßig in Einklang.

Die Beweglichkeiten gehorchen angenähert einem $T^{-\frac{5}{2}}$-Gesetz. Eine genaue Analyse von PETRITZ und SCANLON[6] erklärt dieses Verhalten bei PbS aus einer Überlagerung von zwei Streumechanismen, der Wechselwirkung der Ladungsträger mit den akustischen und den optischen Phononen. Wir haben darauf bereits in Ziff. 27 hingewiesen. Die zur Zeit verbindlichsten Werte der Elektronen- bzw. Löcherbeweglichkeit bei Zimmertemperatur sind in cm²/Vsec: PbS 600 bzw. 390, PbSe 1000 bzw. 770, PbTe 1800 bzw. 1330.

Eine Deutung der elektrischen Eigenschaften des PbS mit Hilfe des in Ziff. 19 diskutierten reaktionskinetischen Modells wurde von BLOEM, KRÖGER und VINK[7] gegeben.

---

[1] D. G. BELL, D. M. HUM, L. PINCHERLE, D. W. SCIAMA u. P. M. WOODWARD: Proc. Roy. Soc. Lond., Ser. A **217**, 71 (1951).

[2] W. D. LAWSON: J. Appl. Phys. **22**, 1444 (1951); **23**, 495 (1952).

[3] W. W. SCANLON u. R. F. BREBRICK: Physica, Haag **20**, 1090 (1954). — Phys. Rev. **96**, 598 (1954).

[4] R. A. SMITH: Physica, Haag **20**, 910 (1954); vgl. auch die Arbeiten von E. H. PUTLEY: Proc. Phys. Soc. Lond. B **65**, 388, 763, 993 (1952); B **68**, 22, 35 (1955) (elektrische Eigenschaften) und A. F. GIBSON: Proc. Phys. Soc. Lond. B **65**, 378 (1952) (optische Eigenschaften).

[5] W. W. SCANLON: Phys. Rev. **92**, 1573 (1953).

[6] R. L. PETRITZ u. W. W. SCANLON: Phys. Rev. **97**, 1620 (1950).

[7] J. BLOEM, F. A. KRÖGER u. H. J. VINK [*9*], S. 273.

Die Halbleiter der PbS-Gruppe zeigen Gleichrichter- und Transistorwirkung, Photoeffekt und photogalvanomagnetischen Effekt, ferner lassen sich *p*-*n*-Übergänge herstellen[1].

96. Weitere halbleitende Verbindungen. Von den übrigen halbleitenden Verbindungen wollen wir im folgenden nur die wichtigsten Gruppen herausstellen ohne Anspruch auf Vollständigkeit zu erheben.

Die II—VI-Verbindungen Mg_2Si, Mg_2Ge, Mg_2Sn und Mg_2Pb kristallisieren im Flußspatgitter. Ihren Bindungsmechanismus und das Zustandekommen der Halbleitereigenschaften diskutiert WELKER [*20*]. Die elektrischen Eigenschaften wurden von BUSCH und Mitarbeitern untersucht. Die Breiten der verbotenen Zonen sind: Mg_2Si 0,77 eV, Mg_2Ge 0,74 eV, Mg_2Sn 0,36 eV. Als höchste Beweglichkeiten in Mg_2Ge bzw. Mg_2Sn wurden gemessen: $\mu_n = 530$ bzw. 318 cm²/Vsec, $\mu_p = 106$ bzw. 263 cm²/Vsec (Temperaturabhängigkeit $\sim T^{-\frac{5}{2}}$). Zwischen Mg_2Ge und Mg_2Sn existiert eine lückenlose Mischkristallreihe.

Die hexagonal kristallisierende Modifikation des Mg_2Sb_3 (stabil unterhalb 960° C, $\Delta E = 0{,}82$ eV) besitzt die sonst nur bei einigen Elementen (vgl. Ziff. 93) bekannte Besonderheit einer die Elektronenbeweglichkeit übersteigenden Löcherbeweglichkeit.

Von den II—V – Verbindungen sind hier als Halbleiter noch zu nennen: Zn_3As_2, Cd_3As_2, ZnSb, CdSb, von denen nur das letztere von JUSTI und LAUTZ eingehend untersucht ist[2].

Von den halbleitenden Verbindungen der VI. Gruppe des periodischen Systems mit anderen Elementen haben wir bereits die II—VI – Verbindungen in Ziff. 94 und die IV—VI – Verbindungen in Ziff. 95 diskutiert. Darüber hinaus sind von Interesse: die I—VI – Verbindungen CuO, Cu_2O, Cu_2S, Cu_2Te, Ag_2S, Ag_2Te, die III—VI – Verbindungen In_2Te_3, In_2Se_3, In_2S_3, Ga_2Te_3, ..., InTe, GaTe, die V—VI – Verbindungen Bi_2S_3, Bi_2Te_3, Sb_2Te_3, Sb_2Se_3, As_2S_3, sowie die Oxyde oder Sulphide der Elemente Fe, Co, Ni, Ti, V, Ta, Cr, Mo, W, Mg u.a. Die Eigenschaften dieser Halbleiter sind — soweit bekannt — in [*20*] und [*22*] eingehend behandelt, so daß wir hier die dort gegebenen Ausführungen nicht wiederholen wollen. Über alle diese Halbleiter sind zwar viele Einzelheiten bekannt, doch läßt sich von ihren Eigenschaften kein solch geschlossenes Bild entwerfen, wie von den in Ziff. 92 bis 95 diskutierten Substanzen. Darüber hinaus ist in diesen Halbleitern der polare Bindungsanteil so groß, daß zu ihrer Beschreibung besser die Modelle der Ionenkristalle herangezogen werden, als das den wesentlich homöopolaren Halbleitern angepaßte Bändermodell.

Ein Beispiel hierfür sind die Oxyde der Elemente Sc, Ti, V, Cr, Mn, Fe, Co und Ni. Bei diesen Elementen ist die 3*d*-Schale nicht völlig besetzt, während die 4*s*-Schale bereits Elektronen enthält. Substanzen wie NiO, Fe_2O_3 usw. weisen also unvollständig gefüllte Bänder auf, müßten also nach dem Bändermodell Metalle sein. In Wirklichkeit besitzen sie jedoch eine geringe Leitfähigkeit und ausgeprägte Halbleitereigenschaften *(Offenbandhalbleiter)*. Hier ist zu berücksichtigen, daß die 3*d*-Elektronen nicht an der Bindung teilnehmen und sich ihre Eigenfunktionen nur schwach überlappen. Dann ist das 3*d*-Band sehr schmal und (ähnlich wie bei der Störbandleitung) besteht nur eine geringe

---

[1] H. A. GEBBIE, P. C. BANBURY u. C. A. HOGARTH: Proc. Phys. Soc. Lond. B **63**, 371 (1950), [*24*], S. 78. — C. A. HOGARTH: Proc. Phys. Soc. Lond. B **64**, 822 (1951); B **65**, 958 (1952). — P. C. BANBURY: Proc. Phys. Soc. Lond. B **65**, 236 (1952); B **66**, 50 (1953). — T. S. MOSS: Proc. Phys. Soc. Lond. B **66**, 993 (1953). — A. E. GOLDBERG u. G. R. MITCHELL: J. Chem. Phys. **22**, 220 (1954).

[2] E. JUSTI u. G. LAUTZ: Abh. braunschweig. Wiss. Ges. **4**, 107 (1952). — Z. Naturforsch. 7a, 602 (1952). Vgl. auch G. BUSCH u. U. WINKLER: Helv. phys. Acta **26**, 395 (1953).

Übergangswahrscheinlichkeit eines Elektrons zu einem Nachbaratom. Sind die Nachbaratome ebenfalls mit einer gleichen Anzahl von Elektronen besetzt, so wird ein zu einem benachbarten Atom übergegangenes Elektron bevorzugt wieder zu seinem Atom zurückkehren. Sind jedoch an äquivalenten Gitterplätzen verschieden stark mit Elektronen besetzte Atome vorhanden (also Ionen verschiedener Wertigkeit), so sind Platzwechselvorgänge leichter möglich und unter der Einwirkung eines äußeren Feldes kann ein Strom fließen. Dies ist z.B. im Spinellgitter des Fe_3O_4 der Fall (vgl. Ziff. 8). Ein ähnliches Beispiel ist NiO mit Sauerstoffüberschuß (Bildung von Ni□-Stellen). Aus Neutralitätsgründen zwingen die Nickelfehlstellen einige Ni^{2+}-Ionen zur Umladung in Ni^{3+}. Dieser Valenzwechsel gibt dann, da die zusätzliche positive Ladung unter dem Einfluß eines äußeren Feldes wandern kann, Anlaß zu einer Löcherleitung im Ni-Teilgitter. Dieser Valenzwechsel und die damit verbundene Leitfähigkeitserhöhung läßt sich auch durch Einbau von Fremdionen abweichender Valenz erreichen [Prinzip der gesteuerten Valenz (VERWEY)]. Baut man beispielsweise Li in NiO ein, so substituieren die einwertigen Li-Ionen zweiwertige Ni-Ionen und zwingen damit eine entsprechende Zahl von Ni-Ionen zum Valenzwechsel Ni^{2+} in Ni^{3+}:

$$\left.\begin{aligned} \mathrm{NiO} + \frac{\delta}{2}\,\mathrm{Li_2O} + \frac{\delta}{4}\,\mathrm{O_2} \rightarrow \delta\,\mathrm{Li^+}\bullet'(\mathrm{Ni^{2+}}) + \delta\,\mathrm{Ni^{3+}}\bullet^{\cdot}\,(\mathrm{Ni^{2+}}) + {} \\ + 2\delta\,\mathrm{O^{2-}} + (1-\delta)\,\mathrm{Ni^{2+}\,O^{2-}}. \end{aligned}\right\} \qquad (96.1)$$

Es besteht hier allerdings kein grundsätzlicher Unterschied gegenüber dem Einbau von Störstellen in vorwiegend homöopolar gebundenen Halbleitern. In beiden Fällen wird pro eingebautem Störatom ein Ladungsträger zum Stromtransport zur Verfügung gestellt. Dies wird deutlich, wenn man in (96.1) die Ni^{3+}-Stellen als normale Ni^{2+}-Ionen und eine gleiche Zahl von Löchern betrachtet. Dann ergibt sich statt (96.1):

$$\mathrm{NiO} + \frac{\delta}{2}\,\mathrm{Li_2O} + \frac{\delta}{4}\,\mathrm{O_2} \rightarrow \delta\,\mathrm{Li}\bullet'\,(\mathrm{Ni}) + \delta\oplus + (1+\delta)\,\mathrm{NiO}. \qquad (96.2)$$

Das der Gl. (96.1) zugrunde liegende Modell ist jedoch den vorwiegend heteropolar gebundenen Halbleitern besser angepaßt. In der Literatur werden häufig bei gleichen Halbleitern von verschiedenen Autoren je nach Auffassung das eine oder das andere Modell verwendet[1].

Das Prinzip des Valenzwechsels wurde von VERWEY[2] bei vielen Oxyden zur Herstellung von Halbleitern definierter Leitfähigkeit benutzt.

97. Organische Halbleiter. In einer Reihe aromatischer und aliphatischer Molekülkristalle ergaben Messungen der Temperaturabhängigkeit der Leitfähigkeit ein für Halbleiter typisches Bild. Während die meisten Messungen[3] an gepreßten Pulvern oder dünnen Schichten durchgeführt wurden, liegen bei Anthracen[4], Naphthalin[5] und Phthalocyanin[6] Messungen an Einkristallen vor. In allen Fällen wurde Elektronenleitung nachgewiesen. Die aus elektrischen Messungen gewonnenen Aktivierungsenergien (Anthracen 1,65 eV, Naphthalin 3,7 eV,

[1] Vgl. z.B. F. A. KRÖGER u. H. J. VINK [*23*, I], S. 128, insbesondere den Diskussionsbeitrag von W. SCHOTTKY.

[2] E. J. W. VERWEY u. Mitarb.: Philips Res. Rep. **5**, 173 (1950), siehe auch [*18*].

[3] D. D. ELEY u. a.: Nature, Lond. **162**, 819 (1948). — Trans. Faraday Soc. **49**, 79 (1953). — H. AKAMATU u. H. INOKUCHI: J. Chem. Phys. **18**, 810 (1950); **20**, 1481 (1952). — Nature, Lond. **168**, 520 (1951). — Bull. Chem. Soc. Jap. **24**, 222 (1951); **25**, 28 (1952). — A. T. VARTANYAN: J. Phys. Chem. USSR. **22**, 770 (1948).

[4] H. METTE u. H. PICK: Z. Physik **134**, 566 (1953).

[5] H. PICK u. W. WISSMANN: Z. Physik **138**, 436 (1954).

[6] D. KLEITMAN: Purdue Univ. (unveröffentlicht).

Phthalocyanin 1,44 bis 187 eV) stimmen mit der Lage der Absorptionskante aus optischen Messungen überein. Die Leitfähigkeit ist als Folge des schichtenartigen Aufbaus der Kristalle (monoklin) stark anisotrop. Bei Naphthalin konnte neben der Eigenleitung eine Störleitung durch Sauerstoffeinfluß nachgewiesen werden. Die Bestimmung der Beweglichkeit der an dem Stromtransport teilnehmenden Ladungsträger wurde nicht versucht, doch muß sie, falls die übliche Halbleitertheorie auf organische Kristalle angewendet werden darf, verhältnismäßig hoch liegen.

Zusammenfassende Literatur.

A. Allgemeine Festkörperphysik.

[*1*] Fröhlich, H.: Elektronentheorie der Metalle. Berlin: Springer 1936.

[*2*] Hauffe, K.: Reaktionen in und an festen Stoffen. Berlin-Göttingen-Heidelberg: Springer 1955.

[*3*] Mott, N. F., u. R. W. Guerney: Electronic Processes in Ionic Crystals. Oxford: Clarendon Press 1950.

[*4*] Mott, N. F., u. H. Jones: The Theory of the Properties of Metals and Alloys. Oxford: Clarendon Press 1936.

[*5*] Wilson, A. H.: The Theory of Metals. Cambridge: University Press 1954.

[*6*] Seitz, F.: The Modern Theory of Solids. New York: McGraw-Hill 1940.

[*7*] Sommerfeld, A., u. H. Bethe: Elektronentheorie der Metalle. In Handbuch der Physik, herausgeg. von H. Geiger u. K. Scheel, 2. Aufl., Bd. XXIV/2. Berlin: Springer 1933.

[*8*] Seitz, F., u. D. Turnbull: Solid State Physics. Advances in Research and Applications. New York: Academic Press Inc.

[*8.1*] Bd. 1 (1955).

[*8.2*] Bd. 2 (1956).

[*8.3*] Bd. 3 (1956).

Die Bände enthalten unter anderem die folgenden zusammenfassenden Berichte:

Bd. 1: Reitz, J. R.: Methods of the One-Electron Theory of Solids.
Fan, H. Y.: Valence Semiconductors, Germanium and Silicon.

Bd. 2: Reitz, J. R.: Nuclear Magnetic Resonance.

Bd. 3: Blatt, F. J.: Theory of Mobility of Electrons in Solids.
Kröger, F. A., u. H. J. Vink: Interrelations between the Concentrations of Imperfections.
Weiss, H., u. H. Welker: Group III—V Semiconductors.

[*9*] Defects in Crystalline Solids (Berichte der Konferenz gleichen Titel in Bristol, Juli 1954). London: The Physical Society 1955.

[*10*] Shockley, W., F. Seitz u. a.: Imperfections in Nearly Perfect Crystals. New York: John Wiley & Sons 1952.

B. Halbleiterphysik.

a) Monographien.

[*11*] Busch, G.: Elektronenleitung in Nichtmetallen. Z. angew. Math. u. Phys. **1**, 3, 81 (1950).

[*12*] Busch, G., u. U. Winkler: Bestimmung der charakteristischen Größen eines Halbleiters aus elektrischen, magnetischen und optischen Messungen. Ergebn. exakt. Naturw. **29**, 145 (1956).

[*13*] Madelung, O.: Der Leitungsmechanismus in homöopolaren Halbleitern. Ergebn. exakt. Naturw. **27**, 56 (1953).

[*14*] Moss, T. S.: Photoconductivity in the Elements. London: Butterworths Scientific Publications 1952.

[*15*] Shockley, W.: Electrons and Holes in Semiconductors. New York: McGraw-Hill 1951.

[*16*] Spenke, E.: Elektronische Halbleiter. Berlin-Göttingen-Heidelberg: Springer 1955.

[*17*] Stöckmann, F.: Halbleiter. Naturwiss. **37**, 85, 105, 523 (1950).

[*18*] Stöckmann, F.: Halbleiter. Fortschr. Min. **33**, 1 (1954).

[*19*] Torrey, H. C., u. C. A. Whitmer: Crystal Rectifiers. New York: McGraw-Hill 1948.

[*20*] Welker, H.: Halbleitende Verbindungen mit vorwiegend homöopolarem Charakter. Ergebn. exakt. Naturw. **29**, 275 (1956).

[*21*] Transistor-Sonderheft der Proc. Inst. Radio Engrs. Nov. 1952. — STRUTT, M. J. O.: Transistoren. Zürich: S. Hirzel 1954. — DOSSE, J.: Der Transistor. München: R. Oldenbourg 1955. — SHEA, R. F.: Principles of Transistor Circuits. New York: John Wiley & Sons 1953. — SAY, M. C.: Crystal Rectifiers and Transistors. London: G. Newnes Ltd. 1954. — COBLENZ, A., u. H. L. OWENS: Transistors. Theory and Applications. New York: McGraw-Hill 1955.

[*21a*] Advances in Electronics and Electron Physics, Vol. VII. New York: Academic Press Inc. 1955. Der Band enthält die folgenden Halbleiter-Beiträge:
BURSTEIN, E., u. P. H. EGLI: The Physics of Semiconductor Materials.
BROOKS, H.: Theory of Electrical Properties of Ge and Si.

b) Tabellenwerke.

[*22*] WELKER, H., H. WEISS u. B. SERAPHIN:: Halbleiter. In LANDOLT-BÖRNSTEIN, Zahlenwerte und Funktionen, herausgeg. von K. HELLWEGE, Bd. II/6, 6. Aufl. Berlin-Göttingen-Heidelberg: Springer 1956.

c) Tagungsreferate.

[*23*] SCHOTTKY, W.: Halbleiterprobleme. Braunschweig: Fr. Vieweg & Sohn. (Referate des Halbleiterausschusses des Verbandes Deutscher Physikalischer Gesellschaften.)

[*23.*I] Bd. I (1954) (Referate der Innsbrucker Tagung 1953).
VOLZ, H.: Allgemeine Methoden und Ergebnisse der Vielelektronentheorie in Kristallgittern.
KREBS, H., u. W. SCHOTTKY: Die chemische Bindung in halbleitenden Festkörpern.
PFIRSCH, D.: Wechselwirkung von Elektronenbewegungen mit Schallquanten.
SCHOTTKY, W., u. F. STÖCKMANN: Vergleichende Betrachtungen über die Natur der Störstellen in Halbleitern und Phosphoren.
HAUFFE, K.: Fehlordnungsgleichgewichte in halbleitenden Kristallen vom Standpunkt des Massenwirkungsgesetzes.
SCHOTTKY, W.: Statistische Halbleiterprobleme.
HAUG, A.: Strahlungslose Übergänge an Gitterstörstellen.
ENGEL, H. J.: Randschichteffekte an der Grenze Halbleiter/Vakuum und Halbleiter/Gasraum.
POGANSKI, S.: Elektronik der Doppelrandschichten und dünnen Zwischenschichten.
GEEL, W. CH. VAN: Über die elektrolytische Gleichrichtung.
BRUNKE, F.: Eigenschaften und Herstellung von Selen- und Kupferoxydulgleichrichtern.
SALOW, H., u. J. MALSCH: Die Technik des Transistors.
VESSEM, J. C. VAN, u. T. F. MOLEMAN: Fertigung und Entwurf von Spitzen- und Flächentransistoren.
HEROLD, E. W.: New Advances in the Junction Transistor.
ROSE, A.: Photoconductivity.

[*23.*II] Bd. II (1955) (Referate der Hamburger Tagung 1954).
HAKEN, H.: Die Bewegung elektronischer Ladungsträger in polaren Kristallen.
SERAPHIN, B.: Theoretisches und Experimentelles zur effektiven Masse von Kristallelektronen.
BRUNKE, F.: Der heutige Stand des Selenleitungsproblemes.
MADELUNG, O.: Die Theorie der galvanomagnetischen Effekte in Halbleitern.
HOFFMANN, A.: Lebensdauerfragen und Trap-Modell vom Standpunkt des Massenwirkungsgesetzes.
JOST, W.: Platzwechsel in Kristallen.
REICHARDT, W. E.: Elektronische Strahlungsübergänge in Halbleitern.
STASIW, O.: Photochemische Prozesse in Ionengittern.
FRANK, U. F.: Elektronen- und Ionenleitung in elektrolytischen Deckschichten und ihre Bedeutung für die Passivität der Metalle.
HERLET, A., u. A. HOFFMANN: Thermische Stabilität und Kühlprobleme bei Leistungsgleichrichtern.

[*23.*III] Bd. III (1956) (Referate der Wiesbadener Tagung 1955).
FRANZ, W., u. L. TEWORDT: Befreiung von Elektronen aus Valenzband und Störstellen durch Feld und Stoß.
TELTOW, J.: Assoziation und Wechselwirkung von Störstellen in Ionenkristallen und Halbleitern.
WIESNER, R.: Der *p*-*n*-Photoeffekt.
HARTEN, H. U., u. W. SCHULTZ: Die Eigenschaften der Oberfläche von Germanium und Silizium.
NERGAARD, L. S.: Electron and Ion Motion in Oxide Cathodes.

ZÜCKLER, K.: Siliziumkarbid, Eigenschaften und Anwendung als Material für spannungsabhängige Widerstände.
MEYER, H. J. G.: Ionenschwingungsprobleme bei Übergängen lokalisierter Elektronen in Halbleitern.
[23. E] Ergänzungsband (Referate der Internationalen Halbleiterkonferenz in Garmisch 1956).
[24] HENISCH, H. K.: Semiconducting Materials. London: Butterworths Scientific Publications 1951 (Referate der Internationalen Halbleiterkonferenz in Reading 1950).
Der Band enthält unter anderem die folgenden zusammenfassenden Berichte:
SHOCKLEY, W.: New Phenomena of Electric Conduction in Semiconductors.
BRATTAIN, W. H.: Semiconductor Surface Phenomena.
LARK-HOROVITZ, K.: Nucleon-Bombarded Semiconductors.
FAN, H. Y., u. M. BECKER: Infrared Optical Properties of Si and Ge.
VERWEY, E. J. W.: Oxidic Semiconductors.
[25] Physica, Haag **20**, November (1954) (Referate der Internationalen Halbleiterkonferenz in Amsterdam 1954).
Der Band enthält neben zahlreichen Kurzberichten die zusammenfassenden Referate:
HERMAN, F.: Some recent developments in the calculation of crystal energy bands—New results for the germanium crystal.
KIP, A. F.: Experimental work on cyclotron resonance in semiconductors.
LAX, B., H. J. ZEIGER u. R. N. DEXTER: Anisotropy of cyclotron resonance in germanium.
KITTEL, C.: Experimental evidence on the band structure of Ge and Si.
FRITZSCHE, H., u. K. LARK-HOROWITZ: The electrical properties of germanium semiconductors at low temperatures.
BURTON, J. A.: Impurity Centres in Ge and Si.
FAN, H. Y., D. NAVON u. H. GEBBIE: Recombination and trapping of carriers in germanium.
BARDEEN, J., u. S. R. MORRISON: Surface barriers and surface conductance.
BRATTAIN, W. H., u. C. G. B. GARRETT: Surface properties of semiconductors.
WELKER, H.: Semiconducting intermetallic compounds.
SMITH, R. A.: The electronic and optical properties of the lead-sulphide group of semiconductors.
SCHÖN, M.: Photoleitung und Lumineszenz in Kristallen der ZnS-Gruppe.
KRÖGER, F. A., u. H. J. VINK: Physico-chemical properties of diatomic crystals in relation to the incorporation of foreign atoms with deviating valency.
[26] BRECKENRIDGE, R. G.: Photoconductivity. New York: John Wiley & Sons 1956 (Referate der Konferenz über Photoleitfähigkeit in Atlantic City 1954).
[27] J. of Electronics **1**, Septemberheft (1955) [Referate des Symposiums über intermetallische Halbleiter (vorwiegend III—V-Verbindungen) in Baldock 1955].

Ferner sei hingewiesen auf Zusammenstellungen der gesamten jährlich erschienenen Halbleiterliteratur (Digest of Literature on Semiconductors and their Applications), herausgeg. vom Battelle Memorial Institute, Columbus, Ohio:

1952: Unveröffentlicht.
1953: New York: John Wiley & Sons 1955.
1954: New York: John Wiley & Sons 1956.

Ionic Conductivity.

By

A. B. LIDIARD.

With 54 Figures.

1. Introduction. When in 1928 the article by v. HEVESY appeared in the Handbuch der Physik of GEIGER and SCHEEL [*1*] the subject of ionic or electrolytic conductivity in solids was scarcely more than a descriptive study. It can now properly be regarded as an integral part of the wider, closely interrelated, subject of imperfections in all crystals, metallic and non-metallic; by imperfections we mean departures from the perfect crystalline arrangement of atoms envisaged by the early X-ray crystallographers. It is clear, for example, that the diffusion of atoms from one part of a perfect crystal to another part is impossible so long as we visualize the heat motion of the atoms as being merely vibrations about fixed lattice points. Likewise the drift of ions through an ionic crystal under the action of an electric field is inconceivable if the crystal is perfect. But whereas we might explain diffusion in crystalline solids on the basis of a direct exchange of places between neighbouring atoms, this mechanism is not adequate to explain ionic conduction. Transport of charge could only take place if anion-cation exchanges were possible. But in NaCl and AgBr, for example, the energy which would have to be supplied to effect an exchange of places between an anion and a cation is so large—the increase in electrostatic (MADELUNG) energy of the final state is 15 ev—that in one gram-molecule such an event would occur only once in some fantastically long time such as 10^{30} years.

It is not therefore surprising that the experimental work on ionic conduction inspired the idea of intrinsic lattice disorder, or defects, following the laws of thermodynamics (FRENKEL [*2*]). Specifically, FRENKEL supposed that under the influence of thermal vibrations the ions sometimes received enough energy to leave their normal lattice positions, in effect being pushed into the interstices of the lattice. Under further thermal excitation such an interstitial ion jumps from one interstitial position to another, eventually to meet a vacant site and drop back into a (new) normal lattice position. This kind of process obviously leads to a mixing of the atoms, i.e. to diffusion effects. Furthermore positive interstitial ions subject to an electric field will jump more frequently in the field direction than in the opposite direction (conversely for negative ions), so that an electric current flows and the substance is an ionic conductor. Every atom will spend some fraction of its time in the interstitial state, and the average number of vacant lattice sites and interstitial ions existing at any time may be calculated by the methods of statistical mechanics. A statistical mechanical description of the mobility of vacant sites and interstitial atoms can also be given, so that it is possible to set up a quantitative description of the model and of its diffusion and conduction properties. SCHOTTKY [*3*] developed a model in which there were (chemically) equivalent numbers of anion and cation vacancies but no interstitial ions. Both the FRENKEL and SCHOTTKY models are fundamental to our subject.

We have already stated that the subject of ionic conductivity can be properly regarded as one part of the wider study of imperfections, and it is on account of the coherence and unity of this wider subject that ionic conductors acquire their interest [*4*]. Thus the ideas of mobile interstitial atoms and vacant lattice sites are relevant to a wide range of phenomena; for example diffusion in solids[1], chemical reactions between two solids and between a solid and a gas (e.g. tarnishing reactions)[2], and annealing of radiation damage[3]. There are, of course, imperfections such as dislocations whose properties cannot be studied to any great extent through ionic conductivity measurements. However the existence of charges on the ions and the absence of electronic conduction enables the properties and concentration of the simple localised lattice defects to be studied with greater certainty and more directness than is possible in, say, metals. This is true of the original development of the theory of lattice defects by FRENKEL [*2*], SCHOTTKY [*3*], [*5*] and WAGNER [*5*], and is also true at the present time. Two examples may be mentioned.

Firstly the diffusion of impurity atoms in metals may sometimes involve the formation of relatively stable pairs formed from an impurity atom and a vacancy [*6*]. In NaCl (an ionic conductor), such pairs are readily formed between a Na^+ vacancy and a substitutionally dissolved multivalent impurity ion, e.g. Cd^{2+}, on account of their electrostatic attraction for one another. Mixed crystals of this type (e.g. NaCl + a small concentration of $CdCl_2$) therefore form favourable systems in which to study impurity-vacancy pairs, e.g. their self-diffusion rates and their influence on the self-diffusion of the solvent atoms.

Our second example is the method of interstitial migration known as the interstitialcy mechanism. In this the interstitial atom or ion does not jump directly from one interstitial site to another, but moves by pushing one of the neighbouring normal atoms into an interstitial position and itself occupying the normal site so vacated. This mechanism has often been discussed theoretically[4]. Recent measurements by COMPTON[5] of both the ionic conductivity and the diffusion coefficient of radioactive Ag^{110} in AgCl—in which the Ag interstitials are known to be the most mobile defect[6]—provide clear evidence that in this system the interstitials migrate by the interstitialcy mechanism. (The details are considered later, in the sections on diffusion.)

We have gone into these examples of ionic solids in order to emphasize their intrinsic interest for the scientific study of imperfections. What we learn this way cannot of course be more than a general guide if we seek detailed and specific information about defects in other systems, e.g. metals or semi-conductors. This view of the significance of ionic conductivity studies has dictated the choice of material for this article. We have aimed to expose the principles which lie behind the elucidation of the mechanism of ionic conduction and the determination of the concentration and properties of isolated lattice defects. This programme falls naturally into three main parts.

In the *first part* we consider the main facts of ionic conduction and the transport of matter to the electrodes. In particular we consider the verification of

---

[1] See for example A. D. LECLAIRE: Progr. Met. Phys. **4**, 265 (1953).

[2] See for example: Chemistry of the Solid State (ED. W. E. GARNER). London 1955.

[3] G. H. KINCHIN and R. S. PEASE: Rep. Progr. Phys. **18**, 1 (1955). — J. W. GLEN: Adv. Physics **4**, 381 (1955).

[4] F. SEITZ: Acta crystallogr. **3**, 355 (1950). — H. B. HUNTINGTON: Phys. Rev. **91**, 1092 (1953). An alternative, more euphonius, title for the mechanism discussed in these papers is "indirect interstitial" mechanism.

[5] W. D. COMPTON: Thesis, University of Illinois 1955 and Phys. Rev. **101**, 1209 (1956).

[6] I. EBERT and J. TELTOW: Ann. Phys., Lpz. **15**, 268 (1955).

FARADAY'S law, which states that for electrolytic conduction, the component ions are transported to the electrodes at the rate of 1 gram-equivalent for every FARADAY of electricity (i.e. 96500 coulombs) which is passed. In the same class of experiment is the determination of the transport numbers of anions and cations, i.e. the fraction of current carried by each. These experiments largely belong to the older classical part of the subject; we shall not describe them at great length, despite their great importance, as very complete accounts already exist [7] to [9].

In the *second part* we describe the work on the magnitude of the ionic conductivity of pure salts and of salts containing small known amounts of aliovalent impurities. (By aliovalent we mean an impurity with a valency differing from that of the corresponding ion of the host crystal e.g. Cd^{2+} in NaCl or Na^+ in CaF_2.) The study of these mixed systems has played a leading part in the elucidation of the mechanisms of ionic conductivity. Thus aliovalent impurities, if they dissolve substitutionally, lead inevitably to the formation of lattice defects; when a $CdCl_2$ molecule dissolves in NaCl one Cd^{2+} ion displaces two Na^+ ions—one of the sites is occupied by the Cd^{2+} ion, the second cation site is left vacant. One can, as it were, inject known concentrations of a particular defect into the crystal and this possibility is of great importance, since it is otherwise difficuls to determine separately the concentration of defects and their mobilities. The injection of defects into crystals in this way is often succinctly described at "doping". The great advantages coming from the use of impure or "doped" crystals appear to have been first realised by KOCH and WAGNER [10]. For the understanding of ionic crystals this idea represents a practical step forward comparable in importance with the ideas of FRENKEL [2] and SCHOTTKY [3] disorder. The applicability of the method to the study of lattice defects is of course limited to ionic conductors, although identically the same method is widely employed for the injection of electrons into semiconductors.

In the *third part* we discuss measurements of diffusion coefficients and their relation to electrical conductivities. This relation is very close. In the simplest case where particles of charge q and concentration n per unit volume make a contribution σ to the conductivity, their diffusion coefficient D satisfies the equation

$$\frac{\sigma}{D} = \frac{n q^2}{\mathsf{k} T}, \tag{1.1}$$

where T is the absolute temperature and k is BOLTZMANN'S constant. This equation is known as the NERNST-EINSTEIN relation and was originally deduced for the motion of colloid particles in a liquid. When one is dealing with crystal lattices, various modifications of this relation have to be considered, depending on the conduction mechanism (e.g. vacancy or interstitial) and on the crystal geometry. Simultaneous measurements of σ and D can therefore—providing they are of sufficient accuracy—disclose important information about the mechanism of conduction and diffusion.

We have not included extensive discussion of the conductivity of isomorphous mixed crystals, e.g. KCl—KBr, since at the present time they do not greatly assist in understanding the movement of ions in the pure components. Fig. 1 shows that the conductivity of a KCl—KBr mixture is never far outside the range of conductivity fixed by the pure components. Furthermore the maximum conductivity occurring at 70% KBr corresponds to a minimum in the melting temperature at the same composition. One can describe these effects by saying that the incorporation of the large Br^- ions into the KCl lattice leads to a general "loosening" of the lattice, but no significant changes in the vacancy concentration. WALLACE and FLINN[1], however, concluded from a comparison of density measurements[2] of KCl—KBr mixed crystals, with X-ray measurements of the average lattice parameter[3], that they contain as much as 1% of vacancies, i.e. several factors of ten as many vacancies as occur in the pure salts. This result, which is in violent contradiction with the conductivity measurements, is not substantiated by more recent studies by HAVEN[4] which show the earlier density measurements to have been in error. The article by v. HEVESY [*1*] describes experimental conductivity results for a wide variety of mixed systems. The thermodynamics of these mixtures has been extensively studied in recent years by Finnish workers[5].

We have also omitted any discussion of the question of departures from stoichiometric proportions. It is assumed throughout that for the salts we are considering, the energy of solution of either component in the stoichiometric salt is substantially larger than the energy of formation of lattice defects. From a practical and a theoretical point of view it is unfortunate that this limitation has to be made, but without this restriction the article would have extended into the field of semiconductors, which is dealt with in the preceeding article by MADELUNG. Also, substantial accounts of the subject of departures from stoichiometric proportions and its application to the study of oxidation reactions already exist[6].

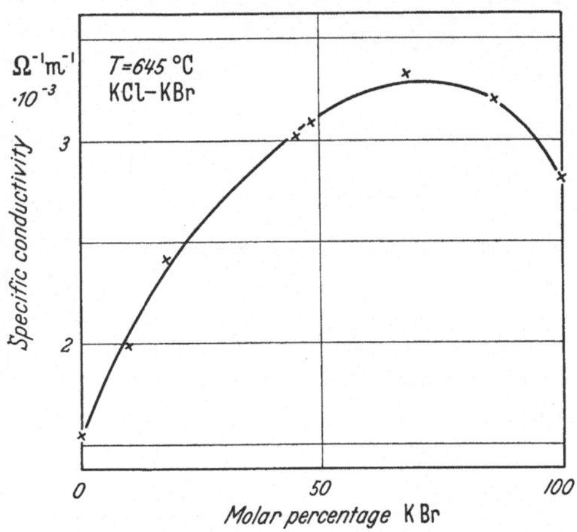

Fig. 1. The specific conductivity of the system KCl—KBr as a function of the molar concentration at constant temperature (645° C). This figure is taken from H. SCHULZE, Thesis, University of Göttingen, 1952.

Within the limitations which we have described, we have attempted to give a balanced account of the subject. There is inevitably some bias in the choice of material, reflecting the author's own view of the subject. However, it is hoped that this is to some extent offset by the advantage of greater unity and consistency. Detailed accounts of experimental results obtained on particular substances have been omitted except in so far as they can be used to evaluate the principles which we describe. The final section is a collection of references to modern experimental work, listed according to the compound studied. References to older work can be found in the books by MOTT and GURNEY [*11*] and by JOST [*8*] and also in the paper by JOST [*12*].

---

[1] W. E. WALLACE and R. A. FLINN: Nature, Lond. **172**, 681 (1953).

[2] G. TAMMANN and W. KRINGS: Z. anorg. Chem. **130**, 229 (1923).

[3] F. OBERLIES: Ann. Phys., Lpz. **87**, 238 (1928).

[4] Y. HAVEN: Report of the Conference on Defects in Crystalline Solids held at Bristol in July 1954, p. 261. London 1955.

[5] See e.g. the following references: N. FONTELL, V. HOVI and A. MIKKOLA, Ann. Acad. Sci. Fenn. (AI) **1949**, No. 54; V. HOVI, Ann. Acad. Sci. Fenn. **1949**, No. 55; N. FONTELL, V. HOVI and L. HYVÖNEN, Ann. Acad. Sci. Fenn. **1949**, No. 65; V. HOVI, Ann. Acad. Sci. Fenn. **1951**, No. 88; A. MUSTAJOKI, Ann. Acad. Sci. Fenn. **1951**, No. 98; V. HOVI and L. HYVÖNEN, Ann. Acad. Sci. Fenn. **1951**, No. 106.

[6] K. HAUFFE, reference [*10*] and in Progr. Met. Phys. **4**, 71 (1953); also N. CABRERA and N. F. MOTT, Rep. Progr. Phys. **12**, 163 (1948/49).

I. Chemical nature and atomic configuration of the charge carriers.

2. FARADAY'S law. It is logical that we should describe first the methods for establishing the nature of the conductivity shown by a given substance. The suspected presence of ionic conduction in a solid may be verified by measuring the weights of the products of the electrolytic decomposition deposited at the electrodes, together with the quantity of electricity required to effect the decomposition. Purely ionic conduction will result in the liberation of the components of the salt at the rate of 1 gram-equivalent for every FARADAY of electricity passed. This principle was put into practice by TUBANDT and co-workers [7].

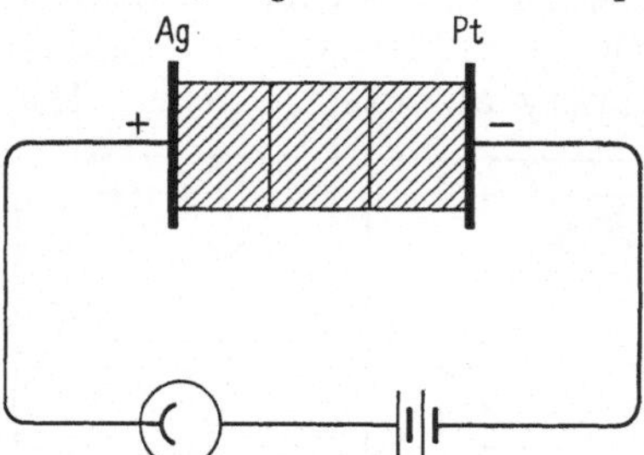

Fig. 2. Schematic diagram of the apparatus used by TUBANDT to verify the presence of cationic conduction in α-AgI.

Two substances which are frequently described in the literature, and for which TUBANDT was able to verify FARADAY'S law in the simplest manner are $PbCl_2$ and the α-modification of AgI stable above 145° C. Thus TUBANDT took three cylindrical pellets of AgI, obtained by compression of precipitated AgI, weighed them and put them in series between a silver anode and a platinum cathode of known weight, as shown in Fig. 2. After passage of a small current for some

Table 1. α-AgI: *Temperature 150°C.*

Component	Weight in gm before passing current	Weight in gm after passing current	Difference in weight in gm
Pt cathode	0.3161	6.0676 (Pt cathode + AgI-cylinder I)	+0.8337
AgI-cylinder I	4.9178		
AgI-cylinder II	2.1371	2.1371	0.0000
AgI-cylinder III	3.7753	3.7754	+0.0001
Ag anode	1.9937	1.1599	−0.8338

Weight of Ag deposited in coulometer = 0.8337 gm.

time the cylinders were separated and they and the electrodes weighed again. The total charge passed through the system was measured by the equivalent weight of Ag deposited in the coulometer. The above table taken from the review article by TUBANDT [7] shows some typical results. From this we see that the Ag anode decreased in weight by an amount which is almost completely equal to the weight of silver deposited in the coulometer. In addition the loss in weight of the anode equalled the gain in weight shown by the cathode and the first cylinder (these had been stuck together by the passage of current). The conduction of electricity in α-AgI was thus shown to be entirely cationic; electronic conduction would not have led to changes in weight of any of the components and anionic conduction would necessarily have made cylinder I lighter and cylinder III heavier.

The simple arrangement used for AgI was also found to be adequate for $PbCl_2$. Again FARADAY'S law was found to be satisfied, but this time the electric current was carried entirely by the anions. TUBANDT found that the platinum cathode and the first cylinder together decreased in weight by an amount which equalled the Cl equivalent of the charge passed through the coulometer. The silver anode was separable from the third cylinder and showed a decrease in weight equal to the silver equivalent of the charge, whilst the third cylinder increased its weight by the AgCl equivalent. The weight of the middle cylinder was unchanged. Evidently chlorine ions passed from cylinder I through II and III to the silver anode which they attacked. The observed change in weight of cylinder III indicates that the AgCl formed by the action of the Cl^- ions on the anode is coherent with the $PbCl_2$.

The verification of FARADAY'S law and the determination of transport numbers is not always possible with the simple arrangement shown in Fig. 2. With AgBr, for example which proves to be a cationic conductor, the silver is not all deposited in a layer close to the cathode but grows into the cylinders in the form of thin threads, which may short-circuit the electrodes.

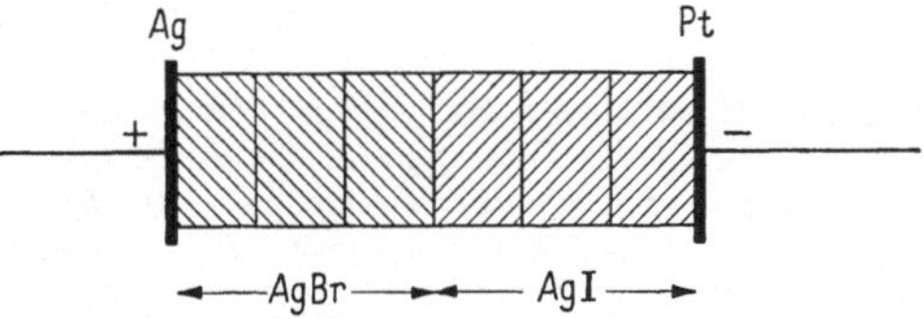

Fig. 3. Schematic diagram of the apparatus used by TUBANDT to demonstrate the occurrence of cationic conduction in AgBr.

In these cases TUBANDT found it was possible to get over the difficulty by using α-AgI or other "protective" substances in series with the substance under investigation as shown in Fig. 3. If this arrangement is used for AgBr with AgI as protective electrolyte the silver ions pass from the AgBr to the AgI and are finally deposited at the AgI-cathode junction. With this arrangement threads of Ag do not grow out from the cathode. The bromine ions left behind at the anode will attack the anode thus forming new layers of AgBr.

In these ways exclusively ionic conduction has been demonstrated to occur in the alkali halides, the silver halides, the alkaline earth halides and in the thallous and lead halides. In general, oxides, sulphides and selenides show predominantly electronic conduction, although this does not appear to be true of the rare earth oxides CeO_2 and ZrO_2. The cuprous halides show mixed ionic and electronic conduction with ionic conduction predominant at high temperatures. The high ionic conductivity shown by AgI, CuI and CuBr seems to be connected with the existence of open lattice structures, which allow the ions to move very easily, as is shown by the fact that the electrical conductivities of the solid and liquid phases are practically equal. In AgCl on the other hand the conductivity increases by a factor of 30 on melting. The models of FRENKEL and SCHOTTKY disorder which we shall later develop and apply to AgBr, AgCl, the alkali halides and other compounds are clearly not applicable to AgI, CuI or CuBr[1].

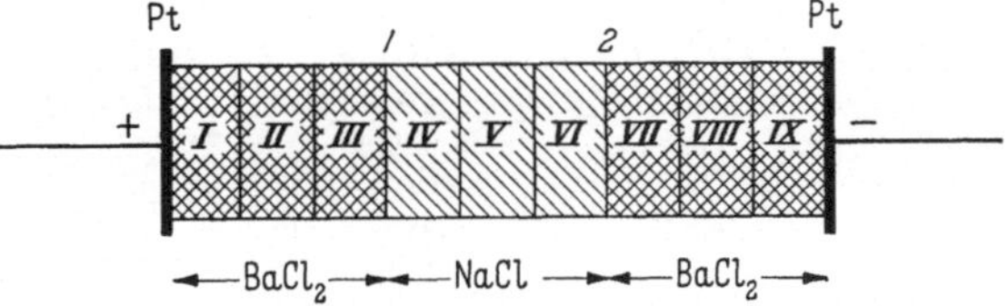

Fig. 4. TUBANDT'S arrangement of pellets for the determination of the transport numbers in a mixed ionic conductor, in this case NaCl. $BaCl_2$ is used as protective electrolyte. The passage of current often sticks neighbouring elements together if they are different substances. If the compound under investigation shows some electronic conductivity, liberation of the component elements will occur at the junctions. For these reasons pellets III and IV are generally weighed together, likewise pellets VI and VII. Pellets II, V and VIII should in all cases show no change in weight unless evaporation has occured.

3. Transport numbers. The results which we have just described for α-AgI show that the transport number t_+ of the silver cations, i.e. the fraction of current carried by them, is unity. In the case of $PbCl_2$ t_- is unity and t_+ is zero. $BaCl_2$, another substance which is often used as a protective electrolyte is also an exclusively anionic conductor. For substances showing mixed conduction it may be necessary to use more complicated arrangements than those shown in Figs. 2 and 3. Frequently two sets of protective cylinders are used as shown in Fig. 4

[1] See e.g. J. A. A. KETELAAR: Trans. Faraday Soc. **34**, 874 (1938).

which represents TUBANDT's arrangement for NaCl. As the figure is drawn chlorine ions move from right to left and sodium ions from left to right. In $BaCl_2$ only the Cl^- ions are mobile so that for every FARADAY of electricity which passes one gram-equivalent of Cl^- arrives at junction 2 from the right and t_- of a gram-equivalent leaves to the left (t_- is the Cl^- transference number in NaCl). Also t_+ of an equivalent of Na^+ ions arrive at this interface. The net result is the deposition of t_+ of an equivalent of NaCl at interface 2. Conversely interface 1 loses t_+ equivalents of NaCl. In one experiment carried out at 580° C by TUBANDT, 0.1159 gm of Ag were deposited in the coulometer (equivalent weight of NaCl

Table 2. *Illustrative values of transport numbers in a variety of compounds. t_e is the electronic transport number. These figures should be taken as showing only the general state of affairs, since detailed results will often depend on the purity of the specimen employed and the heat treatment which it has undergone. This "structure-sensitivity" is discussed in the text.*

Salt	Temperature °C	t_+	t_-	t_e	Reference
NaF	550	1.00	0.00	—	[13]
	600	0.92	0.08	—	
	625	0.86	0.14	—	
NaCl	400	1.00	0.00	—	[13]
	500	0.98	0.02	—	
	600	0.95	0.05	—	
	625	0.93	0.07	—	
NaBr	435	0.96	0.04	—	[14]
	600	0.83	0.17	—	
KCl	435	0.96	0.04	—	[13]
	500	0.94	0.06	—	
	550	0.92	0.08	—	
	600	0.88	0.12	—	
KCl	430	0.99	0.01	—	[15]
+ 0.02% $CaCl_2$	600	0.99	0.01	—	
KBr	605	0.5	0.5	—	[16]
	660	0.4	0.6	—	
KI	610	0.9	0.1	—	[16]
AgCl	20—350	1.00	—	—	[7]
AgBr	20—300	1.00	—	—	[7]
α-AgI	150—400	1.00	—	—	[7]
β-AgI	20—140	1.00	—	—	[7]
BaF_2	500	—	1.00	—	[7]
$BaCl_2$	400—700	—	1.00	—	[7]
$BaBr_2$	350—450	—	1.00	—	[7]
PbF_2	200	—	1.00	—	[7]
$PbCl_2$	200—450	—	1.00	—	[7]
$PbBr_2$	250—365	—	1.00	—	[7]
PbI_2	255	0.39	0.61	—	[7]
	270	0.45	0.55	—	
	290	0.67	0.33	—	
CuCl	18	0.00	—	1.00	[17]
	110	0.03	—	0.97	
	232	0.50	—	0.50	
	300	0.98	—	0.02	
	366	1.00	—	0.00	
γ-CuBr	27	0.00	—	1.00	[17]
	223	0.14	—	0.86	
	299	0.87	—	0.13	
	390	1.00	—	0.00	
β-CuBr	395—445	1.00	—	—	[17]
γ-CuI	200	0.00	—	1.00	[18]
	306	0.32	—	0.68	
	358	0.84	—	0.16	
	400	1.00	—	0.00	

0.0628 gm) whilst the increase in weight shown by the two cylinders VI and VII together was 0.0577 gm—equal to the loss in weight of the pair of cylinders III and IV. The transport number t_+ is therefore (0.0577)/(0.0628) equal to 0.92.

Further details of these measurements may be found in the full accounts by TUBANDT [7], [13]. Some typical results are shown in Table 2. More complete compilations of the older data are contained in the tables of LANDOLT-BÖRNSTEIN[1]. In general, figures in such lists should not be regarded as giving more than a general indication of the nature of the substances in question—at least not without

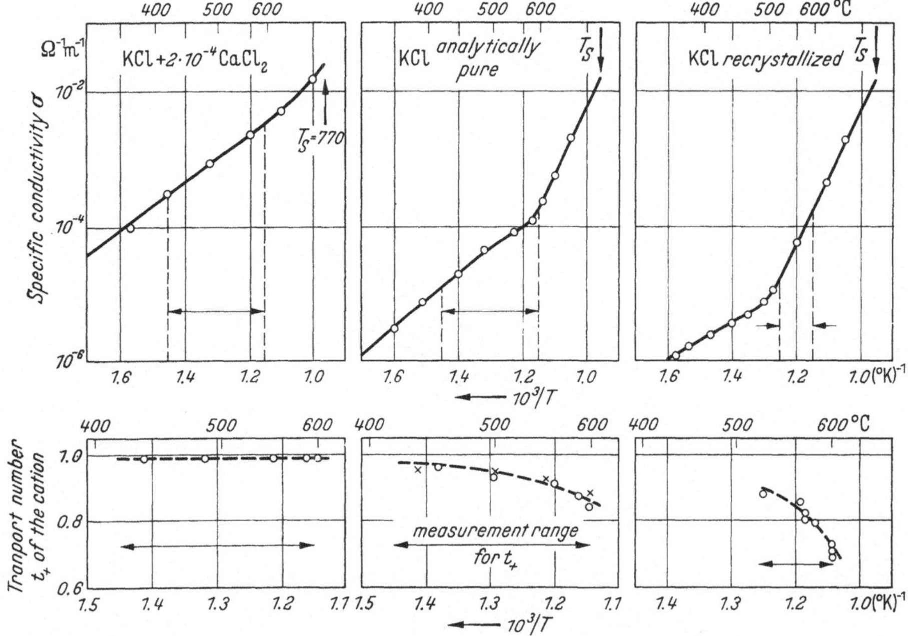

Fig. 5. Curves showing the temperature dependence of the conductivity and the cation transport number of three different KCl crystals as indicated. These results show clearly how in the structure-sensitive region the transport numbers may depend on the specimen.

further examination of the conditions of the original experiments. Thus both the magnitude of the ionic conductivity and the transport numbers at "low" temperatures are very sensitive to the purity of the crystals. The numerical criterion for a low temperature varies from substance to substance but the upper limit of low temperatures for a given substance may be taken as that temperature at which the intrinsic disorder and the impurity concentration are equal. In practice this can be recognised from the conductivity σ once this has been studied as a function of temperature. A plot of $\log \sigma$ against T^{-1} is generally composed of two roughly straight portions as shown in Fig. 5. The high temperature conductivity above the knee is an intrinsic property of the crystal. The conductivity below the knee is structure-sensitive and depends on which specimen of the substance we examine. In this region the transport numbers obtained by different investigators will disagree to an extent depending on the relative purity of their specimens. This dependence of transport number on purity has been shown explicitly by KERKHOFF[2] whose results for KCl are shown in Fig. 5. The

[1] LANDOLT-BÖRNSTEIN: Physikalisch-Chemische Tabellen, 1st Supplement, p. 593, 2nd Supplement, p. 1046 and 3rd Supplement p. 2030.

[2] F. KERKHOFF: Z. Physik **130**, 449 (1951).

least pure crystal is the one which contains a deliberate addition of 0.02% $CaCl_2$ and the most pure is the recrystallised specimen.

Transport numbers in cases of mixed electronic and ionic conduction can again only be used in a general way unless one has detailed knowledge of the history of the specimen. The electronic conductivity of these substances is not an intrinsic property of the pure stoichiometric crystal, but depends on the presence of impurities and of an excess of one or other component. In equilibrium this can be related to the partial pressure of the component over the crystal surface, but in non-equilibrium situations it will depend on the history of the specimen[1].

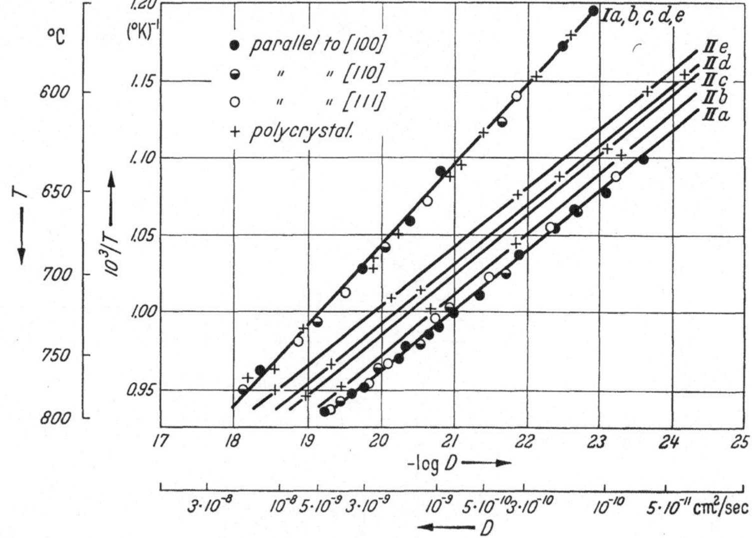

Fig. 6. Diffusion coefficients of radioactive Na^{22} (line I) and radioactive Cl^{36} (lines II) in NaCl. The sodium diffusion coefficient is independent of crystal orientation and of the particle size. The chlorine diffusion coefficient is independent of crystal orientation but is larger in the finely divided polycrystalline specimens than in the coarsely divided. (*b*, *c*, *d*, *e* correspond respectively to mean particle sizes of 3000, 180, 110, 50 μ).

From a practical standpoint transport number measurements by the methods we have described have the advantage of yielding fundamental information with relatively simple apparatus. However the detailed numerical information provided about a particular ionic conductor may be unreliable for several reasons. At high temperatures difficulties arise through the loss of weight by evaporation. Furthermore, diffusion of the protective electrolyte into the pellets of the substance being studied may alter its transport numbers. It is obvious from KERKHOFF's results in Fig. 5, that the diffusion of "protective" $BaCl_2$ into substances like KCl will result in erroneously high cation transport numbers.

Finally although it is possible to use single crystals for this work, most studies have been made on pellets made by compression of powders into a compact form. There is therefore the additional assumption that the conductivities of pellets and single crystals are the same, for if not the properties of the pellet cannot be intrinsic to the material. This assumption is probably true for most substances. At low temperatures where one might expect to find surface conductance effects, the conductivity appears to be largely controlled by the presence of accidental impurities (cf. Fig. 5). On the other hand there are some interesting results obtained by LAURENT and BÉNARD[2] which are relevant to this question.

[1] See for example J. BLOEM, F. A. KRÖGER and H. J. VINK: Report of the Conference on Defects in Crystalline Solids held at Bristol in July 1954, p. 273. London 1955.

[2] J. F. LAURENT and J. BÉNARD: C. R. Acad. Sci., Paris **241**, 1204 (1955).

They measured the diffusion of radioactive Na^{22} and Cl^{36} in NaCl specimens at temperatures in the intrinsic range. Self diffusion coefficients should be proportional to the corresponding transport numbers [Eq. (1. 1)] so that $D(\text{Na})/D(\text{Cl}) = t_+/t_-$. LAURENT and BÉNARD measured D(Na) and D(Cl) in single crystals (at three different orientations [100], [110] and [111]), and in pellets formed from powders in different degrees of subdivision (mean size 3000, 180, 110 and 50 μ). Their results are shown in Fig. 6. All the results for sodium diffusion fall on one line, but for chlorine the diffusion coefficient increases in magnitude as the particle size becomes smaller. (In both cases the single crystal diffusion is isotropic, as indeed one would expect from the cubic symmetry of NaCl.) From these curves it is clear that at high temperatures the sodium transport number obtained for the finely divided specimen, e, is much smaller than that inferred for a single crystal.

It is unfortunate that comparative studies of this type are rare. However much modern work on ionic conductivity and diffusion is carried out on single crystals.

4. Introductory account of principal features of ionic conductivity and their explanation by FRENKEL and SCHOTTKY models. One of the characteristic features of the ionic conductivity of a solid salt is its variation with temperature. Fig. 7 shows some of the results obtained by LEHFELDT [*19*] in an early but extensive series of measurements on ionic conductors. Two facts stand out plainly. The first is the existence of two main regions in the conductivity curve; the second is that in both these regions the logarithm of the conductivity is roughly a linear function of T^{-1}. The high temperature section of the curve, above the transition region or "knee", in general is an intrinsic property of the substance, and measurements in this region are quite reproducible. On the other hand, the low temperature conductivity not only displays a smaller slope but depends in magnitude on the particular specimen employed and to some extent on its thermal history. (However for single crystals the fundamental variable which determines the magnitude of the low temperature conductivity is the nature and magnitude of the impurity content.)

The complete conductivity curve is therefore roughly a superposition of two lines (1) $A_1 \exp(-E_1/\mathrm{k}T)$ for the low temperature part and (2) $A_2 \exp(-E_2/\mathrm{k}T)$ for the intrinsic conductivity. The energy E_1 is less than E_2 (typically $E_1/E_2 = \frac{1}{2}$) whilst A_1 is very much less than A_2 (typically $A_1/A_2 = 10^{-5}$). In general the greater the purity of the specimen the smaller A_1 becomes; E_2 on the other hand is not sensitive to purity. This effect has already been illustrated in Fig. 5. This figure shows that the "knee" occurs at a higher temperature in analytically pure KCl than in the same material after it has been recrystallised. (Recrystallisation removes impurities since they are more soluble in the KCl melt than they are in the KCl crystal which is being formed.) The same effect can be demonstrated by studying crystals grown from a melt to which deliberate additions of foreign elements have been made. Fig. 8 shows the increased conductivity which comes from quite small additions of $SrCl_2$ and $BaCl_2$ to KCl crystals. A more quantitative discussion of the influence of impurities on conductivity will be given in Part III, together with a consideration of other mechanisms which can lead to a structure-sensitive conductivity.

Let us turn to the intrinsic conductivity. The variation of σ as $A_2 \exp(-E_2/\mathrm{k}T)$ suggests that the fundamental process is thermally activated; the exponential form will then arise naturally from the BOLTZMANN distribution law. More specifically FRENKEL [*2*] supposed that under the influence of thermal fluctuations, atoms will from time to time undergo such large displacements that they become detached from normal lattice positions and find themselves in interlattice or interstitial positions. (In a NaCl type lattice the interstitial positions are at the

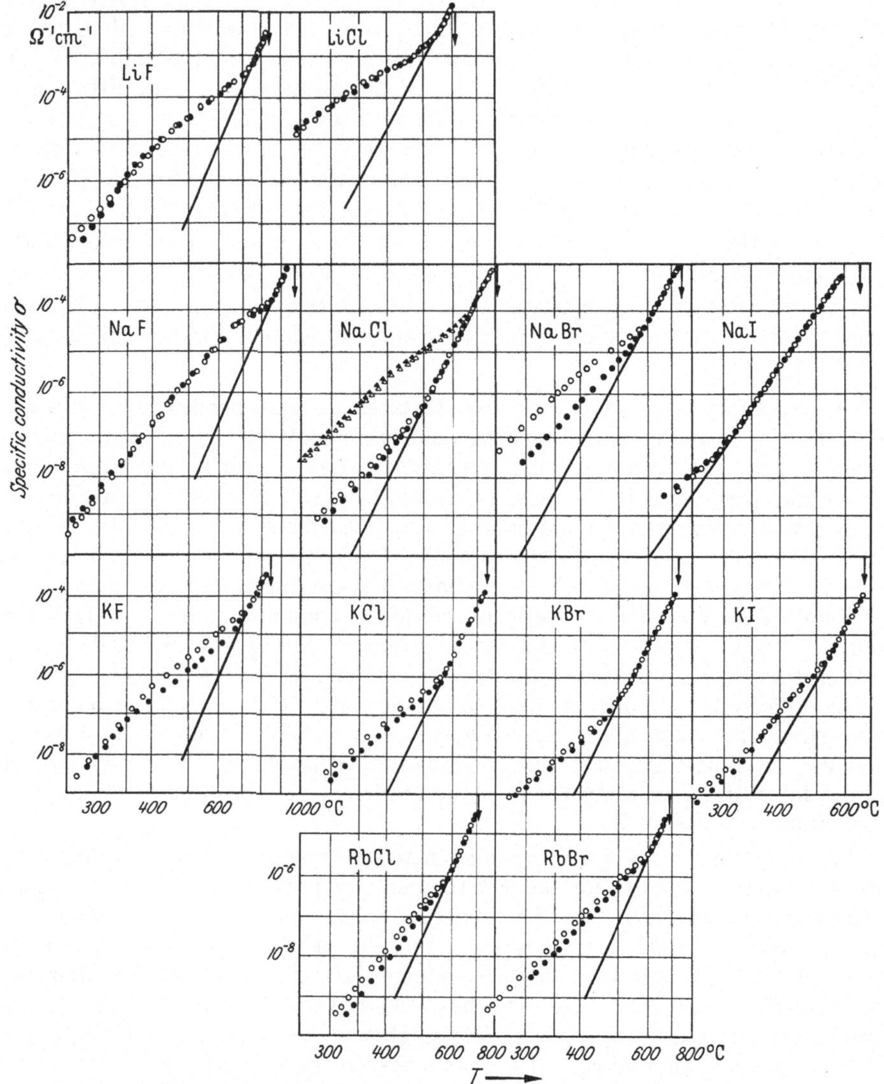

Fig. 7. The logarithm of the ionic conductivity plotted against the reciprocal of the absolute temperature for a number of alkali halides. In each case the complete curve divides into an intrinsic high temperature part and a "structure-sensitive" low temperature part which depends on the particular specimen studied (after LEHFELDT [*19*]).

centres of the elementary cubes as shown in Fig. 9.) We may think of the ions in interstitial positions as having evaporated from normal sites into the interstitial lattice space. An ion in an interstitial position will vibrate about this point in the normal way, until there is again a large fluctuation in energy when it will be pushed through a gap in the surrounding atoms to the next interstitial site, e.g. in Fig. 9 from $(\frac{1}{2}\,\frac{1}{2}\,\frac{1}{2})$ to $(\frac{3}{2}\,\frac{1}{2}\,\frac{1}{2})$. We may therefore think of the interstitial ion as jumping in a random way from one interstitial site to another. The vacant sites left behind by the interstitial may also be thought of as executing random jumps, as those atoms neighbouring a vacancy will often jump into the vacancy in preference to jumping to an interstitial position. Both vacancies and interstitials are mobile; when they meet they recombine. Formation and recombination of interstitials and vacancies ("FRENKEL defects") occurs in pairs until a

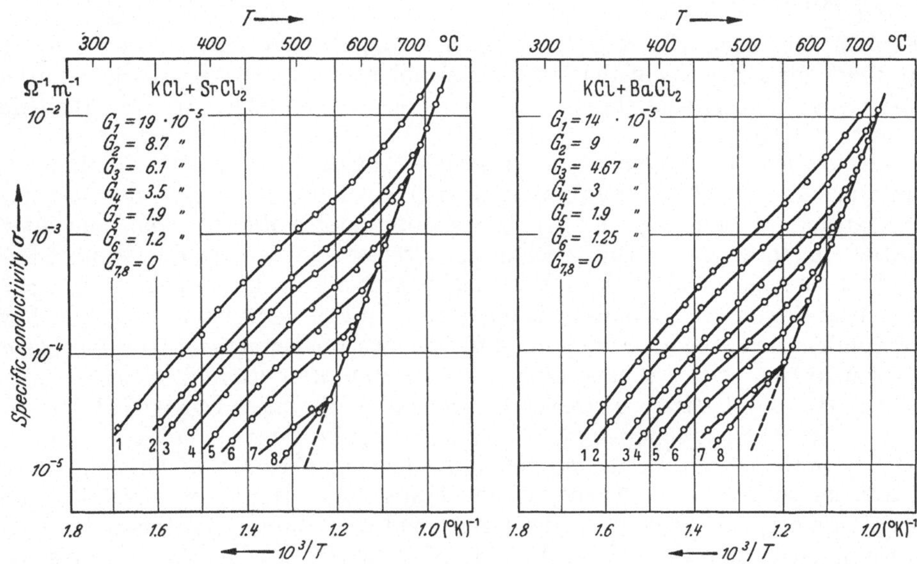

Fig. 8. The conductivity of KCl crystals containing small amounts of $SrCl_2$ and $BaCl_2$. The molar fractions of impurity ions are as indicated. G_1 to G_4 were determined analytically but G_5 and G_6 have been estimated from the conductivity by interpolation in the approximately linear isotherms of σ *vs*. G. Curves 7 and 8 are for "pure" crystals in which no Sr^{2+} or Ba^{2+} ions have been deliberately incorporated [after KELTING and WITT: Z. Physik **126**, 697 (1949)].

dynamical equilibrium is set up, the equilibrium concentration depending on temperature and pressure. We shall consider the thermodynamics of FRENKEL disorder in detail in Part II, but it is obvious that the concentration of defects will depend on temperature through a BOLTZMANN factor involving their energy of formation. Likewise we expect the jump frequencies of the interstitials and vacancies to depend on temperature in the same way since energy must be supplied thermally before the ion can move.

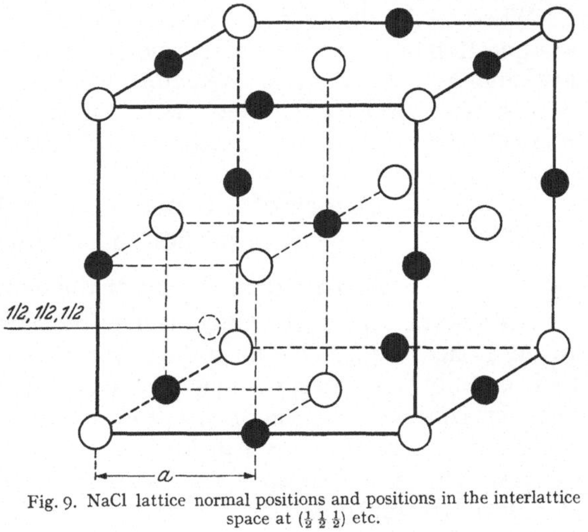

Fig. 9. NaCl lattice normal positions and positions in the interlattice space at $(\frac{1}{2}\,\frac{1}{2}\,\frac{1}{2})$ etc.

Let us consider the applicability of these ideas to AgCl. The transport number measurements of TUBANDT [7] between 20 and 350° C lead to the conclusion that only the Ag^+ ions are mobile, so that the extent of the disorder in the Cl^- sublattice is probably very small.

Although FRENKEL disorder is not the only possibility, the absence of Cl^- interstitials is understandable from the large radius of the Cl^- ion (1.81 Å) relative to the anion-cation separation ($a = 2.77$ Å). The smaller Ag^+ ion (1.0 Å) almost certainly requires much less energy than the Cl^- ion to be incorporated in an interstitial position. Considerations of ionic size are also useful if we speculate about the way in which an interstitial ion moves from one site to another. If for example the Ag^+ ion were to jump from position $(\frac{1}{2}\,\frac{1}{2}\,\frac{1}{2})$ in Fig. 9 to position $(\frac{3}{2}\,\frac{1}{2}\,\frac{1}{2})$ by moving parallel to the x-axis it would have to pass between two Cl^- ions each of radius 1.8 Å which at equilibrium are only 3.9 Å apart. It therefore seems likely that the interstitial would move by a path requiring less energy and passing closer to one or other of the smaller Ag^+ ions than the symmetrical path does.

Extending this argument it is plausible that the interstitial should move to a normal site [e.g. (111)] by pushing the ion which occupied that site into a new interstitial position [e.g. $(\frac{3}{2}\,\frac{3}{2}\,\frac{3}{2})$], instead of jumping directly from one interstitial site to another. This mechanism, discussed by KOCH and WAGNER [*10*] and by SEITZ[1], is called the interstitialcy mechanism. Experiment will decide which of these two mechanisms is operative. In later sections we shall see, how by combination of conductivity and diffusion measurements the matter is decided.

Up to this point we have discussed only FRENKEL disorder in one or other of the two sub-lattices. However to account in the most economical way for cases where there is conduction by both anions and cations (as in NaCl), SCHOTTKY [*3*] proposed the occurrence of equivalent numbers of anion and cation vacancies without the existence of any interstitials. It was imagined that the vacancies originate at steps in the surface and then diffuse into the body of the crystal. According to modern ideas of dislocations[2], steps or "jogs" in dislocation lines provide a distribution of internal sources and sinks, so that vacancies in the interior of a crystal have not necessarily come from the surface. This has the important consequence that it is much more difficult to freeze a non-equilibrium number of vacancies into a real crystal by rapid cooling, than it would be in a crystal with no internal sinks, since in this latter case the vacancies would have to migrate to the surface to disappear.

Whether the disorder in a given substance is of FRENKEL or SCHOTTKY type is a question of the relative magnitudes of the free energies of formation of FRENKEL and SCHOTTKY pairs. Attempts to decide this question theoretically will be discussed in Part II, where we shall also describe the thermodynamics of FRENKEL and SCHOTTKY disorder and of interstitial and vacancy mobility.

II. Theory of intrinsic conductivity by FRENKEL and SCHOTTKY models.

a) Statistical theory of the densities of defects.

5. FRENKEL defects. Having outlined the atomic configurations of the defects generally held responsible for matter transport in crystals, we shall now consider their equilibrium concentrations. Firstly let us take the case of pure FRENKEL disorder confined, for simplicity, to the cation sub-lattice. We consider the simultaneous creation, in equal numbers, of cation vacancies and interstitial cations. The concentrations must be equal to satisfy the conditions of overall electrical neutrality.

Let g_F be the GIBBS free energy needed to take one particular, but arbitrary, ion from its normal lattice position and put it into a particular, but arbitrary, interstitial position under conditions of constant temperature (T) and pressure (P). The quantity g_F is the free energy of formation of a FRENKEL defect and can be

[1] F. SEITZ: Acta crystallogr. **3**, 355 (1950).

[2] See e.g. A. SEEGER: Handbuch der Physik, Vol. VII/1, 1955 or J. BARDEEN and C. HERRING: [32].

decomposed according to the thermodynamical formula

$$g_F = h_F - T s_F = u_F + P v_F - T s_F, \tag{5.1}$$

where h_F, s_F, u_F and v_F are respectively the enthalpy, entropy, internal energy and free volume of formation. The quantity g_F is a thermodynamic free energy and not an eigen-energy, since the crystal is supposed to be in thermal equilibrium and is therefore distributed over all its eigen-states. If we now consider a crystal containing n_F FRENKEL defects we see that the GIBBS free energy of the crystal is increased by an amount $n_F g_F$, but is simultaneously decreased by the configurational entropy arising from the disorder in the positions of the interstitials and vacancies. This configurational entropy is of course quite distinct from s_F. The equilibrium value of n_F is that value which makes the net decrease in the total crystal free energy as large as possible. Let ΔG be that part of the free energy associated with the FRENKEL defects, then

$$\Delta G = n_F g_F - \mathbf{k} T \log \left\{ \frac{N!}{(N-n_F)!\, n_F!} \cdot \frac{N'!}{(N'-n_F)!\, n_F!} \right\}, \tag{5.2}$$

where N is the number of normal cation sites in the crystal and N' is the number of interstitial sites available to a cation. The first factor in the brackets in (5.2) is the number of ways of arranging the n_F cation vacancies; the second is the number of ways of arranging the n_F interstitials. The equilibrium value of n_F is found by minimising ΔG and for $n \ll N, N'$ is given by

$$\left(\frac{n_F}{N}\right) \cdot \left(\frac{n_F}{N'}\right) = \exp\left(-g_F/\mathbf{k}T\right) \equiv K^{-1}. \tag{5.3}$$

Eq. (5.3) is written in this way to emphasize that it is essentially a "solubility-product" relation, the left hand side being the product of the fraction of normal sites vacant, with the fraction of interstitial sites occupied. The product of these two fractions is always $\exp(-g_F/\mathbf{k}T)$, even in more complicated situations where the numbers of vacancies and interstitials are not equal to one another (e.g. in cases of mixed FRENKEL and SCHOTTKY disorder).

Suppose now that we are able to find K experimentally as a function of temperature and pressure. The free energy of defect formation then follows from

$$g_F = \mathbf{k} T \log K, \tag{5.4}$$

whilst the enthalpy of formation h_F is

$$h_F = \frac{\partial (\log K)}{\partial (1/\mathbf{k}T)_P}. \tag{5.5}$$

These formulae remain true whatever the temperature variation of g_F. Empirically one may often find an expression of the form $K = A \exp(+W/\mathbf{k}T)$ where A and W are constants. It follows from (5.5) that whenever we do find such an expression we must infer that $h_F = W$ and is thus independent of temperature. Likewise the entropy s_F is equal to $-\mathbf{k}\log A$. Conversely when h_F does depend on temperature, K can no longer have the simple form $A \exp(W/\mathbf{k}T)$.

6. SCHOTTKY defects. We can treat the occurrence of SCHOTTKY disorder in a similar way to our discussion of FRENKEL disorder. In a crystal where the electroneutrality condition requires SCHOTTKY disorder to occur with the formation of equal numbers n_s of cation and anion vacancies (e.g. NaCl or MgO), we easily find that

$$\left(\frac{n_s}{N}\right) \cdot \left(\frac{n_s}{N}\right) = \exp\left(-g_s/\mathbf{k}T\right), \tag{6.1}$$

where N is the number of cation (and also the number of anion) sites in the crystal and g_s is the GIBBS free energy required to create a pair of isolated vacancies by removing one particular anion and one particular cation from their normal lattice sites and placing them on new sites on the external or internal surfaces of the crystal. We have written (6.1) also in the solubility product form to emphasize that the product of the fraction of anion vacancies with the fraction of cation vacancies is equal to exp $(-g_s/\mathbf{k}T)$, even when the two fractions are unequal as is the case in the presence of aliovalent impurities.

Relations analogous to (6.1) may be worked out for systems in which anions and cations have different valencies. However PbI_2 probably provides the only interesting example of SCHOTTKY disorder in such systems (cf. Table 2).

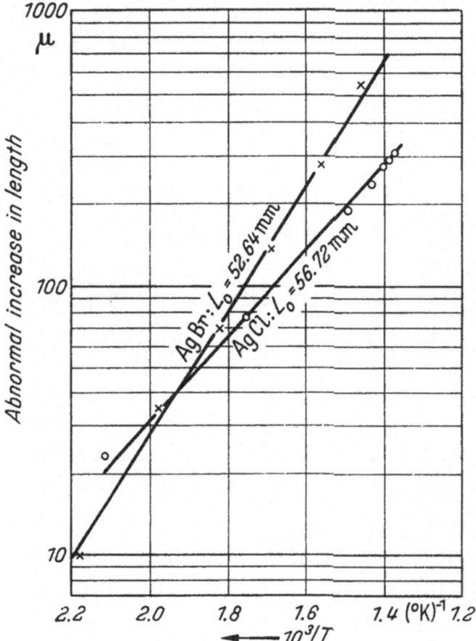

Fig. 10. The abnormal increase in length of specimens of AgBr and AgCl as measured by STRELKOW. The temperature variation is as predicted by Eq. (7.1). From the gradients of these lines, the heats of formation of the (FRENKEL) defect pairs are estimated to be h (AgCl) $= 0.62$ ev and h (AgBr) $= 0.90$ ev [after A. W. LAWSON, Phys. Rev. 78, 185 (1950)].

7. Anomalous thermal expansion. If for the moment we confine our attention to pure FRENKEL disorder and apply the thermodynamic formula

$$\Delta V = \left(\frac{\partial \Delta G}{\partial P}\right)_T,$$

to Eqs. (5.2) and (5.3) we see that the excess volume associated with the presence of the equilibrium number n_F of FRENKEL defects is

$$\Delta V = n_F \left(\frac{\partial g_F}{\partial P}\right)_T = n_F v_F. \tag{7.1}$$

An identical formula holds for SCHOTTKY defects. There is therefore an anomalous thermal expansion associated with the thermal creation of defects of amount

$$\left(\frac{\partial \Delta V}{\partial T}\right)_P = \left(\frac{\partial (n_F v_F)}{\partial T}\right)_P,$$

which if u_F, v_F and s_F are constant is

$$\left(\frac{\partial \Delta V}{\partial T}\right)_P = \frac{n_F v_F h_F}{2\mathbf{k}T^2}. \tag{7.2}$$

Again an identical formula holds for SCHOTTKY defects. It follows from (7.2) that a plot of the logarithm of the product of T^2 with the anomalous thermal expansion coefficient against T^{-1} should give a straight line whose gradient is $-h_F/2\mathbf{k}$. Alternatively by (7.1) the logarithm of the volume change ΔV may be plotted against T^{-1}, when a line of gradient $-h_F/2\mathbf{k}$ will again be obtained. In principle therefore the heat of formation of the defects can be found as long as the effects are large enough to be measurable. Such a determination does not by itself enable the type of disorder to be fixed.

In Fig. 10 we show the data obtained by STRELKOW on the linear thermal expansion of AgBr and AgCl. Following LAWSON[1] we have plotted only the anomalous expansion, obtained from the total expansion by subtracting a "normal" change of length corresponding to an expansion coefficient of 3.2×10^{-5}

[1] A. W. LAWSON: Phys. Rev. 78, 185 (1950). — A more sophisticated analysis has recently been given by H. F. FISCHMEISTER: Acta crystallogr. 9, 416 (1956) and Proceedings of the 3rd International Conference on Reactivity of Solids held in Madrid in April 1956.

per °C for AgCl and 3.6×10^{-5} per °C for AgBr. On account of this treatment of the data the heats of formation inferred by LAWSON are probably not very significant.

Although the nature of the lattice disorder cannot be inferred from thermal expansion measurements alone, it can be determined in favorable cases, by the simultaneous measurement of the X-ray lattice parameter and the overall expansion. Thus while both FRENKEL and SCHOTTKY defects may give rise to changes in the average lattice parameter[1], with FRENKEL disorder the total number of lattice cells is unaltered, but with SCHOTTKY disorder the total number of lattice cells is increased by exactly the number of SCHOTTKY vacancy pairs created. It follows that with FRENKEL disorder the relative expansion of the lattice cell volume as determined by X-rays, is identical with the relative macroscopic volume expansion. On the other hand the relative macroscopic increase in volume due to the presence of SCHOTTKY defects is easily shown to equal the sum of n/N with the relative increase of cell volume as determined by X-rays. In Fig. 11 we show the X-ray lattice parameter of AgBr as determined experimentally by BERRY[2] and as calculated by him from STRELKOW'S thermal expansion data on the assumption of purely FRENKEL disorder. The agreement is seen to be very close. Furthermore the fraction of SCHOTTKY disorder cannot be larger than the relative difference between the two curves in Fig. 11. Therefore as long as there is no objection to the accuracy of either BERRY'S or STRELKOW'S results, the disorder in AgBr may be regarded as proved to be of predominantly FRENKEL type in the most direct manner possible.

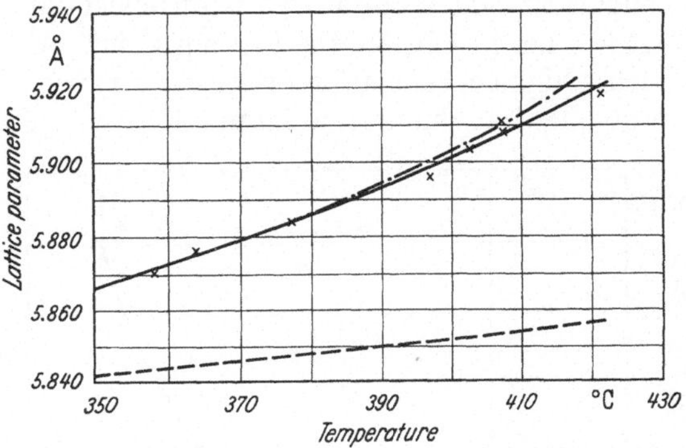

Fig. 11. The lattice parameter of AgBr as a function of temperature. The full line shows the experimental results of BERRY, whilst the dot-dash line shows the lattice parameter calculated from STRELKOW'S thermal expansion data with the assumption of pure FRENKEL disorder. The lowest dashed line is the lattice expansion of a hypothetical crystal containing no defects as assumed by LAWSON.

8. Anomalous specific heat. There is an excess specific heat associated with the thermal creation of FRENKEL and SCHOTTKY defects. At constant pressure this is given by

$$\Delta C_P = \left(\frac{\partial \Delta H}{\partial T}\right)_P,$$

where ΔH is the excess heat content, equal to $n_F h_F$ for FRENKEL defects and $n_s h_s$ for SCHOTTKY defects, n_F and n_s being given by (5.3) and (6.1) respectively. If the enthalpies of formation are independent of temperature then

$$\Delta C_P = \frac{n\,h^2}{2\mathbf{k}T^2}. \tag{8.1}$$

From (8.1) we see that a plot of $\log(T^2 \Delta C_P)$ against T^{-1} should be a straight line with gradient $-h/2\mathbf{k}$. Furthermore the intercept of such a plot should give the coefficient of $\exp(-h/2\mathbf{k}T)$ in the expression for n, i.e. $\exp(s/2\mathbf{k})$.

[1] J. D. ESHELBY: J. Appl. Phys. **25**, 255 (1954).
[2] C. R. BERRY: Phys. Rev. **82**, 422 (1951).

Figs. 12 and 13 show measurements of the specific heat of AgBr as obtained by CHRISTY and LAWSON[1]. Their results lead to the formula

$$\frac{n}{N} \approx 1600 \exp\left(-\frac{14\,700}{R\,T}\right), \tag{8.2}$$

for the concentration of FRENKEL defects; R is the gas constant in cal/°K mole. Similar measurements have been made on AgCl[2].

It is unlikely that the very large pre-exponential factor in Eq. (8.2) is due entirely to the entropy of formation of the defects. Formula (8.2) leads to the conclusion that there are 3.7% of defects at 420° C, i.e. just below the melting point. At such a high concentration of defects it is very probable that the mutual interactions of the defects are of quantitative importance. The formulation which we have employed throughout this section has, of course, assumed a complete absence of interactions among the defects [cf. Eq. (5.2)].

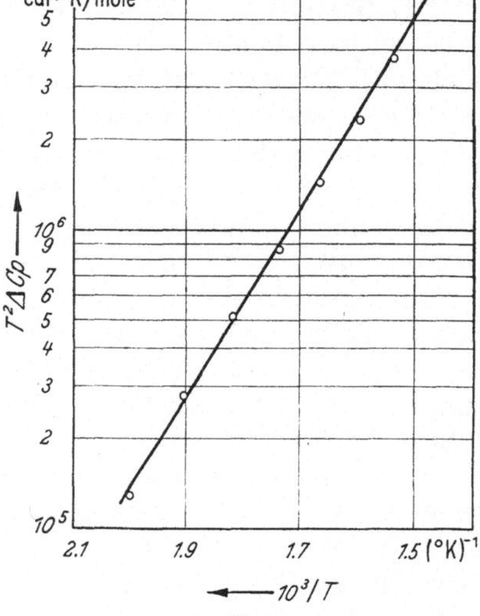

Fig. 12. Fig. 13.

Fig. 12. The specific heat of AgBr as measured by CHRISTY and LAWSON. This curve shows a sharp rise associated with the formation of FRENKEL defects.

Fig. 13. Curve showing the temperature dependence of the excess specific heat associated with the formation of FRENKEL defects in AgBr. A "normal" specific heat of equal to $(12 + 0.005\,T)$ cal per °C per mole has been subtracted from the total measured specific heat to give the excess specific heat ΔC_P; log $(T^2 \Delta C_P)$ has then been plotted against T^{-1} (after CHRISTY and LAWSON).

9. Lattice vibrations and entropies of formation of defects. The mathematical study of the influence of defects on lattice vibrations has only recently begun[3] so that very little is known about the temperature dependent terms in g_F and g_s. VINEYARD and DIENES[4] have however given a simple analysis of the entropies

[1] R. W. CHRISTY and A. W. LAWSON: J. Chem. Phys. **19**, 517 (1951). Independent measurements by H. KANZAKI [Phys. Rev. **81**, 884 (1951)] are not in good agreement with these results. In particular KANZAKI finds a specific heat of 23.5 cal/°K mole just below the melting point, whereas CHRISTY and LAWSON find 35 cal/°K mole. KANZAKI has criticised the apparatus used by CHRISTY and LAWSON as not being suitable for a poor heat conductor [Sci. et Ind. Photogr. **25**, 265 (1954)]. The heat of formation of FRENKEL defects is 29.4 kcal per mole from the CHRISTY and LAWSON results and 34.4 kcal/mole from KANZAKI's results. The first figure is in excellent agreement with the value 29.2 deduced from conductivity measurements [J. TELTOW, Ann. Phys., Lpz. **5**, 63 (1949)]. However if we compare the absolute concentrations of defects, then KANZAKI's results agree better with TELTOW's.

[2] K. KOBAYASHI: Phys. Rev. **85**, 150 (1952). — Sci. Rep. Tôhoku Univ. **35**, 112 (1950).

[3] E. W. MONTROLL and R. B. POTTS: Phys. Rev. **100**, 525 (1955). — Phys. Rev. **102**, 72 (1956)

[4] G. H. VINEYARD and G. J. DIENES: Phys. Rev. **93**, 265 (1954).

of defect formation based on the harmonic approximation to crystal lattice vibrations[1]. They demonstrate the close connection which exists between the entropy of formation of a defect and its influence on the vibration frequencies of the crystal. Thus for temperatures sufficiently high relative to the DEBYE temperature, the entropy of formation is

$$s_F \quad \text{or} \quad s_s = \mathsf{k} \sum \log (\nu_P/\nu_i), \tag{9.1}$$

where the ν_P are the eigen-frequencies of a perfect crystal and the ν_i are the eigen-frequencies of an imperfect crystal containing one defect pair of the kind in question. These frequencies can be put into a one to one correspondence and the sum is over all terms. The frequencies are to be evaluated at the equilibrium volume for the temperature under consideration.

No very serious use has been made of Eq. (9.1), although some simple results follow from the elementary EINSTEIN model. As an example consider SCHOTTKY defects in a lattice of the NaCl type and assume that only the vibrations of nearest neighbours in the direction of a vacancy are affected. There is then a total of twelve altered modes per SCHOTTKY pair, so that if ν_P/ν_i is the same for a positive and for a negative vacancy, then $s_s = 12\,\mathsf{k} \log (\nu_P/\nu_i)$. As we shall see later, ETZEL and MAURER [27] have been able to give an experimental formula for the density of SCHOTTKY defects present in pure NaCl, namely

$$\frac{n}{N} = 5.3 \exp\left(\frac{-11\,700}{T}\right).$$

Hence $\exp (s_s/2\mathsf{k}) = 5.3$ and ν_P/ν_i is 1.32. It is a very reasonable result that the atoms bordering a vacancy should vibrate more slowly than normal atoms since their restoring force in the direction of the vacancy is much reduced. In the same way we should expect the vibration frequencies of those atoms around an interstitial ion to be increased over the normal value. Since FRENKEL disorder consists of both vacancies and interstitials whereas SCHOTTKY disorder consists of two kinds of vacancies, we expect $s_F < s_s$, other things being equal. It is thus theoretically possible for a system to display predominantly FRENKEL disorder at low temperatures ($h_F < h_s$) and to display a large amount of SCHOTTKY disorder at high temperatures when the effect of the larger entropy term becomes felt.

The above discussion of the FRENKEL and SCHOTTKY models exemplifies the fact that the present theory of defect lattices provides a consistent scheme through which experimental results can be interpreted, but is not in general able to make specific *a priori* predictions about particular substances. One exception to this is provided by some atomistic calculations of the (internal) energies of defect formation.

b) Atomic theory of heats of formation of defects.

10. Continuum calculations. A complete theory of FRENKEL and SCHOTTKY disorder would include calculations of the magnitudes of the quantities h and s appearing in the thermodynamical treatment. Although there have been no detailed calculations of the entropies s of defect formation, there have been a number of investigations of the heats of formation, mostly using the simplification of a non-vibrating lattice. These calculations are not based on a quantum mechanical treatment of the electronic states of the crystal, but are applications

[1] See for example L. BRILLOUIN: Wave Propagation in Periodic Structures, New York 1946 or R. E. PEIERLS: Quantum Theory of Solids, Oxford 1955.

of the classical BORN theory of ionic crystals and make use of the same empirical parameters. In general these calculations are very detailed and we shall first discuss the problem more qualitatively.

Historically the theory of lattice defects encountered the difficulty that the energy of formation of the defects appeared to be far too large. Thus at first sight we might suppose that to take a Ag^+ ion from its normal cation site in AgBr, where its MADELUNG potential energy is $-1.748\, e^2/a$ (a = anion-cation separation), and set it down in an interstitial position where its MADELUNG energy is zero, would require $+1.748\, e^2/a$, i.e. nearly 10 ev.

JOST [*12*] was the first to point out that this apparent difficulty was not real, since in arriving at this figure of 10 ev we have assumed that the ions surrounding the vacant site and the interstitial remained in their equilibrium positions. In reality the lattice will relax and become polarised around both the vacant Ag^+ site and the Ag^+ interstitial, and some of the 10 ev of energy will be regained. To calculate how much is regained, let us consider first the energy needed to remove an ion from its normal lattice position. Initially its potential energy in the field of the lattice will be $-\varphi_1$. Let the potential energy of the ion in the field of lattice displacements appropriate to the vacant site be $-\varphi_2$. Then it is not difficult to show that the energy necessary to remove the ion from the lattice is $\frac{1}{2}(\varphi_1+\varphi_2)$ as long as all lattice displacements are small. If only electrostatic interactions are important this is equal to the magnitude of the MADELUNG potential reduced by $\frac{1}{2}e|\varphi|$, where φ is the electrostatic potential (due to the polarisation) evaluated at the position of the ion. To calculate φ, JOST [*12*] assumed that the vacant site may be treated as a spherical cavity (radius R) in a continuous medium of dielectric constant ε equal to the static dielectric constant of the substance. In the medium surrounding the hole, there is an electric field $E=-e/\varepsilon r^2$, since by removal of a positive ion of charge $+e$ a charge $-e$ has effectivly been added. The polarisation is the refore

$$P=\frac{1}{4\pi}(D-E)=-\frac{1}{4\pi}\left(1-\frac{1}{\varepsilon}\right)\frac{e}{r^2},$$

and the electric potential at the centre of the cavity is

$$-\varphi=\int_R^\infty \frac{P}{r^2}\,4\pi r^2\,dr=-\frac{e}{R}\left(1-\frac{1}{\varepsilon}\right).$$

The gain in energy from polarisation around the vacancy is therefore

$$\frac{e^2}{2R_v}\left(1-\frac{1}{\varepsilon}\right). \tag{10.1}$$

Similarly the polarisation energy around the interstitial is

$$\frac{e^2}{2R_i}\left(1-\frac{1}{\varepsilon}\right). \tag{10.2}$$

In attempting to set a numerical value upon the total polarisation energy we are faced with the difficulty that we do not know exactly what values to take for R_i and R_v. However the method is only capable of giving a rough estimate and we shall take R_v and R_i as one half the distance to the neighbouring ions. For a NaCl-type lattice with anion-cation separation equal to a we therefore take $R_v=a/2$ and $R_i=\sqrt{3}\,a/4$. For AgBr, for which $\varepsilon=13.1$, we then obtain a total polarisation energy gain of slightly less than 10 ev, i.e. comparable with the

MADELUNG energy which must be supplied for every FRENKEL pair. The observed heat of formation of defects in AgBr, namely 1.3 ev (cf. Sect. 8), is therefore quite reasonable from a theoretical point of view.

SCHOTTKY [3] extended the above arguments by inclusion of the short-range closed shell repulsions and compared the heats of formation of SCHOTTKY and FRENKEL defects, in particular in the alkali halides. To describe the repulsive interactions between ions he used an r^{-n} potential with $n \sim 9$. Since an interstitial ion is generally much closer to its neighbours than a normal ion, the repulsive forces will favour SCHOTTKY as opposed to FRENKEL disorder. In the alkali halides it appears that these additional repulsive terms outweigh the larger electrical polarisation energy associated with an interstitial, and that the net heat of formation of SCHOTTKY pairs is less than for cationic, FRENKEL pairs. SCHOTTKY's arguments were not conclusive in cases where the cations were very small, e.g. LiI. Empirically, however, there is little reason to doubt that the lithium halides show predominantly SCHOTTKY disorder[1].

The occurrence of cationic FRENKEL disorder in AgBr and AgCl is favoured not only by the small radius of the Ag^+ ion but also by the large VAN DER WAALS energies. The VAN DER WAALS energy between two ions is attractive and varies as r^{-6}; it therefore lowers the energy of the interstitial ion relative to the normal ion and if large enough leads to predominantly FRENKEL disorder. The large VAN DER WAALS energy of AgBr and AgCl can be seen quantitatively in the cohesive energy which is larger than one would expect on the basis of only electrostatic and closed shell repulsive interactions. A more striking demonstration of its importance is provided by the low solubility of these salts in water. A major factor in the high solubility of NaCl is the energy gained by polarisation of the water by the charged ions [cf. Eq. (10.2)], and while this energy is still gained with AgCl it is not sufficient to overcome the combined electrostatic and VAN DER WAALS attractions in the solid. The high VAN DER WAALS energy is thus responsible both for the low solubility of AgCl and AgBr, and for the occurence of FRENKEL rather than SCHOTTKY disorder.

11. Lattice calculations. In this and subsequent sections we describe the more detailed calculations which have been made of the energies of formation of lattice defects. These calculations have mostly been made for alkali halides with the NaCl-type lattice (in particular for NaCl and KCl) and have aimed to provide accurate values of the heats of formation of SCHOTTKY (and FRENKEL) defects and of the heats of solution of impurities. Other important applications of these calculations are the estimations of the energies of association between impurity ions and vacancies, and the possible alteration in impurity valency on incorporation into the lattice. These applications will be discussed in their appropriate places later.

Since these calculations have mostly been applied to the alkali halides they ignore VAN DER WAALS and zero point energies; these terms are known to constitute only one or two percent of the cohesive energy of alkali halides. Only two types of interaction among the ions will therefore be considered, electrostatic interactions and closed shell or "overlap" repulsions. For the electrostatic interactions we describe the ions by their charge and by their electronic polarisability, $\alpha_\pm$. The repulsive potential energy between two ions a distance r apart will be described by means of the exponential formula of BORN and MAYER [20],

$$\omega(r) = A_{12} \exp(-r/\varrho), \tag{11.1}$$

[1] Y. HAVEN: Rec. Trav. chim. Pays-Bas 69, 1259, 1471, 1505 (1950).

where A_{12} is a constant, depending on the ions and ϱ is equal to 0.345 Å for the alkali halides. In the original calculation by MOTT and LITTLETON [21] it was assumed that repulsive interactions were only important between neighbouring anions and cations. The single parameter A was then eliminated through the condition that the crystal was in equilibrium at the observed lattice spacing. However in later work[1] it has been found necessary to include repulsive interactions between ions which are not nearest neighbours and for this purpose a more explicit form of (11.1) is used, also due to BORN and MAYER [20].

$$\omega(r) = b\, c_{12} \exp\left[\frac{r_1 + r_2 - r}{\varrho}\right]. \tag{11.2}$$

In this, r_1 and r_2 are the GOLDSCHMIDT radii of the interacting ions. The factor c_{12} depends on the charges and the electronic structures of the ions; PAULING[2] gave the formula

$$c_{12} = 1 + \frac{z_1}{n_1} + \frac{z_2}{n_2}, \tag{11.3}$$

where z_1 and z_2 are the (algebraic) valencies of the two ions, and n_1 and n_2 are the numbers of valence electrons in the outer shells of these ions. The quantities b and ϱ are determined for each crystal from the experimental values of the cohesive energy and the compressibility [20]; they should be universal constants but this is only approximately true, even within a family of compounds such as the alkali halides. In the papers mentioned above the values $b = 0.229 \times 10^{-12}$ erg and $\varrho = 0.345$ Å are used[3].

Before concluding this discussion of the energy terms, it may be pointed out that an alternative set of constants is available for use with (11.2) although so far they have been little used. Thus, HUGGINS and MAYER [22] rejected the use of the somewhat arbitrary GOLDSCHMIDT radii and endeavoured to find a consistent set from the observed lattice spacings of the alkali halides. They chose for ϱ the value 0.345 Å and b was fixed arbitrarily at 10^{-12} erg. A consistent set of radii for alkali and halide ions was then determined. A disadvantage of the HUGGINS-MAYER scheme is that it cannot be used when discussing the effects of those impurities which are neither alkali nor halogen ions, since there is no basis on which to estimate the impurity ion radius.

12. Lattice calculations; zero order approximation. Calculations based on the above model can be pursued to various degrees of accuracy. In any particular approximation the displacements of the ions in a particular shell surrounding the defect are treated as unknowns to be found from the condition that the total force acting on each ion is zero,

$$F_e + F_r = 0, \tag{12.1}$$

where F_e is the electrostatic and F_r is the repulsive force. Likewise the induced electric moment μ of each of these ions must satisfy the equation

$$\pm \frac{\alpha F_e}{z e} = \mu. \quad (+\text{ cations}, -\text{ anions}) \tag{12.2}$$

[1] See for example the papers by F. BASSANI and F. G. FUMI: [24]. — G. J. DIENES: J. Chem. Phys. **16**, 620 (1948). — J. R. REITZ and J. L. GAMMEL: J. Chem. Phys. **19**, 894 (1951). Cf. also G. LEIBFRIED'S article in Vol. VII, part 1 of this Encyclopedia.

[2] L. PAULING: Z. Kristallogr. **67**, 377 (1928).

[3] The value $\varrho = 0.345$ Å is the average of the actual ϱ's for all the alkali halides. The value of b is the average of the two values given by the two thermodynamic equations when one adopts $\varrho = 0.345$ Å. For NaCl and for KCl this comes out to be 0.229×10^{-12} erg. For other substances other values are appropriate.

The displacements and moments of the ions outside this selected shell are calculated by assuming that the lattice is a continuum; it is characterised by the two dielectric constants ε and ε_0 for slowly and rapidly varying fields (i.e. by an electronic and a displacement polarisability) and in addition to these by a mechanical elasticity. Different approximations correspond to different numbers of ions in the shell surrounding the defect. These principles were laid down by MOTT and LITTLETON [21] but the following description is based on a more recent paper by BRAUER [23].

The direct object of these calculations is to determine the work of removal of an ion from the lattice. This ion will be one of the normal lattice ions if we are interested in the energy of formation of SCHOTTKY defects and will be a foreign ion if we are interested in impurity ion solubilities. The work required to remove an ion from the lattice is, as we have mentioned above, the average of the potential energies of the ion (a) in the field of lattice displacements and polarisations surrounding the ion in position and (b) in the field of displacements and polarisations appropriate to the vacancy.

Firstly we discuss the zero-order approximation in which the selected "shell" of ions contains only the ion we intend to remove. It is generally desirable to use a more accurate approximation; however this discussion will introduce the details of the continuum description used for distant ions.

α) COULOMB *energy*. We assume that a cation at position (000) belonging to a crystal of NaCl type consisting of z-valent ions, is replaced by a foreign ion with charge $z'e$. The field produced by a perturbing charge $qe = (z'-z)e$ polarises the crystal; the polarisation P at distance r from (000) is

$$P = \frac{1}{4\pi}\left(1 - \frac{1}{\varepsilon}\right)\frac{q\,e}{r^2}. \tag{12.3}$$

MOTT and LITTLETON [21] used this expression for the macroscopic polarisation to infer the displacements and electric moments of the individual ions. Let α_+ be the cation electronic polarisability and α_- the anion polarisability. We introduce also a displacement polarisability α to describe the movement of the ions in an electric field. The induced electric moment in one unit cell $2Pa^3$ (a = anion-cation separation) is therefore composed of a part μ_+ proportional to $\alpha+\alpha_+$ located at the positive ion site and a part μ_- proportional to $\alpha+\alpha_-$ at the negative ion site. These dipole moments are given by

$$\left.\begin{aligned}\mu_+ &= \frac{\alpha+\alpha_+}{\alpha_+ + \alpha_- + 2\alpha}\cdot\frac{2a^3}{4\pi}\left(1-\frac{1}{\varepsilon}\right)\frac{q\,e}{r^2},\\ &\equiv \frac{q\,e\,a^3}{r^2}M'_+,\end{aligned}\right\} \tag{12.4}$$

and

$$\mu_- = \frac{q\,e\,a^3}{r^2}M'_-, \tag{12.5}$$

where

$$M'_\pm = \frac{1}{4\pi}\left(1-\frac{1}{\varepsilon}\right)\frac{\alpha+\alpha_\pm}{\frac{1}{2}(\alpha_+ + \alpha_-)+\alpha}. \tag{12.6}$$

The polarisation energy was calculated by JOST [12] by integration of the potential due to (12.3), as described in Sect. 10. MOTT and LITTLETON improved this calculation by a direct lattice summation of the potential due to all the dipoles μ_+ and μ_-. The total potential at position (000) due to all dipoles μ_+ and μ_- is

$$^{c}\Phi_1 = -\,q\,e\,a^3\left[M'_+\sum_{+}\frac{1}{r^4} + M'_-\sum_{-}\frac{1}{r^4}\right]. \tag{12.7}$$

Lattice summations of the type occurring in (12.7) were carried out by JONES and INGHAM[1] in connection with the theory of imperfect gases. Their results may be used to evaluate (12.7) giving

$$^{c}\Phi_1 = -\frac{q\,e}{a}\,(6.3346\,M'_+ + 10.1977\,M'_-)\,, \tag{12.8}$$

as the potential at the cation site (000). Before a numerical value can be set on $^{c}\Phi_1$ the magnitudes of the polarisabilities must be fixed. For α_+ and α_- some authors[2] have taken the polarisabilities of the free ions as given by PAULING[3]. The displacement polarisability α can be calculated from the known law of repulsion between the ions (11.2). Thus if we consider a distortion of the crystal in which the positive ions move a distance x to the right and the negative ions a distance x to the left, the restoring force on each ion due to the repulsion between ions will be $-p\,x$, where

$$p = 4b\left(\frac{1}{\varrho^2} - \frac{2}{\varrho\,a}\right)\exp\left[\frac{r_+ + r_- - a}{\varrho}\right]. \tag{12.9}$$

This expression is calculated from (11.2) on the assumption that repulsive forces are only significant between nearest $(r = a)$ and next nearest neighbours $(r = \sqrt{2}a)$. With this sort of homogeneous deformation there is no electrostatic restoring force and the displacement polarisability is simply

$$\alpha = z^2 e^2/p\,. \tag{12.10}$$

Table 3. *The ionic radii used in this table are given by* GOLDSCHMIDT *and the polarisabilities are taken from* PAULING'S *paper. The values* $b = 0.229 \times 10^{-12}$ *erg and* $\varrho = 0.345$ Å, *found by* BORN *and* MAYER [20] *using* GOLDSCHMIDT'S *radii, have been used. The values of* $e\,^{c}\Phi_1$ *have then been calculated from (12.8), assuming* $q = 1$.

Quantity	NaCl	KCl
a (Å)	2.815	3.140
r_+ (Å)	0.98	1.33
r_- (Å)	1.81	1.81
$\alpha_+ \cdot 10^{24}$ (cm³)	0.179	0.830
$\alpha_- \cdot 10^{24}$ (cm³)	3.660	3.660
ε	5.62	4.68
$\alpha \cdot 10^{24}$ (cm³)	4.268	3.840
M'_+	0.04702	0.04802
M'_-	0.08382	0.07712
$e\,^{c}\Phi_1$ (ev)	5.9	5.0

In Table 3 we give values of α, M'_+ and M'_- as calculated for NaCl and KCl by BASSANI and FUMI [24]. The energy of a charge e in the potential $^{c}\Phi_1$ for $q = 1$ is 5.9 ev in a NaCl crystal and 5.0 ev in a KCl crystal. However there are other energy terms to be considered.

Up to this point we have considered the perturbing ion or vacancy only as a source of electric polarisation. In addition to its different charge the foreign ion will in general also have a different radius r_s, and the surrounding ions of the lattice will undergo purely elastic displacements. The direction of these displacements is the same for negative and positive ions. Thus the foreign ion will displace its neighbours so that the distance between (000) and (100) is no longer $a \approx r_+ + r_-$ but $a + x \approx r_s + r_-$. The relative displacement of the neighbours is therefore $\xi_{100} = x/a$ and, from the theory of the elastic continuum, that of an ion $(n m l)$ is

$$\xi_{(n m l)} = \xi_{(100)}/(n^2 + m^2 + l^2)\,. \tag{12.11}$$

Each displaced ionic charge gives a dipole moment of magnitude

$$\mu_{(n m l)} = z\,e\,\xi_{(n m l)} = z\,e\,\xi/(n^2 + m^2 + l^2)\,, \tag{12.12}$$

[1] J. E. JONES and A. E. INGHAM: Proc. Roy. Soc. Lond., Ser. A **107**, 636 (1925).

[2] For example J. R. REITZ and J. L. GAMMEL: J. Chem. Phys. **19**, 894 (1951). — F. BASSANI and F. G. FUMI: [24].

[3] L. PAULING: Proc. Roy. Soc. Lond., Ser. A **114**, 181 (1927).

where $\xi_{(100)}$ has been abbreviated to ξ. If ξ is positive then the direction of μ relative to the centre of dilation is outwards if (nml) is a positive ion site and inwards if it is a negative ion site (conversely if ξ is negative). These dipoles contribute an additional potential ${}^c\Phi_2$ at (000). The calculation of ${}^c\Phi_2$ is very similar to the calculation of ${}^c\Phi_1$; we find

$$\left.\begin{aligned} {}^c\Phi_2 &= \frac{z e \xi}{a}(-6.3346 + 10.1977), \\ &= 3.863\, z e \xi / a. \end{aligned}\right\} \tag{12.13}$$

For a K^+ ion in NaCl $\xi = (r_K - r_{Na})/a$, is 0.124; the energy $e^c\Phi_2$ then amounts to 2.46 ev.

The total electrical potential at position (000) is therefore ${}^c\Phi_1 + {}^c\Phi_2$ plus the potential which exists at (000) independently of the ionic displacements, i.e. the MADELUNG potential. We denote the MADELUNG potential by

$${}^c\Phi_0 = -\frac{\alpha_M \cdot z e}{a},$$

where the MADELUNG constant $\alpha_M = 1.7476$. The total electrical potential at the centre of disturbance (cation site 000) is therefore

$$\left.\begin{aligned} {}^c\Phi &= {}^c\Phi_0 + {}^c\Phi_1 + {}^c\Phi_2 \\ &= -\frac{a_M z e}{a} - \frac{q e}{a}(6.3346\, M'_+ + 10.1977\, M'_-) + 3.863\frac{z e \xi}{a}. \end{aligned}\right\} \tag{12.14}$$

The energy of the foreign cation at (000) in this potential is $z' e^c\Phi$.

The purely elastic components of the ionic displacements were not considered by MOTT and LITTLETON and were first included by BRAUER [23]. They are clearly of great importance if we wish to discuss the solubility of monovalent ions in the alkali halides or divalent ions in the alkaline earth oxides, since in both these cases ${}^c\Phi_1$ is zero. On the other hand in discussing, say, Cd^{2+} in NaCl, the elastic terms may be unimportant since $r(Na^+)$ and $r(Cd^{2+})$ are so nearly equal in GOLDSCHMIDT's scheme (0.98 Å and 1.03 Å respectively, giving $\xi \approx 0.018$ and $e^c\Phi_1 \approx 0.35$ ev compared with ${}^c\Phi_1 = 5.9$ ev). These terms have in fact been neglected in calculations on the NaCl:Cd^{2+} system[1]. They have also been neglected in KCl:Cd^{2+} and KCl:Ca^{2+} systems in which they may be more important (BASSANI and FUMI).

β) Energy of repulsion. So far in this section we have considered only the classical electrostatic part of the energy of an ion in a given field of displacements and polarisations. In zero order approximation it may be sufficient to include repulsive interactions between nearest neighbours only. For a NaCl-type lattice (assumed throughout) the BORN-MAYER fraction of the energy of the ion is expressed by

$${}^R E = 6 A_s e^{-r_s/\varrho_s}, \tag{12.15}$$

where r_s is the distance between the central ion and its six nearest neighbours. For alkali or halogen ions in an alkali halide crystal, ϱ_s may be taken to have the BORN-MAYER value of 0.345 Å, which is an average value obtained from the compressibility and cohesive energies of the alkali halide series. For other types

[1] J. R. REITZ and J. L. GAMMEL: J. Chem. Phys. **19**, 894 (1951). — F. BASSANI and F. G. FUMI: [24].

of foreign ion ϱ_s may perhaps be most satisfactorily obtained from experimental data on a crystal in which one type of ion is of the foreign ion kind and the other is the same as the neighbours of the foreign ion. For example if we are studying Tl^+ in NaCl then we try to obtain ϱ_s froom the measured compressibility of TlCl. The constant A_s is also determined from the condition that this crystal is in equilibrium at the observed lattice spacing.

γ) Summary. In this section we have outlined the calculation of the potential energy of an ion at (000) in the field of displacements and ionic polarisations appropriate to a perturbing ion of "wrong" charge and radius. It is assumed in this approximation that ionic displacements due to wrong charge and wrong radius are additive. The purely elastic (wrong radius) component of the displacement of nearest neighbours to a foreign ion is taken as the difference between the radius of the foreign ion and the radius of the host atom which it replaced. We have not however discussed the elastic component of the displacement of the nearest neighbours of a vacancy. The electrostatic component of the displacement of nearest neighbours due to the removal of the charge is in every case outwards and of magnitude

$$\left.\begin{aligned} x &= M' a, \\ \text{where}\qquad M' &= \frac{1}{4\pi}\left(1-\frac{1}{\varepsilon}\right)\frac{\alpha}{\frac{1}{2}(\alpha_+ + \alpha_-)+\alpha} \end{aligned}\right\} \tag{12.16}$$

[cf. Eqs. (12.4) to (12.6)]. We expect the elastic component to be inwards however, because the repulsion of the nearest neighbours by the central ion core has been removed. In the zero-order approximation the magnitude of this elastic component is unfortunately arbitrary. This difficulty does not arise in the first order approximation, nor did it occur with the Mott and Littleton formulation, in which all elastic displacements were neglected.

Brauer[1] has applied the zero-order approximation in an investigation of the valency of rare earth ions (in particular Eu) substitutionally dissolved in the alkaline earth oxides and sulphides. He predicted that Eu^{3+} should be stable in MgO, CaO, SrO and BaO, whereas the stable state in the sulphides, selenides and tellurides would be Eu^{2+}. By studying the emission spectra of the oxide and sulphide Eu-phosphors he was able to observe the characteristic emission lines of Eu^{3+} in the oxides and Eu^{2+} in the sulphides—as predicted. A detailed account of the factors entering into this result is given later.

13. Lattice calculations, first order approximation. Since the displacements and electric dipole moments of the nearest neighbours to a foreign ion affect the energy of this ion rather strongly, it is desirable to extend the calculations so that these quantities are determined outside the continuum approximation. We therefore treat both the (total) displacement $x=\xi a$ and the electronic moment, ν, of the six nearest neighbours of the foreign ion (or vacancy) as unknowns. They are determined by the requirement that the sum of the electrical and repulsive forces vanishes on each ion,

$$F_e + F_r = 0.$$

Also

$$\nu = -F_e \alpha_- / z e,$$

if we assume, as before, that the foreign ion is a cation. It follows from the symmetry of a NaCl type lattice that F_e and F_r are in the direction of the lattice

[1] P. Brauer: Z. Naturforsch. **6**a, 561 and 562 (1951).

lines [100], i.e. in the direction of the site (000). The electrical force on ion (100) in the positive direction, i.e. away from (000), is,

$$\left.\begin{aligned} F_e = \frac{e^2}{a^2}\Big\{ & \frac{-qz}{(1+\xi)^2} + \frac{(\sqrt{2}+0.25)\,z^2}{(1+\xi)^2} - \frac{4(1+\xi)\,z^2}{[1+(1+\xi)^2]^{\frac{3}{2}}} - \frac{z^2}{(2+\xi)^2} + \frac{2.3713\,z\,\nu}{(1+\xi)^3\,e\,a} + \\ & + qz\,(0.388\,M'_- + 1.965\,M'_+) + \xi\,(1.965\,z^2 - 0.388\,z^2)\Big\}. \end{aligned}\right\} \quad (13.1)$$

The first term results from the net charge qe on the perturbing ion, whilst the second, third and fourth terms give the force on the ion (100) due to the displacements of the five other nearest neighbours (—100), (010), (0—10) etc. The fifth term represents the effect of the electronic dipole moment ν of these five ions, whilst the sixth term gives the combined effect of the electronic and displacement dipoles of all the other ions in the crystal. These dipole moments were assumed to be given by (12.4) and (12.5), and the necessary lattice summations were performed by MOTT and LITTLETON [21] giving the numerical coefficients 0.388 and 1.965. The seventh term has been added by BRAUER and represents the force on the ion at (100) due to the dipole moments associated with the elastic components of the ionic displacements. In arriving at the expression for this term BRAUER assumes that the displacement of any ion outside the shell of nearest neighbours is composed of an electrical part x_{elec} which, by (12.4) and (12.5), is given by

$$\left.\begin{aligned} x_{\text{elec}} &= \pm \frac{M'\,q\,a^3}{z\,r^3} \quad (+\text{ cations}, \; -\text{ anions}), \\ \text{where} \qquad M' &= \frac{1}{4\pi}\left(1-\frac{1}{\varepsilon}\right)\frac{\alpha}{\frac{1}{2}(\alpha_+ + \alpha_-) + \alpha}, \end{aligned}\right\} \quad (13.2)$$

and of an elastic part x_{elas}, which by Eq. (12.11) is

$$x_{\text{elas}} = \xi/(n^2 + m^2 + l^2)\,, \quad (13.3)$$

where ξ is the (total) outward displacement of the nearest neighbour ions. (The displacement ξ is not of course broken up into two parts.) From the point of view of the continuum ions the perturbing element consists of the foreign ion and its six nearest neighbours.

We must now calculate the repulsion force F_r. The energy of repulsion between the ion (100) and its (six) nearest and (twelve) next nearest neighbours is

$$\left.\begin{aligned} {}^R E = {} & \omega(a+x) + \omega(a - x + x_{200}) + \\ & + 4\omega\left(\sqrt{\left(a + \frac{1}{\sqrt{2}}\,x_{110}\right)^2 + \left(x - \frac{1}{\sqrt{2}}\,x_{110}\right)^2}\right) + \\ & + 4\omega\{\sqrt{2}\,(a+x)\} + 4\omega\left\{\sqrt{\left(a + \frac{1}{\sqrt{5}}\,x_{210}\right)^2 + \left(a - x + \frac{2}{\sqrt{5}}\,x_{210}\right)^2}\right\} + \\ & + 4\omega\left\{\sqrt{\left(\sqrt{2}\,a + \frac{\sqrt{2}}{\sqrt{3}}\,x_{111}\right)^2 + \left(x - \frac{1}{\sqrt{3}}\,x_{111}\right)^2}\right\}, \end{aligned}\right\} \quad (13.4)$$

where the repulsive potential function ω is given by (11.2). The terms of the type $\omega()$ are due to nearest neighbours and the terms $\omega\{\}$ are due to next nearest neighbours, the constants c_{12}, r_1 and r_2 being adjusted accordingly. By differentiation one then obtains an expression for the force $-\partial({}^R E)/\partial x$ acting on the ion (100). BRAUER writes

$$\left.\begin{aligned}F_r = {} & \frac{b_s c_{-s}}{\varrho_s} \exp\left(\frac{r_s + r_- - (1+\xi)\,a}{\varrho_s}\right) + \\ & + \frac{b\,c_{+-}}{\varrho} \exp\left(\frac{r_+ + r_-}{\varrho}\right)\left\{-\exp\left(-\frac{\beta a}{\varrho}\right) + \frac{4}{\gamma}\left(\xi - \frac{2}{2\sqrt{2}}[+]\right)\exp\left(-\frac{\gamma a}{\varrho}\right)\right\} + \\ & + \frac{4b\,c_{--}}{\varrho}\exp\left(\frac{2r_-}{\varrho}\right)\left\{\frac{1}{\sqrt{2}}\exp\left(-\frac{\sqrt{2}(1+\xi)\,a}{\varrho}\right) - \right. \\ & \left. - \frac{1}{\eta}\left(1 - \xi + \frac{2}{5\sqrt{5}}[-]\right)\exp\left(-\frac{\eta a}{\varrho}\right) + \frac{1}{\zeta}\left(\xi - \frac{1}{3\sqrt{3}}[-]\right)\exp\left(-\frac{\zeta a}{\varrho}\right)\right\} \\ & \text{in which} \\ & [+] = \xi + \frac{q}{z} M', \quad [-] = \xi - \frac{q}{z} M', \quad \beta = 1 - \xi + \frac{1}{4}[+], \\ & \gamma = \left[\left(1 + \frac{1}{2\sqrt{2}}[+]\right)^2 + \left(\xi - \frac{1}{2\sqrt{2}}[+]\right)^2\right]^{\frac{1}{2}}, \\ & \eta = \left[\left(1 + \frac{1}{5\sqrt{5}}[-]\right)^2 + \left(1 - \xi + \frac{2}{5\sqrt{5}}[-]\right)^2\right]^{\frac{1}{2}}, \\ & \zeta = \left[\left(\sqrt{2} + \frac{\sqrt{2}}{3\sqrt{3}}[-]\right)^2 + \left(\xi - \frac{1}{3\sqrt{3}}[-]\right)^2\right]^{\frac{1}{2}}.\end{aligned}\right\} \tag{13.5}$$

In the expression (13.5) the first term is the force of repulsion between the (negative) ion at (100) and the foreign ion at (000). The second term represents the repulsive force due to the other five neighbours and the third is the force due to the twelve next nearest (anion) neighbours. BRAUER inserts constants b_s and ϱ_s for the interaction between a foreign ion and its neighbouring anions; these may be different from b and ϱ, in which case they will be determined from experimental data on the corresponding pure compound of the perturbing ion.

We have now sufficient equations to determine the unknowns ν and ξ. The electronic dipole moment on the six anions (100), (—100) etc. can be eliminated from (13.1) by using the equation

$$\nu = -\alpha_- F_e / z\,e.$$

Curves of F_e and F_r as function of ξ can then be constructed; where their sum $F_e + F_r$ vanishes is the equilibrium value of ξ. This part of the calculation is the most tedious; once ξ and ν have been determined the calculation of the energy of the central ion at (000) is simple.

The electrostatic potential at the central (cation) position is

$$\left.\begin{aligned}{}^c\Phi_{(000)} = {} & \frac{-\alpha_M z\,e}{a} + \frac{6 z e \xi}{a(1+\xi)} - \frac{6\nu}{a^2(1+\xi)^2} - \\ & - \frac{q e}{a}(6.3346\,M'_+ + 4.1977\,M'_-) - \\ & - \frac{e\xi}{a}(6.3346 z - 4.1977 z).\end{aligned}\right\} \tag{13.6}$$

The first term is obviously the MADELUNG potential whilst the second and third terms are the contributions of the displacement and the electronic dipoles of the six anions surrounding (000). The fourth and fifth terms give the potential due to the dipoles caused by the polarisation and displacement of all the other ions of the crystal. The numerical coefficient of the anion terms ($-z$ and M'_-) is smaller than in (12.13) and (12.14) since the six nearest neighbours are dealt with separately.

The ion core repulsion part of the energy of a foreign ion at (000) is

$$\left.\begin{aligned} {}^{R}E_{(000)} &= 6 b_s c_{s-} \exp\left(\frac{r_s + r_- - (1+\xi)\,a}{\varrho_s}\right) + \\ &+ 12 b_s c_{s+} \exp\left(\frac{r_s + r_+ - (\sqrt{2} + \frac{1}{2}[+])\,a}{\varrho}\right), \end{aligned}\right\} \quad (13.7)$$

where $(\sqrt{2}+\frac{1}{2}[+])\,a$ is the distance to the centre of a next nearest neighbour as given by the continuum approximation.

The formulae which we have presented in this section, and which are due to BRAUER, can be specialised to give those used by other investigators. To obtain those given by MOTT and LITTLETON [*21*] in their original paper on the method, we must disregard the transmission of displacements by repulsion forces, i.e. we must set $\xi = 0$ in the quantities $[+]$ and $[-]$ which occur in (13.5) and we must omit the last term in both (13.1) and (13.6). In zero order approximation we must drop ${}^{c}\Phi_2$ in (12.14). MOTT and LITTLETON also omitted ion-core repulsion terms between next nearest neighbours; this means that they omitted the cumbersome term in c_{--} in (13.5).

14. Lattice calculations, application to FRENKEL and SCHOTTKY disorder. If W_0^+ and W_0^- are the energies required to remove respectively a cation and an anion from their normal sites in the crystal to a state of rest at infinity, and if the lattice energy of the crystal is W_L per ion pair (relative to a state of infinitely dispersed ions at rest), then the heat of formation of SCHOTTKY defects is

$$h_s = (W_0^+ + W_0^- - W_L). \quad (14.1)$$

To calculate W_0^+ we evaluate the displacements and induced dipole moments by the methods outlined in the preceeding sections. W_0^+ is then numerically equal to the average of the potential energy of the ion in its normal position and its energy in the field of the displacements and dipole moments appropriate to the vacancy. W_0^- is evaluated in the same way for a negative ion. Evaluation of W_L within the same scheme then completes the calculation of h_s. Alternatively W_L may be obtained from compilations of experimental data such as the National

Table 4.

	NaCl	KCl	KBr
Work W_0^+ to remove cation in ev	4.62	4.47	4.23
Work W_0^- to remove anion in ev	5.18	4.79	4.60
Lattice energy per ion pair, W_L, in ev .	7.94	7.18	6.91
$h_s = W_0^+ + W_0^- - W_L$ in ev	1.86	2.08	1.92

Bureau of Standards Circular No. 500, entitled "Selected Values of Chemical Thermodynamic Properties" or from the tables of LANDOLT-BÖRNSTEIN. This however is a less satisfactory procedure: firstly because in a completely theoretical calculation we might expect cancellation of systematic errors and inadequacies when we take the difference between $W_0^+ + W_0^-$ and W_L; secondly, experimental values of W_L are often only obtainable for the standard temperature of 25° C and not for 0° K to which the theoretical calculations refer.

The values of h_s in NaCl, KCl and KBr as calculated by MOTT and LITTLETON [*21*] are given in Table 4. As we have already mentioned, MOTT and LITTLETON included ion-core repulsions only between nearest neighbours and neglected the purely elastic transmission of ionic displacements. The form used for the

ion core repulsion was
$$\omega(r) = A \exp(-r/\varrho), \tag{14.2}$$
and the constant A was eliminated through the condition that the crystal is at equilibrium at the observed lattice spacing, i.e.
$$\alpha_M \frac{e^2}{a^2} = \frac{6A}{\varrho} \exp\left(\frac{-a}{\varrho}\right). \tag{14.3}$$
The BORN-MAYER value of ϱ (= 0.345 Å) was apparently employed, although in evaluating M'_+, M'_- and M' the displacement polarisability α was obtained from an equation relating it to the difference between the high frequency and the static dielectric constants, and was not calculated from (12.9) and (12.10). Lastly it should be noted that the values assumed for W_L were taken from experimental data listed by BORN and GÖPPERT-MAYER[1].

There are few subsequent calculations with which to compare the results given in Table 4. REITZ and GAMMEL[2] in the course of an investigation of the heat of association of a Cd^{2+} ion and a Na^+ vacancy in NaCl evaluated W_0^+. For this purpose they included repulsive interactions between next nearest neighbours employing the formula (11.2) rather than (14.2). Their result was 4.75 ev compared with 4.62 ev. For this same quantity BASSANI and FUMI [*24*] using a more consistent procedure, obtained 4.65 ev for NaCl and 4.35 ev for KCl. BICELLI and FUMI (unpublished work) used the HUGGINS and MAYER [*22*] scheme of constants in place of the BORN-MAYER scheme and found $W_0^+ = 4.53$ ev for NaCl and 4.31 ev for KCl. These variations in W_0^+, although small, are relatively more important in the quantity h_s and emphasize the desirability of calculating W_L consistently in the same scheme as W_0^+ and W_0^-. None of the above investigations allowed for the purely elastic transmission of displacements as formulated by BRAUER. According to TOSI and FUMI (unpublished work), this effect is very important. These workers summarise the results of an extensive series of calculations on NaCl and KCl as follows:

(1) If the elastic term is neglected, then the heats of formation of SCHOTTKY defects calculated from the MOTT and LITTLETON repulsive potential are in better agreement with experiment than those computed from the potential of BORN and MAYER (B-M), or from that of HUGGINS and MAYER (H-M). (The experimental values obtained from conductivity measurements are 2.02 ev for NaCl[3] and 2.4 ev for KCl[4].) The (B-M) and (H-M) values are always too small, in NaCl by as much as 30%.

(2) If one introduces the elastic term in the way proposed by BRAUER and described in Sects. 12 and 13, then all the computed values are in reasonable agreement with experiment. This testifies to the importance of the elastic term.

From a theoretical point of view the most satisfactory calculation is perhaps that by TOSI and FUMI, which includes the elastic term and which uses the BORN-MAYER potential and the crystal ion polarisabilities obtained by TESSMAN, KAHN and SHOCKLEY[5]. This calculation gives the result 1.92 ev for NaCl, and 2.20 ev for KCl.

MOTT and LITTLETON also calculated the heat of formation of FRENKEL defects in NaCl. Although the details were quite different, this calculation

[1] M. BORN and M. GÖPPERT-MAYER: GEIGER-SCHEEL's Handbuch der Physik, 2nd ed. Vol. 24 (2), p. 623. 1933.

[2] J. R. REITZ and J. L. GAMMEL: J. Chem. Phys. **19**, 894 (1951).

[3] H. W. ETZEL and R. J. MAURER: [27].

[4] H. KELTING and H. WITT: Z. Physik **126**, 697 (1949).

[5] J. R. TESSMAN, A. H. KAHN and W. SHOCKLEY: Phys. Rev. **92**, 890 (1953).

followed the same general principles that we have described already. If the work gained on bringing a Na^+ ion from infinity and inserting it into an interstitial position is W_2^+ then the energy of formation of a FRENKEL pair is clearly $W_0^+ - W_2^+$. MOTT and LITTLETON found a value 2.9 ev for this quantity. This is sufficiently large relative to the figure for a SCHOTTKY pair (1.86 ev) for the concentration of Na^+ interstitials to be negligible even at the melting point.

c) Statistical theory of the mobility of defects.

15. Frequency of atomic jumps. In parts a) and b) we discussed the equilibrium concentrations of FRENKEL and SCHOTTKY defects. Before proceeding to discuss the net transport of matter and electricity through imperfect crystals, we must consider the mobility of the individual defects. We shall confine our detailed discussion to the case of an interstitial ion which migrates primarily by jumping from one interstitial site to another. By using equilibrium statistical mechanics we shall arrive at a formula for the jumping probability, the terms of which may be given a simple interpretation. In turn this will allow us to make certain intuitive generalisations for application to non-equilibrium situations, e.g. the presence of electric fields or temperature gradients. The general form of the results for interstitials which migrate primarily by pushing normal ions into interstitial positions ("interstitialcy" mechanism) and the form of the results for vacancies will be the same as for the case we consider below. Our treatment is originally due to WERT[1].

To clarify the calculation we shall assume that we have a NaCl type of crystal (Fig. 9, Sect. 4). The mean interstitial positions can then be identified with the cube centres so that to jump from one position to another the interstitial ion must cross a cube face. The general form of the result does not however depend on this assumption.

Let x' be the mean x-coordinate of a (100) plane of ions. Between this plane and the next plane to the left there is a certain average number of interstitial ions (say m per unit area). Let their mean x-coordinate be x_0. Likewise let x_1 be the mean x-coordinate of the ions in those interstitial positions immediately to the right of x'. In a time t let mtw interstitials around x_0 cross each unit area of the plane $x = x'$ to new interstitial positions x_1. In equilibrium an equal number will cross from x_1 to x_0. However statistical mechanics enables us to calculate the number moving in only one direction and hence to calculate w.

Let (x, y, z) be the space-coordinates of any interstitial and let the conjugate momenta be p_x, p_y, and p_z. If the mass of an interstitial ion be M, then its kinetic energy is $(p_x^2 + p_y^2 + p_z^2)/2M$. The coordinates of the lattice ions on regular sites will be denoted collectively by Q and the conjugate momenta by P. The total potential energy of a normal lattice containing one interstitial ion will be represented by $\varphi(x, y, z : Q)$ whilst the total kinetic energy of the normal lattice will be denoted by $T(P)$.

Now all interstitials with x-component of velocity v_x within a distance $\delta x = v_x \delta t$ from the plane $x = x'$ will cross this plane in time δt. But the number of interstitials with x-component of velocity between v_x and $v_x + \delta v_x$ within a distance δx to the left of x' is given by the methods of the canonical ensemble, as

$$\frac{n\,\delta x\,\delta(M v_x)\int\cdots\int \exp -\frac{1}{kT}\left\{\varphi(x', y, z : Q) + \frac{1}{2M}(p_x^2 + p_y^2 + p_z^2) + T(P)\right\} dp_y\,dp_z\,dy\,dz\,dP\,dQ}{\int\cdots\int \exp -\frac{1}{kT}\left\{\varphi(x, y, z : Q) + \frac{1}{2M}(p_x^2 + p_y^2 + p_z^2) + T(P)\right\} dp_x\,dp_y\,dp_z\,dx\,dy\,dz\,dP\,dQ}, \quad (15.1)$$

[1] C. WERT: Phys. Rev. **79**, 601 (1950).

per unit area of x'. The space integrations extend over the volume of the crystal, which we may take to be 1 cm³; n is the number of interstitials per unit volume. It follows that the total number of interstitials crossing the plane $x = x'$ in time δt is the integral of (15.1) from $v_x = 0$ to $v_x = +\infty$. Noting that $\delta x = v_x\,\delta t$ and performing this integration, we find, on cancellation of unnecessary factors that

$$m w\,\delta t = \frac{n\,\delta t \int\cdots\int \exp - \frac{1}{\mathrm{k}T}\{\varphi(x', y, z: Q)\}\,dy\,dz\,dQ \int\limits_0^\infty \frac{p_x}{M}\exp\left(\frac{-p_x^2}{2M\mathrm{k}T}\right)dp_x}{\int\cdots\int \exp - \frac{1}{\mathrm{k}T}\{\varphi(x, y, z: Q)\}\,dx\,dy\,dz\,dQ \int\limits_{-\infty}^{\infty} \exp\left(\frac{-p_x^2}{2M\mathrm{k}T}\right)dp_x}. \quad (15.2)$$

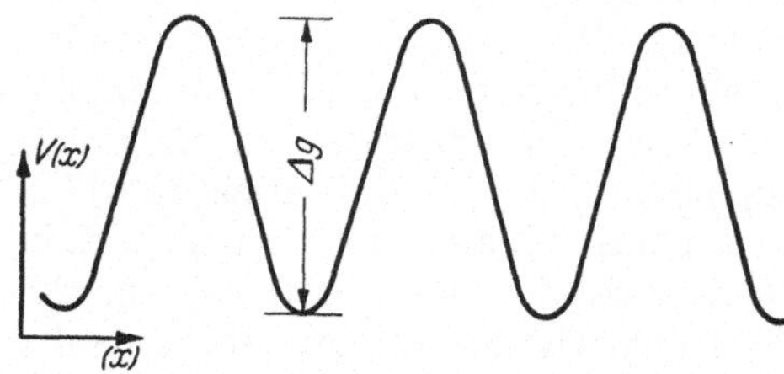

Fig. 14. Schematic representation of the mean potential energy of an interstitial ion. Most of the time the interstitials vibrate in the approximately parabolic potential at the bottom of the troughs. Every so often however they receive sufficient energy to jump over the barrier into the next trough.

We notice that the denominator can be written in the form

$$\int\limits_{-\infty}^{\infty} dp_x \int dx \exp - \frac{1}{\mathrm{k}T}\left(\frac{p_x^2}{2M} + V(x)\right),$$

where the mean potential energy $V(x)$ is defined by

$$\left.\begin{aligned} \exp\left(\frac{-V(x)}{\mathrm{k}T}\right) &= \int\cdots\int \exp - \\ &- \frac{1}{\mathrm{k}T}\,\varphi(x, y, z: Q)\,dy\,dz\,dQ. \end{aligned}\right\} \quad (15.3)$$

From its definition, $V(x)$ clearly has the nature of a HELMHOLTZ free energy. It is the average potential energy of an interstitial at position x_1, in the sense that differences in V between one value of x and another (ξ_1 to ξ_2 say), give the work which has to be supplied, under conditions of constant volume and constant temperature, to move an interstitial from a situation where it is restrained to move in the plane $x = \xi_1$ to one where it is restrained to move in the plane $x = \xi_2$. Using (15.3), Eq. (15.2) becomes

$$m w = \frac{n \int\limits_0^\infty \frac{p_x}{M}\exp\left(\frac{-p_x^2}{2M\mathrm{k}T}\right)dp_x \cdot \exp\left(\frac{-V(x')}{\mathrm{k}T}\right)}{\int\limits_{-\infty}^{\infty} \exp\left(\frac{-p_x^2}{2M\mathrm{k}T}\right)dp_x \int \exp\left(\frac{-V(x)}{\mathrm{k}T}\right)dx},$$

where the space integration is over the length of the crystal (1 cm). Formally therefore we have reduced the calculation of w to the one-dimensional problem of calculating the probability per unit time that the interstitial ion will cross the region of potential $V(x')$. The detailed form of $V(x)$ is unknown, although it will be periodic with a period equal to the separation of successive interstitial positions (Fig. 14).

The space integral in the denominator can therefore be replaced by

$$\frac{n}{m}\int\limits_{x_0}^{x_1} \exp(-V(x)/\mathrm{k}T)\,dx,$$

so that

$$w = \frac{\int\limits_0^\infty \frac{p_x}{M}\exp\left(\frac{-p_x^2}{2M\mathrm{k}T}\right)dp_x \cdot \exp\left(\frac{-V(x')}{\mathrm{k}T}\right)}{\int\limits_{-\infty}^{\infty} \exp\left(\frac{-p_x^2}{2M\mathrm{k}T}\right)dp_x \int\limits_{x_0}^{x_1} \exp\left(\frac{-V(x)}{\mathrm{k}T}\right)dx}. \quad (15.4)$$

When the free energy barrier $\Delta f = V(x') - V(x_0)$ is large compared to kT, we replace $V(x)$ in the denominator by the first two non-zero terms of its TAYLOR expansion about x_0, thus

$$V(x) \doteq V(x_0) + \tfrac{1}{2} L (x - x_0)^2. \tag{15.5}$$

Eq. (15.4) then gives

$$w = \frac{1}{2\pi} \sqrt{\frac{L}{M}} \exp\left(\frac{-\Delta f}{kT}\right). \tag{15.6}$$

But $\frac{1}{2\pi}\sqrt{\frac{L}{M}}$ is the classical vibration frequency ν of a particle of mass M moving in the potential energy field (15.5). We therefore write our final answer as

$$w = \nu \exp\left(\frac{-\Delta f}{kT}\right). \tag{15.7}$$

16. Remarks on the result (15.7). α) The result (15.7) is expressed in terms of a HELMHOLTZ free energy of activation and is therefore restricted to conditions of constant volume. This restriction is a consequence of our use of the familiar methods of the canonical ensemble. In practice of course the interstitials will migrate at constant pressure. To obtain results applicable to this case we should have to use the weighting factor $\exp(-(E + PV)/kT)$ in place of $\exp(-E/kT)$ in the phase integrals and we should have to integrate over all volumes V[1]. The net result would be

$$w = \nu \exp\left(\frac{-\Delta g}{kT}\right), \tag{16.1}$$

where ν is the vibrational frequency of the interstitial in (15.5) regarded as a GIBBS free energy field. Δg is the GIBBS free energy of activation and may be decomposed according to the thermodynamic formula

$$\Delta g = \Delta h - T\Delta s = \Delta u + P\Delta v - T\Delta s.$$

β) Eq. (16.1) is formally complete. However more explicit expressions for w are often encountered. In the present state of the subject these are not often of greater value than (16.1). In general w and the corresponding quantity for vacancies can only be found from experiment; (the details of this determination are considered in Sects. 23 and 30). Eq. (16.1) then tells us how to interpret the observed dependence of w on P and T in terms of parameters such as Δu, Δv and Δs.

γ) The accuracy to which (15.4) can be evaluated by using (15.5) can be easily tested for the simple case of a sinusoidal potential

$$V(x - x_0) = \frac{-\Delta g}{2} \cos\left\{2\pi \frac{(x - x_0)}{(x_1 - x_0)}\right\}, \tag{16.2}$$

which has a potential barrier of height Δg. Substitution of this expression into (15.4) gives

$$w = \sqrt{\frac{kT}{2\pi M}} \exp\left(\frac{-\Delta g}{2kT}\right) \Big/ (x_1 - x_0)\, J_0\left(\frac{i\Delta g}{2kT}\right),$$

where J_0 is the BESSEL function of zero order. Use of the asymptotic formula

$$J_0(z) = \left(\frac{2}{\pi z}\right)^{\frac{1}{2}} \cos\left(z - \frac{\pi}{4}\right)$$

[1] See for example R. H. FOWLER and E. A. GUGGENHEIM: Statistical Thermodynamics, especially Chap. 7. Cambridge 1939.

valid for large $|z|$, gives

$$w = \frac{1}{(x_1 - x_0)} \sqrt{\frac{\Delta g}{2M}} \exp\left(\frac{-\Delta g}{kT}\right),$$

valid for $\Delta g/kT \gg 1$. This result is identical with (16.1), since $\sqrt{\Delta g/2M(x_1 - x_0)^2}$ is the frequency of vibration of a particle of mass M in the bottom of the potential trough (16.2) where

$$V(x - x_0) \doteq \frac{-\Delta g}{2} + \frac{\Delta g}{4}\left(\frac{2\pi(x - x_0)}{x_1 - x_0}\right)^2.$$

We are thus led to consider the ratio of the accurate to the asymptotic expression for w as a measure of the accuracy of (16.1). This ratio is

$$d = \sqrt{\frac{kT}{\pi \Delta g}} \cdot \frac{\exp(\Delta g/2kT)}{J_0(i\,\Delta g/2kT)}.$$

Numerical values are given in Table 5.

Table 5.

$kT/\Delta g$	$\frac{1}{2}$	$\frac{1}{4}$	$\frac{1}{8}$	$\frac{1}{10}$
d	0.86	0.91	0.96	0.97

δ) The expression for interstitialcy and vacancy jump probabilities will be of the same form as (16.1). For vacancies ν must be interpreted as the vibration frequency of the atoms bordering the vacancy. CHEMLA[1] has measured the diffusion coefficients of both radioactive Na^{22} and Na^{24} in NaCl (which displays vacancy disorder) and thereby demonstrated the proportionality of w to $M^{-\frac{1}{2}}$—as required by the expression (15.4) and (15.6).

17. Electrical mobility. Eq. (16.1) for the jump frequency of an interstitial ion was derived with the help of the assumption of thermodynamic equilibrium. Although in the presence of an electric field the use of this assumption is no longer strictly justified, the form of (16.1) does suggest a simple way of getting over this difficulty.

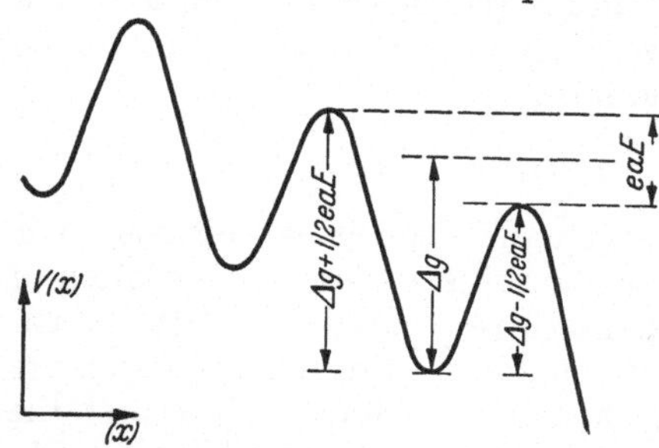

Fig. 15. Schematic representation of the mean potential energy of an interstitial ion when an electric field is applied to the crystal.

As above we consider the case of interstitial ions of charge $+e$ moving predominantly by jumps from one interstitial position to another and for simplicity take the NaCl type of lattice in which the interstitial ions will be lodged in the cube centres. Let a uniform electric field E act along one of the (100) axes which we take to be the x-axis. (The cubic symmetry of the NaCl type lattice allows us to simplify our calculations in this way without limiting the generality of the results; NaCl type crystals have isotropic conductivity.) The electric field can be regarded as adding a term $-eEx$ to the potential energy of the interstitial. In place of Fig. 14 we now have Fig. 15. A jump in the direction of the field therefore takes place with increased probability,

$$w' = \nu \exp\left(-\frac{1}{kT}\left(\Delta g - \frac{1}{2} e\,a\,E\right)\right),$$

and a jump against the field takes place with reduced probability

$$w'' = \nu \exp\left(-\frac{1}{kT}\left(\Delta g + \frac{1}{2} e\,a\,E\right)\right).$$

[1] M. CHEMLA: Thesis, University of Paris 1954 and Ann. Phys., Paris (in the press).

It is therefore a simple matter to write down the net number of ions crossing unit area in unit time when we are given the number of interstitial ions per unit volume, n. We find for the special case we are considering here that the current density j at ordinary field strengths where $eaE \ll \mathbf{k}T$ is given by

$$j = n\, a^2 e^2 w\, E/\mathbf{k}T\,,$$

with w given by (16.1). Hence the partial conductivity due to the mechanism we are considering is

$$\sigma = n\, a^2 e^2 w/\mathbf{k}T\,, \tag{17.1}$$

and the mobility is

$$\mu = a^2 e\, w/\mathbf{k}T\,. \tag{17.2}$$

Similar formulae will hold for conduction both by vacancies and by ions moving by the interstitialcy mechanism. An additional numerical factor will appear in (17.2) whenever the charge carrier can jump to more than one forward position at a time. This factor is 4 in the case of vacancy conduction in a NaCl type lattice. This generalisation of (17.2) to other mechanisms is essentially trivial and in the following will be inserted only as required.

18. Intrinsic conductivity. When the conduction is entirely due to one type of charge carrier, (17.1) shows that σT is proportional to the appropriate factor

$$\nu \exp(-\Delta g/\mathbf{k}T) \exp(-g/2\mathbf{k}T)\,, \tag{18.1}$$

since n is given by either (5.3) or (6.1). When the vibration frequency ν is independent of temperature, then it is obvious that

$$\Delta h + \frac{1}{2} h = -\frac{\partial \log(\sigma T)}{\partial(1/\mathbf{k}T)_P}\,, \tag{18.2}$$

where Δh and h are respectively the enthalpies of activation and formation. In the case where Δh, Δs, h and s are also independent of temperature then $\log(\sigma T)$ plotted against T^{-1} will be a straight line. Such straight lines are indeed familiar. In practice one frequently finds that only $\log\sigma$ is plotted against T^{-1} and that this gives a straight line (Fig. 7). The term $\log T$ is not in general important enough to cause measurable departures from linearity, although its omission may lead us to a slightly different gradient which does not possess the significance of $-(\Delta h + h/2)/\mathbf{k}$.

It should however be noted that $\log\sigma$ *vs.* T^{-1} plots may appear accurately linear even when more than one mechanism is contributing to the conductivity. For example the $\log\sigma$ *vs.* T^{-1} plot for recrystallized KCl (Fig. 5) appears to be nearly linear even though the fraction of current carried by the anions increases rapidly with increasing temperature above the knee. From the linearity of such curves one cannot therefore infer the presence of only one conducting mechanism or type of carrier.

III. Ionic conductivity in the extrinsic or "structure-sensitive" region.

a) Effects giving rise to a structure-sensitive conductivity.

19. Introduction. We have seen in part I that only the high temperature conductivity of an ionic solid is truly characteristic of the substance and independent of the particular specimen employed. The formal theory of this intrinsic conductivity was described in part II where we showed how the gradient

$\partial(\log \sigma T)/\partial(1/\mathbf{k}T)$ was related to the parameters characterising thermally produced defects. So far we have not discussed the low temperature portion. This too is approximately a straight line in a $\log\sigma$ *vs.* T^{-1} plot. For the purposes of a qualitative discussion we write

$$\sigma = A_1 \exp(-E_1/\mathbf{k}T)$$

for the low temperature conductivity and

$$\sigma = A_2 \exp(-E_2/\mathbf{k}T)$$

for the intrinsic conductivity. Experimentally it is found that E_1 is usually about one half E_2 and that A_1 is several orders of magnitude less than A_2. An explanation of the low temperature conductivity must therefore account for the ratios E_1/E_2 and in particular A_1/A_2. We shall consider three possible mechanisms for the low temperature conductivity (1) frozen-in defects, (2) surface and grain boundary conduction, (3) defects generated by the presence in the crystal of impurity ions with valency different from that of the solvent ions. At the present time the limit of purity attainable is such that the impurity effect is generally greatest. The impurity effect is furthermore of considerable importance since by deliberate and controlled additions of suitable impurities, the detailed mechanisms of the conduction can be studied with greater certainty than would have been possible otherwise.

20. Impurities. Leaving aside for a moment the other two effects we can see the great importance of impurities through the following example. Consider a crystal of potassium chloride containing a small number of divalent cations, e.g. Sr^{2+} or Ba^{2+}. If $SrCl_2$ forms a substitutional solution in KCl then the addition of each molecule of $SrCl_2$ to the lattice leads to the formation of one substitutional Sr^{2+} ion and one cation vacancy, since the total numbers of cation and anion sites must always be equal. The addition of a molar fraction c of $SrCl_2$ to KCl thus necessarily creates c moles of cation vacancies. Now the intrinsic conductivity of KCl is in large part due to the cation vacancies (Fig. 5). It follows therefore that at a sufficiently low temperature, the number of cation vacancies introduced by the presence of the Sr^{2+} ions will be much larger than the number which would be produced thermally in an ideally pure crystal. At these low temperatures therefore the conductivity no longer contains an exponential factor in the heat of formation. The exponent E_1 is thus only the heat of activation for vacancy motion. On the other hand at sufficiently high temperatures the concentration of thermally produced vacancies is much greater than c and the crystal behaves as though it were pure. This is the region of the intrinsic conduction and the exponent E_2 in the expression for σ contains both the heat of formation and the heat of activation, [Eqs. (18.1) and (18.2)]. Hence $E_2 > E_1$ as required. Also, the pre-exponential factor A_1 for the low temperature or impurity conductivity must contain the molar fraction of vacancies in addition to other factors which are common to A_2. Hence A_1/A_2 is of the order of the impurity concentration; this may be as low as a few parts in a million.

It is a corollary to this view that the knee in the conductivity curve should occur at a temperature which depends only on the impurity content. For a given substance and given impurity the temperature of the knee will be higher, the greater the impurity concentration. This point is well illustrated by Fig. 8 which shows the measurements made by KELTING and WITT[1] on KCl containing various known amounts of $SrCl_2$ and $BaCl_2$.

[1] H. KELTING and H. WITT: Z. Physik **126**, 697 (1949).

Summarising this section, we may say that the region of structure-sensitive conductivity in pure crystals arises directly from the fact that no crystal is ideally pure but contains at least one part in a million of impurities of aliovalent type.

21. Surface and grain boundary conductivity. The importance of impurities both for explaining the existence of a structure-sensitive region in pure crystals, and for elucidating the mechanism of intrinsic conduction by their deliberate addition in known amounts, should not cause us to overlook the possibility that

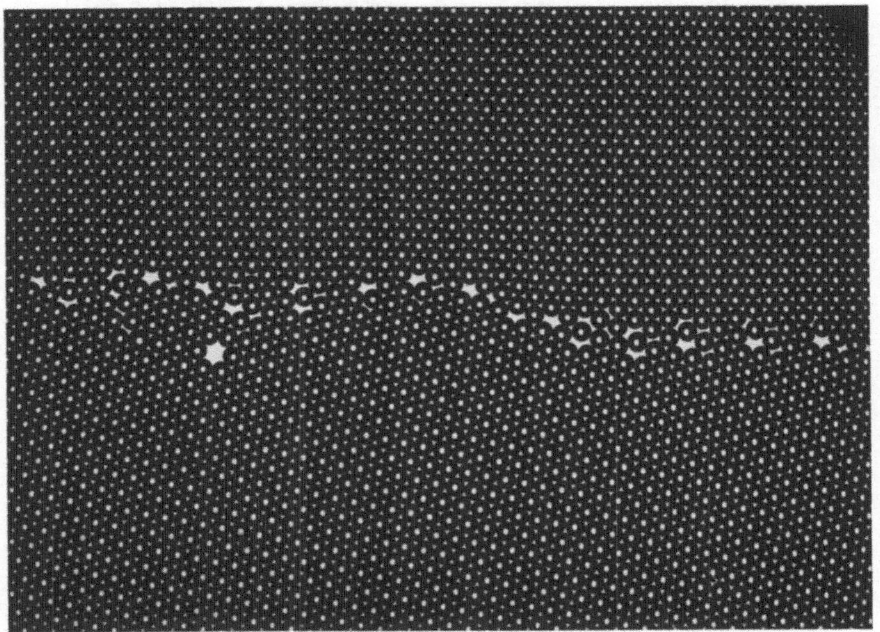

Fig. 16. A bubble raft model of the boundary between two crystal grains inclined at 20° to each other. [After W. M LOMER and J. F. NYE: Proc. Roy. Soc. Lond., Ser. A **212**, 576 (1952).]

other effects may play their part in the mechanism of low temperature conduction. One such possibility is that it is due to the movement of ions in the relatively disordered regions of grain boundaries. A specimen obtained by the simple solidification of the molten salt will in general be composed of a large number of crystal grains of different orientations. Corresponding atomic planes of two neighbouring crystal grains may make quite a large angle with one another. The boundary region between them cannot possess the normal crystalline arrangement and is therefore highly disordered, as shown in Fig. 16. We might therefore expect the atoms in this grain boundary region to move with an activation energy lower than that for interstitial and vacancy movement in the interior of the crystal grains ($E_1 < E_2$). Also, the smaller number of atoms situated in grain boundaries ($A_1 \ll A_2$) makes it plain that grain boundary conduction is certainly a possible mechanism for the low temperature conductivity.

The greater mobility of atoms in *metallic* grain boundaries is well demonstrated by experiments on the diffusion of radioactive atoms in polycrystalline metals. Fig. 17 is a photograph showing the diffusion of radioactive Ag^{110} into two adjacent grains of copper. The silver has entered the copper to a much greater depth in the immediate region of the boundary. The diffusion of Ag^{110} into single crystals and polycrystals of pure silver has been studied by HOFFMAN and TURNBULL[1], some of whose results are shown in Fig. 18. The existence of a high and a low temperature region for the polycrystalline specimen may be noted. (More extensive accounts of grain boundary diffusion are contained in the reviews by LECLAIRE and SMOLUCHOWSKI[2].)

Grain boundary diffusion is of more widespread importance in metals since the presence of aliovalent impurities does not lead to the creation of lattice defects through charge compensation. An excess or deficiency of charge due to

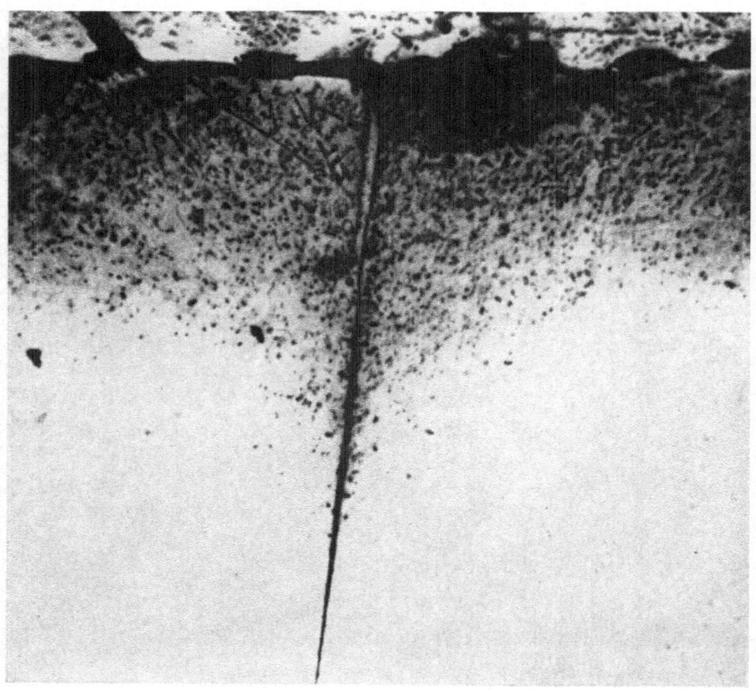

Fig. 17. An autoradiograph picture showing the diffusion of radioactive Ag^{110} along a grain boundary in columnar copper after 260 hours at 675° C. The surface exposed to the photographic plate has been cut perpendicular to the interface and he diffusion direction is downwards. The Ag^{110} density is proportional to the blackening of the photograph (after ACHTER and SMOLUCHOWSKI).

a foreign ion of differing valency is screened out by the free conduction electrons[3] and any alteration in the concentration of defects is brought about by purely secondary effects, e.g. the elastic distortion of the lattice. Although the low temperature conductivity of ionic salts is often controlled entirely by impurities, a large proportion of the experimental work is done on specially prepared single crystals[4] as a precaution against possible grain boundary conduction. This precaution may be relevant to substances like AgCl and AgBr which display relatively large intrinsic disorder and which are therefore less sensitive to the influence of

[1] R. E. HOFFMAN and D. TURNBULL: J. Appl. Phys. **22**, 634 (1951).

[2] A. D. LECLAIRE: Progr. Met. Phys. **4**, 265 (1953). — R. SMOLUCHOWSKI: Imperfections in Nearly Perfect Crystals, p. 451. New York 1952.

[3] J. FRIEDEL: Adv. Physics **3**, 446 (1954).

[4] See e.g. S. KYROPOULOUS: Z. anorg. Chem. **154**, 308 (1926). — H. L. JOHNSTON and C. A. HUTCHINSON: J. Chem. Phys. **8**, 869 (1948). Single crystals grown according to these techniques are not perfect, but may contain low angle grain boundaries or "sub-boundaries", separating regions which differ in crystal orientation by 1° or less. However in metals it is known that such disorientations are far too small to influence diffusion rates.

impurities. This has been demonstrated by KURNICK[1] in the course of an investigation into the effects of hydrostatic pressure on the ionic conductivity of AgBr. He found that the conductivity of a single crystal was identical with that of a polycrystalline sample (cast) at 251 and 289° C, regardless of the hydrostatic pressure employed (up to 8000 kg/cm²). At the lower temperature of 202° C however, and with the pressure raised above 5000 kg/cm², the conductivity of the single crystal became substantially less than that of the polycrystalline sample. The effect of pressure is to depress the intrinsic conductivity because of the existence of terms Pv and $P\Delta v$ in the heats of formation and movement of defects.

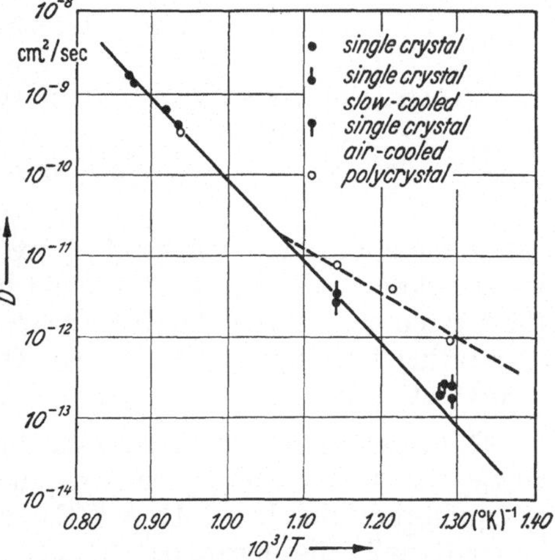

Fig. 18. The diffusion coefficient of Ag^{110} in a single crystal of silver and in a polycrystalline specimen of average grain size 3.6×10^{-3} cm. The single crystal specimens were cooled at different rates but without affecting the diffusion constant. The polycrystalline specimens had a higher apparent diffusion constant at low temperatures, owing to the contribution from diffusion along grain boundaries—as discussed in the text.

The existence in AgBr of the analogous phenomenon of surface conduction was demonstrated by SHAPIRO and KOLTHOFF[2], who studied the conductivity of pellets formed by compression of AgBr precipitated from solution. When the precipitate was allowed to "age" by being heated to a high temperature for some time the conductivity was much lower than for a fresh sample. Presumably sintering of the particles occurred and the surface area became reduced. Some results are shown in Fig. 19. It will be seen that the slope of these curves is the same for all samples at low temperatures. The slight dip in the curves for fresh powders is due to thermal ageing (sintering) of the specimens as they are heated and the shape of the dip depends on the rate of heating. As long as the temperature is sufficiently low the $\log\sigma$ vs. T^{-1} curves are reversible, but when appreciable ageing has occurred this is no longer true; on cooling, a line of lower conductivity will be followed. The high temperature curve shows the intrinsic conductivity of AgBr and of course

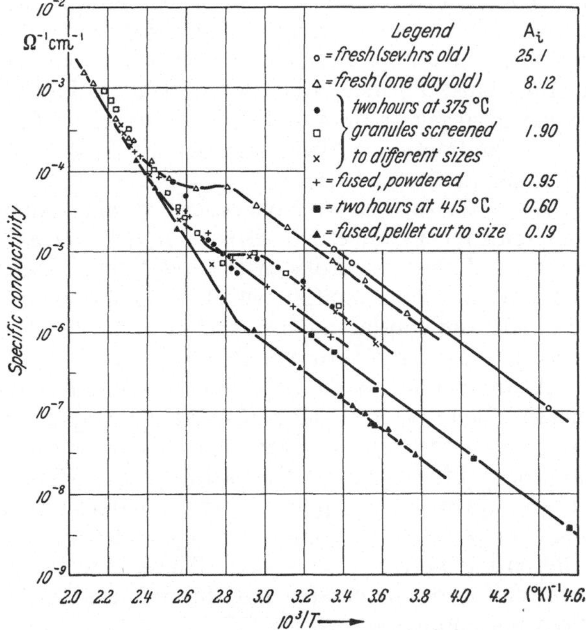

Fig. 19. The ionic conductivity of different samples of silver bromide as a function of temperature. In the low temperature region the highest conductivity is shown by freshly precipitated AgBr and the lowest is shown by a polycrystalline pellet cut from a cast sample.

[1] S. W. KURNICK: J. Chem Phys. **20**, 218 (1952).
[2] I. SHAPIRO and I. M. KOLTHOFF: J. Chem. Phys. **15**, 41 (1947).

is reversible. SHAPIRO and KOLTHOFF represent the intrinsic conductivity by the formula

$$\sigma = 3 \times 10^5 \exp\left(\frac{-18000}{RT}\right)$$

and the structure sensitive conductivity by

$$\sigma = A_i \exp\left(\frac{-8300}{RT}\right)$$

where the appropriate values of A_i are given on the figure. The coefficient 8300 is very close to the figure 8200 found by KOCH and WAGNER [10] for the slope of the low temperature conductivity when controlled by the presence of Pb^{2+} impurities rather than by surface effects. The significance (if any) of this fact, is not at present clear.

22. Frozen-in defects. This possibility, suggested originally by JOST[1] is based on the fact that a finite time is required for the defects to establish themselves in equilibrium numbers. Thus if the crystal is cooling, the lattice defects must be continually disappearing. FRENKEL defects will disappear by recombination of vacancies and interstitials, and SCHOTTKY defects will disappear by the migration of the vacancies to the crystal surface, to grain boundaries and to jog sites on dislocations [32]. As the crystal is cooled and the defects become rapidly less mobile, the time required to establish equilibrium becomes correspondingly long. JOST suggested that there comes a point at which the concentration of defects becomes effectively independent of temperature, the time to establish equilibrium having become longer than the time required to measure the conductivity. The exponent E_1 is thus less than E_2 since E_1 is simply the exponent in the mobility factor whilst E_2 includes also the heat of formation of the defects. The pre-exponential factor A_1 would differ from A_2 by the inclusion of a factor which is the molar fraction of defects frozen in. This would therefore give a very small value for the ratio A_1/A_2.

An effect such as we have described will undoubtedly set in at a low enough temperature However the absence of any thermal hysteresis in the conductivity curves and the sensitivity of the low temperature conductivity to influences in the method of preparation which have no connection with the rate of cooling (Fig. 19), both argue against the importance of this effect in connection with the usual low temperature conductivities.

A number of recent experiments on *metals* have aimed at quenching-in a measurable number of vacancies by a very rapid cooling of wires[2]. The specimens are made very thin in order to avoid large temperature gradients between the interior and the exterior. The usefulness of such experiments for ionic solids seems very doubtful. Their poor thermal conductivity makes it impossible to avoid large temperature gradients and large quenching stresses brought about by the differential thermal contraction. These may be large enough to lead to plastic deformation of the crystal and this will lead to large conductivity increases on its own account.

In the above sections we have enumerated three possible mechanisms, all leading to similar departures from the intrinsic conductivity curve at low temperatures. At the present time the practical limitations of purity are such that the impurity effect is often of paramount importance. Surface and grain boundary

[1] W. JOST: Phys. Z. **36**, 757 (1935).

[2] J. W. KAUFFMAN and J. S. KOEHLER: Phys. Rev. **97**, 555 (1955). — B. G. LAZAREV and O. N. OVCHARENKO: Dokl. Akad. Nauk. SSSR. **100**, 875 (1955).

conduction may however be observed in systems such as AgCl and AgBr, in which the energies characterising the intrinsic disorder (including mobilities of surface ions) are sufficiently low for accidental impurities to be of minor importance. The wide interest in impure crystals has arisen from the ability to control the impurity content by deliberate additions and hence to pursue quantitative studies. On the other hand the work on surface conduction is still in a qualitative stage. Subsequent sections will therefore be largely concerned with the conductivity of impure crystals in which surface and grain boundary effects are absent.

b) Application of aliovalent impurities to the elucidation of the mechanism and the parameters of intrinsic conductivity.

23. Conductivity of an impure crystal: simple theory. In this section we shall derive a formula for the conductivity of an impure crystal containing a molar fraction c of some aliovalent ion. There are a number of different cases which we may consider, all requiring very similar theoretical discussion. Nevertheless a general calculation is rather cumbersome and in the interests of clarity we shall make a number of simplifications. Firstly we shall deal only with systems whose intrinsic disorder is of purely FRENKEL type or of purely SCHOTTKY type. Furthermore, for systems displaying SCHOTTKY disorder, we include only those cases where the cations and anions have equal valency. This keeps the numbers of anion and cation vacancies equal in the intrinsic region and ensures that the situation is analogous to that of FRENKEL disorder in which the numbers of vacancies and interstitials are necessarily equal. We shall also restrict our calculations to the case where each impurity atom introduces one defect. This may be identical with the defect mainly responsible for the intrinsic conductivity or it may be the complementary defect. Thus in AgBr where cationic FRENKEL disorder predominates, the interstitial Ag^+ is more mobile than the complementary Ag^+ vacancy[1]. Addition of $CdBr_2$ leads to the creation of Ag^+ vacancies and so provides an example of the second type.

At first sight it also seems possible that the impurity may introduce a defect which is not present in the intrinsic range. This possibility can however be rejected on the basis of simple energetic arguments. Consider for example LiCl and assume, as seems most probable[2], that the intrinsic disorder is of SCHOTTKY type, i.e. equal numbers of Li^+ and Cl^- ion vacancies. The energy to create a pair of vacancies may be written as the sum of the energies needed to create a Li^+ vacancy and a Cl^- vacancy separately. Likewise the energy needed to create a FRENKEL defect pair in the anion sub-lattice is the sum of the energies required to produce a Cl^- vacancy and a Cl^- interstitial. Now the observed absence of such FRENKEL disorder can only mean that the energy to produce SCHOTTKY disorder is appreciably less than that required to produce FRENKEL disorder. Hence the energy to create a Cl^- interstitial must be appreciably greater than that required to create a Li^+ vacancy. Thus compensation for the excess charge of an impurity such as Mg^{2+} will take place by the formation of Li^+ vacancies rather than by Cl^- interstitials. This argument is obviously quite general. It implies that the compensation of the excess (or the deficiency) of charge on aliovalent impurities will take place by the creation of intrinsic defects.

We could now repeat the statistical calculations of Sect. 5 to 8 (for the degree of FRENKEL and SCHOTTKY disorder) with the additional condition that there exists a certain minimum number of vacancies of one kind (or interstitials) as

---

[1] J. TELTOW: Ann. Phys., Lpz. **5**, 63, 71 (1949).
[2] Y. HAVEN: Rec. Trav. chim. Pays-Bas **69**, 1259, 1471, 1505 (1950).

required by the presence of impurities. However, as we have emphasised previously, the relations (5.3) and (6.1) which we obtained in Sects. 5 and 6 have the nature of simple solubility product formulae and it is not necessary to repeat the full statistical calculations for each new case. Let x_1 and x_2 be the molar fractions of the two complementary defects (interstitials and vacancies for FRENKEL disorder, cation and anion vacancies for SCHOTTKY disorder). Eqs. (5.3) and (6.1) can then be rewritten in the form

$$x_1 x_2 = K_1^{-1} \equiv x_0^2. \tag{23.1}$$

Assume that the impurity adds to the number of the first type of defect. Then for electroneutrality

$$x_1 = c + x_2,$$

so that Eq. (23.1) becomes

$$x_1 (x_1 - c) = x_0^2,$$

or

$$x_1 = \frac{c}{2}\left\{1 + \left(1 + \frac{4x_0^2}{c^2}\right)^{\frac{1}{2}}\right\}. \tag{23.2}$$

This formula clearly expresses the change over from intrinsic conduction at high temperatures where $x_0 \gg c$, to impurity controlled conduction at low temperatures where $x_0 \ll c$.

If the mobilities of the complementary defects are μ_1 and μ_2 and the magnitude of their effective charge is q, then the conductivity is

$$\sigma = N q (x_1 \mu_1 + x_2 \mu_2), \tag{23.3}$$

where N is the number of ions of the appropriate kind per unit volume. Substituting from (23.1) and (23.2) into (23.3) we have

$$\sigma = N q x_0 (\mu_1 + \mu_2) \left[\sqrt{\left(\frac{c}{2x_0}\right)^2 + 1} - \frac{c}{2x_0} \cdot \frac{\varphi - 1}{\varphi + 1}\right] \tag{23.4}$$

where $\varphi = \mu_2/\mu_1$. The quantity $N q x_0 (\mu_1 + \mu_2)$ ($\equiv \sigma_0$) is the intrinsic conductivity which would be displayed by an ideally pure crystal. We are thus led to the following isotherm for the conductivity as a function of impurity concentration:

$$\frac{\sigma}{\sigma_0} = \sqrt{\left(\frac{c}{2x_0}\right)^2 + 1} - \frac{c}{2x_0} \cdot \frac{\varphi - 1}{\varphi + 1}. \tag{23.5}$$

Let us look at the general features of this result. In the limit of large impurity content, i.e. $c \gg x_0$ the isotherm becomes linear

$$\frac{\sigma}{\sigma_0} = \frac{c}{x_0 (1 + \varphi)}. \tag{23.6}$$

When $c \ll x_0$ the initial gradient of the isotherm is

$$\left.\frac{d(\sigma/\sigma_0)}{dc}\right|_{c \to 0} = \frac{(1 - \varphi)}{2x_0 (1 + \varphi)}. \tag{23.7}$$

This is positive for $\varphi < 1$ and negative for $\varphi > 1$. We also find that there is a minimum in the σ *vs.* c curve at

$$(c)_{\min} = \frac{x_0 (\varphi - 1)}{\sqrt{\varphi}}, \tag{23.8}$$

$$(\sigma/\sigma_0)_{\min} = \frac{2\sqrt{\varphi}}{(1 + \varphi)}. \tag{23.9}$$

It is clear that the minimum (23.9) of (23.5) is only of physical interest when $\varphi > 1$.

In a substance such as AgBr which is a purely cationic conductor, the addition of impurities will not alter the transport numbers. This is obviously not true for substances showing SCHOTTKY disorder. We find that

$$t_1 = \frac{1}{(1+\varphi)} \left\{ 1 - \frac{\varphi}{(1+\varphi)} \frac{c^2}{2x_0^2} \left(1 - \left(1 + \frac{4x_0^2}{c^2} \right)^{\frac{1}{2}} \right) \right\}^{-1}.$$

24. Comparison with experiment. There is a large body of data on different systems with which the above equations may be compared. However there is space to consider only some of it in detail. We mention first the work of HAVEN[1] who experimented with lithium halides, containing the corresponding magnesium halides. In Fig. 20 we show the conductivity *vs.* temperature curves for LiBr+$MgBr_2$. These are typical of the others. The curves all possess the same slope in the regions of low temperature conductivity ($c \gg x_0$) and HAVEN therefore assumes that σ is proportional to a factor $\exp(-U/kT)$ and plots the corresponding pre-exponential factor as a function of concentration, as shown in Fig. 21 for LiBr+$MgBr_2$. Similar results are obtained for LiCl+$MgCl_2$ and LiF+MgF_2. This is approximately equivalent to plotting isotherms σ *vs.* c. The linearity of these curves corresponds to Eq. (23.6). The quantity φ is less than unity and there is no indication of a minimum. There do not appear to be any measurements of the transport numbers of lithium halides, but this result is consistent with SCHOTTKY disorder if the anion vacancies are less mobile than the Li^+ vacancies. It should be pointed out however that HAVEN's results would also be consistent with FRENKEL disorder if the Li^+ interstitials were less mobile than the vacancies.

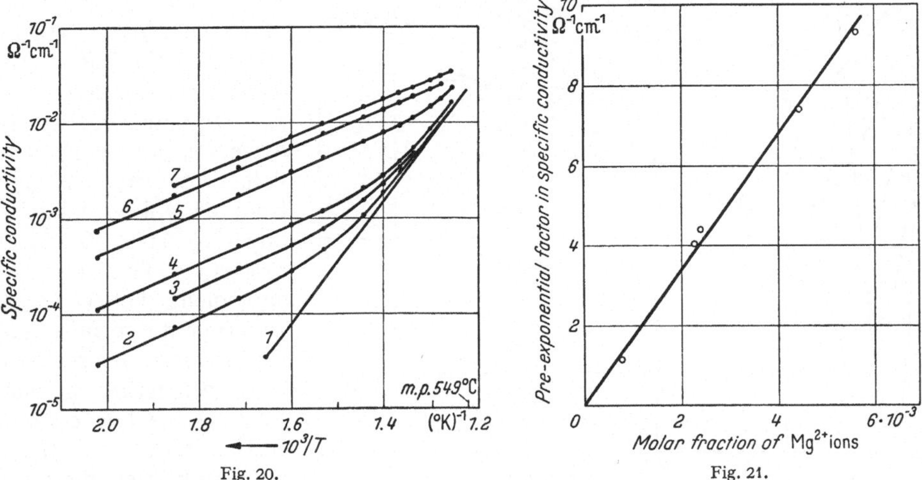

Fig. 20. Fig. 21.

Fig. 20. The specific conductivity of LiBr + $MgBr_2$ mixed crystals as a function of $10^3/T$. The numbers on the curves have the following significance (1) the extrapolated high temperature conductivity of pure LiBr, (2, 3) the measured conductivity of specimens of "pure" LiBr, (4) LiBr + 0.076 Mol-% $MgBr_2$, (5) LiBr + 0.225 Mol-% $MgBr_2$, (6) LiBr + 0.418 Mol-% $MgBr_2$, (7) LiBr + 0.556 Mol-% $MgBr_2$.

Fig. 21. The conductivity of LiBr + $MgBr_2$ mixed crystals (pre-exponential factor) plotted against the molar concentration of Mg^{2+} ions.

In Figs. 22 and 23 we show the data obtained by TELTOW for the system AgBr + $CdBr_2$. Similar curves have been obtained by EBERT and TELTOW[2]

[1] Y. HAVEN: Rec. Trav. chim. Pays-Bas **69**, 1259, 1471, 1505 (1950).

[2] I. EBERT and J. TELTOW: Ann. Phys., Lpz. **15**, 268 (1955).

for AgCl containing $CdCl_2$. In both cases minima in the σ/σ_0 *vs.* c curves are beautifully illustrated. It is clear therefore that the cation vacancy is the least mobile defect in both these systems. Since transport number measurements show the absence of any appreciable anion current, these conductivity measurements confirm the presence of cationic FRENKEL disorder with mobile interstitials. A detailed comparison of the experimental results for AgBr with Eq. (23.9) shows that φ—the ratio of the interstitial mobility to the vacancy mobility—varies from more than 7 at 175° C down to 2 at 350° C. Having determined φ from the positions of the minima, TELTOW then used the initial gradients (23.7) to determine x_0, the concentration of defects in pure AgBr. The values obtained ranged from 0.4 Mol-% at 350° C, down to 0.004 Mol-% at 175° C. The detailed agreement between the experimental results and the theoretical isotherm is not altogether satisfactory. If the low concentration results are fitted accurately then there are large divergences for larger concentrations (c greater than 0.1 Mol-%). Conversely, fitting of the high concentration data (c equal to several %) leads to divergences at lower concentrations (Figs. 30 and 31).

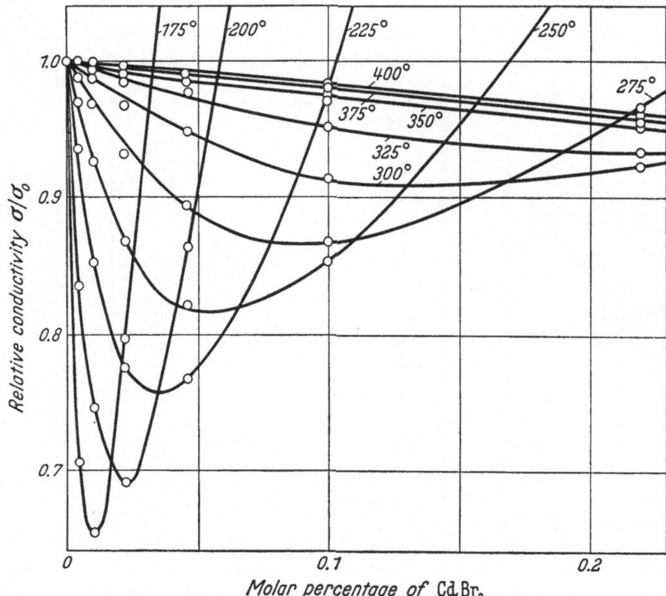

Fig. 22. The relative conductivity of AgBr, σ/σ_0, as a function of the $CdBr_2$ content, for various temperatures as indicated on the curves (°C). σ_0 is the intrinsic conductivity of pure AgBr at the temperature indicated. The minima of the σ/σ_0 *vs.* c isotherms are well shown.

KURNICK[1] has made further measurements on AgBr containing up to 0.1 Mol-% of $CdBr_2$ (roughly the point at which TELTOW found theory and experiment beginning to diverge), this time varying the external pressure as well as the temperature. The 251° C isotherm of relative conductivity σ/σ_0 *vs.* c is shown in Fig. 24 for five different pressures. Clearly the effect of increasing the pressure is much the same as lowering the temperature—as one would expect from Eqs. (5.1), (5.3) and (16.1) which give the numbers of defects (i.e., x_0) and their jump frequencies (i.e. μ_1 and μ_2). Analysis of these isotherms and isobars on the basis of Eq. (23.5) is again possible and leads to values of x_0, μ_1 and μ_2 for the various temperatures and pressures employed. KURNICK finds in this way that the free volume of formation v_F of 1 Mole of FRENKEL defects is 16 cm³, compared with the molar volume of AgBr of 29 cm³. The formation of SCHOTTKY defects would be expected to require at least the molar volume. Indeed KURNICK finds evidence of some SCHOTTKY disorder at the highest temperatures and infers that the free volume of formation v_s is some 40 cm³ per mole. For further details of the conductivity of AgBr we must refer the reader to the original papers of TELTOW and KURNICK.

[1] S. W. KURNICK: J. Chem. Phys. **20**, 218 (1952).

It is very probable that the theory is inadequate at high concentrations—as found by TELTOW—since it neglects the interactions which exist between one defect and another. All the defects carry a net charge so that the system resembles an electrolyte solution rather than the ideal solution represented by Eq. (23.2).

Another inadequacy of the present theory is shown up by the work of KELTING and WITT[1] on the conductivity of KCl containing additions of $CaCl_2$, SrCl and $BaCl_2$. Subject to the limitations of solubility, our equations predict that the conductivity increase is determined only by the charge and concentration of the added impurity and not by its chemical nature. Fig. 25 shows that the corresponding conductivity isotherms for KCl with added $CaCl_2$, $SrCl_2$ and $BaCl_2$ do not in fact agree with one another. At lower temperatures the differences represent about 10% of the overall increase in conductivity brought about by the addition of impurity. This is probably due to differences in the interactions between the impurity ions and vacancies at close distances [*24*] but may also be caused by the different elastic distortions of the lattice resulting from the different atomic radii of the additions[2]. However this second effect is probably negligibly small. Thus Fig. 1 shows that 10% of KBr increases the conductivity

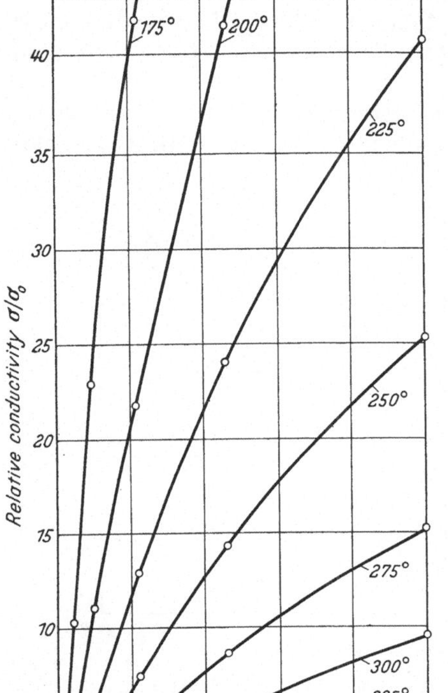

Fig. 23. The relative conductivity of AgBr, σ/σ_0, as a function of the $CdBr_2$ content for various temperatures as indicated (°C). The scale of this figure is 50 times smaller than that of Fig. 22.

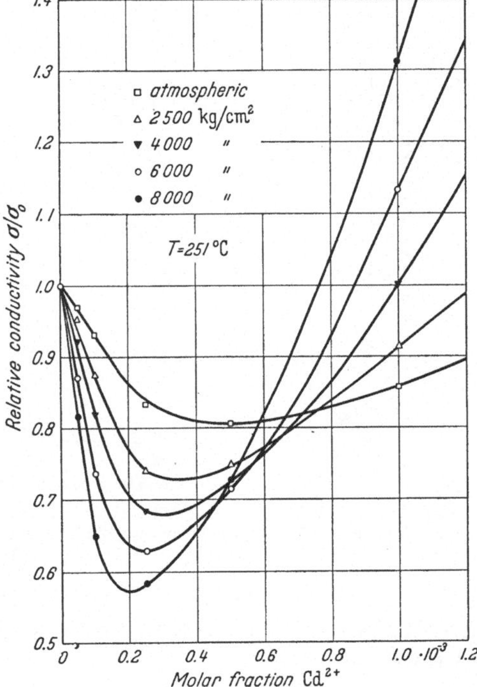

Fig. 24. The relative conductivity of AgBr as a function of the $CdBr_2$ content—for 251° C and various pressures as indicated.

[1] H. KELTING and H. WITT: Z. Physik **126**, 697 (1949).

[2] J. D. ESHELBY: J. Appl. Phys. **25**, 255 (1954). — A. W. OVERHAUSER: Phys. Rev. **90**, 393 (1953).

of KCl by about 30% at 645° C. There are no charge compensation effects here and we may regard the increase in conductivity as due only to the misfit of the large Br^- ion. At 10^{-2}% we expect an increase in conductivity from this cause of 3×10^{-2}% which is far smaller than the 10% difference observed between $KCl + CaCl_2$ and $KCl + BaCl_2$. We conclude that it is unlikely that the differences observed between these two systems are due to the effect of misfit on the vacancy mobility.

In concluding this section on the relation between experiment and the theory of Sect. 23, we may note the lack of success which has attended efforts to study

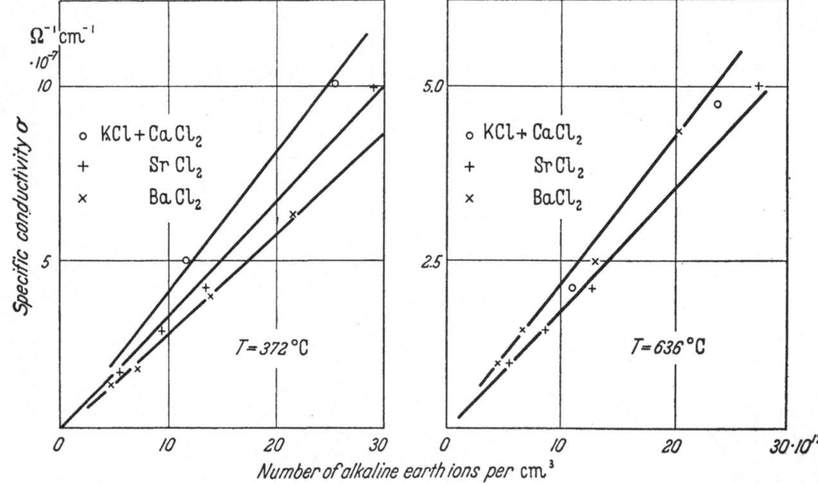

Fig. 25. The specific conductivity of KCl with various admixtures—as indicated. The concentration of foreign cations is given as the number per cm³; this may be converted to a molar fraction by dividing by the number of K^+ ions per cm³, i.e. 1.62×10^{23}.

anion vacancy mobilities through additions of divalent anions. Attempts to add K_2O to KCl and Li_2O to LiCl have failed on account of the low solubilities of these additions.

c) The solubility of impurities and other factors implicit in the treatment of Sect. 23.

25. Density change brought about by the addition of impurities. The discussion which we have given of the conductivity of an impure crystal has assumed throughout that the impurities which have been added to the pure crystal are dissolved substitutionally. For impurity ions of roughly the same radius as the solvent ions and for "small" impurity concentrations this assumption is generally left untested. If the conductivity results appear intelligible on the basis of the above equations this is regarded as sufficient. Some additional tests of the assumptions have nevertheless been made by measuring the crystal density. Fig. 26 shows the results of PICK and WEBER[1] on the system $KCl + CaCl_2$. The full line is a best fit of the experimental results, whilst the dotted line represents the density to be expected if each Ca^{2+} ion replaces two K^+ ions without causing a change in the lattice parameter. The broken line (upper curve) shows the relation to be expected if the densities were simply additive. It can be seen that the experimental curve lies very close to the dotted curve, thus providing additional evidence of substitutional solution. Similar density measurements have

[1] H. PICK and H. WEBER: Z. Physik 128, 409 (1950).

been made on AgBr containing up to 0.02% of $CdBr_2$ by JUNGHAUSS and STAUDE[1], and again support the assumption of substitutional solution.

From the PICK and WEBER results we infer that the KCl lattice parameter contracts on substitution of $CaCl_2$, whilst the JUNGHAUSS and STAUDE results show that AgBr expands on solution of $CdBr_2$. From the published curves in these papers we estimate the relative change in volume as

$$\left.\begin{aligned}\frac{\delta V}{V}=\frac{3\delta l}{l}&=-0.056\,c \quad \text{for} \quad Ca^{2+} \quad \text{in} \quad KCl\\ &\quad -0.038\,c \quad \text{for} \quad Sr^{2+} \quad \text{in} \quad KCl\\ &\quad +0.064\,c \quad \text{for} \quad Cd^{2+} \quad \text{in} \quad AgBr\end{aligned}\right\} \tag{25.1}$$

where $\delta l/l$ is the relative change in lattice parameter. It would be very satisfactory to measure this directly; however Eq. (25.1) shows that when $c\sim 10^{-4}$, $\delta l/l$ is only one or two parts in a million and is therefore undectable. However $\delta l/l$ has been measured in systems containing larger concentrations of defects. We refer in particular to the work of CROATTO, BRUNO and MAYER on a number of systems with fluorite lattices[2]. Thus CROATTO and BRUNO[3] in the course of their studies on the conductivity of (the anionic conductor) SrF_2 containing up to 10% LaF_3, obtained the lattice constants and densities shown in Table 6. The calculated density is obtained from the lattice parameter and the assumption of an excess number of F^- interstitials equal to the number of La^{3+} ions. The good agreement between calculated and observed values justifies the assumed mechanism. It may be noted that the addition of 10% of LaF_3 increased the SrF_2 lattice constant by one part in five-hundred, i.e.

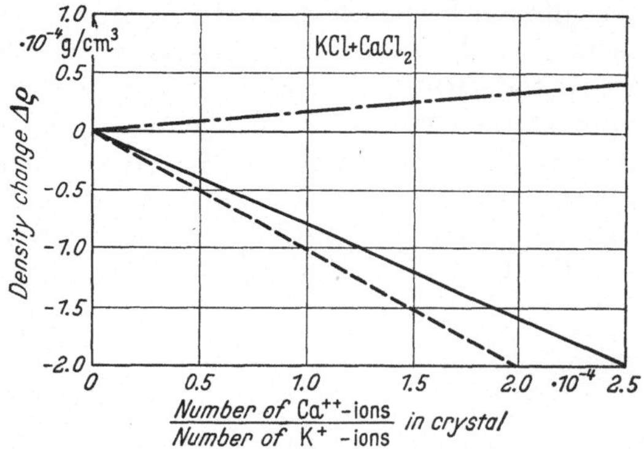

Fig. 26. The change in density of KCl as a function of the concentration of added $CaCl_2$. The full line is a best fit of the experimental results, whereas the lower dashed line shows the expected density change if the Ca^{2+} ion and vacancy occupied exactly the same volume as two K^+ ions, i.e. no change in lattice constant. The upper hyphenated curve represents the density to be expected if the densities of KCl and $CaCl_2$ were simply additive

Table 6. *Lattice constants and density of* $SrF_2 + LaF_3$.

Molar percentage of LaF_3	Lattice constant "a" in Å i.e. twice the distance between neighbouring anions	Density in gm/cm³ calculated from "a" and the assumption of one F^- interstitial for every La ion	Measured density (gm/cm³)
0	5.781	4.29	4.25
0.1	5.781	4.29	4.26
0.2	5.781	4.29	4.27
0.5	5.781	4.30	4.27
1.0	5.782	4.31	4.29
5.0	5.787	4.39	4.36
10.0	5.793	4.50	4.48

[1] H. JUNGHAUSS and H. STAUDE: Z. Elektrochem. **57**, 391 (1953).

[2] References will be found in the final section of this article. The systems studied by these workers include (1) $LaOF + LaF_3$, (2) $SrCl_2$, (3) $CeO_2 + La_2O_3$, (4) $SrF_2 + LaF_3$. For mixed sesquioxide and dioxide systems of the rare earths see U. CROATTO and M. BRUNO, Proc. 11th Int. Cong. Chem. **1**, 69 (July, 1947).

[3] U. CROATTO and M. BRUNO: Gazz. chim. ital. **78**, 95 (1948).

the lattice constant changes in roughly the same numerical proportion as would be expected on the basis of Eq. (25.1).

These changes in lattice parameter can be interpreted on the basis of an analysis made by ESHELBY[1]. He regards impurity ions, vacancies and interstitial ions as centres of dilatation in an isotropic elastic continuum. When the continuum is of infinite extent, the displacement at position $\boldsymbol{r}$ from a single such centre is

$$\boldsymbol{u}^{\infty} = b\,\boldsymbol{r}/r^3 \tag{25.2}$$

where b is a constant, the "strength" of the singularity. The change in volume of any finite region is clearly the integral of the normal strain acioss the surface of this region, i.e.

$$\delta V^{\infty} = \int \boldsymbol{u}^{\infty}\cdot\boldsymbol{n}\,dS = 4\pi\,b, \tag{25.3}$$

the integral being according to (25.2) c times the solid angle subtended by the surface at the singularity. However, formula (25.2) leads to a non-zero stress across the surface of a finite body, and if we now add external forces sufficient to make the net surface stress zero (as will be the case in practice) we shall alter the strain field within the body so that it is no longer given by (25.2). ESHELBY calculated the additional volume change coming from these additional ("image") strains and showed that the total volume change produced by a centre of dilatation of strength c in a homogeneous body with a stress-free surface is

$$\delta V = 4\pi\gamma\,b, \tag{25.4}$$

where

$$\gamma = 3\,(1-s)/(1+s).$$

s is POISSON'S ratio so that γ is about 1.5 for metals and 1.8 for the alkali halides. ESHELBY goes on to consider the case of a body (of arbitrary shape) containing a uniform distribution of defects and shows that it will be expanded uniformly without change of shape, the total volume change being the sum of (25.4) over all the defects,

$$\delta V = 4\pi\gamma \sum_i b_i. \tag{25.5}$$

Furthermore the geometrical volume change and the volume change which one may deduce from the average X-ray lattice parameter are identical. (This point was previously in doubt[2]). Eq. (25.5) may be used to re-express (25.1) in terms of the "strengths" of the impurity ions and the vacancies.

26. Solubility of impurities. In the last section we described how measurements of density and lattice parameter are used to verify the occurrence of solid solutions of the kind assumed in Sect. 23. In general the limiting concentration of impurity for which a solid solution will form will increase with increasing temperature. When crystals are prepared from the melt, it is therefore quite possible to obtain specimens whose impurity concentration may be greater than the solubility limit at the lower experimental temperatures. If these specimens are held for a *sufficiently long time* at these low temperatures, the impurity will precipitate in the crystal, forming regions of a second phase. For example, in NaCl containing $CaCl_2$ these regions will consist of practically pure $CaCl_2$. At large enough concentrations the precipitation can be followed by x-rays, and MIYAKE and SUZUKI

[1] J. D. ESHELBY: J. Appl. Phys. **25**, 255 (1954).

[2] P. H. MILLER and B. R. RUSSELL: J. Appl. Phys. **23**, 1163 (1952); **24**, 1248 (1953). — K. HUANG: Proc. Roy. Soc. Lond., Ser. A **190**, 102 (1947). — J. TELTOW: Ann. Phys., Lpz. **12**, 111 (1953).

have inferred in this way that the $CaCl_2$ regions in NaCl are in the form of little plates[1]. These plates have a tendency to form at dislocations, and dislocation networks can thus be made visible under the microscope[2]. To the naked eye these inhomogeneous crystals are often turbid or "milky" looking. The onset of the precipitation can however also be seen directly in the conductivity. Thus at a given temperature the precipitation will proceed until the concentration of dispersed impurity has fallen to the equilibrium value. The number of defects—independent of temperature as long as the solubility was not exceeded—will therefore now decrease with decreasing temperature in the same manner as the equilibrium solubility. Fig. 27 illustrates this effect; it shows the intrinsic region (III), the "normal" impurity region (II) and the impurity precipitation region (I).

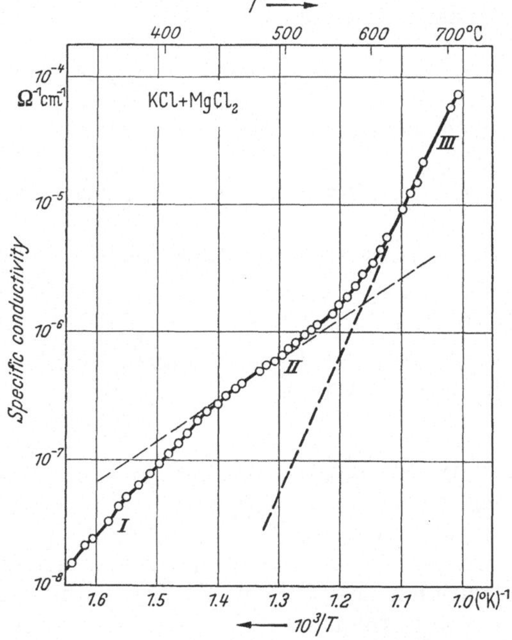

Fig. 27. The ionic conductivity of a KCl crystal containing $MgCl_2$, plotted as a function of T^{-1}. Region III is the region of intrinsic conductivity. In region II the conductivity is due to the constant number of vacancies introduced by the Mg^{2+} ions. In region I the $MgCl_2$ is precipitating as a separate phase and vacancies are being withdrawn. Similar results have been obtained with KCl + $CdCl_2$ and KCl + $BaCl_2$. (After K. Zückler: Thesis, Göttingen University 1949.)

We can obtain an expression for the solubility of aliovalent impurities by studying the statistical thermodynamics of a specimen of pure salt in contact with a specimen of the impurity. However a shorter derivation is possible if we adopt a quasi-chemical point of view.

To be definite let us take the case of $CdCl_2$ in NaCl. Let g_i be the Gibbs free energy needed to remove two (particular, but arbitrary) Na^+ ions from the pure NaCl crystal to a state of rest at infinity, at the same time filling one of the vacancies by a Cd^{2+} ion brought up from a state of rest at infinity, all the operations to be conducted under conditions of constant temperature and pressure. We can therefore write down the following chemical equation:

$$2\,\text{NaCl (crystal)} + \text{Cd}^{2+}\text{ (at rest at }\infty) \\ = 2\,\text{Na}^+\text{ (at rest at }\infty) + \text{CdCl}_2\text{ (in NaCl crystal)} - g_i,$$

the negative sign indicating that work $+g_i$ must be done in order to make the reaction go to the right. Let $-\gamma_1$ be the Gibbs free energy of the pure NaCl crystal relative to a state of infinitely dispersed ions at rest. Then

$$\text{NaCl (crystal)} = \text{Na}^+\text{ (at rest at }\infty) + \text{Cl}^-\text{ (at rest at }\infty) - \gamma_1.$$

Lastly let $-\gamma_2$ be the Gibbs free energy of the pure $CdCl_2$ crystal relative to a state of infinitely dispersed ions at rest. Then

$$\text{CdCl}_2\text{ (crystal)} = \text{Cd}^{2+}\text{ (at rest at }\infty) + 2\,\text{Cl}^-\text{ (at rest at }\infty) - \gamma_2.$$

[1] S. Miyake and K. Suzuki: J. Phys. Soc. Japan 9, 802 (1954).

[2] S. Amelinckx, W. van der Vorst, R. Gevers and W. Dekeyser: Phil. Mag. **46**, 450 (1955). — S. Amelinckx: Phil. Mag. (8) **1**, 269 (1956).

By addition of the first and third equations with subtraction of twice the second we get

$$CdCl_2 \text{ (crystal)} = CdCl_2 \text{ (in NaCl crystal)} - (g_i - 2\gamma_1 + \gamma_2), \tag{26.1}$$

showing that the molar free energy of solution of Cd^{2+} ions in NaCl is $g_i - 2\gamma_1 + \gamma_2$. If we apply the mass action law to the reaction (26.1) we see that

$$\left.\begin{aligned}&(\text{Molar fraction of dissolved } Cd^{2+} \text{ ions}) \times (\text{Molar fraction of } Na^+ \text{ vacancies})\\ &\quad = \exp\left\{-\frac{1}{kT}(g_i - 2\gamma_1 + \gamma_2)\right\}.\end{aligned}\right\} \tag{26.2}$$

In the notation of Sect. 23 this gives

$$c(c + x_1) = \exp\left\{-\frac{1}{kT}(g_i - 2\gamma_1 + \gamma_2)\right\} \equiv \exp(-\Gamma_i/kT).$$

In the range of temperatures where $x_1 \ll c$, this gives

$$c = \exp(-\Gamma_i/2kT). \tag{26.3}$$

The free energy Γ_i can be decomposed into a heat content and an entropy term in the usual way, viz.

$$\Gamma_i = \chi_i - T\eta_i. \tag{26.4}$$

In the impurity precipitation range the slope of the $\log(\sigma T)$ *vs.* T^{-1} curve will therefore be $-(\chi_i/2 + \Delta h)/k$ as compared with $-\Delta h/k$ in the "normal" impurity region and $-(h/2 + \Delta h)/k$ in the intrinsic region. It is to be noted that whereas the transition from the impurity range to the intrinsic range is a smooth transition described by Eq. (23.4), the change over from the normal impurity region to the impurity precipitation region is sharply defined and gives rise to a definite kink in the $\log(\sigma T)$ *vs.* T^{-1} curves.

Attempts have been made to calculate χ_i using the lattice theory described in Sect. 11 to 13. One difficulty, obvious from the outset, is that a completely theoretical calculation is impossible since γ_2 generally refers to compounds, such as $CdCl_2$, for which the simple BORN theory is not adequate. This means that γ_2 has to be taken from experiment, so that one cannot expect a "cancellation of errors" in the theory. This difficulty is apparent from the results which have been obtained so far (Table 7). Thus it is known experimentally that solution of divalent ions is an endothermic process ($\chi_i > 0$) whereas most of the predicted energies are negative i.e. exothermic. The figures for Mn^{2+} in Table 7 were obtained by BRAUER[1] using the theory described in Sect. 12 and 13. The lower figures for Ca^{2+}, Sr^{2+} and Cd^{2+} were obtained by TOSI[2] using the ionic displacements and polarisations of BASSANI and FUMI[3] [24] but without allowance for the elastic component of the ionic displacements. Inclusion of this leads to the values -0.13 ev for Sr^{2+} in KCl and -0.19 ev for Sr^{2+} in NaCl. The elastic component is thus clearly of importance since it has the effect of shifting χ_i closer to the observed positive values. According to HAVEN[4] the experimental

[1] P. BRAUER: Z. Naturforsch. 7a, 741 (1952).

[2] M. TOSI: Unpublished work.

[3] As mentioned previously these workers did not allow for the purely elastic displacements as introduced by BRAUER. Professor FUMI reports that corrections of the BRAUER type are not important for the objective of the BASSANI and FUMI paper, namely the calculation of the energy of attraction between an impurity ion and a vacancy.

[4] Y. HAVEN: Report of the Conference on Defects in Crystalline Solids held at Bristol in July, 1954, p. 261.

values of $\chi_i/2$ in NaCl are 0.32 ev for $CaCl_2$, 0.62 ev for $CdCl_2$ and 0.44 ev for $MnCl_2$.

The view that the large errors in the predicted figures are caused by the necessity of mixing experimental values (referring to 25° C) and theoretical values (referring to 0° K) receives additional confirmation from BRAUER'S successful calculation of the heats of solution of the monovalent ion Tl^+ in NaCl and KCl. Employing theoretical quantities throughout, he obtains values of 1.5 ev and 0.25 ev respectively; these figures are of the right sign, and are in agreement with the fact, known from luminescence studies, that Tl^+ is much more soluble in KCl than in NaCl.

It is also possible that the free energy of solution Γ_i is a more involved quantity than the above discussion indicates. In particular the existence of an appreciable solid surface tension across the boundary between the parent salt and the precipitate particle will modify the value of Γ_i. The analogous problem of the precipitation of excess sodium in NaCl has been studied in detail by SCOTT and coworkers[1]. Non-stoichiometric KCl containing an excess of potassium in the form of F-centres (halogen ion vacancies which have trapped an electron) can be prepared by heating the normal crystal in potassium vapour. Quenching the non-stoichiometric crystal so formed traps the excess potassium or F-centres. The precipitation of the excess potassium on warming can be followed optically. It is then found that the heat of formation of F-centres in KCl from the precipitated potassium is 0.35 ev per centre. The calculated value (analogue of Γ_i) is 0.82 ev per centre, assuming no surface energy terms. SCOTT[2] has shown that the surface energy is probably quite adequate to account for the difference.

Table 7. *Calculated values of* $\chi_i/2$ *in* ev.

	KCl	NaCl
Mn^{2+}	−0.11	−0.58
Sr^{2+}	−0.13	−0.19
Ca^{2+}	−0.60	−0.76
Sr^{2+}	−0.42	−0.41
Cd^{2+}	+0.75	+0.57

27. Valency of the impurity ions. In preceding sections we have made the additional assumption that the added impurity ions retain their normal valency. For example, if $CaCl_2$ is added to a NaCl melt from which an impure crystal is being grown we expect the calcium ions to be incorporated in the NaCl crystal in the Ca^{2+} state. This expectation is not tested directly but is borne out by the conductivity results. However, if we added $AlCl_3$ to the melt, it is possible that the aluminium atoms might be present in an Al^{2+} state, if the gain in ionisation energy were sufficiently great to offset the loss of electrostatic energy in the MADELUNG potential field. In this section we shall examine the reduction of impurity ions in more detail. We consider in particular the cases of cadmium, calcium and strontium ions in NaCl and KCl since the details of these systems have been studied by FUMI and co-workers.

Suppose we start with a perfect crystal containing equal numbers of cation (K^+) and anion (Cl^-) sites, and add two molecules of $CaCl_2$. If the calcium atoms have entered as Ca^{2+} ions there will be four new anion and four new cation sites. On the other hand if the calcium enters as Ca^+ ions there will be no cation vacancies and the number of cation and anion sites will be smaller by 2. This state can be obtained from the first by carrying out the following operations, which require energy as indicated:

[1] A general account of this work may be found in Sect. 17 of the review "Color Centers in Alkali Halide Crystals" by F. SEITZ, Rev. Mod. Phys. **26**, 7 (1954).

[2] A. B. SCOTT: Phil. Mag. **45**, 610 (1954).

(1) Remove two Cl^- ions from the crystal, setting them down at rest at infinity. Let the corresponding amount of work required be denoted by $2W_0^-$. It may be calculated by the methods described in Sect. 11 to 13.

(2) Remove one electron from each Cl^- ion, thus forming two neutral Cl atoms. This requires twice the electron affinity of chlorine $\equiv 2A$.

(3) Combine the two neutral Cl atoms together into a chlorine molecule, so gaining the heat of formation of molecular chlorine $\equiv F$.

(4) The electrons obtained by (2) are to be placed one on each of the two Ca^{2+} ions making them into Ca^+ ions. This gains twice the ionisation energy of $Ca^+ \equiv 2I$, but will also require twice the potential energy of a Ca^+ ion in the lattice relative to that of a Ca^{2+} ion in the lattice ($\equiv 2M$). The quantity M can be analysed and calculated as follows. We start with the Ca^{2+} ion in equilibrium in the lattice. The state of the lattice may be specified by the set of induced moments and ionic displacements of the ions around Ca^{2+}. The electrostatic energy of the Ca^{2+} ion in this environment we call $E_1(Ca^{2+})$. Likewise we let $\varphi_1(Ca^{2+})$ be that part of the energy of the Ca^{2+} ion which is due to short range repulsive interactions with its neighbours. We now change all the displacements and induced moments from those appropriate to a Ca^{2+} ion to those appropriate to a calcium atom in its Ca^+ state. The energy of the Ca^{2+} ion in this new environment we call $E_2(Ca^{2+}) + \varphi_2(Ca^{2+})$. The work done so far is

$$\tfrac{1}{2}(E_2 + \varphi_2 - E_1 - \varphi_1).$$

Next, without altering the displacements and moments, we add an electron to the Ca^{2+} ion, reducing its charge to $+e$ and altering its radius to the value appropriate to Ca^+. This is the final state. Let the energy of the Ca^+ ion in the field of the displacements appropriate to itself be $E_3 + \varphi_3$. The work in placing the electron on the Ca^{2+} ion is then $E_3 - E_2 + \varphi_3 - \varphi_2$; the gain of ionisation energy I has been noted already. Now the energy term E_3 is the electrostatic energy of the singly charged ion in the field of the rest of the crystal. But we have maintained the configuration of the crystal constant while reducing the Ca^{2+} state to Ca^+, hence $E_3 = E_2/2$. The total work done is

$$\left.\begin{aligned} M &= \frac{1}{2}(E_2 + \varphi_2 - E_1 - \varphi_1) - \frac{E_2}{2} + \varphi_3 - \varphi_2 \\ &= \frac{-E_1}{2} + \left(\varphi_3 - \frac{1}{2}(\varphi_1 + \varphi_2)\right). \end{aligned}\right\} \qquad (27.1)$$

We shall see below that the repulsive energy term $\varphi_3 - \frac{1}{2}(\varphi_1 + \varphi_2)$ can be neglected in NaCl and KCl unless large changes of ionic radius and large ionic displacements are envisaged. In these salts this term will generally be of the order of 1 ev, whereas $E_1/2$ is of the order of 15 ev or more.

(5) The last operation in the cycle is the removal of the two pairs of vacant sites from the crystal. The two cation vacancies were originally present to compensate the excess charges on the Ca^{2+} ions, and the two anion vacancies arose through the removal from the crystal of two Cl^- ions. Both pairs of vacancies will disappear with gain of energy $2(W_0^+ + W_0^- - W_L)$ where W_0^+ is the energy to remove one cation to infinity and W_L is the average lattice energy per ion pair (Sect. 14).

Adding up the various energy terms in (1) to (5) we se that we shall *require* on balance an amount of work

$$\left.\begin{aligned} &2W_0^- + 2A - F - 2I + 2M - 2(W_0^+ + W_0^- - W_L) \\ &= 2W_L + 2A - F - 2I + 2M - 2W_0^+. \end{aligned}\right\} \qquad (27.2)$$

If this quantity is positive, then the ions will enter as Ca^{2+} ions, whilst if it is negative, they will enter in the state Ca^{+}, without creation of vacancies by charge compensation. Although the result (27.2) has been derived for the reduction of a divalent ion to the monovalent state, it is obvious that no changes in essentials are necessary for it to apply to the reduction of a trivalent ion to the divalent state, e.g. Al^{3+} to Al^{2+}. The first four terms in (27.2) are known empirically whilst M and W_0^+ must be calculated using lattice theory. Table 8 shows values of (27.2) as calculated for Cd, Ca, Sr in NaCl and KCl. The empirical quantities were evaluated for 0° K from the National Bureau of Standards Circular 500,

W_L (NaCl) $= 8.03$ ev; W_L (KCl) $= 7.13$ ev; $A = 3.72$ ev; $F = 2.48$ ev; $I(Cd^+) = 16.91$ ev; $I(Ca^+) = 11.87$ ev; $I(Sr^+) = 11.03$ ev. In calculating M [Eq. (27.1)] the term in the φ's has been dropped. Only φ_1 is known with certainty, but unless abnormally large changes of radius are expected to follow the reduction of the impurity ion it would seem that $\varphi_1/2$ represents an upper limit to the magnitude of the term $\varphi_3 - \frac{1}{2}(\varphi_1 + \varphi_2)$. The BASSANI and FUMI results show that $\varphi_1/2$ is less than 1 ev for the above impurities.

Table 8. *Energies required for the reaction,* $2\,MCl_2$ *(in* NaCl, KCl*)* $\rightarrow 2\,MCl$ *(in* NaCl, KCl*)* $+ Cl_2$ *at* 0° K.

M	NaCl	KCl
Cd	13.6 ev	11.8 ev
Ca	23.4 ev	21.6 ev
Sr	22.6 ev	20.9 ev

whilst the quantities M and W_0^+ were calculated from the ionic displacements and electric moments found by BASSANI and FUMI. In computing M the term in φ_1, φ_2 and φ_3 has been neglected.

It is interesting to turn the calculations round and ask what must the ionisation potentials be for the energy of reduction to be zero. For Cd^{2+}, Ca^{2+} and Sr^{2+} in NaCl we then get 23.7, 23.6 and 22.3 ev, whilst in KCl the figures are 22.8, 22.7, and 21.5 ev. Apart from the displacements in the host crystal the ionisation energy is the only term in (27.2) which depends specifically on the impurity ion. If the above figures are representative we should not therefore expect trivalent impurity ions to be very common in NaCl and KCl. The third ionisation energies of the common metals are too large, e.g. for aluminium the value is 28.5 ev, for iron it is 30.4 ev, for gallium it is 30.7 ev, for indium it is 28.0 ev and so on.

Cases where (27.2) is only of the order of 1 ev will, of course, be uncertain, not only due to temperature effects, but mainly owing to the neglect of the φ terms as already pointed out. When the true value of the energy of reduction (27.2) is close to zero the extent of the reduction will depend critically on the chlorine pressure surrounding the crystal. The reduction can be written as a chemical equation, e.g.

$$2\,MCl_2 \text{ (in KCl)} \rightleftharpoons 2\,MCl \text{ (in KCl)} + Cl_2,$$

where M stands for the metal in question. By mass action principles it follows that a high external chlorine pressure will favour the oxidation of the metal to the M^{2+} state. Hence if the energy (27.2) is close to zero the chlorine vapour pressure will be a most important factor. This has been demonstrated experimentally by SCHULZE[1] for the case of samarium (either Sm^{2+} or Sm^{3+}) in KCl.

An interesting example of the dependence of valency on environment is provided by solutions of europium in alkaline oxides and sulphides. Small quantities of rare earths dissolved in the alkaline earth chalkogenides generally take up the trivalent ionic state, and the optical spectra of the resulting phosphors are then essentially those of the pure trivalent rare earth salts. Europium is an exception: in the oxides MgO, CaO, SrO and BaO, it is indeed trivalent, but

[1] H. SCHULZE: Thesis, Göttingen University 1952.

in the corresponding sulphides the spectra are those of Eu^{2+}. BRAUER[1] has shown that this is understandable on the basis of the type of lattice calculation which we have outlined above.

IV. More accurate theory of ionic conductivity.

28. Interactions among defects. In Sect. 23 we discussed the ionic conductivity of a crystal containing aliovalent impurities. The principle of charge compensation tells us that the presence of these impurities leads to the formation of additional defects, in numbers which depend only on the charge and the concentration of the added impurity. From energetic considerations we can also say that the nature of the defect which is introduced (e.g. cation vacancy or interstitial anion) is determined by the charge on the impurity ion and the type of disorder intrinsic to the pure crystal. However we saw that the simple theory of ionic conductivity based on these principles is not adequate to explain the difference in conductivity which exists, for example, between KCl containing $CaCl_2$ and KCl containing an equal quantity of $SrCl_2$, since it appears that these differences are too large to be explained by the influence of changes in lattice parameter on vacancy mobility.

It seems very likely that the reason is the existence of specific interactions between the vacancies and the impurity ions. At large separations the interactions will have the COULOMBic form and will give rise to terms

$$\pm e^2/\varepsilon r \tag{28.1}$$

in the configurational energy of the crystal. At small separations, however, the details of the ionic displacements around vacancies and impurity ions will be important and the interaction energy will depart increasingly from the COULOMB value as r decreases to the nearest neighbour separation. For two vacancies or two impurity ions, such departures will not be especially important since the repulsive nature of the interactions in these two cases will always ensure that the separations are large. On the other hand the attraction which exists between a Ca^{2+} ion and a K^+ vacancy will tend to make the impurity ion-vacancy separation as small as possible. In so far as this attraction of the vacancies to the immobile impurity ions will reduce the ionic current, the conductivity is clearly sensitive to the precise magnitude of this attraction. Detailed calculations of this attraction can be made using the lattice theory developed in Sect. 13. In this way BASSANI and FUMI [*24*] calculated the energy of an impurity ion-vacancy pair at the nearest neighbour separation relative to its value at infinite separation (zero). For Ca^{2+} in KCl they obtain 0.32 ev whilst for Sr^{2+} in KCl the value is 0.39 ev, in qualitative agreement with the fact that the conductivity is lower in the KCl + $SrCl_2$ system than in KCl + $CaCl_2$ [(28.1) would give 0.69 ev]. To determine the quantitative significance of such figures we must develop the simple theory of conductivity so as to include interactions[2].

It is fortunate that a close parallel exists between our systems containing interacting impurity ions, vacancies, etc. and liquid electrolyte solutions, for these latter systems have been extensively studied and many of the results of electrolyte theory can be taken over with little alteration.

29. Thermodynamics of association in salts of type AB containing additions of type CB_2. Let us return to the example of KCl containing $CaCl_2$. For simplicity

[1] P. BRAUER: Z. Naturforsch. **6**a, 561, 562 (1951).

[2] A review devoted to the subject of interactions among defects in ionic crystals has recently been written by J. TELTOW, Halbleiterprobleme, Vol. 3 (in the press).

we shall first assume that there is a sufficient concentration of Ca^{2+} ions so that any thermal disorder can be neglected. Owing to the attraction which exists between a Ca^{2+} ion (net charge $+e$) and a K^+ vacancy (net charge $-e$) the energy of the vacancy is lowest when it occupies one of the nearest cation neighbour sites to the impurity[1]. The equilibrium state at low temperatures is therefore one in which every vacancy is attached to an impurity ion. On raising the temperature, some of these attachments will be broken and the thermodynamic state at a temperature T can be specified by the number of complexes which remain. Now these complexes will have no net charge and the strong binding which exists between the impurity and the vacancy therefore means that the complexes will not contribute to the conductivity. It is therefore important to know the number of complexes as a function of impurity concentration. The equilibrium which exists at any temperature between the associated vacancies and the unassociated vacancies is a dynamical equilibrium, so we can apply the mass action law to determine this quantity. If the molar concentration of impurity is c and if thermal disorder may be neglected, then c is also the concentration of vacancies. We define a degree of association p such that cp is the molar fraction of complexes. Application of the mass action law to the quasi-chemical reaction

Unassociated impurity ion + unassociated vacancy $\rightleftharpoons$ impurity-vacancy complex

then gives

$$\frac{(c p)}{[c(1-p)]^2} = K_2(T). \tag{29.1}$$

The mass action constant K_2 depends only on T. A detailed statistical thermodynamical treatment of the association reaction will provide an explicit form for K_2. In the simplest case when the impurity ion and the vacancy are regarded as "associated" only when they are nearest neighbours, we get[2]

$$\frac{p}{(1-p)^2} = z_1 c \exp\left(\frac{\zeta_1}{kT}\right), \tag{29.2}$$

where z_1 is the number of distinct orientations of the complex; z_1 is 12 in a NaCl type lattice where either sub-lattice is face centred cubic and z_1 is 6 in a CsCl type lattice where either sub-lattice is simple cubic. The quantity ζ_1 is the Gibbs free energy of association, i.e. the work gained under conditions of constant pressure and constant temperature in bringing a vacancy from a particular distant position to a particular nearest neighbouring position of the impurity ion. As usual this free energy of association can be decomposed into a heat of association and an entropy of association

$$\zeta_1 = \chi_1 - T\eta_1.$$

Eqs. (29.1) and (29.2) lead to isotherms for the dependence of p on c, as shown in Fig. 28. We note that the saturation condition $p \to 1$ is more easily attained at low temperatures.

To calculate the details of the dependence of p on T we must make some assumption about ζ_1. The simplest case is that for which the entropy of association η_1 is zero and χ_1 is independent of T. We then obtain the curves shown in Fig. 29. We see that as $T \to \infty$, p becomes small, finally tending to its random

[1] Such an impurity-vacancy pair will be referred to as an "associated" pair and sometimes as a "complex".

[2] A. B. Lidiard: Phys. Rev. **94**, 29 (1954).

value $z_1 c$. As $T \to 0$ on the other hand, $p \to 1$ and all the impurity ions and vacancies become associated. In this discussion we have of course neglected the small dipolar interactions between one complex and another. At low temperatures these interactions will lead to the formation of higher aggregates. If the impurity precipitates from solid solution these immobile aggregates may act as nuclei for the precipitation reaction. Our simplified theory will presumably be adequate at temperatures not too close to the temperature at which precipitation begins[1].

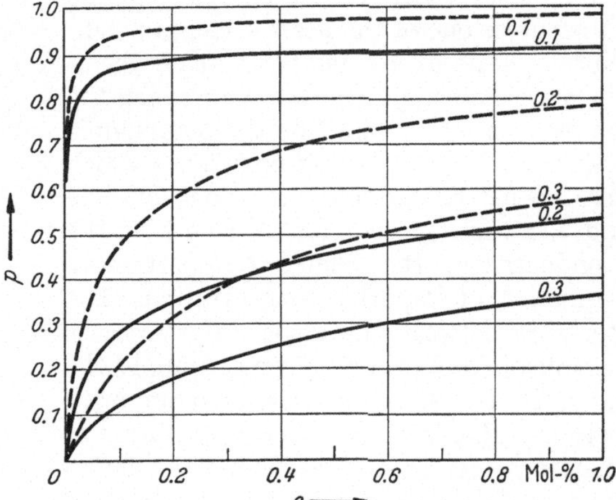

Fig. 28. Curves showing the dependence of the degree of association p on the impurity concentration c, at three different temperatures — kT/ζ_1 as indicated. The dashed lines have been obtained from Eq. (29.2) with the assumption that $z_1 = 12$, corresponding to a NaCl lattice. The full lines are obtained by a more refined calculation given later (Sect. 32).

Our last remarks in this section will concern the generalisation of (29.2). Eq. (29.2) assumes that the attraction of impurity ions and vacancies is so strong at the nearest neighbour separation that only nearest neighbour pairs need be considered as associated, i.e. as not contributing to the conductivity. However it is possible that the binding energy at next nearest neighbour and even further separations may be strong enough for such pairs to be regarded as associated and for the vacancies not to contribute to the conductivity. These pairs are effectively excited states of the nearest neighbour complex. Eq. (29.2) is then replaced by

$$\frac{p}{(1-p)^2} = c \sum_s z_s \exp\left(\frac{\zeta_s}{kT}\right), \quad (29.3)$$

where z_s is the number of orientations of the complex in its s-th state with energy $\zeta_s - \zeta_1$ above that of the ground configuration. The factor $\sum_s z_s \exp(\zeta_s/kT)$ is the partition sum for a single complex over the associated states.

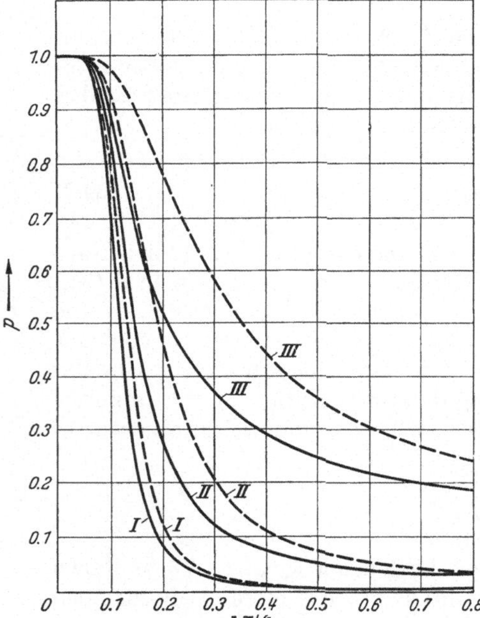

Fig. 29. Curves showing the degree of association p as a function of the reduced temperature kT/ζ_1 at three different concentrations; I, $c = 10^{-4}$, II, $c = 10^{-3}$, III, $c = 10^{-2}$. The dashed lines have been calculated from Eq. (29.2) with the assumption that $z_1 = 12$, corresponding to a NaCl lattice. The full lines refer to a more elaborate calculation given later (Sect. 32).

From a practical point of view the important feature of these association equations is the predicted dependence of the degree of association upon concentration. The conductivity will always contain strongly temperature-dependent terms through the mobilities, so that

[1] It may be noted that the quasi-chemical Eq. (26.2) which we used to discuss impurity solubility in Sect. 26 still applies in the presence of association, provided we regard it as giving the equilibrium concentration of *un*associated impurity ions and not the total impurity

analysis of isotherms of conductivity *vs.* impurity concentration allows the most direct determination of the fundamental quantities. Accordingly in the next section we shall derive the theoretical isotherms to be expected on the basis of the association approximation.

30. Ionic conductivity of a salt of type AB containing additions of type CB_2[1]. As in previous sections we shall assume that the intrinsic disorder is either pure FRENKEL disorder (one sub-lattice only) or pure SCHOTTKY disorder. We let x_1 and x_2 be the molar fractions of the two intrinsic defects in the unassociated state, then

$$x_1 x_2 = K_1^{-1} \equiv x_0^2. \tag{30.1}$$

As before let the impurity introduce defects of type 1 for charge compensation. Let the total concentration of impurity be c and let the concentration of complexes formed by association of impurity ions with the type 1 defects (e.g. vacancies) be x_k. The association reaction (29.1) can then be described by the mass action equation

$$\frac{x_k}{x_1(c - x_k)} = K_2. \tag{30.2}$$

In addition to Eqs. (30.1) and (30.2), there is the equation of electroneutrality

$$x_1 - x_2 = c - x_k. \tag{30.3}$$

Eqs. (30.1) to (30.3) can be solved for the concentrations x_1 and x_2 and the degree of association as functions of impurity concentration. In terms of $\xi_1 \equiv x_1/x_0 = x_0/x_2$ we find

$$\frac{c}{x_0} = \left(\xi_1 - \frac{1}{\xi_1}\right)(1 + H\,\xi_1), \tag{30.4}$$

where $H = K_1^{-\frac{1}{2}} \cdot K_2$. The degree of association is

$$p \equiv \frac{x_k}{c} = \frac{H\,\xi_1}{1 + H\,\xi_1}. \tag{30.5}$$

Eq. (30.5) shows that p has its least value of $H/(1+H)$ in the presence of very small additions for which $\xi_1 = 1$.

We can now extend the simple theory of ionic conductivity given in Sect. 23. Eq. (23.3) is valid as before,

$$\sigma = N\,q\,(x_1 \mu_1 + x_2 \mu_2).$$

In terms of the intrinsic conductivity of the pure crystal, $\sigma_0 = N q x_0 (\mu_1 + \mu_2)$, this equation can be rewritten

$$\frac{\sigma}{\sigma_0} = \frac{\xi_1 + \varphi/\xi_1}{1 + \varphi}, \tag{30.6}$$

where φ as before, stands for the ratio μ_2/μ_1. Elimination of ξ_1 between Eqs. (30.4) and (30.6) gives the conductivity isotherms. From these equations it may be shown that the function σ/σ_0 has a minimum value. When $\varphi > 1$ this occurs at positive values of c and is therefore of physical interest. In fact, the least value

---

concentration. From the point of view of the mass action equations governing the solubility, the unassociated impurity ions are a different molecular species from the associated ions. Since Eq. (26.2) applies to unassociated impurity ions, the total solubility is increased by the existence of association. It will be increased still further if we take account of the existence of triplets, pairs of complexes, etc.

[1] This section follows the treatment first given by STASIW and TELTOW [*25*]. However it should be noted that the explicit forms given by these authors for K_1 and K_2 are not correct. The correct expressions may be obtained from Eq. (5.3) and (29.3).

of σ/σ_0 is given by $2\sqrt{\varphi}/(1+\varphi)$ and is therefore unaltered by the existence of association, although the concentration c at which this minimum occurs will of course be changed. Systems which display a minimum in the conductivity isotherms can therefore be analysed by finding the value of σ/σ_0 at the minimum and calculating φ directly from it. From (30.6) the experimental results can then be re-expressed in terms of ξ_1, as a function of c. If we then plot $c/(\xi_1 - 1/\xi_1)$ against ξ_1 we should obtain a straight line with slope $H x_0$ which intercepts the $c/(\xi_1 - 1/\xi_1)$ axis at x_0. Hence both x_0 and H and thus K_2 can be determined.

It may be noted that the occurrence of association between the intrinsic defects, e.g. formation of pairs of anion with cation vacancies, will not affect the above theory. From the point of view of the mass action equations such pairs again constitute a different molecular species, so that the solubility product relation (30.1) between the concentrations of unassociated defects is still valid. In other words the numbers of free vacancies are not altered by the formation of anion-cation vacancy pairs. These pairs are electrically neutral and do not interact with the free vacancies so that the chemical potentials of the anion and cation vacancies are not altered. The solubility product therefore also is unchanged.

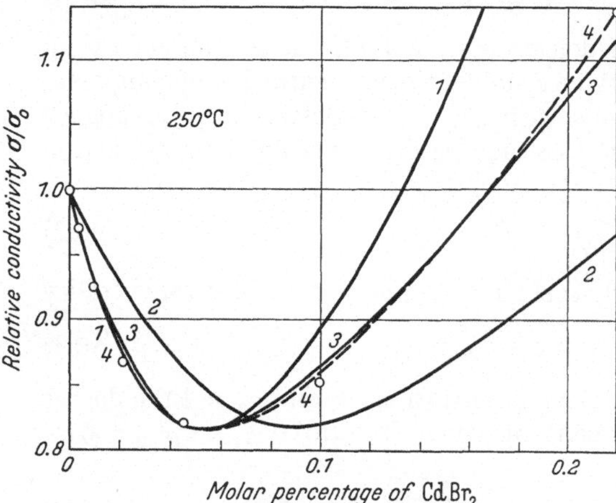

Fig. 30. The relative conductivity σ/σ_0 of $AgBr + CdBr_2$ as a function of the molar fraction of $CdBr_2$ at 250° C. The circles represent the experimental values and the lines are theoretical isotherms. Curve 1 is the isotherm (23.5) with x_0 and φ fixed by (23.7) and (23.9), and curve 2 is obtained from (23.5) with φ fixed by (23.9) as before, but x_0 found from the high concentration limit (23.6). It is seen that Eq. (23.5), which neglects association, cannot provide a simultaneous description of both the high and the low concentration results. Curve 3 is obtained from Eq. (30.6) with (30.4); it extends the range of agreement with experiment at low concentrations but fails at high concentrations. Curve 4 is obtained from an application of the DEBYE-HÜCKEL theory of strong electrolytes (neglecting association).

31. Agreement of simple association theory with experiment.

α) *AgBr.* TELTOW [26] has analysed his data on $AgBr + CdBr_2$ in the manner described in the last section and the results for 250° C are shown in Figs. 30 to 32. The ratio of mobilities, φ, is determined directly from the minimum value of σ/σ_0, and ξ_1 is then obtained from (30.6). The quantity $w \equiv c/(\xi_1 - 1/\xi_1)$ is plotted against ξ_1 in Fig. 32. According to Eq. (30.4) the points should fall on a straight line. However it is seen that the experimental points do not lie on a single straight

Table 9. *Characteristic quantities of* AgBr. *φ is the ratio of the mobility of the* Ag^+ *interstitial to that of the* Ag^+ *vacancy. x_0 is the molar fraction of* FRENKEL *defects in pure* AgBr *as inferred from (23.5) and the low concentration conductivity data. x_{0a} is the molar fraction of defects as inferred from Eqs. (30.4) and (30.6), again using the low concentration data. K_2 is the mass action constant for the association reaction between a* Cd^{2+} *and a* Ag^+ *vacancy.*

T in °C	φ	x_0 in Mol-%	x_{0a} in Mol-%	K_2
300	2.48	0.147	0.139	56
275	2.97	0.078	0.061	280
250	3.74	0.039	0.0315	470
225	4.78	0.0204	0.0166	430
200	6.35	0.0096	0.0079	360
175	7.26	0.0038	0.0044	130

line if we include the entire range of ξ_1. They lie rather on a curve whose slope decreases with increasing concentration of impurity ions and vacancies. TELTOW obtained the best straight line through the initial points and obtained values of H and x_0. As may be seen from Fig. 30 the 250° C isotherm obtained from these values (curve 3) reproduces the experimental results up to about 0.22 Mol-%. There is an appreciable improvement over the isotherm calculated with neglect of association, although at high concentrations curve 3 does not rise sufficiently rapidly. This is because the elementary association theory of Sect. 30 predicts that σ is proportional to $c^{\frac{1}{2}}$ in this region whereas the observed relation is nearly linear. It is possible that the long range COULOMB interactions among the unassociated vacancies and impurity ions are responsible for this divergence. We return to this point later.

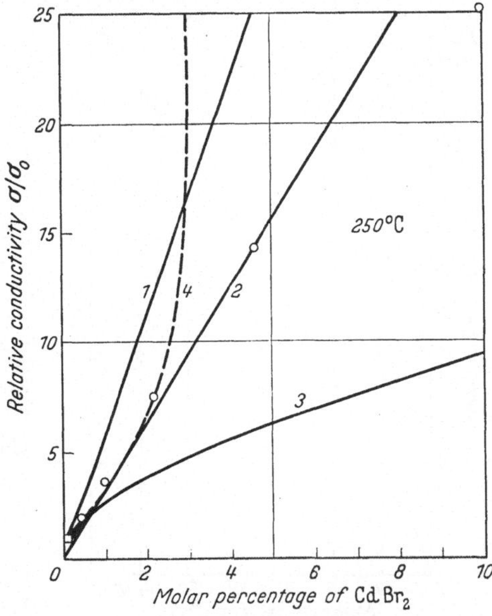

Fig. 31. The relative conductivity σ/σ_0 of AgBr + $CdBr_2$ as a function of the molar fraction of $CdBr_2$ at 250° C. The designation of the curves is the same as in Fig. 30. The scale of the diagram is 50 times smaller.

Table 9 gives the values of x_0, φ and K_2 found by TELTOW. The φ values are unaltered by consideration of association since they are determined directly by the least value of σ/σ_0. The x_0 values however are about 20% smaller than those derived from (23.7). The temperature variation of K_2 is anomalous. This may be due to uncertainties in the limiting slope of $c/(\xi_1 - 1/\xi_1)$ *vs.* ξ_1 curves at low impurity

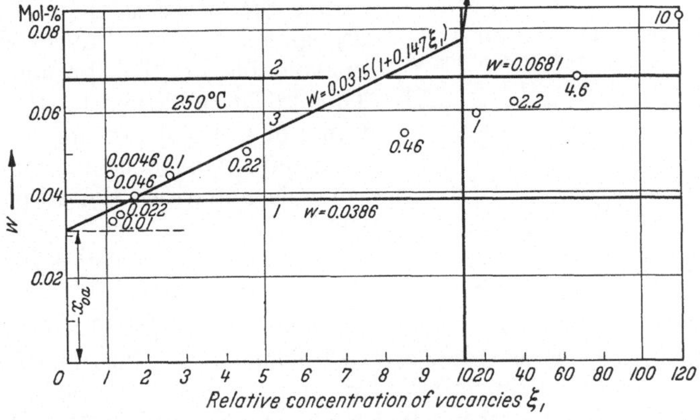

Fig. 32. Analysis of the experimental isotherm, σ/σ_0 *vs.* concentration of $CdBr_2$ in AgBr. $w \equiv c/(\xi_1 - 1/\xi_1)$ is plotted against ξ_1, the relative Ag^+ vacancy concentration. The numbers on the transformed points are the $CdBr_2$ concentrations in Mol-%. The lines 1, 2 and 3 correspond to the lines 1, 2 and 3 of Figs. 30 and 31. (Note the change in scale of ordinates at $\xi_1 = 10$).

concentrations. Indeed we shall see later that the assumption of a limiting slope with the significance of $H \equiv K_2 x_0$ may itself be false.

β) NaCl + CdCl₂. The data obtained by ETZEL and MAURER [27] on the system NaCl + $CdCl_2$ is also susceptible of analysis on the basis of the STASIW-

TELTOW association theory [25]. The principal experimental results were obtained in a temperature range of 250 to 400° C. At these temperatures the number of intrinsic defects in NaCl is so small that ξ_1 is always much greater than unity and the isotherm (30.6) can be simplified. It is not difficult to show that the isotherms are parabolic, thus,

$$c = L\sigma^2 + F\sigma,$$

with

$$L = \left(\frac{x_0(1+\varphi)}{\sigma_0}\right)^2 K_2, \tag{31.1}$$

and

$$F = \left(\frac{x_0(1+\varphi)}{\sigma_0}\right).$$

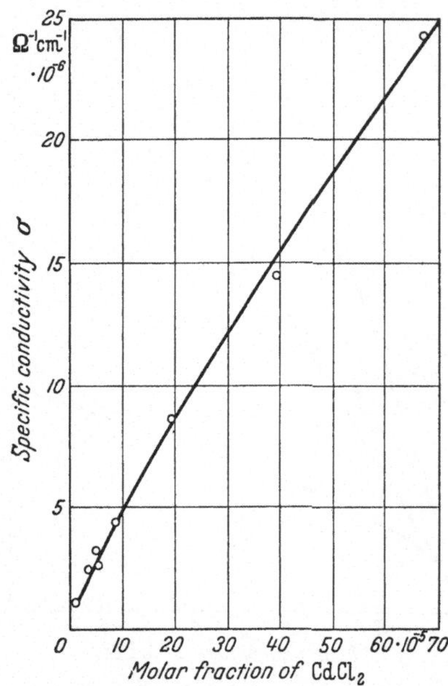

Fig. 33. The specific conductivity of NaCl as a function of $CdCl_2$ concentration at 403° C. The circles represent the experimental values and the full line is a "best-fit" by Eq. (31.1).

By using a least squares method, ETZEL and MAURER were able to fit their result to Eq. (31.1). The experimental points and the isotherm predicted using the best F and L values for 403° C are shown in Fig. 33. From the F and L values $K_2 = L/F^2$ can easily be computed. If it is sufficient to consider as associated only those Cd^{2+}-vacancy pairs which are at the nearest neighbour separation, then the K_2 values can be expressed in terms of the free energy of association ζ_1 by using Eq. (29.2). Results are given in Table 10.

Let us pursue the comparison between theory and experiment further and plot c/σ against σ. According to Eq. (31.1) this should be a straight line, just as $c/(\xi_1 - 1/\xi_1)$ *vs.* ξ_1 should be a straight line by Eq. (30.4). In the present application the intrinsic thermal disorder is negligible, but we must include the unavoidable or "background" impurity. Thus, if in addition to the concentration c of $CdCl_2$ deliberately added, there is an effective concentration c_0 of unavoidable impurities the correct isotherm will be

$$c + c_0 = L\sigma^2 + F\sigma. \tag{31.2}$$

Table 10. *The mass action association constant K_2 and the free energy of association ζ_1 for a $Cd^{2+}-Na^+$ vacancy pair in* NaCl.

T in °C	K_2	ζ_1 in ev
403	7.1×10^2	0.24
344	9.2×10^2	0.23
295	18.2×10^2	0.25
256	30.9×10^2	0.25

A plot of c/σ *vs.* σ would only be a straight line if $c \gg c_0$ and would deviate increasingly from this line as c and thus σ become small. Fortunately c_0 may be estimated by a linear extrapolation of σ *vs.* c plots to $\sigma = 0$; for the specimens used by ETZEL and MAURER it was 0.45×10^{-3} Mol-%. In Fig. 34 we have plotted the ETZEL and MAURER results to show the dependence of $(c+c_0)/\sigma$ upon σ. The lines $L\sigma + F$ are also shown. It will be noticed that although the concentrations involved here are small by comparison with those for AgBr (Fig. 32) the experimental points again follow a rising curve with gradually decreasing slope rather than the straight line predicted by (31.2) or (30.4).

In the next two sections we shall develop the theory of association so as to include the effects of the COULOMB interactions between unassociated impurity ions and vacancies. This work suggests that the curvature of the $c/(\xi_1 - 1/\xi_1)$ *vs.* ξ_1 or $(c+c_0)/\sigma$ *vs.* σ plots is a real effect connected with those COULOMB forces.

γ) NaCl+CaCl₂. Before concluding this section we draw attention to some systems whose conductivity isotherms do not support the association model. Fig. 25 for example shows roughly linear isotherms in contrast to the curved isotherms demanded by Eq. (31.1). A system of especial interest is $NaCl + CaCl_2$ since it would be expected to be closely similar to $NaCl + CdCl_2$ because the

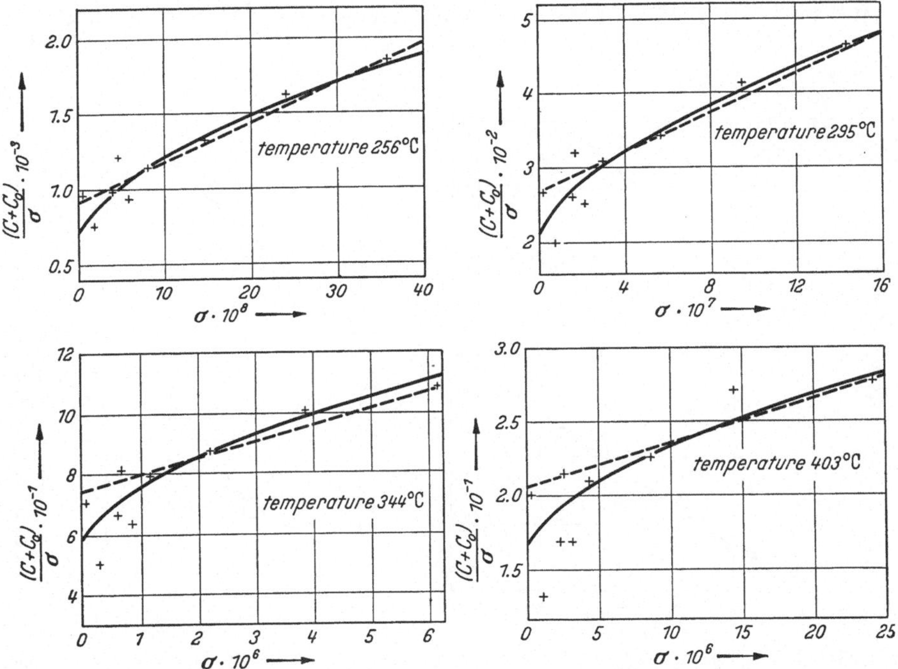

Fig. 34. The quantity $(c+c_0)/\sigma$ as a function of σ for the system $NaCl + CdCl_2$. [c = molar fraction of Cd^{2+} ions and σ is the ionic conductivity in $(\text{ohm cm})^{-1}$.] The dashed lines represent the function $L\sigma + F$ [Eq. (31.2)]. The full curves are calculated with inclusion of the long range COULOMB interactions between unassociated defects (Sect. 32).

radii of the Cd^{2+} and Ca^{2+} ions are so close (GOLDSCHMIDT's figures are 1.03 and 1.06 Å respectively). Isotherms for $NaCl + CaCl_2$ are shown in Fig. 35 and in contrast to $NaCl + CdCl_2$ appear linear (cf. Fig. 33). The magnitude of the conductivity for $NaCl + CaCl_2$ is only about half that of $NaCl + CdCl_2$ at the same temperature and concentration. This would indicate that the association energy of a Ca^{2+}-vacancy pair is stronger than that of a Cd^{2+}-vacancy pair, despite the opposite indications of Fig. 35.

There is further evidence for the existence of appreciable association in $NaCl + CaCl_2$. By dividing the measured conductivity σ by Nce (N = number of cations per unit volume) BEAN arrives at an apparent mobility μ_B. At high temperatures (specifically 550 to 680° C) he finds that this mobility can be represented by the formula

$$\mu_B = \frac{4600}{T} \exp\left(\frac{-9050}{T}\right). \tag{31.3}$$

The degree of association at these temperatures will be small[1] so that (31.3) is probably the true mobility of unassociated Na^+ vacancies. The pre-exponential

[1] The association energy ζ_1 necessary to explain the difference between the conductivity of $NaCl + CaCl_2$ and $NaCl + CdCl_2$ ($\zeta_1 = 0.24$), (Table 10) is ≈ 0.27 ev. At 600° C, $kT/\zeta_1 \approx 0.28$ so that the degree of association is less than 0.2 (cf. Fig. 29).

factor is of the order of magnitude to be expected on the basis of Sects. 16 and 17. On the other hand at lower temperatures (160 to 250° C) BEAN finds that his mobility is expressed by

$$\mu_B = \frac{6.3\times 10^5}{T}\exp\left(\frac{-11400}{T}\right). \tag{31.4}$$

The pre-exponential factor is abnormally large; it leads to a pre-exponential factor in the formula for the atomic jump frequency [Eq. (16.1)] of roughly $2\times 10^{16}\,\text{sec}^{-1}$, i.e. $\approx 10^4\nu$. This is probably because the degree of association is

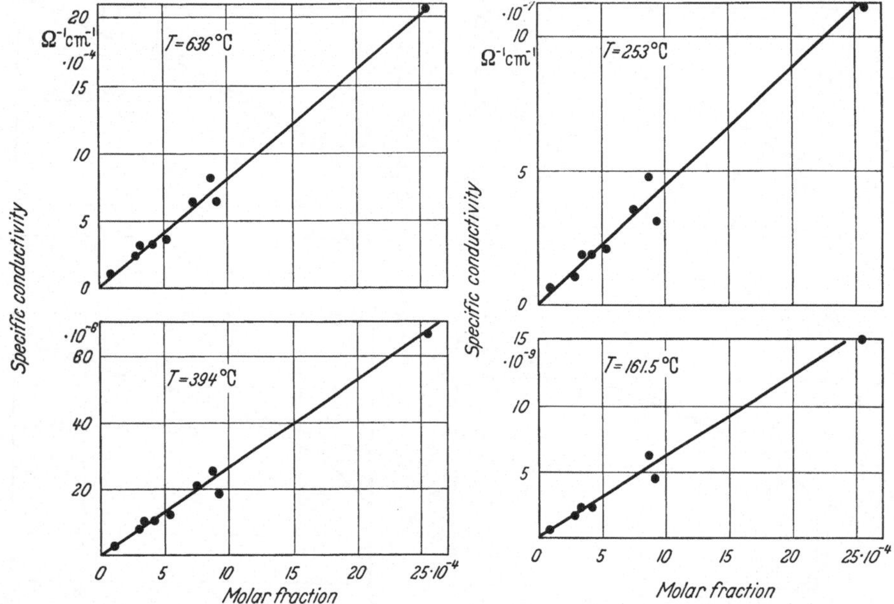

Fig. 35. The specific conductivity of NaCl + $CaCl_2$ as a function of the molar fraction of Ca^{2+} ions at four different temperatures as indicated. (After C. BEAN: Thesis, University of Illinois 1952.)

close to unity at these temperatures so that μ_B is equal to the true mobility multiplied by $(1-p)$. When $(1-p)$ is small Eq. (29.2) shows that

$$(1-p)\approx\frac{1}{\sqrt{12c}}\exp\left(-\zeta_1/2\mathbf{k}T\right).$$

The presence of such a factor in (31.4) explains the higher activation energy and the larger pre-exponential factor.

δ) Conclusion. A conclusion which one may draw from this section is that although there are systems whose conductivities show unmistakable evidence of association there exist others for which the evidence is less definite. This is largely because we rely on the curvature of the conductivity *vs.* concentration isotherms to disclose the association. This curvature may be masked by experimental errors as it is generally rather small. Also the results for AgBr + $CdBr_2$ (Fig. 31) show that Eq. (31.1) overestimates the curvature at high concentrations and that roughly linear isotherms can occur in the presence of appreciable association. In later sections we discuss more direct ways in which the presence of impurity-vacancy pairs can be detected, e.g. by diffusion measurements. However, for the moment we confine ourselves to ionic conductivity and in the next section take up the question of including the COULOMB interactions among the unassociated defects.

32. Inclusion of interactions among the unassociated impurity ions and defects-statistical thermodynamics. We have hitherto ignored the existence of COULOMB interactions among the unassociated defects, and have regarded the various unassociated defects and the neutral complexes as the components of an ideal mixture. Formally it is not difficult to remove this approximation, for it is well known that in non-ideal solutions the terms occurring in the mass action formulae are the activities, i.e. the molar concentrations multiplied by the corresponding activity coefficients, rather than the concentrations themselves. In place of Eqs. (30.1) and (30.2) we have

$$\frac{1}{x_1 x_2} = K_1 f_1 f_2, \tag{32.1}$$

and

$$\frac{x_k}{x_1(c - x_k)} = K_2 f_i f_1, \tag{32.2}$$

where f_1 and f_2 are the activity coefficients for (unassociated) defects of type 1 and 2, and f_i is the activity coefficient for the unassociated impurity ions. The complexes are electrically neutral and may be assumed not to interact with the other defects; hence there is no factor f for them.

The activity coefficients can be calculated by the methods of statistical mechanics once an appropriate model is available. In the present case our model is an electrolyte solution containing "ions" of charge $+q$ (unassociated impurity ions and type 2 defects) and "ions" of charge $-q$ (unassociated type 1 defects) dispersed in a medium of dielectric constant ε but unable to approach closer together than a distance R. This distance R is the separation below which we regard an impurity ion and a vacancy (type 1 defect) as associated. Unassociated "ions" cannot by definition be closer than R, so that this distance plays the part of the ionic diameter in electrolyte theories. The DEBYE-HÜCKEL theory of an electrolyte of ions of diameter R leads to the equations[1]

$$\log f_1 = \log f_2 = \log f_i = \frac{-q^2}{2\varepsilon \mathrm{k}T} \frac{\varkappa}{(1 + \varkappa R)}, \tag{32.3}$$

in which

$$\varkappa^2 = \frac{4\pi q^2 (x_1 + x_2 + c - x_k)}{v \varepsilon \mathrm{k}T} = \frac{8\pi q^2 x_1}{v \varepsilon \mathrm{k}T}, \tag{32.4}$$

where v is the volume per molecule of the pure salt and $\varkappa$ is the DEBYE-HÜCKEL screening constant. Insertion of (32.3) into Eqs. (32.1) and (32.2) gives,

$$\frac{1}{x_1 x_2} = K_1 \exp\left\{\frac{-q^2 \varkappa}{\varepsilon \mathrm{k}T (1 + \varkappa R)}\right\}, \tag{32.5}$$

$$\frac{x_k}{x_1(c - x_k)} = K_2 \exp\left\{\frac{-q^2 \varkappa}{\varepsilon \mathrm{k}T (1 + \varkappa R)}\right\}. \tag{32.6}$$

There is not space here to give a more detailed derivation of the above formulae. Indeed it would be out of place to do so since they are standard formulae in the theory of liquid electrolyte solutions and are discussed in the above references. On the other hand, Eqs. (32.5) and (32.6) are understandable when it is realized that $-q^2\varkappa/\varepsilon(1+\varkappa R)$ is the average potential energy of an unassociated ion or defect in its surrounding DEBYE-HÜCKEL charge cloud. The effective free energy

[1] See e.g. R. H. FOWLER and E. A. GUGGENHEIM: Statistical Thermodynamics, especially Chap. 9. Cambridge 1949. Alternatively see H. FALKENHAGEN, Electrolytes (Oxford 1934) or H. S. HARNED and B. B. OWEN, The Physical Chemistry of Electrolyte Solutions (New York 1950).

of dissociation of a complex is therefore reduced by this amount and the mass action constant contains a factor $\exp\left\{\frac{-q^2\varkappa}{\varepsilon kT(1+\varkappa R)}\right\}$.

Eqs. (32.4) to (32.6) together with the electroneutrality condition (30.3) are formally complete. Their solution is however made difficult by the presence of $\varkappa$, i.e. of x_1, in the exponential factors. However the importance of the correction factor may be seen from the example of AgBr. In AgBr, containing 0.22 Mol.-% $CdBr_2$ at 250° C, the concentration of Ag^+ vacancies (x_1) is 0.140%[1]. If we use the value 13.1 for the dielectric constant ε and if we take R to be the next nearest (cation) neighbour separation, then by Eq. (32.4) we find

$$\frac{q^2\varkappa}{\varepsilon(1+\varkappa R)} = 0.17 \text{ ev}.$$

Since the effective heat of association in this temperature range is only about 0.16 ev[2] it is clear that the correction for the COULOMB interactions may be very important. This effective value which TELTOW finds empirically will, of course, include the contribution -0.17 ev from the COULOMB interactions so that the true association energy may be about 0.3 ev. The COULOMB correction however depends on impurity concentration and temperature and is therefore qualitatively as well as quantitatively important.

For the further investigation of this point we have examined in detail the solution of Eq. (32.6) for a simple model[3]. The most important restriction which we make and the one least likely to be satisfied in practice is the assumption of purely COULOMBic interactions among the defects and impurity ions at all separations. Furthermore we shall assume that thermal disorder is negligible ($x_2 \ll x_1$) and that only nearest neighbour association need be considered. Since Eq. (32.6) must necessarily be solved numerically it must be solved separately for each type of lattice. We shall be concerned here only with a NaCl type lattice containing divalent impurity cations and cation vacancies. In such a system the impurity-vacancy complex has twelve distinct orientations and the distance of the impurity ion from the vacancy is $\sqrt{2}\,a$ where a is the normal anion-cation separation. For purely COULOMBic interactions this means that the association energy is,

$$\zeta_1 = \frac{e^2}{\sqrt{2}\,\varepsilon a} \equiv kT_0.$$

In terms of the degree of association $p \equiv x_k/c$, Eq. (32.6) can be rewritten

$$\frac{p}{(1-p)^2} = 12c\exp\left[\frac{T_0}{T} - \frac{2(2\pi\sqrt{2})^{\frac{1}{2}}(T_0/T)^{\frac{3}{2}}[(1-p)\,c]^{\frac{1}{2}}}{\{1+4(\pi\sqrt{2})^{\frac{1}{2}}[(1-p)\,c\,T_0/T]^{\frac{1}{2}}\}}\right]. \tag{32.7}$$

This equation may then be solved numerically for p as a function of c and T/T_0. Some results are shown in Figs. 28 and 29 in which the full lines represent the solutions of Eq. (32.7). Also shown are the results calculated with only the T_0/T term in the exponential (simple association theory of Sect. 29). It is seen that the effect of including the long range interactions is to accelerate the decay of p with increasing T and that this effect is more marked the greater the impurity concentration. Over a wide range of impurity concentration (0.01 Mol.-% to 1 Mol.-%) however, association is virtually complete when the temperature has dropped to $0.1\,T_0$. For association energies of a few tenths of an electron volt

[1] According to TELTOW who used the analysis described in Sect. 30 and 31.

[2] Footnote in J. TELTOW: Phil. Mag. **46**, 1026 (1955).

[3] A. B. LIDIARD: Phys. Rev. **94**, 29 (1954).

this will be roughly room temperature. This conclusion rests on the assumptions that the impurity remains in solid solution and that the vacancies are sufficiently mobile for thermodynamic equilibrium to be attained.

The effects of the long range interactions will be relatively more important in systems in which the association energy is less than is given by the formula $e^2/\sqrt{2}\varepsilon a$ (probably the majority). For these the first term is reduced and the relative importance of the second term thereby increased; hence the decay of p with increasing T will be more marked than in Fig. 29.

33. Inclusion of interactions among the unassociated impurity ions and defects-mobilities and conductivity. The COULOMB interactions have an effect upon defect mobilities as well as on the degree of association. The existence of a DEBYE-HÜCKEL charge cloud around a defect reduces its mobility since the central defect and its oppositely charged "atmosphere" are pulled in different directions by an electric field. The equations which describe this effect can be taken from the theory of liquid electrolyte solutions. Unfortunately these equations are very complicated except in the special case where there are only two types of "ion". In general a salt AB containing CB_2 will contain three types of "ion", namely unassociated type 1 and type 2 defects and unassociated impurity ions. Even though unassociated impurity ions have zero mobility[1] the general equations are still very complicated and for practical purposes we are restricted to two limiting cases, (1) no impurity present and (2) large impurity concentration relative to the thermal disorder. We shall confine ourselves to the second of these. This case is of practical interest since in the alkali halides the thermal disorder is generally small compared with the amount of impurity which can be introduced.

ONSAGER'S[2] theory of a binary electrolyte solution shows that the mobility of an ion is equal to the product of the limiting mobility which it would have in the absence of interactions multiplied by a factor

$$g_0 = 1 - \frac{e^2 \varkappa}{3\varepsilon \mathrm{k} T (2 + \sqrt{2})}, \tag{33.1}$$

which expresses the hindrance by the DEBYE-HÜCKEL charge cloud. An important feature of this result is the dependence on $x_1^{\frac{1}{2}}$ [Eq. (32.4)]. ONSAGER'S theory was developed for a solution of ions of zero size, whereas to be consistent with the previous section we should use the results for a solution of ions of diameter R. Recently PITTS[3] has developed the theory of electrolytic conductance for ions of non-zero size and obtained an infinite series for the correction factor g. The first two terms of this series give the analogue of (33.1) for ions which cannot approach closer than R; thus,

$$g = 1 - \frac{e^2 \varkappa}{3\varepsilon \mathrm{k} T (\sqrt{2} + 1)(1 + \varkappa R)(\sqrt{2} + \varkappa R)}. \tag{33.2}$$

A rather different expression has been developed by FALKENHAGEN, LEIST and KELBG[4] starting from different assumptions. In the present application only (33.2) has been employed.

---

[1] Unless an impurity ion may occupy interstitial as well as normal lattice positions it is only able to move when there is a vacancy next to it. In other words at any instant only the *associated* ions are mobile, but since the equilibrium existing in the numbers of associated and unassociated impurity ions is a dynamical equilibrium, every impurity ion every so often gets a chance to move. The unassociated ions must therefore be included in the DEBYE-HÜCKEL atmosphere although they make no contribution to the conductivity.

[2] L. ONSAGER: Phys. Z. **28**, 286 (1927).

[3] E. PITTS: Proc. Roy. Soc. Lond., Ser. A **217**, 43 (1953).

[4] H. FALKENHAGEN, M. LEIST and G. KELBG: Ann. Phys., Lpz. **11**, 51 (1952).

Detailed results have been obtained for the special model described in the last section, namely a NaCl type system containing divalent impurity cations and cation vacancies which interact according to COULOMB's law at all distances. The conductivity is

$$\sigma = \left(\frac{\mu e}{2a^3}\right) c(1-p)\left[1 - \frac{2(2\pi\sqrt{2})^{\frac{1}{2}}}{3(\sqrt{2}+1)} \cdot \frac{c^{\frac{1}{2}}(1-p)^{\frac{1}{2}}(T_0/T)^{\frac{3}{2}}}{(1+2\varkappa a)(\sqrt{2}+2\varkappa a)}\right], \tag{33.3}$$

in which

$$2\varkappa a = 4(\pi\sqrt{2})^{\frac{1}{2}} c^{\frac{1}{2}}(1-p)^{\frac{1}{2}}(T_0/T)^{\frac{1}{2}}, \tag{33.4}$$

and μ is the mobility of the cation vacancies. In Sect. 31 we pointed out that the STASIW-TELTOW association equations for such a model require (c/σ) to depend linearly on σ. More precisely, they require a plot of $(c/\alpha\sigma)$ *vs.* $\alpha\sigma$ where $\alpha = (2a^3/\mu e)$, to be a straight line of gradient $12\exp(T_0/T)$ which intersects the $(c/\alpha\sigma)$-axis at $(c/\alpha\sigma) = 1$. The extent to which σ calculated from Eq. (33.3) departs from this prediction is shown in Fig. 36, which covers the concentration range up to $c \approx 10^{-3}$. The full curves give $(c/\alpha\sigma)$ as calculated from Eq. (33.3) for two temperatures 0.1 T_0 and 0.2 T_0. The dashed lines are obtained from the simple association theory, i.e. in (33.3) p is obtained from (29.2) and the factor in square brackets is put equal to unity. We observe that the accurate $(c/\alpha\sigma)$ *vs.* $(\alpha\sigma)$ curves are never straight and that their slope bears no simple relation to $\exp(T_0/T)$. The curvature of these lines increases as c decreases; in fact as c and thus σ tend to zero the gradient $d(c/\alpha\sigma)/d(\alpha\sigma)$ diverges as $c^{-\frac{1}{2}}$. This divergence arises from the term $c^{\frac{1}{2}}$ in the mobility factor g.

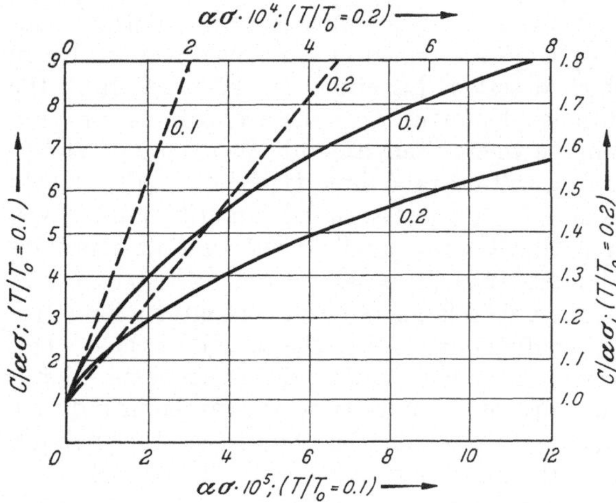

Fig. 36. Curves of $c/\alpha\sigma$ against $\alpha\sigma$ showing the difference between the STASIW-TELTOW association theory (dashed lines) and the theory presented in Sects. 32 and 33. The numbers on the curves are the corresponding values of T/T_0.

There is a general similarity between the theoretical curves in Fig. 36 and the trend of the experimental points for NaCl+$CdCl_2$ plotted in Fig. 34. Even though we do not expect the present simplified model to be correct in detail, values of T_0 and μ may be obtained so that the experimental results are fitted. We have found a mean value of 3900° K for T_0, corresponding to an energy of association of 0.34 ev. The mobility may be represented by the equation

$$\mu = \frac{21\,200}{T}\exp\left(\frac{-9750}{T}\right)\text{cm}^2/\text{volt sec.} \tag{33.5}$$

(for Na^+ vacancies in NaCl). The full curves plotted in Fig. 34 have been obtained using these results.

The figure for the association energy is larger than found by the STASIW-TELTOW analysis (Table 10). This agrees with the fact that the electrostatic interactions among the unassociated impurity ions and vacancies reduce the degree of association so that to obtain the same degree of association in an analysis which neglects these interactions a smaller free energy of association is required.

34. Summary. The conductivity of a crystal containing impurity ions shows a slight dependence on the specific nature of the impurity, in addition to a very much larger dependence on the charge. In this part we have described the theory which explains this specific dependence in terms of the attraction between impurity ions and vacancies. Detailed calculations of association energies for divalent cations in NaCl and KCl do indeed show a dependence on properties of the impurity ion other than its charge. In Table 11 we give the results obtained by BASSANI and FUMI [*24*] using the lattice theory described in Sects. 11 to 13. Although the result for Cd^{2+} in NaCl is in fairly good agreement with the figure 0.34 ev which we have inferred from ETZEL and MAURER's conductivity data [*27*] these calculations fail to bring out the difference in behaviour of NaCl + $CaCl_2$ and NaCl + $CdCl_2$. However the required difference in association energy may be comparable with the uncertainties in the calculation.

Table 11.

	Cd^{2+}	Ca^{2+}	Sr^{2+}
NaCl	0.38 ev	0.38 ev	0.45 ev
KCl	0.32 ev	0.32 ev	0.39 ev

Ionic conductivity measurements as a method of studying association phenomena have the disadvantage that they rely on the (slight) *curvature* of the conductivity isotherms for quantitative information. In the next part we review the more direct information provided by measurements of dielectric loss.

V. Alternating current phenomena.

35. Introduction. In this part our attention will be divided between two alternating current effects. The first and more fundamental of these is the dielectric loss resulting from the re-orientation of the impurity-vacancy pairs under the action of an applied field. Consider for example a complex formed from a Cd^{2+} ion and a Ag^{+} vacancy in AgBr. Under the influence of thermal vibrations this complex will be perpetually jumping from one orientation to another, either by direct exchanges of the Cd^{2+} ion with the vacancy (frequency w_2) or by jumps of the vacancy from one nearest neighbour position to another (frequency w_1). The complex however is an electric dipole so that an external field will increase or decrease the rates at which these jumps occur according as they lead to a decrease or an increase of energy. Under these conditions the complexes will contribute to the dielectric loss, $\tan\delta$, a term having the characteristic DEBYE dependence on frequency, i.e. as $\omega\tau/(1+\omega^2\tau^2)$, where τ is a relaxation time which may be expressed in terms of the jump frequencies w_1 and w_2 (Sect. 37). The free vacancies and interstitials will also contribute to $\tan\delta$ (a term $4\pi\sigma/\varepsilon\omega$) but the frequency dependence of the two contributions is quite different and they may therefore be separated. Dielectric loss measurements are thus of great importance in the study of association.

The second half of this part V is concerned with polarisation phenomena. We have assumed up to now that the conductivity of an ionic conductor has a perfectly definite value, in other words that OHM's law is obeyed. Theoretically we expect this to be so [Eq. (17.1)] as long as there is no impediment hindering the current carriers from discharging when they reach the electrodes. However it has been known for many years that this condition is often not satisfied and that the current through a crystal in a constant (d.c.) field is often a decreasing function of time. The current carriers are unable to discharge as fast as they arrive at the electrodes; the crystal becomes polarised and the approach of further carriers is hindered; in other words a "back-e.m.f." is developed [*28*], [*29*]. This is zero at the instant the field is first applied but increases rapidly towards a limiting value which depends on the strength of the field. Experiments to determine the true conductivity are therefore generally designed to measure the initial current. This may be obtained most simply by applying a steady field, measuring the current as a function of time and then extrapolating the current *vs.* time curve back to the instant when the field was first applied. However, since the current decays very rapidly, this extrapolation may lead to rather uncertain results, and it is more usual to make use of alternating current methods. At high frequencies polarisation effects are negligible, since the charge carriers have insufficient time to build up an appreciable back-e.m.f. Typically, measurements may be made at a frequency of 5 kc. However if the apparent conductivity alters appreciably in dropping to, say, 1 kc a higher frequency is employed until there is no longer a dependence of conductivity on frequency. In the second half of this part we shall describe the theory of these effects given by FRIAUF [*30*] and by MACDONALD [*31*].

a) Dielectric loss due to complexes.

36. Experimental demonstration of the effect. We have already mentioned that the dielectric loss of the complexes depends on frequency ω as $\omega\tau/(1+\omega^2\tau^2)$. The relative loss plotted against $\omega\tau$ on a logarithmic scale is shown in Fig. 37. The relaxation time τ is simply related to the jump frequencies w_1 and w_2 and it depends on temperature through a factor $\exp(U/kT)$. The dielectric loss can therefore be studied conveniently as a function of T at fixed ω or, if a sufficient range of frequencies is available, as a function of ω at fixed temperature. The losses in AgBr containing $CdBr_2$ have been measured by TELTOW and WILKE[1] at a fixed frequency of 800 cycles/sec and for temperatures between -170 and $-80°$ C. Their results are shown in Fig. 38. The dielectric loss due to the complexes is seen superposed upon the loss caused by the conductivity (contribution $4\pi\sigma/\varepsilon\omega$). The magnitude of this additional loss is proportional to the Cd^{2+} concentration, indicating that the degree of association is close to unity at these temperatures.

Fig. 37.

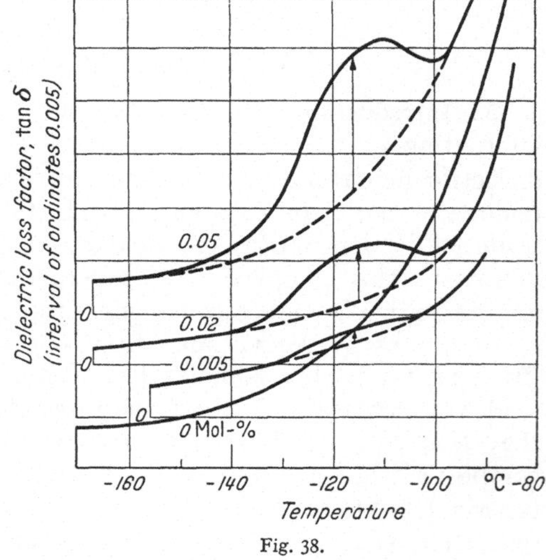

Fig. 38.

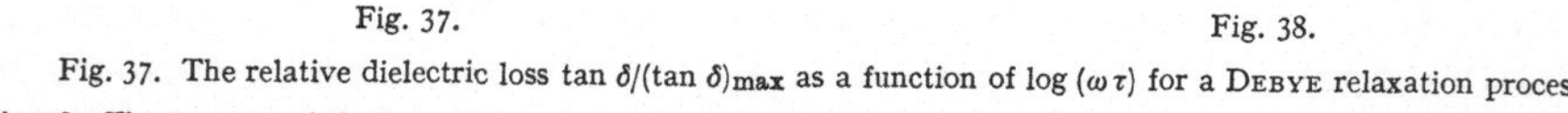
Fig. 37. The relative dielectric loss $\tan\delta/(\tan\delta)_{max}$ as a function of $\log(\omega\tau)$ for a DEBYE relaxation process.

Fig. 38. The tangent of the loss angle, $\tan\delta$, of AgBr containing $CdBr_2$ as a function of temperature. The numbers on the curves are the corresponding molar percentages of $CdBr_2$. For clarity the origin of ordinates is different for each curve—as indicated. The hump due to the $Cd^{2+}-Ag^{+}$ vacancy complexes is clearly demonstrated.

[1] J. TELTOW and G. WILKE: Naturwiss. **41**, 423 (1954).

The first measurements of dielectric loss made with a view to detecting the presence of impurity-vacancy pairs, and also anion vacancy-cation vacancy pairs, were carried out by BRECKENRIDGE[1] who obtained results similar to those shown in Fig. 38 for a wide range of other substances. Some of BRECKENRIDGE'S effects and some of his inferences are not however well supported. In fact, the very existence of dielectric loss peaks was disputed for a time[2] by BURSTEIN and co-workers although they have since reported the observation of additional losses in KCl containing Sr^{2+} and Pb^{2+} ions[3]. These workers measured $\tan\delta$ as a function of T at fixed frequency. One maximum was found in each case. In $KCl + SrCl_2$ it occurred at 117° C for a frequency of 10^4 cycles/sec. At lower frequencies the maximum occurred at lower temperatures, in the way to be expected if τ is proportional to $\exp(U/\mathbf{k}T)$.

The dielectric loss in crystals of NaCl containing known amounts of Ca^{2+} and Mn^{2+} ions has been studied as a function of frequency at fixed temperature by HAVEN and by JACOBS[4]. An additional dielectric loss was again discovered. Although only one peak was evident in HAVEN'S results, this was about one and a half times wider than the DEBYE formula predicts (Fig. 37). This may indicate the existence of more than one relaxation time τ. JACOBS' results may also be used to support such a view although the evidence is at present very incomplete.

MIENNEL[5] has studied the dielectric loss in NaCl crystals to which Na_2SO_4 had been added, and has obtained results similar to those of HAVEN. The additional loss is presumably due to re-orientation of $(SO_4)^{2-}$-anion vacancy complexes (the activation energy U was found to be ≈ 1 ev compared with the value 0.6 ev controlling the re-orientation of Ca^{2+}-cation vacancy pairs).

Summarising, we can say that the existence of dielectric relaxation effects coming from impurity-vacancy dipoles is strongly suggested by the experimental results. In the next section we discuss the theory of the STASIW-TELTOW association model subjected to an alternating field, and proceed to a quantitative comparison between theory and experiment. The existence of relaxation effects coming from anion vacancy-cation vacancy pairs as suggested by BRECKENRIDGE cannot be regarded as well substantiated and will not be discussed in any further detail.

37. Alternating current conductivity and dielectric loss of the association model. In this section we present an analysis of the behaviour of a NaCl-type crystal containing divalent impurity cations. It is on such systems that most of the experimental work has been performed. We discuss separately the contributions of the unassociated vacancies and of the complexes.

α) Unassociated defects. We calculate the current density j flowing through the crystal under the action of a field E. If we use a complex representation for both j and E, the complex dielectric constant will then be found from

$$j = \frac{i\omega}{4\pi}(\varepsilon' + i\varepsilon'')\, E_0 \exp(i\omega t), \tag{37.1}$$

[1] R. G. BRECKENRIDGE: J. Chem. Phys. **16**, 959 (1948); **18**, 913 (1950). — Imperfections in Nearly Perfect Crystals, p. 219. New York 1952.

[2] B. W. HENVIS, J. W. DAVISSON and E. BURSTEIN: Phys. Rev. **82**, 774 (1951).

[3] E. BURSTEIN, J. W. DAVISSON and N. SCLAR: Phys. Rev. **96**, 819 (1954).

[4] Y. HAVEN: J. Chem. Phys. **21**, 171 (1953). — Report of the Conference on Defects in Crystalline Solids held at Bristol in July 1954, p. 261. — G. JACOBS: Naturwiss. **42**, 575 (1955).

[5] J. MIENNEL: Report of the Conference on Defects in Crystalline Solids held at Bristol in July 1954, p. 428.

where we have put $E = E_0 \exp(i\omega t)$. The loss angle δ is given by

$$\tan\delta = \frac{\varepsilon''}{\varepsilon'},$$

or, since the contribution of the defects to j is small by comparison with the displacement current so that $\varepsilon' \approx \varepsilon$, we can write

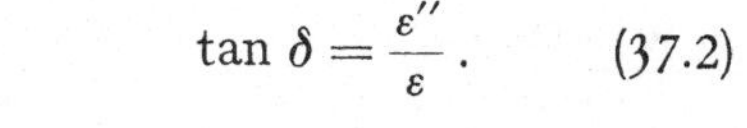

$$\tan\delta = \frac{\varepsilon''}{\varepsilon}. \tag{37.2}$$

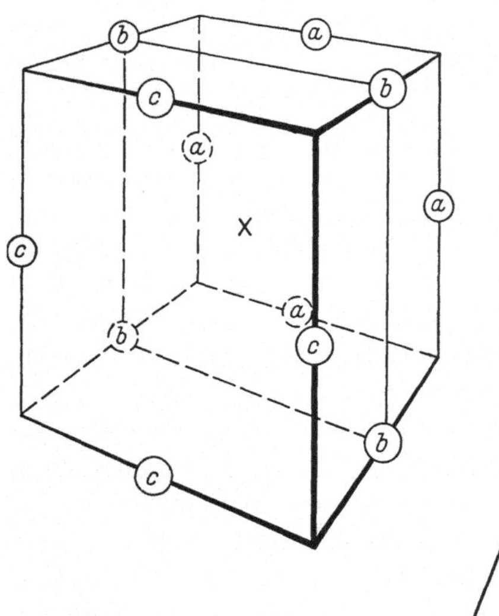

Fig. 39. The twelve nearest cation neighbours to an impurity ion in NaCl. If the impurity is part of a complex, one of these twelve sites will be vacant. The energy of a complex depends on its orientation when an electric field is present, but if this is parallel to one of the cube edges only three different energies are possible (*a*, *b* and *c*). This is the situation assumed in the text. Owing to the cubic symmetry the final results are independent of the direction assumed for the electric field.

We can therefore treat the contributions of the unassociated and the associated defects to $\tan\delta$ as additive.

That part of the current density not due to the dipolar complexes is

$$\left.\begin{aligned} j_u &= \sigma E_0 \exp(i\omega t) - \\ &- \frac{i\omega\varepsilon E_0}{4\pi}\exp(i\omega t), \end{aligned}\right\} \tag{37.3}$$

in which the second term is the displacement current. The contribution of the unassociated defects to the dielectric loss factor is by (37.1) to (37.3)

$$[\tan\delta]_u = \frac{4\pi\sigma}{\varepsilon\omega}. \tag{37.4}$$

The only frequency-dependent term in σ is a DEBYE-HÜCKEL relaxation factor[1], analogous to g (Sect. 33). For all practical purposes however the frequency dependence introduced by this factor is negligible by comparison with that due to ω in the denominator of (37.4). At frequencies high enough for the period $2\pi/\omega$ to be small compared with the characteristic relaxation time of the DEBYE-HÜCKEL cloud, the relaxation factor in σ is unity. At low frequencies it has the d.c. value g, used in Sect. 33. The overall variation in relaxation factor when ω varies by several orders of magnitude is thus only about a factor of two. A plot of $\log[\tan\delta]_u$ *vs.* $\log\omega$ should thus be a straight line with gradient -1, as is observed[2].

β) Impurity-vacancy complexes. The calculation of the contribution of the complexes, $[\tan\delta]_c$, requires a more detailed discussion of the elementary jump processes than $[\tan\delta]_u$. In Fig. 39 we show the twelve nearest neighbouring positions to an impurity ion in a NaCl-type lattice. At a given instant any one of these may be occupied by a vacancy, i.e. by the negative end of the dipolar complex. If, as shown, the field E is parallel to one of the cube edges, three at most of these orientations are inequivalent. Thus all four positions (a) have an energy $+eaE$, all four positions (b) have an energy 0 and all four positions (c) have an energy $-eaE$ (a = anion-cation separation). The field E will not in-

[1] See e.g. H. FALKENHAGEN: Electrolytes. Oxford 1934.
[2] G. JACOBS: Naturwiss. **42**, 575 (1955).

fluence the rate at which the dipoles jump from one position to another equivalent one. We do not therefore need to consider such transitions.

To discuss the other transitions we proceed as follows. We let n_a, n_b and n_c be the numbers of complexes per unit volume with (respectively) a, b and c-orientation. We also let w_1 be the field-free probability per unit time that a vacancy will jump from one attached position to another (particular) attached position. As we have seen in Sect. 17 the presence of a field $\boldsymbol{E}$ alters this probability to $w_1 \exp(e\boldsymbol{r}\cdot\boldsymbol{E}/\mathrm{k}T)$, where $\boldsymbol{r}$ is the vector joining the initial position of the jumping ion to the saddle point for the transition. The corresponding jump frequency for exchange of positions between the impurity and its attached vacancy is $w_2 \exp(2e\boldsymbol{r}\cdot\boldsymbol{E}/\mathrm{k}T)$. We shall only be interested in fields small enough for the exponential factors to be replaced by the first two terms of their series. The equations for the time rates of change of n_a, n_b and n_c are thus

$$\left.\begin{aligned}\frac{dn_a}{dt} = &-2n_a w_1\left(1+\frac{aeE}{2\mathrm{k}T}\right)+2n_b w_1\left(1-\frac{aeE}{2\mathrm{k}T}\right)-\\ &-n_a w_2\left(1+\frac{aeE}{\mathrm{k}T}\right)+n_c w_2\left(1-\frac{aeE}{\mathrm{k}T}\right),\end{aligned}\right\}\tag{37.5}$$

$$\frac{dn_b}{dt} = 2n_a w_1\left(1+\frac{aeE}{2\mathrm{k}T}\right)-4n_b w_1+2n_c w_1\left(1-\frac{aeE}{2\mathrm{k}T}\right),\tag{37.6}$$

and

$$\left.\begin{aligned}\frac{dn_c}{dt} = &\,2n_b w_1\left(1+\frac{aeE}{2\mathrm{k}T}\right)-2n_c w_1\left(1-\frac{aeE}{2\mathrm{k}T}\right)-\\ &-n_c w_2\left(1-\frac{aeE}{\mathrm{k}T}\right)+n_a w_2\left(1-\frac{aeE}{\mathrm{k}T}\right).\end{aligned}\right\}\tag{37.7}$$

The various terms in (37.5) to (37.7) arise as follows. Every dipole of group (a) can jump backwards to either of two (b) positions (w_1), and every dipole of group (c) can jump forwards to either of two (b) positions (w_1). Conversely, every dipole of group (b) can jump backwards to two (c) positions or forwards to two (a) positions (w_1). Direct exchanges between groups (a) and (c) occur when the impurity and its attached vacancy change places (w_2).

When E varies harmonically with time,

$$E = E_0 \exp(i\omega t),$$

the steady state solutions of (37.5) to (37.7) to the first order in E_0 are,

$$n_a = \frac{1}{3}N_i p - E_0 \exp(i\omega t)\left[\frac{aeN_i p}{3\mathrm{k}T}\,\frac{2(w_1+w_2)}{2(w_1+w_2)+i\omega}\right],\tag{37.8}$$

$$n_b = \frac{1}{3}N_i p,\tag{37.9}$$

$$n_c = \frac{1}{3}N_i p + E_0 \exp(i\omega t)\left[\frac{aeN_i p}{3\mathrm{k}T}\,\frac{2(w_1+w_2)}{2(w_1+w_2)+i\omega}\right],\tag{37.10}$$

where N_i is the total number of impurity ions per unit volume and p is the degree of association. The polarisation, or moment per unit volume, due to the complexes is therefore

$$P = P_0 \exp(i\omega t) = \frac{2a^2e^2N_i p E_0 \exp(i\omega t)}{3\mathrm{k}T\left(1+\dfrac{i\omega}{2(w_1+w_2)}\right)}.\tag{37.11}$$

The corresponding current density is

$$j_c = \frac{dP}{dt} = \frac{2a^2 e^2 N_i p E_0 \exp(i\omega t)}{3kT}\left[\frac{i\omega}{1+\frac{1}{2}\frac{i\omega}{w_1+w_2}}\right]. \tag{37.12}$$

By (37.1) and (37.2) it follows that the contribution of the complexes to the dielectric loss factor is

$$\left.\begin{aligned}[\tan\delta]_c &= \frac{8\pi a^2 e^2 N_i p}{3\varepsilon kT}\left[\frac{\frac{\omega}{2(w_1+w_2)}}{1+\frac{\omega^2}{4(w_1+w_2)^2}}\right],\\ &= \frac{8\pi a^2 e^2 N_i p}{3\varepsilon kT}\left[\frac{\omega\tau}{1+\omega^2\tau^2}\right].\end{aligned}\right\} \tag{37.13}$$

The impurity-vacancy pairs thus give rise to a DEBYE type loss characterised by a relaxation time $\tau = \frac{1}{2(w_1+w_2)}$. Attention should be drawn to the fact that the two distinct jumps available to a bound vacancy (w_1 and w_2) combine together to give only a single relaxation time.

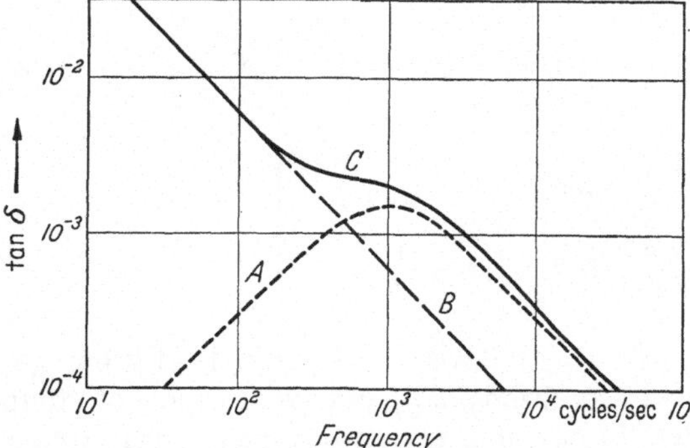

Fig. 40. Schematic diagram showing the dielectric loss factor tan δ as a function of frequency. Curve A represents the losses coming from the dipoles, curve B the losses due to conductivity and curve C the total.

γ) Comments on the result (37.13). Eq. (37.13) shows that $[\tan\delta]_c$ is proportional to ω at low frequencies so that a plot of $\log[\tan\delta]_c$ *vs.* $\log\omega$ will be a straight line of gradient +1. On the other hand at high frequencies ($\omega\tau \gg 1$) the line $\log[\tan\delta]_c$ *vs.* $\log\omega$ will have a gradient of −1. This is shown schematically by curve *A* in Fig. 40. The losses due to the conductivity are also shown [Eq. (37.4)].

Experimentally it may be more convenient to study $\tan\delta$ as a function of T at fixed frequency. The exponential dependence of τ on T means that the region of large $[\tan\delta]_c$ is associated with quite a narrow range of temperature. The loss due to the complexes then stands out as an anomalous hump on the $\tan\delta$ *vs.* T curve (Fig. 38). The half-width of this hump can be estimated as follows.

The expression (37.13) is a maximum when $\omega\tau$ is unity and is equal to half its maximum value at $\omega\tau = (2 \pm \sqrt{3})$. In general, either w_1 or w_2 will dominate the expression for τ so that we may write

$$\tau^{-1} = \lambda \exp(-U/kT),$$

whence the temperature at which the complexes make their greatest contribution is

$$T_{\max} = \frac{U}{k\log\frac{\lambda}{\omega}}.$$

Likewise the temperature half-width is

$$\Delta T = \frac{U}{k}\left[\frac{1}{\log\{(2-\sqrt{3})\lambda/\omega\}} - \frac{1}{\log\{(2+\sqrt{3})\lambda/\omega\}}\right], \tag{37.14}$$

or, since $\log(\lambda/\omega) \gg 1$,

$$\Delta T = 2.63\, T_{max}/\log(\lambda/\omega). \qquad (37.15)$$

The quantity λ contains the vibration frequency of the ions and the entropy of activation Δs (Sect. 15) and is typically about 10^{14} sec^{-1}. For a frequency $\omega = 10^3$ radians per sec

$$\Delta T \sim T_{max}/10. \qquad (37.16)$$

For maxima occurring in the range 0 to 100° C we would therefore expect a half-width of from 30 to 40°.

38. Quantitative comparison of theory and experiment. We have already shown the results of TELTOW and WILKE in Fig. 38. The dielectric loss peaks due to the $Cd^{2+} - Ag^+$ vacancy pairs are seen to be about 20° C wide. This is somewhat larger than we should expect on the basis of Eq. (37.16), namely 15°; the discrepancy may indicate that the entropy of activation is small, since λ would then be $\sim 10^{12}$ rather than $\sim 10^{14}$ whence $\Delta T \sim 20°$.

The height of the loss peak is proportional to the Cd^{2+} concentration, which suggests that association is practically complete at these temperatures. This is consistent with TELTOW's conductivity results [*26*] and with conclusions drawn from nuclear resonance experiments by COHEN and REIF[1].

The concentration of complexes should therefore be practically equal to the total impurity concentration, and by (37.13) the maximum loss should be

$$[\tan\delta]_c = 2\pi e^2 c/3\varepsilon a \mathrm{k} T \quad \text{(maximum)}. \qquad (38.1)$$

For AgBr containing 0.05 Mol-% of $CdBr_2$ at 160° K (38.1) is equal to 0.03 whereas the experimental value is 0.013, i.e. two and a half times smaller.

The reason for this discrepancy is rather uncertain at the present time. It seems unlikely that the degree of association is only 0.3 or 0.4 at these low temperatures, especially in view of the proportionality of the loss peak to the impurity concentration. Precipitation of the $CdBr_2$ as colloidal particles in the manner described in Sect. 26 would lead to a concentration of pairs independent of c.

HAVEN found somewhat similar features in his results on NaCl containing Ca^{2+} and Mn^{2+} ions[2]. Some of his results are shown in Fig. 41 which is a plot of $\log\tan\delta$ against $\log\omega$ at 110° C. HAVEN estimated the concentration of complexes by using formula (38.1). He also obtained the concentration of free vacancies, from their known mobility and from the conductivity, i.e. $\tan\delta$ at low frequencies [Eq. (37.4)]. If the simple association picture is correct, these two concentrations should add up to the known impurity concentration. In fact their sum was substantially less (about a third). Since there are very few free vacancies at the temperature of these experiments this conclusion remains true for all reasonable values of the mobility. It suggests, like the results on AgBr, that there is appreciable formation of higher aggregates in impure systems at low temperatures. BURSTEIN and co-workers[3] have suggested the formation of such aggregates to explain the optical properties of NaCl containing $PbCl_2$.

The lack of agreement between theory and experiment may also be due to the use of an oversimplified model, for we only discussed impurity-vacancy pairs

---

[1] M. H. COHEN and F. REIF: Report of the Conference on Defects in Crystalline Solids held at Bristol in July 1954, p. 44. — F. REIF: Phys. Rev. **100**, 1597 (1955).

[2] Y. HAVEN: J. Chem. Phys. **21**, 171. — Report of the Conference on Defects in Crystalline Solids held at Bristol in July 1954, p. 261.

[3] E. BURSTEIN, J. J. OBERLY, B. W. HENVIS and J. W. DAVISSON: Phys. Rev. **81**, 459 (1951).

at the nearest neighbour separation. If we consider what happens after an associated vacancy has jumped away from the impurity ion to a new position which is not a nearest neighbour, we see that there are two extreme possibilities. Firstly, there may be a strong attraction of the vacancy to the impurity, which will cause the vacancy to return to a nearest neighbour position after only a few jumps. Under these conditions the loss factor will be increased beyond the value (37.13)[1].

At the other extreme the vacancy may be only loosely bound, so that it has an appreciable chance of wandering off to remote separations. If we assume, as a rough approximation, that the distribution of vacancies is random, except at positions which are nearest neighbours to impurities, then, in place of (37.13), we find[2],

$$\left.\begin{aligned}[\tan\delta]_c &= \frac{8\pi a^2 e^2 N_i p}{3\varepsilon kT}\times\\ &\times\left(\frac{2w_1+2w_2-3k_1}{2w_1+2w_2+7k_1}\right)^2\times\\ &\times\left[\frac{\omega\tau}{1+\omega^2\tau^2}\right],\end{aligned}\right\}\tag{38.2}$$

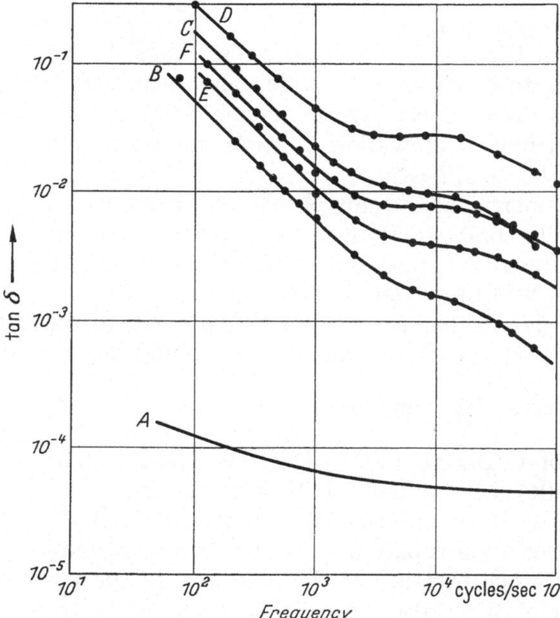

Fig. 41. The dielectric loss in NaCl containing Ca^{2+} or Mn^{2+} ions at 110° C. A = very pure NaCl; B = NaCl slightly contaminated (0.003 Mol-%; divalent ions); C = 0.03 Mol-% Ca^{2+}; D = 0.14 Mol-% Ca^{2+}; E = 0.008 Mol-% Mn^{2+}; F = 0.014 Mol-% Mn^{2+}. (Compare Fig. 40.)

where $7k_1$ is the probability per unit time that a pair will dissociate and $\tau=(2w_1+2w_2+7k_1)^{-1}$. The mean lifetime of an associated pair is $\lambda=(7k_1)^{-1}$, so that the additional factor in the loss is $(1-10\tau/7\lambda)^2$. It is possible that the complexes in both the $AgBr+CdBr_2$ and $NaCl+CaCl_2$ systems are loosely bound and that such a factor explains the divergence between theory and experiment. It may also be noted that the low frequency conductivity σ contains a term proportional to the concentration of complexes, namely

$$\frac{40\,a^2 e^2 k_1(w_1+w_2+k_1)}{3kT\,(w_1+w_2+7k_1/2)}\,N_i p\,.$$

The occurrence of such a term will reduce the curvature of the σ *vs.* c isotherms from the value required by the STASIW-TELTOW theory [*25*]—as is indeed the case for $AgBr+CdBr_2$ and $NaCl+CaCl_2$ (Sect. 31). Further speculation at this stage is, however, of little value.

b) Polarisation effects in ionic conductivity.

39. Theory and experiment. We have previously discussed the ionic conductivity of crystals on the assumption that this conductivity was an inherent property of the crystal specimen under consideration and that its measured value was

[1] See A. B. LIDIARD: Report of the Conference on Defects in Crystalline Solids held at Bristol in July 1954, p. 283.

[2] For the basis of this calculation see A. B. LIDIARD: Phil. Mag. **46**, 1218 (1955).

independent of the electrodes applied to the crystal. When the current carriers are unable to discharge easily (i.e. when the electrodes are "blocking"), they may pile up at the electrodes and by repelling the approach of further carriers lead to a decrease in the apparent conductivity. These time dependent effects, which are characteristic of the crystal-electrode contact and not of the bulk crystal, may be avoided by the use of pulsed currents (d.c.) or by using alternating current techniques at high frequencies. Under these conditions there is insufficient time for space charges to build up and the measured conductivity is the true conductivity. At lower frequencies however the system will no longer behave as a pure resistance but will show capacity effects as well. It is obvious that the capacity arises directly from the inability of the carriers to discharge on arrival at the electrodes and the additional resistance because other carriers are repelled by the space charge. The equivalent capacity and resistance are combined in parallel. In this section we shall briefly recount the theory of these effects as developed for the case of AgBr by FRIAUF [*30*].

We shall suppose that there are only two types of current carriers (which in equilibrium are present in equal numbers n_0 per unit volume), one transporting positive charge ($+e$) and the other transporting negative charge ($-e$). We denote their mobilities by μ_2 and μ_1 respectively. There will be diffusion coefficients of the carriers D_2 and D_1 related to these mobilities by the EINSTEIN formula

$$\frac{\mu_1}{D_1} = \frac{e}{\mathrm{k}T} = \frac{\mu_2}{D_2}, \tag{39.1}$$

(cf. Sect. 40). For the case of plane parallel electrodes, the fundamental differential equations for the time and space dependence of the negative carrier concentration n_1 (particles per unit volume) and the positive carrier concentration n_2 are:

$$\frac{\partial n_1}{\partial t} = +\mu_1 \frac{\partial (n_1 E)}{\partial x} + D_1 \frac{\partial^2 n_1}{\partial x^2} + \Lambda (n_0^2 - n_1 n_2), \tag{39.2}$$

$$\frac{\partial n_2}{\partial t} = -\mu_2 \frac{\partial (n_2 E)}{\partial x} + D_2 \frac{\partial^2 n_2}{\partial x^2} + \Lambda (n_0^2 - n_1 n_2). \tag{39.3}$$

In these equations, E is the internal electric field strength, related to the net charge density by the MAXWELL equation

$$\frac{\partial E}{\partial x} = \frac{4\pi e}{\varepsilon} (n_2 - n_1). \tag{39.4}$$

The first terms on the right hand side of (39.2) and (39.3) give the rate of increase of local concentration due to motion of the carriers in the field E. The second terms give the increase due to diffusion as described by the usual diffusion equation. Lastly, the third terms give the net increase in local concentration due to formation and recombination of the charge carriers, as described by the bimolecular law. For FRENKEL defects the vacancy and interstitial may recombine with consequent mutual annihilation. SCHOTTKY defects combine to give neutral pairs.

The complete solution of Eqs. (39.2) to (39.4) is hindered by their non-linearity. Physically this implies that the current response to a sinusoidally varying potential across the electrodes, $V = V_0 + V_1 \exp(i\omega t)$, will contain harmonics of frequency 2ω, 3ω etc. in addition to the fundamental response of frequency ω.

However a linear solution of the form

$$\left.\begin{aligned} n_1(x,t) &= n_1^0(x) + n_1^1(x)\exp(i\omega t),\\ n_2(x,t) &= n_2^0(x) + n_2^1(x)\exp(i\omega t),\\ E(x,t) &= E^0(x) + E^1(x)\exp(i\omega t), \end{aligned}\right\} \tag{39.5}$$

will be acceptable as long as $eV_1/kT \ll 1$. The higher harmonics in the current response can be eliminated by using, for the detection of the null point with the a.c. bridge, an amplifier tuned to frequency $\omega/2\pi$.

FRIAUF further assumes that the static solution is given by $E^0(x)=0$ with $n_1^0(x)=n_2^0(x)=n_0$. This assumption is not strictly true since space charges will normally arise near the crystal surfaces whenever the separate energies of formation of the two complementary defects are different from one another[1].

This is probably the least satisfactory aspect of the theory since the thickness of the static space-charge layer may be comparable with the thickness of the polarisation layer when an alternating field is on. On the other hand this approximation has the advantage that it allows a solution of the fundamental equations to be obtained for all values of μ_1, μ_2 and Λ.

Thus (39.2) to (39.4), with use of this approximation and (39.5) become,

$$i\omega n_1^1 = \mu_1 n_0 \frac{dE^1}{dx} + D_1 \frac{d^2 n_1^1}{dx^2} - \Lambda n_0 (n_1^1 + n_2^1), \tag{39.6}$$

$$i\omega n_2^1 = -\mu_2 n_0 \frac{dE^1}{dx} + D_2 \frac{d^2 n_2^1}{dx^2} - \Lambda n_0 (n_1^1 + n_2^1), \tag{39.7}$$

$$\frac{dE^1}{dx} = \frac{4\pi e}{\varepsilon}(n_2^1 - n_1^1). \tag{39.8}$$

One of the boundary conditions which must be satisfied by the solution of these equations is

$$V_1 = \int_{-L}^{L} E^1(x)\,dx. \tag{39.9}$$

The other condition concerns the blocking of the carriers at the electrodes. If they are both completely blocked, then both currents i_1 and i_2 must be zero at $x=\pm L$. If only one carrier (say 1) is blocked, then $i_1(\pm L)=0$, but there will be no piling up of the unblocked carrier. In practice the discharge of the current carriers, i.e. the removal of the defects from the crystal at the electrodes, may be a thermally activated process so that partial blocking occurs. FRIAUF represents this case by the boundary conditions

$$\left.\begin{aligned} i_1(\pm L, t) &= \mp (e D_1/L)\, r_1 \Delta n_1(\pm L, t),\\ i_2(\pm L, t) &= \pm (e D_2/L)\, r_2 \Delta n_2(\pm L, t), \end{aligned}\right\} \tag{39.10}$$

in which Δn_1 and Δn_2 are the changes in concentration from those existing at zero voltage. The dimensionless quantities r_1 and r_2 are referred to as the blocking parameters. An unrealistic feature of the boundary conditions (39.10) is the absence of any rectification of the current. If the removal of defects from the

[1] Throughout the bulk of the crystal the concentration of the two types of defect must be equal. However near a sink for defects (crystal surface or dislocation) this condition may be relaxed; the concentration of that defect with the higher energy of formation decreases until the increase in electrostatic energy just balances the decrease in free energy associated with their disappearance. See J. FRENKEL: Kinetic Theory of Liquids, p. 36, London 1946 and K. LEHOVEC, J. Chem. Phys. 21, 1123 (1953).

crystal is thermally activated it is to be expected that the introduction of defects into the crystal will also be thermally activated but with a different activation energy. Consider for example the case of an interstitial ion. Its binding energy in the crystal will be different from its binding energy when it is part of the metallic electrode. The energy necessary to take the ion from the bound to the activated state will therefore depend on whether the ion is crossing to the electrode or from it.

There is insufficient space for a detailed discussion of the general solution of Eqs. (39.6) to (39.8); for this the reader is referred to the original papers [*30*], [*31*]. Instead we give some particular results for the ranges of temperature and frequency used in FRIAUF's experiments on AgBr (200 to 300° C and 50 to 5000 cycles/sec). For both negative and positive carriers blocked ($r_1, r_2 = 0$), the results for the (parallel) capacity C in excess of the geometrical capacity and the change in resistance are

$$C = \frac{1}{R_0} \cdot \frac{\tau_p}{1+\omega^2 \tau_p^2}, \tag{39.11}$$

$$\Delta\left(\frac{1}{R}\right) = -\frac{1}{R_0} \cdot \frac{1}{1+\omega^2 \tau_p^2}, \tag{39.12}$$

where R_0 is the high frequency resistance ($2L/\sigma A$, A = area of contact between crystal and electrodes) and $\tau_p = 2L/\varkappa(D_1+D_2)$ where $\varkappa$ is the usual DEBYE screening constant [Eq. (32.4)]. τ_p is the relaxation time of the DEBYE-HÜCKEL atmosphere. In arriving at (39.11) and (39.12), the effects of the recombination and formation of defects have been neglected. They will make only a negligible difference in practice. The limiting capacity at low frequencies is $\tau_p/R_0 = A\,\varepsilon\varkappa/8\pi$. In this same limit $\Delta(1/R) = -R_0^{-1}$ so that the total conductance is zero, as it obviously must be for blocking electrodes.

Another case of interest is that where the negative carriers (1) are blocked and the positive carriers (2) are free to discharge. Neglecting formation and recombination one finds

$$-\Delta\left(\frac{1}{R}\right) = \omega C = \frac{e\,\mu_1 n_0}{\sqrt{2}\,L^2}\left(\frac{D_1+D_2}{2D_2}\right)^{\frac{1}{2}}\left(\frac{D_1}{\omega}\right)^{1}. \tag{39.13}$$

The additional capacity now varies as $\omega^{-\frac{3}{2}}$ and $\Delta(1/R)$ as $\omega^{-\frac{1}{2}}$ in contrast to the ω^{-2} dependence of both quantities at high frequencies when both carriers are blocked. There is an appreciable effect from formation and recombination in this case when $\Lambda n_0 \sim \omega$ since the factor $\omega^{-\frac{1}{2}}$ is replaced by $(\omega + 2\Lambda n_0)^{-\frac{1}{2}}$.

The considerable differences between these two cases arise because a new physical process enters when one of the carriers is free to discharge. When both carriers are blocked the capacity is caused primarily by the piling up of charge carriers at the electrodes; only the DEBYE length $\varkappa^{-1}$ is involved. The same effect is present in the second case for the negative (blocked) carriers, but the positive carriers carry an appreciable current through to the electrodes; phase changes in this current, caused by interaction with the piled up negative charges also lead to a capacitative effect.

Some results for other situations where partially blocking electrodes exist are shown graphically in Figs. 42—45.

They show the capacity in excess of the geometrical capacity and the resistance in excess of R_0 as calculated for a AgBr specimen with dimensions $2L = 0.61$ cm and $A = 0.71\ \text{cm}^2$. Experimental results for such a specimen are also shown.

Although a detailed comparison of theory and experiment is prevented by ignorance of the temperature dependence of the blocking parameters and the recombination coefficient, one can see that a rough description of the experimental results is provided by the $(\infty, 0)$ curves. The calculated magnitudes are

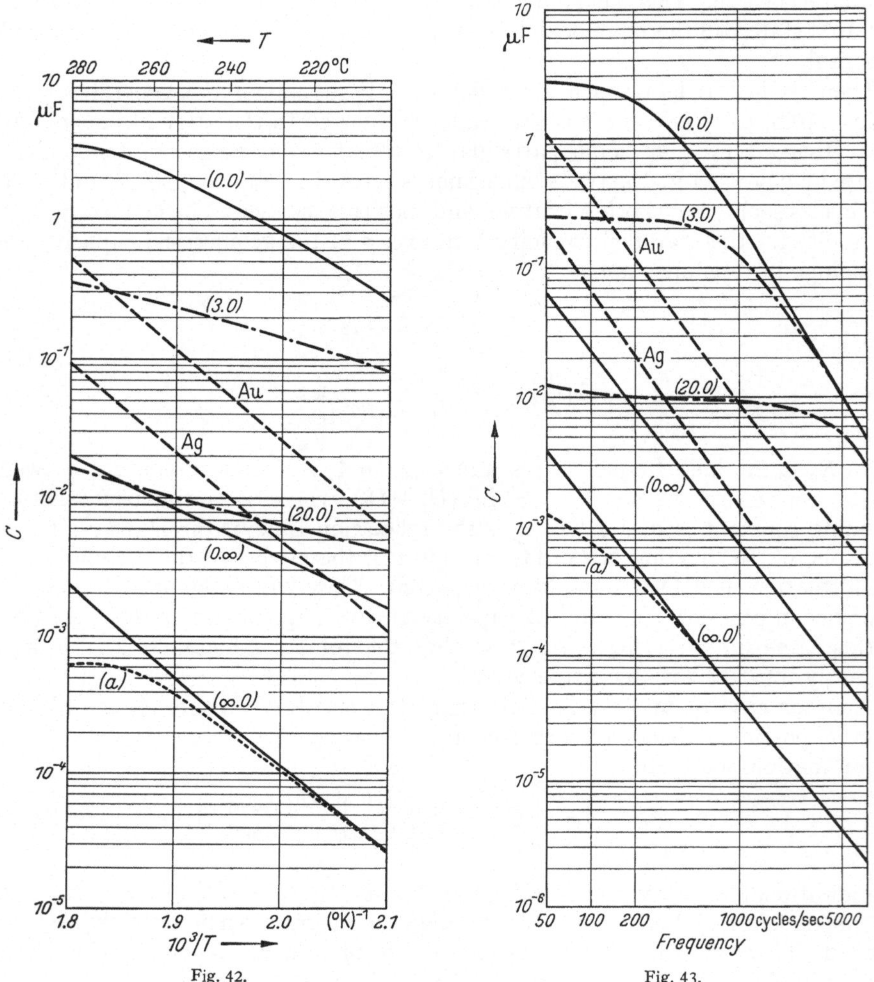

Fig. 42.

Fig. 43.

Fig. 42. Theoretical curves of log C *vs.* $1/T$ at 200 c.p.s., calculated with defect mobilities and concentrations appropriate to AgBr. The values of the blocking parameters are shown in brackets—the figure for Ag^+ interstitials being given first; (0,0) means both carriers blocked, (3,0) means interstitials partially blocked, vacancies completely blocked and so on. The curve marked (a) shows the effect of estimated formation and recombination on the curve for free interstitials and blocked vacancies. In the other curves formation and recombination have been neglected. The dashed lines marked Ag and Au are experimental results for silver and gold electrodes respectively.

Fig. 43. Theoretical curves of log C *vs.* log $(\omega/2\pi)$ at 253° C. The designation of the curves is the same as in Fig. 42.

rather small, but the agreement between the slopes of the theoretical and experimental curves is best for this case. The smallness of the calculated magnitudes may be connected with the neglect of the static space-charge layer at the electrodes. It may also be noted that the experimental curves do not show any of the low frequency effects to be expected with the (0, 0), (3, 0) or (20, 0) conditions.

There seem to be few quantitative studies of polarisation phenomena in solid electrolytic conductors other than FRIAUF'S. It is clear however that such studies may be of considerable interest for the elucidation of the processes ocurring at the electrodes, although they are not strictly concerned with the ionic conductivity itself. For this purpose d.c. experiments may be of great value since the fundamental equations can be solved exactly for constant applied field[1]. It is obvious that the possible temperature dependence of the blocking

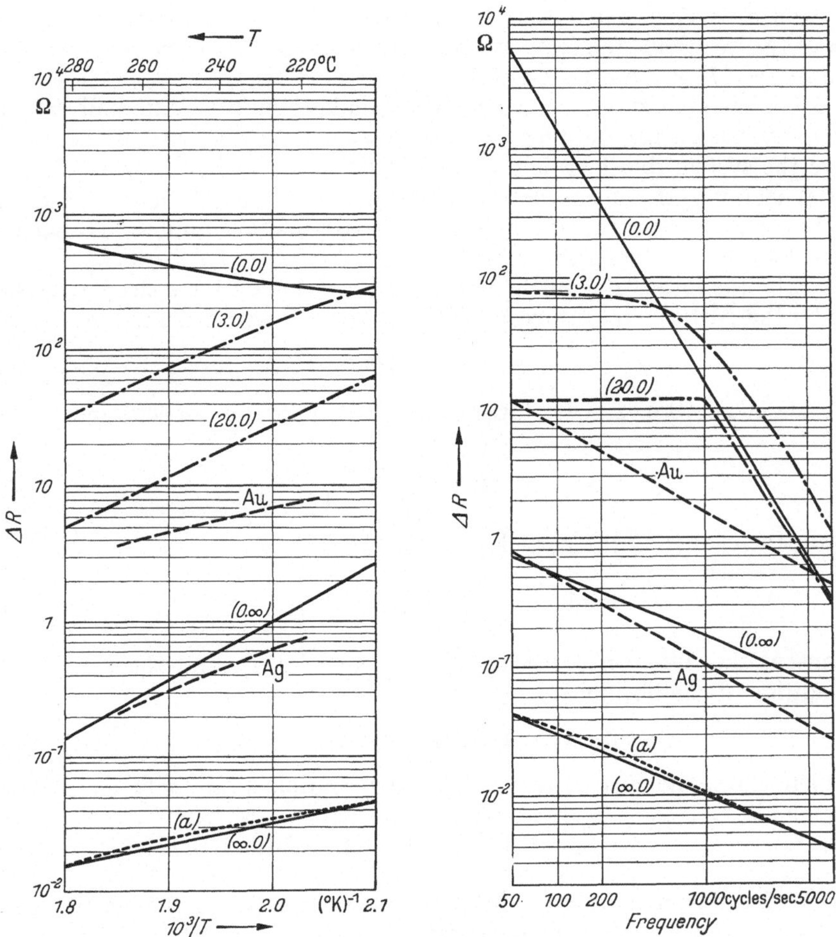

Fig. 44. Theoretical curves of log ΔR vs. $1/T$ at 200 c.p.s. The designation of the curves is the same as in Fig. 42.

Fig. 45. Theoretical curves of log ΔR vs. log $(\omega/2\pi)$ at 253° C. The designation of the curves is the same as in Fig. 42.

parameter for Ag^+ vacancies in AgBr can be studied very directly in specimens containing sufficient $CdBr_2$ to make the Ag^+ interstitial concentration very low. If the vacancies are completely blocked, as FRIAUF's results suggest, a very great increase of polarisation effects should occur when the Cd^{2+} ions are present in sufficient concentration for the current to be carried predominantly by the vacancies. FRIAUF studied AgBr containing 0.1% of $CdBr_2$ but comments that the general behaviour of these samples is not greatly altered from that of pure AgBr. It seems likely however that the transport number of the interstitials was still appreciable at the temperatures of FRIAUF's experiments (210 and 267° C; see Fig. 22).

[1] G. JAFFE: Ann. Phys., Lpz. **16**, 217, 249 (1933).

VI. Diffusion.

a) Self-diffusion in the intrinsic and "structure-sensitive" regions.

40. NERNST-EINSTEIN relation between diffusion and conductivity. It has been known for many years that there exists a close relation between the electrical mobility of a particle and its self-diffusion coefficient[1]. A concise general derivation of this relation—the NERNST-EINSTEIN relation—has been given by MOTT and GURNEY [*11*] and proceeds as follows.

Consider the system of particles to be in equilibrium in an externally applied field, in, say, the air-gap between two condenser plates. The particles are unable to leave the system (blocked) and accummulate in the region of lower electrical potential energy so that a concentration gradient is set up. Diffusion of particles down the concentration gradient then takes place so that in equilibrium it balances the drift induced by the electric field.

Let $\boldsymbol{E}$ be the local value of the electric field (including the space charge field set up by the particles themselves). This is derived from a potential Φ

$$\boldsymbol{E} = -\operatorname{grad}\Phi,$$

and by MAXWELL-BOLTZMANN statistics the distribution of particles must follow the law

$$n(\boldsymbol{r}) = \text{constant}\cdot\exp\left(\frac{-q\,\Phi(\boldsymbol{r})}{\mathsf{k}T}\right) \tag{40.1}$$

when q is the charge on the particles. It follows that

$$\operatorname{grad} n = -\frac{n\,q}{\mathsf{k}T}\operatorname{grad}\Phi = \frac{n\,q\,\boldsymbol{E}}{\mathsf{k}T}. \tag{40.2}$$

In terms of the diffusion coefficient of the particles, D, and their mobility μ the condition of equilibrium is

$$n\,q\,\mu\,\boldsymbol{E} - e\,D\operatorname{grad} n = 0 \quad \text{everywhere}, \tag{40.3}$$

since there can be no current flow. Eqs. (40.2) and (40.3) are only compatible if

$$\frac{\mu}{D} = \frac{q}{\mathsf{k}T} \quad \text{(NERNST-EINSTEIN relation)}. \tag{40.4}$$

In terms of the contribution of the particles in question to the electrical conductivity σ, this relation can be rewritten

$$\frac{\sigma}{D} = \frac{n\,q^2}{\mathsf{k}T}. \tag{40.5}$$

The ions of the lattice themselves may be regarded as the "charged particles" in this demonstration. For a cationic conductor such as NaCl we then have

$$\frac{\sigma}{D} = \frac{N\,e^2}{\mathsf{k}T} \tag{40.6}$$

where N is the number of cations per unit volume and e is the electronic charge. This equation is not subject to any correction for LORENTZ internal field effects. The LORENTZ internal field acting on an atom or dipole in a solid is the field due to all other induced or permanent dipoles surrounding the given one. By standard

[1] By self-diffusion coefficient, we mean the coefficient of proportionality between the net flow of particles and the negative gradient of concentration. See BARDEEN and HERRING [*32*].

methods (FRÖHLICH [33]), this field can be replaced by the field due to the surface polarisation charges on the walls of a spherical cavity *surrounding the atom* ($=4\pi P/3$). Since this cavity must always be centred on the atom in question the LORENTZ internal field can do no work when an atom jumps from one lattice site to another. Work is only done by E, the macroscopic electric field strength. We see therefore that KATZ'[1] assertion that (40.5) should be modified for internal field effects is wrong. For problems concerned with the magnitude and orientation of dipoles *fixed at lattice positions* the LORENTZ internal field is important[2].

Eq. (40.5) will form the basis of most of our subsequent discussion of diffusion. For the confirmation of the picture of lattice disorder which we have described, it is clearly of the greatest advantage to have such a direct relation between σ and D since both can be measured separately. The conductivity can be measured directly, but in the case of bipolar conductors it is also necessary to determine the transport numbers before (40.5) can be applied, since D necessarily refers only to the anion or the cation. The diffusion constant is most commonly measured by following the diffusion of a radioactive isotope into the crystal. Fig. 46 shows results for the diffusion of Na^{24} into NaBr as measured by MAPOTHER, CROOKS and MAURER[3]. It may by seen that the relation (40.6) is well satisfied in the intrinsic region if we allow for a small contribution of the bromine ions to the conductivity. At low temperatures however the measured diffusion rate is higher than one would expect from the conductivity. It is believed that this is due to the mobility of divalent ion-vacancy pairs which aid the diffusion but because they are electrically neutral do not contribute to the conductivity. This is discussed in more detail later.

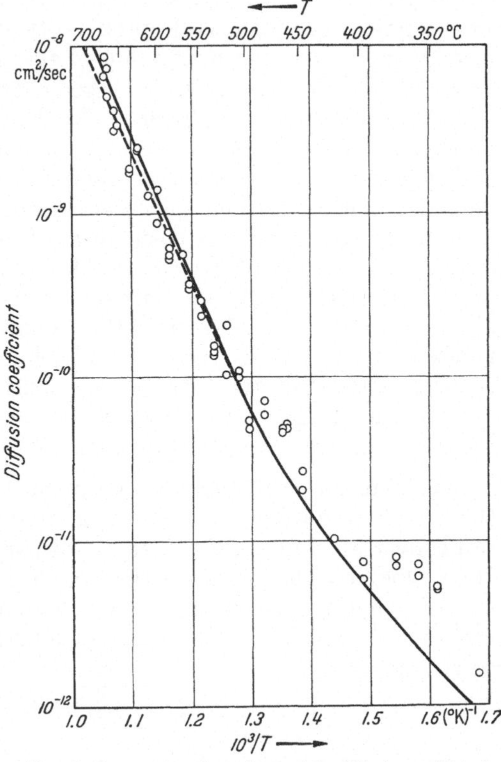

Fig. 46. Temperature dependence of the diffusion coefficient of sodium ions in NaBr. The circles and the dashed line drawn through them are the measured results for Na^{24}. The full line has been calculated from the measured conductivity σ by using Eq. (40.6).

Meanwhile it must be pointed out that for some mechanisms of ionic movement there is a distinction between the self-diffusion coefficient and the tracer diffusion coefficient. Thus, with true self-diffusion one is interested only in the net flow of normal ions (imagine, for example, that there is a non-uniform vacancy concentration); these ions are indistinguishable from one another. However radioactive ions are distinguishable from the normal ions, and furthermore since they are generally employed in very small concentrations they may, with

[1] E. KATZ: Phys. Rev. **99**, 1334 (1955).

[2] One well known example is provided by the theory of dielectric constants; see J. R. TESSMAN, A. H. KAHN and W. SHOCKLEY: Phys. Rev. **92**, 890 (1953). Internal field effects need to be considered in connection with the magnetic resonance of nuclei having non-zero quadrupole moments; see e.g. F. REIF: Phys. Rev. **100**, 1597 (1955).

[3] D. MAPOTHER, H. N. CROOKS and R. J. MAURER: J. Chem. Phys. **18**, 1231 (1950).

negligible error, be regarded as distinguishable also among themselves. This has the important consequence that statistical correlations between the directions of successive jumps of a radioactive tracer ion may occur and alter the diffusion coefficient [32]. The existence of these correlation effects can be seen very simply in the vacancy mechanism. A tracer ion which has just made a jump into a vacancy still of necessity has this vacancy as a neighbour (in the position the tracer has just left). The next jump of the tracer is not therefore entirely random, since there is an appreciable probability (the inverse of the number of nearest neighbours z) that the next jump of the vacancy will merely return the tracer to its previous position, i.e. the second tracer jump is correlated with the first. The tracer diffusion coefficient D_T then equals the self-diffusion coefficient multiplied by a correlation factor; this could equally well be called a distinguishability factor, since when the atoms are indistinguishable there is no way of detecting the correlation. Since (40.6) applies to the self-diffusion coefficient it is clear that whenever the mechanism of ionic movements introduces correlation effects, σ/D_T will differ from $Ne^2/\mathrm{k}T$. For vacancies in a NaCl-type lattice ($z=12$) the ratio σ/D_T should equal $1.28\,Ne^2/\mathrm{k}T$. The difference between $\mathrm{k}T\,\sigma/Ne^2$ and $0.78\,\mathrm{k}T\,\sigma/Ne^2$ is rather small relative to the experimental errors inherent in the points shown in Fig. 46. Anyway there is uncertainty about the extent to which the bromine ions contribute.

For the quantitative study of correlation effects we must introduce the random walk treatment of diffusion.

41. Diffusion coefficient by the method of random walks. In this we follow the motion of an atom or ion over a large number (n) of jumps and average the result over all similar ions. Let the displacement of an ion after n jumps be $\boldsymbol{R}$. If we superpose the initial positions of all the ions on to a common origin, we shall obtain a practically continuous distribution of end points of the vectors $\boldsymbol{R}$. This distribution will be a spherically symmetrical solution of the general diffusion equation

$$\frac{\partial c}{\partial t} = D\,\nabla^2 c, \tag{41.1}$$

corresponding to initial conditions in which all the diffusing ions are concentrated at the origin. It is well known that this solution of (41.1) leads to the relation

$$\overline{R^2(t)} = 6Dt, \tag{41.2}$$

where t is the time necessary for the performance of n jumps (see for example JOST [8]). $\overline{R^2(t)}$ can be evaluated directly as follows

$$\left.\begin{aligned} \overline{R^2(t)} &= \overline{\Big(\sum_i \boldsymbol{r}_i\Big)^2} \\ &= \sum_{i=1}^{n} \overline{r_i^2} + 2\sum_{i=1}^{n-1}\sum_{j=1}^{n-i} \overline{\boldsymbol{r}_i\cdot\boldsymbol{r}_{i+j}}, \end{aligned}\right\} \tag{41.3}$$

where successive jumps are denoted by $\boldsymbol{r}_1, \boldsymbol{r}_2 \ldots \boldsymbol{r}_i \ldots$ etc. We assume that the individual jump vectors are of equal magnitude r. Then

$$\overline{R^2(t)} = n\,r^2 + 2r^2 \sum_{j=1}^{n-1}\sum_{i=1}^{n-j} \overline{\cos\vartheta_{i,i+j}}, \tag{41.4}$$

where $\overline{\cos\vartheta_{i,i+j}}$ is the average value of the cosine of the angle between the i-th and the $(i+j)$-th jump of an ion. When the jumps of an ion are completely random and uncorrelated with previous jumps, $\overline{\cos\vartheta_{i,i+j}}$ must be zero and

$$\overline{R^2(t)} = n\,r^2 = \Gamma t\,r^2 \quad \text{(uncorrelated)}, \tag{41.5}$$

where Γ is the average number of jumps made by every ion in unit time. Eqs. (41.2) and (41.5) give

$$D = \tfrac{1}{6}\Gamma r^2 \quad \text{(uncorrelated)}. \tag{41.6}$$

Within the stated limitation to no correlations this equation is very general, since it has been derived without consideration of the jump mechanism and without specification of the type of lattice (except that it be isotropic). As a simple example we may consider the self-diffusion of the cations in a NaCl-type lattice. Let the molar fraction of cation vacancies be x and let w_0 be the probability per unit time that a vacancy will jump from one position to another particular position. Then the average jump frequency, Γ, for a normal cation is $12\,x\,w_0$. If a is the anion-cation separation, then $r=\sqrt{2}a$ and the self-diffusion coefficient, by (41.6) is,

$$D = 4a^2 w_0\, x. \tag{41.7}$$

If we calculate the cation vacancy contribution to the conductivity by the method of Sect. 17, we get

$$\sigma_+ = \frac{4N x\, a^2 e^2 w_0}{\mathrm{k}T}, \tag{41.8}$$

where N is the number of cations per unit volume $[=1/(2a^3)]$. From (41.7) and (41.8) we see that

$$\frac{\sigma_+}{D} = \frac{N e^2}{\mathrm{k}T},$$

as it must do.

42. Correlation effects in diffusion (SCHOTTKY disorder). In order to discuss adequately the experimental results on tracer diffusion, it is necessary to examine more closely the magnitude of the correlation effects which may arise. First we consider diffusion by the vacancy mechanism. When every vacancy jump is of the same length and occurs with the same probability, $\overline{\cos\vartheta_{i,i+j}}$ is independent of i so that (41.4) becomes

$$\overline{R^2(t)} = n\,r^2 + 2r^2 \sum_{j=1}^{n-1} (n-j)\,\overline{\cos\vartheta_j} \quad \text{(vacancy)}, \tag{42.1}$$

where $\overline{\cos\vartheta_j}$ is the value of $\overline{\cos\vartheta_{i,i+j}}$ for any i. As long as the $(i+j)$-th jump of the atom is caused by the same vacancy as caused the i-th jump then it may be shown[1] that

$$\overline{\cos\vartheta_j} = \left(\overline{\cos\vartheta_1}\right)^j. \tag{42.2}$$

Eq. (42.2) expresses the fact that direct correlations exist only between consecutive jumps, the correlation existing between one jump and a jump later than the next being indirect and determined only by the direct correlations between successive intermediate jumps.

After a sufficient time (i.e. for sufficiently large j) however, Eq. (42.2) will no longer apply because the ion will undergo displacements by other vacancies

[1] This may be demonstrated directly by writing down the probability of return of the vacancy to its initial position from the various neighbours of this position. One then arrives at the conditions for (42.2) to apply, namely that every jump vector must be an axis of two-fold symmetry, or every jump vector must be an axis of three-fold symmetry. See COMPAAN and HAVEN [*34*] and LECLAIRE and LIDIARD [*35*].

and these displacements will be quite uncorrelated with the initial (i-th) jump. Nevertheless at the low vacancy concentrations occurring in practice, it is a good approximation to evaluate (42.1) by assuming (42.2) to be valid for all j, since the first few terms make an overwhelming contribution to the sum.

If we substitute (42.2) into (42.1) and pass to the limit $n, t\to\infty$, we get

$$D_T = \frac{1}{6}\Gamma r^2\left(\frac{1+\overline{\cos\vartheta_1}}{1-\overline{\cos\vartheta_1}}\right), \quad \text{(vacancy)}. \tag{42.3}$$

The evaluation of $\overline{\cos\vartheta_1}$ generally has to be done numerically for each lattice as required. BARDEEN and HERRING [32], who were the first to discuss these

Table 12. *Correlation factors for tracer diffusion via free vacancies (after* COMPAAN *and* HAVEN).

Lattice type	$-\overline{\cos\vartheta_1}$	Correlation factor $\left(\frac{1+\overline{\cos\vartheta_1}}{1-\overline{\cos\vartheta_1}}\right)$
2-dimensional		
honeycomb layer ⬡	$\frac{1}{2}$	$\frac{1}{3}$
square layer □	0.3633	0.4671
triangular layer	0.2280	0.5601
3-dimensional		
diamond lattice	$\frac{1}{3}$	$\frac{1}{2}$
simple cubic	0.2081	0.6555
body-centred cubic	0.1618	0.7215
face-centred cubic	0.1227	0.7815
hexagonal close packed (equal jump probability within and out of hexagonal planes)	0.1227	0.7815

correlation effects, determined $\overline{\cos\vartheta_1}$ for tracer diffusion in body-centred and face-centred cubic (NaCl) lattices. Their results, $\overline{\cos\vartheta_1}$ (b.c.c.) $=-0.124$ and $\overline{\cos\vartheta_1}$ (f.c.c.) $=-0.109$ when substituted into (42.3) give correlation factors of 0.78 and 0.80 respectively. Additional, and more accurate, values have been obtained by COMPAAN and HAVEN [34], whose results for tracer diffusion are given in Table 12.

If we use (42.3) and Table 12 to evaluate the diffusion coefficient of radioactive Na in NaBr, we obtain

$$D_T = 3.13 a^2 w_0 x, \tag{42.4}$$

cf. Eq. (41.7). The ratio of σ_+ to D_T is thus

$$\frac{\sigma_+}{D_T} = \frac{1.28\, N e^2}{\mathrm{k}T} \quad \text{(NaCl lattice)}. \tag{42.5}$$

As we have already noted, it is difficult to verify this relation experimentally owing to uncertainties in the transport number ($\sigma_+ = t_+\sigma$) and to errors in D_T. The diffusion coefficients are small and difficult to measure with a precision sufficient for the accurate verification of (42.5). A more favourable case might be provided by a substance with a fluorite lattice. Fluorite lattices generally show anionic FRENKEL disorder but in CaF_2, at least, the vacancies are more mobile than the interstitials. The anion sub-lattice is simple cubic, for which Table 12 shows the correlation factor to be appreciably smaller than for NaCl. If the interstitial contribution to the conductivity were small one would have

$$\frac{\sigma}{D_T} = 1.53\,\frac{N e^2}{\mathrm{k}T} \quad \text{(fluorite lattice, anion vacancies)}, \tag{42.6}$$

(N = number of anions per unit volume). Unfortunately there appears to be only one suitable substance namely $SrCl_2$; oxides and fluorides cannot be employed since there are no suitable isotopes.

From an experimental point of view AgBr and AgCl are favourable subjects for investigation owing to their high intrinsic disorder and correspondingly high diffusion coefficients. We shall therefore next consider correlation effects as they concern FRENKEL disorder. Particular attention must be given to the way that the interstitial moves, since in AgBr and AgCl Ag^+ interstitials are several times more mobile than the vacancies.

43. Correlation effects in diffusion (FRENKEL disorder). It must be borne in mind from the outset that there are two possibilities. Either the interstitial ion moves primarily by jumping directly from one interstitial site to another, or it moves by the interstitialcy mechanism, that is by pushing a normal ion into an interstitial position and itself occupying the normal site so vacated. These processes are not mutually exclusive and it is possible, if the activation energies are nearly equal, that both processes may have to be considered together. However, for the sake of clarity we shall discuss the two possibilities separately.

α) Direct movement of interstitials. Imagine a radioactive tracer ion jumping from one interstitial site to another; there are obviously no correlations between the directions of successive jumps. Let w_i be the probability per unit time that an interstitial will jump from one position to another particular position. Then by Eq. (41.6), the contribution of the interstitials to the tracer diffusion coefficient is $a^2 w_i x$, since the jump distance is equal to the anion-cation separation and since $\Gamma = 6 w_i x$, where x is the molar fraction of interstitials. Likewise the vacancies will contribute to the tracer diffusion coefficient an amount $3.13 a^2 w_0 x$ [Eq. (42.4)].

Hence,

$$D_T = a^2 x (w_i + 3.13 w_0). \tag{43.1}$$

By Eqs. (17.1) and (41.8) we also have,

$$\sigma = \frac{N a^2 e^2 x}{\mathrm{k} T} (w_i + 4 w_0). \tag{43.2}$$

Since the measurements of EBERT and TELTOW[1] indicate that the Ag^+ interstitials in AgCl are several times more mobile than the vacancies (w_i several times $4 w_0$) it follows that σ/D_T should be closely equal to $N e^2/\mathrm{k}T$ for this substance.

Fig. 47 shows experimental results obtained by COMPTON[2]. It is seen that D_T and $\mathrm{k}T \sigma/N e^2$ are not equal but that D_T is smaller by a factor which is about 2 at 200° C. At first it might be thought that this difference is due to the presence of mobile anion vacancies which increase the conductivity without affecting the cation diffusivity. The transport number measurements of TUBANDT [7], however, showed long ago that the chlorine ion mobility was far too small to be detected, at least between 20 and 350° C. COMPTON measured the diffusion coefficient of Cl^{36} in AgCl between 443 and 324° C and demonstrated that it was only about one thousandth of that of Ag^{110} (Fig. 47). We therefore conclude that the EINSTEIN relation $\sigma/D_T = N e^2/\mathrm{k}T$ is not satisfied under conditions where we would expect it to be satisfied. The assumption that the Ag^+ inter-

---

[1] I. EBERT and J. TELTOW: Ann. Phys., Lpz. **15**, 268 (1955).

[2] W. D. COMPTON: Thesis, University of Illinois 1955. — Phys. Rev. **101**, 1209 (1956).

stitials jump directly from one interstitial site to another, which led us to expect this relation, must therefore be wrong.

β) Interstitialcy migration. This conclusion led to an investigation of the predictions of the interstitialcy jump model[1]. To simplify the discussion we shall assume that the displacement of the interstitial and of the normal ion are collinear, i.e. of type $\{(\frac{1}{2}\,\frac{1}{2}\,\frac{1}{2}) \rightarrow (111) \rightarrow (\frac{3}{2}\,\frac{3}{2}\,\frac{3}{2})\}$ (Fig. 9). Non-collinear jumps of type $\{(\frac{1}{2}\,\frac{1}{2}\,\frac{1}{2}) \rightarrow (111) \rightarrow (\frac{1}{2}\,\frac{1}{2}\,\frac{3}{2})\}$ (3 possibilities) and $\{(\frac{1}{2}\,\frac{1}{2}\,\frac{1}{2}) \rightarrow (111) \rightarrow (\frac{1}{2}\,\frac{3}{2}\,\frac{3}{2})\}$ (3 possibilities) are also possible but, according to very rough calculations by TELTOW [26], require slightly higher activation energy.

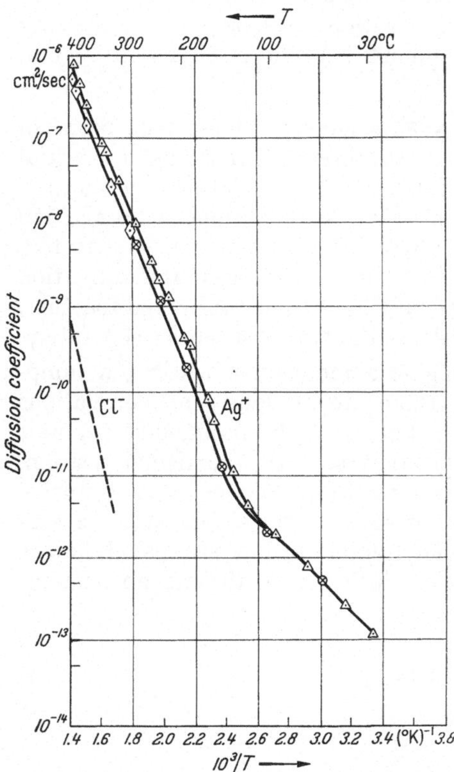

Fig. 47. Diffusion coefficients in AgCl plotted against the reciprocal of the absolute temperature. The upper full line drawn through the points △ is $kT\,\sigma/Ne^2$ where σ is the measured conductivity. The lower full line drawn through the points ◈ and ⊗ is D_T for Ag^{110}. Both sets of measurements were made on a specimen grown and annealed in air. The D_T values are in good agreement with those measured in crystals grown under different conditions and the intrinsic conductivities are in good agreement with earlier results reported by KOCH and WAGNER [10] and EBERT and TELTOW. The dashed curve is the diffusion coefficient D_T of Cl^{36} as measured in three different crystals.

With the interstitialcy mechanism the path of a tracer ion is a sequence of jumps between alternately normal (n) and interstitial (i) lattice sites. A jump from an i-site to an n-site is clearly uncorrelated with previous jumps since the tracer may go to any one of the allowed n-sites with equal probability. However there is an appreciable probability that its next jump from the n-site will consist of being pushed back to its original i-site by the interstitial (probability $\frac{1}{4}$ in fact). Interstitialcy migration therefore implies that only alternate pairs of tracer jumps are correlated, a fact which greatly simplifies the determination of D_T. Of the terms $\overline{\cos\vartheta_{i,i+j}}$ in Eq. (41.4), all those with $j > 1$ are zero and of those for which $j = 1$ only alternate ones are non-zero. Thus

$$\overline{R^2(t)} = n\,r^2(1 + \overline{\cos\vartheta})\,, \tag{43.3}$$

whence by (41.2),

$$D_{Ti} = \tfrac{1}{6}\Gamma r^2(1 + \overline{\cos\vartheta})\,. \tag{43.4}$$

To apply this formula to the case of AgCl or AgBr we proceed as follows. Firstly, the jump distance of a tracer ion is the distance from a normal site to an interstitial site (Fig. 9) and is thus equal to $\sqrt{3}\,a/2$. Secondly we must calculate Γ. If there are altogether N_i interstitial ions per unit volume, and if the probability of jumping to any one of the four neighbouring cation sites is $4w_i'$ per second, then, there will be a total of $8N_i w_i'$ ion jumps per second (2 ions jump in each act). Consequently a given tracer ion will make a jump $8w_i'(N_i/N)$ times a second; this quantity is therefore Γ. The correlation factor $1 + \overline{\cos\vartheta}$ has been evaluated by MCCOMBIE who finds that it is $\frac{2}{3}$. If we now make these various substitutions

[1] C. W. MCCOMBIE and A. B. LIDIARD: Phys. Rev. **101**, 1210 (1956). See also A. B. LIDIARD: Proceedings of the 3rd International Conference on Reactivity of Solids held in Madrid in April, 1956.

into (43.4), we obtain for the contribution of the interstitials to the tracer diffusion coefficient

$$\left.\begin{aligned} D_{Ti} &= \frac{1}{6}\left(\frac{8\,w_i'\,N_i}{N}\right)\left(\frac{\sqrt{3}\,a}{2}\right)^2\cdot\frac{2}{3}\,,\\ &= \frac{2}{3}\,w_i'\,x\,a^2\,, \end{aligned}\right\} \tag{43.5}$$

where x is the molar fraction of interstitials. The contribution of the Ag^+ vacancies to the tracer diffusion coefficient, as before [Eq. (42.4)], is

$$D_{Tv} = 3.13\,a^2\,w_0\,x\,,$$

so that the total is

$$D_T = a^2\,x\,(3.13\,w_0 + \tfrac{2}{3}\,w_i')\,. \tag{43.6}$$

It remains to calculate the conductivity. The contribution of the interstitials σ_i may be evaluated either by an extension of the arguments of Sect. 17, in which we count the number of atoms jumping between successive planes of the lattice, or by the following shorter argument. We may regard the interstitials as the charged particles in our derivation of the NERNST-EINSTEIN relation and write

$$\frac{\sigma_i}{D_i} = \frac{N_i\,e^2}{\mathrm{k}T} = \frac{N\,x\,e^2}{\mathrm{k}T}\,,$$

where D_i is the diffusion coefficient of the interstitials. But by (41.6) D_i is equal to $\frac{1}{6}(4\,w_i')(\sqrt{3}\,a)^2 = 2\,w_i'\,a^2$, since the displacement distance of the interstitial is $\sqrt{3}\,a$ (normal atoms are indistinguishable so the important quantity is the displacement distance of the *state of being interstitial*, which is twice the displacement of either ion). Hence

$$\sigma_i = \frac{2\,N\,x\,a^2\,e^2\,w_i'}{\mathrm{k}T}\,. \tag{43.7}$$

Finally, by addition of (43.7) and (41.8), which gives the vacancy contribution to the conductivity, we get

$$\frac{\sigma}{D_T} = \frac{N\,e^2}{\mathrm{k}T}\left(\frac{4\,w_0 + 2\,w_i'}{3.13\,w_0 + \frac{2}{3}\,w_i'}\right), \tag{43.8}$$

for combined vacancy and interstitialcy migration. Before proceeding to compare this with experiment, it is interesting to comment on the result when the vacancies are very immobile. In this situation $\sigma/D_T = 3\,N\,e^2/\mathrm{k}T$. The factor 3 is made up of two parts, (1) the inverse of the correlation factor, $\frac{3}{2}$, and (2) a factor 2 which comes from the fact that in an interstitialcy jump the electric charge jumps twice the distance moved by either ion alone. Both terms however originate from the *distinguishability* of the tracer ions.

EBERT and TELTOW analysed their data on $AgCl + CdCl_2$ on the basis of Sect. 23 and obtained values of the mobilities of the defects and their concentration. At 350° C for example, they found that the interstitials are four times more mobile than the vacancies, i.e. that $w_i' = 8\,w_0$. If we substitute this into (43.8) we get 2.3 as the coefficient of $Ne^2/\mathrm{k}T$, compared with a measured value of about 1.7 (Fig. 47). This discrepancy may be caused by our neglect of non-collinear interstitialcy jumps, as remarked earlier. For these other jumps the correlation factor and the factor arising because the interstitialcy displacement is greater than the ionic displacement are both nearer to unity than for collinear jumps. The difficulty is to know in what proportions the various possibilities may occur. TELTOW [*26*] made a rough lattice calculation of the differences in activation energy. We have calculated these differences using the value 12.3 for the dielectric constant of AgCl and 2.77 Å for the anion-cation separation. The $\{(\frac{1}{2}\frac{1}{2}\frac{1}{2}) \to (111) \to (\frac{1}{2}\frac{1}{2}\frac{3}{2})\}$ process has the highest activation energy, U_{GP} (not calculated); the $\{(\frac{1}{2}\frac{1}{2}\frac{1}{2}) \to (111) \to (\frac{1}{2}\frac{3}{2}\frac{3}{2})\}$ process has activation energy $U_{GP} - 0.13$ ev; the collinear process has the lowest activation energy $U_{GP} - 0.20$ ev. Without going into further details it seems very likely that the process with energy $U_{GP} - 0.13$ ev will play an appreciable part in addition to the collinear process. Our estimated value of $\mathrm{k}T\,\sigma/N e^2 D_T$ at 350° C (namely 2.3) is thus an upper limit. More accurate values require calculations of the correlation factors for the non-collinear processes; these have not yet been made.

Two other lines of development suggest themselves. The first is the study of the change in $\mathrm{k}T\,\sigma/N e^2 D_T$ with concentration of, say, $CdCl_2$ in AgCl. This will alter the concentration of interstitials without affecting the proportions in which the various types of interstitialcy process occur. Provided that the concentration of $CdCl_2$ is sufficiently low for association to be negligible, one can then predict the variation of $\mathrm{k}T\,\sigma/N e^2 D_T$ by using the theory of Sect. 23. Another possibility is the study of a substance with the fluorite lattice. Fluorite lattices generally display anionic FRENKEL disorder, but their geometry is such that only one type of interstitialcy movement is possible. Unfortunately practically the only suitable substance is $SrCl_2$, on which very little work has been done.

44. Diffusion in the region of impurity-controlled conduction. In Fig. 46 we displayed the results of conductivity and diffusion studies on NaBr made by MAPOTHER, CROOKS and MAURER. The measurements in the region of intrinsic conduction may be said to verify the EINSTEIN relation (40.6). The same conclusion holds for the intrinsic regions of NaCl and KCl[1]. On the other hand at low temperatures, where the conductivity is controlled by impurities, the measured diffusion coefficients D_T are larger than one obtains from the conductivity $(\mathrm{k}T\,\sigma/Ne^2)$. This cannot result from correlation effects since these give *smaller* measured coefficients, but it would be expected if there exist appreciable numbers of neutral defects which aid the diffusion without taking part in the conductivity. The two obvious possibilities are anion-cation vacancy pairs and impurity vacancy pairs.

Owing to the absence of two ions in the vacancy pair it would be expected that the energy barriers for ionic jumps would be substantially lowered. It has, in fact, often been suggested that vacancy pairs are more mobile than either anion vacancies or cation vacancies alone[2]. The suggestion that such pairs are therefore responsible for the difference between the observed and calculated low temperature diffusion coefficients has the interesting consequence that the *anion* diffusion coefficient should be about as large as this difference itself. With this idea in mind SCHAMP and KATZ [*14*] measured the diffusion coefficient of radioactive Br^{82} in NaBr. Although there were considerable errors in the low temperature results, owing to the small absolute magnitude of the coefficient, it appears that D_{Br} amounts to only 2 or 3% of D_{Na} in the range 350 to 400° C

[1] H. WITT [Z. Physik **134**, 117 (1953)] published measurements of the diffusion of radioactive potassium ions in KCl (both pure and containing $SrCl_2$) which contradict this statement. WITT reported that the measured diffusion coefficient was always about 2.4 times as large as calculated from the conductivity, independent of both temperature and Sr^{2+} concentration. However J. ASCHNER [Phys. Rev. **94**, 771 (1954)] repeated the measurements on pure KCl and found diffusion coefficients, substantially less than WITT'S, which do satisfy the EINSTEIN relation.

[2] G. J. DIENES: J. Chem. Phys. **16**, 620 (1948). — F. SEITZ: Rev. Mod. Phys. **25**, 7 (1954). Further study of vacancy pairs in alkali halides has been made by E. G. SPICAR, Thesis, Technische Hochschule Stuttgart (1956) and also by COMPAAN and HAVEN [*34*].

below the "knee". The contribution of vacancy pairs to D_{Na} can therefore only be of this order also.

The difference between the observed and calculated diffusion coefficients can be explained most naturally on the basis of the model of associated impurity-vacancy pairs developed in previous sections. In a NaCl type of lattice a pair formed from a divalent impurity cation and a Na^+ vacancy can migrate through the lattice in a sequence of jumps in which (a) the impurity exchanges places with the vacancy (w_2) and (b) the vacancy jumps around the impurity ion from

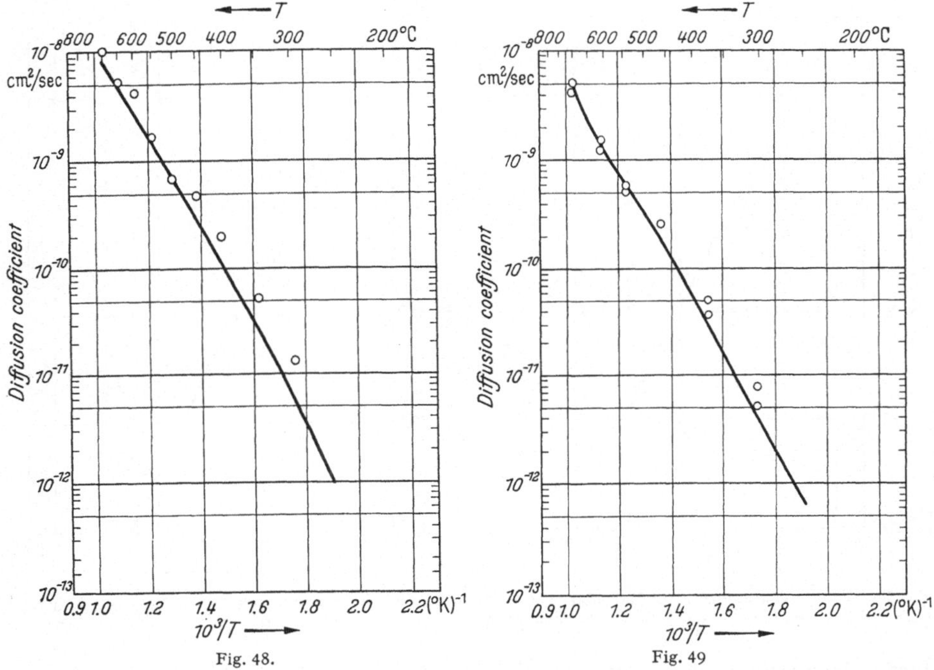

Fig. 48. Fig. 49

Fig. 48. The diffusion coefficient of Na^{24} ions in a NaCl crystal containing 0.03 Mol-% of $CdCl_2$ as a function of the inverse of the absolute temperature. The circles represent the measured values and the curve is a plot of the quantity $\mathrm{k}T\,\sigma/N e^2$ in which σ is the measured conductivity (N = number of Na^+ ions per cm^3).

Fig. 49. The diffusion coefficient of Na^{24} ions in a NaCl crystal containing 0.014 Mol-% of $CdCl_2$. Designation as in Fig. 48.

one associated position to another (w_1). These latter jumps aid the tracer diffusion, much as if the vacancies were free. Since there may easily be as many associated vacancies as free vacancies it is clear that the tracer diffusion coefficient may be substantially larger than $\mathrm{k}T\,\sigma/N e^2$. An expression for the tracer diffusion coefficient (in a NaCl lattice) can be obtained as follows. If there are N_i impurity ions per unit volume and if the degree of association is p, then the contribution of the free vacancies to D_T by (41.6), is $4a^2 w_0 N_i(1-p)/N$, neglecting correlation effects. Including the correlation factor the free vacancy contribution is then,

$$D_{Tf} = 3.13\, a^2 w_0 (1-p)\, c. \tag{44.1}$$

[cf. Eq. (42.4)]. To calculate the contribution of the associated vacancies we again use (41.6). An associated vacancy can jump to any one of four other associated positions (probability w_1 per unit time; see Fig. 39). Hence Γ for the tracer ions is $4 w_1 N_i\, p/N$, and therefore the contribution of the associated vacancies to D_T is

$$D_{Ta} = \frac{4}{3} f\left(\frac{w_2}{w_1}\right) w_1 a^2 p\, c, \tag{44.2}$$

where f is a correlation factor not included in (41.6). It follows that

$$\frac{N e^2 D_T}{\mathrm{k} T \sigma} = 0.78 + \frac{1}{3} \frac{w_1}{w_0} f\left(\frac{w_2}{w_1}\right)\left(\frac{p}{1-p}\right) \tag{44.3}$$

in which we have substituted for the conductivity the expression $4 w_0 a^2 e^2 \times N_i (1-p)/\mathrm{k}T$. Strictly, we should also include the Debye-Hückel relaxation

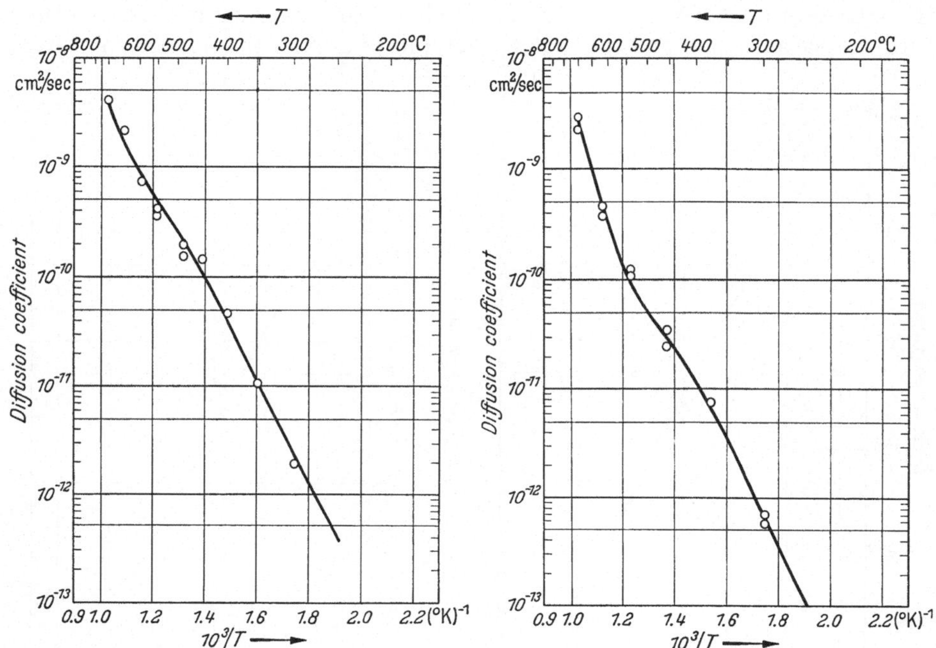

Fig. 50. The diffusion coefficient of Na^{24} ions in a NaCl crystal containing 0.004 Mol-% of $CdCl_2$. Designation as in Fig. 48.

Fig. 51. The diffusion coefficient of Na^{24} ions in a NaCl crystal containing 0.0005 Mol-% of $CdCl_2$. Designation as in Fig. 48.

factor g; this may be inserted when required and will have the effect of making $N e^2 D_T/\mathrm{k}T \sigma$ slightly larger than (44.3) predicts (Sect. 33). The correlation factor f has been evaluated numerically by Compaan and Haven [34] for the case of tightly bound complexes. Their results are given in Table 13.

Table 13. *Correlation factor f for tracer diffusion in a* NaCl *lattice due to associated vacancies.*

w_2/w_1	$f(w_2/w_1)$
0	0
0.1	0.2047
0.5	0.3540
1	0.3977
10	0.4711
∞	0.4862

In the absence of knowledge of the ratios w_2/w_1 and w_1/w_0 it is difficult to make definite predictions with (44.3). We expect w_1/w_0 to be greater than unity, as found empirically for vacancies associated with Ca^{2+} ions in NaCl by dielectric loss measurements. This will offset the factor $\frac{1}{3} f$ which is only about 0.1. At high temperatures where p is small we therefore expect (44.3) to tend to a value of about 0.8, whereas at lower temperatures we expect (44.3) to increase quickly as p increases (Fig. 29). Also at any given temperature we expect the ratio $N e^2 D_T/\mathrm{k}T \sigma$ to increase with impurity concentration as p increases (Fig. 28).

Experiments on the diffusion of Na^{24} ions into NaCl containing $CdCl_2$ have been made by Aschner[1], whose results are shown in Figs. 48 to 51. It can be seen from these figures that the ratio $N e^2 D_T/\mathrm{k}T \sigma$ is greatest at the lower temperatures and at the higher Cd^{2+} concentrations, as (44.3) requires. In the crystal

[1] J. F. Aschner: Thesis, University of Illinois 1954.

containing only 0.0005 Mol-% of Cd^{2+} ions, D_T and $kT\,\sigma/Ne^2$ appear to be closely equal at all temperatures. In the region of impurity controlled conduction this crystal had a conductivity some four or five times that of a "pure" crystal. The unavoidable impurities in the "pure" crystal must therefore be very highly associated, since D_T is about twice $kT\,\sigma/Ne^2$ for a pure crystal (cf. Fig. 46).

b) Diffusion of impurities.

45. Impurity diffusion. — Introduction. If the above explanation of the difference between D_T and $kT\,\sigma/Ne^2$ is correct then it is to be expected that the absolute values of the impurity diffusion coefficient will be much larger than the *tracer* diffusion coefficient. Thus the impurity ions have vacancies attached to them for a fraction p of the time, whereas tracer Na^{24} ions make only chance encounters with vacancies and are "associated" with them for a much smaller fraction of the time (c in the impurity range, x in the intrinsic range). Fig. 52 shows results obtained by CHEMLA[1] on NaCl which bear out this conclusion.

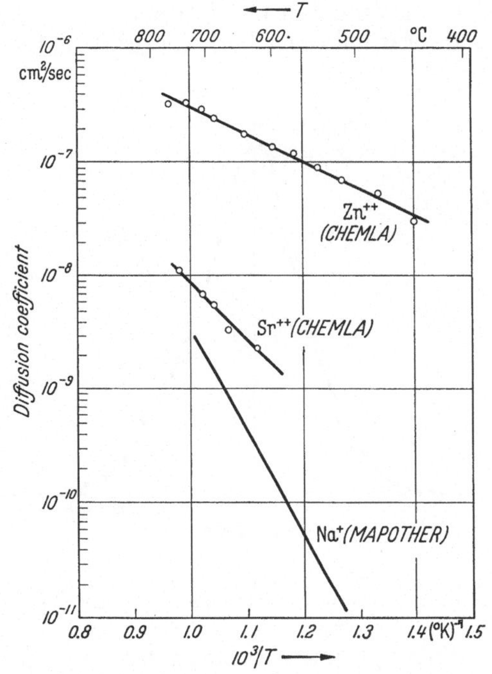

Fig. 52. Diffusion coefficients in NaCl as a function of the inverse of the absolute temperature. The diffusion coefficients of the divalent impurity ions Zn^{2+} and Sr^{2+} are seen to be much larger than the diffusion coefficient of Na^+ tracer ions. These results bear out the association model in a very simple and direct way (but see Sect. 46).

Another interesting aspect of CHEMLA's work is his elegant demonstration of the differences between the diffusion (in NaCl) of divalent impurities and the diffusion of monovalent impurities: the latter we expect to be similar to self-diffusion. The principles of this demonstration are as follows.

CHEMLA evaporated the chloride of the (radioactive) ion to be studied on to one face of a NaCl single crystal. Another crystal was then pressed against this face and the simultaneous diffusion into both crystals was studied by the usual methods. The one dimensional diffusion taking place under these conditions is described by the solution

$$c(x,t) = \frac{c_0}{(\pi D t)^{\frac{1}{2}}} \exp\left(-\frac{x^2}{4Dt}\right) \tag{45.1}$$

of the general diffusion equation

$$\frac{\partial c}{\partial t} = D\,\frac{\partial^2 c}{\partial x^2}, \tag{45.2}$$

in which c is the concentration at x and t and c_0 is the quantity of impurity deposited on unit area of the crystal surface at $t=0$. In practice c and c_0 are measured by the corresponding radioactivity. Eq. (45.1) leads to a symmetrical profile of the type shown in Fig. 53. CHEMLA next extended this conventional

[1] M. CHEMLA: Thesis, University of Paris 1954. — Ann. Phys., Paris (in the press).

arrangement by studying diffusion in the presence of a steady electric field E. In place of (45.2) the basic equation is

$$\frac{\partial c}{\partial t} = -\mu E \frac{\partial c}{\partial x} + D \frac{\partial^2 c}{\partial x^2}, \tag{45.3}$$

[cf. Eq. (39.3)] in which μ is the mobility of the impurity cation. For an anion the term in E would be positive. The integral of (45.3) for the present problem is

$$c(x, t) = \frac{c_0}{(\pi D t)^{\frac{1}{2}}} \exp\left\{\frac{-(x-\mu E t)^2}{4Dt}\right\}. \tag{45.4}$$

The maximum of the diffusion profile thus moves into the crystal with velocity μE. By following both the drift of the profile and its change of shape under

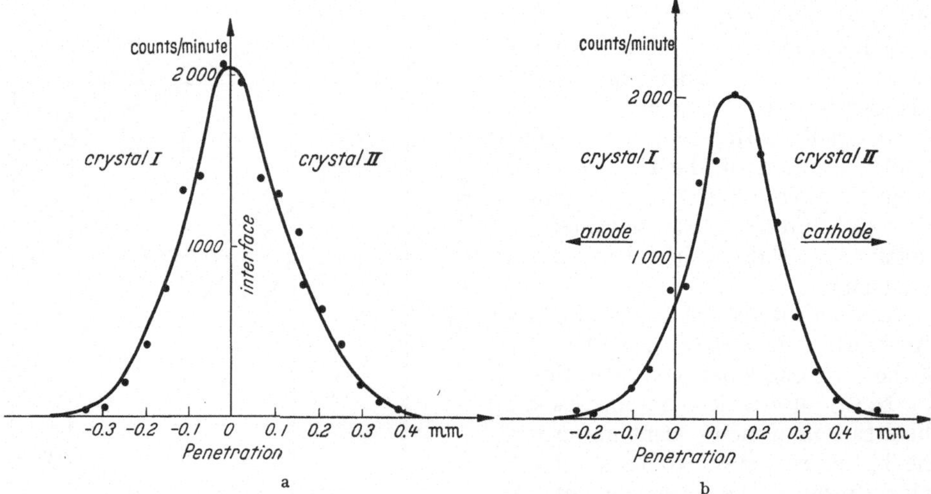

Fig. 53 a u. b. Diffusion profiles in a NaCl bi-crystal (a) with no electric field (b) with a steady field E applied to the right. These are profiles as measured for the diffusion of Cs^{137} ions into NaCl at 720° C; time, 90 minutes; field strength, 32 volt/cm.

diffusion, CHEMLA is thus able to infer both μ and D from the same set of experiments.

For the monovalent cation Cs^+ it was found that μ/D was closely equal to the EINSTEIN value of e/kT. The same result was found to be true for the anionic impurities Br^- and I^-. But when these experiments were repeated with divalent and trivalent cations (Zn^{2+}, Sr^{2+}, Fe^{3+}, Y^{3+}) it was found that the ratio μ/D was much less than the EINSTEIN relation predicted. Thus for Zn^{2+}, the ratio μ/D at 708° C equals 5.05×10^2 e.s.u., whereas $2e/kT$ is 7.06×10^3 e.s.u. Such a result is to be expected if the Zn^{2+} ions diffuse in the form of stable Zn^{2+}-vacancy pairs since these pairs are neutral and do not transport charge in the course of their diffusion. Some drift in a field *will* occur, despite the neutrality of the complexes, as long as they dissociate every so often, the amount of the drift being proportional to the dissociation probability; the effect is analogous to the well known drift of F-centres in an electric field [*11*].

In conclusion, we may say that CHEMLA's experiments are among the most direct in their bearing on the question of association. At the same time they do not say very much about the possible concentration dependence of the impurity diffusion coefficient. For the divalent ions a strong dependence is certainly to be expected owing to the variation of the degree of association with concentration (Fig. 28). We examine this question in more detail in the next section.

46. Diffusion of divalent ions in NaCl-type crystal, theoretical. We imagine that we have a mixed crystal, e.g. NaCl containing a mole fraction c of $CdCl_2$, set between a source and a sink of impurity and across which there is a small steady gradient of impurity concentration. We further suppose that the diffusion is one-dimensional, as in CHEMLA'S experiments. Now when the complexes have a long lifetime they may be regarded as diffusing particles and the current of impurity ions is therefore

$$J = -D_0 \frac{d}{dx}(N p c), \tag{46.1}$$

where D_0 is the diffusion coefficient of the complex, and $d(Npc)/dx$ is the gradient of concentration of the complexes. We suppose that the impurity ions can only move by the vacancy mechanism, i.e. when they are associated; therefore by re-writing (46.1) in the form,

$$J = -D_0 \frac{d(p c)}{dc} \frac{d(N c)}{dx}, \tag{46.2}$$

we see that the impurity diffusion coefficient is

$$D(c) = D_0 \frac{d(p c)}{dc}. \tag{46.3}$$

When the complexes are tightly bound, so that the dissociation-association equilibrium need not be considered explicitly, the factor $d(pc)/dc$ contains the whole of the concentration dependence of $D(c)$. Before discussing this dependence let us first derive an explicit expression for D_0.

By the methods of Sects. 41 and 42 [in particular Eqs. (41.6) and (42.3)] we obtain

$$D_0 = \tfrac{1}{3} a^2 w_2 \tag{46.4}$$

if we neglect correlations between successive jumps of the associated impurity ion. However these correlations are important unless $w_2 \ll w_1$. For, a complex can only continue to move in a given direction by making a sequence of w_2 and w_1 jumps. If w_1 is very small then it is clear that the impurity ion merely jumps backwards and forwards without progressing very far on the average. The correlation factor may be calculated by an extension[1] of the method of Sect. 37, in which n_a, n_b and n_c are now functions of x, or, more elegantly, it may be obtained by finding $\overline{\cos\vartheta_1}$ directly [*35*]. The result is that

$$D_0 = \frac{a^2}{3} \frac{w_1 w_2}{w_1 + w_2}, \quad \text{(tightly bound complexes)}. \tag{46.5}$$

For loosely bound complexes diffusion potential effects have to be considered and only the first method can be employed. However for *all situations in which* $w_2 \ll w_1$,

$$D(c) = \frac{1}{3} a^2 w_2 \frac{d(p c)}{dc}. \tag{46.6}$$

Owing to the double charge on the impurity ion it is to be expected that the potential energy barrier opposing its movement will be increased and that the condition $w_2 \ll w_1$ will almost always be satisfied. In practice we therefore expect the concentration dependence to be given exactly by the factor $d(pc)/dc$.

We have made no assumption about the relative magnitudes of the thermal and the intrinsic disorder in arriving at (46.6). In principle therefore measure-

[1] A. B. LIDIARD: Phil. Mag. **46**, 1218 (1955).

ments of impurity diffusion coefficients provide direct information about p as a function of c under all conditions.

Explicit forms of (46.6) can easily be obtained when the thermal disorder is negligible in comparison with the impurity concentration. Eq. (29.2) gives

$$\frac{p}{(1-p)^2} = 12c \exp(\zeta_1/kT),$$

whence

$$D(c) = \frac{a^2 w_2}{3}\{1 - [1 + 48c \exp(\zeta_1/kT)]^{-\frac{1}{2}}\}. \tag{46.7}$$

$D(c)$ depends on c as shown by the broken curves in Fig. 54. The numbers on the curves are the corresponding values of kT/ζ_1. We notice two limiting cases

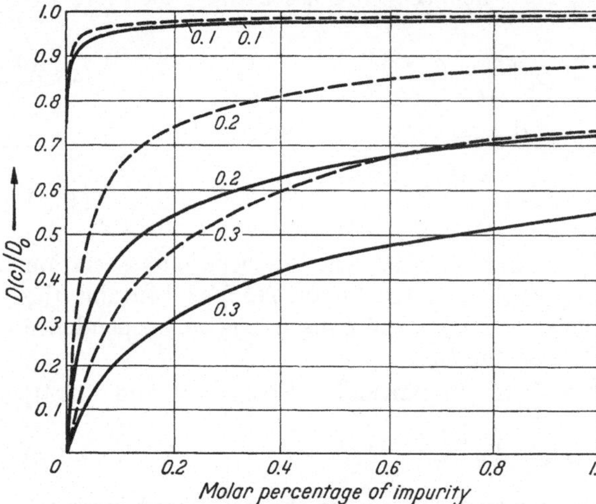

Fig. 54. The diffusion coefficient of divalent impurity ions in NaCl-type crystals plotted as a function of the molar fraction of impurity, for three different temperatures. The full curves are drawn for a model in which the interactions are Coulombic at all distances, as treated in Sect. 32. The broken curves are calculated from Eq. (46.7). The numbers on the curves are the values of kT divided by the binding energy of the complex.

(i) $c \exp(\zeta_1/kT) \ll 1$, i.e. little association, then

$$D(c) = 8a^2 w_2 c \exp(\zeta_1/kT) \tag{46.8}$$

i.e. $D(c)$ is proportional to c.

(ii) $c \exp(\zeta_1/kT) \gg 1$, i.e. almost total association, then

$$D(c) \to \frac{a^2 w_2}{3}, \tag{46.9}$$

i.e. $D(c)$ tends to a saturation value.

If, in place of the STASIW-TELTOW association Eq. (29.2), we use the more elaborate Eq. (32.7) which takes account of the COULOMB interactions among the unassociated defects, then we obtain the full curves of Fig. 54.

In conclusion, it may be noted that the diffusion coefficient of a *radioactive isotope* of the impurity under conditions of no impurity concentration gradient is given by

$$D_T = \tfrac{1}{3} a^2 w_2 p, \tag{46.10}$$

rather than by (46.6). Experiments carried out under these conditions would therefore give even more direct information about the degree of association than is provided by measurements of $D(c)$.

47. Diffusion of divalent ions in NaCl-type crystal, experimental. Owing to the experimental difficulties connected with a determination of $D(c)$ there are very few results with which to compare the preceding theory. An exception is provided by the work of SCHÖNE, STASIW and TELTOW[1] on AgBr containing $CdBr_2$ and $PbBr_2$. These measurements are unfortunately not very exact and are not susceptible of detailed analysis. As may be seen from Tables 14 and 15 the diffusion coefficients which have been obtained are averages over ranges of impurity content. Nevertheless it is clear that the general trend of these values

[1] E. SCHÖNE, O. STASIW and J. TELTOW: Z. phys. Chem. **197**, 145 (1951). For subsequent discussion of the theory given in this paper see A. B. LIDIARD, Phil. Mag. **46**, 815 (1955) and J. TELTOW, Phil. Mag. **46**, 1026 (1955).

corresponds with the theoretical predictions, particularly the tendency to saturation at high impurity concentrations. If we interpret the highest D value at each temperature as D_0 then we find that the five D_0 values for Cd^{2+} can be approximated by the following function of temperature,

$$D_0 \approx 0.21 \exp\left(-\frac{8300}{T}\right) \mathrm{cm^2\,sec^{-1}}. \tag{47.1}$$

If, as we have suggested earlier, $w_2 \ll w_1$ then by (46.4)

$$w_2 = 7.7 \times 10^{14} \exp\left(-\frac{8300}{T}\right) \mathrm{sec^{-1}}, \tag{47.2}$$

which is not unreasonable.

Table 14. *Diffusion coefficient of* Cd^{2+} *ions in* AgBr *in units of* 10^{-7}*cm²/sec (after* SCHÖNE, STASIW *and* TELTOW).

Concentration interval, Mol-%	400° C	350° C	300° C	250° C	200° C
0 —0.1	0.83	0.3	0.13	—	—
0.6—1	2.4	1.3	1.0	0.26	0.05
2 —4	9	7	1.1	0.28	0.05

Table 15. *Diffusion coefficient of* Pb^{2+} *ions in* AgBr *in units of* 10^{-7} *cm²/sec (after* SCHÖNE, STASIW *and* TELTOW).

Concentration interval, Mol-%	350° C	200° C
0 —0.1	0.2	0.1
0.6—1	1.0	0.1
2 —4	1.2	0.1

Experiments, such as CHEMLA'S, which measure the diffusion of impurities into a pure-crystal from a thin layer deposited on the surface really measure *averages* of $D(c)$ over a range of very small concentrations. When an empirical relation of the type

$$D = d \exp(-E/\mathrm{k}T) \tag{47.3}$$

has been found, this fact may be disclosed by the magnitude of the constants, particularly d. When the impurity concentrations are everywhere very low then $D(c)$ is given by (46.8) and the effective D, which is measured is

$$D = 8a^2 w_2 \bar{c} \exp(\zeta_1/\mathrm{k}T), \tag{47.4}$$

where $\bar{c}$ is some suitable mean concentration. The magnitude of the pre-exponential factor d is therefore roughly the magnitude of $\bar{c}$, which may be as low as 10^{-5}. Normally the pre-exponential factors will be in the range 0.1 to 1. We have found that CHEMLA'S results on the diffusion of Zn^{2+} and Sr^{2+} ions in NaCl can be fitted approximately by the equations

$$D(\mathrm{Zn^{2+}}) = 6.4 \times 10^{-5} \exp\left(-\frac{0.46\ \mathrm{ev}}{\mathrm{k}T}\right),$$
$$D(\mathrm{Sr^{2+}}) = 1.1 \times 10^{-3} \exp\left(-\frac{1.0\ \mathrm{ev}}{\mathrm{k}T}\right)$$

—which bear out the above predictions. Strictly speaking one should analyse the raw data, not on the basis of Eq. (45.1) but on the basis of the equations which apply when D is proportional to c[1].

c) Thermal diffusion and thermoelectric power.

48. Theory. Imagine a crystal containing lattice defects to be held in a temperature gradient. Owing to the increased defect concentration and the increased jump frequency at the hot end, it is clear that a flow of defects will

[1] C. WAGNER: J. Chem. Phys. **18**, 1227 (1950).

be set up. This flow of matter due to a temperature gradient is described as thermal diffusion. Now in an ionic crystal there are at least two kinds of defect and they will be oppositely charged. Since they will in general also have different mobilities the effect of a thermal gradient is therefore to produce a separation of charges. However, this separation is only incipient since the formation of a space charge immediately affects the flow of defects in such a way as to restore electroneutrality. In practice the steady state is characterised by the existence of an electric field—the diffusion field—which is just sufficient to make the net electric current zero. Such diffusion fields have been understood for many years in connection with normal diffusion in electrolytes containing ions of differing mobilities. In the present case of an ionic solid held in a temperature gradient the difference of potential between its ends can be measured, and it is therefore of interest to relate it to the fundamental parameters of the defects. We now proceed to a quantitative expression of this physical picture.

Firstly, in an *isothermal* system the equation for the current density of defect i is

$$j_i = D_i\left(-\frac{\partial n_i}{\partial x} + \frac{q_i n_i E}{\mathrm{k}T}\right), \tag{48.1}$$

where E is the electric field strength and q_i is the charge on defects of type i [cf. Eqs. (39.2) and (39.3) with (40.4)]. The thermodynamical treatment of irreversible processes [*36*] shows that in an anisothermal system $(\partial T/\partial x \neq 0)$ Eq. (48.1) must be replaced by

$$j_i = D_i\left(-\frac{\partial n_i}{\partial x} + \frac{q_i n_i E}{\mathrm{k}T} - \frac{Q_i^* n_i}{\mathrm{k}T^2}\frac{\partial T}{\partial x}\right), \tag{48.2}$$

where Q_i^* is the *heat of transport of defect i*. If we imagine two neighbouring parts of the system (I and II, say) maintained at temperatures T and $T+dT$ respectively, and if one defect, i, jumps from region I to region II, under conditions of constant pressure, then Q_i^* is defined as the heat absorbed by I and developed by II in such a way as to preserve their initial temperatures.

α) *Intrinsic region.* We now apply the thermodynamic Eq. (48.2) to a system containing two types of (intrinsic) defect of charge $-e$ and e (e.g. vacancies and interstitial Ag^+ ions in AgBr). We have

$$j_1 = D_1\left(-\frac{\partial n_1}{\partial x} - \frac{e n_1 E}{\mathrm{k}T} - \frac{Q_1^* n_1}{\mathrm{k}T^2}\frac{\partial T}{\partial x}\right), \tag{48.3}$$

$$j_2 = D_2\left(-\frac{\partial n_2}{\partial x} + \frac{e n_2 E}{\mathrm{k}T} - \frac{Q_2^* n_2}{\mathrm{k}T^2}\frac{\partial T}{\partial x}\right). \tag{48.4}$$

In the steady state the total electrical current will be zero and the system will be electrically neutral everywhere, i.e.

$$-e j_1 + e j_2 = 0,$$

and

$$n_1 = n_2 \equiv n.$$

The steady diffusion field E is therefore given by

$$-\frac{e n}{\mathrm{k}T}(D_1 + D_2) E = (D_1 - D_2)\frac{dn}{dx} + \frac{n}{\mathrm{k}T^2}(D_1 Q_1^* - D_2 Q_2^*)\frac{dT}{dx}. \tag{48.5}$$

Since the defects will be either FRENKEL or SCHOTTKY defects, it follows easily from either (5.3) or (6.1) that

$$\frac{dn}{dx} = \frac{dn}{dT} \cdot \frac{dT}{dx} = \frac{n\,h}{2\mathrm{k}T^2} \cdot \frac{dT}{dx}, \tag{48.6}$$

where h is the heat of formation of a defect pair (h_F or h_s of part IIa). Substitution of (48.6) into (48.5) gives

$$\frac{-E}{dT/dx} = \frac{-1}{e\,T} \frac{\{D_2(Q_2^* + \frac{1}{2}h) - D_1(Q_1^* + \frac{1}{2}h)\}}{(D_2 + D_1)}.$$

But the left hand side is simply the homogeneous thermoelectric power Θ [*36*] whilst the right hand side can be rewritten in terms of the ratio of mobilities $\varphi = D_2/D_1$. Hence

$$\Theta = \frac{-1}{e\,T} \frac{\{\varphi(Q_2^* + \frac{1}{2}h) - (Q_1^* + \frac{1}{2}h)\}}{(\varphi + 1)}. \tag{48.7}$$

This formula gives the homogeneous thermoelectric power of an ionic conductor in the intrinsic region. For NaCl the ratio φ is much less than unity (anion vacancies less mobile than cation vacancies) so that (48.7) reduces to

$$\Theta = \frac{1}{e\,T}\left(Q_1^* + \frac{1}{2}h\right),$$

where Q_1^* is the heat of transport of the cation vacancies. In AgCl and AgBr the two complementary defects have comparable mobilities and the full formula (48.7) must be used.

β) Region of impurity controlled conductivity. When the ionic conductor is not in the intrinsic temperature range, (48.7) is no longer applicable. Consider the situation typified by $AgBr + CdBr_2$ or $NaCl + CdCl_2$ in which the conductivity is almost entirely due to the free cation vacancies (Sect. 23). The current of free cation vacancies is

$$j_1 = D_1\left(-\frac{\partial n_1}{\partial x} - \frac{e\,n_1 E}{\mathrm{k}T} - \frac{Q_1^* n_1}{\mathrm{k}T^2}\frac{\partial T}{\partial x}\right), \tag{48.8}$$

whilst the current of impurity ions is equal to the current of impurity-vacancy pairs (Sect. 46)

$$j_k = D_0\left(-\frac{\partial n_k}{\partial x} - \frac{Q_k^* n_k}{\mathrm{k}T^2}\frac{\partial T}{\partial x}\right), \tag{48.9}$$

in which n_k is the number of complexes per unit volume and Q_k^* is the heat of transport of a complex. By the theory of Sects. 29 and 30, n_k and n_1 are related through

$$\frac{N\,n_k}{n_1^2} = 12\exp(\zeta_1/\mathrm{k}T), \tag{48.10}$$

in which N is the number of normal cations per unit volume and ζ_1 is the association energy. By differentiation of (48.10) it follows that

$$\left.\begin{aligned} \frac{1}{n_k}\frac{dn_k}{dx} - \frac{2}{n_1}\frac{dn_1}{dx} &= -\frac{1}{\mathrm{k}T^2}\left(\zeta_1 - T\frac{\partial\zeta_1}{\partial T}\right)\frac{dT}{dx} \\ &= -\frac{\chi_1}{\mathrm{k}T^2}, \frac{dT}{dx} \end{aligned}\right\} \tag{48.11}$$

where χ_1 is the heat of association. Now in the steady state both j_1 and j_k must vanish. By (48.9) therefore

$$\frac{1}{n_k}\frac{dn_k}{dx} = -\frac{Q_k^*}{\mathsf{k}T^2}\frac{dT}{dx}. \tag{48.12}$$

Likewise by (48.8)

$$E = -\frac{\mathsf{k}T}{e}\frac{1}{n_1}\frac{dn_1}{dx} - \frac{Q_1^*}{eT}\frac{dT}{dx}. \tag{48.13}$$

From (48.11) to (48.13) one then obtains

$$\Theta = \frac{-E}{dT/dx} = \frac{1}{eT}\left(Q_1^* - \frac{1}{2}Q_k^* + \frac{1}{2}\chi_1\right). \tag{48.14}$$

It may be noted that the degree of association does not enter explicitly into this formula. Since we expect Q_1^*, Q_k^* and χ_1 to vary only slowly with temperature, (48.14) predicts that $T\Theta$ is practically constant in the region of impurity controlled conduction.

γ) Kinetic treatment of the heats of transport. We have previously treated the elementary ionic jump on a largely formal basis and have not had occasion to enquire into the details of the processes by which an ion receives sufficient energy to move to a new position. A knowledge of such details is, however, necessary to a kinetic theory of thermal diffusion, since it is important to know the temperature and the location at which the activation energy is supplied as well as the magnitude of this energy. The only approach to this problem seems to be that made by WIRTZ[1] who made use of a rather crude physical argument. To illustrate this approach consider the movement of an interstitial ion by the direct mechanism (cf. Sect. 43). WIRTZ argues that each elementary jump of this ion involves the co-operative action of a number of ions. Firstly, of course, a certain amount of energy (Δg_1) must be given to the interstitial ion so as to send it in the direction of its final position. Secondly, WIRTZ supposes that energy Δg_2 must be given to the lattice ions situated between the initial and final positions so as to move them apart and allow the interstitial to jump through. Finally, if the interstitial is to be received in its new position, energy Δg_3 must be supplied there so as to form a hole for it. The sum of these energies is the total activation energy Δg,

$$\Delta g = \Delta g_1 + \Delta g_2 + \Delta g_3, \tag{48.15}$$

(cf. Sects. 15 and 16). The relevant point of this analysis of Δg for the treatment of thermal diffusion is that the various component energies are in general supplied at slightly different temperatures. If we consider one-dimensional diffusion and divide the lattice up into a sequence of planes perpendicular to the diffusion direction (as in Sect. 17 or 37), then we see that whereas Δg_1 may be supplied at temperature T, Δg_2 will be supplied at $T + \frac{1}{2}\delta T$ and Δg_3 will be supplied at $T + \delta T$, where δT divided by the jump distance is equal to the thermal gradient. If we then write down the net flow of interstitials across the dividing plane by using an expanded form of (16.1) for the jump probability [in the above example the form would be $\nu \exp(-\Delta g_1/\mathsf{k}T) \times \exp\left(-\Delta g_2/\mathsf{k}(T + \frac{1}{2}\delta T)\right) \times \exp\left(-\Delta g_3/\mathsf{k}(T + \delta T)\right)$], we recover (48.4) with

$$Q_2^* = \Delta h_1 - \Delta h_3 \quad \text{(interstitials)}, \tag{48.16}$$

[1] K. WIRTZ: Phys. Z. **44**, 221 (1943). There are a number of other papers by WIRTZ and co-workers dealing with applications of the theory to solids and to liquids treated on the basis of the quasi-crystalline model. For an account of this work see DE GROOT [*36*].

where Δh_1 and Δh_3 are the heat content parts of the free energies Δg_1 and Δg_3. When we consider vacancy motion we let Δg_1 denote the energy supplied to the ion which jumps *into* the vacancy. Then as Q_1^* is defined in (48.2) and (48.3) we have

$$-Q_1^* = \Delta h_1 - \Delta h_3 \quad \text{(vacancies)}. \tag{48.17}$$

According to the simple physical picture which we have described all the heats Δh_1, Δh_2 and Δh_3 will be positive and thus the magnitudes of Q_1^* and Q_2^* must be less than the corresponding heats of activation Δh.

49. Experimental. Although ionic conductors are, in principle, very favourable subjects for the study of thermal diffusion, very little work in fact appears to have been done. There are a number of early papers on silver and cuprous salts by REINHOLD and co-workers[1]. Of more recent work that of PATRICK and LAWSON[2] on AgBr has been carried out from the modern viewpoint of ionic conductors. These investigators measured the thermoelectric power of samples of AgBr and of AgBr + 0.25 Mol-% $CdBr_2$ fitted with silver electrodes. The total measured power will be the sum of the homogeneous thermoelectric power, discussed above, and the inhomogeneous thermoelectric power caused by the dependence of AgBr/Ag contact potential on the junction temperature [*36*]. This inhomogeneous power was estimated to be 140 microvolts/°C by REINHOLD and BLACHNY and this value was adopted by PATRICK and LAWSON so as to obtain Θ from the measured total power. Their results are given in Table 16.

It was found that the results for pure AgBr could be satisfactorily analysed on the basis of Eq. (48.7) using the φ values obtained by TELTOW from his conductivity data on AgBr (Table 9, p. 302). The procedure adopted by PATRICK and LAWSON was to use smoothed values of Θ and φ at two different temperatures to obtain $(Q_2^* + \frac{1}{2}h)$ and $(Q_1^* + \frac{1}{2}h)$ from (48.7). The actual experimental values of Θ were then analysed using these values of $(Q_2^* + \frac{1}{2}h)$ and $(Q_1^* + \frac{1}{2}h)$ to give φ as a function of temperature. Very good agreement between the two sets of φ values was obtained. TELTOW's analysis also provides a value for h, the heat of formation of FRENKEL defects in AgBr, namely 1.27 ev. Hence PATRICK and LAWSON find $Q_1^* = 0.017$ ev for the heat of transport of the interstitial Ag^+ ion and $Q_1^* = -0.385$ ev for the heat of transport of the vacancy. According to TELTOW's analysis the heats of activation for interstitial and vacancy movement are 0.157 ev and 0.368 ev respectively. The heat of transport of an interstitial ion is thus only a little greater than one tenth of the heat of activation. This is indeed reasonable since a large proportion of the heat of activation must be absorbed at the plane of atoms between the new and the old interstitial positions particularly if movement is by the interstitialcy mechanism [cf. Eq. (48.16)].

[1] H. REINHOLD: Z. anorg. allg. Chem. **171**, 181 (1928). — Z. phys. Chem. Abt. B **11**, 321 (1930). — Z. Elektrochem. **39**, 555 (1933). — H. REINHOLD and R. SCHULZ: Z. phys. Chem. Abt. A **164**, 241 (1933). — H. REINHOLD and A. BLACHNY: Z. Elektrochem. **39**, 290 (1933). — H. REINHOLD and H. MOHRING: Z. phys. Chem. Abt. B **38**, 221 (1937). — H. REINHOLD and H. BRAUNINGER: Z. phys. Chem. Abt. B **41**, 397 (1938). — H. REINHOLD and K. SCHMITT: Z. phys. Chem. Abt. B **44**, 75 (1939).

[2] L. PATRICK and A. W. LAWSON: J. chem. Phys. **22**, 1492 (1954). In connection with this paper it should be pointed out that these authors appear to misunderstand some of TELTOW's analysis of the conductivity of AgBr [*26*]. TELTOW showed that the values for the ratio of mobilities φ obtained from the minima of the conductivity isotherms were the same whether he used the ideal solution theory (Sect. 23) or the simple association theory (Sect. 30). These φ values are the ones PATRICK and LAWSON refer to as "uncorrected for association". The φ values which these authors refer to as "corrected for association" in fact are the values required by a quite different theory, namely the DEBYE-HÜCKEL theory of strong electrolytes *neglecting association* (curve 4 in Fig. 30).

On the other hand a vacancy would be expected to receive a jumping Ag^+ ion with little trouble so that we expect $-Q_1^*$ to be closely equal to the activation energy, as observed.

Table 16. *Thermoelectric power of pure* AgBr *and of* AgBr+*0.25%* $CdBr_2$ *as a function of temperature. The homogeneous power Θ is obtained from the total measured power dV/dT by subtracting the inhomogeneous power which is taken to be −140 microvolts/°C.*

T °K	$-\frac{dV}{dT}$, microvolts/°C	$-\Theta$, microvolts/°C	$-T\Theta$, millivolts	T °K	$-\frac{dV}{dT}$, microvolts/°C	$-\Theta$, microvolts/°C	$-T\Theta$, millivolts
	Pure AgBr				AgBr+0.25% $CdBr_2$		
667	570	430	286	381	373	233	88
625	660	520	325	391	370	230	91
588	770	630	370	404	358	218	88
556	882	742	411	418	315	175	74
526	1000	860	451	424	315	175	75
500	1110	970	485	441	290	150	67
476	1230	1090	521	459	278	138	63
455	1330	1190	543	465	290	150	70
				480	290	150	72
				519	418	278	144
				539	510	370	199

The results on the AgBr specimen containing $CdBr_2$ are in agreement with Eq. (48.14), at least at temperatures less than 480° K where the thermally produced defects can be neglected. As can be seen from Table 16 the product ΘT is closely constant. The mean value of this product is − 0.076 volts, whence $-Q_1^* + \frac{1}{2}Q_k^* - \frac{1}{2}\chi_1$ must equal 0.076 ev. Using the value $-Q_1^* = 0.385$ ev as found above and taking $\chi_1 = 0.16$ ev as found by TELTOW, we therefore get $Q_k^* = -0.46$ ev. This negative value is connected with the sequence of jumps which an impurity-vacancy pair must undergo in order to migrate in a given direction (sect. 46). — Thus HOWARD[1] has recently applied the WIRTZ kinetic approach to the thermal diffusion of complexes and has shown that

$$Q_k^* = (h_{e1} - h_{e3}) - 2(h_{a1} - h_{a3}),$$

where h_{e1}, h_{e3}, h_{a1} and h_{a3} are components of the heats of activation h_e and h_a for w_2 and w_1 jumps respectively [Sect. 48 (8)]. Both the magnitude and sign of the observed Q_k^* are thus made understandable.

In concluding this section we may say that the measurements which have been made on the thermoelectric power of AgBr give results which are in agreement with the model of FRENKEL disorder as treated by the rough theory of WIRTZ. Further measurements would however be of the greatest interest. In particular one would like to know whether Θ is independent of impurity concentration as (48.14) predicts. The necessity of subtracting the inhomogeneous power from the measured total power in order to obtain Θ, also draws attention to the need for studying ionic conductor/electrode junctions in more detail. Such studies are clearly related to the polarisation phenomena described in Sect. 39 and to the formation of space charges at ionic conductor surfaces[2].

50. Summary. In this article we have attempted to describe the subject of ionic conductivity in solids from the point of view of lattice imperfections [*4*]. We have shown how, in recent years, the subject has been advanced by the use

[1] R. J. HOWARD: J. Chem. Phys. (in the press).
[2] K. LEHOVEC: J. Chem. Phys. **21**, 1123 (1953).

of crystals containing defects introduced artificially by the addition of aliovalent impurities. We have also described how the detailed understanding of lattice defects in ionic conductors is greatly increased by the simultaneous determination of conductivity and the diffusion coefficient of radioactive tracers, since there exists a relation between conductivity σ and tracer diffusion coefficient D_T which depends on the nature of the atomic movements in the lattice. However the use of our knowledge of these relations as a research tool requires the greatest experimental accuracy in the determinations of σ and D_T.

A notable omission from our review is the discussion of the influence of energetic radiations upon the ionic conductivity. Since the bombardment of solids with high energy particles in general produces vacancies and interstitial atoms it would be highly satisfactory if a coherent picture could be obtained of the effects of radiation on ionic conductivity. Unfortunately this does not appear to be possible at the present time. The simple picture of a bombarding particle entering the lattice, colliding with atoms and so producing interstitials and vacancies is not very helpful here although it is of great use in connection with metals. Thus while most of the energy lost by fast charged particles passing through solids is lost by ionisation, this ionisation is not of much importance in metals since it is rapidly shielded out by the free conduction electrons. The primary effect in metals *is* the production of interstitial atoms and vacancies by direct collision. On the other hand in ionic conductors, and in particular in the alkali halides the effects of the ionisation appear to be so great that the production of interstitial ions and vacancies by direct collision can be neglected. One striking illustration of this fact can be drawn from the silver halides, namely the recording of the tracks of charged particles by the photographic plate.

For the purposes of this article a more direct illustration is provided by the experiments of PEARLSTEIN[1] who irradiated NaCl (and KCl) at about 50° C with 400 MeV protons and followed the resulting changes in conductivity as the crystals were warmed ($1\frac{1}{4}$° per min). The conductivity rapidly decreases on warming, reaching a minimum value of about 1/200th of the normal conductivity at 150° C. The damage anneals out and the conductivity returns to its normal value by about 400° C. The conductivity at the low temperatures (50 to 100° C), after irradiation but before heat treatment, is sometimes increased and sometimes decreased relative to the unirradiated values, depending on conditions, specifically on the dose. Results such as these are at present difficult to understand, particularly since they cannot be correlated with changes in optical proerties. For this reason we have omitted any detailed description of radiation effects. Mechanical effects have also been omitted since here too the experimental picture is very incomplete and the existing knowledge adds little to the main fabric of this article. It is possible however that the knowledge of lattice defects gained from conductivity studies may aid in understanding mechanical properties such as creep. For further information on radiation and mechanical effects the reader may consult the reviews by SEITZ [*37*].

Acknowledgments.

In conclusion I would like to acknowledge my debt to Professor F. SEITZ and Professor R. J. MAURER for having first introduced me to the study of ionic conductors. I would also like to record my thanks to my wife for assistance in improving the presentation of this article. Lastly I would like to acknowledge the benefit of discussions with my colleagues at A.E.R.E., in particular Dr. J. B. SYKES who helped me over a number of language barriers.

[1] Reported by R. SMOLUCHOWSKI: Report of the Conference on Defects in Crystalline Solids held at Bristol in July 1954, p. 252.

Bibliography.

In this section modern *experimental* work on, or pertaining to, ionic conductivity is listed according to the compound studied. When the studies have been made on specimens containing deliberate additions of impurities this fact is indicated in brackets. Although it is hoped that the more important recent papers are included it is not claimed that this bibliography is complete. For a compilation of data on ionic conductors see the article by R. J. FRIAUF entitled "Ionic Conductivity of Solid Salts" in the American Institute of Physics Handbook.

AgBr.

(1) The Nature of the Disorder Phenomenon in AgBr. C. WAGNER and J. BEYER: Z. phys. Chem. Abt. B **32**, 113 (1936). (Density and Lattice Parameter.)
(2) Thermal Constants at High Temperatures IV, the coefficient of expansion of AgCl and AgBr. P. G. STRELKOW: Phys. Z. Sowjet. **12**, 73 (1937).
(3) Lattice Defects in AgBr. C. R. BERRY: Phys. Rev. **82**, 422 (1951) (Lattice Parameter).
(4) High Temperature Specific Heat of AgBr. R. W. CHRISTY and A. W. LAWSON: J. Chem. Phys. **19**, 517 (1951)
(5) Lattice Defects in AgBr. H. KANZAKI: Phys. Rev. **81**, 884 (1951). (Specific Heat.)
(6) Heat Capacity and Thermal Diffusivity of AgBr. T. E. POCHAPSKY: J. Chem. Phys. **21**, 1539 (1953).
(7) Densities and Lattice Disorder of Impure AgBr crystals. H. JUNGHAUSS and H. STAUDE: Z. Elektrochem. **57**, 391 (1953). ($CdBr_2$.)
(8) Studies of Aging of Precipitates and Co-precipitation XXXIX Low Temperature Conductivity of AgBr. I. SHAPIRO and I. M. KOLTHOFF: J. Chem. Phys. **15**, 41 (1947).
(9) The Ionic Conductivity and Lattice Disorder of AgBr containing Divalent Impurity Cations, I and II. J. TELTOW: Ann. Phys., Lpz. **5**, 63, 71 (1949). ($CdBr_2$, $PbBr_2$.)
(10) The Ionic Conductivity and Lattice Disorder of AgBr containing Monovalent Impurities J. TELTOW: Z. phys. Chem. **195**, 197 (1950). (LiBr, NaBr, CuBr, AgCl and AgI.)
(11) The Ionic and Electronic Conductivity and Lattice Disorder of AgBr containing Ag_2S, CdS and PbS. J. TELTOW: Z. phys. Chem. **195**, 213 (1950).
(12) The Effects of Hydrostatic Pressure on the Ionic Conductivity of AgBr. S. W. KURNICK: J. Chem. Phys. **20**, 218 (1952). ($CdBr_2$.)
(13) Dipolar Resonance of Associated Defects in AgBr. J. TELTOW and G. WILKE: Naturwiss. **41**, 423 (1954). ($CdBr_2$.)
(14) Polarisation Effects in the Ionic Conductivity of AgBr. R. J. FRIAUF: J. Chem. Phys. **22**, 1329 (1954).
(15) Diffusion of Silver in AgBr and Evidence for Interstitialcy Migration. R. J. FRIAUF: Phys. Rev. (in the press).
(16) The Diffusion of Cd, Pb and Cu ions in AgBr crystals. E. SCHÖNE, O. STASIW and J. TELTOW: Z. phys. Chem. **197**, 145 (1951).
(17) Nuclear Magnetic Resonance Studies of Imperfect Ionic Crystals. F. REIF: Phys. Rev. **100**, 1597 (1955). ($CdBr_2$.)
(18) Thermoelectric Power of Pure and Doped AgBr. L. PATRICK and A. W. LAWSON: J. Chem. Phys. **22**, 1492 (1954).
(19) Effect of Plastic Deformation on the Electrical Conductivity of AgBr. W. G. JOHNSTON: Phys. Rev. **98**, 1777 (1955).

AgCl.

(1) Thermal Constants at High Temperatures IV, the Coefficient of Expansion of AgCl and AgBr. P. G. STRELKOW: Phys. Z. Sowjet. **12**, 73 (1937).
(2) The Heat Capacities of Inorganic Substances at High Temperatures, Part I, the Heat Capacity of AgCl. K. KOBAYASHI: Sci. Rep. Tôhoku Univ. **34**, 112 (1950).
(3) Heat Capacity and Lattice Defects in AgCl. K. KOBAYASHI: Phys. Rev. **85**, 150 (1952).
(4) The Ionic Conductivity and Lattice Disorder of AgCl containing Impurities. I. EBERT and J. TELTOW: Ann. Phys., Lpz. **15**, 268 (1955). ($CdCl_2$, CuCl, $PbCl_2$, Ag_2S.)
(5) Low Frequency Dispersion in Ionic Crystals containing Foreign Ions. R. G. BRECKENRIDGE: J. Chem Phys. **18**, 913 (1950). ($CdCl_2$.)
(6) Self-Diffusion of the Silver ion and Conductivity in AgCl. W. D. COMPTON: Thesis, University of Illinois 1955.
(7) Self-Diffusion and Conductivity in AgCl. W. D. COMPTON: Phys. Rev. **101**, 1209 (1956).

CaF_2.

(1) Mixed Crystal Formation between several Fluoride Salts of Different Formula Types. E. ZINTL and U. UDGARD: Z. anorg. allg. Chem. **240**, 150 (1939). (YF_3, ThF_4.)
(2) Ionic Conductivity of CaF_2 crystals. R. W. URE: Thesis, University of Chicago 1955. (YF_3, NaF.)

CeO_2.

(1) Fluorite Lattices with Vacant Anion Sites. E. ZINTL and U. CROATTO: Z. anorg. allg. Chem **242**, 79 (1939). (La_2O_3.)
(2) The Electrolytic Conductivity of the Mixed Crystals $CeO_2—La_2O_3$. U. CROATTO and A. MAYER: Gazz. chim. ital. **73**, 199 (1943).

CsCl.

(1) Electrical Conductance Mechanisms in solid caesium halides. W. W. HARPUR, R. L. Moss and A. R. UBBELOHDE: Proc. Roy. Soc. Lond., Ser. A **232**, 196 (1955).
(2) Conductance Mechanisms and the Thermal Transition in CsCl. W. W. HARPUR and A. R. UBBELOHDE: Proc. Roy. Soc. Lond., Ser. A **232**, 310 (1955).

KCl.

(1) Change in Density of KCl crystals on introduction of Divalent Ions. H. PICK and H. WEBER: Z. Physik **128**, 409 (1950). ($CaCl_2$, $SrCl_2$.)
(2) Transport Numbers of KCl crystals. F. KERKHOFF: Z. Physik **130**, 449 (1951). ($CaCl_2$.)
(3) Transference Numbers of Solid KCl with $SrCl_2$, K_2O and Na_2S as additives. G. RONGE and C. WAGNER: J. Chem. Phys. **18**, 74 (1950).
(4) On KCl crystals with Additions of Alkaline Earth Chlorides. H. KELTING and H. WITT: Z. Physik **126**, 697 (1949).
(5) The Ionic Conductivity of KCl with small additions of Different Metal Chlorides. K. ZÜCKLER: Thesis, University of Göttingen 1949.
(6) Ionic Conductivity of the Mixed System KCl—KBr and of KCl with Trivalent Additions. H. SCHULZE: Thesis, University of Göttingen 1952.
(7) Low Frequency Dispersion in Ionic Crystals containing Foreign Ions. R. G. BRECKENRIDGE: J. Chem. Phys. **18**, 913 (1950). ($CdCl_2$.)
(8) Low Frequency Dielectric Loss Peaks in KCl containing Divalent Cation Impurities. E. BURSTEIN, J. W. DAVISSON and N. SCLAR: Phys. Rev. **96**, 819 (1954). ($SrCl_2$, $PbCl_2$.)
(9) Self-Diffusion of K^+ ions in KCl crystals. H. WITT: Z. Physik **134**, 117 (1953).
(10) Self-Diffusion in NaCl and KCl. J. F. ASCHNER: Thesis, University of Illinois 1954.
(11) Behaviour of Defects in Alkali Halides produced by High Energy Protons and γ-rays. R. SMOLUCHOWSKI: Report of the Conference on Defects in Crystalline Solid held at Bristol in July 1954, p. 252.

KI.

(1) Investigation of self-diffusion in mono- and polycrystalline KI. F. NOYER and J.-F. LAURENT: C. R. Acad. Sci. Paris **242**, 3068 (1956).

KN_3.

(1) Ionic Conductance of Some Solid Metallic Azides. P. W. M. JACOBS and F. C. TOMPKINS: J. Chem. Phys. **23**, 1445 (1955). (Includes also azides of Li, Na, Ca, Sr and Ba.)

LaOF.

(1) Crystalline structures with a disordered lattice, LaOF. U. CROATTO: Gazz. chim. ital. **73**, 257 (1943). (LaF_3.)

LiBr, LiCl, LiF and LiI.

(1) The Ionic Conductivity of Li-halide Crystals. Y. HAVEN: Rec. Trav. chim. Pays-Bas **69**, 1259, 1471, 1505 (1950). (Mg halides.)
(2) Dielectric Absorption in LiF. J. S. DRYDEN and D. A. A. S. NARAYANA RAO: J. Chem. Phys. **25**, 222 (1956).

NaBr.

(1) Self-Diffusion and Ionic Conductivity in NaBr. H. W. SCHAMP and E. KATZ: Phys. Rev. **94**, 828 (1954).
(2) Self-Diffusion of Sodium in NaCl and NaBr. D. MAPOTHER, H. N. CROOKS, and R. J. MAURER: J. Chem. Phys. **18**, 1231 (1950).

NaCl.

(1) The Concentration and Mobility of Vacancies in NaCl. H. W. ETZEL and R. J. MAURER: J. Chem Phys. **18**, 1003 (1950). ($CdCl_2$.)
(2) The Concentration and Mobility of Positive Ion Vacancies in NaCl as a Function of Temperature. C. BEAN: Thesis, University of Illinois 1952. ($CaCl_2$.)
(3) Low Frequency Dispersion in Ionic Crystals containing Foreign Ions. R. G. BRECKENRIDGE: J. Chem. Phys. **18**, 913 (1950). ($CdCl_2$, $MnCl_2$, $NiCl_2$, $PbCl_2$.)

(4) Concentration and Association of Lattice Defects in NaCl. Y. HAVEN: Report of the Conference on Defects in Crystalline Solids held at Bristol in July 1954, p. 261.
(5) Dielectric Relaxation in NaCl Crystals. G. JACOBS: Naturwiss. **42**, 575 (1955).
(6) Self-Diffusion of Sodium in NaCl and NaBr. D. MAPOTHER, H. N. CROOKS and R. J. MAURER: J. Chem. Phys. **18**, 1231 (1950).
(7) Determination of Self-Diffusion in mono- and polycrystalline NaCl. J. F. LAURENT and J. BÉNARD: C. R. Acad. Sci., Paris **241**, 1204 (1955).
(8) Self-Diffusion in NaCl and KCl. J. F. ASCHNER: Thesis, University of Illinois 1954. ($CdCl_2$.)
(9) Diffusion of Radioactive Ions in Crystals. M. CHEMLA: Thesis, University of Paris 1954.
(10) Self-Diffusion of Sodium and Ionic Conductivity in $NaCl-CaCl_2$ Crystals. J. O. THOMSON: University of Illinois Technical Report (Astia Document No. AD-81051).
(11) Diffusion of the Chloride Ion in NaCl. D. PATTERSON, G. S. ROSE and J. A. MORRISON: Phil. Mag. (8) **1**, 393 (1956).
(12) Thermal Diffusion of Sodium Ions in NaCl crystals. T. I. NIKITINSKAYA and A. N. MURIN: Zh. tekh. Fiz. **25**, 1198 (1955).
(13) Change of Electrical Conductivity of NaCl upon Bombardment with High Energy Protons. E. A. PEARLSTEIN: Phys. Rev. **92**, 881 (1953).
(14) Behaviour of Defects in Alkali Halides produced by High Energy Protons and γ-rays. R. SMOLUCHOWSKI: Report of the Conference on Defects in Crystalline Solids held at Bristol in July 1954, p. 252.
(15) Effect of X-irradiation on the Self-Diffusion Coefficient of Na in NaCl. D. MAPOTHER: Phys. Rev. **89**, 1231 (1953).

PbF_2.

(1) Fluorite Lattices with Vacant Anion Sites. E. ZINTL and U. CROATTO: Z. anorg. allg. Chem. **242**, 79 (1939).
(2) Crystalline Structures with a Disordered Lattice, Fluorides of Lead and Bismuth. U. CROATTO: Gazz. chim. ital. **74**, 20 (1944). (Density and Lattice parameter.)

$SrCl_2$.

(1) Crystalline Structures with a Disordered Lattice, $SrCl_2$: U. CROATTO and M. BRUNO: Gazz. chim. ital. **74**, 246 (1946).

SrF_2.

(1) Mixed Crystal Formation between several Fluoride Salts of Different Formula Types. E. ZINTL and A. UDGARD: Z. anorg. allg. Chem. **240**, 150 (1939). (LaF_3.)
(2) Electrolytic Conductivity of Crystals. U. CROATTO and M. BRUNO: Gazz. chim. ital. **78**, 95 (1948). (LaF_3.)

TlCl.

(1) The Electrical Properties of TlCl containing Foreign Chlorides. K. HAUFFE and A.-L. GRIESSBACH-VIERK: Z. Elektrochem. **57**, 248 (1953). ($PbCl_2$, $SrCl_2$.)

General references.

In this list will be found papers of historical importance and papers which it is convenient to list here on account of the frequency with which they are referred to in the text (also papers referred to in tabular matter). This list is not a bibliography and the significance of these references for the subject of ionic conductivity may only be inferred from the text itself.

[*1*] HEVESY, G. VON: GEIGER-SCHEEL Handbuch der Physik, Vol. 13, p. 263. 1928.
[*2*] FRENKEL, J.: Z. Physik **35**, 652 (1926).
[*3*] SCHOTTKY, W.: Z. phys. Chem. Abt. B **29**, 335 (1935).
[*4*] SEITZ, F.: Imperfections in Nearly Perfect Crystals, p. 3. New York 1952.
[*5*] SCHOTTKY, W., and C. WAGNER: Z. phys. Chem. Abt. B **11**, 163 (1930).
[*6*] WAGNER, C.: Z. phys. Chem. Abt. B **38**, 325 (1938). — JOHNSON, R. P.: Phys. Rev. **56**, 814 (1939). The correct mathematical description of this model has been given recently by A. D. LECLAIRE and A. B. LIDIARD [*35*].
[*7*] TUBANDT, C.: Handbuch der Experimentalphysik, Vol. 12 (1), p. 383. 1932.
[*8*] JOST, W.: Diffusion in Solids, Liquids, Gases. New York 1952.
[*9*] HAUFFE, K.: Reaktionen in und an festen Stoffen. Berlin 1955.
[*10*] KOCH, E., and C. WAGNER: Z. phys. Chem. Abt. B **38**, 295 (1937).
[*11*] MOTT, N. F., and R. W. GURNEY: Electronic Processes in Ionic Crystals, 2nd ed. Oxford 1948.
[*12*] JOST, W.: J. Chem. Phys. **1**, 466 (1933).

[13] TUBANDT, C., H. REINHOLD and G. LIEBOLD: Z. anorg. allg. Chem. **197**, 225 (1931).
[14] SCHAMP, H. W., and E. KATZ: Phys. Rev. **94**, 828 (1954).
[15] KERKHOFF, F.: Z. Physik **130**, 449 (1951).
[16] JOST, W., and H. SCHWEITZER: Z. phys. Chem. Abt. B **20**, 118 (1933).
[17] TUBANDT, C., and co-workers quoted in LANDOLT-BÖRNSTEIN in Physikalisch-Chemische Tabellen 2nd Supplement p. 1047.
[18] TUBANDT, C., R. RINDTORFF and W. JOST: Z. anorg. allg. Chem. **165**, 195 (1927).
[19] LEHFELDT, W.: Z. Physik **85**, 717 (1933).
[20] BORN, M., and J. MAYER: Z. Physik **75**, 1 (1932).
[21] MOTT, N. F., and M. J. LITTLETON: Trans. Faraday Soc. **34**, 485 (1938).
[22] HUGGINS, M. L., and J. E. MAYER: J. Chem. Phys. **1**, 643 (1933).
[23] BRAUER, P.: Z. Naturforsch. **7**a, 372 (1952).
[24] BASSANI, F., and F. G. FUMI: Nuovo Cim. **11**, 274 (1954).
[25] STASIW, O., and J. TELTOW: Ann. Phys., Lpz. **1**, 261 (1947).
[26] TELTOW, J.: Ann. Phys., Lpz. **5**, 63, 71 (1949).
[27] ETZEL, H. W., and R. J. MAURER: J. Chem. Phys. **18**, 1003 (1950).
[28] RÖNTGEN, W. C., and A. JOFFÉ: Ann. Phys., Lpz. **41**, 449 (1913).
[29] JOFFÉ, A.: The Physics of Crystals. New York 1928.
[30] FRIAUF, R. J.: J. Chem Phys. **22**, 1329 (1954).
[31] MACDONALD, J. R.: Phys. Rev. **92**, 4 (1953).
[32] BARDEEN, J., and C. HERRING: Imperfections in Nearly Perfect Crystals, p. 261. New York 1952.
[33] FRÖHLICH, H.: Theory of Dielectrics. Oxford 1949.
[34] COMPAAN, K., and Y. HAVEN: Proceedings of the 3rd International Conference on Reactivity of Solids held in Madrid in April 1956. See also Trans. Faraday Soc. **52**, 786 (1956).
[35] LECLAIRE, A. D., and A. B. LIDIARD: Phil. Mag. (8), **1**, 518 (1956).
[36] DE GROOT, S. R.: L'Effet SORET, Amsterdam 1945 and Thermodynamics of Irreversible Processes, Amsterdam 1951. See also K. G. DENBIGH: The Thermodynamics of the Steady State. London 1951.
[37] SEITZ, F.: Rev. Mod. Phys. **26**, 7 (1954). Also Adv. Physics **1**, 43 (1952).

The Electrical Properties of Glass.

By

J. M. Stevels.

With 41 Figures.

A. The behaviour of glass in direct-current electric fields.

I. Volume properties.

1. Some remarks on the structure of glass in general. On the whole, glasses are poor conductors of electricity—at least at room temperature. The conduction is usually caused by the transport of ions.

Though the structure of glasses is treated in detail elsewhere in this Encyclopedia [*4*], it is useful to make here a few statements.

It is generally accepted that glass is built up from a network of oxygen tetrahedra (or triangles) in the centres of which network-forming ions such as Si^{4+}, B^{3+}, P^{5+} etc. have found a place. A number of these polyhedra have corners in common (so-called bridging oxygen ions) and in such a way an irregular network of oxygen polyhedra is formed with rather large open spaces (interstices). Oxygen ions that "belong" only to one polyhedron are called non-bridging oxygen ions. In the interstices of the network a number of positive ions (network-modifying ions) such as Li^+, Na^+, K^+, Ba^{++}, Ca^{++}, Mg^{++} may be taken up to such an extent as to compensate the excess of negative charge of the network due to the presence of non-bridging oxygen ions.

Networks of this type are very often characterized by the quantities R (= the average number of oxygen ions per network-forming ion), X (= the average number of non-bridging oxygen ions per polyhedron) and Y (= the average number of bridging oxygen ions per polyhedron). Confining ourselves to silicate glasses[1], where only oxygen tetrahedra occur, the following relations hold:

$$\left.\begin{aligned} X + Y &= 4, \\ X + \tfrac{1}{2} Y &= R, \end{aligned}\right\} \tag{1.1}$$

hence

$$\left.\begin{aligned} X &= 2R - 4, \\ Y &= 8 - 2R. \end{aligned}\right\} \tag{1.2}$$

The quantity Y, which with the aid of Eq. (1.2) may be calculated directly from the composition, characterizes the coherence of the network.

For fused silica (SiO_2) all oxygen ions are bridging ($R=2$ and $Y=4$). Fused silica, therefore, has a rigid network. Though the structure of fused silica has a great number of interstices, it is a tight structure as compared with glasses with a lower value of Y.

If a certain amount of metallic oxide, say Na_2O, is included in the Si-O network a number of bridging oxygen ions will each be replaced by two non-bridging

[1] For the more complicated borate and phosphate glasses cf. [*4*].

oxygen ions with the result that the value of Y decreases. The consequence is that the network becomes less rigid (the coherence of the network diminishes). From density measurements (cf. [4]) it is known, that the network "blows up" at the same time: the volume per gram mole oxygen ions increases, irrespective of the nature of the network-modifying ions. This means that the interstices and also the "windows" between the interstices become larger, the network on the whole becomes more open. Since the electric properties are mainly determined by the ease with which the network-modifying ions can move, the quantity Y is very important in this respect.

Some remarks have to be made about the notation of the composition of the glasses in this article. The components separated by a hyphen (-) are an indication of the system in general (for instance the system Na_2O-SiO_2). Usually the composition is given in mole percentages (for instance 30% Na_2O, 70% SiO_2) unless it is stated that percentages by weight are meant. In a few cases use is made of quasi-chemical formulae, expressed in mole fractions, in which case the components are separated by a point (for instance $x\,Na_2O \cdot (1-x)\,SiO_2$). The relation between x and X, Y and R are given by the equations

$$\left.\begin{aligned} R &= \frac{2-x}{1-x}, \\ X &= \frac{2x}{1-x}, \\ Y &= \frac{4-6x}{1-x}. \end{aligned}\right\} \tag{1.3}$$

There is no simple relation between n_m and x (n_m is a symbol used in this article for the number of mobile—for instance Na^+—ions per cm^3), but it is easy to understand that n_m and x decrease or increase monotonically, as Y increases or decreases.

2. General aspects of volume conduction. The conduction of glasses under the influence of an electric field results from the fact that the network-modifying ions do not jump at random from one interstice to another, but have a preference for a particular direction.

It appears from experience that not all the ions jump through the network with the same ease. We can even say that there are very few kinds of ions that make a marked contribution to the conduction at room temperature. These are the monovalent ions Li^+ and Na^+, and sometimes the K^+ ion. The two first-named ions are relatively small and have a low charge, so that they can jump easily through the network; they are called mobile ions. The K^+ ion is much less mobile. The same is the case with the divalent network-modifying ions, but there are signs that the Mg^{++} ion, as the smallest of this group of ions, may in certain circumstances also make a contribution.

In general, we find at room temperature for the commercial glasses a resistivity ϱ between 10^{10} and $10^{17}\,\Omega\,\text{cm}$[1]. Special glasses—in particular simple borate glasses—can show lower resistivity values at room temperature, even down to $10^5\,\Omega\,\text{cm}$.

The glass technologist has a wealth of empirical experience at his disposal to assist him in making up glasses of every desired resistivity in this range, but one must nevertheless note that no successful attempt has been made to correlate

[1] We shall make use in this chapter of the word conduction whenever we are referring to the general property. If, however, we wish to refer to this numerically, we shall talk of resistivity expressed in Ω cm.

this property with the composition in a more exact way, or to study the above mentioned rules based on experience more quantitatively.

Attempts have indeed been made to do this for simpler systems for which reference is made to Sects. 4 to 8.

Generally speaking, it is difficult to measure the resistivity of glass since it is often so extremely high, especially at room temperature. A very good method for this purpose is described by TAYLOR[1] for values of ϱ up to $10^{15}\,\Omega$ cm.

Suitable apparatus for measuring between 800 and 1400° C is described by HALLA, MASCHKA, PROISL, KOLLER and PÖLL[2]. This is the temperature range in which the resistivity is of the order of 1 to $10^3\,\Omega$ cm.

Other suitable apparatus for the measurement of ϱ at medium temperatures up to 1200° C have been described by COX, STERLING and KIRBY[3].

3. The dependence of resistivity on temperature. The dependence of the resistivity as a function of the temperature has been the subject of many investigations.

The results can be divided into two groups. Some investigators, especially those who have measured the conduction of glass at high temperatures (in the molten state) have concluded that the temperature dependence of the resistivity ϱ can be expressed as a series

$$\text{Log}\,\varrho = \alpha + \beta T + \gamma T^2 \ldots \tag{3.1}$$

in which T is the absolute temperature and α, β and γ are constants, β always having a negative value. The majority of investigators, especially those who have measured at lower temperatures, find a relation that can be expressed as follows

$$\text{Log}\,\varrho = A + \frac{B}{T} \tag{3.2}$$

in which A and B are constants, B usually having a value between 3000 and 6000° K. The value of B is usually high with glasses of high resistivity and vice versa (see Sect. 4). A usually lies between $+1.5$ (for glass with a very high resistivity) and -4.5 (for glass with a very low resistivity), but this does not mean that A and B always change monotonically (cf. Sect. 8).

Eq. (3.2) was first given by RASCH and HINRICHSEN[4] and is often associated with their names when mentioned in the literature on glass technology. In the general theory on semi-conductors and insulators this dependence is also well-known.

Figs. 1 and 2 give examples of a number of glasses after MOORE and DE SILVA[5] that follow the relation of RASCH and HINRICHSEN.

It is generally assumed that the conduction of glasses is caused entirely by ions. QUITTNER[6] and SCHILLER[7] showed by electrolysis tests on certain glasses that even at relatively low temperatures (20 to 50° C) this is the case for field strengths up to 1 MV/cm. PEYCHES[8] comes to a similar conclusion by studying the conduction with the aid of radioactive tracers.

---

[1] H. E. TAYLOR: J. Soc. Glass Technol. **39**, 193 (1955).
[2] F. HALLA, A. MASCHKA, J. PROISL, L. KOLLER and M. PÖLL: Mh. Chem. **81**, 1092 (1950).
[3] S. M. COX, J. F. STIRLING and P. L. KIRBY: J. Soc. Glass Technol. **35**, 103 (1951).
[4] E. RASCH and F. W. HINRICHSEN: Z. Elektrochem. **14**, 41 (1908).
[5] H. MOORE and R. C. DE SILVA: J. Soc. Glass Technol. **36**, 5 (1952).
[6] F. QUITTNER: Wien. Ber. **136** II A, 151 (1927).
[7] H. SCHILLER: Ann. Physik **83**, 137 (1927).
[8] I. PEYCHES: Sil. Ind. **21**, 209 (1956).

The relation of RASCH and HINRICHSEN may be derived for simple silicate glasses based on the statistical probability of a mobile ion jumping over a potential energy barrier in an electric field.

Let us consider the case where only one sort of mobile ion is present. These ions may jump from interstice to interstice in a network as described in Sect. 1.

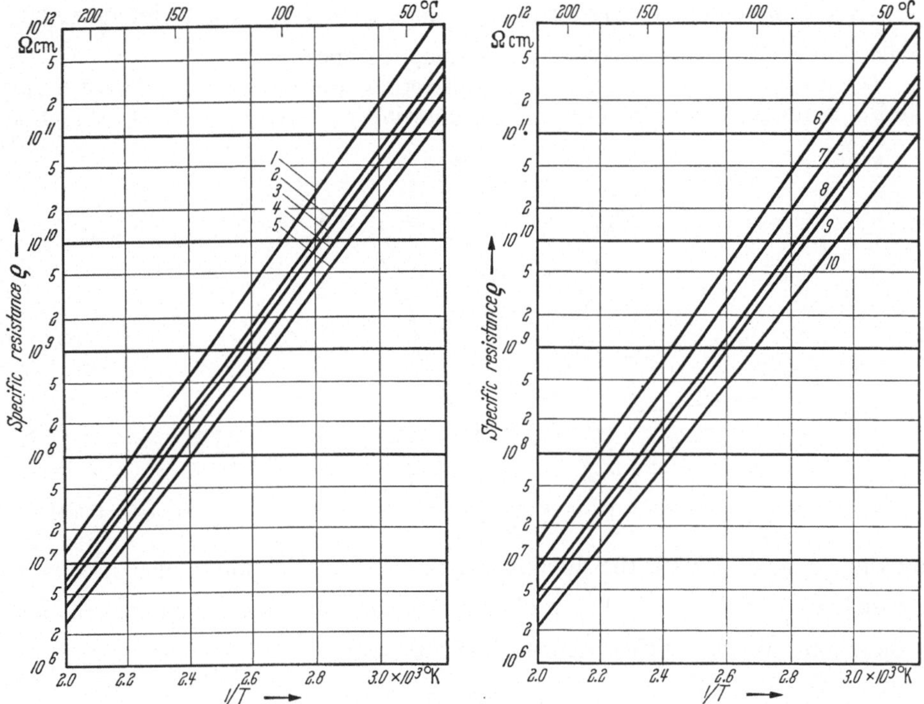

Fig. 1. The variation of resistivity with temperature for a series of glasses containing 90% by weight (SiO_2+Na_2O) and 10% by weight CaO. Glass No. 1 contains 74% SiO_2 and 16% Na_2O, No. 2 73% SiO_2 and 17% Na_2O, No. 3 72% SiO_2 and 18% Na_2O, No. 4 71% SiO_2 and 19% Na_2O and No. 5 70% SiO_2 and 20% Na_2O (after MOORE and DE SILVA[1]).

Fig. 2. The variation of resistivity with temperature of a series of glasses containing 74% by weight SiO_2 and 26% by weight (Na_2O+CaO). Glass No. 6 contains 10% CaO and 16% Na_2O, No. 7 9% CaO and 17% Na_2O, No. 8 8% CaO and 18% Na_2O, No. 9 7% CaO and 19% Na_2O and No. 10 6% CaO and 20% Na_2O (after MOORE and DE SILVA[1]).

As long as no electric field is applied, the probability of such a jump is equal in all directions. If an electric field is applied, the mobile ions will show a tendency to move on the average more in the direction of the field than in the opposite direction, thus giving rise to an electric current.

By jumping to another interstice, the mobile ion has to overcome a potential barrier φ. It is well-known, that the probability ξ of such a jump during a second (or the fraction of ions jumping per second) is given by

$$\xi = \nu \exp\left(-\frac{\varphi}{\mathsf{k}T}\right)$$

in which k is BOLTZMANN'S constant, T is the absolute temperature and ν is the frequency of the vibration of the ion in its interstice (which is of the order of 10^{13} sec^{-1}).

Consider first a linear model of the potential well, as drawn in Fig. 3. The electric field E makes a contribution to the potential energy of the mobile ion,

---

[1] See footnote 5, p. 352.

which is given by $-Eex$, in which e is the charge of the ion and x the co-ordinate in the direction of the field, measured from the zero point in the centre of the interstice.

Considering now one given mobile ion, the potential barrier in the direction of the field is increased by $-\frac{\eta}{2}Ee$, and in the opposite direction it is increased by $+\frac{\eta}{2}Ee$, if η represents the average distance from interstice to interstice (also called width of the potential barrier or jump distance).

By using the spatial analogy of this representation, we may derive RASCH and HINRICHSEN's formula (3.2) in the following way. In an arbitrary direction,

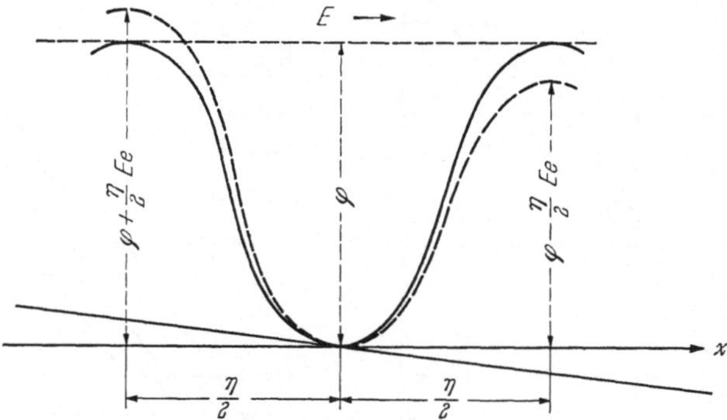

Fig. 3. Schematic two-dimensional representation of a potential energy barrier φ in an external electric field E.

making an angle ϑ with the direction of the field E, the potential barrier is increased by $-\frac{\eta}{2}Ee\cos\vartheta$. The probability $\xi_\vartheta\, d\vartheta$ that a mobile ion will jump in a direction given by angles between ϑ and $\vartheta + d\vartheta$ is given by

$$\xi_\vartheta\, d\vartheta = \nu' \exp\left(-\frac{\varphi - \frac{1}{2}\eta E e\cos\vartheta}{\mathrm{k}T}\right)\sin\vartheta\, d\vartheta \tag{3.3}$$

in which ν' is a new constant.

This constant ν' is closely related to the number of ways the mobile ion in question can actually jump (of the order of 2 to 6). If this number of neighbouring interstices is called b, the following relation should hold:

$$\int_0^\pi \nu' \sin\vartheta\, d\vartheta = b\,\nu$$

or

$$\nu' = \tfrac{1}{2} b\,\nu.$$

If n_m is the number of mobile ions per cm³ in the glass, the current per cm² (current density) is

$$i = n_m \int_0^\pi \xi_\vartheta\, d\vartheta \cdot \eta\cos\vartheta \tag{3.4}$$

since $\eta\cos\vartheta$ is the length of the jump projected in the direction of the field.

Confining ourselves to the cases where $\frac{\eta}{2}Ee$ is small compared with $\mathrm{k}T$ the exponential function of Eq. (3.3) can be expanded and the integral (3.4) worked out. From this it follows that

$$i = \frac{\nu\, b\, \eta^2 e^2 n_m}{6\mathrm{k}T} \cdot \exp\left(-\frac{\varphi}{\mathrm{k}T}\right) \cdot E.$$

The resistivity is defined by

$$\varrho = \frac{E}{i}$$

hence

$$\varrho = \frac{6\,\mathrm{k}T}{\nu\, b\, \eta^2 e^2 n_m} \exp\left(\frac{\varphi}{\mathrm{k}T}\right). \tag{3.5}$$

Confrontation of this formula with the empirical formula (3.2) gives

$$A = \mathrm{Log}\,\frac{6\,\mathrm{k}T}{\nu\, b\, \eta^2 e^2 n_m} \tag{3.6}$$

and

$$B = \frac{\varphi}{\mathrm{k}}\,\mathrm{Log}\,\mathrm{e}\,. \tag{3.7}$$

It should be noted that ν, b, η and φ are still functions of the concentration of the mobile ions and of the coherence of the network, in other words of Y. These questions will be discussed in more detail for formula (3.6) in Sect. 6, for formula (3.7) in Sects. 4 and 5.

Three other remarks have to be made. (1) In the following, φ is always expressed in electron volts (eV). Eq. (3.7) can accordingly be written as

$$\varphi = 0.198 \times 10^{-3}\, B \tag{3.8}$$

Rather than potential barrier we shall call φ the activation energy.

(2) Inserting in formula (3.6) $\mathrm{k} = 1.38 \times 10^{-16}$ e.s. units and the following plausible mean values $T = 400°$ K, $\nu = 10^{13}$ sec^{-1}, $b = 3$, $\eta = 9 \times 10^{-8}$ cm, $e = 4.8 \times 10^{-10}$ e.s. units and $n_m = 2 \times 10^{20}$ we find as a value for A: -1.6.

(3) When $\frac{\eta}{2} E e$ cannot be neglected as compared with $\mathrm{k}T$, Eq. (3.5) takes the form

$$\varrho = \frac{E\, f(\alpha E)}{\nu\, b\, \eta\, e\, n_m} \cdot \exp\left(\frac{\varphi}{\mathrm{k}T}\right) \tag{3.9}$$ [1]

in which

$$f(\alpha E) = \frac{\alpha E}{\cosh \alpha E - \frac{1}{\alpha E} \sinh \alpha E} \tag{3.10}$$

and

$$\alpha = \frac{e\,\eta}{2\,\mathrm{k}T}\,.$$

Some authors confirm an equation of the type (3.9); usually a formula of type

$$\varrho \sim \exp\left(\frac{\varphi}{\mathrm{k}T}\right) \mathrm{e}^{-\alpha E} \tag{3.12}$$

(relation of POOLE) is found experimentally. These results are discussed in Sect. 9.

The theory that leads to (3.6) and (3.7) is simplified in that η and φ are assumed to be constant, whereas only one sort of mobile ion is present. The conductivity (which is the reverse of the resistivity) is directly proportional to the concentration n_m of the ions under consideration and to the square of the width of the potential barrier.

---

[1] α is a constant not to be confused with the one in Eq. (3.1). For $\alpha E \ll 1$

$$f(\alpha E) = \frac{3}{\alpha E} \tag{3.11}$$

which again gives Eq. (3.5).

We must assume that both A and φ change with the temperature. The variation of φ with temperature is obvious: the more the temperature increases, the "softer" the windows between the interstices of the network and φ will decrease. No theory is available which describes satisfactorily the dependence of φ on the temperature.

Earlier findings indicated that, generally speaking, the resistivity of glasses as a function of T could be described with two values of B, at which an abrupt change in the transformation would occur. LITTLETON[1] has shown that this discontinuity is caused not by an abrupt transformation in the constitution of the glass but rather by a delayed change in the properties of the glass. If the glass is heated slowly enough a smooth curve without a break is obtained (compare also [4]). This indicates a gradual decrease of B (and thus of φ) with T.

Very little is known theoretically of how A changes with the temperature T.

STUART and ANDERSON[2] have viewed the problem more generally, taking as their basis that the width of the potential barrier η is given by

$$\eta \sim \exp(-\mu T + m T^2), \tag{3.13}$$

an equation that is derived from studies of viscosity in its relation to structure[3] and which shows how the network expands with increasing temperature (see also [4]). A very general equation for ϱ follows from this, which at high temperatures becomes an equation of the form (3.1) and at room temperature has the form of the relation of RASCH and HINRICHSEN, Eq. (3.2).

Although A and φ will in general vary with temperature, it is found in practice that the relation of RASCH and HINRICHSEN is still applicable in a certain range of temperatures.

The lower limit is usually about 50° C (cf. ref. 1 on p. 352 and [3]). Below this value, perceptible deviations start to appear, and these must in many cases be attributed to surface conduction. The upper limit is usually determined by the transformation range. There, the potential barriers φ and the jump distances η change in such a way that deviations from a relation that holds for a lower temperature are not surprising.

We shall not close this section without explicitly drawing attention to the fact that the relation of RASCH and HINRICHSEN is indeed often justified in practice, but that its constants A and B must not be regarded as having a well-defined physical meaning. The measured value of B is related to a certain average value of the existing potential heights φ, but the distribution function of these is as yet unknown.

The physical meaning of A is still more dubious. In the many theoretical treatments that exist for A (of which two are mentioned in this chapter) we come across formulae according to which A can either increase or decrease with temperature. MOORE and DE SILVA[4] note concerning the relation of RASCH and HINRICHSEN that the accuracy of the experimental results available at the moment is not of a sufficiently high order to indicate reliably whether or not there is a truly linear relationship between Log ϱ and $1/T$ nor whether A is constant, increases, or decreases as the temperature is raised.

It is noteworthy that in glass technology use has long been made of another quantity to characterize the conduction of glasses. This quantity, $T_{k_{100}}$[5] is

[1] J. T. LITTLETON: Industr. Engng. Chem. **25**, 748 (1933).

[2] D. A. STUART and O. L. ANDERSON: J. Amer. Ceram. Soc. **36**, 27 (1953).

[3] F. B. HODGDON and D. A. STUART: J. Appl. Phys. **21**, 1160 (1950).

[4] See footnote 5, p. 352.

[5] The symbol $T_{k_{100}}$ is associated with the fact that at the indicated temperature the resistivity is 100 MΩ cm.

the temperature at which the resistivity $\varrho = 10^8\,\Omega$ cm. It follows from (3.2) that

$$T_{k_{100}} = \frac{B}{8 - A}\,. \tag{3.14}$$

Since B in formula (3.2) varies only slightly as a function of the composition (certainly as long as only commercial glasses are compared), $T_{k_{100}}$ will be a quantity that is suitable for use as a standard of comparison between glasses.

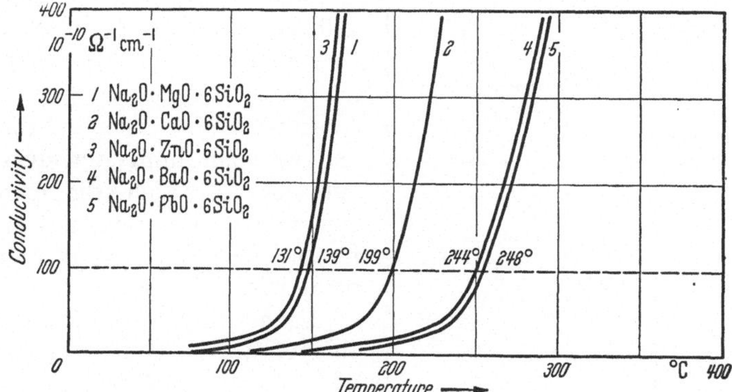

Fig. 4. The variation of conductivity with temperature of a series of glasses having the general composition $Na_2O \cdot MeO \cdot 6\,SiO_2$ (Me = divalent atom). The values for $T_{k_{100}}$ are indicated (after GEHLHOFF and THOMAS [2]).

$T_{k_{100}}$ varies for various glasses between about 100 and 400° C. The higher the value of $T_{k_{100}}$ the greater the resistivity of the glass in question.

An example of the use of $T_{k_{100}}$ is given in Figs. 4 and 5[1] which are taken from GEHLHOFF and THOMAS[2]. These data will be discussed in some detail in Sect. 6.

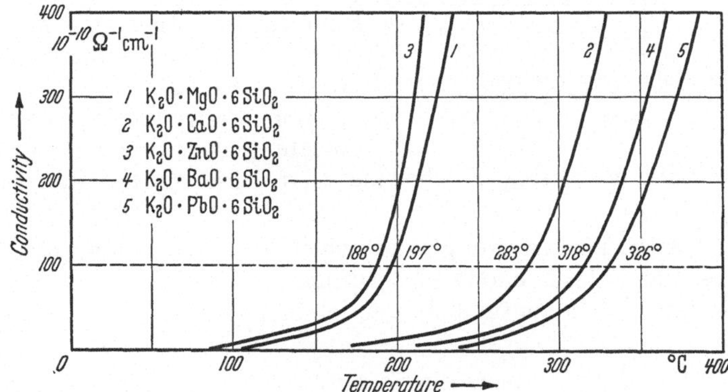

Fig. 5. The variation of conductivity with temperature of a series of glasses having the general composition $K_2O \cdot MeO \cdot 6\,SiO_2$ (Me = divalent atom). The values for $T_{k_{100}}$ are indicated (after GEHLHOFF and THOMAS [2]).

4. The dependence of the activation energy on the stiffness of the network. As we have seen in the foregoing the resistivity in the range between 50° C and the transformation range can usually be described with one value of B. The average activation energy φ can thus be directly calculated with the aid of (3.8). Usually values of φ are found between 0.55 and 1.1 eV.

[1] In these two figures the reciprocal of the resistivity, i.e. the conductivity, has exceptionally been used as ordinate.

[2] G. GEHLHOFF and THOMAS: Z. techn. Phys. 6, 544 (1925).

This quantity can also be found with entirely different methods of investigation, e.g. (1) from the temperature dependence of the diffusion constant for self-diffusion, measured with the aid of radioactive tracers (cf. [*4*]), (2) from dielectric loss measurements (cf. Sect. 19) or (3) measurements of mechanical damping (cf. also [*4*]).

The activation energy will in general depend on (1) the stiffness of the Si-O network, characterized by the quantity Y, and (2) the nature of the mobile cations.

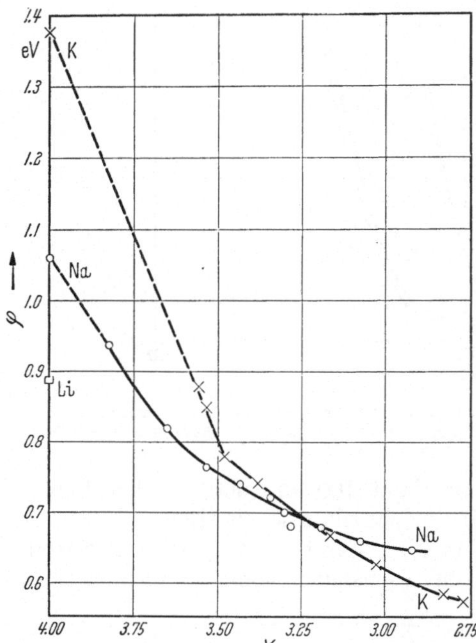

Fig. 6. The values of the activation energy φ as a function of Y for lithium, sodium and potassium silicate glasses.

The dependence named under (1) will be discussed in this section and that named under (2) will be discussed in Sect. 5.

For the discussion of the first problem we shall limit ourselves to simple systems, in which the composition is systematically varied and in which preferably only one sort of cation is to be dealt with.

Let us first consider for example the silicate glasses. With decreasing values of Y, the network will become less rigid and φ is also expected to decrease.

This expectation is confirmed by Fig. 6, which gives the relation between φ and Y for a number of potassium, sodium and lithium silicate glasses.

The values of φ are calculated from data taken from an article by ANDERSON and STUART[1], who in turn took them from various other authors. The values of φ for $Y=4$ are taken from a paper by VERHOOGEN[2].

For both sodium and potassium silicate glasses we find a gradual decrease of φ with decreasing Y (showing that with the last system there is a kink at $Y=3.47$).

Apart from the lead silicate glasses, which are discussed in Sect. 7, there are —as far as the author knows—no sufficient data available from which φ can be determined as a continuous function of Y in other simple vitreous silicate systems.

The decrease of φ with increasing concentration n_m of sodium ions, and hence with decreasing values of Y is, according to MÜLLER and co-workers[3], described by

$$\varphi\, n_m^{1/w} = \text{const} \tag{4.1}$$

in which $w \approx 2$ for sodium borate glasses and $w \approx 4$ for sodium silicate glasses.

The decrease of φ with increasing concentration of lead ions in borate glasses is discussed in Sect. 7.

---

[1] O. L. ANDERSON and D. A. STUART: J. Amer. Ceram. Soc. **37**, 573 (1954).

[2] J. VERHOOGEN: Amer. Mineral. **37**, 637 (1952).

[3] R. L. MÜLLER: Phys. Z. Sowjet. **1**, 407 (1932). — B. I. MARKIN and R. L. MÜLLER: Acta physicochim. USSR. **1**, 266 (1934). — R. L. MÜLLER: Acta physicochim. USSR **2**, 103 (1935).

5. The dependence of the activation energy on the nature of the cation. From Fig. 6 we can see that both for Na^+ ions and for K^+ ions φ varies between about 0.6 and 0.9 eV.

For the relatively tight networks ($4>Y>3.2$) φ is smaller for the Na^+ ion than for the K^+ ion. This could be explained if the latter ion for geometrical reasons found it more difficult to pass between the interstices than the former. With the more open networks (e.g. $Y<3.2$) this is no longer the case, and the K^+ ion will pass more easily since, being so large, it is less rigidly bound to its surroundings; φ is therefore smaller for the K^+ ion than for tha Na^+ ion. The kink in φ at $Y=3.47$ for the potassium silicate glasses may indicate the region where the spatial hindrance mentioned just begins to disappear, in other words here the diameters of the windows between the interstices are of the same order of magnitude as the diameters of the K^+ ions. Fig. 6 suggests in addition that at lower values of Y for each ion, φ approaches an asymptotic value. This might be referred to as the "specific activation energy" of the ion, and relates to the degree with which this ion is bound to its surroundings in very open networks, where no effect of spatial hindrance is involved.

Table 1. *The relation between the activation energy φ as a function of Y for a number of alkali borate glasses.*

	$Y=3.02$	$Y=2.88$	$Y=2.58$
Li^+	0.83	0.86	0.74
Na^+	0.74	0.77	0.67
K^+	0.60	0.62	0.47

From the resume of ANDERSON and STUART[1] it appears that for the lead silicates between $Y=3$ and $Y=0$ a constant value of φ is found and this is 1.1 eV. The very high value can certainly be attributed to the fact that the Pb^{++} ion is divalent. In the concentration range to which we here refer these Pb^{++} ions will certainly appear largely as network-forming ions, and therefore one should not regard this case as being entirely comparable to the monovalent ions.

Directly determined experimental values for φ, as calculated from the resistivity, cannot be expected for other ions in silicate glasses, since the glasses in question are difficult to obtain in a sufficiently well-defined state.

In comparison, the values of φ for Li^+, Na^+ and K^+ ions that have been diffused into fused silica[2] are very interesting. We are then concerned with extremely tight networks ($Y=4$), where φ for Li^+, Na^+ and K^+ is 0.89, 1.06 and 1.39 eV respectively. Steric factors here undoubtedly play an important role. These points fit well into Fig. 6.

For lithium, sodium and potassium borate glasses, LAURENT[3] found the values of φ given in Table 1.

Here we see that φ decreases in the series Li→Na→K borate glasses. Evidently, we are now out of the range in which spatial hindrance appears, and the smallest ion in this case has the greatest φ. The values are not entirely comparable to those of the silicates, because they concern measurements between 450 and 1000° C. The slight increase of φ going from $Y=3.02$ to $Y=2.88$ is difficult to explain.

For the barium borate glasses (range 46.8 to 60% BaO) MARKIN and MÜLLER[4] find a φ value of 1.66 eV, considerably higher than is found with the monovalent ions in borate glasses. For the Pb^{++} ions in borate glasses see Sect. 7.

[1] See footnote 1, p. 358.
[2] See footnote 2, p. 358.
[3] B. LAURENT: Verres et Réfr. **7**, 167 (1953).
[4] B. I. MARKIN and R. L. MÜLLER: Acta physicochim. USSR. **4**, 471 (1936).

Among the attempts to calculate φ theoretically as a function of the nature of the cation in silicate glasses, the work of ANDERSON and STUART[1] must be mentioned. The approach uses the classical ideas of ionic crystal theory and elasticity theory. The equation finally derived involves the radius and valence of the cation in question, the jump distance η, the shear modulus G of the glass, and three arbitrary parameters. Two of these parameters are shown to be related to the geometry of the network and determined from diffusion of gases in glass data. The other parameter is shown to be approximately numerically equal to the dielectric constant ε_s of the glass. The equation can only be used for glasses in which one type of network modifier ion is present. Taking $\varepsilon_s = 7$ and $G = 3 \times 10^{11}$ dynes/cm² the authors have calculated the values of φ for 17 different ions. The values found for φ are 0.87, 0.74 and 1.09 eV for the Li^+, Na^+ and K^+ ions respectively.

A comparison with the experimental values shown in Fig. 6 shows that the above assumptions do not give quite satisfactory results. This is not surprising since the activation energy φ can never be solely dependent on the nature of the cation, but is also dependent on the surrounding network.

At the moment it is not known how η, G and ε_s change with Y in the case of the simple silicate glasses and, therefore, the data for checking whether the experimental values of φ are actually described by the formula of ANDERSON and STUART are not available.

6. Further considerations concerning *A*. The resistivity does not only depend on φ, but also on the quantity A which, as we have already seen, can show a variation of the order of 6. The principal reasons for variations in A will be considered with reference to formula (3.6). These reasons are:

α) The variation of concentration of the mobile ions n_m. The greater this quantity, the smaller A.

β) The change of the jump mechanism of the ions in question. There are reasons to believe that this has only a slight influence on the numerical value of b and thus on A. For this reference should be made to [*4*].

γ) Variations in the jump distance η. With increasing values of n_m the network "blows up" and greater values of η can be expected, which results in a smaller value of A. The effects (α) and (γ) always co-operate. This is the reason why A is rather sensitive to the amount of jumping ions present: low-resistant glasses have a high negative value for A and high-resistant glasses even have a positive value for A (cf. Sect. 3).

δ) The effect of the hindrance caused by the presence of large immobile network-modifying ions. Although this effect is—also quantitatively—better known for the dielectric losses (cf. Sect. 22δ) general experience is that the presence of e.g. Ca^{++}, Ba^{++} and Pb^{++} ions etc. considerably reduces the conduction by, for instance, Na^+ ions.

On the one hand these immobile ions will occupy the available interstices so that b becomes smaller and can even approach 0; moreover, the surroundings of the Na^+ ions become "softer"—at least in the directions in which they can actually jump — so that ν becomes smaller. Both these effects result in a higher value of A.

Let us consider two glasses I and II with compositions 70.6% SiO_2, 17.5% Na_2O, 9.6% CaO, 1.4% Al_2O_3, 0.5% MnO and 0.4% ZnO and 70.6% SiO_2,

[1] See footnote 1, p. 358.

27.1% Na_2O, 1.4% Al_2O_3, 0.5% MnO and 0.4% ZnO respectively[1]. These compositions are so chosen that they have the same Y ($Y = 3.28$) whereas each Ca^{++} ion in glass I is replaced by 2 Na^+ ions in glass II. The number of Na^+ ions that contribute to the conduction is increased by a factor 1.55; for both glass I and glass II φ has a value of 0.75 eV, but for glass I A is -1 and for II it is -2.7. Going from I to II, therefore, the resistivity decreases by a factor 50, from which it appears that the presence of the Ca^{++} ions considerably hampers the mobility of the Na^+ ions. It is somewhat surprising that in the given case the experimental value of φ is not changed, a fact for which we have no explanation at the moment.

A good example of the effect is also offered by the glasses 6 to 10 in Fig. 2, which all have practically the same value of Y. Although going from glass 10 to 6, the concentration of the Na^{++} ions only decreases by a factor 1.25, the increase of CaO by a factor 1.67 results in an increase of resistivity at 50° C by a factor 20, and at 200° C by a factor 7. It should be noted that here the change in resistivity is not only due to a change in A, but also in φ; this is not entirely surprising, since "blocked" possibilities of jumps undoubtedly work out as higher values of φ. It is interesting to note that for the glasses 1 to 5 in Fig. 1, the change in the values of φ is only very small, since in this case practically no change of the concentration of Ca^{++} ions occurs.

Analogous examples (hindrance of Na^+ ions through the Ba^+ ions in borate glasses) are described by MARKIN[2]. Figs. 4 and 5 show that the *nature* of the divalent ion is also of importance. In the series shown, a replacement of Mg by Ca, Sr and Ba increases the resistivity. Case 3 (ZnO) is an exception, but this is probably connected with the fact that Zn^{++} ions partly take network-forming positions, so that this case is not comparable with the other ones. In this section we have summed up a number of causes which may influence the value of A. It is unfortunate that the experimental values of A available are not sufficiently reliable for directly checking formulae of the type (3.6) in a quantitative way (cf. Sect. 3).

7. Kinks in the resistivity versus composition curves with simple (binary) systems. Considering the facts so far mentioned, it is clear that with simple systems one must expect the resistivity to vary continuously with the composition. The surprising fact arises that this change can often be represented by (straight) lines with marking kinks. Fig. 7 shows a classic example, namely the resistivity of the Na silicate glasses as a function of the composition for various temperatures[3].

Similar kinks have also been found by KUZNETSOV and MELJNIKOVA[4] for the Na silicate, the K silicate and the Pb silicate glasses, as is shown in Figs. 8 and 9.

At least with the systems of Figs. 7 and 8 the value of Y for the kink is independent of temperature. The kink is less sharp at higher temperatures. Fig. 8 shows this for K silicate glasses, and for Na silicate glasses it is shown from an investigation carried out by BABCOCK[5], who extended the investigation shown in Fig. 7 to temperatures of 400 to 800° C. At 800° C the kink has completely disappeared. Both these cases suggest that the kinks have something to do

---

[1] J. VOLGER, J. M. STEVELS and C. VAN AMERONGEN: Philips Res. Rep. **8**, 452 (1953).
[2] B. I. MARKIN: J. techn. Physics USSR. **10**, 66 (1940).
[3] E. SEDDON, E. J. TIPPETT and W. E. S. TURNER: J. Soc. Glass Technol. **16**, 450 (1932).
[4] A. Y. KUZNETSOV and I. G. MELJNIKOVA: J. phys. Chem., Moscow **24** 1204 (1950).
[5] C. L. BABCOCK: J. Amer. Ceram. Soc. **17**, 329 (1934).

with the structure of the network. Gradual destruction of the network as a consequence of the higher temperatures makes the kink disappear more and more.

The kink for the Pb silicate glasses is found at $Y=2$, the one for the Na silicate glasses at $Y=3$, and the one for the K silicate glasses at $Y=3.47$. It is conceivable that for these values of Y the stiffness of the Si-O network may suddenly diminish, but it is difficult to state whether this has effect through a change in φ or a change in A or both. At $Y=3$ the situation is reached when in the average each SiO_4 tetrahedron has at least one non-bridging oxygen ion and in the case of the sodium silicate glasses this may facilitate the passage of the Na^+ ions through the windows. Since φ does not show a kink at $Y=3$, it is likely that the kink in the resistivity-composition curve is due to a change in the A value (changes in ν and η?). A similar remark may be made for the kink with the lead silicate glasses at the composition $Y=2$ where at least two non-bridging oxygen ions per SiO_4 tetrahedron occur.

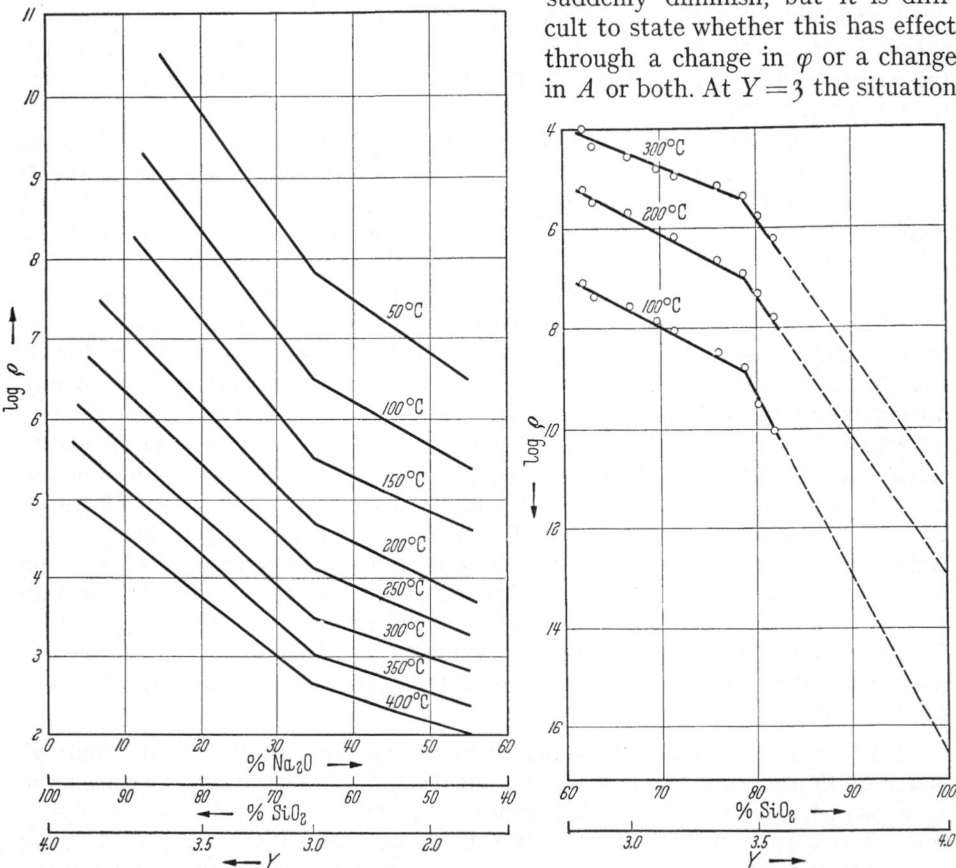

Fig. 7. The resistivity of sodium silicate glasses as a function of the composition and Y at various temperatures (after Seddon, Tippett and Turner [1]). The logarithmic scale means the Briggs logarithm.

Fig. 8. The resistivity of potassium silicate glasses as a function of the composition and Y at various temperatures (after Kuznetsov and Meljnikova [2]). The logarithmic scale means the Briggs logarithm.

Fig. 6 suggests that for the potassium silicate glasses the kink for ϱ at $Y=3.47$ is entirely or in part determined by the kink in φ [3].

[1] See footnote 3, p. 361.

[2] See footnote 4, p. 361.

[3] In Fig. 9 this kink is drawn at $Y=3.50$ in agreement with the original paper.

For the Na borate glasses SCHTSCHUKAREW and MÜLLER[1] note a kink in the resistivity versus composition curve at the composition $Na_2B_4O_7$ corresponding to $Y=3$ (see [3]).

For the Pb borate glasses MELJNIKOVA, EVSTROPYEV and KUZNETSOW[2] find kinks in the resistivity-composition curve with PbB_4O_7 (also at $Y=3$) and even an almost discontinuous increase with the composition 50% B_2O_3, 50% PbO. The position of these two kinks is again independent of the temperature—at any rate between 270 and 400° C. For the range measured between the composition 78.6% B_2O_3, 21.4% PbO and 66.7% B_2O_3, 33.3% PbO ($=PbB_4O_7$) φ is constant and very high, namely 1.75 eV, beyond which composition φ decreases gradually to 1.04 eV at the composition 31% B_2O_3, 69% PbO (the last measuring point) with a rather large drop in the neighbourhood of the composition 50% B_2O_3, 50% PbO. Both the kinks in the resistivity versus composition curve are thus very clearly correlated with a change in φ.

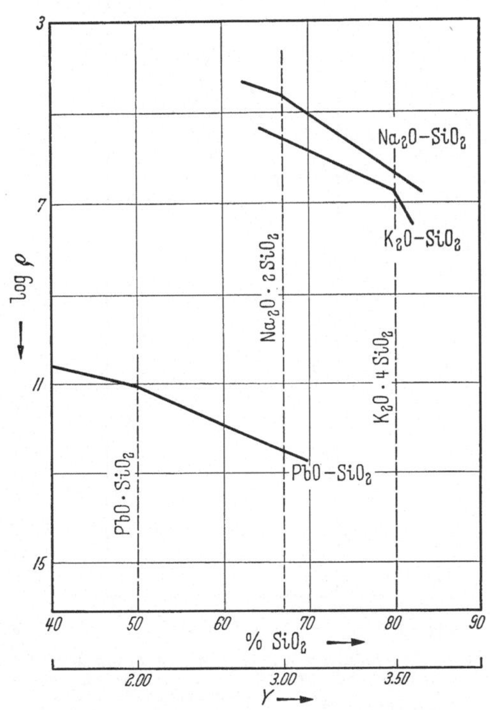

Fig. 9. The resistivity of sodium, potassium and lead silicate glasses as a function of the composition and Y at 200° C (after KUZNETSOV and MELJNIKOVA[4]). The logarithmic scale means the BRIGGS logarithm.

In the system Na_2O-B_2O_3 another kink is found in the resistivity versus composition curve at 4% Na_2O[1], the slope being greater at the high concentration side. This kink does not lie at a marking value of Y. We are inclined to relate this sudden increase with the fact that the networks of the Na borate glasses in this concentration range undergo a widening, as has been shown by density measurements[3].

8. The conduction in more complicated systems. If we examine the behaviour of the conduction in glasses containing more than one sort of network-modifying ions, we notice something which at first sight appears quite remarkable: in silicate systems having two sorts of alkali ions the resistivity cannot be calculated by linear interpolation between the resistivity of the different components. It even appears that there is not just a small deviation from this calculated value, but that there is also a pronounced maximum value. An example of this is shown by Figs. 10 and 11, both taken from LENGYEL and BOKSAY[5]. The calculated values in these figures refer to a theory by these authors, which we shall not discuss here.

---

[1] S. A. SCHTSCHUKAREW and R. L. MÜLLER: Z. phys. Chem., Abt. A **150**, 438 (1930).
[2] I. G. MELJNIKOVA, K. S. EVSTROPYEV and A. Y. KUZNETSOV: J. phys. Chem., Moscow **25**, 1318 (1951).
[3] J. M. STEVELS: J. Soc. Glass Technol. **30**, 303 (1946). — A. DIETZEL: Glastechn. Ber. **22**, 212 (1949).
[4] See footnote 4, p. 361.
[5] B. LENGYEL and Z. BOKSAY: Z. phys. Chem. **203**, 93 (1954).

This pronounced maximum is quite a normal phenomenon with other "ternary" vitreous systems, for which reference should be made to the further work of LENGYEL and his associates[1,2].

The phenomenon appears at various temperatures[2,3]. The maximum occurring with the ternary systems is not always found with the system in which the two cations are present in the same amount ($x=0.5$).

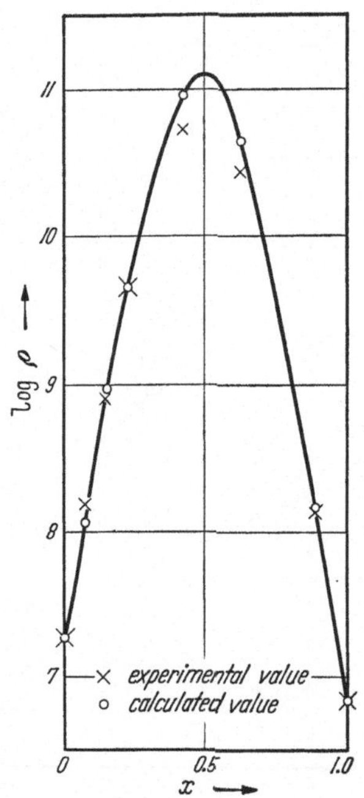

Fig. 10.

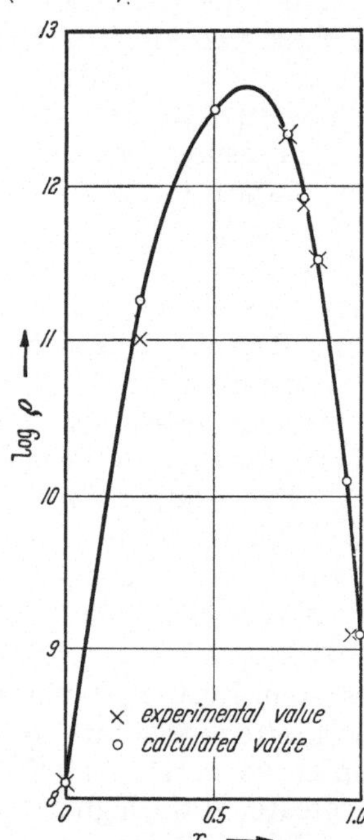

Fig. 11.

Fig. 10. The resistivity of a series of glasses containing 64% SiO_2, 26% $(Na, Li)_2O$, 7% BaO and 3% La_2O at 60° C, (after LENGYEL and BOKSAY[3]). The symbol (Na, Li) means a gradual substitution of Na by Li on a molar basis; x is a parameter equal to $\frac{\text{concentration of } Na^+ \text{ ions}}{\text{concentration of } (Na^+ + Li^+) \text{ ions}}$. The logarithmic scale means the BRIGGS logarithm.

Fig. 11. The resistivity of a series of glasses of composition $(Na, K)_2O \cdot 2\,SiO_2$ at 60° C (after LENGYEL and BOKSAY[3]); x is a parameter equal to $\frac{\text{concentration of } K^+ \text{ ions}}{\text{concentration of } (Na^+ + K^+) \text{ ions}}$. The logarithmic scale means the BRIGGS logarithm.

In a few cases it is known that this maximum is due to rather complicated changes of A and φ as a function of the composition (cf. Figs. 12 and 13, taken from VON LENGYEL[4].

Fig. 13 shows that in the centre of the system the ions appear to be more rigidly bound to their surrondings (φ passes through a maximum). Fig. 12 shows, however, that an increase of φ is coupled with a decreasing value of A and inversely.

The cause of the phenomenon could be explained as follows. We consider as an example a system in which Na^+ ions are replaced by K^+ ions, and vice versa. Coming from the side of high concentration of Na^+ ions and a concentration zero of K^+ ions and gradually replacing the former by the latter, the least rigidly bound Na^+ ions will be replaced by K^+ ions. The remaining Na^+ ions are on the average more rigidly bound, so that φ increases. With the replacement of the "last" Na^+ ions the result is just the opposite, since these are situated

[1] B. LENGYEL and F. TILL: Z. phys. Chem. **203**, 312 (1954).
[2] B. LENGYEL and Z. BOKSAY: Z. phys. Chem. **204**, 157 (1955).
[3] See footnote 5, p. 363.
[4] B. VON LENGYEL: Glastechn. Ber. **18**, 177 (1940).

in the smallest and deepest potential wells and contribute little to the conduction. If these Na^+ ions are replaced by K^+ ions, then the latter do not fit into the places of the former. In view of the many K^+ ions already present, these K^+

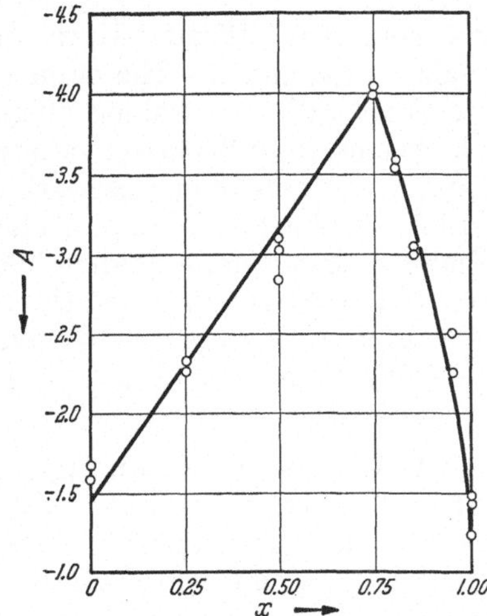

Fig. 12. The variation of the constant A with x for a series of glasses of composition $x\,K_2O \cdot (1-x)\,Na_2O \cdot 2\,SiO_2$ (after VON LENGYEL[1]).

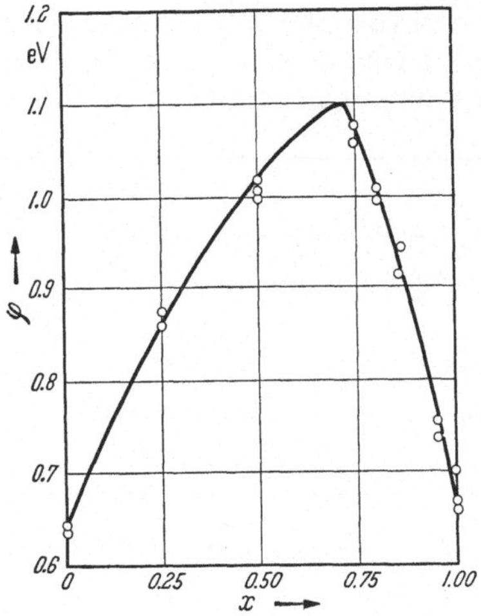

Fig. 13. The variation of φ with x for a series of glasses of composition $x\,K_2O \cdot (1-x)\,Na_2O \cdot 2\,SiO_2$ (after VON LENGYEL[1]).

ions must be accommodated in positions where they are very loosely bound. It is these K^+ ions that cause conduction, with the result that φ decreases again. It follows from this reasoning that the maximum value of φ is displaced well to the side of the K^+ions, as is shown in Fig. 13.

The fact that A goes through a minimum is probably related to the fact, that in the centre of the system considered, the packing of the network is much more compact than at both ends. This means a considerable increase of ν, and thus a decrease of A [cf. Eq. (3.6)].

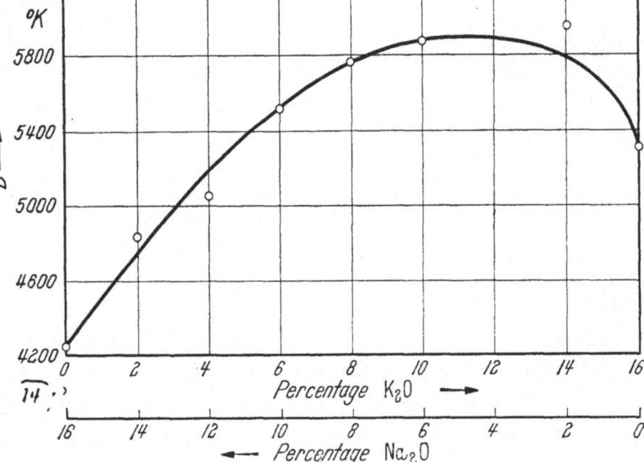

Fig. 14. The variation of the constant B for a series of glasses containing 74% by weight SiO_2, 16% by weight (Na_2O+K_2O) and 10% by weight CaO (after MOORE and DE SILVA[2]).

The effect discussed here applies in the case of many ternary systems. Such pronounced maxima are also found, for example, with Na-K[3], Li-K[3,4], Li-Na[4] and Na-Ba[4] borate glasses.

More complicated systems also show this phenomenon. A typical example is the system with 74% SiO_2, 10% CaO, 16% (K_2O+Na_2O) as described by MOORE and DE SILVA[2]. The values of B for this system are given in Fig. 14.

[1] See footnote 4, p. 364.
[2] See footnote 5, p. 352.
[3] N. I. BRODSKAYA and V. S. TATARMOVA: Uchenye Zapiski, Leningrad **5**, 241 (1940).
[4] B. I. MARKIN: J. techn. Physics USSR. **10**, 66 (1940).

The variations in φ as a function of the composition in the ternary systems $x\,M_2O\cdot(1-x)PbO\cdot SiO_2$ (in which M = Li, Na or K) with x varied from 0 to 0.40 have been studied by STRAUSS, MOORE, HARRISON and RICHARDS[1]. Here, too, similar maxima occur.

From the foregoing it will be clear that in general it is difficult with the more complex commercial glasses to predict the values of φ and A. The occurrence of the maxima mentioned in this section, together with the braking effect of large ions, the influence of variations in the stiffness of the network and all kinds of steric hindrance effects have such a complicated influence on the resistivity that at the moment it is impossible to give a numerical analysis of φ and A in these cases.

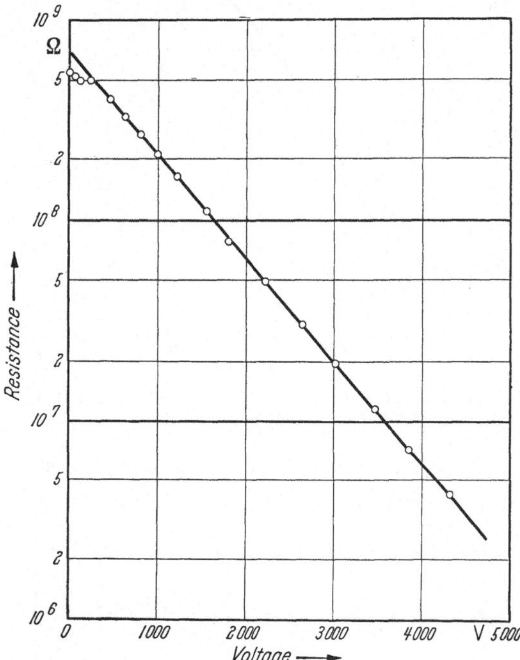

Fig. 15. The variation of resistance with voltage measured with a bulb of Schott Glass 1147 III at 20° C (after SCHILLER[3]). It should be noted that resistance (in Ω) is given instead of resistivity, and voltage (in V) instead of field-strength, but the linearity in this case means also that Eq. (9.1) holds.

9. The resistivity with high field strengths. Tests made by QUITTNER[2] and SCHILLER[3] have shown that the dependence of the resistivity of various sorts of glass on the field-strength E for a given temperature is given by a formula of the type

$$\operatorname{Log}\varrho = \text{const} - p\,|E| \tag{9.1}$$

in which p is a constant and $|E|$ is the absolute value of E.

The relation given above is often known as the POOLE relation, since the latter was the first to use it in the case of mica[4]. SCHILLER[3] found that the value of p for the sort of glass examined by him (Schott glass 1147 III) is practically equal to 1, if the field-strength E is expressed in MV/cm. The factor p is practically independent of the thickness of the test specimen. Thus the resistance only decreases by a factor 10 if one is dealing with field-strengths of the order of 1 MV/cm. An example due to SCHILLER is given in Fig. 15.

VENDEROVITCH and CHERNYKH[5] also describe their resistivity measurements on glass for microscope covering slides with the aid of POOLE's formula

$$\frac{1}{\varrho} = \frac{1}{\varrho_0}\exp(\alpha E) \tag{9.2}$$

which is another form of Eq. (3.12). The authors found that the relation $\varrho_0 \sim \exp(\varphi/kT)$ is fulfilled. From α they estimate the jump distance η of the mobile ions (Na^+ ions?) and find, in narrow temperature ranges, a fairly sudden, almost

[1] S. W. STRAUSS, D. G. MOORE, W. N. HARRISON and L. E. RICHARDS: J. Res. Nat. Bur. Stand. **56**, 135 (1956).
[2] See footnote 6, p. 352.
[3] See footnote 7, p. 352.
[4] H. H. POOLE: Phil. Mag. **32**, 112 (1916).
[5] A. M. VENDEROVITCH and V. I. CHERNYKH: J. techn. Physics USSR. **18**, 317 (1948).

steplike increase in this distance with increasing temperature. They interpret these jump-like changes as structural changes in the network. GLÄSER[1] also finds the relation of POOLE confirmed.

MAURER[2] on the other hand confirms experimentally the formula (3.9) for a commercial soda-lime glass and a pyrex glass. Above 0.7 MV/cm this author finds deviations for the former glass.

VERMEER[3] examines the resistivity of four different types of glass as a function of the field-strength between 0 and 1.5 MV/cm and compares Eqs. (9.2) and (3.9) mutually. According to this author the former formula describes the results better than the latter. He too can derive η from values of α; the jump distances η found by him seem to be reasonable values for the sorts of glass investigated; the values of η vary between 7 and 16 Å.

10. Limitation of the discussion of the preceding sections on volume conduction. The shortness of this article does not permit of the discussion of a number of other aspects of the conduction.

We have therefore omitted to mention the relation of the electric conduction to various other physical properties, the more so as these points will be referred to elsewhere in this Encyclopedia. For instance the relation of the conduction to the viscosity and the diffusion properties are discussed in the appropriate chapters in [*4*]. The same applies to the relation of the electric conduction to the stabilization condition of the glass. This subject can be discussed more elegantly in connection with other consequences of the stabilization, so that it seems appropriate to deal with the matter elsewhere.

A discussion of the dependence of the conduction on time and of the associated phenomena of polarization and depolarization, and of charging and discharging is not specific enough for glass to justify a place for it in this article. That these phenomena were first noted in the case of glass is probably due to the fact that the circumstances are favourable here (very high resistances and relatively slow charge carriers). For a thorough treatment reference should be made to [*1*] and ref. 1, p. 361).

The conduction of the molten silicates, although in some way related to the subject. treated in this chapter, does not fit in the scope of this article. This field is studied in detail by BOCKRISS and co-workers[4,5]. A discussion of the electric conduction in the non-traditional glasses, such as the tellurite, vanadate, molybdate and tungstate glasses[6] is also omitted, since the data available are still too provisional and too scarce.

11. Dielectric constant. The dielectric constant ε_s (s denotes the static field) varies rather strongly with glass composition.

For fused silica it is of the order of 4, whilst special glasses can be prepared with values of ε_s of the order of 20. The value of ε_s for the commercial glasses usually lies between 5 and 9. In order to obtain the higher values of ε_s, use must be made of network-modifiers, which have a large polarizability and can therefore contribute greatly to the dielectric displacement. In general PbO und BaO will thus be components which impart high values of ε_s to the glass.

Little systematic work has been done on the relation between ε_s and the composition. Here too it is experience that influences the glass technologist in his choice of compositions.

II. Surface properties.

12. Surface conduction in general. Along with volume conduction, surface conduction also plays an important role. Although surface conduction is

[1] G. GLÄSER: Z. angew. Phys. **4**, 12 (1952).

[2] R. J. MAURER: J. Chem. Phys. **9**, 579 (1941).

[3] J. VERMEER: Physica, Haag **22**, 1257 (1956).

[4] J. O. M. BOCKRISS, J. A. KITCHENER, S. IGNATOWICZ and J. W. TOMLINSON: Trans. Faraday Soc. **48**, 75 (1952).

[5] J. O. M. BOCKRISS, J. A. KITCHENER and A. E. DAVIES: Trans. Faraday Soc. **48**, 536 (1952).

[6] P. L. BAYNTON, H. RAWSON and J. E. STANWORTH: IVth International Congress on Glass, to be published, Paris 1957.

technically very important, very little quantitative research has been carried out on the subject. There are, however, good methods in existence for measuring the surface resistivity and volume resistivity separately[1,2].

The surface conduction is usually determined by the moisture on the glass and the electrolytic substances dissolved in it. It is therefore dependent to a great extent on various other circumstances, and among these we must mention the following:

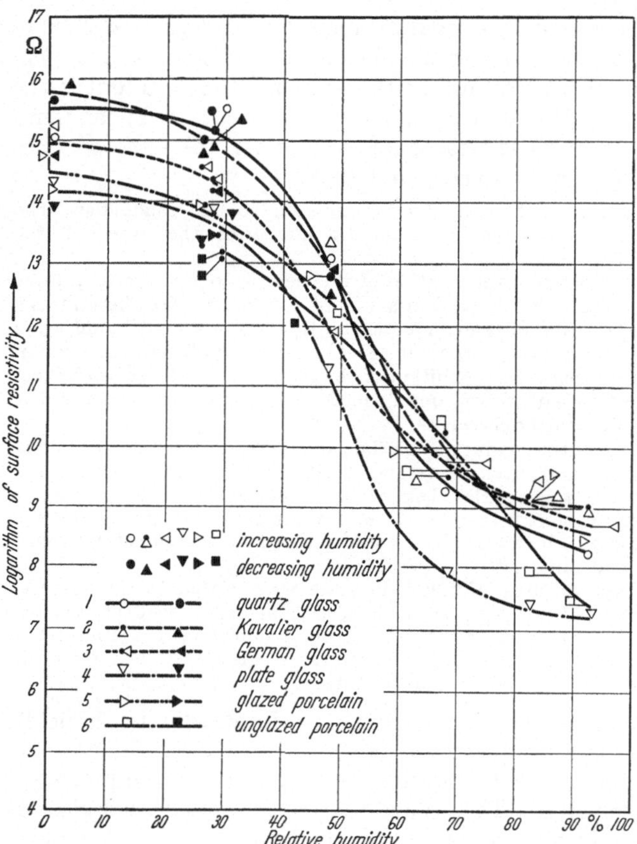

Fig. 16. The variation of surface resistivity with relative humidity of several commercial glasses (after Curtis[3]).

α) The relative humidity of the surroundings. The higher this humidity, the greater the surface conduction. This is clearly shown by Fig. 16, which is taken from Curtis[3]. For the lowest water vapour pressures obtained the surface resistivity for a number of commercial glasses is of the order of 10^{13} to 10^{16} Ω. With relative humidities up to 30% the surface resistivity remains practically constant, but beyond that it drops rather rapidly. For 100% humidity these glasses show surface resistivities of the order of 10^{7} to 10^{10} Ω.

β) The chemical resistance of the glass. The more unstable the glass is, and the more easily it gives off ions to the moisture film, the greater will be the surface conduction. In general, a high surface conduction is associated with those glasses in which mobile, loosely-bound ions such as Na^{+} or Li^{+} make an important contribution to the volume conduction.

γ) The surface structure. Kantzer[1] found, for example, that for a given glass and the same ambient relative humidity, surface resistivities occur in the ratio 1:4:18 according as the surface was obtained by mechanical grinding, obtained naturally (blown) or treated with acid. In the first case the surface area is artificially increased, whilst in the last case some of the mobile alkali ions are removed from the surface layer.

For the above three reasons it is difficult to obtain reliable and comparative figures for the surface conduction.

---

[1] M. Kantzer: Bull. Inst. Verre **1**, 11 (1946); **2**, 21 (1947).
[2] R. L. Green and K. B. Blodgett: J. Amer. Ceram. Soc. **31**, 89 (1948).
[3] H. L. Curtis: Bull. Bur. Stand. **11**, 359 (1914).

13. The control of the surface conduction by external means. It follows from the above that there are various ways in which the surface conduction can be reduced or increased.

For the first purpose, use should be made of glasses having a low alkali content or good chemical resistance (e.g. quartz glass or hard glasses).

There are also then various ways of treating the glass surface, namely

(1) removal of the mobile ions by a treatment with suitable acids,

(2) avoidance of rough surfaces,

(3) treating with substances that oppose the absorption of water (such as silicones etc.).

For various purposes it is important to have glasses whose surface resistivity is very much smaller than usual, e.g. of the order of 10^4 to $10^{10}\,\Omega$[1].

The principal methods of obtaining such layers are the application of

α) Metal layers. Surface treatments for obtaining low resistance layers include metalizing procedures (i.e. vacuum-deposited metal layer, reduction of metallic oxides, painting with lacquers containing metals in suspension or chemical treatment as used in silver or copper mirror treatments). Here the surface is insulating so long as the metal particles are not in contact, and if they are, then conduction takes place in the metal layer and will depend solely upon the properties of this layer. A disadvantage in many cases is, of course, the optical absorption.

β) Semi-conducting layers. (a) A second method is to apply a semi-conducting layer, for example by hydrolysis of mixtures of $SnCl_4$ and $SnCl_2$ or by reduction of a surface treated with $SiCl_4$. This method is widely used, although there are very little exact data known on the technique of carrying it out.

(b) Another method is to make the surface layer of the body of the glass semi-conductive. This is often very successful, for example with glasses having a very high PbO content. By means of a prescribed hydrogen treatment[2,3]. a conductive layer 50 to 100 Å thick can be made.

At treatment temperatures of 335 to 400° C the limit of the surface resistivity was 2 to $3\times10^9\,\Omega$. At higher temperatures this limit increased with temperature until at 520° C the glass had no measurable conduction. When the temperature increased from 350 to 520° C at a slow rate (about 2° C per minute) a value of $10^9\,\Omega$ was obtained. At temperatures between 335 and 400° C this surface resistivity follows the relation of Rasch and Hinrichsen (3.2) with a value of $\varphi=0.11$ eV, whereas in the range between 25 to 100° C the value φ is of the order of 0.065 eV. This may indicate an electronic surface conduction, instead of an ionic one.

It will be clear that in cases α) and β) (a) we are also concerned with an electronic surface conduction, a property actually not connected with the nature of the glass itself.

III. Dielectric strength.

14. Summary of recent information. The intrinsic breakdown field-strength[4] E_b of glasses is of the order of 10 MV/cm (Keller[5–7], Vermer[8,9]). The intrinsic

[1] This is frequently applied to glass windshields in aircraft: the formation of ice can then be prevented by means of an electric current. There are of course many other applications in this field.

[2] See footnote 5, p. 4.

[3] K. B. Blodgett: J. Amer. Ceram. Soc. **34**, 14 (1951).

[4] For the meaning of various concepts in this chapter, cf. [*6*].

[5] K. J. Keller: Physica, Haag **14**, 475 (1948).

[6] K. J. Keller: Physica, Haag **17**, 511 (1951).

[7] K. J. Keller: Phys. Rev. **86**, 804 (1952).

[8] J. Vermeer: Physica, Haag **20**, 313 (1954).

[9] J. Vermeer: Physica, Haag **22**, 1247 (1956).

breakdown process is most probably an electron avalanche process. Tests have shown, however, that the actual breakdown field-strength often has a lower value than the intrinsic breakdown field-strength.

This may be the result of faulty experimental technique, such as inhomogeneity of the test specimens, irregularities in the surface, incorrect positioning of the electrodes, or inhomogeneous distribution of the field within the material due to wrong shaping of the test specimen.

Owing to secondary ion processes, however, lower values may even be found with an improved experimental technique. These processes may give rise to the following effects:

α) *Space charges.* As a result of ion migration, space charges may appear in the test specimen[1] making the field distribution in the material of the test specimen inhomogeneous, particularly in thin ones, and resulting in a breakdown voltage and an (average) breakdown field-strength below the intrinsic value.

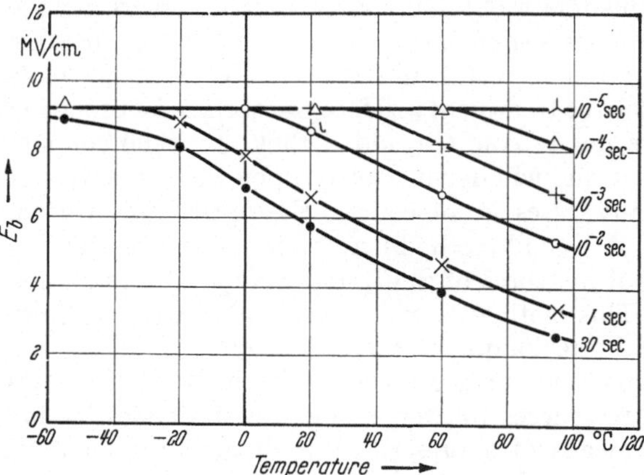

Fig. 17. The effect of temperature on the breakdown field-strength of Pyrex glass for different voltage rise times (after VERMEER[6]).

β) *Heating.* The power dissipated in the material in the form of heat, due to the conduction of ions, can result in considerable heating[2-4]. With thin test specimens so much heat is lost to the electrodes, or to the surrounding medium, that the temperature distribution and consequently also the conduction and field-strength become inhomogeneous to such an extent as to cause a breakdown field-strength below the intrinsic value. With thick test specimens the development of heat increases so rapidly at a certain field-strength value (below the intrinsic value) that breakdown results.

This "heat breakdown process" was described in 1922 for materials having a considerable conduction, whilst INGE and WALTHER[5] studied the process a few years later for glass. VERMEER[4] showed that even for good insulating glass it was possible for heat breakdown to occur at temperatures at which the ion conduction cannot be neglected.

For materials which would show a lowered breakdown field-strength owing to the above-mentioned ion processes, the intrinsic breakdown field-strength can still be found by reducing the measuring time (pulse voltage measurements) or by lowering the temperature, so that the ion conduction has no time to cause heating, and space-charge is entirely absent. Fig. 17, which is taken from VERMEER[6], gives a clear illustration of this for a Pyrex glass (glass 3 in Table 2).

[1] See footnote 7, p. 369.
[2] See footnote 5, p. 369.
[3] See footnote 6, p. 369.
[4] See footnote 9, p. 369.
[5] L. INGE and A. WALTHER: Arch. Elektrotechn. **19**, 257 (1928); **22**, 410 (1929); **24**, 259 (1930); **26**, 716 (1932).
[6] See footnote 8, p. 369.

15. Some earlier findings. With tests in which the above-mentioned effects are insufficiently taken into account some caution must be observed when interpreting the results. This applies particularly to D.C. tests on glasses at such a temperature that the ion conduction cannot be neglected. These tests will thus generally give considerably lower values for the breakdown field-strength than 10 MV/cm.

Moon and Norcross[1] noted three temperature ranges for the electric breakdown on the bases of their experiments:

(1) At low temperatures (below 0° C or thereabouts) an (intrinsic) breakdown field-strength, independent of the temperature.

(2) At high temperatures (above 160° C or thereabouts) a breakdown field-strength that decreases rapidly with increasing temperature.

(3) With intermediate temperatures a change-over range in which the breakdown field-strength is less dependent on the temperature. In range (1) an (2) the logarithm of the breakdown field-strength should be linearly related to the inverse of the absolute temperature. Later tests have shown, however, that these three ranges are not as sharply divided as Moon and Norcross indicated.

Von Hippel and Maurer[2] find, for a soda-lime glass, a breakdown field-strength of 5 MV/cm at −180° C, which starts decreasing rapidly above − 50° C. For fused silica they find a value of 7 MV/cm at −80° C, this value decreasing rapidly above −50° C. It is of interest to note that they find that in the same temperature range with quartz crystals the breakdown field-strength increases with temperature from 4 MV/cm at −80° C to about 7 MV/cm at −60° C, which is in agreement with the fact that the mean free path of electrons in crystals decreases with increasing temperature.

Austen and Whitehead[3] find with "gold ruby glass", whose colour is due to colloidal gold particles about 10^{-5} cm in diameter, that within the margin of measuring error there is no noticeable difference between the breakdown field-strength and that of basic glass which contains no gold.

Gläser[4] describes conduction and breakdown tests on very thin foils of glass (1 to 0.07 μ), which are provided with very thin metal electrodes by vaporisation in a vacuum. When breakdown occurs in a given point these electrodes burn through nearby, so that steadily higher values are found for the breakdown field-strength. It is worthy of note that within the margin of measuring accuracy Gläser found no dependence of the breakdown field-strength on the thickness even for the low value of 0.07 μ. At 23° C he finds a breakdown field-strength of $(3.70 \pm 0.53) \times 10^6$ V/cm. Vermeer[5] has found that below a layer thickness of 5 μ the breakdown fields-strength begins to increase and at 1 μ the intrinsic value may be far exceeded. The explanation of this is very likely the fact that the length of the electron avalanches, which are large enough to cause breakdown, is comparable to the layer thickness. Analogous to this phenomenon an increase in the breakdown field-strength above the intrinsic value can be expected with a pulse voltage of such a short duration that it is comparable to the build-up time for the avalanche.

A survey of the dielectric strength of glass from the engineering viewpoint is given by Shand[6].

---

[1] P. H. Moon and A. S. Norcross: Trans. Amer. Inst. Electr. Engrs. **49**, 125 (1930).
[2] A. von Hippel and R. J. Maurer: Phys. Rev. **59**, 820 (1941).
[3] A. E. Austen and S. Whitehead: Proc. Roy. Soc. Lond., Ser. A **176**, 33 (1940).
[4] See footnote 1, p. 367.
[5] See footnote 9, p. 369.
[6] E. B. Shand: Trans. Amer. Inst. Electr. Engrs. **60**, 814 (1941).

16. Relation of the dielectric strength to the resistivity. The intrinsic breakdown field-strengths found by VERMEER[1,2] for four commercial glasses are given in Table 2.

There appears to be no clear connection between the small differences in intrinsic breakdown field-strength and the composition of the glass (indicated in the table by the Na_2O content), but the critical temperature (which in this connection is defined as the temperature above which the breakdown field-strength measured with D.C. drops noticeably below the intrinsic value) appears to be definitely related to the sodium content and the associated ionic conduction (cf. line 4 in table 2, in which ϱ_{200}, the resistivity at 200° C measured with a field-strength less than 50 kV/cm is given)[4]. The smaller the resistivity the lower the temperature at which heat breakdown may appear. A quantitative calculation was carried out by VERMEER[2] taking into account the dependence of the field-strength on the resistivity at higher field-strengths than 50 kV/cm. A comparison between this calculation and the experimental results shows that the deviations of the intrinsic breakdown field-strength appearing above the critical temperature can be explained by a heat breakdown process.

Table 2. *Intrinsic breakdown field-strength in relation to other properties of four different commercial glasses.*

Sort of glass	1	2	3	4
Intrinsic breakdown field-strength in MV/cm	9	11.5	9.2	9.9
Critical temperature in °C	−150	−125	−60	+150
Percentage by weight Na_2O	12.8	5.1	3.5	0
Resistivity at 200° C (ϱ_{200}) in Ω cm	2×10^8	6×10^8	1.25×10^9	2.5×10^{14}

B. The behaviour of glass in periodic electric fields.

I. Dielectric losses as a function of the temperature and the frequency of the applied field.

17. Dielectric losses in glasses in general. If glass is brought into a periodic electric field, there will generally occur a phase angle δ which shows how much the difference in phase between current and applied voltage differs from $\pi/2$.

The angle δ is termed the *loss angle* and $\tan\delta$ the *power factor*. The importance of this quantity in electrical engineering is seen from the formula for the power dissipated in the form of heat W per unit volume per unit time

$$W = \frac{E_0^2 f \varepsilon' \tan\delta}{8\pi} \tag{17.1}$$

in which

E_0 = the maximum value of the electric field-strength,
f = the frequency of the applied field in cycles,
ε' = dielectric constant at the given frequency.

[1] See footnote 8, p. 369.
[2] See footnote 9, p. 369.
[3] See footnote 3, p. 367.
[4] The resistivity depends on the temperature and the field-strength, the relation being somewhat complicated. The arbitrary temperature of 200° C has been chosen because the resistivity at that temperature is measurable for all four glasses and the field-strength is chosen less than 50 kV/cm because the resistivity is then independent of the field-strength.

Therefore, ε' tan δ (the so-called *loss factor*) representing the dissipated energy per cycle for unity field-strength, is a measure of the dielectric losses.

The power factor tan δ has been the subject of considerable research.

The model given in Fig. 18 shows how tan δ varies as a function of temperature and frequency.

Sections at 50° K and at 300° K are given in Fig. 19. This model holds very generally for glasses, with the restriction that the vertical ordinate on which tan δ is plotted may differ from one glass to another. The positions of the minima and maxima may also differ from one case to another.

The dark part of the model (except for the upper cutting plane) represents that part of the tan δ-f-T surface which is known from experiments.

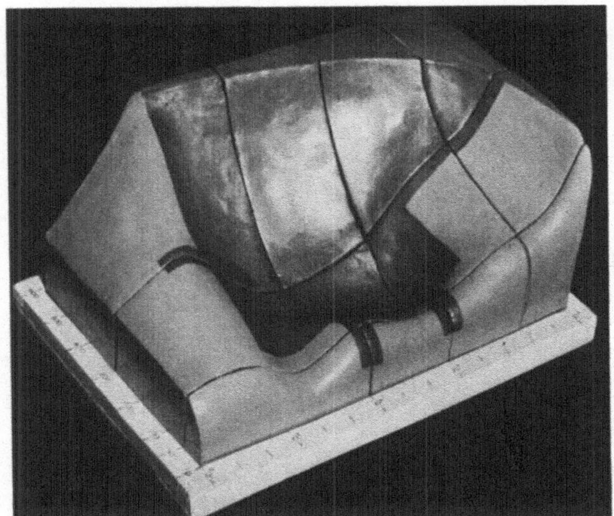

Fig. 18. A three-dimensional model showing the f (frequency)—T (temperature)—tan δ surface for glasses. Temperature scale from 0° K in the foreground to 600° K in the left-hand background, frequencies in a logarithmic scale from 10^{12} c/sec on the left-hand side falling to 10^{-3} c/sec on the right-hand side of the figure.

The seemingly complicated picture that shows tan δ as a function of f and T can be understood if the said surface is regarded as being the sum of four contributions, namely

(1) the conduction losses,

(2) the dipole relaxation losses (sometimes called relaxation losses),

(3) the vibration losses,

(4) the deformation losses.

Losses of the types (1) and (2) are very often taken together and described under the name migration losses.

The typical features of these four types of losses, the "spectrum" of which is represented schematically in Fig. 19, will now be treated separately.

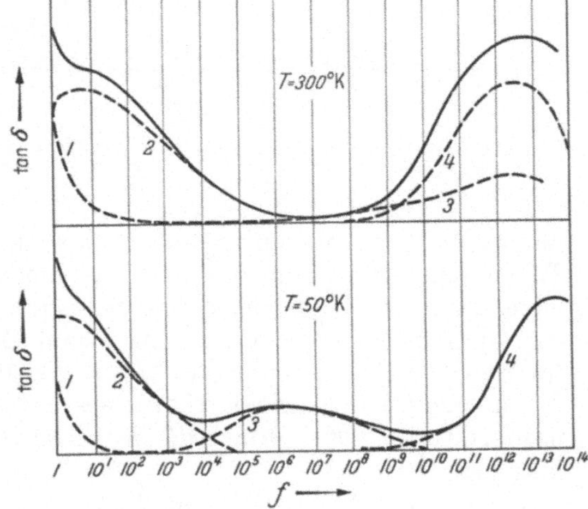

Fig. 19. Showing the general shape of tan δ as a function of the frequency f at 300° K and 50° K. The fully drawn curves give the total losses. The four different contributions (discussed in Sects. 18 to 21) are given by dotted lines.

18. Conduction losses. Under the influence of an electric force the networkmodifying ions move through the whole of the network, and in doing so they give off part of the energy obtained from this force to the network in the form of heat. A better name, therefore, would be "D.C. conductivity losses", but this has so far not been used in the literature.

The conduction losses (curve 1 in Fig. 19) depend on the resistivity ϱ according to the formula

$$\tan\delta = \frac{1}{2\pi f \varrho \varepsilon' \varepsilon_0} \tag{18.1}$$

in which the constant $\varepsilon_0 = 8.85 \times 10^{-14}$ F/cm, if ϱ is expressed in Ω cm. Thus $\tan\delta$ should be inversely proportional to the frequency (since ε' is not frequency-dependent, or hardly so), and the energy dissipated per unit time does not depend upon the frequency.

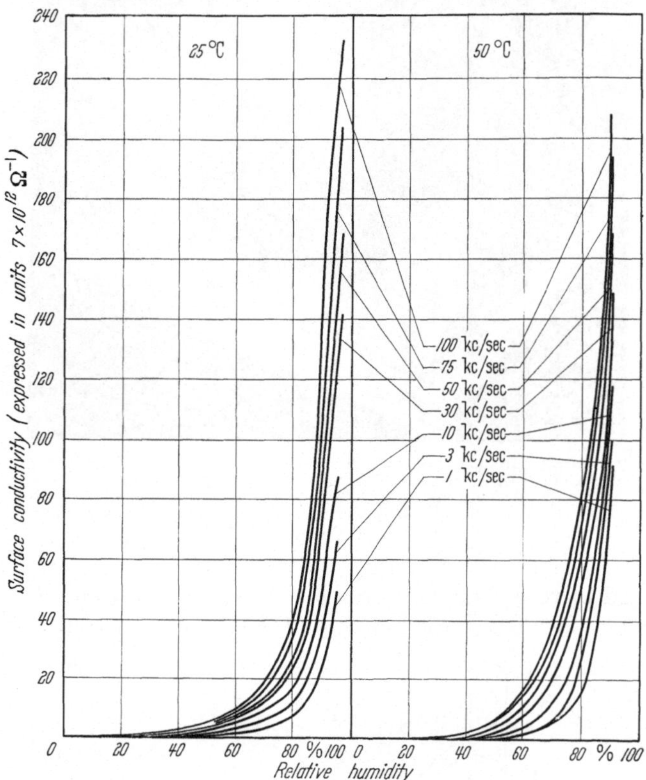

Fig. 20. The surface conductivity of Pyrex chemical resistant glass at 25 and at 50° C as a function of relative humidity for various frequencies (after Yager and Morgan [2]).

At practically all frequencies these conduction losses are small at room temperature as compared with other losses. If, for instance, $\tan\delta$ for a commercial sodalime glass ($\varrho = 10^{12}\,\Omega$ cm, $\varepsilon' = 8.8$) is calculated at room temperature according to Eq. (18.1) for a frequency $f = 10^3$ c/sec, the small value of 18×10^{-4} is found, whereas an actual measurement gives $\tan\delta = 240 \times 10^{-4}$. As a general rule the conduction losses for frequencies higher than 50 c/sec are negligible compared with the other losses.

The conduction losses may only become important when measuring at very low frequencies[1] or at high temperature. The temperature influence on the conduction losses is evident. Since ϱ increases greatly with decreasing temperature, the conduction losses decrease with decreasing temperature. In general the conduction losses shift to lower frequencies at lower temperatures (cf. Fig. 19).

In practice these conduction losses are difficult to determine in their pure form, since they are "drowned" in the migration losses, except at very low frequencies.

Yager and Morgan [2] have shown which role plays surface conduction in in medium-frequency fields for a given sort of glass at 25 and 50° as a function of the frequency and the relative humidity. Fig. 20 gives an idea of their results.

Here it seems that the conduction only becomes noticeable at 50% relative humidity. This is in good agreement with the fact that a coherent monolayer

[1] See footnote 1, p. 361.

[2] W. A. Yager and S. O. Morgan: J. Phys. Chem. **35**, 2026 (1931).

of water is not formed until the relative humidity is as high as about 50% (cf. Fig. 21), as was also shown by YAGER and MORGAN.

The conclusions of YAGER and MORGAN are that surface conductivity is seen to increase with frequency—at least in the range between 1 and 100 kc/sec—and to a greater extent at higher humidities than at lower ones. While surface conductivity increases with ambient temperature, this factor of increase is relatively small in comparison with the changes due to variations in either the frequency or the relative humidity.

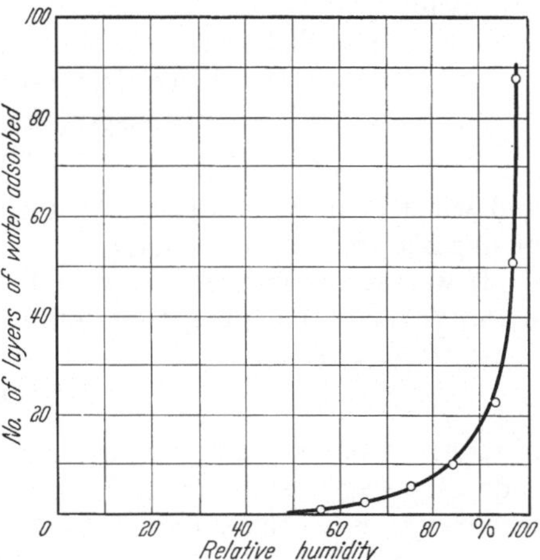

Fig. 21. The number of layers of water adsorbed on glass as a function of relative humidity (after YAGER and MORGAN [1]).

19. Dipole relaxation losses. The dipole relaxation losses are, as a rule, far more important. They are produced through the mobile ions being able to jump over small distances in the network under the influence of the electric field, so that a number of lower potential barriers can be covered (cf. Fig. 22). This involves a polarization of the material, which follows the external A.C. field with a certain relaxation, hence the name of this type of loss. Usually the field alone will not be sufficient to carry the ions over the potential barriers. For this to take place the ions have to take up extra energy, and this is obtained from collisions with other ions due to the thermal movement in the glass. It takes some time, however, before the ions have sufficient energy to pass over a potential barrier; the mean value of this time is called the relaxation time τ. If the electric field is an alternating field with angular frequency ω, and ω is not large compared with $1/\tau$, then during each half cycle the ions will have ample time to jump over one or more potential barriers, thereby gaining energy from the field, which is transmitted to the network in the from of heat, giving rise to dielectric losses. At very low frequencies ($\omega \ll 1/\tau$) these losses are small because then the ions jump even when the instantaneous value of the field E belonging to the ion distribution over the potential wells differs only slightly from zero: the energy gain of the ions is then small and the lattice receives little energy. When, however, ω becomes of the order of $1/\tau$, then, in the average, the ions will not pass over the potential barrier until the field has practically reached the maximum value. The ions then gain considerable energy and the losses are large. If the frequency of the alternating field is much higher than $1/\tau$, the ions can hardly follow the alternating field and the losses are again small.

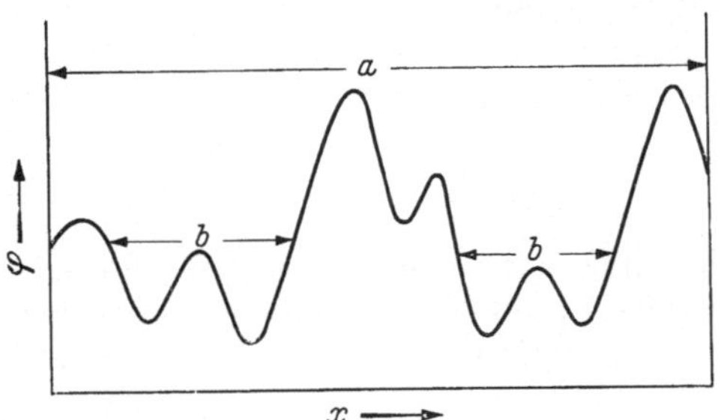

Fig. 22. Showing the potential φ of the network-modifying ions along an arbitrary direction in the glass. The movement indicated by a can only be carried out by high-energy ions and corresponds to conduction losses, while the movement b is carried out by ions with less energy and results in migration losses.

[1] See footnote 2, p. 374.

The relation between these dipole relaxation losses and the angular frequency of the field is expressed as

$$\tan\delta = \frac{\varepsilon_s - \varepsilon_\sim}{\varepsilon'} \cdot \frac{\omega\tau}{1+\omega^2\tau^2} \tag{19.1}$$

in which

ε' = dielectric constant at the given frequency,
ε_s = static dielectric constant,
$\varepsilon_\sim$ = dielectric constant for a frequency which is sufficiently high as compared with the phenomena described here;

and which is in accordance with the foregoing reasoning: the losses occur only at angular frequencies around $1/\tau$.

If we assume for a moment that the behaviour of the glass can be described with *one* relaxation time, that conforms to

$$\tau = \tau_0 \exp\left(\frac{q}{kT}\right), \tag{19.2}$$

it appears from a number of cases analysed that q is again of the order of magnitude of φ (e.g. for the glass *I* from Sect. 6 we again find a value of 0.75 eV) whereas τ_0 is of the order of 10^{-13} sec[1].

As may be understood from Fig. 22, there is in glass more than one relaxation time τ since the local structures differ considerably one from the other. This makes the dipole relaxation losses perceptible over a relatively wide range of frequencies. The spectrum of these losses (broken-line curve 2 in Fig. 19) shows a wide peak, the limits of the range in which the losses occur lying usually between about 10^{-3} and 10^6 c/sec at room temperature. As already mentioned, at frequencies higher than 50 c/sec the dipole relaxation losses by far exceed the conduction losses.

If we assume that the q values have a Gaussian distribution around the most probable distribution $\bar{q}$, the distribution function being given by

$$G(q) = \frac{s}{\sqrt{\pi}} \exp\{-s^2(q-\bar{q})^2\} \tag{19.3}$$

in which s is a constant, and if $G(q)$ only varies slowly with q (which is probable in glass) then GEVERS and DU PRÉ[2] show that $\delta \sim G(q_\omega)$, in which q_ω corresponds to a relaxation time given by $\omega\tau = 1$, hence

$$\omega\tau_0 \exp\left(\frac{q_\omega}{kT}\right) = 1 \tag{19.4}$$

or

$$q_\omega = -kT \ln \omega\tau_0. \tag{19.5}$$

Now assume that the value q_ω is situated in the region where $q \ll \bar{q}$ and where $G(q)$ may be approximated by

$$G(q) \sim e^{2s^2\bar{q}q} \sim e^{\beta q}$$

then

$$\tan\delta \sim \exp(-\beta kT \ln \omega\tau_0). \tag{19.6}$$ [3]

The experimental relation in the range of the migration losses,

$$\tan\delta = \text{const}\, e^{\alpha T}, \tag{19.7}$$ [3]

has long been known[4].

[1] See footnote 1, p. 361.
[2] M. GEVERS and F. K. DU PRÉ: Philips Techn. Rev. **9**, 91 (1947).
[3] The constants α and β are not to be confused with those in Eqs. (3.1) and (3.9).
[4] M. J. O. STRUTT: Arch. Elektrotechn. **25**, 715 (1931).

It has been possible to show that for a number of commercial glasses in the frequency range considered α' ($=\alpha$ Log e) is given by

$$\alpha' = \text{const} - \beta \mathbf{k} \operatorname{Log} f \tag{19.8}$$

which follows from (19.6) and (19.7) (cf. Fig. 23). For a detailed discussion reference should be made to [3].

The relation $\tan \delta \sim \omega^{-\text{const}}$, which holds for a given T and which also follows from Eq. (19.6), has also long been known[1].

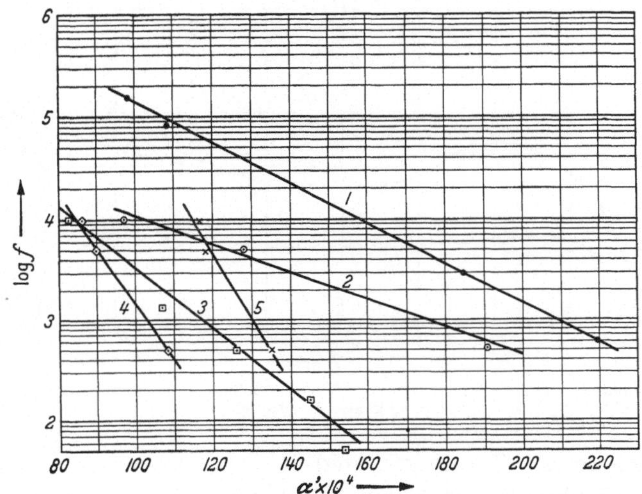

Fig. 23. The relation between Log f and α' ($=\alpha$ Log e) for a number of commercial glasses. The compositions of the glasses (weight percentages) are as follows (*1*) 70.4% SiO_2, 18.0% N_2O, 8.8% CaO, 2.3% Al_2O_3, 0.5% ZnO, (*2*) 70.7% SiO_2, 16.8% Na_2O, 5.5% CaO, 3.5% MgO, 2.0% BaO, 1.0% K_2O, 0.5% Al_2O_3, (*3*) 77.5% SiO_2, 15.9% B_2O_3, 5.3% Na_2O, 0.8% K_2O, 0.5% Al_2O_3, (*4*) 57.1% SiO_2, 29.5% PbO, 7.0% Na_2O, 4.9% K_2O, 1.5% Al_2O_3, (*5*) 67.9% SiO_2, 16.5% Na_2O, 7.8% CaO, 5.5% K_3O, 2.3% Al_3O_2. The logarithmic scale means the BRIGGS logarithm.

One may well conclude that the assumption of GEVERS and DU PRÉ holds good for the dipole relaxation losses in glasses, and that the formulae derived from it are substantiated by experiment.

20. Deformation losses. A third kind of losses (which have been called deformation losses) given in Fig. 19 by the curve 3 behave in the same way as relaxation losses. They also can be described by means of Eqs. (19.1) and (19.2), with $\tau_0 = 10^{-13}$ sec and q of the order of 0.1 eV.

In the case of the deformation losses, we must think in terms of small displacements of the atoms of the network, i.e. far more restricted movements than with the migration losses. We are thus concerned here with small deformations of the network and hence the name.

The above-mentioned values $\tau_0 = 10^{-13}$ sec and $q \sim 0.1$ eV mean that the maximum value of these losses at room temperature is found at frequencies of the order of 10^{13} c/sec. Here, however, they will never be found experimentally, since they are then "drowned" in the vibration losses (cf. Sect. 21).

Due to the low temperatures and an activating energy q which is not too small the maximum shifts rapidly to medium frequencies with decreasing temperature. It may easily be seen that the deformation losses at medium frequencies ($f \approx 10^6$ c/sec) must be studied at low temperatures ($\approx 50°$ K and lower). These circumstances are all the more favourable since it is just at these low temperatures

[1] L. S. McDOWELL and H. L. BEGEMANN: Phys. Rev. **33**, 55 (1929).

that the migration losses tend to shift to lower frequencies and the vibration losses slightly to higher frequencies, so that there will be hardly any traces left of the latter types of losses.

Figs. 24, 31—35 show the typical shape of the deformation losses of a number of glasses as a function of the temperature.

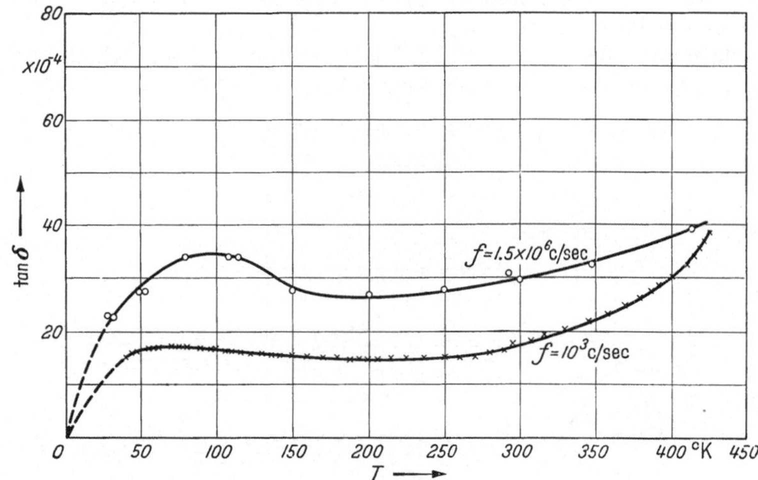

Fig. 24. The variation of tan δ with temperature for a commercial soda-lime silicate glass showing the deformation losses at two different frequencies.

21. Vibration losses. The fourth kind of dielectric losses to be expected in glass is due to a resonance phenomenon. The ions in the glass—both the network formers and the network modifiers, as well as the oxygen ions—may vibrate with a certain frequency round about their position of equilibrium, and this they will in fact do as a consequence of the thermal movement. Regarding the ion as a harmonic oscillator, its frequency of vibration may be represented by the formula

$$\omega_{\text{reson}} = \sqrt{\frac{\gamma}{M}}, \tag{21.1}$$

where γ is a constant, denoting the relation between the restoring force and the displacement from the position of equilibrium, and M is the mass of the ion in question. Consequently ions of different mass and ions at different places in the network (with different γ) will usually vibrate with different frequencies.

When an electric force is applied with a frequency approximately equal to the vibration frequency of an ion, then resonance may occur. Since the vibrations of the ions are always damped, this resonance is accompanied by losses. If all the ions had the same resonance frequency, then the spectrum of these vibration losses would show a maximum around that frequency. But, as already observed, there are a large number of resonance frequencies. This, and the possibility of the vibrations of the ions being strongly damped, leads to a wide maximum in the spectrum of the vibration losses. This spectrum is represented by curve 4 in Fig. 19. Unfortunately, with one single exception the actual maximum has never yet been determined, since measurements so far carried out have not gone beyond a frequency $f = 3 \times 10^{10}$ c/sec. This exception will be treated in Sect. 24.

Vibration losses in glass are directly related to the well-known infra-red absorption, which arises from a similar resonance phenomenon. In the case of glasses there is, generally speaking, an infra-red absorption for wavelengths between 3 and 100 μ, corresponding to frequencies between 10^{14} and 3×10^{12} c/sec. The fact that in this case traces of the vibration losses are observed at much lower frequencies (about 10^{10} c/sec) may be ascribed to a strong damping of the ion vibrations in the glass, which leads to a considerable widening of the loss spectrum. Strongly damped resonance vibrations form, so to speak, a transition to the relaxation phenomena previously discussed.

Purely vibrational losses will be displaced towards higher frequencies as the temperature falls. This is because the vibrating ions have on the average higher resonance frequencies at lower temperatures, as may be understood from quantum theory. It has already been pointed out that the vibration losses in glass probably form a transition to relaxation losses. Since the temperature dependency of relaxation losses is just the reverse of that for vibration losses, it is not possible to predict the influence of temperature on these losses at the highest frequencies without carrying out further experiments in the far infra-red.

II. Dielectric losses as a function of the chemical composition.

22. Migration losses as a function of the chemical composition. Owing to the fact that the migration losses (the conduction losses and the dipole relaxatin losses) can in principle be described by the same mechanism as the conduction, both these phenomena show a striking resemblance. We shall consider this subject under the following five points:

α) Nature of the network modifiers. In the series of the alkali ions the mobility decreases from lithium to caesium. The migration losses are therefore expected to decrease in the same way. An example of this behaviour is to be seen in a series of glasses of composition 53.3% SiO_2, 32% M_2O, 10.2% PbO, and 4.5% CaF (with M = Li, Na or K). For a frequency $f = 1.5\times10^6$ c/sec and at 20° C the value of tan δ is 132×10^{-4}, 106×10^{-4} and 54×10^{-4} for these cases, respectively.

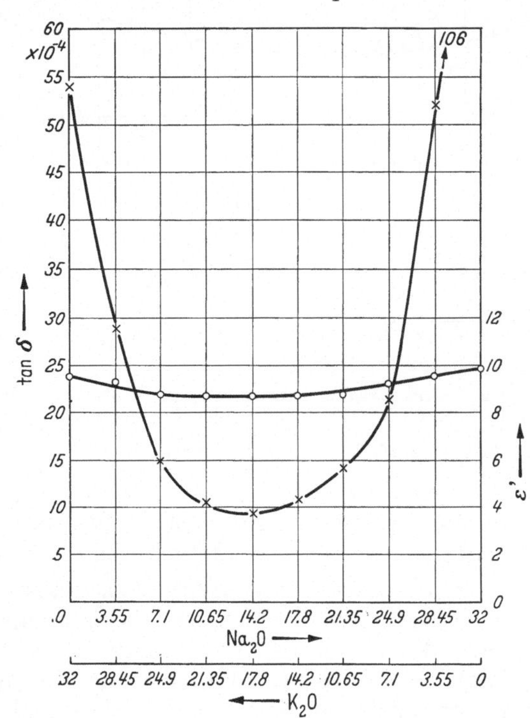

Fig. 25. The variation of tan δ and ε' at a frequency $f = 1.5\times10^6$ c/sec and for 20° C with the composition of a series of glasses containing 53.3% SiO_2, 32% ($K_2O + Na_2O$), 10.2% PbO and 4.5% CaF_2. Circles: ε'; Crosses: tan δ.

β) Influence of gradual substitution. If certain ions are gradually replaced by other ions, whereas the rest of the glass is kept constant, a pronounced minimum in tan δ is produced, corresponding exactly to the maximum found in the resistivity as described in Sect. 8. Both these effects must be attributed to the same reason. Figs. 25 and 26 give two examples of this effect, which has been studied by Stockdale[1] between $f = 10^3$ and 5×10^5 c/sec and by Stevels[2] at $f = 1.5\times10^6$ c/sec.

[1] G. F. Stockdale: Univ. Illinois Bull. **50**, No. 60 (1953).

[2] J. M. Stevels: Philips Res. Rep. **5**, 23 (1950); **6**, 34 (1951).

The curves given here occur very generally and, whenever deviations from them occur, they can usually be attributed to other causes. In Fig. 27 we see the case in which Na_2O is gradually replaced by MgO. The marked discrepancy on the left side of the figure is attributable to the fact that with the higher concentrations Mg^{++} ions tend to appear as network formers. In this case the last Na^+ ions are not replaced by the very loosely bound Mg^{++} ions (cf. Sect. 8),

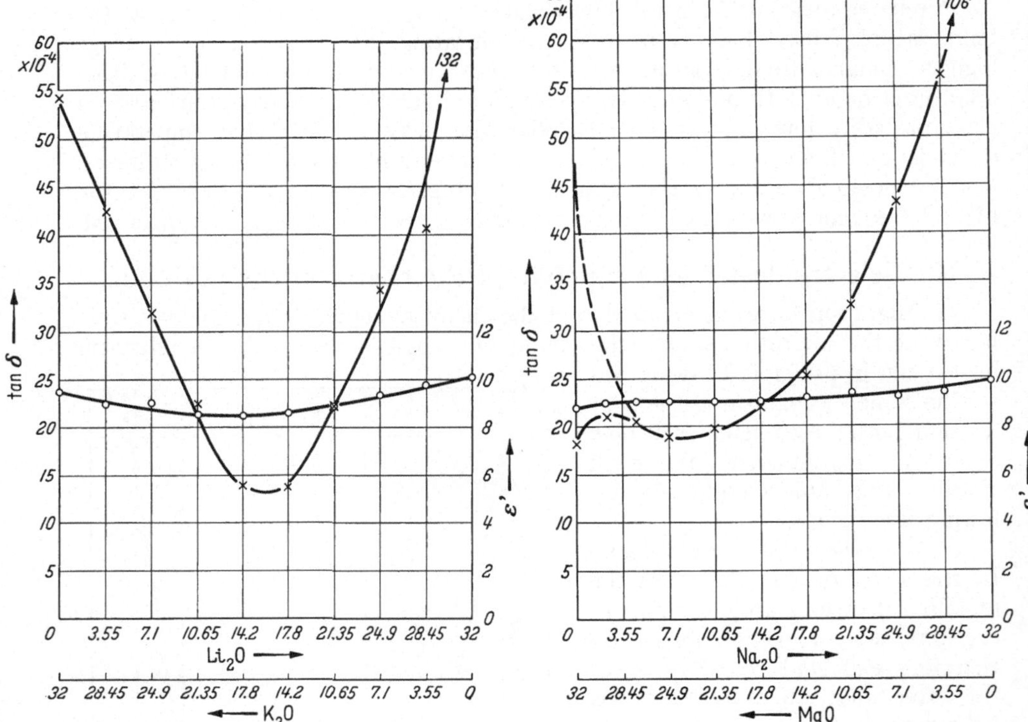

Fig. 26. The variation of tan δ and ε' at a frequency $f = 1.5 \times 10^6$ c/sec and for 20° C with the composition of a series of glasses containing 53.3% SiO_2, 32% ($K_2O + Li_2O$), 10.2% PbO and 4.5% CaF_2. Circles: ε'; Crosses: tan δ.

Fig. 27. The variation of tan δ and ε' at a frequency $f = 1.5 \times 10^6$ c/sec and for 20° C with the composition of a series of glasses containing 53.3% SiO_2, 32% (MgO+ Na_2O), 10.2% PbO and 4.5% CaF_2. Circles: ε'; Crosses: tan δ.

but by particularly rigidly bound Mg^{++} ions which are the centres of oxygen tetrahedra, and thus contribute only slightly to tan δ.

γ) Influence of the coherence of the network (influence of Y). The more the value Y of the network decreases, the more open becomes the structure of the Si-O network. This lends more mobility to the network modifiers, and the migration losses may be expected to increase. As in the case of D.C. conduction, the power factor tan δ increases more rapidly than proportional to the concentration of the mobile ions [cf. the factor $R = \frac{1}{2}(8 - Y)$ in Eq. (22.1)].

δ) Influence of "immobile" ions. The influence of immobile ions, which has already been discussed in Sect. 6 in connection with the resistivity, is again to be found in the migration losses. Given equal concentrations of mobile ions (Na^+, Li^+) the addition of immobile ions to a glass reduces its power factor.

The effect of the coherence mentioned in Sect. 22γ and this influence is expressed in the empirical formula

$$\tan \delta = r\, n_m R\, (1 - t\, n_i) \qquad (22.1)$$

where n_m represents the concentration of mobile ions and n_i that of the immobile ions (cf. Sect. 6); the coefficient r depends on the frequency and the temperature; t is a geometrical factor, equal to $3.9/\zeta$, in which ζ is the number of gram atoms

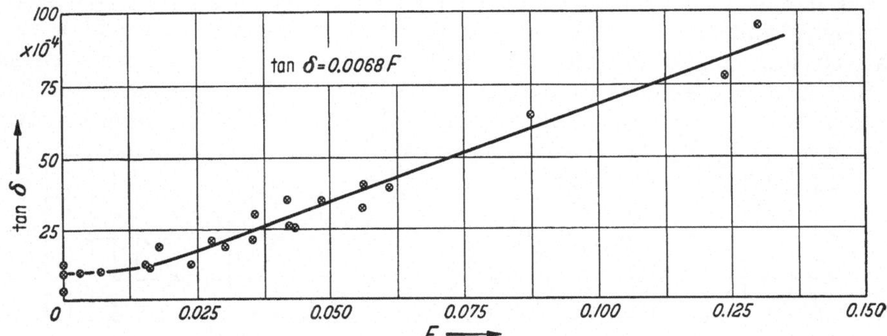

Fig. 28. The relation between tan δ and F for 23 different glasses.

of oxygen in 100 grams of the glass. Fig. 28 shows how well this formula applies for a number of commercial glasses.

In this figure tan δ is plotted for 23 different glasses against $F = n_m R(1 - t n_i)$ for a frequency $f = 1.5 \times 10^6$ c/sec at 20° C. Various types of glass with diverging

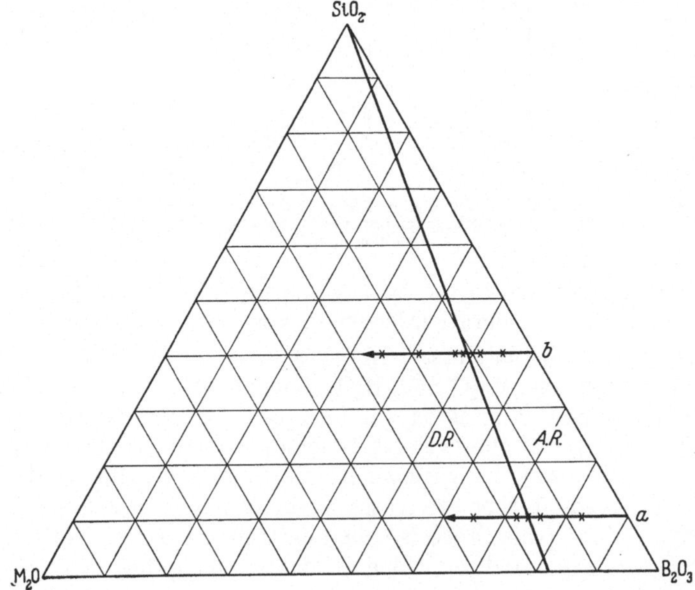

Fig. 29. Diagram of the ternary system $M_2O-B_2O_3-SiO_2$ (M = alkali), showing the accumulation region (A.R.) and the destruction region (D.R.).

values of $n_m n_i$, R and t are represented. For the compositions themselves reference should be made to [3] where several details are discussed.

It is striking that with very low values of F, which correspond to very low values of the concentrations of the mobile ions, and also with very dense networks a deviation from the straight line appears. The opinion expressed in [3] that these deviations are caused by the network itself cannot be maintained in the light of our present knowledge of the deformation losses.

Use is made of the fact that the mobility of the mobile ions is considerably reduced by the presence of the immobile ions, in the development of low melting glasses with low dielectric losses[1].

The interstices of glasses with relatively high concentrations of Na_2O ($\approx 4\%$ by weight) and K_2O ($\approx 10\%$ by weight) which in themselves would have a relatively low value of tan δ for reasons described in Sect. 22 β, are now occupied by Ba^{++} ions or Pb^{++} ions through the use of very high concentrations of BaO (20 to 30% by weight) and/or PbO (30 to 50% by weight). This results in very

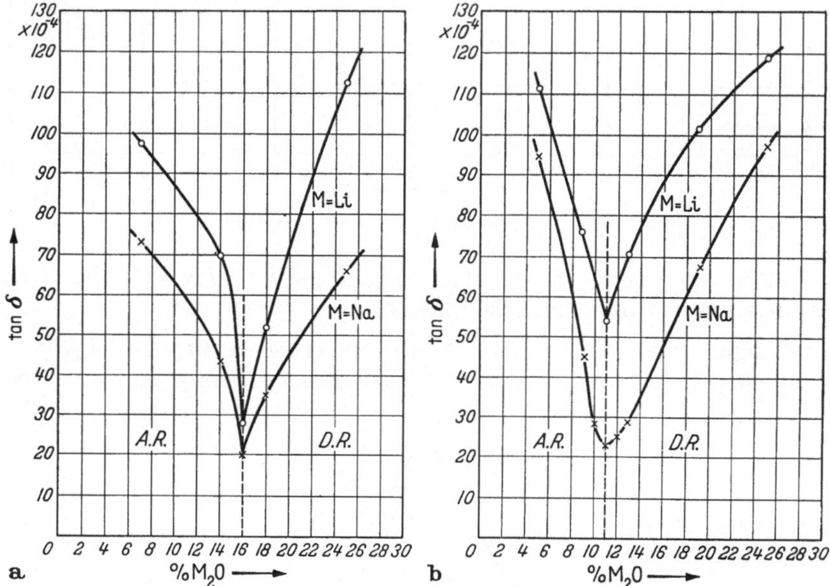

Fig. 30a and b. The variation of tan δ with the Na_2O (or Li_2O) content in the system $M_2O-B_2O_3-SiO_2$ (M = Na or Li) at a frequency $f=1.5\times 10^6$ c/sec and for 20° C; (a) corresponds to the compositions *a* in Fig. 29. (b) corresponds to the compositions *b* in Fig. 29.

"low melting" glasses due to the open structure of the network, but tan δ—at least in the range of the migration losses—is very low ($\approx 5\times 10^{-4}$).

ε) Borate and borosilicate glasses. In [4] we have explained that in the systems Me_2O-B_2O_3 (borates) and Me_2O-SiO_2-B_2O_3 (borosilicates), there exists a range in which there are no non-bridging oxygen ions [called accumulation region (A.R.)], whereas the coherence of the network becomes steadily greater because the coordination of the B atom changes over from 3 to 4. When finally the maximum coherence is reached, it then decreases again owing to the formation of non-bridging oxygen ions [this range is called destruction region (D.R.)]. The A.R. and the D. R. are separated by a line of maximum rigidity of the network (cf. Fig. 29).

The migration losses will be influenced by this change in structure. As was to be expected, the losses show a decided minimum just on the dividing line, as is illustrated in Fig. 30. Figs. 30a and b correspond to the compositions indicated by the crosses in Fig. 29. Both Li^+ and Na^+ have been chosen as monovalent network-modifying ions, thus giving two analogous curves.

23. Deformation losses as a function of the chemical composition. The deformation losses are closely related to the vibrations of the network, and it will thus be advisable to examine how this type of loss behaves as a function of *Y*.

[1] U.S. Pat. 2.414.504 and 2.431.980. Brit. Pat. 597.023.

It is to be expected that for fused silica, which is characterized by a rigid network extending in three dimensions, the deformation losses will be very small. A number of typical curves for fused silica of different origins is shown in Fig. 31. VOLGER and STEVELS[1] have shown that it is in particular the impurities that

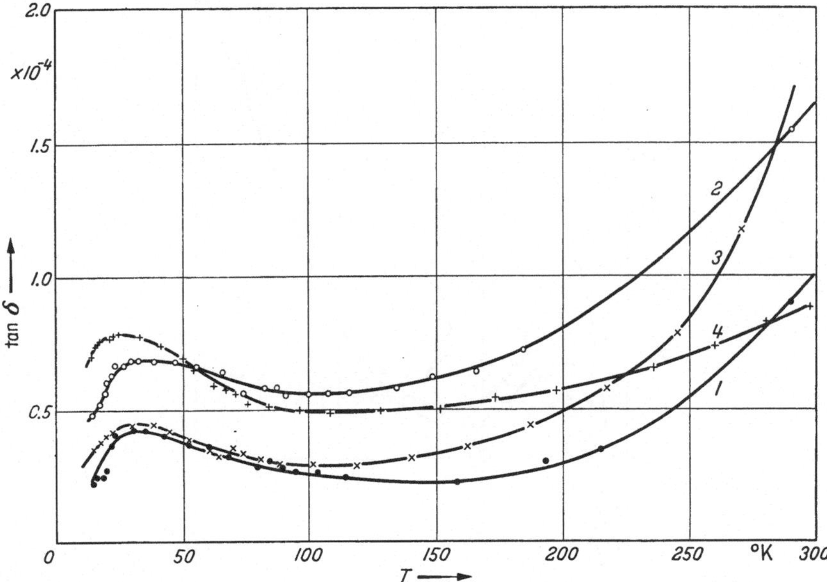

Fig. 31. The variation of tan δ with temperature for four samples of fused silica of different origin, measured at a frequency $f = 32 \times 10^3$ c/sec. (*1*) Arbitrary sample from British Thermal Syndicate; (*2*) Arbitrary sample from Quartz et Silice; (*3*) Arbitrary sample from Osram; (*4*) Arbitrary sample from Heraeus.

are responsible for small displacements of the network under the influence of the external field (analogous to the case with quartz crystal, which has also been studied[2]).

Table 3. $(\tan\delta)_{max}$ *and* T_{max} *for potassium- and lead silicate glasses.*

No. in Fig. 32	Composition in mole percentage		Y	$(\tan\delta)_{max} \cdot 10^4$ at $f = 10^6$ c/sec	T_{max} at $f = 10^6$ c/sec
	K_2O	SiO_2			
1	17.3	82.7	3.58	8	64
2	19.7	80.3	3.51	9	68
3	22.7	77.3	3.41	15	75
No. in Fig. 33	PbO	SiO_2			
1	34.2	65.8	2.96[3]	8	72
2	45	55	2.36[3]	9.5	76
3	49.3	50.7	2.05[3]	11	80
4	55	45	1.55[3]	12.5	115
5	59.2	40.8	1.44[3]	13	130

As we go to lower values of Y, the network becomes less rigid. We can then expect the deformation losses to become greater. It is rather difficult to

[1] J. VOLGER and J. M. STEVELS: Philips Res. Rep. **11**, 452 (1956).

[2] J. VOLGER, J. M. STEVELS and C. VAN AMERONGEN: Philips Res. Rep. **10**, 260 (1955).

[3] No real significance must be attached to the values of Y for the lead silicate glasses, since the Pb^{++} ions at these high concentrations appear for a large part as network formers. For the trend of $(\tan\delta)_{max}$ and T_m, however, the table is useful.

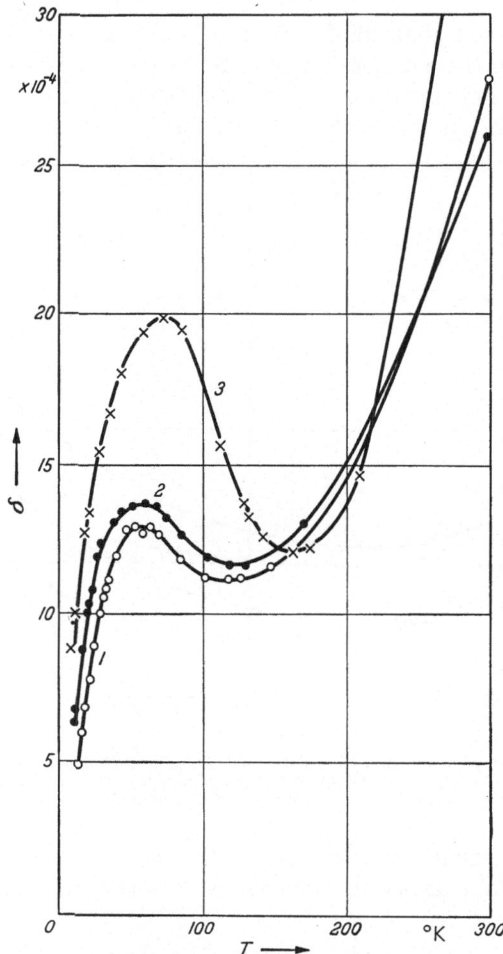

Fig. 32. The variation of δ with temperature for potassium silicate glasses 1—3 specified in Table 3, measured at a frequency $f = 10^6$ c/sec (after Joffe [1]).

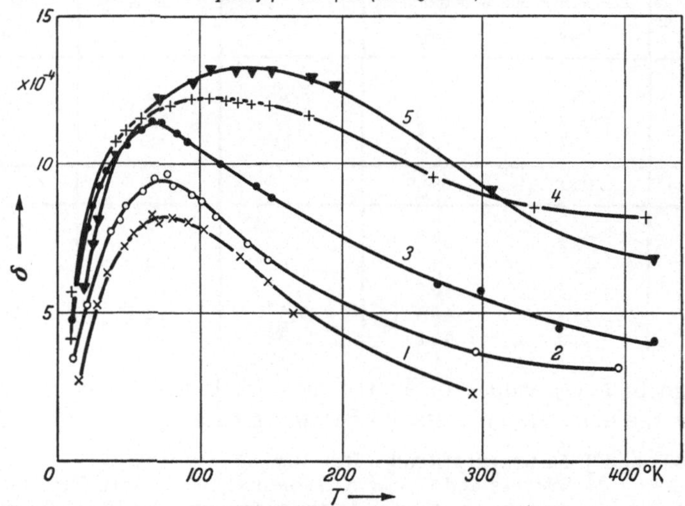

Fig. 33. The variation of δ with temperature for lead silicate glasses 1—5 specified in Table 3, measured at a frequency $f = 10^6$ c/sec (after Joffe [1]).

[1] V. A. Joffe: C. R. Acad. Sci. URSS. **87**, 405 (1952). — J. techn. Phys. USSR. **24**, 611 (1954).

characterize this with a number, since the deformation losses can never be exactly separated from the traces of the migration losses. The most suitable method

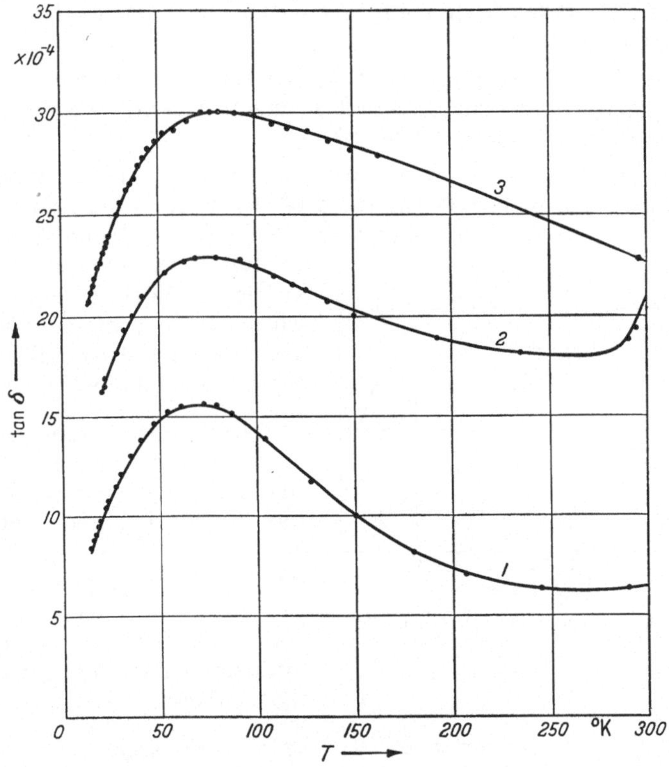

Fig. 34. The variation of tan δ with temperature measured at a frequency $f = 32 \times 10^3$ c/sec. (1) Glass of composition 70% SiO_2, 30% BaO, (2) Glass of composition 50% SiO_2, 50% CaO, (3) Glass of composition 50% SiO_2, 50% PbO.

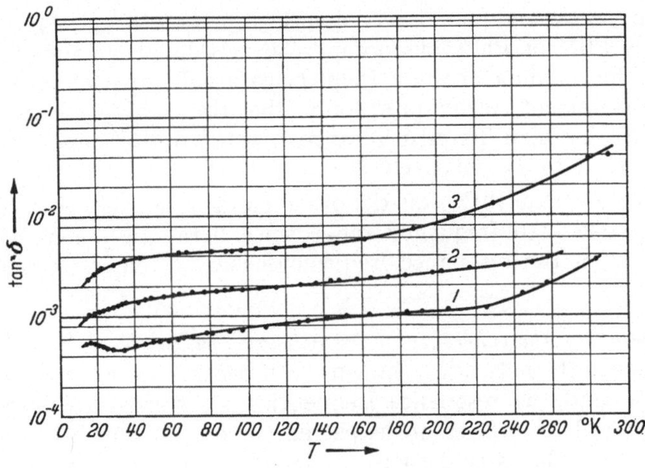

Fig. 35. The variation of tan δ with temperature measured at a frequency $f = 32 \times 10^3$ c/sec. (1) Glass of composition 99% SiO_2, 1% Na_2O, (2) Glass of composition 95% SiO_2, 5% Na_2O, (3) Glass of composition 70% SiO_2, 30% Na_2O.

is to give the value of $(\tan \delta)_{max}$, i.e. the maximum value of the deformation losses in the tan δ versus T curve as found above the extrapolated curve for the migration losses. T_{max}, the temperature at which $(\tan\delta)_{max}$ is found, may also be given. As Y gets smaller the network becomes looser, so that $(\tan\delta)_{max}$ becomes greater and T_{max} shifts to higher temperatures. This effect is shown in Figs. 32 and 33, taken from JOFFE[1] for a number of glasses the composition of which is given in Table 3.

As we go to still lower values of Y, the deformation losses decrease again. This is probably due to the fact that so many network modifiers are present that the network is "stiffened" again[2].

Finally, Fig. 34 gives a set of curves for the deformation losses with very loose networks, and in Fig. 35 the trend of the deformation losses for three Na silicate glasses is given (with 1, 5 and 30% Na_2O or 99, 95 and 70% SiO_2 respectively). Both figures are taken from an article by VOLGER and STEVELS[3], in which the deformation losses of glass are studied more in detail and in various aspects, not all of which are given here.

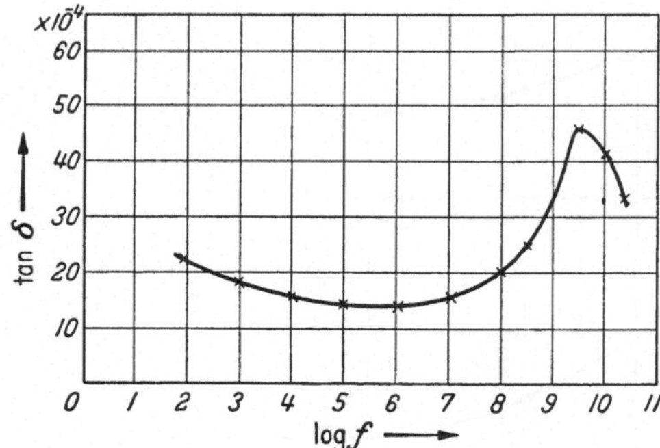

Fig. 36. The variation of tan δ with frequency for a phosphate glass at room temperature, showing the maximum of the vibration losses at a frequency accessible for measurements. The logarithmic scale means the BRIGGS logarithm.

24. Vibration losses as a function of the chemical composition. Extensive compilations of data on the power factors in the high frequency range have been given by NAVIAS and GREEN[4] for 104 different glasses for frequencies $f = 3\times10^9$ c/sec and $f = 10^{10}$ c/sec, and by APPEN and BRESKER[5] for 125 different glasses for a frequency $f = 4.5\times10^8$ c/sec.

α) *Nature of the network modifiers and network formers.* One of the most important factors affecting the frequency of the vibration losses is the mass of the ions present. Since this type of loss is due to a vibration of all the ions in their own interstices, it is expected that it does not matter whether they are present as network modifiers or as network formers (cf. Sect. 24γ). When heavy ions, such as Pb^{++} or Ba^{++} ions occur, relatively low resonance frequencies will be found. The maxima of these frequencies usually are not accessible with the present measurement techniques; only the traces of these maxima may be measured in the high frequency range ($f\approx10^8$ to 10^{10} c/sec), but even these traces are found to be relatively high.

Vitreous SiO_2 and B_2O_3, on the other hand, show very low vibration losses in the accessible high frequency range since here heavy ions are absent and the maximum of the resonance frequencies is expected at frequencies of about 10^{14} c/sec.

β) *Influence of the coherence of the network (influence of Y).* The smaller Y the more open is the network. The ions then become more loosely bound to their surroundings, and the resonance frequencies are shifted to lower frequencies. Especially phosphate glasses are expected therefore to have low resonance frequencies. Fig. 36 shows that there is even a phosphate glass known for which

[1] See footnote 1, p. 384.
[2] J. M. STEVELS: Glass Ind. **35**, 657 (1954).
[3] See footnote 1, p. 383.
[4] L. NAVIAS and R. L. GREEN: J. Amer. Ceram. Soc. **29**, 267 (1946).
[5] A. A. APPEN and R. I. BRESKER: J. techn. Physics, USSR. **22**, 946 (1952).

a maximum of tan δ is situated at a frequency $f = 3 \times 10^9$ c/sec. This might be the maximum of the vibration losses, which has been shifted into a range where it is accessible for measurement.

In general, the conclusion of NAVIAS and GREEN[1], who made an elaborate study of the losses in the high frequency range, holds that the less the coherence of the network (the smaller Y) the higher tan δ becomes.

γ) Influence of gradual substitution. Gradual substitution of one ion by another, whereas the rest of the glass is kept constant, causes a minimum similar

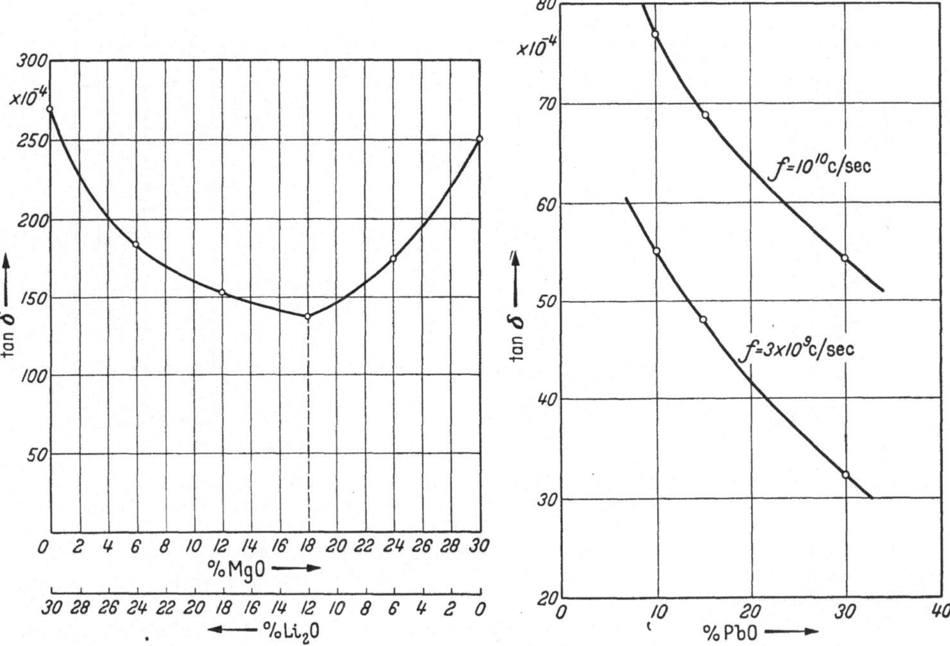

Fig. 37. The variation of tan δ with the composition of a series of glasses containing 70% SiO_2, 30% (Li_2O+MgO) at a frequency $f = 2.4 \times 10^{10}$ c/sec and at 20° C.

Fig. 38. Variation of tan δ with PbO content in glasses of composition 80% (SiO_2+PbO), 14% K_2O, 6% Na_2O for two different frequencies at room temperature (after NAVIAS and GREEN[1]).

to that found in the case of the migration losses. Fig. 37 shows an example of this effect. This figure is comparable with Fig. 27 and, it is interesting to note that here there is no "anomaly" for the glasses with the high MgO contents. This may be due to the fact that, for the vibration losses, it is irrelevant whether the Mg^{++} ions are present as network modifiers or network formers, whereas this is important in the case of the migration losses.

The minimum of the vibration losses due to gradual substitution is probably caused by a stiffening of the network. It is a well-known fact that a network adopted to two kinds of network modifiers is more rigid than one with the same value of Y, but with only one kind of network modifier present (cf. [4]). Increasing complexity, i.e. still more kinds of network modifiers, promotes the rigidity of the network and thus lowers the vibration losses. This was shown by NAVIAS and GREEN by extensive experimental data.

An example taken from their work is given in Fig. 38, where three types of network modifiers happen to be present.

δ) Borate and borosilicate glasses. The effect of the transition from A.R. to D.R. in borate and borosilicate glasses upon the vibration losses is comparable

[1] See footnote 4, p. 386.

with the effect upon the migration losses. In the neighbourhood of the transition line the network is relatively rigid and thus the resonance frequencies are very high. The trace that can be measured in the high frequency region $f \approx 10^{10}$ c/sec is then small. This is illustrated in Fig. 39.

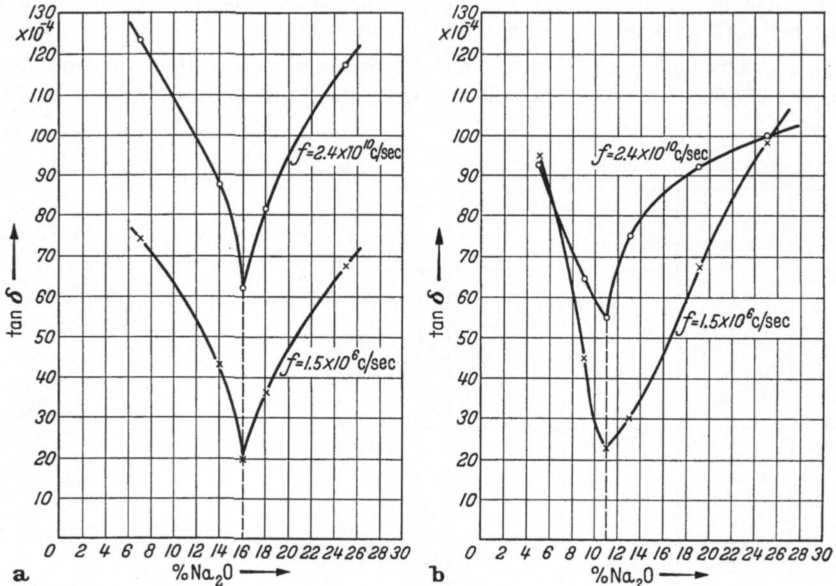

Fig. 39a and b. The variation of tan δ with Na_2O content in the system $Na_2O-B_2O_3-SiO_2$ at two different frequencies at 20° C. (a) corresponds to the compositions *a* in Fig. 29; (b) corresponds to the compositions *b* in Fig. 29.

25. Limitation of the discussion of the preceding sections on dielectric losses. Though many aspects of dielectric losses have been discussed in the preceding sections, the subject is by no means exhausted.

We have deliberately refrained from discussing the influence of the stabilisation on the dielectric losses, and the relation between the mechanical and the dielectric relaxation in glasses. These two subjects are treated in [*4*].

It is also interesting to study the changes in the structure of glasses induced by radiation (X-rays, ultraviolet radiation etc.) and how these changes affect the dielectric losses. The scope of the present article does not allow a discussion of the subject, but the interested reader may refer to a paper by VOLGER and STEVELS[1].

III. The behaviour of other physical properties in periodic electric fields.

26. Dielectric constant. In glasses of the usual type (silicate, borate and phosphate glasses) the dielectric constant in A.C. fields does not show special features. This is not true for the unusual glasses such as vitreous tellurides[2,3] which show values of ε' of the order of 25, but these can only be obtained in such small quantities, and the data available are so scarce, that a discussion within the frame of this article does not seem advisable.

For the usual type of glasses ε' decreases very slowly with increasing frequency from ε_s to $\varepsilon_\sim$ as is expected for relaxation processes. Variations in ε' for those frequencies where dielectric losses occur are often small because the

[1] See footnote 1, p. 383.

[2] J. E. STANWORTH: Nature, Lond. **169**, 581 (1952). — J. Soc. Glass Technol. **36**, 217 (1952).

[3] J. PH. POLEY: Nature, Lond. **174**, 268 (1954).

losses are extended over very broad regions in the frequency spectrum. Moreover, the centres of these regions are found at rather inaccessible frequencies, as discussed earlier. In a few cases flattened DEBYE type curves of ε' as a function of the frequency have actually been found[1].

The dielectric constant ε' increases slowly with the temperature and the more so the lower the measuring frequency[2], which is also in accordance with the general theory.

As for the dielectric constant as a function of the chemical composition, more or less the same holds as mentioned in Sect. 10. Special glasses can be prepared with values for ε' of the order of 20[3]. Commercial glasses usually have a dielectric constant between 5 and 9.

A very extensive survey of ε' for a frequency $f = 4.5 \times 10^8$ c/sec is given by APPEN and BRESKER[4] for 125 different glasses of simple compositions and by NAVIAS and GREEN[5] for 104 different glasses of simple compositions for frequencies $f = 3 \times 10^9$ c/sec and $f = 10^{10}$ c/sec.

It is interesting to note the behaviour of ε' in the case of gradual substitution. Figs. 25, 26 and 27 show that ε' goes through a minimum. This may again be explained by the fact that at this minimum the network is more rigid and thus the ions less mobile, which results in a less polarizable dielectric medium.

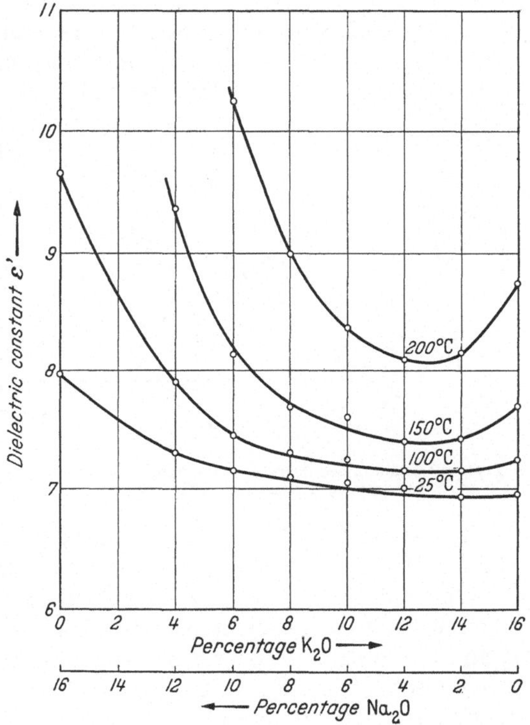

Fig. 40. Variation of ε' with composition for a series of glasses containing 74% by weight SiO_2, 16% by weight (Na_2O+K_2O) and 10% by weight CaO, at a frequency $f = 10^3$ c/sec for different temperatures (after MOORE and DE SILVA[6]).

Fig. 40 shows the same effect with an example taken from MOORE and DE SILVA[6]. It also shows that ε' increases with increasing temperature. This is due to the fact that at higher temperatures the ions are more mobile, so that the dielectric medium is more polarizable. It is interesting that the more rigid structure is less affected by an increase of the temperature than the more loosely bound ones. MOORE and DE SILVA state that for 25° C no minimum is found, due to lack of sufficient sensitivity and accuracy in the measurements.

27. Dielectric strength in A.C. fields. At not too high temperatures and frequencies, most investigators have found no difference in the breakdown field-strength of glass, whether determined in A.C. fields or by impulse tests in D.C. fields, provided that the peak voltage is used as a basis of comparison. Because of the dielectric

[1] See footnote 1, p. 361.
[2] See footnote 4, p. 376.
[3] Cf. F. BISCHOFF: Glastechn. Ber. **28**, 98 (1955).
[4] See footnote 5, p. 386.
[5] See footnote 4, p. 386.
[6] See footnote 5, p. 352.

losses, it is apparent that thermal breakdown will play an increasingly important role in A.C. fields and that this fact will become more pronounced at the higher frequencies. For instance for a certain commercial lime glass, GUYER[1] shows that the breakdown field-strength at room temperature is 3000 kV/cm for D.C., whereas it is 400 kV/cm for A.C. with $f = 4.35 \times 10^5$ c/sec. For higher temperatures this difference disappears, and above 240° C there is no difference between high and low frequency breakdown.

28. Secondary electron emission in general. Although it is important to know something about the secondary emission processes taking place in glass in order to understand many problems occurring in connection with the development of transmitting valves, it is surprising how few reliable data exist in this sphere. The probable explanation for this will be discussed below.

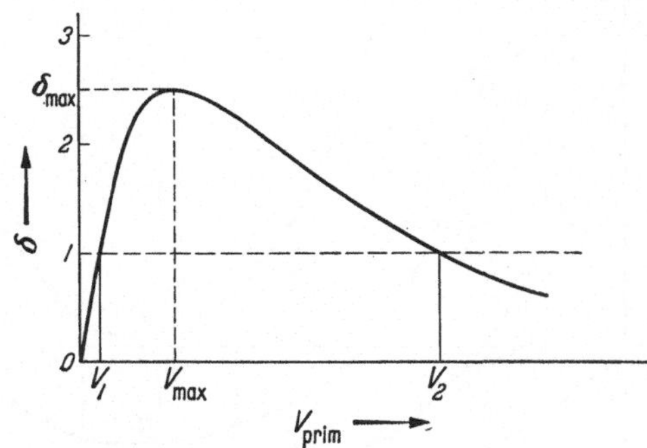

Fig. 41. Variation of secondary electron emission coefficient δ with primary accelerating voltage V_{prim}.

If a solid substance is struck by a current of primary electrons I_p, a stream of secondary electrons I_s will be liberated. The ratio $I_s/I_p = \delta$ is called the secondary electron emission coefficient[2]. The value of δ depends on the nature of the material and also on the energy of the primary electrons.

In general δ can be represented as a function of the primary accelerating voltage of the electrons V_{prim} in the way shown in Fig. 41.

We shall not go into the theoretical explanation of the shape of this curve, which is dealt with elsewhere in this Encyclopedia [5]. At two crossover voltages V_1 and V_2 the value of δ passes through 1, and between these two values δ has a maximum value (δ_{max}) at V_{max}.

Fig. 41 which applies generally to insulators is also confirmed in the case of glasses. It is, however, very difficult to make an accurate measurement of δ for glasses. Let it suffice to mention two different recent measuring methods, namely that of NEWSON and OLDFIELD[3] and that of DE GIER, KLEISMA and PEPER[4].

The first method employs very small primary currents (0.1 μA) and very short pulse widths ($\approx 10^{-6}$ sec), to prevent the test specimen charging up. In this way the entire δ versus V curve can be obtained. A disadvantage of this method is that measurements must be made with very thin plates (0.2 mm thick).

This disadvantage does not alppy to the second method. Here, indeed, it is precisely the charge on the glass surface that is determined. Far thicker glass plates can be used in this case, but only that part of the δ versus V curve can be measured for which $\delta > 1$.

29. Numerical data on secondary electron emission. If we examine how V_1, V_2, V_{max}, and δ_{max} depend on the composition of the glass, we shall observe that the tests show no clear relationship.

---

[1] E. M. GUYER: Proc. Inst. Radio Engrs. **32**, 743 (1944).

[2] According to usage the secondary electron emission coefficient is also denoted by δ, not to be confused with the loss angle δ used in Sects. 17 to 26.

[3] D. NEWSON and R. C. OLDFIELD: Provisional Brit. Patent 6623/55. Paper to be published soon.

[4] J. DE GIER, A. C. KLEISMA and J. PEPER: Philips Techn. Rev. **16**, 26 (1954).

SALOW[1] for some commercial glasses, including fused silica, gave values that lie between the following limits: $30 < V_1 < 60$ volts, $1700 < V_2 < 3800$ volts, $300 < V_{max} < 440$ volts and $1.9 < \delta_{max} < 3.15$. He noted that the preparation of the glass and the cleaning of the surface are also of great influence. BLANKENFELD[2] came to the same conclusion. This author also examined δ as a function of the temperature between 25 and 500° C for primary energies of 1, 3, 4, and 8 kV. For these four energies δ remains practically constant up to 450° C—at least for the glass examined by BLANKENFELD—after which it slightly decreases.

Experiments carried out by JANSEN[3] have partly confirmed the above findings. He tested a number of commercial glasses, including fused silica, but also glasses of simple composition such as 30% Na_2O (or PbO), 70% SiO_2 (or $PO_{2.5}$). According to his researches, however, the limits of V_1 are given by $50 < V_1 < 100$ volts.

However, JANSEN could find no connection with various methods of cleaning, or using fresh surfaces obtained by cleaving; the variations produced in this way are presumably smaller than the measuring accuracy. This applies equally to the dependence on the composition of the glass, unless of course one assumes that the surfaces of all the glasses examined are so much alike that the composition of the glass itself has little effect on the shape of the δ versus V curve.

It is of importance in technical practice that δ can be considerably reduced by precipitating suitably thin layers (e.g. Ni or Zr) on the surface, so that V_1 assumes higher and V_2 lower values.

Another method of changing δ is that of roughening the glass surface[4]. With this technique both V_1 and V_2 are increased, and especially V_1 changes considerably.

General references.

[1] MOREY, G. W.: The properties of glass, 2nd ed. New York: Reinhold Publishing Corporation 1954.
[2] STANWORTH, J. E.: Physical Properties of Glass. Oxford: At the Clarendon Press 1950.
[3] STEVELS, J. M.: Progress in the Theory of the Physical Properties of Glass. Amsterdam: Elsevier Publishing Cy. 1948.
[4] STEVELS, J. M.: The Thermal, Mechanical and Optical Properties of Glass, Article in Encyclopedia of Physics, Vol. XIII. Berlin, Göttingen, Heidelberg: Springer (in preparation).
[5] KOLLATH, H.: Sekundäremission, Article in Encyclopedia of Physics, Vol. XXI. Berlin, Göttingen, Heidelberg: Springer 1956.
[6] FRANZ, W.: Dielektrischer Durchschlag, Article in Encyclopedia of Physics, Vol. XVII. Berlin, Göttingen, Heidelberg: Springer 1956.

---

[1] H. SALOW: Z. techn. Phys. **21**, 9 (1940).
[2] G. BLANKENFELD: Ann. Physik **9**, 48 (1951).
[3] B. JANSEN: Private communication.
[4] See footnote 3, p. 390.

Électrochimie.

Par

E. Darmois.

Avec 69 Figures.

I. Ions. — Conductibilité.

a) Généralités. — Ions.

1. Les métaux conduisent le courant; l'expérience a montré qu'ils ne subissent aucune modification, quelle que soit la durée de ce courant; une telle modification ne se produit pas non plus aux «soudures», c'est-à-dire au passage d'un métal à un autre dans les circuits électriques. Les théories actuelles attribuent le transport du courant dans les métaux aux électrons négatifs, constituants universels de la matière; on conçoit que, les électrons étant les mêmes pour tous les méteux, ils puissent passer d'un métal à l'autre sans modification de la constitution.

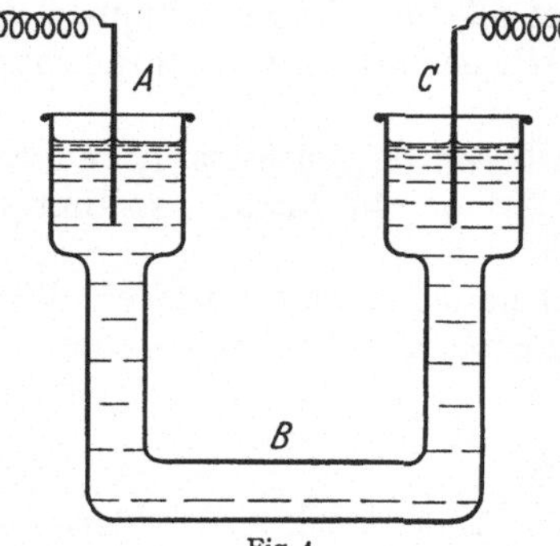

Fig. 1.

Les substances à conductibilité électrolytique diffèrent des métaux à ce point de vue. Les plus anciennement connues sont les dissolutions aqueuses d'acides, de bases ou de sels; certains sels peuvent être conducteurs à l'état solide (AgCl, AgI); les sels fondus sont aussi conducteurs. Enfin on a trouvé d'autres solvants que l'eau qui donnent avec les sels des solutions conductrices: alcools méthylique et éthylique, acétone, gaz liquéfiés etc. Un dispositif simple, celui de la Fig. 1, permet de se rendre compte de cette conductibilité. Le liquide est contenu dans le tube $A\ B\ C$; le courant est amené par les deux *électrodes* A et C, à conductibilité métallique; il arrive par A *(anode)* et sort par C *(cathode)*. Supposons qu'on ait mis dans le tube une solution aqueuse d'acide chlorhydrique HCl; on voit apparaître aux électrodes A et C des gaz, en C de l'hydrogène et en A du chlore si l'électrode A est inattaquable par ce gaz. Tout se passe donc comme si la substance dissoute dans l'eau était décomposée par le passage du courant. Les modifications ne se produisent effectivement qu'aux électrodes. On peut imaginer un tube de forme un peu plus compliquée permettant de soutirer la partie moyenne B; elle ne change pas du tout de concentration. Les variations de concentration sont localisées exclusivement dans le voisinage des électrodes. Des dosages chimiques, très simples dans le cas de HCl, montrent que la variation de concentration est à peu près 5 fois plus importante à l'anode qu'à la cathode, Davy et Berzelius indiquèrent que le métal des sels apparaît toujours à la cathode, de même pour l'hydrogène des acides. C'est Faraday (1834) qui trouva la loi quantitative. Elle est résumée dans la formule

$$P = k \frac{A}{z} i\, t. \tag{1.1}$$

P est le poids du produit apparu à la cathode; A, son poids atomique; z, sa valence; i, l'intensité du courant; t, le temps de l'électrolyse; it est la quantité d'électricité passée à travers l'électrolyte. Elle s'évalue maintenant en coulombs; dans ces conditions, la constante k de la formule est sensiblement $\frac{1}{96500}$. Supposons qu'on mette en série des bacs contenant les électrolytes suivants: HCl, $AgNO_3$, $NiCl_2$, $Bi_2(SiF_6)_3$; les électrodes sont en platine. On obtient, au bout d'un temps suffisant, les poids suivants des différents produits.

$$\text{Cathode:}\quad \frac{1{,}008}{1}\,\text{gH},\quad \frac{107{,}88}{1}\,\text{gAg},\quad \frac{58{,}7}{2}\,\text{gNi},\quad \frac{209{,}0}{3}\,\text{gBi};$$

$$\text{Anode:}\quad \frac{35{,}46}{1}\,\text{gCl},\quad \frac{16}{2}\,\text{gO},\quad \frac{35{,}46}{1}\,\text{gCl},\quad \frac{16}{2}\,\text{gO}.$$

L'obtention des produits cathodiques et du chlore va de soi. Celle de l'oxygène à l'anode dans le cas de NO_3Ag et $Bi_2(SiF_6)_3$ résulte de ce qu'on appelle quelquefois une réaction secondaire. Le reste NO_3 n'existe en effet pas à l'état libre; on peut admettre qu'il réagit sur l'eau en donnant $2NO_3 + H_2O = 2HNO_3 + O$. Au voisinage de l'anode, on constate l'apparition d'un acide. Même raisonnement pour SiF_6. Nous reverrons plus loin cette question.

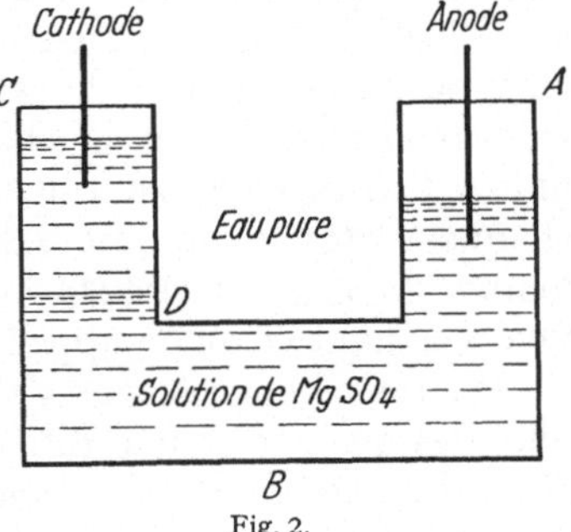

Fig. 2.

2. L'apparition de produits uniquement aux électrodes amène à penser que le courant est conduit dans l'électrolyte par des porteurs invisibles; c'est FARADAY qui les a appelés ions. La notion d'ion a subi depuis FARADAY une évolution considérable. On trouve dans FARADAY l'expérience schématisée Fig. 2. Un tube en U contient à la partie inférieure B une solution de $MgSO_4$; la cathode plonge dans une colonne d'eau pure qui surmonte $MgSO_4$. On voit se dégager en C de l'hydrogène, en A de l'oxygène. A la surface de séparation D se forme un voile de magnésie; en même temps de l'acide sulfurique apparaît dans le compartiment anodique. Pour FARADAY, les ions dans cette expérience sont à la fois H, O, $Mg(OH)_2$ et H_2SO_4. Ce n'est qu'en 1839 qu'il affirme que H a une tendance à prendre l'électricité positive, mais il ne se sert pas de cette hypothèse. Toutefois, il semble que le dépôt des métaux à la cathode soit pour lui une réaction secondaire, réduction de l'oxyde par l'hydrogène.

C'est DANIELL qui fit remarquer qu'il est plus simple d'admettre que le cuivre déposé à la cathode provient par réaction primaire d'un ion en solution.

CLAUSIUS (1857) a proposé d'admettre que les ions existent, au moins en faible quantité, *avant* le passage du courant. On peut en effet obtenir un courant avec une force électromotrice très faible pour une solution de $CuSO_4$ où trempent deux électrodes de cuivre.

C'est ARRHENIUS seulement (1887) qui admit que la dissociation en ions, produite dès la mise en solution d'un sel peut atteindre des valeurs très grandes. Il pensait toutefois que le degré de dissociation n'était égal à l'unité qu'en solution très étendue. On fit à ARRHENIUS diverses objections, puis OSTWALD développa la théorie d'une façon quantitative.

La notion d'ion se précisa nettement quand on adopta le modèle d'atome de RUTHERFORD, à savoir un noyau central positif entouré d'électrons négatifs répartis en différents étages. Le nombre de ces électrons, numéro atomique de l'élément, est 1 pour l'hydrogène, 2 pour l'hélium, 3 pour le lithium etc. Pour passer des atomes aux ions, il suffit d'imaginer que les cations sont chargés +, les cations monovalents comme Li^+, Na^+, Ag^+ se formant par perte d'un électron extérieur. Les anions monovalents comme Cl^- se formeraient par gain d'un électron. L'ion H^+ serait donc l'atome H réduit à son noyau; l'ion K^+ serait l'atome K réduit aux 18 électrons intérieurs, savoir 2 électrons *K*, 8 électrons *L* et 8 électrons *M*; l'ion Cl^- serait l'atome Cl avec un électron en plus, soit 2 électrons *K*, 8 électrons *L* et 8 électrons *M*. On se rend compte du fait que les deux ions Cl^- et K^+ ont tous deux 8 électrons extérieurs, comme l'argon, gaz noble de poids atomique voisin. On prévoit ainsi que les ions de ce type ne doivent avoir que des affinités chimiques très faibles.

Il y a naturellement des cations élémentaires polyvalents tels que Fe^{++}, Ni^{++}, Fe^{+++}, Bi^{+++}; les anions polyvalents sont généralement complexes tels que SO_4^{--}, $Fe(CN)_6^{---}$ et d'une architecture plus compliquée.

On peut admettre que tous les anions monovalents comme Cl^- perdent leur électron supplémentaire en arrivant à l'anode; l'ion Cl^- devient alors un atome Cl; l'électron se mélange à ceux de l'électrode. A la cathode, l'ion H^+ par exemple regagne un électron et devient l'atome H. On voit ainsi qu'on doit associer à un atome monovalent la charge de l'électron; on sait qu'elle est $4{,}802 \cdot 10^{-10}$ unités C.G.S. électrostatiques; une *mole* HCl contient $6{,}023 \cdot 10^{23}$ atomes de chaque sorte; le produit $4{,}802 \times 6{,}023 \cdot 10^{13} = 28{,}9224 \cdot 10^{13}$ UES, soit en coulombs $(28{,}9224 \cdot 10^{13}) : (2{,}997 \cdot 10^{9}) = 96500$ en nombre rond. C'est la quantité vue plus haut et qu'on appelle communément le Faraday.

Quel est le mécanisme de ces gains ou pertes d'électrons? Nous admettrons que, dès qu'on met une différence de potentiel sur l'électrolyte, les ions voisins des électrodes sont attirés par celles-ci et s'absorbent sur les électrodes. Nous verrons plus loin que les dimensions de ces ions sont de l'ordre de grandeur de 10^{-8} cm (une unité Ångström); une charge égale et de signe contraire (image) apparaît sur l'électrode et le champ électrique entre ces deux charges est considérable, de l'ordre de 10^8 volt/cm; ce sont ces champs considérables qui sont responsables des échanges de charges qui se produisent aux électrodes. Par exemple un tel champ est capable de faire sortir *à froid* les électrons de la cathode pour neutraliser les ions Cu^{++} et donner du cuivre.

b) Conductibilité des électrolytes.

3. Un tube de verre rempli d'un électrolyte est conducteur à la façon d'un fil de cuivre; autour du tube existe un champ magnétique quand un courant passe dans le tube et la chaleur de JOULE obeit à la même loi que dans un fil métallique. A cause des modifications possibles aux électrodes, la loi d'OHM ne s'applique pas nécessairement à l'ensemble électrodes-électrolyte. Si on électrolyse par exemple une solution de H_2SO_4 avec électrodes de platine, on constate que la caractéristique volt-ampère du bain est une courbe du genre de la courbe en trait plein de la Fig. 3; pour $I \to 0$, V ne tend pas vers zéro. Il apparaît une force electromotrice V_0 due à la polarisation des électrodes (voir plus loin). Il semble que la loi d'OHM est inexacte.

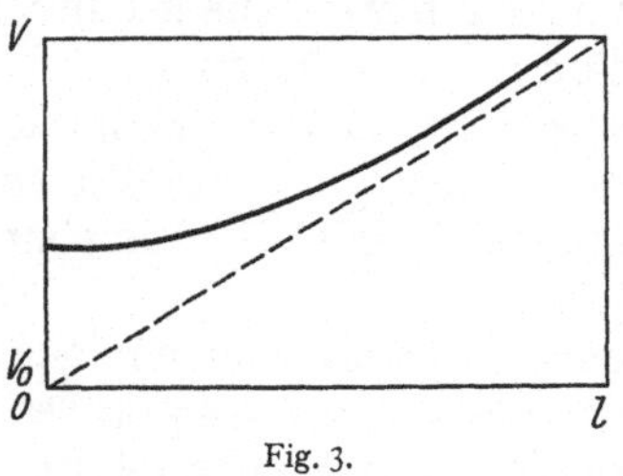

Fig. 3.

On peut montrer qu'elle s'applique toutefois à la colonne d'électrolyte avec le dispositif de la Fig. 4. Deux fils de platine très minces (sondes S_1 et S_2) sont placés dans le voisinage des électrodes; on mesure la différence de potentiel avec un *électromètre* E qui prend un courant négligeable, lequel n'apporte aucune modification de S_1 et S_2. On lit le courant I avec un ampèremètre. On trouve alors la caractéristique pointillée de la Fig. 3; la colonne liquide entre S_1 et S_2 suit la loi d'OHM.

Il en résulte que la résistance d'une colonne d'électrolyte est donnée parla même formule que pour les conducteurs métalliques: $R = \varrho\, l/s$; ϱ, résistivité spécifique; l, longueur; s, section.

Mesure de la conductibilité. Quand il s'agit de solutions dans l'eau par exemple, on doit préparer avant tout une eau dite

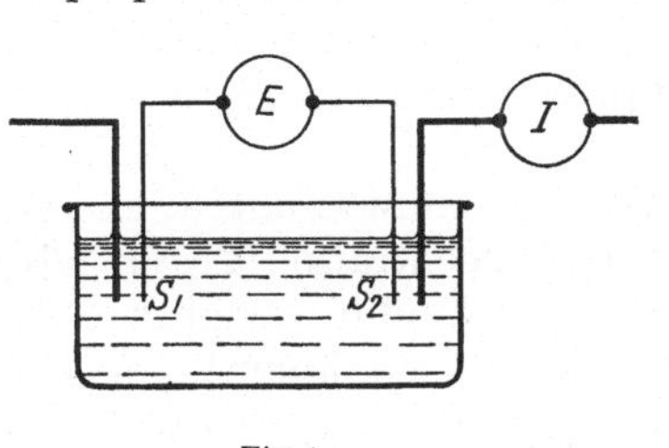

Fig. 4.

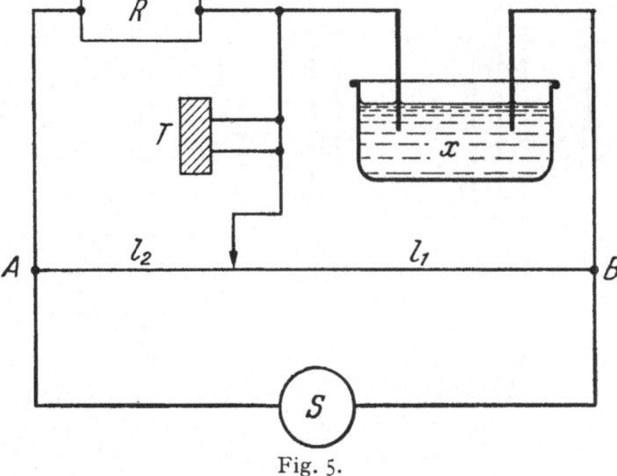

Fig. 5.

de conductibilité et qui a été soigneusement purifiée par distillation fractionnée ou même par congélation fractionnée. KOHLRAUSCH (1900) a ainsi obtenu une eau de conductibilité

qui avait à	0°	18°	34°	50°
	$\chi = 0{,}01 \cdot 10^{-6}$	$0{,}04 \cdot 10^{-6}$	$0{,}09 \cdot 10^{-6}$	$0{,}17 \cdot 10^{-6}$.

L'eau de conductibilité peut se préparer actuellement par des filtres analogues aux permutites.

L'eau préparée au laboratoire a généralement une conductibilité plus élevée (10^{-6} à 10^{-7}); elle contient notamment du gaz carbonique. Il faut la conserver dans un vase inattaquable, par exemple du verre pyrex ou mieux un vase d'étain ou d'aluminium. Avec ces eaux, la part due au solvant dans la conductibilité d'une solution peut être considérée comme négligeable; la conductibilité sera donc due uniquement à la substance dissoute.

La résistance d'un vase électrolytique (voltamètre) se mesure au pont de WHEATSTONE (Fig. 5). L'une des branches du pont est le voltamètre lui-même de résistance x; la deuxième branche est une boîte de résistances R; les troisième et quatrième branches sont par exemple formées d'un fil résistant AB sur lequel glisse un contact mobile C.

En réalité le voltamètre n'est pas une simple résistance, mais il se comporte comme ayant une capacité. En plus, à cause de la polarisation, on ne peut opérer en courant continu. On emploie donc une source S de courant alternatif; les électrodes fonctionnent alternativement comme anode et comme cathode et les produits de l'électrolyse se détruisent jusqu'à un certain point. On facilite leur recombinaison en employant des électrodes de platine platiné qui agissent comme catalyseurs, pour la recombinaison de $H_2 + O$ par exemple. L'appareil de zéro est un téléphone que doit rester silencieux à l'équilibre. Si γ est la capacité du voltamètre, cet équilibre exige qu'on mette une capacité C dans la branche R et les conditions d'équilibre du pont sont alors

$$\frac{x}{R} = \frac{l_1}{l_2} = \frac{C}{\gamma}\,. \tag{3.1}$$

Comme source S on emploie généralement maintenant un générateur d'oscillations analogue à ceux qu'on emploie en TSF (800 à 4000 oscillations à la seconde). Les cellules électrolytiques ressemblent à celle de la Fig. 6. Les lignes de courant sont loin d'être parallèles dans cette cellule; on sait que, si ϱ est la résistivité de la solution, la résistance de la cellule est $R = \varrho/(4\pi C)$, où C est la capacité présentée par les électrodes dans le vide. Quand on compare deux solutions de résistivités ϱ et ϱ', C étant le même, on a $R/R' = \varrho/\varrho'$. On peut donc faire des mesures relatives; on les rapporte généralement au chlorure de potassium pour lequel on a fait des mesures avec un vase bien cylindrique et des électrodes qui remplissent toute la section. La résistivité s'évalue en ohm · cm.

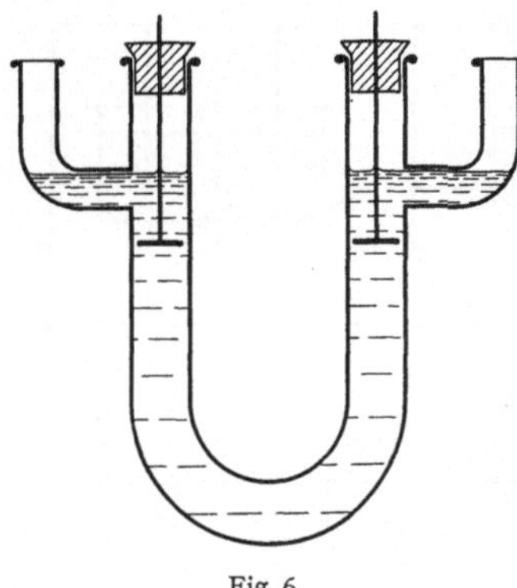

Fig. 6.

On constate que la conductibilité d'une solution augmente avec la concentration de la substance dissoute. Quand la solubilité est grande, la conductibilité passe par un maximum; c'est le cas de HCl, H_2SO_4, HNO_3, KOH etc. La courbe s'arrête avant le maximum à la saturation pour les sels peu solubles comme NaCl.

4. Conductibilité équivalente. C'est une notion qui présente un intérêt théorique. L'équivalent d'un électrolyte est la quantité associée au Faraday; c'est par exemple pour un sel du type mono-monovalent comme NaCl, la mole elle-même; pour un sel du type mono-divalent comme $CuCl_2$, la moitié de la mole pour un sel comme $AuCl_3$ le tiers etc. Supposons une solution de NaCl de concentration donnée, comprise entre deux électrodes distantes de 1 cm et de surface S telle que le volume compris entre elles renferme précisément un équivalent de NaCl. On peut découper sur la surface S des domaines de 1 cm², bases de cylindres de 1 cm de long: la conductibilité spécifique de chacun est χ, celle de l'ensemble est $S\chi$; c'est cette conductibilité qui est la conductibilité équivalente: Numériquement le volume de la solution est $V = S \times 1 = S$. On aura donc $\Lambda = V\chi$. Pour les solutions de KCl à 18°, le Tableau 1 suivant donne les valeurs de χ et Λ.

Tableau 1. *Conductibilité des solutions aqueuses de* NaCl.

Concentration C (équivalents/litre)	χ	Λ
0,0001	0,00001291	129,1
0,001	0,0001273	127,3
0,01	0,0012226	122,3
0,1	0,011191	111,9
0,2	0,02160	108,0
0,5	0,05120	102,4
1	0,09820	98,2
2	0,1852	92,6
3	0,2733	91.1

Quand C augmente, χ augmente, mais Λ diminue. Comme nous avons attribué la conductibilité aux ions K^+ et Cl^-, ARRHENIUS en avait déduit que KCl était de moins en moins dissocié au fur et à mesure que C augmentait, le *degré de dissociation* n'étant égal à 1 qu'en solution très diluée.

Si on construit la courbe $\Lambda = f(C)$, on voit que, pour les C très petits, Λ semble tendre vers une limite. KOHLRAUSCH a montré que l'extrapolation pour $C = 0$ est facilitée en construisant la courbe $\Lambda = f(\sqrt{C})$ qui est sensiblement une droite pour KCl. La limite se note Λ_∞. Cette extrapolation est possible pour les acides forts, les bases fortes, les sels qu'on appelle *électrolytes forts*. La formule en $\sqrt{C}$ a été retrouvée par la théorie de DEBYE et HÜCKEL revue par ONSAGER (voir plus loin). On emploie souvent aussi une formule semi-empirique dûe à

SHEDLOVSKY[1] et qui s'énonce

$$\Lambda_\infty = \frac{\Lambda_C + B\sqrt{C}}{1 - A\sqrt{C}} - B' C. \tag{4.1}$$

A et B sont les constantes de la formule d'ONSAGER et B' une constante qu'on ajuste graphiquement.

L'extrapolation n'est pas possible au contraire pour les *électrolytes faibles*, comme l'acide acétique, la méthylamine etc. La variation de Λ avec C est très considérable précisément en solution étendue.

On a étudié d'autres solvants que l'eau: alcools, acétone, nitriles, gaz liquéfiés comme NH_3 et SO_2. Dans certains solvants, les sels se comportent comme des électrolytes forts; dans d'autres il peut y avoir des singularités dans la courbe $\Lambda = f(C)$; c'est le cas par exemple pour KI dans SO_2 liquide où la courbe dessine un S. WALDEN[2] a étudié $N(C_2H_5)_4I$ dans un grand nombre de solvants.

La conductibilité Λ varie avec la température; elle augmente quand t augmente; aux environs de 18°, on peut écrire $\Lambda = \Lambda_{18}\,[1 + \alpha(t - 18)]$; α est de l'ordre de 0,02 pour les sels. Cette variation est assez grande pour que l'on soit obligé de maintenir le voltamètre à température constante dans la mesure de R.

II. Mobilité des ions.

a) Définition. — Formule de KOHLRAUSCH.

5. La solution de concentration 0,1 du tableau relatif à KCl contient 0,1 mole KCl dans 1 litre, soit $6 \cdot 10^{22}$ molécules KCl; le litre d'eau contient 55 moles d'eau, soit $3300 \cdot 10^{22}$ molécules H_2O. Quand les ions sont sollicités par la tension électrique, on voit qu'ils voyagent à travers un océan de molécules d'eau. L'ion de charge e placé dans le champ E est soumis à la force constante $e\,E$; il prendra donc une *vitesse limite* comme un corps qui tombe dans un milieu résistant. Si v est cette vitesse, la résistance due au frottement est égale à la force motrice et, en supposant le frottement proportionnel à la vitesse, on en déduit que celle-ci est proportionnelle au champ. L'expérience montre que les deux ions d'un sel ont, dans un même champ, des vitesses différentes; on posera

$$v_+ = UE, \qquad v_- = VE.$$

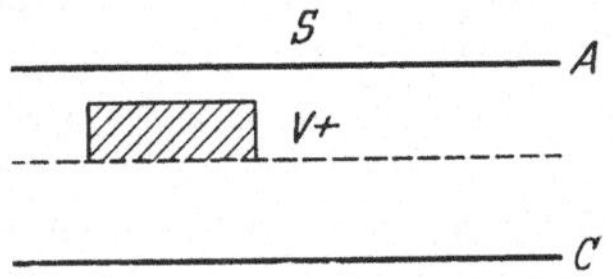

U et V sont les *mobilités* des deux ions, vitesses dans le champ unité; on a l'habitude de prendre comme unité de champ le volt par cm.

Fig. 7.

Formule de KOHLRAUSCH. Elle permet de calculer Λ en fonction de U et V. Nous la démontrerons pour un électrolyte simple comme KCl. Les deux électrodes (Fig. 7) A et C sont supposées distantes de 1 cm avec différence de potentiel E. Un plan intermédiaire (pointillé) est traversé dans les deux sens par les ions; les ions positifs vont de A vers C avec la vitesse v_+; une surface de 1 cm² est traversée par seconde par tous les ions qui sont contenus dans le cylindre hachuré de base 1 cm² et de hauteur v_+. Si n_+ est le nombre d'ions positifs dans 1 cm³, le cylindre en contient $n_+ v_+$, chacun de charge e, d'où le courant $i_+ = n_+ v_+ e$ dans 1 cm² et le courant $I_+ = S n_+ v_+ e$ dans S cm². D'autre part $v_+ = UE$, d'où $I_+ = S n_+ e E U$. Même expression pour I_- avec V à la place de U. Ces deux courants sont de sens inverse, mais transportent des charges de signe contraire, leurs effets magnétiques s'ajoutent. Le courant total $I = S n_+ e E(U + V)$ à cause

[1] SHEDLOVSKY: J. Amer. Chem. Soc. **52**, 1405 (1932).

[2] P. WALDEN: Elektrochemie nichtwässeriger Lösungen. Leipzig: Johann Ambrosius Barth 1924.

de $n_+ = n_-$. Dans I, l'expression Sn_+e est la charge totale des ions + situés entre les électrodes. Si KCl était entièrement dissocié, cette charge serait un Faraday F. Supposons la dissociation partielle avec degré de dissociation δ; on aura alors

$$\Lambda = \delta F(U + V). \tag{5.1}$$

On obtient la même formule pour un électrolyte du type $CaCl_2$ ou $FeCl_3$. Si l'électrolyte se dissocie en plus de deux ions, on vérifiera que

$$\Lambda = \frac{\delta}{\sum \nu_i z_i} \sum \nu_i |z_i| \, l_i \tag{5.2}$$

où ν_i est le nombre d'ions de valence z_i donnés par la dissociation d'une molécule; $l_i = F U_i$. Cette formule est d'ailleurs de peu d'intérêt à cause des dissociations «en échelons» qu'on rencontre pour les acides polybasiques.

Dans la formule (5.1), ARRHENIUS supposait U et V constants et indépendants de C; pour expliquer la variation de Λ, il fallait donc que δ fût variable. Pour $C \to 0$, $\delta \to 1$, $\Lambda \to \Lambda_\infty$; on tire de (5.1) la formule

$$\delta = \Lambda / \Lambda_\infty. \tag{5.3}$$

Cette relation a joué dans la théorie d'ARRHENIUS un rôle important. Pour KCl et $C = 1$, on trouve $\delta = 98{,}3/130{,}1 = 0{,}754$; pour $C = 0{,}1$, $\delta = 0{,}860$. Pour HCl et $C = 0{,}1$, $\delta = 0{,}925$.

b) Nombres de transport.

6. Méthode de HITTORF. La formule de KOHLRAUSCH montre que les 2 ions participent au transport du courant et chacun proportionnellement à sa mobilité. La fraction du courant transportée par le cation est $U/(U + V)$, celle de l'anion $V/(U + V)$; ce sont les deux *nombres de transport* t_C et t_A. HITTORF[1] a montré qu'on pouvait les déduire des variations de concentration des régions anodiques et cathodiques.

Un volume quelconque de l'électrolyte reste électriquement neutre malgré le passage des ions; on pourrait imaginer que des «charges d'espace» analogues à celles qu'on trouve dans les décharges gazeuses puissent se produire en certains points de l'électrolyte; l'expérience ne les a pas mises en évidence[2]. Si les ions d'un signe peuvent s'accumuler quelque part, ils appellent probablement aussitôt par attraction les ions d'autre signe et l'effet des mobilités différentes doit se traduire par des variations de concentration de la substance dissoute.

Le cas le plus simple est celui où les ions disparaissent entièrement aux électrodes; ce serait le cas de HCl avec électrodes de platine et sans réactions secondaires. Le cation H^+ quitte le voisinage de l'anode avec une vitesse proportionnelle à V; les appauvrissements p_a et p_c sont donc dans le rapport $p_a : p_c = U : V = t_c : t_a$. Dans ce cas le dosage de HCl par une solution titrée de NaOH donnera de suite p_a et p_c, d'où leur rapport. Comme $t_c + t_a = 1$, on aura de suite $t_a = \frac{p_c}{p_a + p_c}$ etc. On trouve que t_{Cl} varie avec C. Les résultats expérimentaux sont:

$C =$	0,01	0,1	1
$t_{Cl} =$	0,170	0,162	0,156.

Un cas un peu plus complexe est celui de KCl dans l'eau. Le vase d'électrolyse est fait de telle sorte qu'on peut séparer les deux compartiments anodique (anode en zinc) et cathodique (cathode de mercure), Fig. 8. L'ion Cl^- va vers l'anode où Cl attaque Zn qui se dissout; l'ion K^+ va vers la cathode où il donne

[1] HITTORF: Ann. Physik **89**, 177 (1853).

[2] Polémique dans J. Chem. Phys. **19**, 1211/12 (1951).

de l'hydro gène. On mesurera le nombre de coulombs passés soit par le produit it, soit par un coulomètre. Supposons que 965 coulombs passent, cela correspond à l'attaque de Zn par $\frac{1}{100}$ Cl. Sur cette quantité, proportionnelle à $U+V$, V seulement ont été amenés vers l'anode. On dosera l'ion Cl^- dans la liqueur anodique de volume 500 cm³ par exemple; soit p_a l'augmentation totale de Cl^- dans ce volume, $p_a \sim V$, $\frac{1}{100} \sim (U+V)$; $\frac{V}{U+V} = 100\, p_a$. On trouve pour KCl aux diverses concentrations

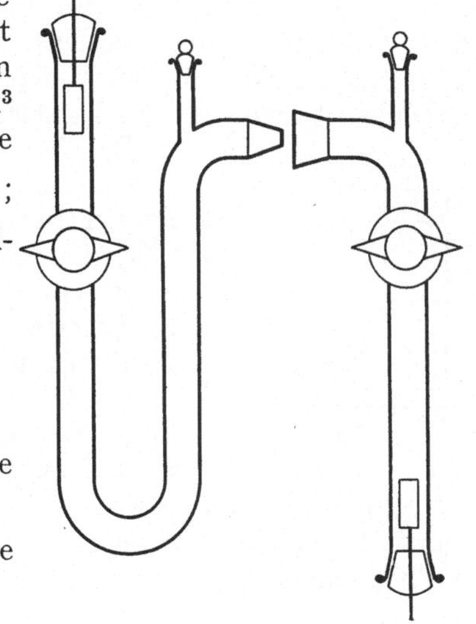

Fig. 8.

C	0,01	0,1	1 mol:l,
t_{Cl}	0,506	0,508	0,514.

Pour $C = 0{,}01$, $U \approx V$.

7. La relation de KOHLRAUSCH peut s'écrire

$$\Lambda = \delta F\, U + \delta F\, V = l_c + l_a,$$

où les l sont les contributions du cation et de l'anion à Λ. On peut écrire l_a sous la forme

$$l_a = \delta F(U+V)\,\frac{V}{U+V} = \Lambda\, t_a,$$

où t_a est le nombre de transport de l'anion. Si on applique cette relation à HCl, KCl, NH_4Cl, NaCl, on trouve que, malgré les valeurs de δ assez différentes, la contribution de Cl^- est la même partout et égale à 65,55 pour $C = 0{,}1\,M$ à 25° C (Tableau 2).

Tableau 2.

δ	Λ	t_{Cl}	l_{Cl}
HCl 0,925	390,14	0,1680	65,59
KCl 0,860	129,10	0,5080	65,53
NaCl	106,18	0,6137	65,54
NH_4Cl	128,15	0,5100	65,56

Il est donc peu probable que δ soit différent; c'est une des raisons qui ont amené à douter de l'hypothèse d'ARRHENIUS. Il est plus commode d'admettre une dissociation totale ($\delta = 1$) et pour expliquer les variations de δ, une variation de U et V; c'est ce qui ressort déjà des valeurs de t_a pour HCl et KCl.

Si $\delta = 1$, de la valeur 65,55 pour Cl^-, on déduit $V = \frac{65{,}55}{96\,500} = 6{,}80 \times 10^{-4}$ cm/sec pour $C = 0{,}1\,M$. L'emploi de $\Lambda = l_a + l_c$ permet ensuite de calculer l_c et d'en déduire U; on arrive ainsi, toujours pour $C = 0{,}1\,M$, au Tableau 3.

Tableau 3.

Ions	Cl^-	K^+	NH_4^+	Na^+	NO_3^-	H^+	OH^-
U ou V	6,80	6,57	6,53	4,19	6,28	33,7	$18{,}1 \cdot 10^{-4}$

Possédant ces Λ_∞, on peut montrer que Λ_∞, pour un sel donné, est bien la somme des valeurs pour les deux ions. Cette vérification s'effectue en formant des différences telles que

$$(KCl) - (NaCl) = 149{,}82 - 126{,}40 = 23{,}42 \text{ à } 25^\circ\text{C}$$
$$(KNO_3) - (NaNO_3) = 144{,}85 - 121{,}53 = 23{,}42$$
$$(KIO_3) - (NaIO_3) = 129{,}12 - 105{,}68 = 23{,}44.$$

Les différences représentent $l_{K^+}^\infty - l_{Na^+}^\infty$.

Les tables de constantes renferment de pareils tableaux.

8. Mesure plus directe des mobilités des ions. Elle a été faite au début sur des sels colorés; les sels comme $KMnO_4$, $CuSO_4$ renferment un ion coloré et l'autre non. Dans un tube en *U* (Fig. 9), on place en bas une solution de $KMnO_4$, des deux côtés une solution de KCl. Quand le courant passe, les ions K^+ vont vers la cathode, les ions Cl^- et MnO_4^- vers l'anode; ce dernier est coloré et l'on voit la couleur progresser vers l'anode. L'expérience est peu précise.

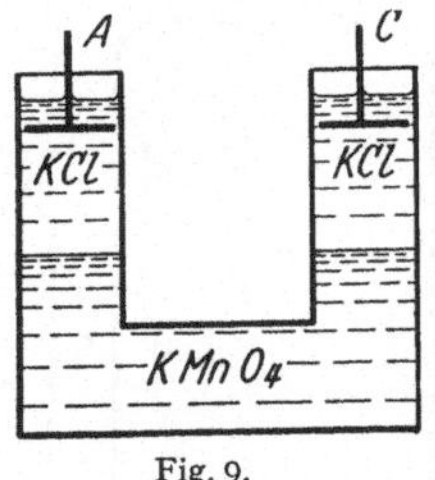

Fig. 9.

On l'a rendue plus précise avec des électrolytes incolores[1] en profitant des différences d'indice de réfraction entre deux solutions au contact telles que KCl et LiCl. Les expériences de HITTORF montrent que Li^+ va moins vite que K^+; on place KCl du côté de la cathode; K^+ entraine Li^+, un vide sans ion positif dans la solution étant inadmissible. La Fig. 10 représente l'appareil de MC.INNES et BRIGHTON[2]. Les deux parties *A* et *B* du tube sont raccordées par rotation des deux plaques de verre *C* et *D*.

Supposons qu'il passe *q* coulombs pendant l'expérience; quand un Faraday passe, la position initiale de la surface de séparation est traversée par *t* ions. g K^+ (*t*, nombre de transport de K^+); si v est la dilution d'un équivalent de KCl, la surface balaie un volume tv; si v_1 est le volume réellement balayé par la surface avec *q* coulombs, on a la proportion $q/v_1 = F/tv$. D'où *t*. En réalité on prend trois solutions, par exemple KCl surmonté de LiCl d'un côté et $KC_2H_3O_2$ de l'autre, l'ion $C_2H_3O^-$ va moins vite que Cl. L'une des surfaces donne t_K, l'autre t_{Cl}; on vérifie que $t_K + t_{Cl} = 1$.

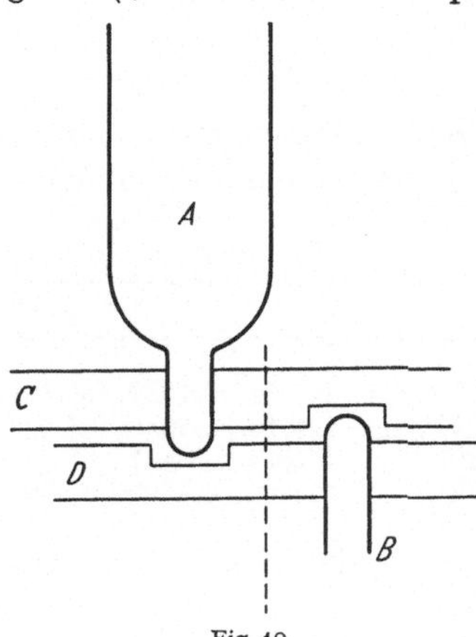

Fig. 10.

Les nombres ainsi obtenus peuvent être comparés à ceux de la méthode de HITTORF. Le Tableau 4 indique les résultats. Actuellement les deux méthodes sont d'accord à mieux que 1/1000 près. Les différences constatées autrefois reposaient sur des erreurs d'expérience. De ce fait la méthode proposée par NERNST et appliquée par WASHBURN[3] est sans objet.

Tableau 4.

KCl Conc.	0,02	0,05	0,1	0,5	1,0
t (HITTORF)	0,4893	0,4894	0,4898	0,4896	0,4875
t (surf. mobile)	0,4901	0,4899	0,4898	0,4888	0,4882

c) Mobilité des ions et viscosité.

9. Les l_∞ des ions représentent à un facteur près la mobilité de l'ion en présence du solvant pur. Depuis EINSTEIN (1905), on applique au mouvement des ions la formule de STOKES relative au mouvement d'une sphère dans un milieu visqueux[4]. On admet que la force qui s'oppose au mouvement d'une

[1] L'idée originale est dûe à LODGE [British Ass. Reports 389 (1886)]. Voir pour précautions à prendre MCINNES et SMITH, J. Amer. Chem. Soc. **45**, 2246 (1923); **46**, 1396 (1924); **47**, 1009 (1925).

[2] MCINNES et BRIGHTON: J. Amer. Chem. Soc. **47**, 994 (1925).

[3] WASHBURN: J. Amer. Chem. Soc. **31**, 322 (1909); **37**, 694 (1915).

[4] RIESENFELD et REINHOLD: Z. phys. Chem. **66**, 672 (1909). — R. LORENZ: Z. phys. Chem. **73**, 252 (1910).

sphère de rayon r animée de la vitesse v est

$$F = 6\pi\eta r v$$

(η, coefficient de viscosité du liquide). D'autre part la force électrique est eE. On a donc

$$eE = 6\pi\eta r v$$

avec $v = UE$; on sait que U varie avec la dilution, on se limitera aux solutions infiniment diluées. Le η sera celui de l'eau pure, c'est-à-dire la série des nombres du Tableau 5.

Tableau 5.

t	0°	20°	25°	30°	100°
η	0,0181	0,0102	0,00895	0,0081	0,00282

E s'évalue pour les U en volt/cm; en employant les unités CGS-ES, il faut multiplier par 300; pour l'ion monovalent, on aura

$$6\pi\eta \frac{300}{96\,500} r = 4{,}80 \cdot 10^{-10} \cdot U.$$

En évaluant r en A, on calcule ainsi un rayon r_s (de Stokes) par la formule

$$r_s = \frac{0{,}819\,z}{\eta\, l_\infty} \quad (z, \text{ valence de l'ion}). \tag{9.1}$$

Avec $\eta = 0{,}00895$ à 25° C, on obtient les r_s suivants dans l'eau

Tableau 6.

H^+	Li^+	Na^+	K^+	Mg^{++}	Ca^{++}	Ba^{++}	Zn^{++}	Fe^{+++}	F^-	Cl^-	Br^-	OH^-	NO_3^-	ClO_4^-	$N(C_2H_5)_4^+$	SO_4^-
0,26	2,365	1,83	1,245	3,45	3,075	2,87	3,42	4,025	1,65	1,20	1,17	0,45	1,27	1,35	2,79	2,29

Il est indiqué de comparer la serie de ces rayons à celle que les études aux rayons X ont permis de déduire pour les cristaux ioniques. On sait que le sel gemme est formé, non de molécules NaCl, ni même d'atomes Cl et Na, mais bien d'ions Cl^- et Na^+. L'ion Cl^- serait environné dans les trois directions rectangulaires de l'espace par six ions Na^+ et réciproquement; l'ion a un noyau et des électrons ceux-ci s'étendant jusqu'à une certaine distance du noyau; *le rayon cristallin r_c de l'ion* est une notion un peu schématique, mais commode; dans le cristal de NaCl, les ions Cl^- et Na^+ présumés sphériques seraient en contact. Les rayons X donnent la distance des noyaux de Cl^- et Na^-, soit la somme des deux rayons; il y a un petit flottement pour les rayons individuels, mais ils ne s'écartent pas beaucoup des valeurs suivantes pour les ions monoatomiques.

Tableau 7.

	Li^+	Na^+	K^+	Mg^{++}	Ca^{++}	Ba^{++}	Zn^{++}	Fe^{+++}	F^-	Cl^-	Br^-
r_c	0,72	1,01	1,30	0,75	1,02	1,40	0,83	0,67	1,33	1,80	1,96 Å

On verra dans les ouvrages spéciaux les procédés de calcul du r_c des ions polyatomiques.

La comparaison des deux rayons r_c et r_s se fait facilement à l'aide d'un graphique où l'on porte r_c en abscisse et r_s en ordonnée. On obtient ainsi la Fig. 11

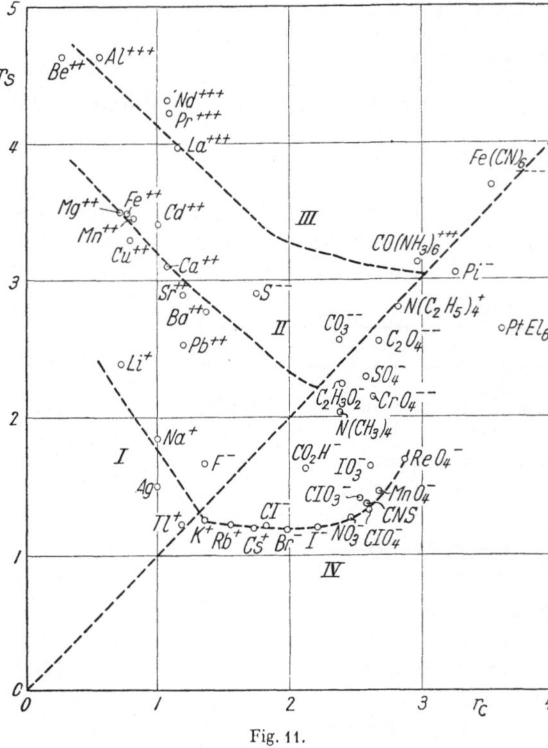

Fig. 11.

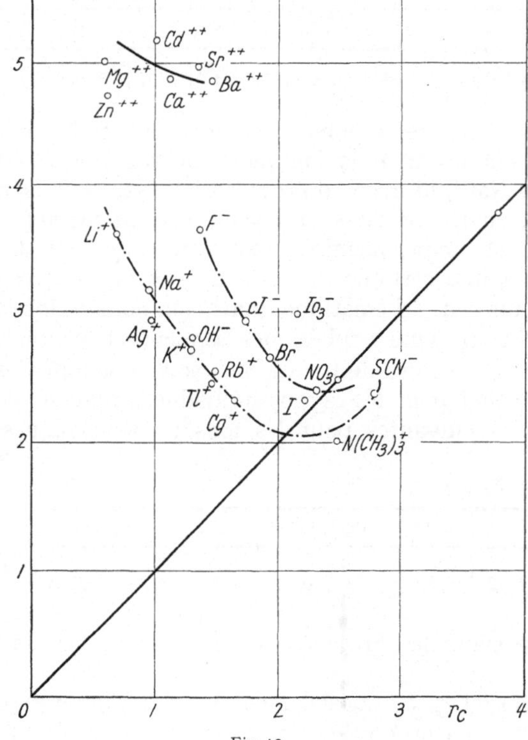

Fig. 12.

pour l'eau. Si les deux rayons r_c et r_s étaient égaux, le point figuratif de l'ion se trouverait sur la bissectrice des axes. En fait il y a très peu d'ions dans ce cas; au degré de précision des mesures, cela semble exact pour $N(C_2H_5)_4^+$, $CO(NH_3)_6^{+++}$, $Fe(CN)_6^{---}$, pour l'ion picrate $C_6H_5(NO_2)_3O(Pi^-)$. Certains ions sont nettement au dessus de la bissectrice; ce sont en majorité des cations. Nous les appellerons les ions hydratés (voir plus loin). Les ions du groupe de Mg^{++} par exemple ont des r_c voisins de 1 Å; leur champ superficiel est très intense, d'où une attraction intense pour les molécules H_2O; il faut admettre que l'eau forme avec ces ions des agglomérations de grand rayon, ces agglomérations se déplaçant dans le solvant en obéissant à la formule de Stokes. On a tracé des courbes moyennes passant à travers les ions monovalents, bivalents, trivalents. La formule de Stokes s'applique en réalité à des sphères non chargées; la charge de l'ion qui agglomère autour de lui les molécules d'eau doit apporter une perturbation au frottement sur le solvant.

Il existe un groupe important d'ions situés au-dessous de la bissectrice; en apparence $r_s < r_c$ pour ces ions. On peut remarquer qu'il s'agit surtout d'anions monovalents dont le champ superficiel n'est probablement pas assez fort pour fixer de façon durable des molécules H_2O sur l'ion. On sait d'autre part que l'eau liquide a une constitution très lacunaire; si les molécules H_2O s'y entassaient au maximum, sa densité serait 1,9 et non 1. Les ions de ce groupe doivent rencontrer de temps à autre ces trous de la structure, d'où une viscosité moyenne inférieure à celle de l'eau «en masse». Le facteur η de la formule (9.1) relatif à l'eau en masse serait donc trop fort pour le mouvement à cette échelle, d'où un r_s trop petit. Les ions groupés sur la courbe IV sont ceux de la série lyotrope.

La mobilité des ions dépend de la température, la viscosité également. La *fluidité* $\varphi = 1/\eta$ est donnée pour l'eau par une formule du type $\varphi = \varphi_0 (1 + at + bt^2)$; vers 25° C, on aurait $a = 0{,}0332$ et $b = 0{,}000244$. On constate que les ions situés sur la bissectrice ont un r_s indépendant de la température; leur l_∞ augmente avec le C.T. 0,033 et leur η diminue avec le même C.T. Au contraire les ions hydratés ont un C.T. plus grand et les ions du dessous un C.T. plus petit. Mlle G. SUTRA[1] a fait une théorie de ces 2 C.T.; l'hydratation des ions hydratés diminuerait par ex. quand t augmente.

Pour les liquides autres que l'eau, on peut faire des graphiques analogues; nous donnerons la Fig. 12 relative aux solutions dans l'alcool méthylique. On y a tracé deux courbes pour les anions et cations monovalents et une courbe moyenne pour le paquet des ions divalents. On voit très nettement ici que ces ions divalents doivent former des associations à rayon plus grand.

10. Raisons de l'hydratation des ions. Calcul de l'hydratation. La molécule d'eau serait *polaire*; la spectroscopie de la vapeur d'eau amène à l'idée d'une molécule triangulaire. Les noyaux de O et H sont représentés sur la Fig. 13; distance OH environ 1 Å, angle HOH 109°. La molécule aurait un *moment électrique* dont l'extrémité négative est du côté de O et l'extrémité positive du côté des H. Ce moment a été mesuré sur la vapeur d'eau; il est de l'ordre de $2 \cdot 10^{-18}$ C.G.S. (2 Debye). Les études aux rayons X sur la glace et l'eau liquide ont confirmé cette structure et donné le rayon de la molécule: 1,38 Å. Or les ions sont chargés; l'ion Na^+, de rayon 1 Å environ, possède un champ superficiel important dans lequel s'orientent les molécules H_2O. En admettant $\varepsilon = 1$ pour

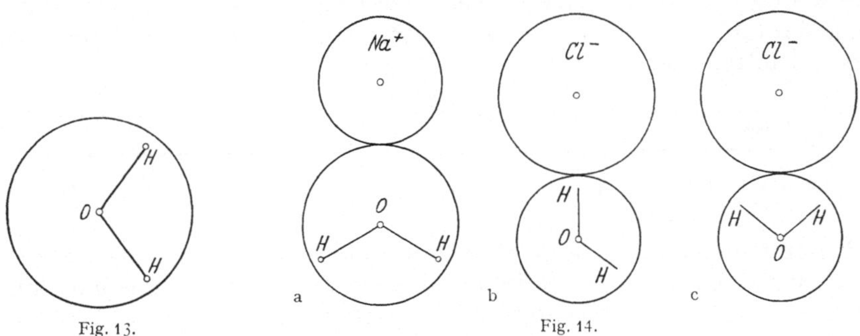

Fig. 13. Fig. 14.

la constante diélectrique, ce champ est $4{,}8 \cdot 10^{-10}/10^{-16} = 4{,}8 \cdot 10^6$ unités C.G.S.-E.S.: $14{,}4 \cdot 10^8$ volt/cm. Le mode d'attache des molécules sur les ions serait rèprésente par les Fig. 14a—c.

Les cations ayant en général un rayon plus petit que les anions, la fixation d'eau sur ces cations serait plus solide; les cations, surtout polyvalents, seraient plus hydratés que les anions. Différents auteurs ont indiqué des méthodes de calcul de cette hydratation[2].

J'ai, moi-même, indiqué une méthode[3] qui repose sur la détermination du volume limite en solution. Cette solution est formée de n_1 moles de solvant et

[1] G. SUTRA: J. Chim. phys. **43**, 189 (1946).

[2] E. DARMOIS: Solvatation des ions. Mémorial des Sci. Phys. Paris: Gauthier-Villars 1946. On trouvera dans cette publication les méthodes proposées antérieurement à 1940.

[3] E. DARMOIS: J. de Phys. **2**, 2 (1941).

n_2 moles de corps dissous; on posera

$$V = n_1 \bar{v}_1 + n_2 \bar{v}_2 \tag{10.1}$$

où V est le volume de la solution et les $\bar{v}_i$ des «volumes partiels». En solution très étendue, $\bar{v}_1$ tend vers le volume molaire du solvant pur et $\bar{v}_2$ vers une limite φ_2. On peut vérifier que les φ_2 sont additifs, les différences telles que NaCl—KCl, $NaNO_3$—KNO_3 etc. sont égales, ce qui prouve qu'on peut attribuer à chaque ion d'un sel une valeur limite de v_2. Dans le mémoire original, on verra pour quelles raisons on a choisi pour l'ion Cl^- le volume limite de 35 Å^3. Le corps dissous est dissocié en ions; on peut toujours associer un ion donné avec un ion assez gros qui présente en solution un $\bar{v}_2$ égal à son vrai volume; dans ces conditions le deuxième ion s'unira à n molécules d'eau. A la limite, le nombre des moles de solvant est N_1. Le volume total s'écrira d'une part

$$V = (N_1 - n)\, v_1 + x + v_2'$$

avec x, volume réel de l'ion hydraté, v_2' volume de l'autre ion. D'autre part

$$V = N_1 v_1 + v_2'' + v_2';$$

v_2'', volume apparent de l'ion hydraté. En retranchant l'une de l'autre les deux relations précédentes, on obtient

$$n = \frac{x - v_2''}{v_1}. \tag{10.2}$$

J'avais fait ensuite l'hypothèse que x représente le volume, «de STOKES». J'avais calculé quelques hydratations limites à 18°. Mlle G. SUTRA a complété ces calculs pour 25° C et donné les n suivants pour quelques ions (Tableau 8). Mlle M. CORDIER[1] a appliqué la même méthode aux solutions non aqueuses et donné des tableaux analogues au précédent pour la solvatation des ions dans des alcools, l'acétone etc.

Tableau 8.

Ions	H^+	Li^+	Na^+	Ag^+	Mg^{++}	Ca^{++}	Sr^{++}	Ba^{++}	F^-
n	0,19	2,11	1,06	1,05	7,35	5,45	5,75	5,10	0,50

Un travail récent dû à A. M. AZZAM[2] donne un nouveau moyen de calcul de l'hydratation. L'auteur utilise les idées de BORN sur l'énergie d'hydratation; ces idées exigent la connaissance de la constante diélectrique de la solution au voisinage d'un ion; cette constante diélectrique est très mal connue; AZZAM adopte les valeurs calculées par WEBB (1926) et propose le Tableau 9.

Tableau 9.

H	Li	Na	K	Rb	Cs	F	Cl	Br	I
2,9	6	4,5	2,9	2,3	[0]	4,7	2,9	2,4	[0]

Les valeurs encadrées sont admises a priori.

Un travail plus récent à base expérimentale, de GLUECKAUF et KITT[3] s'est occupé de l'hydratation des cations dans les polystyrène sulfonates; les auteurs donnent le Tableau 10.

[1] M. CORDIER: Thése Paris 1947.
[2] A. M. AZZAM: Z. Elektrochem. **58**, 889 (1954).
[3] GLUECKAUF et KITT: Proc. Roy. Soc. Lond., Ser. A **228**, 322 (1955).

Tableau 10.

H	Li	Na	K	Cs	Mg	Ca	Sr	Ba
3,9	3,3	1,5	0,6	[0]	7,0	5,2	4,7	2,0

Nous reviendrons plus loin sur le cas de l'ion H.

11. Chaleur d'hydratation des ions. *α) Théorie des cristaux ioniques.* Un certain nombre de cristaux sont ioniques, par exemple les halogénures alcalins. Entre deux ions Na^+ et Cl^- situés à la distance r s'exerce la force attractive $\frac{z^2 e_0^2}{r^2}$ (z, valence); le potentiel correspondant est $\frac{z^2 e_0^2}{r}$. Pour expliquer que les ions puissent se tenir à une distance fixe l'un de l'autre, il faut admettre nécessairement une force répulsive; le potentiel correspondant pourra s'écrire $\frac{b\, e_0^2}{r^n}$; l'expérience montre que n est de l'ordre de 10 (8 à 12). On vérifiera de suite que la courbe

$$P = \frac{-z^2 e_0^2}{r} + \frac{b\, e_0^2}{r^n}$$

possède un minimum pour une certaine valeur de n (puits de potentiel); la valeur

$$r_0 = \left(\frac{n\, b}{z^2}\right)^{\frac{1}{n} - 1}$$

est celle d'équilibre. La différence $P(r_0) - P(\infty)$ représente le travail nécessaire pour éloigner les deux ions indéfiniment l'un de l'autre: c'est l'énergie de dissociation D de la «molécule». On trouve de suite

$$D = \frac{Z^2 e_0^2}{r_0}\left(1 - \frac{1}{n}\right).$$

En réalité le cristal est formé d'un très grand nombre d'ions, l'énergie potentielle du cristal doit s'écrire:

$$P = \frac{A\, z^2 e_0^2}{r} + B\,\frac{e_0^2}{r^n}.$$

A est la constante de MADELUNG, égale par exemple à 1,75 pour le sel gemme[1]

Quand on disperse tous les ions d'une môle de NaCl en les éloignant les uns des autres, on a mis en jeu une énergie égale à l'énergie de formation du cristal à partir des ions: C'est *l'énergie réticulaire* U_r; on trouve

$$U_r = -\frac{N A\, z^2 e_0^2}{r_0}\left(1 - \frac{1}{n}\right),$$

N, nombre d'AVOGADRO; r_0 se déduit de l'étude du cristal aux rayons X. Une théorie semi-classique de BORN a permis de montrer que la courbure de la courbe $P(r)$ au voisinage du minimum est en relation avec la compressibilité du cristal[2]. Le coefficient de compressibilité β est lié au volume par la relation

$$\left(\frac{d^2 P}{d V^2}\right)_{V = V_0} = \frac{1}{V \beta}.$$

D'autre part le volume peut s'écrire $V = N \alpha r^3$, où α est une constante caractéristique du type de réseau. On démontre dans ces conditions que la valeur de

[1] E. MADELUNG: Phys. Z. **19**, 524 (1918).

[2] M. BORN et M. GÖPPERT: GEIGER-SCHEEL, Handbuch der Physik, Bd. XXIV/2. 1934.

n est liée à celle de β par la relation

$$n = 1 + \frac{9\alpha r_0^4 N}{\beta z^2 e_0^2 A},$$

relation qui permet de calculer n à partir des valeurs expérimentales de β; c'est de cette façon qu'on trouve n voisin de 10 pour les ions de masse moyenne.

β) Cycle de BORN-HABER[1]. Nous l'exposerons pour le cas de NaCl.

La formation de NaCl peut avoir lieu à partir de Na solide et de Cl_2 gazeux suivant l'équation

$$\mathrm{Na\ (sol)} + \tfrac{1}{2}\,\mathrm{Cl_2\ (gaz)} \rightarrow \mathrm{NaCl\ (sol)} + Q_f \quad \text{(chaleur de formation).}$$

On peut opérer autrement. A partir de Na solide, on vaporise le métal en consommant la chaleur de sublimation Q_s. Sur Na vapeur, on extrait un électron de l'atome pour avoir l'ion Na^+, consommation I, chaleur d'ionisation. Sur Cl_2 gaz, en fournissant la chaleur de dissociation en atomes D, on obtient Cl; pour avoir l'ion Cl^-, il faut fournir 1 électron, la transformation $Cl \rightarrow Cl^-$ dégage de la chaleur; c'est *l'affinité électronique* du chlore E. Ayant les deux ions Na^+ et Cl^-, on les combine, c'est cette opération qui dégage l'énergie réticulaire U_r. Le dessin donne le cycle, les flèches indiquent les dégagements de chaleur

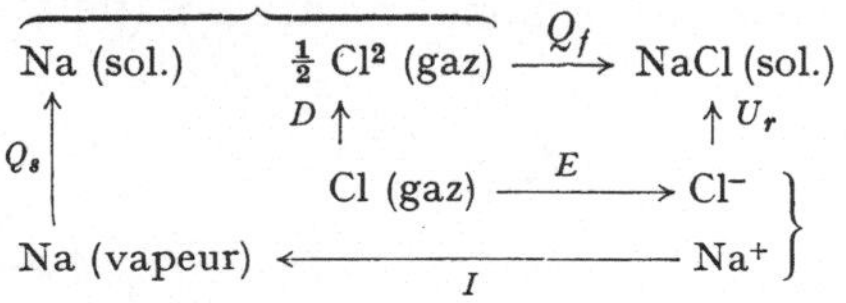

$$\begin{array}{lccc}
\mathrm{Na\ (sol.)} & \tfrac{1}{2}\,\mathrm{Cl^2\ (gaz)} & \xrightarrow{Q_f} & \mathrm{NaCl\ (sol.)} \\
\uparrow Q_s & D \uparrow & & \uparrow U_r \\
 & \mathrm{Cl\ (gaz)} & \xrightarrow{E} & \mathrm{Cl^-} \\
\mathrm{Na\ (vapeur)} & \xleftarrow[I]{} & & \mathrm{Na^+}
\end{array}$$

Les deux procédés de formation doivent conduire au même résultat; les énergies dégagées dans les deux sens des flèches sont égales

$$Q_s + Q_f + D + I = U_r + E.$$

Si les cinq quantités Q_s, Q_f, D, I, E sont connues, on peut calculer U_r. Cette valeur calculée est marquée U_r (BORN) dans le tableau suivant. D'autre part, n ayant été déterminé à l'aide de β, la théorie permet le calcul de U_r; dans le tableau c'est U_r (théorie). Les valeurs sont en kcal par mole.

Tableau 11.

	Q_f	Q_s	D	E	I	U_r(BORN)	U_r(théorie)	L
LiCl	97	40	29	85	123	204	—	8,8
NaCl	98	27	29	85	118	187	183	−1,7
KI	85	23	17	75	99	170	164	−5

γ) Chaleur de dissolution. — Chaleur d'hydratation. Quand on dissout NaCl dans l'eau, la chaleur de dissolution L est $-1{,}7$ calorie (refroidissement). La solution contient des ions dispersés; il y a une grosse différence avec U_r (187); il semble qu'on aurait dû dépenser 187 kcal. En réalité on les a obtenues avec une réaction exothermique, celle d'hydratation des ions: les deux chaleurs d'hydratation sont Q_a et Q_c et on a

$$Q_a + Q_c = U_r + L.$$

On voit qu'on obtient par U_r et L la somme des chaleurs pour les deux ions. On peut comparer les différents sels d'un même metal et trouver les différentes

[1] Voir LANGE et MISTCHENKO: Z. phys. Chem. **149**, 1 (1930).

chaleurs Q_a pour les anions. De même avec les halogénures de Li et Na, on peut avoir la différence entre les Q_c de Li et Na (Tableaux 12 et 13).

Tableau 12.

F		Cl		Br		I
	40		11		10	

Tableau 13.

H		Li		Na		K		Rb		Cs	Mg		Zn		Cd
	113		27		21		3		8			30		25	

Pour avoir les valeurs absolues des Q, il faudrait connaître une valeur obtenue par le calcul. Des calculs de ce genre ont été faits par BERNAL-FOWLER[1] et VERWEY[2] à partir de môdèles particuliers de la molécule d'eau où on suppose une certaine répartition des charges dans la molécule. Ces calculs donnent des valeurs qui ne semblent pas meilleures que celles obtenues à partir d'hypothèses très simples sur l'attraction des dipôles de l'eau.

Ce moment dipolaire peut se mesurer sur la vapeur d'eau où les molécules sont très éloignées les unes des autres; on trouve environ $\mu = 2 \cdot 10^{-18}$ C.G.S. (2 Debye). Quand les molécules se rapprochent, comme dans l'eau liquide, tout se passe comme si μ diminuait; les propriétés diélectriques de l'eau liquide seraient plutôt d'accord avec un moment moindre. Supposons alors qu'une molécule d'eau (rayon 1,4 Å) s'approche jusqu'à toucher un ion Na^+ (rayon 1 Å); le dipôle (environ $1,5 \cdot 10^{-18}$) est situé vers le centre de la molécule H_2O, c'est-à-dire à $2,4 \cdot 10^{-8}$ cm du centre de Na^+; le potentiel réciproque de l'ion et du dipôle est $\frac{\mu e}{r^2}$, soit $\frac{4,8 \cdot 10^{-10} \cdot 1,5 \cdot 10^{-18}}{5,76 \cdot 10^{-16}}$ ou environ $12 \cdot 10^{-13}$ erg. Pour 1 atome g, c'est $12 \cdot 10^{-13} \cdot 6 \cdot 10^{23} = 72 \cdot 10^{10}$ ergs $= 72000$ joules ou 17 kcal. Autour de l'ion Na^+ peuvent se loger 6 H_2O, d'où une chaleur d'hydratation de $6 \cdot 17 =$ 102 kcal. En prenant 100 en nombre rond, on peut calculer une série telle que celle du Tableau 14.

Tableau 14.

H^+	Li^+	Na^+	K^+	F^-	Cl^-	Br^-	I^-
240	127	100	80	125	85	75	65

12. Ion hydrogène. La chaleur d'hydratation de H^+ apparaît beaucoup plus grande que celle des autres ions. Sur la Fig. 11, les ions H^+ et OH^- ont une position très spéciale qui résulte évidemment de leur grande conductibilité. On a imaginé pour expliquer celle-ci des théories diverses. En particulier; pour les physico-chimistes l'ion H^+ ne serait pas le noyau de l'atome H (proton), mais une association $(H_2O \cdot H)^+$ (ion hydroxonium). Cette conception se heurte de suite à une difficulté; si l'ion en question est stable, il doit avoir un rayon de l'ordre de 1,4 Å, rayon de H_2O; il devrait donc avoir une conductibilité de l'ordre de celle de K^+ ou Rb^+. On a alors imaginé qu'il était instable, les protons entrant dans la molécule et en sortant après un temps court et convenable; des calculs utilisant la mécanique ondulatoire ont été faits sur ce schéma par BERNAL et FOWLER et par WANNIER[3]; on avait même prédit que l'ion D^+ (hydrogène lourd)

[1] BERNAL et FOWLER: J. Chem. Phys. **1**, 515 (1933).
[2] VERWEY: Rec. Trav. chim. Pays-Bas **60**, 887 (1941).
[3] WANNIER: Ann. der Phys. **24**, 545, 569 (1935).

ne devait pas avoir une conductibilité anormale. Or cet ion est aussi très conducteur et le rapport des l_∞ pour H^+ et D^+ est $\sqrt{2}$[1]. En collaboration avec G. SUTRA[2] (1946), j'ai proposé un modèle qui rend compte de ce rapport. L'ion H^+ serait le proton; il rassemble autour de lui les molécules polaires H_2O, et il s'agite dans la cage ainsi formée. Dans cette cage, son parcours moyen est λ; entre deux chocs, il dérive dans le champ E. En appliquant la théorie proposée autrefois par DRUDE (1900) et modifiée par H. A. LORENTZ (1916—18), on peut calculer la conductibilité équivalente de l'ion H^+.

Dans la formule obtenue figure la vitesse moyenne d'agitation v du proton; en supposant que la statistique classique s'applique à cette agitation, on aura

$$\tfrac{1}{2} m v^2 = \tfrac{3}{2} \mathrm{k} T, \quad \text{soit} \quad 2 m v = (12 m \mathrm{k} T)^{\frac{1}{2}}.$$

Finalement on obtient

$$\Lambda = \frac{8\sqrt{2}}{\pi^2 \sqrt{3}} \, \frac{F}{300} \, \frac{e\lambda}{(12 m \mathrm{k} T)^{\frac{1}{2}}}. \tag{12.1}$$

A 25° C, $\Lambda_H = 350$; la formule permet de calculer λ; on trouve

$$\lambda = 3{,}1 \cdot 10^{-9}\,\text{cm} = 0{,}31\,\text{Å}.$$

Les diamètres des molécules H_2O et D_2O sont sensiblement les mêmes; les masses des ions H^+ et D^+ sont entre elles dans le rapport 2; les Λ sont donc dans le rapport $1/\sqrt{2}$. Si on place quatre sphères d'eau au contact, le rayon de la sphère tangente intérieurement aux quatre sphères est $r = R\left(\sqrt{\tfrac{3}{2}} - 1\right)$ où R est le rayon de la molécule d'eau. Avec $R = 1{,}38$ Å, on trouve $r = 0{,}30$ Å. Quelle est la forme de la cavité? Elle est certainement assez différente d'une sphère à cause de la déformation des molécules d'eau causée par l'attraction du proton, mais l'ordre de grandeur des dimensions est correct.

Notre conception explique aussi la grande chaleur d'hydratation de H^+; le calcul approché fait ci-dessus pour Na^+ peut se répéter; les molécules H_2O arrivent ici, non plus au contact de l'ion Na^+, mais au contact les unes des autres.

Nous reviendrons plus tard sur la stabilité de l'assemblage proton-molécules d'eau. Enfin la conception précédente rend compte de l'inexistence d'un spectre RAMAN pour l'ion H^+.

Les quatre molécules d'eau formant la cage du proton admettent une sphère circonscrite de rayon

$$r' = R\left(1 + \sqrt{\tfrac{3}{2}}\right) = 3{,}06\,\text{Å}$$

en admettant $R = 1{,}38$ Å; le volume de cette sphère est presqu'exactement 120 Å^3. A cause de la déformation dont nous parlons ci-dessus, le volume réel est un peu moindre. Si on suppose, dans la formule (10.2) que $x_{H^+} = 120$, comme $v_2 = -5{,}7$, on a $n = 125$, $7/30 = 4{,}1$; On retrouve précisément ainsi le nombre même des molécules qui solvatent le proton.

III. Force électromotrice des piles.

13. Généralités. Une pile est une association de conducteurs en série; les piles «galvaniques» comprennent au moins un électrolyte. La première pile de ce type a été celle de VOLTA (1800). VOLTA pensait que le siège de la f.e.m. dans la pile était au contact des deux métaux (Cu et Zn), l'électrolyte (solution acide) servant simplement d'égalisateur de potentiel. En fait le zinc s'y dissout et de

[1] V. K. LAMER et BAKER: J. Chem. Phys. 3, 406 (1935).
[2] G. SUTRA et E. DARMOIS: C. R. Acad. Sci., Paris 222, 1286 (1946).

l'hydrogène se dégage sur le cuivre. La pile se *polarise* rapidement; la f.e.m. baisse en fonctionnement.

La première pile à f.e.m. constante a été celle de DANIELL (1836). Elle comprend (Fig. 15) une électrode de cuivre trempant dans une solution de $CuSO_4$, une paroi poreuse P, une èlectrode de zinc plongeant dans une solution de $ZnSO_4$. Cu est le pôle positif, Zn le pôle négatif; quand la pile fonctionne, Zn se dissout et il se dépose du cuivre sur l'électrode de Cu. La pile est le siège de la réaction.

$$CuSO_4 + Zn = ZnSO_4 + Cu .$$

En fait les sulfates sont dissociés en donnant SO_4^{--}, la réaction peut donc s'écrire

$$Cu^{++} + Zn \rightarrow Zn^{++} + Cu. \tag{13.1}$$

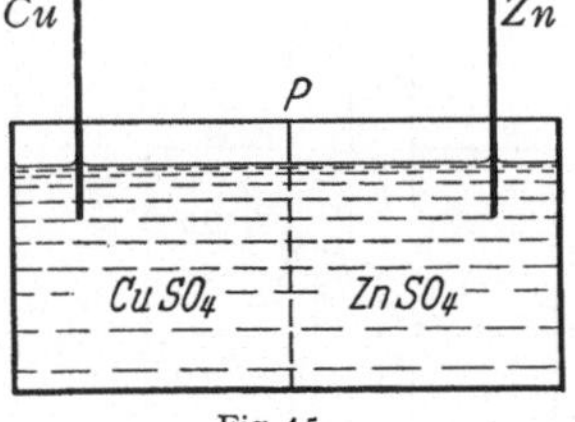

Fig. 15.

La réaction est exothermique. La théorie thermodynamique des piles établit entre la f.e.m. E, la température T et la chaleur de réaction Q la relation

$$E - T\frac{dE}{dT} = \frac{Q}{zF} \tag{13.2}$$

(ici $z = 2$, valence du cuivre et du zinc).

On voit qu'on ne peut calculer E connaissant Q. Cela vient de ce que la pile ne fonctionne pas à température constante; quand la pile s'échauffe en fonctionnant, elle fournit de la chaleur au milieu ambiant. L'énergie électrique + la chaleur fournie au milieu = chaleur de réaction. La pile peut se refroidir en fonctionnant, auquel cas le milieu lui fournit de la chaleur. On connaît même des piles où la réaction est endothermique. Le milieu ambiant fournit à la fois la chaleur Q et la chaleur de refroidissement.

La théorie actuelle des piles est due à NERNST; elle avait la prétention d'aller plus loin que la théorie thermodynamique dans le mécanisme du phénomène. L'équation (13.1) plus haut montre que Zn a une tendance à passer en solution sous forme d'ions Zn^{++}, l'inverse ayant lieu pour Cu^{++} et Cu. NERNST appelle cette tendance *pression de dissolution du zinc*. Elle est contrariée par une tendance des ions Zn^{++} a se précipiter sur l'électrode, cette nouvelle tendance étant proportionnelle à une pression «osmotique» des ions Zn^{++} dans la solution. L'énergie électrique mise en jeu à l'électrode de zinc est assimilée par NERNST à celle libérée dans la détente réversible d'un gaz de la pression P à la pression p. Si e est la f.e.m. de contact Zn | $ZnSO_4$, on écrit:

$$RT \log P/p = zFe \qquad (z = 2 \text{ pour Zn}). \tag{13.3}$$

P est la pression de dissolution, quantité inconnue, qui dépend de la température. En remplaçant dans (13.2) R par 8,324 joules, F par 96500 coulombs et passant aux logarithmes à base 10 on a

$$e = \frac{0{,}000\,198\,56\, T}{z} \operatorname{Log} \frac{P}{p} \text{ (volts)}.$$

A 20° C (293° K), on aura

$$e = \frac{0{,}0581}{z} \operatorname{Log} \frac{P}{p} = \frac{58.1}{z} \operatorname{Log} \frac{P}{p} \text{ (millivolts)}. \tag{13.4}$$

Dans la théorie d'ARRHENIUS, on supposait p proportionnelle à la concentration des ions Zn^{++}, ce qui permettait d'écrire

$$e = E_0 - \frac{58{,}1}{z} \operatorname{Log} C \; (m\,v). \tag{13.4'}$$

La formule (13.4′) s'applique à l'hydrogène avec $z=1$ à condition de définir l'électrode d'hydrogène.

Electrode d'hydrogéne. Elle est représentée dans la Fig. 16. Une lame A de platine platiné plonge dans une solution acide (HCl par exemple). Un courant d'hydrogène arrive en B et sort par le trou C; la lame est ainsi à moitié dans le gaz, à moitié dans le liquide. Nous verrons plus loin que l'hydrogène est occlus dans le métal sous forme d'atomes H; ceux-ci entrent en solution sous forme d'ions H^+; la formule (13.4′) s'applique avec $z=1$. Dans la théorie d'Arrhenius, on a besoin de la concentration C des ions. On déterminait le degré de dissociation par la formule

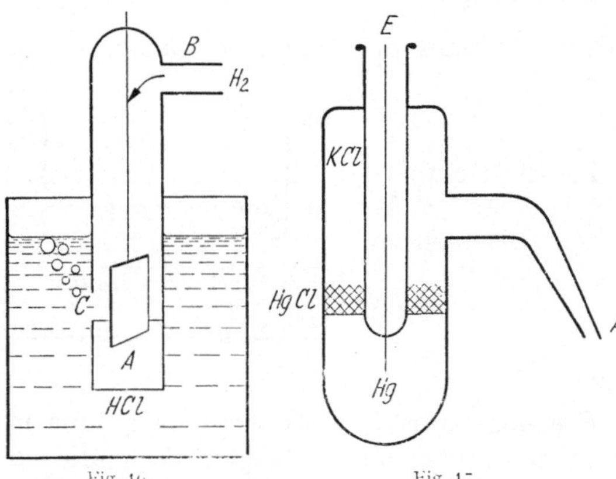

Fig. 16. Fig. 17.

$$\delta = \Lambda/\Lambda_\infty .$$

Une difficulté se présente de suite; dans (13.4′) E_0 est inconnu. On avait pensé assez longtemps pouvoir trouver une électrode *absolue*, origine des potentiels; les essais dans ce sens n'ont conduit à rien. Nernst a donc proposé d'admettre pour origine des potentiels l'électrode *normale* d'hydrogène. C'est celle où la concentration $[H^+]$ des ions H^+ est égale à l'unité (1 ion g dans 1 litre). A l'aide de la relation $\delta=\Lambda/\Lambda_\infty$, on a pu réaliser le liquide à $[H^+]=1$ avec HCl, 1,25 M et H_2SO_4 1 M. En opposant ces deux électrodes, on n'a d'ailleurs pas une f.e.m. nulle, ce qui prouve que la relation $\delta=\Lambda/\Lambda_\infty$ est sûrement inexacte.

La réalisation des électrodes d'hydrogène est assez difficile; il faut un gaz très pur, des solutions très pures, le platine «s'empoisonnant» facilement.

Electrode au calomel. C'est une électrode de référence plus facile à construire que l'électrode normale. Elle est représentée dans la Fig. 17. Du mercure liquide est surmonté d'une couche de HgCl (calomel) et d'une solution de KCl; on prend le contact par un fil de platine E soudé dans le verre. La solution de KCl affleure à l'extrémité A qu'on peut plonger dans un liquide conducteur. On peut aussi réaliser une connexion avec un tube en U renversé plein d'agar-agar saturé de KCl. Quand cette électrode est associée avec une électrode d'hydrogène, l'ensemble forme une pile où le pôle + est au mercure. Quand la pile fonctionne, les ions K^+ arrivent sur le mercure et donnent la réaction.

$$K + HgCl \to KCl + Hg .$$

Quand on oppose à la f.e.m. KCl|HgCl|Hg une f.e.m. assez grande, on peut renverser le sens du courant dans l'électrode; cette fois c'est Cl^- qui arrive à l'électrode et donne lieu à la formation de HgCl. Tout se passe donc dans les deux modes de fonctionnement comme si HgCl donnait des ions Cl^- et inversement. L'électrode au calomel n'est autre qu'une électrode à chlore et la formule (13.4′) s'applique avec $z=1$. La f.e.m. de l'électrode dépendra de la concentration C de KCl. On trouve en effet qu'en opposant l'électrode au calomel et l'électrode normale à H, on a les f.e.m. suivantes:

KCl	0,1 M	0,3379 volt
KCl	M	0,2860 volt
KCl	saturé	0,2492 volt

Il faut remarquer que KCl du calomel est en contact avec HCl par exemple de l'électrode H; la f.e.m. correspondante est très difficile à évaluer. On a donc cherché à étudier des piles à un seul liquide.

14. Piles sans jonction liquide. Une telle pile serait

$$\mathrm{Pt\,(H_2)\,|\,HCl\ \ dissous\ \ |\,AgCl\,|\,Ag}.$$

Ag est recouvert de AgCl obtenu en attaquant Ag par le chlore.

Cette pile fonctionne avec pôle négatif au platine, pôle positif à l'argent. Quand le courant passe, les ions H^+ vont vers AgCl, les ions Cl^- vers l'hydrogène; il y a formation de HCl dans le fonctionnement. A gauche, H se dissout; à droite Cl passe en solution; on peut donc appliquer les deux formules telles que (13.4') et additionner les 2 f.e.m. ce qui donne:

$$E = E_0' - \frac{RT}{F}\log[H^+] + E_0'' - \frac{RT}{F}\log[Cl^-]$$

ou encore

$$E = E_0 - \frac{RT}{F}\log[H^+][Cl^-].$$

La solution renferme HCl à la concentration C. Dans les idées d'ARRHENIUS, il y a dissociation au degré δ et on a $[H^+] = [Cl^-] = \delta C$, d'où

$$E = E_0 - \frac{2RT}{F}\log(\delta C). \tag{14.1}$$

Supposons qu'on réalise une série de concentrations et qu'on mesure les f.e.m. E. E_0 est inconnu, δ est mal connu; on écrit (14.1) sous la forme

$$E + \frac{2RT}{F}\log C = E_0 - \frac{2RT}{F}\log\delta. \tag{14.2}$$

En solution très étendue, $\delta = 1$, $\log\delta = 0$; le deuxième membre tend vers E_0. On construira la courbe $\left\{E + \frac{2RT}{F}\log C\right\}$ avec les valeurs de C connues et les valeurs de E mesurées.

L'extrapolation vers $C \to 0$ donnera graphiquement E_0[1]. Connaissant alors E_0, dans la formule (14.2) on peut calculer δ pour chaque valeur de C.

Pratiquement on emploiera les logarithmes à base 10 avec 58,1 millivolts pour le terme RT/F; en évaluant les concentrations en *molarités* on obtient le Tableau 15.

Tableau 15.

m	0,001	0,01	0,1	0,4	1,0	2	5	10	16
δ	0,966	0,910	0,801	0,760	0,817	1,03	2,51	8,22	43,2

La courbe $\delta = f(m)$ est celle de la Fig. 18. Quand $\delta < 1$, à la rigueur ce peut être un degré de dissociation; mais ce n'est plus le cas pour les valeurs $\delta > 1$.

Ce genre d'expérience oblige à apporter des modifications à la théorie de NERNST. On ne met pas en doute la formule $E = E_0 - \frac{RT}{zF}\log p$, mais bien la proportionnalité entre p et C.

[1] Voir plus loin d'autres procédés pour la détermination de E_0.

On remplace alors la concentration par une notion nouvelle *l'activité*; le δ des formules ci-dessus s'appellera *coefficient d'activité*. Le fait qu'on a fait $\delta_H = \delta_{Cl}$ oblige à introduire un coefficient moyen d'activité tel que $\delta^2_{\text{moyen}} = \delta' \delta''$. On admettra donc que le produit δC représente l'activité; dans $\log(\delta C)$, on aura $\log C$ comme dans l'ancienne théorie, mais aussi $\log \delta$ qui représentera une *correction*; peu importante pour les faibles C, elle deviendra prépondérante pour les grandes concentrations.

Le genre de difficultés rencontré ici est celui qu'on retrouve en essayant d'appliquer la loi d'action de masses aux électrolytes forts. La dissociation de HCl devrait se faire sous la forme $HCl \rightleftharpoons H^+ + Cl^-$; la loi d'action de masses s'écrirait $\frac{[H^+][Cl^-]}{[HCl]} = K(T)$. Le dénominateur désigne la concentration de HCl non dissocié dans la solution. Or il ne semble pas qu'aux concentrations même assez élevées, il y ait HCl libre dans le liquide. On peut en effet mesurer la pression partielle de vapeur de HCl au dessus de la solution; c'est seulement pour les concentrations très élevées $> 10\,M$, qu'elle est sensible: $p_{10M} = 55 \cdot 10^{-4}$ mm Hg. On sait (loi de HENRY) que pour les non-électrolytes, il y a un rapport constant entre la pression du gaz au-dessus du liquide et la solubilité. Cette loi de HENRY est donc fausse pour HCl; aux concentrations $< 10\,M$, HCl serait dissocié entièrement en ions.

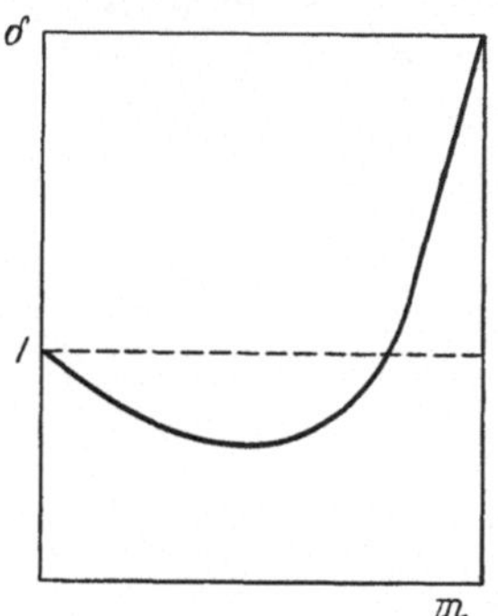

Fig. 18.

Comme dans la pile employée plus haut, on conviendra que, pour HCl, l'activité *moyenne* $a^\pm$ sera donnée par la formule $a^\pm = (a_+ \cdot a_-)^{\frac{1}{2}}$. Si la concentration est évaluée en *molarité*, on appelle généralement γ le coefficient d'activité correspondant: $\gamma = a^\pm/m$.

La formule de l'électrolyte peut être plus compliquée que celle de HCl; exemple $CaCl_2$. Cette molécule se dissocie en 2 ions Cl et 1 ion Ca^{++}. D'une façon générale, soit ν_+ le nombre des ions positifs et ν_- celui des ions negatifs; on écrira:

$$a^\pm = (a_+^{\nu_+} \cdot a_-^{\nu_-})^{1/\nu} \quad \text{où} \quad \nu = \nu_+ + \nu_-,$$

nombre total des ions donnés par dissociation de la molécule d'électrolyte.

γ sera la racine ν-ième du produit des coefficients d'activité des ions; on aura

$$\gamma = \left[\left(\frac{a^+}{m\,\nu_+}\right)^{\nu_+} \left(\frac{a_-}{m\,\nu_-}\right)^{\nu_-}\right]^{1/\nu} = \frac{a^\pm}{m\,(\nu_+^{\nu_+} \cdot \nu_-^{\nu_-})^{1/\nu}}.$$

Tableau 16.

m	0,001	0,1	1	2	3
KCl	0,965	0,764	0,597	0,569	0,571
LiCl	0,965	0,779	0,757	0,919	1,174
$CaCl_2$	—	0,528	0,725	1,555	3,385

Piles à amalgame. Le procédé indiqué pour HCl peut se généraliser pour la formation d'un chlorure. Pour NaCl par exemple, on étudiera la pile

$$\underset{\text{amalgame de sodium}}{\text{HgNa}\,x} \quad |\ \text{NaCl Aq}\ |\ \text{AgCl}\ |\ \text{Ag}.$$

Le métal peu oxydable (Ag) est le pôle positif; quand la pile débite, le courant y passe de gauche à droite; on voit facilement qu'il y a formation de NaCl en solution.

Pour NaCl, KCl, $CaCl_2$ etc. les courbes du facteur d'activité ont la même forme que pour HCl; elles ont un minimum qu'on aperçoit dans le Tableau 16 ($t = 25°$ C).

Mélanges d'électrolytes. On peut mélanger par exemple HCl et KCl dans la pile

$$\text{Pt}(H_2)\ |\ x\,\text{HCl} + y\,\text{KCl} \cdot \text{Aq.}\ |\ \text{AgCl}\ |\ \text{Ag}.$$

La substance active pour la f.e.m. est HCl. Quand la pile fonctionne, il y a de nouveau formation de HCl. On pourra s'arranger pour étudier une série de mélanges où la concentration totale en chlore est constante. Par exemple $x=0{,}01$, $y=0{,}09$; $x=0{,}02$, $y=0{,}08$ ... La f.e.m. permet de calculer γ. Après étude de cette pile on trouve que γ_{HCl} varie avec la concentration de HCl, mais beaucoup moins que dans l'eau pure.

HARNED[1] a fait des mesures où la concentration totale en Cl^- est allée jusqu'à $m_1=3\,M$. La Fig. 19 donne les résultats concernant le γ de HCl additionné de LiCl, NaCl, KCl. L'abcisse est le log m_1. Avec LiCl, le γ est constant pour (Cl^-) = constante; avec NaCl et KCl, faible variation. En première approximation, γ est constant à condition de garder (Cl^-) constante.

L'expérience et la théorie sont d'accord pour dire que ce n'est pas la concentration, mais la force ionique qui doit rester constante.

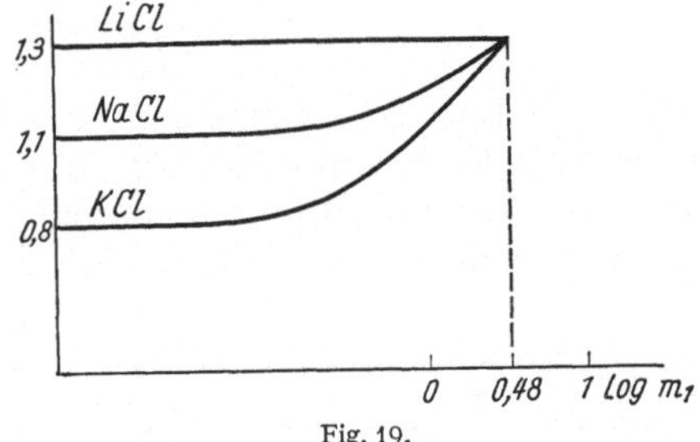

Fig. 19.

Force ionique. Si la dissociation donne des ions de valences différentes, la force ionique est

$$\mu = \tfrac{1}{2} \sum m_i z_i^2;$$

m_i est la molarité, z_i la valence de l'espèce d'ion i.

S'il s'agit de HCl et plus généralement d'un électrolyte mono-monovalent, $m_1=m_2=m$, $z_1=1$; μ coïncide avec m, molarité de HCl.

Avec $CaCl_2$, $m_1 = 2m$; $m_2 = m$; $z_1 = 1$, $z_2 = 2$; $\mu = 3m$.
Avec $CaSO_4$, $m_1 = m$, $m_2 = m$, $z_1 = z_2 = 2$; $\mu = 4m$.

Dans des solutions de force ionique constante, le γ de la substance active au point de vue f.e.m. est approximativement constant; dans ces solutions, la concentration est donc multipliée par un facteur constant; les rapports de concentration sont conservés.

15. Loi de dilution des électrolytes (OSTWALD). Reprenons la dissociation d'un acide HA:

$$HA \rightleftharpoons H^+ + A^-.$$

La loi d'action de masses écrite avec les concentrations donne

$$\frac{[H^+]\,[A^-]}{[HA]} = K. \tag{15.1}$$

Tableau 17.

C	Λ	$K \cdot 10^4$
2,5	0,391	0,09
1,00	1,443	0,1405
0,25	3,22	0,1759
0,0005	68,22	0,1853
0	387,9	—

Si l'on admet un degré de dissociation δ, on a $[HA]=C\,(1-\delta)$ $(H^+)=(A^-)$ $=\delta C$, donc

$$\frac{\delta^2 C}{1-\delta} = K(T). \tag{15.2}$$

L'ancienne théorie admettait $\delta=\Lambda/\Lambda_\infty$; cela conduit aux valeurs suivantes de K pour l'acide acétique (Tableau 17). K peut passer pour constant dans un certain domaine de concentration pour les électrolytes faibles. Cette constance de K a été considérée à l'époque comme un triomphe de la théorie d'ARRHENIUS. Depuis cette date, on a pu tenir compte de la variation des mobilités avec la concentration, de celle aussi des coefficients d'activité. L'équation (15.1)

[1] HARNED et OWEN: The physical Chemistry of electrolytic solutions, 2nd ed. New York: Reinhold Publ. Corp. 1950.

s'écrit, pour l'acide HA, avec les activités

$$\frac{[H^+][A^-]f_H f_A}{[HA]f_{HA}} = K_a; \quad f_H f_A = \gamma_\pm^2; \quad f_{HA} \approx 1$$

ou

$$\frac{1}{[H^+]} = \frac{1}{K_a}\frac{[A^-]}{[HA]}\gamma_\pm^2.$$

En première approximation, pour un acide faible, $\delta = \Lambda/\Lambda_\infty$, $[A^-] = \delta C$, $[HA] = C$; on posera

$$\log\frac{1}{K_a} = pK_a,$$

ce qui donne l'équation

$$pH = pK_a + \log\delta + 2\log\gamma_\pm. \tag{15.3}$$

Il n'en est pas de même pour les solutions de KCl, $MgSO_4$ et plus généralement pour tous les électrolytes forts qui comprennent en particulier les sels et qui sont donc beaucoup plus nombreux que les électrolytes faibles. Le Tableau 18 donne la valeur pour KCl et $MgSO_4$.

Tableau 18.

	C	10^{-4}	10^{-3}	10^{-2}	10^{-1}	1	5	mol/litre
Valeur de K	KCl	0,013	0,046	0,151	0,535	2,25		
	$MgSO_4$	0,0060	0,0133	0,033	0,083	0,083	0,034	

IV. Anomalies des électrolytes forts. — Théorie de l'interaction ionique.

16. Anomalies des électrolytes forts. Ces "anomalies" concernent la théorie d'ARRHÉNIUS. Dès 1909, il est apparu que cette théorie ne rendait pas compte d'un certain nombre de résultats concernant les électrolytes forts c'est-à-dire ceux qui, dissous dans l'eau, donnent à celle-ci une bonne conductibilité. Nous avons déjà signalé quelques unes de ces anomalies: constance de l_{Cl} dans les chlorures, pression de vapeur de HCl, discordances de la loi de dilution.

D'autres discordances ont été signalées concernant l'absorption de la lumière par les solutions. Si une lumière monochromatique d'intensité incidente I_0 traverse une longueur l de solution de concentration C, on trouve qu'en général l'intensité émergente I est donnée par la relation

$$\log\frac{I_0}{I} = \varepsilon l C. \tag{16.1}$$

(16.1) est l'expression de la loi de LAMBERT-BEER; ε est une constante; si C est en moles/litre; ε est le coefficient d'absorption molaire de la solution pour la longueur d'onde λ. Généralement seul l'un des ions de la solution absorbe: Cu^{++} dans les sels de cuivre pour le jaune. La concentration C doit se rapporter à celle de l'ion; si C désigne la concentration en sel, il faut mettre $C\delta$ pour l'ion et

$$\log\frac{I_0}{I} = \varepsilon l C\delta. \tag{16.2}$$

En 1909; BJERRUM a fait des mesures sur le complexe $Cr(H_2O)_6(NO_3)_3$ où l'ion absorbant est $Cr(H_2O)_6^{+++}$. Le Tableau 19 donne, pour les valeurs de C, celles de $\varepsilon\delta$ ($\lambda = 5460$ Å) · $\varepsilon\delta$ semble constant; ε est constant par hypothèse, donc δ serait peu variable alors que la théorie d'ARRHENIUS indique de grosses variations.

Dissociation des sels à l'état de vapeur. On sait aujourd'hui que NaCl solide (sel gemme) est dissocié entièrement en ions. NaCl est vaporisable sans décomposition; on a étudié cette vapeur pour savoir si elle est ionisée[1]. L'ionisation est extraordinairement faible: le facteur de dissociation de KI à 1100° K serait de l'ordre de 10^{-7}, c'est-à-dire pratiquement nul. La vapeur ne comprend donc que des molécules.

On peut retrouver ce résultat par des considérations de mécanique statistique. La formule obtenue[2] est, pour la vapeur

$$K = \frac{[\mathrm{Cl}^-][\mathrm{Na}^+]}{V[\mathrm{NaCl}]} = \left(\frac{2\pi \mathrm{k} T m_{\mathrm{Cl}} m_{\mathrm{Na}}}{h^2 m_{\mathrm{NaCl}}}\right)^{\frac{3}{2}} \frac{h^3}{8\pi \mathrm{k} T I_{\mathrm{NaCl}}} \frac{1}{q(T)} \mathrm{e}^{-\chi/\mathrm{k}T}, \tag{16.3}$$

k, constante de BOLTZMANN; h, constante de PLANCK, V, volume de la vapeur; I_{NaCl} moment d'inertie de la molécule NaCl; $q(T)$, terme tenant compte de l'oscillation des ions et pratiquement égal à 1; χ, excès d'énergie de la paire Na^+, Cl^- sur la molécule NaCl. On a d'autre part

$$I_{\mathrm{NaCl}} = \frac{m_{\mathrm{Na}^+} \cdot m_{\mathrm{Cl}^-} \cdot a^2}{m_{\mathrm{NaCl}}}$$

où a est la distance Na^+Cl^- dans la molécule.

Tableau 19.

C (mol.)	1	0,1	0,01
$\varepsilon\delta$	13,22	12,89	12,65

L'énergie potentielle mutuelle de Na^+ et Cl^- situés à la distance r serait, d'après BUCKINGHAM

$$-\chi = \frac{-|e|^2}{r} + \frac{0{,}280}{10^8(10^8 r)^9} + \frac{4{,}26 \cdot 10^{-3}}{10^8(10^8 r)^6}. \tag{16.4}$$

La valeur de a est celle qui rend minimum l'expression (16.4). On trouve $a = 2{,}37 \cdot 10^{-8}$ cm moyennant quoi $\chi = 8{,}63 \cdot 10^{-12}$ ergs. En évaluant les concentrations en ions. g ou moles/litre, on trouve, pour $T = 300°$ K,

$$K_{\mathrm{gaz}} = \frac{c_{\mathrm{Na}^+} \cdot c_{\mathrm{Cl}^-}}{c_{\mathrm{NaCl}}} = 10^2\,\mathrm{e}^{-\chi/\mathrm{k}T} \approx 10^{-89}.$$

NaCl en vapeur ne serait donc pas dissocié.

Dissociation en solution. Pourquoi la dissociation serait-elle au contraire très importante dans l'eau? χ dans ce qui précède est le travail effectif de dissociation de NaCl en ions. Par mole c'est $8{,}63 \cdot 10^{-12} \cdot 6 \cdot 10^{23} = 51{,}8 \cdot 10^{11}$ ergs $= 124$ kcal. A cause de la grande chaleur d'hydratation des ions dans l'eau, le système Cl^-—Na^+ est beaucoup plus stable cette fois que NaCl, χ n'est plus du tout 124 kcal, mais assez voisin de zéro et peut être même négatif. En admettant que la formule (16.3) reste valable, K serait cette fois de l'ordre de grandeur de l'unité. [NaCl] serait donc très faible.

17. Théorie de DEBYE et HÜCKEL. On y suppose les électrolytes forts dissociés entièrement; les ions K^+ et Cl^- de KCl sont animés du mouvement brownien. Supposons un ion K^+ (ion central) qui porte un vecteur $\boldsymbol{r}$ au bout duquel est un élément de volume dV. Qualitativement K^+ attire les ions Cl^- et repousse les ions K^+; au bout d'un certain temps, le volume dV aura reçu plus d'ions Cl^- que d'ions K^+. Quantitativement d'après BOLTZMANN, le nombre des ions dans l'élément de volume fera intervenir l'énergie potentielle de l'ion, soit $e\psi$

[1] MAYER: Z. Physik **61**, 798 (1930).

[2] FOWLER et GUGGENHEIM: Statistical Thermodynamics. Cambridge: Univ. Press 1939.

(e, charge; ψ, potentiel électrique). On aura:

$$n_+ = n\,\mathrm{e}^{-\frac{e\psi}{kT}}\,dv; \qquad n_- = n\,\mathrm{e}^{+\frac{e\psi}{kT}}\,dv;$$

n, nombre moyen des ions dans 1 cm³.

On retrouve ainsi $n_- > n_+$. La densité électrique dans l'élément de volume sera

$$\varrho = (n_+ - n_-)\,e = n\,e\left[\mathrm{e}^{-\frac{e\psi}{kT}} - \mathrm{e}^{+\frac{e\psi}{kT}}\right].$$

Si D est la constante diélectrique de la solution, la relation de POISSON donne

$$\Delta\psi = -\frac{4\pi\varrho}{D} = -\frac{4\pi}{D}\,n\,e\left[\mathrm{e}^{-\frac{e\psi}{kT}} - \mathrm{e}^{\frac{e\psi}{kT}}\right]. \tag{17.1}$$

L'équation (17.1) aux dérivées partielles est assez compliquée; elle s'écriten effet

$$\frac{\partial^2\psi}{\partial x^2} + \frac{\partial^2\psi}{\partial y^2} + \frac{\partial^2\psi}{\partial z^2} = \frac{8\pi n e}{D}\,\mathrm{Sin}\,\frac{e\psi}{kT}.$$

Pour la résoudre, DEBYE et HÜCKEL ont fait une première approximation; ils admettent que $\mathrm{Sin}\,\frac{e\psi}{kT}$ peut se remplacer par $\frac{e\psi}{kT}$; cela sera possible pour $e\psi \ll kT$; l'énergie potentielle interionique est faible comparée à l'énergie du mouvement thermique, (17.1) devient

$$\Delta\psi = \frac{8\pi n e^2}{D\,kT}\,\psi \tag{17.2}$$

ou

$$\Delta\psi = \chi^2\,\psi$$

en posant

$$\chi^2 = \frac{8\pi n e^2}{D\,kT}. \tag{17.3}$$

K^+ et Cl^- sont des ions monoatomiques, à symétrie sphérique. On emploiera alors les coordonnées sphériques. L'équation (17.2) se transforme en

$$\frac{d^2(r\psi)}{d r^2} = \chi^2\,(r\,\psi) \tag{17.4}$$

équation différentielle en $r\,\psi$ dont la solution est

$$r\,\psi = A\,\mathrm{e}^{-\chi r} + B\,\mathrm{e}^{\chi r}.$$

Si $B \neq 0$, le deuxième terme peut devenir infini à grande distance: on supposera donc

$$B = 0, \quad \text{d'où} \quad \psi = \frac{A}{r}\,\mathrm{e}^{-\chi r}. \tag{17.5}$$

Pour obtenir A, on fait quelques hypothèses supplémentaires:

1. L'ion K^+ a un certain rayon; quand un autre vient à son contact, leur distance minimum est $r_1 + r_2$; à l'intérieur de la sphère de rayon $r_1 + r_2$, il n'y a pas de centre d'ion; on appellera a le rayon d'une *sphère de protection* à l'intérieur de laquelle il n'y aura pas de centre d'ion. Cet a n'est pas le même pour un ion autre que K^+ ou Cl^-, mais on prendra une moyenne.

2. On supposera la charge de l'ion concentrée au centre; le champ à la surface de la sphère de rayon a est e/a^2; si on suppose $D = 1$ dans la sphère de rayon a, e/a^2 est aussi l'induction électrostatique. On écrira qu'il y a continuité de l'induc-

tion à la surface de la sphère de rayon a, ce qui donne

$$\frac{e}{a^2} = -D\left(\frac{d\psi}{dr}\right)_{r=a} = \frac{A\,D}{a^2}\,\mathrm{e}^{-\chi a}(1+\chi a)$$

D'où

$$A = \frac{e}{D}\,\frac{\mathrm{e}^{\chi a}}{1+\chi a}$$

et finalement

$$\psi = \frac{e}{D r}\,\frac{1}{1+\chi a}\,\mathrm{e}^{-\chi(r-a)}.$$

χ est le potentiel existant à la distance r de l'ion. A la distance r de l'ion de charge e, dans un milieu de constante diélectrique D, le potentiel *propre* de l'ion serait $\psi_1 = \frac{e}{D r}$; on suppose alors que $\psi = \psi_1 + \psi_2$. On trouvera

$$\left.\begin{aligned} \psi_2 &= \frac{e}{D r}\left[\frac{1}{1+\chi a}\,\mathrm{e}^{-\chi(r-a)} - 1\right] \\ &\text{et, pour } r=a, \\ \psi_2(a) &= -\frac{e\chi}{D}\,\frac{1}{1+\chi a}. \end{aligned}\right\} \tag{17.6}$$

Le terme χ a n'est important que pour les grandes valeurs de a; pratiquement $\psi_2(a)$ est très voisin de $\psi_2(a) = -\frac{e}{(D\,1/\chi)}$. Le potentiel ψ_2 serait ainsi produit par une charge $-e$ répartie de façon uniforme à la distance $1/\chi$ de l'ion central. $1/\chi$ est le rayon de *l'atmosphère ionique* accompagnant l'ion central. En *moyenne dans le temps*, l'ion K^+ serait accompagné de cette atmosphère de charge égale et de signe contraire à la sienne.

On a posé [équ. (17.3)]

$$\frac{1}{\chi} = \sqrt{\frac{D\,\mathrm{k}T}{8\pi\, n\, e^2}},$$

n représente le nombre d'ions par cm^3, c'est-à-dire la concentration de la solution.

Le raisonnement se généralise pour un électrolyte donnant des ions de valence $z_1, z_2, \ldots$ au nombre de $n_1, n_2, \ldots$ par cm^3. On trouvera

$$\chi^2 = \frac{4\pi e^2}{D\,\mathrm{k}T}\sum n_i z_i^2.$$

La somme est proportionnelle à la force ionique $\mu = \frac{1}{2}\sum_i \gamma_i z_i^2$ où γ_i est la concentration molaire des ions d'espèce i; on a en effet $n_i = N\gamma_i$ (N, nombre d'AVOGADRO). En faisant le calcul avec la concentration γ en mol/litre, on trouve

$$\frac{1}{\chi} \approx \frac{3}{\sqrt{\gamma}}\ (\text{Å}).$$

Exemples: $\gamma = 0{,}01\,N$, $1/\chi = 30$ Å; $\gamma = 0{,}001\,M$, $1/\chi = 100$ Å

$1/\chi$ est beaucoup plus grand que le rayon des ions; ce résultat est dû à ce que les attractions et répulsions de COULOMB ont une «portée» très grande.

Nous laisserons de côté toutes les applications de la théorie qui concernent les *propriétés d'équilibre*[1] des solutions: activité, propriétés osmotiques pour nous occuper seulement des *propriétés irréversibles*: conductibilité, viscosité, etc.

[1] Les propriétés d'équilibre sont traitées dans l'article de A. MÜNSTER, au Vol. XIII de cette Encyclopédie.

18. Conductibilité. Pour expliquer la conductibilité des électrolytes forts, il faut ajouter, au nuage ionique, une notion nouvelle, celle du *temps de relaxation* de ce nuage. Supposons qu'on apporte l'ion central à un moment donné, le nuage ne se bâtit pas instantánément; de même si on supprime l'ion central, il ne disparaît pas instantánément. En moyenne, la densité de ce nuage est la fraction $e^{-t/\tau}$ de sa valeur finale; τ est justement le temps de relaxation. Le calcul de τ a été fait par Debye et Falkenhagen[1]. Pour des électrolytes symétriques, on trouve

$$\tau = \frac{|z_1 z_2|}{|z_2| l_1^\infty + |z_1| l_2^\infty} \frac{15{,}34 \cdot 10^{-8}}{\mathrm{k} T q} \frac{1}{\chi^2}. \tag{18.1}$$

avec

$$q = \frac{|z_1 z_2|}{|z_1| + |z_2|} \frac{l_1^\infty + l_2^\infty}{|z_2| l_1^\infty + |z_1| l_2^\infty}.$$

$1/\chi$ est l'épaisseur vue plus haut; les l sont les contributions des ions à Λ_∞. χ renferme la concentration; on trouvera donc τ inversement proportionnel à γ. A 25° C, pour γ de l'ordre de 0,01 mole/litre, τ est de l'ordre de $\frac{10^{-10}}{\gamma}$ sec, soit 10^{-7} sec pour $\gamma = 0{,}001$. Quand l'ion est sollicité par un champ électrique, il dérivera dans la direction de ce champ; l'atmosphère devra se former en avant et disparaître en arrière; à cause de l'existence de τ, il y aura un petit déficit de charge négative à l'avant et un petit excès à l'arrière, soit, ce qui revient au même, un excès positif à l'avant, un excès négatif à l'arrière. L'ion positif subira donc de ce fait un freinage; le calcul montre que cette force retardatrice est proportionnelle à $\sqrt{\mu}$.

Une autre cause de freinage a été indiquée par Debye et Hückel. C'est celle due à *l'électrophorèse*. La charge négative de l'atmosphère est entraînée par le champ en sens inverse de l'ion; ce mouvement des ions négatifs est accompagné d'un entraînement du solvant. L'ion progresse ainsi dans un liquide qui se meut en sens inverse de son propre mouvement, d'où un frottement supplémentaire. Le calcul montre que la vitesse, donc la conductibilité, est de nouveau diminuée d'un terme proportionnel à $\sqrt{\mu}$. Le tout conduit à une formule du type $\Lambda = \Lambda_\infty - a\sqrt{\mu}$, formule empirique déjà proposée par Kohlrausch.

Indiquons en plus, avant de donner quelques formules qu'une modification à la théorie a été proposée par Onsager[2]. Il a montré qu'on devait tenir compte du mouvement brownien de l'ion. Les formules définitives sont très compliquées. Si on écrit pour la conductibilité équivalente $\Lambda = \Lambda_\infty - \alpha\sqrt{\gamma}$, on trouve, pour un électrolyte donnant deux espèces d'ions de valences z_1 et z_2 en valeur absolue:

$$\alpha = \frac{0{,}985 \cdot 10^6}{(D\,T)^{\frac{3}{2}}} w \Lambda_\infty + \frac{29{,}0\,(z_1 + z_2)}{\eta\,(D\,T)^{\frac{1}{2}}}. \tag{18.2}$$

η est la viscosité du solvant:

$$w = \frac{2q}{1 + \sqrt{q}} z_1 z_2$$

avec

$$q = \frac{z_1 z_2 (l_1^\infty + l_2^\infty)}{(z_1 + z_2)(z_2 l_1^\infty + z_1 l_2^\infty)}.$$

On peut faire apparaître dans les formules la force ionique; on écrit

$$\Lambda = \Lambda_\infty - \beta\sqrt{\mu};$$

[1] Debye et Falkenhagen: Phys. Z. **29**, 401 (1928).
[2] L. Onsager: Phys. Z. **27**, 388 (1926); **28**, 277 (1927).

on trouve de suite

$$\beta = \alpha \sqrt{\frac{2}{\sum_i \nu_i z_i^2}}\,.$$

En remplaçant D et η par leurs valeurs, on trouve:

1. *pour l'eau à 25° C:* $\alpha = 0{,}274 \quad w\Lambda_\infty + 21{,}14 \quad (z_1 + z_2)$, (18.3)
2. *pour CH_3OH à 25° C:* $\alpha = 1{,}15 \quad w\Lambda_\infty + 56{,}0 \quad (z_1 + z_2)$. (18.4)

Les formules renferment Λ_∞ qui n'est pas calculable; on prendra celui fourni par l'extrapolation de Λ pour $\gamma \to 0$, on calculera Λ théorique et on comparera à Λ expérimental.

Les comparaisons ont été faites avec des mesures assez récentes de McInnes et autres (1933). Les résultats sont ceux fournis par les Figs. 20 et 21, en pointillé les tangentes de Debye, Hückel, Onsager, en trait plein les courbes.

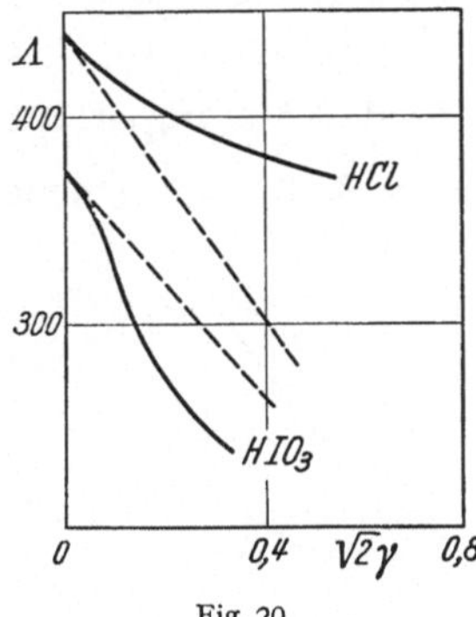

Fig. 20.

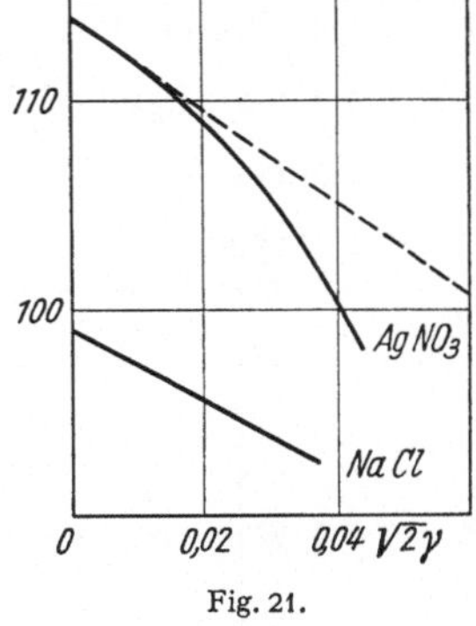

Fig. 21.

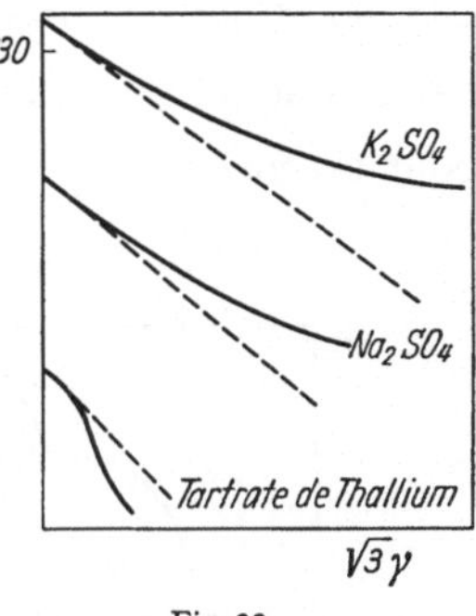

Fig. 22.

On voit que les courbes de Λ sont, soit au-dessus de la tangente (HCl), soit au-dessous (HIO_3, $AgNO_3$).

Mêmes résultats pour les sulfates en solution dans l'eau (Fig. 22).

Les courbes au-dessous de la tangente seraient celles de substances montrant une tendance à l'association.

Le théorie ne s'appliquerait rigoureusement qu'en solution très étendue. Elle a permis toutefois de découvrir deux effets que ne prévoyait pas la théorie d'Arrhenius.

Effet de dispersion. Nous avons dit que la conductibilité des électrolytes se mesure avec du courant alternatif; l'ion oscille dans un tel champ; tant que la fréquence est 50—100—1000 les résultats sont les mêmes qu'en champ constant; l'atmosphère ionique se forme et se déforme en un temps très petit. Mais Debye et Falkenhagen[1] ont montré que si ω, pulsation du courant est de l'ordre de $1/\tau$, il y a des difficultés pour la formation de l'atmosphère. $\omega = 2\pi f \approx 10^7$ dans l'exemple plus haut; $\gamma = 0{,}001\,M$; cela donne f de l'ordre de 10^6. Comme l'expression de τ dépend de T et de l'épaisseur $1/\chi$, la fréquence limite dépendra de la concentration, de la valence des ions, de la température. Les expériences ont été faites pour des fréquences allant jusqu'à $3 \cdot 10^8$ ($\lambda = 1\,m$); elles ont montré que, conformément à la théorie, la variation de Λ avec C est représentée par une courbe avec maximum. Cet effet optimum d'augmentation de conductibilité par suppression de l'atmosphère ionique peut atteindre de très grandes valeurs pour les sels à ions polyvalents. Par exemple avec $Ba_2Fe(CN)_6$, on atteint une augmentation de 33% de la conductibilité à basse fréquence.

---

1 Debye et Falkenhagen: Phys. Z. **29**, 121, 401 (1928).

Effet de champ (WIEN). L'effet a été découvert expérimentalement par WIEN[1], étudié par différents chercheurs et expliqué ensuite théoriquement par DEBYE et FALKENHAGEN[2]. L'explication repose sur les principes suivants.

Les mesures à la fréquence 1000 par exemple utilisent des champs entre électrodes de l'ordre de 1 volt/cm. Dans un tel champ l'ion se déplace à la vitesse de 10^{-3} cm/sec environ. Supposons qu'on multiplie le champ par 100000, la vitesse sera de l'ordre de 1000 mm/sec et l'atmosphère ionique n'aura plus le temps de se former. On doit donc constater que, si on augmente le champ, à toute concentration, la conductibilité mesurée se rapprochera de celle relative aux solutions étendues. La théorie donne pour valeur du champ critique à partir duquel la variation de Λ est nette, $E_c = \frac{\chi k T}{D z}$. L'effet doit être important pour les fortes valences. Les expériences sont difficiles à cause de l'échauffement du liquide dans les grands champs: il faut employer une méthode de champ instantané. Un dispositif simple dû à FUCKS[3] est représenté Fig. 23.

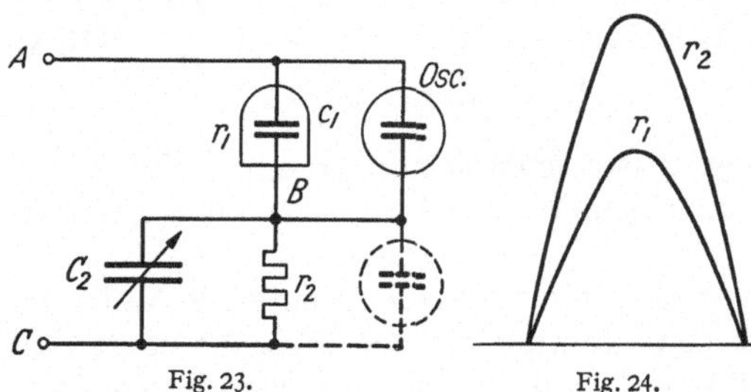

Fig. 23. Fig. 24.

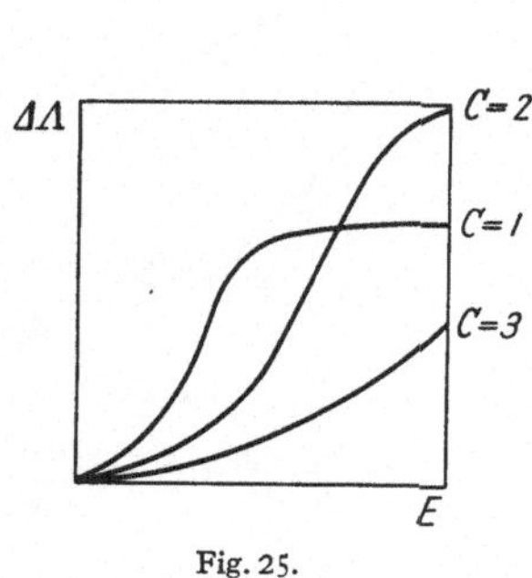

Fig. 25.

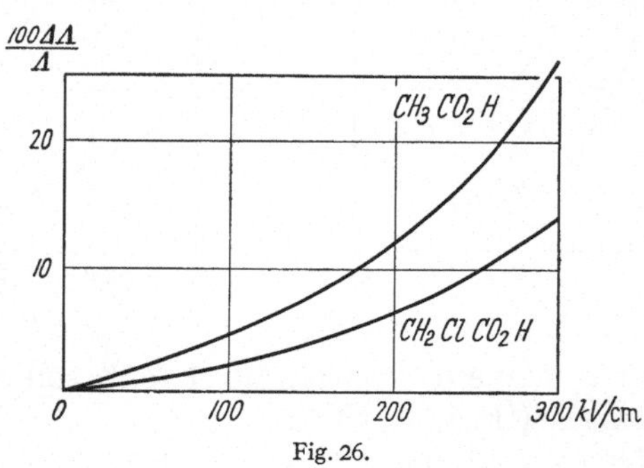

Fig. 26.

Entre A et C, on produit par décharge d'un condensateur un «choc de tension». Le courant traverse à la fois la cellule électrolytique de résistance r, et de capacité C_1 et une résistance métallique r_2. Un oscillographe Osc peut inscrire la différence de potentiel entre A et B ou entre B et C (position pointillée). A basse tension on règle la capacité C_2 en dérivation sur r_2 pour avoir la même courbe de tension aux bornes AB et BC. Puis on donne le choc de tension et on inscrit successivement les deux courbes. Ce sont les courbes de la Fig. 24; la courbe la plus élevée est celle sur r_2, la plus basse sur r_1. Pour les forts champs, $r_1 < r_2$. Exemple: pour KCl et 180000 volts/cm, la différence au maximum est de l'ordre de 20%. La Fig. 25 représente la variation de Λ avec le champ pour des concentrations croissant comme 1:2:3. Pour les faibles C, la limite atteinte est Λ_∞ aux erreurs près. Pour $Ba_2Fe(CN)_6$, $\Delta\Lambda$ peut être de 50%.

WIEN a fait des mesures de ce genre pour des électrolytes faibles et a trouvé pour les grands champs un effet inattendu[4]. La conductibilité Λ varie aussi avec le champ. La Fig. 26 donne la variation $\Delta\Lambda/\Lambda$ en fonction du champ.

[1] M. WIEN: Ann. Physik **83**, 327 (1927); **85**, 795 (1928).
[2] DEBYE et FALKENHAGEN: Phys. Z. **29**, 401 (1928).
[3] W. FUCKS: Ann. Physik **12**, 306 (1932).
[4] M. WIEN et J. SCHIELE: Phys. Z. **32**, 545 (1931).

ONSAGER[1] a proposé une théorie de ce nouvel effet. Quand la dissociation de $C_2H_4O_2$ se produit, l'équilibre entre l'acide et les ions est dynamique et non statique. D'après ONSAGER, les vitesses de dissociation et de recombinaison sont différentes; la dissociation exigerait plus de temps, de sorte que le champ n'agirait que pendant la dissociation. On trouve dans ces conditions que K, constante de dissociation, augmente avec le champ. Pour les faibles valeurs du champ. $\Delta K/K$ serait proportionnel à E/D.

Essais divers pour étendre la théorie de DEBYE *et* HÜCKEL *aux solutions concentrées.* E. HÜCKEL[2] avait proposé une modification où la constante diélectrique de la solution n'était plus celle de l'eau, mais dépendait de la concentration sous la forme

$$D = D_0 - K C.$$

Moyennant quoi, il arrivait à une formule

$$\log_{10} \gamma = - A \sqrt{\mu} + B \mu,$$

où A est celui de la théorie, B n'étant pas calculable. La formule rend compte d'un minimum de γ. Plus récemment, ROBINSON et STOKES[3] ont admis que les ions s'hydratent et proposé une formule tenant compte de cette hydratation.

EIGEN et WICKE[4] ont proposé, pour tenir compte des dimensions des ions, une fonction de répartition qui a été utilisée ensuite, avec quelques modifications par FALKENHAGEN et KELBG[5], pour étendre les formules relatives à la conductibilité. Les travaux précédents ont été critiqués par E. HÜCKEL et G. KRAFFT[6].

V. Associations de BJERRUM.

19. *α) Théorie de* BJERRUM. Dans son calcul pour la variation de K dans les grands champs, ONSAGER a employé une idée due à BJERRUM[7]; en solution concentrée, il y aurait association des ions. Prenons l'exemple de KCl; les ions Cl^- et K^+ en solution étendue ne s'approchent jamais assez pour graviter l'un autour de l'autre pendant un certain temps. Mais si la solution se concentre, il pourra y avoir formation temporaire de sortes de *doublets* (étoiles doubles) dont l'action à distance sera beaucoup plus faible que celle d'un ion simple. Si α est la proportion de ces doubles, celle des ions libres est $1-\alpha$. La théorie est assez compliquée; elle se simplifie si les ions ont même valence z. BJERRUM introduit une quantité $q = \frac{z^2 e^2}{2 D \mathrm{k} T}$, homogène à une longueur et qu'il appelle *rayon critique.*

On considère de nouveau un ion central positif entouré d'une sphère de rayon q. On distingue quatre cas:

1. Il n'y a dans la sphère aucun autre ion,
2. un ion négatif est dans la sphère,
3. un ion positif est dans la sphère,
4. il y a dans la sphère plus d'un ion.

Si $N^{\pm}$ est le nombre des ions dans le volume V de la solution, il y a N/V ions par cm^3. Autour de l'ion existe le potentiel $\frac{z e}{D r}$. D'après BOLTZMANN le nombre

[1] L. ONSAGER: J. Chem. Phys. **2**, 599 (1934).
[2] E. HÜCKEL: Phys. Z. **26**, 93 (1925).
[3] ROBINSON et STOKES: N. Y. Acad. Sci. **51**, 593 (1949).
[4] EIGEN et WICKE: Z. Elektrochem. **56**, 551 (1952).
[5] FALKENHAGEN et KELBG: Ann. Physik **2**, 60 (1952).
[6] E. HÜCKEL et G. KRAFFT: Z. phys. Chem., N. F. **3**, 135 (1955); on y trouvera d'autres indications bibliographiques.
[7] N. BJERRUM: Kgl. danske Vid. Selsk., math.-fys. Medd. **7**, No. 9 (1926).

des ions est proportionnel à $\exp\left(\pm \frac{z^2 e^2}{D\,\mathrm{k} T r}\right)$; on a forcément $r > a$, donc dans la sphère existe le nombre

$$n_S = \frac{N^\pm}{V} \int_a^q \exp\left(\pm \frac{z^2 e^2}{D\,\mathrm{k} T r}\right) 4\pi r^2 \, dr$$

où on prendra les signes $\pm$ suivant le signe des ions. Si la concentration est faible il n'y aura pas d'ion positif et presque pas d'ions négatifs. Si α est le degré d'association, c'est la proportion d'ions négatifs au voisinage de l'ion positif. Dans la solution faiblement concentrée, seuls les cas (1) ou (2) sont possibles. Dans le cas (1) Bjerrum dit que les ions sont libres, dans le cas (2) qu'ils sont associés.

On peut faire le calcul pour $\alpha \ll 1$. Faisons le changement de variable

$$y = \frac{z^2 e^2}{D\,\mathrm{k} T r} = \frac{2q}{r}.$$

On introduit une quantité b telle que

$$a\,b = \frac{e^2 z^2}{D\,\mathrm{k} T} = 2q.$$

Pour les ions négatifs du cas (2), on aura

$$\alpha = \frac{N}{V} \int_a^q \mathrm{e}^{\frac{2q}{r}} \cdot 4\pi r^2 \, dr = 4\pi a^3 b^3 \frac{N}{V} \int_2^b \mathrm{e}^y \cdot y^{-4} \, dy.$$

On pose l'intégrale égale à $Q(b)$.

Pour introduire la concentration en moles/litre, le nombre des ions par cm³ est

$$\frac{N}{V} = \frac{C}{1000} \cdot N_A.$$

où N_A est le nombre d'Avogadro. On a donc:

$$\alpha = \frac{4\pi N_A C}{1000} a^3 b^3 Q(b). \tag{19.1}$$

Pour α plus grand, on imagine qu'il existe un équilibre entre les ions libres et les paires associées; le nombre des paires est αN dans le volume V, le nombre des ions libres est $(1-\alpha)\,N$. On applique la loi d'action de masses à l'équilibre $I_1 + I_2 \rightleftharpoons$ paire, ce qui donne $\frac{N^2(1-\alpha)^2}{N\alpha} = K$. Le calcul de K est assez compliqué. On démontre en mécanique statistique que

$$K = \frac{F_1 F_2}{F}$$

où les F sont des *sommes d'état* qui font intervenir les énergies des divers états sous la forme $\sum \mathrm{e}^{-E/\mathrm{k}T}$. Quand on néglige les forces électrostatiques pour des ions éloignés, on trouve

$$K = \frac{V}{4\pi a^3 b^3 Q(b)},$$

soit finalement

$$\frac{(1-\alpha)^2}{\alpha} \frac{N}{V} = \frac{1}{4\pi a^3 b^3 Q(b)}. \tag{19.2}$$

Si α est faible, on retrouve la formule (19.1). Comme plus haut, dans (19.2

$$\frac{N}{V} = \frac{C N_A}{1000}.$$

Dans ce calcul, on a négligé, comme indiqué plus haut, les forces électrostatiques entre l'ion central et les ions éloignés (facteurs d'activité). Si on en tient compte, on peut considérer la paire comme une molécule dont le facteur d'activité est l'unité, les ions libres ayant le facteur γ; la formule devient donc

$$\frac{\alpha}{(1-\alpha)^2} = \frac{4\pi N_A C}{1000} \gamma^2 a^3 b^3 Q(b). \qquad (19.3)$$

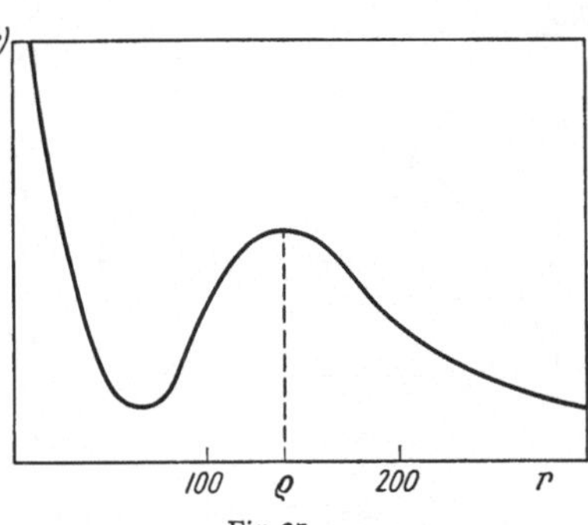

Fig. 27.

Quel γ faut-il mettre dans la formule (19.3) ? On prendra la deuxième approximation de DEBYE et HÜCKEL (Voir l'exposé d' A. MÜNSTER)

$$\log\gamma = \frac{-z^2 e^2}{D\,\mathrm{k}T} \frac{\chi}{1+\chi q}$$

avec

$$\chi^2 = \frac{4\pi e^2}{D\,\mathrm{k}T} \sum n_i z_i^2$$

où n_i est le nombre des ions libres par cm³. A une distance inférieure à q, il n'y a pas d'ions libres; n_i dépend donc de α et γ aussi. D'où la nécessité de faire des calculs par approximations successives. Le Tableau 20 donne les résultats pour KCl ($z=1$) à 18° C.

Tableau 20. *Valeurs de* α.

$a(A)$	2,82	2,35	1,76	1,01	0,70	0,47
$q/a = b/2$	2,5	3	4	7	10	15
C [mol/litre]						
0,001	—	0,001	0,001	0,004	0,011	0,177
0,01	0,005	0,008	0,012	0,030	0,083	0,529
0,1	0,029	0,048	0,072	0,163	0,336	0,804
0,5	0,138	0,206	0,386	0,457	0,565	0,928

Les a étant de plus en plus petits, les α pour C donné sont de plus en plus grands.

Des controverses se sont élévées sur la validité des calculs de BJERRUM. FUOSS[1] a réussi à montrer que ces calculs sont d'accord avec la mécanique statistique alors que ceux de DEBYE et HÜCKEL ne le seraient pas: FUOSS a aussi réussi à montrer que la définition de q n'est pas arbitraire. Il a repris le calcul des paires existant dans une pellicule comprise entre les sphères r et $r+dr$. Il trouve, pour la probabilité à la distance r, $G(r)\,dr$, avec

$$G(r) = 4\pi \frac{N}{V} r^2 \exp\left[\frac{2q}{r} - 4\pi \frac{N}{V} \int_a^r x^2 e^{2q/x} dx\right].$$

$G(r)$ est représenté par une courbe du genre de la Fig. 27.

Le minimum est voisin de $r = q$; le maximum est voisin de $r = \left(\frac{V}{2\pi N}\right)^{\frac{1}{3}} = \varrho$.

Exemple pour $T = 300°$ K, $a = 4{,}6$ Å: Pour des solutions dans l'eau $C \approx 0{,}01 M$ pour $z=2$; $(V/2N^{\frac{1}{3}}) = 202$ Å, $1/\chi = 153$ Å, $q = 14$ Å, $\varrho = 138$ Å.

[1] FUOSS: Trans. Faraday Soc. **30**, 967 (1934).

En résumé il n'y aurait aucune contradiction interne dans cette théorie; elle est actuellement une des meilleures pour expliquer les propriétés des solutions concentrées.

β) Pulvérisation cathodique des solutions électrolytiques. Elle a été étudiée assez à fond par P. BARRET[1]. On essaie de faire une étincelle entre un métal extérieur et une solution électrolytique. Si le métal est cathode, l'étincelle est ordinaire. Si le métal est anode, l'étincelle s'accompagne d'une pulvérisation de la solution. Si on met du sucre dans l'eau, on retrouve du sucre dans les gouttes pulvérisées qui ont très sensiblement la composition de la solution. La quantité de liquide pulvérisé est proportionnelle au courant; elle dépend de la concentration de la solution en sel (courbe de la Fig. 28 pour HCl à courant constant).

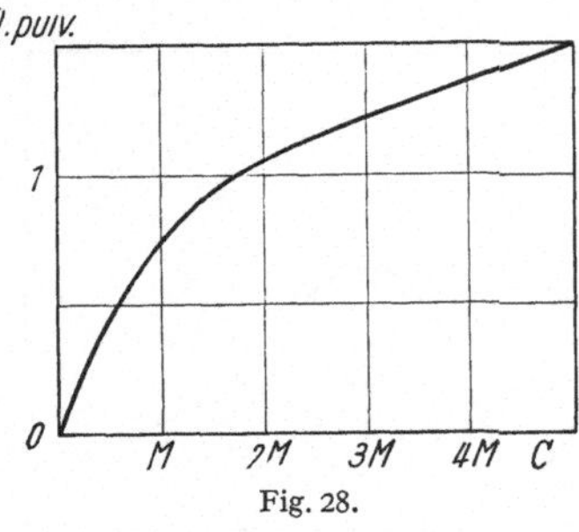

Fig. 28.

On sait que l'étincelle se maintient parce que les ions positifs de la colonne positive sont accélérés par la chute cathodique et peuvent faire sortir par choc, des électrons de la cathode.

Le Tableau 21 donne les résultats pour HCl; P est le poids vaporisé par coulomb, p par électron, p' est le poids de solution correspondant à un ion Cl^-, $R = p/p'$.

Tableau 21.

C (moles/litre)	p (g/electron)	p' (g/Cl^-)	R	R/C
0,25	$4{,}32 \cdot 10^{-20}$	$0{,}67 \cdot 10^{-20}$	6,5	26
0,50	$7{,}52 \cdot 10^{-20}$	$0{,}33 \cdot 10^{-20}$	22,3	44,6
1	$10{,}4 \cdot 10^{-20}$	$0{,}17 \cdot 10^{-20}$	61	61
2	$13{,}92 \cdot 10^{-20}$	$0{,}086 \cdot 10^{-20}$	161	80,5
3	$15{,}68 \cdot 10^{-20}$	$0{,}056 \cdot 10^{-20}$	268	90
4	$16{,}16 \cdot 10^{-20}$	$0{,}044 \cdot 10^{-20}$	364	91

L'augmentation de R avec C montre que le nombre des charges négatives disponibles par Cl^- diminue considérablement. Il semble qu'on a affaire à des associations de BJERRUM entre les ions H^+ et Cl^-. On sait que la décharge électrique ne se maintient que par une émission continue par la cathode de charges négatives extraites par le bombardement des ions positifs. Ceux-ci sont des ions d'azote ou d'oxygène dont le rayon est de l'ordre de 1,5 Å; à leur périphérie et en particulier au point d'impact sur la solution, le champ est $4{,}8 \cdot 10^{-10}/2{,}25 \times 10^{-16} = 2{,}1 \cdot 10^6$ UES. La densité électrique qui correspond à ce champ sur le conducteur est $\sigma = 2{,}1 \cdot 10^6/4\pi = 1{,}68 \cdot 10^5$. On peut supposer que les gouttes emporteront une densité au plus égale à σ.

On peut calculer autrement cette densité. La masse m des gouttes est sensiblement $\frac{4}{3}\pi r^3$; elles sont formées d'une solution de concentration C où la charge des ions Cl^- est $\frac{mCF}{10^3}$ ou sensiblement $3 \cdot 10^{11}\, m\, C$ unités électrostatiques. Le tableau cidessus montre que la charge «effective» est réduite dans le rapport R; elle serait alors $q' = 4\pi \cdot 10^{11}\, r^3 \frac{C}{R}$. Si on suppose cette charge effective produite par la densité σ', on aura

$$4\pi r^2 \sigma' = q' \quad \text{soit} \quad \sigma' = 10^{11}\, r\, \frac{C}{R}. \tag{19.4}$$

[1] P. BARRET: Publ. Sci. et techn. Ministère de l'Air n° N.T. 48, Paris 1953.

D'après P. BARRET, le diamètre moyen des gouttes est à peu près indépendant de C et voisin de 1 μ, soit $r=0{,}5\cdot 10^{-4}$ cm. Pour HCl la valeur de R/C varie de 26 à 90 d'après le tableau; ces valeurs donnent respectivement $\sigma'=2\cdot 10^5$ et $0{,}55\cdot 10^5$, c'est-à-dire des nombres qui sont tout-à-fait de l'ordre de σ. La charge des gouttes a été mesurée par P. BARRET; on la trouve très faible et positive. Il est vraisemblable que la goutte une fois sortie est neutralisée très rapidement par les ions positifs; son champ est en effet extrêmement intense. Si on admet (19.4) avec la densité 10^5 et les valeurs de C/R du tableau, le r calculé est de l'ordre de 0,5 μ.

P. BARRET a également fait des essais de pulvérisation avec des électrolytes fondus. Les électrons nécessaires au maintien de la décharge sont-ils empruntés aux ions Cl^- ou aux molécules H_2O? Cela doit dépendre de la concentration de la solution. Il semble en tout cas que la pulvérisabilité, masse de liquide pulvérisé par coulomb, soit proportionnelle à la densité des anions libres au sens de BJERRUM.

VI. Viscosité des solutions électrolytiques.

20. Les mesures de viscosité de ces solutions sont très anciennes[1]; la viscosité η d'une solution est plus grande que celle de l'eau pure η_0. Des mesures précises ont été faites par JONES et DOLE[2]. Pour $BaCl_2$, on trouve

$$\eta=\eta_0\left[1+0{,}0201\sqrt{C}+0{,}20\,C\right].$$

Quelle est l'explication théorique proposée pour ces deux termes? Le terme en $\sqrt{C}$ a été expliqué par FALKENHAGEN[3] à l'aide de la théorie de DEBYE et HÜCKEL. Il s'agirait d'une modification du nuage ionique par l'écoulement du liquide. Dans le tube capillaire du viscosimètre, le liquide coule plus vite au centre que sur les bords, d'où un gradient de vitesse dans l'étendue du nuage ionique. La Fig. 29 représente cette déformation. L'ion central est supposé positif, le nuage est négatif; l'écoulement a lieu dans la direction Ox; le gradient de vitesse est parallèle à Oz. Ce sont les vitesses relatives qui interviennent; tout se passe comme si, l'ion central étant au repos, les ions au-dessus de O allaient à droite et ceux au-dessous à gauche (flèches f). Cela donne une modification négative ou positive dans les divers quadrants à cause du temps de relaxation fini. La densité électrique additionnelle est représentable par une fonction sphérique du deuxième ordre. Les calculs ont été faits par FALKENHAGEN; ils donnent $\frac{\eta-\eta_0}{\eta_0}=A\sqrt{C}$, où A est *calculable*.

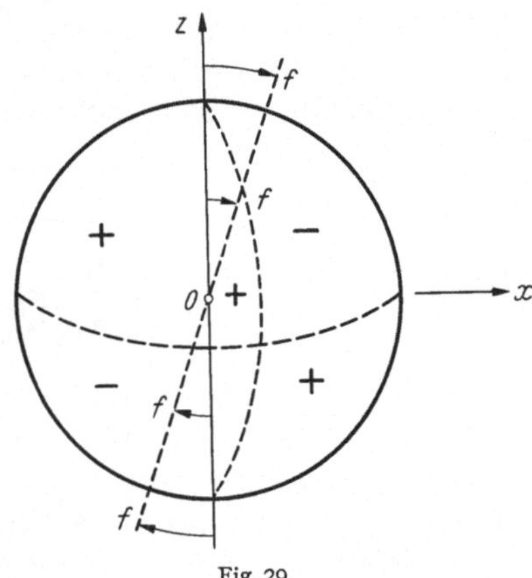

Fig. 29.

Pour un sel à deux ions comme $BaCl_2$, on aurait (les z désignant les valeurs absolues des valences)

$$A=\frac{1{,}45}{\eta_0\sqrt{D_0T}}\sqrt{\frac{v_1z_1}{z_1+z_2}}\left[\frac{l_1z_2^2+l_2z_1^2}{4l_1l_2}-\frac{(z_2l_1-z_1l_2)^2}{l_1l_2\left(\sqrt{l_1+l_2}+\sqrt{\frac{(z_2l_1+z_1l_2)(z_1+z_2)}{z_1z_2}}\right)^2}\right].$$

[1] Bibliographie dans H. FALKENHAGEN: Elektrolyte, 2. Aufl. 1953.

[2] JONES et DOLE: J. Amer. Chem. Soc. **51**, 2950 (1929).

[3] H. FALKENHAGEN et M. DOLE: Phys. Z. **30**, 611 (1929). — H. FALKENHAGEN: Phys. Z. **32**, 365, 745 (1931).

L'expression se simplifie pour l'électrolyte symétrique ($z_1 = z_2$) et encore davantage pour $l_1 = l_2$ (KCl). Pour $BaCl_2$, on trouve A théorique à 25° C = 0,015.

Des mesures récentes dues à M. KAMINSKY[1] ont donné les résultats suivants:

		A_{theor}	A_{exp}
	KI	0,0050	0,0047
	NH_4Cl	0,0050	0,0052
$t = 30°$ C	Na_2SO_4	0,0155	0,0155

Il n'y a pas de doute que la théorie est entièrement vérifiée pour tout ce qui concerne le terme en $\sqrt{C}$.

L'explication du terme en C est plus douteuse. J'ai proposé une explication fondée sur une théorie d'EINSTEIN; celui-ci suppose une suspension de sphères dans un solvant; en utilisant l'hydrodynamique des milieux continus, il trouve pour la viscosité de la suspension $\eta = \eta_0 (1 + 2{,}5\,\varphi)$ où φ est le rapport v/V du volume total des sphères à celui de la solution. Dans le calcul d'EINSTEIN, les sphères ne sont pas chargées; les ions le sont; FINKELSTEIN a effectué le calcul dans ce cas et proposé une correction au terme $2{,}5\,\varphi$. Pour la solution à C [moles/litre], l'ensemble des deux ions du sel a un volume v. Pour $V = 1$ cm³, $\varphi = \frac{C v \cdot 6 \cdot 10^{23}}{10^3}$. On mesure généralement les v en $Å^3 = 10^{-24}$ cm³; on a donc $2{,}5\,\varphi = 0{,}0015\, C v$. Admettons que le volume des ions est celui calculé par la formule de STOKES. Pour $BaCl_2$, $v_s = 100$ pour Ba^{++} et 20 pour les deux ions Cl^-, $v = 120$, d'où le terme 0,18 assez voisin de 0,20 expérimental. Dans le travail de thèse de G. SUTRA, des vérifications de ce genre ont été faites; elles sont bonnes quand es deux ions du sel sont nettement hydratés et assez volumineux:

	B_{exp}	B_{theor}
$LaCl_3$	0,595	0,5925
$Ca_2Fe(CN)_6$	0.50	0,66
$Ca_3[Fe(CN)_6]_2$	0,82	0,84

Avec ces gros ions hydratés, l'influence de la charge est minime et la correction de FINKELSTEIN négligeable.

Des mesures de viscosité ont été faites dans d'autres solvants que l'eau, par exemple pour NaI dans C_2H_6O. Avec $l_{Na} = 18{,}7$ et $l_I = 38{,}7$, on calcule $A_{th} = 0{,}0240$, l'expérience confirme ce chiffre.

VII. Propriétés optiques des solutions électrolytiques.

21. Absorption de la lumière. Nous avons déjà parlé plus haut de cette absorption (Sect. 16); pour une lumière monochromatique, elle est régie par la loi de LAMBERT-BEER $\mathrm{Log}(I_0/I) = \varepsilon C l$ où ε désigne le coefficient d'absorption molaire de l'espèce absorbante, C sa concentration. On a pensé assez longtemps que ε pouvait être constant, de sorte que la mesure de I_0/I pouvait permettre celle de C. L'étude précise de certains ions a montré que ε était en réalité assez souvent variable. La littérature concernant l'absorption est considérable; nous donnerons seulement quelques exemples de mesures. Les deux procédés principaux sont la photométrie photographique et la photoélectricité. Nous ne décrirons pas les dispositifs employés qu'on trouvera dans les publications citées.

[1] M. KAMINSKY: Z. phys. Chem. **5**, 154 (1955). Voir dans ce travail la littérature.

α) Expériences de TRÉHIN[1] (1936). Elles ont eu lieu par photométrie photographique et ont porté sur les solutions aqueuses de HCl et des chlorures. L'absorption a lieu dans l'ultra-violet entre 3000 et 2000 Å. La lampe à hydrogène donne un spectre continu; la cuve d'absorption se trouve dans un faisceau parallèle; une lentille projette le faisceau émergent sur la fente d'un spectrographe. Le spectre ultraviolet est pratiquement coupé à une certaine longueur d'onde. La Fig. 30 montre l'aspect des différents spectres obtenus avec l'eau et des solutions de concentration croissante en HCl. La longueur du spectre passe par un minimum aux environs de 8—9 *M*. On retrouve ce minimum pour les chlorures très solubles comme LiCl. On constate également un très fort effet de température; quand T augmente, le spectre se raccourcit beaucoup; la modification est réversible. La particule absorbante est l'ion Cl^- (H^+, Na^+ etc. absorbent dans un domaine plus éloigné). On peut calculer ε par la formule déjà donnée; on constate que ε varie, pour λ donnée, avec la concentration; ε augmente quand C diminue. On peut supposer une formule du type $\varepsilon = \varepsilon_0 - A C$; l'absorption totale est proportionnelle à $\varepsilon C = \varepsilon_0 C - A C^2$, la formule redonne le maximum d'absorption. De même ε, pour C donné, augmente quand T augmente.

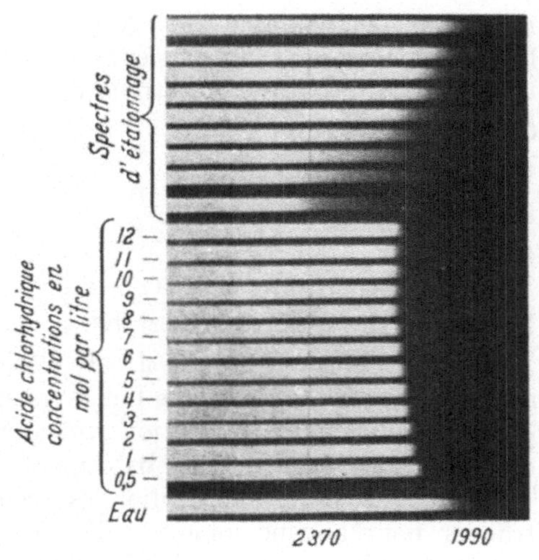

Fig. 30.

Si l'absorption est dûe à l'ion Cl^-, il est intéressant d'étudier l'absorption du sel gemme; on constate que, malgré la grande concentration des ions Cl^-, le spectre est plus long que pour les solutions concentrées. ε, pour λ donné, est plus faible pour le sel solide. En plus, il n'y a *aucun effet de la température* entre 25 et 200° C.

Quel est le mécanisme de l'absorption? On a pu montrer qu'il s'agit d'un spectre de transition électronique. La lumière de fréquence ν est un champ électrique oscillant qui agit sur les électrons de l'ion Cl^-; l'absorption d'un quantum $h\nu$ éjecte un électron de Cl^-. Que devient cet électron? L'influence de la concentration montre que l'eau qui hydrate l'ion Cl^- doit intervenir pour fixer provisoirement cet électron et d'autant plus facilement que Cl^- est plus hydraté. L'influence de la température T montre que cette fixation doit faire intervenir la constante diélectrique D de la solution, qui diminue quand T augmente, d'où une fixation plus énergique. Les ions «secs» du sel gemme ne peuvent ressembler aux ions hydratés. On a étudié également l'absorption de HCl liquéfié; elle diffère de celle des solutions, de sorte que HCl liquide ne peut être considéré comme une solution concentrée des ions H^+ et Cl^-.

La précision des mesures de photométrie photographique est faible (5%); d'autres auteurs ont employé des dispositifs photoélectriques plus précis.

β) Expériences de VON HALBAN[2]. La loi de LAMBERT, relative à la longueur, a été vérifiée très exactement avec des solutions de K_2CrO_4 et $K_2Cr_2O_7$ et la longueur d'onde 3660 Å.

---

[1] R. TRÉHIN: Ann. Phys., Paris **5**, 445 (1936).

[2] Voir littérature dans KORTÜM: Kolorimetrie, 2. Aufl., Heidelberg 1948.

Avec $NaNO_3$, l'absorption est celle de NO_3^-. Avec $\lambda = 3130$ Å, on obtient les résultats suivants:

$$C = 1{,}25 \quad 0{,}5 \quad 0{,}05 \quad 0{,}02\,M,$$
$$\varepsilon = 6{,}708 \quad 6{,}910 \quad 6{,}913 \quad 6{,}944.$$

On voit que ε est bien constant pour C assez faible; la loi de BEER s'applique.

VON HALBAN a fait un autre genre d'expériences. On ajoute à $NaNO_3$ des sels qui n'absorbent pas dans ce domaine. Avec $NaNO_3$ 0,05 M pur, on obtient $\varepsilon = 6{,}913$; en mettant $NaNO_3$ dans NaCl 3,2 M, $\varepsilon = 6{,}606$; avec KCl 2,0 M, $\varepsilon = 6{,}000$. On voit que l'ion NO_3^- est influencé par la présence d'autres ions; les cations semblent agir par leur valence.

Le nitrate de Ca a été étudié dans $CaCl_2$. On a maintenu $[Ca^{++}]$ constant à Cl^- croissant.

$[NO_3^-]$	10	5	1	0,1	0,02
$[Cl^-]$	0	5	9	9,9	9,98
ε	6,05	5,59	4,66	4,36	4,11.

Entre $[NO_3^-] = 10$ et $[NO_3^-] = 0{,}02$, ε diminue à peu près de $2 = \mathrm{Log}\,100$. Le rapport des absorptions est 100.

γ) Expériences de KORTÜM[1]. Il a opéré sur $K_3Fe(CN)_6$ où l'ion absorbant est $Fe(CN)_6^{3-}$; il absorbe dans l'ultraviolet moyen (3660, 3130 Å). On trouve que ε est constant pour les solutions très étendues (10^{-4} à 10^{-1} M suivant λ). Dans ces conditions on arrive probablement à une forme stable de l'ion absorbant.

Sur $K_4Fe(CN)_6$, l'absorption est celle de $Fe(CN)_6^{4-}$; il a été impossible de trouver pour aucune longueur d'onde un domaine de concentration où ε est constant; le cas ressemble à celui de Cl^-.

KORTÜM a étudié aussi des ions organiques, par exemple l'ion $O\langle\quad\rangle NO_2^-$: NO_2 dinitrophénolate; l'ion est absorbant et l'absorption est sensible à des additions de sels et de substances organiques. Nous retrouverons plus loin les résultats de KORTÜM.

Il semble dès maintenant que l'étude de l'absorption est assez décevante. Dans les complexes de BJERRUM, l'absorption est indépendante de la concentration, probablement parce que le siège de l'absorption est dans un étage électronique bien protégé. Ce résultat est à rapprocher de celui relatif au paramagnétisme des sels de terres rares; il est constant et indépendant de C; il est dû aux électrons des couches incomplètes situées assez à l'intérieur de l'ion.

22. Activité optique des solutions d'électrolytes[2]. J. B. BIOT (1815) a découvert le pouvoir rotatoire de l'essence de térébenthine; ce pouvoir rotatoire est dû à la molécule $C_{10}H_{16}$; elle le garde à l'état de vapeur. De même BIOT a étudié le pouvoir rotatoire des solutions d'acide tartrique; toutes choses égales, il est à peu près proportionnel à la concentration. D'où la définition du *pouvoir rotatoire spécifique*

$$(\alpha) = \frac{100\,\alpha}{l\,C};$$

α, rotation sous la longueur l dm; C, concentration en g dans 1 dl. La rotation α dépend de la couleur.

---

[1] KORTÜM: Kolorimetrie und Spektrophotometrie, 2. Aufl. Heidelberg 1948.

[2] Voir aussi l'article sur l'activité optique naturelle par J. P. MATHIEU dans tome XXVIII de cette Encyclopédie.

Nos études ont porté surtout sur les *tartrates*[1]. L'acide tartrique est COOH · CHOH · CHOH · COOH; le tartrate de sodium est NaOOC · CHOH · CHOH · COONa; en solution dans l'eau, il se dissocie en deux ions Na^+ et un ion tartrique $(T^{--}) = {}^-OOC \cdot CHOH \cdot CHOH \cdot COO^-$. Tous les tartrates ont le même ion; c'est cet ion qui a le pouvoir rotatoire, on devrait donc avoir le même (α). C'est inexact comme le montre la Fig. 31 où [α] est celui pour $\lambda = 5460$ Å (raie verte de Hg). Il y a bien un (α) limite pour $C \to 0$ qui est le même pour tous les tartrates: $(\alpha)_v = 45{,}7°$ (loi d'OUDEMANS). B = benzylamine, $\Theta = N(CH_3)_4$.

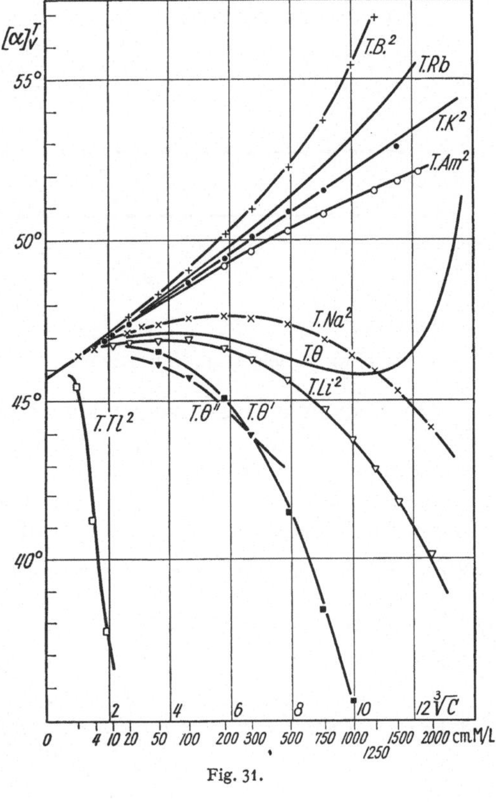

Fig. 31.

Mais (α) varie avec C. Toutes les courbes commencent par monter. Certaines ont un maximum et redescendent.

On peut faire pour (α) des expériences analogues à celles de VON HALBAN. On prendra dans 100 cm³ une quantité déterminée de Na_2T et on ajoutera des quantités variables de chlorures inactifs sur la lumière polarisée.

L'effet est énorme, comme le montre la Fig. 32 où on a porté en abscisse la concentration molaire de l'addition.

Comment expliquer les variations de (α)? On rappellera l'existence des corps droits et gauches, formes actives d'une substance chimique ayant une molécule dissymétrique. Pour les chaînes linéaires, le pouvoir rotatoire résulte de la présence dans la molécule d'un *carbone asymétrique* $CR_1R_2R_3R_4$. On avait pensé un moment que les radicaux R agissaient par leur masse (produit d'asymétrie de GUYE). Après la découverte de l'hydrogène lourd (deutérium). G. VAVON et E. DARMOIS ont essayé de voir si le composé $CHDR_1R_2$ pouvait exister sous deux formes actives. La réponse est *non*. Le tétraèdre asymétrique est donc un tétraèdre *d'électrons*, probablement celui des 8 électrons de liaison des radicaux au carbone.

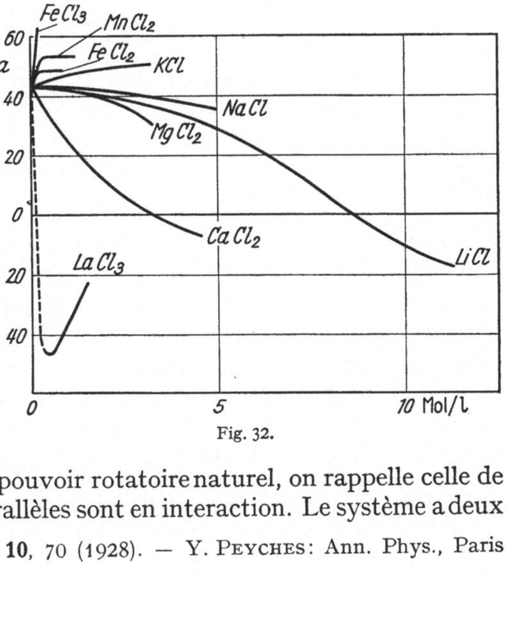

Fig. 32.

Parmi les nombreuses théories du pouvoir rotatoire naturel, on rappelle celle de W. KUHN où deux oscillateurs non parallèles sont en interaction. Le système a deux

[1] E. DARMOIS: Ann. Phys., Paris (10) **10**, 70 (1928). — Y. PEYCHES: Ann. Phys., Paris (11) **6**, 856 (1936).

périodes propres λ_1 et λ_2 et on montre que $(\alpha) = \frac{A}{\lambda^2 - \lambda_1^2} + \frac{B}{\lambda^2 - \lambda_2^2}$ avec $\lambda_1 < \lambda < \lambda_2$. Les interactions ioniques feraient varier les (A, B) et (λ_1, λ_2)[1].

En solution très étendue, $(\alpha) \to [\alpha]_0$. Dans l'eau $(\alpha)_{0v} = +45{,}7$. Le tartrate de benzylamine donne $(\alpha)_0 = +70$ avec les alcools. On l'a dissous dans un mélange de 81,5% dioxane + 18,5% eau; il donne alors $(\alpha)_0 = +44$, soit sensiblement la même valeur que dans l'eau. On suppose alors que $(\alpha)_0$ est le pouvoir rotatoire de l'ion T^{--} solvaté au maximum, à savoir par H_2O dans l'eau, par C_2H_6O dans l'alcool éthylique (l'alcool serait attaché par le groupe OH); dans le mélange dioxane — eau, la solvatation aurait lieu par H_2O, les ions solvatés étant dispersés dans le dioxane.

Tableau 22.

Solvant	$(\alpha)_0$	$(\alpha)_{10}$	$\frac{(\alpha)_{10}-(\alpha)_0}{(\alpha)_0}$	D
Eau	46	47,1	0,024	79
CH_4O	69,5	75,2	0,081	33,5
C_2H_6O	69	76	0,100	25,7
Dioxane-eau	44	53,5	0,215	11

D; constante diélectrique du solvant.

On a comparé ces divers solvants pour le rapport $\Delta\alpha/\Delta C$ en solution très étendue; le résultat est donné dans le tableau ci-dessous où $(\alpha)_{10}$ est le pouvoir rotatoire pour $C = 10 \cdot 10^{-3}\,M$.

Le parallélisme entre $\Delta(\alpha)/(\alpha)$ et D veut dire que les actions qui modifient (α) s'exercent à *travers le solvant*. Il paraît démontré qu'il s'agit d'actions ioniques et plus précisément d'une action de l'atmosphère ionique de l'ion actif.

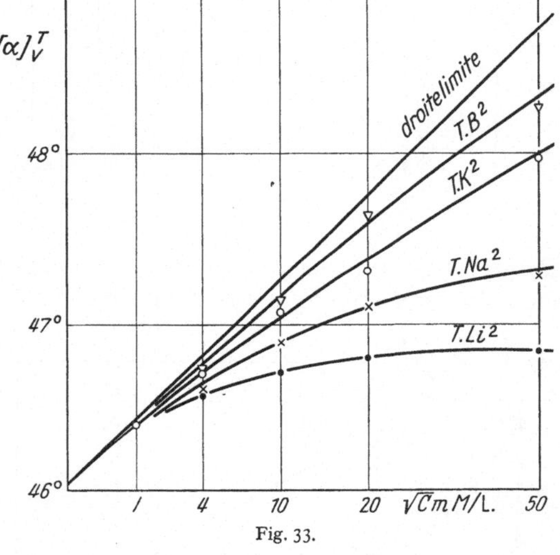

Fig. 33.

Si on se borne aux solutions où $C < 50$ millimole/litre, on peut représenter (α) par un développement

$$(\alpha) = (\alpha)_0 + A\sqrt{C} + BC,$$

où $A = 0{,}38$ est le même pour tous les tartrates; B a les valeurs suivantes pour les tartrates de

	Li	NH_4	K
$B =$	$-0{,}056$	$-0{,}015$	$-0{,}015$
	Rb	Cs	Benzylamine
$B =$	$-0{,}011$	$-0{,}011$	$-0{,}009$

Le graphique de la Fig. 33 doit être rapproché de celui des coefficients d'activité dans la théorie de Debye.

Dans les solutions concentrées, l'action électrique doit subsister avec en plus une déshydratation (désolvatation) de l'ion. Le fait que les courbes des corps purs sont dans l'ordre K, Na, Li, Ca et que c'est le même ordre pour les additions de chlorures à Na_2T pur, montre qu'il s'agit *d'une action du cation*. L'existence d'un maximum de (α) indique bien l'existence de deux actions antagonistes, une électrique augmentant (α), l'autre de désolvatation diminuant (α). L'existence d'un minimum pour l'addition de $LaCl_3$ indique probablement une troisième action, peut être la formation de paires de Bjerrum pour l'addition.

[1] Dans un mémoire de R. de Mallemann [Ann. Phys., Paris (10) 2, 5 (1924)] on a essayé de mettre directement en évidence l'action d'un champ électrique extérieur sur le pouvoir rotatoire de certains liquides organiques (carvone). Les actions sont beaucoup plus grandes dans le cas des champs ioniques.

23. Réfraction moléculaire. L'indice n de réfraction d'une solution fait intervenir cette fois le solvant et les deux ions; La mesure de n pour la solution ne renseigne pas de suite sur l'indice à attribuer au corps dissous. On admettra que la *réfraction moléculaire est additive*. On appelle ainsi la quantité

$$R = \frac{n^2 - 1}{n^2 + 2} \cdot \frac{M}{\varrho} = \frac{4}{3} \pi N \alpha$$

(α, polarisabilité; N, nombre d'Avogadro). Si R est la valeur mesurée pour une solution, de concentration x (g) en corps dissous et $1 - x$ en solvant, on aurait

$$R = x R_d + (1 - x) R_s$$

où R_s est la réfraction moléculaire du solvant, R_d celle inconnue du corps dissous. Les mesures permettent ainsi de calculer R_d pour toutes les concentrations; on constate que R_d dépend de C. R_d diffère systématiquement de R_d^0, valeur en solution très diluée. Le graphique de la Fig. 34 donne $\Delta R = R_d - R_d^0$ pour quelques sels dans l'eau; les courbes s'arrêtent pour les faibles valeurs de C à cause du peu de sensibilité des *réfractomètres* (mesures de Fajans et ses éléves).

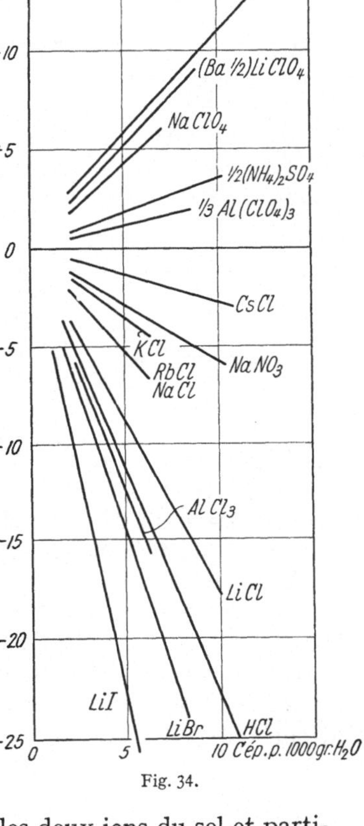

Fig. 34.

L'étude à l'*interféromètre* (Kruis[1]) a permis de préciser le début des courbes. On s'aperçoit ainsi que les courbes de KCl, NaCl, $SrCl_2$ commencent d'abord par une montée.

Si on porte ces valeurs à la façon dont on a porté (α) pour les tartrates, on obtient la Fig. 35.

Pour (α), l'ion T^{--} est seul affecté; ce seraient ici les deux ions du sel et particulièrement l'ion Cl^-, très sensible d'après ce qu'on a vu à propos de l'absorption. Fajans et ses élèves pensent pour les solutions plus concentrées à un effet de déformation mutuelle des deux ions.

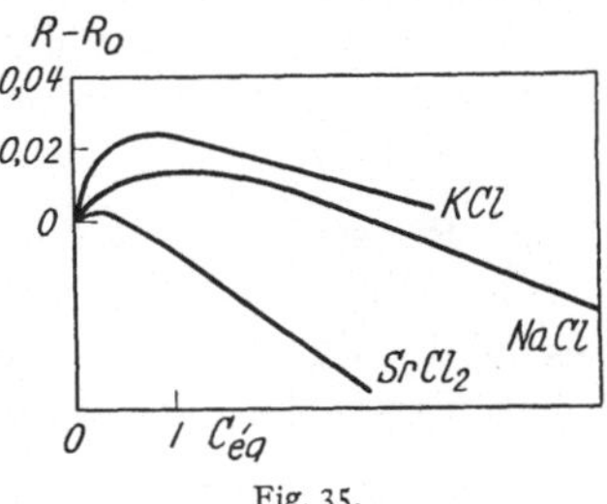

Fig. 35.

24. Effet Raman. Un faisceau de lumière monochromatique ($\lambda = 4358$ Å, par exemple traverse un liquide comme C_6H_6; on analyse la lumière diffusée latéralement; à côté de la lumière incidente λ_0, on trouve des fréquences différentes ν_1, ν_2, ... Les différences $\nu_0 - \nu_1$, $\nu_0 - \nu_2$, etc. sont indépendantes du ν_0 incident et sont caractéristiques de C_6H_6; elles correspondent chacune à un mode d'oscillation particulier de la molécule. On reconnaîtra donc cette molécule à ses fréquences Raman. Pour une solution de KCl, on ne trouve aucun autre spectre que la bande diffuse de l'eau; il n'y a donc pas de vibrations internes de Cl^- ou de K^+, ni de la liaison électrostatique. Par contre NH_4Cl donne un spectre Raman, celui de NH_4^+; de même $NaNO_3$ donne celui de NO_3^-. Pour NO_3^-, on

[1] Kruis: Z. phys. Chem. Abt. B **34**, 13 (1936).

trouve une fréquence très intense à 1050 cm^{-1} attribuée à la contraction et dilatation symétrique de l'ion $\overset{O\;\;\;\;O}{\underset{\underset{O}{|}}{N}}$. HNO_3 a pu être étudié en solution, et on a montré (CHEDIN) qu'on pouvait y doser les ions NO_3^- dont la proportion fournit le degré de dissociation α de l'acide. La Fig. 36 donne la marche de α avec C; la dissociation serait totale pour $C < 20\%$.

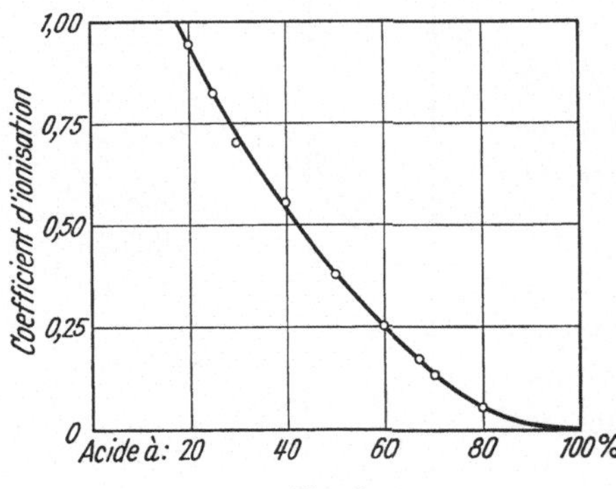

Fig. 36.

25. Sensibilité comparée des diverses méthodes optiques. Les trois premières méthodes mesurent au fond des quantités analogues. Pour la réfraction moléculaire une différence d'indice entre la solution et l'eau, pour (α) une différence d'indice entre les rayons circulaires droit et gauche, pour l'absorption une différence d'extinction.

Si on écrit l'indice de réfraction d'un corps absorbant sous la forme $n - j\chi$, on a $I_0/I = \exp(4\pi\chi l/\lambda)$; en comparant avec $\log I_0/I = \varepsilon C l$, on trouve de suite $\chi = \varepsilon C \lambda/5{,}45$. Les mesures de KORTÜM se rapportent à des corps absorbants pour lesquels $\varepsilon \approx 1000$, $C \approx 10^{-3}\,M$; $\lambda = 4 \cdot 10^{-5}$. χ serait donc environ 10^{-5}. Pour une sensibilité 100 fois plus grande, on pourrait aller jusqu'à $\chi = 10^{-7}$ maximum.

Avec l'interféromètre, pour $C = 10^{-2}$ (KCl), on obtient entre l'eau et la solution un $\Delta n \approx 10^{-4}$; 100 franges d'interférence peuvent être comptées à $\frac{2}{10}$ de frange près, ce qui redonne encore la sensibilité de 10^{-6} à 10^{-7}.

Le pouvoir rotatoire est beaucoup plus sensible. Avec un tube de 3 m, il est très facile d'apprécier, entre l'eau et la solution, une rotation de 0,1°; la sensibilité atteint 0,01°. On sait que

$$\alpha = \frac{\pi l}{\lambda}(n_2 - n_1)$$

où $(n_2 - n_1)$ est la différence d'indice pour les rayons droit et gauche. En prenant $l = 300$ cm, $\lambda = 5 \cdot 10^{-5}$ cm, $\alpha = \frac{1}{500}$ radian, on trouve $n_2 - n_1 \approx 10^{-10}$. On conçoit que les mesures de pouvoir rotatoire puissent déceler des modifications extrêmement faibles dans les propriétés de certains ions, alors que les autres méthodes sont en défaut.

26. Renseignements donnés par les méthodes optiques sur le degré de dissociation. En 1895, RIMBACH[1] a fait des mesures sur le tartrate de rubidium, très soluble dans l'eau, qu'on peut étudier jusqu'à des concentrations très élevées; il a extrapolé le pouvoir rotatoire pour le tartrate solide α_T, lequel devait être non dissocié d'après ARRHENIUS. Il définit alors δ par le quotient $\delta = \frac{\alpha_T - \alpha}{\alpha_T - \alpha_0}$ où α_0 est le pouvoir rotatoire en solution très diluée. Pour $C = 0{,}1\,M$, on trouve ainsi $\delta = 0{,}982$, alors que la conductibilité donne $\delta = \Lambda/\Lambda_\infty = 0{,}729$. On sait maintenant pourquoi les deux procédés ne peuvent donner le même nombre; la formule $\delta = \Lambda/\Lambda_\infty$ est fausse et le pouvoir rotatoire du sel solide ne peut être extrapolé à partir des solutions.

A l'heure actuelle, exception faite pour l'effet RAMAN et le cas particulier de HNO_3, les trois autres méthodes ne permettent pas de dire si oui ou non les

[1] RIMBACH: Z. phys. Chem. **16**, 671 (1895).

électrolytes forts sont dissociés totalement. On est ramené ainsi, comme pour les propriétés déjà étudiées, à faire $\delta = 1$ et à expliquer les singularités observées à l'aide d'hypothèses convenables.

KORTÜM a toutefois essayé de déterminer le dégré de dissociation de certains électrolytes faibles. Il s'agit toujours de $NO_2\langle\;\;\rangle OH$ (avec NO_2 en position ortho) et de son sel de Na. La Fig. 37 donne le ε de l'acide et de l'ion pour divers λ.

Pour $1/\lambda < 25000\ \text{cm}^{-1}$ ($\lambda > 4000$ Å) l'absorption de l'acide est négligeable vis-à-vis de celle de l'ion. ε semble donc dépendre exclusivement de la proportion

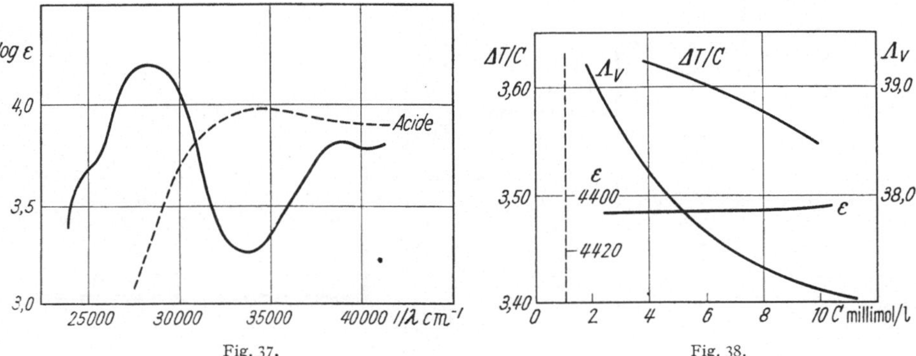

Fig. 37. Fig. 38.

de l'anion dans l'acide. Les mesures sur le sel donnent ε_{A^-} (A^-, anion). Les mesures sur l'acide de concentration C donnent l'extinction E; on écrira $E = \varepsilon_{A^-} \cdot \delta_{Cl}$; d'où δ. C'est ainsi que KORTÜM calcule $K_c = \frac{[A^-]\,[H^+]}{[AH]}$ pour l'acide. Il se trouve que même aux concentrations très faibles, K_c n'est pas constant; les interactions ioniques sont importantes. Cela explique les courbes de la Fig. 38 relatives au sel de Na. La conductibilité équivalente Λ_v et l'abaissement molaire du point de congélation $\Delta T/C$ sont variables, influencés par les actions interioniques; au contraire ε est constant; le siège de l'absorption n'est pas touché quand on fait varier C.

VIII. Électrolytes fondus.

27. Généralités. Les électrolytes fondus conduisent aussi le courant. Vers 1910, R. LORENZ avait essayé d'obtenir quelques précisions sur l'état de dissociation des sels à l'état fondu: on ne connaissait pas à cette époque la nature des sels solides. Dès qu'on a admis (vers 1913) que certains sels solides pouvaient contenir des ions, on pouvait admettre aussi que ces ions subsistaient au moins en partie dans le sel fondu. BILTZ et KLEMM[1] ont fait un tableau des conductibilités de HCl et des chlorures fondus; nous reproduisons ce tableau (les nombres inscrits sont les conductibilités équivalentes au point de fusion, sauf exceptions pour χ).

Le trait plein en zigzag sépare les bons et les mauvais conducteurs. Il est probable que les corps polaires du genre des halogénures alcalins restent conducteurs à l'état fondu et que d'autres à forte proportion de covalences gardent la forme moléculaire à l'état liquide.

Il existe des métaux ayant plusieurs chlorures; le tableau suivant donne leurs Λ au P.F.

[1] W. BILTZ et W. KLEMM: Z. anorg. Chem. **152**, 267 (1926).

Il est net, d'après ce qui précède, que certains chlorures fondus sont dissociés en ions et d'autres pas.

On a étudié en détail l'électrolyse de $PbCl_2$; la loi de Faraday s'applique, mais avec des difficultés plus grandes qu'en solution aqueuse. En gros, Pb se dépose à la cathode, Cl_2 se dégage, à l'anode; mais Pb peut se dissoudre dans le

Tableau 23.

HCl $\sim 10^{-6}$					
LiCl 166	$BeCl_2$ 0,086	BCl_3 0	CCl_4 0		
NaCl 133,5	$MgCl_2$ 28,8	$AlCl_3$ $15 \cdot 10^{-6}$	$SiCl_4$ 0	PCl_5 0	
KCl 103,5	$CaCl_2$ 51,9	$ScCl_3$ 15	$TiCl_4$ 0	VCl_5 0	
RbCl 78,2	$SrCl_2$ 55,7	YCl_3 9,5	$ZrCl_4$?	$NbCl_5$ $\chi = 2 \cdot 10^{-7}$	$MoCl_6$ $\chi = 1{,}8 \cdot 10^{-6}$
CsCl 66,7	$BaCl_2$ 64,6	$LaCl_3$ 29,0	$HfCl_4$?	$TaCl_5$ $\chi = 3 \cdot 10^{-7}$	WCl_6 $\chi = 2 \cdot 10^{-6}$
			$ThCl_4$ 16		UCl_3 $\chi = 0{,}34$

bain et diffuser vers l'anode où il se recombine au chlore. Cette diffusion dépendra de la distance d des électrodes, de la densité j du courant, de la température T. Le P.F. de $PbCl_2$ est environ 500°; à cette température, avec j assez grand et d assez petit, le rendement Faraday est presque nul. Ce rendement s'améliore quand on emploie un eutectique à P.F. plus faible avec NaCl, KCl ou $BaCl_2$. Les mêmes difficultés se rencontrent pour l'électrolyse d'autres chlorures.

Tableau 24.

HgCl	$HgCl_2$	TlCl	$TlCl_3$	$SnCl_2$	$SnCl_4$	$PbCl_2$	$PbCl_4$
$\Lambda = 40$	0,0025	46,5	0,0025	21,9	0	40,7	$2 \cdot 10^{-5}$

Les travaux de Lorenz parlent d'un degré de dissociation à l'état fondu; on préfère maintenant parler d'une *association* des ions. Quel est le degré d'association? On possède à ce sujet peu de renseignements. Nous citerons toutefois les travaux de G. Sutra[1] sur l'entropie de fusion.

28. Entropie de fusion. Si on calcule l'entropie de fusion $S_f = L_f/T_f$ pour les gaz rares, on trouve

Ne	A	Kr
3,26	3,15	3,36 cal/degré

Des valeurs analogues sont obtenues pour HCl et HI

HCl	HI
3,02	3,12

Presque tous les corps augmentent de volume en fondant; ce Δv est de l'ordre de 5% du volume du solide. Pour expliquer ce Δv, un certain nombre d'auteurs

[1] G. Sutra: 2. Réunion Ann. Soc. Chim. Phys. (Changements de phases), J. chim. Phys. «spécial» p. 349, 1952.

ont admis qu'il se formait dans le liquide des cavités *(trous)* dont l'emplacement et la grandeur changent, mais dont le volume total représenterait Δv. La formation de ces trous exige une certaine énergie, par exemple pour repousser le liquide alentour. Il est commode d'admettre que cette énergie n'est autre que la chaleur de fusion. Certains auteurs ont admis des trous sphériques dont le rayon fixe leur dimension; cette variable unique est assimilée à un *degré de liberté*; le théorème de l'équipartition de l'énergie attribue dans ce cas à ce degré de liberté l'énergie $kT/2$. Quel est le nombre des trous? Beaucoup d'auteurs admettent qu'il y a autant de trous que de molécules; pour une mole, le nombre est donc celui d'AVOGADRO N. Cela fixe la chaleur de fusion à $RT/2$ et l'entropie à $R/2$ soit environ 1 cal/degré. Les résultats précédents indiqueraient plutôt $3RT/2$, donc 3 degrés de liberté, ce qui semble plus normal puisqu'il s'agit de cavités à 3 dimensions. On peut donc admettre provisoirement ce résultat; il existe des raisons théoriques pour l'appuyer (voir G. SUTRA loc. cit.).

On peut essayer l'entropie de fusion pour les sels fondus. Ci-dessous ΔS_f pour les sels pouvant donner deux ions.

NaF	KF	NaCl	KCl	AgCl	$AgNO_3$	$NaNO_3$
6,17	5,52	6,60	5,28	6,06	5,7	6,33

La moyenne de ces nombres serait plutôt 6 que 3.

Les sels à 3 ions donnent:

$CaCl_2$	$PbCl_2$	PbI_2	$HgBr_2$	Na_2CO_3	K_2CO_3
5,76	7,67	8,20	9,10	8,40	10,2

Nombres assez variables, mais pouvant à la rigueur donner une moyenne de 9.

Les considérations théoriques rappelées plus haut montrent que le $\Delta S_f = 6$ de AgCl veut dire qu'à l'état liquide, comme à l'état solide, AgCl est dissocié en deux particules. De même pour Na_2CO_3 ou K_2CO_3, on aurait trois particules.

Ces résultats ont été appliqués à la cryolithe AlF_3, 3 NaF on trouve $\Delta S_f = 13$, soit sensiblement 4 fois 3; La cryolithe fondue contiendrait donc 4 ions: AlF_6^{3-} et 3 ions Na^+. Dans ce cas la nature des ions est facile ă imaginer.

29. Cryoscopie de sels dissous dans des sels fondus. Il existe d'anciennes mesures de PLATO[1], de GOODWIN et KALMUS[2]. On avait trouvé, que dans KCl, la cryoscopie de $NaNO_3$ donnait $\Delta T/m = K$, celle de NaCl seulement $K/2$. Comme les auteurs admettaient la théorie d'ARRHENIUS, ils pensaient que $NaNO_3$ était dissocié. LEWIS a donné l'explication de ces résultats à l'aide d'un théorème dû à STORTENBECKER[3]. Le solvant KCl est déjà dissocié en ions K^+ et Cl^-; si on dissout NaCl, celui-ci se dissocie en Na^+ et Cl^- et seuls *les ions non communs* au solvant et au corps dissous comptent pour l'abaissement cryoscopique. Donc 2 ions pour $NaNO_3$, 1 seul pour NaCl. Le théorème a été démontré complètement par HAASE[4] pour les différents cas suivants:

a) Point de fusion d'un corps pur,

b) point indifférent d'un hydrate tel que $CaCl_2 \cdot 6H_2O$,

c) point de transition d'un hydrate comme $Na_2SO_4 \cdot 10H_2O$.

[1] PLATO: Z. phys. Chem. **55**, 721 (1906).

[2] GOODWIN et KALMUS: Phys. Rev. **28**, 1 (1909).

[3] STORTENBECKER: Z. phys. Chem. **10**, 183 (1892).

[4] R. HAASE: Z. Naturforsch. **8**a, 380 (1953). — 2. Réunion Soc. Chim. Phys. J. chim. Phys. «spécial» p. 132, (1952).

Ce théorème permet la mesure du poids moléculaire des sels. Par exemple dans $CaCl_2-6H_2O$, $Ca(NO_3)_2$ doit donner l'abaissement de $2NO_3^-$; $CuSO_4$ donnera SO_4^{--} et Cu^{++} etc. Dans $Na_2SO_4-10H_2O$, NaCl donnera Cl^-, K_2SO_4 deux ions K^+ etc. Ce n'est plus du tout la théorie d'ARRHENIUS puisque K_2SO_4 ne devrait pas être dissocié dans un sulfate.

Un certain nombre de cryoscopies ont été faites dans la cryolithe $AlF_3 \cdot 3NaF$; le diagramme binaire $NaF-AlF_3$ indique un point indifférent à 1010° C pour la composition de la cryolithe. On a dissous dan ce produit des composés divers (ROLIN, PETIT, MERGAULT)[1].

a) Chlorures. NaCl, KCl, $BaCl_2$. Pour NaCl, $(\Delta T/m)_0=41$ environ; pour KCl, on trouve 82, pour $BaCl_2$ 123; c'est d'accord avec le théorème de STORTENBECKER. La dissociation serait à peu près complète.

b) Oxydes. Certains oxydes semblent dissociés totalement, au moins en solution étendue: ZrO_2, ThO_2, UO_2, BaO, MgO. D'autres ne sont pas dissociés: FeO, ZnO, TiO_2, SiO_2. D'autres enfin se comportent comme des électrolytes faibles dont la dissociation augmente avec la dilution: Al_2O_3, Fe_2O_3. On a beaucoup travaillé sur la dissociation de Al_2O_3, importante pour la théorie de la fabrication de l'aluminium. Il y aurait formation intermédiaire de AlO^+.

c) Oxydes salins. Fe_3O_4 se dissocie en Fe_2O_3 et FeO. Les aluminates comme $MgAl_2O_4$ donnent $2AlO_2^-$ et Mg^{++}.

d) Silicates. Les résultats sont d'accord avec une décomposition en SiO_2 et oxydes. Par exemple $ZrSiO_4$ pourrait donner SiO_4^{----} et Zr^{++++} soit deux particules; l'expérience donne quatre: SiO_2, Zr^{++++} et deux O^{--}.

On a fait aussi des cryoscopies dans l'eutectique NaF — cryolithe (PETIT).

De même dans $LiBO_2$ (ZARZYCKI[2]), P.F. 840°. Les fluorures se dissocient totalement; la cryolithe donne 10 particules: Al^{+++}, $6F^-$, $3Na^+$ en solution étendue. On remarquera que ces 10 ions *s'associent* en solution plus concentrée pour donner AlF_6^{---} et $3Na^+$.

Etude cryométrique des mélanges binaires fondus. DOUCET[3] a étudié les mélanges de $AgNO_3$ avec LiCl, KCl, K_2SO_4, $BaCl_2$, KNO_3. Quand apparaît le cristal de $AgNO_3$ en refroidissant, c'est que $AgNO_3$ est dissous à saturation dans le mélange; on emploiera les formules donnant la solubilité. Ces formules peuvent se déduire de l'étude des *solutions idéales*, obéissant à la loi de RAOULT. Du moment qu'il y a équilibre entre le corps solide et la dissolution, c'est que la pression de vapeur du corps dissous au-dessus de la solution est égale à la pression de sublimation du solide: $p_2=p_s$. L'application de la loi de RAOULT donne

$$p_2 = p_2^0 \cdot x_2 \quad \text{où} \quad x_2 = \frac{n_2}{n_1+n_2}.$$

D'autre part la formule de CLAPEYRON appliquée à la vaporisation et à la sublimation donne finalement

$$\frac{d}{dT}\log x_2 = \frac{L_f}{RT^2}. \tag{29.1}$$

(Equation de SCHROEDER-LE CHATELIER 1893/94.) L_f dépend généralement de T par la relation de KIRCHHOFF

$$\frac{dL_f}{dT} = C_l - C_s$$

[1] G. PETIT: Cryoscopie à haute température. Bull. Soc. chim. Fr. **1**, 230 (1956).

[2] G. ZARZYCKI: Thèse Paris 1953.

[3] Y. DOUCET: Aspects modernes de la cryométrie. Mém. Sci. Phys. n° 59. Paris: Gauthier-Villars 1954 où l'on trouvera la littérature sur la question.

où les C sont les chaleurs spécifiques du liquide et du solide. En supposant les C indépendants de T, on peut intégrer (29.1) ce qui donne

$$\operatorname{Log} x_2 = \frac{L_f}{4{,}57}\left(\frac{1}{T_f} - \frac{1}{T}\right) + \frac{C_l - C_s}{4{,}57}\left[\frac{T_f - T}{T} - \operatorname{Log}\frac{T_f}{T}\right]. \tag{29.2}$$

Cette formule donne la solubilité x_2 (en rapport molaire) en fonction de T.

On a employé (29.2) pour les solubilités des non-électrolytes dans les solvants organiques; elle s'applique même aux solutions d'urée dans l'eau. Pour l'urée, $L_f = 3470$ cal/mole, $T_f = 406°$ K; on trouve x_2 calc $= 0{,}22$ (expér. 0,26). Les solutions d'urée dans l'eau sont à peu près idéales.

La formule (29.2) ne s'applique pas du tout aux solutions de NaCl dans l'eau. On aurait $L_f = 7220$, $T_f = 10770$, x_2 calc $= 0{,}00015$ (expér. 0,10). La discordance est complète; les solutions ne sont pas idéales. Les résultats sont beaucoup meilleurs au contraire avec les mélanges fondus de Doucet. Si on porte Log x_2 en fonction de $1/T$, on a un graphique (Fig. 39) à peu près linéaire. Pour $AgNO_3$,

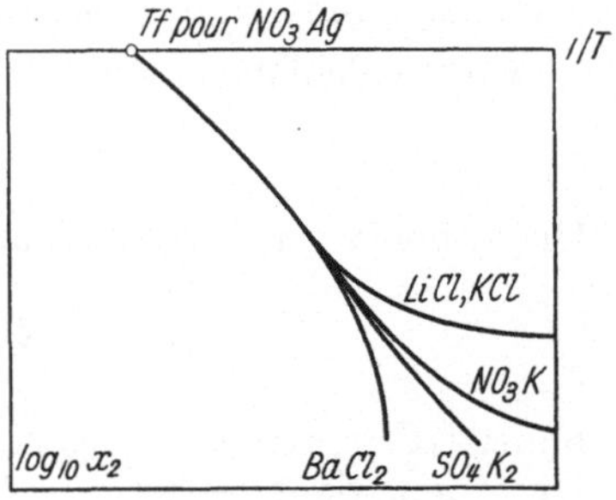

Fig. 39.

$$L_f = 2572; \quad T_f = 482; \quad C = 2{,}44.$$

La droite est suivie jusqu'à l'eutectique par K_2SO_4; les autres sels s'écartent au-dessus et au dessous.

Le couple $AgNO_3$—KNO_3 a été suivi dans toute l'étendue des concentrations, eutectique compris. Pour la portion voisine de $AgNO_3$, on aurait

$$\operatorname{Log}_{10} x_2 = 1{,}330 - \frac{640{,}9}{T} + e(T)$$

et pour la portion voisine de KNO_3

$$\operatorname{Log}_{10} x_1 = 0{,}920 - \frac{558{,}4}{T} + e'(T).$$

Procédés d'étude autres que les précédents. J. O. M. Bockris (1952) a proposé des procédés différents applicables par exemple aux silicates. Il pense aux conductibilités à diverses températures, à la *viscosité*. On sait que celle-ci diminue quand T augmente suivant $\eta = A\,e^{E/RT}$; E est une *énergie d'activation* qui s'obtient en déterminant η à différentes températures. Les expériences sont d'accord avec l'idée que la viscosité des sels fondus dépend surtout des anions, plus gros que les cations (par exemple, on a des rayons de K^+: 1,33 Å, de Cl^-: 1,80 Å). Les considérations de Bockris introduisent, ensuite la théorie des trous déjà mentionnée plus haut; elles n'ont pas conduit pour le moment à des résultats quelconques.

IX. Retour sur les f.e.m des piles. — Potentiels normaux.

30. Formule générale donnant la f.e.m. d'une pile réversible. On s'arrange pour opposer à la f.e.m. de la pile E une f.e.m. E' d'une dynamo par exemple; on sait que E' est proportionnelle à la vitesse de rotation; il est facile alors de réaliser les conditions $E' = E - \varepsilon$ et $E' = E + \varepsilon$, où ε est très petit. Dans ces conditions le courant i donné par la pile est très faible; la chaleur de Joule proportionnelle à i^2 est négligeable; les actions chimiques sont au contraire proportionnelles à i; elles s'inversent quand le sens de i change; on travaille dans les deux cas au voisinage de la réversibilité totale. L'énergie utilisable du système est dans ce cas maximum; elle représente l'énergie électrique fournie par la pile égale à nFE (n, valence) augmentée du travail possible $p\Delta v$ tenant à une variation de volume du système

$$-\Delta A = nFE + P\Delta v \quad \text{où} \quad A = U - TS.$$

On recueille donc

$$nFE = -\Delta(A + pv).$$

La fonction

$$G = U - TS + pv$$

s'appelle maintenant *enthalpie libre.*

G est calculable si on connaît la réaction qui s'effectue dans le système. Soit

$$a\mathrm{A} + b\mathrm{B} + \cdots = a'\mathrm{A}' + b'\mathrm{B}' + \cdots. \tag{30.1}$$

On démontre en thermodynamique que

$$G = -RT\log K + RT\log\frac{[\mathrm{A}']^{a'}[\mathrm{B}']^{b'}\ldots}{[\mathrm{A}]^{a}[\mathrm{B}]^{b}\ldots} \tag{30.2}$$

où les [A] représentent des concentrations. Si la réaction est équilibrée, $\Delta G = 0$. On a donc dans ce cas

$$K(T) = \frac{[\mathrm{A}_0']^{a'}[\mathrm{B}_0']^{b'}\ldots}{[\mathrm{A}_0]^{a}[\mathrm{B}_0]^{b}\ldots}$$

où l'indice zéro se rapport aux concentrations à l'équilibre. (30.2) donne alors

$$E = \frac{RT}{nF}\log K - \frac{RT}{nF}\log\frac{[\mathrm{A}']^{a'}[\mathrm{B}']^{b'}\ldots}{[\mathrm{A}]^{a}[\mathrm{B}]^{b}\ldots}. \tag{30.3}$$

n désigne le nombre des électrons qui circulent dans le circuit extérieur quand la réaction (30.1) s'effectue de gauche à droite.

Comme nous l'avons expliqué plus haut, les concentrations doivent être remplacées par des activités.

a) Prenons l'exemple de la pile Zn | $ZnCl_2$ dissous | Cl_2(Pt). L'expérience montre que le pôle positif est au chlore, le pôle négatif au zinc. Dans le fonctionnement il y a attaque du zinc et formation de $ZnCl_2$ par la réaction $Zn + Cl_2 \rightarrow Zn^{++} + 2Cl^-$.

Zn est solide; il se dissout et reste toujours identique à lui-même; on peut donc prendre son activité égale à 1. Le chlore est gazeux et son activité dépend de sa pression; on pourra admettre qu'à la pression de 1 Atm. $a_{Cl_2} = 1$. La formule (30.3) peut donc s'écrire

$$E = E_0 - \frac{RT}{2F}\log a_{\mathrm{Zn}^{++}}\cdot a^2_{\mathrm{Cl}^-} \tag{30.4}$$

avec

$$E_0 = \frac{RT}{2F}\log K.$$

Si la molarité de $ZnCl_2$ est m, celle de Zn^{++} est m, celle de Cl^- $2m$. Avec des logarithmes, on a de suite $E = E_0 - 0{,}0296\,\mathrm{Log}\,(m\gamma^{\pm})^3$ et d'une façon générale

$$E = E_0 - \frac{0{,}05914}{n_e F}\sum_i \mathrm{Log}\,a_i^{\nu_i}$$

où a_i est l'activité de la i^e espèce d'ions, ν_i le nombre d'ions de ce type qui prennent part à la réaction (30.1); ν_i doit être pris avec le signe moins dans le premier membre et le signe plus dans le deuxième membre de cette réaction.

Dans les formules précédentes s'est introduite la f.e.m. E_0. On l'appelle force électromotrice *normale* ou *standard*. On a $E = E_0$ quand les activités sont égales à 1.

b) Nous avons traité assez en détail la pile Pt(H_2) | HCl aq | AgCl | Ag pour laquelle nous avons indiqué le procédé graphique d'extrapolation donnant E_0. Quand cette extrapolation se révèle difficile, on opère autrement. Si la loi de DEBYE s'applique, on peut calculer γ connaissant m; on peut donc déduire E_0 de la relation déjà écrite autrement

$$E = E_0 - \frac{2RT}{F}\log m^{\pm} - \frac{2RT}{F}\log \gamma^{\pm}. \tag{30.5}$$

Mlle QUINTIN[1] a indiqué un autre procédé d'obtention de E_0 fondé sur la résolution complète de l'équation de DEBYE-HÜCKEL par LA MER et MASON.

Variation de E avec T. On peut la calculer avec la relation de GIBBS-HELMHOLTZ.

$$\Delta G = \Delta H + T\left(\frac{d\Delta G}{dT}\right)_p$$

où

$$H = U + pv, \qquad G = H - TS.$$

En faisant $\Delta G = -nFE$, on retrouve la relation (13.2) de la théorie thermodynamique des piles. Nous avons déjà dit que E n'est pas calculable connaissant ΔH (chaleur de réaction). La «régle de THOMSON» $e\,n\,F = \Delta H$ est fausse.

Variation de E avec la pression. On démontre en thermodynamique que

$$\left(\frac{\partial \Delta G}{\partial P}\right)_{T,N} = \Delta v.$$

L'indice T, N veut dire à température et composition constantes; Δv est la variation de volume quand on passe de gauche à droite de l'équation de réaction (30.1). On déduit de suite de la relation précédente.

$$\left(\frac{\partial E}{\partial P}\right)_{T,N} = \frac{\Delta v}{nF}. \tag{30.6}$$

Tant qu'il n'y a pas de dégagement gazeux dans le fonctionnement de la pile, Δv reste petit. Dans les piles à amalgame du type déjà vu à propos du coefficient d'activité des chlorures, ou même du type concentration comme

Pt(H_2) | NaOH m' | HgNa_x | NaOH m'' | Pt(H_2) | HgZn_x | SO_4Zn | HgZn_y.

On a étudié dE/dp; les valeurs sont de l'ordre de 10^{-6} volt/atm.

Quand il y a dégagement gazeux, dE/dp est plus important. En intégrant l'équation (30.6), on a

$$E_p = E_1 - \frac{1}{nF}\int_1^p \Delta v \cdot dp. \tag{30.7}$$

Une étude assez complète a été faite avec la pile

Pt(H_2) | HCl, 0,1 M | HgCl | Hg.

La réaction est

$$H_2 + 2\,HgCl \rightarrow 2\,Hg + 2\,HCl.$$

La variation de volume Δv est

$$2V_{Hg} + 2V_{HCl,\,dissous} - 2V_{HgCl} - 2V_{H_2}.$$

[1] M. QUINTIN: Actualités Scientifiques, n° 310. Paris: Hermann 1935.

Elle se réduit pratiquement à $-2V_{H_2}$. On a admis (jusqu' à 1000 atm) l'équation d'état de H_2

$$v = \frac{RT}{p}(1 + 5{,}37 \cdot 10^{-4} p + 3{,}5 \cdot 10^{-8} p).$$

On tire de (30.7)

$$E_p = E_1 + \frac{RT}{2F}[\log p + 5{,}37 \cdot 10^{-4}(p-1) + 1{,}75 \cdot 10^{-8}(p^2-1)].$$

Cette formule se vérifie très exactement jusqu'à $p = 600$ atm.

31. Electrodes du premier genre. Potentiels normaux. Ce sont celles constituées par un métal trempant dans un sel de ce métal, comme $Zn \mid ZnSO_4$; $Ag \mid AgNO_3$. Les formules obtenues plus loin s'appliqueront aussi à $(H_2) \mid HCl$ ou $(Cl_2) \mid HCl$.

Les métaux, comme Ag par exemple, sont formés d'atomes, mais ils sont conducteurs et il faut admettre qu'ils contiennent des électrons libres, donc aussi des ions positifs Ag^+. Au contact du métal se trouve la solution de $AgNO_3$ qui contient aussi des ions Ag^+. Il se trouve que, contrairement au zinc, l'argent a tendance à se précipiter sur l'électrode. On fait intervenir le *potentiel chimique* μ des ions Ag^+; on écrira μ (solution) $\gg \mu$ (métal).

Que le métal se dépose ou se dissolve, c'est toujours le même métal, donc

$$\mu(\text{métal}) = \text{constante} = \mu_0$$

là température constante). Pour la solution, le potentiel des ions Ag^+ dépend de la concentration suivant la relation rappelée plus haut

$$\mu\,(\text{solution}) = \mu_0' + RT \log a_{Ag^+}$$

Quand il y a passage d'ions Ag^+ du métal à la solution,

$$\Delta\mu = \mu_0 - \mu_0' - RT \log a_{Ag^+}.$$

Ce $\Delta\mu$ est de même nature que ΔG. Si ψ et ψ' sont les *potentiels électriques* du métal et de la solution, la différence de potentiel est $\psi - \psi'$; quand il passe un Faraday à la surface de séparation, la variation d'énergie est $(\psi - \psi')F$. Donc

$$(\psi - \psi')F = -eF = \mu_0 - \mu_0' - RT \log a_{Ag^+}, \tag{31.1}$$

$$e = \frac{\mu_0' - \mu_0}{F} + \frac{RT}{F}\log a_{Ag^+} = e_0 + \frac{RT}{F}\log a_{Ag^+}. \tag{31.2}$$

Si $a_{Ag^+} = 1$, $e = e_0$, *potentiel normal d'électrode.* Si l'électrode est seule dans la solution, sans connection électrique avec l'extérieur, les ions Ag^+ se précipitent sur l'électrode, chargeant celle-ci positivement, la solution au contact est chargée négativement. Quand l'équilibre est établi, la charge déjà existante sur l'électrode repousse les ions Ag^+ supplémentaires. On a mesuré les capacités des couches doubles ainsi formées; elles sont de l'ordre de 20 $\mu F/cm^2$; les e sont de l'ordre de 1 volt, d'où la charge $2 \cdot 10^{-5}$ coulomb/cm². Il faut environ 10^5 coulombs pour 1 at · g · Ag. La charge $2 \cdot 10^{-5}$ coulomb correspond donc à $2 \cdot 10^{-10}$ Ag^+; la concentration de la solution ne varie donc pratiquement pas. Dans ce cas, ψ(métal) $> \psi$(solution).

Le zinc ne ressemble pas à l'argent; il envoie au contraire des ions en solution; on inversera les inégalités concernant les μ et les ψ; il en résulte que la formule (31.2) *ne change pas*; elle reste la même pour un *processus cationique* du type $M \to M^{z+} + ze^-$.

On peut détailler de la même façon le *processus anionique* pour les électrodes à Cl_2, I_2, O_2. Le processus est cette fois $X + ze^- \to X^{z-}$. On montrera qu'on doit changer le signe dans (31.2) et écrire

$$e = e_0 - \frac{RT}{nF} \log a_{\text{anion}} . \qquad (31.3)$$

On a ainsi décomposé la f.e.m. d'une pile en deux f.e.m. d'électrodes. On peut revoir à ce sujet la pile déjà étudiée.

Pt (Cl_2)	HCl m	Pt (H_2)
1	2	3

Les différences de potentiel dont il vient d'être question sont 1/2 et 2/3.

$$\left.\begin{aligned} E &= (\psi_1 - \psi_2) + (\psi_2 - \psi_3) \\ &= (e_0)_{\text{Cl}} - \frac{RT}{F} \log a_{\text{Cl}^-} - (e_0)_{\text{H}} - \frac{RT}{F} \log a_{\text{H}^+} , \\ E &= E_0 - \frac{RT}{F} \log a_\pm^2 . \end{aligned}\right\} \qquad (31.4)$$

C'est l'équation déjà écrite.

Nous rappelons qu'il est impossible de mesurer une différence de potentiel d'électrode; il faut associer l'électrode à une électrode de référence. L'électrode normale à hydrogène sera cette fois une électrode où $a_{\text{H}^+} = 1$ avec $p = 1$ Atm.

La réalisation de cette électrode est assez difficile. Cela n'empêche pas naturellement de faire $(e_0)_{\text{H}} = 0$ dans l'équation (31.4) qui devient

$$E = (e_0)_{\text{Cl}} - \frac{2RT}{F} \log a^\pm . \qquad (31.5)$$

Si l'on opère dans la région des concentrations où la loi limite de DEBYE-HÜCKEL[1] s'applique, on peut calculer $a^\pm$, donc avoir $(e_0)_{\text{Cl}}$; de proche en proche, on calculera toùs les autres e_0.

Quand on combine deux électrodes dont on connaît les e_0, le E_0 pour la pile est la différence des e_0 des deux électrodes. Pour la pile H_2 | HCl 0,01 M | HgCl | Hg; on a $E \approx 0{,}40$ à 25°.

La formule est

$$E = E_0 - 0{,}1183 \operatorname{Log} m\gamma ;$$

en extrapolant E_0 comme déjà vu, on peut calculer γ. On trouve $\gamma = 0{,}80$; donc $m\gamma = 0{,}08$. Le produit 0,1183 Log 0,08 = −0,13. E_0 est donc à peu près 0,27 pour HgCl | Hg.

Pour les métaux alcalins, on a pu fabriquer des amalgames à faible teneur en métal qui ne se décomposent pas au contact de l'eau. On a mesuré (LEWIS et KRAUS) la f.e.m., de la pile

$$\text{Na}_{\text{solide}} \mid C_2H_5NH_2 + \text{NaI} \mid \text{Amalgame de Na à } 0{,}206\%.$$

$E = 0{,}8453$ volt à 25° C; pôle positif à l'amalgame; quand la pile fonctionne, Na solide se transporte vers l'amalgame. Donc

$$\text{Na}_{\text{sol}} \mid \text{Amalg.} = 0{,}8453 \text{ volt}. \qquad (31.6)$$

On étudie d'autre part la pile

$$\text{Amalg. } 0{,}206 \mid \text{NaCl } 1{,}022\text{ N} \mid \text{HgCl} \mid \text{Hg}; \quad E = 2{,}1582 \text{ volt};$$

[1] Il s'agit de la loi relative au coefficient moyen d'activité $\operatorname{Log} \gamma \pm = -0{,}5 z_1 z_2 \sqrt{\mu}$ à 25° C dans l'eau.

pôle positif à Hg. Quand la pile fonctionne, NaCl se forme. Pour la solution de NaCl $\gamma = 0{,}650$; c'est-à-dire $0{,}1183 \operatorname{Log} \gamma m = 0{,}0210$. La pile

$$Na_{sol} \mid \text{Amalg. } 0{,}206 \mid NaCl\, 1{,}022\, N \mid HgCl \mid Hg$$

a une f.e.m. $0{,}8453 + 2{,}1582 = 3{,}0035$ volt.

Finalement pour la pile

$$Na_{sol} \mid Na^+ \text{ activité } 1 \mid Cl^- \text{ activité } 1 \mid HgCl \mid Hg$$

on aura la f.e.m. $3{,}0035 - 0{,}0210 = 2{,}9825$.

Or, cette f.e.m. est $(e_0)_{Na} + (e_0)_{HgCl \mid Hg}$.

$$\text{Donc } (e_0)_{Na} = 2{,}9825 - 0{,}2700 = 2{,}7125.$$

La liste des potentiels normaux est donnée par le Tableau 25.

Tableau 25.

$Li \mid Li^+$	$-3{,}024$	$Fe \mid Fe^{++}$	$-0{,}440$	$Hg \mid Hg_2^{++}$	$+0{,}800$
$K \mid K^+$	$-2{,}924$	$Pb \mid Pb^{++}$	$-0{,}1263$	$Hg \mid Hg^{++}$	$+0{,}861$
$Na \mid Na^+$	$-2{,}175$	$H \mid H^+$	0	$O_2 \mid OH^-$	$+0{,}402$
$Mg \mid Mg^{++}$	$-2{,}35$	$Cu \mid Cu^{++}$	$+0{,}345$	$Cl_2 \mid Cl^-$	$+1{,}3587$
$Zn \mid Zn^{++}$	$-0{,}7622$	$Ag \mid Ag^+$	$+0{,}7995$		

Nous adoptons pour les signes des potentiels normaux la convention dite "européenne", où le signe est celui du potentiel du métal par rapport à l'électrode d'hydrogène. Ces potentiels normaux sont en réalité des f.e.m. de piles ayant comme électrode $M \mid M^+$ et une deuxiéme électrode d'hydrogene.

La liste ci-contre constitue la *série des tensions*; elle commence par les métaux très oxydables.

32. Série des tensions. α) Quand une pile est constituée avec deux métaux de la série, le premier est le pôle négatif. Le E_0 de la pile est $e_0 - e_0'$. Par exemple pour la pile Daniell, on aurait:

$$E_0 = +0{,}345 - (-0{,}758) = 1{,}103 \text{ volt.}$$

C'est à peu près la f.e.m. de la pile. Ce doit être le cas pour les activités $= 1$. Quand a_{Zn}^{++} et a_{Cu}^{++} sont $\neq 1$, la correction $\frac{RT}{F} \log a^{\pm}$ est peu importante. Par exemple on peut remplacer $CuSO_4$ par $(NO_3)_2Cu$ dans la pile sans changer beaucoup E.

Le changement est au contraire plus important si on remplace un *sel normal* par un *sel complexe*. Par exemple avec $Ag \mid AgNO_3\ 0{,}5\,N$, $E_0 = 0{,}775$ volt. Si on ajoute à la solution du cyanure de potassium, on précipite AgCN qui se redissout dans un excès de KCN; alors

$$Ag \left| \begin{matrix} AgCN\ 0{,}1\,N \\ KCN\ \ 0{,}3\,N \end{matrix} \right. = 0{,}3056 \text{ volt.}$$

Par exemple la pile

$$Ag \mid AgNO_3\, 0{,}05\,N + KCN\, 1\,M \mid AgNO_3\ 1\,M \mid Ag$$

a une f.e.m. de 1,327 volt avec le pôle positif à droite. Ag de gauche ressemble à du zinc. Quand la pile fonctionne, du côté négatif il y a dissolution de Ag, de l'autre dépôt. Tout se passe comme si, dans les deux compartiments $[Ag^+]$ était très différent et très faible du côté complexe.

Si l'on applique la formule $\frac{RT}{F} \log \frac{[Ag^+]_2}{[Ag^+]_1} = 1{,}327$ volt; on trouve

$$[Ag^+]_2/[Ag^+]_1 = 10^{23}.$$

En admettant $6 \cdot 10^{23}$ ions Ag^+ par litre pour $AgNO_3$ 1 *M* on aurait 6 ions Ag^+ par litre du côté complexe. Or la f.e.m. de la pile est bien définie, ce qui ne serait sans doute pas avec une si faible quantité d'ions Ag^+. C'est donc qu'il s'agit d'une réaction chimique. HABER a proposé d'admettre la réaction $Ag^+ + 3\,CN^- \rightarrow Ag(CN_3)^{--}$. La f.e.m. serait donc de la forme

$$E = E_0 - \frac{RT}{F} \log \frac{[Ag(CN)_3^{--}]}{[CN^-]^3}.$$

Une difficulté de ce genre existe pour l'électrode à la quinhydrone (voir plus loin).

β) Autre façon d'envisager la série des tensions. Quand on plonge un clou de fer dans une solution de $CuSO_4$, le fer se recouvre de cuivre. $CuSO_4 + Fe \rightarrow FeSO_4 + Cu$ ou, en ions, $Cu^{++} + Fe \rightarrow Fe^{++} + Cu$. Le fer remplace le cuivre en solution. Ces déplacements de métaux sont connus depuis longtemps (arbres de Saturne, de Diane etc.). Ils s'appliquent aussi à l'hydrogène qui est chassé de ses combinaisons (acides) par les métaux qui le précèdent dans la liste. Dans le cas du fer et du cuivre, on peut s'arranger pour que la précipitation de Cu donne naissance à une pile (Fig. 40). La pile a son pôle positif au cuivre, son pôle négatif au fer. Quand on ferme le circuit extérieur, le courant passe dans la pile du fer au cuivre; Cu se dépose sur le cuivre, Fe se dissout par SO_4. Un montage analogue peut être employé pour réaliser la réaction $H_2SO_4 + Zn \rightarrow ZnSO_4 + H_2$. C'est celui de la Fig. 41. La pile Pb(+), eau acidulée, Zn(—) fonctionnant, H_2 se dégage sur Pb. Zn pur n'est pas attaqué chimiquement par H_2SO_4, mais dès qu'on le touche avec Pb, l'attaque a lieu et H_2 se dégage sur Pb. DE LA RIVE (1830) a expliqué par la formation de *piles locales* l'attaque du zinc impur. Une impureté (Pb) qui suit le zinc dans la série forme une pile avec le zinc. Le courant passe dans l'eau acidulée, rentre par le zinc et sort par le plomb. On n'a pas trouvé beaucoup mieux depuis comme explication. On a même pu en déduire la cinétique de l'attaque.

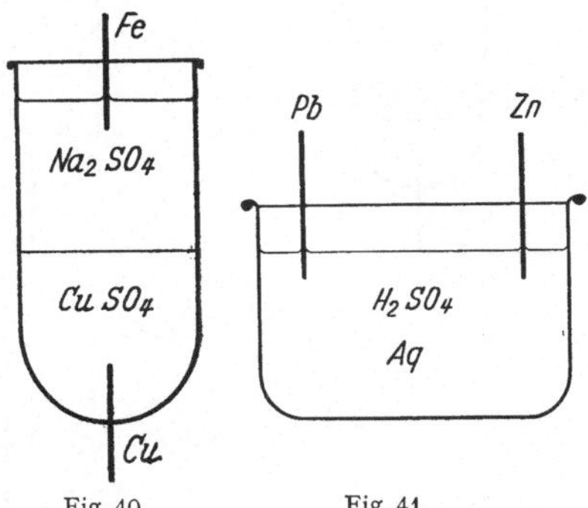

Fig. 40. Fig. 41.

33. Electrodes du deuxieme genre. Ce sont les électrodes qui ressemblent à celle KCl | HgCl | Hg de l'électrode au calomel. Un métal est recouvert d'un sel peu soluble du métal, le tout plonge dans un sel soluble à même anion. Du même type est l'électrode déjà employée Ag | AgCl | Cl^-. Dans cette dernière électrode, la solution est saturée en AgCl; finalement l'argent plonge dans cette solution et la f.e.m. peut donc s'écrire comme ci-dessus

$$e_{Ag} = (e_0)_{Ag} + \frac{RT}{F} \log a_{Ag^+}. \tag{33.1}$$

Du fait de la saturation par AgCl, les deux activités du sel et de la solution sont égales; en solution l'activité moyenne est la moyenne géométrique, donc $a_{Cl^+} \cdot a_{Ag^-} = K_a$, on en tire:

$$a_{Ag^+} = \frac{K_a}{a_{Cl^-}}.$$

(33.1) peut donc s'écrire

$$e_{Ag} = e_0' - \frac{RT}{F} \log a_{Cl^-} \quad \text{où} \quad e_0' = (e_0)_{Ag^+} + \frac{RT}{F} \log K_a. \tag{33.2}$$

La f.e.m. au contact du métal Ag et de la solution est donc la même que si l'on avait une électrode au gaz chlore; mais le e_0' n'est pas le même. Pour $Cl_2|Cl^-$ c'est en effet 1,3587. Pour Ag | AgCl | Cl^-, on a extrapolé $e_0' = 0{,}2225$; cela veut dire que la pression de chlore correspondant à cette électrode est très petite devant la pression atmosphérique. Des deux nombres 0,7990 et 0,225, on peut déduire le K_a puisque

$$0{,}2225 = 0{,}7990 + 0{,}0591 \operatorname{Log} K_a.$$

Cela donne $K_a = 1{,}78 \cdot 10^{-10}$. Dans la solution saturée de AgCl, $[Cl^-] = [Ag^+]$ = une valeur très faible. La solution est très étendue et les formules de la théorie de Debye et Hückel lui sont applicables; donc

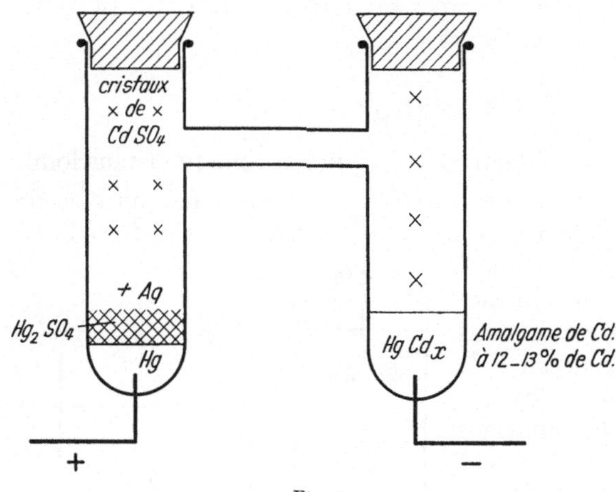

Fig. 42.

$$a_{Ag^+} = a_{Cl^-} = \sqrt{1{,}78} \cdot 10^{-5} = 1{,}338 \cdot 10^{-5}.$$

C'est très sensiblement aussi $[Ag^+]$ ou $[Cl^-]$.

Les électrodes de deuxième espèce peuvent servir à ètudier des piles du type

$$\text{Ag} \mid \text{AgCl} \mid \text{ZnCl}_2\, m \mid \text{Zn}.$$

Dans cette pile, Ag est le pôle positif, Zn le pôle négatif; quand la pile fonctionne, Zn se dissout et Ag se dépose; les e_0 ont été déterminés. Suit une liste (Tableau 26).

Tableau 26.

Ag	AgI	I^-	$-0{,}1519$	HgCl est plus soluble que Hg_2SO_4; on peut donc admettre que la différence des e_0' est dûe à la différence des concentrations des ions Hg^+ (ou Hg_2^{++}).
Hg	HgBr	Br^-	$-0{,}1392$	
Ag	AgBr	Br^-	$+0{,}0711$	
Ag	AgCl	Cl^-	$+0{,}2225$	
Hg	HgCl	Cl^-	$+0{,}2681$	
Hg	Hg_2SO_4	SO_4^{--}	$+0{,}6141$	

Quand deux de ces électrodes sont opposées dans une pile, le e_0' de l'ensemble est égal à la différence des deux e_0 composants

Exemple: Pile Ag | AgCl | Cl^- ($a = 1$) | HgCl | Hg

Hg (+); Ag (−); la réaction est Ag + HgCl → AgCl + Hg;

$$E_0 = 0{,}2681 - 0{,}2225 = 0{,}0456.$$

Nous avons mis dans la pile précédente, Cl^- ($a = 1$); c'est inutile. La f.e.m. ne dépend pas de la concentration du liquide; au pôle positif, on a la f.e.m. $e_0 - \frac{RT}{F} \log a_{Cl^-}$; au pôle négatif, $e_0' - \frac{RT}{F} \log a_{Cl^-}$; la différence donne $e_0 - e_0'$.

Piles étalons. Le type est la pile WESTON (Fig. 42). La solution est saturée en $CdSO_4$; les deux électrodes sont: l'une du deuxième genre, l'autre du premier. La f.e.m. de la pile est

$$1{,}0830 - 40{,}6 \cdot 10^{-6}(t-20) - 95 \cdot 10^{-8}(t-20)^2 + 10^7(t-20)^3;$$

elle dépend peu de la température. La composition de l'amalgame a été trouvée par tâtonnements.

34. Electrodes du troisième genre. Elles ne sont pas très employées, mais servent pour la mesure d'activités dans les cas où on ne peut maintenir un métal en contact avec une solution aqueuse, comme dans le cas du calcium. Le type est le suivant

$$\text{Zn} \mid \text{oxalate de Zn solide} \mid \text{oxalate de Ca solide} \mid \text{Ca}^{++}.$$

Les deux oxalates sont très peu solubles; Zn est en contact cependant avec la solution saturée de son oxalate, d'où la f.e.m.

$$e_{\text{Zn}} = (e_0)_{\text{Zn}} + \frac{RT}{2F}\log a_{\text{Zn}^{++}}. \tag{34.1}$$

La solution saturée de ZnC_2O_4 est en contact avec celle de CaC_2O_4. On, aura alors

$$a_{\text{Zn}^{++}} \cdot a_{\text{C}_2\text{O}_4^{--}} = K_1, \tag{34.2}$$

$$a_{\text{C}_2\text{O}_4^{--}} \cdot a_{\text{Ca}^{++}} = K_2. \tag{34.3}$$

On a donc $e_{\text{Zn}} = (e_0')_{\text{Zn}} + \frac{RT}{2F}\log a_{\text{Ca}^{++}}$ avec $(e_0')_{\text{Zn}} = (e o)_{\text{Zn}} + \frac{RT}{2F}\log\frac{K_1}{K_2}$.

L'ensemble fonctionne donc comme une électrode au calcium.

LE BLANC[1] a étudié la fidèlité, la reproductibilité, l'équilibre de cette électrode. Les résultats sont convenables quand les sels sont très peu solubles; celui qui baigne le métal doit être un peu plus soluble que l'autre.

35. Piles à oxydo-réduction. Elles utilisent des contacts du type: métal non oxydable (Pt) plongeant dans un mélange réducteur-oxydant. Un fil de platine est plongé dans un mélange $FeCl_2-FeCl_3$; le métal prend un potentiel bien défini; le métal prend un certain nombre d'électrons à Fe^{++} et les rend à Fe^{+++}. Dans $FeCl_2$ pur, Pt serait chargé négativement avec une couche positive dans le liquide; dans $FeCl_3$ pur, c'est le contraire. Dans un mélange des deux, c'est le rapport des activités des deux ions Fe^{++} et Fe^{+++} qui règle l'équilibre. Soit la pile

$$\text{Pt} \mid \text{HCl}\, m_1\, \text{FeCl}_3\, m_2,\, \text{FeCl}_2\, m_3 \overset{P}{\vdots} \text{HCl}\, m_1 \mid \text{Pt}(\text{H}_2).$$

P est une paroi poreuse; il existe en P une différence de potentiel entre les deux solutions; on peut l'éliminer en diminuant $m_2 + m_3$ vis-à-vis de m_1; on cherchera la limite de la f.e.m. E de la pile quand $\frac{m_2+m_3}{m_1} \to 0$, auquel cas la différence de potentiel en $P \to 0$.

Dans le fonctionnement de la pile, la réaction $Fe^{+++} + \frac{1}{2} H_2 \to Fe^{++} + H^+$ se produit. La f.e.m. est

$$E = E_0 + \frac{RT}{F}\log\frac{a_{\text{Fe}^{+++}}(a_{\text{H}_2})^{\frac{1}{2}}}{a_{\text{Fe}^{++}}\, a_{\text{H}^+}}. \tag{35.1}$$

---

[1] M. LE BLANC et O. HARNAPP: Z. phys. Chem. Abt. A **166**, 321 (1933).

Avec l'électrode normale à H_2, $a_{H^+}=1$, $a_{H_2}=1$. Dans l'ancienne théorie des ions, on avait

$$\frac{a_{Fe^{+++}}}{a_{Fe^{++}}}=\frac{[Fe^{+++}]}{[Fe^{++}]}.$$

Finalement

$$E=E_0+\frac{RT}{F}\log\frac{[Fe^{+++}]}{[Fe^{++}]}. \tag{35.2}$$

L'équation (35.2) est due à Peters (1898). Avec des proportions variables des deux chlorures dans HCl 0,1 N à 17° il a obtenu les valeurs suivantes

$[Fe^{+++}]$	$[Fe^{++}]$	E (obs) volt	E_0 (calc) volt
0,0005	0,0995	0,581	0,713
0,04	0,06	0,703	0,713
0,09	0,01	0,763	0,708

Les concentrations étaient déduites de celles des chlorures par la formule $\delta=\Lambda/\Lambda_\infty$. L'accord sur E_0 est donc très satisfaisant.

Dans l'exemple précédent, les deux ions diffèrent par une charge élémentaire. Avec n charges, on écrira RT/nF. E_0 est obtenu pour des activités égales ou égales à 1. Le Tableau 27 donne une liste des potentiels normaux pour divers mélanges.

Tableau 27.

Cr^{+++} | Cr^{++}	$-0,410$	Hg^{++} | Hg_2^{++}	0,906
Ti^{++++} | Ti^{+++}	$-0,04$	Tl^{+++} | Tl^{+}	1,247
Cu^{++} | Cu^{+}	0,159	Ce^{++++} | Ce^{+++}	1,609
Fe^{+++} | Fe^{++}	0,783		

Cette série ressemble à la série des tensions et elle appelle les mêmes remarques. Le premier potentiel du tableau est de signe contraire à celui du fer. Pour $a_{H^+}=1$, la réaction a lieu dans le sens $Cr^{++}+H^+\to Cr^{+++}+H$. Dans les solutions acides, les sels chromeux sont instables; ils ne sont stables qu'en solution très peu acide. Pour $a_{H^+}<1$, le log a_{H^+} dans (35.1) est positif; la f.e.m. totale peut devenir nulle. En raisonnant en concentrations, il faut chercher un $[H^+]$ tel que $\frac{RT}{F}\log\frac{[H^+]_0}{[H^+]}\approx$ 0,410 volt. En logarithmes de Briggs, RT/F est 0,059; cela donne à peu près le logarithme du rapport = 7. C'est vers $[H^+]=10^{-7}$ (neutralité) que les sels chromeux deviennent stables. Ce sera le contraire pour les sels ferreux et à plus forte raison pour les sels mercureux. Il existe des sels mercureux plus solubles comme le perchlorate. Un mélange $HgClO_4|Hg(ClO_4)_2$ est oxydant.

36. Electrodes d'oxygène. α) A un autre point de vue, la f.e.m. de 0,410 volt est celle d'une électrode d'hydrogène à une pression $P_{H_2}=10^{14}$ atm le mélange $Cr^{+++}|Cr^{++}$ réalise donc une telle pression. Inversement $Hg^{++}|Hg_2^{++}$ réalise une pression d'oxygène. La réaction est en réalité

$$O_2+2\,H_2O+4\,e^-\to 4\,OH^-.$$

Le potentiel d'une électrode d'oxygène plongeant dans une solution basique est

$$e_0=(e_0)_0-\frac{RT}{4F}\log a_{OH^-}^4+\frac{RT}{4F}\log p_{O_2}. \tag{36.1}$$

Dans la liste des tensions, nous avons indiqué $(e_0)_0$ de $O_2|OH^-=0{,}402$, si $a_{OH^-}=1$. Or $RT/4F$ avec les Log est 0,015 volts. Pour retrouver $e_0=0{,}906$ volt, il faut $\text{Log}\,p_{O_2}=+\frac{0{,}504}{0{,}015}\approx+36$. Donc $p_{O_2}=10^{36}$ atm. Même pour la neutralité, $a_{OH^-}=10^{-7}$, on a encore $p_{O_2}=10^{6}$ atm.

β) Dernier exemple de ce type: mélange brome-acide bromique. La réaction est

$$Br_2\ \text{(dissous)} + 6\,H_2O\ \text{(liqu.)} \rightarrow 2\,BrO_3^- + 12\,H^+ + 10\,e^-.$$

La f.e.m. sera donc

$$e = e_0 - \frac{RT}{10F}\log\frac{[BrO_3^-]^2\,[H^+]^{12}}{[Br_2]\,[H_2O]^6},$$

l'expérience vérifie.

Un mélange oxydant de ce genre peut former le pôle positif d'une pile. On a employé pendant très longtemps la pile au bichromate ($CrO_3-H_2SO_4$).

La pile Leclanché

$$C \mid MnO_2 \mid NH_4Cl \cdot Aq \mid Zn$$

est une autre application. De même la *pile au gaz tonnant*

$$Pt(O_2) \mid \text{Solution conductrice} \mid Pt(H_2).$$

Le côté O_2 est le pôle positif; la pile forme de l'eau à partir de H^+ et OH^-: $H_2O \rightleftharpoons H^+ + OH^-$.

$$E = E_0 - \frac{RT}{F}\log(a_{H^+}\,a_{OH^-}). \tag{36.2}$$

$E_0 = 0$ pour $\frac{1}{2}H_2 = H^+ + e^-$; $E_0 = 0{,}8280$ pour $Pt(H_2)\,|\,OH^-$; la soustraction de ces deux valeurs donne le E_0 pour $H_2O \rightleftharpoons H^+ + OH^-$ c'est donc $-0{,}8280$. On a donc

$$-0{,}8280 = 0{,}591\log(a_{H^+}\cdot a_{OH^-}).$$

On trouve ainsi

$$a_{H^+}\cdot a_{OH^-} = K_{eau} = 1{,}005\cdot 10^{-14}.$$

On n'a pas pu réussir jusqu'ici à industrialiser la pile à gaz tonnant.

Les résultats semblent plus prometteurs avec la pile à combustion du carbone $C + O_2 \rightarrow CO_2$. Baur et Preis (1937/38) avaient déjà obtenu des rendements thermiques de 70%. Ketelaar (1952) prétend obtenir mieux[1].

Ecrivons pour terminer quelques valeurs des e_0 pour les *piles à oxydes*

Pile	Réaction	e_0
$Pb(PbO)\ \ OH^-$	$Pb + 2\,OH^- \rightarrow PbO + H_2O + 2\,e^-$	$-0{,}5785$
$Hg(HgO)\ \ OH^-$	$HgO + H_2O + 2\,e^- \rightarrow Hg + 2\,OH^-$	$+0{,}0976$
$Sb(Sb_2O_3)\ \ H^+$	$Sb_2O_3 + 6\,H^+ + 6\,e^- \rightarrow 2\,Sb + 3\,H_2O$	$+0{,}1445$
$Pb(PbO_2)\ \ PbSO_4\ \ SO_4^{--}$	$PbO_2 + 4\,H^+ + SO_4^{--} + 2\,e^- \rightarrow PbSO_4 + 2\,H_2O$	1,467

L'électrode d'antimoine a été utilisée pour la mesure des p_H (v. plus loin).

Toutes les formules écrites précédemment supposent les réactions réversibles; c'est souvent le cas en chimie inorganique. En chimie organique, les réactions d'oxydation et de réduction sont souvent irréversibles. La quinhydrone est une exception; autres exemples: indigo, bleu de méthylène etc.

X. Piles avec potentiels de diffusion (jonction liquide).

Dans la pile Daniell, au lieu des trois phases considérées jusqu'ici (deux électrodes solides et une solution), il y a quatre phases: deux électrodes et deux solutions.

$$Cu \mid CuSO_4\,Aq \mid ZnSO_4\,Aq \mid Zn.$$

[1] Revue des travaux sur la pile à combustible par J. A. A. Ketelaar, Congrès Int. Electroch., 1005, 1952.

Au contact des deux solutions existe une différence de potentiel d'un genre différent de celles considérées jusqu'ici. On l'appelle difference de potentiel de diffusion car les ions des deux solutions diffusent les uns vers les autres. Ces différences de potentiel se présentent plus simplement dans les piles de concentration.

37. Piles de concentration. On appelle ainsi des piles oú les deux électrodes sont formées du même métal baignant dans deux solutions de concentration différente d'un même sel du métal, les deux solutions étant en contact, soit directement par gravité, soit indirectement par l'intermédiaire d'une cloison poreuse. Exemple:

$$\mathrm{Pt(H_2)} \mid \mathrm{HCl}\ \text{concentré}\ (m_1) \mid \mathrm{HCl}\ \text{étendu}\ (m_2) \mid \mathrm{Pt(H_2)}.$$

L'expérience montre qu'une telle pile a une f.e.m.; le pôle positif est dans la solution concentrée, quand la pile fonctionne, les concentrations s'égalisent.

La f.e.m. de la pile se compose de trois différences de potentiel: deux aux électrodes, une au contact des deux solutions. D'après Nernst, les deux différences de potentiel extrêmes sont de signe contraire et de la forme

$$-\frac{RT}{F}\log\frac{P}{p_1}+\frac{RT}{F}\log\frac{P}{p_2},$$

en tout

$$\frac{RT}{F}\log\frac{p_1}{p_2}.$$

La différence de potentiel intermédiaire e se calcule en effectuant un passage réversible des ions à travers la surface de séparation; pour cela on oppose à la f.e.m. de la pile une f.e.m. suffisante pour avoir un courant très faible du même sens que celui de la pile. Dans ces conditions les ions H^+ passent de m_2 à m_1 (p_2 à p_1); quand 1 Faraday a circulé, la fraction t_H du courant a été convoyée par les ions H^+, d'où le travail *à fournir* $t_H RT\log\frac{p_1}{p_2}$.

Le passage des ions Cl^- a fourni au contraire pendant le même temps le travail $t_{Cl} RT\log\frac{p_1}{p_2}$. D'où, en utilisant la définition de t_{Cl} et t_H,

$$eF=(t_{Cl}-t_H)RT\log\frac{p_1}{p_2}=RT\frac{V-U}{V+U}\log\frac{p_1}{p_2}. \qquad (37.1)$$

D'où la f.e.m. totale

$$e=\frac{RT}{F}\log\frac{p_1}{p_2}\left[1+\frac{V-U}{V+U}\right]=\frac{RT}{F}\,\frac{2V}{V+U}\log\frac{p_1}{p_2}. \qquad (37.2)$$

Nous avons vu que V et U dépendent tous deux de la concentration; ils ne sont pas les mêmes des deux côtés et dans (37.2) il ne peut être question que de valeurs moyennes. D'autre part si on passe des p aux activités, le rapport p_1/p_2 devient $\frac{\gamma_1 m_1}{\gamma_2 m_2}$. Finalement

$$e=\frac{RT}{F}\cdot\frac{2V}{U+V}\log\frac{\gamma_1 m_1}{\gamma_2 m_2}. \qquad (37.3)$$

Puisque U et V sont des fonctions de m_1 et m_2, l'étude d'une telle pile ne pourra rien donner concernant les activités.

On peut toutefois monter une pile de concentration en évitant la diffusion d'une solution dans l'autre; dans le cas précédent, on mettra entre les deux solutions une électrode réversible par rapport à l'ion Cl^-, par exemple AgCl/Ag.

L'ensemble est alors

$$\mathrm{Pt(H_2)} \mid \mathrm{HCl}\,(m_1) \mid \mathrm{AgCl} \mid \mathrm{Ag} \mid \mathrm{AgCl} \mid \mathrm{HCl}\,(m_2) \mid \mathrm{Pt(H_2)}.$$

Les pôles sont au même endroit; dans le compartiment (2), H réduit AgCl en donnant HCl; dans le compartiment (1) Cl reforme AgCl et H se dégage; il y a donc bien égalisation des concentrations.

D'après la formule générale,

$$\Delta G = \overline{G}_2 - \overline{G}_1 = -NEF = RT \log \frac{(a_+ a_-)_2}{(a_+ a_-)_1}.$$

Comme

$$a_\pm = m\gamma\,(a_+ a_-)^{\frac{1}{2}},$$

on a

$$E = \frac{RT}{NF} \log \frac{m_1 \gamma_1}{m_2 \gamma_2}.$$

Dans notre cas, $N = 1$, d'où à 25° C

$$E = 0{,}1183 \log \frac{m_1 \gamma_1}{m_2 \gamma_2} \qquad (37.3')$$

On a étudié sur ce modèle des piles du type

$$\mathrm{Ag} \mid \mathrm{AgX} \mid \mathrm{MX}_n\,(m_1) \mid \mathrm{HgM}_x \mid \mathrm{MX}_n\,(m_2) \mid \mathrm{AgX} \mid \mathrm{Ag}$$

où M est un métal alcalin ou alcalino-terreux et X un halogène. De même d'autres piles où X est remplacé par SO_4, Ag par Hg enfin d'autres du type

$$\mathrm{Pt(H_2)} \mid \mathrm{M(OH)}\,(m_1) \mid \mathrm{HgM}_x \mid \mathrm{M(OH)}\,(m_2) \mid \mathrm{Pt(H_2)}$$

ont servi pour les solutions d'hydroxydes. Pour les mesures et les calculs des γ, voir HARNED et OWEN[1].

Les piles de concentration peuvent fonctionner avec des mélanges d'électrolytes, par exemple, BRÖNSTED utilise la pile de concentration à électrodes d'amalgame de Cd

$$\mathrm{HgCd}_x \left| \begin{array}{l} \mathrm{CdSO_4}\,(C_1) \\ \mathrm{MgSO_4}\,(2 - C_1) \end{array} \right| \begin{array}{l} \mathrm{CdSO_4}\,(C_2) \\ \mathrm{MgSO_4}\,(2 - C_2) \end{array} \left| \mathrm{HgCd}_x. \right.$$

Dans les mesures, C_1 a varié de $\frac{1}{320}$ à $\frac{1}{10}$ et C_2 de $\frac{1}{640}$ à $\frac{1}{20}$. En négligeant la différence de potentiel au contact des deux solutions, la f.e.m. d'après la théorie ancienne devait être

$$E = 0{,}029\,\mathrm{Log}\,\frac{c_1 \delta_1}{c_2 \delta_2}\ (\mathrm{volt}),$$

c'est-à-dire variable avec la concentration de $CdSO_4$. L'expérience a montré au contraire que E est donné à 0,0005 volt près par l'expression $E = 0{,}029\,\mathrm{Log}\,c_1/c_2$. Ce résultat est conforme à la règle de LEWIS puisque, quelle que soit la concentration $[CdSO_4]$, on a toujours $\gamma_1 = \gamma_2$, donc $c_1\gamma_1/c_2\gamma_2 = c_1/c_2$ à cause de la force ionique constante.

38. Relations entre les piles avec diffusion et les piles sans diffusion. Comparons les deux piles

$$\mathrm{Pt(H_2)} \mid \mathrm{HCl}\,(m_1) \mid \mathrm{HCl}\,(m_2) \mid \mathrm{Pt(H_2)} \qquad \text{avec diffusion},$$

$$\mathrm{Pt(H_2)} \mid \mathrm{HCl}\,(m_1) \mid \mathrm{AgCl} \mid \mathrm{Ag} \mid \mathrm{AgCl} \mid \mathrm{HCl}\,(m_2) \mid \mathrm{Pt(H_2)} \qquad \text{sans diffusion}.$$

[1] HARNED et OWEN: Physical Chem. of electrolytic solutions, 2nd ed. New York: Reinhold Corp. 1953.

La f.e.m. de la première peut s'écrire

$$dE_{\text{diff}} = \frac{d\overline{G}_{\text{H}}}{F} - t_1 \frac{d\overline{G}_{\text{H}}}{F} + t_2 \frac{d\overline{G}_{\text{Cl}}}{F} \tag{38.1}$$

où $d\overline{G}_{\text{H}}$ et $d\overline{G}_{\text{Cl}}$ sont les changements d'enthalpie des deux ions à la surface de séparation. La f.e.m. de la deuxième s'écrit de même

$$dE_{\text{sans diff}} = \frac{d\overline{G}_1}{F} + \frac{d\overline{G}_2}{F}. \tag{38.2}$$

Comme $t_1 + t_2 = 1$, on a de suite

$$dE_{\text{diff}} = t_2\, dE_{\text{sans diff}}. \tag{38.3}$$

Cette relation peut être intégrée tout le long du domaine variable qui sépare m_1 de m_2, ce qui donne

$$E_{\text{diff}} = \int t_2\, dE_{\text{sans diff}}. \tag{38.4}$$

t_2 est le nombre de transport de l'anion.

Supposons m_1 fixe et m_2 variable, on mesure E pour chaque valeur de m_2 et on porte E_{diff} en fonction de $E_{\text{sans diff}}$. t_2 est le coefficient angulaire $dE_{\text{diff}}/dE_{\text{sans diff}}$. Une relation du même genre s'appliquera pour des piles avec électrodes réversibles par rapport à l'anion.

Avec les piles

$$\text{Ag} \mid \text{AgCl} \mid \text{LiCl}\,(m_1) \mid \text{LiCl}\,(m_2) \mid \text{AgCl} \mid \text{Ag}$$

et

$$\text{Ag} \mid \text{AgCl} \mid \text{LiCl}\,(m_1) \mid \text{HgLi}_x \mid \text{LiCl}\,(m_2) \mid \text{AgCl} \mid \text{Ag}.$$

MCINNES et BEATTIE[1] ont déterminé t_{Li}. La méthode est moins précise que celle de la surface mobile. Inversement, on peut profiter de la précision de cette dernière méthode qui donne t_{Li} ou t_{Na} en fonction de C; la f.e.m. de la pile

$$\text{Ag} \mid \text{AgCl} \mid \text{NaCl}\,(c_1) \mid \text{NaCl}\,(c_2) \mid \text{AgCl} \mid \text{Ag}$$

peut s'écrire

$$E = \frac{-2RT}{F} \int_{\text{I}}^{\text{II}} t_{\text{Na}}\, d\log c\gamma_{\pm}$$

et on peut avoir ainsi d'une façon précise $\gamma_{\pm}$. C'est ainsi qu'ont opéré MCINNES et BROWN[2].

39. Potentiels de jonction entre solutions de compositions différentes. C'est un cas assez fréquent. Les difficultés du calcul de e proviennent de la structure de la couche de diffusion qui semble dépendre des conditions expérimentales. Quand le passage du courant est réversible, comme plus haut, pour le passage de 1 Faraday à travers la surface de séparation, t_i/z_i moles de chaque ion passent d'une solution à l'autre. Si la différence de concentration est très faible, le changement de G est

$$dG = \frac{n_i}{z_i}\, d\mu_i$$

où μ_i est le potentiel chimique des ions de l'espèce i. Employant $d\mu_i = -z_i F \Delta\psi$, on obtient

$$de_{\text{diff}} = -\frac{RT}{F} \sum_i \frac{n_i}{z_i}\, d\log a_i. \tag{39.1}$$

[1] MCINNES et BEATTIE: J. Amer. Chem. Soc. **42**, 1117 (1920).
[2] MCINNES et BROWN: J. Amer. Chem. Soc. **57**, 1356 (1935).

La solution générale de cette équation dépend de la distribution des ions dans la couche de diffusion. On suppose généralement que $a_i = c_i$ (solution idéale) et que dans la direction x de diffusion, on a

$$c_i = c_i^1 + (C_i^2 - C_i^1)\, x,$$

C_i^1 et C_i^2 concentrations des deux solutions. En plus, il faut supposer que les mobilités sont indépendantes de C, moyennant quoi l'intégration donne

$$e_{\text{diff}} = -\frac{RT}{F} \frac{\sum \frac{l_i}{z_i}(c_i^2 - c_i^1)}{\sum l_i (c_i^2 - c_i^1)} \log \frac{\sum c_i^2 l_i}{\sum c_i^1 l_i}. \tag{39.2}$$

Cette équation est dûe à HENDERSON[1].

Un cas particulier est celle de NERNST, équation (37.1). Assez souvent, un des ions est commun aux deux solutions comme dans la pile

$$\mathrm{Ag} \mid \mathrm{AgCl} \mid \mathrm{HCl}\,(C) \mid \mathrm{ClK}\,(C) \mid \mathrm{AgCl} \mid \mathrm{Ag}.$$

On a alors

$$e_{\text{diff}} = -\frac{RT}{F} \log \frac{l_{+2} + l_{-2}}{l_{+1} + l_{-1}} = -\frac{RT}{F} \log \frac{\Lambda_2}{\Lambda_1}. \tag{39.3}$$

La forme des équations (39.2) et (39.3) dépend des hypothèses faites ci-dessus et certains auteurs en ont fait d'autres. Il n'existe à l'heure actuelle aucune théorie générale des potentiels de diffusion. C'est pourquoi on a proposé des méthodes tendant à leur suppression.

Méthodes pour la suppression des potentiels de diffusion. Les méthodes proposées dérivent de BJERRUM[2]; on place généralement entre les deux solutions un pont contenant une solution de KCl aussi concentrée que possible (4,2 N à 25° C); les ions de KCl conduisent pratiquement tout le courant à la jonction. Supposons par exemple

$$\mathrm{HCl}\, c_1 \mid \mathrm{KCl}\, 4{,}2 \mid \mathrm{HCl}\, c_2.$$

Si on adopte la formule de HENDERSON, on aura, pour la première jonction

$$e_{\text{diff}} = -\frac{RT}{F} \frac{4{,}2\,(l_{\mathrm{K}} - l_{\mathrm{Cl}}) - c_1 (l_{\mathrm{H}} - l_{\mathrm{Cl}})}{4{,}2\,(l_{\mathrm{K}} + l_{\mathrm{Cl}}) - c_1 (l_{\mathrm{H}} + l_{\mathrm{Cl}})} \log \frac{c_1 (l_{\mathrm{H^+}} + l_{\mathrm{Cl}})}{4{,}2\,(l_{\mathrm{K}} + l_{\mathrm{Cl}})}. \tag{39.4}$$

Si $c_1 \ll 4{,}2$, la première fraction est sensiblement $\frac{l_{\mathrm{K}} - l_{\mathrm{Cl}}}{l_{\mathrm{K}} + l_{\mathrm{Cl}}}$, valeur très petite à cause de l'égalité approchée $l_{\mathrm{K}} = l_{\mathrm{Cl}}$.

De la même façon le potentiel à la deuxième jonction, qui est de signe contraire au premier, est aussi très faible. L'ensemble des deux est donc très faible. Mais tout ce qui précède repose sur l'exactitude de la formule de HENDERSON et des hypothèses faites lors de sa démonstration.

XI. Mesure de la concentration des ions hydrogène (p_{H}).

40. Cette concentration joue un rôle important dans beaucoup de questions intéressant des solutions. Les biologistes en ont parlé d'abord pour la culture des microbes dont certains ne poussent bien que pour une concentration déterminée. SÖRENSEN[3] a indiqué les principes de la mesure de cette concentration.

[1] P. HENDERSON: Z. phys. Chem. **59**, 118 (1907); **63**, 325 (1908).
[2] N. BJERRUM et A. UNMACK: Kgl. danske Vid. Selsk., math.-fys. Medd. **9**, 1 (1929).
[3] S. P. L. SÖRENSEN: C. R. Trav. Lab. Carlsberg **8**, 1 (1909).

La solution à concentration inconnue et une solution à concentration connue sont reliées par un pont; dans chacune plonge une électrode d'hydrogène. Si l'on néglige la différence de potentiel au contact du pont et de chacune des solutions, la f.e.m. de la pile (de concentration) est

$$e = \frac{RT}{F} \log \frac{[H^+]_0}{[H^+]} = \frac{RT}{0{,}434\,F} \operatorname{Log} \frac{[H_+]_0}{[H^+]}.$$

On voit que la quantité Log $1/[H^+]$ s'introduit naturellement dans la question; c'est elle qu'on appelle exposant d'hydrogène ou p_H. Comme plus haut on a

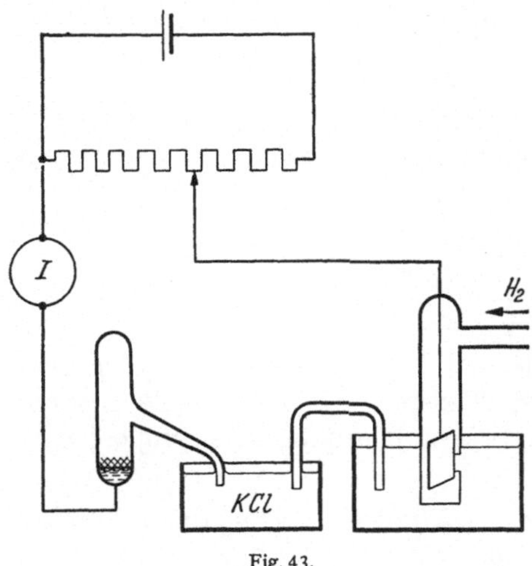

Fig. 43.

$$e = 0{,}0001905\,T\,(p_H - p_{H_0}). \quad (40.1)$$

Si l'électrode de référence est l'électrode normale à hydrogène, $[H^+]_0 = 1$ $p_{H_0} = 0$. En fait, les quantités $[H^+]$ représentent les activités.

On ne se sert pas de l'électrode d'hydrogène, mais plutôt de celle au calomel. La f.e.m. est mesurée par la méthode d'opposition (Fig. 43).

Les électrodes sont construites avec les précautions habituelles; platine platiné, H_2 pur etc. Voir détail dans thèse de JAQUES (1943). Electrode au calomel $N/10$ ou saturée.

A cause de la saturation en H_2, la f.e.m. ne s'établit pas tout de suite; mais elle est bien déterminée au millivolt ou $\frac{1}{10}$ de millivolt[1].

α) Correction de pression d'hydrogène. L'hydrogène serait à l'état atomique dans le platine; dans la solution il est dissous à l'état H_2. La dissociation $H_2 \rightleftharpoons 2H$ donne

$$\frac{[H_2]}{[H]^2} = K.$$

Dans Pt, [H] est proportionnel à $\sqrt{[H_2]}$, ou à $\sqrt{p}$.

La pression de dissolution de NERNST doit être aussi proportionnelle à $\sqrt{p}$. Si on met donc deux électrodes d'hydrogène à pressions différentes dans la même solution, on doit avoir entre elles la f.e.m.

$$\Delta e = \frac{RT}{2F} \log \frac{p_1}{p_2}.$$

On rapportera les mesures à la pression atmosphérique normale qu'on posera égale à 1; d'où $p_2 = 1$. On aura donc

$$\Delta e = \frac{RT}{2F} \log p.$$

En convertissant en Log et millivolts à 25° C, on a

$$\Delta e = 28 \operatorname{Log} p;$$

Pour $p = (760 + 20)$ mm, on trouve $\Delta e = 0{,}6$ mv, cela correspond à $\Delta p_H = 0{,}01$.

[1] Pour les détails sur les mesures actuelles, voir par exemple W. M. CLARK, The determination of Hydr. Ions, Baltimore: Williams and Wilkins, 1928; E. MISLOWITZER, Die Bestimmung der Wasserstoffionenkonzentration von Flüssigkeiten. Berlin: Springer 1928.

β) Correction de la différence de potentiel aux contacts liquides. Nous avons vu plus haut comment NERNST, PLANCK, HENDERSON et d'autres se sont occupés de cette question qui n'a pas été éclaircie.

Finalement on mesure la f.e.m. E de la pile

$$\mathrm{Pt(H_2)} \mid \text{Solution à } \mathrm{p_H} \text{ inconnu} \mid \mathrm{KCl(Sat)} \mid \text{Electrode de référence.}$$

On emploie la formule

$$p_{\mathrm{H}} = \frac{E - e_0}{k} \tag{40.2}$$

où e_0 est une constante qui dépend seulement de T, p et de la nature de l'électrode de référence; le p_{H} ainsi calculé ne peut être identifié avec $-\mathrm{Log}\, a_{\mathrm{H}^+}$; sinon a_{H^+} dépendrait des différences de potentiel à la jonction.

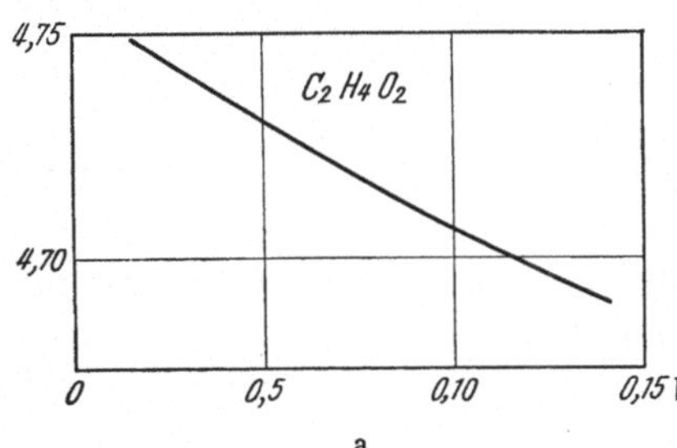

a

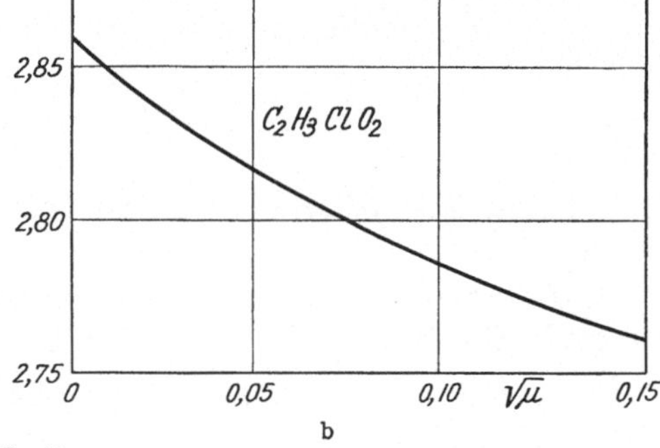

b

Fig. 44.

On a proposé pour e_0 des valeurs déduites de la façon suivante. Si l'on remplace la solution à p_{H} inconnu par des solutions-tampons[1] dont les constantes d'ionisation ont été déterminées par conductimétrie, ou à l'aide de piles à un seul liquide, on peut utiliser la formule (15.3) qui donnera ici

$$\frac{E - e_0}{k} - \mathrm{Log}\,\delta = p\,K\,a - A\,\sqrt{\mu}\,. \tag{40.3}$$

On choisira e_0 de telle façon qu'un graphique des quantités $\frac{E - e_0}{k} - \mathrm{Log}\,\delta$ en fonction de $\sqrt{\mu}$ soit une droite. Les Fig. 44a et b représentent deux telles droites pour les acides acétique et monochloracétique.

Pour $\sqrt{\mu} = 0$, le graphique donne pKa et l'inclinaison de la droite donne A qu'on compare avec la valeur déduite de la théorie de DEBYE.

Pour l'électrode au calomel saturée, les mesures[2] ont donné avec divers mélanges tampons $e_0 = 0{,}2441$.

La table suivante (Tableau 28) donne les p_{H} pour diverses solutions

On peut aussi profiter de la constance approchée du coefficient d'activité en solution de force ionique constante en étudiant une pile du type[1]

$$\mathrm{Pt(H_2)} \left| \begin{matrix} \mathrm{HA}\,(m_1) \\ \mathrm{NaCl}\,(m - m_{\mathrm{H}}) \end{matrix} \right| \begin{matrix} \mathrm{HCl}\,(m_0) \\ \mathrm{NaCl}\,(m - m_0) \end{matrix} \left| \mathrm{Pt(H_2)} \right.$$

m_{H} est la molarite des ions H de l'acide faible HA. Si m est grand et m_0 faible, pratiquement cette pile n'a pas de différence de potentiel de diffusion.

γ) Electrodes employées dans les mesures. 1. Electrode d'hydrogène ordinaire. Pour mémoire.

[1] Solutions à p_{H} connu.

[2] HITCHCOCK et TAYLOR: J. Amer. Chem. Soc. **59**, 1812 (1937).

2. Electrode de verre. Elle se présente sous forme d'une boule mince en verre spécial; l'expérience montre que les ions H^+ (protons) peuvent traverser la paroi de verre. Une électrode métallique assure le contact avec le liquide qui

Tableau 28.

Solution	p_H	Solution	p_H
0,01 $HCl + 0{,}09\ KCl$	2,058	0,1 $C_2H_4O_2 + 0{,}1\ NaC_2H_3O_2$	4,648
0,03 $KHC_4H_4O_6$ (tartrate)	3,567	0,025 $KH_2PO_4 + 0{,}025\ Na_2HPO_4$	6,857
0,05 $KHC_8H_4O_4$ (phtalate)	4,008	0,05 $Na_2B_4O_7$	9,180

remplit l'électrode et qui a un certain p_H invariable. Le ballon plonge dans le liquide à p_H inconnu, l'électrode de référence (calomel) aussi. On mesure la différence de potentiel entre les deux électrodes. On démontre qu'on a comme plus haut

$$e = \frac{RT}{F} p_H + a.$$

En fait, a se détermine en étalonnant l'électrode avec des liquides de p_H connu.

3. Electrode à oxydes. L'électrode dite *d'antimoine* est en réalité une électrode $Sb-Sb_2O_3$. Elle donne une f.e.m. de la forme

$$e = a + \frac{RT}{F} \log a_{H^+}.$$

4. Electrode à la quinhydrone. La quinhydrone est un produit intermédiaire entre la quinone $C_6H_4O_2$ et l'hydroquinone $C_6H_4(OH)_2$; on l'obtient par oxydation modérée de l'hydroquinone. C'est une poudre mordorée.

Quand on mesure un p_H avec l'électrode à H_2, l'établissement de l'équilibre demande environ $\frac{1}{4}$ d'heure avec un acide tel que HCl ou H_2SO_4. Si l'acide est HNO_3, on n'atteint pas l'équilibre à cause de l'oxydation de l'hydrogène par HNO_3 en présence du Pt divisé.

Billmann (1921) a proposé pour des cas analogues l'emploi de la quinhydrone. On en met une pincée dans le liquide; elle se dissocie suivant l'équation

$$2\,C_6H_5O_2 \rightleftharpoons C_6H_4O_2 + C_6H_4(OH)_2 \tag{40.4}$$

et les deux substances du deuxième membre diffèrent par hydrogénation suivant

$$C_6H_4O_2 + H_2 \rightarrow C_6H_4(OH)_2. \tag{40.5}$$

Si l'on applique à cette dernière réaction la loi d'action de masses, on a

$$\frac{[H_2]\,[C_6H_4O_2]}{[C_6H_4(OH)_2]} = K$$

Comme, d'après (40.4), $[C_6H_4O_2] = [C_6H_4(OH)_2]$, on a $[H_2] = K$. La pincée de quinhydrone donne une pression d'hydrogène constante. Pour savoir la grandeur de cette pression, on mesure la f.e.m. de la pile de la Fig. 45. Le liquide est par exemple HCl additionné de quinhydrone; les électrodes sont un fil de Pt et l'électrode à H_2 sous pression de 1 atm. La f.e.m. est indépendante de la concentration de HCl; à 18° C c'est 0,7044 volt. C'est la f.e.m. de deux électrodes d'hydrogène à 1 atm et à la pression $[H_2]$ de la quinhydrone. La formule vue plus haut donne

$$e = 0{,}029\ \mathrm{Log}\,\frac{[H_2]_{1\,\mathrm{atm}}}{[H_2]_{Q_h}} = 0{,}7044.$$

Le quotient $\frac{0,7044}{0,029} = 24,3$. Le rapport des pressions est donc $10^{24,3}$ et la pression $[H_2]_{Qh}$ est $10^{-24,3}$ atm. A cette pression il n'y a aucune oxydation par HNO_3. L'expérience a montré qu'on pouvait prendre le contact par un fil de platine non platiné.

Le montage très simple est celui de la Fig. 46. La pile est formée de la solution inconnue X à laquelle on ajoute la quinhydrone et par exemple de HCl

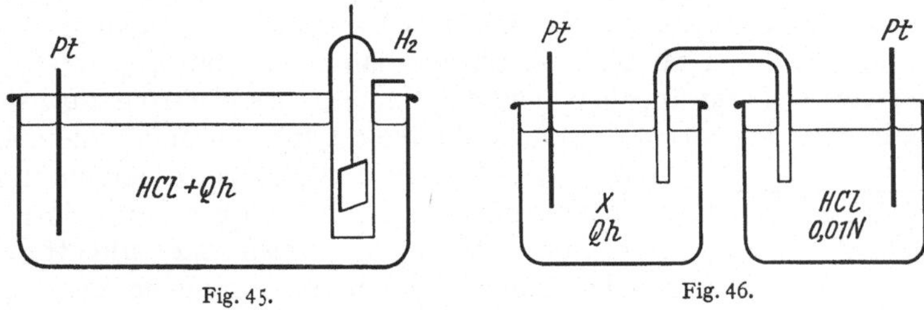

Fig. 45. Fig. 46.

0,01 N additionné éventuellement de KCl 0,09 N. Un pont d'agar-agar saturé de KCl réunit les deux vases. Si l'on néglige les potentiels de contact pont-solutions, la f.e.m. de la pile est

$$e = 0,058\,(p_{H_1} - p_{H_2})\,.$$

Avec HCl 0,01 N + KCl 0,09 N, $p_{H_2} = 2,058$.

Valeurs des p_H. L'eau est dissociée en les ions H^+ et OH^- suivant $H_2O \rightleftharpoons H^+ + OH^-$. La loi d'action de masses appliquée à cet équilibre donne

$$\frac{[H^+]\,[OH^-]}{[H_2O]} = K.$$

$[H_2O]$ est constant, environ 55 moles/litre. Donc

$$[H^+] \cdot [OH^-] = \text{constante}$$

à température constante.

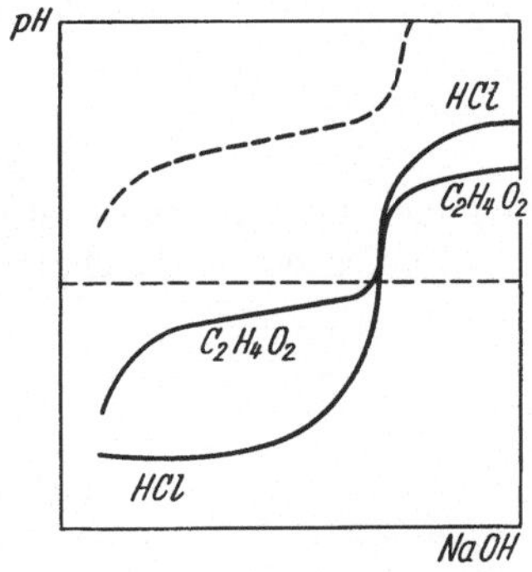

Fig. 47.

Dans l'eau pure, c'est un produit de concentrations; avec un électrolyte ajouté, c'est un produit d'activités.

A 20°, le produit est 10^{-14} environ (voir Sect. 36). Pour l'eau pure $[H^+] = [OH^-] = 10^{-7}$ donc le p_H de l'eau pure est 7. Si on ajoute un acide, $p_H < 7$; avec une base $p_H > 7$.

Nous signalerons parmi les applications du p_H la courbe de neutralisation d'un acide.

Neutralisation d'un acide. L'acide est additionné de soude titrée; on mesure la f.e.m. et on déduit le p_H. On trace la courbe en fonction des cm^3 de soude ajoutés. La forme de la courbe diffère suivant la force de l'acide. La Fig. 47 donne les formes pour HCl et $C_2H_4O_2$. Les deux courbes ont, au voisinage de la formation du sel neutre une longue inflexion dont le milieu indique la fin de la neutralisation.

Le sel NaCl est vraiment neutre, le p_H de neutralisation est 7.

Le sel $NaC_2H_3O_2$ est un peu hydrolysé par l'eau suivant

$$NaC_2H_3O_2 + H_2O \rightarrow C_2H_4O_2 + NaOH$$

et le p_H d'inflexion est un peu déplacé du côté basique.

Ce déplacement est particulièrement important pour un acide très faible comme H_3BO_3 qui donne une courbe du genre de celle en pointillé sur la Fig. 47.

Si l'on opère, au lieu de l'eau, dans une solution saline telle que $CaCl_2$, la courbe de l'acide borique descend vers les p_H plus petits. Avec $CaCl_2$ 2 *M*, la descente atteint 3 unités p_H. On mesure dans ce cas des activités des ions H^+. En tout cas, H_3BO_3 apparaît un acide nettement plus fort dans ces conditions.

XII. Constitution de la double couche. Théories.

41. Théorie de HELMHOLTZ. On a déjà vu apparaître la double couche, par exemple à propos du métal (Zn) qui trempe dans une solution ($ZnSO_4$); les ions Zn^{++} collés sur le métal appellent comme «images» les électrons du métal, d'où la couche double. La notion de couche double est très ancienne; elle a été systématisée par HELMHOLTZ[1]. A cette époque il n'y avait ni théorie des ions électrolytiques, ni théorie électronique des métaux. HELMHOLTZ admettait qu'une couche double existait au contact de deux substances différentes; les deux densités $+\sigma$ et $-\sigma$ étaient séparées par une distance δ; entre les deux couches, le champ électrique était $4\pi\sigma$; la différence de potentiel était $4\pi\sigma\delta$. C'est cette différence de potentiel qui apparaît dans la théorie de NERNST. HELMHOLTZ ne parle pas de la constante diélectrique du milieu; s'il s'agit d'ions «secs» collés sur le métal, on pourra à la rigueur faire la constante diélectrique $D=1$; ce ne sera plus vrai s'il y a des molécules d'eau; le champ serait alors $4\pi\sigma/D$ et la différence de potentiel

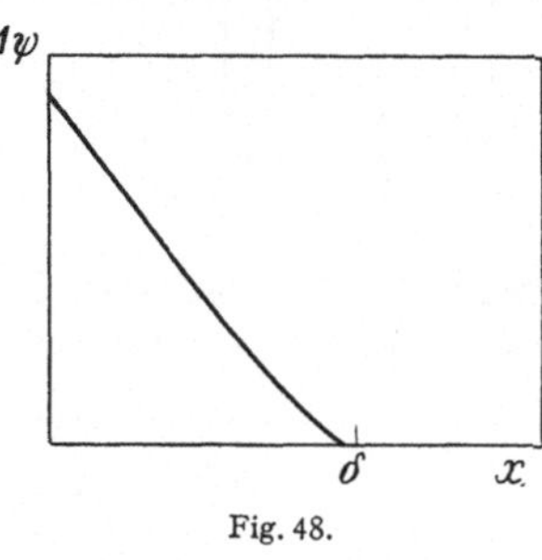

Fig. 48.

$$\frac{4\pi\sigma\delta}{D} = \Delta\psi. \tag{41.1}$$

HELMHOLTZ considère en tout cas la couche double comme un *condensateur moléculaire*; la distance δ sera de l'ordre des distances moléculaires. La formule (41.1) donne pour $\Delta\psi = f(\delta)$ la droite de la Fig. 48 à condition de supposer $D=$ constante dans l'intérieur du condensateur, ce qui est assez douteux. La *capacité* de la double couche par cm^2 serait $D/4\pi\delta$. Les mesures (voir plus loin) donnent pour cette capacité des nombres de l'ordre de grandeur de 20 $\mu F/cm^2 = 18 \cdot 10^6$ U.E.S. Avec $D=1$, on aura $\delta = 0{,}44$ Å; avec $D=80$, $\delta = 34{,}2$ Å; le premier nombre est trop petit, le deuxième nettement trop grand. On a en tout cas renoncé à la théorie d'HELMHOLTZ, même corrigée par l'adjonction de D, à cause du fait qu'elle prédit une capacité indépendante de $\Delta\psi$, ce que contredit l'expérience.

42. Théorie de GOUY[2]. A la suite de ses études sur le mouvement brownien, GOUY a fait remarquer que les ions devaient être animés de ce mouvement. Au voisinage d'une électrode plane chargée positivement, les ions s'organisent comme devaient le calculer plus tard DEBYE et HÜCKEL. La concentration n_+ des ions K^+ par exemple s'écrit $n_+ = n\,e^{-e\psi/kT}$; la densité cubique ϱ est

$$\varrho = n\,e\,(e^{-e\psi/kT} - e^{e\psi/kT}) = -2n\,e\,\mathrm{Sin}\,\frac{e\psi}{kT}.$$

L'équation de POISSON s'écrira

$$\frac{d^2\psi}{dx^2} = \frac{8\pi n e}{D}\,\mathrm{Sin}\,\frac{e\psi}{kT} \tag{42.1}$$

[1] H. v. HELMHOLTZ: Wied. Ann. **7**, 337 (1879).
[2] L. GOUY: J. de Phys. (4) **9**, 457 (1910).

où x est la direction perpendiculaire à l'électrode. En se servant de

$$\frac{d}{dx}\left(\frac{d\psi}{dx}\right)^2 = 2\,\frac{d\psi}{dx}\,\frac{d^2\psi}{dx^2}$$

on peut obtenir une première intégrale de (42.1) sous la forme

$$\frac{1}{2}\left(\frac{d\psi}{dx}\right)^2 = \frac{8\pi n \mathrm{k}T}{D}\,\mathrm{Cos}\,\frac{e\psi}{\mathrm{k}T} + A. \qquad (42.2)$$

On prendra $\psi = 0$ dans l'intérieur de la solution et $\frac{d\psi}{dx} = 0$, ce qui donnera $A = -8\pi n \mathrm{k}T/D$ et

$$\left(\frac{d\psi}{dx}\right)^2 = \frac{32\pi n \mathrm{k}T}{D}\,\mathrm{Sin}^2\,\frac{e\psi}{2\mathrm{k}T}$$

ou

$$\frac{d\psi}{dx} = \pm\sqrt{\frac{32\pi n \mathrm{k}T}{D}}\,\mathrm{Sin}\,\frac{e\psi}{2\mathrm{k}T}. \qquad (42.3)$$

Il faut prendre le signe moins quand $\psi_0 > 0$. En posant

$$\mathrm{e}^{\frac{e\psi}{\mathrm{k}T}} = u,$$

on a

$$d\psi = \frac{2\mathrm{k}T}{e}\,\frac{du}{u}$$

et

$$\mathrm{Sin}\,\frac{e\psi}{2\mathrm{k}T} = \frac{u^2-1}{2u}.$$

D'autre part, on posera, comme DEBYE et HÜCKEL,

$$\chi^2 = \frac{8\pi n e^2}{D \mathrm{k}T}.$$

(42.3) devient $\frac{2du}{u^2-1} = -\chi dx$ qui s'intègre suivant

$$\frac{u-1}{u+1} = C\,\mathrm{e}^{-\chi x}$$

ou

$$\psi = \frac{2\mathrm{k}T}{e}\log\frac{1+Ce^{-\chi x}}{1-Ce^{-\chi x}} \qquad (42.4)$$

où C est une constante arbitraire. Dans (42.4), $\psi = 0$ pour x très grand. On déterminera C en faisant $x = 0$ et $\psi = \psi_0$. Ce qui donne

$$\psi_0 = \frac{2\mathrm{k}T}{e}\log\frac{1+C}{1-C}. \qquad (42.5)$$

La densité σ appelée sur l'électrode par la répartition non homogène des ions est donnée par

$$-\left(\frac{d\psi}{dx}\right)_0 = \frac{4\pi\sigma}{D}$$

d'où le calcul de σ. Il peut être simplifié en profitant de l'équation (42.3) qui ne renferme pas C. On obtient ainsi

$$\sigma = \sqrt{\frac{2nD\mathrm{k}T}{\pi}}\,\mathrm{Sin}\,\frac{e\psi_0}{2\mathrm{k}T}. \qquad (42.6)$$

En adoptant $e = 4{,}8 \cdot 10^{-10}$, $\mathrm{k} = 1{,}37 \cdot 10^{-16}$, $T = 300$, $D = 80$ et $\psi_0 = 200$ millivolts $= \frac{2}{3000}$ UES, on calcule pour différentes valeurs de la concentration les valeurs de σ du Tableau 29.

Tableau 29.

m (moles/litre)	10^{-4}	10^{-3}	10^{-2}	10^{-1}
n (molécules/cm³)	$6 \cdot 10^{16}$	$6 \cdot 10^{17}$	$6 \cdot 10^{18}$	$6 \cdot 10^{19}$
$1/\chi$ (Å)	305	96,3	30,5	9,63
σ (UES)	9450	29800	94500	298000

Adoptons $\psi_0 = 200$ mv et $m = 10^{-4}$; le calcul de ψ par les équations (42.4) et (42.5) pour différentes valeurs de x donne les valeurs du Tableau 30.

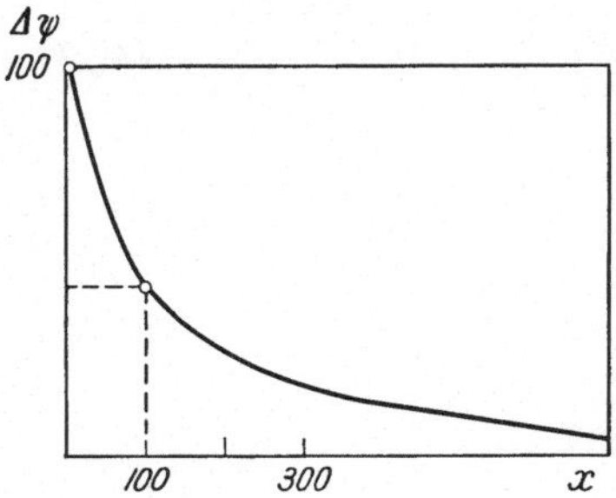

Tableau 30.

$x = 0$	100	300	600 Å
$\psi = 200$	80	35	13 mv

Fig. 49.

La décroissance de ψ est représentée par la courbe de la Fig. 49. On a renoncé aussi à la théorie de Gouy à cause des valeurs élevées qu'elle prévoit pour la capacité. Pour $m = 10^{-2}$ et $V = 0{,}2$ volt, on trouve 170 μF/cm².

43. Théorie de Stern[1].

Elle réunit en quelque sorte les deux précédentes. Au contact du métal il y aurait une couche d'ions absorbés, puis ensuite une couche diffuse d'ions à la manière de Gouy. Sur le métal, deux densités σ_1 et σ_2 correspondent à chacune de ces couches.

Pour calculer σ_1, on appelle n_i le nombre des ions d'espèce i absorbés sur 1 cm² d'électrode; n_{0i} le nombre des ions par cm³ dans le corps de la solution, Z_i le nombre des places disponibles par cm² d'électrode pour les ions i, Z_{0i} le nombre des places par cm³ de solution.

S'il n'y avait pas de forces superposées au mouvement thermique, le rapport n_i/n_{0i} serait égal à celui des places disponibles. Comme il existe des forces supplémentaires, il faut multiplier par un facteur de Boltzmann $\mathrm{e}^{-w_i/\mathrm{k}T}$, ce qui donne

$$n_i/n_{0i} = \frac{Z_i - n_i}{Z_{0i} - n_{0i}}\, \mathrm{e}^{-w_i/\mathrm{k}T}. \tag{43.1}$$

Dans la suite du calcul, on fera des approximations applicables en solution étendue. Les n seront supposés petits vis-à-vis des Z. La formule (43.1) s'écrit

$$\mathrm{e}^{w_i/\mathrm{k}T} \cdot n_i = n_{0i} \frac{Z_i - n_i}{Z_{0i} - n_{0i}} \approx \frac{n_{0i}}{Z_{0i}} (Z_i - n_i),$$

soit enfin

$$n_i = \frac{Z_i}{1 + \dfrac{Z_{0i}}{n_{0i}}\, \mathrm{e}^{w_i/\mathrm{k}T}}. \tag{43.2}$$

Stern double le 1 au dénominateur pour que w_i étant négatif et grand, $n_i \to Z/2$. Dans les applications on négligera d'ailleurs ce 2.

[1] O. Stern: Z. Elektrochem. **30**, 508 (1924).

Pour calculer w_i, regardons le travail dans l'approche de l'ion vers la surface de l'électrode. Il se compose d'un travail électrique et d'une chaleur d'adsorption. Appelons ψ_0 le potentiel électrique du métal, ψ_1 celui de la couche d'ions adsorbés (ions — par exemple), zéro celui du corps de la solution.

Le travail électrique est $ze\psi$; quand l'ion arrive contre le métal, on récupère une certaine partie du travail sous forme de chaleur dégagée, qu'on évalue en électrons-volts. Cela donne

$$\text{Pour les anions:}\quad w_a = z_a e(\psi_1 - \varphi_-) \quad \text{avec } z_a < 0, \tag{43.3}$$

$$\text{Pour les cations:}\quad w_c = z_c e(\psi_1 - \varphi_+) \quad \text{avec } z_c > 0. \tag{43.4}$$

On a

$$w_i = w_a + w_c.$$

On posera $C = n_{0i}/Z_{0i}$; ce quotient est égal au nombre des ions d'espèce i par cm^3 divisé par le nombre de places dans la solution; c'est donc la concentration, évaluée en fraction molaire.

Pour les ions négatifs aura

$$n_- = \frac{Z_-}{2 + \frac{1}{C}\exp\frac{z_a e(\psi_1 - \varphi_-)}{\mathbf{k}T}}.$$

Pour les ions positifs

$$n_+ = \frac{Z_+}{2 + \frac{1}{C}\exp\frac{z_c e(\psi_1 - \varphi_-)}{\mathbf{k}T}}.$$

La densité appelée sur l'électrode du fait de l'absorption est égale à

$$\sigma_1 = n_+ z_c e - n_- |z_a| e = \left[\frac{Z_-|z_a|}{2 + \frac{1}{C}\exp\frac{z_a e\ldots}{\mathbf{k}T}} - \frac{Z_+ z_c}{2 + \frac{1}{C}\exp\frac{z_c e\ldots}{\mathbf{k}T}}\right].$$

Le nombre des ions positifs absorbés n'est pas forcément le même que celui des ions négatifs.

STERN fait ensuite un certain nombre d'hypothèses simplificatrices, entre autres $Z_+ = Z_- = Z$. En introduisant les quantités molaires, il écrit finalement:

$$\sigma_1 = ZF\left[\frac{1}{2 + \frac{1}{C}\exp\frac{-\Phi_- - F\psi_1}{RT}} - \frac{1}{2 + \frac{1}{C}\exp\frac{\Phi_+ + F\psi_1}{RT}}\right]. \tag{43.5}$$

Pour la couche diffuse, il reprend le calcul de GOUY. Nous l'avons fait plus haut dans le cas de KCl. D'une façon générale,

$$\varrho = \sum_i n_{0i} z_i e \exp(z_i e\psi/\mathbf{k}T).$$

La formule (42.6) s'écrit

$$\sigma_2 = \sqrt{\frac{2nD\mathbf{k}T}{\pi}}\,\mathrm{Sin}\,\frac{e\psi_1}{2\mathbf{k}T} \tag{43.6}$$

où ψ_1 désigne le potentiel à l'endroit de la couche d'ions adsorbée.

Le condensateur de HELMHOLTZ est supposé avoir ses armatures aux potentiels ψ_0 (électrode métallique) et ψ_1 et une épaisseur δ; STERN écrit finalement, en supposant une constante diélectrique D'

$$\frac{D'}{4\pi\delta}(\psi_0 - \psi_1) = ZF\left[\frac{1}{2 + \frac{1}{C}\cdots} - \frac{1}{2 + \frac{1}{C}\cdots}\right] + \sqrt{\frac{2\sum n_{0i} D\mathbf{k}T}{\pi}}\,\mathrm{Sin}\,\frac{e\psi_1}{2\mathbf{k}T}. \tag{43.7}$$

Nous verrons plus loin que le potentiel ψ_1 est le «potentiel électrocinétique» des auteurs et la relation intéressante serait celle entre ψ_1 et C.

Expérience de J. S. L. Philpot[1]. Cet auteur a mesuré les charges emportées par une goutte de mercure qui se forme à l'extrêmité d'un capillaire plongé dans une solution de HCl par exemple; dans la solution est une électrode AgCl | Ag qui permet de polariser la goutte, c'est-à-dire de faire varier ψ_0. S'il y a adsorption d'ions positifs sur le mercure, ces ions positifs appellent une charge négative; quand la goutte tombe, elle emporte cette charge qui est indiquée par un galvanomètre; on mesure en même temps la quantité de mercure débitée. On admet que le σ sur la goutte est le $\sigma_1 + \sigma_2$ de la théorie. Philpot a fait des mesures pour une solution de HCl et une de NaCl. Les f.e.m. sont rapportées à l'électrode AgCl | Ag; on a donc le système suivant

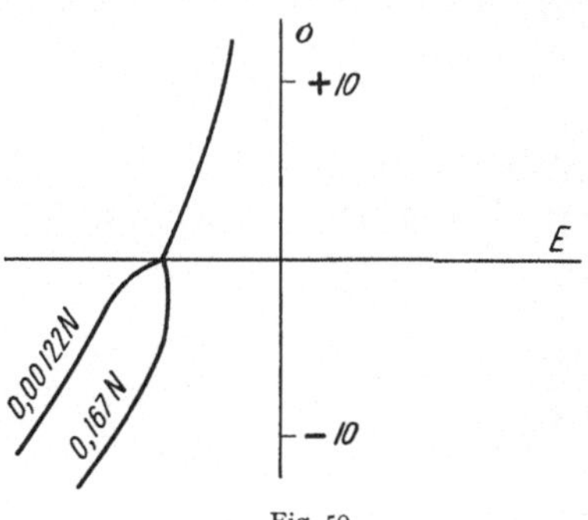

Fig. 50.

Ag | AgCl | HClAq | Hg

La Fig. 50 donne le genre de courbes obtenues avec HCl suivant la valeur de E.

Pour les polarisations positives (Hg chargé positivement), il n'y a qu'une seule courbe $\sigma = f(E)$ quelle que soit la concentration de HCl; pour les polarisations négatives la courbe diffère suivant la concentration. Le raccord courbe entre les σ_+ et les σ_- est caractéristique de la théorie de Stern. Pourquoi y a-t-il deux courbes du côte négatif et une seule du côté positif?

Quand le mercure se charge positivement, c'est que les ions adsorbés sont chargés négativement; ce sont donc des ions Cl^-; le courant qui circule dans la pile est fourni par la décharge de ces ions (électrons de Cl^- donnés à Hg); il se forme HgCl sur Hg. A l'autre pôle, H dégagé réduit AgCl pour donner HCl qui est ainsi reformé. On a montré que ce genre de pile a une f.e.m. constante et indépendante de la concentration. Pour un E donné, on a un σ constant et indépendant de C, d'où un seul point pour une valeur de E.

Pour les polarisations inverses, les ions adsorbés sont des ions H^+, le courant d'électrons est en sens inverse; le mercure est donc une électrode d'hydrogène (solubilité très faible de H_2) dont la f.e.m. est

$$e = e_0 + \frac{RT}{F} \log [H^+]$$

pour les faibles concentrations. La f.e.m. dépendra de la concentration. Si C diminue, le logarithme qui est négatif est plus grand en valeur absolue, les E sont repoussés du côté négatif.

D'après les nombres de Philpot, pour $\sigma = 10$ microcoulombs, il y aurait 10^{-10} ions · g/cm², soit $6 \cdot 10^{13}$ ions/cm²; chacun occupera la surface 165 Å². Dans ce carré de 13 Å de côté, il y a un ion Cl^- au centre. A l'état sec cet ion a un rayon de 1,8 Å, un diamètre de 3,6 Å; il y a donc de la place pour de l'eau dans le carré. Entre deux ions voisins peuvent se loger $\frac{13-3,6}{2,8} = 3,3$ molécules H_2O.

Dans la formule (43.7) on pose $\frac{D'}{4\pi\delta} = C_0$. Les droites du côté positif ou du côté négatif ont une pente à peu près constante $d\sigma/dE$; l'augmentation de E est égale à celle de ψ_0 à peu près, donc $\frac{d\sigma}{d\psi_0} = C_0$ si on admet $\psi_1 =$ constante.

[1] J. S. L. Philpot: Phil. Mag. **13**, 774 (1932).

Philpot admet que cela a lieu pour les grandes valeurs de E et les fortes concentrations. Il calcule alors C_0. Les résultats sont les suivants:

Pour HCl (adsorption de H^+) $C_0^+ = 23{,}3 \pm 0{,}5\,\mu F/cm^2$,
(adsorption de Cl^-) $C_0^- = 53{,}7 \pm 1{,}7\,\mu F/cm^2$.

Pour NaCl (adsorption de Na^+) $C_0^+ = 23{,}6\,\mu F/cm^2$,
(adsorption de Cl^-) $C_0^- = 57{,}3\,\mu F/cm^2$.

Les deux C_0 sont nettement différents pour l'adsorption des ions positifs et des ions négatifs. Pourquoi? La question n'a pas été résolue jusqu'au travail de G. Sutra[1]. Cela tient tout bonnement au fait que les cations (H^+ ou Na^+) sont plus hydratés que Cl^- d'où une charge moins grande par cm^2.

XIII. Électrocapillarité.

44. L'électrocapillarité a été découverte par Lippmann en 1873 en étudiant le mouvement d'une goutte de mercure dans l'eau acidulée au contact d'une électrode métallique. Il en a tiré l'électromètre capillaire qui se présente sous la forme dessinée (Fig. 51a et b).

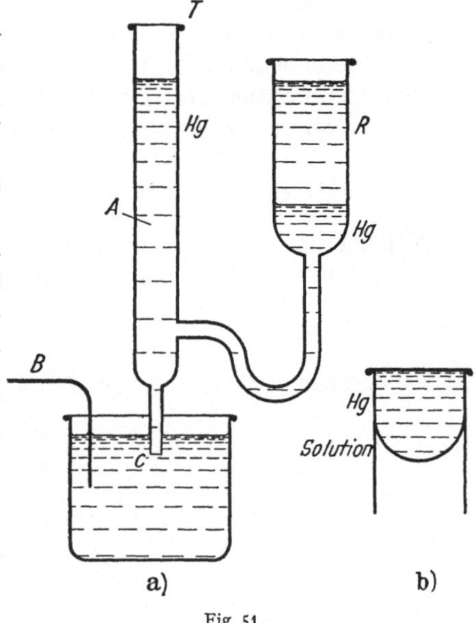

Fig. 51.

Le tube T contient du mercure; il est terminé en bas par un capillaire C; les électrodes sont A (fil) et B (AgCl|Ag). Grâce à B on peut polariser le mercure du capillaire dans un grand domaine de f.e.m. Dans le capillaire (Fig. 51b) se manifestera la tension interfaciale mercure-solution. Le ménisque a un rayon de courbure r; entre deux points très voisins situés l'un dans le mercure, l'autre dans la solution, la différence de pression est $2\gamma/r$, où γ est la tension superficielle. Cette pression est équilibrée en montant convenablement le réservoir R. On constate que la pression capillaire dépend de E; autrement dit $\gamma = f(E)$. La courbe $\gamma = f(E)$ est la *courbe électrocapillaire*. C'est une courbe genre parabolique avec maximum (voir plus loin).

Qualitativement, on sait que la tension superficielle tend à restreindre la surface; quand il y a adsorption d'ions sur le mercure, il y a appel ou répulsion d'électrons et le mercure se charge; les éléments de la surface se repoussent, d'où une tendance à l'extension de la surface et une diminution de γ.

Formule de Lippmann. On peut établir une relation entre la densité superficielle σ, la tension superficielle γ et le potentiel E. On se sert de la fonction G vue plus haut (sect. 30); on prend comme variables la surface S du mercure et la charge q; on écrit

$$dG = \gamma\, dS + E\, dq;$$

dG est une différentielle totale exacte, donc

$$\left(\frac{\partial \gamma}{\partial q}\right)_S = \left(\frac{\partial E}{\partial S}\right)_q, \quad \left(\frac{\partial \gamma}{\partial q}\right)_S = \left(\frac{\partial \gamma}{\partial E}\right)_S \left(\frac{\partial E}{\partial q}\right)_S = \left(\frac{\partial E}{\partial S}\right)_q. \tag{44.1}$$

[1] G. Sutra: J. Phys. Radium **12**, 673 (1951).

E est fonction de S et de q. Donc

$$dE = \left(\frac{\partial E}{\partial S}\right)_q dS + \left(\frac{\partial E}{\partial q}\right)_S dq.$$

Si l'on garde E constant, $dE = 0$, donc

$$\left(\frac{\partial E}{\partial S}\right)_q + \left(\frac{\partial E}{\partial q}\right)_S \left(\frac{dq}{dS}\right)_E = 0. \tag{44.2}$$

En tenant compte de (44.2), l'équation (44.1) s'écrit

$$\left(\frac{\partial \gamma}{\partial E}\right)_S \left(\frac{\partial E}{\partial q}\right)_S = -\left(\frac{\partial E}{\partial q}\right)_S \left(\frac{dq}{ds}\right)_E.$$

D'où la formule finale

$$\left(\frac{\partial \gamma}{\partial E}\right)_S = -\left(\frac{dq}{ds}\right)_E = -\sigma_E \tag{44.3}$$

σ est donc la pente de la courbe $\gamma = f(E)$. Au maximum de γ, $\sigma = 0$; il n'y aurait pas adsorption d'ions en ce point.

Forme de la courbe électrocapillaire. Quand il y a absorption sur le mercure une double couche se forme, et il apparaît au contact mercure-solution une différence de potentiel $\Delta\psi$. Dans la Fig. 51, la différence de potentiel èntre l'électrode de référence et la solution est constante, soit A. On a donc

$$A + \Delta\psi = E \quad \text{ou} \quad \Delta\psi = E - A \quad \text{et} \quad d(\Delta\psi) = dE.$$

Admettons l'existence d'une capacité C de la double couche qui restera constante quand celle-ci recevra des charges. On a

$$\sigma = C\,\Delta\psi. \tag{44.4}$$

La comparaison de (44.3) et (44.4) montre que

$$\frac{\partial \gamma}{\partial \psi} = -C\,\Delta\psi. \tag{44.5}$$

Si C est constant, on peut intégrer (44.5) et obtenir

$$\gamma = -\frac{C}{2}(\Delta\psi)^2 + C'$$

ou

$$\gamma = -\frac{C}{2}(E - A)^2 + C'. \tag{44.6}$$

D'après (44.6), la courbe $\gamma = f(E)$ est une parabole. Ce résultat est correct si C peut être considéré comme constant dans (44.5). Si cela n'est pas, on peut différencier (44.5) et obtenir finalement

$$\frac{\partial^2 \gamma}{\partial E^2} = -C. \tag{44.7}$$

La capacité correspondant à la polarisation E est la dérivée seconde de γ. Il existe effectivement des solutions pour lesquelles la courbe électro-capillaire est une parabole; c'est le cas de KNO_3 entre les concentrations 0,001 et 1,0 N.

Gouy a montré qu'il y avait intérêt à étudier des mélanges de sels. Supposons une solution de Na_2SO_4 1 N (Fig. 52); elle donne la courbe en trait plein. Ajoutons NaI 0,01 N; la courbe se compose du pointillé marqué NaI et d'un morceau de la courbe de Na_2SO_4 du côté des E négatifs. Ajoutons de même $[(C_2H_5)_4N]_2SO_4$ 0,01 N; même forme du côté des E plus positifs. Les explications données dans la littérature sont compliquées. On peut rattacher ces phénomènes à l'hydratation des ions. Les ions SO_4^{--} et Na^+ sont hydratés, les ions $[(C_2H_5)_4N]^+$ et I^- le sont beaucoup moins. Ils se fixeront donc plus facilement, les premiers du côte négatif à la place de Na^+, les seconds du côté positif à la place de SO_4^{--}.

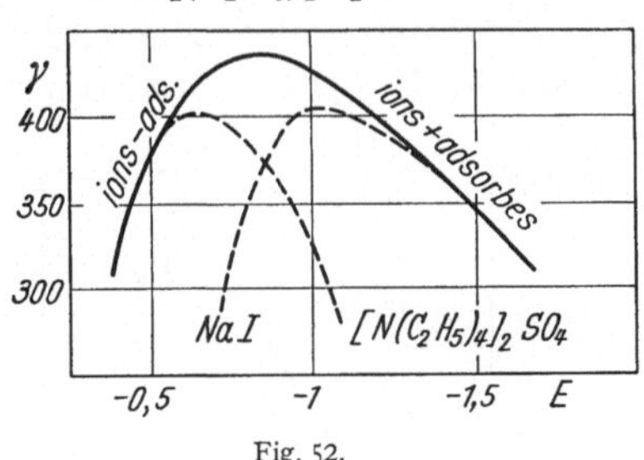

Fig. 52.

Potentiels absolus. Au maximum de la courbe électro-capillaire, $\sigma = 0 = C\Delta\psi$; ou bien $C = 0$, ou bien $\Delta\psi = 0$. Les auteurs ont tous supposé $\Delta\psi = 0$. *Au maximum de la courbe électrocapillaire, il n'y aurait pas de différence de potentiel entre le mercure et la solution.* On pourrait donc prendre cette électrode comme électrode de référence avec potentiel nul. Les essais faits dans ce sens ont montré que ces *potentiels absolus* sont moins bien reproductibles que les f.e.m. de piles[1].

Pour certains sels, la valeur maximum de γ dépend de la concentration, par exemple: KI (Tableau 31).

Le zéro de potentiel ne serait donc pas fixe.

Pour expliquer de tels résultats, on a dit que peut-être la charge superficielle est nulle parce que les deux ions s'adsorbent à la fois; autrement dit KI s'adsorberait sur le mercure. Cette adsorption des substances dissoutes est régie par une formule dûe à GIBBS et qui s'écrit

Tableau 31.

C	γ_{max}	E_{max} (rapporté au calomel N)	Γ calculé
1 M	401,3	−0,82	$3,1 \cdot 10^{-10}$
0,1 M	414,6	−0,73	
0,01 M	422,7	−0,66	
0,001 M	425,3	−0,59	
0	426,8	−0,52 extrap.	$0,3 \cdot 10^{-10}$

$$\frac{\partial\gamma}{\partial \log a} = -\Gamma R T. \tag{44.8}$$

a est l'activité de la substance dissoute; Γ l'augmentation superficielle de concentration sur 1 cm². Les Γ indiqués dans le tableau ci-dessus ont été calculés par cette formule. Ils sont tellement faibles qu'il n'y a même pas formation d'une couche monomoléculaire.

On peut penser dans tous les cas à des impuretés qui viendraient se fixer à la surface, d'où nécessité de purifier à fond le mercure, l'eau, les sels. Ajoutons que l'hypothèse $C = 0$ au maximum n'est pas exclue comme on le verra par les courbes plus loin.

XIV. Mesures directes de la capacité de la double couche.

45. Des auteurs ont essayé de suivre, en fonction du temps, la différence de potentiel aux bornes d'un électrolyseur. BOWDEN et RIDEAL[2] font un montage à courant constant; ils mesurent avec un galvanomètre sensible la quantité d'électricité nécessaire pour faire monter la différence de potentiel aux bornes de $^1/_{10}$ de volt. En employant une électrode de mercure et une solution de H_2SO_4 $N/5$, ils trouvent $6 \cdot 10^{-7}$ coulomb/cm². Ils pensent qu'il se forme H_2 sur la cathode et que la quantité mesurée est celle nécessaire à la formation de cette couche. Dans nos idées, cela représente la quantité dq telle que $dq = C\,dV$. On calcule

[1] Voir par ex. FREUNDLICH et MACKELT: Z. Elektrochem. **15**, 161 (1909).

[2] BOWDEN et RIDEAL: Proc. Roy. Soc. Lond. **120**, 59 (1928).

ainsi $C = 6 \cdot 10^{-6}$ farads. D'ailleurs quand on augmente la différence de potentiel totale de $^1/_{10}$ de volt, on n'est pas sûr que le dV sur le condensateur soit de $^1/_{10}$ de volt.

ERDEY-GRUZ et VOLMER[1] ont inscrit avec un oscillographe cathodique la courbe $V = f(t)$. Cette courbe est représentée (Fig. 53). On voit que, pendant un certain temps, $dV/dt =$ constante. Comme $i = dq/dt =$ constante, on a $dV/dq =$ constante. C'est la capacité. L'électrolyseur se comporte comme un condensateur.

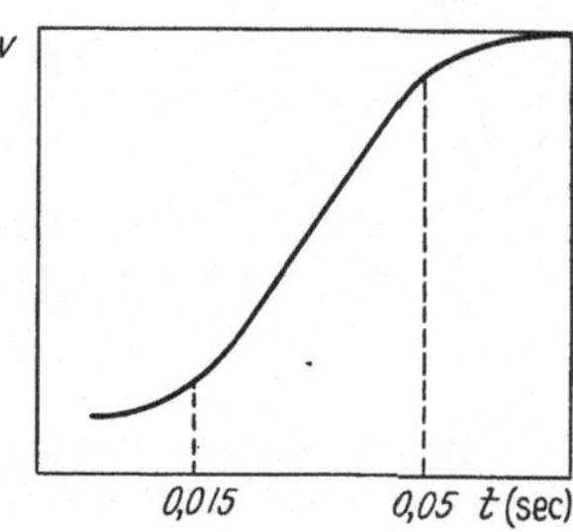

Fig. 53.

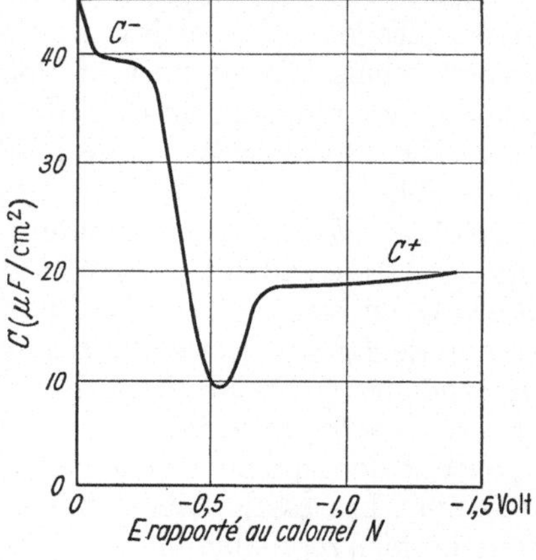

Fig. 54.

Mesures de FRUMKIN[2] (1938—1940). Ces mesures ont été faites par le montage habituel: pont de mesure avec fréquence 1. La courbe obtenue pour HCl 10^{-3} N est donnée Fig. 54. Les deux paliers marqués C^+ et C^- sont relatifs à l'adsorption des ions positifs et des ions négatifs, soit respectivement H^+ et Cl^-. Comme déjà vu pour les expériences de PHILPOT, $C^- > C^+$; l'explication sommaire a été donnée plus haut (sect. 43). Nous y reviendrons plus loin.

Mesures de D. C. GRAHAME[3]. Le dispositif est donné (Fig. 55). Les deux électrodes sont: l'une une goutte de mercure, l'autre une sphère de toile de platine. La solution est en relation par un siphon S avec l'électrode au calomel C. Les potentiomètres P_1 et P_2 permettent de faire varier E. La petite électrode a de 0,1 à 0,04 mm²; la capacité de la grande électrode intervient par $1/C\omega$, donc par une quantité négligeable. La fréquence est 1000 Hz. Les solutions sont 0,1 et 0,01 N.

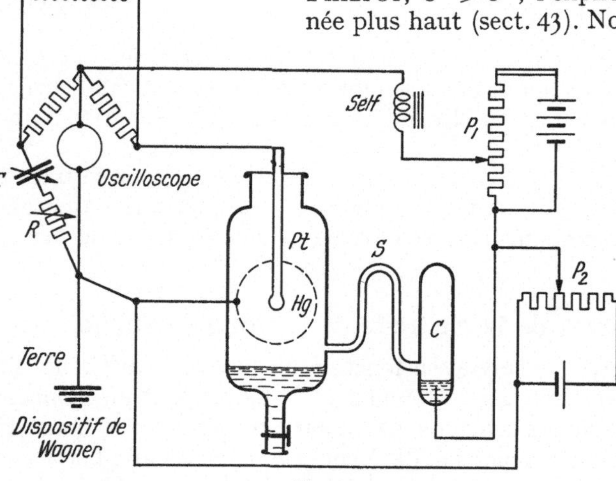

Fig. 55.

[2] ERDEY-GRUZ et VOLMER: Z. phys. Chem. **150**, 203 (1930).
[3] FRUMKIN: Acta phys. chim. URSS. **13**, 779 (1940).
[4] D. C. GRAHAME: J. Amer. Chem. Soc. **1949**, 2975.

Les résultats sont donnés dans le Tableau 32 pour KCl 0,1 N.

La valeur de E en italiques est celle qui donne le maximum de la courbe électrocapillaire. La courbe $C=f(E)$ est de la forme de la Fig. 56. On trouve également ici deux paliers C^- et C^+, soit 38 et 16 μF, au lieu de 40 et 18 chez FRUMKIN.

Tableau 32.

E	C (μF/cm²)	E	C (μF/cm²)	E	C (μF/cm²)	E	C (μF/cm²)
0	123	0,23	38,0	0,40	39,01	0,90	17,15
0,01	97,4	0,25	38,16	0,45	35,62	1,15	16,04
0,10	45,8	0,30	38,94	*0,506*	29,91	1,20	16,38
0,20	38,3	0,35	39,86	0,80	18,40	1,90	24,46

Admettons que la mesure est correcte; la capacité mesurée est celle d'un condensateur de surface 1 cm², soit $C=\frac{D}{4\pi\delta}$. La valeur de C donne celle de D/δ. Avec les valeurs de FRUMKIN 40 et 18, on calcule respectivement

$$\frac{D}{\delta}=4,5\cdot 10^8 \quad \text{(adsorption d'ions Cl}^-\text{)}$$

$$\frac{D}{\delta}=2\cdot 10^8 \quad \text{(adsorption d'ions H}^+\text{)}.$$

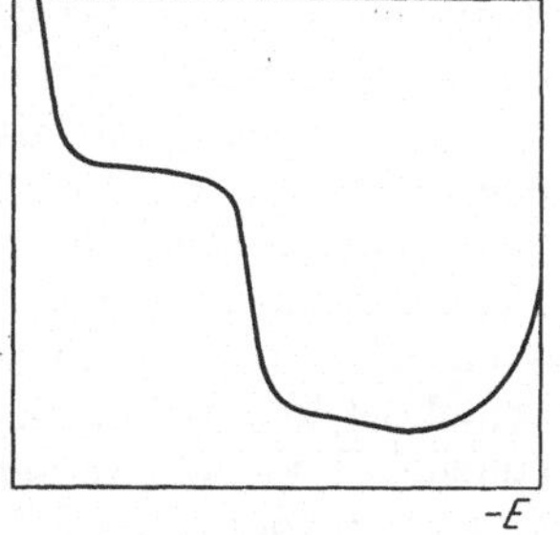

Fig. 56.

La valeur de D est certainement comprise entre 1 et 80, constantes diélectriques respectives du vide et de l'eau pure. Avec $D=1$, comme l'avait supposé HELMHOLTZ, on calcule $\delta_-=\frac{1}{4,5}$ Å et $\delta_+=\frac{1}{2}$ Å.

Avec $D=80$, $\delta_-=17,7$ Å, $\delta_+=40$ Å. Dans nos idées les ions qui s'adsorbent sont hydratés et probablement d'une façon différente le long du même palier. Quand l'ion est fixé plus solidement à l'électrode, il doit se débarrasser d'une partie de son eau, *D doit donc diminuer en même temps que δ; l'ion moins hydraté s'approche davantage de l'électrode*; l'existence de deux paliers vent dire simplement qu'il existe un domaine de E où le quotient est à peu près constant.

Dans les mesures de FRUMKIN, le palier C^- finit vers $E=-0,3$ volt; le palier C^+ commence vers $E=-0,7$ volt; les deux paliers sont situés chacun d'un côté du potentiel zéro. A cause de la formule donnée plus haut, $E=A+\Delta\psi$, les deux $\Delta\psi$ qui sont de signes contraires, doivent avoir pour somme en valeur absolue 0,4 volt. Chacun d'eux est de l'ordre de grandeur de 0,2 volt. Appelons S_+ la surface occupée par un ion positif sur le mercure; la densité $\sigma=e/S_+$ (e, charge d'un ion). On calcule facilement alors que, pour les ions H^+, $S_+\approx(21\text{ Å})^2$. Le diamètre d'une molécule d'eau est 2,8 Å; les ions H^+ sont donc séparés les uns des autres par beaucoup de molécules d'eau. Du côté négatif, avec $\Delta\psi=0,2$ volt, on calcule $S_-=200$ Å² c'est-à-dire un côté du carré égal à 14 Å environ. D'où l'hydratation moins forte des ions Cl^-. Le palier de H^+ s'étend jusqu'à $E=-1,3$ volt environ, ce qui donne un $\Delta\psi$ de 0,8 volt. Le même calcul élémentaire donne $S_+=111$ Å² soit quatre fois moins qu'au début du palier ou deux fois moins pour le côté du carré qui contient un ion H^+. D'après le schéma qu'on a donné plus haut pour H^+ (proton encagé), le δ pour cet ion ne devrait pas descendre au-dessous de 2 Å. Comme $D/\delta=2\cdot 10^8$, la valeur $\delta=2$ Å donne $D=4$.

Dans ce qui précède, nous avons supposé une seule couche d'ions adsorbés, celle de STERN par exemple. Les suppositions de la littérature nous semblent très complexes.

XV. Phénomènes électrocinétiques.

a) Électroosmose. — Électrophorèse.

46. Le phénomène d'électroosmose a été découvert par Reuss (1809). Dans un morceau d'argile humide, il avait planté deux tubes de verre remplis d'une solution conductrice; dans chaque tube, une électrode. En mettant une tension entre les deux électrodes, on obtenait une dénivellation.

Dans les expériences de Quincke (1860), un tube en U comprenait à la partie inférieure un capillaire; dans chaque branche de l'U une électrode, une tension entre les deux électrodes. Avec une tension suffisamment élevée V, on avait une dénivellation h. Il montra que h est proportionnel à V/r^2.

L'interprétation fut donnée par Helmholtz (1879) en utilisant les propriétés de la double couche (voir plus haut, sect. 41). Helmholtz admet que le verre du capillaire est la première armature du condensateur; ce verre serait par exemple chargé négativement; aujourd'hui on admet une adsorption d'ions négatifs. La deuxième armature est dans le liquide; elle est chargée positivement (ions positifs en excès). Quand on met un champ E, la charge négative du verre ne peut pas bouger; la charge positive est entraînée vers la cathode (c'est le cas général); elle entraîne à son tour le liquide par viscosité. Les calculs d'Helmholtz sont assez compliqués; ils font intervenir l'électrostatique et l'hydrodynamique. Depuis Helmholtz on a cru simplifier en considérant que le verre est analogue à une électrode métallique sur laquelle une couche très mince de liquide serait attachée; le verre ou la couche liquide formeraient une des faces de la double couche. L'autre face serait plus ou moins diffuse à la façon de la couche de Gouy; en tout cas, du fait de la présence de la charge sur le verre, un excès de charges de signe contraire se trouverait sur le liquide. Entre le verre et le corps de la solution existerait une différence de potentiel ζ qu'on appelle *potentiel électrocinétique.*

Soit V la différence de potentiel appliquée sur la longueur l du capillaire; le champ est $E = V/l$. Une dénivellation h apparaît, donc une pression hydrostatique $P = h\varrho g$, d'où un reflux du liquide qui peut arriver à compenser l'afflux causé par le champ. Pour calculer cet afflux, on peut admettre que l'excès de charge Δe est soumis en chaque point à l'action du champ, subissant une force $E\,\Delta e$ par cm, donc une force $V\,\Delta e$ en tout. Par suite de l'entraînement par viscosité, cette force produit une pression $V\,\Delta e/\pi r^2$ où r est le rayon du capillaire. On admet en plus que $\Delta e = C\zeta$, où C est la capacité de la double couche. En égalant la pression électrique et la pression hydrostatique, on obtient

$$h\varrho g = \frac{C\zeta V}{r^2}. \tag{46.1}$$

On retrouve bien la proportionnalité de h à V/r^2 à condition d'admettre que C et ζ sont constants et indépendants de V. Les formules plus précises que l'on trouve dans la littérature supposent des hypothèses inutiles comme nous l'allons montrer.

Parenthèse sur l'électrophorèse. Certains auteurs font intervenir avant l'électroosmose *l'électrophorèse*; il s'agit surtout de l'électrophorèse des colloïdes. Un colloïde est considéré comme une dispersion stable de particules; pour expliquer cette stabilité, on suppose les particules chargées du même signe, donc soumises à une répulsion mutuelle qui empêche leur coagulation. On peut par exemple amener la coagulation en ajoutant au colloïde des sels tels que $Ba(NO_3)_2$, ou $LaNO_3$. Pour expliquer cette coagulation, on a admis au contact du granule et de la solution une double couche d'HELMHOLTZ; la première couche serait dans la pellicule d'eau collée sur le granule; la deuxième couche serait dans le liquide; la différence de potentiel ζ existerait au contact du granule. La deuxième couche est formée par des ions de signe contraire à la charge du granule; ce sont les ions *compensateurs* on *gegenions*. Certains auteurs admettent d'ailleurs que ces ions sont en partie dans la pellicule d'eau qui se déplace avec le granule. L'excès de charge Δe dans la solution serait différent dans ce cas de la charge réelle. On admet en tout cas qu'on peut appliquer à Δe la formule $\Delta e = C\frac{\zeta}{300}$. En plus la particule est supposée sphérique de rayon a; avec la pellicule d'épaisseur δ, l'ensemble a le rayon $a+\delta$. La capacité C est assimilée à celle d'une sphère de rayon a; on écrit finalement

$$\Delta e = \frac{D\,a\,\zeta}{300}.$$

Cette charge Δe est sollicitée par la force $E\,\Delta e$; on admet que le mouvement de la particule obéit à la formule de STOKES; on a donc

$$6\pi\eta\,a\,v = \frac{E}{300}\cdot\frac{D\,a\,\zeta}{300}.$$

Si u est la mobilité, on a $v = uE$. D'où finalement

$$u = \frac{\zeta\,D}{6\pi\eta\,(300)^2}. \tag{46.2}$$

E. HÜCKEL, puis OVERBEEK[1] ont repris l'étude de cette question en faisant intervenir le nuage ionique; on retrouve les deux causes de freinage vues à propos de la conductibilité. On retrouve ainsi la formule (46.2), mais avec une correction $f(X, a, \zeta)$.

On a mesuré des mobilités u; la question est difficile car la particule se déplace en entraînant de l'eau et la vitesse observée est relative à cette eau. Les u observées sont du même ordre que celles des ions dans l'eau, soit de 3 à $5\cdot 10^{-4}$ cm/sec pour 1 volt/cm. En employant la formule (45.2) avec $D = 80$ et $\eta = 0{,}01$, on trouve, pour $u = 3\cdot 10^{-4}$, $\zeta = 0{,}065$ volt.

Les valeurs calculées par la formule de HELMHOLTZ à partir de la dénivellation h sont du même ordre.

Retour sur l'osmose électrique. La découverte de REUSS utilisait des moyens très simples. Pendant très longtemps on a employé des diaphragmes du même type. Par exemple J. PERRIN[2] (1902—05) emploie des «bouchons» formés de précipités comme $BaSO_4$ dans des solutions comme NaCl; il mesure des volumes d'eau déplacés à travers le diaphragme. Les canaux du diaphragme doivent probablement varier quand on change d'électrolyte. Pour la plupart des diaphragmes le mouvement a lieu vers la cathode; au sens de la théorie d'HELMHOLTZ les parois du diaphragme seraient chargées négativement. Beaucoup de ces «diaphragmes» sont probablement un peu solubles dans l'eau; de même le verre qui contient le tout; nous verrons plus loin que les dénivellations électroosmotiques sont d'autant plus importantes que la solution est moins concentrée; les précautions prises ne sont pas suffisantes pour que les résultats aient une signification quelconque. D'ailleurs J. PERRIN mélange avec l'électroosmose la célèbre «loi de COEHN» d'après laquelle dans le contact de deux corps, c'est celui qui a la plus grande constante diélectrique qui se charge positivement; cette «loi» est

[1] J. T. G. OVERBEEK: Kolloid-Beih. **54**, 287 (1943).
[2] J. PERRIN: J. Chim. phys. **2**, 601 (1902); **3**, 1 (1905).

complètement fausse[1]; elle a été précisément déduite des expériences d'électroosmose où l'eau se dirige vers la cathode.

Expériences de Collet et de *Mlle* Sernesse. En 1948, l'auteur a proposé une nouvelle façon d'envisager l'électroosmose en faisant intervenir l'hydratation des ions; nous verrons plus loin qu'on retrouve ainsi la formule de Helmholtz avec une signification complétement différente du potentiel électrocinétique ζ. Dans son Diplôme d'études, Collet[2] a employé des membranes de collodion «isoporeuses» fabriquées selon Grabar. En passant d'un rayon moyen à un autre, la formule de Helmholtz concernant r^2 se vérifie à peu près. Mais des difficultés apparaissent quand on veut faire varier V; avec une tension fixe, le courant ne reste pas constant, mais diminue considérablement, à tel point que Collet a étudié ce nouveau phénomène et conclu à un «blocage» des canaux de la membrane par les ions. Il faut donc opérer à *courant constant*. Wiedemann (1852) avait déjà opéré dans ces conditions. La loi d'Ohm donne

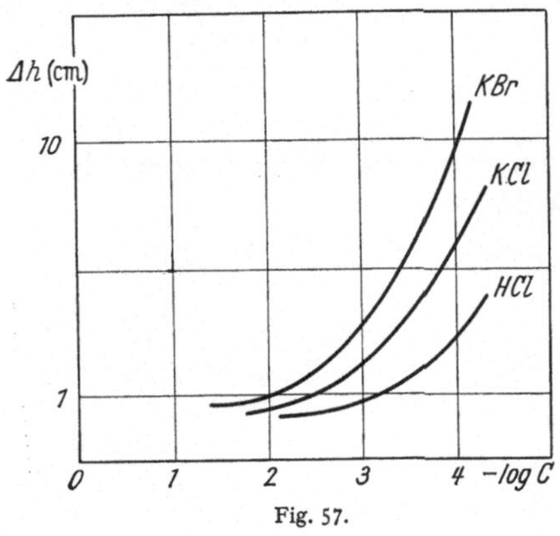

Fig. 57.

$$V = iR = i\varrho\frac{l}{S} = \frac{i\varrho l}{\pi r^2}.$$

Le quotient V/r^2 s'écrit $\frac{i\varrho l}{\pi r^4}$.

Wiedemann a effectivement vérifié que la pression h ou la quantité de liquide déplacée par seconde étaient proportionnels à i/r^4.

Mlle Sernesse emploie un diaphragme en verre pyrex fritté et mesure au cathétomètre des dénivellations Δh pour diverses concentrations décroissantes; on n'a pas dépassé 10^{-4} M, à cause des impuretés possibles. Les courbes $\Delta h = f(C)$ ont la forme de celles de la Fig. 57.

Pour HCl, KCl, NaOH, le déplacement est dans tous les cas vers la cathode. J. Perrin avait admis que c'étaient les ions OH^- qui chargeaient le verre. Cette charge du verre est donc douteuse. D'ailleurs J. Perrin avait trouvé avec d'autres diaphragmes (Al_2O_3, $C_{10}H_8$) que la charge de la paroi était positive pour les acides, négative pour les bases.

47. Objections à la théorie d'Helmholtz. Déjà Mac Bain (1924—26) avait fait remarquer qu'on s'explique mal l'entraînement du liquide dans toute la section par une mince pellicule électrisée. La charge positive calculée avec les valeurs de ζ et C était même insuffisante pour donner une couche monomoléculaire; le diamètre du tube pouvait être 1000 fois l'épaisseur de la double couche. Dans ses résultats de mesures, contrairement aux auteurs précédents, il ne *calcule* plus ζ, mais donne seulement Δh ou u.

Une thèse faite au laboratoire par R. Trehin (1936) et dont nous avons parlé plus haut a rappelé l'attention sur les ions hydratés; les calculs donnent près de 1000 H_2O pour 1 ion Cl^-. Swyngedauw[3] (1939) étudie des gels de gélatine obtenus avec le minimum de gélatine (1,7% environ); avant gélification, on ajoute KCl, NaCl, LiCl; on coule la solution dans une boite plate avec deux électrodes. Le gel une fois formé, on électrolyse. On s'aperçoit que le gel s'aplatit légèrement au milieu et gonfle aux deux électrodes. En admettant que

[1] Voir G. Sutra: J. de Phys. **11**, 33 D (1950).
[2] L. H. Collet: Dipl. d'Et. Sup. Paris 1950.
[3] Swyngedauw: Thèse Paris 1939.

ce gonflement est dû à l'eau abandonnée par les ions, on peut calculer le nombre de molécules convoyées par un ion; on trouve 500 H_2O pour 1 ion Cl^-, 600 pour 1 ion K^+, 800 et plus pour 1 ion Li^+.

Dans ces conditions il devenait difficile de continuer à croire à la theorie d'HELMHOLTZ. C'est pourquoi en 1948 l'auteur[1] a proposé d'admettre que la dénivellation Δh d'électroosmose était produite par la différence des apports d'eau des deux ions. Avec un capillaire de rayon r, une différence de potential V, en appelant U_+, U_- les mobilités, des deux ions, n_+, n_- les nombres de molécules d'eau convoyées par ces ions, en écrivant que l'afflux d'eau est égal au reflux POISEUILLE, on trouve de suite

$$\Delta h = A \frac{V}{r^2} N \eta (U_+ n_+ - U_- n_-). \quad (47.1)$$

N, concentration. C'est la formule d'HELMHOLTZ où ζ est remplacé par le produit $N(U_+ n_+ - U_- n_-)$ qui est tout-à-fait autre chose qu'un potentiel.

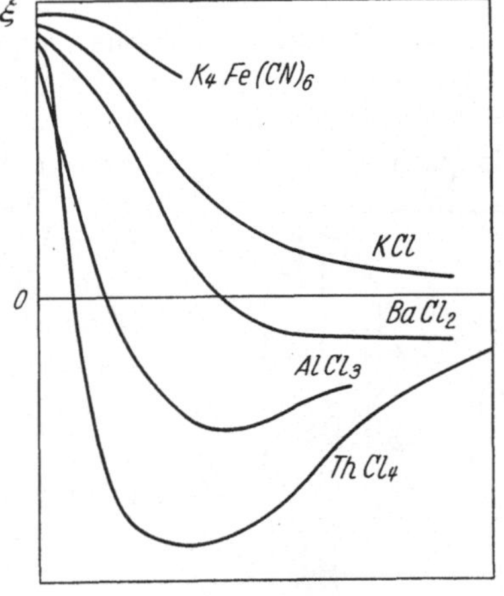

Fig. 58.

COLLET est revenu à différentes reprises sur cette formule; dernièrement (1954), il a proposé une nouvelle méthode pour démontrer la formule (47.1) de la quelle il résulte que les U qui figurent dans cette formule ne sont pas les U mesurés habituellement, à cause du reflux général de la solution causé par le dépôt d'eau aux électrodes.

Des mesures de POWIS[2] (1915) ont donné les résultats schématisés dans la Fig. 58 pour le potentiel ζ au contact du verre et d'une solution de sel, en fonction de la concentration C du sel.

Notre expression
$$\Delta = N(U_+ n_+ - U_- n_-)$$
permet de rendre compte de cette marche et de la soi disant inversion de la charge du verre. En solution concentrée, pour tous les sels, il y a *peu d'eau à transporter*; les n_+ et n_- sont faibles, donc ζ calculé par (47.1) doit tendre vers zéro. Quand on augmente C pour $K_4Fe(CN)_6$ et KCl, N augmente, mais les n diminuent plus vite (forme des courbes Fig. 57), d'où la diminution de ζ. A quoi attribuer l'inversion de ζ particulièrement nette pour $ThCl_4$? L'ion Th^{4+} a un U très faible: 29 à 25° C, au lieu de 76 pour Cl^-; $n_+ \gg n_-$ en solution étendue. Quand C augmente, N augmente, n_+ diminue très rapidement, Δ peut donc devenir négatif, d'où $\zeta < 0$. Le minimum résulte évidemment de deux causes antagonistes: 1. augmentation de $|\Delta|$ et de N quand C augmente avant le maximum négatif, 2. diminution des n aux fortes concentrations à cause de la moins grande quantité d'eau.

Notre formule s'applique à un capillaire unique. Pour le verre fritté, il y a sûrement un grand nombre de canaux en parallèle, de longueur moyenne l et de section moyenne $\bar{s}$; pour la formule qui contient V, il y a peu de modification. Si l'on veut faire intervenir i, on l'introduira par la loi d'OHM: $V = i \varrho \frac{l}{\bar{s}}$; avec N résistances en parallèle, la résistivité est ϱ/N et $V = i \frac{\varrho}{N} \frac{l}{s}$. On connaît s, à peu près 80 μ^2. En se servant de la conductibilité de la solution et prenant

[1] E. DARMOIS: C. R. Acad. Sci., Paris **227**, 339 (1948).

[2] F. POWIS: Z. phys. Chem. **89**, 186 (1915).

$l = 2$ mm, on trouve N de l'ordre de 10^6 pour un diaphragme de 2—3 cm de diamètre. Avec les Δh de la figure, par exemple $h = 12$ cm pour $C = 10^{-4}\,M$, on peut calculer ζ par la formule de HELMHOLTZ

$$P = \frac{2 V \zeta D}{\pi r^2 \cdot 300^2}.$$

Avec $V = 10$ volt, $D = 80$, on trouve $\zeta = 2$ volt. D'ailleurs les ζ doivent augmenter avec la dilution; on ne voit pas pourquoi.

b) F.e.m. de filtration.

48. C'est le phénomène réciproque de l'électroosmose. Si on force le liquide à traverser la membrane, il apparaît entre les deux faces de celle-ci une f.e.m. La théorie d'HELMHOLTZ introduit de nouveau le potentiel ζ. Comme on suppose la paroi chargée négativement, le liquide transporte des charges positives; aux deux bouts du capillaire, il doit donc apparaître une f.e.m.; comme le liquide est conducteur cette f.e.m. doit déterminer un courant de sens inverse au premier; l'équilibre a lieu quand les deux courants sont égaux. Le courant emporté par le liquide est

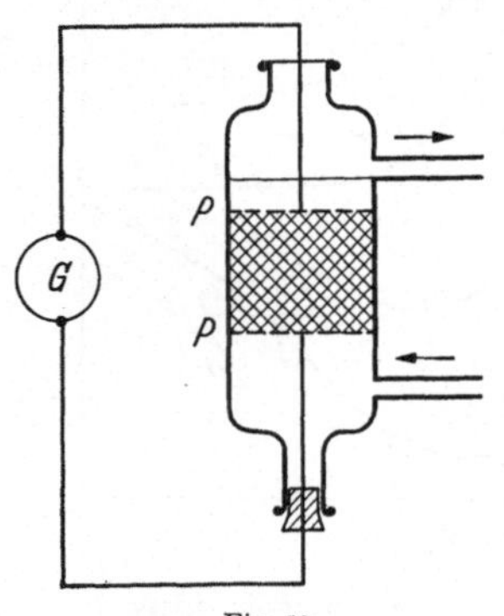

Fig. 59.

$$i = \frac{\zeta D r^2}{4 l \eta} P.$$

D'autre part le contre-courant

$$i' = \Delta\psi \frac{\pi r^2}{\varrho l},$$

et, comme $i = i'$ on a

$$\Delta\psi = \frac{\zeta D P \varrho}{4 \pi \eta}. \tag{48.1}$$

Un travail très important sur cette question a été effectué par NEALE[1].

Expériences de NEALE. NEALE se place dans des conditions telles que la conductibilité superficielle du verre postulée par certains auteurs disparaisse. Il reprend alors les calculs de GOUY et aboutit finalement à la formule (42.6):

$$\sigma = \sqrt{\frac{2 n D \mathrm{k} T}{\pi}} \operatorname{Sin} \frac{\varepsilon \psi_0}{2 \mathrm{k} T}.$$

NEALE emploie des fils de textiles divers placés entre deux plaques métalliques percées de trous et il fait circuler le liquide (Fig. 59). On mesure le courant avec un galvanomètre G entre les deux plaques; dans la formule figure σ qui est ici inconnu. On fait des calculs avec différentes valeurs de σ et on compare la théorie de l'auteur à la théorie approximative de DEBYE et HÜCKEL.

On peut calculer le courant i transporté par le liquide; on trouve

$$i = -0{,}742 \cdot 10^{-8} \frac{P(1-F)\, S \psi_0}{l}. \tag{48.2}$$

P, pression; $(1-F)$, fraction de la section S occupée par les fibres; l, longueur du cylindre.

Avec le dispositif de la Fig. 59, on met entre les plaques P des fibres de coton, nylon ou polymères, dégraissées, bouillies dans la solution, comprimées avec les plaques P; G mesure des courants de l'ordre de $4 \cdot 10^{-8}$ Amp avec NaCl. La mesure de i permet de calculer ψ_0. Les ψ_0 sont de l'ordre de 16 millivolts avec

[1] NEALE: Trans. Faraday Soc. **42**, 473 (1946).

NaCl ou avec l'eau distillée. Les courbes de ψ_0 en fonction de la concentration sont analogues à celles de la Fig. 60 relatives au coton avec $\sigma = 400$ UES.

On a aussi comparé diverses fibres dans NaCl. Résultats Fig. 61 où les courbes théoriques sont figurées en pointillé.

Les idées exposées à propos de l'électroosmose peuvent évidemment être appliquées aux f.e.m. de filtration. L. H. Collet a montré récemment que l'électroosmose et la f.e.m. de filtration n'étaient pas nécessairement réciproques.

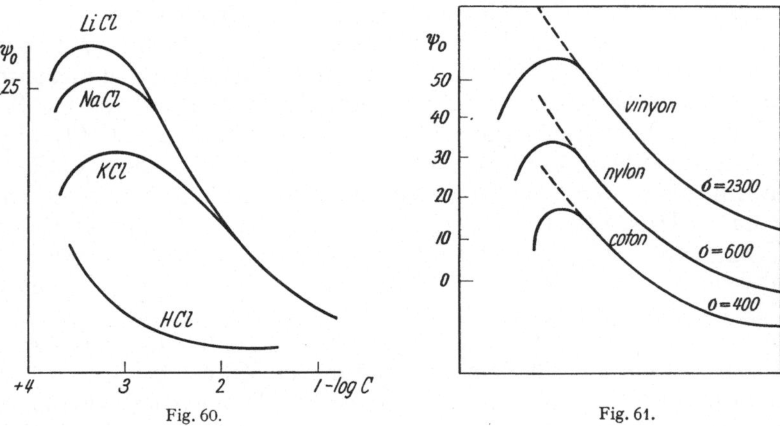

Fig. 60. Fig. 61.

c) Filtration des solutions salines sur membranes.

49. MacBain (1928) a effectué des filtrations de ce genre sur membranes de collodion; il a constaté que le liquide filtré était une solution beaucoup moins concentrée que celle restée sur le filtre. Les résultats de MacBain n'ont pas attiré l'attention.

Des expériences du même genre ont été effectuées par Ambard et Mlle Trautmann[1] avec des membranes de cellophane. On filtre sous pression, recueille

Tableau 33.

NaCl	C_0		500	100		50
	C_f		460	72		28
	I.R.		8	28		44
Na_2SO_4	C_0	2400	1200	480	240	120
	C_f	2240	950	213	62	18
	I.R.	7	27	55	75	85

(C_0 et C_f en mg/litre, I.R. = indice de rétention.)

le premier liquide; on agite la solution à filtrer avec une certaine vitesse qui donne *l'indice de rétention maximum.* On appelle ainsi la variation relative de concentration $\frac{C_0 - C_f}{C_0} \cdot 100$. Avec $C_0 = 100$ mg/litre, on trouve $C_f = 70$ pour NaCl. On pourrait penser que NaCl est resté dans les pores du filtre. En recommençant avec la même cellophane et une autre solution, les résultats sont analogues; NaCl refuse donc de passer à travers le filtre. En faisant varier la pression de 1 à 4,5 atm, la concentration de 37 à 168 mg/litre, l'indice de rétention passe de 10 à 34. On opère finalement à 3,5 atm avec une certaine vitesse d'agitation.

Suivent quelques résultats pour NaCl et Na_2SO_4.

[1] Ambard et Trautmann: J. Chim. phys. **49**, 220 (1952).

D'autres sels ont été essayés. Ceux à ions monovalents donnent des I.R. de 30 à 40 pour $C_0 = 1{,}7$ millimôle/litre. Ceux à ions polyvalents comme Na_2SO_4, K_2SO_4, Na_2HPO_4 donnent des I.R. de 75 environ. Au contraire $CaCl_2$, $MgCl_2$ donnent des I.R. très faibles tels que 1 par exemple.

Explication proposée. Cette explication est basée sur l'hydratation des ions. Nous avons vu que les cations sont plus hydratés que les anions, les cations polyvalents étant plus hydratés que les monovalents, par exemple Ca^{++} plus que Na^+. SO_4^{--} est aussi hydraté, mais moins qu'un cation de même charge.

L'ion hydraté passera difficilement à travers les pores du filtre, Cl^- passera plus facilement que Na^+; mais si l'on filtre un ion Cl^-, on filtrera en même temps un ion Na^+; l'anion entraînera le cation, peut-être un peu déshydraté. Si l'on prend Ca^{++}, il est très hydraté, tellement que, dans les solutions de $CaCl_2$, l'hydratation de Cl^- est inférieure à celle de l'ion Cl^- dans les solutions de NaCl. Les ions Cl^- de $CaCl_2$ filtreront donc plus facilement que ceux de NaCl, entraînant chacun un $\frac{1}{2}$ ion Ca^{++}. Dans l'électroosmose, nous avons vu intervenir la différence $U_+ n_+ - U_- n_-$; pour $CaCl_2$, U_+ est petit, n_+ est grand, $U_+ n_+$ est à peu près du même ordre de grandeur que $U_- n_-$. Si l'on prend K_2SO_4, Na_2SO_4, l'anion SO_4^{--} est hydraté et filtre difficilement. Si on prend $MgSO_4$, son SO_4^{--} est hydraté mais moins que dans les solutions de Na_2SO_4 d'où une filtration plus facile. Le I.R. de $MgSO_4$ est en effet 30 alors que celui de Na_2SO_4 est 75.

L'explication demanderait, pour être poursuivie de nouvelles expériences. Il semble d'ailleurs que, quand on admet que la concentration dans le capillaire de l'électroosmose est égale à celle dans les tasses du tube en U, on se trompe probablement.

d) Phénomènes irréversibles aux électrodes.

Les f.e.m. des piles ont été jusqu'ici considérées comme déterminées par la thermodynamique des phénomènes réversibles. La f.e.m. de la pile $Pt(H_2)$ | $HCl \cdot Aq$ | $Pt(Cl_2)$ est ainsi 1,3587 volt dans les conditions normales; on devrait s'attendre à ce que la tension de décomposition de l'électrolyte ait le même valeur; ce n'est pas le cas. L'excès de la tension de décomposition sur la tension réversible s'appelle *surtension*. D'une façon générale ce terme désignera la différence des potentiels d'une électrode 1. quand il passe une densité de courant appréciable i, 2. quand il passe un courant inappréciable à la réversibilité.

On a catalogué plusieurs sortes de surtension. D'après les auteurs[1], les causes principales seraient de trois sortes: 1. variation de concentration, 2. nécessité d'une activation (H_2, O_2) 3. couche résistante sur l'électrode.

50. Polarisation de concentration. Soit une solution de $AgNO_3$ entre électrodes d'argent; $[Ag^+]$ augmente à l'anode qui se dissout et diminue à la cathode où Ag se dépose; il naît de ce fait une différence de potentiel de concentration donnée par la formule (37.3). Si les variations de concentration sont importantes, il peut y avoir conduction unipolaire par Ag^+; sur les ions NO_3^- en effet la force électrique et la force de diffusion agissent en sens contraire. Ces variations de concentration peuvent provenir de diverses causes: 1. migration des ions, en sens inverse, 2. convection par agitation, 3. diffusion. La solution générale est difficile pour la convection et la diffusion. On simplifie en admettant le concept semi-empirique de la *couche de diffusion* (NERNST, 1904). On remplace la marche réelle de la concentration du voisinage de l'électrode (C_e) au corps de la solution (C_s), courbe en trait plein, par la courbe pointillée $C_e\,C C_S$ (Fig. 62). Le transport par diffusion sera $\dfrac{D(C_S - C_e)}{\delta}$.

[1] AGAR et BOWDEN: Proc. Roy. Soc. Lond., Ser. A **169**, 206 (1939).

A ce transport il faut ajouter celui dû à la migration des ions. Si i est la densité de courant (amp/cm²), le nombre d'ions g de cations de valence z transportés est $\frac{t_c i}{zF}$ (t_c, nombre de transport).

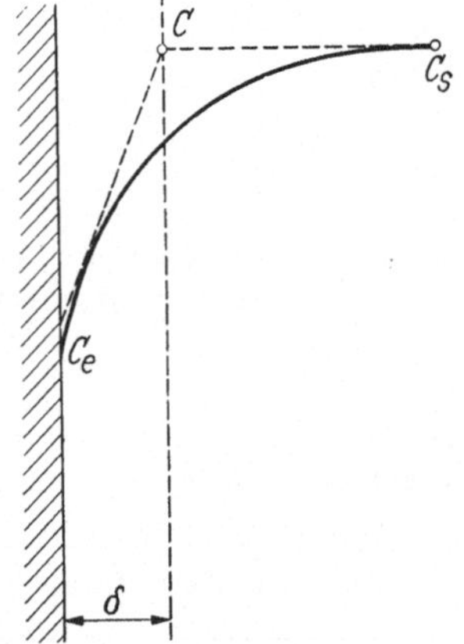

Fig. 62.

Le total est $\frac{i}{zF}$, d'où

$$\frac{i}{zF} = \frac{D(C_S - C_e)}{\delta} + \frac{t_c i}{zF}$$

ou

$$\frac{(1 - t_c)\, i}{zF} = \frac{D(C_s - C_e)}{\delta}. \qquad (50.1)$$

Quand i augmente, C_e diminue et tend vers zéro. Le *courant limite* i_L est donné par

$$i_L = \frac{D\, zF\, C_S}{\delta(1 - t_c)}. \qquad (50.2)$$

$1 - t_c$ représente la somme des nombres de transport de tous les ions qui ne se déchargent pas à l'électrode. Il est assez fréquent d'ajouter en effet dans la solution un excès d'électrolyte indifférent (NH_4NO_3 par exemple pour $AgNO_3$) qui transporte finalement tout le courant; dans ces conditions $t_c = 0$ et (50.2) se réduit à

$$i_L = \frac{D\, z_i F\, C_i}{\delta} \qquad (50.3)$$

où z_i est la valence des ions d'espèce i et de concentration C_i.

Plus loin, pour l'électrode à goutte de mercure, on aura besoin de la valeur limite du courant commandé par la diffusion sur *une électrode dont la surface varie.* Le courant est

$$I = Si = \frac{zFDS}{\delta}(C_S - C_e);$$

la surface S est fonction de t. Si la goutte est sphérique de rayon r, le volume $\frac{4}{3}\pi r^3 = vt$ (v, accroissement de volume par seconde),

$$S = 4\pi r^2 = 4\pi \left(\frac{vt}{\frac{4}{3}\pi}\right)^{\frac{2}{3}}.$$

L'étude de la diffusion en régime variable montre que δ varie aussi avec t suivant la loi

$$\delta = \sqrt{\tfrac{3}{7}\pi D t}.$$

Finalement le courant I au temps t est donné par

$$I(t) = 4{,}168\, zF D^{\frac{1}{2}} v^{\frac{2}{3}} t^{\frac{1}{6}} (C_S - C_e). \qquad (50.4)$$

Un temps ϑ sépare la chute des gouttes, le courant moyen $\bar{I}$ est alors

$$\bar{I} = \frac{1}{\vartheta}\int_0^{\vartheta} I(t)\, dt = 3{,}572\, zF D^{\frac{1}{2}} v^{\frac{2}{3}} \vartheta^{\frac{1}{6}} (C_S - C_e), \quad (3{,}572 = \tfrac{6}{7}\cdot 4{,}168). \qquad (50.5)$$

Comme plus haut, C_e est nul quand $\bar{I}$ est suffisant. Nous utiliserons (50.5) pour la polarographie.

Si l'électrode est de surface fixe, le potentiel d'électrode est de la forme

$$e_i = e_0 + \frac{RT}{ZF}\log a_e$$

où a_e est l'activité à l'électrode. La surtension de concentration s'obtiendra en retranchant de e_i la valeur

$$e_r = e_0 + \frac{RT}{zF} \log a_S .$$

D'où

$$\eta_c = \frac{RT}{zF} \log \frac{a_e}{a_S}. \tag{50.6}$$

Dans les équations (50.1) à (50.5), au lieu des a, on a les C; on admettra qu'ils coïncident et on obtient alors

$$\eta_c = \frac{RT}{zF} \log \frac{i_L - i}{i_L}. \tag{50.7}$$

C'est l'équation déjà trouvée par Bowden et Agar.

Quand i augmente, il tend vers i_A; théoriquement $\eta_c \to -\infty$; en réalité le potentiel de la cathode croit par valeurs négatives; le courant i a la forme de la Fig. 63 et, sur la branche montante de la courbe, un autre ion de la solution commence à se décharger.

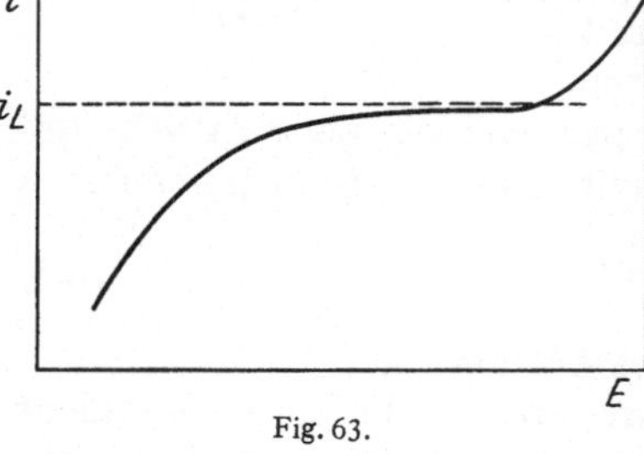

Fig. 63.

51. Polarographie. Le polarographe à goutte de mercure est représenté schématiquement sur la Fig. 64.

La goutte de mercure se forme à l'extrémité d'un capillaire T, on établit entre cette goutte (cathode) et le mercure du fond de V (anode) une différence de potentiel variable avec le potentiomètre pile — fil résistant — contact variable C. Le courant est mesuré par un galvanomètre G.

Généralement le polarographe est disposé pour l'enregistrement automatique de la courbe courant-tension. Le fil du potentiomètre est monté sur un tambour et le mouvement du contact C est lié à un autre tambour qui enregistre le courant de G. L'appareil donne automatiquement la courbe $I = f(E)$. Ces courbes ont la forme de celles figurées en Fig. 65.

La forte surtension de l'hydrogène sur le mercure (voir plus loin) permet d'explorer une grande étendue de tensions de décomposition, en pratique de $+0,7$ à 2,3 volt, rapportés à l'électrode normale. Pour $e > 0,7$ le mercure se dissout; pour $e < -2,3$ l'hydrogène se dégage. On trouve souvent dans la littérature les potentiels rapportés à l'électrode au calomel N, par exemple. La courbe II dans la Fig. 65 possède plusieurs «vagues»; les parties montantes correspondent au dépôt des différents métaux, les paliers aux courants résiduels. Théoriquement du courant $\bar{I}$ par l'équation (50.5), on peut déduire C_S. Pratiquement, on détermine la constante qui multiplie C_S dans cette équation par une détermination de I_L en présence d'une quantité connue d'un certain ion. Le dosage quantitatif des ions est donc possible par polarographie.

L'identification des ions présents résulte de la détermination du «potentiel de 1/2 vague». Quand commence le dépôt de Pb, on peut dire qu'on a affaire à Pb^{++}, c'est-à-dire à la forme «oxydée» (manque d'électrons); quand le dépôt finit, le métal est combiné au mercure sous forme Pb, c'est-à-dire sous forme «réduite». Si on écrit la différence de potentiel sous la forme (35.1) soit

$$e = e_0 + \frac{RT}{nF} \log \frac{a_{\text{ox}}}{a_{\text{réd}}},$$

on peut admettre que, au point d'inflexion, $a_{ox} = a_{réd}$ et donc $e_{\frac{1}{2}} = e_0$. En ce point, le deuxième terme du deuxième membre est nul, quelle que soit la concentration; on peut donc reconnaître qualitativement une espèce donnée par ce potentiel. Le potentiel $e_{\frac{1}{2}}$ ne coïncide pas avec le potentiel normal du métal, comme le montre le Tableau 34.

La différence provient de la formation de l'amalgame, facile et spontanée avec K et Na, difficile avec Fe et Ni.

Nous renverrons aux ouvrages spéciaux[1] pour les détails sur la polarographie:

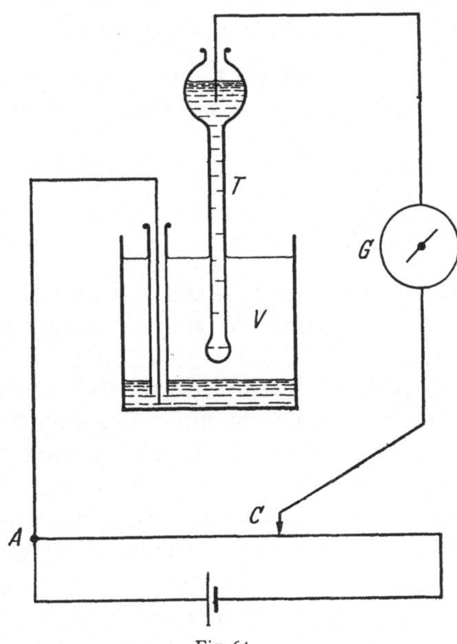

Fig. 64.

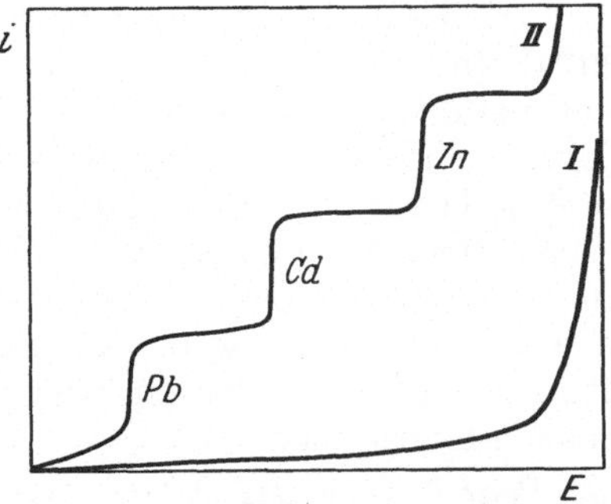

Fig. 65. *I* Solution de KCl *N*. *II* Id. avec additions de sels solubles de Pb, Cd, Zn (environ 1/100 *N*).

influence de l'oxygène, oxydation et réduction des substances organiques, etc. Nous signalerons aussi que des recherches ont été faites pour remplacer l'électrode

Tableau 34.

	K^+	Na^+	Z_n^{++}	Fe^{++}	Cd^{++}	Ni^{++}	Pb^{++}	H^+	Cu^{++}
e_0	−3	−2,98	−1,03	−0,71	−0,67	−0,51	−0,40	−0,27	+0,08
$e_{\frac{1}{2}}$	−2,17	−2,15	−1,06	−1,33	−0,63	−1,09	−0,46	−1,60	−0,03

à goutte de mercure par une électrode solide, en platine par exemple. L'électrode à mercure se renouvelle constamment; pour renouveler une électrode de Pt, on est obligé de la faire tourner.

52. Surtension d'activation. *α) Pour le dégagement d'hydrogène.* Elle a été étudiée dans de nombreux mémoires; on trouvera un résumé des résultats antérieurs à 1951 dans un article de J. O. M. Bockris dans «Electrical phenomena at interfaces» de J. A. V. Butler[2]. On admet généralement entre la surtension η et la densité de courant i la relation empirique de Tafel[3]

$$\eta = a + b \operatorname{Log} i \quad \text{ou} \quad \eta = b \operatorname{Log} \frac{i}{i_0}. \tag{52.1}$$

Les différentes théories proposées cherchent à expliquer cette relation. Elles supposent que la réaction la plus lente à l'électrode est, soit la décharge des ions H^+ solvatés, soit la formation de H_2 à partir de $2H$, soit une réaction électrochimique entre l'ion solvaté et l'hydrogène atomique absorbé sur le métal.

---

[1] Heyrovsky: Polarographie. Vienne 1941. — Von Stackelberg: Z. Elektrochem. **45**, 466 (1939).

[2] J. A. V. Butler: London: Methuen & Co. 1951.

[3] J. Tafel: Z. phys. Chem. **34**, 199 (1900); **50**, 641 (1904).

La théorie de ERDEY-GRUZ et VOLMER[1] est du premier type; elle suppose que la réaction lente est la décharge de l'ion solvaté $(H_3O)^+$. Pour des surtensions importantes, où la réaction de dissolution de l'hydrogène est négligeable, elle donne $b = \frac{2{,}30\,RT}{\alpha F}$ où α est un coefficient d'utilisation de la tension cathodique. Les expériences donnent des valeurs de b variant de 0,03 à 0,14 suivant le métal et la solution; beaucoup de valeurs sont entre 0,09 et 0,13. La valeur de $\alpha = 0{,}5$ donne environ 0,12.

Celle de TAFEL est du deuxième type; elle donne

$$b = \frac{2{,}3RT}{2F}, \text{ soit } b = 0{,}03.$$

Celle de HORIUTI[2] est du troisième type. Les deux mécanismes de VOLMER et HORIUTI ont été analysés dans une publication récente de M. J. VETTER[3] et mis en parallèle à propos des électrodes redox.

Notre conception de l'ion H^+ a permis à Mlle G. SUTRA[4] de présenter une théorie de la surtension d'hydrogène; cette théorie a été remaniée récemment[5]; elle appartient au premier type; elle redonne la formule de TAFEL, permet le calcul de i_0 qu'on trouve indépendant du p_H; elle donne pour b une valeur de l'ordre attendu. A l'aide des chaleurs d'activation des i_0 mesurées dans la littérature, on peut trouver une valeur de l'activité des protons dans l'électrode normale à hydrogène.

β) Pour le dépôt des métaux. Le dépôt du plomb ou du mercure à partir de solutions de leurs nitrates ne donne lieu, même pour de grandes densités de courant, qu'à une surtension de concentration. Quand on électrolyse les acétates, on a en plus une surtension d'activation. De même, en solution N des sulfates de fer, cobalt et nickel, le potentiel de dépôt est plus négatif que le potentiel réversible. La surtension d'activation diminue quand on élève la température; le fer se dépose d'une façon pratiquement réversible à partir de 70° C.

Le dépôt du cuivre à partir d'une solution du sulfate a été beaucoup étudié; il se fait sans aucune surtension et n'introduit qu'une polarisation de concentration. Au contraire, le cuivrage par électrolyse des solutions complexes CuCN + x KCN donne des courbes du type logarithmique. En même temps on remarque[6] que la croissance des cristaux commence aux arêtes et aux sommets; ce sont les emplacements «actifs» où aurait lieu l'absorption des ions. On peut bloquer ces emplacements actifs par des additions convenables de substances organiques (gélatine) qui changent le grain du dépôt. Du fait que la surtension dépend de la nature du sel, par des mélanges convenables de sels, on peut déposer ensemble ou séparément divers métaux. Le potentiel de dépôt d'un cation déterminé est donné par

$$V = e_0 + \frac{RT}{zF} \log a_{\text{cat}} + \eta$$

où e_0 est le potentiel normal. Pour l'hydrogène, $e_0 = 0$, si $a_{H^+} = 10^{-7}$ (solution neutre), on a $V_H = -0{,}413 + \eta$. Pour que H_2 ne se dégage pas pendant le dépôt du métal, il faudra que $V_{\text{métal}}$ soit plus positif que V_H; c'est le cas par exemple dans les accumulateurs pour le plomb. Il pourra arriver que l'hydrogène se dégage en même temps que le métal se dépose; c'est le cas pour le fer électrolytique.

---

[1] T. ERDEY-GRUZ et M. VOLMER: Z. phys. Chem. Abt. A **150**, 203 (1930).
[2] J. HORIUTI et G. OKAMOTO: Sci. Pap. Inst. phys. chem. Res., Tokio **28**, 231 (1936).
[3] K. J. VETTER: Z. Elektrochem. **59**, 435 (1955).
[4] G. SUTRA: J. Phys. Radium **12**, 673 (1951).
[5] G. DARMOIS-SUTRA et E. DARMOIS: Z. Elektrochem. **59**, 659 (1955).
[6] T. ERDEY-GRUZ et M. VOLMER: Z. phys. Chem. **157**, 165 (1931); **172**, 157 (1935).

Le dépôt simultané de deux métaux est règlé par la forme et la position des deux caractéristiques $i-V$ (Fig. 66). Pour un V donné, les deux i sont $i_1=AI_1$, et $AI_2=i_2$; les proportions des deux métaux en at.g. sont x_1 et x_2 telles que

$$\frac{x_1}{i_1}=\frac{x_2}{i_2} \tag{52.2}$$

pour $z_1=z_2$. C'est cette relation qui règle les proportions de Cu et Zn dans le dépôt d'un laiton.

Fig. 66.

Des théories analogues à celles qui ont été développées pour l'hydrogène ont été proposées pour le dépôt des métaux. Par exemple M. LESCHKAREW et O. ESSIN[1] donnent l'équation

$$\frac{i}{i_0}=\sqrt{1-\frac{i}{i_0}}\exp\left(\frac{\alpha F}{RT}\,\eta\right)-\exp\left[\frac{-(1-\alpha)F}{RT}\,\eta\right]. \tag{51.3}$$

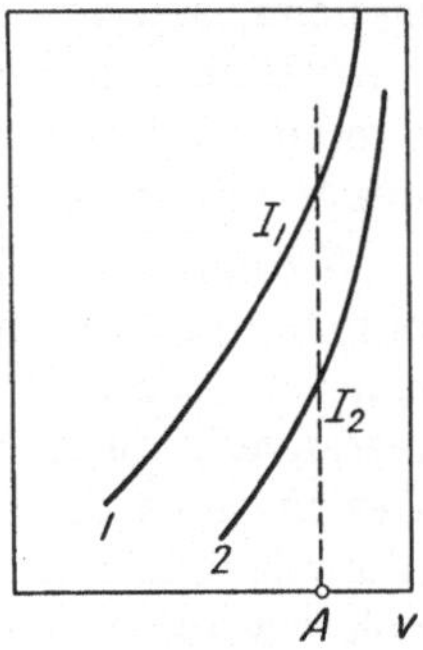

53. Passivité. Le terme «passivité» remonte à SCHÖNBEIN (1836) qui a montré que le fer plongé quelque temps dans HNO_3 concentré devient inattaquable dans les acides étendus. La métal est devenu «plus noble». Les auteurs ont généralement distingué entre passivité mécanique et passivité chimique.

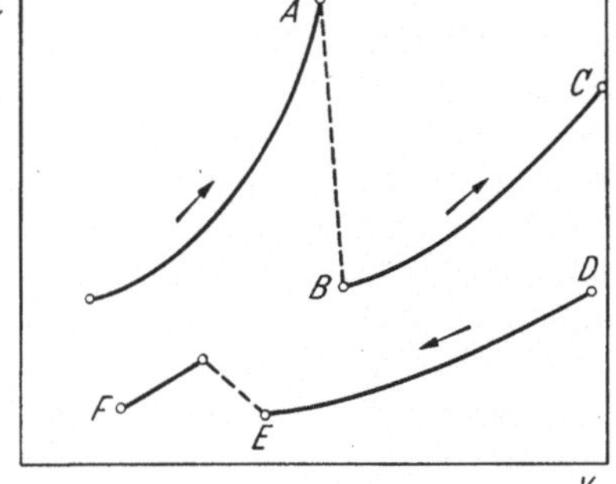

Fig. 67.

α) Passivité mécanique. Elle est attribuée à la formation d'une couche *visible* sur l'électrode. Exemple: si on essaie de dissoudre une anode de fer pur dans une solution de Na_2CO_3 à 70° C, on constate que le fer passe en solution à l'état de Fe^{++} pour les faibles densités de courant sous un potentiel de $-0{,}85$ volt.

Quand on augmente la densité de courant, l'anode se recouvre d'une couche noire d'oxyde, probablement Fe_3O_4 et le potentiel monte à $+0{,}63$ volt; le fer passe alors en solution à l'état d'ions ferrate FeO_4^{--} (où Fe est hexavalent); le courant continue à passer par les pores du film d'oxyde et atteint localement des densités très grandes. Cette porosité du film semble un caractère assez général de la passivité mécanique.

Si le film est peu poreux (Al, Ta), le courant s'arrête pratiquement; on a alors constitué une *soupape électrolytique.* Ces soupapes ont été fort étudiées[2]. L'industrie livre maintenant de l'aluminium ou des alliages protégés par une telle couche obtenue dans H_2SO_4, $H_2C_2O_4$ ou CrO_3. De telles couches sont causes d'oscillations de tension ou de courant; par exemple Ag dans un bain de $AgNO_3$, KCN et KOH donne de telles couches qui apparaissent, se dissolvent, réapparaissent, etc.

β) Passivité chimique. Elle aurait lieu quand le métal n'est recouvert en apparence d'aucune couche résistante. La caractéristique $i-V$ ressemble à celle de la Fig. 67. Le métal se dissout jusqu'en A, puis le courant tombe à une valeur très faible, si on augmente V, i augmente avec dégagement d'oxygène (ou de chlore). C'est le cas pour Fe, Ni, Co dans les acides oxydants. Si on essaie de diminuer V (retour DE), le métal reste noble; c'est seulement par une polari-

[1] M. LESCHKOVEN et O. ESSIN: Z. phys. Chem. **172**, 157 (1935).
[2] Voir par ex. les travaux de GÜNTHERSCHULZE (Z. Physik **1929**, et suivantes).

sation cathodique prolongée qu'il redevient actif (à partir de P). Par exemple, un clou de fer plongé dans un acide HNO_3 concentré peut servir de pôle positif dans une pile Fe | HNO_3 étendu | Cu; après quelques instants de fonctionnement, la f.e.m. s'inverse; le fer a repris sa place normale dans la série des tensions. L'expérience précédente est d'accord avec une conception de la passivité qui remonte à FARADAY; il y aurait sur le métal passif une couche d'oxyde très mince réduite par l'hydrogène dégagé au pôle positif de la pile.

TRONSTAD et HOVERSTAD[1] ont fait des expériences sur des miroirs de fer obtenus par décomposition de $Fe(CO)_5$ dans le vide. Si le fer n'a pas été en contact avec l'air, il reste actif, même dans HNO_3 concentré. Au contraire, on retrouve la passivité ordinaire du fer quand le miroir a été en contact avec l'air. Des mesures optiques (réflexion de lumière polarisée) montrent que la couche d'oxyde aurait une épaisseur de 20 Å environ qui augmente jusqu'à 70 Å dans la polarisation anodique. Les auteurs ont réussi à détacher la pellicule d'oxyde qui se révèle insoluble dans l'acide. La polarisation cathodique peut avoir lieu par poussées; on peut alors mesurer la quantité d'électricité nécessaire pour la réactivation; c'est celle qui suffit pour une couche monomoléculaire[2]. D'après ce qui précède, on voit que la distinction entre passivité mécanique et passivité chimique est peu précise.

γ) Corrosion des métaux. C'est une destruction plus ou moins rapide sous l'action des agents extérieurs. On la rapporte généralement à la formation de piles locales. A la Sect. 32, nous avons vu que la dissolution du zinc avait lieu avec du métal impur ou par contact avec un métal plus noble. Le dégagement de l'hydrogène a lieu sur le métal étranger (Sn, Cd, Hg); il sera gêné par la surtension d'hydrogène et favorisé par l'augmentation de $[H^+]$. L'oxygène de l'air agit comme dépolarisant dans ces piles locales, d'où une accélération de la corrosion si l'accès de l'oxygène est facile. Dans certains cas, l'intervention d'une pile locale est moins nette, mais le caractère électrochimique des réactions n'est pas mis en doute.

Etant donné le tonnage énorme de métal détruit par corrosion, les procédés de protection ont une grosse importance: addition de métaux à grande surtension, empoisonnement des emplacements actifs par des additions convenables, nickelage, chromage, peinture, etc. On sait depuis longtemps que le nickelage est efficace pour protéger le fer, mais si la couche de nickel est incomplète, le dégagement de H_2 a lieu sur Ni et s'accélère. Le chromage est meilleur à cause de la grande surtension du chrome.

54. Polissage électrolytique. C'est une technique qui a pris une importance industrielle considérable. La dissolution de l'anode peut être conduite de telle sorte que les aspérités de la surface s'égalisent. On employait généralement des solutions acides, solutions concentrées de $HClO_4$ ou H_3PO_4: en opérant avec une tension convenable et une surface d'électrode déterminée, on peut polir divers métaux.

La littérature concernant le polissage électrolytique est considérable et nous ne la citerons pas. La caractéristique $i-V$ de l'opération est représentée pour une anode de faible surface, par la Fig. 68. Avant A, le courant augmente avec V, une légère chute AB se produit, puis un palier de courant BC pendant lequel il y a polissage. A partir de C, le courant augmente à nouveau avec dégagement gazeux (oxygène).

[1] TRONSTAD et HOVERSTAD: Z. phys. Chem. Abt. A **170**, 172 (1943).

[2] BONHOEFFER et BEICHERT: Z. Elektrochem. **47**, 147, 441, 536 (1941).

Les auteurs ne sont pas tout à fait d'accord sur le mécanisme même du polissage.

Nous avons proposé nous-mêmes un mécanisme applicable au cas de $HClO_4$. Dès qu'on met la tension sur la cellule électrolytique, les ions ClO_4^- se plaquent sur l'anode et les ions H^+ sur la cathode. D'aprés nos idées sur l'ion ClO_4^-, c'est un des ions qui satisfont à la condition $r_S < r_c$; il peut donc probablement se faufiler entre les molécules d'eau et garnir complètement l'anode. Ce garnissage

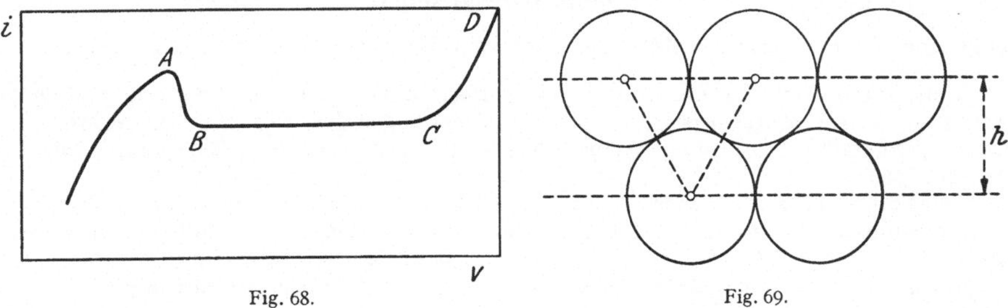

Fig. 68. Fig. 69.

se ferait progressivement dans le palier BC; il serait complet en C. La Fig. 69 représente les ions ClO_4^- ainsi tassés. Si a est leur rayon, la distance h de deux files successives est $h = a\sqrt{3}$. Le nombre des ions par cm² est alors $\frac{1}{2a} \cdot \frac{1}{h} = \frac{1}{2a^2\sqrt{3}}$; la densité $\sigma = \frac{4,8 \cdot 10^{-10}}{2a^2\sqrt{3}}$; le champ de la double couche est $4\pi\sigma$ (nous supposons $D = 1$). La chute de potentiel entre le centre des ions et l'électrode est

$$\frac{4,8 \cdot 10^{-10} \cdot 4\pi}{2a^2\sqrt{3}}\, a = \frac{2\pi \cdot 4,8 \cdot 10^{-10}}{a\sqrt{3}} \text{ U. E. S.}$$

ou

$$\frac{6\pi \cdot 4,8 \cdot 10^{-12}}{a\sqrt{3}} \text{ volt.}$$

Pour ClO_4^-, on peut essayer le rayon cristallin $r_c = 2,55$ Å. On trouve ainsi 20,5 volts. Or le polissage indique pour le point C des valeurs comprises entre 20 et 25 volts.

Nous avons donc pensé que ce polissage aurait lieu de la même façon avec des ions ClO_4^- provenant d'un perchlorate. C'est effectivement ce qui a lieu aussi bien dans l'eau que dans l'alcool éthylique par exemple où on peut employer $Mg(ClO_4)_2$.

En plus, le métal de l'anode pénètre en solution sous forme d'ion; toujours dans le cas des ions ClO_4^-, le champ $4\pi\sigma$ est V/a soit $8 \cdot 10^8$ volt/cm. Nous avons admis que ce champ était suffisant pour amener directement en solution les ions positifs du métal de l'anode.

Ce «passage direct» du métal en solution s'accompagne d'ailleurs de particularités interessantes, par exemple la suivante. Si on cherche le rendement FARADAY de la dissolution, on constate que le métal passe en solution avec une certaine valence qui peut être dans certains cas *très inférieure* à la valence chimique. Par exemple, dans un bain de $Mg(ClO_4)_2$ dans l'alcool, l'aluminium passe en solution avec la valence 1,3 environ, donc probablement sous forme d'ions Al^+ mélangés d'une petite quantité de Al^{+++}. Comme les ions Al^+ sont instables et très réducteurs, il faut s'attendre à une réduction. L'experience[1] montre que les ions ClO_4^- sont réduits *quantitativement* par les ions Al^+ à l'etat d'ions Cl^-.

[1] P. BROUILLET: Thèse Paris 1955 où se trouvera la littérature.

Sachverzeichnis.

(Deutsch-Englisch.)

Bei gleicher Schreibweise in beiden Sprachen sind die Stichwörter nur einmal aufgeführt.

Subject Index.

(English-German.)

Where English and German spelling of a word is identical the German version is omitted.

Table des matières

pour la contribution écrite en français:

E. Darmois: Électrochimie.